초스피드

한번 쓱 보고 싹 익히기

전기기능사

CBT 대비 단기완성 　필기

전기자격시험연구회 지음

BM (주)도서출판 성안당

■ **도서 A/S 안내**

성안당에서 발행하는 모든 도서는 저자와 출판사, 그리고 독자가 함께 만들어 나갑니다.

좋은 책을 펴내기 위해 많은 노력을 기울이고 있습니다. 혹시라도 내용상의 오류나 오탈자 등이 발견되면 "좋은 책은 나라의 보배"로서 우리 모두가 함께 만들어 간다는 마음으로 연락주시기 바랍니다. 수정 보완하여 더 나은 책이 되도록 최선을 다하겠습니다.

성안당은 늘 독자 여러분들의 소중한 의견을 기다리고 있습니다. 좋은 의견을 보내주시는 분께는 성안당 쇼핑몰의 포인트(3,000포인트)를 적립해 드립니다.

잘못 만들어진 책이나 부록 등이 파손된 경우에는 교환해 드립니다.

저자 문의 : 02) 907-7114

본서 기획자 e-mail : coh@cyber.co.kr(최옥현)

홈페이지 : http://www.cyber.co.kr   전화 : 031) 950-6300

머리말

전기라는 학문은 눈에 보이지 않는 전류나 전압, 전력 등을 수학적인 개념으로 전개하여 공식으로 정리한 약간의 추상적인 개념이 가미된 학문이므로 처음 공부하는 수험생에게는 만만치 않은 부담이 됩니다.

전문적인 학문이다 보니 얄팍한 지식으로 답만 외워서 공부하기에는 운이 좋지 않은 이상 합격하기는 불가능합니다.

이에 저자는 각 과목별로 정리되는 중요한 공식과 요약 등을 되도록 쉽게 이해할 수 있도록 서술하였으며, 출제 빈도가 높은 유형의 문제 등을 표기함으로써 수험생이 되도록 짧은 시간 내에 공부할 수 있도록 최선을 다하였습니다.

또한, 저자는 어려운 전기를 학문적으로 정립하기 위해 많은 노력을 해왔으며, 독자들의 성원에 힘입어 새롭게 집필하였습니다.

이와 같이 새롭게 집필하는 데 역점을 둔 부분은 다음과 같습니다.

첫째, 폭넓은 내용을 자주 출제되는 핵심이론으로만 정리하는 한편, 복잡한 수학공식을 되도록 쉽게 유도하여 설명하였습니다.
둘째, 지난 기출문제에서부터 최근 출제문제까지 철저히 분석하여 출제 빈도수가 높은 문제를 표시하였으며, 문제풀이도 상세히 실었습니다.
셋째, 산업기사 수준 및 현장실무에서 꼭 필요한 전기 배선 기호 및 심벌 등을 이해하기 쉽도록 설명하였습니다.
넷째, 한국전기설비규정(KEC)에 맞추어 전기 설비 과목의 내용을 개정하였습니다.

전기는 현대 사회에서 없어서는 안 될 아주 중요한 에너지원인 만큼 폭넓은 전기 지식을 갖춘 전문 인력이 전기 분야에서 꼭 필요합니다.

수험생들이 이 책으로 충실히 공부하신다면 자격증뿐만 아니라, 각종 공채시험이나 공무원 시험 준비에도 많은 도움이 될 것입니다.

열심히 공부하여 꼭 좋은 성과가 있기를 바랍니다.

끝으로 이 책을 펴내는 데 도움을 주신 성안당 이종춘 회장님 그리고 편집부 직원분들께 감사드립니다.

NCS(국가직무능력표준) 가이드

01. 국가직무능력표준(NCS)이란?

국가직무능력표준(NCS, National Competency Standards)은 산업현장에서 직무를 수행하기 위해 요구되는 지식·기술·태도 등의 내용을 국가가 산업부문별·수준별로 체계화한 것이다.

(1) 국가직무능력표준(NCS) 개념도

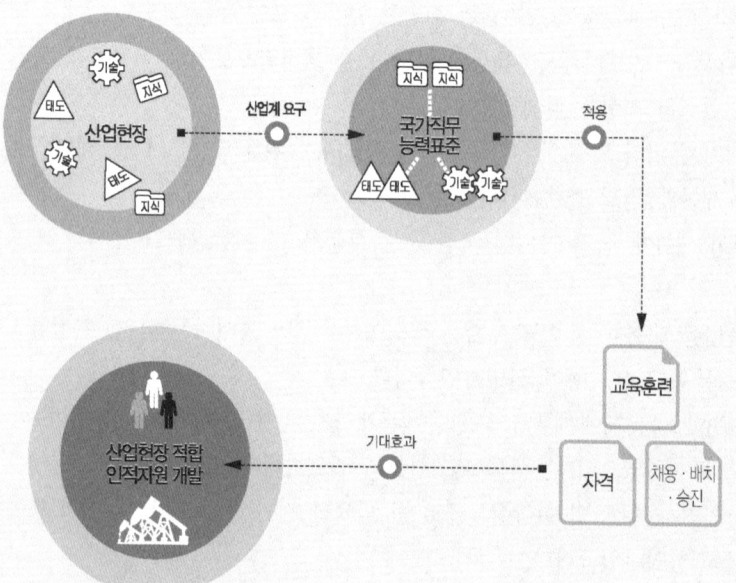

직무능력 : 일을 할 수 있는 On-spec인 능력
① 직업인으로서 기본적으로 갖추어야 할 공통 능력 → 직업기초능력
② 해당 직무를 수행하는 데 필요한 역량(지식, 기술, 태도) → 직무수행능력

보다 효율적이고 현실적인 대안 마련
① 실무 중심의 교육·훈련 과정 개편
② 국가자격의 종목 신설 및 재설계
③ 산업현장 직무에 맞게 자격시험 전면 개편
④ NCS 채용을 통한 기업의 능력 중심 인사관리 및 근로자의 평생경력 개발 관리 지원

(2) 국가직무능력표준(NCS) 학습모듈

국가직무능력표준(NCS)이 현장의 '직무요구서'라고 한다면, NCS 학습모듈은 NCS 능력단위를 교육훈련에서 학습할 수 있도록 구성한 '교수·학습자료'이다.
NCS 학습모듈은 구체적 직무를 학습할 수 있도록 이론 및 실습과 관련된 내용을 상세하게 제시하고 있다.

02. 국가직무능력표준(NCS)이 왜 필요한가?

능력 있는 인재를 개발해 핵심 인프라를 구축하고, 나아가 국가경쟁력을 향상시키기 위해 국가직무능력 표준이 필요하다.

(1) 국가직무능력표준(NCS) 적용 전/후

지금은
- 직업 교육·훈련 및 자격제도가 산업현장과 불일치
- 인적자원의 비효율적 관리 운용

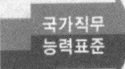 국가직무능력표준

이렇게 바뀝니다.
- 각각 따로 운영되었던 교육·훈련, 국가직무능력표준 중심 시스템으로 전환
  (일-교육·훈련-자격 연계)
- 산업현장 직무 중심의 인적자원 개발
- 능력중심사회 구현을 위한 핵심 인프라 구축
- 고용과 평생직업능력개발 연계를 통한 국가경쟁력 향상

(2) 국가직무능력표준(NCS) 활용범위

기업체
Corporation

- 현장 수요 기반의 인력채용 및 인사관리 기준
- 근로자 경력개발
- 직무기술서

교육훈련기관
Education and training

- 직업교육 훈련과정 개발
- 교수계획 및 매체, 교재 개발
- 훈련기준 개발

자격시험기관
Qualification

- 자격종목의 신설·통합·폐지
- 출제기준 개발 및 개정
- 시험문항 및 평가 방법

NCS(국가직무능력표준) 가이드

03. NCS 분류체계

① 국가직무능력표준의 분류는 직무의 유형(Type)을 중심으로 국가직무능력표준의 단계적 구성을 나타내는 것으로, 국가직무능력표준 개발의 전체적인 로드맵을 제시한다.
② 한국고용직업분류(KECO, Korean Employment Classification of Occupations)를 중심으로, 한국표준직업분류, 한국표준산업분류 등을 참고하여 분류하였으며 '대분류(24) → 중분류(81) → 소분류(269) → 세분류(1,064개)'의 순으로 구성한다.

04. NCS 학습모듈

(1) 개념

국가직무능력표준(NCS, National Competency Standards)이 현장의 '직무요구서'라고 한다면, NCS 학습모듈은 NCS의 능력단위를 교육훈련에서 학습할 수 있도록 구성한 '교수·학습 자료'이다. NCS 학습모듈은 구체적 직무를 학습할 수 있도록 이론 및 실습과 관련된 내용을 상세하게 제시하고 있다.

(2) 특징

① NCS 학습모듈은 산업계에서 요구하는 직무능력을 교육훈련 현장에 활용할 수 있도록 성취목표와 학습의 방향을 명확히 제시하는 가이드라인의 역할을 한다.
② NCS 학습모듈은 특성화고, 마이스터고, 전문대학, 4년제 대학교의 교육기관 및 훈련기관, 직장교육기관 등에서 표준교재로 활용할 수 있으며 교육과정 개편 시에도 유용하게 참고할 수 있다.

05. 전기·전자 NCS 학습모듈 분류체계

대분류	중분류	소분류	세분류
전기·전자	01. 전기	01. 발전설비설계	01. 수력발전설비설계 02. 화력발전설비설계 03. 원자력발전설비설계
		02. 발전설비운영	01. 수력발전설비운영 02. 화력발전설비운영 03. 원자력발전설비운영 04. 원자력발전전기설비정비 05. 원자력발전기계설비정비 06. 원자력발전계측제어설비정비
		03. 송배전설비	01. 송변전배전설비설계 02. 송변전배전설비운영 03. 송변전배전설비공사감리 04. 직류송배전전력변환설비제작 05. 직류송배전제어·보호시스템설비제작 06. 직류송배전시험평가 07. 직류송배전전력변환설비설계 08. 직류송배전제어·보호시스템설비설계
		04. 지능형전력망설비	01. 지능형전력망설비 02. 지능형전력망설비소프트웨어
		05. 전기기기제작	01. 전기기기설계 02. 전기기기제작 03. 전기기기유지보수 04. 전기전선제조
		06. 전기설비설계·감리	01. 전기설비설계 02. 전기설비감리 03. 전기설비운영
		07. 전기공사	01. 내선공사 02. 외선공사 03. 변전설비공사 04. 전기공사관리
		08. 전기자동제어	01. 자동제어시스템설계 02. 자동제어기기제작 03. 자동제어시스템유지정비 04. 자동제어시스템운영
		09. 전기철도	01. 전기철도설계·감리 02. 전기철도시공 03. 전기철도시설물유지보수
		10. 철도신호제어	01. 철도신호제어설계·감리 02. 철도신호제어시공 03. 철도신호제어시설물유지보수

NCS(국가직무능력표준) 가이드

대분류	중분류	소분류	세분류
전기·전자	01. 전기	11. 초임계CO_2발전	01. 초임계CO_2발전열원설계·제작 02. 초임계CO_2열교환기설계·제작 03. 초임계CO_2회전기기설계·제작
		12. 전기저장장치	01. 전기저장장치개발 02. 전기저장장치설치
		13. 미래형전기시스템	01. 스마트유지보수운영
		14. 전지	01. 리튬이온전지제조 02. 리튬이온전지셀개발
	02. 전자기기일반	01. 전자제품개발기획·생산	01. 전자제품기획 02. 전자제품생산
		02. 전자부품기획·생산	01. 전자부품기획 02. 전자부품생산
		03. 전자제품고객지원	01. 전자제품설치·정비 02. 전자제품영업
	03. 전자기기개발	01. 가전기기개발	01. 가전기기시스템소프트웨어개발 02. 가전기기응용소프트웨어개발 03. 가전기기하드웨어개발 04. 가전기기기구개발
		02. 산업용전자기기개발	01. 산업용전자기기하드웨어개발 02. 산업용전자기기기구개발 03. 산업용전자기기소프트웨어개발
		03. 정보통신기기개발	01. 정보통신기기하드웨어개발 02. 정보통신기기기구개발 03. 정보통신기기소프트웨어개발
		04. 전자응용기기개발	01. 전자응용기기하드웨어개발 02. 전자응용기기기구개발 03. 전자응용기기소프트웨어개발
		05. 전자부품개발	01. 전자부품하드웨어개발 02. 전자부품기구개발 03. 전자부품소프트웨어개발
		06. 반도체개발	01. 반도체개발 02. 반도체제조 03. 반도체장비 04. 반도체재료
		07. 디스플레이개발	01. 디스플레이개발 02. 디스플레이생산 03. 디스플레이장비부품개발
		08. 로봇개발	01. 로봇하드웨어설계 02. 로봇기구개발 03. 로봇소프트웨어개발 04. 로봇지능개발 05. 로봇유지보수 06. 로봇안전인증

대분류	중분류	소분류	세분류
전기・전자	03. 전자기기개발	09. 의료장비제조	01. 의료기기품질관리 02. 의료기기인・허가 03. 의료기기생산 04. 의료기기연구개발
		10. 광기술개발	01. 광부품개발 02. 레이저개발 03. LED기술개발 04. 광학시스템제조 05. 광학소프트웨어응용 06. 광센서기기개발 07. 광의료기기개발 08. 라이다(LiDAR)기기개발
		11. 3D프린터개발	01. 3D프린터개발 02. 3D프린터용 제품제작 03. 3D프린팅 소재개발
		12. 가상훈련시스템개발	01. 가상훈련시스템설계・검증 02. 가상훈련구동엔지니어링 03. 가상훈련콘텐츠개발 04. 실감형콘텐츠하드웨어(디바이스)개발
		13. 착용형스마트기기	01. 착용형스마트기기설계 02. 착용형스마트기기서비스 03. 착용형스마트기기개발
		14. 플렉시블디스플레이개발	01. 플렉시블디스플레이모듈개발 02. 플렉시블디스플레이검사 03. 플렉시블디스플레이재료개발
		15. 스마트펌개발	01. 스마트펌기술개발 02. 스마트펌계측
		16. OLED개발	01. OLED조명개발
		17. 커넥티드카개발	01. 커넥티드카소프트웨어기술개발 02. 커넥티드카콘텐츠서비스
		18. 자율주행개발	01. 자율주행하드웨어개발 02. 자율주행소프트웨어개발
		19. 원격시스템개발	01. 혼합현실(MR)기반협업시스템개발

★ 전기・전자 학습모듈에 대한 자세한 사항은 국가직무능력표준 National Competency Standards 홈페이지(www.ncs.go.kr)에서 확인해주시기 바랍니다. ★

NCS(국가직무능력표준) 가이드

06. 과정평가형 자격취득

(1) 개념
국가직무능력표준(NCS)에 따라 편성·운영되는 교육·훈련과정을 일정 수준 이상 이수하고 평가를 거쳐 합격기준을 통과한 사람에게 국가기술자격을 부여하는 제도이다.

(2) 시행대상
「국가기술자격법 제10조 제1항」의 과정평가형 자격 신청자격에 충족한 기관 중 공모를 통하여 지정된 교육·훈련기관의 단위과정별 교육·훈련을 이수하고 내부평가에 합격한 자

(3) 국가기술자격의 과정평가형 자격 적용 종목
기계설계산업기사 등 175개 종목(※ Q-net/자격정보/국가기술자격제도 참조)

(4) 교육·훈련생 평가
① 내부평가(지정 교육·훈련기관)
  ㉠ 평가대상 : 능력단위별 교육·훈련과정의 75% 이상 출석한 교육·훈련생
  ㉡ 평가방법 : 지정받은 교육·훈련과정의 능력단위별로 평가 → 능력단위별 내부평가 계획에 따라 자체 시설·장비를 활용하여 실시
  ㉢ 평가시기 : 해당 능력단위에 대한 교육·훈련이 종료된 시점에서 실시하고 공정성과 투명성이 확보되어야 함 → 내부평가 결과 평가점수가 일정 수준(40%) 미만인 경우에는 교육·훈련기관 자체적으로 재교육 후 능력단위별 1회에 한해 재평가 실시
② 외부평가(한국산업인력공단)
  ㉠ 평가대상 : 단위과정별 모든 능력단위의 내부평가 합격자(수험원서는 교육·훈련 시작일로부터 15일 이내에 우리 공단 소재 해당 지역 시험센터에 접수)
  ㉡ 평가방법 : 1차·2차 시험으로 구분 실시
    • 1차 시험 : 지필평가(주관식 및 객관식 시험)
    • 2차 시험 : 실무평가(작업형 및 면접 등)

(5) 합격자 결정 및 자격증 교부
① 합격자 결정 기준
  내부평가 및 외부평가 결과를 각각 100점을 만점으로 하여 평균 80점 이상 득점한 자
② 자격증 교부
  기업 등 산업현장에서 필요로 하는 능력보유 여부를 판단할 수 있도록 교육·훈련 기관명·기간·시간 및 NCS 능력단위 등을 기재하여 발급

★ NCS에 대한 자세한 사항은 **국가직무능력표준** National Competency Standards 홈페이지(www.ncs.go.kr)에서 확인해주시기 바랍니다. ★

CBT(컴퓨터 시험) 가이드

한국산업인력공단에서 2016년 5회 기능사 필기 시험부터 자격검정 CBT(컴퓨터 시험)으로 시행됩니다. CBT의 진행 과정과 메뉴의 기능을 미리 알고 연습하여 새로운 시험 방법인 CBT에 대비하시기 바랍니다.

다음과 같이 순서대로 따라해 보고 CBT 메뉴의 기능을 익혀 실전처럼 연습해 봅시다.

STEP 1. 자격검정 CBT 들어가기

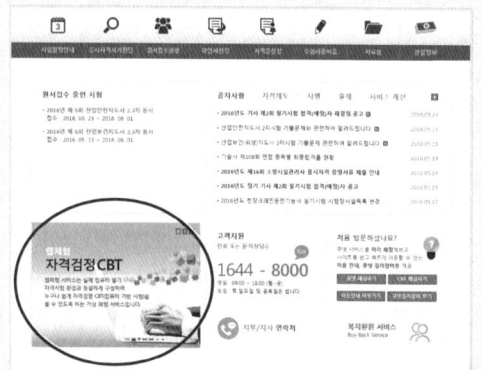

● 큐넷에서 표시된 부분을 클릭하면 '웹체험 자격검정 CBT'를 할 수 있습니다.

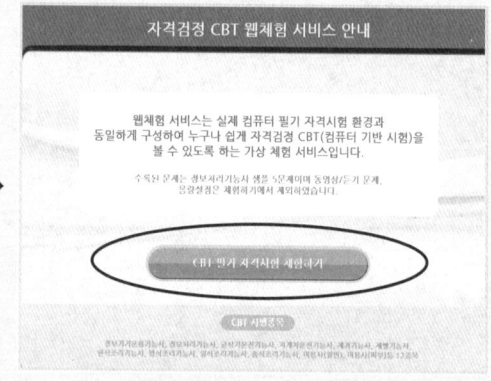

● 'CBT 필기 자격시험 체험하기'를 클릭하면 시작됩니다.

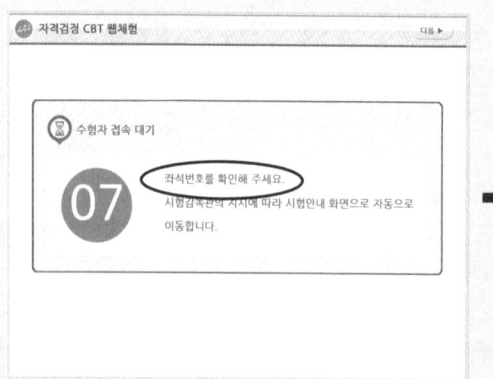

● 시험 시작 전 배정된 좌석에 앉으면 수험자 정보를 확인합니다.

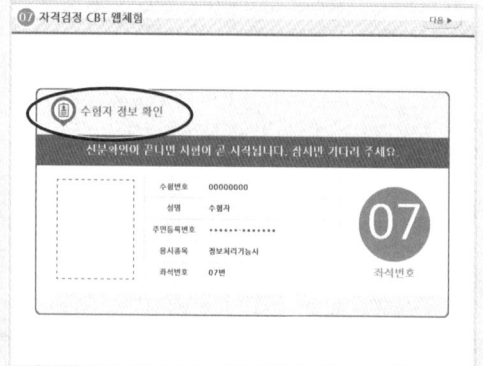

● 시험장 감독위원이 컴퓨터에 표시된 수험자 정보와 신분증의 일치 여부를 확인합니다.

STEP 2. 자격검정 CBT 둘러보기

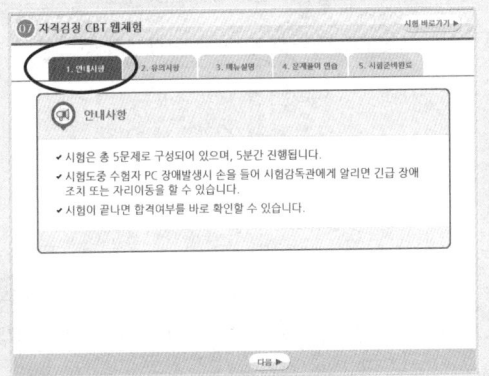

◐ 수험자 정보 확인이 끝난 후 시험 시작 전 'CBT 안내사항'을 확인합니다.

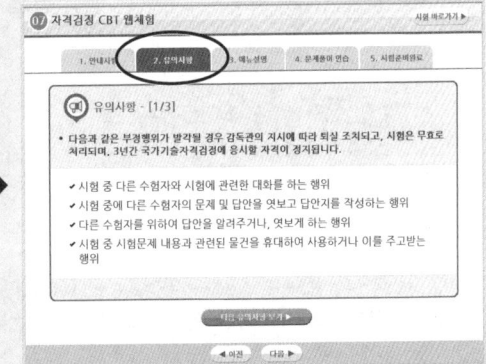

◐ 'CBT 유의사항'을 확인합니다. '다음 유의사항 보기'를 클릭하면 전체 유의사항을 확인할 수 있으며 보지 못한 유의사항이 있으면 '이전 유의사항 보기'를 클릭하여 다시 볼 수 있습니다.

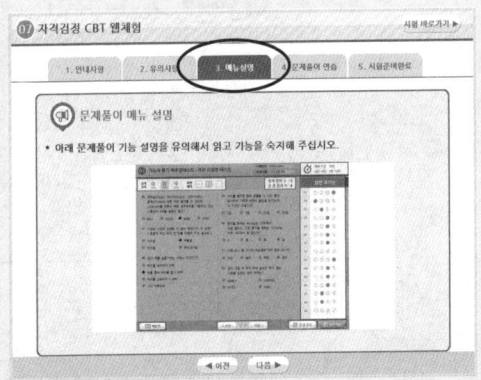

◐ '문제풀이 메뉴 설명'을 확인합니다.
　▷▷▷ '자격검정 CBT MENU 미리 알아두기'에서 자세히 살펴보기

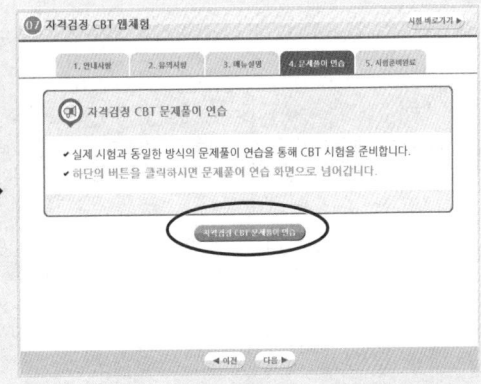

◐ '자격검정 CBT 문제풀이 연습'을 클릭하면 실제 시험과 동일한 방식으로 진행됩니다.

CBT(컴퓨터 시험) 가이드

STEP 3. 자격검정 CBT 연습하기

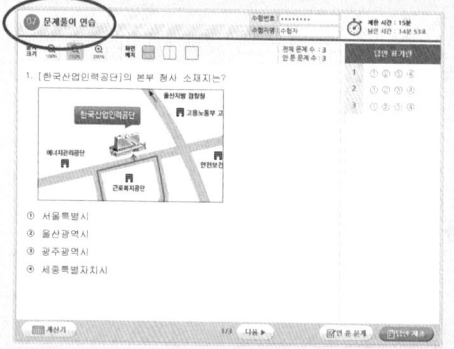

○ 자격검정 CBT 문제풀이 연습을 시작합니다. 총 3문제로 구성되어 있습니다.

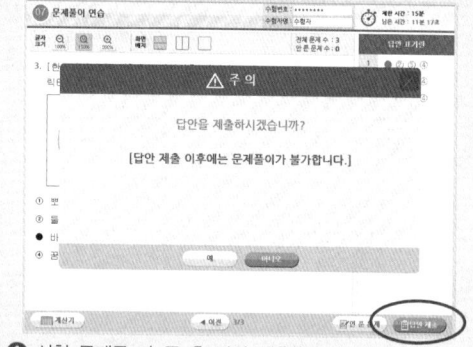

○ 시험 문제를 다 푼 후 답안 제출을 하거나 시험 시간이 경과되었을 경우 시험이 종료됩니다.

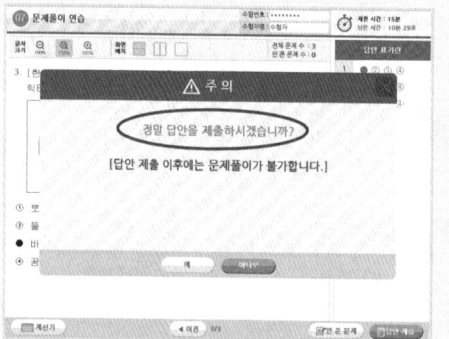

○ 답안 제출은 실수 방지를 위해 두 번의 확인 과정을 거칩니다. 시험 종료 후 시험 결과를 바로 확인할 수 있습니다.

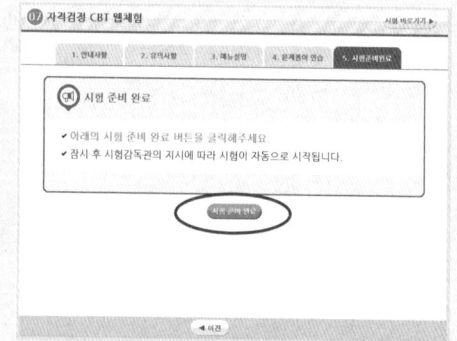

○ 시험 안내·유의 사항, 메뉴 설명 및 문제풀이 연습까지 모두 마친 수험자는 '시험 준비 완료'를 클릭합니다. 클릭 후 '자격검정 CBT 웹체험 문제풀이' 단계로 넘어갑니다.

○ 자격검정 CBT 웹체험 문제풀이를 시작합니다. 총 5문제로 구성되어 있습니다.

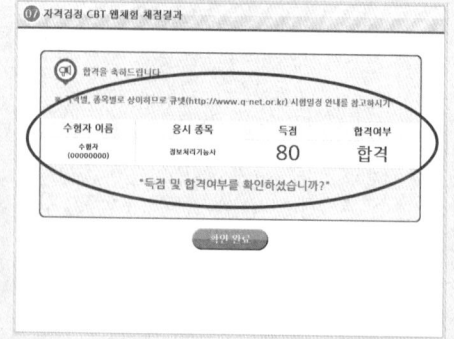

○ 답안을 제출하면 점수와 합격 여부를 바로 알 수 있습니다.

자격검정 CBT 메뉴 미리 알아두기

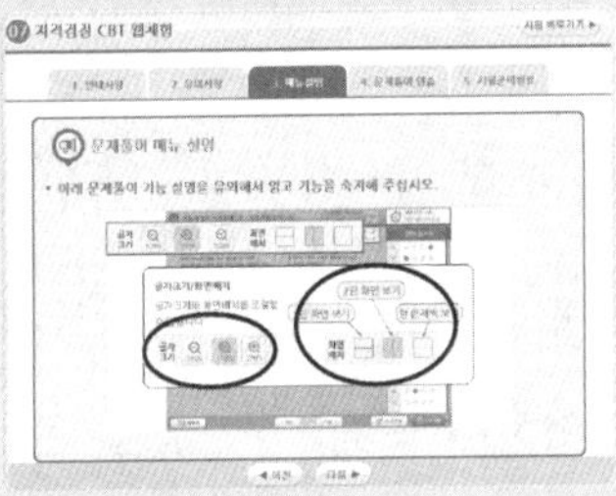

🔹 **글자 크기 & 화면 배치**
글자 크기(100%, 150%, 200%)와 화면 배치
(1단, 2단, 한 문제씩 보기)가 선택 가능함

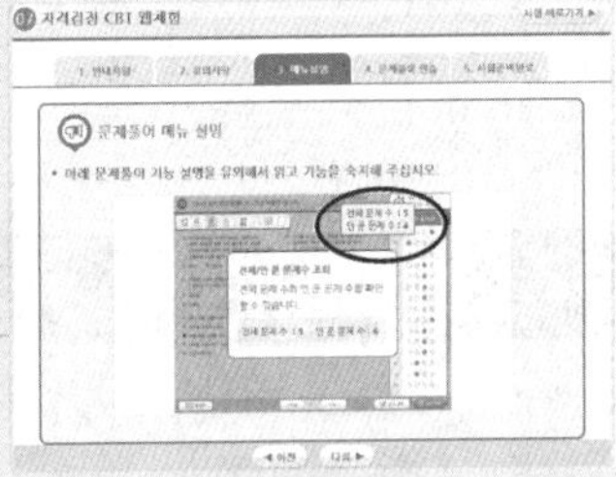

🔹 **전체·안 푼 문제 수 조회**
전체 문제 수와 안 푼 문제 수 확인 가능함

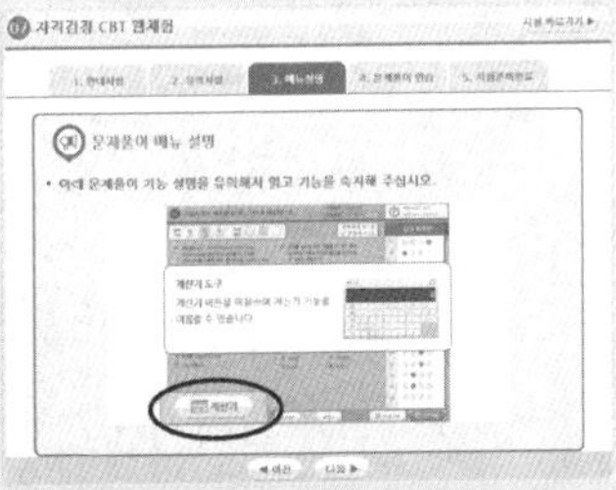

🔹 **계산기 도구**
응시 종목에 계산 문제가 있을 경우 좌측
하단의 계산기 기능을 이용함

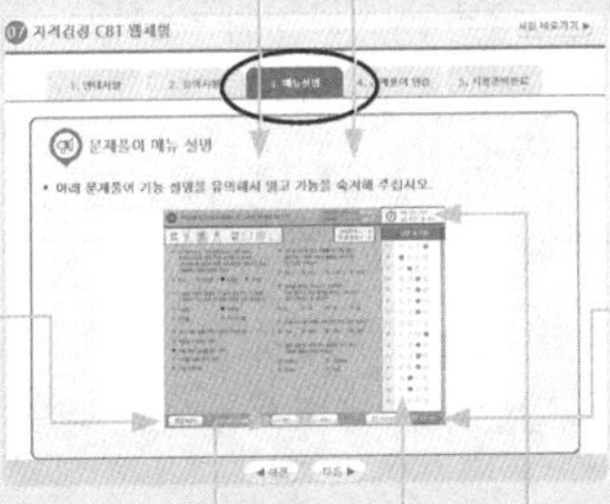

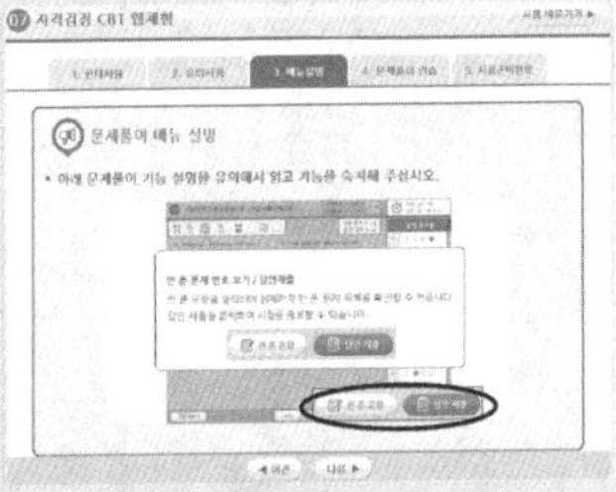

🔹 **안 푼 문제 번호 보기 & 답안 제출**
'안 푼 문항'을 클릭하면 현재까지 안 푼 문제
목록을 확인할 수 있으며, '답안 제출'을 클릭
하면 답안 제출 승인 알림창이 나옴

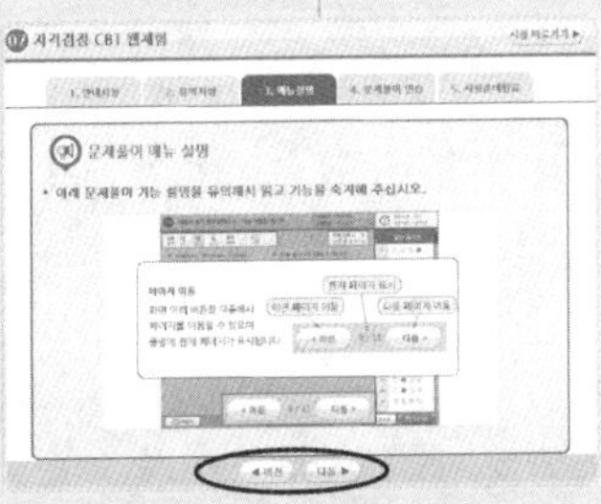

🔹 **페이지 이동**
화면 아래 버튼을 이용해서 페이지를 이동하
고 중앙에 현재 페이지를 표시함

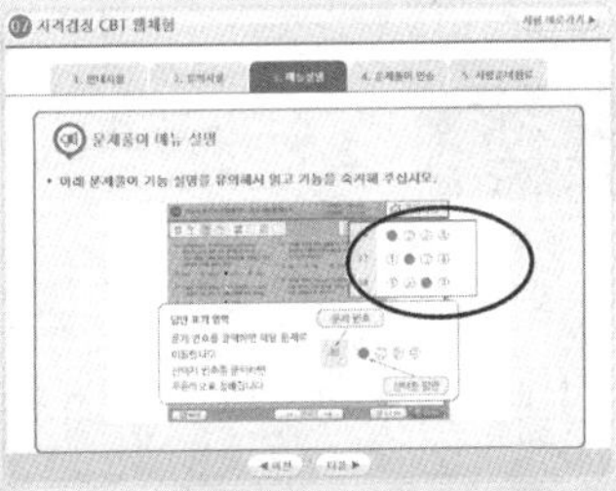

🔹 **답안 표기 영역**
문제 번호를 클릭하면 해당 문제로 이동하고
선택지 번호를 클릭하면 답안이 표시됨

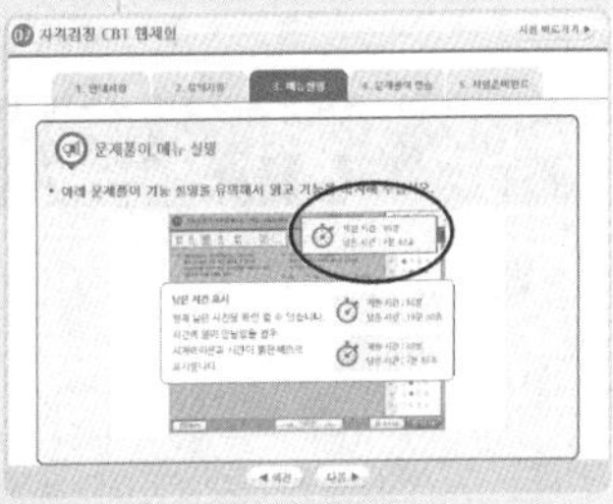

🔹 **남은 시간 표시**
남은 시간 표시 및 제한 시간이 없을 경우
시계 아이콘과 시간이 붉은색으로 표시됨

시험 가이드

01. 전기기능사 개요

전기로 인한 재해를 방지하기 위하여 일정한 자격을 갖춘 사람으로 하여금 전기기기를 제작, 제조, 조작, 운전, 보수 등을 하도록 하기 위해 자격제도 제정

02. 수행직무

전기에 필요한 장비 및 공구를 사용하여 회전기, 정지기, 제어장치 또는 빌딩, 공장, 주택 및 전력시설물의 전선, 케이블, 전기기계 및 기구를 설치, 보수, 검사, 시험 및 관리하는 일

03. 진로 및 전망

- 발전소, 변전소, 전기공작물 시설업체, 건설업체, 한국전력공사 및 일반사업체나 공장의 전기부서, 가정용 및 산업용 전기 생산업체, 부품제조업체 등에 취업하여 전기와 관련된 제반시설의 관리 및 검사업무 보조 및 담당할 수 있다.
- 전기공사산업기사, 전기공사기사, 전기산업기사, 전기기사 자격증 취득의 첫 단계이다.
- 설치된 전기시설을 유지·보수하는 인력과 전기제품을 제작하는 인력수요는 계속될 전망이며, 새롭게 등장하는 신기술의 개발로 상위의 기술수준 습득이 요구되므로 꾸준한 자기계발을 하는 노력이 필요하다.

04. 관련학과

전문계 고등학교의 전기과, 전기제어과, 전기설비과, 전기기계과, 디지털전기과 등 관련학과

05. 시행처

한국산업인력공단

06. 시험과목

필기	실기
1. 전기이론 2. 전기기기 3. 전기설비	전기설비작업

07. 검정방법

- 필기 : 객관식 4지택일형(60문항) → 시험시간 : 1시간
- 실기 : 작업형 → 5시간 정도, 전기설비작업

08. 합격기준

- 필기 : 100점 만점에 60점 이상
- 실기 : 100점 만점에 60점 이상

09. 출제기준

필기과목명	문제수	주요항목	세부항목	세세항목
전기이론 전기기기 전기설비	60	1. 전기의 성질과 전하에 의한 전기장	(1) 전기의 본질	① 원자와 분자 ② 도체와 부도체 ③ 단위계 등
			(2) 정전기의 성질 및 특수현상	① 정전기현상 ② 정전기의 특성 ③ 정전기의 특수현상 등
			(3) 콘덴서(커패시터)	① 콘덴서(커패시터)의 구조와 원리 ② 콘덴서(커패시터)의 종류 ③ 콘덴서(커패시터)의 연결방법과 용량계산법 ④ 정전에너지 등

시험 가이드

필기과목명	문제수	주요항목	세부항목	세세항목
전기이론 전기기기 전기설비	60	1. 전기의 성질과 전하에 의한 전기장	(4) 전기장과 전위	① 전기장 ② 전기장의 방향과 세기 ③ 전위와 등전위면 ④ 평행극판 사이의 전기장 등
		2. 자기의 성질과 전류에 의한 자기장	(1) 자석에 의한 자기현상	① 영구자석과 전자석 ② 자석의 성질 ③ 자석의 용도와 기능 ④ 자기에 관한 쿨롱의 법칙 ⑤ 자기장의 성질 등
			(2) 전류에 의한 자기현상	① 전류에 의한 자기장 ② 자기력선의 방향 ③ 도체가 자기장에서 받는 힘 등
			(3) 자기회로	① 자기저항 ② 자속밀도 등
		3. 전자력과 전자유도	(1) 전자력	① 전자력의 방향과 크기 등
			(2) 전자유도	① 전자유도작용 ② 자기유도 ③ 상호유도작용 ④ 코일의 접속 ⑤ 전자에너지 등
		4. 직류회로	(1) 전압과 전류	① 전기회로의 전류 ② 전기회로의 전압 등
			(2) 전기저항	① 고유저항 ② 옴의 법칙과 전압강하 ③ 저항의 접속 ④ 전위의 평형 등
		5. 교류회로	(1) 정현파 교류회로	① 교류 발생원의 특성 ② RLC 직병렬접속 ③ 교류전력 등

필기과목명	문제수	주요항목	세부항목	세세항목
전기이론 전기기기 전기설비	60	5. 교류회로	(2) 3상 교류회로	① 3상 교류의 발생과 표시법 ② 3상 교류의 결선법 ③ 평형 3상 회로 ④ 3상 전력 등
			(3) 비정현파 교류회로	① 비정현파의 의미 ② 비정현파의 구성 ③ 비선형 회로 ④ 비정현파 교류의 성분 등
		6. 전류의 열작용과 화학작용	(1) 전류의 열작용	① 전류의 발열작용 ② 전력량과 전력 등
			(2) 전류의 화학작용	① 전류의 화학작용 ② 전지 등
		7. 변압기	(1) 변압기의 구조와 원리	① 변압기의 원리 ② 변압기의 전압과 전류와의 관계 ③ 변압기의 등가회로 ④ 변압기의 종류, 극성, 구조 등
			(2) 변압기 이론 및 특성	① 변압기의 정격, 손실, 효율 등
			(3) 변압기 결선	① 3상 결선 등
			(4) 변압기 병렬운전	① 병렬운전 조건 및 특성 등
			(5) 변압기 시험 및 보수	① 변압기의 시험 ② 변압기의 점검 및 보수 등
		8. 직류기	(1) 직류기의 원리와 구조	① 직류기의 개요 ② 직류기의 동작원리 등
			(2) 직류발전기의 종류 및 특성	① 직류발전기의 종류 및 특성 등
			(3) 직류전동기의 종류 및 특성	① 직류전동기의 종류 및 특성 등

시험 가이드

필기과목명	문제수	주요항목	세부항목	세세항목
전기이론 전기기기 전기설비	60	8. 직류기	(4) 직류전동기의 이론 및 용도	① 직류전동기의 유도기전력 ② 속도 및 토크 특성 ③ 속도변동률 등
			(5) 직류기의 시험법	① 접지시험 ② 단선 여부에 대한 시험 ③ 권선저항과 절연저항값 등
		9. 유도전동기	(1) 유도전동기의 원리와 구조	① 회전원리 ② 회전자기장 ③ 단상 유도전동기의 원리 및 구조 등
			(2) 유도전동기의 속도제어 및 용도	① 3상 유도전동기 속도제어 원리와 특성 ② 유도전동기의 출력과 토크 특성 등
		10. 동기기	(1) 동기기의 원리와 구조	① 동기발전기의 원리 및 구조 ② 동기전동기의 원리 등
			(2) 동기발전기의 이론 및 특성	① 동기발전기이론 및 특성에 관한 사항 등
			(3) 동기발전기의 병렬운전	① 병렬운전에 필요한 조건 ② 동기발전기의 병렬운전법 등
			(4) 동기발전기의 운전	① 동기전동기의 운전에 관한 사항 ② 특수전동기에 관한 사항 등
		11. 정류기 및 제어기기	(1) 정류용 반도체 소자	① 정류용 반도체 소자의 종류
			(2) 정류회로의 특성	① 다이오드를 이용한 정류회로의 특성 등
			(3) 제어정류기	① 제어정류기에 대한 원리 및 특성 등
			(4) 사이리스터의 응용회로	① 사이리스터의 원리 및 특성 등
			(5) 제어기 및 제어장치	① 제어기 및 제어장치의 종류와 특성 등
		12. 보호계전기	(1) 보호계전기의 종류 및 특성	① 보호계전기의 종류 ② 보호계전기의 구조 및 원리 ③ 보호계전기 특성 등

필기과목명	문제수	주요항목	세부항목	세세항목
전기이론 전기기기 전기설비	60	13. 배선재료 및 공구	(1) 전선 및 케이블	① 나전선 ② 절연전선 ③ 기타 절연전선 ④ 코드 ⑤ 케이블 등
			(2) 배선재료	① 개폐기 ② 점멸스위치 ③ 콘센트 및 플러그 ④ 소켓류 ⑤ 과전류차단기 ⑥ 누전차단기 등
			(3) 전기설비에 관련된 공구	① 게이지의 종류 ② 공구 및 기구 등
		14. 전선접속	(1) 전선의 피복 벗기기	① 전선 피복 벗기는 방법 등
			(2) 전선의 각종 접속방법	① 단선접속 ② 연선접속 ③ 와이어 커넥터를 이용한 접속 ④ 슬리브를 이용한 접속 등
			(3) 전선과 기구단자와의 접속	① 직선단자와 기구접속 ② 고리형 단자와 기구접속 등
		15. 배선설비공사 및 전선허용전류 계산	(1) 전선관시스템	① 합성수지관공사 방법 등 ② 금속관공사 방법 등 ③ 금속제 가요전선관공사 방법 등
			(2) 케이블트렁킹시스템	① 합성수지몰드공사 방법 등 ② 금속몰드공사 방법 등 ③ 금속트렁킹공사 방법 등 ④ 케이블트렌치공사 방법 등
			(3) 케이블덕팅시스템	① 금속덕트공사 방법 등 ② 플로어덕트공사 방법 등 ③ 셀룰러덕트공사 방법 등

시험 가이드

필기과목명	문제수	주요항목	세부항목	세세항목
전기이론 전기기기 전기설비	60	15. 배선설비공사 및 전선허용전류 계산	(4) 케이블트레이시스템	① 케이블트레이공사 방법 등
			(5) 케이블공사	① 케이블공사 방법 등
			(6) 저압 옥내배선 공사	① 전등배선 및 배선기구 ② 접지 및 누전차단기 시설 등
			(7) 특고압 옥내배선 공사	① 고압 및 특고압 옥내배선 등
			(8) 전선허용전류	① 전선허용전류 및 단면적 산정 ② 복수회로 등 전선허용전류 및 단면적 산정
		16. 전선 및 기계기구의 보안공사	(1) 전선 및 전선로의 보안	① 전선 및 전선로의 보안공사 등
			(2) 과전류차단기 설치공사	① 과전류차단기 설치공사 등
			(3) 각종 전기기기 설치 및 보안공사	① 각종 전기기기 설치 및 보안공사 등
			(4) 접지공사	① 접지공사의 규정 등
			(5) 피뢰설비 설치공사	① 피뢰설비 설치공사 등
		17. 가공인입선 및 배전선 공사	(1) 가공인입선 공사	① 가공인입선의 굵기 및 높이 등
			(2) 배전선로용 재료와 기구	① 지지물, 완금, 완목, 애자 및 배선용 기구 등
			(3) 장주, 건주(전주세움) 및 가선(전선설치)	① 배전선로의 시설 ② 장주 및 건주(전주세움) ③ 가선(전선설치)공사 등
			(4) 주상기기의 설치	① 주상기기 설치공사 등
		18. 고압 및 저압 배전반 공사	(1) 배전반 공사	① 배전반의 종류 ② 배전반설치 및 접지공사 ③ 수·변전설비 등
			(2) 분전반 공사	① 분전반의 종류와 공사 등

필기과목명	문제수	주요항목	세부항목	세세항목
전기이론 전기기기 전기설비	60	19. 특수장소 공사	(1) 먼지가 많은 장소의 공사	① 폭연성 분진 또는 화약류 분말이 존재하는 곳의 공사 ② 가연성 분진이 존재하는 곳의 공사 ③ 기타 공사 등
			(2) 위험물이 있는 곳의 공사	① 위험물이 있는 곳의 공사 등
			(3) 가연성 가스가 있는 곳의 공사	① 가연성 가스가 있는 곳의 공사 등
			(4) 부식성 가스가 있는 곳의 공사	① 부식성 가스가 있는 곳의 공사 등
			(5) 흥행장, 광산, 기타 위험장소의 공사	① 흥행장, 광산, 기타 위험장소의 공사 등
		20. 전기응용시설 공사	(1) 조명배선	① 조명공사 등
			(2) 동력배선	① 동력배선공사 등
			(3) 제어배선	① 제어배선공사 등
			(4) 신호배선	① 신호배선공사 등
			(5) 전기응용기기 설치공사	① 전기응용기기 설치공사 등

이 책의 구성

자주 출제되는 핵심이론

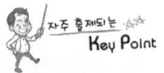

Chapter 01 직류 회로

1 전기의 본질

(1) 물질의 양
① 전자 1개의 전하량 : $e = 1.602 \times 10^{-19}$[C]
② 양성자(양자)의 질량 : 1.67261×10^{-27}[kg]
③ 전자의 질량 : 9.109×10^{-31}[kg]

(2) 자유 전자
① 원자핵의 구속력을 벗어나서 물질 내에서 자유로이 이동할 수 있는 것
② 전기 현상 : 자유 전자의 이동으로 발생

● 전자의 전하량
 $e = 1.602 \times 10^{-19}$[C]

● 대전
 전자의 과부족 현상

정리 : 2개의 저항 및 정전 용량 합성값 구하기

접속 종류	합성 저항	합성 정전 용량
직렬 접속	$R_0 = R_1 + R_2$	$C_0 = \dfrac{1}{\dfrac{1}{C_1} + \dfrac{1}{C_2}} = \dfrac{C_1 C_2}{C_1 + C_2}$ [F]
병렬 접속	$R_0 = \dfrac{1}{\dfrac{1}{R_1} + \dfrac{1}{R_2}} = \dfrac{R_1 R_2}{R_1 + R_2}$	$C_0 = C_1 + C_2$ [F]

(3) 대전 현상
① 물질이 정상 상태보다 전자의 수가 많거나 적어져서 전기를 띠는 현상
② 양(+) 전기 : 자유 전자를 잃는 경우
③ 음(-) 전기 : 자유 전자를 얻는 경우
④ 마찰 전기 : 절연체를 서로 마찰시킬 때 이들 물체가 전기를 띠게 되는 현상

● 정온도 계수
 구리, 은, 금, 알루미늄 등

● 부온도 계수
 규소, 셀레늄, 게르마늄 등

참고 : 도체와 반도체
① 도체 : 온도가 상승하면 저항도 상승하는 정(+) 온도 계수를 갖는 것 (정온도 계수)
② 반도체 : 온도가 상승하면 저항이 감소하는 부(-) 온도 계수를 갖는 것 (부온도 계수), 규소, 게르마늄, 서미스터, 탄소, 아산화동

● **자주 출제되는 KeyPoint**
시험에 자주 출제되는 핵심내용을 날개부분에 정리하여 숙지하도록 하였습니다.

● **중요내용 『굵게』 표시**
본문 내용 중 중요한 부분은 진하게 처리하여 확실하게 암기할 수 있도록 표시하였습니다.

● **깐깐 정리**
단락내용을 정리하여 이 부분에 집중하여 공부할 수 있도록 하였습니다.

● **깐깐 참고**
본문 내용을 상세하게 이해하는 데 도움을 주고자 참고적인 내용을 실었습니다.

2024년 제2회 CBT 기출복원문제

★ 표시 : 문제 중요도를 나타냄

본 기출문제는 수험생들의 기억을 바탕으로 작성한 것으로 내용 및 그림 등에서 실제 문제와 다소 차이가 있을 수 있습니다.

> 중요문제 「별표★」 표시
>
> 문제에 별표(★)를 표시하여 각 문제의 중요도를 알 수 있게 하였습니다.(여기서, 별표의 개수가 많을수록 중요한 문제이므로 반드시 숙지하여야 함)

01 수·변전 설비에서 계기용 변류기(CT)의 설치 목적은?
① 고전압을 저전압으로 변성
② 대전류를 소전류로 변성
③ 선로 전류 조정
④ 지락 전류 측정

해설 계기용 변류기(CT) : 대전류를 소전류(5[A])로 변성하여 측정 계기나 전기의 전원원으로 사용하기 위한 전류 변성기

02 굵은 전선이나 케이블을 절단할 때 사용되는 공구는?
① 펜치   ② 클리퍼
③ 나이프 ④ 플라이어

해설 클리퍼 : 전선 단면적 25[mm²] 이상의 굵은 전선이나 볼트 절단 시 사용하는 공구

03 전선의 구비 조건이 아닌 것은?
① 비중이 클 것
② 가요성이 풍부할 것
③ 고유 저항이 작을 것
④ 기계적 강도가 클 것

해설 전선 구비 조건
• 비중이 작을 것(중량이 가벼울 것)
• 가요성, 기계적 강도 및 내식성이 좋을 것
• 전기 저항(고유 저항)이 작을 것

04 다음 중 반자성체는?
① 니켈
② 코발트
③ 구리
④ 철

해설 반자성체 : 외부 자계와 반대 방향으로 자화되는 자성체(구리, 안티몬, 비스무트, 아연 등)

05 200[V], 60[Hz], 10[kW] 3상 유도 전동기의 전류는 몇 [A]인가? (단, 유도 전동기의 효율과 역률은 0.85이다.)
① 10   ② 20
③ 30   ④ 40

해설 3상 소비 전력 $P = \sqrt{3}\,VI\cos\theta \times$ 효율

전류 $I = \dfrac{P}{\sqrt{3}\,V\cos\theta \times 효율}$

$= \dfrac{10 \times 10^3}{\sqrt{3} \times 200 \times 0.85 \times 0.85} = 40$[A]

06 직류 분권 전동기의 무부하 전압이 108[V], 전압 변동률이 8[%]인 경우 정격 전압은 몇 [V]인가?
① 100
② 95
③ 105
④ 85

> 출제빈도 표시
>
> 자주 출제되는 문제에 빈도표시를 하여 집중해서 학습할 수 있도록 하였습니다.

> 상세한 해설 정리
>
> 각 문제마다 상세한 해설을 덧붙여 그 문제를 완전히 이해할 수 있도록 했을 뿐만 아니라 유사문제에도 대비할 수 있도록 하였습니다.

정답 01.② 02.② 03.① 04.③ 05.④ 06.①

이 책의 차례

01 자주 출제되는 핵심이론

PART 01 전기이론

기초 미리 알고 가기 ·········· 3
Chapter 01. 직류 회로 ·········· 8
Chapter 02. 정전계 ·········· 23
Chapter 03. 정자계 ·········· 30
Chapter 04. 교류 회로 ·········· 51

PART 02 전기기기

기초 미리 알고 가기 ·········· 73
Chapter 01. 직류기 ·········· 77
Chapter 02. 동기기 ·········· 91
Chapter 03. 변압기 ·········· 106
Chapter 04. 유도 전동기 ·········· 119
Chapter 05. 정류기 ·········· 133

PART 03 전기설비

기초 미리 알고 가기 ·········· 140
Chapter 01. 전선 및 전선의 접속 ·········· 143
Chapter 02. 배선 재료와 공구 ·········· 154
Chapter 03. 저압 옥내 배선 공사 ·········· 162
Chapter 04. 저압 전로 보호 ·········· 170
Chapter 05. 전로의 절연 및 접지 ·········· 176
Chapter 06. 전선로 및 배전 공사 ·········· 183
Chapter 07. 배전반, 분전반 및 특수 장소의 공사 ·········· 193
Chapter 08. 조명 설계 및 기타 ·········· 201

 과년도 **출제문제**

- 2016년 제1회 기출문제 ·········· 16-1
- 2016년 제2회 기출문제 ·········· 16-11
- 2016년 제4회 기출문제 ·········· 16-21
- 2016년 제5회 CBT 기출복원문제 ·········· 16-31

- 2017년 제1회 CBT 기출복원문제 ·········· 17-1
- 2017년 제2회 CBT 기출복원문제 ·········· 17-11
- 2017년 제3회 CBT 기출복원문제 ·········· 17-20
- 2017년 제4회 CBT 기출복원문제 ·········· 17-30

- 2018년 제1회 CBT 기출복원문제 ·········· 18-1
- 2018년 제2회 CBT 기출복원문제 ·········· 18-10
- 2018년 제3회 CBT 기출복원문제 ·········· 18-20
- 2018년 제4회 CBT 기출복원문제 ·········· 18-30

- 2019년 제1회 CBT 기출복원문제 ·········· 19-1
- 2019년 제2회 CBT 기출복원문제 ·········· 19-11
- 2019년 제3회 CBT 기출복원문제 ·········· 19-21
- 2019년 제4회 CBT 기출복원문제 ·········· 19-31

- 2020년 제1회 CBT 기출복원문제 ·········· 20-1
- 2020년 제2회 CBT 기출복원문제 ·········· 20-10
- 2020년 제3회 CBT 기출복원문제 ·········· 20-20
- 2020년 제4회 CBT 기출복원문제 ·········· 20-30

- 2021년 제1회 CBT 기출복원문제 ·········· 21-1
- 2021년 제2회 CBT 기출복원문제 ·········· 21-11
- 2021년 제3회 CBT 기출복원문제 ·········· 21-20
- 2021년 제4회 CBT 기출복원문제 ·········· 21-29

이 책의 차례

- 2022년 제1회 CBT 기출복원문제 ·········· 22-1
- 2022년 제2회 CBT 기출복원문제 ·········· 22-11
- 2022년 제3회 CBT 기출복원문제 ·········· 22-21
- 2022년 제4회 CBT 기출복원문제 ·········· 22-30

- 2023년 제1회 CBT 기출복원문제 ·········· 23-1
- 2023년 제2회 CBT 기출복원문제 ·········· 23-10
- 2023년 제3회 CBT 기출복원문제 ·········· 23-19
- 2023년 제4회 CBT 기출복원문제 ·········· 23-28

- 2024년 제1회 CBT 기출복원문제 ·········· 24-1
- 2024년 제2회 CBT 기출복원문제 ·········· 24-10
- 2024년 제3회 CBT 기출복원문제 ·········· 24-20
- 2024년 제4회 CBT 기출복원문제 ·········· 24-30

- 2025년 제1회 CBT 기출복원문제 ·········· 25-1
- 2025년 제2회 CBT 기출복원문제 ·········· 25-10
- 2025년 제3회 CBT 기출복원문제 ·········· 25-20
- 2025년 제4회 CBT 기출복원문제 ·········· 25-29

자주 출제되는 핵심이론

PART 01 전기이론
PART 02 전기기기
PART 03 전기설비

PART 01 전기이론

미리 알고 가기

접두어 환산과 읽기

배수 및 분수	접두어	읽기	배수 및 분수	접두어	읽기
$T = 10^{12}$	Tera	테라	$m = 10^{-3}$	milli	밀리
$G = 10^{9}$	Giga	기가	$\mu = 10^{-6}$	micro	마이크로
$M = 10^{6}$	Mega	메가	$n = 10^{-9}$	nano	나노
$k = 10^{3}$	kilo	킬로	$p = 10^{-12}$	pico	피코

그리스어 표기와 읽기

표기법	알파벳	읽기	표기법	알파벳	읽기
α	alpha	알파	ξ	xi	크사이
β	beta	베타	π	pi	파이
γ	gamma	감마	ρ	rho	로
δ	delta	델타	σ	sigma	시그마
ε	epsilon	엡실론	τ	tau	타우
ζ	zeta	지타	ϕ	phi	파이
η	eta	이타	χ	chi	카이
θ	theta	시타	ψ	psi	프사이
λ	lambda	람다	ω	omega	오메가
μ	mu	뮤	–	–	–

미리 알고 가기

전기이론 기호와 단위 읽는 법

[제1장 직류 회로]

- 전류 I[A : 암페어]$=\dfrac{Q}{t}=\dfrac{V}{R}$
- 전압 V[V : 볼트]$=\dfrac{W}{Q}=IR$
- 기전력 E[V]
- 전하량(전기량) Q[C : 쿨롬]
- 일, 에너지(work) W[J : 줄]
- 전자 1개의 전기량 : $e=-1.602\times 10^{-19}$[C]
- 질량 m[kg]
- 전자 1개의 질량 : $m_e=9.10955\times 10^{-31}$[kg]
- 저항(resistance) R[Ω : 옴]
- 내부 저항 : 자체가 가지는 저항 r[Ω]
- 고유 저항 : 전선의 재질에 따른 저항비 ρ(로)[Ω·m]
- 컨덕턴스(conductance) G[℧ : 모, S : 지멘스]$=\dfrac{1}{R}$
- 도전율 σ(시그마)$=k=\dfrac{1}{\rho}$[℧/m]
- 온도 계수 : 1[℃], 1[Ω]마다 저항의 증가 비율
  α(알파)$=\dfrac{1}{234.5+t}$
- 전력(power) : 전기가 발생시키는 힘 P[W : 와트=J/sec]$=VI=I^2R=\dfrac{V^2}{R}=\dfrac{W}{t}$
- 전력량(work) : 전기가 한 일의 양 $W=Pt$[J]
- 열량(heat) H[cal : 칼로리]
- 1[J]$=0.2389$[cal]

[제2장 정전계]

- 힘(force) F[N : 뉴턴]
- 전계, 전장, 전기장(전하의 힘이 미치는 공간) : E[V/m]
- 유전율 : 전하를 유도하는 비율 ε(엡실론)[F(패럿)/m]
- 공기의 유전율 $\varepsilon_0 = 8.855 \times 10^{-12}$[F/m]
- 여러 가지 유전체의 비유전율 : ε_s

유전체	ε_s	유전체	ε_s
공기, 진공	1	소다 유리	6 ~ 8
종이	1.2 ~ 3	운모	5 ~ 9
절연유	2 ~ 3	글리세린	40
고무	2.2 ~ 2.4	물	80
폴리에틸렌	2.2 ~ 3.4	산화티탄 자기	30 ~ 80
수정	5	티탄산바륨	1,500 ~ 2,000

- 전속=전하량 Q[C]
- 전속 밀도 : 단위면적당 전속의 양 $D = \dfrac{전속}{S} = \dfrac{Q}{S} = \dfrac{Q}{4\pi r^2}$[C/m²]
- 구도체의 (표)면적 : $S = A = 4\pi r^2$[m²]
- 정전 용량(capacitance) : 전하를 축적하는 능력

  $C = \dfrac{Q}{V}$[F(패럿)/m]

  $C = 1[\mu F] = 10^{-6}$[F]

  $C = 1[nF] = 10^{-9}$[F]
- 단위 μ(마이크로)$= 10^{-6}$
- 단위 n(나노)$= 10^{-9}$
- 단위 p(피코)$= 10^{-12}$

[제3장 정자계]

- 투자율 : 자성체가 자성을 띠는 정도, 자속이 잘 통과하는 정도를 나타내는 매질 상수이며 투자율이 클수록 자속이 잘 통과한다.
  μ(뮤)$= \mu_0 \mu_s$[H(헨리)/m]
- 진공 또는 공기의 투자율 : $\mu_0 = 4\pi \times 10^{-7}$[H/m]

자주 출제되는 핵심이론

 미리 알고 가기

• 물질에 따른 비투자율의 크기 •

자성체	비투자율 μ_s	자성체	비투자율 μ_s
구리	0.9999	코발트	250
비스무트	0.99998	니켈	600
진공	1	철	6,000 ~ 200,000
알루미늄	1.0	슈퍼멀로이	1,000,000

- 자계, 자장, 자기장 : 자장의 힘이 미치는 공간 H[A/m]
- 자속 ϕ(파이)[Wb : 웨버]
- 자속 밀도 : $B = \dfrac{\phi}{S}$[Wb/m²]
- 회전력(torque) T[N·m]
- 위상각(위상차) : θ(시타)[rad : 라디안]
- 기자력 F[AT : 암페어턴]$= NI = R_m \phi$
- 권수 : 코일 감은 횟수 N[T : 턴]
- 자기 저항 : 자속의 통과를 방해하는 성분 R_m[AT/Wb]
- 자기 인덕턴스(self inductance) : 자속이 자신의 코일과 쇄교하는 비율 L[H : 헨리]
- 상호 인덕턴스(mutual inductance) : 자속이 다른 코일과 쇄교하는 비율 M[H]
- 쇄교 : 수직으로 교차하여 결합하는 정도

[제4장 교류 회로]

- 주파수 f[Hz : 헤르츠]
- 주기 T[sec]
- 위상, 편각 또는 위상차 θ(시타)[rad : 라디안]
- 라디안법에 의한 위상 : π[rad]$= 180°$
- 각주파수 : ω(오메가)$= 2\pi f$[rad/sec]
- 자연대수 : 자연적으로 증가하는 비율 $e = 2.718 \cdots$(exponential)
- 임피던스 : 교류에서 전류의 흐름을 방해하는 성분 Z[Ω]
- 교류의 옴의 법칙 : $V = IZ$[V]
- 직류의 옴의 법칙 : $V = IR$[V]

- 유도성 리액턴스(reactance) : L에서 전류의 흐름을 방해하는 임피던스 성분
  $X_L = \omega L [\Omega]$
- 용량성 리액턴스 : C의 임피던스 성분
  $X_C = \dfrac{1}{\omega C}[\Omega]$
- 삼각함수 읽는 법과 계산

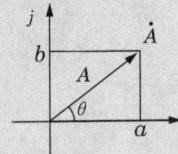

$\cos\theta(\text{cosine theta}) = \dfrac{a}{A}$

$\sin\theta(\text{sine theta}) = \dfrac{b}{A}$

$\tan\theta(\text{tangent theta}) = \dfrac{b}{a}$

- 교류 전력
- 피상 전력(apparent electric power) : 교류에서 임피던스에서 발생하는 전력 P_a[VA : 볼트암페어]
- 유효 전력(active power) : 실제 부하 R에서 발생하는 전력 P[W : 와트]
- 무효 전력(reactive power) : 리액턴스에 의해 발생하는 전력 P_r[Var : 바]

자주 출제되는 핵심이론

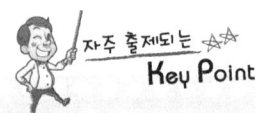

Chapter 01 직류 회로

전자의 전하량
$e = 1.602 \times 10^{-19}$[C]

1 전기의 본질

(1) 물질의 양
① 전자 1개의 전하량 : $e = 1.602 \times 10^{-19}$[C]
② 양성자(양자)의 질량 : 1.67261×10^{-27}[kg]
③ 전자의 질량 : 9.109×10^{-31}[kg]

(2) 자유 전자
① 원자핵의 구속력을 벗어나서 물질 내에서 자유로이 이동할 수 있는 것
② 전기 현상 : 자유 전자의 이동으로 발생

대전
전자의 과부족 현상

(3) 대전 현상
① 물질이 정상 상태보다 전자의 수가 많거나 적어져서 전기를 띠는 현상
② 양(+) 전기 : 자유 전자를 잃는 경우
③ 음(-) 전기 : 자유 전자를 얻는 경우
④ 마찰 전기 : 절연체를 서로 마찰시킬 때 이들 물체가 전기를 띠게 되는 현상

(4) 전하, 전하량(전기량)
① 전하 : 대전 상태에 있는 물체가 가지고 있는 전기적인 힘을 가지고 있는 미소 입자
② 전하량(전기량) : 전하가 가지고 있는 전기적인 양으로, 단위는 쿨롱[C]

2 직류 회로의 옴의 법칙

(1) 전류

전류
$I = \dfrac{Q}{t}$ [A]

전하량
$Q = It$ [C]

① 전류 : 양(+) 또는 음(-)의 전하가 일정한 방향으로 이동하는 현상
② 전류의 크기 : 어떤 도체의 단면을 단위 시간 동안에 통과한 전기적인 양(전하량)
③ $I = \dfrac{Q}{t}$ [A=C/sec]

$Q = It$ [C=A·sec]

여기서, I : 전류[A], Q : 전하량[C], t : 시간[sec]

(2) 전압

① 전압 : 전류가 흐를 수 있는 힘의 원천으로, 일종의 전기적인 압력의 크기

② 기전력 : 지속적으로 전위차를 발생시켜 계속해서 전류가 흐를 수 있도록 하는 힘

③ 전압의 크기 1[V] : 1[C]의 전하량이 두 점 사이를 이동하여 한 일의 양이 1[J]일 때 전압

$$V = \frac{W}{Q} \; [V = J/C]$$

$$W = QV = VIt \; [J = V \cdot A \cdot \sec]$$

전압(전위)
$V = \dfrac{W}{Q}[V]$

전하가 한 일
$W = QV[J]$

(3) 저항

① 정의 : 전압 인가 시 전류가 얼마나 쉽게 흐를 수 없는가를 나타내는 것

  ㉠ 도선 저항 : 도체에 전류가 흐를 때 전류의 흐름을 방해하는 정도를 나타내는 상수

  ㉡ 부하 저항 : 각각의 부하가 가지고 있는 고유의 특성으로 인하여 전압을 인가하였을 때 전류가 흐를 수 없는 정도를 나타내는 상수

  ㉢ 부하 : 백열전구, 형광등, 선풍기, 전동기와 같이 전원에서 전기를 공급받아 전기에너지를 소비하여 일을 할 수 있는 모든 전기적인 회로 요소

② 저항 심벌 : ─╱╲╱╲─ R

③ 저항 단위 : 옴[Ω]

(4) 컨덕턴스

① 정의 : 전기 저항과는 반대로 전류가 흐르기 쉬운 정도를 나타내는 상수

② 컨덕턴스 심벌 : ─╱╲╱╲─ R

③ 단위 : 모[℧]나 지멘스[S]

컨덕턴스
$G = \dfrac{1}{R}[℧]$

$R = \dfrac{1}{G}[Ω]$

(5) 저항과 컨덕턴스의 관계

$$\text{컨덕턴스 } G = \frac{1}{R}[℧], \; \text{저항 } R = \frac{1}{G}[Ω]$$

(6) 옴의 법칙

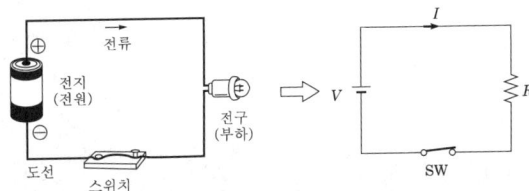

자주 출제되는 핵심이론

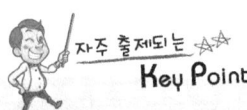

옴의 법칙
전압 $V = IR[V]$
전류 $I = \dfrac{V}{R}[A]$
저항 $R = \dfrac{V}{I}[\Omega]$

① 옴의 법칙 : $V = IR[V]$

$$I = \dfrac{V}{R}[A]$$

$$R = \dfrac{V}{I}[\Omega]$$

여기서, V : 전압[V], I : 전류[A], R : 저항[Ω]

㉠ 전류가 전압에 비례하고 저항에 반비례한다.
㉡ 전압 일정 시 전류의 크기는 도체의 저항에 반비례한다.

② 컨덕턴스와의 관계 : $I = \dfrac{V}{R} = GV[A]$

$$V = IR = \dfrac{I}{G}[V]$$

여기서, V : 전압[V], I : 전류[A], G : 컨덕턴스[℧]

3 저항의 접속

(1) 직렬 접속

모든 저항에 일정한 전류가 흐르도록 접속한 회로이다.

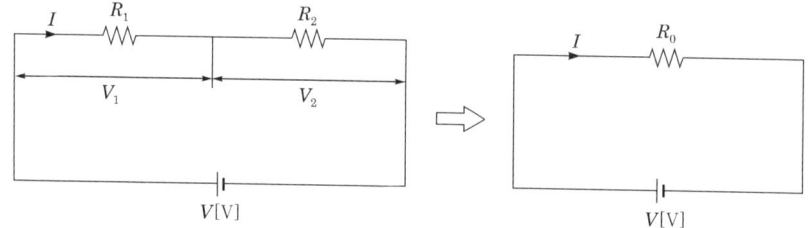

$$V_1 = IR_1, \quad V_2 = IR_2$$
$$V = V_1 + V_2 = I(R_1 + R_2) = IR_0[V]$$

① 합성 저항 : $R_0 = R_1 + R_2[\Omega]$

② 전류 : $I = \dfrac{V}{R_0} = \dfrac{V}{R_1 + R_2}[A]$

③ 전압 분배 : 각각의 저항에 **분배되는 전압**은 전류가 일정하므로 **저항에 비례 분배**된다.

직렬 합성 저항
$R_0 = R_1 + R_2[\Omega]$

전압 분배
$V_1 = \dfrac{R_1}{R_1 + R_2} \times V[V]$
$V_2 = \dfrac{R_2}{R_1 + R_2} \times V[V]$

$$V_1 : V_2 = R_1 : R_2$$
$$V_1 = \dfrac{R_1}{R_1 + R_2} \times V[V]$$
$$V_2 = \dfrac{R_2}{R_1 + R_2} \times V[V]$$

(2) 병렬 접속

① 각각의 저항에 인가되는 전압이 일정하게 작용하는 회로이다.

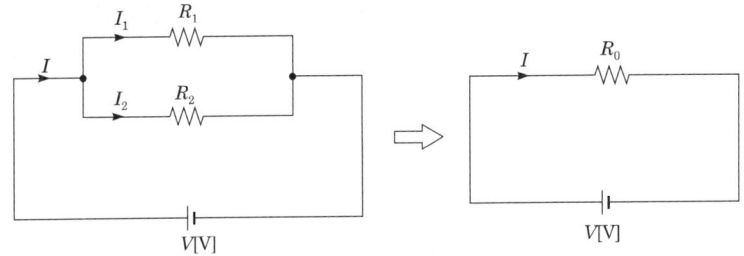

$$I_1 = \frac{V}{R_1} [A]$$

$$I_2 = \frac{V}{R_2} [A]$$

$$I = I_1 + I_2 [A]$$

$$= \frac{V}{R_1} + \frac{V}{R_2} = \left(\frac{1}{R_1} + \frac{1}{R_2}\right) V = \frac{V}{R_0} [A]$$

② 합성 저항 : $R_0 = \dfrac{1}{\dfrac{1}{R_1} + \dfrac{1}{R_2}} = \dfrac{R_1 R_2}{R_1 + R_2} [\Omega]$

③ 전류 분배 : 각각의 저항에 **분배되는 전류**는 **반비례 분배**되어 흐른다.

$$I_1 = \frac{R_2}{R_1 + R_2} I [A]$$

$$I_2 = \frac{R_1}{R_1 + R_2} I [A]$$

④ 기타 합성 저항
  ㉠ 3개 저항이 병렬 접속인 경우 합성 저항

  $$R_0 = \frac{1}{\dfrac{1}{R_1} + \dfrac{1}{R_2} + \dfrac{1}{R_3}} = \frac{R_1 R_2 R_3}{R_1 R_2 + R_2 R_3 + R_3 R_1} [\Omega]$$

  ㉡ 서로 다른 n개 저항이 병렬 접속인 경우 합성 저항

  $$R_0 = \frac{1}{\dfrac{1}{R_1} + \dfrac{1}{R_2} + \dfrac{1}{R_3} + \cdots\cdots + \dfrac{1}{R_n}} [\Omega]$$

⑤ $R_1 = R_2 = R_3 = \cdots\cdots = R_n$ 인 경우 합성 저항

$$R_0 = \frac{R_1(\text{저항 1개분})}{n(\text{병렬 접속 개수})} [\Omega]$$

병렬 합성 저항

$$R_0 = \frac{1}{\dfrac{1}{R_1} + \dfrac{1}{R_2}}$$

$$= \frac{R_1 R_2}{R_1 + R_2} [\Omega]$$

분배 전류

$$I_1 = \frac{R_2}{R_1 + R_2} I [A]$$

$$I_2 = \frac{R_1}{R_1 + R_2} I [A]$$

저항 n개의 병렬 접속

$$R_0 = \frac{R_1}{n}$$

자주 출제되는 핵심이론

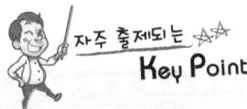

컨덕턴스 접속
㉠ 직렬
$$G_0 = \cfrac{1}{\cfrac{1}{G_1}+\cfrac{1}{G_2}}$$
$$= \cfrac{G_1 G_2}{G_1 + G_2}$$
㉡ 병렬 $G_0 = G_1 + G_2$

2개의 저항 및 컨덕턴스 합성값 구하기

접속 종류	합성 저항	합성 컨덕턴스
직렬 접속	$R_0 = R_1 + R_2$	$G_0 = \cfrac{1}{\cfrac{1}{G_1}+\cfrac{1}{G_2}} = \cfrac{G_1 G_2}{G_1 + G_2}$
병렬 접속	$R_0 = \cfrac{1}{\cfrac{1}{R_1}+\cfrac{1}{R_2}} = \cfrac{R_1 R_2}{R_1 + R_2}$	$G_0 = G_1 + G_2$

4 키르히호프의 법칙, 전압·전류의 측정

키르히호프의 제1법칙
Σ(유입 전류)=Σ(유출 전류)

(1) 키르히호프 제1법칙 : 전류 법칙
① 회로망 중의 임의의 접속점에서 유입하는 전류의 합은 유출하는 전류의 합과 같다.
② Σ(유입 전류)=Σ(유출 전류)
$I_1 + I_2 + I_3 = I_4 + I_5$

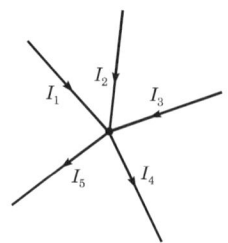

키르히호프의 제2법칙
ΣE(기전력의 대수합)
=ΣIR(전압 강하의 대수합)

(2) 키르히호프 제2법칙 : 전압 법칙
① 루프(loop)를 형성하는 임의의 회로망에서 모든 기전력의 대수합은 전압 강하의 대수합과 같다.
② ΣE(기전력의 대수합)=ΣIR(전압 강하의 대수합)
$E_1 + E_2 - E_3 + E_4 = IR_1 + IR_2 + IR_3 + IR_4$

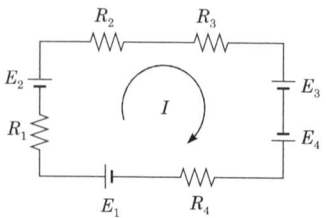

③ 폐회로에서 임의의 방향을 기준으로 하여 정한 기준 전류와 기전력에서 발생하는 전류의 방향이 동일하면 (+), 반대로 되는 것은 (−)로 한다.

(3) 전압계, 전류계
① 전압계 : 전기 회로 두 점 사이 전위차를 측정하기 위한 계기로, **전원에 병렬로 접속**하여 측정한다.
② 전류계 : 전기 회로 전류를 측정하기 위한 계기로, **전원에 직렬로 접속**하여 측정한다.

(4) 배율기
① 전압의 측정 범위를 확대하기 위하여 **전압계에 직렬로 접속**하는 저항으로서, 내부 저항보다 일반적으로 큰 저항기
② 측정 배율 : $n = \dfrac{V}{V_v}$

여기서, $V[\text{V}]$: 측정 전압
$V_v[\text{V}]$: 전압계 전압

③ 배율기 저항 : $R_m = (n-1)r_v [\Omega]$

여기서, $r_v[\Omega]$: 전압계 내부 저항

(5) 분류기
① 전류의 측정 범위를 확대하기 위하여 **전류계와 병렬로 접속**하는 저항으로서, 내부 저항보다 일반적으로 작은 저항기
② 측정 배율 : $n = \dfrac{I}{I_a}$

여기서, $I[\text{A}]$: 측정 전류
$I_a[\text{A}]$: 전류계 전류

③ 분류기 저항 : $R_s = \dfrac{r_a}{n-1} [\Omega]$

여기서, $r_a[\Omega]$: 전류계 내부 저항

(6) 휘트스톤 브리지 회로
① 휘트스톤 브리지 평형 : 검류계 ⓖ의 전류 0
② 휘트스톤 브리지 회로 평형 조건
$P \cdot X = Q \cdot R$
③ 미지의 저항 : $X = \dfrac{Q \cdot R}{P} [\Omega]$

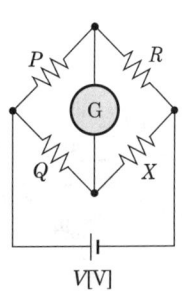

Key Point

전압계
병렬 접속

전류계
직렬 접속

배율기
전압계에 직렬 접속

분류기
전류계에 병렬 접속

휘트스톤 브리지 평형 조건
대각선 저항의 곱이 같아야 한다.

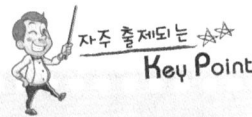

5 전지의 접속

(1) 기전력, 단자 전압
① 기전력 : 전류가 연속적으로 흐를 수 있도록 하는 원천
② 단자 전압 : 순수하게 부하 저항 양단자에 인가되는 전압

$E = I(r+R)$ [V]

여기서, E : 기전력[V]
I : 부하 전류[A]
r : 전원의 내부 저항[Ω]
R : 부하 저항[Ω]

전지의 기전력
$E = I(r+R)$ [V]

(2) 전지의 직렬 접속
① 합성 기전력 및 내부 저항은 각각 n배 증가하여 nE[V], nr[Ω]이 된다.
② 전류 : $I = \dfrac{nE}{nr+R}$ [A]

여기서, I : 부하 전류[A]
n : 전지의 직렬 연결 개수
E : 전지 1개당 기전력[V]
r : 전지 1개당 내부 저항[Ω]

직렬 접속
용량 일정, 기전력 증가

(3) 전지의 병렬 접속
① 기전력은 불변이면서 저항값만 $\dfrac{r}{n}$[Ω]배로 감소한다.
② 전류 : $I = \dfrac{E}{\dfrac{r}{n}+R}$ [A]

여기서, I : 부하 전류[A]
n : 전지의 직렬 연결 개수
E : 전지 1개당 기전력[V]
r : 전지 1개당 내부 저항[Ω]

병렬 접속
기전력 일정, 용량 증가

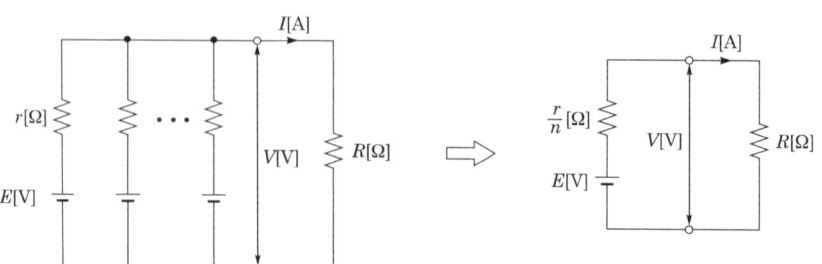

6 전기 저항

(1) 도선의 저항
① 전기 저항은 도체의 길이 $l[m]$에 비례하고 도체의 단면적 $A[m^2]$에는 반비례한다.
② 각 도체의 특성에 따라 결정되는 비례 상수인 고유 저항 ρ에 비례한다.
③ 도선의 저항 : $R = \rho \dfrac{l}{A} [\Omega]$

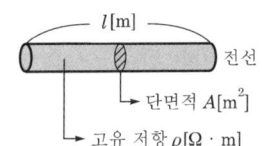

전기 저항
$R = \rho \dfrac{l}{A} [\Omega]$

(2) 고유 저항
① 정의 : 단면적 $1[m^2]$, 길이 $1[m]$인 도체가 가지는 저항을 말한다.
② 고유 저항 : $\rho = R[\Omega] \cdot \dfrac{A[m^2]}{l[m]} = R \dfrac{A}{l} [\Omega \cdot m]$

㉠ $1[\Omega \cdot m^2/m] = 1\left[\Omega \cdot \dfrac{m^2}{m}\right] = 1\left[\Omega \cdot \dfrac{10^6 [mm^2]}{m}\right] = 10^6 [\Omega \cdot mm^2/m]$

㉡ 국제 표준 연동선의 고유 저항 : $\rho = \dfrac{1}{58} [\Omega \cdot mm^2/m]$

㉢ 경동선의 고유 저항 : $\rho = \dfrac{1}{55} [\Omega \cdot mm^2/m]$

연동선의 고유 저항
$\rho = \dfrac{1}{58} [\Omega \cdot mm^2/m]$

(3) 도전율
① 정의 : **고유 저항의 역수로, 전류가 흐르기 쉬운 정도를 나타내는 것**이다.
② 도전율 : $\sigma = \dfrac{1}{\rho} [\mho/m]$
③ %도전율 : 표준 연동선의 도전율에 대한 기타 도선의 도전율을 백분율 비로 나타낸 것이다.

$\% \sigma = \dfrac{\sigma}{\sigma_s} \times 100 [\%]$

여기서, σ_s : 표준 연동선 도전율
σ : 다른 도선의 도전율

도전율
$\sigma = \dfrac{1}{\rho} [\mho/m]$

(4) 저항의 온도 계수
① 정의 : 도체에서 온도 상승 시 저항이 얼마나 증가하는가를 나타내는 것이다.

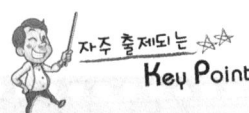

구리선의 온도 계수
$\alpha_0 = \dfrac{1}{234.5} \fallingdotseq 0.00427$

② 0[℃]에서의 온도 계수 : 도체의 온도가 0[℃]에서 1[℃]로 상승할 때의 저항 증가 비율이다.

$$\alpha_0 = \dfrac{1}{234.5} \fallingdotseq 0.00427$$

③ t[℃]에서의 온도 계수 : 도체 온도가 t[℃]에서 1[℃] 상승할 때의 저항 증가 비율이다.

$$\alpha_t = \dfrac{1}{234.5 + t}$$

④ 도체 온도 변화에 따른 저항 변화 : $R_T = R_t\{1 + \alpha_t(T-t)\}[\Omega]$

여기서, R_t : t[℃]에서의 저항[Ω], t : 상승 전 온도[℃], T : 상승 후 온도[℃]

> **도체와 반도체**
> ① 도체 : 온도가 상승하면 저항도 상승하는 정(+) 온도 계수를 갖는 것 (정온도 계수)
> ② 반도체 : 온도가 상승하면 저항이 감소하는 부(-) 온도 계수를 갖는 것 (부온도 계수), 규소, 게르마늄, 서미스터, 탄소, 아산화동

정온도 계수
구리, 은, 금, 알루미늄 등

부온도 계수
규소, 서미스터, 게르마늄 등

저항체의 조건
㉠ 고유 저항이 클 것
㉡ 저항 온도 계수가 작을 것
㉢ 내열성·내식성 및 고온에서 산화되지 않을 것
㉣ 열기전력이 작을 것
㉤ 가공·접속이 용이
㉥ 경제적일 것

(5) 저항체의 구비 조건
① **고유 저항(저항률)이 클 것** (도전율이 작을 것)
② 저항에 대한 온도 계수가 작을 것
③ 내열성·내식성이 있고 고온에서도 산화되지 않을 것
④ 다른 금속에 대한 열기전력이 작을 것
⑤ 가공·접속이 용이하고 경제적일 것

7 전류의 열작용

(1) 전력

① 정의 : 단위 시간 동안 전기 에너지가 한 일의 양을 나타내는 것이다.

② 전력의 크기 : $P = \dfrac{W}{t} = \dfrac{QV}{t} = VI = I^2R = \dfrac{V^2}{R}$ [W]

여기서, P : 전력[W], W : 전력량[J], Q : 전하량[C]
V : 전압[V], I : 전류[A], R : 저항[Ω], t : 시간[sec]

전력
$P = \dfrac{W}{t} = \dfrac{QV}{t} = VI$
$= I^2R = \dfrac{V^2}{R}$ [W]

③ 단위 환산
㉠ $P = \dfrac{W}{t}$[J/sec] $= \dfrac{W}{t}$[W]에서 [J]=[W·sec]

ⓒ 공률 : 단위 시간당 기계적 에너지
ⓒ 1마력＝1[HP]＝746[W]＝0.746[kW]

(2) 최대 전력 전달 조건

① 정의 : 가변 저항인 부하 저항 R에서 발생하는 전력 P가 최대가 되기 위한 조건이다.

② 최대 전력 전달 조건 : 내부 저항(r)＝부하 저항(R)

③ 최대 전력 : $P_m = \dfrac{E^2}{4r} = \dfrac{E^2}{4R}$[W]

여기서, E : 기전력[V]
r : 내부 저항[Ω]
R : 부하 저항[Ω]

최대 전력 전달 조건
$r = R$

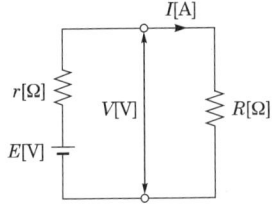

(3) 전력량

① 정의 : 어느 일정 시간 동안의 전기 에너지 총량을 나타내는 것이다.

② 전력량의 크기 : $W = Pt = VIt = I^2 Rt$
$= \dfrac{V^2}{R} t$[J]

여기서, W : 전력량[J], V : 전압[V], P : 전력[W]
I : 전류[A], t : 시간[sec], R : 저항[Ω]

전력량의 크기
$W = Pt = VIt = I^2 Rt$
$= \dfrac{V^2}{R} t$[J]

③ 단위 환산

㉠ 1[W · sec]＝1[J]
㉡ 1[kW · h]＝1,000[W · h]＝$10^3 \times 3{,}600$[J]＝3.6×10^6[J]

1[W · sec]＝1[J]

(4) 줄의 법칙

① 정의 : 저항 R[Ω]의 도체에 전류 I[A]를 흘릴 때 전류에 의해서 단위 시간당 발생하는 열량은 도체의 저항과 전류의 제곱에 비례한다.

② 줄열의 크기 : $H = 0.24Pt = 0.24VIt = 0.24I^2Rt$
$= 0.24\dfrac{V^2}{R}t$[cal]

줄의 법칙
$H = 0.24 \times$ 전력량[cal]

자주 출제되는 **핵심이론**

단위 환산
$1[J]=0.2389[cal]$
$≒0.24[cal]$
$1[cal]≒4.2[J]$
$1[kW·h]=3.6×10^6[J]$
$=860[kcal]$

③ 단위 환산
  ㉠ $1[J] = 0.2389[cal] ≒ 0.24[cal]$
  ㉡ $1[cal] ≒ 4.2[J]$
  ㉢ $1[kW·h] = 3.6×10^6[J]$
     $= 0.2389×3,600[kcal] ≒ 860[kcal]$

④ 열에너지 열량
  ㉠ 질량 $m[g]$, 비열 $C[cal/g·℃]$인 물체에 대하여 온도를 $t_1[℃]$에서 $t_2[℃]$로 상승시키는 데 필요한 열량이다.
  ㉡ 열량 : $Q[cal] = C·m·θ[cal]$ (단, $θ = t_2 - t_1$)

⑤ 줄열과 발열량 : $H = 0.24I^2Rt[cal]$
                  $= C·m·θ[cal]$

⑥ 물의 비열 $C=1$이므로 열량 $Q = m·θ[cal]$

8 열전기 현상

제베크 효과
온도차 → 전류

(1) 제베크 효과(Seebeck effect)
  ① 정의 : **서로 다른 두 종류의 금속**을 그림과 같이 접속한 후 두 접합점 J_1, J_2의 온도를 각각 다른 온도로 유지할 경우 **열기전력이 발생**하여 일정한 방향으로 열전류가 흐르는 현상이다.
  ② 이용 : 열전 온도계, 열전쌍형 계기

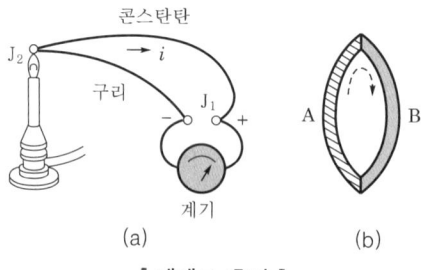

┃제베크 효과┃

펠티에 효과
전류 → 온도차

(2) 펠티에 효과(Peltier effect)
  ① 정의 : **서로 다른 두 종류의 금속**을 그림과 같이 접속한 후 그 접합점에 **기전력 $E[V]$를 인가**하여 전류를 흘릴 때 각각의 접속점 A, B에서 **열의 발생이나 흡수가 일어나는 현상**이다.
  ② 이용 : **전자 냉동기, 전자 온풍기**

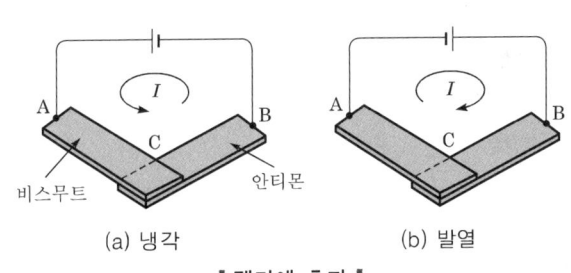

∥ 펠티에 효과 ∥

(3) 톰슨 효과(Thomson effect)

같은 종류의 금속으로 된 회로 내에서 도체의 길이에 따른 **온도 분포를 다르게** 하면서 전류를 흘릴 경우 각각의 온도 분포가 다른 두 지점에서 **열의 발생이나 흡수**가 일어나는 현상이다.

톰슨 효과
동종의 금속 → 온도차 →
열전류가 흐르는 현상

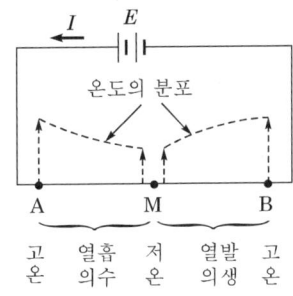

∥ 톰슨 효과 ∥

(4) 제3금속 법칙

서로 다른 A, B 2종류의 금속으로 만든 열전쌍과 접점 사이에 임의의 금속 C를 연결해도 C의 양 끝의 접점 온도를 똑같이 유지하면 회로의 열기전력은 변화하지 않는 현상이다.

(5) 홀 효과

전류가 흐르고 있는 도체에 자계를 가하면 도체 측면에 정(+), 부(-)의 전하가 나타나 두 면 간에 전위차가 나타나는 현상이다.

홀 효과
도체 → 자계 인가 → 측면에 정·부의 전하가 나타나는 현상

9 전류의 화학 작용과 전지

(1) 전기 분해

① 정의 : 물질에 전류를 통하여 화학 변화를 일으키는 것

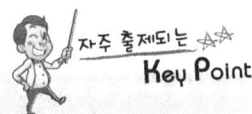

② 전해액 : 전류를 통할 때 전기 분해를 일으키는 수용액
③ 전해질 : 전해액으로 될 수 있는 물질
④ 이온 : 전해질이 녹아 전해액으로 될 때 그 분자가 전리되어 양 또는 음의 전하를 띤 원자
⑤ 전리(이온화) : 전해질이 용액 속에서 양이온이나 음이온으로 분리되는 현상

(2) 패러데이 법칙

패러데이 법칙
전극에서 석출되는 물질의 양
$W = kQ = kIt\,[g]$

① 전기 분해 시 양극과 음극에서 **석출되는 물질의 양** $W[g]$는 전해액 속을 통과한 **전기량** $Q[C]$에 비례한다.
② 같은 전기량에 의해 여러 가지 화합물이 전기 분해될 때 **석출되는 물질의 양** $W[g]$는 각 물질의 **화학 당량**$\left(=\dfrac{원자량}{원자가}\right)$에 비례한다.

화학 당량 $=\dfrac{원자량}{원자가}$

③ 전해질이나 전극이 어떤 것이라도 같은 전기량이면 항상 같은 화학 당량의 물질을 석출한다.
④ 석출되는 물질의 양 : $W = kQ = kIt\,[g]$
   여기서, W : 석출되는 물질의 양[g]
   　　　　k : 전기 화학 당량[g/C]
   　　　　Q : 전하량[C]
   　　　　I : 전류[A]
   　　　　t : 시간[sec]
⑤ 전기 화학 당량(k[g/C]) : 1[C]의 전기량에 의해서 전극에서 석출되는 물질의 양[g]을 나타낸 것으로, 전기 화학 당량은 화학 당량에 비례한다.

10 전지

(1) 전지의 종류

1차 전지(충전 불가능)
망간, 수은, 공기 전지

① 1차 전지 : 재생이 불가능한 것으로, 망간 전지, 수은 건전지, 공기 건전지가 있다.
② 2차 전지 : 재생이 가능한 것으로, 납(연)축전지, 알칼리 축전지가 있다.

2차 전지(충전 가능)
납(연)축전지, 알칼리 축전지

③ 물리 전지 : 반도체 PN 접합면에 광선을 조사하여 기전력을 발생시키는 전지로, 태양 전지가 있다.
④ 연료 전지 : 외부에서 연료를 공급하는 동안만 기전력을 발생하는 전지로, 수소 연료 전지가 있다.

(2) 볼타 전지 원리

아연과 구리를 설치한 용기 내에 묽은 황산(H_2SO_4) 용액을 넣으면 아연과 묽은 황산(H_2SO_4) 용액이 전리되면서 발생한 아연 이온(Zn^{++})은 SO_4^- 이온과 결합하여 황산아연($ZnSO_4$)의 형태로 황산 속에 존재하고, 수소 이온 $2H^+$의 일부는 구리판에 부착하여 한다. 따라서 아연판은 음극으로, 구리판은 양극으로 대전되면서 두 금속 간에는 기전력이 발생한다.

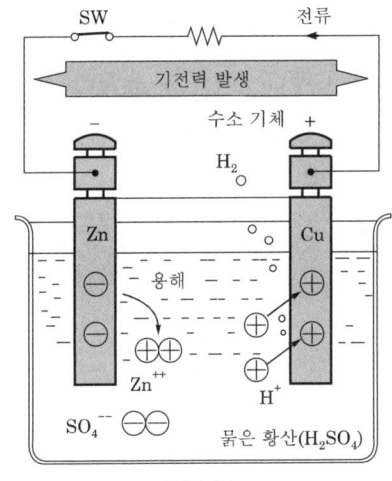

∥ 전지 ∥

(3) 전지에서의 발생 현상

① 분극(성극) 작용
  ㉠ 정의 : 일정한 전압을 가진 전지에 부하를 걸어 전류를 흘릴 경우 양극 표면에서 발생한 **수소 기포로 인하여 기전력이 감소**하는 현상이다.
  ㉡ 방지 대책 : **감극제를 사용**한다.

② 국부 작용
  ㉠ 정의 : 전극이나 전해액 중에 포함된 **불순물** 등으로 인하여 전극이 부분적으로 용해되면서 **국부적인 자체 방전**이 일어나는 현상이다.
  ㉡ 방지 대책 : 불순물 등이 포함되지 않은 **순수 금속이나 수은 도금 금속**을 사용한다.

(4) 납축전지

① 화학 반응식

양극 전해액   음극   양극   물   음극
$PbO_2 + 2H_2SO_4 + Pb \underset{\text{충전}}{\overset{\text{방전}}{\rightleftarrows}} PbSO_4 + 2H_2O + PbSO_4$
(이산화납) (황산) (납)   (황산납) (물) (황산납)

분극 작용
수소 → 기전력 감소

국부 작용
㉠ 불순물→기전력 감소 또는 자체 방전
㉡ 국부 작용 방지 : 순수 금속 도금

납축전지
㉠ 양극 : PbO_2
㉡ 음극 : Pb
㉢ 전해질 : H_2SO_4 (황산)
㉣ 전해질의 비중 : 1.2~1.3

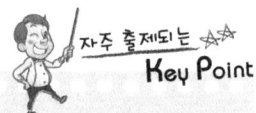

축전지의 용량
방전 전류[A]×시간[h]

② 납축전지의 특성

구분	충전의 경우	방전의 경우
1셀당 기전력의 크기	2.05~2.08[V]	1.8[V](방전 한계 전압)
공칭 전압	2.0[V]	–
전해액의 비중	1.2~1.3	1.1 이하

③ 정격 방전율 : 10[시간]

④ 축전지 용량[A·h] = 방전 전류[A]×시간[h]

Chapter 02 정전계

1 정전기의 성질

(1) 정전기 발생
① 정전기 현상 : 두 물체를 마찰시킬 때 두 물체 상호간, 또는 주위의 가벼운 물체 등을 끌어당기는 힘이 발생하는 현상이다.
② 마찰 전기
  ㉠ 정전기 현상에 의하여 발생한 전기를 말한다.
  ㉡ 마찰 전기 계열 순서 : (+) 모피 > 유리 > 운모 > 무명 > 면사 > 목재 > 호박 > 수지 > 에보나이트 (-)
③ 정전 유도 : 전기적으로 중성 상태인 도체에 음(-)으로 대전된 물체 A를 가까이 하면 A에 가까운 부분 B에는 양(+)의 전하가 나타나고, 그 반대쪽 C부분에는 음(-)의 전하가 나타나는 현상이다.

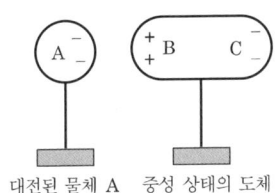

대전된 물체 A   중성 상태의 도체

(2) 쿨롱의 법칙

쿨롱의 법칙
㉠ $F = \dfrac{1}{4\pi\varepsilon_0} \cdot \dfrac{Q_1 Q_2}{r^2}$
$= 9 \times 10^9 \times \dfrac{Q_1 Q_2}{r^2}$ [N]
㉡ F는 Q_1, Q_2의 곱에 비례하고 거리 제곱에 반비례한다.

① 정의 : 대전된 도체(점전하)간에 작용하는 힘의 세기를 정의한 것이다.
② 진공·공기 중에서의 힘의 세기 : $F = \dfrac{1}{4\pi\varepsilon_0} \cdot \dfrac{Q_1 Q_2}{r^2}$
$= 9 \times 10^9 \times \dfrac{Q_1 Q_2}{r^2}$ [N]

여기서, F : 정전력 또는 전기력[N]
ε_0 : 공기의 유전율[F/m]
Q_1, Q_2 : 전하량[C]
r : 두 전하 사이의 거리[m]

㉠ 같은 종류의 두 전하 사이에는 **반발력**이 작용하고, 서로 다른 종류의 전하 사이에는 **흡인력**이 작용한다.
㉡ 두 전하 사이에 작용하는 힘의 크기는 두 **전하량의 곱에 비례**하고, **거리의 제곱에 반비례**한다.

자주 출제되는 **핵심이론**

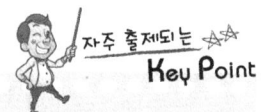

$$F = 9 \times 10^9 \times \frac{Q_1 Q_2}{r^2} [N]$$

┃ 정전력(전기력) ┃

(3) 유전율

① 정의 : 콘덴서 양 극간에 전위차를 가하면 콘덴서에 채워진 절연체의 종류에 따라 **전하를 축적하는 정도**(정전 용량)가 달라지는데 이와 같이 절연체에 따른 **전하를 유도하는 정도**(상수)를 말한다.

② 표현식 : $\varepsilon = \varepsilon_0 \varepsilon_s [F/m]$

③ 진공 또는 공기의 유전율 : $\varepsilon_0 = 8.855 \times 10^{-12} [F/m]$

④ 비유전율(ε_s) : 공기의 유전율 ε_0를 기준값 1로 취하여 다른 매질의 유전율의 비율을 나타낸 것이다.

⑤ 여러 가지 유전체의 비유전율

유전체	비유전율 ε_s	유전체	비유전율 ε_s
공기, 진공	1	소다 유리	6~8
종이	1.2~3	운모	5~9
절연유	2~3	글리세린	40
고무	2.2~2.4	물	80.7
폴리에틸렌	2.2~3.4	산화티탄 자기	30~80
수정	5	티탄산바륨	1,500~2,000

유전체 안에서의 힘의 세기

$$F = \frac{1}{4\pi\varepsilon_0 \varepsilon_s} \cdot \frac{Q_1 Q_2}{r^2} = 9 \times 10^9 \times \frac{Q_1 Q_2}{\varepsilon_s r^2} [N]$$

유전율
전하를 유도하는 정도
$\varepsilon = \varepsilon_0 \varepsilon_s [F/m]$

공기(진공) 유전율
$\varepsilon_0 = 8.855 \times 10^{-12} [F/m]$

공기(진공) 비유전율
$\varepsilon_s = 1$

2 전기장

전기장(전계)은 임의의 대전체에 의한 전기적인 힘이 미치는 공간을 말한다.

(1) 전기장(전계, 전장)의 세기
　① 정의 : **전기장 내 +1[C]의 단위 정전하를 놓았을 때** 이 단위 정전하에 **작용하는 힘**의 세기를 말한다.
　② 진공, 공기 중에서의 전기장 세기 : $E = \dfrac{Q}{4\pi\varepsilon_0 r^2}$
$$= 9 \times 10^9 \times \dfrac{Q}{r^2} \,[\text{V/m}]$$
　　　여기서, E : 전계의 세기[V/m]
　　　　　　r : 전하 Q와 단위 점전하와의 거리[m]

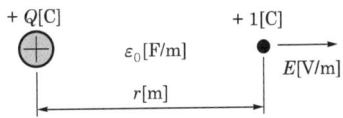

전기장(전계, 전장)의 세기
$E = \dfrac{Q}{4\pi\varepsilon_0 r^2}$
$= 9 \times 10^9 \times \dfrac{Q}{r^2}\,[\text{V/m}]$

(2) 정전력과 전기장의 세기 관계
　전기장의 세기가 $E[\text{V/m}]$인 공간 내에 다른 점전하 $Q[\text{C}]$를 놓았을 때 힘의 세기
　　$F = QE\,[\text{N}]$
　　　여기서, F : 힘[N], Q : 전하량[C], E : 전계의 세기[V/m]

(3) 전위
　① 정의 : 전계로부터 무한히 먼 점에서 단위 정전하($+1[\text{C}]$)를 임의의 점까지 가져오는 데 필요한 일의 양이다.
　② P점에서의 전위의 세기 : $V = \dfrac{Q}{4\pi\varepsilon_0 r} = 9 \times 10^9 \times \dfrac{Q}{r}\,[\text{V}]$

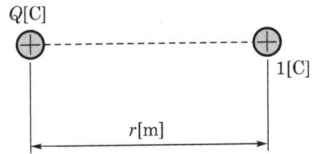

전위의 세기
$V = \dfrac{Q}{4\pi\varepsilon_0 r}$
$= 9 \times 10^9 \times \dfrac{Q}{r}$

(4) 평행판 전극에서 전기장의 세기
　① 거리 $r[\text{m}]$ 떨어진 균일하게 대전한 평행판 전극간에 전위차 $V[\text{V}]$를 가할 때 내부 전기장의 세기를 말한다.
　② 전기장의 세기 : $E = \dfrac{V}{r}\,[\text{V/m}]$, 전위 $V = Er\,[\text{V}]$
　③ 등전위면 : 전위가 같은 점을 연결하여 형성된 면이다.

전위와 전계 관계식
$E = \dfrac{V}{r}\,[\text{V/m}]$
$V = Er\,[\text{V}]$

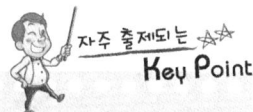

전속
전하량과 같은 양

3 전속 밀도, 전기력선의 성질

(1) 전속
① 정의 : **전하의 존재를 공간을 통하여 흐르는 선**으로 표시한 것이다.
② 전속의 크기 : 매질의 종류에 관계없이 **1[C]의 전하에서는 1[C]의 전속**이 나온다.

(2) 전속의 성질
① 전속은 양(+)전하에서 시작하여 음(−)전하로 끝난다.
② Q[C]의 전하로부터는 Q[C]의 전속이 나온다.
③ 전속이 나오는 곳이나 끝나는 곳에서는 전속과 같은 전하가 있다.
④ 전속은 금속판에 출입하는 경우 그 표면에 수직으로 출입한다.

전속 밀도
$D = \dfrac{Q}{S} = \dfrac{Q}{4\pi r^2}$ [C/m²]

(3) 전속 밀도
① 정의 : 유전체 중의 한 점에서 단위 면적당 통과하는 전속이다.
② Q[C]에 의한 전속 밀도 : $D = \dfrac{Q}{S}$
$\qquad\qquad = \dfrac{Q}{4\pi r^2}$ [C/m²]

전속 밀도와 전기장의 세기 관계식
㉠ 공기(진공)
$D = \varepsilon_0 E$ [C/m²]
㉡ 유전체
$D = \varepsilon E$
$\quad = \varepsilon_0 \varepsilon_s E$ [C/m²]

(4) 전속 밀도와 전기장의 세기 관계
① 매질이 공기인 경우 : $D = \varepsilon_0 E$ [C/m²]
② 매질이 유전체인 경우 : $D = \varepsilon E = \varepsilon_0 \varepsilon_s E$ [C/m²]

전기력선의 성질
㉠ (+)전하 → (−)전하
㉡ 전기력선 밀도=전계
㉢ 도체 내부에 존재할 수 없음
㉣ 등전위면과 수직

(5) 전기력선의 성질
① 전기력선은 **양(+)의 전하**에서 **시작**하여 **음(−)의 전하로 끝난다**.
② 전기장 안의 임의의 점에서 **전기력선의 접선 방향**은 그 접점에서의 **전기장의 방향**을 나타낸다.
③ 전기장 안의 임의의 점에서의 전기력선 밀도는 그 점에서 전기장의 세기를 나타낸다(가우스의 정리).
④ 전하가 없는 곳에서는 전기력선의 발생·소멸이 없다.
⑤ 두 개의 전기력선은 서로 반발하며 교차하지 않는다.
⑥ 전기력선은 전위가 높은 점에서 낮은 점으로 향한다.
⑦ 전기력선은 **도체 표면에 수직**으로 출입한다.
⑧ 전기력선은 **도체 내부를 통과할 수 없다**.
⑨ 전기력선은 등전위면과 수직으로 교차한다.

(6) 전기력선의 총수

① 가우스의 정리 : 전장 안의 임의의 점에서의 전기력선 밀도는 그 점에서 전기장의 세기를 나타낸다.

② Q[C]로부터 발생하는 **전기력선의 총수**는 $\dfrac{Q}{\varepsilon}$개와 같다.

전기량	매질의 종류	전기력선의 수
Q[C]	진공(공기)	$N = \dfrac{Q}{\varepsilon_0}$
	유전율 ε인 매질	$N = \dfrac{Q}{\varepsilon} = \dfrac{Q}{\varepsilon_0 \varepsilon_s}$

전기력선의 총수 = $\dfrac{Q}{\varepsilon}$개

4 콘덴서와 정전 용량

(1) 콘덴서

① 콘덴서 : 유전체를 사이에 두고 양면에 금속판을 설치하여 전압을 가할 때 전하를 축적하는 성질을 갖는 전기적 부품이다.

② 정전 용량(커패시턴스) : 임의의 콘덴서가 **전하를 축적하는 능력**을 나타내는 비례 상수이다.

③ 평행판 콘덴서의 정전 용량 : $C = \varepsilon \dfrac{A}{d}$ [F]

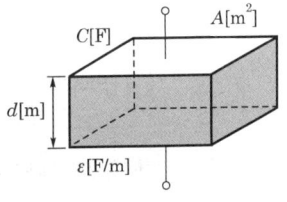

여기서, C : 콘덴서의 용량[F]
ε : 유전율[F/m]
A : 극판의 단면적[m²]
d : 극판간의 거리[m]

㉠ 1[F] : 1[V]의 전압을 가하여 1[C]의 전하를 축적하는 콘덴서의 정전 용량
㉡ 정전 용량 실용상 단위 : 1[μF, 마이크로패럿] = 10^{-6}[F]
㉢ 정전 용량은 유전율 ε과 극판의 면적 A에는 비례하고, 극판간의 거리 d에는 반비례한다.

정전 용량
전하를 축적하는 능력
$C = \dfrac{Q}{V} = \varepsilon \dfrac{A}{d}$ [F]

(2) 콘덴서 축적 전하량

$Q = CV$[C], $C = \dfrac{Q}{V}$[F], $V = \dfrac{Q}{C}$[V]

여기서, Q : 전하량[C]
V : 인가 전압[V]
C : 콘덴서의 용량[F]

전하량
$Q = CV$[C]

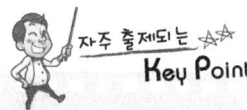

축적 에너지
㉠ 전체 에너지
$$W = \frac{1}{2}QV$$
$$= \frac{1}{2}CV^2$$
$$= \frac{Q^2}{2C} \text{ [J]}$$

㉡ 단위 체적당 에너지
$$W_0 = \frac{1}{2}ED$$
$$= \frac{1}{2}\varepsilon E^2$$
$$= \frac{D^2}{2\varepsilon} \text{ [J/m}^3\text{]}$$

(3) 콘덴서에 축적되는 에너지

① 전체 에너지 : $W = \frac{1}{2}QV = \frac{1}{2}CV^2 = \frac{Q^2}{2C}$ [J]

② 단위 체적당 에너지 : $W_0 = \frac{1}{2}ED = \frac{1}{2}\varepsilon E^2 = \frac{D^2}{2\varepsilon}$ [J/m³]

　여기서, E : 전계의 세기[V/m]
　　　　　 D : 전속 밀도[C/m²]

(4) 정전 흡인력

① 평행판 콘덴서에서 두 전극에 양(+), 음(−)의 전하가 발생되어 서로 작용하는 흡인력의 크기이다.

② 흡인력의 크기 : $F_0 = \frac{1}{2}\varepsilon E^2 = \frac{1}{2}\varepsilon\left(\frac{V}{d}\right)^2$ [N/m²]　(**전압 V^2에 비례**)

　여기서, E : 전계의 세기[V/m]
　　　　　 V : 전위차[V]
　　　　　 d : 극판간의 거리[m]

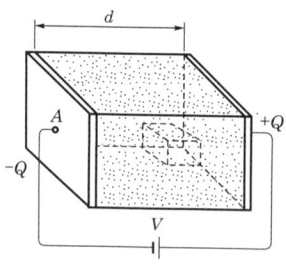
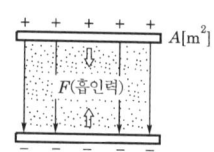

| 유전체 내의 에너지 | 정전기의 흡인력 |

5 콘덴서의 접속

(1) 병렬 접속

콘덴서 병렬 접속에서는 각각의 콘덴서에 인가된 **전원 전압 V[V]가 일정**하다.

① 각 콘덴서의 전하량 : $Q_1 = C_1 V$[C], $Q_2 = C_2 V$[C]

② 전체 전하량 : $Q = Q_1 + Q_2 = (C_1 + C_2)V = C_o V$[F]

③ 합성 정전 용량 : $C_o = C_1 + C_2$[F]

④ 전하량 분배 : **정전 용량에 비례 분배**된다.

$$Q_1 = C_1 \cdot \frac{Q}{C_1 + C_2} = \frac{C_1}{C_1 + C_2}Q \text{ [C]}$$

$$Q_2 = C_2 \cdot \frac{Q}{C_1 + C_2} = \frac{C_2}{C_1 + C_2}Q \text{ [C]}$$

콘덴서 병렬 접속 시 합성 정전 용량
$$C_o = C_1 + C_2 \text{ [F]}$$
$$Q_1 = \frac{C_1}{C_1 + C_2}Q \text{ [C]}$$
$$Q_2 = \frac{C_2}{C_1 + C_2}Q \text{ [C]}$$

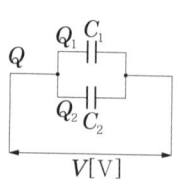

(2) 직렬 접속

콘덴서 직렬 접속에서는 각각의 콘덴서가 축적할 수 있는 전하량은 1개일 때와 같은 $Q[C]$가 축적된다. 즉, **전하량 $Q[C]$는 일정**하다.

$$Q = C_1 V_1 = C_2 V_2 [C]$$

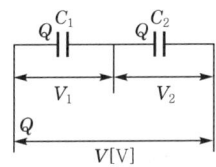

① 각 콘덴서의 전압 : $V_1 = \dfrac{Q}{C_1}[V]$, $V_2 = \dfrac{Q}{C_2}[V]$

② $V = V_1 + V_2 = \left(\dfrac{1}{C_1} + \dfrac{1}{C_2}\right)Q = \dfrac{Q}{C_o}[V]$

③ 직렬 합성 정전 용량 : $C_o = \dfrac{1}{\dfrac{1}{C_1} + \dfrac{1}{C_2}} = \dfrac{C_1 C_2}{C_1 + C_2}[F]$

④ 전압 분배 : **정전 용량에 반비례 분배**된다.

$$V_1 = \dfrac{Q}{C_1} = \dfrac{C_2}{C_1 + C_2} V[V], \quad V_2 = \dfrac{Q}{C_2} = \dfrac{C_1}{C_1 + C_2} V[V]$$

(3) 정전 용량 $C[F]$ 콘덴서 n개 접속 시 합성 정전 용량

① n개 병렬 접속 : $C_{병렬} = nC[F]$

② n개 직렬 접속 : $C_{직렬} = \dfrac{1}{n} C[F]$

③ **병렬 접속 시** 정전 용량이 **직렬 접속일 때보다 비해** n^2배로 증가한다.

④ 직렬 접속 시 정전 용량은 병렬 접속 시보다 $\dfrac{1}{n^2}$배로 감소한다.

2개의 저항 및 정전 용량 합성값 구하기

접속 종류	합성 저항	합성 정전 용량
직렬 접속	$R_0 = R_1 + R_2$	$C_0 = \dfrac{1}{\dfrac{1}{C_1} + \dfrac{1}{C_2}} = \dfrac{C_1 C_2}{C_1 + C_2}[F]$
병렬 접속	$R_0 = \dfrac{1}{\dfrac{1}{R_1} + \dfrac{1}{R_2}} = \dfrac{R_1 R_2}{R_1 + R_2}$	$C_0 = C_1 + C_2 [F]$

Key Point

직렬 접속 시 합성 정전 용량

$C_o = \dfrac{1}{\dfrac{1}{C_1} + \dfrac{1}{C_2}}$

$= \dfrac{C_1 C_2}{C_1 + C_2}[F]$

전압 분배
정전 용량에 반비례 분배

$V_1 = \dfrac{C_2}{C_1 + C_2} V[V]$

$V_2 = \dfrac{C_1}{C_1 + C_2} V[V]$

$C[F]$ 콘덴서 n개 접속 합성 정전 용량 병렬·직렬 비교

㉠ n개 병렬
  $C_{병렬} = nC[F]$

㉡ n개 직렬
  $C_{직렬} = \dfrac{1}{n} C[F]$

㉢ 병렬은 직렬보다 n^2배로 증가

㉣ 직렬은 병렬보다 $\dfrac{1}{n^2}$배로 감소

Chapter 03 정자계

1 자기의 성질

(1) 자기
 ① 자기 : 자석이 쇠붙이를 끌어당기는 흡인 작용이나 자석의 반발력, 흡인력과 같은 작용의 원인이다.
 ② 자화 : 철과 같은 자성체(자석이 될 수 있는 물질)가 자기를 띤 상태가 되는 것이다.
 ③ 자계 : 자기적인 힘이 미치는 공간을 말한다.

(2) 자석의 성질
 ① 자석의 자극은 반드시 N극(+극)과 S극(-극)이 항상 짝으로 이루어진다.
 ② 같은 극끼리는 서로 **반발력**이 작용하고, 다른 극과는 서로 **흡인력**이 작용한다.
 ③ 자석은 고온이 되면 자력이 감소한다.

(3) 자기 유도와 자성체의 종류
 ① 자기 유도 : 자성체를 자기장 안에 놓으면 자석의 N극쪽에는 S극이, S극쪽에는 N극이 유도되어 자성체가 자기를 띠는 현상이다.
 ② 강자성체($\mu_s \gg 1$) : 자기장의 방향으로 강하게 자화되어 자기장을 제거해도 자기적인 성질을 계속 갖는 자성체이다.
   예 니켈(Ni), 코발트(Co), 철(Fe), 망간(Mn)
 ③ 상자성체($\mu_s > 1$) : 자기장의 방향으로 미약하게 자화되어 자화의 세기가 강자성체만큼 강하지 못한 자성체이다.
   예 알루미늄(Al), 백금(Pt), 주석(Sn), 공기
 ④ 반자성체($\mu_s < 1$) : 가해준 자기장과 반대 방향으로 자화되는 자성체이다.
   예 아연(Zn), 납(Pb), 구리(Cu), 안티몬(An), 비스무트(Bt), 물(H_2O), 수소(H_2), 질소(N_2)

(4) 쿨롱의 법칙
 ① 정의 : 공기 중에 두 자극 사이에 작용하는 힘(**자기력**)

자성체의 종류
㉠ 강자성체($\mu_s \gg 1$) : 니켈(Ni), 코발트(Co), 철(Fe), 망간(Mn)
㉡ 상자성체($\mu_s > 1$) : 알루미늄(Al), 백금(Pt), 주석(Sn), 공기
㉢ 반자성체($\mu_s < 1$) : 아연(Zn), 납(Pb), 구리(Cu), 안티몬(An), 비스무트(Bt), 물(H_2O), 수소(H_2)

② 진공·공기 중에서 힘의 세기

$$F = \frac{1}{4\pi\mu_o} \cdot \frac{m_1 m_2}{r^2} = 6.33 \times 10^4 \times \frac{m_1 m_2}{r^2} [\text{N}]$$

여기서, μ_o : 공기의 투자율[H/m]

m_1, m_2 : 자극의 세기[Wb]

r : 두 자극 간의 거리[m]

㉠ 같은 극끼리는 서로 **반발력**이 작용하고, 다른 극과는 서로 **흡인력**이 작용한다.

㉡ 두 자극 사이에 작용하는 힘의 크기는 **두 자극 세기의 곱에 비례**하고, **거리의 제곱에 반비례**한다.

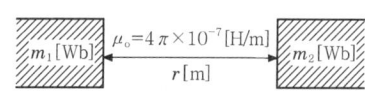

| 자기력 |

 투자율 $\mu_o\mu_s$[H/m]인 매질 안에서의 힘의 세기

$$F = \frac{1}{4\pi\mu_o\mu_s} \cdot \frac{m_1 m_2}{r^2} = 6.33 \times 10^4 \times \frac{m_1 m_2}{\mu_s r^2} [\text{N}]$$

(5) 투자율

① 정의 : 자성체가 자성을 띠는 정도로 자성체에서 자속이 잘 통과하는 정도를 나타내는 매질 상수이며 투자율이 클수록 자속이 잘 통과한다.

② 표현식 : $\mu = \mu_o\mu_s$[H/m]

③ 진공 또는 공기 투자율 : $\mu_o = 4\pi \times 10^{-7}$[H/m]

④ 비투자율 : 공기의 투자율 μ_o를 기준값 1로 취하여 다른 매질의 투자율을 나타낸 것이다.

⑤ 물질에 따른 비투자율

자성체	비투자율 ε_s	자성체	비투자율 ε_s
구리	0.9999	코발트	250
비스무트	0.99998	니켈	600
진공	1	철	6,000 ~ 200,000
알루미늄	1	슈퍼멀로이	1,000,000

Key Point

쿨롱의 법칙

$F = \frac{1}{4\pi\mu_o} \cdot \frac{m_1 m_2}{r^2}$

$= 6.33 \times 10^4 \times \frac{m_1 m_2}{r^2}$

투자율

$\mu = \mu_o\mu_s$[H/m]

진공 또는 공기 투자율

$\mu_o = 4\pi \times 10^{-7}$[H/m]

진공·공기의 비투자율

$\mu_s = 1$

자주 출제되는 핵심이론

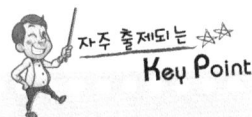

자기장(자장, 자계)의 세기

$$H = \frac{m}{4\pi\mu_o r^2}$$
$$= 6.33 \times 10^4 \times \frac{m}{r^2}$$
$$[AT/m]$$

2 자기장

(1) 자기장(자계)의 정의

자기적인 힘이 미치는 공간을 말한다.

(2) 자기장(자계)의 세기

① 정의 : 임의의 자기장 내 +1[Wb]의 단위점자극을 놓았을 때 작용하는 힘의 세기를 말한다.

② 진공·공기 중에서의 자기장 세기 : $H = \dfrac{m}{4\pi\mu_o r^2}$

$$= 6.33 \times 10^4 \times \frac{m}{r^2}\,[AT/m]$$

여기서, m : 자극의 세기[Wb]
r : 자극간의 거리[m]

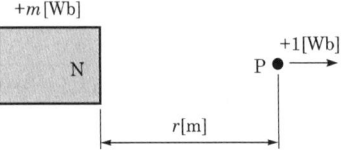

힘과 자계와의 관계식

$F = mH[N]$

(3) 자기력과 자기장의 세기 관계

자기장의 세기가 H인 공간 내에 m[Wb]의 자하를 놓았을 때 작용하는 힘이다.

$$F = mH[N]$$
$$H = \frac{F}{m}\,[AT/m]$$
$$m = \frac{F}{H}\,[Wb]$$

여기서, F : 자기력[N]
m : 자극의 세기[Wb]
H : 자계의 세기[AT/m]

3 자속 밀도, 자기력선

(1) 자속(Φ[Wb])

① 정의 : 자극의 존재를 공간을 통하여 흐르는 선으로 표시한 것이다.

② 자속의 크기 : 매질의 종류에 관계없이 1[Wb]의 자극에서는 1[Wb]의 자속이 나온다.

③ 자속의 성질
　㉠ 자속은 N극에서 시작하여 S극으로 끝난다.
　㉡ m[Wb]의 자하로부터 m[Wb]의 자속이 나온다.

(2) 자속 밀도
① 정의 : 투자율이 μ인 매질 중의 한 점에서 단위 면적당 통과하는 자속 Φ의 크기이다.
② m[Wb]에 의한 자속 밀도 : $B = \dfrac{\Phi}{S} = \dfrac{m}{4\pi r^2}$ [Wb/m²]

(3) 자속 밀도와 자기장의 세기 관계
① 매질이 공기인 경우 : $B = \mu_o H$ [Wb/m²]
② 임의의 매질인 경우 : $B = \mu H = \mu_o \mu_s H$ [Wb/m²]

(4) 자기력선의 성질
① 자기력선은 **N극에서 시작**하여 **S극**으로 끝난다.
② 자계 안에서 임의의 점에서의 **자기력선의 접선 방향**은 그 접점에서의 **자계의 방향**을 나타낸다.
③ 자계 안에서 임의점에서의 **자기력선 밀도**는 그 점에서의 **자계의 세기**를 나타낸다(가우스의 정리).
④ 두 개의 자기력선은 서로 반발하며 교차하지 않는다.

(5) 자기력선의 수
① 가우스의 정리 : 자기장 안에서 임의점에서의 자기력선 밀도는 그 점에서의 자장의 세기를 나타낸다.
② m[Wb]에서 발생하는 자기력선의 **총수는** $\dfrac{m}{\mu}$ 개와 같다.

자극의 세기	매질의 종류	자기력선의 수
m[Wb]	진공(공기)	$N = \dfrac{m}{\mu_o}$
	투자율 μ인 매질	$N = \dfrac{m}{\mu} = \dfrac{m}{\mu_o \mu_s}$

4 전류에 의한 자기 현상

(1) 직선 전류에 의한 자계의 발생
　종이 위에 철가루를 뿌리고 도선에 전류를 흘리면서 종이를 가볍게 두드리

자속 밀도
$B = \dfrac{\Phi}{S} = \dfrac{m}{4\pi r^2}$ [Wb/m²]

자속 밀도와 자계 관계식
$B = \mu_o H$ [Wb/m²]
$B = \mu H$
　$= \mu_o \mu_s H$ [Wb/m²]

자기력선의 성질
㉠ N극 → S극
㉡ 자기력선의 접선 방향이 그 점 자기장의 방향
㉢ 자기력선 밀도가 점에서의 자기장 세기

자기력선 총수 $= \dfrac{m}{\mu}$ 개

자주 출제되는 핵심이론

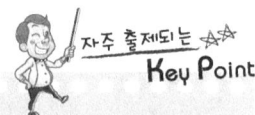

면 종이 위의 철가루는 서서히 도선을 중심으로 하는 원형을 그리는 실험으로부터 도선에 전류를 흘려주면 도선 주위에는 도선을 중심으로 하는 원형의 자기장이 발생한다는 것을 알 수 있다.

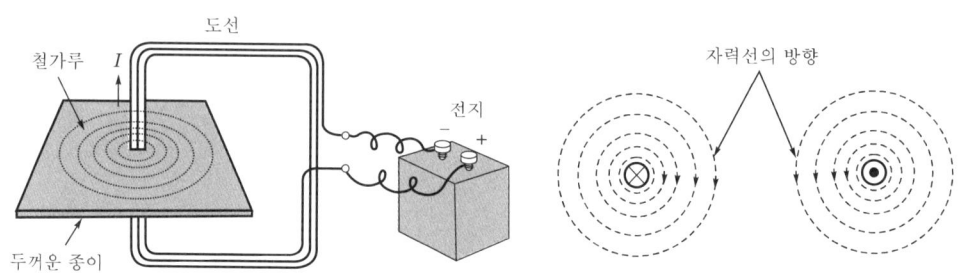

앙페르의 오른 나사 법칙
㉠ 전류에 의한 자계의 방향을 정의한 법칙
㉡ 전류 : 나사 진행 방향
㉢ 자계 : 나사 회전 방향

(2) 앙페르의 오른 나사 법칙

전류에 의한 자계의 방향을 정의한 법칙으로서, 직선 도선에 전류가 흐를 때 도선 주위에 자속이 발생하여 회전하는 자계가 형성되는데 그 자계의 발생 방향이 오른 나사가 회전하는 방향으로 발생한다는 법칙이다. 전류가 흐르는 직선 도선에 전류 방향으로 엄지 손가락을 대고 네 손가락을 감아쥐면 감아쥔 네 손가락 방향이 회전하는 자계의 방향이 되어 오른 나사 법칙이라고 표현한다.

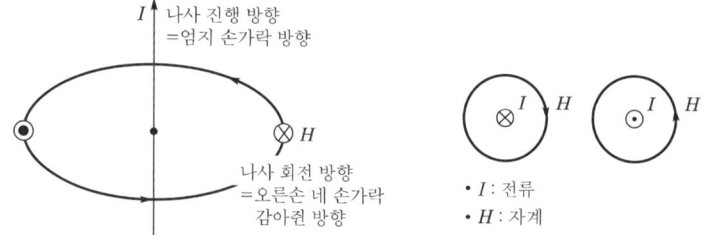

(3) 앙페르의 주회 적분 법칙

① 전류에 의한 자계의 세기를 정의한 법칙으로, 자계의 세기 H[AT/m]는 도체로부터의 거리 r[m]에 반비례하고, 전류 I[A]에는 비례한다는 관계로부터 자계의 세기 H[AT/m]가 폐경로 $l = 2\pi r$[m]을 일주했을 때 자계의 세기 H[AT/m]와 일주하는 거리 l[m]의 곱의 합은 전류의 세기 I[A]와 코일 권수 N[T]을 곱한 것과 같다.

② 자계의 세기 : $H = \dfrac{NI}{l} = \dfrac{NI}{2\pi r}$ [AT/m]

여기서, H : 자계의 세기[AT/m]
N : 코일 권수[T]
I : 인가된 전류[A]
$l = 2\pi r$: 자계의 경로[m]
r : 도체와 자계와의 거리[m]

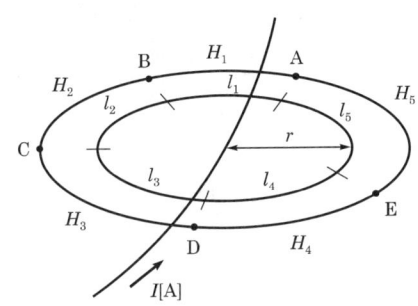

(4) 무한장 직선 도체에서의 자계 세기

① 무한장 직선 도체에 전류가 흐를 때 도체 주위를 회전하는 자계의 세기이다.

② 자계의 세기 : $H = \dfrac{I}{l} = \dfrac{I}{2\pi r}$ [AT/m]

여기서, H : 자계의 세기[AT/m]
I : 인가된 전류[A]
$l = 2\pi r$: 자계의 경로[m]
r : 도체와 자계와의 거리[m]

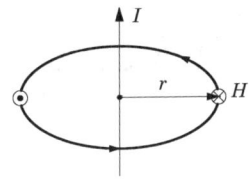

자계의 경로 $l = 2\pi r$[m]

(5) 환상 솔레노이드에서의 자계 세기

① 도체를 환상으로 감은 후 전류를 흘릴 때 솔레노이드 내부에서 회전하는 자계의 세기이다.

② 환상 솔레노이드 내부 자계는 평등 자계이며 외부 자계는 0이다.

③ 자계의 세기 : $H = \dfrac{NI}{l} = \dfrac{NI}{2\pi r}$ [AT/m]

여기서, H : 자계의 세기[AT/m]
N : 코일의 감은 횟수[T]
I : 인가된 전류[A]
$l = 2\pi r$: 평균 자로의 길이[m]

무한장 직선 전류에 의한
자계 세기
$H = \dfrac{I}{2\pi r}$ [AT/m]

환상 솔레노이드 내부
자계 세기
$H = \dfrac{NI}{l}$
$= \dfrac{NI}{2\pi r}$ [AT/m]
(외부 자계 0)

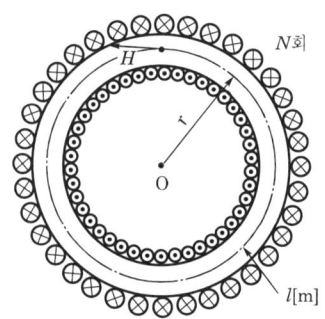

무한장 솔레노이드 내부 자계

$H = \dfrac{NI}{l} = n_o I\,[\text{AT/m}]$

(6) 무한장 솔레노이드에 의한 자계 세기

① 무한히 긴 임의의 솔레노이드에서 전류를 흘릴 때 솔레노이드 내부에서 자계의 세기이다.

② 무한장 솔레노이드에 의한 내부 자계는 모든 점에서 균일한 평등 자계이며 외부 자계는 0이다.

③ 자계의 세기 : $H = \dfrac{NI}{l} = n_o I\,[\text{AT/m}]$

여기서, $n_o = \dfrac{N}{l}$: 단위 길이당 코일 감은 횟수[T/m]

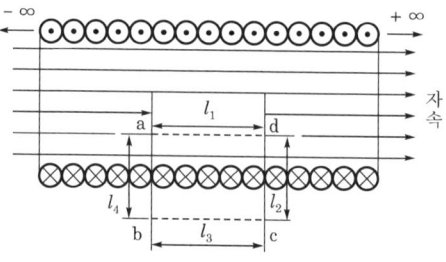

비오-사바르의 법칙
전류에 의한 자계의 세기를 정의한 법칙

$\Delta H = \dfrac{I\Delta l}{4\pi r^2}\sin\theta\,[\text{AT/m}]$

(7) 비오-사바르의 법칙

① 도선의 미소 길이 $\Delta l[\text{m}]$의 **전류 $I[\text{A}]$에 의한** $r[\text{m}]$ 떨어진 점 P에 발생하는 **자계의 세기를 정의한 법칙**이다.

② 자계의 세기 : $\Delta H = \dfrac{I\Delta l}{4\pi r^2}\sin\theta\,[\text{AT/m}]$

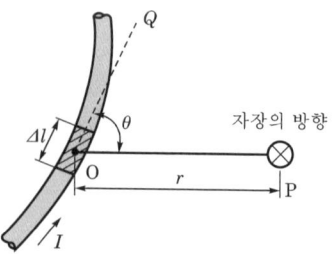

PART 01 전기이론

(8) 원형 코일 중심의 자계 세기

① 반지름 r[m]로 N회 감은 원형 코일에 전류 I[A]를 흘릴 때 원형 코일의 중심 O점에 발생하는 자계의 세기이다.

② 자계의 세기 : $H = \dfrac{NI}{2r}$[AT/m]

　여기서, H : 자기장의 세기[AT/m]
　　　　　N : 코일의 감은 횟수[T]
　　　　　I : 인가된 전류[A]
　　　　　r : 원형 코일 중심 반지름[m]

> 원형 코일 중심 자계
> $H = \dfrac{NI}{2r}$[AT/m]

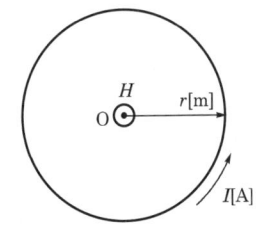

5 자기 회로와 자화 곡선

(1) 자기 회로

원형 철심에 코일을 N회 감은 후 전류 I[A]를 흘리면 철심 내에서 자속 Φ[Wb]가 발생하여 철심이 구성하는 폐회로를 통해 자속 Φ가 회전하는 통로이다.

(2) 기자력

① 정의 : **자속 Φ를 발생하게 하는 원천**

② 기자력의 크기 : $F = NI$[AT]

　여기서, N : 코일의 감은 횟수[T]
　　　　　I : 인가된 전류[A]

> 기자력
> ㉠ 자속을 발생시키는 원천
> ㉡ $F = NI = R_m \Phi$[AT]

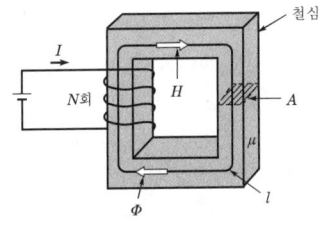

(3) 자기 저항

① 정의 : 자기 회로에서 기자력 $F = NI$[AT]에 의하여 발생된 자속 Φ가 폐회로를 따라 통하기 어려운 정도를 나타내는 상수이다.

37

자주 출제되는 핵심이론

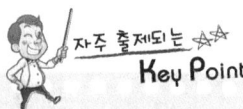

자기 저항

㉠ 자속 통과를 방해하는 성분

㉡ $R_m = \dfrac{NI}{\Phi} = \dfrac{l}{\mu A}$
[AT/Wb]

② 자기 저항 : $R_m = \dfrac{l}{\mu A}$ [AT/Wb]

여기서, R_m : 자기 저항[AT/Wb]
l : 자로의 길이[m]
μ : 투자율[H/m]
A : 자로의 단면적[m²]

③ 자기 저항 특성 : 자기 저항은 **자로의 길이** l[m]에는 **비례**하고 자로의 **단면적** A[m²]**와 투자율** μ[H/m]**에는 반비례**한다.

(4) 옴의 법칙

① 정의 : 자기 회로에서의 기자력 F와 자속 Φ, 자기 저항 R_m 사이의 관계를 나타내는 식이다.

② 옴의 법칙 : 기자력 $F = NI$
$= R_m \Phi$ [AT]

자기 저항 $R_m = \dfrac{F}{\Phi} = \dfrac{NI}{\Phi}$ [AT/Wb]

여기서, F : 기자력[AT]
N : 코일의 감은 횟수[T]
I : 인가 전류[A]
R_m : 자기 저항[AT/Wb]
Φ : 자속[Wb]

(5) 자화 곡선($B - H$ 곡선)

환상 철심에서 전류 I[A]를 점점 증가시켜 자화력 H[AT/m]를 증가시킬 때 철심 안의 자속 밀도 B[Wb/m²]는 H에 비례하여 서서히 증가하지만 어느 일정값 이상이 되면 자화력 H를 계속적으로 증가시켜도 B는 더 이상 증가하지 않는 현상을 자기 포화라 하며 그래프로 나타낸 곡선을 자화 곡선이라 한다.

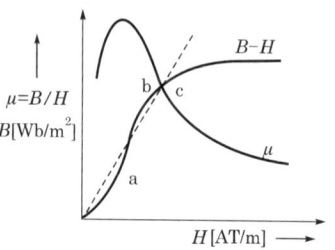

∥철심의 $B - H$ 곡선∥

(6) 히스테리시스 현상

① 정의 : 자화되지 않는 철심에 자화력 $H[\text{AT/m}]$를 $0 \to +H_m \to 0 \to -H_m \to 0$으로 변화시키면서 가할 때 철심 내 자속 밀도 $B[\text{Wb/m}^2]$의 변화가 $0 \to a \to b \to c \to d \to e \to f \to g$ 를 따라 변화하는데 이때 자화력 $H[\text{AT/m}]$의 변화보다 자속 밀도 $B[\text{Wb/m}^2]$의 변화가 자기적으로 늦는 현상이다.

② 히스테리시스 루프 : 히스테리시스 현상 때 형성되는 폐곡선(loop)이다.

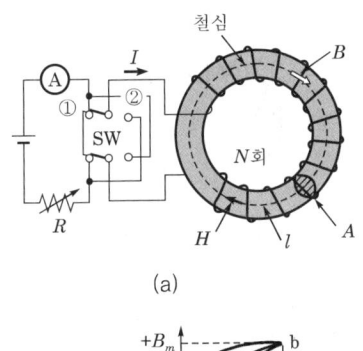

(a)

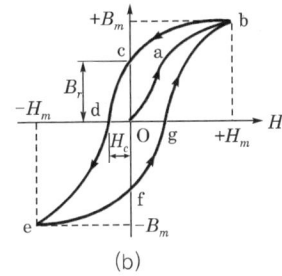

(b)

┃ 철심 코일의 자기 히스테리시스의 곡선 ┃

③ B_r(잔류 자기) : 외부 자계 H가 0이 되었을 때 남아 있는 잔류 자속 밀도로, **히스테리시스 곡선이 종축(세로 축)과 만나는 점**이다.

④ H_c(보자력) : 잔류 자기 B_r이 0일 때 외부 자계의 세기로서 처음 자속 밀도 0인 상태를 보존하려는 자계로, **히스테리시스 곡선이 횡축(가로 축)과 만나는 점**이다.

(7) 히스테리시스 손실

① 정의 : 자성체를 자화시킬 때 히스테리시스 루프 면적에 비례하여 열로 소비되는 에너지 손실이다.

② 히스테리시스손 : $P_h = \eta f B_m^{1.6}[\text{W/m}^3]$

여기서, η : 히스테리시스 상수
 f : 주파수[Hz]
 B_m : 최대 자속 밀도[Wb/m²]

Key Point

히스테리시스 현상
㉠ B_r(잔류 자기) : 히스테리시스 곡선이 종축(세로 축)과 만나는 점
㉡ H_c(보자력) : 히스테리시스 곡선이 횡축(가로 축)과 만나는 점

히스테리시스손
$P_h = \eta f B_m^{1.6}[\text{W/m}^3]$

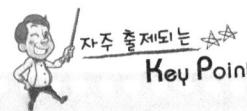

전자력
자장 내 도체를 놓고 전류를 흘리면 도체가 받는 힘

플레밍의 왼손 법칙
전동기에서 전자력의 방향을 알 수 있는 법칙
㉠ 엄지 : F[N]
㉡ 검지 : B[Wb/m²]
㉢ 중지 : I[A]

6 전자력과 회전력

(1) 전자력

① 정의 : **자장 내 도체를 놓고 전류 I[A]를 흘릴 때** 도체에 흐르는 전류에 의해 발생된 자속에 의해 자장 내 자속 밀도의 변화가 일어나면서 자속 밀도가 큰 쪽에서 작은 쪽으로 도체에 작용하여 **도체가 움직일 수 있는 힘**이다.

② 플레밍의 왼손 법칙 : **전동기에서 전자력의 방향**을 알 수 있는 법칙이다.
  ㉠ 엄지 손가락 : 힘(F[N])의 방향
  ㉡ 검지 손가락 : 자속 밀도(B[Wb/m²])의 방향
  ㉢ 중지 손가락 : 전류(I[A])의 방향

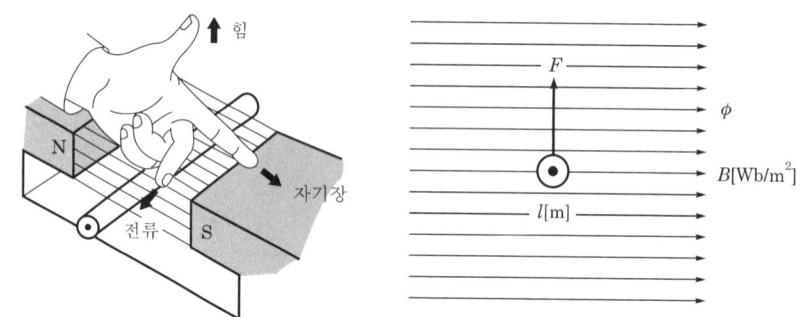

▮ 플레밍의 왼손 법칙 ▮

전자력의 크기
$F = IBl\sin\theta$[N]

(2) 전자력의 세기

① 자속 밀도 B[Wb/m²]인 평등 자장 내 자장의 방향과 각도 θ만큼 경사진 길이 l[m] 도체에 전류 I[A]를 흘릴 때 도선이 받는 힘(전자력)의 세기이다.

② 전자력의 크기 : $F = IBl\sin\theta$[N]

여기서, F : 전자력의 크기[N]
  I : 전류[A]
  B : 자속 밀도[Wb/m²]
  l : 도체의 길이[m]
  θ : 자장과 도체가 이루는 각

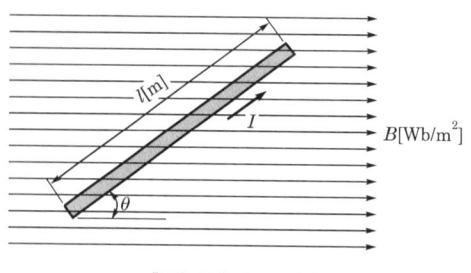

▮ 전자력의 크기 ▮

(3) 평행 전류 사이에 작용하는 힘
① 전류의 방향이 같은 방향인 경우 : **흡인력**이 작용한다.
② 전류의 방향이 반대 방향인 경우 : **반발력**이 작용한다.
③ 전자력의 크기 : $F = \dfrac{2I_1 I_2}{r} \times 10^{-7}$[N/m]

여기서, F : 단위 길이당 전자력[N/m]
I_1, I_2 : 두 도체에 인가된 전류[A]
r : 두 도체 간의 거리[m]

④ 전자력의 작용 : 평행한 두 도체에 전류를 흘렸을 때 작용하는 힘은 두 도체 간의 거리에 반비례하고, 흐르는 전류의 곱에 비례한다.

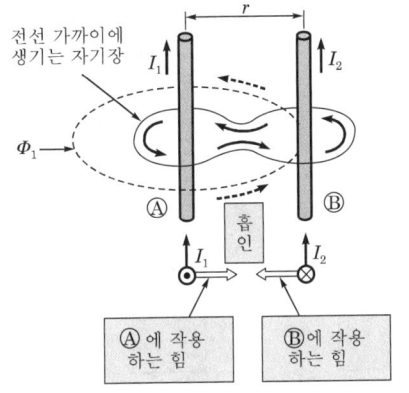
(a) 같은 방향의 전류

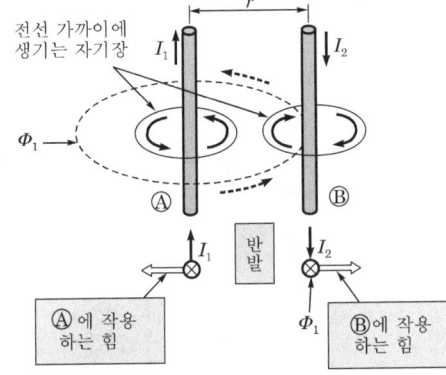
(b) 반대 방향의 전류

┃평행 도체간에 작용하는 힘┃

Key Point

평행 전류 사이에 작용하는 힘
㉠ 전류 방향 동일 : 흡인력 작용
㉡ 전류 방향 반대 : 반발력 작용
㉢ 전자력의 크기
$F = \dfrac{2I_1 I_2}{r} \times 10^{-7}$[N/m]

(4) 자기 모멘트
① 정의 : 자기장 안에서 작용하는 회전력을 결정하는 상수이다.
② 자기 모멘트 크기 : $M = ml$[Wb·m]

여기서, m : 자극의 세기[Wb]
l : 자극의 길이[m]

자기 모멘트 크기
$M = ml$[Wb·m]

(5) 막대자석의 회전력(torque)
① 자기장의 세기가 H[AT/m]인 평등 자기장 안에 자극의 세기 m[Wb]의 막대자석을 자기장의 방향과 θ의 각도로 놓았을 때 두 자극 사이에 작용하는 힘 $F = mH$[N]에 의하여 평등 자기장 안에 존재하는 자침을 회전시키려는 회전력이다.
② 회전력의 크기 : $\tau = mlH\sin\theta$ [N·m]

막대자석의 회전력
$\tau = mlH\sin\theta$ [N·m]

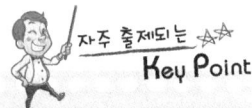

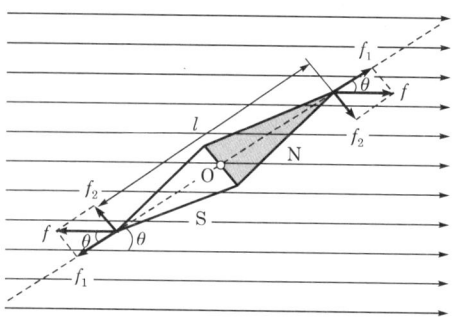

(6) 사각형 코일에 작용하는 회전력

① 자속 밀도 $B[\text{Wb/m}^2]$인 평등 자장 내에 자기장의 방향과 각도 θ를 가지는 권수 N, 면적 $a \times b = A \,[\text{m}^2]$인 도체에 전류 $I[\text{A}]$를 흘릴 경우 도체에서 발생하는 회전력이다.

② 회전력의 크기 : $\tau = BINA\cos\theta \,[\text{N}\cdot\text{m}]$

사각 코일의 회전력 크기
$\tau = BINA\cos\theta \,[\text{N}\cdot\text{m}]$

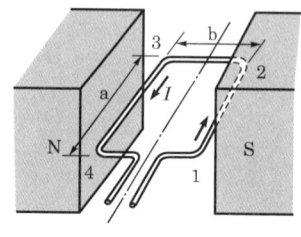

(a) 자기장 내의 사각 코일

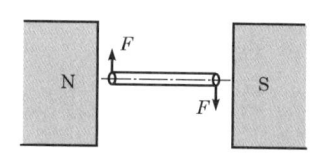

(b) 자기장과 평행한 사각 코일의 면

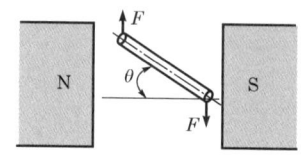

(c) 사각 코일의 면과 자기장이 이루는 θ의 각

┃사각형 코일에 작용하는 힘┃

7 전자 유도 법칙

(1) 패러데이-렌츠 전자 유도 현상

① 전자 유도 현상 : 코일과 자속이 쇄교할 경우 자속이 변하거나 자장 중에 놓인 코일이 움직이게 되면 코일에 새로운 기전력(유도 기전력)이 유도되어 전류가 흐르는 현상이다.

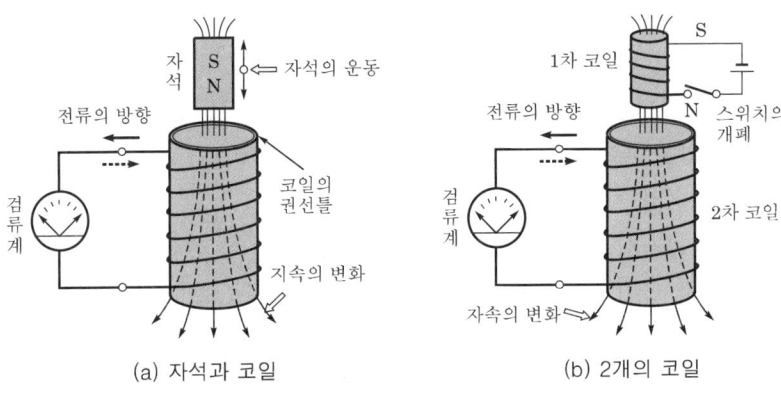

(a) 자석과 코일   (b) 2개의 코일

| 전자 유도 현상 |

② 패러데이 법칙(기전력의 크기)
  ㉠ 전자 유도 현상에 의하여 어느 코일에 발생하는 유도 기전력의 크기는 코일과 쇄교하는 자속 Φ의 시간적인 변화율에 비례한다.
  ㉡ 기전력의 크기 : $e = N\dfrac{\Delta\Phi}{\Delta t}$ [V]

    여기서, N [T] : 코일 권수
        Δt : 시간의 변화량
        $\Delta\Phi$: 자속의 변화량

패러데이 법칙(기전력의 크기)
자속의 시간적 변화율에 비례

③ 렌츠 법칙(기전력의 방향)
  ㉠ 전자 유도 현상에 의하여 어느 코일에 발생하는 유도 기전력의 방향은 자속 Φ의 증가 또는 감소를 방해하는 방향으로 발생한다.
  ㉡ 기전력의 방향(−) : $e = -N\dfrac{\Delta\Phi}{\Delta t}$ [V]

    여기서, − : 자속 Φ의 증가 또는 감소를 방해하는 방향

렌츠 법칙(기전력의 방향)
자속 Φ의 증가 또는 감소를 방해하는 방향으로 발생

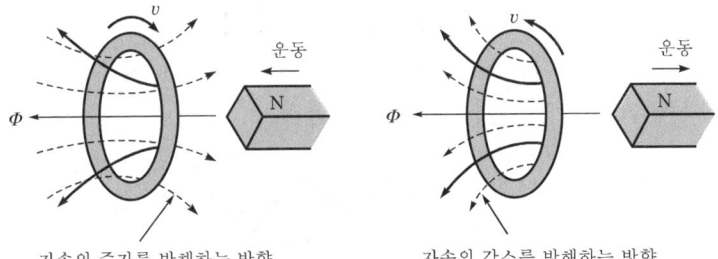

(a) 자속을 증가시킬 때   (b) 자속을 감소시킬 때

| 유도 기전력의 방향 |

④ 패러데이-렌츠의 전자 유도 법칙 : $e = -N\dfrac{\Delta\Phi}{\Delta t}$ [V]

자주 출제되는 핵심이론

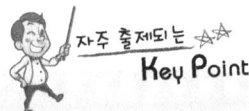

플레밍의 오른손 법칙
발전기에서 기전력의 방향을 알 수 있는 법칙
㉠ 엄지 손가락 : 도체 운동(v)의 방향
㉡ 집게 손가락 : 자장(B [Wb/m²])의 방향
㉢ 가운데 손가락 : 유도 기전력(e)의 방향

(2) 발전기에서의 기전력 발생
① 원리 : 자장 내에 도체를 놓고 운동시킬 때 도체가 자속을 끊으면서 기전력이 발생한다.
② 플레밍의 오른손 법칙 : 발전기에서 기전력의 방향을 알 수 있는 법칙이다.
  ㉠ 엄지 손가락 : 도체 **운동**(v)의 방향
  ㉡ 집게 손가락 : **자장**(B [Wb/m²])의 방향
  ㉢ 가운데 손가락 : **유도 기전력**(e)의 방향

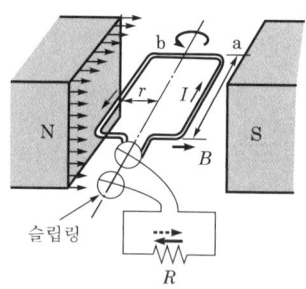

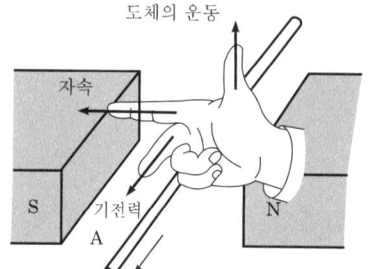 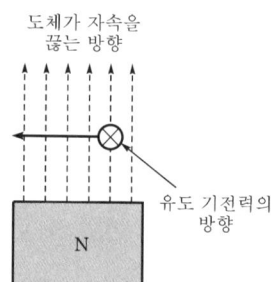

┃플레밍의 오른손 법칙┃

(3) 교류 발전기 유도 기전력의 크기
① 기전력 발생 : 자속 밀도 B [Wb/m²]인 자장 내에 길이 l [m]의 도체를 자장의 방향에 대해 각도 θ를 갖도록 주변 속도 v [m/sec]로 회전시킬 때 도체가 자속을 끊으면서 기전력이 발생한다.

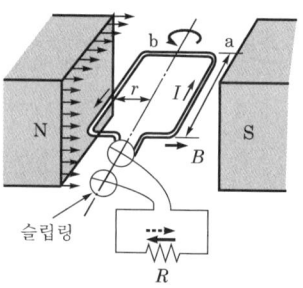

② 기전력의 크기 : $e = vBl\sin\theta[\text{V}]$

여기서, e : 유도 기전력[V]
v : 도체의 주변 속도[m/sec]
B : 자속 밀도[Wb/m²]
l : 도체의 길이[m]
θ : 도체와 자기장의 방향이 이루는 각

Key Point

발전기에서 기전력의 크기
$e = vBl\sin\theta[\text{V}]$

8 유도 작용과 인덕턴스

(1) 자기 유도

① 자기 유도 : 코일에 흐르는 전류 $I[\text{A}]$의 크기를 변화시키면 전류의 크기에 비례하여 발생한 자속 $\Phi[\text{Wb}]$의 크기가 변화하면서 코일을 쇄교하므로 코일 자체에 새로운 역기전력이 유도되는 현상이다.

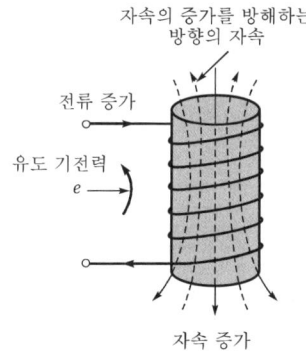

② 자기 인덕턴스($L[\text{H}]$) : 도선이나 코일에 전류 $I[\text{A}]$가 흘러 자속 $\Phi[\text{Wb}]$가 발생할 때 도선이나 코일의 재질, 굵기, 권수, 형태, 주위 매질의 투자율 등에 의해 자속 Φ의 발생 정도를 결정하는 비례 상수이다.

㉠ 권수 1회인 경우 : $\Phi = LI[\text{Wb}]$, $L = \dfrac{\Phi}{I}[\text{H}]$

㉡ 권수 N회인 경우 : $N\Phi = LI[\text{Wb}]$, $L = \dfrac{N\Phi}{I}[\text{H}]$

③ 자기 유도 기전력의 크기 : $e = -N\dfrac{\Delta\Phi}{\Delta t} = -L\dfrac{\Delta I}{\Delta t}[\text{V}]$

여기서, N : 코일 권수[T]
L : 자기 인덕턴스[H]
$\Delta\Phi$: 자속의 변화량
ΔI : 전류의 변화량
Δt : 시간의 변화량

자기 유도 기전력의 크기
$e = -N\dfrac{\Delta\Phi}{\Delta t}$
$= -L\dfrac{\Delta I}{\Delta t}[\text{V}]$

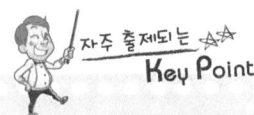

1[H]
1초 동안에 1[A]의 전류가 변화하여 1[V]의 역기전력이 유도될 때의 인덕턴스값

(2) 자기 회로에서의 인덕턴스

① 자기 인덕턴스의 크기 : $L = \dfrac{\mu A N^2}{l}$ [H]

여기서, μ : 투자율[H/m]
  A : 철심 단면적[m^2]
  N : 코일의 감은 횟수[T]
  I : 인가된 전류[A]
  l : 자로의 길이[m]
  R : 자기 저항[AT/Wb]
  Φ : 자속[Wb]

자기 인덕턴스의 크기
$L = \dfrac{\mu A N^2}{l}$ [H]
$L = \dfrac{N\phi}{I}$
 $= \dfrac{N^2}{R} = \dfrac{\mu A N^2}{l}$ [H]
$\propto N^2$

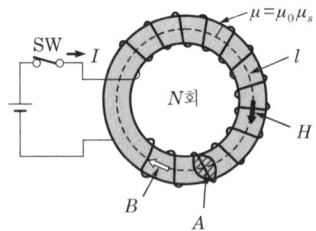

② 자기 인덕턴스 특성 : $L \propto N^2$

기자력 $F = NI = R\Phi$[AT]에서
자속 $\Phi = \dfrac{NI}{R}$[Wb], 자기 저항 $R = \dfrac{l}{\mu A}$[AT/Wb]을 대입한다.
$L = \dfrac{N\Phi}{I} = \dfrac{N}{I} \times \dfrac{NI}{R} = \dfrac{N^2}{R} = \dfrac{\mu A N^2}{l}$ [H]

(3) 상호 유도

① 상호 유도 : 자기적으로 결합되어 있는 서로 다른 2개의 코일에서 ①번 코일에 흐르는 전류 I[A]의 크기를 변화시키면 전류의 크기에 비례하여 발생한 자속 Φ[Wb]의 크기가 변화하면서 ②번 코일을 통과·쇄교하므로 ②번 코일에 새로운 기전력이 유도되는 현상이다.

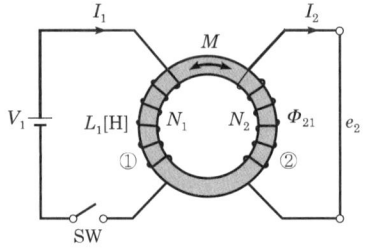

② 상호 인덕턴스 : 자기적으로 결합되어 있는 서로 다른 2개의 코일에서 ①번 코일에 흐르는 전류에 의해 발생된 자속 Φ가 또 다른 ②번 코일을 통과·쇄교하는 정도를 나타내는 상호 유도 계수이다.

㉠ 상호 인덕턴스 크기 : $M = \dfrac{N_2 \Phi_{21}}{I_1}$ [H]

여기서, N_2 : 2차 코일 권수

Φ_{21} : 전류 I_1[A]에 의해 발생된 자속 중 N_2와 쇄교하는 자속수

㉡ 상호 유도 기전력의 크기 : $e_2 = -N_2 \dfrac{\Delta \Phi_{21}}{\Delta t} = -M \dfrac{\Delta I_1}{\Delta t}$ [V]

여기서, N_2 : 2차 코일 권수[T]

M : 상호 인덕턴스[H]

$\Delta \Phi_{21}$: 전류 I_1에 의해 발생된 자속 중 N_2와 쇄교하는 자속 변화량

ΔI_1 : 전류 I_1의 변화량

Δt : 시간의 변화량

(4) 유도 결합 회로 상호 인덕턴스

① 완전 결합 시 상호 인덕턴스의 크기 : $M = \dfrac{N_1 N_2}{R} = \dfrac{\mu A N_1 N_2}{l}$ [H]

여기서, N_1, N_2 : 1·2차 코일 권수[T]

R : 자기 저항[AT/Wb]

μ : 투자율[H/m]

A : 철심 단면적[m²]

l : 자로의 길이[m]

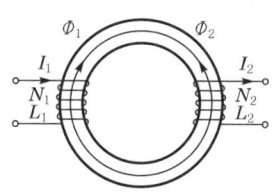

② 자기 인덕턴스와 상호 인덕턴스와의 관계식 : $M = k\sqrt{L_1 L_2}$ [H]

③ 결합 계수 : 자속이 다른 코일과 결합하는 비율이다.

$k = \dfrac{M}{\sqrt{L_1 L_2}}$ $(0 \leq k \leq 1)$

㉠ 완전 결합 : $k = 1$

㉡ 누설 자속 20[%] : $k = 0.8$

㉢ 미결합 : $k = 0$

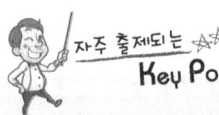

코일 직렬 접속 합성 인덕턴스
㉠ 가동(가극성)
$L_{가} = L_1 + L_2 + 2M$
[H]
㉡ 차동(감극성)
$L_{차} = L_1 + L_2 - 2M$
[H]
㉢ $M = \dfrac{L_{가} - L_{차}}{4}$ [H]

(5) 코일의 직렬 접속 시 합성 인덕턴스
 ① 상호 인덕턴스를 가지는 2개의 코일을 직렬로 접속했을 때 발생하는 합성 인덕턴스의 크기이다.
 ② 가동 접속 : 2개의 코일에 흐르는 전류에 의하여 발생한 자속이 서로 합해지는 방향이 되도록 접속한 경우
  $L_{가} = L_1 + L_2 + 2M$ [H]
 ③ 차동 접속 : 2개의 코일에 흐르는 전류에 의하여 발생한 자속이 서로 상쇄되는 방향이 되도록 접속한 경우
  $L_{차} = L_1 + L_2 - 2M$ [H]

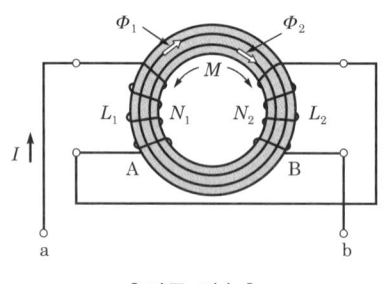
▮ 가동 접속 ▮

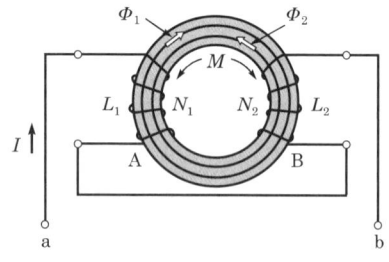
▮ 차동 접속 ▮

 ④ 가동·차동 합성값을 이용한 상호 인덕턴스 계산 : $M = \dfrac{L_{가} - L_{차}}{4}$ [H]

9 전자 에너지

코일 축적 전체 에너지
$W = \dfrac{1}{2}LI^2$ [J]

(1) 코일에 축적되는 전체 에너지
 $W = \dfrac{1}{2}\Phi I = \dfrac{1}{2}LI^2 = \dfrac{\Phi^2}{2L}$ [J]
 여기서, W : 코일 축적 에너지[J]
   L : 자체 인덕턴스[H]
   I : 인가 전류[A]

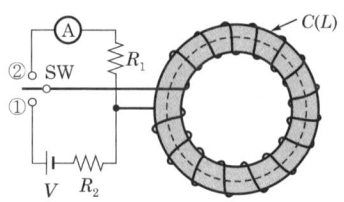

(2) 단위 체적당 축적 에너지

$$W_0 = \frac{1}{2}BH = \frac{1}{2}\mu H^2 = \frac{B^2}{2\mu}[\text{J/m}^3]$$

여기서, W_0 : 단위 체적당 축적 에너지[J]
 B : 자속 밀도[Wb/m²]
 H : 자장의 세기[AT/m]
 μ : 투자율[H/m]

Key Point

체적당 에너지

$W_0 = \frac{1}{2}BH$

$\quad = \frac{1}{2}\mu H^2$

$\quad = \frac{B^2}{2\mu}[\text{J/m}^3]$

정전계와 정자계의 대응 관계식

정전계	정자계
전하량 Q[C]	자하량, 자극의 세기 m[Wb]
전속 Q[C]	자속 ϕ[Wb]
진공 또는 공기의 유전율 $\varepsilon_o = 8.855 \times 10^{-12}$[F/m]	진공 또는 공기의 투자율 $\mu_o = 4\pi \times 10^{-7}$[H/m]
전계 비례 상수, 쿨롱 상수 $k = \dfrac{1}{4\pi\varepsilon_o} = 9 \times 10^9$	자계 비례 상수, 쿨롱 상수 $k = \dfrac{1}{4\pi\mu_o} = 6.33 \times 10^4$
쿨롱의 법칙 : 정전력 $F = k\dfrac{Q_1 Q_2}{r^2} = \dfrac{Q_1 Q_2}{4\pi\varepsilon_o r^2}$ $= 9 \times 10^9 \times \dfrac{Q_1 Q_2}{r^2}$[N]	쿨롱의 법칙 : 자기력 $F = k\dfrac{m_1 m_2}{r^2} = \dfrac{m_1 m_2}{4\pi\mu_o r^2}$ $= 6.33 \times 10^4 \times \dfrac{m_1 m_2}{r^2}$[N]
전계(전장, 전기장)의 세기 $E = \dfrac{Q}{4\pi\varepsilon_o r^2}$ $= 9 \times 10^9 \times \dfrac{Q}{r^2}$[V/m]	자계(자장, 자기장)의 세기 $H = \dfrac{m}{4\pi\mu_o r^2}$ $= 6.33 \times 10^4 \times \dfrac{m}{r^2}$[AT/m]
힘과 전계와의 관계식 $F = QE$[N]	힘과 자계와의 관계식 $F = mH$
전위의 세기 $V = \dfrac{Q}{4\pi\varepsilon_o r} = 9 \times 10^9 \times \dfrac{Q}{r}$[V]	-
전속 밀도 $D = \dfrac{Q}{S} = \dfrac{Q}{4\pi r^2}$[C/m²] ㉠ 공기 : $D = \varepsilon_o E$[C/m²] ㉡ 유전체 $D = \varepsilon E = \varepsilon_o \varepsilon_s E$[C/m²]	자속 밀도 $B = \dfrac{\Phi}{S} = \dfrac{m}{4\pi r^2}$[Wb/m²] ㉠ 공기 : $B = \mu_o H$[Wb/m²] ㉡ 자성체 $B = \mu H = \mu_o \mu_s H$[Wb/m²]

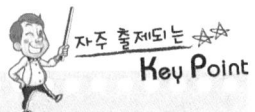

정전계	정자계
전기력선의 총수 $=\dfrac{Q}{\varepsilon_o}$ 개	자기력선의 총수 $=\dfrac{m}{\mu_o}$ 개
전하가 한 일 $W=QV[J]$	자속이 한 일 $W=\phi I[J]$
전계 에너지 $W=\dfrac{1}{2}QV=\dfrac{1}{2}CV^2=\dfrac{Q^2}{2C}[J]$	자계 에너지 $W=\dfrac{1}{2}LI^2[J]$
단위 체적당 전계 에너지 $W=\dfrac{1}{2}ED=\dfrac{1}{2}\varepsilon E^2$ $=\dfrac{D^2}{2\varepsilon}[J/m^3]$	단위 체적당 자계 에너지 $W=\dfrac{1}{2}BH=\dfrac{1}{2}\mu H^2$ $=\dfrac{B^2}{2\mu}[J/m^3]$

Chapter 04 교류 회로

1 정현파 교류와 표시 방법

(1) 교류의 일반식

① 교류 전압, 전류 : $v(t) = V_m \sin \omega t [\text{V}]$
$i(t) = I_m \sin \omega t [\text{A}]$

② 주기 : 1사이클(cycle)을 이루는 데 필요한 시간, $T[\text{sec}]$

③ 주파수 : 1[sec] 동안에 발생하는 사이클의 수, $f[\text{Hz}]$

④ 주기와 주파수의 관계 : $f = \dfrac{1}{T}[\text{Hz}]$

$T = \dfrac{1}{f}[\text{sec}]$

⑤ 각주파수 : 단위 시간당 주파수를 표현한 것

$\omega = 2\pi f = \dfrac{2\pi}{T}[\text{rad/sec}]$

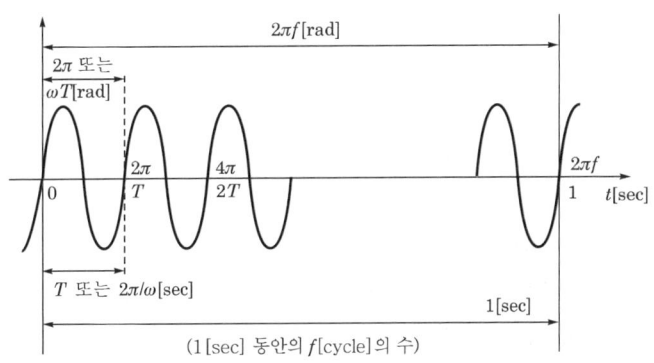

주기와 주파수의 관계

$f = \dfrac{1}{T}[\text{Hz}]$

$T = \dfrac{1}{f}[\text{sec}]$

각주파수

단위 시간당 주파수를 표현한 것

$\omega = 2\pi f$
$= \dfrac{2\pi}{T}[\text{rad/sec}]$

호도법(radian법)

① 원의 반지름(r)에 대한 호(l)의 비율로 각도를 표현하는 방법이다.

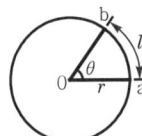

$\dfrac{\pi}{6}$	$\dfrac{\pi}{4}$	$\dfrac{\pi}{3}$	$\dfrac{\pi}{2}$	π	$\dfrac{3}{2}\pi$	2π
30°	45°	60°	90°	180°	270°	360°

② 1[rad] : 원에서 반지름 r과 호 $\overline{ab}$의 길이가 같은 사잇각 θ

1[rad] = 57.17°, π[rad] = 180°

라디안각

π[rad] = 180°

(2) 위상 및 위상차

① 위상 : 발전기 등에서 자속을 끊어 기전력을 발생시키는 전기자 도체의 위치를 나타내는 것이다.

② 위상차 : 각 파의 정방향으로의 상승이 시작하는 0의 값에 대한 시간적인 차를 말한다.

$$v = V_m \sin \omega t \,[V]$$
$$v_1 = V_m \sin(\omega t + \theta_1) \,[V]$$
$$v_2 = V_m \sin(\omega t - \theta_2) \,[V]$$

㉠ v_1은 v보다 위상이 θ_1만큼 앞서 있다.
㉡ v_2는 v보다 위상이 θ_2만큼 뒤져 있다.
㉢ v_1은 v_2보다 위상이 $\theta_1 + \theta_2$만큼 앞서 있다.

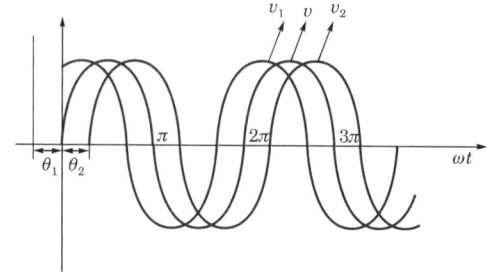

(3) 정현파 교류의 크기

① 순시값 : 전류 및 전압 파형에서 어떤 임의의 순간 t에서의 전류·전압 크기이다.

$$v(t) = V_m \sin(\omega t + \theta) \,[V]$$

② 최대값 : 전류 및 전압 교류 파형의 순시값 중 가장 큰 값이다.

③ 평균값 : 한 주기 동안의 면적(크기)을 주기로 나누어 구한 산술적인 평균값이다.

$$V_{av} = \frac{2}{\pi} V_m = 0.637 V_m \,[V]$$

④ 실효값 : 같은 저항에서 일정한 시간동안 직류와 교류를 흘렸을 때 각 저항에서 발생하는 열량이 같아지는 순간 교류를 직류로 환산한 값이다(교류의 대표값).

$$실효값(V) = \sqrt{1주기 \ 동안의 \ (순시값)^2의 \ 평균 \ 값} \,[V]$$
$$= \frac{1}{\sqrt{2}} V_m = 0.707 V_m \,[V]$$

평균값

$$V_{av} = \frac{2}{\pi} V_m$$
$$= 0.637 V_m \,[V]$$

실효값

$$V = \frac{1}{\sqrt{2}} V_m$$
$$= 0.707 V_m \,[V]$$

(모든 계산은 실효값으로 하여야 한다)

⑤ 파고율과 파형률

$$\text{파고율} = \frac{\text{최대값}}{\text{실효값}}$$

$$\text{파형률} = \frac{\text{실효값}}{\text{평균값}}$$

Key Point

$\text{파고율} = \dfrac{\text{최대값}}{\text{실효값}}$

$\text{파형률} = \dfrac{\text{실효값}}{\text{평균값}}$

(4) 교류의 벡터 표시법

① 교류의 벡터 표시 : 정현파 교류 크기와 위상각을 벡터로 나타내는 방법이다($\dot{Z} = \vec{Z}$).

㉠ 크기(실효값) : 화살표 크기

㉡ 편각(위상 θ) : 기준선과 이루는 각
- $+\theta$: 위상이 θ만큼 앞선 경우
- $-\theta$: 위상이 θ만큼 뒤진 경우

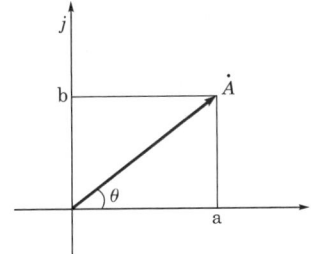

② 극형식법(극좌표법) : 정현파 교류의 크기와 위상각을 극형식으로 나타내는 방법이다.

$$\dot{A} = \text{크기(실효값)}\underline{/\text{편각(위상 }\theta)} = A\underline{/\theta}$$

③ 지수 함수법 : 정현파 교류의 크기와 위상을 지수 함수 $e^{j\theta}$를 이용하여 표시하는 방법이다.

$$\dot{A} = \text{크기(실효값)} \cdot e^{j\theta} = A e^{j\theta}$$

㉠ $+j$: 위상이 θ만큼 앞서는 경우

㉡ $-j$: 위상이 θ만큼 뒤지는 경우

④ 삼각 함수법 : 정현파 교류의 크기와 위상을 cos, sin으로 표시하는 방법이다.

$$\dot{A} = \text{크기(실효값)}(\cos\theta + j\sin\theta) = A(\cos\theta + j\sin\theta)$$

㉠ $+j$: 위상이 θ만큼 앞서는 경우

㉡ $-j$: 위상이 θ만큼 뒤진 경우

⑤ 복소수법 : 정현파 교류의 크기와 위상을 복소수로 표시하는 방법이다.

$$\dot{A} = a + jb \quad (\text{단, } a = A\cos\theta, \ b = A\sin\theta)$$

㉠ 크기(실효값) : $|\dot{A}| = \sqrt{a^2 + b^2}$

자주 출제되는 핵심이론

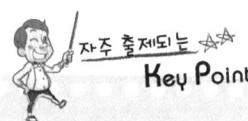

ⓒ 편각(위상 θ) : $\theta = \tan^{-1}\dfrac{b}{a}$

순시값
$i(t) = 10\sqrt{2}\sin\left(\omega t + \dfrac{\pi}{3}\right)$
[A]의 벡터 표기법
실효값 10[A]
위상 $\dfrac{\pi}{3}$[rad] = 60°

$\dot{I} = 10\underline{/\dfrac{\pi}{3}} = 10e^{j\frac{\pi}{3}}$
$= 10\left(\cos\dfrac{\pi}{3} + j\sin\dfrac{\pi}{3}\right)$
$= 5 + j5\sqrt{3}$ [A]

  $i(t) = 10\sqrt{2}\sin\left(\omega t + \dfrac{\pi}{3}\right)$[A]의 벡터 표시법

① 극형식법 : $\dot{I} = I\underline{/\theta} = 10\underline{/\dfrac{\pi}{3}}$

② 지수 함수법 : $\dot{I} = I \cdot e^{j\theta} = 10e^{j\frac{\pi}{3}}$

③ 삼각 함수법 : $\dot{I} = I(\cos\theta + j\sin\theta) = 10\left(\cos\dfrac{\pi}{3} + j\sin\dfrac{\pi}{3}\right)$

④ 복소수법 : $\dot{I} = a + jb = \left(10 \cdot \cos\dfrac{\pi}{3}\right) + j\left(10 \cdot \sin\dfrac{\pi}{3}\right) = 5 + j5\sqrt{3}$

 여러 형식의 계산법

① 극형식법에 의한 곱셈과 나눗셈의 계산법
　ㄱ 곱셈 : $A\underline{/\theta_1} \cdot B\underline{/\theta_2} = A \cdot B\underline{/\theta_1 + \theta_2}$
　ㄴ 나눗셈 : $\dfrac{A\underline{/\theta_1}}{B\underline{/\theta_2}} = \dfrac{A}{B}\underline{/\theta_1 - \theta_2}$

복소수
허수
ㄱ j의 의미 : 위상 +90°
ㄴ $-j$의 의미 : 위상 -90°

② 허수의 단위 j의 의미 : 위상이 90° 앞서는 것을 의미한다.
　$j = \sqrt{-1}$, $j^2 = -1$

③ 복소수법에 의한 덧셈과 뺄셈의 계산법
　ㄱ 덧셈 : $\dot{A} = \dot{A}_1 + \dot{A}_2$
　　　　$= (a_1 + jb_1) + (a_2 + jb_2)$
　　　　$= (a_1 + a_2) + j(b_1 + b_2)$
　ㄴ 뺄셈 : $\dot{A} = \dot{A}_1 - \dot{A}_2$
　　　　$= (a_1 + jb_1) - (a_2 + jb_2)$
　　　　$= (a_1 - a_2) + j(b_1 - b_2)$

2 단일 소자 회로의 전압과 전류

(1) 저항(R)만의 회로

R만의 회로

I와 V의 위상이 같다(동상 = 동위상).

R만의 회로에 교류 전압 $v = \sqrt{2}V\sin\omega t$ [V]를 인가했을 때 흐르는 전류 i는 서로 위상이 같다.

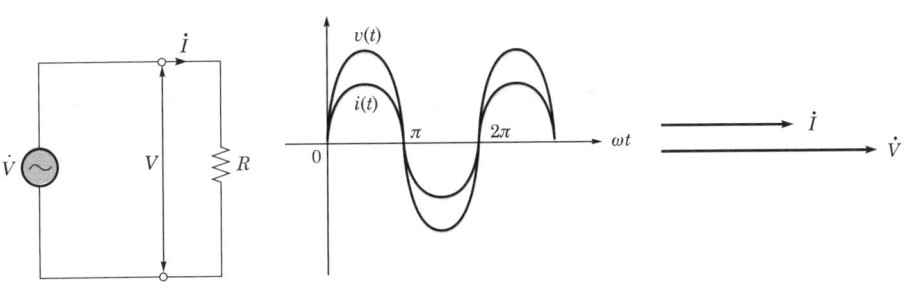

① 순시 전류 : $i = \dfrac{v}{R} = \sqrt{2}\,\dfrac{V}{R}\sin\omega t = \sqrt{2}\,I\sin\omega t\,[\text{A}]$

② 전압과 전류의 크기 : $V = IR\,[\text{V}]$

$$I = \dfrac{V}{R}\,[\text{A}] \quad (\text{단, } V,\ I : \text{실효값})$$

③ 위상 관계 : **저항만의 회로**에서 **전압과 전류의 위상은 동위상**이다.

(2) 인덕턴스(L)만의 회로

L만의 회로에 교류 전류 $i = \sqrt{2}\,I\sin\omega t\,[\text{A}]$를 인가했을 때 흐르는 전류 i는 인가 전압 v보다 $\dfrac{\pi}{2}\,[\text{rad}]$만큼 위상이 뒤진 유도성 지상 전류가 흐른다.

L만의 회로
I가 V보다 위상 $\dfrac{\pi}{2}\,[\text{rad}]$
뒤진다(지상, 유도성).

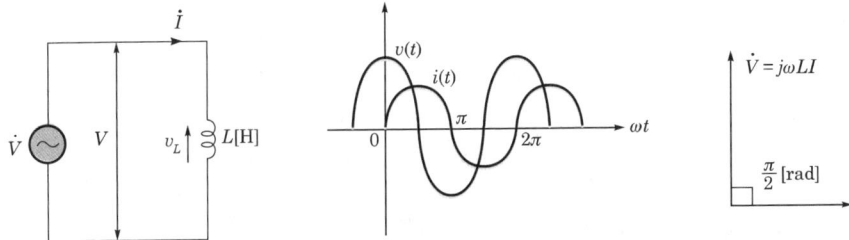

① 전원 전압(v) : L만의 회로에 전류 $i = \sqrt{2}\,I\sin\omega t\,[\text{A}]$가 흐르기 위해 인가한 전압

$$v = \sqrt{2}\,\omega LI\sin\left(\omega t + \dfrac{\pi}{2}\right)[\text{V}]$$

② 벡터법에 의한 옴의 법칙 : $\dot{V} = j\omega L\dot{I}\,[\text{V}]$

③ 전압과 전류의 크기 : $V = X_L I = \omega LI\,[\text{V}]$

$$I = \dfrac{V}{\omega L}\,[\text{A}] \quad (\text{단, } V,\ I : \text{실효값})$$

④ 유도성 리액턴스(X_L) : L만의 회로에서 전류가 쉽게 흐를 수 없는 정도를 나타내는 **임피던스**

$$X_L = \omega L = 2\pi fL\,[\Omega]$$

전압식
$V = X_L I = \omega LI\,[\text{V}]$

유도성 리액턴스
$X_L = \omega L = 2\pi fL$

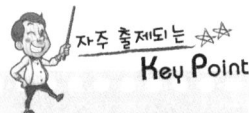

⑤ 코일에 축적되는 에너지 : $W = \dfrac{1}{2}LI^2[J]$

⑥ 전압과 전류의 위상 : **전류가 전압보다** $\dfrac{\pi}{2}[rad]$**만큼 뒤진 유도성 지상 전류**가 흐른다.

(3) 정전 용량(C)만의 회로

C만의 회로에 교류 전압 $v = \sqrt{2}\,V\sin\omega t[V]$를 인가했을 때 흐르는 전류 i는 인가 전압 v보다 $\dfrac{\pi}{2}[rad]$만큼 위상이 앞선 **용량성 전류**가 흐른다.

C만의 회로

I가 V보다 위상 $\dfrac{\pi}{2}[rad]$

앞선다(진상, 용량성).

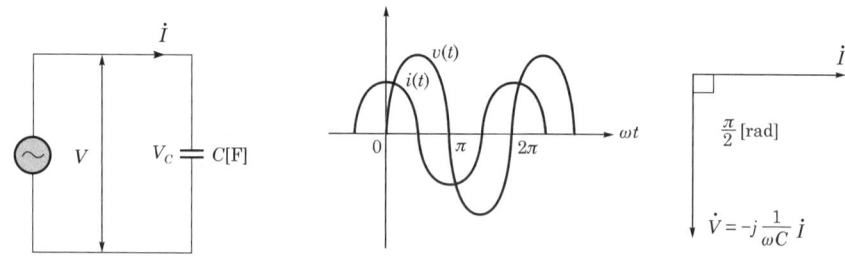

① 전류(i) : C만의 회로에 전압 $v = \sqrt{2}\,V\sin\omega t[V]$를 인가했을 때 흐르는 전류이다.

$$i = \sqrt{2}\,\omega CV\sin\left(\omega t + \dfrac{\pi}{2}\right) = \sqrt{2}\,I\sin\left(\omega t + \dfrac{\pi}{2}\right)[A]$$

② 벡터법에 의한 옴의 법칙 : $\dot{V} = \dot{X_C}\dot{I}$

$$= -j\dfrac{1}{\omega C}\dot{I}[V]$$

전압식

$V = X_C I = \dfrac{1}{\omega C}I[V]$

③ 전압과 전류의 크기 : $I = \omega CV[A]$

$$V = \dfrac{1}{\omega C}I[V] \quad (단, V, I : 실효값)$$

④ 용량성 리액턴스(X_C) : C만의 회로에서 전류가 쉽게 흐를 수 없는 정도를 나타내는 임피던스이다.

$$X_C = \dfrac{1}{\omega C} = \dfrac{1}{2\pi fC}[\Omega]$$

용량성 리액턴스(X_C)

C의 임피던스

$X_C = \dfrac{1}{\omega C} = \dfrac{1}{2\pi fC}[\Omega]$

⑤ 콘덴서 축적 에너지 : $W_C = \dfrac{1}{2}CV^2[J]$

⑥ 전압과 전류의 위상 : **전류가 전압보다 위상이** $\dfrac{\pi}{2}[rad]$**만큼 앞선 용량성 진상 전류**가 흐른다.

3 $R-L-C$ 직렬 회로

(1) $R-L$ 직렬 회로

R, L에 흐르는 일정한 전류를 기준으로 전압 관계를 해석한다.

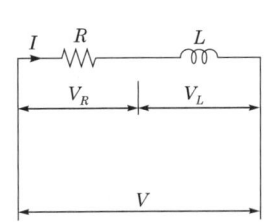 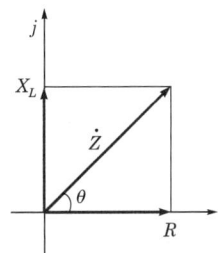

$$\dot{V} = \dot{V}_R + \dot{V}_L = R\dot{I} + jX_L\dot{I} = (R+jX_L)\dot{I} = \dot{Z}\dot{I}\,[\text{V}]$$

① 임피던스 : $\dot{Z} = R + jX_L = R + j\omega L\,[\Omega]$

　㉠ 크기 : $Z = \sqrt{R^2 + X_L^2} = \sqrt{R^2 + (\omega L)^2}\,[\Omega]$

　㉡ I, V의 위상차 : $\theta = \tan^{-1}\dfrac{X_L}{R} = \tan^{-1}\dfrac{\omega L}{R}\,[\text{rad}]$

② 전류의 크기 : $I = \dfrac{V}{\sqrt{R^2 + X_L^2}} = \dfrac{V}{\sqrt{R^2 + (\omega L)^2}}\,[\text{A}]$

③ 전압과 전류의 위상 관계 : 전류 $\dot{I}$ 가 전압 $\dot{V}$ 보다 위상 θ 만큼 뒤진다(유도성 지상 전류).

④ 역률 : $\cos\theta = \dfrac{R}{Z} = \dfrac{R}{\sqrt{R^2 + X_L^2}} = \dfrac{R}{\sqrt{R^2 + (\omega L)^2}}$

(2) $R-C$ 직렬 회로

R, C에 흐르는 일정한 전류를 기준으로 전압 관계를 해석한다.

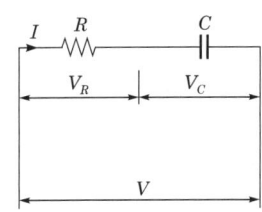 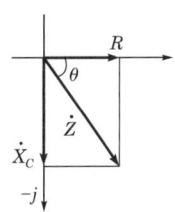

$$\dot{V} = \dot{V}_R + \dot{V}_C = R\dot{I} - jX_C\dot{I} = (R-jX_C)\dot{I} = \dot{Z}\dot{I}\,[\text{V}]$$

Key Point

$R-L$ 직렬 회로

㉠ 임피던스
　$\dot{Z} = R + jX_L\,[\Omega]$

㉡ 절대값
　$Z = \sqrt{R^2 + X_L^2}\,[\Omega]$

㉢ I, V의 위상차
　$\theta = \tan^{-1}\dfrac{X_L}{R}$

㉣ 전류 $I = \dfrac{V}{Z}\,[\text{A}]$

㉤ I가 V보다 θ만큼 뒤진다.

㉥ 역률 $\cos\theta$
　$= \dfrac{R}{Z}$
　$= \dfrac{R}{\sqrt{R^2 + X_L^2}}$

자주 출제되는 핵심이론

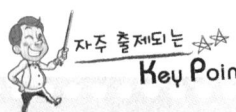

R-C 직렬 회로

㉠ 임피던스

$$\dot{Z} = R - j\frac{1}{\omega C}$$
$$= R - jX_C[\Omega]$$

㉡ 절대값

$$Z = \sqrt{R^2 + X_C^2}$$
$$= \sqrt{R^2 + \left(\frac{1}{\omega C}\right)^2}[\Omega]$$

㉢ I, V 의 위상차

$$\theta = \tan^{-1}\frac{X_C}{R}$$
$$= \tan^{-1}\frac{1}{\omega CR}[\text{rad}]$$

㉣ $\dot{I}$ 가 $\dot{V}$ 보다 위상 θ 만큼 앞선다(진상, 용량성 전류).

㉤ 역률

$$\cos\theta = \frac{R}{Z}$$
$$= \frac{R}{\sqrt{R^2 + X_C^2}}$$

R-L-C 직렬 회로

$\dot{Z} = R + j(X_L - X_C)[\Omega]$
㉠ $X_L > X_C$: 유도성
㉡ $X_L < X_C$: 용량성

① 임피던스 : $\dot{Z} = R - jX_C = R - j\dfrac{1}{\omega C}[\Omega]$

  ㉠ 크기 : $Z = \sqrt{R^2 + X_C^2} = \sqrt{R^2 + \left(\dfrac{1}{\omega C}\right)^2}[\Omega]$

  ㉡ I, V의 위상차 : $\theta = \tan^{-1}\dfrac{X_C}{R} = \tan^{-1}\dfrac{1}{\omega CR}[\text{rad}]$

② 전류의 크기 : $I = \dfrac{V}{\sqrt{R^2 + X_C^2}} = \dfrac{V}{\sqrt{R^2 + \left(\dfrac{1}{\omega C}\right)^2}}[\text{A}]$

③ 전압과 전류의 위상 관계 : 전류 $\dot{I}$ 가 전압 $\dot{V}$ 보다 위상 θ 만큼 앞선다(용량성 진상 전류).

④ 역률 : $\cos\theta = \dfrac{R}{Z} = \dfrac{R}{\sqrt{R^2 + X_C^2}} = \dfrac{R}{\sqrt{R^2 + \left(\dfrac{1}{\omega C}\right)^2}}$

(3) $R-L-C$ 직렬 회로

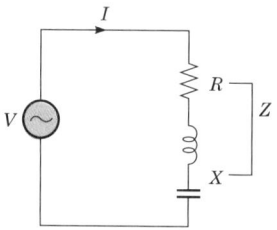

$$\dot{V} = \dot{V}_R + \dot{V}_L + \dot{V}_C$$
$$= R\dot{I} + jX_L\dot{I} - jX_C\dot{I}$$
$$= R\dot{I} + j(X_L - X_C)\dot{I}$$
$$= R\dot{I} + j\left(\omega L - \frac{1}{\omega C}\right)\dot{I}$$
$$= \left[R + j\left(\omega L - \frac{1}{\omega C}\right)\right]\dot{I}[\text{V}]$$

① $X_L > X_C$ 인 경우

  ㉠ 유도성

  ㉡ 임피던스 : $\dot{Z} = R + j(X_L - X_C)$
  $$= R + j\left(\omega L - \frac{1}{\omega C}\right)[\Omega]$$

② $X_L < X_C$인 경우
  ㉠ 용량성
  ㉡ 임피던스 : $\dot{Z} = R - j(X_C - X_L) = R - j\left(\dfrac{1}{\omega C} - \omega L\right)[\Omega]$

③ $X_L = X_C(V_L = V_C)$인 경우 : 직렬 공진
  ㉠ 직렬 공진 : 임피던스의 허수부인 리액턴스 성분이 0이 되는 것이다.
  ㉡ 임피던스 : $Z = R[\Omega]$ (**임피던스 최소**)
  ㉢ 전류 : $I = \dfrac{V}{R}[A]$ (**전류 최대**)
  ㉣ 전압·전류의 위상 : R만의 회로이므로 동위상의 전류가 흐른다.
  ㉤ 역률 : $\cos\theta = \dfrac{R}{Z} = \dfrac{R}{R} = 1$
  ㉥ 공진 조건 : $\omega L = \dfrac{1}{\omega C}$
     $\omega^2 LC = 1$
  • 공진 각주파수 $\omega = \dfrac{1}{\sqrt{LC}}$
  • 공진 주파수(f_r) $2\pi f_r = \dfrac{1}{\sqrt{LC}}$
     $\therefore f_r = \dfrac{1}{2\pi\sqrt{LC}}[Hz]$

Key Point

$X_L = X_C$(직렬 공진)
㉠ I, V 위상 : 동상
㉡ I 최대, Z 최소
㉢ $\cos\theta = 1$
㉣ 공진 각주파수
   $\omega = \dfrac{1}{\sqrt{LC}}$
㉤ 공진 주파수
   $f_r = \dfrac{1}{2\pi\sqrt{LC}}[Hz]$

4 $R-L-C$ 병렬 회로

(1) 어드미턴스
 ① 어드미턴스 : 임피던스 $\dot{Z}$의 역수
 ② 어드미턴스 일반식 : $\dot{Y} = \dfrac{1}{\dot{Z}} = G + jB[\mho]$
   여기서, G(실수부) : 컨덕턴스, B(허수부) : 서셉턴스

어드미턴스
$\dot{Z}$의 역수
$Y = \dfrac{1}{Z}[\mho]$

회로	임피던스	어드미턴스
저항 회로	$R[\Omega]$ (저항)	$\dfrac{1}{R}[\mho]$ (컨덕턴스)
유도성 회로	$j\omega L[\Omega]$ (유도성 리액턴스)	$-j\dfrac{1}{\omega L}[\mho]$ (유도성 서셉턴스)
용량성 회로	$-j\dfrac{1}{\omega C}[\Omega]$ (용량성 리액턴스)	$j\omega C[\mho]$ (용량성 서셉턴스)

자주 출제되는 핵심이론

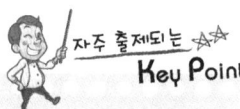

어드미턴스 접속 시 합성값
㉠ 직렬
$$Y_0 = \frac{Y_1 Y_2}{Y_1 + Y_2} [\mho]$$
㉡ 병렬
$$Y_0 = Y_1 + Y_2 [\mho]$$

③ 어드미턴스의 접속

㉠ 직렬 접속 : 합성 어드미턴스 $Y_0 = \dfrac{Y_1 Y_2}{Y_1 + Y_2} [\mho]$

㉡ 병렬 접속 : 합성 어드미턴스 $Y_0 = Y_1 + Y_2 [\mho]$

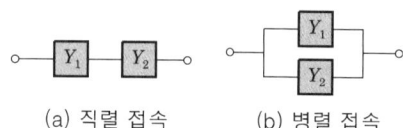

(a) 직렬 접속   (b) 병렬 접속

┃어드미턴스의 접속┃

$R-L$ 병렬 회로
㉠ 어드미턴스
$$\dot{Y} = \frac{1}{R} - j\frac{1}{X_L} [\mho]$$
㉡ I, V의 위상차
$$\theta = \tan^{-1}\frac{R}{\omega L} [\text{rad}]$$
㉢ $\dot{I}$가 $\dot{V}$보다 θ만큼 뒤진다(유도성 지상 전류).
㉣ 역률
$$\cos\theta = \frac{X_L}{\sqrt{R^2 + X_L^2}}$$

(2) $R-L$ **병렬 회로**

R, L에 인가된 일정한 전압을 기준으로 전류 관계를 해석한다.

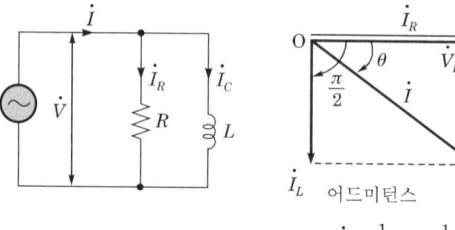

(a) 회로   (b) 벡터

$$\dot{I} = \dot{I}_R + \dot{I}_L = \frac{\dot{V}}{R} - j\frac{\dot{V}}{X_L} = \left(\frac{1}{R} - j\frac{1}{\omega L}\right)\dot{V} = \dot{Y}\dot{V} [\text{A}]$$

① 어드미턴스 : $\dot{Y} = \dfrac{1}{R} + \dfrac{1}{j\omega L} = \dfrac{1}{R} - j\dfrac{1}{\omega L} = \dfrac{1}{R} - j\dfrac{1}{X_L} [\mho]$

  ㉠ 어드미턴스 크기 : $Y = \sqrt{\left(\dfrac{1}{R}\right)^2 + \left(\dfrac{1}{X_L}\right)^2} [\mho]$

  ㉡ I, V의 위상차 : $\theta = \tan^{-1}\dfrac{\frac{1}{\omega L}}{\frac{1}{R}} = \tan^{-1}\dfrac{R}{\omega L} [\text{rad}]$

② 전류 : $I = \sqrt{I_R^2 + I_L^2}$
$= \sqrt{\left(\dfrac{V}{R}\right)^2 + \left(\dfrac{V}{X_L}\right)^2} [\text{A}]$

③ 전압과 전류의 위상 관계 : 전류 $\dot{I}$가 전압 $\dot{V}$보다 위상 θ만큼 뒤진다(유도성 지상 전류).

④ 역률 : $\cos\theta = \dfrac{G}{Y} = \dfrac{\dfrac{1}{R}}{\sqrt{\left(\dfrac{1}{R}\right)^2 + \left(\dfrac{1}{X_L}\right)^2}} = \dfrac{\omega L}{\sqrt{R^2 + (\omega L)^2}}$

(3) $R-C$ 병렬 회로

R, C에 인가된 일정한 전압을 기준으로 전류 관계를 해석한다.

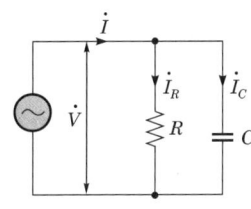
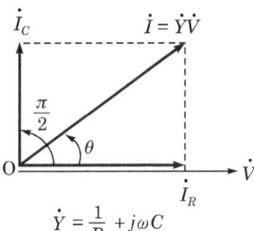

$\dot{Y} = \dfrac{1}{R} + j\omega C$

(a) 회로   (b) 벡터

$\dot{I} = \dot{I}_R + \dot{I}_C = \dfrac{\dot{V}}{R} + j\dfrac{\dot{V}}{X_C} = \left(\dfrac{1}{R} + j\omega C\right)\dot{V} = \dot{Y}\dot{V}$ [A]

① 어드미턴스 : $\dot{Y} = \dfrac{1}{R} + j\omega C = \dfrac{1}{R} + j\dfrac{1}{X_C}$ [℧]

    ㉠ 크기 : $Y = \sqrt{\left(\dfrac{1}{R}\right)^2 + \left(\dfrac{1}{X_C}\right)^2} = \sqrt{\left(\dfrac{1}{R}\right)^2 + (\omega C)^2}$ [℧]

    ㉡ I, V의 위상차 : $\theta = \tan^{-1}\dfrac{\dfrac{1}{X_C}}{\dfrac{1}{R}} = \tan^{-1}\omega CR$ [rad]

② 전류 : $I = \sqrt{I_R^{\,2} + I_C^{\,2}} = \sqrt{\left(\dfrac{V}{R}\right)^2 + \left(\dfrac{V}{X_C}\right)^2}$ [A]

③ I, V의 위상 관계 : 전류 $\dot{I}$가 전압 $\dot{V}$보다 위상 θ만큼 앞선다(**용량성 진상 전류**).

④ 역률 : $\cos\theta = \dfrac{\dfrac{1}{R}}{Y} = \dfrac{\dfrac{1}{R}}{\sqrt{\left(\dfrac{1}{R}\right)^2 + (\omega C)^2}} = \dfrac{1}{\sqrt{1 + (\omega CR)^2}}$

(4) $R-L-C$ 병렬 회로

$\dot{I} = \dot{I}_R + \dot{I}_L + \dot{I}_C = \dfrac{\dot{V}}{R} - j\dfrac{\dot{V}}{X_L} + j\dfrac{\dot{V}}{X_C}$

Key Point

$R-C$ 병렬 회로
㉠ 어드미턴스
$\dot{Y} = \dfrac{1}{R} + j\omega C$
$= \dfrac{1}{R} + j\dfrac{1}{X_C}$ [℧]
㉡ I, V의 위상차
$\theta = \tan^{-1}\omega CR$ [rad]
㉢ I, V의 위상 관계 : $\dot{I}$가 $\dot{V}$보다 위상 θ만큼 앞선다(용량성 진상 전류).

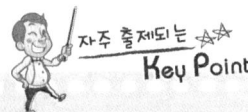

$$= \frac{\dot{V}}{R} + j\left(\frac{1}{X_C} - \frac{1}{X_L}\right)\dot{V} = \frac{\dot{V}}{R} + j\left(\omega C - \frac{1}{\omega L}\right)\dot{V}$$

$$= \left[\frac{1}{R} + j\left(\frac{1}{\omega L} - \omega C\right)\right]\dot{V} = \dot{Y} \cdot \dot{V} \text{ [A]}$$

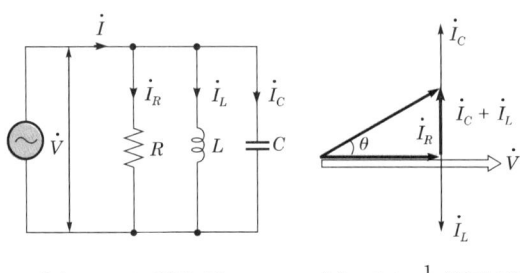

(a) R-L-C 병렬 회로   (b) $\omega L > \frac{1}{\omega C}$(용량성)

$R-L-C$ 병렬 회로의 어드미턴스
$\dot{Y} = \frac{1}{R} + j\left(\frac{1}{X_C} - \frac{1}{X_L}\right)$
[℧]

① $X_L > X_C$인 경우 : 용량성

　㉠ 어드미턴스 : $\dot{Y} = \frac{1}{R} + j\left(\frac{1}{X_C} - \frac{1}{X_L}\right)$[℧]

　㉡ 전압과 전류의 위상 관계 : 전류 $\dot{I}$가 전압 $\dot{V}$보다 위상 θ만큼 앞선다(**용량성 진상 전류**).

② $X_L < X_C$인 경우 : 유도성

　㉠ 어드미턴스 : $\dot{Y} = \frac{1}{R} - j\left(\frac{1}{X_L} - \frac{1}{X_C}\right)$[℧]

　㉡ 전압과 전류의 위상 : 전류 $\dot{I}$가 전압 $\dot{V}$보다 위상 θ만큼 뒤진다(유도성 지상 전류).

$X_L = X_C$(병렬 공진)
㉠ 어드미턴스 최소
㉡ 임피던스 최대
㉢ 전류 최소
㉣ 공진 각주파수
$\omega = \frac{1}{\sqrt{LC}}$
㉤ 공진 주파수
$f_r = \frac{1}{2\pi\sqrt{LC}}$

③ $X_L = X_C$(병렬 공진)

　㉠ 병렬 공진 : 어드미턴스의 허수부인 서셉턴스 성분이 0이 되는 것이다.

　㉡ **어드미턴스** : $Y = \frac{1}{R}$ [℧]　(**최소**), Z 최대

　㉢ 전류 : $I = \frac{V}{R}$[A]　(전류 최소)

　㉣ 전압과 전류의 위상 : R만의 회로이므로 전압과 전류의 위상은 같다.

　㉤ 역률 : $\cos\theta$

　㉥ 공진 주파수 : $\frac{1}{\omega L} = \omega C \rightarrow \omega^2 LC = 1 \rightarrow \omega = \frac{1}{\sqrt{LC}}$

　　$f_r = \frac{1}{2\pi\sqrt{LC}}$ [Hz]

5 단상 교류 전력

저항과 유도성 리액턴스가 직렬로 접속된 유도성 부하에 순시 전압 v를 인가했을 때 흐르는 전류 i는 유도성 리액턴스로 인하여 위상차 θ만큼 뒤진 지상 전류가 흐른다.

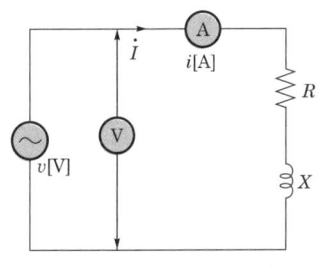 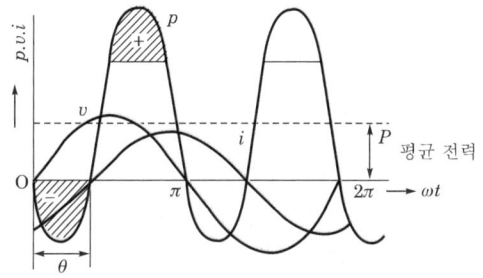

$$v = \sqrt{2}\,V\sin\omega t\,[\text{V}]$$
$$i = \sqrt{2}\,I\sin(\omega t - \theta)\,[\text{A}]$$

(1) 피상 전력
① 전체 임피던스 $\dot{Z} = R + jX$에서 발생하는 전력으로 전압과 전류의 각각의 실효값을 곱한 것이다.
② 피상 전력의 크기 : $P_a = I^2 Z = VI = \dfrac{V^2}{Z} = \dfrac{P}{\cos\theta} = \sqrt{P^2 + P_r^2}\,[\text{VA}]$

(2) 유효 전력
① 전체 임피던스 $\dot{Z} = R + jX$에서 저항 성분 R로 인해 발생하는 전력이다.
② 유효 전력의 크기 : $P = I^2 R = VI\cos\theta = P_a \cos\theta\,[\text{W}]$

(3) 무효 전력
① 전체 임피던스 $\dot{Z} = R + jX$에서 리액턴스 성분으로 인해 발생하는 전력이다.
② 무효 전력의 크기 : $P_r = I^2 X = VI\cos\theta = P_a \sin\theta\,[\text{Var}]$

(4) 역률($\cos\theta$)
① 피상 전력에 대한 유효 전력의 비이다.
② 역률 : $\cos\theta = \dfrac{\text{유효 전력}(P)}{\text{피상 전력}(P_a)}$

 삼각함수의 기본 성질
$$\sin^2\theta + \cos^2\theta = 1$$

Key Point

피상 전력
$P_a = VI = \dfrac{P}{\cos\theta}$
$= \sqrt{P^2 + P_r^2}\,[\text{VA}]$

유효 전력
$P = I^2 R$
$= VI\cos\theta$
$= P_a \cos\theta\,[\text{W}]$

무효 전력
$P_r = I^2 X$
$= VI\cos\theta$
$= P_a \sin\theta\,[\text{Var}]$

역률
$\cos\theta = \dfrac{\text{유효 전력}(P)}{\text{피상 전력}(P_a)}$

무효율
$\sin\theta = \dfrac{\text{무효 전력}(P_r)}{\text{피상 전력}(P_a)}$

6 대칭 3상 교류와 결선

(1) 대칭 3상 교류

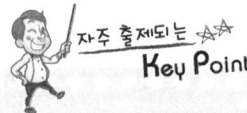

① 대칭 3상 교류의 발생 원리 : 기하학적으로 $\frac{2}{3}\pi[\text{rad}]$만큼의 간격을 두고 배치한 코일 A, B, C를 평등 자기장 내에서 일정한 속도로 반시계 방향으로 회전시킬 때 서로 $\frac{2}{3}\pi[\text{rad}]$만큼의 위상차를 가지면서 크기가 같은 3개의 사인파 전압이 발생한다. 이때 발생한 3개의 파형을 **대칭 3상 교류**라 한다.

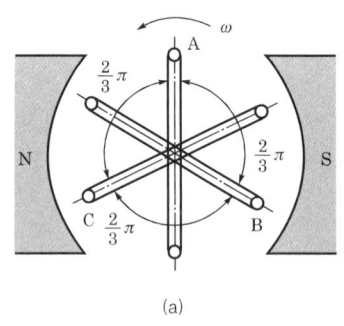
(a)

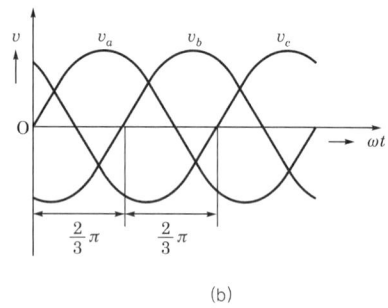
(b)

┃3상 교류의 발생┃

대칭 3상 교류 회로 조건
㉠ 각 상 기전력의 크기가 같을 것
㉡ 각 상 주파수의 크기가 같을 것
㉢ 각 상 위상차가 각각 $\frac{2}{3}\pi[\text{rad}]$일 것

② 대칭 3상 교류의 순시값 및 벡터 표시
  ㉠ 순시값 표시
  $$v_a = \sqrt{2}\,V\sin\omega t\,[\text{V}]$$
  $$v_b = \sqrt{2}\,V\sin\left(\omega t - \frac{2}{3}\pi\right)[\text{V}]$$
  $$v_c = \sqrt{2}\,V\sin\left(\omega t + \frac{2}{3}\pi\right)[\text{V}]$$
  ㉡ 벡터 합 : $\dot{V}_a + \dot{V}_b + \dot{V}_c = 0$

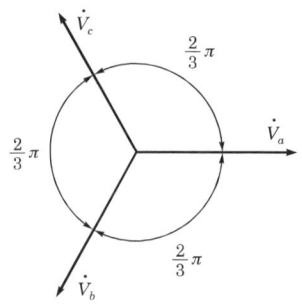

┃3상 교류 전압의 벡터 표시┃

③ 대칭 3상 교류의 조건
  ㉠ 각 상의 **기전력의 크기**가 같을 것

ⓛ 각 상의 **주파수의 크기**가 같을 것

ⓒ 각 상의 **위상차**가 각각 $\frac{2}{3}\pi$[rad]일 것

(2) Y(성형) 결선 방식

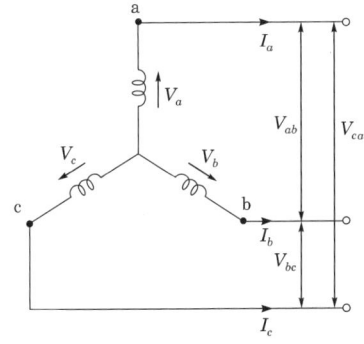
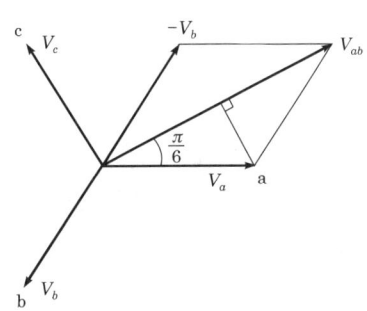

- 상전압(V_P) = $V_a = V_b = V_c$[V]
- 상전류(I_P) = $I_a = I_b = I_c$[A]
- 선간 전압(V_l) = $\sqrt{3}\,V_P$[V]
- 선전류(I_l) = I_P[A]

① 전압의 크기 및 위상 관계 : **선간 전압** 크기가 **상전압**의 $\sqrt{3}$ 배이고, 위상은 선간 전압이 상전압보다 $\frac{\pi}{6}$[rad](30°)만큼 앞선다.

$$\dot{V}_l = \sqrt{3}\,V_P \underline{/\frac{\pi}{6}}\,[V]$$

② 전류의 크기 및 위상 관계 : 선전류는 상전류와 크기 및 위상이 같다.

$$\dot{I}_l = I_P \underline{/0}\,[A]$$

(3) △(환형) 결선 방식

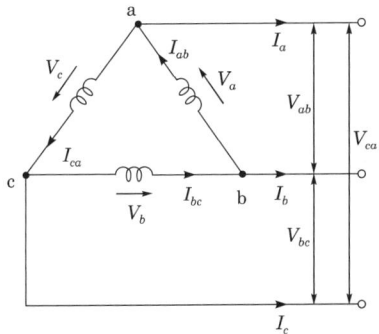
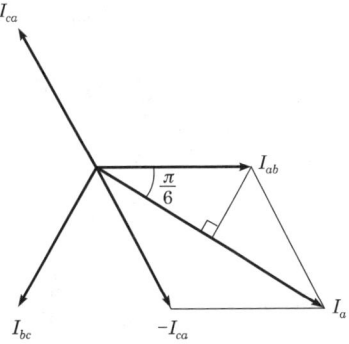

- 상전압(V_P) = $V_a = V_b = V_c$[V]
- 상전류(I_P) = $I_{ab} = I_{bc} = I_{ca}$[A]
- 선간 전압(V_l) = V_P[V]
- 선전류(I_l) = $\sqrt{3}\,I_P$[A]

Y(성형) 결선
ⓞ 선간 전압
$$V_l = \sqrt{3}\,V_P \underline{/\frac{\pi}{6}}\,[V]$$
(상전압)
ⓛ 선전류=상전류
$$\dot{I}_l = I_P \underline{/0}$$

자주 출제되는 Key Point

△(환형) 결선
$\dot{V}_l = V_P \angle 0\,[V]$
$\dot{I}_l = \sqrt{3}\,I_P \angle -\dfrac{\pi}{6}\,[A]$

① 전압의 크기 및 위상 관계 : 선간 전압과 상전압은 크기 및 위상이 같다.
$$\dot{V}_l = V_P \angle 0\,[V]$$

② 전류의 크기 및 위상 관계 : **선전류의 크기가 상전류**의 $\sqrt{3}$ 배이고, 위상은 **선전류가 상전류보다** $\dfrac{\pi}{6}$[rad](30°)**만큼 뒤진다.**
$$\dot{I}_l = \sqrt{3}\,I_P \angle -\dfrac{\pi}{6}\,[A]$$

(4) V결선

① 개념 : △결선된 3상 전원 중에서 1상을 제거한 상태, 즉 2개의 전원으로 평형 3상 전원을 공급하여 운전하는 결선법으로, 변압기 3대를 이용한 △결선 운전 중 변압기 1대 고장 시 나머지 2대를 이용하여 계속적으로 3상 전력을 공급할 수 있는 결선법이다.

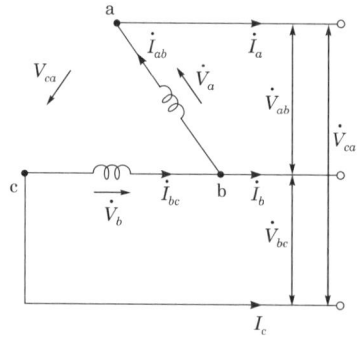 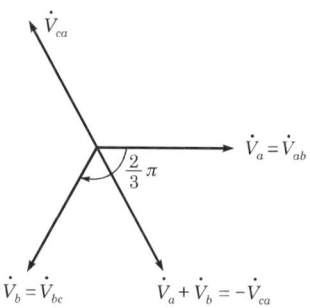

2대 변압기 용량
$P_V = \sqrt{3}\,P_1$[kVA]
(P_1 : 변압기 1대 용량)

② 2대 변압기 용량 : $P_V = \sqrt{3}\,V_P I_P = \sqrt{3}\,P_1$ [kVA]
여기서, P_1 : △결선 변압기 1대 용량

이용률
$\dfrac{\sqrt{3}}{2} = 0.866$

③ 이용률 $= \dfrac{\text{V결선 용량}}{\text{변압기 2대 용량}}$
$= \dfrac{\sqrt{3}\,P_1}{2\,P_1} = 0.866$

출력비
$\dfrac{\sqrt{3}}{3} = 0.577$

④ 출력비 $= \dfrac{\text{V결선 출력}}{\text{△결선 출력}} = \dfrac{\sqrt{3}\,P_1}{3\,P_1} = 0.577$

7 3상 전력

(1) 피상 전력(P_a)

① **전체 임피던스 Z에서** 소비하는 전력이다.

② 피상 전력 $P_a = \sqrt{3} \times V_P I_P$
$= \sqrt{3}\, V_l I_l$
$= \sqrt{3}\, VI = 3 I_P^2 Z\,[\text{VA}]$

여기서, Z : 한 상 임피던스

(2) 유효 전력(P)
① **저항 부하** R에서 소비하는 전력이다.
② 유효 전력 $P = 3 V_P I_P \cos\theta$
$= \sqrt{3}\, V_l I_l \cos\theta$
$= \sqrt{3}\, VI\cos\theta = 3 I_P^2 R\,[\text{W}]$

여기서, R : 한 상 저항

(3) 무효 전력(P_r)
① 리액턴스 X에서 발생하는 전력이다.
② 무효 전력 $P_r = 3 \times V_P I_P \sin\theta$
$= \sqrt{3}\, V_l I_l \sin\theta$
$= \sqrt{3}\, VI\sin\theta = 3 I_P^2 X\,[\text{Var}]$

여기서, X : 한 상 리액턴스

※ 편의상 선간 전압 $V_l = V[\text{V}]$, 선전류 $I_l = I[\text{A}]$로 표기한다.

(4) 역률($\cos\theta$)
① 피상 전력 P_a에 대한 유효 전력 P의 비이다.
② $\cos\theta = \dfrac{P}{P_a} = \dfrac{R}{Z}$

(5) 임피던스의 변환
각각의 임피던스 크기가 모두 같을 경우 Y결선이나 △결선된 임피던스를 환산한 경우이다.
① Y→△ 변환 : Y결선에 비하여 임피던스값이 3배로 증가한다.
$Z_\triangle = 3 Z_Y\,[\Omega]$

② △→Y 변환 : △결선에 비하여 저항값이 $\dfrac{1}{3}$배로 감소한다.
$Z_Y = \dfrac{1}{3} Z_\triangle\,[\Omega]$

Key Point

3상 교류 전력
㉠ 피상 전력
$P_a = \sqrt{3}\, VI\,[\text{VA}]$
㉡ 유효 전력
$P = \sqrt{3}\, VI\cos\theta\,[\text{W}]$
㉢ 무효 전력
$P = \sqrt{3}\, VI\sin\theta\,[\text{Var}]$

임피던스의 변환
㉠ Y→△ 변환
$Z_\triangle = 3 Z_Y\,[\Omega]$
㉡ △→Y 변환
$Z_Y = \dfrac{1}{3} Z_\triangle\,[\Omega]$

자주 출제되는 핵심이론

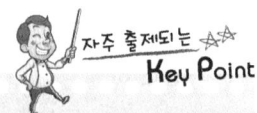

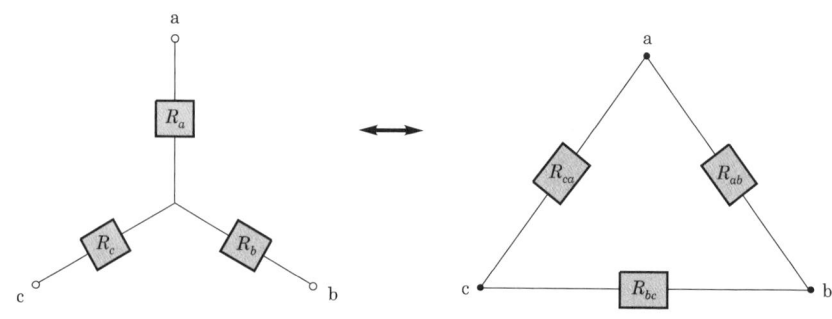

2전력계법

㉠ 유효 전력
$P = P_1 + P_2$ [W]

㉡ 무효 전력
$P_r = \sqrt{3}(P_2 - P_1)$
[Var]

㉢ 피상 전력
$P_a = 2\sqrt{P_1^2 + P_2^2 - P_1 P_2}$
[VA]

(6) 2전력계법에 의한 3상 전력의 측정

단상 전력계 W_1, W_2의 지시를 각각 P_1, P_2[W]라 할 때 각각의 3상 부하에 걸린 선간 전압을 V[V], 선전류를 I[A], 역률을 $\cos\theta$라 하면 각각의 전력은 다음과 같이 나타낼 수 있다.

① 유효 전력 : $P = P_1 + P_2 = \sqrt{3}\,VI\cos\theta$ [W]

② 무효 전력 : $P_r = \sqrt{3}(P_1 - P_2) = \sqrt{3}\,VI\sin\theta$ [Var]

　　여기서, $P_1 - P_2$: 각각의 전력계 지시값 중 큰 값과 작은 값과의 차

③ 피상 전력 : $P_a = 2\sqrt{P_1^2 + P_2^2 - P_1 P_2} = \sqrt{3}\,VI$ [VA]

④ 역률 : $\cos\theta = \dfrac{P}{P_a} = \dfrac{P_1 + P_2}{2\sqrt{P_1^2 + P_2^2 - P_1 P_2}}$

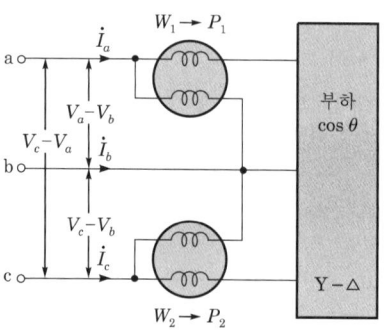

8 회로망 특성

(1) 중첩의 원리

① 개념 : 다수의 전압원 및 전류원을 포함한 임의의 회로망에서 어떤 임의의 지로에 흐르는 전류는 각각의 전압원 및 전류원이 단독으로 존재할 때 그 지로에 흐르는 전류의 대수합과 같다.

② 전류 계산 : 임의의 지로에 흐르는 전류의 대수합은 각각의 **전압원은 단락**하고 **전류원은 개방**시켜 구한다.

③ 이상 전압원, 이상 전류원 : **전압원은 내부 임피던스가 0, 전류원은 내부 임피던스가 ∞**인 것이다.

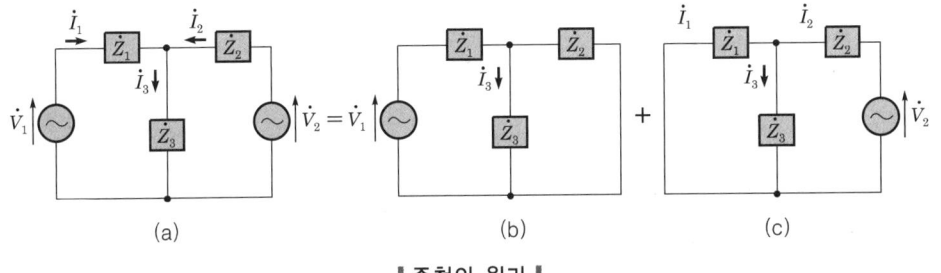

∥ 중첩의 원리 ∥

중첩의 이상 전압원과 전류원
㉠ 전압원 : 내부 임피던스 = 0
㉡ 전류원 : 내부 임피던스 = ∞

이상적 전압원
내부 임피던스가 0

이상적 전류원
전류원은 내부 임피던스가 ∞

(2) 테브난의 정리

① 개념 : 전원을 포함하고 있는 임의의 회로망에서 부하측 개방 단자 전압이 V_0, 부하측 개방 단자 a, b에서 회로망쪽을 바라본 내부 합성 저항이 R_0인 경우의 회로망은 개방 단자 전압 V_0에 내부 합성 저항 R_0가 부하 저항 R_L에 직렬로 연결된 회로와 같다.

② 개방 단자 전압 및 내부 저항 계산 : 개방 단자 전압 V_0는 회로망에서의 개방 단자 a, b 사이의 전압과 같고, 내부 합성 저항 R_0는 개방 단자 a, b에서 주어진 회로망 내의 전압원은 단락, 전류원은 개방시킨 상태에서 구한 내부 합성 저항이다.

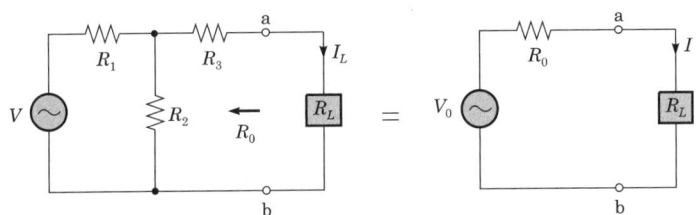

$$V_0 = \frac{R_2}{R_1 + R_2}[\text{V}], \quad R_0 = R_3 + \frac{R_1 R_2}{R_1 + R_2}[\Omega]$$

(3) 4단자망

① 4단자 기본식 : 입력측 전압 $\dot{V_1}$과 전류 $\dot{I_1}$을 출력측 전압 $\dot{V_2}$와 전류 $\dot{I_2}$를 이용하여 나타낸 식이다.

$$\dot{V_1} = \dot{A}\dot{V_2} + \dot{B}\dot{I_2}$$

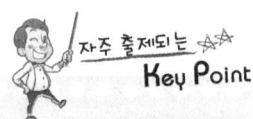 자주 출제되는 핵심이론

$$\dot{I}_1 = \dot{C}\dot{V}_2 + \dot{D}\dot{I}_2$$

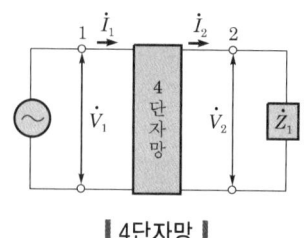

┃4단자망┃

② 4단자 상수

㉠ $\dot{A} = \left.\dfrac{\dot{V}_1}{\dot{V}_2}\right|_{I_2=0}$: 전압비(상수 차원)

㉡ $\dot{B} = \left.\dfrac{\dot{V}_1}{\dot{I}_2}\right|_{V_2=0}$: 전달 임피던스비(임피던스 차원)

㉢ $\dot{C} = \left.\dfrac{\dot{I}_1}{\dot{V}_2}\right|_{I_2=0}$: 전달 어드미턴스비(어드미턴스 차원)

㉣ $\dot{D} = \left.\dfrac{\dot{I}_1}{\dot{I}_2}\right|_{V_2=0}$: 전류비(상수 차원)

㉤ 4단자 상수 $\dot{A}, \dot{B}, \dot{C}, \dot{D}$ 의 관계식 : $\dot{A}\dot{D} - \dot{B}\dot{C} = 1$

(4) 비사인파 교류

① 푸리에 분석 : 비사인파 교류 = **직류분 + 기본파 + 고조파**

② 비사인파의 계산

$$v(t) = V_0 + \sqrt{2}\,V_1\sin\omega t + \sqrt{2}\,V_2\sin 2\omega t + \sqrt{2}\,V_3\sin 3\omega t + \cdots$$
$$\qquad + \sqrt{2}\,V_n\sin n\omega t\,[\text{V}]$$
$$i(t) = I_0 + \sqrt{2}\,I_1\sin(\omega t - \theta_1) + \sqrt{2}\,I_2\sin(2\omega t - \theta_2)$$
$$\qquad + \sqrt{2}\,I_3\sin(3\omega t - \theta_3) + \cdots + \sqrt{2}\,I_n\sin(n\omega t - \theta_n)\,[\text{A}]$$

㉠ 실효값 : 순시값 제곱의 평균값의 제곱근

- 전압 : $V = \sqrt{V_0^2 + V_1^2 + V_2^2 + V_3^2 + \cdots + V_n^2}\,[\text{V}]$
- 전류 : $I = \sqrt{I_0^2 + I_1^2 + I_2^2 + I_3^2 + \cdots + I_n^2}\,[\text{A}]$

㉡ 왜형률(일그러짐률) : 기본파 실효값에 대한 나머지 전체 고조파 실효값의 비율

- 왜형률$(\varepsilon) = \dfrac{\text{전고조파의 실효값}}{\text{기본파의 실효값}}$

- $V = \dfrac{\sqrt{V_2^{\,2} + V_3^{\,2} + \cdots + V_n^{\,2}}}{V_1}$

ⓒ 소비 전력 : 주파수가 같은 전압과 전류의 실효값의 곱

$P = V_0 I_0 + V_1 I_1 \cos\theta_1 + V_2 I_2 \cos\theta_2 + V_3 I_3 \cos\theta_3 + \cdots$
$+ V_n I_n \cos\theta_n\,[\mathrm{W}]$

ⓓ $R-L-C$ 직렬 회로에서 n고조파 임피던스

$\dot{Z}_n = R + jn\omega L - j\dfrac{1}{n\omega C} = R + j\left(n\omega L - \dfrac{1}{n}\times\dfrac{1}{\omega C}\right)[\Omega]$

9 과도 현상

(1) $R-L$ 직렬 회로 과도 현상

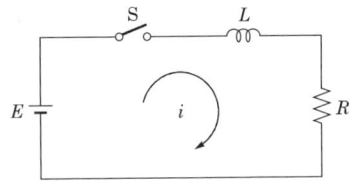
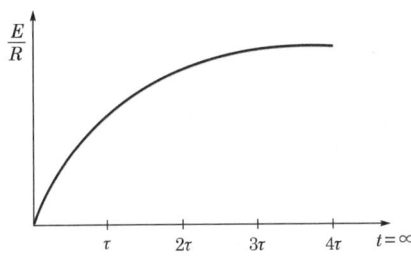

① 전체 전류
  ㉠ 스위치를 ON하여 전압을 인가한 후부터 정상 상태에 이를 때까지 회로에 흐르는 전류로, 과도 전류와 정상 전류의 합이다.
  ㉡ 전체 전류 : $i = \dfrac{E}{R}\left(1 - e^{-\frac{R}{L}t}\right)[\mathrm{A}]$

② 정상 전류
  ㉠ 정상 상태에 도달하여 더 이상 크기가 변화하지 않는 전류로, 직류 전압 인가 시 인덕턴스 $L[\mathrm{H}]$인 코일이 일정한 시간이 지나 완전한 단락 상태로 변화한 후 회로에 흐르기 시작하는 전류이다.
  ㉡ 정상 전류 : $i_s = \dfrac{E}{R}[\mathrm{A}]$

③ 시정수(τ)
  ㉠ 스위치를 ON한 후 정상 전류의 63.2[%]까지 상승하는 데 걸리는 시간으로, 시정수가 커지면 정상 상태에 이르는 시간이 길어지므로 과도 기간이 길어진다.
  ㉡ 시정수 : $\tau = \dfrac{L}{R}[\sec]$

Key Point

소비 전력
$P = V_0 I_0 + V_1 I_1 \cos\theta_1$
$\quad + V_2 I_2 \cos\theta_2$

$R-L$ 직렬 회로의 2고조파 임피던스
$\dot{Z}_2 = R + j2\omega L\,[\Omega]$

$R-C$ 직렬 회로의 2고조파 임피던스
$\dot{Z}_2 = R - j\dfrac{1}{2\omega C}$
$\quad = R - j\dfrac{1}{2}\times\dfrac{1}{\omega C}[\Omega]$

$R-L-C$ 직렬 회로의 n고조파 임피던스
$\dot{Z}_n = R + j\left(n\omega L - \dfrac{1}{n}\right.$
$\quad \left.\times\dfrac{1}{\omega C}\right)[\Omega]$

$R-L$ 직렬 회로 시정수
$\tau = \dfrac{L}{R}[\sec]$

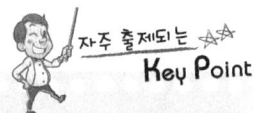

자주 출제되는 핵심이론

 시정수의 수학적 의미

전체 전류식에서 시간 t에 $\dfrac{L}{R}$을 대입하여 자연 대수 e함수를 -1승으로 만드는 시간으로, 실제 물리적인 의미는 전류가 서서히 상승하여 정상 전류의 63.2[%] 까지 상승하는 데 걸리는 시간을 의미한다.

(2) $R-C$ 직렬 회로

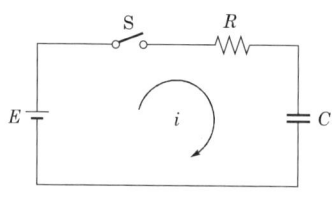
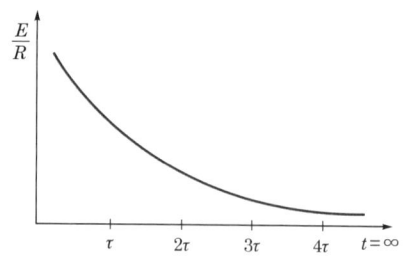

① 초기 전류
  ㉠ 스위치 S를 ON하여 전압을 인가하는 순간 흐르는 전류로, 콘덴서 C는 전압 인가 순간 단락 특성을 가지므로 저항 R에 의해서만 그 크기가 제한된다.
  ㉡ 초기 전류 : $i = \dfrac{E}{R}$ [A]

② 시정수(τ)
  ㉠ 스위치를 ON한 후 초기 전류의 36.8[%]로 감소하는 데 걸리는 시간이다.
  ㉡ 시정수 : $\tau = RC$ [sec]

$R-C$ 직렬 회로 시정수
$\tau = RC$ [sec]

PART 02 전기기기

미리 알고 가기

[제1장 직류기]

- 자속 ϕ (파이)[Wb : 웨버]
- 최대 자속 밀도 B_m [Wb/m²]
- 히스테리시스손 P_h
- 와류손 = 맴돌이 전류손 P_e
- f [Hz : 헤르츠]
- 병렬 회로수 a
- 극수 P
- 브러시수 b
- 주변 속도 v [m/sec]
- 직경 D [m]
- 회전수 N [rpm : revolution per minute]
- 유기 기전력 E [V]
- 도체수 Z
- 토크 = 회전력(torque) τ (타우)[N·m]
- 정류 주기 T_c [sec]
- 리액턴스 전압 e_L [V]
- 전기자 전류 I_a [A]
- 계자 전류 I_f [A]
- 전기자 저항 R_a [Ω]
- 계자 저항 R_f [Ω]
- 발전기의 유기 기전력 : $E = V + I_a R_a$ [V]

- 발전기의 단자 전압 : $V = E - I_a R_a$ [V]
- 전부하 전압, 정격 전압 V_n [V]
- 무부하 전압 V_o [V]
- 전압 변동률 : ε(엡실론) $= \dfrac{V_o - V_n}{V_n} \times 100$ [%]
- 직류 분권 전동기의 역기전력
  $E = V - I_a R_a$ [V]
- 전기적 출력 : $P_0 = E I_a = \omega \tau$
- 회전력 : τ(토크) $= \dfrac{PZ}{2\pi a} \phi I_a = K \phi I_a$ [N·m]
- 직류 직권 전동기의 토크 : $\tau = K \phi I = k I^2$ [N·m]
- 토크와 전류 관계 : $\tau \propto I^2 = \dfrac{1}{N^2}$
- 무부하 속도(회전수) N_o [rpm]
- 전부하 회전수 N [rpm]
- 속도 변동률 : δ(델타) $= \dfrac{N_0 - N_n}{N_n} \times 100$ [%]
- 기동 저항기 R_{as} [Ω]
- 전기자 권선 동손 : $P_a = I_a^2 R_a$
- 표유 부하손 P_s

[제2장 동기기]

- 선간 전압 V_l[V]
- 상전압 V_P[V]
- 선전류 I_l[A]
- 상전류 I_P[A]
- 동기 속도(회전수) N_s[rpm]
- 단절 비율 : β(베타)$=\dfrac{코일\ 간격}{극\ 간격}$
- 단절 계수 : $K_P = \sin\dfrac{\beta\pi}{2}$
- 매극·매상 슬롯수 : $q = \dfrac{총슬롯수}{상수 \times 극수}$
- 권선 계수 : $K_w = K_p \times K_d < 1$
- 동기 발전기의 유기 기전력 : $E = 4.44 f N \phi K_w$[V]
- 전기자 누설 리액턴스 x_l[Ω]
- 전기자 반작용 리액턴스 x_a[Ω]
- 동기 리액턴스 : $x_s = x_l + x_a$[Ω]
- 동기 임피던스 : $\dot{Z_s} = r_a + jx_s$[Ω]
- 지속(영구) 단락 전류 : $I_s = \dfrac{E}{x_a + x_l} = \dfrac{E}{x_s}$[A]
- %동기 임피던스 %Z_s
- 단락비 : $K_s = \dfrac{I_s}{I_n} = \dfrac{100}{\%Z_s}$
  - 수차 발전기 : $K_s = 0.9 \sim 1.2$
  - 터빈 발전기 : $K_s = 0.6 \sim 1.0$
- 동기 와트 : $P_o = 1.026 N_s \tau$[W]

[제3장 변압기]

- 권수비 : 변압기 1·2차 권선의 권수비

$$a = \frac{N_1}{N_2} = \frac{E_1}{E_2} = \frac{I_2}{I_1} = \sqrt{\frac{Z_1}{Z_2}} = \sqrt{\frac{R_1}{R_2}} = \sqrt{\frac{L_1}{L_2}}$$

- 여자 전류 : $\dot{I_0} = \dot{I_i} + \dot{I_\phi}$
- 철손 전류 : $I_i = g_o V_1 [A]$
- 자화 전류 : $I_\phi = b_o V_1 [A]$
- 철손 : $P_i = V_1 I_i = g_o V_1^2 [W]$
- 여자 컨덕턴스 : $g_o = \dfrac{I_i}{V_1} [\mho]$
- 여자 서셉턴스 : $b_o = \dfrac{I_\phi}{V_1} [\mho]$
- 전압 변동률 : $\varepsilon = p\cos\theta + q\sin\theta$
- 전부하 효율 : $\eta = \dfrac{출력}{출력 + 손실(철손 + 동손)} \times 100$
- 철손 P_i
- 동손 P_c
- 최대 효율 조건 : 무부하손 = 부하손

  전부하인 경우 : $P_i = P_c$

  $\dfrac{1}{m}$ 부하인 경우 : $P_i = \left(\dfrac{1}{m}\right)^2 P_c$

[제4장 유도전동기]

- 동기 속도 $N_s [\text{rpm}]$
- 회전자 속도 $N [\text{rpm}]$
- 슬립 : 동기 속도 $N_s [\text{rpm}]$와 회전자 회전 속도 $N [\text{rpm}]$ 간의 속도 차이

$$s = \frac{N_s - N}{N_s}$$

자주 출제되는 **핵심이론**

미리 알고 가기

- 슬립의 범위 : $0 < s < 1$
- 상대 속도 : $sN_s = N_s - N$
- 슬립 주파수 : $f_2 = sf_1[\text{Hz}]$
- 2차 출력 : $P_0 = (1-s)P_2[\text{W}]$
- 2차 효율 : $\eta_2 = \dfrac{P_0}{P_2} = 1 - s = \dfrac{N}{N_s}$
- 3상 유도 전동기의 토크 : $\tau = 9.55\dfrac{P_0}{N} = 9.55\dfrac{P_2}{N_s}[\text{N} \cdot \text{m}]$

$$= 0.975\dfrac{P_0}{N} = 0.975\dfrac{P_2}{N_s}[\text{kg} \cdot \text{m}]$$

- 동기 와트(토크) : $P_2 = 1.026N_s\tau[\text{W}]$
- 단상 유도 전압 조정기의 전압 조정 범위 : $V_2 = V_1 \pm E_2\cos\alpha[\text{V}]$
- E_2 : 직렬 권선에 걸리는 최대 전압
- I_2 : 부하 전류

[제5장 정류기]

- 직류분 전압(교류의 평균값) $E_d[\text{V}]$
- 교류 전압의 실효값 $E[\text{V}]$
- 단상 반파 정류 직류분 : $E_d = 0.45E[\text{V}]$
- 단상 전파 정류 직류분 : $E_d = 0.9E[\text{V}]$
- 3상 반파 정류 직류분 : $E_d = 1.17E[\text{V}]$
- 3상 전파 정류 직류분 : $E_d = 1.35E[\text{V}]$
- 사이리스터 SCR

Chapter 01 직류기

1 직류발전기의 구조

(1) 계자(계자 철심+계자 권선)
자속 ϕ를 발생시키는 부분이다.

(2) 전기자(전기자 철심+전기자 권선)
자속 ϕ를 끊어 기전력을 발생시키는 부분이다.
① 전기자 철심 : 0.35~0.5[mm] 규소 강판을 성층으로 사용한다.
② 규소 강판을 성층으로 사용하는 것은 철손 감소를 위해서이다.
　㉠ 규소 1.5~2[%] 강판 사용 : **히스테리시스손 감소**($P_h \propto fB_m^2$)
　㉡ 0.35~0.5[mm] 성층 사용 : **와류손 감소**($P_e \propto t^2f^2B_m^2$)

(3) 정류자
전기자에서 교류 기전력을 직류로 변환시키는 부분이다.
① 정류자편 1개당 전기자 도체 2개가 접속된다.
② 정류자 편수 : $K_s = \dfrac{u}{2}N_s$
　여기서, u : 슬롯당 도체수
　　　　　N_s : 전 슬롯수

(4) 브러시
정류자에서 변환된 직류 기전력을 외부로 인출하기 위한 부분이다.
① 브러시 압력 : $0.1 \sim 0.25[\text{kg/cm}^2]$
② 탄소질 브러시 : 저전류, 저속기(접촉 저항↑)
③ 흑연질 브러시 : 대전류, 고속기(접촉 저항↓)

2 직류 발전기 유기 기전력

(1) 전기자 권선법
고상권, 폐로권, 이층권, 중권, 파권

직류 발전기 구조
㉠ 계자 : 자속 발생
㉡ 전기자 : 기전력 발생
㉢ 정류자 : 교류를 직류로 변환
㉣ 브러시 : 기전력 외부 인출

전기자 철심의 특성
㉠ 규소 강판 성층 사용 : 철손 감소
㉡ 규소 사용 : 히스테리시스손 감소
㉢ 성층 사용 : 와류손 감소

전기자 권선법
㉠ 고상권, 폐로권, 이층권, 중권, 파권
㉡ 중권 : $a = P = b$
㉢ 파권 : $a = 2 = b$

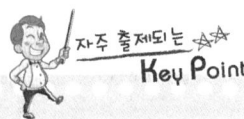

(2) 중권과 파권의 비교

중권	파권
병렬 회로수 : $a = P = b$ 여기서, P : 극수, b : 브러시수	병렬 회로수 : $a = 2 = b$ 여기서, b : 브러시수
저전압, 대전류용	고전압, 소전류용
균압환 설치(4극 이상 중권)	중권에 비해 기전력이 $\dfrac{P}{2}$ 배

균압환
전기자 권선 내 순환 전류 방지를 위한 원형 도체

 균압환
공극의 불균일에 의한 전압 불평형 시 발전기 전기자 권선 내에 흐르는 순환 전류 방지를 위해 등전위가 되는 점을 연결하기 위한 저저항의 원형 접속 도체

주변 속도
$v = \dfrac{\pi DN}{60}$ [m/sec]

(3) 주변 속도

회전 운동계에서 단위 시간당 이동한 거리를 나타내는 것이다.

$$v = \dfrac{\pi DN}{60} [\text{m/sec}]$$

여기서, D[m] : 전기자 직경
N[rpm] : 전기자 회전수

유기 기전력
㉠ $E = \dfrac{PZ}{60a} \phi N$ [V]
 · 중권 $a = P$
 · 파권 $a = 2$
㉡ $E = K\phi N$ [N]

(4) 유기 기전력

발전기에서 유기되는 기전력의 크기이다.

$$E = \dfrac{PZ}{60a} \phi N = K\phi N \, [\text{V}]$$

$\therefore E \propto N$ (ϕ 일정)

여기서, P : 극수
Z : 전기자 도체수
a : 병렬 회로수
ϕ[Wb] : 극당 자속
N[rpm] : 전기자 회전수

3 전기자 반작용

(1) 정의

전기자에 전류가 흐를 때 발생하는 전기자 자속이 계자에서 발생하는 주자속에 대해서 좋지 않은 영향을 미치는 현상이다.

(2) 전기자 반작용 발생 결과
① 주자속의 감소(감자 작용)
  ㉠ 발전기(G) : 기전력 감소 $E\downarrow$ ($E=K\phi N$)
  ㉡ 전동기(M) : 회전력 감소 $\tau\downarrow$ ($\tau=K\phi I_a$)
② 편자 작용에 의한 중성축 이동
  ㉠ 발전기(G) : 회전 방향으로 이동
  ㉡ 전동기(M) : 회전 반대 방향으로 이동
③ 브러시 부근에서 불꽃이 발생(정류 불량의 원인)한다.

(3) 전기자 반작용 방지 대책
① 보상 권선 : 전기자 전류 방향과 반대 극성의 전류를 인가한다.
② 보극 : 공극에서의 자속 밀도를 균일화한다.

4 정류 작용

(1) 정의
전기자 도체의 전류가 브러시를 통과할 때마다 전류의 방향을 반전시켜 교류 기전력을 방향이 일정한 직류로 변환시키는 작용이다.

(2) 정류 주기
$$T_c = \frac{b-\delta}{v_c}[\sec]$$

여기서, b : 브러시 폭
δ : 절연물 두께
$v_c = \frac{\pi DN}{60}[\sec]$: 정류자 주변 속도

(3) 정류 곡선

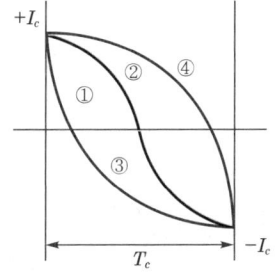

Key Point

전기자 반작용 결과
㉠ 주자속 감소
㉡ 중성축 이동
㉢ 브러시 부근 불꽃 발생
  (정류 불량 원인)

전기자 반작용 방지
㉠ 보상 권선 : 전기자 전류와 반대 극성 인가
㉡ 보극 : 자속 밀도 균일

정류 곡선
㉠ 부족 정류 : L의 영향 평균 리액턴스 전압 발생
㉡ 정현 정류 : 보극 적당
  (보극 : 전압 정류)

① 직선 정류 : 이상적인 정류곡선
② 정현 정류 : 양호한 정류 곡선(보극이 적당한 경우)
③ 과정류 : 정류 초기에 브러시 전단부에서 불꽃 발생
④ 부족 정류(L의 영향) : 정류 말기에 브러시 후단부에서 불꽃 발생
 ㉠ 리액턴스 전압 : 전기자 권선에 전류가 흘러 자속이 발생할 때 전기자 권선 자체 인덕턴스에 의해 발생되는 역기전력이다.

$$e_L = -L \frac{di}{dt} \text{[V]}$$

 ㉡ 평균 리액턴스 전압 : 전기자 권선에 전류가 흘러 자속이 발생할 때 전기자 권선 자체 인덕턴스에 의해 발생되는 역기전력의 크기만을 표현한 것이다(정류 불량의 원인이 되는 전압).

$$e_L = L \frac{2I_c}{T_c} \text{[V]}$$

정류 대책
㉠ 평균 리액턴스 전압 감소(보극 설치)
㉡ 인덕턴스 감소
㉢ 정류 주기 증가
㉣ 브러시 접촉 저항 증가
  (탄소 브러시 : 저항 정류)

(4) 정류 대책
① 평균 리액턴스 전압을 작게 할 것 : 보극(전압 정류)을 설치한다.
② 인덕턴스 L을 작게 할 것 : 단절권, 분포권을 채용한다.
③ 정류 주기 T_c를 크게 한다.
④ 브러시에 접촉 저항을 크게 할 것 : 탄소질 브러시(저항 정류)를 설치한다.

5 타여자 발전기

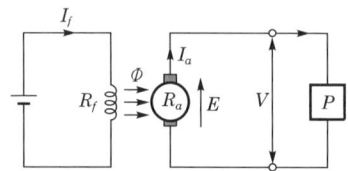

R_f : 계자 저항, R_a : 전기자 저항, I_f : 계자 전류, I_a : 전기자 전류
I : 부하 전류, E : 기전력, V : 단자 전압

타여자 발전기
㉠ $I_a = I$[A]
㉡ $E = V + I_a R_a$ [V]

(1) 정상 상태(부하 존재)
① 전기자 전류 : $I_a = I$[A]
② 기전력 : $E = V + I_a R_a$ [V]
③ 단자 전압 : $V = E - I_a R_a$ [V]

(2) 무부하 포화 곡선
① 계자 전류 I_f와 기전력 E의 관계 곡선이다.
② 기전력 상승이 일정 이상이 되면 더 이상 증가하지 않는 이유는 계자 철심에서 자기 포화 현상이 발생하기 때문이다.

(3) 외부 특성 곡선, 전부하 특성 곡선
① 외부 특성 곡선 : 부하 전류 I와 단자 전압 V의 관계 곡선
② 전부하 특성 곡선 : 계자 전류 I_f와 단자 전압 V의 관계 곡선

(4) 용도
전동기 속도 제어 경우 워드레오너드 방식에 채용한다.

6 분권 발전기

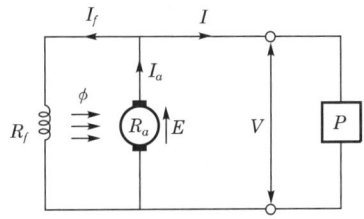

(1) 정상 상태(부하 존재)
① 전기자 전류 : $I_a = I + I_f [A]$
② 단자 전압 : $V = I_f R_f [V]$
③ 기전력 : $E = V + I_a R_a [V]$

(2) 전압 확립 조건
잔류 자기에 의한 기전력 발생으로 계자 전류가 증가하여 단자 전압이 상승하고, 정격 전압이 확립되기 위한 조건은 다음과 같다.
① 반드시 잔류 자기가 존재한다.
② 계자 저항이 임계 저항보다 작아야 한다.
③ 잔류 자속과 계자 전류에 의한 발생 자속 방향은 반드시 같아야 한다(잔류 자기 소멸 방지를 위해 전기자의 역회전 금지).

(3) 외부 특성 곡선
① 과부하 상태 : $I\uparrow \to I_f\downarrow \to \phi\downarrow \to E\downarrow \to V\downarrow \to I_s\downarrow$ (소전류)
② 서서히 단락 상태 : $I_f\downarrow \to E\downarrow \to V\downarrow \to I_s$ (소전류)

발전기 특성 곡선
㉠ 무부하 포화 곡선 : 계자 전류, 기전력 관계
㉡ 외부 특성 곡선 : 부하 전류, 단자 전압 관계

분권 발전기
㉠ $I_a = I + I_f [A]$
㉡ $V = I_f R_f [V]$
㉢ $E = V + I_a R_a [V]$

전압 확립 조건
㉠ 잔류 자기 존재
㉡ 계자 저항이 임계 저항보다 작을 것
㉢ 역회전 금지(잔류 자기 소멸되기 때문)

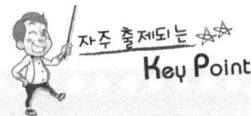

7 직권 발전기

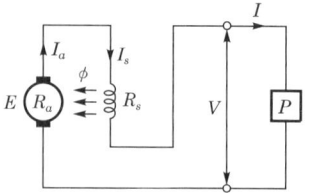

직권 발전기
㉠ $I_a = I_s = I$ [A]
㉡ $E = V + I(R_a + R_s)$ [V]

전압 확립 조건
㉠ 잔류 자기 존재
㉡ 부하 운전(무부하 운전 시 발전 불능)

(1) 정상 상태(부하 존재의 경우)
  ① 전기자 전류 : $I_a = I_s = I$ [A]
  ② 기전력 : $E = V + I_a R_a + I_a R_s = V + I_a(R_a + R_s)$ [V]
  ③ 단자 전압 : $V = E - I_a(R_a + R_s)$ [V]

(2) 무부하 상태(발전 불능)
  부하 전류 $I = 0 \rightarrow I_s = 0 \rightarrow \phi = 0 \rightarrow E = 0$ (발전 불능)

8 복권 발전기

분권 계자 권선에서 발생한 자속에 대해 직권 계자 권선에서 발생한 자속이 같은 방향인가 반대 방향인가에 따라 가동 복권과 차동 복권으로 분류할 수 있다.

(1) 내분권
  직권 계자 권선이 인출되기 전에 그 안쪽에서 분권 계자 권선이 접속되는 구조의 것이다.

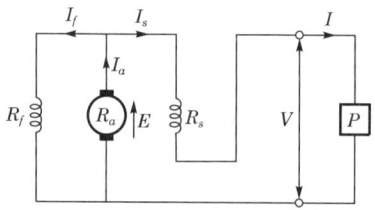

  ① 전기자 전류 : $I_a = I_f + I_s (= I)$ [A]
  ② 기전력 : $E = V + I_a R_a + I_s R_s$ [V]

(2) 외분권
  직권 계자 권선을 먼저 구성한 후 그 바깥쪽에서 분권 계자 권선이 접속되는 구조의 것이다.

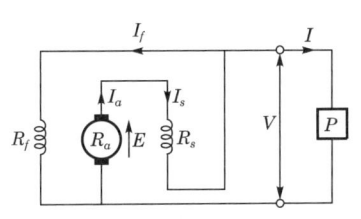

① 전기자 전류 : $I_a(=I_s) = I_f + I$ [A]
② 기전력 : $E = V + I_a(R_a + R_s)$ [V]

(3) 복권 발전기의 외부 특성

① 가동 복권 발전기 : 직권 계자 권선에 의한 자속과 분권 계자 권선에 의한 자속이 서로 합해져서 전체 유도 기전력을 증가시키는 발전기이다.
  ㉠ 과복권 : 전부하 전압(V_n) > 무부하 전압(V_o)
  ㉡ 평복권 : 전부하 전압(V_n) = 무부하 전압(V_o)
  ㉢ 부족 복권 : 전부하 전압(V_n) < 무부하 전압(V_o)
② 차동 복권 발전기 : 분권 계자의 기자력을 직권 계자의 기자력으로 감소시켜 전체 유도 기전력을 감소시키는 발전기이다.
  ㉠ 수하 특성 : 부하 증가 시 단자 전압이 현저하게 강하되면서 부하 전류가 급격히 감소되어 전류가 일정해지는 정전류 특성이다.
  ㉡ 용도 : 용접용 발전기

 복권 발전기의 특성 및 전동기 이용 특성
① 복권 발전기를 분권 발전기로 사용 : 직권 계자 권선을 단락시킨다.
② 복권 발전기를 직권 발전기로 사용 : 분권 계자 권선을 개방시킨다.
③ 가동 복권 발전기를 전동기로 사용 : 차동 복권 전동기로 된다.
④ 차동 복권 발전기를 전동기로 사용 : 가동 복권 전동기로 된다.

9 전압 변동률

$$\text{전압 변동률 } \varepsilon = \frac{\text{무부하 전압} - \text{정격 전압}}{\text{정격 전압}} \times 100 \, [\%]$$
$$= \frac{V_o - V_n}{V_n} \times 100 \, [\%]$$

① $\varepsilon(+)$: 타여자 발전기, 분권 발전기, 부족 복권 발전기
② $\varepsilon(0)$: 평복권 발전기

가동 복권 발전기의 특성
㉠ 과복권 : $V_n > V_o$
㉡ 평복권 : $V_n = V_o$
㉢ 부족 복권 : $V_n < V_o$

차동 복권 발전기의 특성
㉠ 수하 특성(정전류 특성)
㉡ 용접용 발전기

복권 발전기의 변환 특성
㉠ 분권 발전기 : 직권 계자 권선을 단락시킨다.
㉡ 직권 발전기 : 분권 계자 권선을 개방시킨다.

전압 변동률
㉠ $\varepsilon = \frac{V_o - V_n}{V_n} \times 100$ [%]
㉡ $\varepsilon(0)$: 평복권 발전기
㉢ $\varepsilon(-)$: 과복권 발전기, 직권 발전기

③ $\varepsilon(-)$: 과복권 발전기, 직권 발전기

> **속도 변동률**
> $$\delta = \frac{N_0 - N_n}{N_n} \times 100[\%]$$
> 여기서, N_0 : 무부하 회전수, N_n : 전부하 회전수

병렬 운전 조건
㉠ 극성
㉡ 단자전압
㉢ 부하 전류 분담은 용량에 비례할 것
㉣ 외부 특성 곡선이 약간 수하 특성일 것

직권·과복권 발전기의 병렬 운전 조건
균압 모선(안정 운전)

10 직류 발전기의 병렬 운전 조건

① 극성이 같아야 한다.
② 단자 전압이 같아야 한다.
③ 용량은 임의의 값이고 %부하 전류$\left(\%I = \dfrac{I}{P} \times 100[\%]\right)$가 일치해야 한다.
④ 외부 특성이 약간의 수하 특성(부하 증가 시 단자 전압이 감소하는 특성)이어야 한다.
  ㉠ 분권 발전기, 복권 발전기 : 스스로 가진다.
  ㉡ 직권 발전기, 과복권 발전기 : 균압 모선을 연결한다(발전기의 안정 운전 목적).

11 직류 전동기의 원리(분권 전동기)

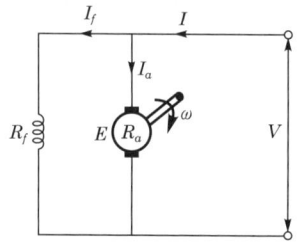

(1) 역기전력

전기자가 회전하면서 계자에서 발생된 자속을 끊으면서 발생되는 역기전력의 크기

$$E = V - I_a R_a [\text{V}]$$

(2) 전기적 출력

$$P_0 = EI_a = \omega\tau$$

(3) 토크

① $\tau = \dfrac{PZ}{2\pi a}\phi I_a = K\phi I_a [\text{N}\cdot\text{m}]$

여기서, P : 극수
Z : 전기자 도체수
a : 병렬 회로수
$\phi[\text{Wb}]$: 극당 자속
$N[\text{rpm}]$: 전기자 회전수

② $\tau = 9.55\dfrac{P_0}{N}[\text{N}\cdot\text{m}]$

③ $\tau = 9.55\dfrac{P_0}{N}\times\dfrac{1}{9.8} = 0.975\dfrac{P_0}{N}[\text{kg}\cdot\text{m}]$

> **토크 변환 관계**
> $1[\text{kg}\cdot\text{m}] = 9.8[\text{N}\cdot\text{m}]$

(4) 출력

$P = 1.026N\tau[\text{W}]$

12 분권 전동기의 속도, 토크 특성

(1) 특성

① 속도 특성 : 단자 전압(V)을 일정하게 유지한 상태에서 부하 전류(I)와 회전수(N)와의 관계를 나타낸 것이다.
② 토크 특성 : 단자 전압(V)을 일정하게 유지한 상태에서 부하 전류(I)와 토크(τ)와의 관계를 나타낸 것이다.
③ 단자 전압 $V = R_f I_f$에서 R_f가 일정 시 I_f도 일정하므로 전부하 시 $I = I_a$가 성립하며 자속 ϕ도 일정하다.

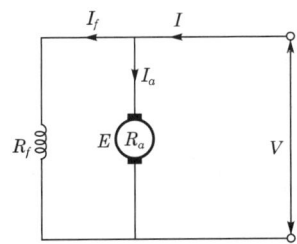

Key Point

직류 전동기 토크
㉠ 역기전력 크기
$E = V - I_a R_a [\text{V}]$
㉡ 전기적 출력
$P_0 = EI_a = \omega\tau$
㉢ 토크 크기
$\tau = \dfrac{PZ}{2\pi a}\phi I_a[\text{N}\cdot\text{m}]$
$\tau = 9.55\dfrac{P_0}{N}[\text{N}\cdot\text{m}]$
$\tau = 0.975\dfrac{P_0}{N}[\text{kg}\cdot\text{m}]$

분권 전동기의 특성
㉠ 속도, 토크 특성
$\tau \propto I \propto \dfrac{1}{N}$
㉡ 정격 전압 무여자(부족여자) 특성
$I_f = 0 \to \phi = 0 \to N = \infty$ (속도 상승 시 위험 상태)

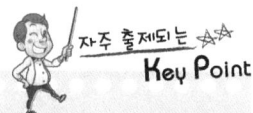

(2) 속도

$$N = k\frac{V - I_a R_a}{\phi}\,[\text{rpm}]$$

① 정상 상태(부하 존재) : $N \propto \dfrac{1}{I}$

　㉠ 부하↑ : $I↑ \to I_a↑ \to N↓$

　㉡ 전동기 속도는 부하 전류에 반비례한다.

② 정격 전압 무여자 특성

　㉠ 무여자 : $I_f = 0 \to \phi = 0 \to N = \infty$　(위험 상태)

　㉡ 계자 회로 단선 : $I_f = 0 \to \phi = 0 \to N = \infty$　(위험 상태)

(3) 토크

$$\tau = K\phi I_a\,[\text{N}\cdot\text{m}]$$

① $\tau \propto I$

② 전동기 토크는 부하 전류($I_a = I$)에 비례한다.

(4) 토크, 부하 전류, 속도의 관계

$$\tau \propto I \propto \frac{1}{N}$$

토크는 부하 전류에 비례하고, 속도에는 반비례한다.

13 직권 전동기

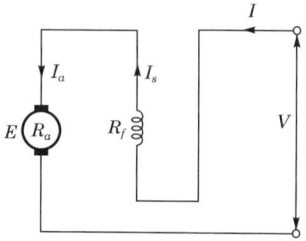

직권 전동기
㉠ 속도, 토크 특성
　$\tau \propto I^2 \propto \dfrac{1}{N^2}$
㉡ 정격 전압 무부하 특성
　$I = 0 \to \phi = 0 \to$
　$N = \infty$
㉢ 벨트 운전 금지

(1) 속도

$$N = k\frac{V - I(R_a + R_s)}{\phi}\,[\text{rpm}]$$

① 정상 상태(부하 존재) : $N \propto \dfrac{1}{I}$

　㉠ 부하↑ : $I↑ \to \phi↑ \to N↓$

　㉡ 전동기 속도는 부하 전류에 반비례한다.

② 정격 전압, 무부하 상태에서의 속도 특성
  ㉠ 무부하 : $I = I_s = I_a = 0 \rightarrow \phi = 0 \rightarrow N = \infty$ (위험 상태)
  ㉡ 벨트 운전 금지 : 벨트 이탈의 경우 무부하 상태로 되기 때문이다.

(2) 토크

$$\tau = K\phi I = kI^2 [\text{N}\cdot\text{m}]$$

① $\tau \propto I^2$
② 전동기 토크는 부하 전류 제곱에 비례한다.

(3) 토크, 부하 전류, 속도의 관계

$$\tau \propto I^2 \propto \frac{1}{N^2}$$

토크는 부하 전류 제곱에 비례하고, 속도 제곱에 반비례한다.

직류 전동기 속도의 특성
㉠ 변동이 가장 큰 것 : 직권 전동기
㉡ 변동이 가장 작은 것 : 분권 전동기

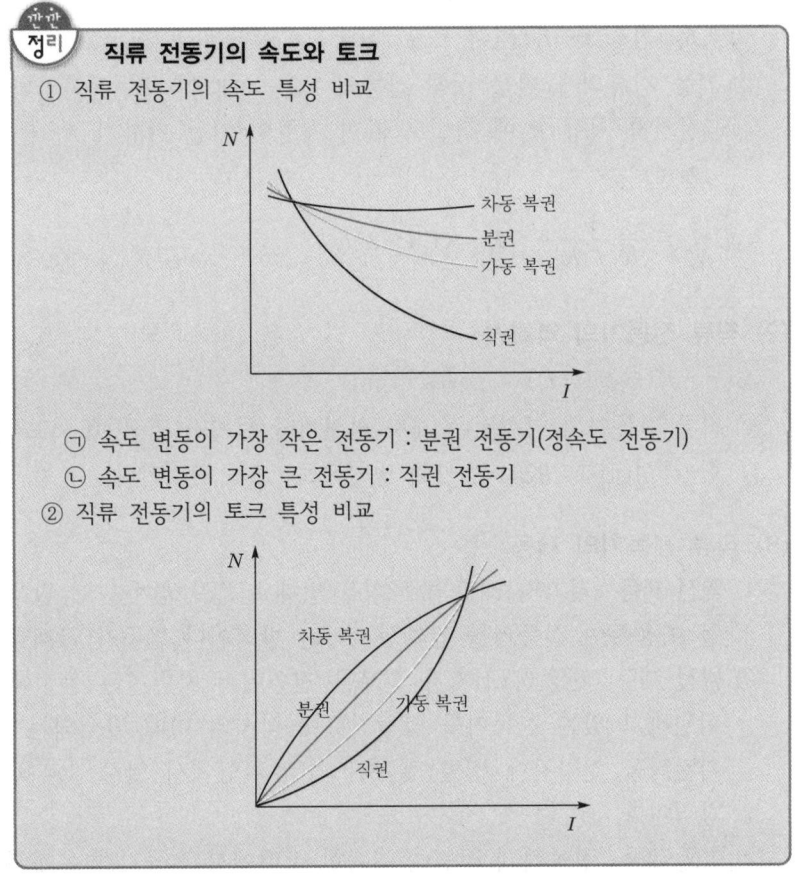

직류 전동기의 속도와 토크
① 직류 전동기의 속도 특성 비교
  ㉠ 속도 변동이 가장 작은 전동기 : 분권 전동기(정속도 전동기)
  ㉡ 속도 변동이 가장 큰 전동기 : 직권 전동기
② 직류 전동기의 토크 특성 비교

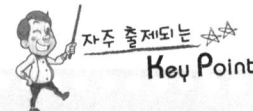

14 직류 전동기 기동, 역회전, 제동

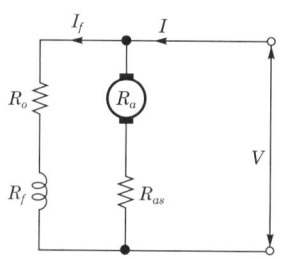

R_f : 계자 저항, R_a : 전기자 저항, R_o : 계자 저항기, R_{as} : 기동 저항기
I_f : 계자 전류, I_a : 전기자 전류, I : 부하 전류, V : 단자 전압

직류 전동기 기동 원칙
㉠ 기동 토크 증가 : 계자 저항기 저항 0
㉡ 기동 전류 감소 : 기동 저항기 조정

(1) 직류 전동기의 기동

① 기동 시 기동 토크를 충분히 크게 한다.
㉠ 계자 저항기(R_o)를 최소 위치인 0에 놓고 전동기를 기동시킨다.
㉡ R_o 최소 → I_f 최대 → ϕ 최대 → τ 최대
② 기동 전류의 크기를 정격 전류의 1.5 ~ 2배 이내로 제한한다.
㉠ 전기자 저항 R_a에 직렬로 가변 저항인 기동 저항기 R_{as}를 삽입하여 조정한다.
㉡ $I_s = \dfrac{V}{R_a + R_{as}} \to I_s = (1.5 \sim 2)I_n$

직류 전동기 역회전
계자 회로, 전기자 회로 중에서 어느 한 회로의 극성을 반대로 한다.

(2) 직류 전동기의 역회전

① $\tau = K(-\phi)(-I_a) = K\phi I_a[\text{N} \cdot \text{m}]$
② 직류 전동기의 역회전은 계자 권선이나 전기자 권선 중 어느 한 권선에 대한 극성(전류 방향)만 반대 방향으로 접속 변경한다.

직류 전동기 제동
㉠ 역전 제동 : 전동기 급제동 목적 사용
㉡ 회생 제동 : 전기 철도 전기 기관차 제동 사용

(3) 직류 전동기의 제동

① 역전 제동 : 전기자 회로의 극성을 반대로 접속하여 그때 발생하는 역토크를 이용하여 전동기를 급제동시키는 방식이다(전동기 급제동 목적).
② 발전 제동 : 전동기 전기자 회로를 전원에서 차단하는 동시에 계속적으로 회전하고 있는 전동기를 발전기로 동작시켜 이때 발생되는 전기자의 역기전력을 전기자에 병렬 접속된 외부 저항에서 열로 소비하여 제동하는 방식이다.
③ 회생 제동 : 전동기의 전원을 접속한 상태에서 전동기에 유기되는 역기전력을 전원 전압보다 크게 하여 이때 발생하는 전력을 전원측에 반환하여 제동하는 방식이다(전기 기관차 이용).

15 직류 전동기의 속도 제어

분권 전동기 속도 $N = k\dfrac{V - I_a R_a}{\phi}$ [rpm]

(1) 전압 제어
단자 전압 V를 조정(정토크 제어)하는 속도를 제어하는 것이다.

$$\tau = 9.55\dfrac{E I_a}{N}\,[\text{N}\cdot\text{m}] = 0.975\dfrac{E I_a}{N}\,[\text{kg}\cdot\text{m}] \quad (E \propto N)$$

① 워드레오너드 방식 : 타여자 발전기(3상 유도 전동기) 출력 전압을 이용하는 방식이다.
  ㉠ 광범위한 속도 조정(1 : 20)이 가능하다.
  ㉡ 효율이 좋다.
② 일그너 방식
  ㉠ Fly-wheel 효과를 이용한다.
  ㉡ 부하 변동이 심한 경우(제철용 압연기) 채용한다.
③ 직·병렬 제어 방식 : 직권 전동기에서 전동기 2대가 동일한 정격일 경우 이것을 직·병렬로 설치하면 전동기 1대에 가해지는 전압이 1 : 2로 변화하기 때문에 속도를 2단으로 제어할 수 있는 방식이다.
④ 초퍼 제어 방식 : 직류 초퍼를 이용하는 방식이다.

(2) 계자 제어
① 자속 ϕ를 조정하여 속도를 제어하는 것이다.
② 제어 범위(1 : 3)가 좁은 정출력 제어 방식이다.

(3) 저항 제어
① 가변 저항 R_{as}를 조정하여 속도를 제어하는 것이다.
② 효율이 불량하다.

16 직류기의 손실과 효율

(1) 고정손(무부하손)
① 부하에 관계없이 항상 일정한 손실이다.
② 철손(P_i) : 전기자 철심 안에서 자속이 변화할 때 철심부에서 발생하는 손실이다.
  ㉠ 히스테리시스손 : $P_h \propto f B_m^{\,2}$

Key Point

직류 전동기 속도 제어
㉠ $N = k\dfrac{V - I_a R_a}{\phi}$ [rpm]
㉡ 계자 저항 ∝ 속도
㉢ 전압 제어
  • 정토크 제어
  • 워드레오너드 방식, 일그너 방식
㉣ 계자 제어 : 정출력 제어
㉤ 저항 제어

직류기 손실
㉠ 무부하손 : 철손, 기계손
㉡ 부하손 : 동손, 표유 부하손

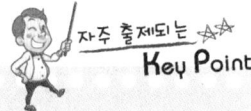

　　　㉡ 와류손 : $P_e \propto t^2 f^2 B_m^2$

　　③ 기계손(P_m) : 기계의 속도가 일정하면 부하 전류에 관계없이 일정한 손실이다.

　　　㉠ 마찰손 : 베어링 및 브러시의 접촉부에서 발생하는 손실이다.

　　　㉡ 풍손 : 전기자의 회전에 따라 주변 공기와의 마찰로 인해 발생하는 손실이다.

(2) 가변손(부하손)

　　① 부하의 크기에 따라 변화하는 손실이다.

　　② 동손(P_c) : 전류 제곱에 비례하는 특성을 갖는다.

　　　㉠ 전기자 권선 동손 : $P_a = I_a^2 R_a$

　　　㉡ 계자 권선 동손 : $P_f = I_f^2 R_f$

　　③ 표유 부하손(P_s) : 누설 전류에 의해 발생하는 손실로, 측정은 가능하나 계산에 의하여 구할 수 없는 손실이다.

(3) 직류기의 규약 효율

직류기 효율

㉠ $\eta_G = \dfrac{출력}{출력+손실} \times 100[\%]$

㉡ $\eta_m = \dfrac{입력-손실}{입력} \times 100[\%]$

　　① 전기 에너지를 기준으로 한 효율이다.

　　② 발전기 : $\eta_G = \dfrac{출력}{출력+손실} \times 100[\%]$

　　③ 전동기 : $\eta_m = \dfrac{입력-손실}{입력} \times 100[\%]$

　　④ 최대 효율 조건 : 고정손=가변손

Chapter 02 동기기

1 동기 발전기의 구조

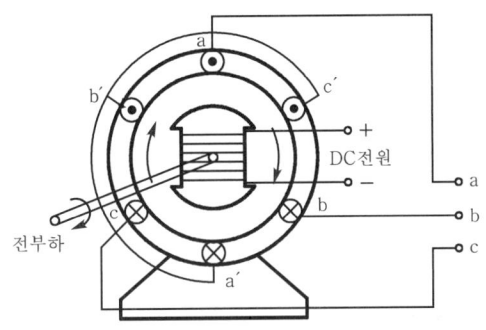

동기 발전기
㉠ 동기 속도 회전
$$N_s = \frac{120f}{P} \text{[rpm]}$$
㉡ 회전 계자형 발전기

(1) 고정자(전기자)

① 자속 ϕ를 끊어 기전력을 유기시키는 부분(Y결선)이다.
② 전기자를 Y결선으로 하는 이유
  ㉠ 선간 전압에 비해 상전압이 낮으므로 코로나에 의한 권선의 열화를 감소시킬 수 있고, 절연상 △결선에 비해 유리하다.
  ㉡ 제3고조파 등에 의한 순환 전류가 흐르지 않는다.
  ㉢ 중성점을 접지할 수 있으므로 이상 전압에 대한 방지 대책이 용이하다.
③ Y·△ 결선의 비교

Y결선 채용 이유
㉠ 권선 열화 감소
㉡ 고조파 순환 전류 방지
㉢ 고장 검출 용이

Y결선	△결선
㉠ 선간 전압 : $V_l = \sqrt{3}\,V_p$	㉠ 선간 전압 : $V_l = V_p$
㉡ 선전류 : $I_l = I_p$	㉡ 선전류 : $I_l = \sqrt{3}\,I_p$
㉢ 선간 전압이 존재하는 이유는 각 상 전압간에 위상차가 존재하기 때문이다.	㉢ 선전류가 존재하는 이유는 각 상 전류간에 위상차가 존재하기 때문이다.
㉣ 동위상 전압은 선간에 나타날 수 없다.	㉣ 동위상 전류는 선에 나타날 수 없다.

여기서, V_l : 선간 전압, V_p : 상전압, I_l : 선전류, I_p : 상전류

(2) 회전자(계자)

① 자속 ϕ를 발생하여 전기자에 공급하는 부분이다.
② 회전자 형태에 의한 분류

계자 형태에 따른 분류
㉠ 돌극형(철극형) : 다극기, 저속기(수차 발전기)
㉡ 비돌극형(원통형) : 소극기, 고속기(터빈 발전기)

돌극형(철극형)	비돌극형(원통형)
㉠ 공극이 불균일하다.	㉠ 공극이 균일하다.
㉡ 극수가 많다.	㉡ 극수가 적다.
㉢ 저속기(수차 발전기)	㉢ 고속기(터빈 발전기)

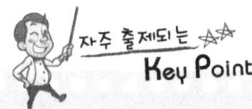

③ 회전 계자형의 사용 이유
  ㉠ 기계적 측면
    - 계자의 철의 분포가 전기자에 비해 크므로 더 튼튼한 계자를 회전시키는 것이 유리하다.
    - 원동기측에서 구조가 간단한 계자를 회전시키는 것이 더 유리하다.
  ㉡ 전기적 측면
    - 교류 고압인 전기자보다 직류 저압인 계자를 회전시키는 것이 위험성이 작다.
    - 교류 고압인 전기자가 고정되어 있으므로 절연이 용이하다.

(3) 여자기

계자 권선에 전류를 계자 철심을 여자시키기 위한 부분으로, DC 100 ~ 250[V]의 직류 전압을 인가한다.

(4) 냉각 장치

수소 냉각 방식을 채용한다.
  ① 장점
    ㉠ 수소의 비중이 공기에 비해 작고, 비열이 공기에 비해 크다.
    ㉡ 비중이 공기의 약 7[%] 정도이므로 풍손이 약 $\frac{1}{10}$ 정도로 감소한다.
    ㉢ 비열이 공기의 약 14배이므로 열전도율이 약 7배가 되어 냉각 효과가 커진다.
    ㉣ 냉각 효과 증대에 의한 발전기 출력이 약 25[%] 정도 증가한다.
    ㉤ 폐쇄형이므로 수명이 길고 소음이 작다.
  ② 단점
    ㉠ 수소의 순도가 떨어질 경우 폭발할 우려가 있다.
    ㉡ 방폭 설비를 갖추어야 한다.
    ㉢ 설비비가 고가이다.

(5) 동기 속도

극수 P와 주파수 f가 결정되면 절대로 변화하지 않고 일정하게 회전하는 속도이다.

$$N_s = \frac{120f}{P} \text{ [rpm]}$$

수소 냉각 방식의 특성
㉠ 풍손 감소
㉡ 냉각 효과 증가
㉢ 발전기 출력 증가
㉣ 수명 증가, 소음 감소
㉤ 방촉 설비 필요
㉥ 설비비 고가

동기 속도
$N_s = \frac{120f}{P}$ [rpm]

2 전기자 권선법, 유기 기전력

고상권, 폐로권, 이층권, 중권, 단절권, 분포권 등을 채용한다.

(1) 단절권
① 전절권 : 코일 간격과 극 간격을 같게 하는 권선법이다.
② 단절권 : 코일 간격을 극 간격보다 작게 하는 권선법이다.

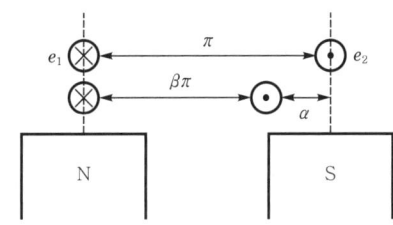

③ 단절 비율 : $\beta = \dfrac{코일\ 간격}{극\ 간격} = \dfrac{코일\ 간격\ 슬롯수}{전\ 슬롯수/극수}$

㉠ 기본파 단절 계수 : $K_P = \sin\dfrac{\beta\pi}{2}$

㉡ 제n고조파 단절 계수 : $K_{Pn} = \sin\dfrac{n\beta\pi}{2}$

④ 단절권의 특징
㉠ 고조파를 제거하여 좋은 파형을 얻을 수 있다.
㉡ 동량의 감소에 의한 기계적인 크기가 감소한다.
㉢ 동량이 감소하므로 가격이 싸다.
㉣ 전절권에 비해 유기 기전력이 K_P배로 감소한다.

(2) 분포권
① 집중권 : 매극, 매상의 도체를 한 슬롯에 집중시켜 감아주는 권선법이다.
② 분포권 : 매극, 매상의 도체를 각각의 슬롯에 분포시켜 감아주는 권선법이다.

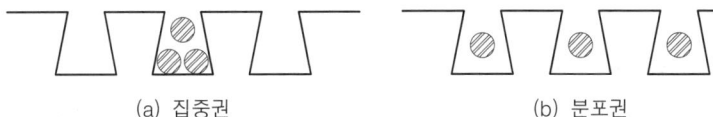

(a) 집중권   (b) 분포권

③ 매극·매상 슬롯수 : $q = \dfrac{총슬롯수}{상수 \times 극수}$

㉠ 기본파 분포 계수 : $K_d = \dfrac{\sin\dfrac{\pi}{2m}}{q\sin\dfrac{\pi}{2mq}}$

Key Point

전기자 권선법
고상권, 이층권, 중권, 단절권, 분포권

단절권 특성
㉠ 고조파 제거에 따른 파형 개선
㉡ 동량(권선량) 감소
㉢ 기전력의 크기 감소

자주 출제되는 핵심이론

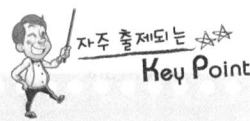

ⓛ 제n고조파 분포 계수 : $K_{dn} = \dfrac{\sin\dfrac{n\pi}{2m}}{q\sin\dfrac{n\pi}{2mq}}$

분포권의 특성
ⓐ 고조파 제거에 따른 파형의 개선
ⓑ 누설 리액턴스 감소
ⓒ 냉각 효과 증가
ⓓ 기전력의 크기 감소

④ 분포권의 특징
ⓛ 고조파를 제거하여 좋은 파형을 얻을 수 있다.
ⓜ 누설 리액턴스가 작다($L \propto N^2$).
ⓝ 코일에서의 열 발산이 고르게 분포되므로 권선의 과열을 방지할 수 있다.
ⓞ 집중권에 비해 유기 기전력이 K_d배로 감소한다.

(3) 권선 계수

단절 계수와 분포 계수를 곱한 값이다.
$K_w = K_p \times K_d < 1$

(4) 동기 발전기의 유기 기전력

$E = 4.44 f N\phi K_w \text{[V]}$

유기 기전력의 크기
$E = 4.44 f N\phi K_w \text{[V]}$

여기서, $f\text{[Hz]}$: 주파수
$N\text{[T]}$: 한 상의 직렬 전체 권수
$\phi\text{[Wb]}$: 극당 평균 자속
K_w : 권선 계수

한 상에 대한 값이므로 공칭 전압인 선간 전압은 $\sqrt{3}$ 배한 값으로 하여야 한다.

3 동기 발전기의 전기자 반작용

(1) 의미

3상 부하 전류(전기자 전류)에 의한 자속이 주자속인 계자 자속에 영향을 미치는 현상으로, 부하 종류에 따라 전기자 자속에 대해 주자속의 방향이 변화한다.

동기 발전기의 전기자 반작용
ⓐ R부하 : 교차 자화 작용
ⓑ L부하 : 감자 작용
ⓒ C부하 : 증자 작용

(2) R만의 부하(동상 전류)

전기자 자속에 대해 주자속이 횡으로 교차하기 때문에 **교차 자화 작용(횡축 반작용)**이라고 하는데 자극 끝에서는 일부 **증자 작용**과 일부 **감자 작용**이 발생한다.

(3) L만의 부하(지상 전류)

주자속에 대해 전기자 자속이 반대 방향이 되어 주자속을 감소시키기 때문에 감자 작용이라 하는데, 특히 전기자 자속이 계자 자극축과 일치하기 때문에 직축 반작용이라고도 한다.

(4) C만의 부하(진상 전류)

주자속에 대해 전기자 자속이 같은 방향이 되어 주자속을 증가시키기 때문에 증자 작용이라 하는데 특히 전기자 자속이 계자 자극축과 일치하기 때문에 직축 반작용이라고도 한다.

(5) 동기 전동기의 전기자 반작용

전동기는 발전기와 달리 정격 전압 $V[V]$를 인가하여 전기자에 전류가 흐르는 경우이므로 발전기와 반대 특성을 갖는다. 따라서, 지상 전류는 증자 작용, 진상 전류는 감자 작용을 한다.

① 감자 작용 : C부하 등으로 인해 단자 전압 V에 대해 위상이 90° 앞선 전기자 전류 I_a가 흐를 경우 발생한다.

② 증자 작용 : L부하 등으로 인해 단자 전압 V에 대해 위상이 90° 늦은 전기자 전류 I_a가 흐를 경우 발생한다.

동기 전동기 전기자 반작용
㉠ L부하 : 증자 작용
㉡ C부하 : 감자 작용

잠깐 정리 - 동기 발전기, 전동기 전기자 반작용

부하 종류	동기 발전기	동기 전동기
R부하(동상 전류, $I\cos\theta$)	교차 자화 작용(횡축 반작용)	–
L부하(지상 전류, $-jI\sin\theta$)	감자 작용(직축 반작용)	증자 작용
C부하(진상 전류, $jI\sin\theta$)	증자 작용(직축 반작용)	감자 작용

4 동기 발전기 등가 회로 및 출력

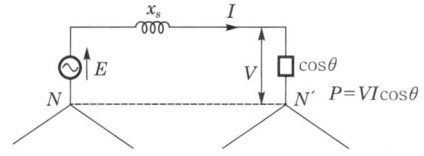

여기서, x_l : 전기자 누설 리액턴스, x_a : 전기자 반작용 리액턴스

(1) 전기자 누설 리액턴스(x_l)

전기자 전류에 의한 자속 중 전기자 권선 코일 단부분에서 발생하는 누설 자속으로 인해 발생하는 리액턴스이다.

자주 출제되는 **핵심이론**

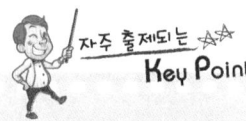

동기 리액턴스
$x_s = x_l + x_a [\Omega]$

동기 임피던스
$\dot{Z}_s \fallingdotseq jx_s [\Omega]$

동기 발전기 출력
$P = \dfrac{EV}{x_s}\sin\delta [W]$

동기 발전기 특성 곡선
㉠ 무부하 포화 곡선 : 계자 전류와 기전력 관계
㉡ 단락 곡선 : 계자 전류, 단락 전류 관계
• 단락 전류 : I_s
  $= \dfrac{E}{x_s}[A]$
• 단락 곡선 직선인 이유
  : 철심의 자기 포화

(2) 전기자 반작용 리액턴스(x_a)

부하 존재 시 전기자 전류에 의한 자속 중 전기자 권선 코일 변부분에서 발생하는 전기자 반작용 자속으로 인해 발생하는 리액턴스이다.

(3) 동기 리액턴스

$$x_s = x_l + x_a [\Omega]$$

(4) 동기 임피던스

① 동기 발전기에서 전기자 권선에서 발생하는 전체 임피던스이다.
② $\dot{Z}_s = r_a + jx_s \fallingdotseq jx_s [\Omega]$ (운전 중 : $x_a \uparrow \to x_s \uparrow$)
③ 전기자 권선 저항은 무시하므로 실용상 동기 리액턴스라 할 수 있다.

(5) 비돌극형(터빈) 발전기 출력

① 발전기에서 발생할 수 있는 유효 전력의 크기이다.
② $P = \dfrac{EV}{x_s}\sin\delta [W]$
③ 비돌극형 발전기는 부하각 $\delta = 90°$에서 이론상 최대 출력을 발생한다.

5 무부하 포화 곡선과 단락 곡선

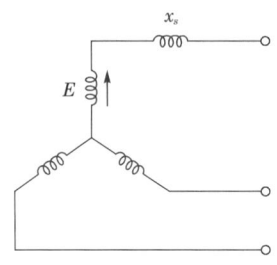 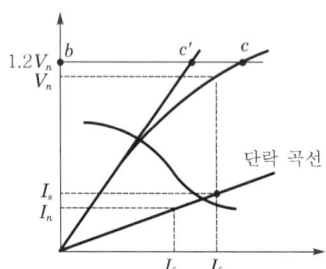

(1) 무부하 포화 곡선

① 의미 : 발전기 무부하 상태에서 계자를 정격 속도로 회전시키면서 계자 전류를 서서히 증가시킬 때 자속 ϕ가 증가해 무부하 유도 기전력이 상승하는데 이때 계자 전류와 유기 기전력과의 관계를 나타낸 전압 특성 곡선이다.
② 무부하 포화 곡선의 특성
  ㉠ 계자 전류 $I_f \uparrow \to$ 자속 $\phi \uparrow \to$ 유기 기전력 $E \uparrow$
  ㉡ 기전력 상승이 일정 이상이 되면 더 이상 증가하지 않는 이유 : 계자 철심의 자기 포화 때문이다.

ⓒ 계자 전류 I_{fs}[A] : 무부하 시 정격전압을 유기시키는 데 필요한 계자 전류이다.

③ 포화율

㉠ 자기 포화의 정도를 나타내는 것이다.

㉡ 포화율 : $\sigma = \dfrac{c'c}{bc'}$

(2) 단락 곡선

① 의미 : 발전기 정지 상태에서 먼저 전기자 3상 권선을 단락시키고 계자를 정격 속도로 회전시키면서 서서히 계자 전류를 증가시키면 전기자에서 발생한 기전력이 커져서 3상 단락 전기자 권선에 흐르는 단락 전류도 증가하는데 이때 계자 전류와 단락 전류와의 관계를 나타낸 직선 형태의 단락 전류 변화 곡선이다.

② 단락 전류 : $I_s = \dfrac{E}{x_s}$[A]

③ 단락 곡선이 직선인 이유 : 철심의 자기 포화가 발생하면 기전력은 더 이상 증가하지 않지만 동기 임피던스인 동기 리액턴스가 감소하기 때문에 단락 전류가 계속 직선적으로 증가한다.

(3) 단락 전류의 특성

발전기 정상 운전 중 갑자기 단락이 발생하면 처음 2~3[cycle] 동안은 누설 리액턴스만이 단락 전류의 크기를 제한하므로 대단히 큰 단락 전류가 흐르지만 그 이후 전기자 반작용이 나타나 단락 전류의 크기를 제한해 그 크기가 감소하여 일정한 단락 전류가 흐른다.

단락 전류의 특성
단락 순간은 큰 전류가 흐르지만 2~3[cycle] 후 그 크기가 감소한 일정한 단락 전류가 흐른다.

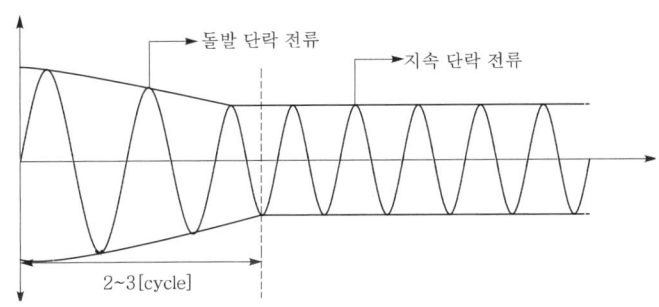

(4) 돌발 단락 전류

① 돌발 단락 전류 : $I_s = \dfrac{E}{x_l}$[A]

돌발 단락 전류 제한
전기자 누설 리액턴스

자주 출제되는 핵심이론

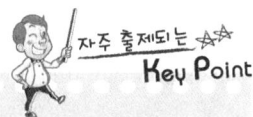

영구 단락 전류 제한
전기자 반작용 리액턴스

② 돌발 단락 전류의 크기 제한 : 전기자 누설 리액턴스

(5) 지속(영구) 단락 전류

① 지속 단락 전류 : $I_s = \dfrac{E}{x_a + x_l} = \dfrac{E}{x_s}$ [A]

② 지속 단락 전류의 크기 제한 : 전기자 반작용 리액턴스

③ 지속 단락 전류의 크기가 변하지 않는 것은 전기자 반작용 때문이다.

6 단락비(K_s)

단락비

㉠ $K_s = \dfrac{I_s}{I_n} = \dfrac{100}{\%Z_s}$

㉡ $\%Z_s = \dfrac{Z_s P_n}{10 V_n^2}$ [%]

(1) 정격 전류에 대한 단락 전류의 비

$$K_s = \dfrac{\text{무부하 시 정격 전압 } V_n \text{을 유기시키는 데 필요한 계자 전류}(I_{fs})}{3\text{상 단락 시 정격 전류와 같은 단락 전류를 흘리는 데 필요한 계자 전류}(I_{fn})}$$

(2) $\%Z_s$

동기 발전기에서 전부하 상태로 운전 시 전기자 권선 자체 임피던스인 동기 임피던스로 인해 발생하는 전압 강하의 백분율 비이다.

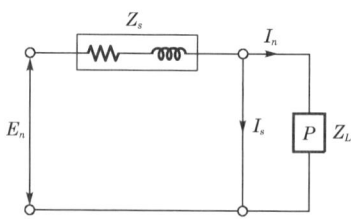

여기서, E_n : 정격 기전력(상전압)
Z_s : 동기 임피던스
I_s : 단락 전류
I_n : 정격 전류

① 상전압 기준 : $\%Z_s = \dfrac{Z_s I_n}{E_n} \times 100$ [%]

② 선간 전압 기준 : $\%Z_s = \dfrac{Z_s P_n}{10 V_n^2}$ [%]

여기서, V_n [kV] : 선간 전압
$P_n = \sqrt{3} \, V_n I_n$ [kVA] : 3상 정격 용량

(3) %Z_s와 단락비와의 관계

$$단락비\ K_s = \frac{I_s}{I_n} = \frac{100}{\%Z_s}$$

여기서, I_s : 단락 전류, I_n : 정격 전류, %Z_s : %임피던스 강하

(4) 단락비가 크다(철기계)의 의미

① 동기 임피던스가 작다.
② 전기자 반작용이 작다.
③ 전압 변동률이 작다.
④ 안정도가 좋다.
⑤ 공극이 크다.
⑥ 중량이 무겁고 가격이 비싸다.
⑦ 계자 기자력이 크다.
⑧ 선로의 충전 용량이 크다.

(5) 단락비가 작다(동기계)의 의미

철기계의 반대 특성을 가진다.

> **발전기의 단락비**
> ① 수차 발전기 : $K_s = 0.9 \sim 1.2$
> ② 터빈 발전기 : $K_s = 0.6 \sim 1.0$

Key Point

단락비가 크다의 의미
㉠ 동기 임피던스가 작다.
㉡ 전기자 반작용이 작다.
㉢ 전압 변동률이 작다.
㉣ 안정도가 좋다.
㉤ 공극이 크다.
㉥ 중량이 무겁다.
㉦ 가격이 비싸다.
㉧ 계자 기자력이 크다.
㉨ 철손이 크다.
㉩ 충전 용량이 크다.

단락비가 큰 기계
㉠ 철기계
㉡ 수차 발전기

단락비가 작은 기계
㉠ 동기계
㉡ 터빈 발전기

7 동기 발전기의 병렬 운전 조건

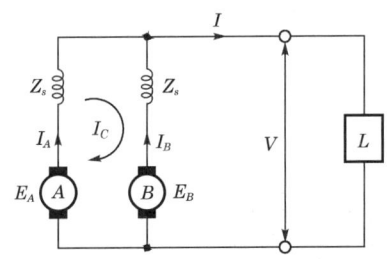

(1) 기전력의 크기 일치

① 不일치($E_A \neq E_B$) : 무효 순환 전류 발생

② 무효 순환 전류의 크기 : $I_c = \dfrac{\dot{E}_A - \dot{E}_B}{2Z_s}$ [A]

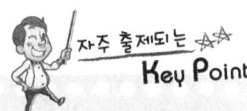

병렬 운전 조건

㉠ 기전력 크기: $E_A \neq E_B$
이면 무효 순환 전류 발생

$I_c = \dfrac{\dot{E}_A - \dot{E}_B}{2Z_s}$ [A]

㉡ 기전력 위상: $\theta_A \neq \theta_B$
이면 동기화 전류(유효 횡류) 발생

$I_s = \dfrac{2E_A}{2Z_s}\sin\dfrac{\delta}{2}$ [A]

㉢ 기전력 주파수: $f_a \neq f_B$이면 단자 전압 진동 발생

㉣ 기전력 파형: 불일치하면 고조파 무효 순환 전류 발생

③ 발생 원인: 계자 저항의 변화로 인한 계자 전류(여자 전류) 변화
④ 방지 대책: 계자 저항 조정에 의한 계자 전류(여자 전류) 조정

(2) 기전력의 위상 일치

① 불일치($\theta_A \neq \theta_B$) : 동기화 전류(유효 횡류) 발생

② 무효 순환 전류의 크기: $I_s = \dfrac{\dot{E}_{AB}}{2Z_s} = \dfrac{2E_A}{2Z_s}\sin\dfrac{\delta}{2}$ [A]

③ 수수 전력
  ㉠ 동기화 전류에 의해 서로 주고 받는 전력
  ㉡ 수수 전력: $P_s = \dfrac{E_A^{\,2}}{2Z_s}\sin\delta$ [W]

④ 동기화력
  ㉠ 동기화 전류에 의해 상차각 δ를 원상으로 복귀시키려는 힘
  ㉡ 동기화력: $\dot{P}_s = \dfrac{dP_s}{d\delta} = \dfrac{E_A^2}{2Z_s}\cos\theta$ [W]

⑤ 발생 원인: 원동기 출력의 변화로 인한 발전기 회전자 속도의 변화

(3) 주파수의 일치

불일치($f_A \neq f_B$)하면 단자 전압의 진동이 발생한다.

(4) 기전력의 파형 일치

불일치하면 고조파 무효 순환 전류가 발생한다.

(5) 기전력의 상회전 방향 일치(3상)

 원동기의 병렬 운전 조건
① 균일한 각속도를 가질 것
② 적당한 속도 변동률을 가질 것

동기 발전기의 병렬 운전 조건

병렬 운전 조건	조건이 맞지 않을 경우
기전력의 크기	무효 순환 전류 발생
기전력의 위상	동기화 전류(유효 횡류) 발생, 수수 전력 및 동기 화력 발생
기전력의 주파수	단자 전압의 진동 발생
기전력의 파형	고조파 무효 순환 전류 발생

8 동기 발전기의 자기 여자 및 안정도

(1) 자기 여자 현상

① 의미 : 무부하로 운전하는 동기 발전기를 장거리 송전 선로 등에 접속한 경우 선로의 충전 용량(진상 전류)에 의한 전기자 반작용(증자 작용)이나 무부하 동기 발전기의 잔류 자기로 인한 미소 전압 발생 시 송전 선로의 정전 용량 때문에 흐르는 진상 전류에 의해 발전기가 스스로 여자되어 전압이 상승하는 현상이다.

② 발생 원인 : 정전 용량으로 인한 90° 앞선 진상 전류

③ 방지 대책 : 90° 앞선 진상 전류를 제거·감소하기 위한 90° 뒤진 지상 전류
  ㉠ 동기 조상기를 부족 여자로 하여 90° 뒤진 지상 전류 발생
  ㉡ 분로 리액터를 병렬로 접속하여 90° 뒤진 지상 전류 발생
  ㉢ 발전기 및 변압기를 병렬 운전하여 유도성 리액턴스 감소
  ㉣ 단락비를 크게 할 것(동기 리액턴스를 작게 할 것)

자기 여자 현상
㉠ 발생 원인 : 진상 전류
㉡ 방지 대책 : 지상 전류 분로 리액터, 동기 조상기 병렬 운전, 단락비 증가

(2) 난조 현상

① 의미 : 발전기의 부하가 급변하는 경우 회전 속도가 동기 속도를 중심으로 진동하는 현상이다.

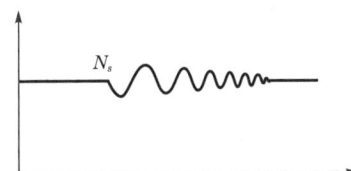

② 발생 원인
  ㉠ 부하 변동이 심한 경우
  ㉡ 관성 모멘트가 작은 경우
  ㉢ 조속기가 너무 예민한 경우
  ㉣ 계자에 고조파가 유기된 경우

③ 방지 대책
  ㉠ 계자 자극면에 제동 권선 설치
  ㉡ 관성 모멘트를 크게 할 것(fly wheel 채용)
  ㉢ 조속기의 성능을 너무 예민하지 않도록 할 것
  ㉣ 고조파 제거 : 단절권, 분포권 채용

동기 발전기 난조 현상
㉠ 발생 원인 : 부하 변동이 큰 경우 관성 모멘트 감소, 조속기 성능 예민, 계자에 고조파 발생
㉡ 방지 대책 : 제동 권선, 플라이 휠 채용, 조속기 성능 개선, 고조파 제거

자주 출제되는 **핵심이론**

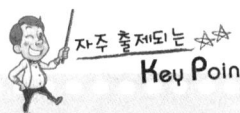

안정도 향상 대책

㉠ $P = \dfrac{EV}{x_s}\sin\delta [\text{W}]$
 증가
㉡ 단락비 증가
㉢ 동기 임피던스 감소
㉣ 플라이 휠 채용
㉤ 속응 여자 방식 채용
㉥ 조속기 성능 개선

(3) 안정도 향상 대책

① 단락비를 크게 할 것
② 동기 임피던스(리액턴스)를 작게 할 것
③ 관성 모멘트를 크게 할 것(fly wheel 채용)
④ 조속기의 동작을 신속하게 할 것
⑤ 속응 여자 방식을 채용할 것

9 동기 전동기의 원리 및 기동

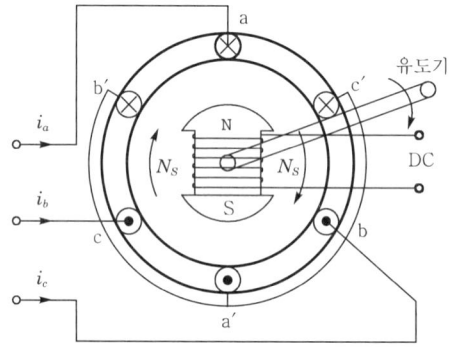

(1) 동기 전동기 기동 토크가 0인 이유

회전 자계가 시계 방향으로 동기 속도와 같이 회전해도 회전자에 주는 토크는 반회전할 때마다 같은 크기로 반대 방향이 되기 때문에 평균 토크는 0이 되므로 회전자는 회전할 수 없다.

(2) 동기 전동기의 기동법

동기 전동기 기동법
㉠ 자기 기동법 : 제동 권선
㉡ 유도 전동기법 : 2극 적은 전동기 이용

① **자기 기동법** : 유도 전동기의 2차 권선 역할을 하는 제동 권선에 이용하여 기동 토크를 발생시켜 기동하는 방식으로, 제동 권선 역할은 다음과 같다.
  ㉠ 기동 토크 발생 : 계자 자극면에 설치한 기동 권선은 유도 전동기의 회전자 권선과 같이 작용하여 기동 토크를 발생하여 동기 전동기를 기동시킨다.
  ㉡ 난조 방지 : 전동기 속도 변화 시 회전 자계를 자르게 되어 기전력이 유기되고 권선에 전류가 흐를 때 발생하는 토크가 제동 토크로 작용하여 회전 속도가 변하지 않도록 하는 방향으로 작용한다.
② **유도 전동기법** : 기동 전동기로서 유도 전동기를 사용하여 기동시키는 방식으로서, 극수가 2극 적은 전동기를 채용한다.

10 동기 전동기의 특성

(1) 출력
① 1상의 출력 : $P_o = \dfrac{EV}{x_s}\sin\delta\,[\text{W}]$

② 전동기 출력은 부하각 δ의 sin에 비례한다.

(2) 동기 이탈
부하각 $\delta = 90°$를 넘어가면 토크가 서서히 감소하다 $180°$가 되면 토크가 0이 되면서 전동기가 정지하는 현상이다.

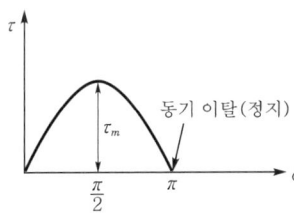

(3) 동기 전동기 토크
토크 $\tau = 9.55\dfrac{P_o}{N_s}\,[\text{N}\cdot\text{m}] = 0.975\dfrac{P_o}{N_s}\,[\text{kg}\cdot\text{m}]$

(4) 동기 와트
$P_o = 1.026 N_s\,\tau\,[\text{W}]$

(5) V곡선
동기 전동기의 공급 전압 V 및 부하를 일정하게 유지하면서 계자 전류 I_f를 변화시키면 전기자 전류 I_a의 크기가 변화할 뿐만 아니라 V와 I_a와의 위상 관계, 즉 역률 $\cos\theta$도 동시에 변화하는데 그 변화 관계를 나타낸 V자 형태의 곡선이다.

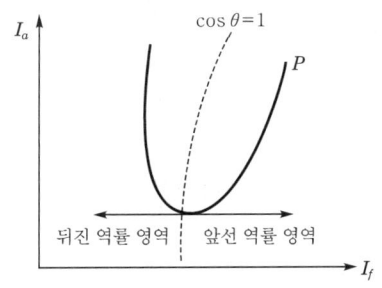

Key Point

동기 전동기 출력
㉠ $P_o = \dfrac{EV}{x_s}\sin\delta\,[\text{W}]$
㉡ $P_o = \dfrac{EV}{x_s}\sin\delta$
　　$= \omega\tau\,[\text{W}]$

동기 전동기 토크
$\tau = 9.55\dfrac{P_o}{N_s}\,[\text{N}\cdot\text{m}]$
$= 0.975\dfrac{P_o}{N_s}\,[\text{kg}\cdot\text{m}]$

동기 와트
㉠ $P_o = 1.026 N_s\,\tau\,[\text{W}]$
㉡ 동기 와트=토크

동기 조상기 V곡선
㉠ 과여자 : 앞선 전류 발생 (콘덴서로 작용)
㉡ 부족 여자 : 뒤진 전류 발생(리액터로 작용)

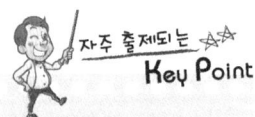

① 과여자 : 전기자 전류가 앞선 전류로 작용한다(콘덴서로 작용).
② 부족 여자 : 전기자 전류가 뒤진 전류로 작용한다(리액터로 작용).

(6) 동기 전동기의 특성

동기 전동기 특성
㉠ 속도가 N_s로 일정
㉡ 기동 토크 0
㉢ 역률 조정 가능
㉣ 난조 발생

① 장점
 ㉠ 속도(N_s)가 일정하다.
 ㉡ 역률을 조정할 수 있다.
 ㉢ 효율이 좋다.
 ㉣ 공극이 크고 기계적으로 튼튼하다.
② 단점
 ㉠ 기동 토크가 작다($\tau_s = 0$).
 ㉡ 속도 제어가 어렵다.
 ㉢ 직류 여자기가 필요하다.
 ㉣ 난조가 일어나기 쉽다.

11 동기 전동기의 난조 현상

(1) 의미

부하의 급변에 따른 부하각 δ의 진동 현상이다.

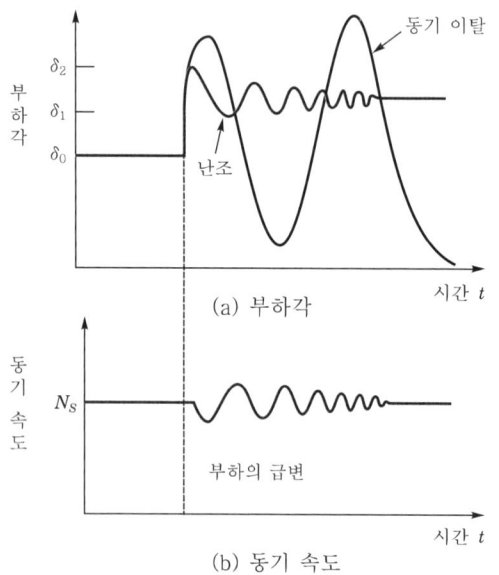

(a) 부하각

(b) 동기 속도

(2) 난조 발생 원인
① 부하 변동이 심한 경우
② 전원 전압 및 주파수의 주기적 변동
③ 부하 토크의 주기적 변동
④ 관성 모멘트가 작은 경우
⑤ 전기자 회로 저항의 과대

(3) 방지 대책
① 계자 자극면에 제동 권선 설치
② 관성 모멘트를 크게 할 것(fly wheel 채용)

동기 전동기 난조 현상
㉠ 발생 원인 : 부하 변동이 큰 경우, 관성 모멘트 감소, 주파수·토크 주기적 변동, 전기자 회로 저항 과대
㉡ 방지 대책 : 제동 권선, 플라이 휠 채용

자주 출제되는 핵심이론

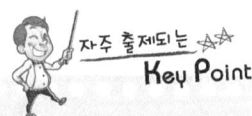

Chapter 03 변압기

1 변압기의 구조 및 원리

(1) 변압기의 원리

변압기는 1개의 철심에 2개의 권선을 감고 한쪽 권선에 사인파 교류 전압을 가하면 철심 중에는 사인파 교번 자속 ϕ가 발생하며 이 자속과 쇄교하는 다른 쪽의 권선에는 권선의 감은 횟수에 따라 서로 다른 크기의 교류 전압이 유도된다.

변압기 원리
패러데이-렌츠 전자 유도 현상

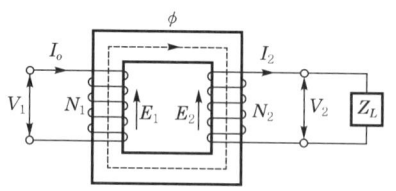

(2) 유도 기전력의 크기

① 1차 유도 기전력 : $E_1 = 4.44fN_1\phi_m$
$= 4.44fN_1B_mA$ [V]

② 2차 유도 기전력 : $E_2 = 4.44fN_2\phi_m$
$= 4.44fN_2B_mA$ [V]

여기서, f[Hz] : 주파수
ϕ_m[Wb] : 최대 자속
N_1[T] : 1차 권선 권수
N_2[T] : 2차 권선 권수
B_m[Wb/mm^2] : 최대 자속 밀도
A[m^2] : 철심 단면적

변압기 기전력의 크기
㉠ $E_1 = 4.44fN_1B_mA$[V]
㉡ $E_2 = 4.44fN_2B_mA$[V]

(3) 권수비

변압기 1·2차 권선의 권수비로 변압기 1·2차 전압 및 전류, 임피던스, 저항, 인덕턴스 간에 성립하는 관계식이다.

$$a = \frac{N_1}{N_2} = \frac{E_1}{E_2} = \frac{V_1}{V_2} = \frac{I_2}{I_1}$$
$$= \sqrt{\frac{Z_1}{Z_2}} = \sqrt{\frac{R_1}{R_2}} = \sqrt{\frac{L_1}{L_2}}$$

변압기 권수비
$a = \dfrac{N_1}{N_2} = \dfrac{E_1}{E_2}$
$= \dfrac{V_1}{V_2} = \dfrac{I_2}{I_1}$
$= \sqrt{\dfrac{Z_1}{Z_2}} = \sqrt{\dfrac{R_1}{R_2}}$

2 변압기 등가 회로

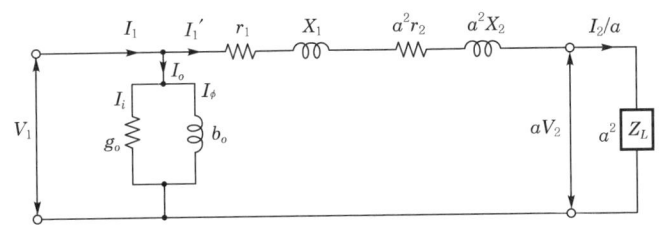

(1) 무부하 시험(2차측 개방) : 무부하 전류(여자 전류)

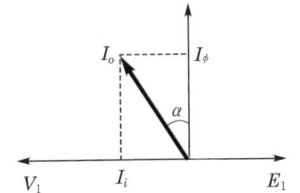 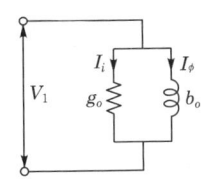

① 여자 전류 : $\dot{I}_0 = \dot{I}_i + \dot{I}_\phi$ 에서 위상차가 90° 발생하므로 다음과 같은 관계가 성립한다.

$$I_0 = \sqrt{I_i^2 + I_\phi^2}$$

② 철손 전류 : $I_i = g_o V_1 [A]$ (철손 P_i 발생)

③ 자화 전류 : $I_\phi = b_o V_1 [A]$ (자속 ϕ 발생)

④ 여자 어드미턴스 : $\dot{Y}_o = g_o - jb_o [\mho]$

⑤ 철손 : $P_i = V_1 I_i = g_o V_1^2 [W]$

⑥ 여자 컨덕턴스 : $g_o = \dfrac{I_i}{V_1} = \dfrac{V_1 I_i}{V_1^2} = \dfrac{P_i}{V_1^2} [\mho]$

⑦ 여자 서셉턴스 : $b_o = \dfrac{I_\phi}{V_1} = \dfrac{V_1 I_\phi}{V_1^2} = \dfrac{P_\phi}{V_1^2} [\mho]$

(2) 부하 시 전전류

$I_1 = \dot{I}_0 + \dot{I}_1' [A]$ (단, $\dot{I}_1'$: 부하 전류)

(3) 변압기의 임피던스 환산

① 2차에서 1차로 환산 : 1차측의 전압 및 전류 임피던스, 어드미턴스는 그대로 두고 2차측의 전압을 a배, 전류를 $\dfrac{1}{a}$배, 임피던스를 a^2배로 한다.

② 권수비 : $a = \dfrac{N_1}{N_2} = \dfrac{E_1}{E_2} = \dfrac{V_1}{V_2} = \dfrac{I_2}{I_1} = \sqrt{\dfrac{Z_1}{Z_2}} = \sqrt{\dfrac{r_1}{r_2}} = \sqrt{\dfrac{x_1}{x_2}}$

Key Point

변압기 등가 회로 작성
㉠ 무부하 시험
㉡ 단락 시험
㉢ 저항 측정 시험

무부하 시험
㉠ 여자 어드미턴스
  $\dot{Y}_o = g_o - jb_o [\mho]$
㉡ 철손 전류 : 철손 발생
  $I_i = g_o V_1 [A]$
㉢ 자화 전류 : 자속 발생
  $I_\phi = b_o V_1 [A]$
㉣ 철손
  $P_i = V_1 I_i = g_o V_1^2 [W]$

임피던스 환산(2차 → 1차 환산)
㉠ 2차 전압 : a배
㉡ 2차 전류 : $\dfrac{1}{a}$배
㉢ 2차 임피던스 : a^2배

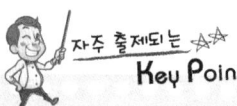

전압 일정 시 주파수와 철손과의 관계

㉠ $f \propto \dfrac{1}{B_m}$

㉡ $P_h \propto \dfrac{E^2}{f}$

㉢ $P_e \propto E^2$

㉣ $f \propto \dfrac{1}{P_i}$

(4) 전압 일정 시 주파수와 철손과의 관계

① 주파수와 최대 자속 밀도 관계 : $f \propto \dfrac{1}{B_m}$

② 주파수와 철손과의 관계

　㉠ $P_h \propto \dfrac{E^2}{f}$: 히스테리시스손은 전압의 제곱에 비례하고 주파수에 반비례한다.

　㉡ $P_e \propto E^2$: 와류손은 전압의 제곱에 비례하지만 주파수와 무관하다.

③ 주파수 변동 시 철손 등의 변화

　㉠ 주파수 증가 → 히스테리시스손 감소 → 철손 감소 → 여자 전류 감소

　㉡ 주파수 감소 → 히스테리시스손 증가 → 철손 증가 → 여자 전류 증가

전압 변동률

㉠ $\varepsilon = \dfrac{V_{2o} - V_{2n}}{V_{2n}}$
　　$\times 100[\%]$
　　$= p\cos\theta + q\sin\theta[\%]$

㉡ $z = \sqrt{p^2 + q^2}\,[\%]$

3 전압 변동률

(1) 의미

변압기 전부하 시 2차 단자 전압과 무부하 시 2차 단자 전압이 서로 다른 정도를 나타낸다.

(2) 전압 변동률

① $\varepsilon = \dfrac{V_{20} - V_{2n}}{V_{2n}} \times 100[\%] = p\cos\theta + q\sin\theta$

여기서, V_{20} : 무부하 시 2차 전압

　　　　V_{2n} : 전부하 시 2차 정격 전압

전압 변동률

$$\varepsilon = \dfrac{V_{2o} - V_{2n}}{V_{2n}} \times 100[\%]$$

$$= \dfrac{I_{2n}r_2\cos\theta + I_{2n}x_2\sin\theta}{V_{2n}} \times 100[\%]$$

$$= \left(\dfrac{I_{2n}r_2}{V_{2n}}\cos\theta + \dfrac{I_{2n}x_2}{V_{2n}}\sin\theta\right) \times 100[\%]$$

$$= p\cos\theta + q\sin\theta[\%]$$

- I_{2n} : 전부하 시 2차 정격 전류
- r_2 : 전부하 시 2차 권선의 저항
- x_2 : 전부하 시 2차 권선의 리액턴스

② %저항 강하 : $p = \dfrac{I_{2n}r_2}{V_{2n}} \times 100 = \dfrac{P_s}{P_n} \times 100\,[\%]$

여기서, P_n : 변압기 정격 용량
P_s : 임피던스 와트(전부하 시 권선 저항으로 인해 발생하는 동손)

③ %리액턴스 : $q = \dfrac{I_{2n}x_2}{V_{2n}} \times 100\,[\%]$

④ %임피던스 강하 : $z = \dfrac{I_{2n}z_2}{V_{2n}} \times 100$
$= \dfrac{V_s}{V_{1n}} \times 100$
$= \sqrt{p^2 + q^2}\,[\%]$

여기서, V_s : 임피던스 전압(전부하 시 권선 전체 임피던스로 인한 전압 강하)

(3) 최대 전압 변동률

$\varepsilon = p\cos\theta + q\sin\theta$

① $\cos\theta = 1$인 경우 : $\varepsilon_{\max} = p\,[\%]$
② $\cos\theta \neq 1$인 경우 : $\varepsilon_{\max} = \sqrt{p^2 + q^2}$

역률 $\cos\theta = \dfrac{p}{\sqrt{p^2 + q^2}}$

4 변압기 단락 시험

(1) 임피던스 전압

$V_s = I_{1n}z_{12}\,[\text{V}]$

① 변압기 2차측을 단락한 상태에서 1차측에 전부하 정격 전류(I_{1n})가 흐르도록 1차측에 인가해 주는 전압이다.
② 변압기 전체 권선의 임피던스로 인해 발생하는 전압 강하이다.

(2) 임피던스 와트

$P_s = I_{1n}^{\ 2}r_{12}\,[\text{W}]$

① 임피던스 전압을 인가한 상태에서 변압기 전체 1·2차 권선 저항으로 인해 발생하는 와트이다.
② 변압기 전부하 시 발생하는 동손이다.

최대 전압 변동률
㉠ $\cos\theta = 1$
$\varepsilon_{\max} = p\,[\%]$
㉡ $\cos\theta \neq 1$
$\varepsilon_{\max} = \sqrt{p^2 + q^2}\,[\%]$

변압기 단락 시험
㉠ 임피던스 전압 : 전부하 시 변압기 임피던스 강하
$V_s = I_{1n}z_{12}\,[\text{V}]$
㉡ 임피던스 와트 : 전부하 시 변압기 동손
$P_s = I_{1n}^{\ 2}r_{12}\,[\text{W}]$

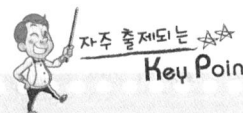

변압기 손실
㉠ 무부하손(무부하 시험)
  : 철손, 유전체손
㉡ 부하손(단락 시험) : 동손, 표유 부하손

변압기 효율
㉠ $\eta = \dfrac{출력}{출력+손실} \times 100[\%]$
㉡ 손실=철손+동손

변압기 최대 효율 조건
무부하손=부하손

5 변압기 손실과 효율

(1) 변압기 손실

① 무부하손(무부하 시험)
  ㉠ 의미 : 변압기 2차 권선을 개방하고 1차 단자에 정격 전압을 걸었을 때 변압기에서 발생하는 손실을 말한다.
  ㉡ 철손(P_i)=히스테리시스손(P_h) + 와류손(P_e)
  ㉢ 유전체손 : 절연물의 유전체로 인하여 발생하는 손실이다.

② 부하손(단락 시험)
  ㉠ 의미 : 부하 전류가 변압기 2차 권선에 흐를 때 변압기에서 발생하는 손실을 말한다.
  ㉡ 동손(P_c) : 전부하 시 변압기 2차 권선의 저항으로 인해 발생하는 손실로, 특히 전부하 시 발생하는 동손을 임피던스 와트(P_s)라고 한다.
  ㉢ 표유 부하손 : 부하 전류에 의한 누설 자속이 죔 볼트같은 권선의 금구, 외함 등에 쇄교하여 발생하는 맴돌이 전류에 의하여 발생하는 손실이다.

③ 전체 손실 : 무부하손(철손)+부하손(동손)

(2) 변압기의 효율

① 규약 효율 : 변압기 2차 정격 전압 및 정격 주파수에 대한 정격 출력 및 무부하손, 부하손 같은 전체 손실을 이용하여 계산한 효율이다.

  ㉠ 전부하의 경우 : $\eta = \dfrac{출력}{출력 + 전체 손실(철손+동손)} \times 100$

  $= \dfrac{V_{2n}I_{2n}\cos\theta}{V_{2n}I_{2n}\cos\theta + P_i + P_c} \times 100[\%]$

  ㉡ $\dfrac{1}{m}$ 부분 부하인 경우

  • 부하손은 전류가 $\dfrac{1}{m}$ 배로 감소하므로 출력은 $\dfrac{1}{m}$ 배로 감소하지만 부하 전류의 제곱에 비례하여 발생하는 동손은 $\left(\dfrac{1}{m}\right)^2$ 으로 감소한다.

  • $\eta_{\frac{1}{m}} = \dfrac{\dfrac{1}{m}V_{2n}I_{2n}\cos\theta}{\dfrac{1}{m}V_{2n}I_{2n}\cos\theta + P_i + \left(\dfrac{1}{m}\right)^2 P_c} \times 100[\%]$

② 최대 효율 조건 : 무부하손=부하손
  ㉠ 전부하인 경우 : $P_i = P_c$
  ㉡ $\dfrac{1}{m}$ 부하인 경우 : $P_i = \left(\dfrac{1}{m}\right)^2 P_c$

6 변압기의 결선

Y결선	△결선
㉠ 선간 전압 : $V_l = \sqrt{3}\, V_P$	㉠ 선간 전압 : $V_l = V_P$
㉡ 선전류 : $I_l = I_P$	㉡ 선전류 : $I_l = \sqrt{3}\, I_P$
㉢ 선간 전압의 존재 이유는 각 상 전압간에 위상차가 존재하기 때문이다.	㉢ 선전류의 존재 이유는 각 상 전류간에 위상차가 존재하기 때문이다.
㉣ 동위상 전압은 선간에 나타날 수 없다.	㉣ 동위상 전류는 선에 나타날 수 없다.

여기서, V_l : 선간 전압
 V_P : 상전압
 I_l : 선전류
 I_P : 상전류

변압기 결선
㉠ Y결선 : $V_l = \sqrt{3}\, V_P$
㉡ △결선 : $I_l = \sqrt{3}\, I_P$

(1) Y-Y 결선의 특성
① 중성점을 접지할 수 있으므로 이상 전압으로부터 변압기를 보호할 수 있다.
② 상전압이 선간 전압의 $\dfrac{1}{\sqrt{3}}$ 배이므로 절연이 용이하여 고전압에 유리하다.
③ 중성점이 접지되어 있지 않으면 제3고조파 통로가 없으므로 기전력은 제3고조파를 포함한 왜형파가 된다.
④ 중성점 접지 시 접지선을 통해 제3고조파 전류가 흐를 수 있으므로 인접 통신선에 유도 장해가 발생한다.

Y-Y 결선의 특성
㉠ 중성점 접지 가능
㉡ 절연 용이
㉢ 비접지 시 왜형파 발생
㉣ 접지 시 유도 장해 발생

(2) △-△ 결선의 특성
① 선전류가 상전류의 $\sqrt{3}$ 배이므로 대전류 부하에 적합하다.
② 제3고조파 여자 전류가 통로를 가지므로 기전력은 사인파 전압을 유기한다.
③ 변압기 외부에 제3고조파가 발생하지 않으므로 통신 장애가 발생하지 않는다.
④ 변압기 1대 고장 시 V결선에 의한 3상 전력 공급이 가능하다.

△-△ 결선의 특성
㉠ 선로 3고조파 발생(×)
㉡ 선로에 정현파 발생
㉢ 유도 장해 발생(×)
㉣ V결선 운전 가능

(3) Y-△, △-Y 결선의 특성
① Y-△는 강압용, △-Y는 승압용으로 사용한다.
② Y결선측 중성점을 접지하여 이상 전압으로부터 변압기를 보호할 수 있다.
③ △결선에 의한 여자 전류의 제3고조파 통로가 형성되므로 제3고조파에 의한 유도 장해가 작고, 기전력 파형이 사인파가 된다.
④ 1·2차 전압 및 전류 간에는 $\dfrac{\pi}{6}$[rad]만큼의 위상차가 발생한다.

Y-△ 결선 특성
㉠ 강압용
㉡ $\dfrac{\pi}{6}$[rad] 위상차 발생

△-Y 결선의 특성
㉠ 승압용
㉡ $\dfrac{\pi}{6}$[rad] 위상차 발생

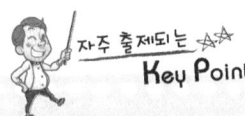

V-V 결선의 특성
㉠ $P_V = P_1[\text{kVA}]$
㉡ 이용률
$\dfrac{\sqrt{3}\,VI}{2\,VI} = 0.866$
㉢ 출력비
$\dfrac{\sqrt{3}\,VI}{3\,VI} = 0.577$

(4) V-V 결선의 특성

① 변압기 △-△ 결선 운전 중 1대 고장 시 나머지 2대를 이용하여 계속적인 3상 전력 공급이 가능하다.

② 변압기는 2대이지만 1대 용량의 $\sqrt{3}$ 배만큼만 부하를 걸 수 있으므로 변압기 이용률이 $\dfrac{\sqrt{3}\,VI}{2\,VI} = 0.866$ 배밖에 안 된다.

③ 3상 출력인 △결선 출력에 비해 1대 용량의 $\sqrt{3}$ 배만큼만 출력을 발생하므로 출력비가 $\dfrac{\sqrt{3}\,VI}{3\,VI} = 0.577$ 배밖에 안 된다.

7 변압기의 병렬 운전 조건

변압기 병렬 운전 조건
㉠ 극(감극성)
㉡ 권수비, 1·2차 정격 전압
㉢ 저항과 리액턴스비
㉣ %임피던스 강하
㉤ 각변위, 상회전 방향 (3상)

(1) 극성

① 극성의 일치 : 불일치의 경우 대단히 큰 순환 전류가 발생하여 2차 권선 내를 순환하므로 권선의 가열 및 소손 우려가 발생할 수 있다.

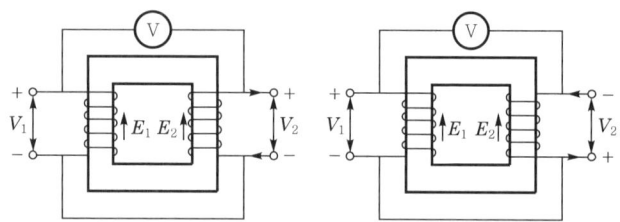

② 감극성 : 변압기 1차 전압과 2차 전압이 동상인 경우로서, 전압계 지시값이 Ⓥ $= V_1 - V_2$를 지시한다.

③ 가극성 : 변압기 1차 전압과 2차 전압이 반대인 경우로서, 전압계 지시값이 Ⓥ $= V_1 + V_2$를 지시한다.

(2) 권수비 및 1·2차 정격 전압

① 권수비 및 1·2차 정격 전압이 같아야 한다. 불일치의 경우 기전력 차로 인한 큰 순환 전류가 발생하여 2차 권선 내를 순환하므로 권선의 가열 및 소손 우려가 발생한다.

② 순환 전류의 크기 : $I_c = \dfrac{\dot{E}_{a2} - \dot{E}_{b2}}{\dot{Z}_a + \dot{Z}_b}[\text{A}]$

(3) 변압기의 저항과 리액턴스비

각 변압기의 저항과 리액턴스비가 같아야 한다. 불일치의 경우 위상차로 인한 순환 전류가 발생하여 2차 권선 내를 순환하므로 권선의 가열이 발생할 수 있다.

(4) 변압기의 %임피던스 강하

각 변압기의 %임피던스 강하가 같아야 한다. 불일치의 경우 부하 분담 불균형에 의한 과부하 발생 및 변압기 용량의 합만큼 부하 전력을 공급할 수 없다.

(5) 부하 분담

① 용량이 비례하고 퍼센트 임피던스 강하에는 반비례한다.

② 부하 분담 전류 : $\dfrac{I_a}{I_b} = \dfrac{Z_b}{Z_a} = \dfrac{\%Z_b V_{2n}}{100 I_{bn}} \times \dfrac{100 I_{an}}{\%Z_a V_{2n}}$

$\qquad\qquad\qquad = \dfrac{P_a}{P_b} \times \dfrac{\%Z_b}{\%Z_a}$

③ 부하 분담은 **용량에 비례**하고 내부 **임피던스에 반비례**하여 분배된다.

④ 불일치의 경우 부하 분담 불균형에 의한 과부하 발생 및 변압기 용량의 합만큼 부하 전력을 공급할 수 있다.

(6) 3상 변압기에서의 조건

각 변위 및 상회전 방향이 같아야 한다.

병렬 운전 가능 조합	병렬 운전 불가능 조합
△ - △ 와 △ - △	△ - △ 와 △ - Y
Y - Y 와 Y - Y	Y - Y 와 △ - Y
Y - △ 와 Y - △	
△ - Y 와 △ - Y	
△ - △ 와 Y - Y	
V - V 와 V - V	

변압기 상수 변환

3상에서 2상으로의 변환 결선법	3상에서 6상으로의 변환 결선법
㉠ 스코트 결선(T 결선) : 전기 철도에서 이용	㉠ 2차 2종 Y, △ 결선
㉡ 메이어 결선	㉡ 대각 결선
㉢ 우드브리지 결선	㉢ Fork 결선 : 수은 정류기에서 이용

병렬 운전 가능 조합(짝수)
㉠ △-△와 △-△
㉡ Y-Y와 Y-Y
㉢ △-△와 Y-Y
㉣ Y-△와 Y-△

병렬 운전 불가능 조합(홀수)
㉠ △-△와 △-Y
㉡ Y-Y와 △-Y

변압기 상수 변환
㉠ 3상을 2상으로 변환 : 스코트 결선(전기 철도)
㉡ 3상을 6상으로 변환 : 포크 결선(수은 정류기)

8 특수 변압기

(1) 단권 변압기

① 1차 권선과 2차 권선의 일부가 공통으로 되어 있는 구조의 변압기이다.

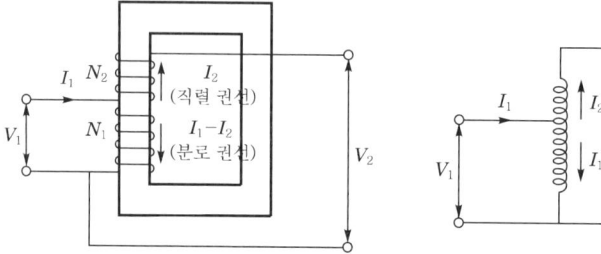

단권 변압기
㉠ $\dfrac{\text{자기 용량}}{\text{부하 용량}} = \dfrac{V_h - V_l}{V_h}$
㉡ 동량(권선량) 감소
㉢ 중량·기계적 크기 감소
㉣ 동손 감소로 효율 증대
㉤ 누설 자속 감소(누설 리액턴스 감소)
㉥ 전압 변동률 감소

㉠ 권수비 $a = \dfrac{V_1}{V_2} = \dfrac{N_1}{N_1 + N_2}$

㉡ 단권 변압기 용량(자기 용량) $= (V_2 - V_1)I_2$

㉢ 부하 용량(2차 출력) $= V_2 I_2$

② 부하 용량에 대한 자기 용량비

$$\dfrac{\text{자기 용량}}{\text{부하 용량}} = \dfrac{(V_2 - V_1)I_2}{V_2 I_2} = \dfrac{V_h - V_l}{V_h}$$

여기서, V_h : 고압측 전압
V_l : 저압측 전압
$V_h - V_l$: 승압 전압

③ 단권 변압기의 특성
㉠ 동량이 적어지므로 중량이 감소하고, 값이 싸므로 경제적이다.
㉡ 동손이 작으므로 효율이 높다.
㉢ 누설 자속이 작으므로 전압 변동이 작고, 계통의 안정도가 증가한다.
㉣ 변압기 자기 용량보다 부하 용량이 크므로 소용량으로 큰 부하를 걸 수 있다.
㉤ 누설 임피던스가 작으므로 단락 사고 시 단락 전류가 크다.
㉥ 1·2차 권선이 전기적으로 공통이므로 절연이 어렵다.

누설 변압기
㉠ 수하 특성(정전류 특성)
㉡ 용접용 변압기

(2) 누설 변압기

① 자기 회로 일부에 공극이 있는 누설 자속 통로를 만들어 1차 권선과 2차 권선 부하 전류에 의한 누설 자속을 인위적으로 증가시킨 구조의 변압기이다.

② 수하 특성(정전류 특성) : 부하 전류가 증가하면 공극으로 인한 누설 자속이 증가하여 누설 리액턴스가 증가되므로 단자 전압이 감소하는데 어느 일정

이상의 부하 전류가 되면 전압이 급격히 수직으로 떨어지면서 전류가 일정해지는 정전류 특성이다.

③ 용도 : 용접용 변압기

(3) 계기용 변압기

① 고전압을 저전압으로 변성하여 과전압 계전기(OVR)나 부족 전압 계전기(UVR) 또는 측정용 계기(전압계)에 공급하기 위한 전압 변성기이다.

② PT의 권수비 : $a = \dfrac{N_1}{N_2} = \dfrac{E_1}{E_2}$

③ 2차측 정격 전압 : 110[V]

계기용 변압기(PT)
㉠ 2차 정격 전압 : 110[V]
㉡ 보호 계전기, 전압계 접속

(4) 계기용 변류기

① 대전류를 소전류로 변성하여 과전류 계전기(OCR)나 부족 전류 계전기(UCR) 또는 측정 계기(전류계)에 공급하기 위한 전류 변성기이다.

② CT의 2차 정격 전류 : 5[A]

③ CT의 2차 전류(전류계 지시값) : CT 2차 전류 $I_{\text{Ⓐ}}$ = CT 1차 전류 ÷ 변류비

계기용 변류기(CT)
㉠ 2차 정격 전류 : 5[A]
㉡ 보호 계전기, 전류계 접속

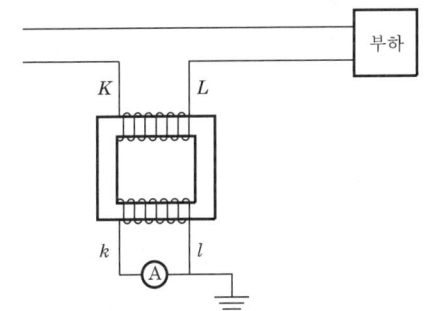 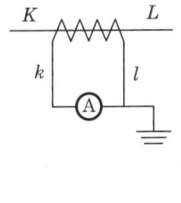

④ CT 점검 시 주의 사항
 ㉠ 반드시 먼저 2차측을 단락시킨 후 분리한다.
 ㉡ CT 2차측을 개방하면 CT 1차측에 흐르는 부하 전류가 모두 여자 전류가 되어 CT 2차측에 고전압이 유기되어 CT 권선의 소손 및 절연 파괴 우려가 있기 때문이다.

CT 점검(전류계 교환) 시 주의 사항
㉠ 반드시 먼저 2차측을 단락시킨다.
㉡ 이유 : 1차 부하 전류가 모두 여자 전류로 변화하여 고전압 발생에 따른 권선 소손 및 절연 파괴 우려가 있기 때문이다.

9 변압기의 종류 및 보호 계전기

(1) 변압기의 종류

① 유입 변압기
 ㉠ 변압기 철심에 감은 코일을 절연유를 이용하여 절연한 A종 절연 변압기이다.
 ㉡ 절연물의 최고 허용 온도 : 105[℃]

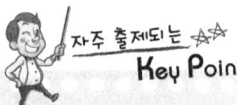

절연유의 구비 조건
㉠ 절연 내력이 클 것
㉡ 인화점이 높을 것
㉢ 응고점, 점도 낮을 것
㉣ 냉각 효과가 클 것
㉤ 화학적으로 안정할 것
㉥ 산화 작용이 없을 것
㉦ 석출물(슬러지)이 발생하지 않을 것

㉢ 절연유의 구비 조건
  • 절연 내력이 클 것
  • 인화점이 높을 것
  • 응고점이 낮을 것
  • 점도가 낮을 것
  • 냉각 효과가 클 것
  • 화학적으로 안정할 것
  • 고온에서 산화되거나 석출물이 발생하지 않을 것

② 몰드 변압기
  ㉠ 변압기 권선을 에폭시 수지에 의하여 고진공 침투시키고, 다시 그 주위를 기계적 강도가 큰 에폭시 수지로 몰딩한 변압기이다.
  ㉡ 특징
  • 난연성이므로 절연의 신뢰성이 높다.
  • 소형 경량이고 손실이 적어 에너지 절약 효과가 있다.
  • 단시간 과부하 내량이 크다.
  • 유지・보수 및 점검이 용이하다.
  • 가격이 비싸고 대용량 제작이 어렵다.

③ 건식 변압기
  ㉠ 변압기 코일을 유리 섬유 등의 내열성 높은 절연물을 내열 니스 처리한 H종 절연 변압기이다(허용 최고 온도 180[℃]).
  ㉡ 특징
  • 절연유를 사용하지 않으므로 폭발・화재의 위험성이 없다.
  • 기름을 사용하지 않기 때문에 보수・점검이 용이하다.
  • 유입식에 비하여 소형・경량이다.
  • 큐비클 내에 설치하기가 용이하므로 미관상 좋다.

변압기 내부 고장 검출
㉠ 전류 차동 계전기
㉡ 비율 차동 계전기
㉢ 부흐홀츠 계전기 : 주탱크와 콘서베이터 간에 설치하여 유증기 검출

(2) 보호 계전기의 종류
① 차동 계전기 : 변압기 고압측과 저압측에 설치한 CT 2차 전류의 차를 검출하여 변압기 내부 고장을 검출하는 방식의 계전기이다.
② 비율 차동 계전기 : 발전기나 변압기 등의 내부 고장 발생 시 CT 2차측의 억제 코일에 흐르는 부하 전류와 동작 코일에 흐르는 차전류의 오차가 일정 비율 이상일 경우에 동작하는 계전기이다.
③ 부흐홀츠 계전기 : 변압기 주탱크와 콘서베이터 사이에 설치하여 변압기 내부 고장으로 인한 절연유 온도 상승 시 발생하는 유증기를 검출하여 경보 및 차단을 하기 위한 계전기이다.

10 변압기 기타 사항

(1) 변압기 호흡 작용

① 유입형 변압기에서 절연유가 부하 변동에 따른 온도 변화로 실제 유온이 상승하여 절연유가 팽창하면 변압기 내부의 공기가 외부로 배출되고, 유온이 하강하면 절연유가 수축하여 외부의 습한 공기를 내부로 흡입하는 현상이다.

② 절연유 열화 발생 결과
  ㉠ 절연 내력 저하
  ㉡ 산화 작용에 의한 슬러지 발생
  ㉢ 냉각 효과 감소

③ 방지 대책
  ㉠ 콘서베이터 설치 : 변압기 본체 외부 상부에 설치하여 절연유 온도 상승에 따른 주탱크 압력 상승을 방지한다.
  ㉡ 흡습 호흡기(브리더) 설치 : 실리카겔이나 활성 알루미나 같은 흡습제를 삽입한다.
  ㉢ 질소 봉입 : 콘서베이터 유면 위에 질소 가스를 봉입해 공기와의 접촉을 차단한다.

(2) 변압기 냉각 방식

① 건식 자냉식(air-coold type)
  ㉠ 변압기 본체가 공기에 의하여 자연적으로 냉각되도록 한 것이다.
  ㉡ 22[kV] 이하 소용량 배전용 변압기에서 사용한다.

② 건식 풍냉식(air-blast type)
  ㉠ 건식 변압기에 송풍기를 이용하여 강제 통풍을 시킨 방식이다.
  ㉡ 22[kV] 이하 변압기에서 사용한다.

③ 유입 자냉식(air-immersed self-coold type)
  ㉠ 절연유를 충분히 채운 외함 내에 변압기 본체를 넣고 권선과 철심에서 발생한 열을 기름의 대류 작용에 의해 외함에 전달되도록 하고, 외함에서 열을 대기로 발산시키는 방식이다.
  ㉡ 소형 배전용 변압기에서 대형 변압기까지 사용한다.

④ 유입 풍냉식(oil-immersed air-blast type)
  ㉠ 방열기를 부착한 유압 변압기에 송풍기를 이용하여 강제 통풍시켜 냉각하는 방식이다.
  ㉡ 대용량 변압기에서 사용한다.

Key Point

변압기 호흡 작용
㉠ 절연유 열화 발생 결과 : 절연 내력 저하, 산화 작용으로 슬러지 발생, 냉각 효과 감소
㉡ 방지 대책 : 콘서베이터 설치, 흡습 호흡기(브리더) 설치, 질소 봉입 방식

변압기 냉각 방식
㉠ 건식 자냉식 : 공기
㉡ 건식 풍냉식 : 송풍기
㉢ 유입 자냉식 : 절연유
㉣ 유입 풍냉식 : 송풍기
㉤ 유입 송유식 : 펌프 순환

자주 출제되는 **핵심이론**

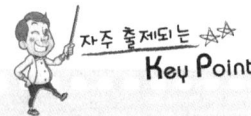

⑤ 유입 송유식(oil-immersed forced oil circulating type)
  ㉠ 변압기 외함 내에 들어 있는 절연유를 펌프(pump)를 이용하여 외부에 있는 냉각 장치로 보내서 냉각시킨 후 냉각된 기름을 다시 외함의 내부로 공급하는 방식이다.
  ㉡ 30,000[kVA] 이상의 대용량 변압기에서 사용한다.

변압기 권선, 철심 건조법
㉠ 열풍법 : 고온의 공기
㉡ 단락법 : 단락 전류
㉢ 진공법 : 고온의 증기

(3) 변압기 권선과 철심 건조법
  ① 열풍법 : 송풍기와 전열기를 이용하여 뜨거운 바람을 공급하여 건조시키는 방식이다.
  ② 단락법 : 변압기 2차 권선을 단락하고 1차측에 임피던스 전압의 약 20[%] 정도를 가하여 이때 흐르는 단락 전류를 이용하여 가열·건조시키는 방식이다.
  ③ 진공법 : 주로 공장에서 행하는 방법으로, 변압기를 탱크 속에 넣어 밀폐하고 탱크 속에 있는 파이프를 통하여 고온의 증기를 보내어 가열·건조시키는 방식이다.

변압기 온도 상승 시험
㉠ 실부하법
㉡ 반환 부하법 : 철손, 동손
㉢ 단락 시험법 : 단락 후 전손실 전류, 정격 전류

(4) 변압기의 온도 상승 시험법
  ① 변압기 온도 상승 시험은 변압기를 전부하에서 연속으로 운전했을 때 유온 및 권선의 온도 상승을 시험하는 것이다.
  ② 종류
    ㉠ 실부하법 : 정격에 해당하는 실제 부하를 접속하고 온도 상승을 시험하는 방법이다.
    ㉡ 반환 부하법 : 변압기에 철손과 동손을 공급하면서 온도 상승을 시험하는 방법이다.
    ㉢ 단락 시험법 : 고·저압측 권선 가운데 한쪽 권선을 일괄 단락하여 전손실(무부하손+기준 권선 온도 75[℃]로 환산된 부하 손실)에 해당하는 전류를 공급해 변압기의 유온을 상승시킨 후 정격 전류를 통해 온도 상승을 구하는 방법이다.

Chapter 04 유도 전동기

1 유도 전동기의 원리 및 구조

(1) 유도 전동기의 회전 원리

① 고정자 3상 권선에 흐르는 평형 3상 전류에 의해 발생한 회전 자기장이 동기 속도 N_s로 회전할 때 아라고 원판 역할을 하는 회전자 도체가 자속을 끊어 기전력을 발생하여 전류가 흐르면 동기 속도로 회전하는 회전 자속 ϕ와 회전자 도체에 흐르는 전류 I_2 간에 $K\phi I_2$ 만큼의 회전력(토크)이 발생하여 전동기는 시계 방향으로 회전하는 회전 자계와 같은 방향으로 회전한다.

② 회전 자기장의 방향을 반대로 하려면 전원의 3선 가운데 2선을 바꾸어 전원에 다시 연결하면 된다.

Key Point — 유도 전동기 원리
㉠ 회전 자기장 발생(3상)
㉡ 역회전 : 3상 중 2상의 접속을 반대로 한다.
㉢ 동기 속도 > 회전 속도

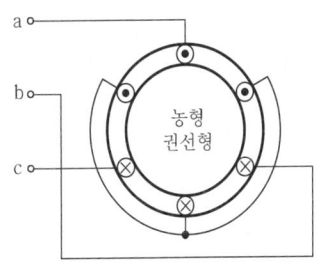
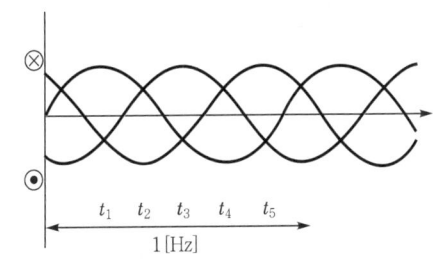

(2) 슬립(s)

전동기의 회전 속도를 나타내는 상수로, 회전 자기장의 동기 속도 N_s[rpm]와 회전자 회전 속도 N[rpm] 간의 속도 차이인 상대 속도를 동기 속도 N_s로 표현하기 위한 상수이다.

동기 속도(N_s) - 회전 속도(N) = $s \times$ 동기 속도(N_s)

$$s = \frac{\text{동기 속도} - \text{회전자 속도}}{\text{동기 속도}} = \frac{N_s - N}{N_s}$$

슬립
㉠ 슬립 $s = \dfrac{N_s - N}{N_s}$
㉡ 상대 속도 $sN_s = N_s - N$
㉢ 전동기 회전 속도 $N = (1-s)N_s$ [rpm]
㉣ 정지 상태 $s = 1$
㉤ 동기 속도 회전 $s = 0$
㉥ 슬립 범위 : $0 < s < 1$

(3) 상대 속도

① 회전 자기장의 동기 속도 N_s[rpm]와 회전자 회전 속도 N[rpm] 간의 속도 차이를 나타내는 것이다.

② 유도 전동기 회전자에서 발생하는 기전력의 발생 원인 및 크기, 회전자 전류 주파수를 결정한다.

자주 출제되는 핵심이론

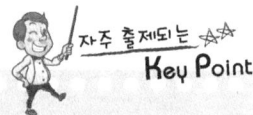

③ 상대 속도(sN_s)=동기 속도(N_s)−회전 속도(N)

(4) 전동기 회전 속도

$$N = (1-s)N_s = (1-s)\frac{120f}{p} \text{ [rpm]}$$

① 정지 상태 : $s=1(N=0)$
② 동기 속도 회전 : $s=0(N=N_s)$
③ 슬립의 범위 : $0 < s < 1$
④ 전부하 운전 : $s=2.5 \sim 5[\%]$ 정도

(5) 역회전 시 슬립

① $s' = \dfrac{N_s - (-N)}{N_s}$

② 제동기의 슬립 범위 : $1 < s < 2$

슬립과 속도 특성
㉠ 동기 속도 N_s(입력) : 1
㉡ 상대 속도 sN_s(손실) : s
㉢ 회전 속도 $(1-s)N_s$
  (출력) : $1-s$

슬립(s)과 속도 특성

동기 속도 N_s(입력)	상대 속도 sN_s(손실)	회전 속도 $(1-s)N_s$(출력)
1	s	$1-s$

2 유도 전동기의 전력 변환

유도 전동기는 정지 또는 운전의 경우 고정자 부분인 1차 회로는 변화가 없지만 운전의 경우 회전자 회로가 변화하므로 회전자 회로인 2차 회로의 변화를 통해 전동기 특성을 파악할 수 있다.

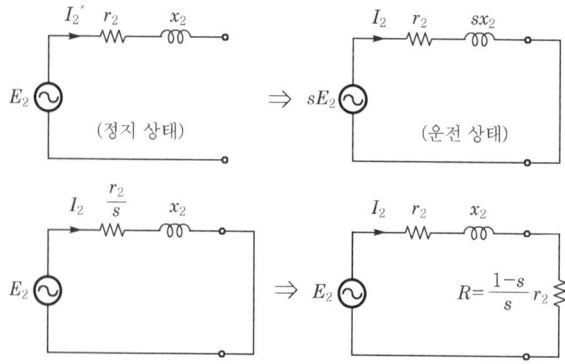

(1) 기전력의 크기
① 전동기 회전 시 회전자에 발생하는 기전력의 크기이다.
② $E_{2s} = sE_2$
　　여기서, E_2 : 정지 시 기전력의 크기

(2) 주파수
① 전동기[Hz] 회전 시 회전자에 흐르는 전류의 주파수이다.
② $f_2 = sf_1$
　　여기서, f_1 : 전동기 정지 시 주파수

(3) 2차 전류
① 전동기 회전 시 회전자에 흐르는 전류의 크기이다.
② 2차 전류 : $I_2 = \dfrac{sE_2}{\sqrt{r_2^2 + (sx_2)^2}}$

　　　　　　　$= \dfrac{E_2}{\sqrt{\left(\dfrac{r_2}{s}\right)^2 + x_2^2}}$

　　　　　　　$= \dfrac{E_2}{\sqrt{(r_2 + R)^2 + x_2^2}}$ [A]

③ 등가 저항 : $R = \dfrac{1-s}{s} r_2 [\Omega]$　(기계적인 2차 출력을 발생시키는 상수)

(4) 2차 입력
회전자 전체 저항 성분 $\dfrac{r_2}{s} = r_2 + R$에서 발생하는 전기적 출력이다.

① 2차 입력 : $P_2 = I_2^2 \dfrac{r_2}{s}$ [W]

② 기타 손실 고려 2차 입력 : $P_2 = P_o + P_{c_2} + P_l$ [W]

(5) 2차 동손
① 회전자 전체 저항 성분 중 회전자 권선 자체 저항(r_2)으로 인해 발생되는 손실이다.
② 2차 동손 : $P_{c_2} = sP_2$ [W]

Key Point

전동기 운전 특성
㉠ 기전력 : $E_{2s} = sE_2$ [V]
㉡ 주파수 : $f_2 = sf_1$ [Hz]
㉢ 2차 전류
$I_2 = \dfrac{sE_2}{\sqrt{r_2^2 + (sx_2)^2}}$

$= \dfrac{E_2}{\sqrt{\left(\dfrac{r_2}{s}\right)^2 + x_2^2}}$

$= \dfrac{E_2}{\sqrt{(r_2 + R)^2 + x_2^2}}$ [A]

㉣ 등가 저항 : 토크 발생
$R = \dfrac{1-s}{s} r_2 [\Omega]$

㉤ 2차 입력
$P_2 = P_0 + P_{c_2} + P_l$ [W]

㉥ 2차 동손
$P_{c_2} = sP_2$ [W]

㉦ 2차 출력
$P_0 = I_2^2 R$
$\quad = (1-s)P_2$ [W]

㉧ 2차 효율
$\eta_2 = \dfrac{P_0}{P_2}$
$\quad = 1 - s$
$\quad = \dfrac{N}{N_s}$

자주 출제되는 핵심이론

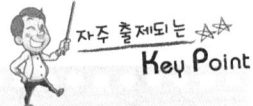

유도 전동기의 토크 특성
㉠ 토크
$\tau = 9.55 \dfrac{P_0}{N}$
$= 9.55 \dfrac{P_2}{N_s}$ [N·m]
$\tau = 0.975 \dfrac{P_0}{N}$
$= 0.975 \dfrac{P_2}{N_s}$ [kg·m]
㉡ 동기 와트(=토크)
$P_2 = 1.026 N_s \tau$ [W]
㉢ 토크 특성 : $\tau \propto E_2^{\,2}$

(6) 2차 출력

① 회전자 전체 저항 성분 $\dfrac{r_2}{s} = r_2 + R$ 중에서 속도에 따라 변화되면서 운전 시 기계적인 출력인 토크를 발생시키는 저항(R)에서 발생하는 전기적 출력이다.

② 2차 출력 : $P_0 = I_2^{\,2} R = (1-s) P_2$ [W]

(7) 2차 효율

① 전동기 회전자 2차 입력에 대한 2차 출력의 비이다.

② 2차 효율 : $\eta_2 = \dfrac{P_0}{P_2} = 1 - s = \dfrac{N}{N_s}$

3 3상 유도 전동기의 토크 특성

(1) 토크

$$\tau = 9.55 \dfrac{P_0}{N} = 9.55 \dfrac{P_2}{N_s} \text{ [N·m]}$$

$$\tau = 0.975 \dfrac{P_0}{N} = 0.975 \dfrac{P_2}{N_s} \text{ [kg·m]}$$

(2) 동기 와트(=토크)

$$P_2 = 1.026 N_s \tau \text{ [W]}$$

① 동기 와트 : 동기 속도 N_s에서 발생하는 와트[W]이다.

② 동기 속도 N_s는 일정하므로 2차 입력과 토크는 정비례한다.

(3) 토크 특성

$$\tau \propto E_2^{\,2}$$

토크는 공급 전압의 제곱에 비례한다.

(4) 토크와 슬립의 관계

① 기동 토크 : 전동기는 정지 상태에서 기동하므로 $s = 1$일 때 발생하는 토크로, 전동기 기동을 위해 반드시 기동 토크는 부하 토크보다 크게 하여야 한다.

② 전부하 토크 : 전동기 토크와 부하 토크가 만나는 점에서의 토크로, 이때 가속 토크는 0이 되고 전동기는 일정한 속도로 운전하는 평형 속도 상태가 된다.

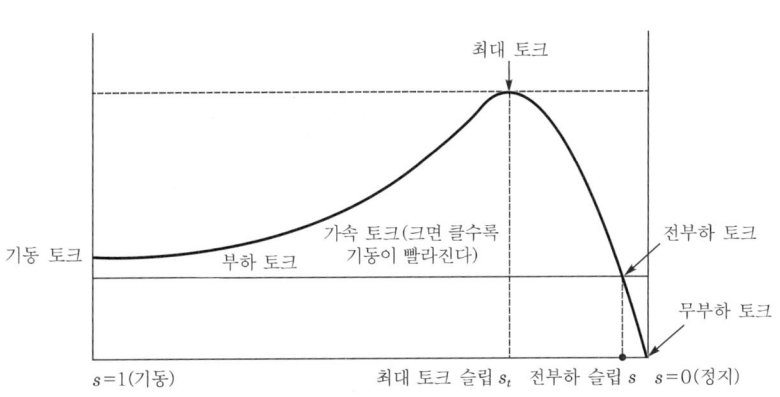

③ **최대 토크** : 전동기 회전자에서 발생하는 토크 중에서 가장 큰 토크로, 이때 슬립은 2차 입력을 변수 s에 대여 미분한 $\frac{d}{ds}P_2=0$으로부터 구할 수 있다.

④ **가속 토크** : 전동기 토크와 부하 토크의 차 부분만큼의 여유분 토크로, 가속 토크가 크면 클수록 전동기 기동이 빨라진다.

⑤ **무부하 토크** : 전동기 무부하 상태에서 발생하는 토크로, 회전자 축에서의 마찰 손실로 인하여 $s=0$이 안 되는 점에서 형성된다.

⑥ **정동 토크** : 부하 토크가 전동기 최대 토크 이상이 될 때 토크로, 이때 전동기는 정지한다.

　㉠ 최대 토크 슬립 : $s_t = \dfrac{r_2}{x_2}$

　　여기서, r_2 : 회전자 권선의 저항, x_2 : 회전자 권선의 리액턴스

　㉡ 최대 토크 : $\tau_t = K\dfrac{E_2^{\,2}}{2x_2}[\text{N}\cdot\text{m}]$

　㉢ 최대 토크의 크기는 전동기 2차 저항 r_2 및 슬립 s에 관계없이 항상 일정하다.

4 비례 추이

(1) 비례 추이 원리

권선형 전동기 기동 시 회전자 권선 저항 r_2에 외부 저항 R을 직렬로 접속하여 회전자 전체 저항을 2배, 3배로 증가시키면 슬립도 2배, 3배로 비례하여 증가한 점에서 전동기는 낮은 속도로 운전하지만 같은 크기의 토크를 발생하는 원리로 기동 토크는 증가하고 기동 전류는 감소하지만 최대 토크의 크기는 2차 저항이나 슬립과 관계없으므로 최대 토크 $\tau_{\max}$는 항상 일정하다.

비례 추이
㉠ 원리 : 회전자 저항을 2배, 3배로 증가시키면 슬립도 2배, 3배로 비례하여 증가
㉡ 기동 전류 감소, 기동 토크 증가, 최대 토크 불변
㉢ 비례 추이하는 것 : 1차 전류, 1차 입력, 역률
㉣ 비례 추이할 수 없는 것 : 출력, 효율, 동손

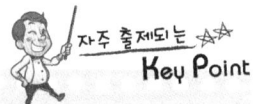

전부하 토크 크기로 기동하기 위한 외부 저항

$R = \dfrac{1-s}{s} r_2 [\Omega]$

최대 토크 크기로 기동하기 위한 외부 저항

$R = \dfrac{1-s_t}{s_t} r_2 [\Omega]$

① 전부하 슬립의 비례 추이 : $r_2 : r_2 + R = s : s'$

② 최대 토크 슬립의 비례 추이 : $r_2 : r_2 + R = s_t : s_t{'}$

(2) 비례 추이 특성

① 기동 시 전 부하 토크와 같은 토크로 기동하기 위한 외부 저항

$R = \dfrac{1-s}{s} r_2$

② 기동 시 최대 토크와 같은 토크로 기동하기 위한 외부 저항

$R = \dfrac{1-s_t}{s_t} r_2 = \sqrt{r_1^{\,2} + (x_1 + x_2{'})^2} - r_2{'} \fallingdotseq (x_1 + x_2{'}) - r_2{'}$

(3) 비례추이 할 수 있는 것

1차 전류, 1차 입력, 역률

 비례 추이할 수 없는 것
출력, 효율, 동손

5 유도 전동기의 원선도(heyland : 원선도)

(1) 의미

유도 전동기 2차 회로를 1차로 환산한 다음과 같은 등가 회로에서 1차 부하 전류 $I_1{'}$의 부하 증감에 따른 전류 궤적을 그린 것이다.

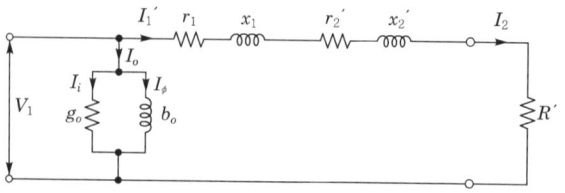

$$r_2' = \alpha^2 r_2$$
$$x_2' = \alpha^2 x_2$$
$$R' = \alpha^2 R$$
$$R = \frac{1-s}{s} r_2$$
$$I_1' = \frac{V_1}{\sqrt{(r_1 + r_2' + R')^2 + (x_1 + x_2')^2}} \, [A]$$

(2) 원선도 작성 시험
① 저항 측정 시험 : 1차 동손
② 무부하 시험 : 여자 전류, 철손
③ 구속 시험(단락 시험) : 2차 동손

헤일런드 원선도 작성 시험
㉠ 저항 측정 시험 : 1차 동손
㉡ 무부하 시험 : 여자 전류, 철손
㉢ 구속 시험(단락 시험) : 2차 동손

(3) 원선도 특성

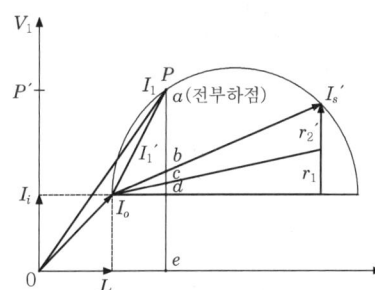

- P_{ae} : 전입력
- P_{bc} : 2차 동손
- P_{cd} : 1차 동손
- P_{de} : 철손
- P_{ac} : 2차 입력
- P_{ab} : 2차 출력

① 전부하 효율 : $\eta = \dfrac{2차 \ 출력}{전입력}$

$\qquad = \dfrac{P_{ab}}{P_{ae}}$

② 2차 효율 : $\eta_2 = \dfrac{2차 \ 출력}{2차 \ 입력}$

$\qquad = \dfrac{P_{ab}}{P_{ac}}$

③ 슬립 : $s = \dfrac{2차 \ 동손}{2차 \ 입력} = \dfrac{P_{bc}}{P_{ac}}$

④ 역률 : $\cos\theta = \dfrac{동상 \ 전류}{전체 \ 전류}$

$\qquad = \dfrac{\overline{OP'}}{\overline{OP}}$

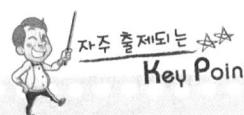

자주 출제되는 핵심이론

전동기 기동법
㉠ 농형 전동기 : 전전압(직입) 기동법, Y-△ 기동법, 리액터 기동법, 1차 저항 기동법, 기동 보상기법
㉡ 권선형 전동기 : 2차 저항 기동법(비례 추이 원리 이용)

전전압(직입) 기동법
㉠ 5[kW] 이하 적용
㉡ 기동 전류 : 4~6배 발생

Y-△ 기동법
㉠ 기동 전류 : $\frac{1}{3}$배 감소
㉡ 기동 토크 : $\frac{1}{3}$배 감소
㉢ 소비 전력 : $\frac{1}{3}$배 감소

기동 보상기법
㉠ 단권 변압기 탭 조정
㉡ 15[kW] 이상 대용량

6 전동기 기동법

농형 전동기	전전압 기동법(직입 기동법)	
	감전압 기동법	• Y-△ 기동법 • 리액터 기동법 • 1차 저항 기동법 • 기동 보상기법
권선형 전동기	2차 저항 기동법	

(1) 전전압 기동법(직입 기동)
① 전동기 기동 시 정격 전압을 직접 인가하여 기동하는 방식이다.
② 5[kW] 이하 소형 전동기에서 적용한다.
③ 기동 전류 : 정격 전류의 4~6배 정도 발생한다.

(2) Y-△ 기동법
① 전동기 기동 시 △결선에 비하여 기동 전류 선전류를 $\frac{1}{3}$배 이하로 제한할 수 Y결선으로 일정 시간 기동한 후 다시 △결선으로 전환하여 운전하는 방식이다.
② 기동 전류 : $\frac{1}{3}$배로 감소한다.
③ 기동 토크 : $\frac{1}{3}$배로 감소한다.
④ 5 ~ 15[kW] 이하 전동기에 적용한다.

(3) 리액터 기동법
전동기 전원측에 전동기 기동 시 직렬로 삽입한 리액터에서 발생하는 전압 강하를 이용하여 기동하는 방식이다.

(4) 1차 저항 기동법
전동기 전원측에 전동기 기동 시 직렬로 삽입한 저항 성분에서 발생하는 전압 강하를 이용하여 기동하는 방식이다.

(5) 기동 보상기법
① 전동기 기동 시 단권 변압기 중간 탭에 전동기를 접속하여 감압된 전압을 공급하여 기동하는 방식이다.
② 15[kW] 이상의 대용량 전동기에 적용한다.

(6) 2차 저항 기동법(기동 저항기법)

권선형 전동기에서 기동 시 전동기 2차측에 외부 저항을 삽입하여 저항이 증가하는 만큼 슬립이 비례 증가하면서 기동 토크는 증가하고 기동 전류가 감소하는 비례 추이 원리를 이용한 기동 방식이다.

7 유도 전동기의 속도 제어

유도 전동기 속도	$N = (1-s)N_s = (1-s)\dfrac{120f}{p}$ [rpm]
농형 전동기	극수 변환법, 주파수 제어법, 전원 전압 제어법
권선형 전동기	종속법, 2차 저항 제어법(슬립 제어), 2차 여자 제어법(슬립 제어)

(1) 극수 변환법
고정자인 1차 권선의 접속 상태를 변경하여 극수를 조절하는 방식이다.

(2) 전원 주파수 제어법
① SCR 등을 이용하여 전동기 전원의 주파수를 변환하여 속도를 조정하는 방식이다.
② 정토크 부하 시 공급 전압과 주파수는 비례하는 특성이 있다.
③ 선박 추진용 전동기, 인견·방직 공장의 포트 모터에 적용한다.

(3) 1차 전압 제어법
① 의미 : 유도 전동기의 토크가 전압의 2승에 비례하는 특성을 이용하여 부하 운전 시 슬립을 변화시켜 속도를 제어하는 슬립 제어 방식이다.

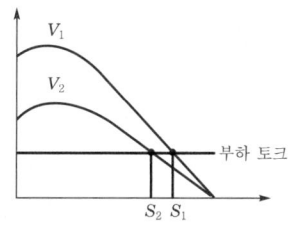

② 공급 전압을 V_1에서 V_2로 낮추면 토크는 전압의 제곱에 비례하여 감소하지만 슬립은 s_1에서 s_2로 커지므로 전부하 시 슬립은 공급 전압의 제곱에 반비례한다.
③ 슬립과 전압과의 관계
$s \propto \dfrac{1}{V^2}$ 에서 $\dfrac{s_2}{s_1} = \dfrac{V_1^{\,2}}{V_2^{\,2}}$

자주 출제되는 Key Point

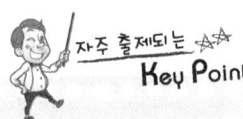

종속법

㉠ 직렬 접속

$$N = \frac{120f}{P_1 + P_2} \text{[rpm]}$$

㉡ 차동 접속

$$N = \frac{120f}{P_1 - P_2} \text{[rpm]}$$

㉢ 병렬 접속

$$N = \frac{120f}{\frac{P_1 + P_2}{2}} \text{[rpm]}$$

2차 저항 제어법(슬립 제어)
㉠ 비례 추이 원리 이용
㉡ 2차합성저항↑ → 슬립↑
  → 속도↓ → 토크↓
㉢ 최대 토크 크기 불변

2차 여자법(슬립 제어)
㉠ 슬립 주파수 전압 E_c 인가
㉡ $sE_2 + E_c$: 속도 상승
㉢ $sE_2 - E_c$: 속도 감소

---

(4) 종속법

① 의미 : 극수가 서로 다른 전동기 2대를 이용하여 한쪽 고정자를 다른 쪽 회전자 회로에 연결하고 기계적으로 축을 직결해서 전체 극수를 변화시킴으로써 속도를 제어하는 방식이다.

② 직렬 접속 : IM_1 전동기의 고정자가 만드는 회전 자계의 방향과 IM_1 전동기 회전자가 만드는 회전 자계의 방향이 서로 같아서 극수가 더해지는 특성이 있다.

$$N = \frac{120f}{P_1 + P_2} \text{[rpm]}$$

③ 차동 접속 : IM_1 전동기의 고정자가 만드는 회전 자계의 방향과 IM_1 전동기 회전자가 만드는 회전 자계의 방향이 서로 반대가 되어 극수가 빼지는 특성이 있다.

$$N = \frac{120f}{P_1 - P_2} \text{[rpm]}$$

④ 병렬 접속 : 2대의 전동기 회전자를 기계적으로 직결하고 고정자 회로를 각각 같은 전원에 병렬로 접속한 후 각각의 전동기 고정자 권선에서 발생한 회전 자계의 방향은 같게 하지만, 회전자 권선의 상회전 방향을 반대로 한 구조의 접속법이다.

$$N = \frac{120f}{\frac{P_1 + P_2}{2}} \text{[rpm]}$$

(5) 2차 저항 제어법(슬립 제어)

① 의미 : 비례 추이의 원리를 이용한 것으로, 2차 회로에 외부 저항을 넣어 같은 토크에 대한 슬립 s를 변화시켜 속도를 제어하는 방식이다.

② 장점
  ㉠ 구조가 간단하고, 제어 조작이 용이하다.
  ㉡ 속도 제어용 저항기를 기동용으로 사용할 수 있다.

③ 단점
  ㉠ 저항을 이용하므로 속도 변화량에 비례하여 효율이 저하된다.
  ㉡ 부하 변동에 대한 속도 변동이 크다.

(6) 2차 여자법(슬립 제어)

① 유도 전동기 회전자의 외부에서 슬립링을 통하여 슬립 주파수 전압을 인가하여 회전자 슬립에 의한 속도를 제어하는 방식이다.

② E_c(슬립 주파수 전압)를 sE_2와 같은 방향으로 인가하면 속도가 증가한다.

③ E_c(슬립 주파수 전압)를 sE_2와 반대 방향으로 인가하면 속도가 감소한다.

8 유도 전동기의 이상 현상

(1) 크로우링 현상
① 농형 전동기에서 고정자와 회전자의 슬롯수가 적당하지 않을 경우 발생하는 현상으로서, 유도 전동기의 공극이 일정하지 않거나 계자에 고조파가 유기될 때 전동기가 정격 속도에 이르지 못하고 정격 속도 이전의 낮은 속도에서 소음을 발생하면서 안정되어 버리는 현상이다.
② 방지 대책 : 경사 슬롯인 사구(skewed slot)를 채용한다.

(2) 괴르게스 현상
권선형 유도 전동기에서 전동기가 무부하 또는 경부하로 운전 중 고조파 발생 등으로 인하여 한 상이 단선되어 결상되더라도 2차 회로에는 단상 전류가 지속적으로 흐르면서 전동기가 $s=0.5$ 부근에서 정격 속도의 약 $\frac{1}{2}$ 배 정도의 속도를 내면서 지속적으로 회전하는 현상이다.

(3) 고조파 특성 비교
① $h = 2nm + 1 \,(1,\ 7,\ 13,\ 19,\ \cdots)$: 상회전 방향이 기본파와 같은 방향으로 작용하는 회전 자계가 발생하므로 3상 전동기 운전 시 정토크가 발생한다.
② $h = 2nm \,(3,\ 9,\ 15,\ 21,\ \cdots)$: 동위상의 특성을 가지므로 3상 전동기 운전 시 회전 자계를 발생하지 못한다.
③ $h = 2nm - 1 \,(5,\ 11,\ 17,\ 23,\ \cdots)$: 상회전 방향이 기본파와 반대 방향으로 작용하는 회전 자계가 발생하므로 3상 전동기 운전 시 역토크가 발생한다.

　　여기서, h : 고조파 차수
　　　　　m : 상수
　　　　　n : 정수

9 단상 유도 전동기와 단상 유도 전압 조정기

(1) 단상 유도 전동기의 원리(2전동기설)
단상 유도 전동기는 고정자 권선에 흐르는 전류가 단상이므로 +, − 방향이 변화하는 반주기마다 방향이 변화하는 교번 자계를 발생할 뿐 회전 자계를 발생하지 못하므로 기동 토크도 존재하지 않는다. 그러므로 단상 유도 전동기

크로우링 현상
㉠ 원인 : 공극의 불균일 슬롯의 부적당, 고조파
㉡ 방지 대책 : 사구 채용

고조파 특성
㉠ 3고조파 : 유도 장해 회전 자계(토크) 발생(×)
㉡ 5고조파 : 3상 전동기 역토크 발생
㉢ 7고조파 : 3상 전동기 정토크 발생

단상 유도 전동기
㉠ 회전 자계 발생(×) : 기동 토크 0
㉡ 기동 토크 발생 : 보조 권선(기동 권선) 필요
㉢ 역회전 슬립 : $2-s$
㉣ 비례 추이할 수 없다.

를 기동하기 위해서는 반드시 교번 자계를 회전 자계로 바꾸어 줄 수 있는 기동 권선인 보조 권선이 필요하다.

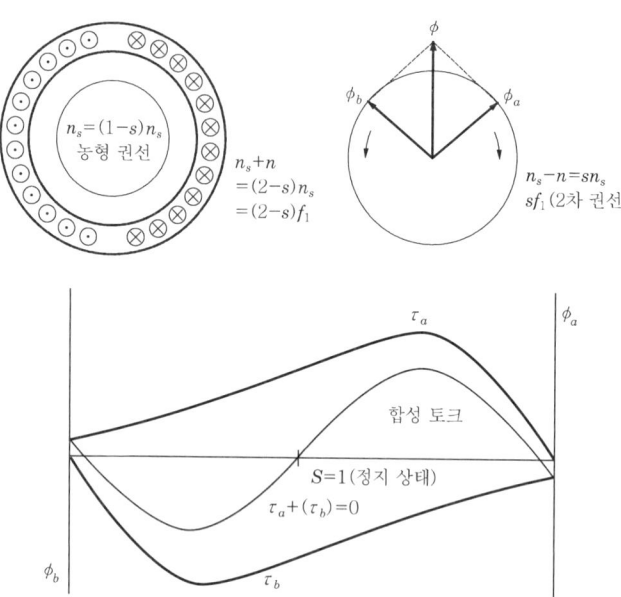

① 자속 ϕ_a에 의한 전동기 슬립을 s라 하면 자속 ϕ_b는 역방향이므로 슬립은 $2-s$가 된다.
② 기동 시 기동 토크가 존재하지 않으므로 기동 장치가 필요하다.
③ 슬립이 0이 되기 전에 토크는 미리 0이 된다.
④ 2차 저항이 증가되면 최대 토크는 감소한다(비례 추이 할 수 없다).
⑤ 2차 저항값이 어느 일정값 이상이 되면 토크는 부(-)가 된다.

(2) 단상 유도 전동기의 기동법

① 분상 기동형
   ㉠ 위상이 서로 다른 두 전류에 의해 회전 자계를 발생시켜 기동하는 방식이다.
   ㉡ 주권선 : $X \gg R$, 기동 권선 : $R \gg X$
   ㉢ 역회전법 : 주권선과 기동 권선 중 어느 한쪽 권선의 접속을 전원에 대해 반대로 한다.

② 콘덴서 기동형
   ㉠ 전동기 기동 시 보조 권선 회로에 콘덴서를 삽입하여 90° 앞선 진상 전류를 흘려 주권선과 보조 권선에 흐르는 두 전류에 의해 회전 자계를 발생시켜 기동하는 방식이다.
   ㉡ 기동 토크가 크다.

분상 기동형
㉠ 보조 권선 : 90° 위상차를 가진 전류를 보조 권선에 흘려 회전 자계 발생
㉡ 역회전법 : 2권선의 접속을 반대로 한다.

콘덴서 기동형
㉠ 보조 권선 : 기동 시만 콘덴서를 삽입하여 회전 자계가 발생한다.
㉡ 기동 토크가 크다.

ⓒ 효율이 높고 소음이 작다.
③ 영구 콘덴서 기동형
  ㉠ 전동기 기동 시나 운전 시 항상 콘덴서를 기동 권선에 직렬로 접속시켜 주권선과 보조 권선에 흐르는 두 전류에 의해 회전 자계를 발생시켜 기동하는 방식이다.
  ㉡ 구조가 간단하고, 역률이 좋다.
  ㉢ 선풍기, 세탁기 등에서 이용한다.
④ 반발 기동형
  ㉠ 회전자가 직류 전동기 전기자와 거의 같은 구조의 권선과 정류자로 되어 있는 전동기로, 기동 시 회전자 권선의 전부 혹은 일부를 브러시를 통해 단락시켜 기동하는 방식이다.
  ㉡ 기동 토크가 가장 크다.
  ㉢ 역회전법 : 브러시의 위치를 변경하여 역회전시킬 수 있다.
⑤ 반발 유도형
  ㉠ 회전자 권선이 2개인 구조의 전동기로, 반발 기동 시 이용하는 회전자 권선과 운전 시 사용되는 농형 권선을 병행 사용하여 기동하는 방식이다.
  ㉡ 기동 토크가 크다.
  ㉢ 속도 변화가 크다.
⑥ 셰이딩 코일형
  ㉠ 회전자는 농형이고 고정자는 몇 개의 자극으로 이루어진 구조로, 자극 일부에 슬롯을 만들어 단락된 셰이딩 코일을 끼워 넣어 기동하는 방식이다.
  ㉡ 회전 방향을 바꿀 수 없다.
  ㉢ 기동 토크가 매우 작다.
⑦ 모노 사이클형 : 단상 전원을 공급하지만 각 권선에 흐르는 전류의 위상차를 발생시켜 불평형 3상 전류에 의한 회전 자계를 발생하여 기동하는 방식이다.

기동 토크의 크기
반발 기동형 > 반발 유도형 > 콘덴서 기동형 > 분상 기동형 > 셰이딩 코일형

(3) 단상 유도 전압 조정기
직렬 권선에 대한 분로 권선의 위치를 연속적으로 바꿀 수 있는 구조의 단상 단권 변압기이다.

Key Point

영구 콘덴서형
㉠ 보조 권선 : 기동, 운전 시 항상 콘덴서를 삽입하여 회전 자계가 발생한다.
㉡ 선풍기, 세탁기 이용

반발 기동형
㉠ 기동 전류 : 브러시 단락
㉡ 기동 토크가 가장 크다.
㉢ 브러시 이용 속도 제어

반발 유도형
㉠ 반발 기동형 + 농형 전동기
㉡ 기동 토크가 크다.

셰이딩 코일형
㉠ 회전 방향 변경이 불가하다.
㉡ 소형 전축 등에서 이용한다.

단상 유도 전압 조정기
㉠ 교번 자계 이용
㉡ 입·출력 전압이 동위상
㉢ 단락 권선 : 전압 강하 방지용 3차 권선

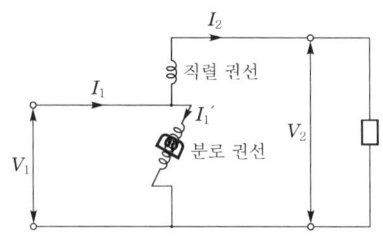

① 전압 조정 범위 : $V_2 = V_1 \pm E_2 \cos\alpha [\text{V}]$
   여기서, E_2 : 직렬 권선에 걸리는 최대 전압
          I_2 : 부하 전류

② 조정 정격 용량 : $P_2 = E_2 I_2 \times 10^{-3} [\text{kVA}]$

③ 정격 출력(부하 용량) : $P = V_2 I_2 \times 10^{-3} [\text{kVA}]$

④ 교번 자계를 이용한다.

⑤ 입력 전압과 출력 전압과 위상이 같다.

⑥ 단락 권선이 필요하다.

> **단락 권선**
> 직렬 권선에 부하 전류가 흐를 때 누설 리액턴스 때문에 발생하는 전압 강하 방지를 위해 분로 권선에 직각으로 감아주는 3차 권선이다.

Chapter 05 정류기

전력 변환 장치의 종류

구분	기능
컨버터(정류기)	AC를 DC로 변환하는 것
인버터(역변환 장치)	DC를 AC로 변환하는 것
사이클로 컨버터	AC를 또 다른 AC로 변환하는 주파수 변환 장치
초퍼	고정 DC를 가변 DC로 변환하는 것

1 다이오드(diode)의 특성 및 종류

(1) 접합 다이오드

P형 반도체와 N형 반도체를 결합시키면 그 접합부에서는 전류가 한쪽 방향으로는 잘 흐르지만 반대 방향으로는 잘 흐르지 않는 정류 작용을 일으키는 반도체 소자이다.

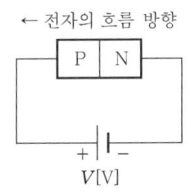

① P형 반도체
  ㉠ 3가의 갈륨(Ga), 인듐(In)과 억셉터 불순물을 넣어 만든 반도체이다.
  ㉡ 전기 전도 반송자(캐리어) : 정공(결합 전자의 이탈로 생성)
② N형 반도체
  ㉠ 5가의 안티몬(Sb), 비소(As)와 같은 도너 불순물을 넣은 반도체이다.
  ㉡ 전기 전도 반송자(캐리어) : 전자
③ 반도체 정류 소자 : 게르마늄(Ge), 실리콘(Si), 셀렌(Se), 산화구리(CuO)
④ 다이오드의 접속
  ㉠ 다이오드의 직렬 접속 : 과전압으로부터 보호한다.
  ㉡ 다이오드의 병렬 접속 : 과전류로부터 보호한다.

(2) 다이오드의 종류

① 정류용 다이오드 : 각종 정류 회로에 이용한다.

Key Point

전력 변환 장치의 종류
㉠ 정류기(컨버터) : AC → DC 변환
㉡ 인버터(역변환기) : DC → AC 변환
㉢ 사이클로 컨버터 : AC → AC 변환(주파수)
㉣ 초퍼 : 고정 DC → 가변 DC 변환

다이오드 특성
㉠ P형, N형 반도체 결합
㉡ 정류 작용
㉢ 반도체 정류 소자 : Ge, Si, Se, CuO

P형 반도체
㉠ 3가의 불순물(억셉터)
㉡ 전기 전도 반송자 : 정공

N형 반도체
㉠ 5가의 불순물(도너)
㉡ 전기 전도 반송자 : 전자

다이오드 접속
㉠ 직렬 접속 : 과전압 보호
㉡ 병렬 접속 : 과전류 보호

자주 출제되는 핵심이론

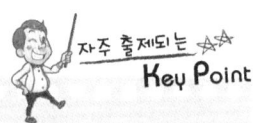

제너 다이오드
정전압 다이오드

② 버랙터 다이오드(가변 용량 다이오드) : P-N 접합에서 역바이어스 시 전압에 따라 광범위하게 변화하는 다이오드의 공간 전하 용량을 이용한다.
③ 제너 다이오드(정전압 다이오드) : 제너 항복에 의한 전압 포화 특성을 이용한다.
④ 발광 다이오드(LED) : 빛 발산 스위치, Pilot lamp 등에서 이용한다.
⑤ 터널 다이오드(에사키 다이오드) : 불순물의 함량을 증가시켜 공간 전하 영역의 폭을 좁혀 터널 효과가 나타나도록 한 것이다.
　㉠ 발진 작용
　㉡ 스위치 작용
　㉢ 증폭 작용

2 다이오드의 정류 회로

(1) 단상 반파 정류 회로(반파 정현파)

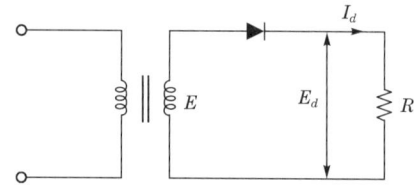

단상 반파 정류 회로
㉠ 직류분 전압
$$E_d = \frac{\sqrt{2}}{\pi}E$$
$$= 0.45E[\text{V}]$$
㉡ 전압 강하 고려
$$E_d = \frac{\sqrt{2}}{\pi}E - e[\text{V}]$$
㉢ 맥동률 : 상수가 커질수록, 전파일수록 작아진다.
㉣ 정류 방식별 맥동률
  • 단상 반파 : 121[%]
  • 단상 전파 : 48[%]
  • 3상 반파 : 17[%]
  • 3상 전파 : 4[%]

① 직류분 전압
　㉠ $E_d = \dfrac{\sqrt{2}}{\pi}E = 0.45E[\text{V}]$
　㉡ 다이오드 전압 강하를 고려한 경우는 다음과 같다.
　　직류분 전압 $E_d = \dfrac{\sqrt{2}}{\pi}E - e[\text{V}]$

② 맥동률과 맥동 주파수
　㉠ 맥동률 : $\nu = \dfrac{\text{출력 전압(전류)에 포함된 교류분 크기}}{\text{출력 전압(전류)의 직류분 크기}}$
　　• 맥동률 $\propto \dfrac{1}{\text{상수} \times k(\text{정류 상수})}$
　　여기서, 상수 : 단상 1, 3상 3
　　　　　정류 상수 : 반파 1, 전파 2
　　• 맥동률은 단상보다 3상, 반파보다 전파일수록 작아진다.
　㉡ 정류 방식별 맥동률

단상 반파 정류	단상 전파 정류	3상 반파 정류	3상 전파 정류
121[%]	48[%]	17[%]	4[%]

ⓒ 맥동 주파수 : $f_0 =$ 기본파 주파수 $\times$ 상수 $\times k$(정류 상수)
여기서, 상수 : 단상 1, 3상 3
정류 상수 : 반파 1, 전파 2

(2) 단상 전파 정류 회로(전파 정현파)

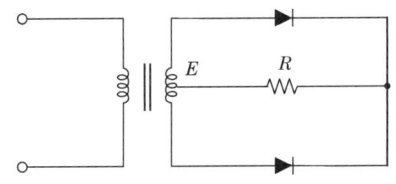

① 직류분 전압 : $E_d = \dfrac{2\sqrt{2}}{\pi} E = 0.9E[\mathrm{V}]$

② 다이오드 전압 강하를 고려한 경우의 직류분 전압 : $E_d = \dfrac{2\sqrt{2}}{\pi} E - e[\mathrm{V}]$

(3) 브리지 회로 이용 단상 전파 정류 회로

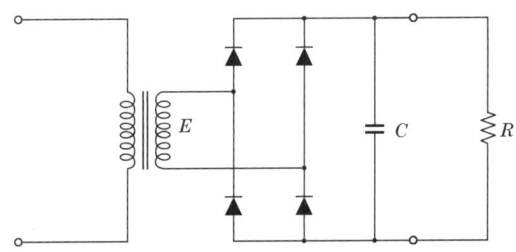

① $+$ 인 경우 다이오드 D_1, D_4로 통해 전류가 흐르고, $-$ 인 경우 다이오드 D_2, D_3를 통해 전류가 흐른다.

② 직류분 전압 : $E_d = \dfrac{2}{\pi} E_m = \dfrac{2\sqrt{2}}{\pi} E = 0.9E[\mathrm{V}]$

(4) 3상 정류 회로
① 3상 반파 정류 회로 직류분 전압 : $E_d = 1.17E[\mathrm{V}]$
② 3상 전파 정류 회로 직류분 전압 : $E_d = 1.35E[\mathrm{V}]$

3 사이리스터의 구조 및 특성

(1) SCR(Silicon Controlled Rectifier)의 구조
양극(애노드)과 음극(캐소드)의 두 단자 외에 하나의 보조 단자인 게이트가 있으며, 이 단자를 통해 SCR을 도통시키거나 제어할 수 있다.

Key Point

단상 전파 정류 회로
ⓐ 직류분 전압
$E_d = \dfrac{2\sqrt{2}}{\pi} E$
$= 0.9E[\mathrm{V}]$
ⓑ 전압 강하 고려
$E_d = \dfrac{2\sqrt{2}}{\pi} E - e[\mathrm{V}]$

브리지 단상 전파 정류 회로
ⓐ 정류 시 전류 흐름
ⓑ 직류분 전압
$E_d = \dfrac{2\sqrt{2}}{\pi} E$
$= 0.9E[\mathrm{V}]$

3상 정류 회로
ⓐ 3상 반파 직류분 전압
$E_d = 1.17E[\mathrm{V}]$
ⓑ 3상 전파 직류분 전압
$E_d = 1.35E[\mathrm{V}]$

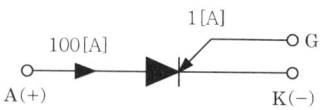

SCR 특성
㉠ 3단자 단일 방향성 소자, 애노드, 캐소드, 게이트
㉡ 정류 작용

(2) SCR의 특성

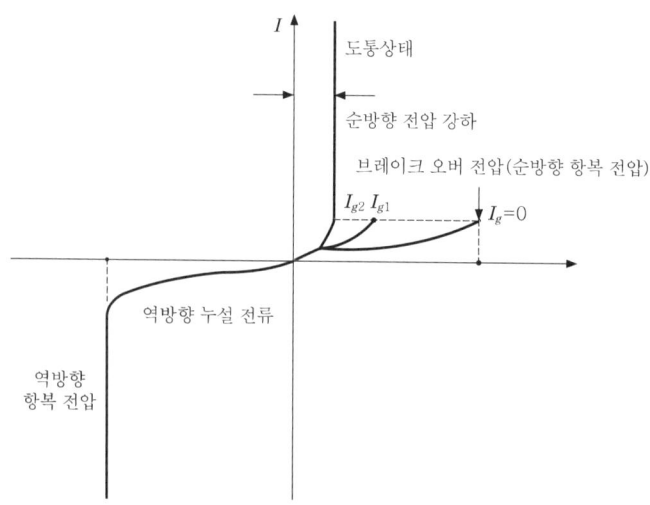

① SCR turn on의 조건
㉠ 양극과 음극 간에 브레이크 오버 전압 이상의 전압을 인가한다($I_g=0$).
㉡ 게이트에 트리거 펄스 전류를 인가한다.

SCR turn on 조건
㉠ 게이트에 펄스 전류 인가
㉡ 브레이크 오버 전압 인가

> **용어 정의**
> ① 브레이크 오버 전압 : 게이트를 개방한 상태에서 양극과 음극 간에 전압을 계속 상승시킬 때 어느 일정 전압에서 순방향 저지 상태가 중단되면서 사이리스터 양 극간에 대전류가 흐르는 현상인 브레이크 오버가 발생하는 전압이다.
> ② Turn on 시간 : 게이트 전류를 가하여 도통 완료까지의 시간이다.
> ③ 래칭 전류 : 게이트에 트리거 신호가 제거된 직후에 SCR을 ON 상태로 유지하는 데 필요로 하는 최소한의 순방향 전류이다.
> ④ 유지 전류 : 게이트 개방 상태에서 SCR이 도통되고 있을 때 그 상태를 유지하기 위한 최소의 순방향 전류이다.

② SCR turn off의 조건
㉠ 애노드의 극성을 부(-)로 한다.
㉡ SCR에 흐르는 전류를 유지 전류 이하로 한다.

SCR turn off 조건
㉠ 애노드 극성 : 부(-)
㉡ 유지 전류 이하 감소

4 사이리스터의 종류

단방향성 사이리스터	SCR, GTO, SCS, LASCR
쌍방향성 사이리스터	SSS, TRIAC, DIAC

사이리스터의 종류
㉠ 단방향성 사이리스터 : SCR, GTO, LASCR, SCS
㉡ 쌍방향성 사이리스터 : SSS, TRIAC, DIAC

(1) SCR(Silicon Controlled Rectifier)
다이오드에 트리거 기능이 있는 스위치(게이트)를 내장한 3단자 단일 방향성 소자이다.

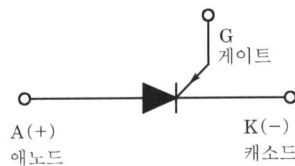

(2) GTO(Gate Turn off Thyristor)
게이트 신호로 Turn-off 할 수 있는 3단자 단일 방향성 사이리스터이다.

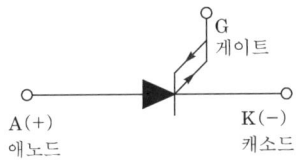

GTO 특성
㉠ 3단자 단일 방향성 소자
㉡ 게이트 신호를 이용한 턴-오프 가능

(3) SCS(Silicon Controlled Switch)
2개의 게이트를 갖고 있는 4단자 단일 방향성 사이리스터이다.

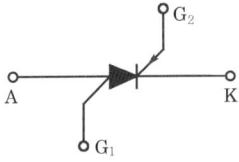

SCS 특성
4단자 단일 방향성 소자

(4) LASCR(Light Activated SCR)
광신호를 이용하여 트리거시킬 수 있는 사이리스터이다.

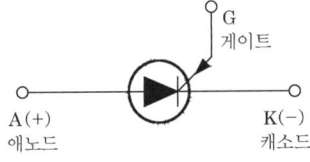

LASCR 특성
㉠ 3단자 단일 방향성 소자
㉡ 빛을 이용한 트리거

SSS 특성
㉠ 2단자 쌍방향성 소자이다.
㉡ 게이트가 없다.

(5) SSS(Silicon Symmetrical Switch)
게이트가 없는 2단자 쌍방향성 사이리스터이다.

> **참고**
> DIAC
> 2단자 교류 제어 소자

TRIAC 특성
㉠ 3단자 쌍방향성 소자이다.
㉡ 교류에서도 사용이 가능하다.

(6) TRIAC(Triode AC Switch)
교류에서도 사용할 수 있는 3단자 쌍방향성 사이리스터이다.

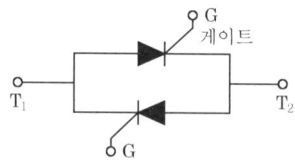

5 SCR의 위상 제어 및 정류

SCR의 위상 제어 및 정류
㉠ 게이트 신호 : 위상 제어
㉡ 제어각 > 역률각
㉢ 단상 반파 직류분 전압
$E_d = \dfrac{\sqrt{2}E}{\pi}\left(\dfrac{1+\cos\alpha}{2}\right)$
[V]
㉣ 단상 전파 직류분 전압
$E_d = \dfrac{2\sqrt{2}E}{\pi}\left(\dfrac{1+\cos\alpha}{2}\right)$
[V]

(1) 단상 반파 정류 회로
① 사이리스터를 이용한 정류 회로이므로 점호 제어각 α인 시점에서 게이트에 트리거 펄스파 입력을 가하면 그 순간부터 순방향 전압에 대해서만 부하에 전압이 인가된다.

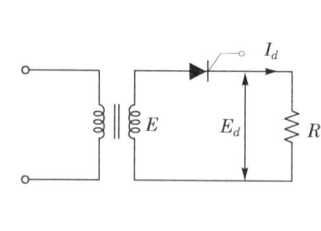 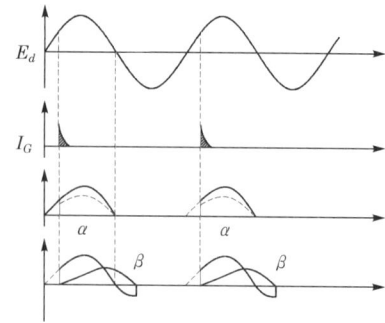

여기서, E : 실효값, E_d : 직류분 전압, α : 제어각

② 직류분 전압 : $E_d = \dfrac{\sqrt{2}}{\pi}E\left(\dfrac{1+\cos\alpha}{2}\right)$[V]

③ 유도성 부하인 경우 전류가 역률각 θ만큼 뒤진 전류가 흐르므로 반드시 제어각은 역률각보다 커야 전류 제어가 가능하다.

제어각 > 역률각

④ 부하가 인덕턴스를 포함한 경우 인덕턴스 L이 크면 클수록 완전한 직류가 된다.

(2) 단상 전파 정류 회로

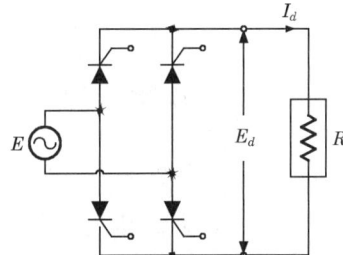

① 저항만의 부하 시 직류분 전압 : $E_d = \dfrac{2\sqrt{2}}{\pi} E \left(\dfrac{1+\cos\alpha}{2} \right)[\text{V}]$

② 유도성 부하 시 직류분 전압 : $E_d = \dfrac{2\sqrt{2}}{\pi} E\cos\alpha = 0.9 E\cos\alpha\,[\text{V}]$

PART 03 전기설비

 미리 알고 가기

절연 전선 약호
- ㉠ NR : 450/750[V] 일반용 단심 비닐 절연 전선
- ㉡ DV : 인입용 비닐 절연 전선
- ㉢ OW : 옥외용 비닐 절연 전선
- ㉣ FL : 형광 방전등용 전선
- ㉤ N-RV : 고무 절연 비닐 외장 네온 전선
  - N : 네온 전선(클로로프렌)
  - V : 비닐
  - E : 폴리에틸렌
  - R : 고무
  - C : 가교 폴리에틸렌
- ㉥ NFI : 300/500[V] 기기 배선용 유연성 단심 비닐 절연 전선

케이블 약호
- ㉠ 케이블 호칭 : ○○절연 ○○외장 케이블
  - V : 비닐
  - E : 폴리에틸렌
  - R : 고무
  - N : 클로로프렌
  - C : 가교 폴리에틸렌
- ㉡ EV : 폴리에틸렌 절연 비닐 외장 케이블

용접용 케이블 약호
- ㉠ WCT : 리드용 1종
- ㉡ WNCT : 리드용 2종
- ㉢ WRCT : 홀더용 1종
- ㉣ WRNCT : 홀더용 2종

점멸 스위치
- ㉠ 로터리 스위치 : 광도 조절
- ㉡ 펜던트 스위치 : 코드 끝
- ㉢ 누름 단추 스위치 : 전동기 기동, 정지 시 이용
- ㉣ 캐노피 스위치 : 플랜지에 부착하여 끈을 이용
- ㉤ 3로 스위치 : 2개소 점멸
- ㉥ 4로 스위치 : 3로와 조합하여 3개소 이상 점멸

공사용 공구
- ㉠ 플라이어 : 로크 너트 조임, 슬리브 접속
- ㉡ 스패너 : 볼트 너트, 로크 너트 조임
- ㉢ 프레셔 툴 : 압착 단자 압착
- ㉣ 파이프 렌치 : 커플링 고정 및 조임
- ㉤ 클리퍼 : 25[mm²] 이상 굵은 전선, 볼트 절단
- ㉥ 파이프 커터 : 금속관 절단
- ㉦ 파이프 바이스 : 금속관 절단, 나사 내기 시 고정

전압의 종류
- ㉠ 저압 : 교류 1,000[V], 직류 1,500[V] 이하
- ㉡ 고압 : 저압 넘고 직류, 교류 7,000[V] 이하
- ㉢ 특고압 : 직류, 교류 7,000[V] 초과

공칭 전압의 분류
㉠ 저압 : 110, 220, 380, 440[V]
㉡ 고압 : 3,300, 5,700, 6,600[V]
㉢ 특고압 : 11.4, 22.9, 154, 345, 765[kV]

합성 수지관 부속품
㉠ 커넥터 : 관과 박스 접속
㉡ 커플링 : 관 상호 간 접속
㉢ 노멀 밴드 : 직각 개소에서 관 상호 간 접속
㉣ 부싱 : 관 끝단에서 전선 절연 피복 보호

금속 몰드 공사 부속품
㉠ 콤비네이션 커넥터 : 금속관과 금속 몰드 접속
㉡ 플랫 엘보 : 직각 개소에서 몰드 상호 간 접속
㉢ 조인트 커플링 : 몰드 뚜껑 이음새 접속 기구
㉣ 코너 박스 : 벽 구석 등에서 금속관과 몰드 접속, 분기

케이블 트레이 종류
㉠ 그물망(메시)형
㉡ 사다리형
㉢ 바닥 밀폐형
㉣ 펀칭형

저압용 퓨즈의 종류
㉠ 통형 퓨즈 : 배·분전반
㉡ 관형 퓨즈 : TV, 라디오
㉢ 플러그 퓨즈 : 나사식
㉣ 텅스텐 퓨즈 : 전압계, 전류계 소손 방지용
㉤ 온도 퓨즈 : 주위 온도

고압용 퓨즈
㉠ 포장 퓨즈 : 정격의 1.3배에 견디고, 2배에 120분 내 용단될 것
㉡ 비포장 퓨즈 : 정격의 1.25배에 견디고, 2배에 2분 내 용단될 것

분기 회로의 종류
㉠ 15[A] 분기 회로
㉡ 20[A] 배선용 차단기 분기 회로

전동기 출력
㉠ 펌프용 : $P = \dfrac{QH}{6.12\eta}$ [kW]

㉡ 권상기 : $P = \dfrac{WV}{6.12\eta}$ [kW]

전로의 절연 저항

전로의 사용 전압	DC 시험 전압	절연 저항 [MΩ]
SELV, PELV	250[V]	0.5
FELV, 500[V] 이하	500[V]	1.0
500[V] 초과	1,000[V]	1.0

특고압 및 고압 전기 설비
6[mm²] 이상 연동선
㉠ 접지 저항 : 10[Ω] 이하
㉡ 접지선 : 6[mm²] 이상

중성점 접지
㉠ 접지 저항(35,000[V] 이하)

$$R = \dfrac{150\ (300,\ 600)}{I_g} [\Omega]\ 이하$$

㉡ 접지선 : 16[mm²] 이상(단, 고압, 25[kV] 이하 중성점 다중 접지식 특고압 전로를 저압으로 변성하는 경우 6[mm²] 이상)

보호 도체의 단면적(선도체와 동일 외함에 설치하지 않는 경우)
㉠ 기계적 손상에 대해 보호 : 구리 2.5[mm²] 이상, 알루미늄 16[mm²] 이상
㉡ 기계적 손상에 대해 보호되지 않는 경우 : 구리 4[mm²] 이상, 알루미늄 16[mm²] 이상

 **미리 알고 가기**

- **중성선 표시**
  - ㉠ 애자 : 파란색 표식
  - ㉡ 전선 피복 : 파란색
- **애자의 종류**
  - ㉠ 핀 애자 : 직선 전선로 지지
  - ㉡ 현수 애자 : 철탑 등에서 전선을 잡아당김(인류)·분기 시 사용
- **지지선(지선)의 종류**
  - ㉠ 보통 지선 : 전선로가 끝나는 부분
  - ㉡ 수평 지선 : 도로, 하천을 횡단하는 부분(지선주)
  - ㉢ Y지선 : 다수의 완금 시설, H주 등에서 사용
  - ㉣ 궁지선 : 건물 인접으로 지선 설치가 힘든 경우
- **소호 매질에 따른 차단기**
  - ㉠ VCB(진공 차단기) : 진공 상태 이용
  - ㉡ GCB(가스 차단기) : SF_6
  - ㉢ OCB(유입 차단기) : 절연유 이용
  - ㉣ ABB(공기 차단기) : 10기압 이상 압축 공기
  - ㉤ MBB(자기 차단기) : 전자력 이용
  - ㉥ ACB(기중 차단기) : 일반 대기 이용
- **변압기의 종류**
  - ㉠ 유입형 : 절연유
  - ㉡ 몰드형 : 에폭시 수지
  - ㉢ 건식형 : 유리 섬유
- **절연물의 최고 허용 온도(주위 온도 0[℃] 기준)**
  - ㉠ A종 : 105[℃] 이하
  - ㉡ E종 : 120[℃] 이하
  - ㉢ B종 : 130[℃] 이하
  - ㉣ H종 : 180[℃] 이하
- **수전 설비의 약호**
  - ㉠ 계기용 변류기 : CT
  - ㉡ 계기용 변압기 : PT
  - ㉢ 전력 수급용, 계기용 변성기 : MOF(PCT)
  - ㉣ 영상 변류기 : ZCT
  - ㉤ 지락 계전기 : GR
  - ㉥ 과전류 계전기 : OCR
- **콘센트**
  - ㉠ 방수형 : WP
  - ㉡ 방폭형 : EX
  - ㉢ 의료용 : H
- **개폐기의 기호**
  - ㉠ 개폐기 : ⑤
  - ㉡ 배선용 차단기 : ⑧
  - ㉢ 누전 차단기 : ⑨
- **배전반, 분전반, 제어반**
  - ㉠ 배전반 :
  - ㉡ 분전반 : ◣
  - ㉢ 제어반 : ◤

PART 03 전기설비

Chapter 01 전선 및 전선의 접속

1 전선 및 케이블

(1) 전선의 구비 조건
① **도전율이 클 것**(고유 저항이 작을 것)
② **비중이 작을 것**
③ 내식성이 클 것
④ 가요성, 기계적 강도가 클 것
⑤ 가공이 쉽고 경제적일 것

(2) 전선의 색상에 따른 상 구분

상(문자)	색상
L_1	갈색
L_2	검은색
L_3	회색
N(중성선)	파란색
보호 도체(접지 도체)	녹색-노란색

 전압의 구분

구분	전압의 크기
저압	교류 1,000[V] 이하, 직류 1,500[V] 이하인 전압
고압	교류·직류 저압 초과하여 7,000[V] 이하인 전압
특고압	7,000[V] 초과한 전압

(3) 저압 절연 전선 및 케이블 약호

번호	약호	품명
1	ACSR	강심 알루미늄 연선
2	CCV	0.6/1[kV] 제어용 가교 폴리에틸렌 절연 비닐 시스 케이블
3	CV1	0.6/1[kV] 가교 폴리에틸렌 절연 비닐 시스 케이블
4	CVV	0.6/1[kV] 비닐 절연 비닐 시스 제어 케이블
5	DV	인입용 비닐 절연 전선
6	EV	폴리에틸렌 절연 비닐 시스 케이블
7	FL	형광 방전등용 비닐 전선

번호	약호	품명
8	HR(0.5)	500[V] 내열성 고무 절연 전선(110[℃])
9	HRF(0.75)	750[V] 내열성 유연성 고무 절연 전선(110[℃])
10	MI	미네랄 인슐레이션 케이블
11	NEV	폴리에틸렌 절연 비닐 시스 네온 전선
12	NF	450/750[V] 일반용 유연성 단심 비닐 절연 전선
13	NFI(70)	300/500[V] 기기 배선용 유연성 단심 비닐 절연 전선(70[℃])
14	NR	450/750[V] 일반용 단심 비닐 절연 전선
15	NRI(70)	300/500[V] 기기 배선용 단심 비닐 절연 전선(70[℃])
16	NRV	고무 절연 비닐 시스 네온 전선
17	OC	옥외용 가교 폴리에틸렌 절연 전선
18	OW	옥외용 비닐 절연 전선
19	VCT	0.6/1[kV] 비닐 절연 비닐 캡타이어 케이블
20	VV	0.6/1[kV] 비닐 절연 비닐 시스 케이블

(4) 연선의 구성

연선이란 중심 소선 1가닥의 주위를 여러 가닥의 단선을 층수 증가마다 6의 배수로 증가시키면서 합쳐 꼬아 만든 전선이다.

① 전선의 굵기 : 공칭 단면적[mm^2]으로 표시한다.

② 소선의 총수 : $N = 1 + 3n(n+1)$[가닥]

여기서, n : 층수, N=7, 19, 37, 61, 91, …

③ 연선의 지름 : $D = (1 + 2n)d$ [mm]

여기서, n : 층수, d : 소선의 지름

④ 연선의 단면적 : $A = \dfrac{\pi}{4}d^2 \times N$ [mm^2]

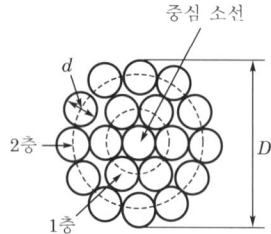

(5) 나전선

지지선(지선), 가공 지선, 보호 도체, 보호망, 전력 보안 통신용 약전류 전선 등에 사용하는 도체(버스 덕트의 도체, 기타 구부리기 어려운 전선, 라이팅 덕트의 도체 및 절연 트롤리선의 도체는 제외)

① 경동선(지름 12[mm] 이하의 것)

② 연동선

③ 동합금선(단면적 25[mm^2] 이하)

④ 경알루미늄선(단면적 35[mm^2] 이하)

⑤ 알루미늄합금선(단면적 35[mm^2] 이하)

⑥ 아연도강선

⑦ 아연도철선(기타 방청 도금을 한 철선)

(6) 고압 케이블

① 클로로프렌 외장 케이블

② 비닐 외장 케이블

③ 폴리에틸렌 외장 케이블

④ 콤바인 덕트 케이블(CD 케이블)

(7) 특고압 케이블

① 가교 폴리에틸렌 절연 비닐 시스 케이블

② 가교 폴리에틸렌 절연 폴리에틸렌 시스 케이블

③ 비행장 등화용 케이블

④ 수저 케이블

(8) 전압에 따른 지중 케이블 종류

전압	사용 가능한 케이블
저압	**알루미늄피, 클로로프렌 외장, 비닐 외장, 폴리에틸렌 외장, 미네랄 인슐레이션(MI) 케이블**
고압	알루미늄피, 클로로프렌 외장, 비닐 외장, 폴리에틸렌 외장, 콤바인 덕트(CD) 케이블
특고압	• **동심 중성선 차수형 전력 케이블(CN-CV)** : 절연층은 가교 폴리에틸렌(XLPE), 외장층은 PVC를 사용한 수밀 처리하지 않은 케이블 • **동심 중성선 수밀형 전력 케이블(CN-CV-W)** : CNCV 케이블의 중성선 층 및 도체 부분까지 수밀 처리한 케이블

2 전선의 접속

[1] 전선 접속 시 주의 사항

(1) 전선을 접속하는 경우에는 전기 저항을 증가시키지 않도록 접속할 것

(2) 나전선 상호 또는 나전선과 절연 전선 또는 캡타이어 케이블과 접속하는 경우

① 전선의 세기(인장 하중의 세기)를 20[%] 이상 감소시키지 아니할 것

② 접속 부분은 접속관 기타의 기구를 사용할 것

(3) 절연 전선 상호·절연 전선과 코드, 캡타이어 케이블과 접속하는 경우에는 접속 부분의 절연 전선에 절연물과 동등 이상의 절연 효력이 있는 접속기를 사용하거나 피복할 것

(4) 코드 상호, 캡타이어 케이블 상호 또는 이들 상호를 접속하는 경우에는 코드 접속기·접속함, 기타의 기구를 사용할 것

(5) 도체에 알루미늄을 사용하는 전선과 동을 사용하는 전선을 접속하는 등 전기 화학적 성질이 다른 도체를 접속하는 경우에는 접속 부분에 전기적 부식이 생기지 않도록 할 것

(6) 두 개 이상의 전선을 병렬로 사용하는 경우에는 다음에 의하여 시설할 것
   ① **병렬로 사용**하는 각 전선의 굵기는 **동선 50[mm^2] 이상 또는 알루미늄 70[mm^2] 이상**으로 하고, 전선은 같은 도체, 같은 재료, 같은 길이 및 같은 굵기의 것을 사용할 것
   ② 같은 극의 각 전선은 동일한 터미널 러그에 동일한 도체에 2개 이상의 리벳 또는 2개 이상의 나사로 완전하게 접속할 것
   ③ 병렬로 사용하는 전선에는 각각에 **퓨즈를 설치하지 말 것**
   ④ 교류 회로에서 병렬로 사용하는 전선은 금속관 안에 전자적 불평형이 생기지 않도록 시설할 것

[2] 전선 접속의 종류

(1) 직선 접속
   ① 단선의 직선 접속
      ㉠ 트위스트 접속 : **단면적 6[mm^2] 이하의 가는 단선**에서의 접속법으로 먼저 두 심선을 그림과 같이 겹쳐서 2~3회 꼰 다음 전선의 끝을 각각 상대편 전선에 5~6회 정도 감아서 접속하는 방법

∥트위스트 접속∥

      ㉡ 브리타니아 접속 : **단면적 10[mm^2] 이상 굵은 단선** 전선에서의 접속법으로 먼저 두 심선을 그림과 같이 나란히 한 다음 지름 1.0~1.2[mm] 정도의 첨선과 접속선을 이용하여 본선 지름의 15배 정도의 길이로 감아서 접속하는 방법

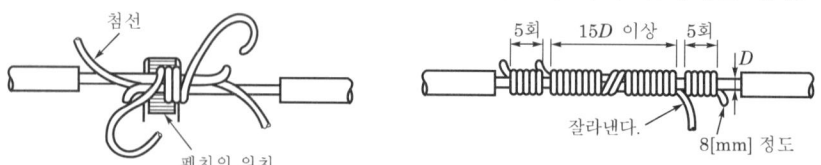

∥브리타니아 접속∥

② 연선의 직선 접속
  ㉠ 브리타니아 접속 : 연선의 중심 소선을 제거한 다음, 첨선과 접속선을 이용하여 단선의 브리타니아 직선 접속과 같은 방법으로 접속하는 방법
  ㉡ 단권 접속(우산형 접속) : 연선의 중심 소선을 제거한 다음 연선의 소선 자체를 하나씩 하나씩 나누어 감아서 접속하는 방법
  ㉢ 복권 접속 : 연선의 중심 소선을 제거한 후 연선의 소선 자체를 한꺼번에 감아서 접속하는 방법

┃연선의 브리타니아 접속┃　┃연선의 단권 접속┃　┃연선의 복권 접속┃

(2) 분기 접속
  ① 단선의 분기 접속
    ㉠ 트위스트 접속 : 6[mm²] 이하의 가는 전선의 분기 접속법으로 본선과 분기선의 피복을 벗긴 후 분기선을 본선에 성기게 5회 이상 조밀하게 감은 후 남은 부분을 잘라내어 마무리하는 분기 접속법

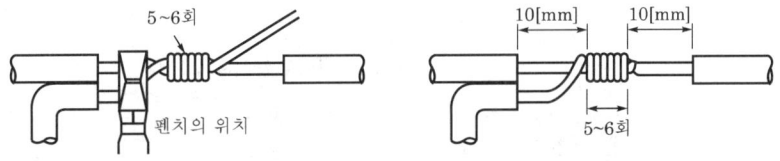

┃단선의 트위스트 분기 접속┃

    ㉡ 브리타니아 접속 : 10[mm²] 이상의 굵은 단선의 분기 접속법으로 본선과 분기선 사이에 첨선을 삽입한 후 조인트선을 이용하여 접속하는 분기 접속법

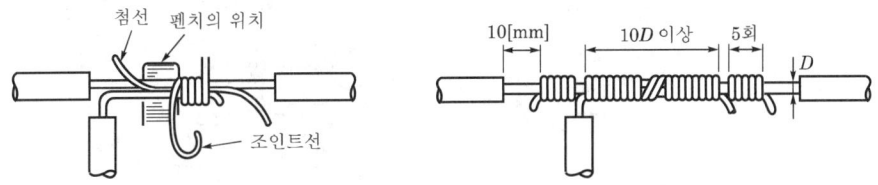

┃단선의 브리타니아 분기 접속┃

  ② 연선의 분기 접속
    ㉠ 권선 분기 접속 : 분기선의 소선을 풀어서 곧게 편 다음 본선에 대고 첨선을 삽입한 후 조인트선을 이용하여 접속하는 분기 접속법

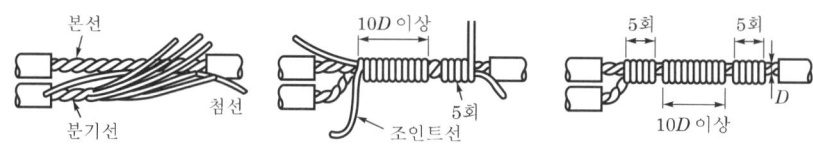

┃연선의 권선 분기 접속┃

ⓛ 단권 분기 접속 : 분기선의 소선을 풀어서 곧게 편 다음 분기선의 소선 자체를 하나씩 하나씩 나누어 감는데 감은 길이가 전선 직경의 10배 이상이 되도록 감아서 접속하는 분기 접속법

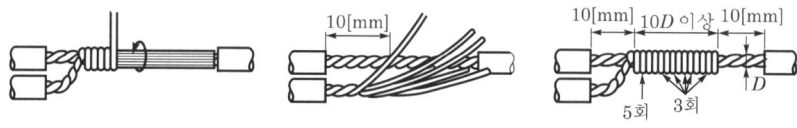

┃연선의 단권 분기 접속┃

ⓒ 분할 분기 접속 : 분기선의 소선을 두 개로 나누어 벌린 다음, 첨선과 접속선을 이용하여 접속하는 분기 접속법

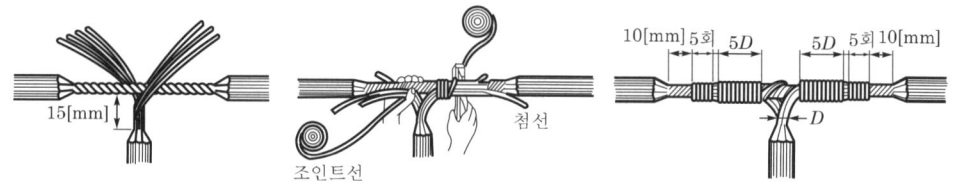

┃연선의 분할 분기 접속┃

(3) 쥐꼬리 접속(종단 접속)

① 단선의 쥐꼬리 접속 : 박스 안에서 **굵기가 같은 가는 단선을 2, 3가닥 모아 서로 접속**할 때 이용하는 접속법으로, 접속 방법은 접속한 부분에 테이프를 감는 방법과 박스용 커넥터를 끼워 주는 방법이 있는데 박스용 커넥터를 사용할 때는 납땜이나 테이프 감기를 하지 않으므로 심선이 밖으로 나오지 않도록 주의한다.

(a) 테이프를 감을 때   (b) 커넥터를 끼울 때

┃단선의 쥐꼬리 접속┃

② **연선의 쥐꼬리 접속** : 박스 안에서 연선을 접속할 때, 접속하려는 심선을 나란히 한 후 접속선(조인트선)을 이용하여 접속하는 방법으로 접속을 한 부분에는 테이프를 감는 방법과 박스용 커넥터를 끼워 주는 방법이 있다.

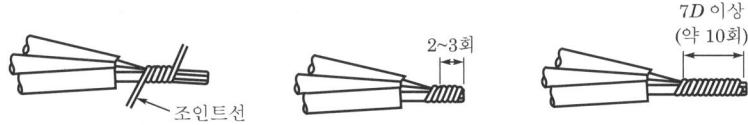

┃연선의 쥐꼬리 접속┃

③ 와이어 커넥터를 이용한 쥐꼬리 접속 : 금속관 공사나 합성 수지관 공사 시 박스 내에서 전선을 접속하는 경우, 접속하려는 심선을 나란히 합친 다음 와이어 커넥터를 돌려 끼워 넣어 전선을 접속하는 방법으로 와이어 커넥터 자체가 절연물이므로 접속 후 테이프 감기를 할 필요가 없다.

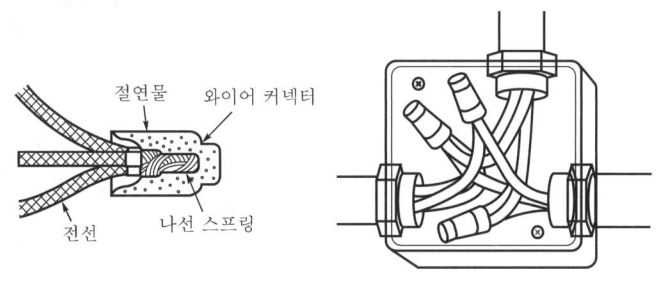

┃와이어 커넥터 쥐꼬리 접속┃

④ 터미널 러그를 이용한 쥐꼬리 접속 : 접속하려는 심선 끝을 납땜 등으로 고정시킨 다음 볼트 등을 이용하여 접속하는 방법으로, 주로 굵은 전선을 박스 안 등에서 접속할 때 이용한다.

┃터미널 러그 쥐꼬리 접속┃

(4) 동전선의 접속 방법
① 직선 접속
㉠ 가는 단선($6[mm^2]$ 이하)의 직선 접속(트위스트 접속)

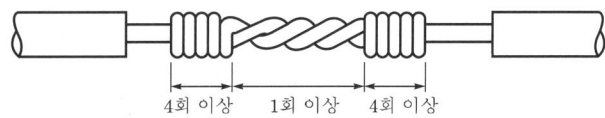

ⓛ 직선 맞대기용 슬리브(B형)에 의한 압착 접속

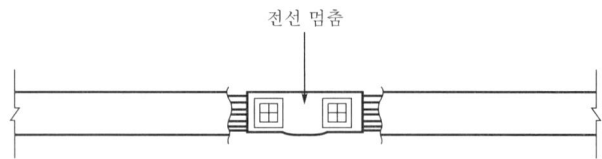

② 분기 접속
  ㉠ 가는 단선($6[\text{mm}^2]$ 이하)의 분기 접속

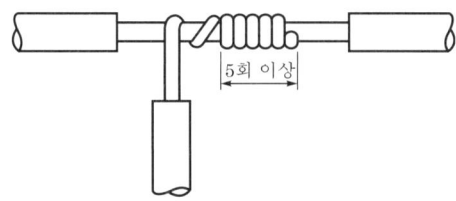

  ㉡ T형 커넥터에 의한 분기 접속

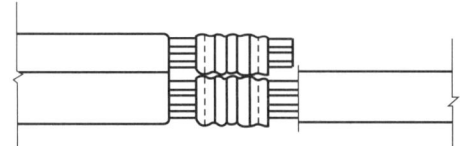

③ 종단 접속
  ㉠ 가는 단선($4[\text{mm}^2]$ 이하)의 종단 접속 : 배관 공사 시 박스 안에서 적용

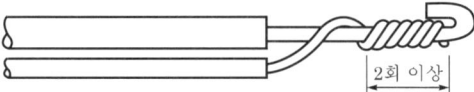

  ㉡ 구리(동)선 압착 단자에 의한 접속 : 압착 단자와 동관 단자에 대하여도 같이 적용

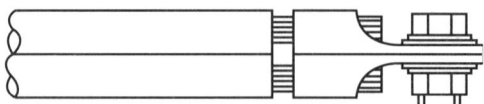

  ㉢ 비틀어 꽂는 형의 전선 접속기에 의한 접속

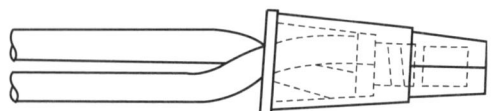

㉣ 종단 겹침용 슬리브(E형)에 의한 접속

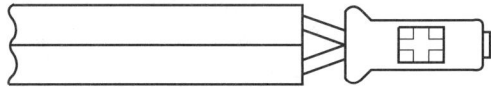

㉤ 직선 겹침용 슬리브(P형)에 의한 접속

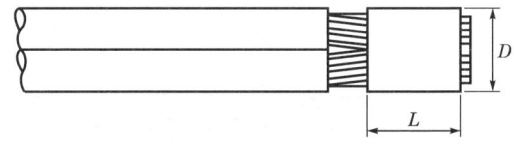

㉥ 꽂음형 커넥터에 의한 접속

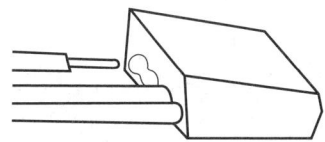

④ 슬리브에 의한 접속
 ㉠ S형 슬리브에 의한 직선 접속

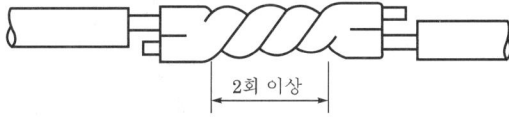

 ㉡ S형 슬리브에 의한 분기 접속

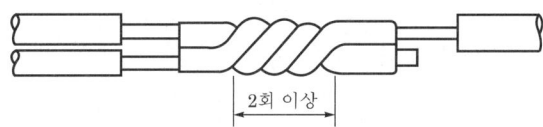

 ㉢ 매킹타이어 슬리브에 의한 직선 접속 : 최소 2회 이상 꼬아서 접속할 것

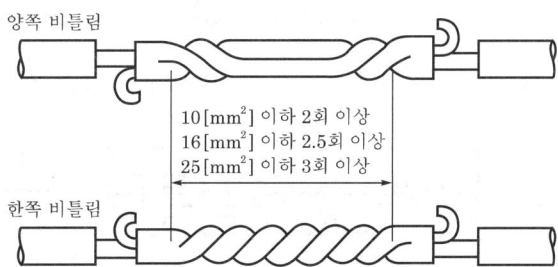

(5) 알루미늄 전선의 접속 방법

① 직선 접속 : 인입선과 인입구 배선과의 접속 등과 같이 비교적 장력이 작은 장소에 사용

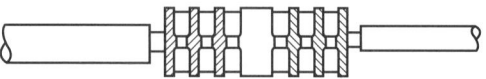

② 분기 접속 : 간선에서 분기선을 분기하는 경우 등에 사용

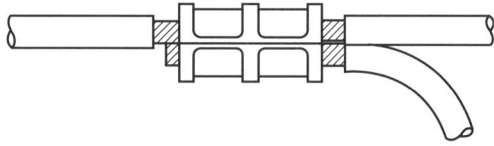

③ 종단 접속

㉠ 종단 겹침용 슬리브에 의한 접속 : 가는 전선을 박스 안 등에서 접속할 때에 사용

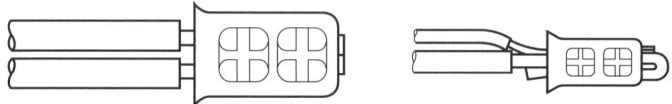

㉡ 비틀어 꽂는 형의 접속기에 의한 접속 : 가는 전선을 박스 안에서 접속할 때 사용

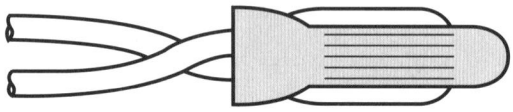

㉢ C형 전선 접속기 등에 의한 접속 : 굵은 전선을 박스 안 등에서 접속할 때에 사용

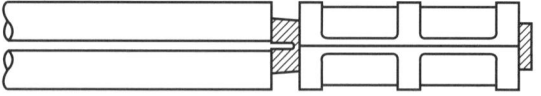

㉣ 터미널 러그에 의한 접속 : 굵은 전선을 박스 안 등에서 접속할 때에 사용

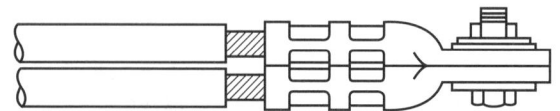

(6) 전선과 기계 기구의 단자 접속
　① 동관 단자 : 굵은 전선과 기계 기구의 단자를 접속할 경우 접속하려는 전선의 심선 끝을 납땜 등으로 고정시킨 다음 볼트 너트 등을 이용하여 접속하는 접속 기구로서, 접속 단자가 풀릴 우려가 있으면 이중 너트나 스프링 와셔를 사용하여 완전하게 접속한다.
　② 압착 단자 : 코드나 케이블 등을 기계 기구의 단자 등에 접속할 때 이용하는 단자대로, 접속 시에는 먼저 그 굵기에 적합한 단자를 선정한 다음 전용의 눌러붙임(압착) 공구를 사용하여 완전하게 접속한 다음 볼트 너트 등을 이용하여 접속하는 접속 기구로 납땜을 할 필요가 없다.

┃동관 단자┃　　　　　　┃압착 단자┃

[3] 납땜과 테이프

(1) 납땜

　전선 접속 시 커넥터나 슬리브를 이용하여 전선을 접속하는 경우를 제외하고는 접속 부분의 전기 저항을 증가시키지 않도록 반드시 납땜을 실시하는데, 납땜 실시는 납물의 고른 투입과 산화 방지를 위하여 페이스트(paste)라는 화학 약품을 바른 후 납물을 투입한다.

(2) 테이핑 시 주의 사항
　① 테이프를 감기 전 납땜 후 남은 페이스트를 닦아낼 것
　② 반폭씩 겹쳐 감은 테이프 두께가 피복 두께보다 얇지 않도록 할 것

(3) 테이프의 종류
　① 비닐 테이프 : 염화 비닐 수지를 이용하여 만든 테이프로 그 한쪽 면에 접착제를 바른 것
　　㉠ 용도 : 일반 전선의 접속 부분 절연 시 사용
　　㉡ 표준 색상 : 검정색, 흰색, 빨간색, 파란색, 녹색, 노란색, 갈색, 주황색, 회색
　② 리노 테이프 : 건조한 목면 위에 절연성 니스를 몇 차례 칠한 다음 건조시킨 것으로 점착성은 없으나 내온성, 내유성 및 절연 내력이 뛰어난 테이프로 **연피 케이블의 접속에 사용**된다.
　③ 자기 융착 테이프(셀로폰 테이프) : 합성 수지와 합성 고무를 주성분으로 하여 만든 판상의 것을 압연 처리한 다음 다시 적당한 격리물과 함께 감아서 만든 테이프로 테이핑할 때 약 2배 정도 늘려서 감아야 하며 비닐 외장 케이블 및 클로로프렌 외장 케이블의 접속 등에 사용된다.

Chapter 02 배선 재료와 공구

1 개폐기

[1] 나이프 스위치(knife switch)

직류, 교류 회로의 개폐에 사용하는 개방형 수동식 개폐기로 사용 시 감전 우려가 있으므로 전기실과 같이 취급자만이 출입하는 장소의 배전반이나 분전반 등에 설치하여 사용한다.

(1) 전선의 접속수
  ① 단극(single pole)
  ② 2극(double pole)
  ③ 3극(triple pole)

(2) 나이프를 투입하는 방향
  ① 단투(single throw)
  ② 쌍투(double throw)

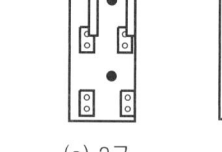

(a) 2극   (b) 3극

❙나이프 스위치❙

❙명칭 및 약호❙

명칭	약호	명칭	약호
단극 단투형	SPST	단극 쌍투형	SPDT
2극 단투형	DPST	2극 쌍투형	DPDT
3극 단투형	TPST	3극 쌍투형	TPDT

[2] 커버 나이프 스위치

나이프 스위치 전면의 충전부에 덮개(커버)를 씌워 덮은 것으로, 덮개(커버)를 열지 않고 수동으로 개폐하며 전열 및 동력용 부하의 인입 개폐기나 분기 개폐기 등에 설치한다.

(1) 전선의 접속수
  ① 2극(double pole)
  ② 3극(triple pole)

(2) 투입하는 방향
  ① 단투(single throw)
  ② 쌍투(double throw)

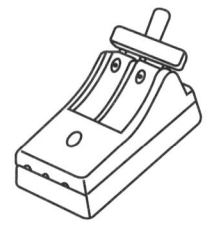

❙커버 나이프 스위치❙

[3] 점멸 스위치(옥내용 소형 스위치)

① 텀블러 스위치(tumbler switch) : 노브(knob)를 위·아래로 움직여 점멸하는 것으로 벽이나 기둥 등에 시설하는 스위치이다.

② 로터리 스위치(rotary switch) : 노브를 좌우로 돌려가며 회로를 열거나(개로) 닫는(폐로) 또는 강약을 조절하여 점멸하는 것으로 저항선이나 전구를 직·병렬로 접속 변경하여 발열량 또는 광도를 조절할 수 있는 형태의 스위치이다.

③ 누름 단추 스위치(push button switch) : 매입형만이 사용되는 스위치로 위·아래 단추가 동시에 동작하는 전등용 푸시 버튼 스위치와 전동기의 기동, 정지 시 각각 폐로, 개로되는 전동기용 푸시 버튼 스위치가 있다.

④ 캐노피 스위치(canopy switch) : 조명 기구의 플랜지 안에 부착하는 소형의 단극 스냅 스위치의 일종으로 끈을 잡아당김으로써 점멸을 하는 구조의 스위치이다.

⑤ 코드 스위치(cord switch) : 소형 전기 기구의 코드 중간에 부착하여 회로를 개폐하는 스위치이다.

⑥ 펜던트 스위치(pendant switch) : 코드 끝단이나 전등을 하나씩 하나씩 따로 점멸하는 곳에서 사용하는 스위치로 빨간 단추를 누르면 열린 회로(개로)가 되고, 하얀 단추가 반대쪽에 튀어나와 점멸 표시가 되도록 만들어져 있다.

| 펜던트 스위치 |

⑦ 도어 스위치(door switch) : 문이나 문 기둥에 부착하여 문을 열고 닫을 때 자동적으로 회로를 개폐하는 스위치이다.

⑧ 타임 스위치(time switch) : 시계 기구를 내장한 스위치로 지정 시간에 점멸하는 스위치(호텔 등 숙박 업소의 객실의 입구는 1분, 일반 주택 및 아파트 현관에는 3분 이내에 소등되는 타임 스위치를 시설하여 전등을 자동으로 점멸할 것)이다.

⑨ 3로 스위치 : 3개의 단자를 가진 전환용 스위치로 1개의 전등을 2개소에서 점멸이 가능한 스위치이다.

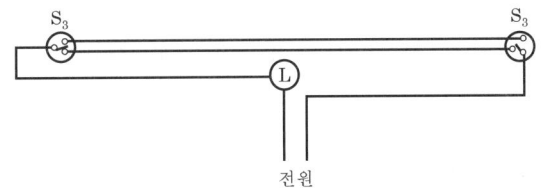

| 3로 스위치 접속 결선도 |

⑩ 4로 스위치 : 스위치 접점이 교대로 바뀌는 구조로 된 스위치로 보통 3로 스위치와 조합하여 3개소 이상의 점멸 시 사용하는 스위치이다.

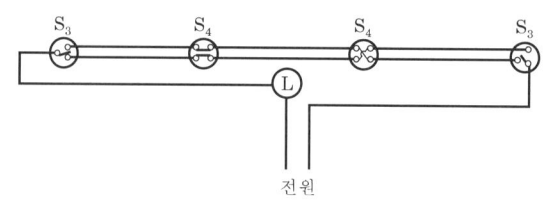

┃4로 스위치 접속 결선도 ┃

2 콘센트와 플러그 및 소켓

[1] 콘센트(consent)

전기 기구와 배선과의 접속에 사용하는 접속기로 벽이나 기둥의 표면에 부착하는 노출형 콘센트와 벽이나 기둥에 매입하여 시설하는 매입형 콘센트가 있다.

콘센트 심벌 : ⦂   방수형 콘센트 : ⦂ WP

① 콘센트는 꽂음형 또는 걸림형의 것을 사용할 것
② 일반적인 옥내 장소에 시설 시 바닥면상 간격(이격 거리)는 30[cm] 정도 높이를 유지할 것
③ 욕실 내에 콘센트를 설치하는 경우 방수형의 것을 사용하면서 사람이 쉽게 접촉되지 아니하는 위치에 바닥면상 80[cm] 이상으로 할 것
④ 전기 세탁기용과 전기 조리대용의 콘센트는 접지극이 부착되어 있는 것을 사용하거나 콘센트 박스에 접지용 단자가 있는 것을 사용할 것

[2] 플러그(plug)

2극용과 3극용 플러그가 있으며, 2극용에는 평행형과 T형이 있다.

(1) 코드 접속기(cord connection)

코드와 코드를 서로 접속할 때 사용하는 접속기로 플러그와 커넥터 바디로 구성되어 있다.

(2) 멀티탭(multi-tap)

하나의 콘센트에 여러 개의 전기 기구를 꽂아 사용할 수 있는 구조의 접속기를 말한다.

(3) 테이블탭(table tap)

코드 길이가 짧을 때 연장하여 사용하는 것으로 익스텐션 코드라고도 한다.

 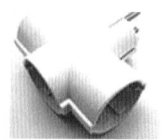 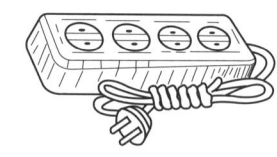

┃ 멀티탭 ┃   ┃ 테이블탭 ┃

(4) 아이언 플러그(iron plug)

전기 다리미나 전기 온탕기 등과 같은 전열기 등에서 이용하는 플러그로 내열성이 대단히 뛰어나다.

[3] 소켓(socket)

소켓이란 코드의 끝단 등에 부착하여 전구를 끼우기 위한 것으로 점멸 장치이다.

(1) 리셉터클(receptacle)

코드 없이 천장이나 벽에 직접 붙이는 일종의 소켓으로 주로 천장 조명이나 글로브 조명 시 안에 부착하여 사용한다.

(2) 로제트(rosette)

코드 펜던트를 시설할 때 천장에 코드를 매기 위해 사용하는 배선 기구로, 섬유 등 먼지가 많은 장소에 사용할 경우 화재 발생 방지를 위해 로제트 안에는 절대로 퓨즈를 설치하지 않는다.

| 리셉터클 | | 로제트 |

3 전기 공사용 공구

[1] 측정용 계기

(1) 마이크로미터

미소한 길이까지 측정할 수 있는 계기로 전선의 굵기, 얇은 철판 또는 구리판 등의 두께를 정밀하게 측정하는 데 사용하는 계기이다.

(2) 와이어 게이지

전선의 굵기 및 원형 도체의 굵기를 측정하는 데 사용하는 계기로, 측정하고자 하는 전선을 홈에 끼워 굵기 등을 측정할 수 있다.

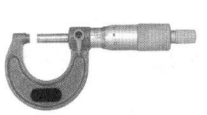 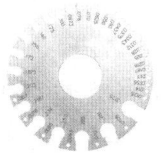

| 마이크로미터 | | 와이어 게이지 |

(3) 버니어 캘리퍼스
어미자와 아들자의 눈금을 이용하여 전선의 굵기 및 원형 도체의 두께, 깊이, 안지름, 바깥 지름까지 측정할 수 있는 계기이다.

(4) 절연 저항계(메거)
전기 기기, 전선로 및 각종 전기 자재 등의 절연 저항 측정용 계기이다.

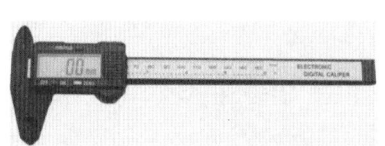　　

┃버니어 캘리퍼스┃　　┃절연 저항계(메거)┃

(5) 접지 저항계(어스테스터기, 콜라우슈 브리지)
접지 저항, 액체 저항 등의 측정용 계기이다.

(6) 훅온 메타(클램프 메타)
선로를 절단하지 않고 선로 전류를 측정할 수 있는 계기이다.

(7) 검류계
미소 전류를 측정하기 위한 계기이다.

(8) 회로 시험기(테스터기)
전압, 전류, 저항 등을 쉽게 측정할 수 있는 계기이다.

(9) 네온 검전기
대전 상태 및 충전 유무 검출용 계기이다.

　　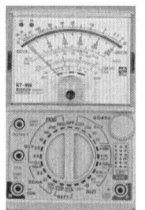　　

┃접지 저항계(어스테스터기, 콜라우슈 브리지)┃　┃멀티테스터┃　┃검전기┃

(10) 특수 저항 측정 계기
① 검류계 지시값을 0으로 하여 저항 측정 : 휘트스톤 브리지법
② 전해액의 저항 측정 : 콜라우슈 브리지법

[2] 공사용 기구

(1) 펜치
전선의 절단이나 접속 시 사용하는 공구이다.

(2) 와이어 스트리퍼
절연 전선의 피복 절연물을 직각으로 벗기기 위한 자동 공구이다.

(3) 플라이어
금속관 공사 등에서 나사나 로크 너트, 볼트 너트 등을 조여줄 때 사용하는 공구로 슬리브 접속 등과 같은 전선 접속 시 펜치의 대용으로 사용할 수 있다.

(4) 스패너
볼트 너트나 로크 너트 등을 조여주기 위한 공구로 잉글리시 스패너(english spanner)와 멍키 스패너(monkey spanner)가 있다.

 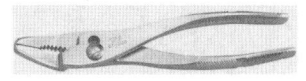 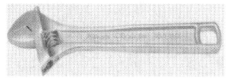

∥와이어 스트리퍼∥ ∥플라이어∥ ∥멍키 스패너∥

(5) 프레셔 툴
전선 접속 시 사용하는 압착 단자 등을 압착시키기 위한 공구이다.

(6) 클리퍼
펜치로 절단하기 힘든 $25[\text{mm}^2]$ 이상의 케이블 등과 같은 굵은 전선이나 철선, 볼트 등을 절단하기 위한 공구이다.

(7) 파이프 렌치
금속관 공사 시 금속관을 커플링을 이용하여 접속할 경우 금속관과 커플링을 단단히 물고 조여줄 때 사용하는 공구로 작업 시에는 2개의 파이프 렌치가 필요하다.

 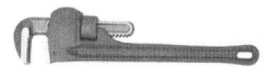

∥프레셔 툴∥ ∥파이프 렌치∥

(8) 파이프 커터
금속관이나 프레임 파이프 등을 절단하는 데 사용하는 공구이다.

(9) 파이프 바이스
금속관의 절단이나 나사 내기를 할 때 관을 단단히 물고 고정시켜 주기 위한 공구이다.

(10) 리머
금속관이나 합성 수지관을 쇠톱이나 파이프 커터를 이용하여 자른 후 관 끝부분에 남아 있는 날카로운 부분을 매끈하게 다듬어 주기 위한 공구이다.

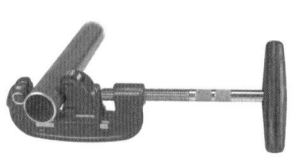  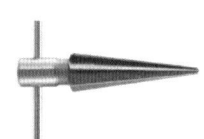

| 파이프 커터 |　　　| 파이프 바이스 |　　　| 리머 |

(11) 오스터
금속관 공사 시 금속관의 끝단이나 나사를 내기 위한 공구이다.

(12) 도래송곳
벽이나 나무판, 지지물, 목판 등에 구멍을 뚫을 때 사용하는 일종의 나사송곳이다.

(13) 히키
구부리고자 하는 금속관을 끼워서 조금씩 위치를 바꿔가며 구부리고자 하는 공구이다.

(14) 밴더
구부리고자 하는 금속관을 한 번에 의도한 각도로 관을 구부리고자 하는 공구이다.

(15) 유압식 밴더
히키나 밴더 등을 이용하여 구부릴 수 없는 굵은 전선관 등을 유압을 이용하여 구부리기 위한 공구이다.

(16) 녹아웃 펀치(홀소와 같은 용도)
배전반이나 분전반 등의 금속제 캐비닛의 구멍을 확대하거나 철판의 구멍 뚫기에 사용하는 공구로, 그 크기에 따라 15, 19, 25[mm] 등이 있다.

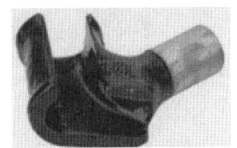  

| 히키 |　　| 밴더 |　　| 유압식 밴더 |

(17) 드라이브 이트
화약의 폭발력을 이용하여 콘크리트 벽 등에 구멍을 뚫는 공구로, 취급자는 안전을 위하여 보안 훈련을 받아야 한다.

(18) 피시 테이프
관 공사 시 전선 한 가닥을 그 끝에 묶어 잡아당겨서 관 안에 전선을 넣기 위한 평각 구리선이다.

Chapter 03 저압 옥내 배선 공사

1 저압 옥내 배선의 전압 및 전선

[1] 전압의 종별

(1) 전압의 구분

구분	전압의 크기
저압	교류 1,000[V] 이하, 직류 1,500[V] 이하인 전압
고압	교류·직류 저압 초과하여 7,000[V] 이하인 전압
특고압	7,000[V] 초과한 전압

(2) 공칭 전압에 의한 분류

① 저압 : 110[V], 220[V], 380[V], 440[V]

② 고압 : 3,300[V], 5,700[V], 6,600[V]

③ 특고압 : 11.4[kV], 22.9[kV], 154[kV], 345[kV], 765[kV]

[2] 저압 옥내 전로의 대지 전압 및 배선

(1) 주택 옥내 전로의 대지 전압

300[V] 이하로 하면서 다음 각 사항에 따를 것

① 사용 전압은 400[V] 이하일 것

② 전기 기계 기구 및 옥내의 배선은 사람이 쉽게 접촉할 우려가 없도록 시설할 것

③ 주택의 전로 인입구는 인체 보호용 누전 차단기를 시설할 것(단, 정격 용량 3[kVA] 이하 절연 변압기(1차 저압, 2차 300[V] 이하)를 사람 접촉 우려 없이 시설하고 부하측 전로를 접지하지 않는 경우는 시설하지 않아도 된다.)

④ 백열등 또는 방전등용 안정기는 저압의 옥내 배선과 직접 접속하여 시설

⑤ 정격 소비 전력이 3[kW] 이상인 전기 기계 기구를 옥내 배선과 직접 접속시키고 이에 전기를 공급하는 전로는 전용의 개폐기 및 과전류 차단기를 시설할 것

(2) 저압 배선의 전압 강하

인입구로부터 기기까지의 **전압 강하는 조명 설비의 경우 3[%] 이하**로 할 것(**기타 설비의 경우 5[%]** 이하로 할 것)

(3) 나전선 사용 가능 장소

① 애자 사용 공사에 의하여 시설하는 경우

⊙ 전기로용 전선
ⓒ 전선의 피복이 쉽게 부식하는 장소에 시설하는 전선
ⓒ 취급자 이외의 자가 출입할 수 없도록 설비한 장소에 시설하는 전선
② 버스 덕트나 라이팅 덕트와 같이 나전선으로 배선하는 경우
③ 이동 기중기나 놀이용(유희용) 전차에 전기를 공급하는 접촉 전선을 시설하는 경우

(4) 저압 옥내 배선 설비 공사 시 공통 사항
① DV, OW 전선을 제외한 절연 전선을 사용하고 **2.5[mm²] 이상의 연동 연선(단선인 경우 10[mm²]까지 사용 가능)**이나 단면적 1[mm²] 이상의 MI 케이블을 사용할 것
② 관이나 몰드, 덕트 안에는 전선의 접속점이 없을 것
③ 전압이나 사용 규정에 준하여 접지 설비를 할 것
④ 습기나 물기가 많은 장소 등에서는 방습 장치를 할 것

2 배선 설비 공사의 종류

[1] 설치 방법에 해당하는 배선 방법의 종류

설치 방법	배선 방법
전선관 시스템	합성 수지관 배선, 금속관 배선, 가요 전선관 배선
케이블 트렁킹 시스템	합성 수지 몰드 배선, 금속 몰드 배선, 금속 덕트 배선(a)
케이블 덕트 시스템	플로어 덕트 배선, 셀룰러 덕트 배선, 금속 덕트 배선(b)
애자 사용 방법	애자 사용 배선
케이블 트레이 시스템(래더, 브래킷 포함)	케이블 트레이 배선
고정하지 않는 방법, 직접 고정하는 방법, 지지선 방법(c)	케이블 배선

(a) 금속 본체와 덮개(커버)가 별도로 구성되어 덮개(커버)를 개폐할 수 있는 금속 덕트를 사용한 배선 방법
(b) 본체와 덮개(커버) 구분없이 하나로 구성된 금속 덕트를 사용한 배선 방법을 말한다.
(c) 비고정, 직접 고정, 지지선의 경우 케이블의 시설 방법에 따라 분류한 사항이다.

[2] 애자 사용 배선

① 애자 구비 조건 : 절연성, 난연성, 내수성이 있는 노브 애자 사용
② 전선 상호 간격 : 저압 6[cm] 이상(고압 8[cm] 이상)
③ 전선과 조영재 사이의 간격(이격 거리)
  ⊙ **400[V] 이하** : 2.5[cm] 이상(**400[V] 초과 저압인 건조한 장소도 해당**)
  ⓒ **400[V] 초과** : **4.5[cm] 이상**
  ⓒ 고압 : 5[cm] 이상

④ 전선 지지점 간 거리 : 전선을 조영재 윗면 또는 옆면에 따라 붙일 경우 2[m] 이하일 것 (단, 400[V] 초과인 경우로서 조영재에 따르지 않는 경우 6[m] 이하도 가능)

[3] 합성 수지 몰드 배선

① 몰드 구비 조건 : 몰드 홈의 폭 및 깊이는 3.5[cm] 이하, 두께는 2[mm] 이상으로 할 것(단, 사람의 접촉 우려가 없는 경우 5[cm] 이하)
② 사용 전압 : **400[V] 이하**
③ **전개된 장소나 점검 가능한 은폐 장소로서 건조한 장소**에 시설
④ 베이스를 조영재에 부착할 경우 40~50[cm] 간격으로 나사를 이용하여 견고하게 부착할 것

[4] 금속 몰드 배선

① 몰드 홈의 폭 및 깊이는 5[cm] 이하, 두께는 0.5[mm] 이상의 연강판
② **사용 전압 400[V] 이하에서만 사용 가능하며**, 외상을 받을 우려가 없는 전개된 건조한 장소나 점검할 수 있는 은폐 장소에 시설 가능하다.
③ 1종 금속 몰드 공사 시 동일 몰드 내에 넣는 전선수는 최대 10본 이하로 할 것
④ 2종 금속 몰드에 넣는 전선이 차지하는 단면적 몰드 내 **단면적의 20[%] 이하**로 할 것
⑤ **지지점 간의 거리 1.5[m] 이하**가 되도록 할 것
⑥ 콤비네이션 커넥터 : 금속 몰드와 금속관 접속기
⑦ 플랫 엘보(1종) : 평면에서 90°로 구부러지는 곳에서 몰드 상호 접속기
⑧ L형 크로스(2종) : L형으로 구부러지는 곳에서 몰드 상호 간을 접속하기 위한 것

[5] 합성 수지관 배선

① 시설 장소 : 모든 전개된 장소나 은폐된 장소 어느 곳에나 가능(열이나 기계적 충격에 의한 외상을 받기 쉬운 장소는 제외)
② 규격 : 두께 2[mm] 이상, 내경, 짝수(14, 16, 22, 28, 36, 42, 54, 70, 82[mm])
③ 지지점 거리는 1.5[m] 이하마다 새들을 이용하여 지지
④ 관 상호 간 접속 시 커플링을 이용하여 접속하고 관의 삽입 깊이는 관 바깥지름 (외경)의 1.2배 이상(단, 접착제 사용의 경우 0.8배)으로 하여 견고하게 접속할 것
⑤ 관 구부리기 : 직각으로 구부릴 때 곡선 반지름(곡률 반경)은 관 안지름(내경)의 6배 이상으로 할 것

[6] 금속관 배선

① 시설 장소 : 교류 저압인 장소는 옥내 어느 장소나 시설 가능
② 금속관 종류
  ㉠ 후강 전선관 : 두께 2.3[mm] 이상, 안지름(내경), 짝수(16, 22, 28, 36, 42, 54, 70, 82, 92, 104[mm])
  ㉡ 박강 전선관 : 두께 1.2[mm] 이상, **바깥지름(외경)**, **홀수**(19, 25, 31, 39, 51, 63, 75[mm])
③ **콘크리트에 매입**하는 경우 **두께 1.2[mm] 이상**일 것(기타의 장소 1[mm] 이상)
④ 굽힘 반지름(굴곡 반경) : 안지름(내경)의 6배 이상으로 한다.

$$R = 6d + \frac{D}{2}$$

여기서, d : 관 내경, D : 관 외경

⑤ 구부러진 금속관의 각도는 360°가 초과(직각 개소가 4개소 초과)하면 안 되므로 이러한 경우 중간에 풀박스나 정크션 박스 등을 접속하여 시설한다.
⑥ 전선 전부를 동일 관 내에 시설하여 자력선의 방향이 서로 반대가 되어 상쇄시키도록 하여 전자적 불평형을 방지한다.

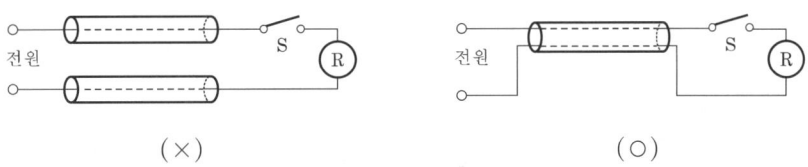

|교류 회로의 금속관 배선|

⑦ 금속관 공사 부속품
  ㉠ 히키, 밴더, 유압식 밴더 : **금속관을 구부리는 공구**
  ㉡ 오스터 : **금속관의 나사내기**
  ㉢ 로크 너트 : 금속관과 박스 접속
  ㉣ 링 리듀서 : 관과 박스 접속 시 녹아웃 지름이 금속관의 지름보다 클 경우 박스나 캐비닛 내외 양측에 접속하는 기구
  ㉤ 절연 부싱 : 관 끝단에 부착하여 전선의 절연 피복을 보호하기 위한 기구
  ㉥ 엔트런스 캡(우에사 캡) : 저압 가공 인입구에서 빗물의 침입 방지용으로 사용하는 접속기

ⓢ 터미널 캡(서비스 캡) : 배관 공사 시 금속관이나 합성 수지관으로부터 전선을 뽑아 전동기 단자 부근에 접속할 때 전선 보호를 위해 관 끝에 설치하는 것

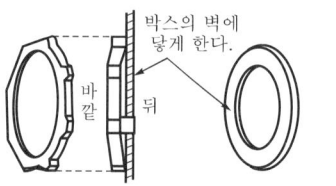 

|로크 너트|　|링 리듀서|　　　　|절연 부싱|

ⓞ 노멀 밴드 : 매입이나 노출 배관에서 금속관의 직각 배관 시 관 상호 접속 기구
ⓩ 유니버설 엘보 : 노출 배관에서 배관이 직각으로 구부러지는 경우 사용

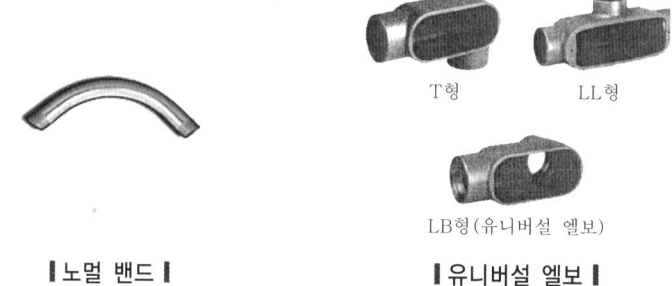

|노멀 밴드|　　　　　　|유니버설 엘보|

[7] 가요 전선관 배선

① 구비 조건 : 두께 0.8[mm] 이상 연강대에 아연도금을 한 다음 이것을 약 반 폭씩 겹쳐서 나선 모양으로 감은 구조
② 시설 장소
  ㉠ 제1종 가요 전선관 : 노출 장소나 점검 가능한 은폐 장소로서 건조한 장소
  ㉡ 제2종 가요 전선관 : 저압 옥내 배선 공사를 실시하는 모든 장소에 시설 가능 (내수성, 내유성)
③ 제2종 가요 전선관의 크기 및 호칭 : 안지름(내경)(종류 : 10, 12, 15, 17, 24, 30, 38, 50, 63, 76, 83, 101[mm])

 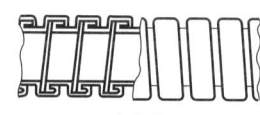

표준형　　　　　　응용형

(a) 제1종 가요 전선관

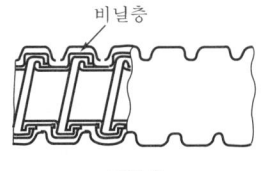
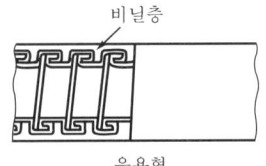

표준형　　　　　　　　　　　응용형

(b) 비닐 피복 제1종 가요 전선관

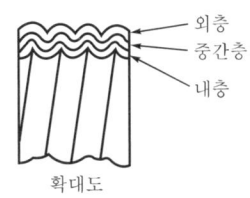
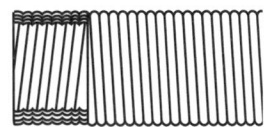

확대도
- 외층 : 금속 조편
- 중간층 : 금속 조편
- 내층 : 비금속 조편

(c) 제2종 가요 전선관

| 금속제 가요 전선관 |

④ 가요 전선관 구부리기
  ㉠ 제1종, 제2종 일반적인 곡선 반지름(곡률 반경) : 관 안지름(내경)의 6배 이상으로 할 것
  ㉡ **제2종 가요관으로 관을 제거하는 것**이 자유로운 경우 굽힘 반지름(굴곡 반경) : **관 안지름**의 3배 이상

⑤ 가요 전선관의 접속 시 부속품
  ㉠ 스플릿 커플링 : 가요 전선관 상호 간의 접속 시 사용
  ㉡ 콤비네이션 커플링 : 가요 전선관과 금속관의 접속 시 사용
  ㉢ 스트레이트 박스 커넥터 : 가요 전선관과 박스 또는 캐비닛과의 접속 시 전선관이 직선으로 나올 때 사용
  ㉣ 앵글 박스 커넥터 : 가요 전선관과 박스 또는 캐비닛과의 접속 시 전선관이 직각으로 구부러지는 경우 사용

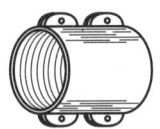 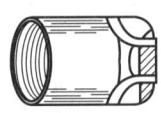 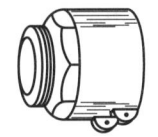 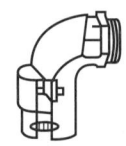

| 스플릿 커플링 | | 콤비네이션 커플링 | | 스트레이트 박스 커넥터 | | 앵글 박스 커넥터 |

⑥ 가요 전선관의 지지점 간 거리
  ㉠ 조영재의 측면 또는 하면에 수평 방향으로 시설하는 경우 : 1[m] 이하로 할 것
  ㉡ 사람이 접촉될 우려가 있는 경우 : 1[m] 이하로 할 것
  ㉢ 기타의 경우 : 2[m] 이하로 할 것

[8] 덕트 배선 설비

(1) 금속 덕트와 버스 덕트 배선
① 금속 덕트 : 폭 4[cm]를 넘고 두께 1.2[mm] 이상인 강판 또는 동등 이상의 세기를 가지는 금속제로 제작
② 버스 덕트 구비 조건 : 단면적 20[mm^2] 이상의 구리(동) 또는 단면적 30[mm^2] 이상 알루미늄을 사용한 것으로 간격 50[cm] 이하마다 지지하여 만든 덕트
③ 시설 원칙
  ㉠ 시설 장소 : 옥내 건조한 장소, 노출 장소 또는 점검 가능한 은폐 장소에 한하여 시설할 수 있으며 주로 공장, 빌딩의 간선 등과 같은 다수의 전선을 수용하는 장소에 시설한다.
  ㉡ 덕트 지지점 간 거리 : 3[m] 이하(단, 취급자 이외에는 출입할 수 없는 곳에서 수직으로 설치하는 경우 6[m] 이하까지 가능)
  ㉢ 덕트나 전선 상호 간은 견고하고 전기적으로 완전하게 접속하고 끝부분은 폐쇄할 것
  ㉣ 덕트 내 전선이 차지하는 단면적 : 덕트 내부 단면적의 20[%] 이하, 전선 조수 30본 이하로 할 것(단, 제어 회로나 출퇴 표시등 배선에 사용하는 전선은 50[%] 이하도 가능)
  ㉤ 습기나 물기가 있는 장소는 옥외용 버스 덕트를 사용하고 버스 덕트 내부에 물이 침입하여 고이지 아니하도록 할 것

(2) 플로어 덕트 배선
① 구비 조건 : 강철제 덕트를 콘크리트 바닥 밑에 부설하는 방식으로 원하는 장소에서 전화선이나 콘센트 전원을 인출하기 위한 덕트로 2.0[mm] 이상의 강판으로 견고하게 제작된 덕트
② 건조한 콘크리트 또는 신더(cinder) 콘크리트 플로어 내에 매입할 경우에 한하여 시설할 수 있고 덕트 안에는 전선에 접속점이 없도록 할 것(단, 전선을 분기하는 경우로서 그 접속점을 쉽게 점검할 수 있는 경우에는 예외)
③ 사용 전압 400[V] 이하

[9] 케이블 배선

(1) 시설 원칙
① 중량물의 압력 또는 심한 기계적 충격을 받을 우려가 있는 장소는 적당한 방호 설비(금속관, 합성 수지관)를 이용하여 시설하고 금속제 박스 등에 삽입하는 경우 고무 부싱, 케이블 접속기 등을 사용하여 케이블의 손상을 방지할 것

② 케이블 구부릴 때 곡선 반지름(곡률 반경)
  ㉠ 비닐, 클로로프렌 및 폴리에틸렌 외장 케이블 : 바깥지름(외경)의 6배(단심인 것은 8배) 이상
  ㉡ 연피, 알루미늄피를 갖는 케이블 : **바깥지름(외경)의 12배 이상**으로 할 것
③ 케이블 지지점 간 거리
  ㉠ 조영재 옆면 또는 아랫면에 따라 배선할 경우 2[m] 이하마다 견고하게 지지할 것 (단, 사람이 접촉할 우려가 없는 곳에서 수직으로 붙이는 경우에는 6[m] 이하)
  ㉡ 캡타이어 케이블 : 1[m] 이하로 하면서 새들, 스테이플 등을 이용하여 지지할 것

(2) 콘크리트 직매용 포설 가능 케이블

미네랄 인슐레이션 케이블, 콘크리트 직매용, 콤바인 덕트 케이블, 파이프형 압력 케이블, 강대 또는 황동대 개장 케이블을 사용할 것

(3) 케이블 트레이 배선

① 시설 규정 : 케이블을 지지하기 위하여 사용하는 금속재 또는 불연성 재료로 제작된 유닛 또는 유닛의 집합체 및 그에 부속하는 부속재 등으로 구성된 견고한 구조물
② 종류 : **사다리형, 펀치형, 그물망(메시)형, 바닥 밀폐형**, 기타 이와 유사한 구조물
③ 사용 전선 : 연피 케이블, 알루미늄피 케이블 등 난연성 케이블 또는 기타 케이블 또는 금속관 혹은 합성 수지관 등에 넣은 절연 전선을 사용할 것
④ 수평 트레이에 단심 케이블 시설 시 주의 사항
  ㉠ 벽면과의 간격은 2[cm] 이상 이격하여 설치
  ㉡ 트레이 간의 수직 간격은 30[cm] 이상으로 설치하며 3단 이하로 할 것
⑤ 수직 트레이에 단심 케이블 시설 시 주의 사항
  ㉠ 벽면과의 간격은 단심 케이블 외경의 0.3배 이상 이격하여 설치
  ㉡ 트레이 간의 수평 간격은 22.5[cm] 이상으로 설치

Chapter 04 저압 전로 보호

1 과전류 보호

[1] 과전류에 대한 보호

(1) 보호 장치의 종류
① 과부하 전류 및 단락 전류 겸용 보호 장치
② 과부하 전류 전용 보호 장치
③ 단락 전류 전용 보호 장치

(2) 과전류 차단기의 시설
과전류 차단기란 전로에 과부하나 단락 사고 발생 시 자동으로 전로를 차단하기 위한 장치로, 저압 전로에서는 퓨즈나 배선용 차단기(MCCB) 등을 시설하고, 고압 및 특고압 전로에서는 퓨즈 또는 계전기 등에 의하여 동작하는 차단기 등을 시설한다.

※ 과전류=과부하 전류+단락 전류

(3) 과부하 전류에 대한 보호
① 도체와 과부하 보호 장치 사이의 협조 : 과부하에 대해 케이블(전선)을 보호하는 장치의 동작 특성은 다음의 조건을 충족해야 한다.

$I_B \le I_n \le I_Z$

$I_2 \le 1.45 \times I_Z$

여기서, I_B : 회로의 설계 전류
I_Z : 케이블의 허용 전류
I_n : 보호 장치의 정격 전류
I_2 : 보호 장치가 규약 시간 이내에 유효하게 동작하는 것을 보장하는 전류

② 과부하 보호 장치의 설치 위치
㉠ 그림과 같이 분기 회로(S_2)의 과부하 보호 장치(P_2)의 전원측에 다른 분기 회로 또는 콘센트의 접속이 없고 분기 회로에 대한 단락 보호가 이루어지고 있는 경우, P_2는 분기 회로의 분기점(O)으로부터 부하측으로 거리에 구애받지 않고 이동하여 설치할 수 있다.

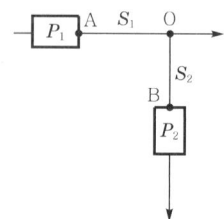

ⓒ 그림과 같이 분기 회로(S_2)의 보호 장치(P_2)는 P_2의 전원측에서 분기점(O) 사이에 다른 분기 회로 또는 콘센트의 접속이 없고, 단락의 위험과 화재 및 인체에 대한 위험성이 최소화되도록 시설된 경우, 분기 회로의 보호 장치(P_2)는 분기 회로의 분기점(O)으로부터 3[m]까지 이동하여 설치할 수 있다.

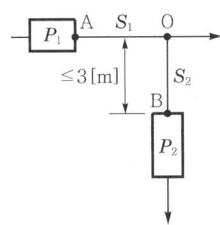

[2] 보호 장치

(1) 과전류 차단기

개폐기에 의하여 구분된 전로 안에 발생한 과부하나 단락 사고 등으로 인하여 대단히 큰 전류가 흐를 경우 회로를 자동적으로 차단하여 보호하는 장치(퓨즈, 배선용 차단기)

① 저압용 퓨즈(fuse)의 불용단 전류와 용단 전류

정격 전류의 구분	시간	정격 전류의 배수	
		불용단 전류	용단 전류
4[A] 초과 16[A] 미만	60분	1.5배	1.9배
16[A] 이상 63[A] 이하	60분	1.25배	1.6배
63[A] 초과 160[A] 이하	120분	1.25배	1.6배

② 배선용 차단기

ⓐ 과전류 차단기로 저압 전로에 사용하는 산업용 배선용 차단기와 주택용 배선용 차단기는 다음 표에 적합한 것이어야 한다. 다만, 일반인이 접촉할 우려가 있는 장소(세대 내 분전반 및 이와 유사한 장소)에는 주택용 배선용 차단기를 시설하여야 한다.

ⓑ 배선용 차단기의 과전류 트립 동작 시간 및 특성

정격 전류의 구분	시간	정격 전류의 배수(모든 극에 통전)			
		산업용		주택용	
		부동작 전류	동작 전류	부동작 전류	동작 전류
63[A] 이하	60분	1.05배	1.3배	1.13배	1.45배
63[A] 초과	120분	1.05배	1.3배	1.13배	1.45배

③ 고압용 퓨즈
  ㉠ 포장 퓨즈 : 정격 전류의 1.3배에 견디고, 2배 전류에는 120분 이내에 용단될 것
  ㉡ 비포장 퓨즈 : 정격 전류의 1.25배에 견디고, 2배 전류에는 2분 이내에 용단될 것

(2) 누전 차단기 설치
  ① 사람이 쉽게 접촉될 우려가 있는 장소에 시설하는 사용 전압이 50[V]를 초과하는 저압의 금속제 외함을 가지는 기계 기구에 전기를 공급하는 전로에 지락이 발생했을 때에 자동적으로 전로를 차단하는 누전 차단기 등을 설치할 것
  ② 주택의 전로 인입구는 전기용품 및 생활용품 안전관리법의 적용을 받는 인체 보호용 누전 차단기를 시설할 것

2 간선 및 분기 회로 보호

[1] 간선의 보호

(1) 간선이란 전기 사용 기계 기구에 전기를 공급하기 위한 전로 중에서 인입 개폐기나 변전실 배전반 등에서 전기 사용 기계 기구가 직접 접속되는 전로인 분기 회로에 설치한 분기 개폐기에 이르는 전로를 말한다.

(2) 간선의 굵기 선정 시 초과 용량에 대해 적용할 수용률

수용률, 역률 등이 명확한 경우에는 이것으로 적당히 수정한 부하 전류치 이상의 허용 전류를 가지는 전선을 사용할 수 있다. 단, 전등 및 소형 전기 기계 기구의 용량 합계가 10[kVA]를 초과하는 것은 그 초과 용량에 대하여 다음 표의 수용률을 적용할 것

∥건축물에 따른 간선의 수용률∥

건축물의 종류	수용률[%]
주택, 기숙사, 여관, 호텔, 병원, 창고	50
학교, 사무실, 은행	70

[2] 분기 회로의 시설

분기 회로란 간선에서 분기하여 분기 과전류 차단기를 거쳐 전기 사용 기계 기구에 이르는 전로로, 일반적인 가정용 옥내 배선 등과 같은 전기 배선 분기 회로는 15[A] 분기 회로를 사용하며, 전선의 최소 굵기는 2.5[mm^2] 이상이다.

(1) 분기 개폐기는 각 극에 시설할 것

(2) 분기 회로의 과전류 차단기에 플러그 퓨즈를 사용하는 등 절연 저항 측정을 할 때에 그 저압 전로를 개폐할 수 있도록 하는 경우에는 분기 개폐기의 시설을 하지 않아도 된다.

(3) 분기 회로의 과전류 차단기는 각 극에 시설할 것

[3] 부하의 상정 시 분기 회로수를 결정하는 표준 부하

(1) 부하의 상정 시 건축물에 따른 단위 면적당 표준 부하[VA/m^2]

배선을 설계하기 위한 전등 및 소형 전기 기계 기구의 부하 용량 상정은 표준 부하에 건물 면적을 곱하여 계산한다.

① 건물의 종류에 대응한 표준 부하[VA/m^2]

건물의 종류	표준 부하
공장, 공회당, 사원, 교회, 극장, 영화관, 연회장 등	10
기숙사, 여관, 호텔, 병원, 학교, 음식점, 다방, **대중 목욕탕**	20
사무실, 은행, 상점, 이발소, **미용원**	30
주택, 아파트	40

② 건조물(주택, 아파트를 제외) 중 별도 계산할 부분은 표준 부하[VA/m^2]

건물의 종류	표준 부하
복도, 계단, 세면장, 창고, 다락 등	5
강당, 관람석 등	10

설비 부하 용량[VA] = 표준 부하 × 건물 면적 + 가산 부하

(2) 분기 회로의 종류

분기 회로의 종류	분기 과전류 차단기의 정격 전류
15[A] 분기 회로	15[A]
20[A] 배선용 차단기 분기 회로	20[A](배선용 차단기에 한함)
20[A] 분기 회로	20[A](퓨즈에 한함)

(3) 15[A] 분기 회로수 결정

$$N = \frac{설비\ 부하\ 용량[VA]}{220[V] \times 15[A]}\ (무조건\ 절상)$$

※ 3[kW] 이상의 대형 전기 기계 기구에 대해서는 별도의 전용 분기 회로를 만들 것

[4] 전동기의 보안 장치

옥내에 시설하는 0.2[kW]를 넘는 전동기에는 다음 예외 사항을 제외하고는 전동기 과부하에 의한 소손 방지를 위해 **전동기용 퓨즈, 열동 계전기, 전동기 보호용 배선용 차단기, 유도형 계전기, 정지형 계전기(전자식 계전기, 디지털 계전기 등)** 등의 전동기용 과부하 보호 장치를 반드시 시설해야 한다.

(1) 전동기 과부하 보호 장치의 생략
① 전동기를 운전 중 상시 취급자가 감시할 수 있는 위치에 시설하는 경우
② 전동기 구조나 부하 특성상 전동기 소손 과전류가 발생할 우려가 없는 경우
③ 전동기 출력이 4[kW] 이하이고, 전동기 운전 상태를 취급자가 전류계 등으로 항상 감시할 수 있는 위치에 시설하는 경우
④ 단상 전동기로써 그 전원측 전로에 시설하는 과전류 차단기의 정격 전류가 16[A] (배선용 차단기는 20[A]) 이하인 경우

(2) 전동기 과부하 보호 장치의 종류
① 금속 상자 개폐기 : 전동기의 과전류 보호용 퓨즈가 부착된 보호 개폐기로 철제 외함 안에 나이프 스위치를 넣어 충전 부분을 덮은 다음, 조작을 안전하고 간편하게 하기 위하여 외부에서 핸들을 조작하여 개폐하는 스위치로 외함을 닫지 않으면 동작하지 않는 안전 장치가 부착되어 있으므로 안전 스위치(safety switch)라고도 한다.
② 마그넷 스위치(전자 개폐기, EOCR) : 전동기 등과 같은 기계 기구의 운전과 정지, 과부하 등으로부터 보호를 하며 저전압에도 동작하는 스위치로 전동기 운전 시 발생하는 과전류에 의한 소손 방지를 위하여 **열동형 과전류 계전기와 조합**하여 사용하는 스위치이다.
③ 전동기용 퓨즈 : 과전류에 의하여 회로를 차단하는 특성을 가진 퓨즈로 정격 전류는 2~16[A]까지 있고, 전동기의 과전류 보호용으로 사용한다.

[5] 기타 자동 스위치
① 플로트 스위치(float switch) : 물탱크 물의 양에 따라 동작하는 스위치로 학교, 공장, 빌딩 등의 옥상에 설비되어 있는 급수 펌프에 설치된 전동기 운전용 마그넷 스위치와 조합하여 사용하는 스위치이다.

② 압력 스위치(pressure switch) : 액체 또는 기체의 압력이 높고 낮음에 따라 자동 조절되는 것으로 공기 압축기나 가스 탱크, 기름 탱크 등의 펌프용 전동기에 사용된다.

③ 수은 스위치(mercury switch) : 유리구에 봉입한 수은이 유리구의 기울어짐에 따라 접점이 자동으로 바뀌는 것으로 생산 공장의 자동화에 널리 사용되고, 또 바이메탈과 조합하여 실내 난방 장치의 자동 온도 조절에도 사용된다.

Chapter 05 전로의 절연 및 접지

1 전로의 절연

[1] 전로의 절연 제외 사항

① 접지 공사를 실시한 경우의 모든 접지점
② 시험용 변압기, 전기 울타리 전원 장치, X선 발생 장치 등과 같이 전로의 일부를 대지로부터 절연하지 않고 사용하는 것이 부득이 어려운 경우
③ 전기로, 전기 보일러, 전기 욕기, 전해조 등과 같이 절연이 기술적으로 대단히 어려운 경우

[2] 전로의 절연 저항

$$전로의\ 절연\ 저항 = \frac{정격\ 전압}{누설\ 전류}$$

① 사용 전압이 저압인 전로의 전선 상호 간 및 전로와 대지 사이의 절연 저항

전로의 사용 전압[V]	DC 시험 전압[V]	절연 저항[MΩ]
SELV 및 PELV	250	0.5
FELV, 500[V] 이하	500	1.0
500[V] 초과	1,000	1.0

용어 정의
① 특별 저압(extra low voltage)
　㉠ 인체에 위험을 초래하지 않을 정도의 저압
　㉡ 2차 공칭 전압 AC 50[V], DC 120[V] 이하
② SELV(Safety Extra Low Voltage) : 비접지 회로로 구성된 특별 저압
③ PELV(Protective Extra Low Voltage) : 접지 회로로 구성된 특별 저압
④ FELV : 1차와 2차가 전기적으로 절연되지 않은 회로로 구성된 특별 저압

② 측정 시 영향을 주거나 손상을 받을 수 있는 SPD(서지 보호 장치, Surge Protective Device) 또는 기타 기기 등은 측정 전에 분리시켜야 하고, 부득이하게 분리가 어려운 경우에는 절연 저항값은 1[MΩ] 이상이어야 한다.
③ 정전이 어렵거나 절연 저항 측정이 곤란한 경우에는 누설 전류를 1[mA] 이하로 유지하여야 한다.

[3] 절연 내력 시험 전압

전로에서 정한 시험 전압을 전로와 대지 사이에 연속적으로 **10분**간 가하여 견딜 것

변압기, 기구의 전로의 절연 내력 시험 전압

최대 사용 전압	전로의 접지 방식	절연 내력 시험 전압비 (최저 시험 전압)
7[kV] 이하	비접지	1.5배(최저 500[V])
7[kV] 초과~25[kV] 이하	중성점 다중접지	0.92배
7[kV] 초과~60[kV] 이하	중성점 접지	1.25배(최저 10.5[kV])
60[kV] 초과 170[kV] 이하	중성점 비접지식 전로	1.25배
	중성점 접지(성형 결선, 또는 스코트 결선)로서 중성점 접지식 전로(전위 변성기를 사용하여 접지)	1.1배(최저 75[kV])
	중성점 직접 접지	0.72배

2 접지 공사

[1] 접지 공사의 목적

① 이상 전압의 억제
② 감전 및 화재 사고 방지
③ 보호 계전기의 동작 확보
④ 전로의 대지 전압 상승 방지

[2] 접지 시스템

접지 시스템(earthing system)은 기기나 계통을 개별적 또는 공통으로 접지하기 위하여 필요한 접속 및 장치로 구성된 설비이다.

(1) 접지 시스템의 구분

계통 접지, 보호 접지, 피뢰 시스템 접지

(2) 접지 시스템의 시설 종류

단독 접지, 공통 접지, 통합 접지

(3) 접지 시스템의 구성 요소

접지극, 접지 도체, 보호 도체, 기타 설비

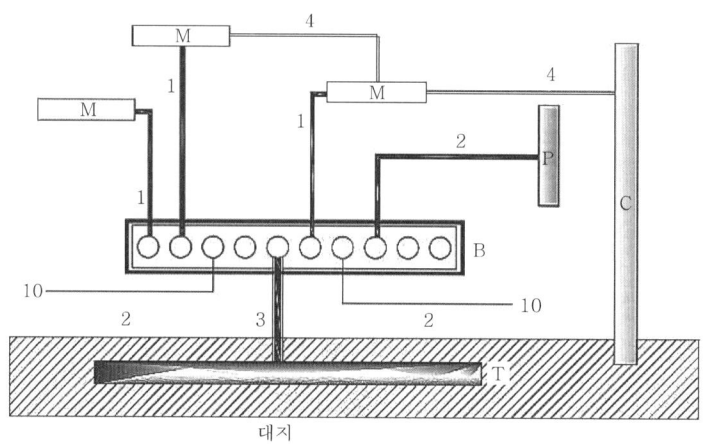

1 : 보호선(PE)
2 : 주등전위 본딩용 선
3 : 접지선
4 : 보조 등전위 본딩용 선
10 : 기타 기기(통신 설비)

B : 주접지 단자
M : 전기 기구의 노출 도전성 부분
C : 철골, 금속 덕트 계통의 도전성 부분
P : 수도관, 가스관 등 금속 배관
T : 접지극

┃접지 시스템┃

[3] 접지 도체의 최소 단면적

① 최소 단면적 : 구리 $6[mm^2]$, 철제 $50[mm^2]$

※ 피뢰 시스템에 접속된 경우 : 구리 $16[mm^2]$, 철제 $50[mm^2]$)

② 접지 도체의 굵기

구분	접지 도체의 굵기
특고압 · 고압 전기 설비용	$6[mm^2]$ 이상의 연동선
중성점 접지용	$16[mm^2]$ 이상의 연동선
	$7[kV]$ 이하의 전로 또는 $25[kV]$ 이하인 중성선 다중 접지식으로서 전로에 지락이 생겼을 때 2초 이내에 자동적으로 이를 전로로부터 차단하는 장치가 되어 있는 경우 : $6[mm^2]$ 이상의 연동선
이동하여 사용하는 전기 기계 기구의 금속제 외함 등	특고압 · 고압 전기 설비용 접지 도체 및 중성점 접지용 접지 도체 : 클로로프렌 캡타이어 케이블(3종 및 4종) 또는 클로로설포네이트 폴리에틸렌 캡타이어 케이블(3종 및 4종)의 1개 도체 또는 다심 캡타이어 케이블의 차폐 또는 기타의 금속체로 단면적이 $10[mm^2]$ 이상
	저압 전기 설비용 접지 도체 : 다심 코드 또는 다심 캡타이어 케이블의 1개 도체의 단면적이 $0.75[mm^2]$ 이상인 것(단, 기타 유연성이 있는 연동 연선은 1개 도체의 단면적이 $1.5[mm^2]$ 이상)

③ 접지 도체의 보호 : 접지 도체는 지하 $0.75[m]$부터 지표상 $2[m]$까지 부분은 합성 수지관(두께 $2[mm]$ 미만의 합성 수지제 전선관 및 가연성 콤바인 덕트관은 제외한다) 또는 이와 동등 이상의 절연 효과와 강도를 가지는 몰드로 덮어야 한다.

[4] 보호 도체

① 선도체와 동일 외함에 설치한 경우 최소 단면적 : 단면적 $S[\text{mm}^2]$에 따라 선정

선도체의 단면적 $S([\text{mm}^2], 구리)$	보호 도체의 최소 단면적($[\text{mm}^2]$, 구리)
	보호 도체의 재질이 같은 경우
$S \leq 16$	S
$16 < S \leq 35$	16
$S > 35$	$\dfrac{S}{2}$

② 보호 장치의 차단 시간 5초 이하의 경우

$$\text{선도체 단면적 } S = \dfrac{\sqrt{I^2 t}}{k} I [\text{mm}^2]$$

여기서, I : 보호 장치를 통해 흐를 수 있는 예상 고장 전류 실효값[A]
　　　　t : 보호 장치의 자동 차단 동작 시간[s]
　　　　k : 재질 및 온도에 따른 계수

③ 선도체와 동일 외함에 설치되지 않은 경우 보호 도체 최소 단면적
　㉠ 기계적 손상에 대해 보호되는 경우 구리 $2.5[\text{mm}^2]$, 알루미늄 $16[\text{mm}^2]$ 이상
　㉡ 기계적 손상에 대해 보호되지 않는 경우 구리 $4[\text{mm}^2]$, 알루미늄 $16[\text{mm}^2]$ 이상

④ 보호 도체와 계통 도체 겸용 : 보호 도체와 계통 도체를 겸용하는 겸용 도체라 함은 중성선과 겸용, 선도체와 겸용, 중간 도체와 겸용 등을 말하며 단면적 구리 $10[\text{mm}^2]$ 또는 알루미늄 $16[\text{mm}^2]$ 이상

[5] 전기 수용가 접지

(1) 저압 수용가 인입구 접지

수용 장소 인입구 부근에서 다음의 것을 접지극으로 사용하여 변압기 중성점 접지를 한 저압 전선로의 중성선 또는 접지측 전선에 추가로 접지 공사 가능

수도관, 철골 등의 접지극 사용 가능한 전기 저항
① 지중 매설된 금속제 수도관은 대지와의 전기 저항이 $3[\Omega]$ 이하
② 건축물, 구조물의 철골, 기타 금속제는 대지와의 전기 저항이 $3[\Omega]$ 이하

(2) 주택 등 저압 수용 장소 접지

저압 수용 장소 계통 접지가 TN-C-S 방식인 경우에 보호 도체는 다음에 따라 시설하여야 한다.
① 중성선 겸용 보호 도체(PEN)는 고정 전기 설비에만 사용할 것
② 단면적이 구리 $10[\text{mm}^2]$ 이상, 알루미늄 $16[\text{mm}^2]$ 이상

③ 감전 보호용 등전위 본딩을 하여야 하며 그렇지 않은 경우 중성선 겸용 보호 도체를 수용 장소의 인입구 부근에 추가로 접지하여야 하며, 그 접지 저항값은 접촉 전압을 허용 접촉 전압 범위 내로 제한하는 값 이하로 하여야 한다.

(3) 35[kV] 이하 변압기 중성점 접지

접지 저항 $R = \dfrac{150,\ 300,\ 600}{I_g}[\Omega]$

여기서, I_g : 1선 지락 전류[A], 최소 2[A]
150 : 자동 차단 장치가 없는 경우
300 : 자동 차단 장치가 1초 초과 2초 이내에 고압·특고압 전로를 자동 차단하는 경우
600 : 1초 이내에 고압·특고압 전로를 자동으로 차단하는 경우

[6] 피뢰 시스템

(1) 피뢰 시스템 적용 범위
① 전기 전자 설비가 설치된 건축물·구조물로서 낙뢰로부터 보호가 필요한 것 또는 지상으로부터 높이가 20[m] 이상인 것
② 저압 전기 전자 설비
③ 고압 및 특고압 전기 설비

(2) 피뢰 시스템의 구성
① 외부 피뢰 시스템 : 직격뢰로부터 대상물 보호
㉠ 수뢰부 시스템 선정 : 돌침, 수평 도체, 그물망(메시) 도체의 요소 중 한 가지 또는 이를 조합한 형식
• 수뢰부 시스템의 배치 : 보호각법, 회전구체법, 그물망(메시)법 중 하나 또는 조합된 방법으로 배치
• 건축물·구조물의 뾰족한 부분, 모서리 등에 우선하여 배치
㉡ 인하도선 시스템 : 수뢰부 시스템과 접지 시스템을 연결하는 것
㉢ 접지극 시스템
• 뇌전류를 대지로 방전시키는 시스템
• 접지극의 접지 저항 : 10[Ω] 이하
② 내부 피뢰 시스템 : 간접뢰 및 유도뢰로부터 대상물 보호
㉠ 전기 전자 설비의 낙뢰에 대한 보호
㉡ 전기적 절연
㉢ 전기 전자 설비의 접지·본딩으로 보호
㉣ 전기 전자 설비 보호를 위한 서지 보호 장치 시설

[7] 접지극의 시설

(1) 접지극으로 사용 가능한 도체
① 콘크리트나 토양에 매설된 기초 접지극
② 토양에 수직 또는 수평으로 직접 매설된 금속 전극(봉, 전선, 테이프, 배관, 판 등)
③ 케이블의 금속 외장 및 그 밖에 금속 피복
④ 지중 금속 구조물(배관 등)
⑤ 대지에 매설된 철근 콘크리트의 용접된 금속 보강재(강화 콘크리트는 제외)

(2) 접지극의 매설
① 접지극은 매설하는 토양을 오염시키지 않아야 하며, 가능한 다습한 부분에 설치한다.
② 접지극은 지표면으로부터 지하 0.75[m] 이상으로 하되 동결 깊이를 감안하여 매설 깊이를 정해야 한다.
③ 접지 도체를 철주 기타의 금속체를 따라서 시설하는 경우에는 접지극을 철주의 밑면으로부터 0.3[m] 이상의 깊이에 매설하는 경우 이외에는 접지극을 지중에서 그 금속체로부터 1[m] 이상 떼어 매설하여야 한다.

(3) 접지 저항 저감법
① 접지봉의 길이, 접지판의 면적과 같은 접지극의 크기를 크게 한다.
② 접지극의 매설 깊이(지표면하 0.75[m] 이상)를 깊게 한다.
③ 접지극을 상호 2[m] 이상 이격하여 병렬 접속한다.
④ 메시 공법이나 매설 지선 공법 등에 의한 접지극의 형상을 변경한다.
⑤ 접지 저항 저감제와 같은 화학적 재료를 사용하여 토지를 개량한다.

(4) 접지극의 종류 및 규격
① 동판 : 두께 0.7[mm] 이상, 단면적 900[cm^2] 편면(片面) 이상의 것
② 동봉, 동피복강봉 : 지름 8[mm] 이상, 길이 0.9[m] 이상의 것
③ 철관 : 외경 25[mm] 이상, 길이 0.9[m] 이상 아연도금 가스 철관 또는 후강 전선관일 것
④ 철봉 : 지름 12[mm] 이상, 길이 0.9[m] 이상의 아연도금한 것

[8] 기계 기구의 철대 및 외함의 접지 시 접지 공사 생략
① 사용 전압이 직류 300[V], 교류 대지 전압 150[V] 이하인 전기 기계 기구를 건조한 장소에 설치한 경우
② 저압, 고압, 22.9[kV-Y] 계통 전로에 접속한 기계 기구를 목주 위 등에 시설한 경우

③ 저압용 기계 기구를 목주나 마루 위 등에 설치한 경우
④ 전기용품 및 생활용품 안전관리법에 의한 2중 절연 기계 기구
⑤ 외함이 없는 계기용 변성기 등을 고무 절연물 등으로 덮은 경우
⑥ 철대 또는 외함이 주위의 적당한 절연대를 이용하여 시설한 경우
⑦ 2차 전압 300[V] 이하, 정격 용량 3[kVA] 이하인 절연 변압기를 사용하고 2차측을 비접지 방식으로 하는 경우
⑧ 동작 전류 30[mA] 이하, 동작 시간 0.03[sec] 이하인 인체 감전 보호 누전 차단기를 설치한 경우(단, 습기·물기가 존재하는 경우 동작 전류 15[mA] 이하의 고감도형 사용)

Chapter 06 전선로 및 배전 공사

1 가공 전선로

[1] 전선로 일반

발전소, 변전소, 개폐소 상호 간 또는 이들과 수용가 간을 연결하는 전선 및 이를 지지·보강하기 위한 전체 설비를 전선로라 한다.
① 가공 전선로
② 지중 전선로
③ 옥상 전선로
④ 옥측 전선로
⑤ 수상 전선로
⑥ 물밑 전선로
⑦ 터널 내 전선로

> **변전소**
> 구외에서 전송된 전기를 변압기, 정류기 등을 통해 변성한 후 다시 구외로 전송하는 전기 설비 전체
> ① 전압의 변성
> ② 전력의 집중과 배분
> ③ 전력 계통 보호

[2] 가공 전선로의 시설

발전소 등에서 발전된 전력이나 변전소 등에서 변성된 전력을 철근 콘크리트주나 철주, 철탑 같은 지지물을 통하여 수용가 등으로 전송하기 위한 전선이다.

(1) 가공 전선로의 전선 굵기

① 사용 전압 400[V] 이하 : 2.6[mm] 이상의 경동선 사용
② 사용 전압 400[V] 초과, 고압
  ㉠ 시가지 내 : 5.0[mm] 이상의 경동선
  ㉡ 시가지 외 : 4.0[mm] 이상의 경동선
③ 특고압 가공 전선로의 케이블 시설
  ㉠ 인장 강도 8.71[kN] 이상의 연선 또는 단면적이 25[mm^2] 이상의 경동 연선이나 동등 이상의 인장 강도를 갖는 알루미늄 전선이나 절연 전선이어야 한다.
  ㉡ 가공 케이블의 조가선(조가용선 : 케이블을 매달아 시설하기 위한 강선)을 이용한 시설 기준
    • 조가선(조가용선)에 행거를 이용하여 시설하고, 행거 간격은 50[cm] 이하마다 시설할 것

- 조가선(조가용선)에 접촉시키고 금속 테이프 간격을 20[cm] 이하마다 나선형으로 감아 붙일 것
- 조가선(조가용선) 규격 : 인장 강도 13.93[kN] 이상의 연선 또는 단면적 25[mm^2] 이상의 아연도강연선

④ 가공 전선의 높이[m]

구분	저압	고압	특고압(35[kV] 이하)
도로	6	6	6
철도	6.5	6.5	6.5
횡단보도교	3.5(절연 전선 3)	3.5	4
기타	5	5	5

⑤ 가공 전선로의 지지물 간 거리(경간)

구분	표준 지지물 간 거리(경간)	장경간	저·고압 보안 공사 22.9[kV-Y] 다중 접지
목주, A종	150	300	100
B종	250	500	150
철탑	600	1,200	400

 보안 공사
전선로 공사 시 전선 및 지지물을 더 튼튼한 것으로 하고, 경간은 더 작게 하는 등 전선로 가선 공사 시 모든 시설 기준을 좀 더 강화시키는 것

(2) 가공 지선
직격뢰로부터 가공 전선을 보호하기 위한 나전선이다.
① 고압 : 4.0[mm] 이상의 경동선
② 특고압 : 5.0[mm] 이상의 경동선

(3) 가공 전선의 병행설치(병가)
동일 지지물에 별도의 완금을 설치하여 서로 다른 전선로를 동시에 시설하는 것이다.
① 고·저압의 병행설치(병가)
  ㉠ 고압을 상부에 시설
  ㉡ 이격 거리 : 50[cm] 이상(단, 고압측이 케이블인 경우는 30[cm] 이상)
② 특고압과 저·고압의 병행설치(병가)
  ㉠ 특고압을 상부에 시설
  ㉡ 특고압 35[kV] 이하인 경우 저·고압 간격(이격거리) 1.2[m] 이상

(4) 가공 전선의 공가 시설

동일 지지물에 가공 전선과 가공 약전류 전선을 별도의 완금을 설치하여 동시에 시설하는 것이다.

① 가공 전선을 상부에 시설할 것
② 공가 시설하는 전압은 35[kV] 이하일 것
③ 공가 시 간격(이격거리)
  ㉠ 저압 : 75[cm] 이상(단, 케이블인 경우 30[cm] 이상)
  ㉡ 고압 : 1.5[m] 이상(단, 케이블인 경우 50[cm] 이상)

[3] 인입선

가공 전선로의 지지물로부터 다른 지지물을 거치지 않고 직접 수용가의 붙임점에 이르는 가공 전선이며, 선로의 긍장은 50[m]를 초과할 수 없다.

(1) 가공 인입선

① 사용 전선 : 절연 전선, 다심형 전선, 케이블
  ㉠ 저압 : 2.6[mm] 이상의 경동선(단, 지지물 간 거리(경간) 15[m] 이하는 2.0[mm] 이상도 가능)
  ㉡ 고압 : 5.0[mm] 이상의 고압 절연 전선, 케이블
② 가공 인입선의 높이([m])

구분	저압	고압
도로 횡단	5	6
철도 횡단	6.5	6.5
횡단보도교	3	3.5
기타 장소	4	5(※ 3.5)

※ 고압, 기타 장소에서 절연 전선으로서 하면에 위험 표시를 한 경우 3.5[m] 이상

(2) 이웃연결(연접) 인입선

한 수용가의 인입구에서 분기하여 지지물을 거치지 않고 다른 수용가의 인입구에 이르는 전선으로 저압에서만 시설할 수 있다.

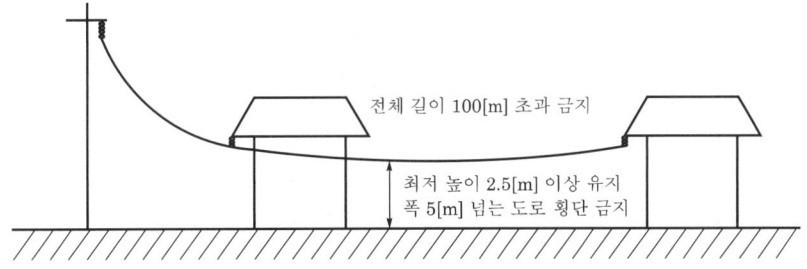

▌이웃연결 인입선 전로 길이 및 높이▐

① 사용 전선 : 저압 2.6[mm] 이상의 경동선(단, 지지물 간 거리(경간) 15[m] 이하는 2.0[mm] 이상도 가능)
② 저압에 한하며 선로 긍장 100[m]를 넘지 않을 것
③ 폭 5[m]를 넘는 도로를 횡단하지 않을 것
④ 옥내를 관통하지 않을 것

2 가공 배전 선로의 구성

[1] 지지물

(1) 목주

지름 증가율 $\dfrac{9}{1,000}$ 이상

(2) 철근 콘크리트주
① A종 : 전체 길이가 16[m] 이하이면서 설계 하중 6.8[kN] 이하인 것
② B종 : A종 이외의 것
③ 철근 콘크리트주의 지름 증가율 : $\dfrac{1}{75}$ 이상

(3) B종 철주, B종 철근 콘크리트주 또는 철탑의 사용 목적에 따른 분류
① 직선형 : 수평 각도 3° 이하 부분에서 사용하는 것
② 각도형 : 수평 각도 3° 초과 부분에서 사용하는 것
③ 인류형 : 전가섭선을 인류하는 곳에서 사용하는 것
④ 내장형 : 지지물 간 거리(경간) 차가 큰 곳에 사용하는 것
⑤ 보강형 : 전선로의 직선 부분에서 그 보강을 위하여 사용하는 것

[2] 애자

전선과 대지 간 절연이나 전선을 지지물에 고정시키는 역할
① 핀 애자 : 가공 전선로 직선 부분을 지지하는 애자
② 현수 애자 : 철탑 등에서 전선을 인류, 분기할 때 사용
③ 인류 애자 : 전선로 끝나는 부분에 사용
④ 내장 애자 : 장력을 크게 받는 부분에 사용
⑤ 가지 애자 : 전선로의 방향 전환 시 사용
⑥ 지지 애자 : 발전소, 변전소 등에서 모선이나 단로기 등을 지지하기 위한 애자
⑦ 새클 애자 : 고압 또는 저압 선로에서 전선을 끌어당겨 교차할 때 사용하는 애자
⑧ 지선 애자(옥, 구슬, 구형 애자) : 지지선(지선) 중간에 설치하여 지지물과 대지 사이를 절연하는 동시에 지지선(지선)의 장력 하중을 담당하기 위한 애자

[3] 지지선(지선)

전선로의 안정성을 증가시키고 지지물의 강도를 보강하기 위한 금속선(철탑 제외)

(1) 지지선(지선)의 종류
① 보통 지선(인류 지선) : 전선로가 끝나는 부분에 설치
② 수평 지선 : 도로나 하천 등을 횡단하는 부분에서 지선주를 사용하여 설치
③ 공동 지선 : 장력이 거의 같고, 경간차가 비교적 짧은 부분에서 양 지지물 간에 공동으로 수평이 되게 설치
④ Y 지선 : 여러 개의 완금을 시설하거나 수평 장력이 크게 작용하는 부분에 설치
⑤ 궁지선 : 비교적 장력이 적으면서 건물 등이 인접하여 타 종류의 지선 설치가 곤란한 장소 등에서 설치

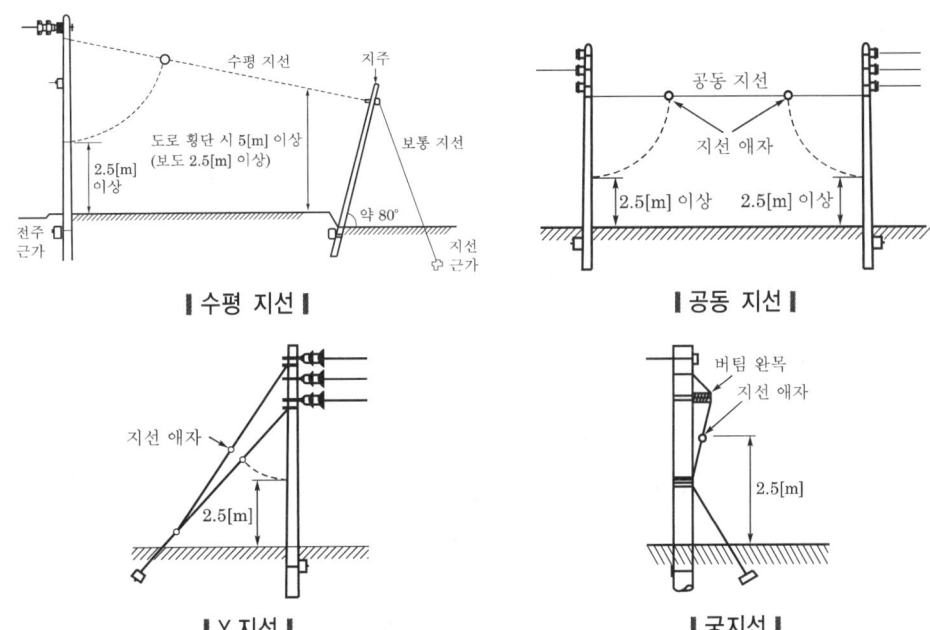

(2) 지지선(지선) 시설 규정

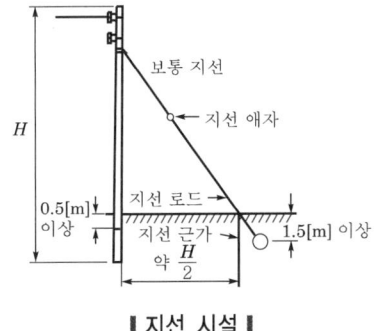

| 지선 시설 |

① 안전율 : 2.5 이상
② 지지선 구성 : 2.6[mm] 이상 금속선을 3조 이상 꼬아서 시설할 것
③ 최저 인장 하중의 세기 : 4.31[kN] 이상
④ 지중 및 지표상 30[cm]까지의 부분에는 아연도금한 철봉을 사용할 것
⑤ 도로 횡단 시 지지선 높이는 5[m] 이상을 유지할 것
⑥ 보통 지선 시설 자재
  ㉠ 지선 밴드 : 지지선을 지지물에 고정하기 위한 철제 밴드
  ㉡ 지선봉 : 지중 및 지표상 30~60[cm] 부분에서 지지선의 부식 방지를 위해 사용하는 아연도금 철봉
  ㉢ 지선근가(앵커) : 지중에서 지지선의 끝을 고정하기 위한 콘크리트 블록 고정대

[4] 배전용 기기

(1) 개폐기

① 단로기(DS ; Disconnecting Switch) : 설비 계통의 보수, 점검 시 차단기를 개방한 후 전로를 완전히 개방, 분리하거나 그 접속을 변경할 때 사용하며 부하 전류, 고장 전류 개폐 능력이 없다.

② 선로 개폐기(LS ; Line Switch) : 66[kV] 이상의 수전 설비 계통에서 선로의 보수, 점검 시 차단기를 개방한 후 전로를 완전히 개방할 때 사용하며 단로기와 마찬가지로 부하 전류 개폐 능력이 없다.

③ 부하 개폐기(LBS ; Load Breaker Switch) : 3상 부하의 경우 전력 퓨즈 용단 시 결상 방지 목적으로 사용하며 정상적인 부하 전류만 개폐할 수 있다.

④ 자동 고장 구분 개폐기(ASS ; Automatic Section Switch) : 과부하나 지락 사고 발생 시 고장 구간만을 신속·정확하게 차단 또는 개방하여 고장 구간을 분리하기 위한 개폐기로 22.9[kV] 수용가 인입구 등에 사용한다.

⑤ 리클로저(R/C ; Recloser) : 배전 선로 보호용 차단기 겸 계전기로 사고 발생 시 사고의 검출 및 신속한 고장 구간 자동 차단 기능이 있을 뿐만 아니라 선로를 재폐로까지 할 수 있는 보호 장치로 섹셔널라이저와 조합하여 사용한다.

⑥ 섹셔널라이저(S/E ; Sectionalizer) : 고장 전류 차단 능력은 없으면서 부하측에서 사고가 발생하면 사고 횟수를 감지하여 무전압 상태에서 선로를 개방·분리하기 위한 개폐기로 반드시 후비 보호 장치인 리클로저와 조합하여 사용한다.

(2) 차단기 종류

선로에서의 부하 전류 및 과부하 전류나 단락 전류, 지락 전류 같은 모든 고장 전류를 차단하기 위한 개폐기

① 진공 차단기(VCB ; Vaccum Circuit Breaker) : 고진공으로 아크 소호 차단
② 가스 차단기(GCB ; Gas Circuit Breaker) : SF_6(육불화황) 가스로 아크 소호 차단
  ㉠ 무색, 무취, 무독성, 불연성 가스
  ㉡ 소호 능력이 공기보다 약 100~200배 뛰어나다.
  ㉢ 공기보다 절연 내력이 2.5~3.5배 정도 크다.
  ㉣ 열전도율이 공기보다 뛰어나다.
  ㉤ 절연유보다 $\frac{1}{140}$로 가볍고, 공기보다 5배 무겁다.
③ 유입 차단기(OCB ; Oil Circuit Breaker) : 절연유로 아크 소호
④ 공기 차단기(ABB ; Air Blast circuit Breaker) : 10기압 이상의 압축 공기로 아크 소호
⑤ 자기 차단기(MBB ; Magnetic Blast circuit Breaker) : 자기력으로 아크 소호
⑥ 기중 차단기(ACB ; Air Circuit Breaker) : 대기로 아크 소호, 3.3[kV] 이하에서 사용

(3) 변압기의 보호 기구

① 전력 퓨즈(PF ; Power Fuse) : 6.6[kV] 이상의 고압 및 특고압 전로에서 전로 및 기기의 단락 보호용 퓨즈
② 컷아웃 스위치(COS ; Cut-Out Switch) : 배전용 변압기 과부하 보호용으로 쓰이며, 변압기 용량 300[kVA] 이하까지 채용
③ 캐치 홀더 : 변압기 2차측 비접지측 전선에 설치하여 수용가 인입구에 이르는 전로의 사고에 대한 보호

(4) 피뢰기

직격뢰, 유도뢰, 간접뢰 등으로부터 발생하는 이상 전압으로부터 전로 및 주상 변압기를 보호하기 위하여 설치

① 피뢰기의 설치 장소
  ㉠ 발전소, 변전소 또는 이에 준하는 곳의 인입구 및 인출구
  ㉡ 가공 전선로에 접속하는 특고압 배전용 변압기의 고압측 및 특고압측
  ㉢ 고압 및 특고압 가공 전선로로부터 공급을 받는 수용가의 인입구
  ㉣ 가공 전선로와 지중 전선로가 접속되는 곳
② 피뢰기의 정격 전압 : 피뢰기 방전 후 피뢰기를 통해 흐르는 상용 주파수 전류인 속류를 차단하기 위한 최고 허용 교류 전압
③ 피뢰기의 접지 저항 : 10[Ω] 이하

3 건주 및 장주 공사

(1) 건주
① 목주나 철근 콘크리트주와 같은 지지물을 땅에 세우는 것으로 하중을 받는 지지물의 기초 안전율은 2.0 이상이어야 한다.
② 건주 시 지지물의 매설 깊이
  ㉠ 전체 길이 16[m] 이하이고, 설계 하중 6.8[kN] 이하인 철근 콘크리트주, 목주
   • 전체 길이 15[m] 이하인 경우 : 전체 길이 $\times \frac{1}{6}$ 이상 매설
   • 전체 길이 15[m] 초과하는 경우 : 2.5[m] 이상 매설
  ㉡ 전체 길이 16[m] 초과 20[m] 이하, 설계 하중 6.8[kN] 이하인 철근 콘크리트주를 논이나 지반이 약한 곳 이외의 장소 : 2.8[m] 이상 매설
  ㉢ 전체 길이 14[m] 이상 20[m] 이하, 설계 하중 6.8[kN] 초과 9.8[kN] 이하의 철근 콘크리트주를 논이나 지반이 약한 곳 이외의 장소
   • 전체 길이 15[m] 이하인 경우 : 전체 길이 $\times \frac{1}{6} + 0.3$[m] 이상 매설
   • 전체 길이 15[m] 초과하는 경우 : 2.5+0.3[m] 이상 매설

(2) 장주
지지물에 전선이나 개폐기 등을 고정시키기 위하여 완목이나 완금(완철), 애자 등을 시설하는 것
① 장주의 종류
  ㉠ 보통 장주
  ㉡ 창출 장주
  ㉢ 편출 장주
  ㉣ 랙크(rack) 장주 : 저압 전선로를 수직 배선할 때 시설
② 가공 전선로의 완금(완철)의 표준 길이

｜가공 전선로의 완금 표준 길이｜

전선의 조수 \ 전압의 구분	저압	고압	특고압
2조	900[mm]	1,400[mm]	1,800[mm]
3조	1,400[mm]	1,800[mm]	2,400[mm]

③ 발판 볼트 : 지표상 1.8[m]부터 180° 간격으로 0.45[m] 이하마다 설치하며 완금 하부 0.9[m]까지 부착한다.
④ 주상 변압기의 설치 : 주상 변압기를 지지물 위에 설치할 때 행거 밴드(hanger band)를 사용하여 지지물에 설치한다.

⑤ 배전 선로 공사용 활선 공구
  ㉠ 와이어 통(wire tong) : 핀 애자나 현수 애자를 사용한 가선 공사에서 활선을 움직이거나 작업권 밖으로 밀어낸다던가 안전한 장소로 전선을 옮길 때 사용하는 절연봉
  ㉡ 데드 엔드 커버 : 작업자의 안전을 위해 전선 작업 개소의 현수 애자와 인류 클램프[절연 덮개(커버) 포함] 등의 충전부를 방호하기 위한 절연 덮개(커버)
  ㉢ 전선 피박기 : 활선 상태에서 전선 피복을 벗기는 공구

4 지중 전선로

(1) 지중 전선로의 장단점
① 도시의 미관상 좋다.
② 기상 조건(뇌, 풍수해)에 의한 영향이 적다.
③ 통신선에 대한 유도 장해가 작다.
④ 전선로 통과지(경과지)의 확보가 용이하다.
⑤ 감전 우려가 적다.
⑥ 단점 : 공사비가 비싸고 고장의 발견, 보수가 어렵다.

(2) 지중 전선로의 부설 방식
① 직접 매설식 : 콘크리트 트로프 등을 이용하여 케이블을 직접 매설하는 방식
② 관로식 : 철근 콘크리트관 등을 부설한 후 관 상호 간을 연결한 맨홀을 통하여 케이블을 인입하는 방식
③ 암거식 : 터널과 같은 콘크리트 구조물을 설치하여 다회선의 케이블을 수용하는 방식
④ 직접 매설식과 관로식의 매설 깊이[m]

장소	매설 깊이
차량, 중량물의 압력을 받는 장소	1.0
차량, 중량물의 압력을 받지 않는 장소	0.6

⑤ 지중함 시설 : 폭발성, 연소성 가스 침입 우려가 있는 장소는 크기가 $1[m^3]$ 이상인 경우 가스 발산 통풍 장치를 시설할 것

5 배전 선로의 전기 공급 방식

(1) 전기 공급 방식에 따른 1선당 공급 전력비와 전선 중량비
전압 및 전류가 일정할 경우 단상 2선식을 기준으로 환산한 값

결선방식		공급 전력	1선당 공급 전력	1선당 공급 전력비
단상 2선식		$P_1 = VI$	$\dfrac{1}{2}VI$	기준
단상 3선식		$P_2 = 2VI$	$\dfrac{2}{3}VI$	$\dfrac{\dfrac{2}{3}VI}{\dfrac{1}{2}VI} = \dfrac{4}{3} = 1.33$
3상 3선식		$P_3 = \sqrt{3}\,VI$	$\dfrac{\sqrt{3}}{3}VI$	$\dfrac{\dfrac{\sqrt{3}}{3}VI}{\dfrac{1}{2}VI} = 1.15$
3상 4선식		$P_4 = \sqrt{3}\,VI$	$\dfrac{\sqrt{3}}{4}VI$	$\dfrac{\dfrac{\sqrt{3}}{4}VI}{\dfrac{1}{2}VI} = 0.866$

(2) 설비 불평형률

배전 방식은 중성선이 단선되면 부하 불평형이 발생하기 때문에 이를 방지하기 위하여 다음과 같은 시설 원칙으로 한다.

① 중성선에는 부하 불평형에 의한 중성선 단선 시 부하 양측 단자 전압의 심한 불평형이 발생할 수 있으므로 중성선에는 퓨즈를 시설하지 않고 동선으로 직결한다.

② 저압 수전의 단상 3선식에서 중성선과 각 전압측 전선 간의 부하는 평형이 되게 하는 것을 원칙으로 하지만, 부득이한 경우 발생하는 설비 불평형률은 **40[%]** 까지 할 수 있다.

③ 3상 3선식, 4선식 선로의 설비 불평형률은 30[%] 이하로 하는 것을 원칙으로 한다.

④ 단상 3선식의 설비 불평형률

$$= \dfrac{\text{중성선과 전압측 선간에 접속된 설비 용량의 차}}{\text{총 설비 용량의 }\dfrac{1}{2}} \times 100[\%]$$

Chapter 07 배전반, 분전반 및 특수 장소의 공사

1 배전반 공사

배전반은 전력 계통의 감시, 제어, 보호 기능을 유지할 수 있도록 전력 계통의 전압, 전류, 전력 등을 측정하기 위한 계측 장치와 기기류의 조작 및 보호를 위한 제어 개폐기, 보호 계전기 등을 일정한 판넬에 부착하여 변전실의 제반 기기류를 집중 제어하는 전기 설비이다.

[1] 배전반의 설치 장소

① 전기 회로를 쉽게 조작할 수 있는 장소
② 개폐기를 쉽게 조작할 수 있는 장소
③ 노출된 장소
④ 안정된 장소

[2] 배전반의 종류

(1) 라이브 프런트식 배전반
지시 계기류나 조작 개폐기, 계전기 등이 배전반 표면에 부착되어 있는 구조의 것

(2) 데드 프런트식 배전반
각종 기기류와 개폐기 조작 핸들만 배전반 표면에 나타나고, 모든 기기류 및 개폐기와 충전 부분은 배전반 표면에 노출되지 않는 구조의 것

(3) 폐쇄식 배전반(큐비클형)
폐쇄식 배전반이란 단위 회로의 변성기, 차단기 등의 주기기류와 이를 감시, 제어, 보호하기 위한 각종 계기 및 조작 개폐기, 계전기 등 전부 또는 일부를 금속제 상자 안에 조립하는 방식

① 배전반의 충전부가 노출되지 않으므로 안전하다.
② 배전반의 소형화에 의한 점유 면적이 작아진다.
③ 배전반의 표준화에 의한 운전 및 증설·보수가 쉽다.
④ 신뢰도가 높아 공장이나 빌딩 등의 전기실에 적합하다.

[3] 배전반의 위치별 간격(이격거리)

위치별 기기별	앞면 또는 조작·계측면	뒷면 또는 점검면	열 상호 간 (점검하는 면)
특고압 배전반	1.7	0.8	1.4
고압 배전반	1.5	0.6	1.2
저압 배전반	1.5	0.6	1.2
변압기 등	0.6	0.6	1.2

[4] 변압기의 종류 및 용량 결정

(1) 변압기의 종류
① 유입형 변압기 : 변압기 철심에 감은 코일을 절연유를 이용하여 절연한 A종 절연 변압기(절연물의 최고 허용 온도(주위 온도 0[℃] 기준) 105[℃])
② 몰드형 변압기 : 변압기 권선을 에폭시 수지에 의하여 고진공 침투시키고, 다시 그 주위를 기계적 강도가 큰 에폭시 수지로 몰딩한 변압기
③ 건식형 변압기 : 변압기 코일을 유리 섬유 등의 내열성이 높은 절연물을 내열 니스 처리한 H종 절연 변압기(최고 허용 온도(주위 온도 0[℃] 기준) 180[℃])

(2) 변압기의 용량을 결정하는 값
① 수용률 : 수용가에 설비된 모든 수용 설비 용량에 대한 실제 사용되고 있는 최대 수용 전력과의 비율

$$수용률 = \frac{최대\ 수용\ 전력[kW]}{수용\ 설비\ 용량[kW]} \times 100[\%]$$

② 부등률 : 어느 임의의 시점에서 동시에 사용되고 있는 합성 최대 수용 전력에 대한 각 수용가의 최대 수용 전력의 합에 대한 비율

$$부등률 = \frac{수용\ 설비\ 각각의\ 최대\ 수용\ 전력의\ 합[kW]}{합성\ 최대\ 수용\ 전력[kW]} \geq 1$$

③ 부하율 : 최대 수용 전력에 대한 그 기간 중 발생하는 평균 수용 전력과의 비율

㉠ $부하율 = \frac{평균\ 수용\ 전력}{최대\ 수용\ 전력} \times 100[\%]$

㉡ $평균\ 수용\ 전력 = \frac{전력량[kWh]}{기준\ 시간[h]}$

[5] 조상 설비(전력용 콘덴서)

조상 설비란 90° 앞선 전류나 90° 뒤진 전류를 조정하여 전력 계통에서 발생하는 무효 전력을 조정하여 부하 역률을 개선하기 위한 설비로서 전력용(진상용) 콘덴서와 동기 무효전력보상장치(조상기)가 있다.

(1) 역률 개선의 필요성
① 전력 손실이 커진다.
② 전압 강하가 커진다.
③ 전기 설비 용량(변압기 용량)이 증가한다.
④ 전기 요금이 증가한다.
⑤ 변압기 동손이 증가한다.

(2) 역률 개선 효과
① 전력 손실이 감소한다.
② 전압 강하가 작아진다.
③ 전기 설비 용량(변압기 용량)의 여유도가 증가한다.
④ 전력 요금이 감소한다.
⑤ 변압기 동손이 경감된다.

(3) 효과적인 역률 개선을 위한 콘덴서 설치
부하 말단에 개별적으로 분산 설치한다.
① 장점 : 역률 개선 효과가 가장 크다.
② 단점 : 경제적 부담이 증가한다.

2 분전반 공사

분전반은 간선에서 각각의 전기 기계 기구로 배선하는 전선을 분기하는 곳에 배선용 차단기 등과 같은 분기 과전류 보호 장치나 분기 개폐기를 내열성, 난연성의 철제 캐비닛 안에 설치한다.

(1) 분전반의 시설 원칙 및 구비 조건
① 분전반의 이면에는 배선 및 기구를 배치하지 말 것
② 강판제인 경우 두께 1.2[mm], 난연성 합성 수지는 두께 1.5[mm] 이상의 내아크일 것
③ 한 분전반에 사용 전압이 각각 다른 분기 회로가 있을 때, 분기 회로를 쉽게 식별하기 위해 차단기나 차단기 가까운 곳에 각각의 전압을 표시하는 명판을 붙여 놓을 것

(2) 분전반의 종류
① 나이프식 분전반 : 두께 25[mm] 이상의 대리석 판이나 베이클라이트 판에 퓨즈가 부착된 나이프 스위치와 모선을 시설하여 철제 캐비닛 안에 장치한 구조의 것

② **텀블러식 분전반** : 텀블러 스위치 등을 사용한 개폐기와 훅 퓨즈나 통형 퓨즈 등을 조합하여 철제 캐비닛 안에 시설한 구조의 것

③ **브레이크식 분전반** : 텀블러 스위치 등을 사용한 개폐기와 퓨즈가 없는 배선용 차단기를 조합하여 철제 캐비닛 안에 시설한 구조로서 개폐기와 자동 차단기 두 가지 역할을 동시에 할 수 있으므로 분전반 자체가 소형이 되면서 조작이 간편하고 안전하다.

3 위험 장소의 공사

위험 장소의 구분	공사 방법
폭연성 먼지(분진), 화약류 가루(분말)	금속관, 케이블
화약류 저장소	
가연성 가스, 인화성 증기	
위험물(셀룰로이드, 성냥, 석유)	금속관, 케이블, 합성 수지관
가연성 먼지(소맥분, 전분)	
공연장, 쇼, 전시회	
불연성 먼지(정미소, 제분소)	금속관, 케이블(캡타이어 케이블 포함), 합성 수지관, 가요 전선관, 애자 사용 공사, 금속 덕트, 버스 덕트
습기나 수분이 있는 곳	금속관, 케이블(캡타이어 케이블 포함), 합성 수지관, 제2종 가요 전선관 공사, 애자 사용 공사
터널, 갱도 이와 유사한 곳	금속관, 케이블, 합성 수지관, 가요 전선관, 애자 사용 공사

(1) 폭연성 먼지(분진) 위험 장소

마그네슘, 알루미늄, 티탄, 지르코늄 등과 같은 불이 붙었을 때 폭발 우려의 분진이나 화학류 등의 먼지(분진)가 있는 장소

① 금속관(박강 전선관 이상의 강도), 케이블(캡타이어 케이블 제외)

② 관 상호 간이나 관과 박스, 기타 부속품, 풀박스 등은 쉽게 마모, 부식이 되지 않도록 패킹을 이용하여 먼지 침입 방지를 해야 하며 5턱 이상의 나사 조임으로 접속할 것

③ 개장 케이블, MI 케이블 사용 이외에는 관 기타의 방호 장치에 넣어 사용할 것

④ **이동 전선** : 0.6/1[kV] EP 고무 절연 클로로프렌 캡타이어 케이블

⑤ 콘센트 및 콘센트 플러그 등을 시설하지 않도록 할 것

⑥ 전동기 접속 부분은 분진 방폭형 플렉시블 피팅을 사용할 것

(2) 가연성 먼지(분진)가 있는 장소

소맥분, 전분, 유황 등 기타 가연성의 먼지가 착화되었을 때 폭발할 우려가 있는 장소

① 두께 2[mm] 이상 합성 수지관, 금속관, 케이블(캡타이어 케이블 포함)
② 합성 수지관 및 기타 부속품은 쉽게 마모되거나 손상될 우려가 없도록 패킹을 사용하여 먼지가 관 내부로 침입하는 것을 방지할 것
③ 이동 전선 : 0.6/1[kV] EP 고무 절연 클로로프렌 캡타이어 케이블
④ 콘센트 및 콘센트 플러그는 분진 방폭형 보통 방진 구조의 것일 것

(3) 가연성 가스나 인화성 액체 증기가 있는 장소

프로판 가스, 에탄올, 메탄올 등 인화성 가스나 액체 등을 충전 작업을 하는 장소

① 금속관 공사, 케이블 공사(캡타이어 케이블 제외)
② 이동 전선 : 0.6/1[kV] EP 고무 절연 클로로프렌 캡타이어 케이블
③ 모든 기계 기구는 내압(耐壓) 방폭 구조나 압력 방폭 구조, 유입 방폭 구조 또는 이와 동등 이상의 방폭 성능을 가지는 구조일 것

(4) 위험물 등이 존재하는 장소

셀룰로이드, 성냥, 석유류 등 기타 가연성 위험 물질을 제조 또는 저장하는 장소

① 두께 2[mm] 이상의 합성 수지관, 금속관, 케이블(캡타이어 케이블 제외)
② 합성 수지관 및 박스, 기타 부속품은 손상될 우려가 없도록 시설할 것
③ 이동 전선 : 0.6/1[kV] EP 고무 절연 클로로프렌 캡타이어 케이블

(5) 화약류 저장소 등의 위험 장소

① 금속관(후강 전선관 이상), 케이블 공사
② 전로 대지 전압은 300[V] 이하이며, 전등만 저장소 안에 전기 설비가 가능하다.
③ 전열 기구 외 전기 기계 기구는 전폐형일 것
④ 개장 케이블, MI 케이블 사용 이외에는 관 기타의 방호 장치에 넣어 사용할 것
⑤ 저장소 외에 전기를 공급하는 전로에는 취급자 이외에 쉽게 조작할 수 없도록 전용 개폐기 및 과전류 차단기를 각 극에 시설하고, 전로에 지기 발생 시 자동으로 차단·경보하는 장치를 시설할 것
⑥ 개폐기 및 과전류 차단기에서 화약고의 인입구까지의 배선에는 지중 배선으로 케이블을 사용하여 시설할 것

(6) 불연성 먼지가 많은 장소

정미소, 제분소, 시멘트 공장 등과 같은 불연성 먼지가 많은 장소

① 금속관, 합성 수지관(두께 2[mm] 이상), 애자, 금속제 가요 전선관, 금속 덕트, 버스 덕트, 케이블(캡타이어 케이블 포함) 공사
② 이동 전선 : 캡타이어 케이블
③ 개폐기나 과전류 차단기, 콘센트, 코드 접속기, 배전반, 분전반 등의 시설은 먼지가 침입할 수 없도록 방진 장치를 할 것

(7) 전시회, 쇼 및 공연장의 전기 설비
전시회, 쇼 및 공연장, 기타 이들과 유사한 장소
① 사용 전압 : 400[V] 이하(무대·무대 마루 밑·오케스트라 박스·영사실 기타 사람이나 무대 도구가 접촉할 우려가 있는 곳에 시설하는 저압 옥내 배선, 전구선 또는 이동 전선)
② 배선용 케이블 : 구리 단면적 **1.5[mm^2]** 이상
③ 무대 마루 밑에 시설하는 전구선 : 300/300[V] 편조 고무 코드, 0.6/1[kV] EP 고무 절연 클로로프렌 캡타이어 케이블
④ 이동 전선 : 0.6/1[kV] EP 고무 절연 클로로프렌 캡타이어 케이블, 0.6/1[kV] 비닐 절연 비닐 캡타이어 케이블
⑤ 전시회 등에 사용하는 건축물에 화재 경보기를 시설하여야 하며 기계적 손상의 위험이 있는 경우에는 외장 케이블 또는 적당한 방호 조치를 한 케이블을 사용할 것

(8) 터널, 갱도, 기타 이와 유사한 장소의 시설
사람이 상시 통행하는 터널 안의 장소(저압, 고압)
① 공사 방법 : 금속관, 케이블 공사(캡타이어 케이블 제외), 2종 금속제 가요 전선관, 합성 수지관, 애자 사용 공사(사용 전압 400[V] 이하 2.5[mm^2] 이상의 연동선 사용)
② 광산, 기타 갱도 안의 배선 : 케이블 공사를 실시할 것
③ 터널 내 이동 전선 : 용접용 케이블, 300[V] 편조 고무 코드·비닐 코드, 캡타이어 케이블
④ 터널 내 사용 전압 400[V] 이하 저압 전구선 : 0.75[mm^2] 이상의 300[V] 편조 고무 코드 또는 0.6/1[kV] EP 고무 절연 클로로프렌 캡타이어 케이블

(9) 기타 특수 장소의 시설
① 저압 옥외 조명 시설 : 저압 옥외 조명 시설에 전기를 공급하는 가공 전선 또는 지중 전선에서 분기하여 전등 또는 개폐기 등 대지 전압이 300[V] 이하인 저압 옥내 배선

㉠ 금속관, 합성 수지관, 케이블, 애자 사용 배선(지표상 1.8[m] 이상)
㉡ 사용 전선 : 2.5[mm²] 이상의 절연 전선
② 진열장 안의 배선 공사 시설 : 건조한 상태로 사용하는 진열장 안의 사용 전압이 400[V] 이하인 저압 옥내 배선
㉠ 코드, 캡타이어 케이블을 조영재에 접촉하여 시설
㉡ 사용 전선 : 0.75[mm²] 이상
㉢ 전선의 붙임점 간 거리 : 1[m] 이하
③ 옥내에 시설하는 저압 접촉 전선 공사 시설 : 전개되고 점검 가능한 은폐 장소에 한해 이동 기중기, 자동 청소기 등 이동하며 사용하는 전기 기계 기구
㉠ 애자 사용 공사, 버스 덕트 공사 또는 절연 트롤리 공사
㉡ 전선의 바닥에서의 높이는 3.5[m] 이상으로 하고, 사람과 접촉 우려가 없도록 할 것
㉢ 사용 전선 : 인장 강도 11.2[kN] 이상의 것 또는 지름 6[mm] 이상 경동선
㉣ 전선의 지지점 간 거리는 6[m] 이하일 것
④ 전기 울타리 시설
㉠ 전로의 사용 전압 250[V] 이하
㉡ 전선은 인장 강도 1.38[kN] 이상, 2[mm] 이상의 경동선일 것
㉢ 전선과 기둥과의 간격(이격거리)은 2.5[cm] 이상일 것
㉣ 전선과 다른 시설물 또는 수목과의 간격(이격거리)은 30[cm] 이상일 것
㉤ 전기 울타리 전원 장치의 외함 및 변압기 철심은 '접지 공사'를 실시할 것
⑤ 교통 신호등의 시설
㉠ 사용 전압 : 300[V] 이하
㉡ 사용 전선 : 케이블, 2.5[mm²] 이상의 450/750[V] 일반용 단심 비닐 절연 전선
㉢ 인하선은 지표상 2.5[m] 이상 높이에 시설할 것
⑥ 전기 부식 방지 시설 기준
㉠ 사용 전압 : 직류 60[V] 이하
㉡ 양극은 지중에 매설하거나 수중에서 쉽게 접촉할 우려가 없는 곳에 시설할 것
㉢ 지중에 시설하는 양극의 매설 깊이는 75[cm] 이상일 것
㉣ 수중에 시설하는 양극과 그 주위 1[m] 안의 임의의 점과의 전위차는 10[V] 초과 금지
⑦ 이동식 숙박 차량 정박지, 야영지
㉠ 표준 전압 : 220/380[V] 이하
㉡ 사용 전선 : 지중 케이블 및 가공 케이블 또는 가공 절연 전선
㉢ 가공 전선의 높이 : **차량이 이동하는 모든 장소 6[m] 이상(기타 4[m] 이상)**

㉐ 이동식 숙박 차량의 정박 구획 또는 텐트 구획은 정격 전압 200~250[V], 정격 전류 16[A] 단상 콘센트가 공급되어야 하며, 지면으로부터 0.5~1.5[m] 높이에 설치해야 한다.

⑧ 마리나 유사 장소 : **놀이용 수상 기계 기구 등의 설비**

㉠ 표준 전압 : 220/380[V] 이하

㉡ 사용 전선 : 지중 케이블, 가공 케이블, 가공 절연 전선, 열·외부 충격·온도 등 외부 영향을 고려한 구리선, PVC 보호 피복의 무기질 절연 케이블(MI 케이블, 알루미늄 케이블 제외)

㉢ 접지 시 TN 계통의 사용 시 TN-S 계통만을 사용하여야 한다.

Chapter 08 조명 설계 및 기타

1 용어 정의

(1) **광속(단위, lm : 루멘)**
  광원에서 나오는 복사속을 눈으로 보아 빛으로 느끼는 크기를 나타낸 것

(2) **조도(단위, lx : 룩스)**
  광속이 투사된 피조면의 단위 면적당 입사 광속의 크기를 나타낸 것
  $$E = \frac{F}{S}[\text{lx, 룩스}]$$
  여기서, S : 피조면의 면적[m^2]

(3) **광도(단위, cd : 칸델라)**
  광원에서 나오는 빛의 강도

(4) **휘도(단위, cd/m^2=nt : 니트)**
  광원을 어떠한 방향에서 바라볼 때 단위 투영 면적당 빛이 나는 정도를 말하며, 어느 방향에서나 휘도가 동일한 표면을 완전 확산면이라 한다.

2 조명 방식

(1) **조명 설계 시 고려 사항**
  ① 적당한 조도일 것
  ② 균등한 광속 발산도 분포일 것
  ③ 적당한 그림자가 있을 것
  ④ 광색이 적당할 것
  ⑤ 눈부심을 방지할 것
  ⑥ 심리적 효과 및 미적 효과를 고려할 것
  ⑦ 경제성이 있을 것

(2) **기구 배광에 의한 조명 방식의 분류**
  ① 직접 조명 : 발산 광속 중 90~100[%]가 작업면을 직접 조명하는 기구

② 간접 조명 : 발산 광속 중 상향 광속이 90~100[%]가 되고, 하향 광속이 10[%] 정도로 하여 거의 대부분의 광속을 상방향으로 확산시키는 방식
③ 반직접 조명 : 발산 광속 중 상향 광속이 10~40[%]가 되고 하향 광속이 60~90[%] 정도로 하여 하향 광속은 작업면에 직사시키고, 상향 광속은 천장, 벽면 등에 반사되고 있는 반사광으로 작업면의 조도를 증가시키는 방식
④ 반간접 조명 : 광속 중 상향 광속이 60~90[%]가 되고, 하향 광속이 10~40[%] 정도인 조명 방식
⑤ 전반 확산 조명 : 상향 광속과 하향 광속(40~60[%])이 거의 동일하므로 하향 광속은 직접 작업면에 직사시키고, 상향 광속의 반사광으로 작업면의 조도를 증가시키는 방식

┃조명 기구의 배광에 의한 조명 방식┃

구분	하향 광속
직접 조명 방식	90[%] 이상
반직접 조명 방식	60~90[%]
전반 확산 조명 방식	40~60[%]
간접 조명 방식	10[%] 이하
반간접 조명 방식	10~40[%]

(3) 광원의 높이

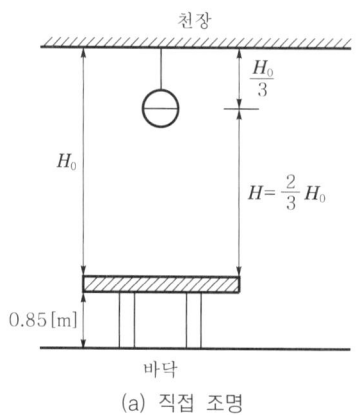
(a) 직접 조명

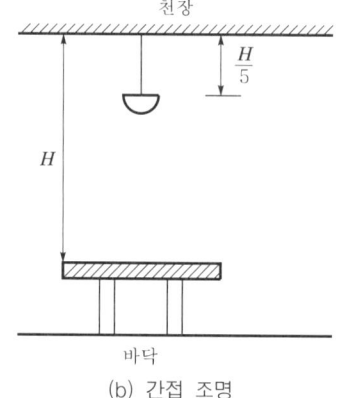
(b) 간접 조명

여기서, H_0 : 작업면에서 천장까지의 높이

┃광원의 높이┃

① 직접 조명 : $H = \dfrac{2}{3} H_0 [\mathrm{m}]$

② 간접 조명 : $H = \dfrac{4}{5} H_0 [\mathrm{m}]$

③ 전반 확산 조명 시 광원의 간격
  광원 상호간의 간격은 $S \leq 1.5H_0$[m]이다.
   여기서, H_0 : 작업면에서 천장까지의 높이

(4) 설치 장소에 따른 조명
① 광천장 조명 : 천장에 확산 투과재인 메탈 아크릴 수지판을 붙이고 천장 내부에 광원을 배치하는 방식
② 코브 조명 : 천장에 플라스틱, 목재 등을 이용하여 활 모양으로 굽힌 곳에 램프를 감추고 간접 조명을 이용하여 그 반사광으로 채광하는 방식
③ 코퍼 조명 : 천장을 여러 형태의 사각, 동그라미 등으로 오려내고 다양한 형태의 조명 기구를 매입하는 방식
④ 다운 라이트 조명 : 천장에 작은 구멍을 뚫어 그 속에 여러 형태의 등기구를 매입하는 방식
⑤ 밸런스 조명 : 벽면을 밝은 광원으로 조명하는 방식

3 소방 설비

(1) 자동 화재 탐지 설비의 구성 요소
① 감지기 : 화재 시 열, 연기, 불꽃 또는 연소 생성물을 자동으로 감지하여 수신기에 발신하는 장치
② 수신기 : 감지기나 발신기에서 발하는 화재 신호를 직접 수신하거나 중계기를 통하여 수신하여 화재의 발생을 표시 및 경보하는 장치
③ 발신기 : 화재 발생 신호를 수신기에 수동으로 발신하는 장치
④ 중계기 : 감지기, 발신기 또는 전기적 접점 등의 작동에 따른 신호를 받아 이를 수신기의 제어반에 전송하는 장치
⑤ 음향 장치 등

(2) 감지기의 특성
① 차동식 스포트형 감지기 : 일정 장소에서의 열효과에 의하여 작동
② 차동식 분포형 감지기 : 넓은 범위에서의 열효과에 의하여 작동
③ 광전식 연기 감지기 : 광량의 변화로 작동
④ 이온화식 감지기 : 이온 전류가 변화하여 작동

자주 출제되는 **핵심이론**

4 배선 설계 시 심벌

(1) 고압 및 특고압 수전 설비 기기의 약호와 심벌

명칭	약호	심벌	용도 및 기능
전류계	A	Ⓐ	전류 측정용 계기
전압계	V	Ⓥ	전압 측정용 계기
케이블 헤드	CH	△	케이블과 절연 전선을 접속하기 위한 기구
전력 퓨즈	PF		설비 계통에서의 단락 전류에 대한 보호 및 차단기의 부족 차단 용량을 보완하기 위한 퓨즈
컷아웃 스위치	COS		변압기 및 주요 기기의 1차측에 부착하여 과부하 전류로부터 변압기, 기기류를 보호하기 위한 퓨즈
계기용 변류기	CT		대전류를 소전류로 변성하여 측정 계기나 전기의 전류원으로 사용하기 위한 전류 변성기
계기용 변압기	PT		회로의 고전압을 저전압으로 변성하여 측정계기나 계전기의 전압원으로 사용하기 위한 전압 변성기
피뢰기	LA		뇌 또는 회로의 개폐로 인하여 발생하는 과전압을 제한하여 전기 설비의 절연을 보호하고 그 속류를 차단하는 보호 장치
유입 개폐기	OS		부하 전류를 개폐하기 위한 개폐기(고장 전류의 차단 능력이 없다)
단로기	DS		변전소의 전력 기기를 시험하기 위해서 무부하 상태의 전로를 개방·분리하기 위한 개폐기(부하 전류의 개폐 능력이 없다)
차단기	CB		부하 전류 및 과부하, 단락·지락 전류 등을 차단하여 전로의 기기 및 전선을 보호하기 위한 장치

(2) 배선 설비 심벌과 명칭

명칭	그림 기호	기능
천장 은폐 배선	──────	① 천장 은폐 배선 중 천장 속의 배선을 구별하는 경우는 천장 속의 배선에 ─‧‧─‧‧─ 를 사용하여도 좋다.
바닥 은폐 배선	─ ─ ─	② 노출 배선 중 바닥면 노출 배선을 구별하는 경우는 바닥면 노출 배선에 ─‧‧─‧‧─ 를 사용하여도 좋다.
노출 배선	‑‑‑‑‑‑‑‑	
접지극	⏚	
콘덴서	⊣⊢	전동기의 적요를 준용한다.
개폐기	Ⓢ	① 상자들이인 경우는 상자의 재질 등을 표기한다. ② 극수, 정격 전류, 퓨즈 정격 전류 등을 표기한다. 【보기】 Ⓢ 2P 30A / F 15A
정류 장치	▶∣	필요에 따라 종류, 용량, 전압 등을 표기한다.
콘센트	⊙	① 그림 기호는 벽붙이를 표시하고 벽 옆을 칠한다. ② 그림 기호는 ⊙는 ⊖로 표시하여도 좋다. ③ 천장에 부착하는 경우는 다음과 같다. ⊙ ④ 방수형 : ⊙WP ⑤ 방폭형 : ⊙EX
비상 콘센트 (소방법 기준)	⊙⊙	화재 시, 소방 대원의 소화 활동을 위해 전원을 공급하기 위한 콘센트
배선용 차단기	Ⓑ	
누전 차단기	Ⓔ	
누전 화재 경보기 (소방법 기준)	☮F	
지진 감지기	EQ	
배전반, 분전반 및 제어반	▭	배전반 ⊠, 분전반 ◣, 제어반 ⊠

02 과년도 출제문제

● 전기기능사 기출문제

2016년 제1회 기출문제

2016. 1. 24. 시행

★ 표시 : 문제 중요도를 나타냄

01 동일한 저항 4개를 접속하여 얻을 수 있는 최대 저항값은 최소 저항값의 몇 배인가?

① 2　　　② 4
③ 8　　　④ 16

해설
- 최대 저항값 : 직렬 $R_\text{직} = 4R[\Omega]$
- 최소 저항값 : 병렬 $R_\text{병} = \dfrac{R}{4}[\Omega]$

$\dfrac{R_\text{직}}{R_\text{병}} = \dfrac{4R}{\dfrac{R}{4}} = 4^2 = 16$배

02 200[V], 2[kW]의 전열선 2개를 같은 전압에서 직렬로 접속한 경우의 전력은 병렬로 접속한 경우의 전력보다 어떻게 되는가?

① $\dfrac{1}{2}$로 줄어든다.
② $\dfrac{1}{4}$로 줄어든다.
③ 2배로 증가한다.
④ 4배로 증가된다.

해설 전열선(저항) 두 개를 직렬로 접속하면 합성 저항은 $2R[\Omega]$이고 전압 $V[V]$를 걸어준 경우 소비 전력 $P_1 = \dfrac{V^2}{2R}[W]$가 된다.

전열선 두 개를 병렬로 접속하면 합성 저항은 $\dfrac{R}{2}[\Omega]$이고 전압 $V[V]$를 걸어준 경우 소비 전력 $P_1 = \dfrac{V^2}{\dfrac{R}{2}} = 2\dfrac{V^2}{R}[W]$가 된다.

그러므로 직렬은 병렬의 $\dfrac{1}{4}$배이다.

03 권수 300회의 코일에 6[A]의 전류가 흘러서 0.05[Wb]의 자속이 코일을 지난다고 하면, 이 코일의 자체 인덕턴스는 몇 [H]인가?

① 0.25　　　② 0.35
③ 2.5　　　④ 3.5

해설 인덕턴스의 식
$L = \dfrac{N\Phi}{I} = \dfrac{300 \times 0.05}{6} = \dfrac{15}{6} = 2.5[H]$

04 황산구리(CuSO₄) 전해액에 2개의 구리판을 넣고 전원을 연결하였을 때 음극에서 나타나는 현상으로 옳은 것은?

① 변화가 없다.
② 구리판이 두터워진다.
③ 구리판이 얇아진다.
④ 수소 가스가 발생한다.

해설 음극에서는 구리판이 전자로 인해 두터워지고 양극에서는 같은 두께로 얇아진다.

05 그림과 같은 회로에서 저항 R_1에 흐르는 전류는?

① $(R_1 + R_2)I$　　② $\dfrac{R_2}{R_1 + R_2}I$
③ $\dfrac{R_1}{R_1 + R_2}I$　　④ $\dfrac{R_1 R_2}{R_1 + R_2}I$

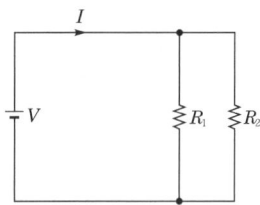

정답　01.④　02.②　03.③　04.②　05.②

해설 전류는 저항에 반비례 분배되므로 R_1에 흐르는 전류 $I_1 = \dfrac{R_2}{R_1+R_2}I[A]$이다.

06 자체 인덕턴스가 1[H]인 코일에 200[V], 60[Hz]의 사인파 교류 전압을 가했을 때 전류와 전압의 위상차는? (단, 저항 성분은 무시한다.)

① 전류는 전압보다 위상이 $\dfrac{\pi}{2}$[rad]만큼 뒤진다.
② 전류는 전압보다 위상이 π[rad]만큼 뒤진다.
③ 전류는 전압보다 위상이 $\dfrac{\pi}{2}$[rad]만큼 앞선다.
④ 전류는 전압보다 위상이 π[rad]만큼 앞선다.

해설 저항이 없는 L[H]만의 회로이므로 전류가 전압보다 $90°\left(=\dfrac{\pi}{2}[\text{rad}]\right)$ 뒤진다.

07 자극 가까이에 물체를 두었을 때 자화되는 물체와 자석이 그림과 같은 방향으로 자화되는 자성체는?

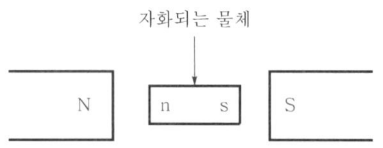

① 상자성체
② 반자성체
③ 강자성체
④ 비자성체

해설 자성체의 극성이 외부 자계와 같은 극으로 유도되는 자성체는 반(역)자성체이다.

08 $R-L$ 직렬 회로에서 서셉턴스는?

① $\dfrac{R}{R^2+X_L^2}$
② $\dfrac{X_L}{R^2+X_L^2}$
③ $\dfrac{-R}{R^2+X_L^2}$
④ $\dfrac{-X_L}{R^2+X_L^2}$

해설 $R-L$ 직렬 회로의 임피던스 $\dot{Z}=R+jX_L[\Omega]$이고 어드미턴스 $\dot{Y}=\dfrac{1}{\dot{Z}}[\mho]$이므로

$\dot{Y}=\dfrac{1}{\dot{Z}}=\dfrac{1}{(R+jX_L)}=\dfrac{R-jX_L}{(R+jX_L)(R-jX_L)}$
$=\dfrac{R}{R^2+X_L^2}+j\dfrac{-X_L}{R^2+X_L^2}$

- 컨덕턴스 $G=\dfrac{R}{R^2+X_L^2}$ (Y의 실수부)
- 서셉턴스 $B=\dfrac{-X_L}{R^2+X_L^2}$ (Y의 허수부)

09 전류에 의한 자기장과 직접적으로 관련이 없는 것은?

① 줄의 법칙
② 플레밍의 왼손 법칙
③ 비오-사바르의 법칙
④ 앙페르의 오른나사의 법칙

해설 줄의 법칙 : 전열기에서 발생하는 열량을 계산한 법칙

10 다이오드의 정특성이란 무엇을 말하는가?

① PN 접합면에서의 반송자 이동 특성
② 소신호로 동작할 때의 전압과 전류의 관계
③ 다이오드를 움직이지 않고 저항률을 측정하는 것
④ 직류 전압을 걸었을 때 다이오드에 걸리는 전압과 전류의 관계

정답 06.① 07.② 08.④ 09.① 10.④

11 파고율, 파형률이 모두 1인 파형은?

① 사인파 ② 고조파
③ 구형파 ④ 삼각파

해설 파고율 = $\dfrac{\text{최대값}}{\text{실효값}}$, 파형률 = $\dfrac{\text{실효값}}{\text{평균값}}$

구형파는 최대값, 실효값, 평균값이 모두 같으므로 파고율과 파형률이 1이다.

12 1[Ω·m]는 몇 [Ω·cm]인가?

① 10^2 ② 10^{-2}
③ 10^6 ④ 10^{-6}

해설 1[Ω·m] = 10^2[Ω·cm] = 10^6[Ω·mm²/m]

13 공기 중에 10[μC]과 20[μC]를 1[m] 간격으로 놓을 때 발생되는 정전력[N]은?

① 1.8 ② 2.2
③ 4.4 ④ 6.3

해설 쿨롱의 법칙 : 대전된 두 도체 사이에 작용하는 힘(정전력)

$$F = \dfrac{Q_1 Q_2}{4\pi\varepsilon_0 r^2} = 9 \times 10^9 \times \dfrac{Q_1 Q_2}{r^2}\,[\text{N}]$$

$$= 9 \times 10^9 \times \dfrac{10 \times 10^{-6} \times 20 \times 10^{-6}}{1^2}$$

$$= 1.8[\text{N}]$$

14 "회로의 접속점에서 볼 때, 접속점에 흘러 들어오는 전류의 합은 흘러 나가는 전류의 합과 같다."라고 정의되는 법칙은?

① 키르히호프의 제1법칙
② 키르히호프의 제2법칙
③ 플레밍의 오른손 법칙
④ 앙페르의 오른나사 법칙

해설 키르히호프의 제1법칙(전류 법칙) : 접속점으로 유입하는 전류의 총합은 유출하는 전류의 총합과 같다.

15 $C_1 = 5[\mu\text{F}]$, $C_2 = 10[\mu\text{F}]$의 콘덴서를 직렬로 접속하고 직류 30[V]를 가했을 때 C_1의 양단의 전압[V]은?

① 5 ② 10
③ 20 ④ 30

해설 콘덴서에 걸리는 전압은 $V = \dfrac{Q}{C}$[V]로서 정전 용량 C에 반비례하므로

$$V_1 = \dfrac{C_2}{C_1 + C_2} \times V = \dfrac{10}{5 + 10} \times 30 = 20[\text{V}]$$

16 두 종류의 금속 접합부에 전류를 흘리면 전류의 방향에 따라 줄열 이외의 열의 흡수 또는 발생 현상이 생긴다. 이러한 현상을 무엇이라 하는가?

① 제베크 효과 ② 페란티 효과
③ 펠티에 효과 ④ 초전도 효과

해설 열전기 현상
- 제베크 효과 : 서로 다른 두 종류의 금속을 접속하여 그 접속점에 각각 다른 온도로 유지할 경우 열기전력이 발생하여 일정한 방향으로 열전류가 흐르는 현상
- 페란티 현상 : 경부하나 무부하로 운전 시 송전 선로의 정전 용량으로 인해 수전단 전압이 송전단 전압보다 높아지는 현상
- 펠티에 효과 : 서로 다른 두 종류의 금속을 접속하여 그 접속점에 전류를 흘려주면 열의 발생이나 흡수가 일어나는 현상

17 알칼리 축전지의 대표적인 축전지로 널리 사용되고 있는 2차 전지는?

① 망간 전지
② 산화은 전지
③ 페이퍼 전지
④ 니켈 카드뮴 전지

해설 니켈-카드뮴 전지 : 휴대용 이동 전화의 전원으로 사용되는 전지로서 '니케드 전지'라고도 한다.

정답 11.③ 12.① 13.① 14.① 15.③ 16.③ 17.④

18 기전력 120[V], 내부 저항(r)이 15[Ω]인 전원이 있다. 여기에 부하 저항[R]을 연결하여 얻을 수 있는 최대 전력[W]은? (단, 최대 전력 전달 조건은 $r = R$이다.)

① 100 ② 140
③ 200 ④ 240

해설
- 최대 전력 전달 조건 $r = R[Ω]$
- 최대 전력 $P_m = \dfrac{E^2}{4r} = \dfrac{120^2}{4 \times 15} = 240[W]$

19 3상 교류 회로의 선간 전압이 13,200[V], 선전류가 800[A], 역률 80[%] 부하의 소비전력은 약 몇 [MW]인가?

① 4.88
② 8.45
③ 14.63
④ 25.34

해설 3상 교류 전력 $P = \sqrt{3}\,VI\cos\theta$[W]이고 $V = 13.2$[kV]일 때, 전류 $I = 0.8$[kA]를 대입시키면 단위 [MW]가 된다.
$P = \sqrt{3} \times 13.2 \times 0.8 \times 0.8 = 14.63$[MW]

20 자기 인덕턴스에 축적되는 에너지에 대한 설명으로 가장 옳은 것은?

① 자기 인덕턴스 및 전류에 비례한다.
② 자기 인덕턴스 및 전류에 반비례한다.
③ 자기 인덕턴스와 전류의 제곱에 반비례한다.
④ 자기 인덕턴스에 비례하고 전류의 제곱에 비례한다.

해설 코일에 축적되는 전자 에너지
$W = \dfrac{1}{2}LI^2$[J]
그러므로 자기 인덕턴스에 비례하고 전류의 제곱에 비례한다.

21 전동기에 접지 공사를 하는 주된 이유는?

① 보안상
② 미관상
③ 역률 증가
④ 감전 사고 방지

해설 전동기 표면에 누설 전류가 흐르면 감전의 우려가 있으므로 접지 공사를 한다.

22 퍼센트 저항 강하 3[%], 리액턴스 강하 4[%]인 변압기의 최대 전압 변동률[%]은?

① 1 ② 5
③ 7 ④ 12

해설 최대 전압 변동률
$\varepsilon_{\max} = \sqrt{p^2 + q^2}$
$= \sqrt{3^2 + 4^2} = 5[\%]$

23 직류 전압을 직접 제어하는 것은?

① 브리지형 인버터
② 단상 인버터
③ 3상 인버터
④ 초퍼형 인버터

해설 초퍼형 인버터 : 고정된 크기의 전류를 가변 직류로 변환하는 장치

24 직류 발전기의 병렬 운전 중 한쪽 발전기의 여자를 늘리면 그 발전기는?

① 부하 전류는 불변, 전압은 증가
② 부하 전류는 줄고, 전압은 증가
③ 부하 전류는 늘고, 전압은 증가
④ 부하 전류는 늘고, 전압은 불변

해설 한쪽 발전기의 여자를 증가시키면 뒤진 무효 전류가 흐르게 되어서 부하 전류는 늘고 전압은 증가하게 된다.

정답 18.④ 19.③ 20.④ 21.④ 22.② 23.④ 24.③

25 반파 정류 회로에서 변압기 2차 전압의 실효치를 E[V]라 하면 직류 전류 평균치는? (단, 정류기의 전압 강하는 무시한다.)

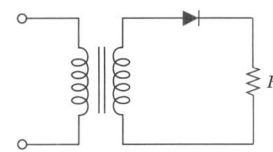

① $\dfrac{E}{R}$ ② $\dfrac{1}{2} \cdot \dfrac{E}{R}$

③ $\dfrac{2\sqrt{2}}{\pi} \cdot \dfrac{E}{R}$ ④ $\dfrac{\sqrt{2}}{\pi} \cdot \dfrac{E}{R}$

해설 단상 반파 정류의 전압

직류분 전압 $E_d = \dfrac{\sqrt{2}}{\pi} E = 0.45E$[V]

전류 $I_d = \dfrac{\sqrt{2}}{\pi} \times \dfrac{E}{R}$ [A]

26 변압기의 규약 효율은?

① $\dfrac{출력}{입력}$ ② $\dfrac{출력}{입력 - 손실}$

③ $\dfrac{출력}{출력 + 손실}$ ④ $\dfrac{입력 + 손실}{입력}$

해설 변압기의 규약 효율

$\eta = \dfrac{출력}{출력 + 손실} \times 100$

27 역률과 효율이 좋아서 가정용 선풍기, 전기세탁기, 냉장고 등에 주로 사용되는 것은?

① 분상 기동형 전동기
② 반발 기동형 전동기
③ 영구 콘덴서 기동형 전동기
④ 셰이딩 코일형 전동기

해설 영구 콘덴서형 단상 유도 전동기의 특징 : 콘덴서 기동형보다 용량이 적어서 기동 토크가 작으므로 선풍기, 세탁기, 냉장고, 오디오 플레이어 등에 널리 사용된다.

28 다음 중 ( ) 속에 들어갈 내용은?

> 유입 변압기에 많이 사용되는 목면, 명주, 종이 등의 절연 재료는 내열 등급 ( )으로 분류되고, 장시간 지속하여 최고 허용 온도 ( )[℃]를 넘어서는 안 된다.

① Y종 - 90 ② A종 - 105
③ E종 - 120 ④ B종 - 130

해설 유입 변압기 : 철심 코일을 절연유를 이용하여 절연한 A종 절연 변압기(절연물의 최고 허용 온도, 105[℃])로 비교적 보수·점검이 쉽고 부속 장치가 간단하며 내습성, 절연 강도, 가격면에서 유리한 변압기

29 3상 교류 발전기의 기전력에 대하여 90° 늦은 전류가 통할 때의 반작용 기자력은?

① 자극축과 일치하고 감자 작용
② 자극축보다 90° 빠른 증자 작용
③ 자극축보다 90° 늦은 감자 작용
④ 자극축과 직교하는 교차 자화 작용

해설 발전기 전기자 반작용 시 기자력 : C부하(90° 뒤진 전류) 시 자극축과 일치하는 감자 작용이 발생한다.
· R 부하 : 교차 자화 작용
· L 부하 : 감자 작용(90° 뒤진 전류)
· C 부하 : 증자 작용(90° 앞선 전류)

30 60[Hz], 4극 유도 전동기가 1,700[rpm]으로 회전하고 있다. 이 전동기의 슬립은 약 얼마인가?

① 3.42[%] ② 4.56[%]
③ 5.56[%] ④ 6.64[%]

해설
· 동기 속도 $N_s = \dfrac{120f}{P} = \dfrac{120 \times 60}{4} = 1,800$[rpm]
· 슬립 $s = \dfrac{N_s - N}{N_s} \times 100 = \dfrac{1,800 - 1,700}{1,800} \times 100 = 5.56$[%]

정답 25.④ 26.③ 27.③ 28.② 29.① 30.③

31 다음 중 자기 소호 기능이 가장 좋은 소자는?

① SCR ② GTO
③ TRIAC ④ LASCR

해설 GTO(Gate Turn-Off thyristor) : 게이트 신호로 On-Off가 자유로우며 개폐 동작이 빠르고 주로 직류의 개폐에 사용되며 자기 소호 기능이 가장 좋다.

32 3상 동기 발전기의 상간 접속을 Y결선으로 하는 이유 중 틀린 것은?

① 중성점을 이용할 수 있다.
② 선간 전압이 상전압의 $\sqrt{3}$ 배가 된다.
③ 선간 전압에 제3고조파가 나타나지 않는다.
④ 같은 선간 전압의 결선에 비하여 절연이 어렵다.

해설 Y결선은 △결선에 비해 절연이 용이하다.

33 발전기 권선의 층간 단락 보호에 가장 적합한 계전기는?

① 차동 계전기 ② 방향 계전기
③ 온도 계전기 ④ 접지 계전기

해설 발전기의 권선 층간 단락 보호 : 차동 계전기, 비율 차동 계전기

34 3상 유도 전동기의 속도 제어 방법 중 인버터(inverter)를 이용한 속도 제어법은?

① 극수 변환법
② 전압 제어법
③ 초퍼 제어법
④ 주파수 제어법

해설 주파수 변환 제어법(VVVF) : 인버터를 이용하여 가변 전압 가변 주파수를 변환하여 속도를 제어하는 방법

35 동기기를 병렬 운전할 때 순환 전류가 흐르는 원인은?

① 기전력의 저항이 다른 경우
② 기전력의 위상이 다른 경우
③ 기전력의 전류가 다른 경우
④ 기전력의 역률이 다른 경우

해설
- 기전력의 크기가 다른 경우 : 무효 순환 전류(무효 횡류)
- 기전력의 위상이 다른 경우 : 유효 순환 전류(동기화 전류)

36 동기 전동기를 송전선의 전압 조정 및 역률 개선에 사용한 것을 무엇이라 하는가?

① 댐퍼 ② 동기 이탈
③ 제동 권선 ④ 동기 조상기

해설 동기 무효전력보상장치(조상기) : 진상과 지상 역률 개선

37 동기기의 손실에서 고정손에 해당되는 것은?

① 계자 철심의 철손
② 브러시의 전기손
③ 계자 권선의 저항손
④ 전기자 권선의 저항손

해설 고정손(무부하손) : 부하에 관계없이 항상 일정한 손실
- 철손(P_i) : 히스테리시스손, 와류손
- 기계손(P_m) : 마찰손, 풍손
- 브러시의 전기손
- 계자 권선 저항손(동손)

38 다음 중 권선 저항 측정 방법은?

① 메거
② 전압 전류계법
③ 켈빈 더블 브리지법
④ 휘트스톤 브리지법

정답 31.② 32.④ 33.① 34.④ 35.② 36.④ 37.① 38.③

해설 켈빈 더블 브리지법은 저항 측정 시 오차를 최소화하기 위한 측정 방법으로, 켈빈 더블 브리지는 1[Ω] 이하의 저항을 ±0.2[%] 정도의 오차 범위로 측정할 수 있다.

39 1차 전압 6,300[V], 2차 전압 210[V], 주파수 60[Hz]의 변압기가 있다. 이 변압기의 권수비는?

① 30   ② 40
③ 50   ④ 60

해설 변압기 권수비 $a = \dfrac{N_1}{N_2} = \dfrac{E_1}{E_2} = \dfrac{6,300}{210} = 30$

40 회전 변류기의 직류측 전압을 조정하려는 방법이 아닌 것은?

① 직렬 리액턴스에 의한 방법
② 여자 전류를 조정하는 방법
③ 동기 승압기를 사용하는 방법
④ 부하 시 전압 조정 변압기를 사용하는 방법

해설 직류 전압 조정법
- 직렬 리액터에 의한 방법
- 유도 전압 조정기에 의한 방법
- 동기 승압기에 의한 방법
- 부하 시 전압 조정기를 사용하는 방법

41 합성 수지관 상호 접속 시에 관을 삽입하는 깊이는 관 바깥지름의 몇 배 이상으로 하여야 하는가?

① 0.6
② 0.8
③ 1.0
④ 1.2

해설 합성 수지관 접속 시 삽입 깊이 : 1.2배(접착제 사용 시 0.8배)

42 금속관 공사를 할 경우 케이블 손상 방지용으로 사용하는 부품은?

① 부싱   ② 엘보
③ 커플링   ④ 로크 너트

해설 부싱 : 관 끝단에서 전선 절연 피복 보호

43 전선을 종단 겹침용 슬리브에 의해 종단 접속할 경우 소정의 압축 공구를 사용하여 보통 몇 개소를 압착하는가?

① 1   ② 2
③ 3   ④ 4

44 사람이 상시 통행하는 터널 내 배선의 사용전압이 저압일 때 배선 방법으로 틀린 것은?

① 금속관 배선
② 금속 덕트 배선
③ 합성 수지관 배선
④ 금속제 가요 전선관 배선

해설 금속 덕트 시설 장소 : 옥내 건조한 장소, 노출 장소 또는 점검 가능한 은폐 장소에 한하여 시설하며 주로 공장, 빌딩의 간선 등과 같은 다수의 전선을 수용하는 장소에 시설한다.

45 어느 가정집이 40[W] LED등 10개, 1[kW] 전자레인지 1개, 100[W] 컴퓨터 세트 2대, 1[kW] 세탁기 1대를 사용하고, 하루 평균 사용 시간이 LED등은 5시간, 전자레인지 30분, 컴퓨터 5시간, 세탁기 1시간이라면 1개월(30일)간의 사용 전력량[kWh]은?

① 115   ② 135
③ 155   ④ 175

해설 사용 전력량 $W = (0.04 \times 10 \times 5 + 1 \times 0.5 + 0.1 \times 2 \times 5 + 1 \times 1) \times 30 = 135[kWh]$

정답 39.① 40.② 41.④ 42.① 43.② 44.② 45.②

46 구리선(동전선)의 종단 접속 방법이 아닌 것은?

① 구리선(동전선) 압착 단자에 의한 접속
② 종단 겹침용 슬리브에 의한 접속
③ C형 전선 접속기 등에 의한 접속
④ 비틀어 꽂는 형의 전선 접속기에 의한 접속

해설 구리선의 종단 접속
- 가는 단선($4[mm^2]$ 이하)의 종단 접속
- 구리선 압착 단자에 의한 접속
- 비틀어 꽂는 형의 전선 접속기에 의한 접속
- 종단 겹침용 슬리브(E형)에 의한 접속
- 직선 겹침용 슬리브(P형)에 의한 접속
- 꽂음형 커넥터에 의한 접속

47 3상 4선식 380/220[V] 전로에서 전원의 중성극에 접속된 전선을 무엇이라 하는가?

① 접지선
② 중성선
③ 전원선
④ 접지측 선

해설 중성선 : 공통 단자(중성극)에 접속된 전선

48 고압 가공 전선로의 지지물로 철탑을 사용하는 경우 지지물 간 거리(경간)은 몇 [m] 이하로 제한하는가?

① 150 ② 300
③ 500 ④ 600

해설 가공 전선로의 지지물 간 거리(경간)

지지물	표준 지지물 간 거리(경간)
목주, A종	150
B종	250
철탑	600

49 [한국전기설비규정에 따른 삭제]

50 플로어 덕트 배선의 사용 전압은 몇 [V] 미만으로 제한되어지는가?

① 220
② 400
③ 600
④ 700

해설 저압 옥내 배선의 시설 장소별 : 합성수지관, 금속관, 가요 전선관, 케이블 공사는 다음 시설 장소에 관계없이 모두 시설 가능하다.

구분		400[V] 미만	400[V] 이상
전개 장소	건조한 곳	애자 사용, 합성수지 몰드 금속 몰드, 금속 덕트 버스 덕트, 라이팅 덕트	애자 사용 금속 덕트 버스 덕트
	기타	애자 사용, 버스 덕트	애자 사용
점검 가능 은폐 장소	건조한 곳	애자 사용, 합성수지 몰드 금속 몰드, 금속 덕트 버스 덕트, 셀룰러 덕트	애자 사용 금속 덕트 버스 덕트
	기타	애자 사용	애자 사용
점검할 수 없는 은폐 장소 (건조한 곳)		플로어 덕트, 셀룰러 덕트	-

51 변압기 중성점에 접지 공사를 하는 이유는?

① 전류 변동의 방지
② 전압 변동의 방지
③ 전력 변동의 방지
④ 고·저압 혼촉 방지

해설 변압기 중성점 접지 목적 : 고·저압 혼촉 사고 방지

정답 46.③ 47.② 48.④ 49.삭제 50.② 51.④

52 셀룰로이드, 성냥, 석유류 등 기타 가연성 위험 물질을 제조 또는 저장하는 장소의 배선으로 틀린 것은?

① 금속관 배선
② 케이블 배선
③ 플로어 덕트 배선
④ 합성 수지관(CD관 제외) 배선

해설 가연성 분진, 위험물 : 금속관, 케이블, 합성 수지관 공사

53 자동 화재 탐지 설비의 구성 요소가 아닌 것은?

① 비상 콘센트   ② 발신기
③ 수신기   ④ 감지기

해설
- 자동 화재 탐지 설비 구성 요소 : 감지기(열 또는 연기 감지), 수신기, 발신기, 음향 장치, 배선, 전원
- 비상 콘센트 설치 대상물
  - 지하층을 포함한 11층 이상의 층
  - 지하층의 층수가 3층 이상, 지하층의 바닥 면적 합계 1,000[m²] 이상
  - 터널의 길이가 500[m] 이상

54 부하의 역률이 규정값 이하인 경우 역률 개선을 위하여 설치하는 것은?

① 저항   ② 리액터
③ 컨덕턴스   ④ 진상용 콘덴서

해설 역률 개선 장치

전력용 콘덴서	동기 무효전력보상장치 (조상기)
진상 전류 공급	진상, 지상 전류 공급

55 금속관 구부리기에 있어서 관의 굴곡이 3개소가 넘거나 관의 길이가 30[m]를 초과하는 경우 적용하는 것은?

① 커플링   ② 풀 박스
③ 로크 너트   ④ 링 리듀서

해설 금속관이 정크션 박스에서 나와서 직각으로 구부러지는 총 각도는 360°이므로 3개소이며 만약 360°를 초과 시에는 중간에 풀 박스나 정크션 박스 등을 접속하여 시설한다.

56 연선 결정에 있어서 중심 소선을 뺀 층수가 3층이다. 전체 소선수는?

① 91   ② 61
③ 37   ④ 19

해설 $N = 1 + 3n(n+1)$[가닥]이므로 $n = 3$층이고
$N = 1 + 3 \times 3(2+1) = 37$[가닥]

57 접지 전극의 매설 깊이는 몇 [m] 이상인가?

① 0.6   ② 0.65
③ 0.7   ④ 0.75

해설 접지극(전극)의 매설 깊이는 지하 75[cm] 이상 깊이에 매설하되 동결 깊이를 감안할 것

58 옥내 배선 공사할 때 연동선을 사용할 경우 전선의 최소 굵기[mm²]는?

① 1.5   ② 2.5
③ 4   ④ 6

해설 저압 옥내 배선에 사용하는 전선은 2.5[mm²] 이상의 연동 절연 전선(단, OW 제외)이나 단면적 1[mm²] 이상의 MI(미네랄 인슐레이션) 케이블을 사용하여야 한다.

59 합성수지관을 새들 등으로 지지하는 경우 지지점 간의 거리는 몇 [m] 이하인가?

① 1.5
② 2.0
③ 2.5
④ 3.0

해설 합성수지관 지지점 간 거리 : 1.5[m] 이하마다 새들로 지지할 것

정답 52.③ 53.① 54.④ 55.② 56.③ 57.④ 58.② 59.①

60 금속관 절단구에 대한 다듬기에 쓰이는 공구는?

① 리머 ② 홀소
③ 프레셔 툴 ④ 파이프 렌치

해설 리머 : 금속관 끝을 다듬을 때 사용하는 공구

정답 60.①

2016년 제2회 기출문제

2016. 4. 2. 시행

★ 표시 : 문제 중요도를 나타냄

01 $+Q_1[C]$과 $-Q_2[C]$의 전하가 진공 중에서 $r[m]$의 거리에 있을 때 이들 사이에 작용하는 정전기력 $F[N]$는?

① $F = 9 \times 10^{-7} \times \dfrac{Q_1 Q_2}{r^2}$

② $F = 9 \times 10^{-9} \times \dfrac{Q_1 Q_2}{r^2}$

③ $F = 9 \times 10^{9} \times \dfrac{Q_1 Q_2}{r^2}$

④ $F = 9 \times 10^{10} \times \dfrac{Q_1 Q_2}{r^2}$

해설 전하 사이에 작용하는 힘의 세기
$F = \dfrac{Q_1 Q_2}{4\pi\varepsilon_0 r^2} = 9 \times 10^9 \times \dfrac{Q_1 Q_2}{r^2} \ [N]$

02 PN 접합 다이오드의 대표적인 작용으로 옳은 것은?

① 정류 작용
② 변조 작용
③ 증폭 작용
④ 발진 작용

해설 PN 접합 다이오드의 특징은 순방향 성질로 인해 교류가 인가되면 교류의 + 부분만 통과시켜 직류로 변환하는 정류 작용을 한다.

03 평균 반지름이 10[cm]이고 감은 횟수 10회의 원형 코일에 5[A]의 전류를 흐르게 하면 코일 중심의 자장의 세기[AT/m]는?

① 250
② 500
③ 750
④ 1,000

해설 원형 코일 중심 자계
$H = \dfrac{NI}{2r} = \dfrac{10 \times 5}{2 \times 0.1} = 250[AT/m]$

04 3상 220[V], △결선에서 1상의 부하가 $\dot{Z} = 8 + j6[\Omega]$이면 선전류[A]는?

① 11
② $22\sqrt{3}$
③ 22
④ $\dfrac{22}{\sqrt{3}}$

해설 △결선의 특징
$V_l = V_p, \ I_l = \sqrt{3} I_p$
상전류 $I_p = \dfrac{V_p}{Z} = \dfrac{220}{\sqrt{8^2 + 6^2}} = 22[A]$
선전류 $I_l = \sqrt{3} I_p = 22\sqrt{3} \ [A]$

05 다음에서 나타내는 법칙은?

| 유도 기전력은 자신이 발생 원인이 되는 자속의 변화를 방해하려는 방향으로 발생한다. |

① 줄의 법칙
② 렌츠의 법칙
③ 플레밍의 법칙
④ 패러데이의 법칙

해설 렌츠의 법칙(유도 기전력의 방향) : 코일에서 유도되는 유도 기전력의 방향은 자속의 증감을 방해하는 방향으로 발생한다.

정답 01.③ 02.① 03.① 04.② 05.②

06 비사인파 교류 회로의 전력에 대한 설명으로 옳은 것은?

① 전압의 제3고조파와 전류의 제3고조파 성분 사이에서 소비 전력이 발생한다.
② 전압의 제2고조파와 전류의 제3고조파 성분 사이에서 소비 전력이 발생한다.
③ 전압의 제3고조파와 전류의 제5고조파 성분 사이에서 소비 전력이 발생한다.
④ 전압의 제5고조파와 전류의 제7고조파 성분 사이에서 소비 전력이 발생한다.

해설 비사인파(비정현파)의 전력은 같은 성분끼리만 소비 전력이 발생한다.
소비 전력 $P = V_0 I_0$ (직류분)
$\quad\quad\quad + V_1 I_1 \cos\theta_1$ (기본파)
$\quad\quad\quad + V_2 I_2 \cos\theta_2$ (제2고조파) $+ \cdots$

07 최대 눈금 1[A], 내부 저항 10[Ω]의 전류계로 최대 101[A]까지 측정하려면 몇 [Ω]의 분류기가 필요한가?

① 0.01 ② 0.02
③ 0.05 ④ 0.1

해설
• 전류계의 배율
$m = \dfrac{\text{최대 측정 눈금}}{\text{전류계 눈금}} = \dfrac{101}{1} = 101\text{배}$
• 분류기의 저항
$R_s = \dfrac{r_a}{m-1} = \dfrac{10}{101-1} = \dfrac{10}{100} = 0.1[\Omega]$

08 3[V]의 기전력으로 300[C]의 전기량이 이동할 때 몇 [J]의 일을 하게 되는가?

① 1,200 ② 900
③ 600 ④ 100

해설 전하가 한 일 $W = QV = 300 \times 3 = 900[J]$

09 $R = 2[\Omega]$, $L = 10[\text{mH}]$, $C = 4[\mu\text{F}]$으로 구성되는 직렬 공진 회로의 L과 C에서의 전압 확대율은?

① 3 ② 6
③ 16 ④ 25

해설 전압 확대율
$Q = \dfrac{1}{R}\sqrt{\dfrac{L}{C}}$
$= \dfrac{1}{2}\sqrt{\dfrac{10 \times 10^{-3}}{4 \times 10^{-6}}}$
$= \dfrac{1}{2}\sqrt{2,500} = \dfrac{50}{2} = 25$

10 자속 밀도가 2[Wb/m²]인 평등 자기장 중에 자기장과 30°의 방향으로 길이 0.5[m]인 도체에 8[A]의 전류가 흐르는 경우 전자력[N]은?

① 8 ② 4
③ 2 ④ 1

해설 전자력의 세기
$F = IBl\sin\theta$
$= 8 \times 2 \times 0.5 \times \sin 30°$
$= 8 \times 0.5$
$= 4[N]$

11 다음 ( ) 안의 알맞은 내용으로 옳은 것은?

> 회로에 흐르는 전류의 크기는 저항에 (㉠)하고, 가해진 전압에 (㉡)한다.

① ㉠ 비례, ㉡ 비례
② ㉠ 비례, ㉡ 반비례
③ ㉠ 반비례, ㉡ 비례
④ ㉠ 반비례, ㉡ 반비례

해설 전기 회로의 옴의 법칙 : 회로에 흐르는 전류는 저항에 반비례하고 전압에 비례한다.

정답 06.① 07.④ 08.② 09.④ 10.② 11.③

12 $2[\mu F]$, $3[\mu F]$, $5[\mu F]$인 3개의 콘덴서가 병렬로 접속되었을 때의 합성 정전 용량 $[\mu F]$은?

① 0.97
② 3
③ 5
④ 10

해설 병렬 접속 합성 정전 용량
$C_0 = C_1 + C_2 + C_3 = 2 + 3 + 5 = 10[\mu F]$

13 충전된 대전체를 대지(大地)에 연결하면 대전체는 어떻게 되는가?

① 방전한다.
② 반발한다.
③ 충전이 계속된다.
④ 반발과 흡인을 반복한다.

해설 지구의 대지는 표면적이 넓어서 대전체의 전하는 대지로 방전된다.

14 초산은($AgNO_3$) 용액에 1[A]의 전류를 2시간 동안 흘렸다. 이때, 은의 석출량[g]은? (단, 은의 전기 화학 당량은 1.1×10^{-3}[g/C]이다.)

① 5.44
② 6.08
③ 7.92
④ 9.84

해설 패러데이 법칙
$W = kIt = 1.1 \times 10^{-3} \times 1 \times 2 \times 3,600$
$= 7.92[g]$

15 임피던스 $\dot{Z} = 6 + j8[\Omega]$에서 서셉턴스[℧]는?

① 0.06
② 0.08
③ 0.6
④ 0.8

해설 어드미턴스 : 임피던스의 역수
$\dot{Y} = \frac{1}{\dot{Z}} = \frac{1}{6+j8} = \frac{6-j8}{(6+j8)(6-j8)}$
$= \frac{6-j8}{6^2+8^2} = \frac{6-j8}{100} = 0.06 - j0.08[\text{℧}]$

그러므로 서셉턴스는 어드미턴스의 허수 0.08이 된다.

16 환상 솔레노이드에 감겨진 코일의 권회수를 3배로 늘리면 자체 인덕턴스는 몇 배로 되는가?

① 3
② 9
③ $\frac{1}{3}$
④ $\frac{1}{9}$

해설 환상 솔레노이드의 자기 인덕턴스
$L = \frac{\mu S N^2}{l}$[H] $\propto N^2 \Rightarrow N$이 3배 증가하면 L은 3^2, 즉 9배 증가한다.

17 전자 냉동기는 어떤 효과를 응용한 것인가?

① 제베크 효과
② 톰슨 효과
③ 펠티에 효과
④ 줄 효과

해설 열전기 효과
• 제베크 효과 : 서로 다른 두 금속의 접합점에 온도차를 주면 열기전력이 발생하는 현상(열동 계전기)
• 펠티에 효과 : 서로 다른 두 금속의 접합점에 전류를 흘려주면 접합점에 열의 흡수나 열의 발생이 나타나는 현상(전자 냉동기)
• 톰슨 효과 : 같은 종류의 금속에 온도차를 가하면 열의 흡수나 열의 발생이 나타나는 현상

18 반자성체 물질의 특색을 나타낸 것은? (단, μ_s는 비투자율이다.)

① $\mu_s > 1$
② $\mu_s \gg 1$
③ $\mu_s = 1$
④ $\mu_s < 1$

해설 ④ 반(역)자성체($\mu_s < 1$) : 비스무트, 탄소, 실리콘, 안티몬, 구리, 아연

정답 12.④ 13.① 14.③ 15.② 16.② 17.③ 18.④

19 전력과 전력량에 관한 설명으로 틀린 것은?
① 전력은 전력량과 다르다.
② 전력량은 와트로 환산된다.
③ 전력량은 칼로리 단위로 환산된다.
④ 전력은 칼로리 단위로 환산할 수 없다.

해설 • 전력 : 단위 시간(1[sec]) 동안 전기가 한 일 (마력 환산 가능)
$$P = VI = I^2R = \frac{V^2}{R} = \frac{W}{t}[W]$$
• 전력량 : 전기 장치가 일정 시간 동안 한 일의 양(열량 환산 가능)
$$W = Pt = VIt = I^2Rt = \frac{V^2}{R}t[J]$$

20 어떤 3상 회로에서 선간 전압이 200[V], 선전류 25[A], 3상 전력이 7[kW]이었다. 이때의 역률은 약 얼마인가?
① 0.65 ② 0.73
③ 0.81 ④ 0.97

해설 3상 소비 전력 $P = \sqrt{3}\,VI\cos\theta[W]$
역률 $\cos\theta = \frac{P}{\sqrt{3}\,VI} = \frac{7\times10^3}{\sqrt{3}\times200\times25} = 0.81$

21 슬립 4[%]인 유도 전동기의 등가 부하 저항은 2차 저항의 몇 배인가?
① 5   ② 19
③ 20 ④ 24

해설 등가 부하 저항 $R = \frac{1-s}{s}r_2 = \frac{1-0.04}{0.04}r_2$
$= \frac{0.96}{0.04}r_2 = 24r_2[\Omega]$

22 동기 발전기의 병렬 운전 조건이 아닌 것은?
① 유도 기전력의 크기가 같을 것
② 동기 발전기의 용량이 같을 것
③ 유도 기전력의 위상이 같을 것
④ 유도 기전력의 주파수가 같을 것

해설 동기 발전기 병렬 운전 조건
• 기전력의 크기가 일치할 것
• 기전력의 위상이 일치할 것
• 기전력의 주파수가 일치할 것
• 기전력의 파형이 일치할 것

23 동기기 손실 중 무부하손(no load loss)이 아닌 것은?
① 풍손
② 와류손
③ 전기자 동손
④ 베어링 마찰손

해설 무부하손(고정손) : 부하에 관계없이 항상 일정한 손실
• 철손 : 히스테리시스손, 와류손
• 기계손 : 마찰손(베어링, 브러시 접촉부에서 발생하는 손실), 풍손

24 역병렬 결합의 SCR의 특성과 같은 반도체 소자는?
① PUT   ② UJT
③ DIAC ④ TRIAC

해설 TRIAC은 2개의 SCR을 역병렬로 접속하여 2개의 제어 전극을 설치한 소자로 교류의 쌍방향 스위칭 제어에 이용된다.

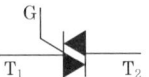

25 극수 10, 동기 속도 600[rpm]인 동기 발전기에서 나오는 전압의 주파수는 몇 [Hz]인가?
① 50   ② 60
③ 80   ④ 120

해설 • 동기 속도 $N_s = \frac{120f}{P}[rpm]$
• 주파수 $f = \frac{N_sP}{120} = \frac{600\times10}{120} = 50[Hz]$

정답 19.② 20.③ 21.④ 22.② 23.③ 24.④ 25.①

26 전기 기기의 철심 재료로 규소 강판을 많이 사용하는 이유로 가장 적당한 것은?

① 와류손을 줄이기 위해
② 구리손을 줄이기 위해
③ 맴돌이 전류를 없애기 위해
④ 히스테리시스손을 줄이기 위해

해설
- 규소 강판 사용 : 히스테리시스손 감소
- 성층 사용 : 와류손 감소

27 동기 와트 P_2, 출력 P_0, 슬립 s, 동기 속도 N_s, 회전 속도 N, 2차 동손 P_{2c}일 때 2차 효율 표기로 틀린 것은?

① $1-s$　　② $\dfrac{P_{2c}}{P_2}$
③ $\dfrac{P_0}{P_2}$　　④ $\dfrac{N}{N_s}$

해설 2차 효율
$$\eta_2 = \frac{P_0}{P_2} = \frac{(1-s)P_2}{P_2} = 1-s = \frac{N}{N_s}$$

28 6극 직렬권 발전기의 전기자 도체수 300, 매극 자속 0.02[Wb], 회전수 900[rpm]일 때 유도 기전력[V]은?

① 90　　② 110
③ 220　　④ 270

해설 발전기의 유도 기전력
$$E = \frac{PZ\phi N}{60a} = \frac{6 \times 300 \times 0.02 \times 900}{60 \times 2} = 270[V]$$

29 변압기의 결선에서 제3고조파를 발생시켜 통신선에 유도 장해를 일으키는 3상 결선은?

① Y-Y　　② △-△
③ Y-△　　④ △-Y

해설 Y-Y 결선의 단점은 중성점 접지 시 접지선을 통해 제3고조파 전류가 흐를 수 있으므로 인접 통신선에 유도 장해가 발생한다.

30 3상 교류 발전기의 기전력에 대하여 $\dfrac{\pi}{2}$[rad] 뒤진 전기자 전류가 흐르면 전기자 반작용은?

① 횡축 반작용으로 기전력을 증가시킨다.
② 증자 작용을 하여 기전력을 증가시킨다.
③ 감자 작용을 하여 기전력을 감소시킨다.
④ 교차 자화 작용으로 기전력을 감소시킨다.

해설 발전기의 전기자 반작용
- R 부하 : 교차 자화 작용(기전력과 전기자 전류가 동위상)
- L 부하 : 감자 작용(기전력보다 위상 $\dfrac{\pi}{2}$[rad] 뒤진 전기자 전류)
- C 부하 : 증자 작용(기전력보다 위상 $\dfrac{\pi}{2}$[rad] 앞선 전기자 전류)

31 발전기를 정격 전압 220[V]로 전부하 운전하다가 무부하로 운전하였더니 단자 전압이 242[V]가 되었다. 이 발전기의 전압 변동률[%]은?

① 10　　② 14
③ 20　　④ 25

해설 전압 변동률
$$\varepsilon = \frac{V_0 - V_n}{V_n} \times 100$$
$$= \frac{242 - 220}{220} \times 100 = \frac{2,200}{220} = 10[\%]$$

32 3상 유도 전동기의 운전 중 급속 정지가 필요할 때 사용하는 제동 방식은?

① 단상 제동
② 회생 제동
③ 발전 제동
④ 역상 제동

정답 26.④　27.②　28.④　29.①　30.③　31.①　32.④

해설 전동기 제동 방식
- 역상 제동 : 전기자 회로의 극성을 반대로 접속하여 발생하는 역토크를 이용하여 전동기를 급제동시키는 방식(전동기 급제동 목적)
- 발전 제동 : 전기자 회로를 전원에서 차단 후 계속 회전하고 있는 전동기를 발전기로 동작시켜서 발생되는 역기전력을 병렬 접속된 외부 저항에서 열로 소비하여 제동하는 방식
- 회생 제동 : 전동기의 전원을 접속한 상태에서 전동기에 유기되는 역기전력에서 발생하는 전력을 전원측에 반환하여 제동하는 방식(전기 기관차)

33 부흐홀츠 계전기의 설치 위치로 가장 적당한 곳은?
① 콘서베이터 내부
② 변압기 고압측 부싱
③ 변압기 주탱크 내부
④ 변압기 주탱크와 콘서베이터 사이

해설 부흐홀츠 계전기 : 주탱크와 콘서베이터 간에 설치하여 변압기유의 열화로 인해 발생하는 유증기를 검출하는 계전기

34 직류 전동기의 제어에 널리 응용되는 직류 – 직류 전압 제어 장치는?
① 초퍼
② 인버터
③ 전파 정류 회로
④ 사이클로 컨버터

해설 초퍼 회로 : 고정된 크기의 직류를 가변 직류로 변환하는 장치

35 동기 무효전력보상장치(조상기)의 계자를 부족 여자로 하여 운전하면?
① 콘덴서로 작용
② 뒤진 역률 보상
③ 리액터로 작용
④ 저항손의 보상

해설 동기 무효전력보상장치(조상기)의 V곡선
- 과여자 : 전기자 전류가 앞선 전류로 작용(콘덴서로 작용)
- 부족 여자 : 전기자 전류가 뒤진 전류로 작용(리액터로 작용)

36 직류 분권 전동기의 기동 방법 중 가장 적당한 것은?
① 기동 토크를 작게 한다.
② 계자 저항기의 저항값을 크게 한다.
③ 계자 저항기의 저항값을 0으로 한다.
④ 기동 저항기를 전기자와 병렬 접속한다.

해설 직류 분권 전동기 기동 방법 : 기동 토크를 크게 하기 위해 계자 저항기의 저항값을 최소(0)로 놓고 기동한다.

37 20[kVA]의 단상 변압기 2대를 사용하여 V-V 결선으로 하고 3상 전원을 얻고자 한다. 이때, 여기에 접속시킬 수 있는 3상 부하의 용량은 약 몇 [kVA]인가?
① 34.6
② 44.6
③ 54.6
④ 66.6

해설 V결선 용량 $P_V = \sqrt{3} P_1$
$= \sqrt{3} \times 20 = 34.6[kVA]$

38 변압기유의 구비 조건으로 틀린 것은?
① 냉각 효과가 클 것
② 응고점이 높을 것
③ 절연 내력이 클 것
④ 고온에서 화학 반응이 없을 것

해설 변압기유(절연유)는 변압기의 권선을 절연시키는 목적으로 사용되며 응고점(어는점)과 점도는 낮을수록 좋으며 인화점(불이 붙는 온도)은 높을수록 좋다.

정답 33.④ 34.① 35.③ 36.③ 37.① 38.②

39 3상 유도 전동기의 회전 방향을 바꾸기 위한 방법으로 옳은 것은?

① 전원의 전압과 주파수를 바꾸어 준다.
② △-Y 결선으로 결선법을 바꾸어 준다.
③ 기동 보상기를 사용하여 권선을 바꾸어 준다.
④ 전동기의 1차 권선에 있는 3개의 단자 중 어느 2개의 단자를 서로 바꾸어 준다.

해설 3상 유도 전동기는 회전 자계에 의해 회전하며 회전 자계의 방향을 반대로 하려면 전원의 3선 가운데 2선을 바꾸어 전원에 다시 연결하면 회전 방향은 반대로 된다.

40 전기 기계의 효율 중 발전기의 규약 효율 η_G는 몇 [%]인가? (단, P는 입력, Q는 출력, L은 손실이다.)

① $\eta_G = \dfrac{P-L}{P} \times 100$

② $\eta_G = \dfrac{P-L}{P+L} \times 100$

③ $\eta_G = \dfrac{Q}{P} \times 100$

④ $\eta_G = \dfrac{Q}{Q+L} \times 100$

해설 효율 $\eta = \dfrac{출력}{입력} \times 100[\%]$로서 발전기는 출력으로, 전동기는 입력으로 표현한다.
규약 효율
- 발전기 $\eta_G = \dfrac{출력}{출력 + 손실} \times 100[\%]$
- 전동기 $\eta_m = \dfrac{입력 - 손실}{입력} \times 100[\%]$

41 [한국전기설비규정에 따른 삭제]

42 전선 접속 방법 중 트위스트 직선 접속의 설명으로 옳은 것은?

① 연선의 직선 접속에 적용된다.
② 연선의 분기 접속에 적용된다.
③ 6[mm²] 이하의 가는 단선인 경우에 적용된다.
④ 6[mm²] 초과의 굵은 단선인 경우에 적용된다.

해설 트위스트 접속은 6[mm²] 이하의 가는 단선의 접속 방법이다.

43 성냥을 제조하는 공장의 공사 방법으로 틀린 것은?

① 금속관 공사
② 케이블 공사
③ 금속 몰드 공사
④ 합성 수지관 공사(두께 2[mm] 미만 및 난연성이 없는 것은 제외)

해설 셀룰로이드, 성냥, 석유류 등 기타 가연성 위험 물질을 제조 또는 저장하는 장소의 배선은 두께 2[mm] 이상의 합성 수지관 공사, 금속관 공사, 케이블 공사(캡타이어 케이블 제외)에 의하여 시설할 것

44 [한국전기설비규정에 따른 삭제]

45 [한국전기설비규정에 따른 삭제]

정답 39.④ 40.④ 41.삭제 42.③ 43.③ 44.삭제 45.삭제

46 라이팅 덕트 공사에 의한 저압 옥내 배선의 시설 기준으로 틀린 것은?

① 덕트의 끝부분은 막을 것
② 덕트는 조영재에 견고하게 붙일 것
③ 덕트의 개구부는 위로 향하여 시설할 것
④ 덕트는 조영재를 관통하여 시설하지 아니할 것

해설 덕트의 개구부는 먼지나 빗물이 침입하지 못하도록 아래로 향하게 시설하여야 한다.

47 옥내 배선 공사에서 절연 전선의 피복을 벗길 때 사용하면 편리한 공구는?

① 드라이버
② 플라이어
③ 압착 펜치
④ 와이어 스트리퍼

해설 와이어 스트리퍼 : 절연 전선의 피복 절연물을 직각으로 벗기기 위한 자동 공구로, 도체의 손상을 방지하기 위하여 정확한 크기의 구멍을 선택하여 피복 절연물을 벗겨야 한다.

48 교류 배전반에서 전류가 많이 흘러 전류계를 직접 주 회로에 연결할 수 없을 때 사용하는 기기는?

① 전류 제한기
② 계기용 변압기
③ 계기용 변류기
④ 전류계용 절환 개폐기

해설 계기용 변류기(CT) : 대전류를 소전류(5[A])로 변성하여 측정 계기나 전기의 전류원으로 사용하기 위한 전류 변성기

49 콘크리트 조영재에 볼트를 시설할 때 필요한 공구는?

① 파이프 렌치
② 볼트 클리퍼
③ 녹아웃 펀치
④ 드라이브 이트

해설 드라이브 이트 : 화약의 폭발력을 이용하여 콘크리트 벽 등에 구멍을 뚫어 핀을 강제적으로 박기 위한 공구로 취급자는 안전을 위하여 보안 훈련을 받아야 한다.

50 전선의 접속법에서 두 개 이상의 전선을 병렬로 사용하는 경우의 시설 기준으로 틀린 것은?

① 각 전선의 굵기는 구리인 경우 50[mm^2] 이상이어야 한다.
② 각 전선의 굵기는 알루미늄인 경우 70[mm^2] 이상이어야 한다.
③ 병렬로 사용하는 전선은 각각에 퓨즈를 설치할 것
④ 동극의 각 전선은 동일한 터미널러그에 완전히 접속할 것

해설 병렬로 접속해서 각각 전선에 퓨즈를 설치한 경우 만약 한 선의 퓨즈가 용단된 경우 다른 한 선으로 전류가 모두 흐르므로 위험해진다.

51 한국전기설비규정에 의한 고압 가공 전선로 철탑의 지지물 간 거리(경간)는 몇 [m] 이하로 제한하고 있는가?

① 150
② 250
③ 500
④ 600

해설 가공 전선로의 표준 지지물 간 거리

구분	표준 지지물 간 거리	장경간
철탑	600	1,200

정답 46.③ 47.④ 48.③ 49.④ 50.③ 51.④

52 금속 전선관 공사에서 금속관에 나사를 내기 위해 사용하는 공구는?

① 리머   ② 오스터
③ 프레셔 툴   ④ 파이프 벤더

해설 오스터 : 금속관 공사 시 금속관의 끝단이나 나사를 내기 위한 공구

53 [한국전기설비규정에 따른 삭제]

54 A종 철근 콘크리트주의 길이가 9[m]이고, 설계 하중이 6.8[kN]인 경우 땅에 묻히는 깊이는 최소 몇 [m] 이상이어야 하는가?

① 1.2   ② 1.5
③ 1.8   ④ 2.0

해설 목주 및 A종 지지물의 건주 공사 시 매설 깊이 전주 길이의 $\frac{1}{6}$

$L = 9 \times \frac{1}{6} = 1.5[m]$

길이 15[m] 초과 시 2.5[m] 이상 매설할 것

55 실내 면적 100[m²]인 교실에 전광속이 2,500[lm]인 40[W] 형광등을 설치하여 평균 조도를 150[lx]로 하려면 몇 개의 등을 설치하면 되겠는가? (단, 조명률은 50[%], 보상률은 1.25로 한다.)

① 15개   ② 20개
③ 25개   ④ 30개

해설 조명 설계식
$FUN = SED$
여기서, F : 전광속[lm]
E : 조도[lx]
N : 등수[개]
S : 면적[m²]
D : 감광 보상률
U : 조명률

등수 $N = \frac{SED}{FU} = \frac{100 \times 150 \times 1.25}{2,500 \times 0.5} = 15$개

56 진동이 심한 전기 기계·기구의 단자에 전선을 접속할 때 사용되는 것은?

① 커플링   ② 압착 단자
③ 링 슬리브   ④ 스프링 와셔

해설 진동이 심해 접속 단자가 풀릴 우려가 있는 경우에는 이중 너트나 스프링 와셔를 사용하여 완전하게 접속한다.

57 한국전기설비규정에 의하여 가공 전선에 케이블을 사용하는 경우 케이블은 조가선(조가용) 선에 행거로 시설하여야 한다. 이 경우 사용 전압이 고압인 때에는 그 행거의 간격은 몇 [cm] 이하로 시설하여야 하는가?

① 50   ② 60
③ 70   ④ 80

해설 가공 케이블의 조가선(조가용선 : 케이블을 매달아 시설하기 위한 강선)을 시설 시 조가선에 행거를 이용해 매달아 시설할 것(단, 고압인 경우 행거 간격은 50[cm] 이하일 것)

58 건축물에 고정되는 본체부와 제거할 수 있거나 개폐할 수 있는 덮개(커버)로 이루어지며 절연 전선, 케이블 및 코드를 완전하게 수용할 수 있는 구조의 배선 설비의 명칭은?

① 케이블 래더
② 케이블 트레이
③ 케이블 트렁킹
④ 케이블 브래킷

해설 벽면에 설치된 케이블 트렁킹 내의 케이블

 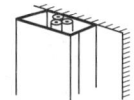

정답 52.② 53.삭제 54.② 55.① 56.④ 57.① 58.③

59 한국전기설비규정에 의하여 애자 사용 공사를 건조한 장소에 시설하고자 한다. 사용전압이 400[V] 미만인 경우 전선과 조영재 사이의 간격(이격거리)는 최소 몇 [cm] 이상이어야 하는가?

① 2.5
② 4.5
③ 6.0
④ 12

해설 애자 사용 공사 시 전선과 조영재 간 간격(이격거리)
- 400[V] 미만 : 2.5[cm] 이상
- 400[V] 이상 : 4.5[cm] 이상(단, 건조한 장소는 2.5[cm] 이상)

60 역률 개선의 효과로 볼 수 없는 것은?

① 전력 손실 감소
② 전압 강하 감소
③ 감전 사고 감소
④ 설비 용량의 이용률 증가

해설 역률 개선 효과
- 전력 손실이 감소한다.
- 전압 강하가 작아진다.
- 전기 설비 용량(변압기 용량)의 여유도가 증가한다.
- 전력 요금이 감소한다.
- 변압기 동손이 경감된다.

정답 59.① 60.③

2016년 제4회 기출문제

2016. 7. 10. 시행

★ 표시 : 문제 중요도를 나타냄

01 $R_1[\Omega]$, $R_2[\Omega]$, $R_3[\Omega]$의 저항 3개를 직렬 접속했을 때의 합성 저항$[\Omega]$은?

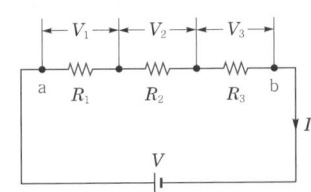

① $R = \dfrac{R_1 \cdot R_2 \cdot R_3}{R_1 + R_2 + R_3}$

② $R = \dfrac{R_1 + R_2 + R_3}{R_1 \cdot R_2 \cdot R_3}$

③ $R = R_1 \cdot R_2 \cdot R_3$

④ $R = R_1 + R_2 + R_3$

해설 직렬 합성 저항 $R_0 = R_1 + R_2 + R_3 [\Omega]$

02 정상 상태에서의 원자를 설명한 것으로 틀린 것은?

① 양성자와 전자의 극성은 같다.
② 원자는 전체적으로 보면 전기적으로 중성이다.
③ 원자를 이루고 있는 양성자의 수는 전자의 수와 같다.
④ 양성자 1개가 지니는 전기량은 전자 1개가 지니는 전기량과 크기가 같다.

해설 원자는 양성자와 전자로 구성되어 있으며 양성자는 원자핵 안에 존재하며 (+)극성을 띠고, 전자는 원자핵의 중심을 회전하며 (−)극성을 띤다.

03 2전력계법으로 3상 전력을 측정할 때 지시값이 $P_1 = 200[W]$, $P_2 = 200[W]$이었다. 부하 전력[W]은?

① 600 ② 500
③ 400 ④ 300

해설 2전력계법에 의한 3상 유효 전력
$P = P_1 + P_2 = 200 + 200 = 400[W]$

04 0.2[℧]의 컨덕턴스 2개를 직렬로 접속하여 3[A]의 전류를 흘리려면 몇 [V]의 전압을 공급하면 되는가?

① 12 ② 15
③ 30 ④ 45

해설 컨덕턴스 $G_1 = 0.2[℧]$이므로

저항 $R_1 = \dfrac{1}{G_1} = \dfrac{1}{0.2} = 5[\Omega]$

합성 저항 $R_0 = R_1 + R_2 = 5 + 5 = 10[\Omega]$

전압 $V = IR = 3 \times 10 = 30[V]$

05 어떤 교류 회로의 순시값이 $v = \sqrt{2}\,V \sin\omega t[V]$인 전압에서 $\omega t = \dfrac{\pi}{6}[rad]$일 때 $100\sqrt{2}\,[V]$이면 이 전압의 실효값[V]은?

① 100 ② $100\sqrt{2}$
③ 200 ④ $200\sqrt{2}$

해설 전압 $v = \sqrt{2}\,V\sin\omega t[V]$에 위상 $\omega t = \dfrac{\pi}{6}[rad]$을 대입시키면

정답 01.④ 02.① 03.③ 04.③ 05.③

순시값 $v = \sqrt{2}\,V\sin\omega t = \sqrt{2}\,V\sin\dfrac{\pi}{6}$
$= \sqrt{2}\,V \times \dfrac{1}{2} = 100\sqrt{2}$ [V]이므로
$V = 200$[V]가 된다.

06 다음은 어떤 법칙을 설명한 것인가?

> 전류가 흐르려고 하면 코일은 전류의 흐름을 방해한다. 또, 전류가 감소하면 이를 계속 유지하려고 하는 성질이 있다.

① 쿨롱의 법칙
② 렌츠의 법칙
③ 패러데이의 법칙
④ 플레밍의 왼손 법칙

해설 렌츠의 법칙은 유도 기전력의 방향을 정의한 법칙으로 코일에 유도되는 기전력의 방향은 자속의 증가 또는 감소(전류의 증가 또는 감소)를 방해하는 방향으로 발생한다.

07 그림과 같은 $R-C$ 병렬 회로의 위상각 θ는?

① $\tan^{-1}\dfrac{\omega C}{R}$
② $\tan^{-1}\omega CR$
③ $\tan^{-1}\dfrac{R}{\omega C}$
④ $\tan^{-1}\dfrac{1}{\omega CR}$

해설 $R-C$ 병렬 회로의 위상각 $\theta = \tan^{-1}\dfrac{R}{X_C}$
$= \tan^{-1}\omega CR$ [rad]

08 진공 중에 10[μC]과 20[μC]의 점전하를 1[m]의 거리로 놓았을 때 작용하는 힘 [N]은?

① 18×10^{-1}
② 2×10^{-2}
③ 9.8×10^{-9}
④ 98×10^{-9}

해설 쿨롱의 법칙 : 대전된 두 전하 사이에 작용하는 힘의 세기
$F = k\dfrac{Q_1 Q_2}{r^2} = \dfrac{Q_1 Q_2}{4\pi\varepsilon_0 r^2} = 9 \times 10^9 \times \dfrac{Q_1 Q_2}{r^2}$
$= 9 \times 10^9 \times \dfrac{10 \times 10^{-6} \times 20 \times 10^{-6}}{1^2}$
$= 18 \times 10^{-1}$[N]

09 그림과 같은 회로에서 a-b 간에 E[V]의 전압을 가하여 일정하게 하고, 스위치 S를 닫았을 때의 전전류 I[A]가 닫기 전 전류의 3배가 되었다면 저항 R_x의 값은 약 몇 [Ω]인가?

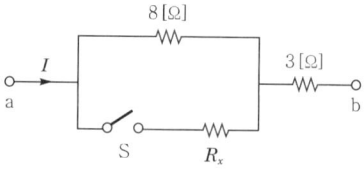

① 0.73
② 1.44
③ 2.16
④ 2.88

해설
• 스위치 S를 닫기 전의 전류는 R_x를 무시하면 8[Ω]과 3[Ω]이 직렬이므로 전류 I_0는 다음과 같다.
$I_0 = \dfrac{E}{8+3} = \dfrac{E}{11}$ [A]

• 스위치 S를 닫은 후의 전류는 8[Ω]과 R_x[Ω]이 병렬이므로 전류는 다음과 같다.
$I = \dfrac{E}{\dfrac{8R_x}{8+R_x}+3}$ [A]

조건에 의하면 $I = 3I_0$이므로
$\dfrac{E}{\dfrac{8R_x}{8+R_x}+3} = 3 \times \dfrac{E}{11} \rightarrow \dfrac{1}{\dfrac{8R_x}{8+R_x}+3} = \dfrac{3}{11}$

좌변식 분자, 분모에 $(8+R_x)$를 곱하면 다음과 같다.
$\dfrac{(8+R_x)}{(8+R_x) \times \left(\dfrac{8R_x}{8+R_x}+3\right)} = \dfrac{8+R_x}{8R_x+3(8+R_x)}$
$= \dfrac{8+R_x}{24+11R_x} = \dfrac{3}{11}$

정답 06.② 07.② 08.① 09.①

$11(8+R_x) = 3(24+11R_x)$
$\rightarrow 88+11R_x = 72+33R_x$

그러므로 $R_x = \dfrac{16}{22} = 0.727 ≒ 0.73[\Omega]$이 된다.

10 공기 중에서 $m[\text{Wb}]$의 자극으로부터 나오는 자속수는?

① m ② $\mu_0 m$
③ $\dfrac{1}{m}$ ④ $\dfrac{m}{\mu_0}$

해설
- 자속의 총수 $\phi = m[\text{Wb}]$
- 자기력선수의 총수 $= \dfrac{m}{\mu_0}$

11 평형 3상 회로에서 1상의 소비 전력이 $P[\text{W}]$라면, 3상 회로 전체 소비 전력[W]은?

① $2P$ ② $\sqrt{2}P$
③ $3P$ ④ $\sqrt{3}P$

해설 3상 소비 전력은 1상값의 3배이다.

12 영구 자석의 재료로서 적당한 것은?

① 잔류 자기가 작고 보자력이 큰 것
② 잔류 자기와 보자력이 모두 큰 것
③ 잔류 자기와 보자력이 모두 작은 것
④ 잔류 자기가 크고 보자력이 작은 것

해설
- 영구 자석 : 잔류 자기와 보자력이 모두 크다.
- 전자석 : 잔류 자기는 크고 보자력은 작다.

13 1차 전지로 가장 많이 사용되는 것은?

① 니켈·카드뮴 전지
② 연료 전지
③ 망간 건전지
④ 납축전지

해설 망간 건전지 : 대표적인 1차 전지로서, 음극은 아연, 양극은 이산화망간을 사용한다.

14 플레밍의 왼손 법칙에서 전류의 방향을 나타내는 손가락은?

① 엄지
② 검지
③ 중지
④ 약지

해설 플레밍의 왼손 법칙
- 엄지 : 힘(F)의 방향
- 검지 : 자속 밀도(B)의 방향
- 중지 : 전류(I)의 방향
전자력 $F = IBl\sin\theta[\text{N}]$

15 3[kW]의 전열기를 1시간 동안 사용할 때 발생하는 열량[kcal]은?

① 3
② 180
③ 860
④ 2,580

해설 열량 $H = 1[\text{kWh}]$
$= 860[\text{kcal}]$
$3[\text{kWh}] = 3 \times 860$
$= 2,580[\text{kcal}]$

16 어느 회로의 전류가 다음과 같을 때, 이 회로에 대한 전류의 실효값[A]은?

$$i = 3 + 10\sqrt{2}\sin\left(\omega t - \dfrac{\pi}{6}\right) + 5\sqrt{2}\sin\left(3\omega t - \dfrac{\pi}{3}\right)[\text{A}]$$

① 11.6
② 23.2
③ 32.2
④ 48.3

해설 비정현파의 실효값
$I = \sqrt{3^2 + 10^2 + 5^2} = 11.6[\text{A}]$

정답 10.① 11.③ 12.② 13.③ 14.③ 15.④ 16.①

17 다음 설명 중 틀린 것은?

① 같은 부호의 전하끼리는 반발력이 생긴다.
② 정전 유도에 의하여 작용하는 힘은 반발력이다.
③ 정전 용량이란 콘덴서가 전하를 축적하는 능력을 말한다.
④ 콘덴서에 전압을 가하는 순간은 콘덴서는 단락 상태가 된다.

해설 정전 유도에 의하여 작용하는 힘은 서로 반대 극성의 전하에 의한 힘이므로 흡인력이다.

18 비유전율 2.5의 유전체 내부의 전속 밀도가 2×10^{-6}[C/m²] 되는 점의 전기장의 세기는 약 몇 [V/m]인가?

① 18×10^4 ② 9×10^4
③ 6×10^4 ④ 3.6×10^4

해설 전속 밀도 $D = \varepsilon E$[C/m²]이므로 전계의 세기는 다음과 같다.
$$E = \frac{D}{\varepsilon_0 \varepsilon_s} = \frac{2 \times 10^{-6}}{8.855 \times 10^{-12} \times 2.5}$$
$$= 9 \times 10^4 [\text{V/m}]$$

19 전력량 1[Wh]와 그 의미가 같은 것은?

① 1[C] ② 1[J]
③ 3,600[C] ④ 3,600[J]

해설 전력량 $W = Pt$[J=W·sec]
W = 1[Wh] = 3,600[J]

20 전기력선에 대한 설명으로 틀린 것은?

① 같은 전기력선은 흡입한다.
② 전기력선은 서로 교차하지 않는다.
③ 전기력선은 도체의 표면에 수직으로 출입한다.
④ 전기력선은 양전하의 표면에서 나와서 음전하의 표면에서 끝난다.

해설 전기력선의 성질 : 전기력선은 서로 반발하며 교차하지 않는다.

21 3상 유도 전동기의 정격 전압을 V_n[V], 출력을 P[kW], 1차 전류를 I_1[A], 역률을 $\cos\theta$라 하면 효율을 나타내는 식은?

① $\dfrac{P \times 10^3}{3 V_n I_1 \cos\theta} \times 100$[%]

② $\dfrac{3 V_n I_1 \cos\theta}{P \times 10^3} \times 100$[%]

③ $\dfrac{P \times 10^3}{\sqrt{3} V_n I_1 \cos\theta} \times 100$[%]

④ $\dfrac{\sqrt{3} V_n I_1 \cos\theta}{P \times 10^3} \times 100$[%]

해설 유도 전동기의 효율
$$\eta = \frac{출력}{입력} \times 100[\%] = \frac{P \times 10^3}{\sqrt{3} V_n I_1 \cos\theta} \times 100[\%]$$
입력 $P_{in} = \sqrt{3} V_n I_1 \cos\theta$[W]

22 6극 36슬롯 3상 동기 발전기의 매극 매상당 슬롯수는?

① 2 ② 3
③ 4 ④ 5

해설 매극 매상당 슬롯수(1극 1상당 슬롯수)
$$\frac{총 슬롯수}{극수 \times 상수} = \frac{36}{6 \times 3} = 2$$

23 주파수 60[Hz]의 회로에 접속되어 슬립 3[%], 회전수 1,164[rpm]으로 회전하고 있는 유도 전동기의 극수는?

① 4 ② 6
③ 8 ④ 10

정답 17.② 18.② 19.④ 20.① 21.③ 22.① 23.②

해설 동기 속도

$$N_s = \frac{120f}{P} = \frac{N}{1-s} = \frac{1,164}{1-0.03} = 1,200[\text{rpm}]$$

극수 $P = \frac{120f}{N_s} = \frac{120 \times 60}{1,200} = 6$극

24. 그림은 트랜지스터의 스위칭 작용에 의한 직류 전동기의 속도 제어 회로이다. 전동기의 속도가 $N = K\frac{V-I_a R_a}{\Phi}[\text{rpm}]$이라고 할 때, 이 회로에서 사용한 전동기의 속도 제어법은?

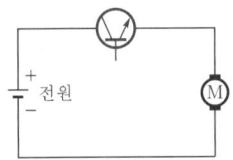

① 전압 제어법 ② 계자 제어법
③ 저항 제어법 ④ 주파수 제어법

해설 직류 전동기의 속도 제어
- 전압 제어
  - 정토크 제어
  - 워드 레오나드 방식, 일그너 방식
- 계자 제어 : 정출력 제어
- 저항 제어

25. 직류 전동기의 최저 절연 저항값[MΩ]은?

① $\frac{\text{정격 전압}[V]}{1,000+\text{정격 출력}[kW]}$

② $\frac{\text{정격 출력}[kW]}{1,000+\text{정격 입력}[kW]}$

③ $\frac{\text{정격 입력}[kW]}{1,000+\text{정격 출력}[kW]}$

④ $\frac{\text{정격 전압}[V]}{1,000+\text{정격 입력}[kW]}$

26. 동기 발전기의 병렬 운전 중 기전력의 크기가 다를 경우 나타나는 현상이 아닌 것은?

① 권선이 가열된다.
② 동기화 전력이 생긴다.
③ 무효 순환 전류가 흐른다.
④ 고압측에 감자 작용이 생긴다.

해설 동기 발전기의 병렬 운전 조건

병렬 운전 조건	조건이 맞지 않을 경우
기전력의 크기	무효 순환 전류 발생
기전력의 위상	동기화 전류(유효 횡류) 발생, 수수전력 및 동기화력 발생
기전력의 주파수	단자 전압의 진동 발생
기전력의 파형	고조파 무효 순환 전류 발생

27. 전압을 일정하게 유지하기 위해서 이용되는 다이오드는?

① 발광 다이오드
② 포토 다이오드
③ 제너 다이오드
④ 배리스터 다이오드

해설 제너 다이오드는 전압을 일정하게 유지해 주는 정전압 다이오드이다.

28. 변압기의 무부하 시험, 단락 시험에서 구할 수 없는 것은?

① 동손
② 철손
③ 절연 내력
④ 전압 변동률

해설
- 변압기 무부하 시험
  - 여자 컨덕턴스 : $\dot{Y}_0 = g_0 - jb_0[\mho]$
  - 철손 전류 : $I_i = g_0 V_1[A]$
  - 철손 : $P_i = V_1 I_i = g_0 V_1^2[W]$
- 변압기 단락 시험
  - 임피던스 전압 : 전부하 시 변압기 임피던스 강하
  - 변압기 동손 : $P_s = I_{1n}^2 r_{12}[W]$

정답 24.① 25.① 26.② 27.③ 28.③

29 대전류·고전압의 전기량을 제어할 수 있는 자기 소호형 소자는?

① FET   ② Diode
③ Triac   ④ IGBT

해설 IGBT(Insulated Gate Bipolar Transistor) : 고속도, 고효율의 전력 시스템에서 널리 사용되며 300[V] 이상의 대전류, 고전압용 전압 제어 전력용 반도체이다.

30 1차 권수 6,000, 2차 권수 200인 변압기의 전압비는?

① 10   ② 30
③ 60   ④ 90

해설 변압기의 권수비 $a = \dfrac{N_1}{N_2} = \dfrac{6,000}{200} = 30$

31 주파수 60[Hz]를 내는 발전용 원동기인 터빈 발전기의 최고 속도[rpm]는?

① 1,800   ② 2,400
③ 3,600   ④ 4,800

해설 발전기의 회전 속도 $N_s = \dfrac{120f}{P}$ [rpm]

최소 극수가 2극이므로

$N_s = \dfrac{120f}{P} = \dfrac{120 \times 60}{2} = 3,600$[rpm]

32 변압기의 권수비가 60일 때 2차측 저항이 0.1[Ω]이다. 이것을 1차로 환산하면 몇 [Ω]인가?

① 310   ② 360
③ 390   ④ 410

해설 변압기의 권수비 $a = \sqrt{\dfrac{Z_1}{Z_2}} = \sqrt{\dfrac{R_1}{R_2}}$ 이므로
$R_1 = a^2 R_2 = 60^2 \times 0.1 = 360$[Ω]

33 직류기의 파권에서 극수에 관계없이 병렬 회로수 a는 얼마인가?

① 1   ② 2
③ 4   ④ 6

해설 파권의 병렬 회로수는 극수와 상관없이 항상 2이다.

34 단락비가 큰 동기 발전기에 대한 설명으로 틀린 것은?

① 단락 전류가 크다.
② 동기 임피던스가 작다.
③ 전기자 반작용이 크다.
④ 공극이 크고 전압 변동률이 작다.

해설 단락비가 큰 동기 발전기는 전기자 반작용이 작고 안정도가 좋다.

35 변압기의 철심에서 실제 철의 단면적과 철심의 유효 면적과의 비를 무엇이라고 하는가?

① 권수비   ② 변류비
③ 변동률   ④ 점적률

해설 철의 단면적과 철심의 유효 단면적과의 비를 점적률이라 하며 일반적으로 사용되는 변압기는 그 비율이 96[%] 정도 된다.

36 교류 전동기를 기동할 때 그림과 같은 기동 특성을 가지는 전동기는? (단, 곡선 ㉠~㉤은 기동 단계에 대한 토크 특성 곡선이다.)

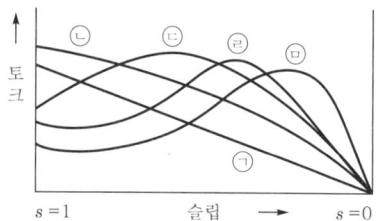

① 반발 유도 전동기
② 2중 농형 유도 전동기
③ 3상 분권 정류자 전동기
④ 3상 권선형 유도 전동기

정답 29.④ 30.② 31.③ 32.② 33.② 34.③ 35.④ 36.④

해설 3상 권선형 유도 전동기의 토크 곡선 : 2차 입력과 토크는 정비례하므로 2차 입력식을 통해서 토크와 슬립의 관계를 파악할 수 있으며 2차 입력식에서 전동기 정지 상태, $s=1$에서 전동기가 기동하여 속도가 상승할 때 슬립 변화에 따른 토크 곡선을 얻을 수 있다.

37 고장 시의 불평형 차전류가 평형 전류의 어떤 비율 이상으로 되었을 때 동작하는 계전기는?

① 과전압 계전기
② 과전류 계전기
③ 전압 차동 계전기
④ 비율 차동 계전기

해설 비율 차동 계전기 : 내부 고장 발생 시 고·저압 측에 설치한 CT 2차측의 억제 코일에 흐르는 전류차가 일정 비율 이상이 되었을 때 동작하는 방식의 계전기

38 단상 유도 전동기의 기동 방법 중 기동 토크가 가장 큰 것은?

① 반발 기동형
② 분상 기동형
③ 반발 유도형
④ 콘덴서 기동형

해설 단상 유도 전동기의 토크 크기 순서 : 반발 기동형 > 반발 유도형 > 콘덴서 기동형 > 분상 기동형 > 셰이딩 코일형

39 전압 변동률 ε의 식은? (단, 정격 전압 V_n[V], 무부하 전압 V_0[V]이다.)

① $\varepsilon = \dfrac{V_0 - V_n}{V_n} \times 100[\%]$

② $\varepsilon = \dfrac{V_n - V_0}{V_n} \times 100[\%]$

③ $\varepsilon = \dfrac{V_n - V_0}{V_0} \times 100[\%]$

④ $\varepsilon = \dfrac{V_0 - V_n}{V_0} \times 100[\%]$

해설 전압 변동률 : 정격 전압에 대한 전압 변동의 비율
$$\varepsilon = \dfrac{V_0 - V_n}{V_n} \times 100[\%]$$

40 계자 권선이 전기자와 접속되어 있지 않은 직류기는?

① 직권기
② 분권기
③ 복권기
④ 타여자기

해설 타여자 발전기 : 발전기 외부의 별도의 다른 직류 전압원에서 여자 전류를 공급하여 계자를 여자시키는 방식의 발전기

41 450/750[V] 일반용 단심 비닐 절연 전선의 약호는?

① NRI
② NF
③ NFI
④ NR

해설 NR : 450/750[V] 일반용 단심 비닐 절연 전선

42 최대 사용 전압이 220[V]인 3상 유도 전동기가 있다. 이것의 절연 내력 시험 전압은 몇 [V]로 하여야 하는가?

① 330
② 500
③ 750
④ 1,050

해설 절연 내력 시험 전압

발전기, 전동기 (권선과 대지 간)	7,000[V] 이하 1.5배(최저 500[V])
	7,000[V] 초과 1.25배(최저 10,500[V])
	직류 시험 : 교류 시험 전압×1.6배

절연 내력 시험 전압 220×1.5=330[V]이지만 최저값이 500[V]이다.

43 금속 전선관 공사에서 사용되는 후강 전선관의 규격이 아닌 것은?

① 16
② 28
③ 36
④ 50

정답 37.④ 38.① 39.① 40.④ 41.④ 42.② 43.④

해설 후강 전선관
- 관의 호칭 : 내경의 크기에 가까운 짝수
- 관의 종류(10종류) : 16, 22, 28, 36, 42, 54, 70, 82, 92, 104[mm]

44 금속관을 구부릴 때 그 안쪽의 반지름은 관 안지름의 최소 몇 배 이상이 되어야 하는가?
① 4 ② 6
③ 8 ④ 10

해설 금속관을 구부리는 경우 그 굴곡 반경은 관내경의 6배 이상으로 한다.

45 피뢰기의 약호는?
① LA ② PF
③ SA ④ COS

해설 피뢰기(LA) : 낙뢰 시 발생하는 이상 전압으로부터 기기를 보호하기 위한 장치

46 차단기 문자 기호 중 "OCB"는?
① 진공 차단기
② 기중 차단기
③ 자기 차단기
④ 유입 차단기

해설 유입 차단기(OCB : Oil Circuit Breaker) : 아크 소호 시 절연유 분해 가스의 흡부력을 이용하여 차단

47 한국전기설비규정에서 교통 신호등 회로의 사용 전압이 몇 [V]를 초과하는 경우에는 지락 발생 시 자동적으로 전로를 차단하는 장치를 시설하여야 하는가?
① 50
② 100
③ 150
④ 200

해설 교통 신호등 회로의 사용 전압이 150[V]를 초과한 경우는 전로에 지락이 발생했을 때 자동적으로 전로를 차단하는 누전 차단기를 시설하여야 한다.

48 케이블 공사에서 비닐 외장 케이블을 조영재의 옆면에 따라 붙이는 경우 전선의 지지점 간의 거리는 최대 몇 [m]인가?
① 1.0 ② 1.5
③ 2.0 ④ 2.5

해설 케이블을 조영재 옆면 또는 아랫면에 따라 지지할 경우 지지점 간 거리는 2[m] 이하마다 지지한다.

49 누전 차단기의 설치 목적은 무엇인가?
① 단락 ② 단선
③ 지락 ④ 과부하

해설 누전 차단기는 전로에 지락이 생겼을 경우에 부하 기기, 금속제 외함 등에 발생하는 고장 전압 또는 고장 전류를 검출하는 부분과 차단기 부분을 조합하여 자동적으로 전로를 차단하는 장치이다.

50 금속 덕트를 조영재에 붙이는 경우에는 지지점 간의 거리는 최대 몇 [m] 이하로 하여야 하는가?
① 1.5 ② 2.0
③ 3.0 ④ 3.5

해설 덕트의 지지점 간 거리는 3[m] 이하로 할 것(단, 취급자 이외에는 출입할 수 없는 곳에서 수직으로 설치하는 경우 6[m] 이하까지도 가능)

51 절연물 중에서 가교 폴리에틸렌(XLPE)과 에틸렌 프로필렌 고무혼합물(EPR)의 허용 온도[℃]는?
① 70(전선) ② 90(전선)
③ 95(전선) ④ 105(전선)

정답 44.② 45.① 46.④ 47.③ 48.③ 49.③ 50.③ 51.②

해설: 가교 폴리에틸렌(XLPE), 에틸렌 프로필렌 고무 혼합물(EPR) 절연 전선의 허용 온도 : 90[℃]

52 완전 확산면은 어느 방향에서 보아도 무엇이 동일한가?
① 광속　　② 휘도
③ 조도　　④ 광도

해설: 휘도란 광원을 어떠한 방향에서 바라 볼 때 단위 투영 면적당 빛이 나는 정도를 말하며 어느 방향에서나 휘도가 동일한 표면을 완전 확산면이라 한다.

53 합성 수지 전선관 공사에서 관 상호 간 접속에 필요한 부속품은?
① 커플링　　② 커넥터
③ 리머　　④ 노멀 밴드

해설: 커플링 : 합성 수지관 상호 접속하는 기구

54 배전반을 나타내는 그림 기호는?

해설: ① 분전반
② 배전반
③ 제어반
④ 개폐기

55 조명공학에서 사용되는 칸델라(cd)는 무엇의 단위인가?
① 광도　　② 조도
③ 광속　　④ 휘도

해설: 광도 : 광원의 어느 방향에 대한 단위 입체각당 광속
광도 $I = \dfrac{광속}{입체각}$ [lm/sr=cd]

56 옥내 배선을 합성 수지관 공사에 의하여 실시할 때 사용할 수 있는 단선의 최대 굵기 [mm²]는?
① 4　　② 6
③ 10　　④ 16

해설: 합성 수지관 공사 시 사용 전선은 연선을 사용하되 단, 단선일 경우 10[mm²] 이하도 가능하다.

57 다음 중 배선 기구가 아닌 것은?
① 배전반　　② 개폐기
③ 접속기　　④ 배선용 차단기

해설: 배선 기구란 개폐기, 과전류 차단기, 접속기 기타 이와 유사한 기구를 말한다.

58 한국전기설비규정에서 가공 전선로의 지지물에 하중이 가하여지는 경우에 그 하중을 받는 지지물의 기초의 안전율은 얼마 이상인가?
① 0.5　　② 1
③ 1.5　　④ 2

해설: 가공 전선로 지지물에 하중이 가하여지는 경우 그 하중을 받는 지지물의 기초 안전율은 2.0 이상으로 한다.

59 흥행장의 저압 옥내 배선, 전구선 또는 이동 전선의 사용 전압은 최대 몇 [V] 이하인가?
① 400　　② 440
③ 450　　④ 750

해설: 흥행장 시설 공사 원칙
• 사용 전압 : 400[V] 이하
• 합성수지관 두께 2[mm] 이상일 것
• 무대 및 영사실에서 사용하는 전등 전로에는 전용 개폐기 및 과전류 차단기를 시설할 것

정답 52.② 53.① 54.② 55.① 56.③ 57.① 58.④ 59.①

과년도 출제문제

60 구리 전선과 전기 기계 기구 단자를 접속하는 경우에 진동 등으로 인하여 헐거워질 염려가 있는 곳에는 어떤 것을 사용하여 접속하여야 하는가?

① 정 슬리브를 끼운다.
② 평와셔 2개를 끼운다.
③ 코드 패스너를 끼운다.
④ 스프링 와셔를 끼운다.

해설 진동으로 인해 헐거워져서 빠질 우려가 있는 곳은 이중 너트나 스프링 와셔를 사용한다.

정답 60.④

2016년 제5회 CBT 기출복원문제

★ 표시 : 문제 중요도를 나타냄

본 기출문제는 수험생들의 기억을 바탕으로 작성한 것으로 내용 및 그림 등에서 실제 문제와 다소 차이가 있을 수 있습니다.

01 대칭 3상 △결선에서 선전류와 상전류와의 위상 관계는?

① 상전류가 $\frac{\pi}{3}$[rad] 앞선다.
② 상전류가 $\frac{\pi}{3}$[rad] 뒤진다.
③ 상전류가 $\frac{\pi}{6}$[rad] 앞선다.
④ 상전류가 $\frac{\pi}{6}$[rad] 뒤진다.

해설 △결선의 특성
$\dot{I}_l = \sqrt{3}\, I_p \left/ -\frac{\pi}{6}\right.$ [A]

선전류 I_l가 상전류 I_p보다 $\frac{\pi}{6}$[rad] 뒤지므로 상전류가 선전류보다 $\frac{\pi}{6}$[rad] 앞선다.

02 RLC 병렬 공진 회로에서 공진 주파수는?

① $\frac{1}{\pi\sqrt{LC}}$
② $\frac{1}{\sqrt{LC}}$
③ $\frac{2\pi}{\sqrt{LC}}$
④ $\frac{1}{2\pi\sqrt{LC}}$

해설 직렬 공진 조건 $X_L = X_C \rightarrow \omega L = \frac{1}{\omega C}$ 이므로
공진 주파수 $f_r = \frac{1}{2\pi\sqrt{LC}}$ [Hz]

03 전기 분해를 하면 석출되는 물질의 양은 통과한 전기량에 관계가 있다. 이것을 나타낸 법칙은?

① 옴의 법칙
② 쿨롱의 법칙
③ 앙페르의 법칙
④ 패러데이의 법칙

해설 패러데이의 법칙 : 전극에서 석출되는 물질의 양은 통과한 전기량에 비례하고 화학 당량에 비례한다.
$W = kQ = kIt$ [g]

04 Y결선에서 상전압이 220[V]이면 선간 전압은 약 몇 [V]인가?

① 220
② 110
③ 440
④ 380

해설 $V_l = \sqrt{3}\, V_p = \sqrt{3} \times 220 = 380$ [V]

05 비오-사바르(Biot-Savart)의 법칙과 가장 관계가 깊은 것은?

① 전류가 만드는 자장의 세기
② 전류와 전압의 관계
③ 기전력과 자계의 세기
④ 기전력과 자속의 변화

정답 01.③ 02.④ 03.④ 04.④ 05.①

해설 비오-사바르의 법칙 : 전류에 의한 자장의 세기를 정의한 법칙
$$\Delta H = \frac{I\Delta l \sin\theta}{4\pi r^2} [\text{AT/m}]$$

06 자체 인덕턴스 4[H]의 코일에 18[J]의 에너지가 저장되어 있다. 이때, 코일에 흐르는 전류는 몇 [A]인가?

① 1　　② 2
③ 3　　④ 6

해설 $W = \frac{1}{2}LI^2$
$I = \sqrt{\frac{2W}{L}} = \sqrt{\frac{2 \times 18}{4}} = 3[\text{A}]$

07 30[μF]과 40[μF]의 콘덴서를 병렬로 접속한 다음 100[V]의 전압을 가했을 때 전체 전하량은 몇 [C]인가?

① 17×10^{-4}　　② 34×10^{-4}
③ 56×10^{-4}　　④ 70×10^{-4}

해설 $C_0 = 30 + 40 = 70[\mu\text{F}]$
$Q = C_0 V = 70 \times 10^{-6} \times 100 = 70 \times 10^{-4}[\text{C}]$

08 비사인파의 일반적인 구성이 아닌 것은?

① 삼각파　　② 고조파
③ 기본파　　④ 직류분

해설 비사인파(왜형파)를 분석하면 다음과 같다.
직류분+기본파+고조파

09 Y결선에서 선간 전압 V_l과 상전압 V_p의 관계는?

① $V_l = V_p$　　② $V_l = \frac{1}{3}V_p$
③ $V_l = \sqrt{3}V_p$　　④ $V_l = 3V_p$

해설 Y결선 시 $V_l = \sqrt{3}V_p$이다.

10 인덕턴스 0.5[H]에 주파수가 60[Hz]이고 전압이 220[V]인 교류 전압이 가해질 때 흐르는 전류는 약 몇 [A]인가?

① 0.59　　② 0.87
③ 0.97　　④ 1.17

해설 L만의 회로이므로 $V = \omega L I[\text{V}]$에서
$I = \frac{V}{\omega L} = \frac{V}{2\pi f L}$
$= \frac{220}{2\pi \times 60 \times 0.5} = 1.17[\text{A}]$

11 고유 저항 ρ의 단위로 맞는 것은?

① Ω　　② $\Omega \cdot m$
③ AT/Wb　　④ Ω^{-1}

해설 저항 $R = \rho\frac{l}{A}[\Omega]$에서
고유 저항 $\rho = \frac{RA}{l}[\Omega \cdot \text{m}^2]/[\text{m}]$
$[\Omega \cdot \text{m}^2]/[\text{m}] = [\Omega \cdot \text{m}]$

12 교류에서 무효 전력 $P_r[\text{Var}]$은?

① VI　　② $VI\cos\theta$
③ $VI\sin\theta$　　④ $VI\tan\theta$

해설
- 피상 전력(겉보기 전력) $P_a = VI[\text{VA}]$
- 유효 전력 $P = VI\cos\theta[\text{W}]$
- 무효 전력 $P_r = VI\sin\theta[\text{Var}]$

13 다음 회로의 합성 정전 용량[μF]은?

① 5
② 4
③ 3
④ 2

해설 2[μF]과 4[μF]은 병렬인 합성 용량 $2+4 = 6[\mu\text{F}]$이고 3[μF]과 직렬 접속이므로
$C_0 = \frac{3 \times 6}{3+6} = 2[\mu\text{F}]$

정답 06.③　07.④　08.①　09.③　10.④　11.②　12.③　13.④

14 단상 100[V], 800[W], 역률 80[%]인 회로의 리액턴스는 몇 [Ω]인가?

① 10 ② 8
③ 6   ④ 2

해설 $\cos^2\theta + \sin^2\theta = 1$ 이므로
$\cos\theta = 80[\%]$ 이면 $\sin\theta = 60[\%]$ 이다.
$P_a = \dfrac{P}{\cos\theta} = \dfrac{800}{0.8} = 1,000[\text{VA}]$
$P_r = P_a \sin\theta = 1,000 \times 0.6 = 600[\text{Var}]$
$I = \dfrac{P}{V\cos\theta} = \dfrac{800}{100 \times 0.8} = 10[\text{A}]$
$X = \dfrac{P_r}{I^2} = \dfrac{600}{10^2} = 6[\Omega]$

15 파형률과 파고율이 모두 1인 파형은?

① 삼각파   ② 구형파
③ 정현파   ④ 반원파

해설 구형파는 최대값과 실효값, 평균값이 모두 같으므로 파고율과 파형률이 1이다.

16 $L[\text{H}]$의 코일에 $I[\text{A}]$의 전류가 흐를 때 저축되는 에너지는 몇 [J]인가?

① LI ② $\dfrac{1}{2}LI$
③ LI^2 ④ $\dfrac{1}{2}LI^2$

해설 코일에 저장되는 에너지 $W = \dfrac{1}{2}LI^2[\text{J}]$

17 플레밍의 오른손 법칙에서 셋째 손가락의 방향은?

① 운동 방향
② 유도 기전력의 방향
③ 자속 밀도의 방향
④ 자력선의 방향

해설 플레밍의 오른손 법칙에서 셋째 손가락의 방향은 유도 기전력의 방향을 나타낸다.

18 $R-L$ 병렬 회로에서 합성 임피던스는 어떻게 표현되는가?

① $\dfrac{R}{R^2 + X_L^2}$ ② $\dfrac{X}{\sqrt{R^2 + X_L^2}}$
③ $\dfrac{R + X_L}{R^2 + X_L^2}$ ④ $\dfrac{R \cdot X_L}{\sqrt{R^2 + X_L^2}}$

해설 $Z = \dfrac{R \cdot X_L}{\sqrt{R^2 + X_L^2}}$

19 권수가 150인 코일에서 2초간 1[Wb]의 자속이 변화한다면 코일에 발생되는 유도 기전력의 크기는 몇 [V]인가?

① 50   ② 75
③ 100 ④ 150

해설 코일에 유도되는 기전력
$e = -N\dfrac{d\phi}{dt} = -150 \times \dfrac{1}{2} = 75[\text{V}]$

20 쿨롱의 법칙에서 2개의 점전하 사이에 작용하는 정전력의 크기는?

① 두 전하의 곱에 비례하고 거리에 반비례한다.
② 두 전하의 곱에 반비례하고 거리에 비례한다.
③ 두 전하의 곱에 비례하고 거리의 제곱에 비례한다.
④ 두 전하의 곱에 비례하고 거리의 제곱에 반비례한다.

해설 쿨롱의 법칙 $F = \dfrac{Q_1 Q_2}{4\pi\varepsilon_0 r^2}[\text{N}]$
두 전하의 곱에 비례하고 거리의 제곱에 반비례한다.

정답 14.③ 15.② 16.④ 17.② 18.④ 19.② 20.④

21 각각 계자 저항기가 있는 직류 분권 전동기와 직류 분권 발전기가 있다. 이것을 직렬 접속하여 전동 발전기로 사용하고자 한다. 이것을 기동할 때 계자 저항기의 저항은 각각 어떻게 조정하는 것이 가장 적합한가?

① 전동기 : 최대, 발전기 : 최소
② 전동기 : 중간, 발전기 : 최소
③ 전동기 : 최소, 발전기 : 최대
④ 전동기 : 최소, 발전기 : 중간

해설
- 전동기 기동 시에는 기동 토크를 증가시키기 위해 계자 저항을 최소로 놓고 기동한다.
- 발전기는 기동 시 계자 회로에 큰 전류가 흐를 수 있으므로 계자 저항을 최대로 놓고 기동한다.

22 권수비가 100인 변압기에서 2차측의 전류가 10^3[A]일 때 이것을 1차측으로 환산하면 얼마인가?

① 16[A]   ② 10[A]
③ 9[A]   ④ 6[A]

해설 1, 2차측 전류의 권수비 $a = \dfrac{I_2}{I_1}$ 이므로

2차 전류로 1차 전류를 구하면

전류 $I_1 = \dfrac{I_2}{a} = \dfrac{1,000}{100} = 10$[A]이다.

이와 같이 2차 전류로 1차 전류를 구하는 것을 2차를 1차로 환산한다고 한다.

23 변압기의 1차측이란?

① 고압측
② 저압측
③ 전원측
④ 부하측

해설 변압기에서 1차보다 2차 전압을 높인 승압기가 있고, 1차보다 2차 전압을 낮게 한 강압기가 있다. 따라서, 1차측을 전원측, 2차측을 부하측이라 한다.

24 역률과 효율이 좋아서 가정용 선풍기, 전기세탁기, 냉장고 등에 주로 사용되는 것은?

① 분상 기동형 전동기
② 콘덴서 기동형 전동기
③ 반발 기동형 전동기
④ 셰이딩 코일형 전동기

해설 콘덴서 기동형 단상 유도 전동기를 사용한다.

25 동기 발전기의 병렬 운전에서 같지 않아도 되는 것은?

① 위상   ② 주파수
③ 용량   ④ 전압

해설 동기 발전기의 병렬 운전 조건
- 기전력의 크기가 같을 것
- 기전력의 파형이 같을 것
- 기전력의 주파수가 같을 것
- 기전력의 위상이 같을 것
- 상 회전 방향이 같을 것(3상 동기 발전기)

26 9.8[kW], 1,200[rpm]인 전동기의 토크는 약 몇 [kg·m]인가?

① 8.4   ② 8.2
③ 7.9   ④ 7.5

해설 토크 $\tau = 0.975 \times \dfrac{P}{N}$[kg·m]

$= 0.975 \times \dfrac{9,800[\text{W}]}{1,200[\text{rpm}]} = 7.9$[kg·m]

27 무부하 전압 242[V], 정격 전압 220[V]인 발전기의 전압 변동률은 몇 [%]인가?

① 12   ② 11
③ 10   ④ 15

해설 전압 변동률 $\varepsilon = \dfrac{V_0 - V_n}{V_n} \times 100$[%]

∴ 전압 변동률 $\varepsilon = \dfrac{242 - 220}{220} \times 100 = 10$[%]

정답 21.③ 22.② 23.③ 24.② 25.③ 26.③ 27.③

28 변압기의 임피던스 전압에 대한 설명으로 옳은 것은?

① 여자 전류가 흐를 때의 2차측 단자 전압이다.
② 정격 전류가 흐를 때의 2차측 단자 전압이다.
③ 정격 전류에 의한 변압기 내부 전압 강하이다.
④ 2차 단락 전류가 흐를 때의 변압기 내의 전압 강하이다.

해설 정격 전류에 의한 변압기 1, 2차 권선에서의 내부 임피던스에 의한 전압 강하를 나타낸다.

29 변압기유가 구비해야 할 조건은?

① 절연 내력이 클 것
② 인화점이 낮을 것
③ 응고점이 높을 것
④ 비열이 작을 것

해설 변압기유의 구비 조건
- 절연 내력이 클 것
- 인화점이 높을 것
- 응고점이 낮을 것
- 비열이 클 것

30 변압기에서 퍼센트 저항 강하 3[%], 리액턴스 강하 4[%]일 때, 역률 0.8(지상)에서의 전압 변동률은?

① 2.4[%]
② 3.6[%]
③ 4.8[%]
④ 6[%]

해설 변압기의 전압 변동률
$\varepsilon = p\cos\theta + q\sin\theta$
$= 3 \times 0.8 + 4 \times 0.6$
$= 4.8[\%]$

31 극수가 6, 주파수가 60[Hz]인 동기기의 매분 회전수는 몇 [rpm]인가?

① 1,200
② 1,800
③ 2,400
④ 3,000

해설 $N_s = \dfrac{120f}{P}[\text{rpm}] = \dfrac{120 \times 60}{6} = 1,200[\text{rpm}]$

32 3상 동기기에 제동 권선을 설치하는 주된 목적은?

① 출력 증가
② 효율 증가
③ 역률 개선
④ 난조 방지

해설 제동 권선의 설치 목적 : 난조 방지

33 3,000/3,300[V]인 단권 변압기의 자기 용량은 약 몇 [kVA]인가? (단, 부하는 1,000[kVA]이다.)

① 90
② 70
③ 50
④ 30

해설 단권 변압기에서

$\dfrac{\text{자기 용량}}{\text{부하 용량}} = \dfrac{\text{높은 전압} - \text{낮은 전압}}{\text{높은 전압}}$

∴ 자기 용량 $= 1,000 \times \dfrac{3,300 - 3,000}{3,300}$
$= 90[\text{kVA}]$

34 주파수가 60[Hz]인 3상 4극의 유도 전동기가 있다. 슬립이 4[%]일 때 이 전동기의 회전수는 몇 [rpm]인가?

① 1,800
② 1,712
③ 1,728
④ 1,652

해설 회전수 $N = (1-s)N_s$에서
$N_s = \dfrac{120f}{P} = \dfrac{120 \times 60}{4} = 1,800[\text{rpm}]$
$N = (1-0.04) \times 1,800 = 1,728[\text{rpm}]$

정답 28.③ 29.① 30.③ 31.① 32.④ 33.① 34.③

35 분권 전동기에 대한 설명으로 옳지 않은 것은?
① 토크는 전기자 전류의 자승에 비례한다.
② 부하 전류에 따른 속도 변화가 거의 없다.
③ 계자 회로에 퓨즈를 넣어서는 안 된다.
④ 계자 권선과 전기자 권선이 전원에 병렬로 접속되어 있다.

해설 분권 전동기의 토크는 전기자 전류(부하 전류)에 비례한다.

36 3상 유도 전동기에서 2차측 저항을 2배로 하면 그 최대 토크는 어떻게 되는가?
① 변하지 않는다. ② 2배로 된다.
③ $\sqrt{2}$ 배로 된다. ④ $\frac{1}{2}$ 배로 된다.

해설 3상 유도 전동기 권선형에서 최대 토크는 2차 저항과 관계없이 항상 일정하다.

37 회전자 입력 10[kW], 슬립 4[%]인 3상 유도 전동기의 2차 동손은 몇 [kW]인가?
① 9.6 ② 4
③ 0.4 ④ 0.2

해설 슬립이 s일 때 P_{c2}(2차 동손)와 P_2(2차 입력)인 경우 성립하는 식
$P_{c2} = s P_2 = 0.04 \times 10 = 0.4 [kW]$

38 상전압이 300[V]인 3상 반파 정류 회로의 직류 전압은 약 몇 [V]인가?
① 520 ② 350
③ 260 ④ 50

해설 3상 반파 정류의 직류분
$E_d = 1.17 E = 1.17 \times 300 ≒ 350 [V]$

39 정지 상태에 있는 3상 유도 전동기의 슬립 값은?
① ∞ ② 0
③ 1 ④ -1

해설 슬립 $s = \dfrac{N_s - N}{N_s}$
정지 상태라면 회전수 $N = 0$이므로 슬립 $s = 1$이 된다.

40 부흐홀츠 계전기로 보호되는 기기는?
① 변압기
② 발전기
③ 전동기
④ 회전 변류기

해설 변압기 내부 고장 발생 시 유증기를 검출하여 변압기를 보호하는 계전기는 부흐홀츠 계전기이다.

41 일정 값 이상의 전류가 흘렀을 때 동작하는 계전기는?
① OCR ② OVR
③ UVR ④ GR

해설 일정 값 이상의 전류가 흘렀을 때 동작하는 계전기는 과전류 계전기이다.

42 가요 전선관 공사에서 가요 전선관의 상호 접속에 사용하는 것은?
① 유니언 커플링
② 2호 커플링
③ 콤비네이션 커플링
④ 스플릿 커플링

해설
• 가요 전선관 상호 : 스플릿 커플링
• 가요 전선관과 다른 전선의 접속 : 콤비네이션 커플링

43 지지물에 전선, 그 밖의 기구를 고정시키기 위해 완목, 완금, 애자 등을 장치하는 것을 무엇이라 하는가?
① 장주 ② 건주
③ 터파기 ④ 가선 공사

해설 장주 : 지지물에 전선 및 개폐기 등을 고정시키기 위해 완목, 완금, 애자 등을 시설하는 것

44 저압 가공 인입선의 인입구에 사용하는 부속품은?
① 플로어 박스 ② 링 리듀서
③ 엔트런스 캡 ④ 노멀 밴드

해설 엔트런스 캡(우에사 캡)은 금속관 공사 시 금속관에 빗물이 침입되는 것을 방지하기 위해 사용하므로 인입구에 사용한다.

45 한 수용 장소의 인입선에서 분기하여 지지물을 거치지 아니하고 다른 수용 장소의 인입구에 이르는 부분의 전선을 무엇이라 하는가?
① 가공 전선
② 가공 지선
③ 가공 인입선
④ 연접 인입선

해설 연접 인입선은 저압에 한한다.

46 철근 콘크리트주의 길이가 16[m]이고, 설계 하중이 800[kg]인 것을 지반이 약한 곳에 시설하는 경우, 그 묻히는 깊이를 다음과 같이 하였다. 옳게 시공된 것은?
① 1[m] ② 1.8[m]
③ 2[m] ④ 2.8[m]

해설 전체의 길이 14[m] 이상 20[m] 이하, 설계 하중 700[kg] 초과 1,000[kg] 이하의 철근 콘크리트주 2.5+0.3[m] 이상 매설한다.

47 배선에 대한 다음 그림 기호의 명칭은?
─────────
① 바닥 은폐 배선
② 천장 은폐 배선
③ 노출 배선
④ 지중 매설 배선

해설
• 천장 은폐 배선 : ─────
• 노출 배선 : - - - - - -
• 바닥 은폐 배선 : ─ ─ ─ ─
• 지중 매설 배선 : ─·─·─·─

48 합성수지관 상호 및 관과 박스와의 접속 시에 삽입하는 깊이를 관 바깥지름의 몇 배 이상으로 하여야 하는가? (단, 접착제를 사용하지 않는다.)
① 0.8 ② 1.2
③ 2.0 ④ 2.5

해설 합성수지관 상호 및 합성수지관과 박스의 접속은 커플링을 이용하며, 관 삽입 깊이는 관 바깥지름에 1.2배 이상으로 한다(단, 접착제 사용 시 0.8배 이상).

49 EQ는 무엇의 심벌인가?
① 지진 감지기
② 변압기 용량
③ 누전 경보기
④ 전류 제한기

해설 EQ는 지진 경보기로서, 지진(earthquake)의 영어 약자를 따서 사용한다.

50 공칭 단면적 8[mm²] 되는 연선의 구성은 지름 1.2[mm]일 때 소선수는 몇 가닥으로 되어 있는가?
① 3 ② 4
③ 6 ④ 7

정답 43.① 44.③ 45.④ 46.④ 47.② 48.② 49.① 50.④

해설
$$A = \frac{\pi}{4}d^2 \times N$$
$$N = \frac{4A}{\pi d^2} = \frac{4 \times 8}{\pi \times 1.2^2} = 7.077$$

51 [한국전기설비규정에 따른 삭제]

52 저압 단상 3선식 회로의 중성선에는 어떻게 하는가?
① 다른 선의 퓨즈와 같은 용량의 퓨즈를 넣는다.
② 다른 선의 퓨즈의 2배 용량의 퓨즈를 넣는다.
③ 다른 선의 퓨즈의 $\frac{1}{2}$배 용량의 퓨즈를 넣는다.
④ 퓨즈를 넣지 않고, 동선으로 직결한다.

해설 저압 단상 3선식 중성선에는 퓨즈를 사용하지 않고 직결한다.

53 화약고 등의 위험 장소의 배선 공사에서 전로의 대지 전압은 몇 [V] 이하로 하도록 되어 있는가?
① 300   ② 400
③ 500   ④ 600

해설 위험 장소 또는 옥내 전로의 대지 전압은 300[V] 이하로 한다.

54 철탑의 사용 목적에 의한 분류에서 서로 인접하는 지지물 간 거리(경간)의 길이가 크게 달라서 지나친 불평형 장력이 가해지는 경우 등에는 어떤 형의 철탑을 사용해야 하는가?
① 직선형   ② 각도형
③ 인류형   ④ 내장형

해설 양쪽의 지지물 간 거리(경간) 차가 크게 달라서 불평형 장력이 가해지는 경우 내장형 철탑을 사용한다.

55 [한국전기설비규정에 따른 삭제]

56 지지선(지선)의 중간에 넣는 애자의 명칭은?
① 구형 애자   ② 곡핀 애자
③ 인류 애자   ④ 핀애자

해설 지지선(지선)의 중간에 사용하는 애자를 구형 애자, 지선 애자, 옥애자, 구슬 애자라고 한다.

57 다음 중 과전류 차단기를 시설해야 할 곳은?
① 접지 공사의 접지선
② 인입선
③ 다선식 전로의 중성선
④ 저압 가공 전로의 접지측 전선

해설 과전류 차단기는 모든 회로의 접지선, 접지측 전선, 중성선에는 시설하지 않는다.

58 학교, 사무실, 은행 등의 간선 굵기 선정 시 수용률은 몇 [%]를 적용하는가?
① 50   ② 60
③ 70   ④ 80

해설 학교, 사무실, 은행의 간선 굵기 선정 시 수용률은 70[%]를 적용한다.

59 실내 전반 조명을 하고자 한다. 작업대로 부터 광원의 높이가 2.4[m]인 위치에 조명 기구를 배치할 때 벽에서 한 기구 이상 떨어진 기구에서 기구 간의 거리는 일반적인 경우 최대 몇 [m]로 배치하여 설치하는가? (단, $S \leq 1.5[H]$를 사용하여 구하도록 한다.)
① 1.8   ② 2.4
③ 3.2   ④ 3.6

해설 $S \leq 1.5[H]$이므로,
$S = 1.5 \times 2.4 = 3.6[m]$

정답 51.삭제 52.④ 53.① 54.④ 55.삭제 56.① 57.② 58.③ 59.④

60 10[mm²] 이상의 굵은 단선의 분기 접속은 어떤 접속을 해야 하는가?

① 브리타니아 접속
② 쥐꼬리 접속
③ 트위스트 접속
④ 슬리브 접속

해설 단선의 직선 접속이나 분기 접속의 경우
- 단면적 6[mm²] 이하 : 트위스트 접속
- 단면적 10[mm²] 이상 : 브리타니아 접속

정답 60.①

2017년 제1회 CBT 기출복원문제

★ 표시 : 문제 중요도를 나타냄

본 기출문제는 수험생들의 기억을 바탕으로 작성한 것으로 내용 및 그림 등에서 실제 문제와 다소 차이가 있을 수 있습니다.

01 옥내 공사에서 버스 덕트 중 환기형과 비환기형이 있으며 도중에 부하를 접속할 수 없는 덕트는?

① 트롤리 버스 덕트
② 플러그인 버스 덕트
③ 피더 버스 덕트
④ 트랜스포지션 버스 덕트

해설 피더 버스 덕트는 도중에 부하를 접속할 수 없다.

02 3상 4극 60[MVA], 역률 0.8, 60[Hz], 22.9[kV] 수차 발전기의 전부하 손실이 1,600[kW]이면 전부하 효율[%]은?

① 90
② 95
③ 97
④ 99

해설 전부하 효율 $\eta = \dfrac{\text{출력}}{\text{출력}+\text{손실}} \times 100[\%]$

수차 발전기의 입력 $P = P_a \cos\theta$
$= 60 \times 0.8 = 48[\text{MW}]$

효율 $\eta = \dfrac{48}{48+1.6} \times 100 \fallingdotseq 97[\%]$

03 전압 변동률이 작고 자여자이므로 다른 전원이 필요 없으며, 계자 저항기를 사용한 전압 조정이 가능하므로 전기 화학용, 전지의 충전용 발전기로 가장 적합한 것은?

① 타여자 발전기
② 직류 복권 발전기
③ 분권 발전기
④ 직류 직권 발전기

해설 전압 변동률이 작고 자여자이므로 다른 전원이 필요 없으며, 계자 저항기를 사용한 전압 조정이 가능하므로 전기 화학용, 전지의 충전용 발전기로 가장 적합한 것은 직류 분권 발전기이다.

04 1종 금속 몰드 배선 공사를 할 때 동일 몰드 내에 넣는 전선수는 최대 몇 본 이하로 하여야 하는가?

① 3
② 5
③ 10
④ 12

해설 1종 금속 몰드 배선 시 몰드 내의 전선수는 10본 이하이다.

05 저압 이웃연결(연접) 인입선 시설에서 제한 사항이 아닌 것은?

① 인입선의 분기점에서 100[m]를 초과하는 지역에 미치지 아니할 것
② 다른 수용가의 옥내를 관통하지 말 것
③ 폭 5[m]를 넘는 도로를 횡단하지 말 것
④ 직경 2.6[mm] 이하의 경동선을 사용하지 말 것

해설 저압 이웃연결(연접) 인입선은 2.6[mm] 이상 경동선 또는 이와 동등 이상일 것[단, 지지물 간 거리(경간) 15[m] 이하는 2.0[mm] 이상도 가능]

정답 01.③ 02.③ 03.③ 04.③ 05.④

06 입력 10[kW], 슬립 3[%]로 운전되고 있는 3상 유도 전동기의 2차 동손은 약 몇 [W]인가?

① 300 ② 400
③ 500 ④ 600

해설 2차 동손 $P_{C2} = sP_2$
$= 0.03 \times 10 \times 10^3$
$= 300[W]$

07 가공 전선로의 지지물에 하중이 가하여지는 경우에 그 하중을 받는 지지물의 기초 안전율은 일반적으로 얼마 이상이어야 하는가?

① 1.5 ② 2.0
③ 2.5 ④ 4.0

해설 지지물 기초 안전율은 2.0 이상이어야 한다.

08 다음은 전기력선의 성질이다. 틀린 것은?

① 전기력선의 밀도는 전기장의 크기를 나타낸다.
② 같은 전기력선은 서로 끌어당긴다.
③ 전기력선은 서로 교차하지 않는다.
④ 전기력선은 도체의 표면에 수직이다.

해설 전기력선은 서로 밀어내는 반발력이 작용한다.

09 가공 전선로의 지지물에서 다른 지지물을 거치지 아니하고 수용 장소의 인입선 접속점에 이르는 가공 전선을 무엇이라 하는가?

① 옥외 전선 ② 가공 전선
③ 가공 인입선 ④ 관등 회로

해설 가공 전선로의 지지물에서 다른 지지물을 거치지 아니하고 수용 장소의 인입선 접속점에 이르는 가공 전선을 가공 인입선이라고 한다.

10 단상 유도 전동기 기동법 중 선풍기, 가정용 펌프, 냉장고 등에 주로 사용되는 기동법은?

① 분상 기동형
② 영구 콘덴서형
③ 저항 기동형
④ 셰이딩 코일형

해설 분상 기동형 : 전기 냉장고, 세탁기, 소형 공작 기계, 가정용 펌프 등(가정용 펌프는 탈수기가 대표적인 예로 역회전이 안 되는 분상 기동형을 사용해야 함)

11 1차 전압 6,300[V], 2차 전압 210[V], 주파수 60[Hz]의 변압기가 있다. 이 변압기의 권수비는?

① 30 ② 40
③ 50 ④ 60

해설 변압기 권수비 $a = \dfrac{N_1}{N_2} = \dfrac{E_1}{E_2}$
$= \dfrac{6,300}{210} = 30$

12 동기 발전기를 회전 계자형으로 하는 이유가 아닌 것은?

① 기계적으로 튼튼하게 만드는 데 용이하다.
② 전기자 단자에 발생한 고전압을 슬립링 없이 간단하게 외부 회로에 인가할 수 있다.
③ 고전압에 견딜 수 있게 전기자 권선을 절연하기가 쉽다.
④ 전기자가 고정되어 있지 않아 제작 비용이 저렴하다.

해설 동기 발전기의 구조는 전기자가 고정자이며 계자가 회전자이다.

정답 06.① 07.② 08.② 09.③ 10.① 11.① 12.④

13 단상 전파 정류 브리지 회로에서 실효값이 100[V]이고 위상 점호각 $\alpha = 60°$일 때 정류 전압은 약 몇 [V]인가?

① 15 ② 22
③ 35 ④ 45

해설 단상 전파 정류 회로의 직류분
$$E_d = 0.9E\cos\alpha$$
$$= 0.9 \times 100 \times \cos 60°$$
$$= 45[V]$$

14 2[Ω]과 3[Ω]을 병렬로 접속하여 흐르는 전류는 직렬로 접속하여 흐르는 전류의 몇 배인가? (단, 인가해 준 전압은 동일하다.)

① 2 ② 3.3
③ 4.17 ④ 5

해설
• 2[Ω]과 3[Ω]을 병렬 접속 시 합성 저항
$$R = \frac{2 \times 3}{2+3} = 1.2[\Omega]$$
• 2[Ω]과 3[Ω]을 직렬 접속 시 합성 저항
$$R = 2+3 = 5[\Omega]$$
∴ 직렬이 병렬보다 저항비 $\frac{5}{1.2} ≒ 4.17$배가 크므로 전류는 반대로 병렬이 직렬보다 4.17배가 크다.

15 자기 인덕턴스가 각각 L_1[H], L_2[H]인 두 개의 코일이 직렬로 가동 접속되었을 때 합성 인덕턴스는? (단, 자기력선에 의한 영향을 서로 받지 않는 경우이다.)

① $L_1 + L_2 + M$
② $L_1 + L_2 + 2M$
③ $L_1 + L_2 - M$
④ $L_1 + L_2$

해설 자기력선에 의한 영향을 받지 않으면 상호 인덕턴스는 무시한다.
합성 인덕턴스 $L_0 = L_1 + L_2$[H]

16 $R-L$ 직렬 회로에 200[V]의 교류 전압을 가하면 10[A]의 전류가 흐르고 전압과 전류의 위상차가 30°일 때 코일의 리액턴스는 몇 [Ω]인가?

① 6 ② 8
③ 10 ④ $10\sqrt{3}$

해설
• 임피던스의 절대값 $Z = \frac{V}{I} = \frac{200}{10} = 20[\Omega]$
• 임피던스의 복소수
$$\dot{Z} = Z\cos\theta + jZ\sin\theta$$
$$= R + jX_L$$
$$= 20 \times \cos 30° + j20\sin 30°$$
$$= 10\sqrt{3} + j10[\Omega]$$
그러므로 리액턴스는 임피던스의 허수부 10[Ω]이 된다.

17 누전 차단기의 설치 목적은 무엇인가?

① 단락 ② 단선
③ 지락 ④ 과부하

해설 누전 차단기는 전로에 지락이 생겼을 경우에 부하 기기, 금속제 외함 등에 발생하는 고장 전압 또는 고장 전류를 검출하는 부분과 차단기 부분을 조합하여 자동적으로 전로를 차단하는 장치이다.

18 욕조나 샤워 시설이 있는 욕실 또는 화장실 등 인체가 물에 젖어 있는 상태에서 전기를 사용하는 장소에 콘센트 시설 방법 중 틀린 것은?

① 콘센트는 접지극이 있는 방적형 콘센트를 사용하여 접지한다.
② 인체 감전 보호용 누전 차단기가 부착된 콘센트를 시설한다.
③ 절연 변압기(정격 용량 3[kVA] 이하인 것에 한한다)로 보호된 전로에 접속한다.
④ 인체 감전 보호용 누전 차단기는 정격 감도 전류 15[mA] 이하, 동작시간 0.03초 이하의 전압 동작형의 것에 한한다.

정답 13.④ 14.③ 15.④ 16.③ 17.③ 18.④

해설 인체가 물에 젖은 상태(화장실, 비데)의 전기 사용 장소 규정

인체 감전 보호용 누전 차단기 부착 콘센트	접지극이 있는 방적형 콘센트 정격 감도 전류 15[mA] 이하, 동작 시간 0.03초 이하의 전류 동작형

정격 용량 3[kVA] 이하 절연 변압기로 보호된 전로

19 셀룰로이드, 성냥, 석유류 등 기타 가연성 위험 물질을 제조 또는 저장하는 장소의 배선 방법이 아닌 것은?

① 배선은 금속관 배선, 합성 수지관 배선(두께 2.0[mm] 이상) 또는 케이블 배선에 의할 것
② 금속관은 박강 전선관 또는 이와 동등 이상의 강도가 있는 것을 사용할 것
③ 두께가 2[mm] 미만의 합성 수지제 전선관을 사용할 것
④ 합성 수지관 배선에 사용하는 합성 수지관 및 박스, 기타 부속품은 손상될 우려가 없도록 시설할 것

해설 합성 수지관 공사 시 관두께는 2[mm] 이상일 것

20 600[V] 이하의 저압 회로에 사용하는 비닐 절연 비닐 외장 케이블의 약칭으로 맞는 것은?

① EV   ② VV
③ FP   ④ CV

해설 케이블 약호 : □□ 케이블
                  ↑절연 ↑외장(시스)
- V : 비닐
- E : 폴리에틸렌
- C : 가교 폴리에틸렌
- R : 고무

21 다음 설명 중 틀린 것은?

① 앙페르의 오른 나사 법칙 : 전류의 방향을 오른 나사가 진행하는 방향으로 하면, 이때 발생되는 자기장의 방향은 오른 나사의 회전 방향이 된다.

② 쿨롱의 법칙 : 두 자극 사이에 작용하는 자기력의 크기는 양 자극의 세기의 곱에 비례하며, 자극 간의 거리의 제곱에 비례한다.
③ 패러데이의 전자 유도 법칙 : 유도 기전력의 크기는 코일을 지나는 자속의 매초 변화량과 코일의 권수에 비례한다.
④ 렌츠의 법칙 : 유도 기전력은 자신의 발생 원인이 되는 자속의 변화를 방해하는 방향으로 발생한다.

해설 쿨롱의 법칙 $F = \dfrac{m_1 \cdot m_2}{4\pi\mu_0 r^2}$ [N]

쿨롱의 법칙은 자극의 세기의 곱에 비례하고 자극 간의 거리 제곱에 반비례한다.

22 △ 결선 시 V_l(선간 전압), V_p(상전압), I_l(선전류), I_p(상전류)의 관계식으로 옳은 것은?

① $V_l = \sqrt{3}\, V_p$, $I_l = I_p$
② $V_l = V_p$, $I_l = \sqrt{3}\, I_p$
③ $V_l = \dfrac{1}{\sqrt{3}} V_p$, $I_l = I_p$
④ $V_l = V_p$, $I_l = \dfrac{1}{\sqrt{3}} I_p$

해설 △결선의 특징
$V_l = V_p$, $I_l = \sqrt{3}\, I_p$

23 3상 반파 정류 회로의 인가해 준 전압이 E[V]라면 직류 전압은 약 몇 [V]인가?

① $1.17E$ ② $1.35E$
③ $0.9E$ ④ $0.45E$

해설 직류 전압의 크기
- 단상 반파 정류분 $E_d = 0.45E$
- 단상 전파 정류분 $E_d = 0.9E$
- 3상 반파 정류분 $E_d = 1.17E$
- 3상 전파 정류분 $E_d = 1.35E$

 정답 19.③ 20.② 21.② 22.② 23.①

24 전선의 공칭 단면적에 대한 설명으로 옳지 않은 것은?

① 소선수와 소선의 지름으로 나타낸다.
② 단위는 [mm²]로 표시한다.
③ 전선의 실제 단면적과 같다.
④ 연선의 굵기를 나타내는 것이다.

해설 전선의 공칭 단면적은 실제 단면적과 다를 수도 있다.

25 조명을 비추면 눈으로 빛을 느끼는 밝기를 광속이라 한다. 이때, 단위 면적당 입사 광속을 무엇이라고 하는가?

① 광도 ② 조도
③ 휘도 ④ 광속 발산도

해설
① 광원의 어느 방향에 대한 단위 입체각당 발산 광속
$$I = \frac{광속}{입체각}\,[\text{lm/sr=cd, 칸델라}]$$
② 단위 면적당 입사 광속
$$E = \frac{광속}{면적}\,[\text{lm/m}^2=\text{lx, 럭스}]$$
③ 광원을 어떠한 방향에서 바라볼 때 단위 투영 면적당 빛이 나는 정도
④ 발광면의 단위 면적당 발산하는 광속
$$R = \frac{광속}{광원\ 면적}=[\text{lm/m}^2=\text{rlx, 레드럭스}]$$

26 다음 중 변압기의 온도 상승 시험법으로 가장 널리 사용되는 것은?

① 실부하법
② 절연 내력 시험법
③ 유도 시험법
④ 단락 시험법

해설 단락 시험법 : 저압측 권선 하나를 일괄 단락시켜 전류를 공급하여 변압기 유온 상승 후 온도 상승을 구하는 방법

27 다음 그림과 같은 전선의 접속법은?

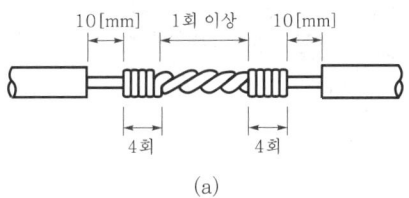

(a)

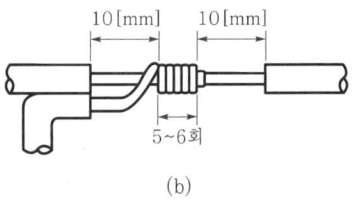

(b)

① 직선 접속, 분기 접속
② 직선 접속, 종단 접속
③ 종단 접속, 직선 접속
④ 직선 접속, 슬리브에 의한 접속

해설 (a) 그림은 단선의 직선 접속법 중 트위스트 직선 접속이고, (b) 그림은 단선의 분기 접속법 중 트위스트 분기 접속이다.

28 1[Wb]의 자하량으로부터 발생하는 자기력선의 총수는?

① 6.33×10^4개
② 7.96×10^5개
③ 8.855×10^3개
④ 1.256×10^6개

해설 자기력선의 총수
$$N = \frac{m}{\mu_0} = \frac{1}{4\pi \times 10^{-7}} = 7.96 \times 10^5 \text{개}$$

29 진공의 투자율 μ_0[H/m]는?

① 6.33×10^4 ② 8.855×10^{-12}
③ $4\pi \times 10^{-7}$ ④ 9×10^9

해설 진공의 투자율 $\mu_0 = 4\pi \times 10^{-7}$[H/m]

정답 24.③ 25.② 26.④ 27.① 28.② 29.③

30 전지의 기전력 1.5[V], 내부 저항이 0.5[Ω], 20개를 직렬로 접속하고 부하 저항 5[Ω]을 접속한 경우 부하에 흐르는 전류[A]는?

① 2　　② 3
③ 4　　④ 5

해설 전지에 흐르는 전류
$$I = \frac{nE}{nr+R} = \frac{20 \times 1.5}{20 \times 0.5 + 5} = \frac{30}{15} = 2[A]$$

31 6극 72홈 표준 농형 3상 유도 전동기의 매 극 매상당의 홈수는?

① 2　　② 3
③ 4　　④ 6

해설 매극 매상당 홈수 = $\frac{\text{총 슬롯수}}{\text{극수} \times \text{상수}} = \frac{72}{6 \times 3} = 4$

32 브리지 회로에서 미지의 인덕턴스 L_x를 구하면?

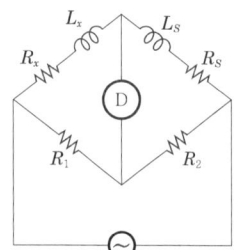

① $L_x = \frac{R_2}{R_1}L_s$　　② $L_x = \frac{R_1}{R_2}L_s$

③ $L_x = \frac{R_s}{R_1}L_s$　　④ $L_x = \frac{R_1}{R_s}L_s$

해설 휘트스톤 브리지 평형 조건
$R_2(R_x + j\omega L_x) = R_1(R_s + j\omega L_s)$
$R_2 R_x + j\omega L_x R_2 = R_1 R_s + j\omega L_s R_1$
$R_2 R_x = R_1 R_s, \ j\omega L_x R_2 = j\omega L_s R_1$
$L_x R_2 = L_s R_1$ 에서 $L_x = \frac{R_1}{R_2}L_s$

33 부흐홀츠 계전기의 설치 위치로 가장 적당한 곳은?

① 변압기 주탱크 내부
② 변압기 주탱크와 콘서베이터 사이
③ 변압기 고압측 부싱
④ 콘서베이터 내부

해설 변압기 내부 고장으로 인한 온도 상승 시 유중기를 검출하여 동작하는 계전기로서 변압기와 콘서베이터를 연결하는 파이프 도중에 설치한다.

34 비사인파의 일반적인 구성이 아닌 것은?

① 고조파
② 삼각파
③ 기본파
④ 직류분

해설 비사인파(왜형파)를 분석하면 직류분+기본파+고조파이다.

35 다음 중 접지의 목적으로 알맞지 않은 것은?

① 감전의 방지
② 보호 계전기의 동작 확보
③ 전로의 대지 전압 상승
④ 이상 전압의 억제

해설 접지 공사의 목적
• 감전 및 화재 사고 방지
• 이상 전압 발생 억제
• 전로의 대지 전위 상승 방지
• 보호 계전기의 동작 확보

36 교류 380[V]를 사용하는 공장의 전선과 대지 사이의 절연 저항은 몇 [MΩ] 이상이어야 하는가?

① 0.1　　② 1.0
③ 0.5　　④ 10

정답 30.① 31.③ 32.② 33.② 34.② 35.③ 36.②

해설 FELV, 500[V] 이하이면 1.0[MΩ] 이상이어야 한다.

37. 변압기 철심에 성층 철심을 사용하는 이유는 무엇인가?

① 히스테리시스손을 줄이기 위하여
② 동손을 줄이기 위해
③ 와류손을 감소시키기 위하여
④ 풍손을 줄이기 위하여

해설 철손 감소 대책
- 규소 강판 사용 : 히스테리시스손 감소
- 성층 사용 : 와류손 감소

38. 전기 회로에서 전류(I)를 10[%] 증가시키면 저항(R)은 어떻게 되겠는가?

① $0.83R$
② $0.91R$
③ $1.1R$
④ $1.25R$

해설 전류 $I = \dfrac{V}{R}$[A]이므로

저항 $R = \dfrac{V}{I}$[A]

$R' = \dfrac{V}{1.1 \times I} = \dfrac{1}{1.1} \cdot \dfrac{V}{I} = 0.91\dfrac{V}{I} = 0.91R[\Omega]$

39. 동기 무효전력보상장치(조상기)가 진상 콘덴서보다 좋은 점은 무엇인가?

① 가격이 싸다.
② 보수가 쉽다.
③ 손실이 적다.
④ 진상·지상 전류 공급

해설 동기 무효전력보상장치(조상기)는 여자 전류를 조정하여 진상 전류와 지상 전류를 얻을 수 있다.

40. 서로 다른 종류의 금속 A와 B를 접속하여 접합점에 온도차를 가하면 열기전력이 발생하여 전류가 흐르게 된다. 이와 같은 것은?

① 제3금속의 법칙
② 페르미 효과
③ 열전쌍
④ 열전도대

해설 열전쌍(열전대)은 두 종류의 금속을 접합하여 만든 금속이다.

41. 단면적이 0.75[mm²]인 연동 연선에 염화비닐 수지로 피복한 위에 "1000VFL"이 쓰여 있다. "FL"은 무엇을 뜻하는가?

① 네온 전선
② 비닐 코드
③ 형광 방전등
④ 비닐 절연 전선

해설 FL은 형광 방전등을 뜻한다.

42. 금속관 공사에 관하여 설명한 것으로 틀린 것은?

① 전선은 옥외용 비닐 절연 전선을 사용한다.
② 콘크리트에 매설하는 것은 전선관의 두께를 1.2[mm] 이상으로 한다.
③ 관 안에는 전선의 접속점이 없도록 한다.
④ 접지설비규정에 준하여 접지 공사를 실시하였다.

해설 금속관 공사 시설 원칙
- 절연 전선 사용(단, OW 제외)
- 연선을 사용할 것(단, 10[mm²] 이하 단선은 가능)
- 콘크리트에 금속관 매설 시 두께는 1.2[mm] 이상

정답 37.③ 38.② 39.④ 40.③ 41.③ 42.①

43 후강 전선관의 종류는 몇 종인가?

① 20종   ② 10종
③ 5종   ④ 3종

해설 후강 전선관의 종류 : 16, 22, 28, 36, 42, 54, 70, 82, 92, 104[mm]

44 콘덴서만의 회로에서 전압과 전류의 위상 관계는?

① 전류가 90도 앞선다.
② 전류가 90도 뒤진다.
③ 전압이 90도 앞선다.
④ 동상이다.

해설 콘덴서만의 회로 : 전류가 전압보다 90° 앞선다 (진상, 용량성).

45 자기 회로에서 자로의 단면적이 $0.25[\text{m}^2]$, 자로의 길이 $31.4[\text{cm}]$, 자성체의 비투자율 $\mu_s=100$일 때 자성체의 자기 저항은 얼마인가?

① 10,000   ② 5,000
③ 3,000   ④ 2,000

해설 자기 저항 $R=\dfrac{l}{\mu_0\mu_s A}$

$=\dfrac{31.4\times 10^{-2}}{4\pi\times 10^{-7}\times 100\times 0.25}$

$=10,000[\text{AT/Wb}]$

46 20[℃]의 물 100[L]를 2시간 동안에 40[℃]로 올리기 위하여 사용할 전열기의 용량은 약 몇 [kW]이면 되겠는가? (단, 전열기의 효율은 60[%]라 한다.)

① 1.929   ② 2.876
③ 3.938   ④ 4.876

해설 전열기의 열량
$H=0.24\,Pt\eta = C\cdot m\cdot \theta [\text{cal}]$에서

$P=\dfrac{C\cdot m\cdot \theta}{0.24\cdot t\cdot \eta}$

$=\dfrac{1\times 100\times (40-20)}{0.24\times 2\times 3,600\times 0.6}$

$=1.929[\text{kW}]$

47 단위 시간당 5[Wb]의 자속이 통과하여 2[J]의 일을 하였다면 전류는 얼마인가?

① 0.25   ② 2.5
③ 0.4   ④ 4

해설 자속이 통과하면서 한 일 $W=\phi I[\text{J}]$

$I=\dfrac{W}{\phi}=\dfrac{2}{5}=0.4[\text{A}]$

48 저압 전선로 중 절연 부분의 전선과 대지 간 및 전선의 심선 상호 간의 절연 저항은 사용 전압에 대한 누설 전류가 최대 공급 전류의 얼마를 넘지 않도록 하여야 하는가?

① $\dfrac{1}{4,000}$ ② $\dfrac{1}{3,000}$
③ $\dfrac{1}{2,000}$ ④ $\dfrac{1}{1,000}$

해설 저압 전선로의 절연 저항은 사용 전압에 대한 누설 전류가 최대 공급 전류의 $\dfrac{1}{2,000}$을 넘지 않아야 한다.

49 다음 그림에서 직류 분권 전동기의 속도 특성 곡선은?

① A
② B
③ C
④ D

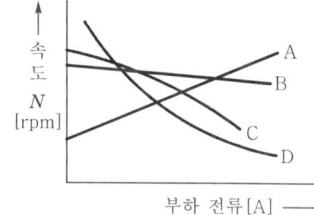

정답 43.② 44.① 45.① 46.① 47.③ 48.③ 49.②

50 직류 직권 전동기의 회전수(N)와 토크(τ)와의 관계는?

① $\tau \propto \dfrac{1}{N}$ ② $\tau \propto \dfrac{1}{N^2}$

③ $\tau \propto N$ ④ $\tau \propto N^{\frac{3}{2}}$

해설 직권 전동기의 토크 $\tau \propto \dfrac{1}{N^2}$

51 공기 중에서 양전하 20[μC], 음전하 30[μC]이 1[m] 떨어져 있을 때 작용하는 힘의 크기[N]는?

① 5.4[N], 흡인력이 작용한다.
② 5.4[N], 반발력이 작용한다.
③ $\dfrac{7}{9}$[N], 흡인력이 작용한다.
④ $\dfrac{7}{9}$[N], 반발력이 작용한다.

해설 $F = 9 \times 10^9 \times \dfrac{Q_1 Q_2}{r^2}$

$= 9 \times 10^9 \times \dfrac{20 \times 10^{-6} \times 30 \times 10^{-6}}{1^2}$

$= 5.4[\text{N}]$

전하의 극성이 다르므로 흡인력이 작용한다.

52 공기 중에서 전자파의 파장이 300[m]라면 주파수 f[kHz]는 얼마인가?

① 1,000   ② 10
③ 1   ④ 10,000

해설 전자파의 공기 중에서의 전파 속도

$\lambda = \dfrac{3 \times 10^8}{f}[\text{m}]$

$f = \dfrac{3 \times 10^8}{300}$

$= 10^6[\text{Hz}]$

$= 1,000[\text{kHz}]$

53 절연 전선의 피복에 "15[kV] NRV"라고 표기 되어 있다. 여기서, "NRV"는 무엇을 나타내는 약호인가?

① 형광등 전선
② 고무 절연 폴리에틸렌 시스 네온 전선
③ 고무 절연 비닐 시스 네온 전선
④ 폴리에틸렌 절연 비닐 시스 네온 전선

해설
- N : 네온 전선
- RV : 고무 절연 비닐 외장

54 분권 전동기의 전기자 저항 $R_a = 0.2[\Omega]$, 전기자 전류 100[A], 전압이 120[V]인 경우 소비 전력[kW]은?

① 10   ② 11
③ 12   ④ 15

해설 유기 기전력 $E = V - I_a R_a$
$= 120 - 100 \times 0.2$
$= 100[\text{V}]$

소비 전력 $P = EI_a$
$= 100 \times 100$
$= 10,000[\text{W}]$
$= 10[\text{kW}]$

55 30[W] 전열기에 220[V], 주파수 60[Hz]인 전압을 인가한 경우 평균 전압[V]은?

① 200   ② 300
③ 311   ④ 400

해설 전압의 최대값 $V_m = 220\sqrt{2}$ [V]

평균값 $V_{av} = \dfrac{2}{\pi} V_m = \dfrac{2}{\pi} \times 220\sqrt{2} = 200[\text{V}]$

* 쉬운 풀이 : $V_{av} = 0.9V = 0.9 \times 220 = 200[\text{V}]$

56 합성수지관의 규격이 아닌 것은?

① 14   ② 16
③ 18   ④ 22

정답 50.② 51.① 52.① 53.③ 54.① 55.① 56.③

해설 합성수지관의 굵기 : 14, 16, 22, 28, 36, 42, 54, 70, 82[mm]

57 $R[\Omega]$과 유도성 리액턴스 $X_L[\Omega]$이 직렬로 접속된 회로에서 유효 전력은 얼마인가?

① $\dfrac{RV^2}{R^2+X_L^2}$ ② $\dfrac{X_L V^2}{R^2+X_L^2}$

③ $\dfrac{RV^2}{\sqrt{R^2+X_L^2}}$ ④ $\dfrac{X_L V^2}{\sqrt{R^2+X_L^2}}$

해설 전류 $I=\dfrac{V}{Z}=\dfrac{V}{\sqrt{R^2+X_L^2}}$ [A]

유효 전력 $P=I^2 R = \left(\dfrac{V}{\sqrt{R^2+X_L^2}}\right)^2 R$

$= \dfrac{RV^2}{R^2+X_L^2}$

58 가공 케이블 시설 시 조가선(조가용선)에 금속 테이프 등을 사용하여 케이블 외장을 견고하게 붙여 조가하는 경우 나선형으로 금속 테이프를 감는 간격은 몇 [cm] 이하를 확보하여 감아야 하는가?

① 50 ② 30
③ 20 ④ 10

해설 조가선(조가용선) 시설 원칙
- 조가선(조가용선)에 50[cm] 이하마다 행거에 의해 시설할 것
- 조가선(조가용선)에 접촉시키고 그 위에 금속 테이프 등을 20[cm] 이하 간격으로 나선형으로 감아 붙일 것

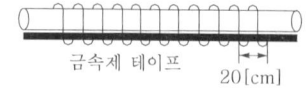
금속제 테이프   20[cm]

59 사용 전압이 고압과 저압인 가공 전선을 병행설치(병가)할 때 가공 선로 간의 간격(이격거리)은 몇 [cm] 이상이어야 하는가?

① 150 ② 100
③ 75   ④ 50

해설 저・고압선의 병행설치(병가)
- 고압측을 상부에 시설할 것
- 간격(이격거리) : 50[cm] 이상일 것(단, 고압측이 케이블인 경우는 30[cm] 이하)

60 변압기의 중성점 접지 저항값은 다음 어느 값이 결정하는가?

① 변압기의 용량
② 고압 가공 전선로의 전선 연장
③ 변압기 1차측에 넣는 퓨즈 용량
④ 변압기 고압 또는 특고압측 전로의 1선 지락 전류의 암페어 수

해설 변압기 중성점 접지 저항값의 크기 : 일반적인 변압기의 고압・특고압측 전로의 접지 저항값은 1선 지락 전류로 150을 나눈 값과 같은 저항값 이하이어야 한다.
* ④ 전로의 1선 지락 전류는 실측값에 의한다. 단, 실측이 곤란한 경우에는 선로 정수 등으로 계산한 값에 의한다.

정답 57.① 58.③ 59.④ 60.④

2017년 제2회 CBT 기출복원문제

★ 표시 : 문제 중요도를 나타냄

본 기출문제는 수험생들의 기억을 바탕으로 작성한 것으로 내용 및 그림 등에서 실제 문제와 다소 차이가 있을 수 있습니다.

01 자기 인덕턴스에 축적되는 에너지는 전류를 3배로 증가시키면 자기 에너지는 몇 배가 되겠는가?

① 9배
② 3배
③ $\frac{1}{3}$
④ $\frac{1}{9}$

해설 코일에 축적되는 전자 에너지
$W = \frac{1}{2}LI^2 [J]$
전류의 제곱에 비례하므로 9배가 된다.

02 전동기의 제동에서 전동기가 가지는 운동 에너지를 전기 에너지로 변환시키고 이것을 전원에 환원시켜 전력을 회생시킴과 동시에 제동하는 방법은?

① 발전 제동(dynamic braking)
② 역전 제동(plugging braking)
③ 맴돌이 전류 제동(eddy current braking)
④ 회생 제동(regenerative braking)

해설 전동기의 제동에서 전동기가 가지는 운동 에너지를 전기 에너지로 변환시키고 이것을 전원에 환원시켜 전력을 회생시킴과 동시에 제동하는 방법은 회생 제동(regenerative braking)이다.

03 그림과 같은 회로 AB에서 본 합성 저항은 몇 [Ω]인가?

① $\frac{r}{2}$
② r
③ $\frac{3}{2}r$
④ $2r$

해설 그림에서 $2r$, r, $2r[\Omega]$이 각각 병렬로 접속되어 있으므로 합성 저항은 다음과 같다.
$r_{AB} = \dfrac{1}{\dfrac{1}{2r}+\dfrac{1}{r}+\dfrac{1}{2r}} = \dfrac{1}{\dfrac{2}{r}} = \dfrac{r}{2}[\Omega]$

04 유도 전동기의 Y-△ 기동 시 기동 토크와 기동 전류는 전전압 기동 시의 몇 배가 되는가?

① $\frac{1}{\sqrt{3}}$
② $\sqrt{3}$
③ $\frac{1}{3}$
④ 3

해설 Y-△ 기동 시 기동 토크와 기동 전류는 전전압 기동 시 기동 전류와 기동 토크보다 $\frac{1}{3}$로 감소된다.

05 다음 중 망간 건전지의 양극으로 무엇을 사용하는가?

① 아연판
② 구리판
③ 탄소 막대
④ 묽은 황산

정답 01.① 02.④ 03.① 04.③ 05.③

해설 망간 건전지는 대표적인 1차 전지로서 음극은 아연, 양극은 탄소 막대를 사용한다.

06 200[V], 60[W] 전등 10개를 20시간 사용하였다면 사용 전력량은 몇 [kWh]인가?
① 10 ② 12
③ 24 ④ 11

해설 전력량 $W=Pt=60\times10\times20$
$=12,000[Wh]=12[kWh]$

07 그림과 같은 전동기 제어 회로에서 전동기 M의 전류 방향으로 올바른 것은? (단, 전동기의 역률은 100[%]이고, 사이리스터의 점호각은 0°라고 본다.)

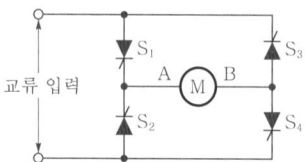

① 항상 "A"에서 "B"의 방향
② 입력의 반주기마다 "A"에서 "B"의 방향, "B"에서 "A"의 방향
③ 항상 "B"에서 "A"의 방향
④ S_1과 S_4, S_2와 S_3의 동작 상태에 따라 "A"에서 "B"의 방향, "B"에서 "A"의 방향

해설 교류 인가 시 +인 경우 사이리스터 $S_1 \to A \to M \to B \to S_4$를 통해 전류가 흐르고, -인 경우 사이리스터 $S_2 \to A \to M \to B \to S_3$를 통해 전류를 흘리면서 전동기에 인가되는 전압 제어에 의한 속도 제어를 할 수 있다.

08 코일의 반지름 10[cm], 코일 권수 500회의 원형 코일에 3[A]의 전류를 흐르게 하면 코일 중심의 자장의 세기[AT/m]는?
① 2,500 ② 7,500
③ 5,000 ④ 1,000

해설 원형 코일 중심 자장(자계)
$H=\dfrac{NI}{2r}=\dfrac{500\times3}{2\times0.1}=7,500[AT/m]$

09 비정현파를 여러 개의 정현파의 합으로 표시하는 식을 정의한 사람은?
① 노튼 ② 테브낭
③ 푸리에 ④ 패러데이

해설 푸리에 분석 : 비정현파를 여러 개의 정현파의 합으로 분석한 식
$f(t)=$직류분+기본파+고조파

10 코일에 3[A]의 전류가 0.5초 동안 6[A] 변화했을 때 유도 기전력이 60[V]가 되었다면 자기 인덕턴스는 몇 [H]인가?
① 11 ② 12
③ 10 ④ 20

해설 유도 기전력 $e=-L\dfrac{\Delta I}{\Delta t}[V]$에서
인덕턴스 $L=e\times\dfrac{\Delta t}{\Delta I}=60\times\dfrac{0.5}{3}=10[H]$

11 저항 10개를 접속하여 가장 작은 합성 저항값을 얻으려면 어떻게 접속하여야 하는가?
① 직렬 ② 병렬
③ 직렬-병렬 ④ 병렬-직렬

해설 병렬 접속 시 가장 작은 합성 저항값을 얻을 수 있다.

12 $i(t)=I_m\sin\omega t$[A]인 사인파 교류에서 ωt가 몇 도일 때 순시값과 실효값이 같게 되는가?
① 30° ② 45°
③ 60° ④ 90°

해설 순시값 $i(t)=I_m\sin\omega t$과 실효값 I가 같을 조건이므로

정답 06.② 07.① 08.② 09.③ 10.③ 11.② 12.②

$$i(t) = I_m \sin\omega t = \sqrt{2} I \sin\omega t = I[A]$$
$$\sin\omega t = \frac{1}{\sqrt{2}} \rightarrow \omega t = \sin^{-1}\frac{1}{\sqrt{2}} = 45°$$

13 용량을 변화시킬 수 있는 콘덴서는?

① 바리콘　　② 마일러 콘덴서
③ 전해 콘덴서　④ 세라믹 콘덴서

해설 가변 콘덴서에는 바리콘, 트리머 등이 있다.

14 전력용 콘덴서를 회로로부터 개방하였을 때 전하가 잔류함으로써 일어나는 위험의 방지와 재투입할 때 콘덴서에 걸리는 과전압 방지를 위하여 무엇을 설치하는가?

① 직렬 리액터　② 전력용 콘덴서
③ 방전 코일　　④ 피뢰기

해설 잔류 전하를 방전시키기 위한 방전 코일을 설치한다.

15 전주 외등 설치 시 백열 전등 및 형광등의 조명 기구를 전주에 부착하는 경우 바닥으로부터 설치 높이는 몇 [m] 이상으로 하여야 하는가?

① 3.5　　② 4
③ 4.5　　④ 5

해설 전주 외등 설치 시 주의 사항
• 돌출되는 수평 거리 : 1[m]
• 조명 기구를 포함한 중량 : 100[kg] 이하
• 설치 높이 : 4.5[m] 이상

16 성냥, 석유류, 셀룰로이드 등 기타 가연성 위험 물질을 제조 또는 저장하는 장소의 배선으로 틀린 것은?

① 합성 수지관(두께 2[mm])
② 금속관
③ 케이블
④ 방습형 플렉시블 배선 공사

해설 가연성 먼지(분진), 위험물 : 금속관, 케이블, 합성수지관 공사

17 전주를 건주할 때 철근 콘크리트주의 길이가 12[m]이면 땅에 묻히는 깊이는 얼마인가? (단, 설계 하중이 6.81[kN]이다.)

① 1.2[m]
② 2.0[m]
③ 1.8[m]
④ 2.5[m]

해설 매설 깊이 $H = 12 \times \dfrac{1}{6} = 2.0[m]$

18 보호 계전기 시험을 하기 위한 유의 사항으로 틀린 것은?

① 계전기 위치를 파악한다.
② 임피던스 계전기는 미리 예열하지 않도록 주의한다.
③ 계전기 시험 회로 결선 시 교류, 직류를 파악한다.
④ 계전기 시험 장비의 허용 오차, 지시 범위를 확인한다.

해설 보호 계전기 시험 시 유의 사항
• 보호 계전기의 배치된 상태를 확인
• 임피던스 계전기는 미리 예열이 필요한지 확인
• 시험 회로 결선 시에 교류와 직류를 확인해야 하며 직류인 경우 극성을 확인
• 시험용 전원의 용량 계전기가 요구하는 정격 전압이 유지될 수 있도록 확인
• 계전기 시험 장비의 지시 범위의 적합성, 오차, 영점의 정확성 확인

19 단상 반파 정류 회로의 전원 전압 200[V], 부하 저항이 10[Ω]이면 부하 전류는 약 몇 [A]인가?

① 4　　② 9
③ 13　　④ 18

정답　13.①　14.③　15.③　16.④　17.②　18.②　19.②

해설 단상 반파 직류 전압
$E_d = 0.45E = 0.45 \times 200 = 90[V]$
부하 전류 $I_d = \dfrac{E_d}{R} = \dfrac{90}{10} = 9[A]$

20 변압기의 퍼센트 저항 강하가 3[%], 퍼센트 리액턴스 강하가 4[%]이고, 역률이 80[%] 지상이다. 이 변압기의 전압 변동률은?
① 3.2 ② 4.8
③ 5.0 ④ 5.6

해설 변압기의 전압 변동률
$\varepsilon[\%] = p\cos\theta + q\sin\theta$
$= 3 \times 0.8 + 4 \times 0.6$
$= 4.8[\%]$
* $\cos\theta = 0.8 \rightarrow \sin\theta = \sqrt{1-\cos^2\theta}$
$= \sqrt{1-0.8^2}$
$= 0.6$

21 3상 4선식, 380/220[V]에서 중성축에 연결하는 선을 무엇이라 하는가?
① 접지선 ② 전압선
③ 중성선 ④ 분기선

22 OW 전선의 명칭은 무엇인가?
① 450/750[V] 일반용 단심 비닐 절연 전선
② 배선용 단심 비닐 절연 전선
③ 인입용 비닐 절연 전선
④ 옥외용 비닐 절연 전선

해설 OW : 옥외용 비닐 절연 전선

23 화약류 저장소에서 백열 전등이나 형광등 또는 이들에 전기를 공급하기 위한 전기 설비를 시설하는 경우 전로의 대지 전압은 몇 [V] 이하이어야 하는가?
① 150[V] ② 200[V]
③ 300[V] ④ 400[V]

해설 화약류 저장소에서 전로의 대지 전압은 300[V] 이하로 한다.

24 서로 다른 굵기의 절연 전선을 금속 덕트에 넣는 경우 전선이 차지하는 단면적은 피복 절연물을 포함한 단면적의 총합계가 덕트 내 단면적의 몇 [%] 이하가 되도록 선정하여야 하는가?
① 20 ② 30
③ 40 ④ 50

25 정전 용량 50[μF]인 콘덴서에 200[V], 60[Hz]의 사인파 전압을 가할 때 전류는?
① 3.77 ② 6.28
③ 12.28 ④ 37.68

해설 $X_C = \dfrac{1}{\omega C} = \dfrac{1}{2\pi f C}$
$I = 2\pi f C V$
$= 2 \times \pi \times 60 \times 50 \times 10^{-6} \times 200$
$\fallingdotseq 3.77[A]$

26 전원 전압 110[V], 전기자 전류가 10[A], 전기자 저항 1[Ω]인 직류 분권 전동기가 회전수 1,500[rpm]으로 회전하고 있다. 이때, 발생하는 역기전력은 몇 [V]인가?
① 120 ② 110
③ 100 ④ 130

해설 전동기의 역기전력
$E = V - I_a R_a = 110 - 10 \times 1 = 100[V]$

27 전기자 저항 0.1[Ω], 전기자 전류 104[A], 유도 기전력 110.4[V]인 직류 분권 발전기의 단자 전압은 몇 [V]인가?
① 98 ② 100
③ 102 ④ 105

해설 $V = E - I_a R_a = 110.4 - 104 \times 0.1 = 100[V]$

정답 20.② 21.③ 22.④ 23.③ 24.① 25.① 26.③ 27.②

28 다음 중 변압기의 원리와 가장 관계가 있는 것은?

① 전자 유도 작용 ② 표피 작용
③ 전기자 반작용 ④ 편자 작용

해설 변압기의 원리는 1차에 전류를 흘려 주면 자속이 2차 코일과 쇄교하여 기전력을 유도시키는 원리로 전자 유도 작용 원리이다.

29 동기 발전기의 병렬 운전에 필요한 조건이 아닌 것은?

① 기전력의 주파수가 같을 것
② 기전력의 크기가 같을 것
③ 기전력의 임피던스가 같을 것
④ 기전력의 위상이 같을 것

해설 동기 발전기의 병렬 운전 조건
- 기전력의 크기가 같을 것
- 기전력의 파형이 같을 것
- 기전력의 주파수가 같을 것
- 기전력의 위상이 같을 것
- 상회전 방향이 같을 것(3상 동기 발전기)

30 그림의 회로에서 소비되는 전력은 몇 [W]인가?

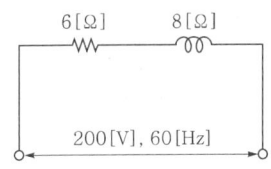

① 1,200 ② 2,400
③ 3,600 ④ 4,800

해설 전류 $I = \dfrac{V}{Z} = \dfrac{200}{\sqrt{6^2 + 8^2}} = 20[A]$

소비 전력 $P = I^2 R = 20^2 \times 6 = 2,400[W]$

31 변압기의 병렬 운전 조건이 아닌 것은?

① 주파수가 같을 것
② 위상이 같을 것
③ 극성이 같을 것
④ 변압기의 중량이 일치할 것

해설 변압기의 병렬 운전 조건
- 위상이 같을 것
- 극성이 일치할 것
- 주파수가 같을 것

32 일반적으로 과전류 차단기를 설치하여야 할 곳으로 틀린 것은?

① 접지측 전선
② 보호용, 인입선 등 분기선을 보호하는 곳
③ 송배전선의 보호용, 인입선 등 분기선을 보호하는 곳
④ 간선의 전원측 전선

해설 과전류 차단기의 시설 제한 장소
- 모든 접지 공사의 접지선
- 다선식 전선로의 중성선
- 접지 공사를 실시한 저압 가공 전선로의 접지측 전선

33 다음 중 3상 유도 전동기는?

① 분상형 ② 콘덴서형
③ 셰이딩 코일형 ④ 권선형

해설 단상 유도 전동기의 종류 : 반발 기동형, 분상 기동형, 영구 콘덴서형, 셰이딩 코일형

34 다음 중 직선형 전동기는?

① 서보 모터 ② 기어 모터
③ 스테핑 모터 ④ 리니어 모터

해설 직선형 모터는 직선 모양으로 면하는 이동자와 고정자 사이에서 밀어내는 힘으로 회전력을 발생하는 구조로 되어 있는 전동기로서, 리니어 모터라고도 한다.

정답 28.① 29.③ 30.② 31.④ 32.① 33.④ 34.④

35 전기장 중에 단위 전하를 놓았을 때 그것에 작용하는 힘은 어느 값과 같은가?

① 전장의 세기   ② 전하
③ 전위   ④ 전위차

해설 전기장 중에 단위 전하를 놓았을 때 그것에 작용하는 힘은 전(기)장의 세기이다.

36 주파수가 1[kHz]일 때 용량성 리액턴스가 50[Ω]이라면 주파수가 50[Hz]인 경우 용량성 리액턴스는 몇 [Ω]인가?

① 200   ② 500
③ 700   ④ 1,000

해설 용량성 리액턴스는 주파수와 반비례하므로 주파수가 $\frac{50}{1,000} = \frac{1}{20}$ 로 감소하면 용량성 리액턴스는 20배 증가한다.
그러므로 $X_C = 50 \times 20 = 1,000[\Omega]$ 이 된다.

37 평균값이 100[V]일 때 실효값은 얼마인가?

① 90   ② 111
③ 63.7 ④ 70.7

해설 실효값 $V = \frac{V_m}{\sqrt{2}}$
$= 1.11 V_{av}$
$= 1.11 \times 100$
$= 111[V]$

38 변압기에서 V결선의 이용률은?

① 0.577 ② 0.707
③ 0.866 ④ 0.977

해설 V결선 이용률 $= \frac{\sqrt{3}}{2} = 0.866$

39 20[kVA]의 단상 변압기 2대를 사용하여 V-V 결선으로 하고 3상 전원을 얻고자 한다. 이때, 여기에 접속시킬 수 있는 3상 부하의 용량은 약 몇 [kVA]인가?

① 54.6   ② 44.6
③ 34.6   ④ 66.6

해설 V결선 용량 $P_V = \sqrt{3} P_1$
$= \sqrt{3} \times 20$
$= 34.6[kVA]$

40 승강로 및 승강기를 시설할 때 이동 전선의 최소 굵기[mm²]는?

① 0.75   ② 1.25
③ 2.0   ④ 2.5

해설 이동 전선의 최소 굵기는 0.75[mm²]이다.

41 지지선(지선)의 중간에 넣는 애자의 명칭은?

① 구형 애자   ② 곡핀 애자
③ 현수 애자   ④ 핀애자

해설 지지선(지선)의 중간에 사용하는 애자를 구형 애자, 지선 애자, 옥애자, 구슬 애자라고 한다.

42 건조한 장소에 시설하는 저압용의 개별 기계 기구에 전기를 공급하는 전로 또는 개별 기계 기구에 전기용품 안전관리법의 적용을 받는 인체 감전 보호용 누전 차단기를 시설하면 외함의 접지를 생략할 수 있다. 이 경우의 누전 차단기의 정격으로 알맞은 것은?

① 정격 감도 전류 30[mA], 동작 시간 0.03[sec] 이하의 전류 동작형
② 정격 감도 전류 50[mA], 동작 시간 0.1[sec] 이하의 전류 동작형
③ 정격 감도 전류 30[mA], 동작 시간 0.1[sec] 이하의 전류 동작형
④ 정격 감도 전류 50[mA], 동작 시간 0.03[sec] 이하의 전류 동작형

정답 35.① 36.④ 37.② 38.③ 39.③ 40.① 41.① 42.①

해설 누전 차단기 정격 : 정격 감도 전류 30[mA], 동작 시간 0.03[sec] 이하의 전류 동작형이어야 하며, 또한 인체 감전 보호용 차단기가 시설되어 있으면 접지 공사를 생략할 수 있다.

43 정류자와 접촉하여 전기자 권선과 외부 회로를 연결하는 역할을 하는 것은?
① 계자
② 전기자
③ 브러시
④ 계자 철심

해설 브러시 : 교류 기전력을 직류로 변환시키는 정류자에 접촉하여 직류 기전력을 외부로 인출하는 역할

44 다음 중 고압 전동기 철심의 강판 홈(slot)의 모양은?
① 반구형
② 반폐형
③ 밀폐형
④ 개방형

해설
- 저압 : 반폐형
- 고압 : 개방형

45 합성수지관 상호 및 관과 박스와의 접속 시에 삽입하는 깊이는 접착제를 사용하지 않는 경우 관 바깥 지름의 몇 배 이상으로 하여야 하는가?
① 1.2
② 1.0
③ 0.8
④ 0.9

해설 합성수지관 상호 및 합성수지관과 박스의 접속은 커플링을 이용하며, 관 삽입 깊이는 관 바깥 지름의 1.2배 이상으로 한다(단, 접착제 사용 시 0.8배 이상).

46 다음 조명 방식에서 발산 광속 중 하향 광속이 10~90[%] 정도로 하여 하향 광속은 작업면에 직사시키고, 상향 광속은 천장, 벽면 등에 반사되고 있는 반사광으로 작업면의 조도를 증가시키는 방식을 무엇이라 하는가?
① 직접 조명
② 반직접 조명
③ 전반 확산 조명
④ 반간접 조명

해설 조명 기구의 배광에 의한 조명 방식

구분	하향 광속
직접 조명 방식	90[%] 이상
반직접 조명 방식	60~90[%]
전반 확산 조명 방식	40~60[%]
간접 조명 방식	10[%] 이하
반간접 조명 방식	10~40[%]

47 대칭 3상 교류 회로에서 각 상 간의 위상차는 얼마인가?
① $\dfrac{\pi}{3}$
② $\dfrac{\sqrt{3}}{2}\pi$
③ $\dfrac{2\pi}{3}$
④ $\dfrac{2}{\sqrt{3}}\pi$

해설 대칭 3상 교류에서의 각 상 간 위상차는 $\dfrac{2\pi}{3}$[rad]이다.

48 고압 가공 전선로의 전선의 조수가 3조일 때 완금의 길이는?
① 1,400[mm]
② 1,800[mm]
③ 2,400[mm]
④ 1,200[mm]

해설 가공 전선로의 완금 표준 길이[mm]

전선조\전압	저압	고압	특고압
2조	900	1,400	1,800
3조	1,400	1,800	2,400

정답 43.③ 44.④ 45.① 46.① 47.③ 48.②

49 다음 직류를 기준으로 저압에 속하는 범위는 최대 몇 [V] 이하인가?

① 600[V] 이하   ② 750[V] 이하
③ 1,000[V] 이하 ④ 1,500[V] 이하

해설 전압의 구분
- 저압 : AC 1,000[V] 이하, DC 1,500[V] 이하의 전압
- 고압 : AC 1,000[V] 초과, DC 1,500[V] 초과하되, AC·DC 모두 7[kV] 이하의 전압
- 특고압 : AC·DC 모두 7[kV] 초과의 전압

50 3상 동기 발전기의 계자 간의 극간격은 얼마인가?

① π ② 2π
③ $\dfrac{\pi}{2}$ ④ $\dfrac{\pi}{3}$

해설 3상 동기 발전기의 극간격 : π[rad]

51 복소수 $A = a + jb$인 경우 절대값과 위상은 얼마인가?

① $\sqrt{a^2 - b^2}$, $\theta = \tan^{-1}\dfrac{a}{b}$
② $a^2 - b^2$, $\theta = \tan^{-1}\dfrac{a}{b}$
③ $\sqrt{a^2 + b^2}$, $\theta = \tan^{-1}\dfrac{b}{a}$
④ $a^2 + b^2$, $\theta = \tan^{-1}\dfrac{a}{b}$

해설
- 복소수의 절대값 $A = \sqrt{a^2 + b^2}$
- 위상 $\theta = \tan^{-1}\dfrac{b}{a}$

52 막대 자석의 자극의 세기가 10[Wb]이고 길이가 20[cm]인 경우 자기 모멘트[Wb·cm]는 얼마인가?

① 20   ② 100
③ 200 ④ 90

해설 막대 자석의 모멘트 $M = ml$
$= 10 \times 20$
$= 200$[Wb·cm]

53 다음 중 동기 전동기가 아닌 것은?

① 크레인   ② 송풍기
③ 분쇄기   ④ 압연기

해설 동기 전동기는 동기 속도로 회전하는 전동기이므로 압연기, 제련소, 발전소 등에서 압축기, 운전 펌프 등에 적용된다.

54 가동 접속한 자기 인덕턴스 값이 $L_1 = 50$[mH], $L_2 = 70$[mH], 상호 인덕턴스 $M = 60$[mH]일 때 합성 인덕턴스[mH]는? (단, 누설 자속이 없는 경우이다.)

① 120   ② 240
③ 200   ④ 100

해설 $L_{가동} = L_1 + L_2 + 2M$
$= 50 + 70 + 2 \times 60$
$= 240$[mH]

55 회전자가 1초에 30회전을 하면 각속도는?

① 30π[rad/s]
② 60π[rad/s]
③ 90π[rad/s]
④ 120π[rad/s]

해설 $\omega = 2\pi n = 2\pi \times 30$
$= 60\pi$[rad/s]

56 저압 배선을 조명 설비로 배선하는 경우 인입구로부터 기기까지의 전압 강하는 몇 [%] 이하로 해야 하는가?

① 2   ② 3
③ 4   ④ 6

정답 49.④ 50.① 51.③ 52.③ 53.① 54.② 55.② 56.②

해설) 인입구로부터 기기까지의 전압 강하는 조명 설비의 경우 3[%] 이하로 할 것(기타 설비의 경우 5[%] 이하로 할 것)

57 사용 전압 400[V] 이상, 건조한 장소에서 사용할 수 없는 공사 방법은?

① 애자 사용 공사
② 금속 덕트 공사
③ 금속 몰드 공사
④ 버스 덕트 공사

해설) 사용 전압 400[V] 이상에서 할 수 없는 공사 : 합성 수지 몰드, 금속 몰드, 플로어 덕트, 라이팅 덕트 공사

58 동기 발전기의 병렬 운전 중에 기전력의 위상차가 생기면 흐르는 전류는?

① 무효 순환 전류
② 무효 횡류
③ 동기화 전류
④ 고조파 전류

해설) 기전력의 크기가 같고 위상차가 존재할 때는 유효 순환 전류(동기화 전류)가 흘러 동기화력에 의해 위상이 일치화된다.

59 1차 전압 13,200[V], 2차 전압 220[V]인 단상 변압기의 1차에 6,000[V] 전압을 가하면 2차 전압은 몇 [V]인가?

① 100
② 200
③ 50
④ 250

해설) 권수비 $a = \dfrac{N_1}{N_2} = \dfrac{V_1}{V_2} = \dfrac{I_2}{I_1}$ 에서

$a = \dfrac{E_1}{E_2} = \dfrac{13,200}{220} = 60$ 이므로

$V_2 = \dfrac{V_1}{a} = \dfrac{6,000}{60} = 100[V]$

60 접지 공사에서 접지극에 동봉을 사용할 때 최소 길이는?

① 1[m]
② 1.2[m]
③ 0.9[m]
④ 0.6[m]

해설) 접지극의 종류 및 규격
- 동판 : 두께 0.7[mm] 이상, 단면적 900[cm²] 편면(片面) 이상의 것
- 동봉, 동피복 강봉 : 지름 8[mm] 이상, 길이 0.9[m] 이상의 것
- 철관 : 바깥지름(외경) 25[mm] 이상, 길이 0.9[m] 이상의 아연 도금 가스 철관 또는 후강 전선관일 것
- 철봉 : 지름 12[mm] 이상, 길이 0.9[m] 이상의 아연 도금한 것

정답 57.③ 58.③ 59.① 60.③

2017년 제3회 CBT 기출복원문제

★ 표시 : 문제 중요도를 나타냄

본 기출문제는 수험생들의 기억을 바탕으로 작성한 것으로 내용 및 그림 등에서 실제 문제와 다소 차이가 있을 수 있습니다.

01 ★ 다음 ( ) 안의 알맞은 말은?

> 두 자극 사이에 작용하는 자기력의 크기는 양 자극의 세기의 곱에 (㉠)하며, 자극 간의 거리의 제곱에 (㉡)한다.

① 반비례, 비례 ② 비례, 반비례
③ 반비례, 반비례 ④ 비례, 비례

해설 쿨롱의 법칙 : 두 자극 사이에 작용하는 자력의 크기는 양 자극의 세기의 곱에 비례하며, 자극 간의 거리의 제곱에 반비례한다.

쿨롱의 법칙 $F = \dfrac{m_1 \cdot m_2}{4\pi\mu_0 r^2}$ [N]

02 ★ 가장 일반적인 저항기로 세라믹봉에 탄소 계의 저항체를 구워서 붙이고, 여기에 나선 형으로 홈을 파서 원하는 저항값을 만든 저항기는?

① 금속 피막 저항기
② 탄소 피막 저항기
③ 가변 저항기
④ 어레이 저항기

해설 탄소 피막 저항기 : 세라믹봉에 탄소계의 저항체를 구워서 붙이고, 여기에 나선형으로 홈을 파서 원하는 저항값을 만든 저항기로서, 대량 생산으로 가격이 저렴하고 높은 저항값을 소형으로 얻을 수 있으나 온도 계수가 크고 전류 잡음도 크다.

03 ★★★ 변전소의 전력기기를 시험하기 위하여 회로를 분리하거나 또는 계통의 접속을 바꾸거나 하는 경우에 사용되는 것은?

① 나이프 스위치 ② 차단기
③ 퓨즈 ④ 단로기

해설 단로기 : 고전압 기기류의 1차측에 부착하여 기기 점검 및 보수 시 회로를 분리하는 경우에 사용한다.

04 ★★★ 유도 전동기의 Y-△ 기동 시 기동 토크와 기동 전류는 전전압 기동 시의 몇 배가 되는가?

① $\dfrac{1}{\sqrt{3}}$ ② $\sqrt{3}$
③ $\dfrac{1}{3}$ ④ 3

해설 Y-△ 기동 시 기동 토크와 기동 전류는 전전압 기동 시보다 $\dfrac{1}{3}$로 감소된다.

05 ★★ 수 · 변전 설비의 고압 회로에 걸리는 전압을 표시하기 위해 전압계를 시설할 때 고압 회로와 전압계 사이에 시설하는 것은?

① 관통형 변압기
② 계기용 변류기
③ 계기용 변압기
④ 권선형 변류기

정답 01.② 02.② 03.④ 04.③ 05.③

해설 계기용 변압기(PT) : 고전압을 저전압으로 변성하여 측정 계기나 보호 계전기에 전압을 공급하기 위한 계기로서, 고압 회로와 전압계 사이에 설치한다.

06 고압 가공 인입선이 도로를 횡단하는 경우 노면상 시설하여야 할 높이는 몇 [m] 이상인가?

① 8.5[m] ② 6.5[m]
③ 6[m]   ④ 4.5[m]

해설 저·고압 인입선의 높이

장소 구분	저압[m]	고압[m]
도로 횡단	5[m] 이상	6[m] 이상
철도 횡단	6.5[m] 이상	6.5[m] 이상
횡단보도교	3[m] 이상	3.5[m] 이상
기타 장소	4[m] 이상	5[m] 이상

07 보호를 요하는 회로의 전류가 어떤 일정한 값(정정값) 이상으로 흘렀을 때 동작하는 계전기는?

① 과전류 계전기
② 과전압 계전기
③ 부족 전압 계전기
④ 비율 차동 계전기

해설 전류가 정정값 이상이 되면 동작하는 계전기는 과전류 계전기이다.

08 전주 외등을 전주에 부착하는 경우 전주 외등은 하단으로부터 몇 [m] 이상 높이에 시설하여야 하는가?

① 3.0   ② 3.5
③ 4.0   ④ 4.5

해설 전주 외등 : 대지 전압 300[V] 이하 백열전등이나 수은등 등을 배전 선로의 지지물 등에 시설하는 등이다.

• 기구 인출선 도체 단면적 : 0.75[mm²] 이상
• 기구 부착 높이 : 하단에서 지표상 4.5[m] 이상(단, 교통 지장이 없을 경우 3.0[m] 이상)
• 돌출 수평 거리 : 1.0[m] 이하

09 왜형파를 발생시키는 요인이 아닌 것은?

① 철심의 자기 포화
② 히스테리시스 현상
③ 전기자 반작용
④ 옴의 법칙

해설 왜형파의 발생 요인
• 교류 발전기에서의 전기자 반작용에 의한 일그러짐
• 변압기에서의 철심의 자기 포화 및 히스테리시스 현상에 의한 여자 전류의 일그러짐
• 정류인 경우 다이오드의 비직선성에 의한 전류의 일그러짐

10 변압기유로 쓰이는 절연유에 요구되는 성질이 아닌 것은?

① 점도가 클 것
② 인화점이 높을 것
③ 절연 내력이 클 것
④ 응고점이 낮을 것

해설 점도가 낮아야 한다.

11 저항 10[Ω], 10개를 접속하여 합성 저항값이 최소값을 얻으려면 어떻게 접속하여야 하는가?

① 병렬 접속
② 직렬 접속
③ 직렬-병렬 접속
④ 브리지 접속

해설 병렬 접속 시 가장 작은 합성 저항값을 얻을 수 있다.

정답 06.③ 07.① 08.④ 09.④ 10.① 11.①

12 교류 회로에서 양방향 점호(on) 및 소호(off)를 이용하며, 위상 제어를 할 수 있는 소자는?

① GTO　　　② TRIAC
③ SCR　　　④ IGBT

해설 TRIAC : 2개의 SCR을 역병렬로 접속한 양방향 사이리스터로 교류 전원 컨트롤용으로 사용된다.

13 정격 전압 220[V]인 동기 발전기를 무부하로 운전하였더니 단자 전압이 253[V]가 되었다면 이 발전기의 전압 변동률은 몇 [%]인가?

① 10　　　② 20
③ 13　　　④ 15

해설 전압 변동률
$$\varepsilon = \frac{V_0 - V_n}{V_n} \times 100 = \frac{253 - 220}{220} \times 100 = 15[\%]$$

14 저압 크레인 또는 호이스트 등의 트롤리선을 애자 사용 공사에 의하여 옥내의 노출 장소에 시설하는 경우 트롤리선의 바닥에서의 최소 높이는 몇 [m] 이상으로 설치하는가?

① 2　　　② 2.5
③ 3.5　　　④ 4.5

해설 저압 크레인 또는 호이스트 등의 트롤리선을 애자 사용 공사에 의하여 옥내의 노출 장소에 시설하는 경우 트롤리선의 바닥에서의 높이는 3.5[m] 이상으로 설치하여야 한다.

15 알루미늄피 케이블을 구부리는 경우는 피복이 손상되지 않도록 하고, 그 굽은 부분(굴곡부)의 곡선반지름(곡률반경)은 원칙적으로 케이블 바깥지름(외경)의 몇 배 이상이어야 하는가?

① 8　　　② 6
③ 12　　　④ 10

해설 알루미늄피 케이블의 곡선반지름(곡률반경)은 케이블 바깥지름의 12배 이상이다.

16 화약류의 가루(분말)가 전기 설비가 발화원이 되어 폭발할 우려가 있는 곳에 시설하는 저압 옥내 배선의 공사 방법으로 가장 알맞은 것은?

① 금속관 공사
② 애자 사용 공사
③ 버스 덕트 공사
④ 합성 수지 몰드 공사

해설 폭연성 먼지(분진) 또는 화약류 가루(분말)가 존재하는 장소 : 금속관 공사, 개장 케이블, MI 케이블 공사

17 굵은 전선이나 케이블을 절단할 때 사용되는 공구는?

① 펜치
② 클리퍼
③ 나이프
④ 플라이어

해설 클리퍼 : 전선 단면적 25[mm²] 이상의 굵은 전선이나 볼트 절단 시 사용하는 공구이다.

18 주파수 50[Hz]인 철심의 단면적은 60[Hz]의 몇 배인가?

① 1.0
② 1.5
③ 1.2
④ 0.8

해설 $\frac{60}{50} = 1.2$
주파수와 면적은 반비례한다.

정답　12.②　13.④　14.③　15.③　16.①　17.②　18.③

19 환상 솔레노이드의 단면적 $4 \times 10^{-4}[m^2]$, 자로의 길이 0.4[m], 비투자율 1,000, 코일의 권수가 1,000일 때 자기 인덕턴스[H]는?

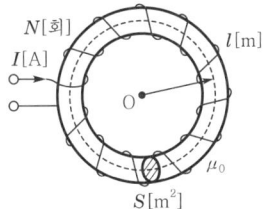

① 3.14
② 1.26
③ 2
④ 18

해설 자기 인덕턴스
$$L = \frac{\mu_0 \mu_s S N^2}{l}$$
$$= \frac{4\pi \times 10^{-7} \times 1,000 \times 4 \times 10^{-4} \times 1,000^2}{0.4}$$
$$= 1.26[H]$$

20 전기 기기의 철심 재료로 규소 강판을 많이 사용하는 이유로 가장 적당한 것은?
① 히스테리시스손을 줄이기 위하여
② 맴돌이 전류를 없애기 위해
③ 풍손을 없애기 위해
④ 구리손을 줄이기 위해

해설
• 규소 강판 사용 : 히스테리시스손이 감소한다.
• 0.35~0.5[mm] 철심을 성층 : 와류손이 감소한다.

21 변압기의 무부하손을 가장 많이 차지하는 것은?
① 표유 부하손 ② 풍손
③ 철손 ④ 동손

해설 변압기의 무부하손 : 변압기 2차 권선을 개방하고 1차 단자에 정격 전압을 걸었을 때 발생하는 손실로서, 철손이 대부분을 차지한다.

• 철손 : 히스테리시스손, 와류손
• 표유 부하손
• 유전체손

22 전류 10[A], 전압 100[V], 역률 0.6인 단상 부하의 전력은 몇 [W]인가?
① 800
② 600
③ 1,000
④ 1,200

해설 유효 전력
$P = VI\cos\theta = 100 \times 10 \times 0.6 = 600[W]$

23 콘덴서의 정전 용량을 크게 하는 방법으로 옳지 않은 것은?
① 극판의 간격을 작게 한다.
② 극판 사이에 비유전율이 큰 유전체를 삽입한다.
③ 극판의 면적을 크게 한다.
④ 극판의 면적을 작게 한다.

해설 콘덴서의 정전 용량 $C = \frac{\varepsilon A}{d}[F]$

여기서, ε : 유전율[F/m]
A : 극판 면적[m^2]
d : 극판 간격[m]

극판의 간격 $d[m]$에 반비례한다.

24 접지 시스템은 주접지 단자를 설치하고 다음의 도체를 설치해야 하는데 이 도체가 아닌 것은?
① 등전위 본딩 도체
② 접지 도체
③ 보호 도체
④ 나경동선 도체

해설 접지 시스템은 주접지 단자를 설치하고 등전위 본딩 도체, 접지 도체, 보호 도체, 기능성 접지 도체를 접속해야 한다.

정답 19.② 20.① 21.③ 22.② 23.④ 24.④

25 가스 차단기에 사용되는 가스인 SF$_6$의 성질이 아닌 것은?

① 같은 압력에서 공기의 2.5~3.5배의 절연 내력이 있다.
② 소호 능력은 공기보다 2.5배 정도 낮다.
③ 무색, 무취, 무해 가스이다.
④ 가스 압력 3~4[kgf/cm^2]에서 절연 내력은 절연유 이상이다.

해설 소호 능력은 공기보다 100배 정도 뛰어나다.

26 수전 설비의 저압 배전반은 배전반 앞에서 계측기를 판독하기 위하여 앞면과 최소 몇 [m] 이상 유지하는 것을 원칙으로 하고 있는가?

① 2.5[m]   ② 1.8[m]
③ 1.5[m]   ④ 1.7[m]

해설 저·고압 배전반은 앞에서 계측기를 판독하기 위해 앞면과 최소 1.5[m] 이상 유지해야 한다.

27 합성 수지관 배선에서 경질 비닐 전선관의 굵기에 해당되지 않는 것은? (단, 관의 호칭을 말한다.)

① 14   ② 16
③ 18   ④ 22

해설 합성 수지관의 굵기 : 14, 16, 22, 28, 36, 42, 54, 70, 82[mm]

28 다음 중 과전류 차단기를 설치해야 하는 금지 장소가 아닌 곳은?

① 접지 공사의 접지측 전선
② 다선식 선로의 중성선
③ 배전 선로의 전원측 전선
④ 전로의 일부에 접지 공사를 한 저압 가공 전선로의 접지측 전선

해설 과전류 차단기는 모든 회로의 접지선, 접지측 전선, 중성선에는 설치하지 않는다.

29 동기 임피던스 5[Ω]인 2대의 3상 동기 발전기의 유도 기전력에 100[V]의 전압 차이가 있다면 무효 순환 전류[A]는?

① 10   ② 15
③ 20   ④ 25

해설 무효 횡류(무효 순환 전류) $= \dfrac{E_s}{2Z_s}$
$= \dfrac{100}{2 \times 5} = 10$[A]

30 다음 그림에서 자기 저항이 가장 큰 곳은 어디인가?

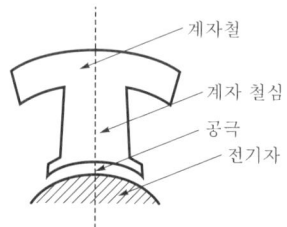

① 계자철   ② 계자 철심
③ 전기자   ④ 공극

해설 자기 저항은 $R = \dfrac{l}{\mu_0 \mu_s A}$ [AT/Wb]로서 계자철, 계자 철심, 전기자 도체 등은 강자성체($\mu_s \gg 1$)를 사용하므로 자기 저항이 아주 작고 그에 비해 공극은 $\mu_s = 1$이므로 자기 저항이 가장 크다.

31 황산구리 용액에 10[A]의 전류를 60분간 흘린 경우, 이때 석출되는 구리의 양은? (단, 구리의 전기 화학 당량은 0.3293×10^{-3}[g/C]이다.)

① 5.93[g]   ② 11.86[g]
③ 7.82[g]   ④ 1.67[g]

해설 $W = kQ = kIt$[g]
$= 0.3293 \times 10^{-3} \times 10 \times 60 \times 60$
$\fallingdotseq 11.86$[g]

정답 25.② 26.③ 27.③ 28.③ 29.① 30.④ 31.②

32. 전선의 길이를 체적을 일정하게 한 후 4배로 늘리면 저항은 처음의 몇 배가 되는가?
① 16   ② 8
③ 6   ④ 4

해설 체적이 일정한 상태에서 길이를 4배로 늘리면 면적이 $\frac{1}{4}$배 감소되므로 저항값은 $R = \rho \frac{l}{A} [\Omega]$에서 $4^2 = 16$배로 증가한다.

33. 3상 유도 전동기의 동기 속도(N_s), 회전 속도(N), 슬립(s)인 경우 2차 효율[%]은?
① $\frac{1}{s}(N_s - N) \times 100$
② $(s-1) \times 100$
③ $\frac{N}{N_s} \times 100$
④ $s^2 \times 100$

해설 2차 효율
$$\eta_2 = (1-s) \times 100 = \frac{N}{N_s} \times 100 [\%]$$

34. 1[kWh]와 같은 값은 어느 것인가?
① $3.6 \times 10^3 [J]$
② $3.6 \times 10^6 [N/m^2]$
③ $3.6 \times 10^3 [N/m^2]$
④ $3.6 \times 10^6 [J]$

해설 $1[kWh] = 1 \times 10^3 \times 3,600 [W \cdot sec]$
$= 3.6 \times 10^6 [J]$

35. 동기 발전기의 전기자 반작용 중에서 전기자 전류에 의한 자기장의 축이 항상 주자속의 축과 수직이 되면서 자극편 왼쪽에 있는 주자속은 증가시키고, 오른쪽에 있는 주자속은 감소시켜 편자 작용을 하는 전기자 반작용은?
① 증자 작용
② 교차 자화 작용
③ 직축 반작용
④ 감자 작용

해설 교차 자화 작용(횡축 반작용) : R부하인 경우 동위상 특성의 전기자 전류에 의해 발생한 자속이 주자속과 직각으로 교차하는 현상으로 감자 작용이 발생한다.

36. 3상 동기기에 제동 권선을 설치하는 주된 목적은?
① 난조 방지
② 효율 증가
③ 역률 개선
④ 출력 증가

해설 제동 권선의 역할 : 난조를 방지한다.

37. 다음 중 전동기의 원리에 적용되는 법칙은?
① 렌츠의 법칙
② 플레밍의 오른손 법칙
③ 플레밍의 왼손 법칙
④ 옴의 법칙

해설 전동기의 회전 원리 : 플레밍의 왼손 법칙

38. 공기 중에서 자속 밀도 2[Wb/m²]의 평등 자장 속에 길이 60[cm]의 직선 도선을 자장의 방향과 30°각으로 놓고 여기에 5[A]의 전류를 흐르게 하면 이 도선이 받는 힘은 몇 [N]인가?
① 2   ② 5
③ 6   ④ 3

해설 전자력
$F = IBl\sin\theta$
$= 5 \times 2 \times 0.6 \times \sin 30° = 3[N]$

정답 32.① 33.③ 34.④ 35.② 36.① 37.③ 38.④

39 키르히호프의 법칙을 이용하여 방정식을 세우는 방법으로 잘못된 것은?

① 계산 결과 전류가 +로 표시된 것은 처음에 정한 방향과 반대 방향임을 나타낸다.
② 각 폐회로에서 키르히호프의 제2법칙을 적용한다.
③ 각 회로의 전류를 문자로 나타내고 방향을 가정한다.
④ 키르히호프의 제1법칙을 회로망의 임의의 점에 적용한다.

해설 처음에 정한 방향과 전류 방향이 같으면 '+'로, 처음에 정한 방향과 전류 방향이 반대이면 '-'로 표시한다.

40 3상 유도 전동기의 슬립이 4[%], 2차 동손이 0.4[kW]인 경우 2차 입력[kW]은?

① 12 ② 8
③ 6   ④ 10

해설 2차 동손 $P_{c2} = sP_2$이므로

2차 입력 $P_2 = \dfrac{P_{c2}}{s} = \dfrac{0.4}{0.04} = 10[\text{kW}]$

41 접지선의 절연 전선 색상은 특별한 경우를 제외하고는 어느 색으로 표시하여야 하는가?

① 빨간색   ② 노란색
③ 녹색-노란색 ④ 검은색

해설
• 전원선 : 검은색, 빨간색, 파란색
• 접지선 : 녹색-노란색

42 전선의 굵기를 측정하는 공구는?

① 권척   ② 메거
③ 와이어 게이지 ④ 와이어 스트리퍼

해설 와이어 게이지 : 전선이나 각종 지름을 재는 데 사용하는 원판 모양에 치수가 써 있는 형태의 게이지이다.

43 Y-Y 결선에서 선간 전압이 380[V]인 경우 상전압은 몇 [V]인가?

① 100 ② 220
③ 200 ④ 380

해설 Y결선 선간 전압 $V_l = \sqrt{3}\,V_p[\text{V}]$이므로

$$V_p = \dfrac{V_l}{\sqrt{3}} = \dfrac{380}{\sqrt{3}} = 220[\text{V}]$$

44 자속 밀도 $1[\text{Wb/m}^2]$는 몇 [gauss]인가?

① $4\pi \times 10^{-7}$ ② 10^{-6}
③ 10^4 ④ $\dfrac{4\pi}{10}$

해설 자속 밀도 환산

$$1[\text{Wb/m}^2] = \dfrac{10^8[\text{max}]}{10^4[\text{cm}^2]}$$
$$= 10^4[\text{max/cm}^2 = \text{gauss}]$$

45 그림은 동기기의 위상 특성 곡선을 나타낸 것이다. 전기자 전류가 가장 작게 흐를 때의 역률은?

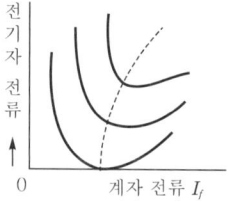

① 1   ② 0.9
③ 0.8 ④ 0

해설 V곡선에서 최저점이 역률이 1인 상태이다.

46 구리 전선과 전기 기계 기구 단자를 접속하는 경우에 진동 등으로 인하여 헐거워질 염려가 있는 곳에는 어떤 것을 사용하여 접속하여야 하는가?

① 평와셔 2개를 끼운다.
② 스프링 와셔를 끼운다.
③ 코드 파스너를 끼운다.
④ 정슬리브를 끼운다.

해설 진동으로 인하여 단자가 풀릴 우려가 있는 곳에는 스프링 와셔나 이중 너트를 사용한다.

47 정격 200[V], 1[kW] 전열기에 전압을 100[V]로 인가하면 소비 전력은 몇 [W]가 되겠는가?

① 800 ② 600
③ 500 ④ 250

해설 전력 $P = \dfrac{V^2}{R}$[W]에서 V^2에 비례하므로 전압이 0.5배로 감소한 경우를 보면 다음과 같다.
$P' = 0.5^2 \times P$
$= 0.5^2 \times 1{,}000 = 250$[W]

48 전지의 기전력 E[V], 내부 저항 r[Ω]인 전지 6개를 직렬로 접속한 후 부하 저항 R[Ω]을 연결할 경우 부하에서 최대 전력이 발생하려면 부하 저항이 얼마이어야 하겠는가?

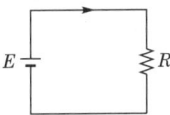

① $R = 3r$ ② $R = 6r$
③ $R = r$ ④ $R = \dfrac{r}{6}$

해설 최대 전력 전달 조건은 부하 저항=내부 저항이다.
$R = 6r$[Ω]

49 다음 그림은 직류 발전기의 분류 중 어느 것에 해당되는가?

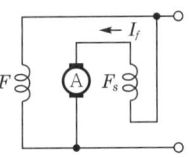

① 직권 발전기 ② 타여자 발전기
③ 복권 발전기 ④ 분권 발전기

해설 복권 발전기는 전기자 도체와 직렬로 접속된 직권 계자(F_s)가 있고 병렬로 접속된 분권 계자(F)로 구성된다.

50 $R-C$ 병렬 회로의 위상차는 얼마인가?

① $\tan^{-1} \omega CR$
② $\tan^{-1} \dfrac{1}{\omega CR}$
③ $\tan^{-1} \dfrac{R}{\omega C}$
④ $\tan^{-1} \dfrac{\omega C}{R}$

해설 합성 어드미턴스 $\dot{Y} = \dfrac{1}{R} + j\omega C$[℧]
$\tan\theta = \dfrac{\omega C}{\dfrac{1}{R}} = \omega CR$이므로 $\theta = \tan^{-1} \omega CR$

51 다음 중 금속 전선관의 호칭을 맞게 기술한 것은?

① 박강, 후강 모두 안지름(내경)으로 [mm]로 나타낸다.
② 박강은 안지름(내경), 후강은 바깥지름(외경)으로 [mm]로 나타낸다.
③ 박강은 바깥지름(외경), 후강은 안지름(내경)으로 [mm]로 나타낸다.
④ 박강, 후강 모두 바깥지름(외경)으로 [mm]로 나타낸다.

정답 46.② 47.④ 48.② 49.③ 50.① 51.③

해설 금속 전선관(금속관)의 호칭
- 후강 전선관 : 안지름(내경), 짝수(두께가 두꺼운 전선관)
- 박강 전선관 : 바깥지름(외경), 홀수(두께가 얇은 전선관)

52 권선형 유도 전동기에서 회전자 권선에 2차 저항기를 삽입하면 어떻게 되는가?
① 회전수가 커진다.
② 변화가 없다.
③ 기동 전류가 작아진다.
④ 기동 토크가 작아진다.

해설 비례 추이에 의하여 2차 저항기를 삽입하면 기동 전류는 작아지고 기동 토크는 커진다.

53 피뢰 시스템에 접지 도체가 접속된 경우 접지선의 굵기는 구리선인 경우 최소 몇 $[mm^2]$ 이상이어야 하는가?
① 6
② 10
③ 16
④ 22

해설 접지 도체가 피뢰 시스템에 접속된 경우 : 구리 $16[mm^2]$ 이상, 철제 $50[mm^2]$ 이상

54 △ 결선으로 된 부하에 각 상의 전류가 10[A]이고, 각 상의 저항이 4[Ω], 리액턴스가 3[Ω]이라 하면, 전체 소비 전력은 몇 [W]인가?
① 2,000
② 1,800
③ 1,500
④ 1,200

해설 전체 소비 전력
$P = 3I_p^2 R[W] = 3 \times 10^2 \times 4 = 1,200[W]$

55 S형 슬리브에 의한 직선 접속에서 몇 회 이상 꼬아야 하는가?
① 2   ② 3
③ 5   ④ 7

해설 S형 슬리브 사용의 유의 사항
- 단선, 연선 사용이 가능하다.
- 전선 끝은 슬리브에서 조금 나오도록 할 것
- 전선을 슬리브에 삽입하여 2회 이상 꼴 것

56 200[V], 50[Hz], 8극, 15[kW]의 3상 유도 전동기에서 전부하 회전수가 720[rpm]이면 이 전동기의 2차 효율은 몇 [%]인가?
① 86
② 96
③ 98
④ 100

해설 2차 효율 $\eta_2 = (1-s) \times 100[\%]$

$s = \dfrac{N_s - N}{N_s}$

$N_s = \dfrac{120f}{P} = \dfrac{120 \times 50}{8} = 750[rpm]$

$s = \dfrac{N_s - N}{N_s} = \dfrac{750 - 720}{750} = 0.04$

$\eta_2 = (1-s) \times 100 = (1-0.04) \times 100[\%]$
$= 96[\%]$

57 전원이나 전화선, 통신선 등을 배선하기 위해 바닥에 배선용 덕트를 매설하는 시설을 무엇이라고 하는가?
① 플로어 덕트
② 금속 덕트
③ 버스 덕트
④ 라이팅 덕트

해설 플로어 덕트 : 바닥 내에 덕트를 삽입하여 배선하고 배선용 홈통에서 전원이나 전화선, 통신선 등을 인출하여 사용하는 방식

정답 52.③ 53.③ 54.④ 55.① 56.② 57.①

58 옥내 배선 공사에서 대지 전압 150[V]를 초과하고 300[V] 이하 저압 전로의 인입구에 반드시 시설해야 하는 지락 차단 장치는?

① 퓨즈
② 커버나이프 스위치
③ 배선용 차단기
④ 누전 차단기

해설 저압 전로의 인입구에는 누전 차단기를 시설해야 한다.

59 직류 발전기의 정격 전압 100[V], 무부하 전압 109[V]이다. 이 발전기의 전압 변동률 ε[%]은?

① 1
② 3
③ 6
④ 9

해설 전압 변동률

$$\varepsilon = \frac{V_0 - V_n}{V_n} \times 100$$

$$= \frac{109 - 100}{100} \times 100 = 9[\%]$$

60 진공 중에 10[μC]과 20[μC]의 점전하를 1[m]의 거리로 놓았을 때 작용하는 힘[N]은?

① 18×10^{-1}
② 2×10^{-2}
③ 9.8×10^{-9}
④ 98×10^{-9}

해설 쿨롱의 법칙

$$F = 9 \times 10^9 \times \frac{Q_1 Q_2}{r^2}$$

$$= 9 \times 10^9 \times \frac{10 \times 10^{-6} \times 20 \times 10^{-6}}{1^2}$$

$$= 18 \times 10^{-1} [\text{N}]$$

정답 58.④ 59.④ 60.①

2017년 제4회 CBT 기출복원문제

★ 표시 : 문제 중요도를 나타냄

본 기출문제는 수험생들의 기억을 바탕으로 작성한 것으로 내용 및 그림 등에서 실제 문제와 다소 차이가 있을 수 있습니다.

01 변압기의 성층 철심 강판 재료의 철의 함유량은 대략 몇 [%]인가?
① 99   ② 97
③ 92   ④ 90

해설 철손 감소용 규소 함유량
- 회전기 : 2~3[%]
- 정지기 : 3~4[%]

변압기는 정지기이므로 철 함유량은 96~97[%] 정도 된다.

02 전류 10[A], 전압 100[V], 역률 0.6인 단상 부하의 전력은 몇 [W]인가?
① 800   ② 600
③ 1,000 ④ 1,200

해설 유효 전력 $P = VI\cos\theta$
$= 100 \times 10 \times 0.6$
$= 600[W]$

03 직류 분권 전동기의 무부하 전압이 108[V], 전압 변동률이 8[%]인 경우 정격 전압은 몇 [V]인가?
① 100   ② 95
③ 105   ④ 85

해설 전압 변동률
$\varepsilon = \dfrac{V_0 - V_n}{V_n} \times 100 = \dfrac{108 - V_n}{V_n} \times 100 = 8[\%]$
이므로 $\dfrac{108 - V_n}{V_n} = 0.08$

$108 - V_n = V_n \times 0.08$
$V_n = \dfrac{108}{1.08} = 100[V]$

04 부흐홀츠 계전기의 설치 위치는?
① 콘서베이터 내부
② 변압기 주탱크 내부
③ 변압기 본체와 콘서베이터 사이
④ 변압기의 고압측 부싱

해설 부흐홀츠 계전기 : 변압기 본체와 콘서베이터 간에 설치하여 변압기유의 열화로 인해 발생하는 유증기를 검출하는 계전기

05 욕조나 샤워 시설이 있는 욕실 또는 화장실 등 인체가 물에 젖어 있는 상태에서 전기를 사용하는 장소에 콘센트 시설 방법 중 틀린 것은?
① 콘센트는 접지극이 있는 방적형 콘센트를 사용하여 접지한다.
② 인체 감전 보호용 누전 차단기가 부착된 콘센트를 시설한다.
③ 절연 변압기(정격 용량 3[kVA] 이하인 것에 한한다)로 보호된 전로에 접속한다.
④ 인체 감전 보호용 누전 차단기는 정격 감도 전류 15[mA] 이하, 동작시간 0.03초 이하의 전압 동작형의 것에 한한다.

정답 01.② 02.② 03.① 04.③ 05.④

해설 인체가 물에 젖은 상태(화장실, 비데)의 전기 사용 장소 규정

인체 감전 보호용 누전 차단기 부착 콘센트	접지극이 있는 방적형 콘센트
	정격 감도 전류 15[mA] 이하, 동작 시간 0.03초 이하의 전류 동작형
정격 용량 3[kVA] 이하 절연 변압기로 보호된 전로	

06 점유 면적이 좁고 운전, 보수에 안전하므로 공장, 빌딩 등의 전기실에 많이 사용되며, 큐비클(cubicle)형이라고 불리는 배전반은?

① 라이브 프런트식 배전반
② 폐쇄식 배전반
③ 포스트형 배전반
④ 데드 프런트식 배전반

해설 폐쇄식 배전반을 큐비클형이라고 한다.

07 광전도 자기 저항 소자는?

① 전류와 자장으로 기전력 발생
② 빛과 자장으로 기전력 발생
③ 전류와 자장으로 저항 변화
④ 빛과 자장으로 저항 변화

08 정류기에서 300[V], 3상 반파 정류에 의한 직류 전압[V]은?

① 300 ② 150
③ 200 ④ 350

해설 3상 반파 정류의 직류분
$E_d = 1.17E = 1.17 \times 300 = 350[V]$

09 변압기유로 쓰이는 절연유에 요구되는 성질이 아닌 것은?

① 인화점이 높을 것
② 절연 내력이 클 것
③ 점도가 클 것
④ 응고점이 낮을 것

해설 변압기유는 절연과 냉각을 목적으로 사용되며 점도가 낮아야 한다.

10 다음 중 전동기의 원리에 적용되는 법칙은?

① 플레밍의 왼손 법칙
② 플레밍의 오른손 법칙
③ 렌츠의 법칙
④ 옴의 법칙

해설 전동기의 회전 원리 : 플레밍의 왼손 법칙

11 2대의 동기 발전기 A, B가 병렬 운전하고 있을 때 A기의 여자 전류를 증가시키면 어떻게 되는가?

① A기의 역률은 낮아지고 B기의 역률은 높아진다.
② A기의 역률은 높아지고 B기의 역률은 낮아진다.
③ A, B 양 발전기의 역률이 높아진다.
④ A, B 양 발전기의 역률이 낮아진다.

해설 A기의 여자 전류를 증가시키면 A기의 무효 전력이 증가하므로 역률은 낮아지고 B기의 역률은 높아진다.

12 200[V], 10[kW] 3상 유도 전동기의 전류는 몇 [A]인가? (단, 유도 전동기의 효율과 역률은 0.85이다.)

① 60 ② 80
③ 30 ④ 40

해설 3상 소비 전력 $P = \sqrt{3} VI\cos\theta \times$ 효율

전류 $I = \dfrac{P}{\sqrt{3} V\cos\theta \times 효율}$

$= \dfrac{10 \times 10^3}{\sqrt{3} \times 200 \times 0.85 \times 0.85}$

$= 40[A]$

정답 06.② 07.④ 08.④ 09.③ 10.① 11.① 12.④

13 200[V], 50[Hz], 8극, 15[kW]의 3상 유도 전동기에서 전부하 회전수가 720[rpm]이면 이 전동기의 2차 효율은 몇 [%]인가?

① 86　② 96
③ 98　④ 100

해설 • 2차 효율 $\eta_2 = (1-s) \times 100[\%]$
• $s = \dfrac{N_s - N}{N_s}$

$N_s = \dfrac{120f}{P} = \dfrac{120 \times 50}{8} = 750\,[\text{rpm}]$

$s = \dfrac{N_s - N}{N_s} = \dfrac{750 - 720}{750} = 0.04$

$\eta_2 = (1-s) \times 100[\%]$
$= (1-0.04) \times 100[\%]$
$= 96[\%]$

14 다음 ( ) 안에 맞는 것은?

> 두 자극 사이에 작용하는 자기력의 크기는 양 자극의 세기의 곱에 (㉠)하며, 자극 간의 거리의 제곱에 (㉡) 한다.

① ㉠ 반비례, ㉡ 비례
② ㉠ 비례, ㉡ 반비례
③ ㉠ 반비례, ㉡ 반비례
④ ㉠ 비례, ㉡ 비례

해설 쿨롱의 법칙 : 두 자극 사이에 작용하는 자기력의 크기는 양 자극의 세기의 곱에 비례하며, 자극 간의 거리의 제곱에 반비례한다.

쿨롱의 법칙 $F = \dfrac{m_1 \cdot m_2}{4\pi\mu_0 r^2}\,[\text{N}]$

15 가공 인입선 중 수용 장소의 인입선에서 분기하여 다른 수용 장소의 인입구에 이르는 전선을 무엇이라 하는가?

① 소주 인입선
② 이웃연결(연접) 인입선
③ 본주 인입선
④ 인입 간선

해설 이웃연결(연접) 인입선 : 수용 장소의 인입선에서 분기하여 다른 수용 장소의 인입구에 이르는 전선

16 변전소의 역할로 볼 수 없는 것은?

① 전압의 변성
② 전력 계통 보호
③ 전력의 집중과 배분
④ 전력 생산

해설 전력 생산은 발전소에서 만들어진다.

17 직류 직권 전동기에서 벨트를 걸고 운전하면 안 되는 이유는?

① 벨트의 마멸 보수가 곤란하므로
② 손실이 많아지므로
③ 직결하지 않으면 속도 제어가 곤란하므로
④ 벨트가 벗겨지면 위험 속도에 도달하므로

해설 직류 직권 전동기는 정격 전압하에서 무부하 특성을 지니므로, 벨트가 벗겨지면 속도는 급격히 상승하여 위험 속도에 도달할 수 있다.

18 동기 발전기의 전기자 권선을 단절권으로 하면?

① 고조파를 제거한다.
② 절연이 잘 된다.
③ 역률이 좋아진다.
④ 기전력을 높인다.

해설 동기 발전기에서 전기자 권선을 단절권과 분포권을 사용하는 가장 큰 이유는 고조파 제거로 인한 좋은 파형을 얻기 위함이다.

19 합성 수지관 공사에 의한 저압 옥내 배선 시설 방법에 대한 설명 중 틀린 것은?

① 관의 지지점 간의 거리는 1.2[m] 이하로 할 것
② 박스, 기타의 부속품을 습기가 많은 장소에 시설하는 경우에는 방습 장치로 할 것
③ 사용 전선은 절연 전선일 것
④ 합성 수지관 안에는 전선의 접속점이 없도록 할 것

정답 13.② 14.② 15.② 16.④ 17.④ 18.① 19.①

해설 합성 수지관 공사
- 전선 : 연선(단, 10[mm²] 이하 단선 가능)
- 관 삽입 깊이 : 관 바깥지름(외경) 1.2배 이상 (단, 접착제 사용 0.8배 이상)
- 관의 지지점 간 거리 : 1.5[m] 이하

20 전기 울타리에 사용하는 경동선의 지름은 최소 몇 [mm] 이상이어야 하는가?
① 1.6   ② 2.0
③ 2.6   ④ 1.2

해설 전기 울타리용 전선의 굵기 : 2.0[mm] 이상의 경동선

21 접지 공사 시 접지극의 매설 깊이는 몇 [cm] 이상인가?
① 100   ② 150
③ 75   ④ 120

해설 접지극(전극)의 매설 깊이는 지하 75[cm] 이상 깊이에 매설하되 동결 깊이를 고려(감안)할 것

22 금속관 배관 공사에서 절연 부싱을 사용하는 이유는?
① 관의 입구에서 조영재의 접속을 방지
② 박스 내에서 전선의 접속을 방지
③ 관이 손상되는 것을 방지
④ 관 끝단에서 전선의 인입 및 교체 시 발생하는 전선의 손상 방지

해설 모든 관 공사 시 절연 부싱은 관 끝단에 설치하여 전선의 피복 방지를 하기 위한 것이다.

23 화약류 저장 장소의 배선 공사에서 전용 개폐기에서 화약류 저장소의 인입구까지의 공사 방법 중 틀린 것은?
① 대지 전압은 300[V] 이하이어야 한다.
② 애자 사용 공사에 의한 경우
③ 케이블을 사용하여 지중에 시설할 것
④ 모든 접속은 전폐형으로 할 것

해설 화약류 저장소 등의 위험 장소
- 금속관 공사, 케이블 공사
- 대지 전압 : 300[V] 이하
- 개폐기 및 과전류 차단기에서 화약고의 인입구까지의 배선에는 케이블을 사용하고 또한 반드시 지중에 시설할 것

24 황산구리 용액에 10[A]의 전류를 60분간 흘린 경우, 이때 석출되는 구리의 양은? (단 구리의 전기 화학 당량은 0.3293×10^{-3}[g/C]이다.)
① 5.93[g]
② 11.86[g]
③ 7.82[g]
④ 1.67[g]

해설 $W = kQ = kIt$ [g]
$= 0.3293 \times 10^{-3} \times 10 \times 60 \times 60$
$\fallingdotseq 11.86$ [g]

25 가장 일반적인 저항기로 세라믹 봉에 탄소계의 저항체를 구워 붙이고, 여기에 나선형으로 홈을 파서 원하는 저항값을 만든 저항기는?
① 금속 피막 저항기
② 탄소 피막 저항기
③ 가변 저항기
④ 어레이 저항기

해설 탄소 피막을 저항체로서 사용하는 것으로 피막을 나선형으로 홈을 파서 저항값을 높이며 동시에 원하는 값으로 조정이 가능하다. 나선형의 띠의 색깔로 저항값을 읽을 수 있다.

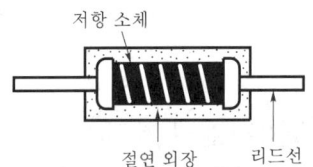

정답 20.② 21.③ 22.④ 23.② 24.② 25.②

26 가공 전선로의 지지물에 시설하는 지지선(지선)의 시설 기준으로 옳은 것은?

① 지지선(지선)의 안전율은 1.2 이상일 것
② 소선 최소 5가닥 이상의 연선일 것
③ 도로를 횡단하여 시설하는 지지선(지선)의 높이는 지표상 5[m] 이상으로 할 것
④ 지중 부분 및 지표상 60[cm]까지의 부분은 철봉 등 부식하기 어려운 재료를 사용할 것

해설 지지선(지선)의 시설
- 지지선(지선) 안전율 : 2.5 이상일 것(단, 목주, A종 지물은 1.5 이상일 것)
- 최저 허용 인장 하중 : 4.31[kN] 이상일 것
- 소선은 2.6[mm] 이상 금속선일 것(단, 인장 강도 0.68[kN/mm^2] 이상인 경우는 2[mm] 이상도 가능)
- 소선은 3조 이상의 연선일 것
- 지중 및 지표상 30[cm] 부분까지는 아연 도금 강봉(지선 로트) 등을 사용할 것
- 도로 횡단의 경우 지표상 5[m] 이상일 것

27 변압기 1차 전압 6,000[V], 2차 전압 200[V], 주파수 60[Hz]의 변압기가 있다. 이 변압기의 권수비는?

① 30　　② 40
③ 50　　④ 60

해설 변압기 권수비
$a = \dfrac{N_1}{N_2} = \dfrac{E_1}{E_2} = \dfrac{6,000}{200} = 30$

28 비례 추이를 이용하여 속도 제어가 되는 전동기는?

① 동기 전동기
② 농형 유도 전동기
③ 직류 분권 전동기
④ 3상 권선형 유도 전동기

해설 3상 권선형 유도 전동기는 비례 추이를 이용하여 2차 저항을 조정함으로써 최대 토크는 변하지 않는 상태에서 속도 조절이 가능한 전동기이다.

29 콘덴서의 정전 용량을 크게 하는 방법으로 옳지 않은 것은?

① 극판의 간격을 좁게 한다.
② 극판의 면적을 작게 한다.
③ 극판의 면적을 넓게 한다.
④ 극판 사이에 비유전율이 큰 유전체를 삽입한다.

해설 콘덴서의 정전 용량 $C = \dfrac{\varepsilon A}{d}$ [F]이므로 극판의 면적 A[m]에 비례하고, 극판의 간격 d[m]에 반비례한다.

30 공기 중에서 자속 밀도 2[Wb/m^2]의 평등 자장 속에 길이 60[cm]의 직선 도선을 자장의 방향과 30° 각으로 놓고 여기에 5[A]의 전류를 흐르게 하면 이 도선이 받는 힘은 몇 [N]인가?

① 3　　② 5
③ 6　　④ 2

해설 전자력의 세기
$F = IBl\sin\theta$
　$= 5 \times 2 \times 0.6 \times \sin 30°$
　$= 3$[N]

31 동기 전동기의 특징으로 틀린 것은?

① 별도의 기동기가 없으므로 가격이 저렴하다.
② 동기 속도로 운전할 수 있다.
③ 역률을 조정할 수 있다.
④ 난조가 발생하기 쉽다.

해설 동기 전동기는 별도의 기동기(자기 기동법, 유도 전동기법)가 필요하므로 가격이 비싸다.

정답　26.③　27.①　28.④　29.②　30.①　31.①

32 전선의 길이를 체적을 일정하게 한 후 4배로 늘리면 저항은 처음의 몇 배가 되는가?

① 16　　② 8
③ 6　　④ 4

해설 체적이 일정한 상태에서 길이를 4배 늘리면 면적이 $\frac{1}{4}$배 감소되므로 저항값은 $R = \rho \frac{l}{A}[\Omega]$에서 $4^2 = 16$배로 증가한다.

33 정격 200[V], 1,000[W]인 부하에 전압을 100[V]로 인가하면 소비 전력은 몇 [W]가 되겠는가?

① 800
② 600
③ 500
④ 250

해설 전력 $P = \frac{V^2}{R}[W]$에서 V^2에 비례하므로 전압이 0.5배로 감소한 경우

$P' = 0.5^2 \times P$
$= 0.5^2 \times 1,000$
$= 250[W]$

34 스텝 모터에 대한 설명 중 틀린 것은?

① 가속과 감속이 용이하다.
② 정역전 및 변속이 용이하다.
③ 위치 제어 시 각도 오차가 작다.
④ 브러시 등 부품수가 많아 유지 보수의 필요성이 크다.

해설 스텝 모터란 펄스 모양의 전압에 의해 일정 각도로 회전하는 전동기이며 특징은 다음과 같다.
• 회전 각도는 입력 펄스 신호의 수에 비례하므로 각도 오차가 작다.
• 회전 속도는 입력 펄스 신호의 주파수에 비례하므로 가속과 감속이 용이하다.
• 필요한 회전 방향에 따라 역회전도 가능하다.
• 피드백 루프가 필요 없이 오픈 루프로 손쉽게 속도 및 위치 제어를 할 수 있다.

35 지중 또는 수중에 시설되는 금속체의 부식 방지를 위한 전기 부식 방지 회로의 사용 전압은 직류 몇 [V] 이하로 하여야 하는가?

① 24　　② 48
③ 60　　④ 100

해설 전기 방식 시설
• 사용 전압 : DC 60[V] 이하
• 양극의 매설 깊이 : 75[cm] 이상
• 수중 시설 양극과 주위 간 전위차 : 10[V] 이하
• 전선 : 4[mm²] 이상

36 400[V] 이하 옥내 배선의 절연 저항 측정에 가장 알맞은 절연 저항계는?

① 250[V] 메거
② 500[V] 메거
③ 1,000[V] 메거
④ 1,500[V] 메거

해설 전압의 종류에 따른 절연 저항계의 사용
• FELV, 500[V] 이하 : 500[V]급 절연 저항계를 사용한다.
• 500[V] 초과 : 1,000[V]급 절연 저항계를 사용한다.

37 다음 저압 이웃연결(연접) 인입선을 시설하는 경우 내용이 틀린 것은?

① 저압 이웃연결(연접) 인입선이 횡단 보도를 횡단하는 경우 지면으로부터의 높이는 3.5[m] 이상 높이에 시설할 것
② 인입구에서 분기하여 100[m]를 초과하지 말 것
③ 도로 5[m]를 횡단하지 말 것
④ 옥내를 관통하지 말 것

정답 32.① 33.④ 34.④ 35.③ 36.② 37.①

해설 저압 이웃 연결(연접) 인입선의 시설
- 선로 긍장 100[m]를 초과하지 말 것
- 폭 5[m] 넘는 도로를 횡단하지 말 것
- 옥내 관통하지 말 것
- 도로 횡단 시 6[m], 철도 횡단 6.5[m], 횡단보도 3[m] 이상 높이에 시설할 것

38 저항 10[Ω], 10개를 접속하여 합성 저항값이 최소값을 얻으려면 어떻게 접속하여야 하는가?
① 브리지 접속
② 직렬 접속
③ 직렬-병렬 접속
④ 병렬 접속

해설 병렬 접속 시 가장 작은 합성 저항값을 얻을 수 있다.

39 환상 솔레노이드의 단면적 $4 \times 10^{-4}[m^2]$, 자로의 길이 $l = 0.4[m]$, 비투자율 1,000, 코일의 권수가 1,000일 때 자기 인덕턴스[H]는?

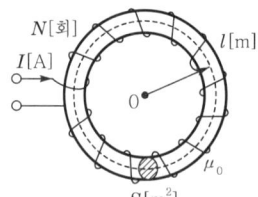

① 2
② 1.62
③ 1.26
④ 1

해설 자기 인덕턴스 식 $L = \dfrac{\mu_0 \mu_s S N^2}{l}$

$= \dfrac{4\pi \times 10^{-7} \times 1,000 \times 4 \times 10^{-4} \times 1,000^2}{0.4}$

$= 1.256 ≒ 1.26[H]$

40 비정현파를 발생시키는 요인이 아닌 것은?
① 철심의 자기 포화
② 히스테리시스 현상
③ 전기자 반작용
④ 옴의 법칙

해설 왜형파의 발생 요인
- 교류 발전기에서의 전기자 반작용에 의한 일그러짐
- 변압기에서의 철심의 자기 포화 및 히스테리시스 현상에 의한 여자 전류의 일그러짐
- 정류인 경우 다이오드의 비직선성에 의한 전류의 일그러짐

41 특고압·고압 전기 설비용 접지 도체는 단면적 몇 [mm²] 이상의 연동선 또는 동등 이상의 단면적 및 강도를 가져야 하는가?
① 0.75
② 4
③ 6
④ 10

해설 특고압·고압 전기 설비용 접지 도체는 단면적 6[mm²] 이상의 연동선 또는 동등 이상의 단면적 및 강도를 가져야 한다.

42 애자 사용 공사의 저압 옥내 배선에서 전선 상호 간의 간격은 얼마 이상으로 하여야 하는가?
① 2[cm]
② 4[cm]
③ 6[cm]
④ 8[cm]

해설 애자 사용 공사
- 전선 : 절연 전선(단, OW, DV 제외)
- 전선 상호 간 간격 : 6[cm] 이상
- 전선과 조영재 간의 간격(이격거리)
  - 400[V] 이하 : 2.5[cm] 이상
  - 400[V] 초과 : 4.5[cm] 이상(단, 건조한 장소 2.5[cm] 이상)
- 전선의 지지점 간 거리 : 2[m] 이하(단, 조영재에 따르지 않는 경우 6[m] 이하)

43 피뢰 시스템에 접지 도체가 접속된 경우 접지 저항은 몇 [Ω] 이하이어야 하는가?
① 5
② 10
③ 15
④ 20

해설 피뢰 시스템에 접지 도체가 접속된 경우 접지 저항은 10[Ω] 이하이어야 한다.

정답 38.④ 39.③ 40.④ 41.③ 42.③ 43.②

44 일반적으로 저압 옥내 간선에서 분기하여 전기 사용 기계 기구에 이르는 저압 옥내 전로는 저압 옥내 간선과의 분기점에서 전선의 길이가 몇 [m] 이하인 곳에 개폐기 및 과전류 차단기를 시설하여야 하는가?

① 0.5
② 1.0
③ 2.0
④ 3.0

해설 분기 회로의 보호를 위한 장치는 특별한 조건이 없는 경우 간선에서 분기한 3[m] 이하의 곳에 분기 개폐기 및 과전류 차단기를 시설할 것

45 고압 가공 전선로의 지지물에 시설하는 통신선의 높이는 도로를 횡단하는 경우 교통에 지장을 줄 우려가 없다면 지표상 몇 [m]까지로 감할 수 있는가?

① 4
② 4.5
③ 5
④ 6

해설 고압 가공 전선로 지지물에 통신선을 시설한 경우 높이
- 도로 횡단 : 6[m] 이상(단, 교통에 지장이 없는 경우 5[m] 이상)
- 철도 횡단 : 6.5[m] 이상
- 횡단 보도교, 기타 장소 : 5[m] 이상
- 기타 장소 : 5[m] 이상

46 1[Wb/m²]은 몇 [gauss]인가?

① $\dfrac{4\pi}{10}$
② 9×10^6
③ $4\pi \times 10^{-7}$
④ 10^4

해설 자속 밀도 환산
$$1[\text{Wb/m}^2] = \dfrac{10^8[\max]}{10^4[\text{cm}^2]} = 10^4[\max/\text{cm}^2 = \text{gauss, 가우스}]$$

47 기전력이 E[V], 내부 저항 r[Ω]인 축전지 6개를 직렬로 접속한 후 부하 R[Ω]을 연결할 경우 부하에서 최대 전력이 발생하려면 부하가 얼마[Ω]이어야 하는가?

① $R = 3r$
② $R = 6r$
③ $R = r$
④ $R = \dfrac{r}{6}$

해설 최대 전력 전달 조건 부하 저항=내부 저항
$R = 6r[\Omega]$

48 $R-C$ 병렬 회로의 위상차는 얼마인가?

① $\tan^{-1}\omega CR$
② $\tan^{-1}\dfrac{1}{\omega CR}$
③ $\tan^{-1}\dfrac{R}{\omega C}$
④ $\tan^{-1}\dfrac{\omega C}{R}$

해설 합성 어드미턴스 $\dot{Y} = \dfrac{1}{R} + j\omega C[\mho]$
$\tan\theta = \dfrac{\omega C}{\dfrac{1}{R}} = \omega CR$ 이므로 $\theta = \tan^{-1}\omega CR$

49 1[kWh]와 같은 값은 어느 것인가?

① 3.6×10^3[J]
② 3.6×10^6[N/m²]
③ 3.6×10^6[J]
④ 3.6×10^3[N/m²]

해설 1[kWh]=$1 \times 10^3 \times 3,600$[W·sec]=$3.6 \times 10^6$[J]

50 $Y-Y$ 결선에서 선간 전압이 380[V]인 경우 상전압은 몇 [V]인가?

① 100
② 220
③ 200
④ 380

해설 Y결선 선간 전압 $V_l = \sqrt{3}\,V_p$[V]이므로
상전압 $V_p = \dfrac{V_l}{\sqrt{3}} = \dfrac{380}{\sqrt{3}} = 220$[V]

정답 44.④ 45.③ 46.④ 47.② 48.① 49.③ 50.②

51 다음 전기 회로에서 전류의 흐름 방향은?

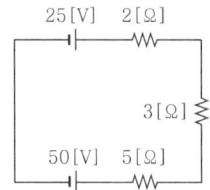

① 시계 방향
② 반시계 방향
③ 흐르지 않는다.
④ 시계 방향으로 흘렀다가 반시계 방향으로 흐른다.

해설 50[V]의 기전력이 더 크므로 전류 방향의 기준이 되어 반시계 방향으로 흐른다.

52 계자에서 발생한 자속을 전기자에 골고루 분포시켜 주기 위한 것은?

① 공극   ② 브러시
③ 콘덴서 ④ 저항

해설 공극은 계자와 전기자 사이에 있어서 자속을 골고루 전기자에 공급해 주기 위한 것이다.

53 20[kVA]의 단상 변압기 2대를 사용하여 V-V결선으로 하고 3상 전원을 얻고자 한다. 이때, 여기에 접속시킬 수 있는 3상 부하의 용량은 약 몇 [kVA]인가?

① 34.6   ② 44.6
③ 54.6   ④ 66.6

해설 V결선 용량 $P_V = \sqrt{3} P_1$
$= \sqrt{3} \times 20 = 34.6$[kVA]

54 그림과 같은 파형의 파고율은?

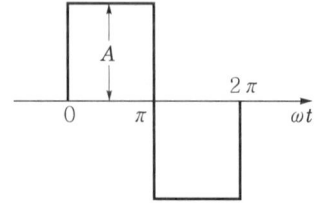

① 1   ② 2
③ $\sqrt{2}$ ④ $\sqrt{3}$

해설 파고율 = 최대값/실효값

구형파의 특징은 최대값, 실효값, 평균값이 모두 같으므로 파고율이 1이다.

55 다음 회로에서 절점 a와 절점 b의 전압이 같은 조건은?

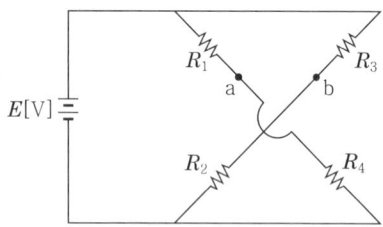

① $R_1 R_3 = R_2 R_4$
② $R_1 R_2 = R_3 R_4$
③ $R_1 + R_3 = R_2 + R_4$
④ $R_1 + R_2 = R_3 + R_4$

해설 그림을 반시계 방향으로 90° 회전시키면 휘트스톤 브리지 회로와 같은 형태로 평형 조건을 만족시키면 된다.
$R_1 R_2 = R_3 R_4$

56 자기 회로에서 자기 저항의 관계로 옳은 것은?

① 자기 회로의 길이에 비례
② 자기 회로의 단면적에 비례
③ 자성체의 비투자율에 비례
④ 자성체의 비투자율의 제곱에 비례

해설 자기 회로의 자기 저항은 자속을 방해하는 성분으로서, $R = \dfrac{l}{\mu_0 \mu_s S}$[AT/Wb]이므로 길이에 비례하고 투자율과 단면적에 반비례한다.

정답 51.② 52.① 53.① 54.① 55.② 56.①

57 직류 전동기의 규약 효율을 나타낸 식으로 옳은 것은?

① $\dfrac{출력}{입력} \times 100[\%]$

② $\dfrac{입력}{입력+손실} \times 100[\%]$

③ $\dfrac{출력}{출력+손실} \times 100[\%]$

④ $\dfrac{입력-손실}{입력} \times 100[\%]$

해설 전동기의 규약 효율 : 전동기는 전기적 에너지가 입력이므로 입력을 통해 효율을 표현한다.

효율 = $\dfrac{입력-손실}{입력} \times 100[\%]$

58 3상 변압기를 병렬 운전하는 경우 불가능한 조합은?

① △-Y와 Y-△
② △-△와 Y-Y
③ △-Y와 △-Y
④ △-Y와 △-△

해설 3상 변압기군의 병렬 운전 조합

병렬 운전 가능	병렬 운전 불가능
• △-△와 △-△	• △-△와 △-Y
• Y-Y와 Y-Y	• Y-Y와 △-Y
• Y-△와 Y-△	
• △-Y와 △-Y	
• △-△와 Y-Y	
• V-V와 V-V	

59 최대 사용 전압이 3.3[kV]인 차단기 전로의 절연 내력 시험 전압은 몇 [V]인가?

① 3,036
② 4,125
③ 4,950
④ 6,600

해설 전로의 절연 내력 시험

종류		시험 전압	최저 시험 전압
비접지	7,000[V] 이하	1.5배	500[V]
	7,000[V] 초과	1.25배	10,500[V]

시험 전압 = $3,300 \times 1.5 = 4,950[V]$

60 지중 전선로를 직접 매설식에 의하여 차량, 기타 중량물의 압력을 받을 우려가 있는 장소에 시설할 경우에는 그 매설 깊이를 최소 몇 [m] 이상으로 하여야 하는가?

① 1
② 1.2
③ 1.5
④ 1.8

해설 지중 전선로를 직접 매설식에 의하여 시설하는 경우 : 차량, 기타 중량물의 압력을 받을 우려가 있는 장소에는 1.0[m] 이상, 기타 장소에는 60[cm] 이상으로 하고, 또한 지중 전선을 견고한 트로프(트라프), 기타 방호물에 넣어 시설하여야 한다.

정답 57.④ 58.④ 59.③ 60.①

2018년 제1회 CBT 기출복원문제

★ 표시 : 문제 중요도를 나타냄

본 기출문제는 수험생들의 기억을 바탕으로 작성한 것으로 내용 및 그림 등에서 실제 문제와 다소 차이가 있을 수 있습니다.

01 황산구리 용액에 10[A]의 전류를 60분간 흘린 경우, 이때 석출되는 구리의 양은? (단, 구리의 전기 화학 당량은 0.3293×10^{-3} [g/C]이다.)

① 5.93[g] ② 11.86[g]
③ 7.82[g] ④ 1.67[g]

해설 패러데이 법칙 : 전기 분해 시 전극에서 석출되는 물질의 양
$W = kQ = kIt$ [g]
$= 0.3293 \times 10^{-3} \times 10 \times 60 \times 60$
$\fallingdotseq 11.86$ [g]

02 전등 1개를 2개소에서 점멸하고자 할 때 필요한 3로 스위치는 최소 몇 개인가?

① 1개 ② 2개
③ 3개 ④ 4개

03 변압기 1차 전압 6,000[V], 2차 전압 200[V], 주파수 60[Hz]의 변압기가 있다. 이 변압기의 권수비는?

① 30 ② 40
③ 50 ④ 60

해설 변압기 권수비
$a = \dfrac{N_1}{N_2} = \dfrac{E_1}{E_2} = \dfrac{6,000}{200} = 30$

[신규문제]

04 분상 기동형 단상 유도 전동기의 기동 권선은?

① 운전 권선보다 굵고 권선이 많다.
② 운전 권선보다 가늘고 권선이 많다.
③ 운전 권선보다 굵고 권선이 적다.
④ 운전 권선보다 가늘고 권선이 적다.

해설 분상 기동형 단상 유도 전동기의 권선
• 운전 권선(L만의 회로) : 굵은 권선으로 길게 하여 권선을 많이 감아서 L성분을 크게 한다.
• 기동 권선(R만의 회로) : 운전 권선보다 가늘고 권선을 적게 하여 저항값을 크게 한다.

05 비정현파를 여러 개의 정현파의 합으로 표시하는 식을 정의한 사람은?

① 노튼 ② 테브난
③ 푸리에 ④ 패러데이

해설 푸리에 분석 : 비정현파를 여러 개의 정현파의 합으로 분석한 식
$f(t)$ =직류분+기본파+고조파

06 20[kVA]의 단상 변압기 2대를 사용하여 V-V 결선으로 하고 3상 전원을 얻고자 한다. 이때, 여기에 접속시킬 수 있는 3상 부하의 용량은 약 몇 [kVA]인가?

① 34.6 ② 44.6
③ 54.6 ④ 66.6

해설 V결선 용량 $P_V = \sqrt{3}\,P_1$
$= \sqrt{3} \times 20 = 34.6$[kVA]

정답 01.② 02.② 03.① 04.④ 05.③ 06.①

07 도체의 전기 저항에 대한 것으로 옳은 것은?

① 길이와 단면적에 비례한다.
② 길이와 단면적에 반비례한다.
③ 길이에 비례하고, 단면적에 반비례한다.
④ 길이에 반비례하고, 단면적에 비례한다.

해설 전기 저항 $R = \rho \dfrac{l}{A}$ 이므로 길이에 비례하고, 단면적에 반비례한다.

08 키르히호프의 법칙을 이용하여 방정식을 세우는 방법으로 잘못된 것은?

① 계산 결과 전류가 +로 표시된 것은 처음에 정한 방향과 반대 방향임을 나타낸다.
② 각 폐회로에서 키르히호프의 제2법칙을 적용한다.
③ 각 회로의 전류를 문자로 나타내고 방향을 가정한다.
④ 키르히호프의 제1법칙을 회로망의 임의의 점에 적용한다.

해설 처음에 정한 방향과 전류 방향이 같으면 "+"로, 처음에 정한 방향과 전류 방향이 반대이면 "-"로 표시한다.

09 수전 설비의 저압 배전반은 배전반 앞에서 계측기를 판독하기 위하여 앞면과 최소 몇 [m] 이상 유지하는 것을 원칙으로 하고 있는가?

① 2.5[m] ② 1.8[m]
③ 1.5[m] ④ 1.7[m]

10 전기 기기의 철심 재료로 규소 강판을 많이 사용하는 이유로 가장 적당한 것은?

① 히스테리시스손을 줄이기 위하여
② 맴돌이 전류를 없애기 위해
③ 풍손을 없애기 위해
④ 구리손을 줄이기 위해

해설
- 규소 강판 사용 : 히스테리시스손 감소
- 0.35~0.5[mm] 철심을 성층 : 와류손 감소

11 가동 접속한 자기 인덕턴스 값이 $L_1 = 50$[mH], $L_2 = 70$[mH], 상호 인덕턴스 $M = 60$[mH]일 때 합성 인덕턴스[mH]는? (단, 누설 자속이 없는 경우이다.)

① 120 ② 240
③ 200 ④ 100

해설 $L_{가동} = L_1 + L_2 + 2M$
$= 50 + 70 + 2 \times 60 = 240$[mH]

12 다음 중 동기 전동기가 아닌 것은?

① 크레인 ② 송풍기
③ 분쇄기 ④ 압연기

해설 동기 전동기는 동기 속도로 회전하는 전동기이므로 압연기, 제련소, 발전소 등에서 압축기, 운전 펌프 등에 적용된다.
크레인은 수시로 속도가 변동되는 기계이므로 동기 전동기로 적합하지 않다.

13 3상 동기 발전기의 자극 간의 전기각은 얼마인가?

① π ② 2π
③ $\dfrac{\pi}{2}$ ④ $\dfrac{\pi}{3}$

해설 3상 동기 발전기의 극간격 : π[rad]

14 정류자와 접촉하여 전기자 권선과 외부 회로를 연결하는 역할을 하는 것은?

① 계자 ② 전기자
③ 브러시 ④ 계자 철심

해설 브러시 : 교류 기전력을 직류로 변환시키는 정류자에 접촉하여 직류 기전력을 외부로 인출하는 역할을 한다.

정답 07.③ 08.① 09.③ 10.① 11.② 12.① 13.① 14.③

15 고압 전동기 철심의 강판 홈(slot)의 모양은?
① 반구형 ② 반폐형
③ 밀폐형 ④ 개방형

해설 • 저압 : 반폐형
• 고압 : 개방형

16 다음 중 직선형 전동기는?
① 서보 모터   ② 기어 모터
③ 스테핑 모터 ④ 리니어 모터

해설 리니어 모터는 직선형의 구동력을 직접 발생시키므로 직선형 전동기라 하며, 회전형에 비하여 기계적인 변환 장치가 필요하지 않고 구조가 간단하며 손실과 소음이 없고 운전 속도도 제한을 받지 않는다.

17 다음 중 3상 유도 전동기는?
① 분상형
② 콘덴서형
③ 셰이딩 코일형
④ 권선형

해설 단상 유도 전동기의 종류 : 반발 기동형, 분상 기동형, 영구 콘덴서형, 셰이딩 코일형

18 일반적으로 과전류 차단기를 설치하여야 할 곳으로 틀린 것은?
① 접지측 전선
② 보호용, 인입선 등 분기선을 보호하는 곳
③ 송배전선의 보호용, 인입선 등 분기선을 보호하는 곳
④ 간선의 전원측 전선

해설 과전류 차단기 설치 제한 : 중성선, 접지측 전선, 접지선

19 변압기의 병렬 운전 조건이 아닌 것은?
① 주파수가 같을 것
② 위상이 같을 것
③ 극성이 같을 것
④ 변압기의 중량이 일치할 것

해설 변압기 병렬 운전 조건
• 위상이 같을 것
• 극성이 일치할 것
• 주파수가 같을 것

20 동기 발전기의 병렬 운전에 필요한 조건이 아닌 것은?
① 기전력의 주파수가 같을 것
② 기전력의 크기가 같을 것
③ 기전력의 임피던스가 같을 것
④ 기전력의 위상이 같을 것

해설 동기 발전기의 병렬 운전 조건
• 기전력의 크기가 같을 것
• 기전력의 파형이 같을 것
• 기전력의 주파수가 같을 것
• 기전력의 위상이 같을 것
• 상회전 방향이 같을 것(3상 동기 발전기)
* 용량, 임피던스, 극수와 무관하다.

21 전원 전압 110[V], 전기자 전류가 10[A], 전기자 저항 1[Ω]인 직류 분권 전동기가 회전수 1,500[rpm]으로 회전하고 있다. 이때, 발생하는 역기전력은 몇 [V]인가?
① 120
② 110
③ 100
④ 130

해설 전동기의 유도 기전력
$E = V - I_a R_a$
$= 110 - 10 \times 1 = 100[V]$

정답 15.④ 16.④ 17.④ 18.① 19.④ 20.③ 21.③

22 단상 반파 정류 회로의 전원 전압 200[V], 부하 저항이 10[Ω]이면 부하 전류는 약 몇 [A]인가?

① 4
② 9
③ 13
④ 18

해설 단상 반파 직류 전압
$E_d = 0.45 E = 0.45 \times 200 = 90[V]$
부하 전류 $I_d = \dfrac{E_d}{R} = \dfrac{90}{10} = 9[A]$

23 보호 계전기 시험을 하기 위한 유의 사항으로 틀린 것은?

① 계전기 위치를 파악한다.
② 임피던스 계전기는 미리 예열하지 않도록 주의한다.
③ 계전기 시험 회로 결선 시 교류, 직류를 파악한다.
④ 계전기 시험 장비의 허용 오차, 지시 범위를 확인한다.

해설 보호 계전기 시험 유의 사항
- 보호 계전기의 배치된 상태를 확인
- 임피던스 계전기는 미리 예열이 필요한지 확인
- 시험 회로 결선 시에 교류와 직류를 확인해야 하며 직류인 경우 극성을 확인
- 시험용 전원의 용량 계전기가 요구하는 정격 전압이 유지될 수 있도록 확인
- 계전기 시험 장비의 지시 범위의 적합성, 오차, 영점의 정확성 확인

24 전주 외등 설치 시 백열전등 및 형광등의 조명 기구를 전주에 부착하는 경우 부착한 점으로부터 돌출되는 수평 거리는 몇 [m] 이내로 하여야 하는가?

① 0.5
② 0.8
③ 1.0
④ 1.2

해설 전주 외등 : 대지 전압 300[V] 이하 백열전등이나 수은등 등을 배전 선로의 지지물 등에 시설하는 등
- 기구 인출선 도체 단면적 : 0.75[mm²] 이상
- 기구 부착 높이 : 하단에서 지표상 4.5[m] 이상 (단, 교통 지장이 없을 경우 3.0[m] 이상)
- 돌출 수평 거리 : 1.0[m] 이하

25 용량을 변화시킬 수 있는 콘덴서는?

① 바리콘
② 마일러 콘덴서
③ 전해 콘덴서
④ 세라믹 콘덴서

해설 가변 콘덴서는 바리콘, 트리머 등이 있다.

26 자속 밀도 1[Wb/m²]은 몇 [gauss]인가?

① $4\pi \times 10^{-7}$
② 10^{-6}
③ 10^4
④ $\dfrac{4\pi}{10}$

해설 자속 밀도 환산
$1[\text{Wb/m}^2] = \dfrac{10^8[\max]}{10^4[\text{cm}^2]}$
$= 10^4[\max/\text{cm}^2 = \text{gauss}]$

27 전동기의 제동에서 전동기가 가지는 운동 에너지를 전기 에너지로 변환시키고 이것을 전원에 환원시켜 전력을 회생시킴과 동시에 제동하는 방법은?

① 발전 제동(dynamic braking)
② 역전 제동(plugging braking)
③ 맴돌이 전류 제동(eddy current braking)
④ 회생 제동(regenerative braking)

해설 전동기의 제동에서 전동기가 가지는 운동 에너지를 전기 에너지로 변환시키고 이것을 전원에 환원시켜 전력을 회생시킴과 동시에 제동하는 방법은 회생 제동(regenerative braking)이다.

정답 22.② 23.② 24.③ 25.① 26.③ 27.④

28 1[Wb]의 자하량으로부터 발생하는 자기력선의 총수는?

① 6.33×10^4개 ② 7.96×10^5개
③ 8.855×10^3개 ④ 1.256×10^6개

해설 자기력선의 총수
$$N = \frac{m}{\mu_0} = \frac{1}{4\pi \times 10^{-7}} = 7.96 \times 10^5 \text{개}$$

29 600[V] 이하의 저압 회로에 사용하는 비닐 절연 비닐 외장 케이블의 약칭으로 맞는 것은?

① EV ② VV
③ FP ④ CV

해설
① EV : 폴리에틸렌 절연 비닐 외장 케이블
③ FP : 내화 케이블
④ CV : 가교폴리에틸렌 절연 비닐 외장 케이블

30 다음 전기력선의 성질 중 틀린 것은?

① 전기력선의 밀도는 전기장의 크기를 나타낸다.
② 같은 전기력선은 서로 끌어당긴다.
③ 전기력선은 서로 교차하지 않는다.
④ 전기력선은 도체의 표면에 수직이다.

해설 같은 전기력선은 서로 밀어내는 반발력이 작용한다.

31 옥내 배선 공사에서 전개된 장소나 점검 가능한 은폐 장소에 시설하는 합성수지관의 최소 두께는 몇 [mm]인가?

① 1[mm] ② 1.2[mm]
③ 2[mm] ④ 2.3[mm]

해설 합성수지관 규격 및 시설 원칙
• 호칭 : 안지름(내경)에 짝수(14, 16, 22, 28, 36, 42, 54, 70, 82[mm])
• 두께 : 2[mm] 이상
• 연선 사용(단선일 경우 10[mm²] 이하도 가능)
• 관 안에 전선의 접속점이 없을 것

32 단상 전력계 2대를 사용하여 2전력계법으로 3상 전력을 측정하고자 한다. 두 전력계의 지시값이 각각 P_1, P_2[W]이었다. 3상 전력 P[W]를 구하는 식으로 옳은 것은?

① $P = \sqrt{3}(P_1 \times P_2)$
② $P = P_1 - P_2$
③ $P = P_1 \times P_2$
④ $P = P_1 + P_2$

해설 2전력계법에 의한 유효 전력 : $P = P_1 + P_2$[W]

33 저압 구내 가공 인입선으로 DV 전선 사용 시 전선의 길이가 15[m] 이하인 경우 사용할 수 있는 최소 굵기는 몇 [mm] 이상인가?

① 1.5 ② 2.0
③ 2.6 ④ 4.0

해설 가공 인입선을 DV 전선을 사용하여 인입하는 경우 그 최소 굵기는 2.6[mm] 이상이지만, 지지물 간 거리(경간)가 15[m] 이하인 경우 2.0[mm] 이상도 가능하다.

34 학교, 사무실, 은행 등의 간선 굵기 선정 시 수용률은 몇 [%]를 적용하는가?

① 50[%] ② 60[%]
③ 70[%] ④ 80[%]

해설 건축물에 따른 간선의 수용률

건축물의 종류	수용률[%]
주택, 기숙사, 여관, 호텔, 병원, 창고	50
학교, 사무실, 은행	70

35 납축전지의 전해액으로 사용되는 것은?

① H_2SO_4 ② $2H_2O$
③ PbO_2 ④ $PbSO_4$

해설 납축전지
• 음극제 : 납
• 양극제 : 이산화납(PbO_2)
• 전해액 : 묽은 황산(H_2SO_4)

정답 28.② 29.② 30.② 31.③ 32.④ 33.② 34.③ 35.①

36 배선용 차단기의 심벌은?

① B ② E ③ BE ④ S

해설 개폐기 심벌
- B : 배선용 차단기
- E : 누전 차단기
- BE : 과전류 소자붙이 누전 차단기
- S : 개폐기

37 정현파 교류의 왜형률(distortion factor)은?

① 0 ② 0.1212 ③ 0.2273 ④ 0.4834

해설 정현파 교류는 기본파만 존재하므로 고조파가 없다. 그러므로 왜형률이 0이다.

38 전기 공사에서 접지 저항을 측정할 때 사용하는 측정기는 무엇인가?

① 검류기 ② 변류기 ③ 메거 ④ 어스테스터

해설
- 검류기 : 미소 전류 측정 계기
- 변류기 : 대전류를 소전류로 변환하는 계기
- 메거 : 절연 저항 측정기
- 어스테스터 : 접지 저항, 액체 저항 측정 계기

39 100[V] 교류 전원에 선풍기를 접속하고 입력과 전류를 측정하였더니 500[W], 7[A]였다. 이 선풍기의 역률은?

① 0.61 ② 0.71 ③ 0.81 ④ 0.91

해설
- 유효 전력 $P = VI\cos\theta = P_a\cos\theta$[W]
- 역률 $\cos\theta = \dfrac{P}{VI} = \dfrac{500}{100 \times 7} ≒ 0.714$

40 특고압·고압 전기 설비용 접지 도체는 단면적 몇 [mm²] 이상의 연동선 또는 동등 이상의 단면적 및 강도를 가져야 하는가?

① 0.75 ② 4 ③ 6 ④ 10

해설 특고압·고압 전기 설비용 접지 도체는 단면적 6[mm²] 이상의 연동선 또는 동등 이상의 단면적 및 강도를 가져야 한다.

41 그림의 회로에서 소비되는 전력은 몇 [W]인가?

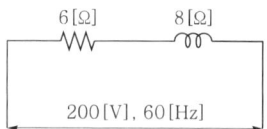

① 1,200 ② 2,400 ③ 3,600 ④ 4,800

해설
- 합성 임피던스 $\dot{Z} = R + jX_L = 6 + j8$[Ω]
- 절대값 $Z = \sqrt{6^2 + 8^2} = 10$[Ω]
- 전류 $I = \dfrac{V}{Z} = \dfrac{200}{10} = 20$[A]
- 소비 전력 $P = I^2 R = 20^2 \times 6 = 2,400$[W]

42 폭연성 먼지(분진)가 존재하는 곳의 저압 옥내 배선 공사 시 공사 방법으로 짝지어진 것은?

① 금속관 공사, MI 케이블 공사, 개장된 케이블 공사
② CD 케이블 공사, MI 케이블 공사, 금속관 공사
③ CD 케이블 공사, MI 케이블 공사, 제1종 캡타이어 케이블 공사
④ 개장된 케이블 공사, CD 케이블 공사, 제1종 캡타이어 케이블 공사

해설 폭연성 먼지(분진), 화약류 가루(분말)가 있는 장소 공사 : 금속관 공사, 케이블 공사(MI 케이블, 개장 케이블)

정답 36.① 37.① 38.④ 39.② 40.③ 41.② 42.①

43 플로어 덕트 공사에 의한 저압 옥내 배선에서 절연 전선으로 연선을 사용하지 않아도 되는 것은 전선의 굵기가 몇 [mm²] 이하인 경우인가?

① 2.5[mm²]
② 4[mm²]
③ 6[mm²]
④ 10[mm²]

해설 저압 옥내 배선에서 플로어 덕트 공사 시 전선은 절연 전선으로 연선이 원칙이지만 단선을 사용하는 경우 단면적 10[mm²] 이하까지는 사용할 수 있다.

44 배관 공사 시 금속관이나 합성수지관으로부터 전선을 뽑아 전동기 단자 부근에 접속할 때 관 단에 사용하는 재료는?

① 부싱
② 엔트런스 캡
③ 터미널 캡
④ 로크너트

해설 터미널 캡은 배관 공사 시 금속관이나 합성수지관으로부터 전선을 뽑아 전동기 단자 부근에 접속할 때, 또는 노출 배관에서 금속 배관으로 변경 시 전선 보호를 위해 관 끝에 설치하는 것으로 서비스 캡이라고도 한다.

45 16[mm] 합성수지 전선관을 직각 구부리기를 할 경우 곡선(곡률) 반지름은 몇 [mm]인가? (단, 16[mm] 합성수지관의 안지름은 18[mm], 바깥지름은 22[mm]이다.)

① 119
② 132
③ 187
④ 220

해설 합성수지 전선관을 직각 구부리기 : 전선관의 안지름 d, 바깥지름이 D일 경우
곡선(곡률) 반지름 $r = 6d + \dfrac{D}{2} = 6 \times 18 + \dfrac{22}{2}$
$= 119[mm]$

46 사용 전압 400[V] 이하의 가공 전선로의 시설에서 절연 전선의 경우 최소 굵기는?

① 1.6[mm]
② 2.0[mm]
③ 2.6[mm]
④ 3.2[mm]

해설 400[V] 이하 전선
2.6[mm] 이상 경동선 사용

47 수정을 이용한 마이크로폰은 다음 중 어떤 원리를 이용한 것인가?

① 핀치 효과
② 압전 효과
③ 펠티에 효과
④ 톰슨 효과

해설
• 압전 효과 : 유전체 표면에 압력이나 인장력을 가하면 전기 분극이 발생하는 효과
• 응용 기기 : 수정 발진기, 마이크로폰, 초음파 발생기, crystal pick-up
• 압전 효과 발생 유전체 : 로셀염, 수정, 전기석, 티탄산바륨

48 어떤 도체에 10[V]의 전위를 주었을 때 1[C]의 전하가 축적되었다면 이 도체의 정전 용량 C[F]은?

① 0.1[μF]
② 0.1[F]
③ 0.1[pF]
④ 10[F]

해설 전하량 $Q = CV[C]$
$C = \dfrac{Q}{V} = \dfrac{1}{10} = 0.1[F]$

49 두 코일이 있다. 한 코일에 매초 전류가 150[A]의 비율로 변할 때 다른 코일에 60[V]의 기전력이 발생하였다면, 두 코일의 상호 인덕턴스는 몇 [H]인가?

① 0.4
② 2.5
③ 4.0
④ 25

해설
• 상호 유도 전압 $e = M \dfrac{\Delta I}{\Delta t}$
• 상호 인덕턴스 $M = e \times \dfrac{\Delta t}{\Delta I} = 60 \times \dfrac{1}{150}$
$= 0.4[H]$

정답 43.④ 44.③ 45.① 46.③ 47.② 48.② 49.①

50 다음 회로에서 B점의 전위가 100[V], D점의 전위가 60[V]라면 전류 I는 몇 [A]인가?

```
   A  3[Ω]  B  5[Ω]  C  3[Ω]  D
   •——/\/\——•——/\/\——•——/\/\——•
      I   4[Ω]  I'
         /\/\
```

① $\dfrac{20}{7}$ [A]   ② $\dfrac{12}{7}$ [A]

③ $\dfrac{22}{7}$ [A]   ④ $\dfrac{10}{7}$ [A]

해설 $V_{BD} = V_B - V_D = 100 - 60 = 40[V]$

$I' = \dfrac{V_{BD}}{R_{BD}} = \dfrac{40}{5+3} = 5[A]$

$I = \dfrac{4}{3+4} I' = \dfrac{4}{3+4} \times 5 = \dfrac{20}{7}[A]$

51 계기용 변류기 2차측에 설치하여 부하의 과전류나 단락 사고를 검출하여 차단기에 차단 신호를 보내기 위하여 설치하는 것은 다음 중 어느 것인가?

① 과전류 계전기
② 과전압 계전기
③ 차동 계전기
④ 비율 차동 계전기

해설 과전류 계전기(OCR) : 일정 값 이상의 전류가 흘렀을 때 동작하는 계전기

52 전선 접속 시 S형 슬리브 사용에 대한 설명으로 틀린 것은?

① 전선의 끝은 슬리브의 끝에서 조금 나오는 것은 바람직하지 않다.
② 슬리브는 전선의 굵기에 적합한 것을 선정한다.
③ 직선 접속 또는 분기 접속에서 2회 이상 꼬아 접속한다.
④ 단선과 연선 접속이 모두 가능하다.

해설 슬리브 접속은 2~3회 꼬아서 접속하는 것이 좋으며, 전선의 끝은 슬리브의 끝에서 조금 나오는 것이 바람직하다.

53 인입 개폐기가 아닌 것은?

① ASS   ② LBS
③ LS   ④ UPS

해설 배전용 인입 개폐기
- 자동 고장 구분 개폐기(ASS : Automatic Section Switch) : 과부하나 지락 사고 발생 시 고장 구간만을 신속, 정확하게 차단 또는 개방하여 고장 구간을 분리하기 위한 개폐기
- 부하 개폐기(LBS : Load Breaker Switch) : 정상적인 부하 전류는 개폐할 수 있지만 고장 전류는 차단할 수 없는 개폐기
- 선로 개폐기(LS : Line Switch) : 수용가 인입구에서 차단기와 조합하여 사용하며 보안상 책임 분계점 등에서 선로의 보수, 점검 시 차단기를 개방한 후 전로를 완전히 개방할 때 사용
- 단로기(DS : Disconnecting Switch) : 부하 전류 개폐 능력이 없으므로 수용가 인입구에서 차단기와 조합하여 사용하며 보수, 점검 시 차단기를 개방한 후 사용
* UPS(Uninterruptible Power Supply) : 무정전 전원 공급 장치

54 욕실 내에 방수형 콘센트를 시설하는 경우 바닥면상 설치 높이는?

① 30[cm]
② 60[cm]
③ 80[cm]
④ 150[cm]

해설 일반적인 옥내 장소에 시설 시 콘센트 설치 높이는 바닥면상 30[cm] 정도, 욕실 내에 시설 시 방수형의 것으로 바닥면상 80[cm] 이상으로 한다. 옥측의 우선 외 또는 옥외에 시설하는 경우 지상 1.5[m] 이상의 높이에 시설하고 방수함 속에 넣거나 방수형 콘센트를 사용한다.

정답 50.① 51.① 52.① 53.④ 54.③

55 전기자를 고정시키고 자극 N, S를 회전시키는 동기 발전기는?

① 회전 계자형
② 직렬 저항형
③ 회전 전기자형
④ 회전 정류자형

해설 동기 발전기는 전기자는 고정시키고, 계자를 회전시키는 회전 계자형을 사용하며, 계자를 여자시키기 위한 직류 여자기가 반드시 필요하다.

56 $v = 100\sqrt{2}\sin\left(120\pi t + \frac{\pi}{4}\right)$, $i = 100\sin\left(120\pi t + \frac{\pi}{2}\right)$인 경우 전류는 전압보다 위상이 어떻게 되는가?

① $\frac{\pi}{2}$[rad]만큼 앞선다.
② $\frac{\pi}{2}$[rad]만큼 뒤진다.
③ $\frac{\pi}{4}$[rad]만큼 앞선다.
④ $\frac{\pi}{4}$[rad]만큼 뒤진다.

해설 위상각 0을 기준으로 할 때 전압은 $\frac{\pi}{4}$(45°) 앞서 있고, 전류는 $\frac{\pi}{2}$(90°) 앞서 있으므로 전류가 전압보다 위상차 $\frac{\pi}{4}$(45°)만큼 앞서 있다.

57 직류기의 주요 구성 요소에서 자속을 만드는 것은?

① 정류자   ② 계자
③ 회전자   ④ 전기자

해설 직류기의 구성 요소
• 계자 : 자속을 만드는 도체
• 전기자 : 계자에서 발생된 자속을 끊어 기전력을 유기시키는 도체
• 정류자 : 교류를 직류로 바꿔주는 도체

58 그림과 같은 비사인파의 제3고조파 주파수는? (단, $V = 20$[V], $T = 10$[ms]이다.)

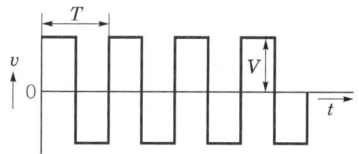

① 100[Hz]   ② 200[Hz]
③ 300[Hz]   ④ 400[Hz]

해설 기본파의 주파수 $f = \frac{1}{T} = \frac{1}{10 \times 10^{-3}} = 100$[Hz]

3고조파이므로 기본파의 3배가 되어 300[Hz]이다.

59 그림의 단자 1-2에서 본 노튼 등가 회로의 개방단 컨덕턴스는 몇 [℧]인가?

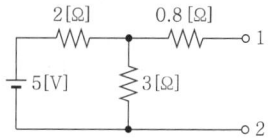

① 0.5   ② 1
③ 2   ④ 5.8

해설 노튼 정리에 의한 1, 2단자에서 본 회로는 전압원을 제거하고 1, 2단자에서 좌측을 바라봤을 때의 합성 저항은 0.8[Ω]은 직렬이고 2[Ω], 3[Ω]은 병렬 접속이므로 $R_0 = 0.8 + \frac{2 \times 3}{2+3} = 2$[Ω],

개방단 컨덕턴스 $G = \frac{1}{R_0} = \frac{1}{2} = 0.5$[℧]이다.

60 $R-L$ 회로의 시정수 τ는?

① $\frac{L}{R}$ ② RL
③ $\frac{R}{L}$ ④ $\frac{R}{\sqrt{L}}$

해설 시정수(τ) : 스위치를 ON한 후 정상 전류의 63.2[%]까지 상승하는 데 걸리는 시간

$\tau = \frac{L}{R}$[sec]

정답 55.① 56.③ 57.② 58.③ 59.① 60.①

2018년 제2회 CBT 기출복원문제

★ 표시 : 문제 중요도를 나타냄

본 기출문제는 수험생들의 기억을 바탕으로 작성한 것으로 내용 및 그림 등에서 실제 문제와 다소 차이가 있을 수 있습니다.

01 그림과 같이 공기 중에 놓인 2×10^{-8}[C]의 전하에서 2[m] 떨어진 점 P와 1[m] 떨어진 점 Q와의 전위차는?

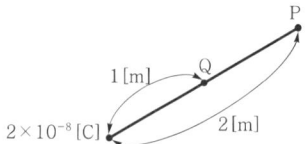

① 80[V] ② 90[V]
③ 100[V] ④ 110[V]

해설 전위 $V = 9 \times 10^9 \times \dfrac{Q}{r}$ [V]

$V_Q = 9 \times 10^9 \times \dfrac{2 \times 10^{-8}}{1} = 180$[V]

$V_P = 9 \times 10^9 \times \dfrac{2 \times 10^{-8}}{2} = 90$[V]

그러므로 전위차는 $V = 180 - 90 = 90$[V]

02 금속관 배관 공사에서 절연 부싱을 사용하는 이유는?

① 박스 내에서 전선의 접속을 방지
② 관이 손상되는 것을 방지
③ 관 단에서 전선의 인입 및 교체 시 발생하는 전선의 손상 방지
④ 관의 입구에서 조영재의 접속을 방지

해설 모든 관 공사 시 부싱은 관 끝단에 설치하여 전선의 피복 방지를 하기 위한 것을 뜻한다.

03 화약류 저장 장소의 배선 공사에서 전용 개폐기에서 화약류 저장소의 인입구까지는 어떤 공사를 하여야 하는가?

① 케이블을 사용한 옥측 전선로
② 금속관을 사용한 지중 전선로
③ 케이블을 사용한 지중 전선로
④ 금속관을 사용한 옥측 전선로

해설 화약류 저장소 위험 장소 공사
• 금속관, 케이블 공사
• 개폐기에서 화약고 인입구까지는 지중 케이블로 시설할 것
• 대지 전압 300[V] 이하

04 박스 안에서 가는 전선을 접속할 때 어떤 접속으로 하는가?

① 슬리브 접속
② 브리타니아 접속
③ 쥐꼬리 접속
④ 트위스트 접속 단선의 쥐꼬리 접속

해설 박스 안에서 굵기가 같은 가는 단선을 2, 3가닥 모아 서로 접속할 때 이용하는 접속법으로, 접속 방법은 접속한 부분에 테이프를 감는 방법과 박스용 커넥터를 끼워주는 방법이 있는데 박스용 커넥터를 사용할 때는 납땜이나 테이프 감기를 하지 않으므로 심선이 밖으로 나오지 않도록 주의한다.

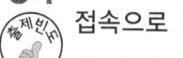 01.② 02.③ 03.③ 04.③

05 주택, 아파트인 경우 표준 부하는 몇 [VA/m²]인가?

① 10   ② 20
③ 30   ④ 40

해설 건물의 종류에 대응한 표준 부하

건물의 종류	표준 부하 [VA/m²]
공장, 공회당, 사원, 교회, 극장, 영화관, 연회장 등	10
기숙사, 여관, 호텔, 병원, 학교, 음식점, 다방, 대중목욕탕	20
사무실, 은행, 상점, 이발소, 미용원	30
주택, 아파트	40

06 교류의 파형률이란?

① $\dfrac{최대값}{실효값}$ ② $\dfrac{평균값}{실효값}$

③ $\dfrac{실효값}{평균값}$ ④ $\dfrac{실효값}{최대값}$

해설
- 교류의 파형률 = $\dfrac{실효값}{평균값}$
- 교류의 파고율 = $\dfrac{최대값}{실효값}$

07 자기 소호 기능이 가장 좋은 소자는?

① SCR   ② GTO
③ TRIAC   ④ LASCR

해설 자기 소호란 회로를 ON/OFF 시킬 때 발생되는 불꽃(아크)이 발생되지 않는 것으로서, GTO가 가장 뛰어나다.

08 전지의 기전력 1.5[V], 내부 저항이 0.5[Ω], 20개를 직렬로 접속하고 부하 저항 5[Ω]을 접속한 경우 부하에 흐르는 전류[A]는?

① 2   ② 3
③ 4   ④ 5

해설 전지 n개 접속 시 부하에 흐르는 전류
$I = \dfrac{nE}{nr+R} = \dfrac{20 \times 1.5}{20 \times 0.5+5} = \dfrac{30}{15} = 2[A]$

09 유도 전동기의 Y−△ 기동 시 기동 토크와 기동 전류는 전전압 기동 시의 몇 배가 되는가?

① $\dfrac{1}{\sqrt{3}}$ ② $\sqrt{3}$
③ $\dfrac{1}{3}$ ④ 3

해설 Y−△ 기동 시 기동 토크와 기동 전류는 전전압 기동 시 기동 전류와 기동 토크보다 $\dfrac{1}{3}$로 감소한다.

10 [Wb]는 다음 중 무엇인가?

① 전기 저항   ② 자기 저항
③ 기자력   ④ 자속

해설
- 전기 저항 : [Ω]   • 자기 저항 : [AT/Wb]
- 기자력 : [AT]   • 자속 : [Wb]

11 부흐홀츠 계전기는 다음 어느 것을 보호하는 장치인가?

① 발전기   ② 변압기
③ 전동기   ④ 유도 전동기

해설 부흐홀츠 계전기 : 변압기 내부 고장으로 인한 온도 상승 시 유증기를 검출하여 동작하는 계전기로서, 변압기와 콘서베이터를 연결하는 파이프 도중에 설치한다.

12 전등 한 개를 2개소에서 점멸하고자 할 때 옳은 배선은?

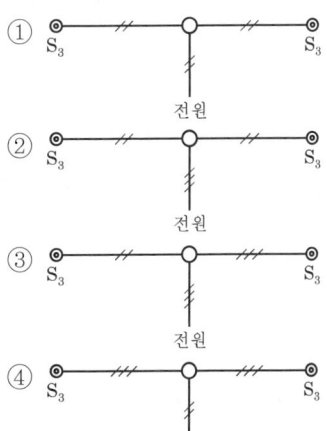

해설

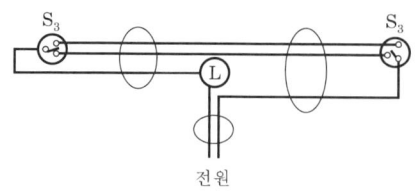

13 전선관과 박스에 고정시킬 때 사용되는 것은 어느 것인가?
① 새들 ② 부싱
③ 로크너트 ④ 클램프

해설 로크너트 2개를 이용하여 금속관을 박스에 고정시킬 때 사용한다.

14 다음 중 전기 용접기용 발전기로 가장 적당한 것은?
① 직류 분권형 발전기
② 차동 복권형 발전기
③ 가동 복권형 발전기
④ 직류 타여자식 발전기

해설 전기 용접 시 전류가 일정해야 하므로 수하 특성을 지니는 차동 복권 발전기를 사용한다.

15 분권 전동기에 대한 설명으로 옳지 않은 것은?
① 토크는 전기자 전류의 자승에 비례한다.
② 부하 전류에 따른 속도 변화가 거의 없다.
③ 계자 회로에 퓨즈를 넣어서는 안 된다.
④ 계자 권선과 전기자 권선이 전원에 병렬로 접속되어 있다.

해설 분권 전동기의 토크
$\tau = \dfrac{PZ}{2\pi a}\phi I_a = K\phi I_a \text{[N·m]}$ 이므로 전기자 전류(부하 전류)에 비례한다.

16 환상 솔레노이드의 단면적 $4 \times 10^{-4}\text{[m}^2\text{]}$, 자로의 길이 0.4[m], 비투자율 1,000, 코일의 권수가 1,000일 때 자기 인덕턴스[H]는?

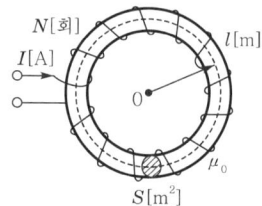

① 3.14 ② 1.26
③ 2 ④ 18

해설 환상 솔레노이드의 자기 인덕턴스
$$L = \dfrac{\mu_0 \mu_s S N^2}{l}$$
$$= \dfrac{4\pi \times 10^{-7} \times 1,000 \times 4 \times 10^{-4} \times 1,000^2}{0.4}$$
$$\fallingdotseq 1.256 \text{[H]}$$

17 절연 전선으로 전선설치(가선)된 배전 선로에서 활선 상태인 경우 전선의 피복을 벗기는 것은 매우 곤란한 작업이다. 이런 경우 활선 상태에서 전선의 피복을 벗기는 공구는?
① 데드 엔드 커버
② 애자 커버
③ 와이어 통
④ 전선 피박기

해설 배전 선로 공사용 활선 공구
- 와이어 통(wire tong) : 핀 애자나 현수 애자를 사용한 전선설치(가선) 공사에서 활선을 움직이거나 작업권 밖으로 밀어내거나 안전한 장소로 전선을 옮길 때 사용하는 절연봉이다.
- 데드 엔드 커버 : 가공 배전 선로에서 활선 작업 시 작업자가 현수 애자 등에 접촉하여 발생하는 안전 사고 예방을 위해 전선 작업 개소의 애자 등의 충전부를 방호하기 위한 절연 덮개(커버)이다.
- 전선 피박기 : 활선 상태에서 전선 피복을 벗기는 공구로 활선 피박기라고도 한다.

정답 13.③ 14.② 15.① 16.② 17.④

18 그림과 같은 회로에서 합성 저항은 몇 [Ω]인가?

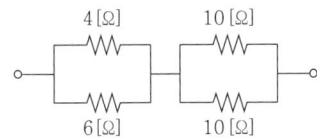

① 6.6 ② 7.4
③ 8.7 ④ 9.4

해설 합성 저항 = $\frac{4 \times 6}{4+6} + \frac{10}{2} = 7.4[\Omega]$

19 다음 중 자기 저항의 단위에 해당되는 것은?
① [Ω] ② [Wb/AT]
③ [H/m] ④ [AT/Wb]

해설 자기 저항 $R_m = \frac{NI}{\phi}$ [AT/Wb]

20 줄의 법칙에서 발생하는 열량의 계산식이 옳은 것은?
① $H = 0.024 RI^2 t$ [cal]
② $H = 0.24 RI^2 t$ [cal]
③ $H = 0.024 RIt$ [cal]
④ $H = 0.24 RIt$ [cal]

해설 줄의 법칙 : 전열기에서 발생하는 열량 계산
$H = 0.24 Pt = 0.24 VIt = 0.24 I^2 Rt$ [cal]

21 대칭 3상 교류 회로에서 각 상 간의 위상차는 얼마인가?
① $\frac{\pi}{3}$ ② $\frac{\sqrt{3}}{2}\pi$
③ $\frac{2\pi}{3}$ ④ $\frac{2}{\sqrt{3}}\pi$

해설 대칭 3상 교류에서의 각 상 간 위상차는 $\frac{2\pi}{3}$ [rad] 이다.

22 동기기의 전기자 권선법이 아닌 것은?
① 이층권 ② 전절권
③ 분포권 ④ 중권

해설 동기기의 전기자 권선법 : 고상권, 이층권, 중권, 단절권, 분포권

23 폭발성 먼지(분진)가 있는 위험 장소에 금속관 배선에 의할 경우 관 상호 및 관과 박스, 기타의 부속품이나 풀 박스 또는 전기 기계 기구는 몇 턱 이상의 나사 조임으로 접속하는가?
① 2턱 ② 3턱
③ 4턱 ④ 5턱

해설 폭연성 먼지(분진)가 존재하는 곳의 금속관 공사에 있어서 관 상호 및 관과 박스의 접속은 5턱 이상의 죔나사로 시공하여야 한다.

24 전주 외등을 전주에 부착하는 경우 전주 외등은 하단으로부터 몇 [m] 이상 높이에 시설하여야 하는가?
① 3.0 ② 3.5
③ 4.0 ④ 4.5

해설 전주 외등 : 대지 전압 300[V] 이하 백열전등이나 수은등 등을 배전 선로의 지지물 등에 시설하는 등
• 기구 인출선 도체 단면적 : 0.75[mm²] 이상
• 기구 부착 높이 : 하단에서 지표상 4.5[m] 이상 (단, 교통 지장이 없을 경우 3.0[m] 이상)
• 돌출 수평 거리 : 1.0[m] 이하

25 보호를 요하는 회로의 전류가 어떤 일정한 값(정정값) 이상으로 흘렀을 때 동작하는 계전기는?
① 과전류 계전기
② 과전압 계전기
③ 부족 전압 계전기
④ 비율 차동 계전기

정답 18.② 19.④ 20.② 21.③ 22.② 23.④ 24.④ 25.①

해설 전류가 정정값 이상이 되면 동작하는 계전기는 과전류 계전기이다.

26 1대 용량이 $250[\text{kVA}]$인 변압기를 △ 결선 운전 중 1대가 고장이 발생하여 2대로 운전할 경우 부하에 공급할 수 있는 최대 용량[kVA]은?

① 250　　② 300
③ 500　　④ 433

해설 V결선 용량 $P_V = \sqrt{3} \times P_{\Delta 1}$
$= \sqrt{3} \times 250$
$= 433[\text{kVA}]$

27 $5[\Omega]$의 저항 3개, $7[\Omega]$의 저항 5개, $100[\Omega]$의 저항 1개가 있다. 이들을 모두 직렬 접속할 때 합성 저항$[\Omega]$은?

① 75　　② 50
③ 150　　④ 100

해설 $R_0 = 5 \times 3 + 7 \times 5 + 100 \times 1 = 150[\Omega]$

28 화약류 저장소에서 백열전등이나 형광등 또는 이들에 전기를 공급하기 위한 전기 설비를 시설하는 경우 전로의 대지 전압은 몇 [V] 이하이어야 하는가?

① 150
② 200
③ 300
④ 400

해설 화약류 등을 저장하는 화약고에는 전기 설비를 시설하지 않는 것이 원칙이나 백열등이나 형광등과 같은 조명 설비나 이들에 전기를 공급하기 위한 전기 설비를 시설하는 경우는 금속관 공사나 케이블 공사 등에 의하여 시설해야 하며 전로의 대지 전압은 300[V] 이하로 할 것

29 평균값이 100[V]일 때 실효값은 얼마인가?

① 90　　② 111
③ 63.7　　④ 70.7

해설 평균값 $V_{av} = \dfrac{2}{\pi} V_m[\text{V}]$이므로

최대값 $V_m = V_{av} \times \dfrac{\pi}{2} = 100 \times \dfrac{\pi}{2}[\text{V}]$

실효값 $V = \dfrac{V_m}{\sqrt{2}} = \dfrac{\pi}{2\sqrt{2}} \times V_{av}$

$= \dfrac{\pi}{2\sqrt{2}} \times 100 = 111[\text{V}]$

＊ $V = 1.11 V_{av} = 1.11 \times 100 = 111[\text{V}]$

30 8극, 900[rpm]의 교류 발전기로 병렬 운전하는 극수 6의 동기 발전기의 회전수는?

① 675[rpm]
② 900[rpm]
③ 1,800[rpm]
④ 1,200[rpm]

해설 동기 속도 $N_s = \dfrac{120f}{P}[\text{rpm}]$이므로

주파수 $f = \dfrac{N_1 P}{120} = \dfrac{900 \times 8}{120} = 60[\text{Hz}]$이다.

$N_2 = \dfrac{120 \times 60}{6} = 1,200[\text{rpm}]$

31 중성점 접지용 접지 도체는 공칭 단면적 몇 $[\text{mm}^2]$ 이상의 연동선 또는 동등 이상의 단면적 및 강도를 가져야 하는가?

① 4
② 6
③ 10
④ 16

해설 중성점 접지용 접지 도체는 공칭 단면적 $16[\text{mm}^2]$ 이상의 연동선 또는 동등 이상의 단면적 및 세기를 가져야 한다.

정답 26.④　27.③　28.③　29.②　30.④　31.④

32. 30[W] 전열기에 220[V], 주파수 60[Hz]인 전압을 인가한 경우 평균 전압[V]은?

① 150　　② 198
③ 220　　④ 300

해설 전압의 최대값 $V_m = 220\sqrt{2}$ [V]

평균값 $V_{av} = \dfrac{2}{\pi} V_m = \dfrac{2}{\pi} \times 220\sqrt{2} = 198$ [V]

* $V_{av} = 0.9V = 0.9 \times 220 = 198$ [V]

33. $C_1 = 5[\mu F]$과 $C_2 = 10[\mu F]$인 콘덴서를 병렬로 접속한 다음 100[V] 전압을 가했을 때 C_2에 분배되는 전하량은 몇 [μC]인가?

① 500　　② 1,000
③ 1,500　　④ 2,000

해설 병렬 접속 시 전하량
$Q_2 = C_2 V = 10 \times 100 = 1,000 [\mu C]$

34. 두 금속을 접속하여 여기에 전류를 흘리면, 줄열 외에 그 접점에서 열의 발생 또는 흡수가 일어나는 현상은?

① 줄 효과　　② 홀 효과
③ 제베크 효과　　④ 펠티에 효과

해설 펠티에 효과 : 두 금속을 접합하여 접합점에 전류를 흘려주면 열의 흡수 또는 방열이 발생하는 현상

35. 전로에 시설하는 기계 기구의 철대 및 금속제 외함(외함이 없는 변압기 또는 계기용 변성기는 철심)에는 접지 공사를 하여야 한다. 다음 사항 중 접지 공사 생략이 불가능한 장소는?

① 전기용품 안전관리법에 의한 2중 절연 기계 기구
② 철대 또는 외함이 주위의 적당한 절연대를 이용하여 시설한 경우
③ 사용 전압이 직류 300[V] 이하인 전기 기계 기구를 건조한 장소에 설치한 경우
④ 대지 전압 교류 220[V] 이하인 전기 기계 기구를 건조한 장소에 설치한 경우

해설 교류 대지 전압 150[V] 이하, 직류 사용 전압 300[V] 이하인 전기 기계 기구를 건조한 장소에 설치한 경우 접지 공사 생략이 가능하다.

36. 실효값 20[A], 주파수 $f = 60[Hz]$, 0°인 전류의 순시값 i[A]를 수식으로 옳게 표현한 것은?

① $i = 20\sin(60\pi t)$
② $i = 20\sin(120\pi t)$
③ $i = 20\sqrt{2}\sin(120\pi t)$
④ $i = 20\sqrt{2}\sin(60\pi t)$

해설 순시값 전류
$i(t) = $ 실효값 $\times \sqrt{2} \sin(2\pi f t + \theta)$
$= 20\sqrt{2}\sin(120\pi t)$ [A]

37. 다음 물질 중 강자성체로만 짝지어진 것은 어느 것인가?

① 철, 니켈, 아연, 망간
② 구리, 비스무트, 코발트, 망간
③ 철, 니켈, 코발트
④ 철, 구리, 니켈, 아연

해설 강자성체 : 니켈, 코발트, 철, 망간

38. 막대자석의 자극의 세기가 m[Wb]이고, 길이가 l[m]인 경우 자기 모멘트[Wb·m]는 얼마인가?

① $\dfrac{m}{l}$　　② ml
③ $\dfrac{l}{m}$　　④ $2ml$

해설 막대자석의 모멘트 $M = ml$ [Wb·m]

정답 32.② 33.② 34.④ 35.④ 36.③ 37.③ 38.②

39 두 자극의 세기가 m_1, m_2[Wb], 거리가 r[m]인 작용하는 자기력의 크기[N]는 얼마인가?

① $k\dfrac{m_1 \cdot m_2}{r}$ ② $k\dfrac{r}{m_1 \cdot m_2}$

③ $k\dfrac{r^2}{m_1 \cdot m_2}$ ④ $k\dfrac{m_1 \cdot m_2}{r^2}$

해설 쿨롱의 법칙 : 두 자극 사이에 작용하는 자력의 크기는 양 자극의 세기의 곱에 비례하며, 자극 간의 거리의 제곱에 비례한다.

쿨롱의 법칙 $F = k\dfrac{m_1 \cdot m_2}{r^2} = \dfrac{m_1 \cdot m_2}{4\pi\mu_0 r^2}$ [N]

40 일반적으로 가공 전선로의 지지물에 취급자가 오르고 내리는 데 사용하는 발판 볼트 등은 지표상 몇 [m] 미만에 시설하여서는 안 되는가?

① 0.75[m]   ② 1.2[m]
③ 1.8[m]   ④ 2.0[m]

해설 지표상 1.8[m]부터 완금 하부 0.9[m]까지 발판 볼트를 설치한다.

41 양방향으로 전류를 흘릴 수 있는 양방향 소자는?

① TRIAC   ② MOSFET
③ GTO   ④ SCR

해설 사이리스터의 방향성

단방향성 사이리스터	SCR, GTO, SCS, LASCR
쌍방향성 사이리스터	SSS, TRIAC, DIAC

42 직류 전동기의 속도 제어 방법이 아닌 것은?

① 전압 제어   ② 계자 제어
③ 저항 제어   ④ 주파수 제어

해설 직류 전동기의 속도 제어법
- 저항 제어법
- 전압 제어법
- 계자 제어법

43 변압기 철심의 철의 함유율[%]은?

① 3~4   ② 34~37
③ 67~70   ④ 96~97

해설 변압기 철심은 와전류손 감소 방법으로 성층 철심을 사용하며 히스테리시스손을 줄이기 위해서 약 3~4[%]의 규소가 함유된 규소 강판을 사용한다. 그러므로 철의 함유율은 96~97[%]이다.

44 직류 직권 전동기의 특징에 대한 설명으로 틀린 것은?

① 기동 토크가 작다.
② 무부하 운전이나 벨트를 연결한 운전은 위험하다.
③ 계자 권선과 전기자 권선이 직렬로 접속되어 있다.
④ 부하 전류가 증가하면 속도가 크게 감소된다.

해설 직권 전동기는 기동 토크가 부하 전류의 제곱에 비례하므로 기동 토크가 크며, 속도의 제곱에 반비례하므로 기동 시 속도를 감소시켜서 큰 기동 토크를 얻을 수 있다.

45 전선의 굵기가 6[mm^2] 이하의 가는 단선의 전선 접속은 어떤 접속을 하여야 하는가?

① 브리타니아 접속
② 쥐꼬리 접속
③ 트위스트 접속
④ 슬리브 접속

해설 단선의 직선 접속
- 단면적 6[mm^2] 이하 : 트위스트 접속
- 단면적 10[mm^2] 이상 : 브리타니아 접속

정답 39.④ 40.③ 41.① 42.④ 43.④ 44.① 45.③

46 전선의 굵기를 측정하는 공구는?
① 권척
② 메거
③ 와이어 게이지
④ 와이어 스트리퍼

해설 ① 권척(줄자) : 관이나 전선의 길이 측정
② 메거 : 절연 저항 측정
③ 와이어 게이지 : 전선의 굵기(직경) 측정
④ 와이어 스트리퍼 : 절연 전선의 피복을 벗기는 공구

47 정격 전류가 30[A]인 저압 전로의 과전류 차단기를 산업용 배선용 차단기로 사용하는 경우 정격 전류의 1.3배의 전류가 통과하였을 때 몇 분 이내에 자동적으로 동작하여야 하는가?
① 1분
② 60분
③ 2분
④ 120분

해설 과전류 차단기로 저압 전로에 사용하는 63[A] 이하의 산업용 배선용 차단기는 정격 전류의 1.3배 전류가 흐를 때 60분 내에 자동으로 동작하여야 한다.

48 다음 중 지중 전선로의 매설 방법이 아닌 것은?
① 관로식
② 암거식
③ 직접 매설식
④ 행거식

해설 지중 전선로의 종류 : 관로식, 암거식, 직접 매설식

49 단락비가 큰 동기 발전기에 대한 설명 중 맞는 것은?
① 안정도가 높다.
② 기기가 소형이다.
③ 전압 변동률이 크다.
④ 전기자 반작용이 크다.

해설 단락비가 큰 동기 발전기의 특징
• 동기 임피던스가 작다.
• 단락 전류가 크다.
• 전기자 반작용이 작다.
• 전압 변동률이 작다.

50 전류를 계속 흐르게 하려면 전압을 연속적으로 만들어주는 어떤 힘이 필요하게 되는데, 이 힘을 무엇이라 하는가?
① 자기력
② 전자력
③ 기전력
④ 전기장

해설 전기 회로에서 전위차를 일정하게 유지시켜 전류가 연속적으로 흐를 수 있도록 하는 힘을 기전력이라 한다.

51 직류 발전기의 정격 전압 100[V], 무부하 전압 104[V]이다. 이 발전기의 전압 변동률 ε[%]은?
① 1
② 2
③ 3
④ 4

해설 전압 변동률 $\varepsilon = \dfrac{V_0 - V_n}{V_n} \times 100$
$= \dfrac{104 - 100}{100} \times 100 = 4[\%]$

52 공기 중에서 자속 밀도 2[Wb/m²]의 평등 자장 속에 길이 60[cm]의 직선 도선을 자장의 방향과 30° 각으로 놓고 여기에 5[A]의 전류를 흐르게 하면 이 도선이 받는 힘은 몇 [N]인가?
① 3
② 5
③ 6
④ 2

정답 46.③ 47.② 48.④ 49.① 50.③ 51.④ 52.①

해설 전자력의 세기
$F = IBl\sin\theta = 5 \times 0.6 \times 2 \times \sin 30° = 3[N]$

53 한국전기설비규정에 의한 중성점 접지용 접지 도체는 공칭 단면적 몇 [mm²] 이상의 연동선을 사용하여야 하는가? (단, 25[kV] 이하인 중성선 다중 접지식으로서 전로에 지락 발생 시 2초 이내에 자동적으로 이를 전로로부터 차단하는 장치가 되어 있는 경우이다.)

① 16 ② 6
③ 2.5 ④ 10

해설 중성점 접지용 접지 도체는 공칭 단면적 16[mm²] 이상의 연동선을 사용하여야 한다. 단, 25[kV] 이하인 중성선 다중 접지식으로서 전로에 지락 발생 시 2초 이내에 자동적으로 이를 전로로부터 차단하는 장치가 되어 있는 경우는 6[mm²]를 사용하여야 한다.

54 같은 저항 4개를 그림과 같이 연결하여 a-b 간에 일정 전압을 가했을 때 소비 전력이 가장 큰 것은 어느 것인가?

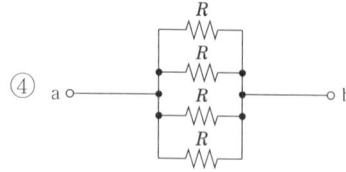

해설 각 회로에 소비되는 전력
① 합성 저항이 $4R[\Omega]$이므로 $P_1 = \dfrac{V^2}{4R}[W]$

② 합성 저항 $R_0 = 2R + \dfrac{R}{2} = 2.5R[\Omega]$이므로
$P_2 = \dfrac{V^2}{2.5R} = \dfrac{0.4V^2}{R}[W]$

③ 합성 저항 $R_0 = \dfrac{R}{2} \times 2 = R[\Omega]$이므로
$P_3 = \dfrac{V^2}{R}[W]$

④ 합성 저항 $R_0 = \dfrac{R}{4} = 0.25R[\Omega]$이므로
$P_4 = \dfrac{V^2}{0.25R} = \dfrac{4V^2}{R}[W]$

∗ 소비 전력 $P = \dfrac{V^2}{R}[W]$이므로 합성 저항이 가장 작은 회로를 찾으면 된다.

55 접지 공사에서 접지극에 동봉을 사용할 때 최소 길이는?

① 1[m] ② 1.2[m]
③ 0.9[m] ④ 0.6[m]

해설 접지극의 종류와 규격
• 동봉 : 지름 8[mm] 이상, 길이 0.9[m] 이상
• 동판 : 두께 0.7[mm] 이상, 단면적 900[cm²] 이상

56 메킹타이어로 슬리브 접속 시 슬리브를 최소 몇 회 이상 꼬아야 하는가?

① 3.5회 ② 2회
③ 2.5회 ④ 3회

해설 슬리브 접속은 메킹타이어 슬리브를 써서 도선을 접속하는 방법으로, 나선 접속 시 사용하며 슬리브는 2~3회 정도 비틀어 꼬아서 접속한다.

57 두 평행 도선 사이의 거리가 1[m]인 왕복 도선 사이에 단위 길이당 작용하는 힘의 세기가 $18 \times 10^{-7}[N]$일 경우 전류의 세기[A]는?

① 1 ② 2
③ 3 ④ 4

정답 53.② 54.④ 55.③ 56.② 57.③

해설 평행 도선 사이에 작용하는 힘의 세기

$$F = \frac{2I_1I_2}{r} \times 10^{-7} [\text{N/m}]$$

$$F = \frac{2I^2}{1} \times 10^{-7} [\text{N/m}] = 18 \times 10^{-7} [\text{N/m}]$$

$I^2 = 9$ 이므로 $I = 3[\text{A}]$ 이다.

58 ★★ 직류 전동기에서 전부하 속도가 1,200[rpm], 속도 변동률이 2[%]일 때 무부하 회전 속도는 몇 [rpm]인가?

① 1,154　② 1,200
③ 1,224　④ 1,248

해설
- 속도 변동률 $\varepsilon = \dfrac{N_0 - N_n}{N_n} \times 100[\%]$
- 무부하 속도 $N_0 = N_n(1+\varepsilon)$
  $= 1,200(1+0.02)$
  $= 1,224[\text{rpm}]$

59 ★ 직권 전동기의 회전수를 $\dfrac{1}{3}$ 로 감소시키면 토크는 어떻게 되겠는가?

① $\dfrac{1}{9}$　② $\dfrac{1}{3}$
③ 3　④ 9

해설 직권 전동기는 $\tau \propto I^2 \propto \dfrac{1}{N^2}$ 이므로

$$\frac{1}{\left(\dfrac{1}{3}\right)^2} = 9$$

60 ★ 3상 100[kVA], 13,200/200[V] 부하의 저압측 유효분 전류는? (단, 역률은 0.8이다.)

① 130　② 230
③ 260　④ 288

해설
- 피상 전력 $P_a = \sqrt{3}\,VI[\text{VA}]$
- 전류 $I = \dfrac{P_a}{\sqrt{3}\,V} = \dfrac{100}{\sqrt{3} \times 0.2} ≒ 288[\text{A}]$
- 복소수 전류
  $\dot{I} = I\cos\theta + jI\sin\theta$
  $= 288 \times 0.8 + j288 \times 0.6$
  $= 230 + j173[\text{A}]$

그러므로 유효분 전류는 230[A]이다.

정답 58.③　59.④　60.②

2018년 제3회 CBT 기출복원문제

★ 표시 : 문제 중요도를 나타냄

본 기출문제는 수험생들의 기억을 바탕으로 작성한 것으로 내용 및 그림 등에서 실제 문제와 다소 차이가 있을 수 있습니다.

01 동기기 운전 시 안정도 증진법이 아닌 것은?
① 단락비를 크게 한다.
② 회전부의 관성을 크게 한다.
③ 속응 여자 방식을 채용한다.
④ 역상 및 영상 임피던스를 작게 한다.

해설 동기기 안정도 향상 대책
- 단락비를 크게 할 것
- 동기 임피던스(동기 리액턴스)를 작게 할 것
- 속응 여자 방식을 채용할 것
- 관성 모멘트를 크게 할 것
- 속도조절기(조속기) 성능을 개선할 것

02 도체계에서 임의의 도체를 일정 전위(일반적으로 영전위)의 도체로 완전 포위하면 내부와 외부의 전계를 완전히 차단할 수 있는데 이를 무엇이라 하는가?
① 핀치 효과 ② 톰슨 효과
③ 정전 차폐 ④ 자기 차폐

해설 정전 차폐 : 도체가 정전 유도가 되지 않도록 도체 바깥을 포위하여 접지하는 것을 정전 차폐라 하며 완전 차폐가 가능하다.

03 지지선(지선)의 중간에 넣는 애자의 명칭은?
① 구형 애자
② 곡핀 애자
③ 현수 애자
④ 핀 애자

해설 지지선(지선)의 중간에 사용하는 애자를 구형 애자, 지선 애자, 옥 애자, 구슬 애자라고 한다.

04 다음 중 과전류 차단기를 설치하는 곳은?
① 간선의 전원측 전선
② 접지 공사의 접지선
③ 접지 공사를 한 저압 가공 전선의 접지측 전선
④ 다선식 전선로의 중성선

해설 과전류 차단기의 시설 제한 장소
- 모든 접지 공사의 접지선
- 다선식 전선로의 중성선
- 접지 공사를 실시한 저압 가공 전선로의 접지측 전선

05 전주 외등을 전주에 부착하는 경우 전주 외등은 하단으로부터 몇 [m] 이상 높이에 시설하여야 하는가? (단, 교통에 지장이 없는 경우이다.)
① 3.0 ② 3.5
③ 4.0 ④ 4.5

해설 전주 외등 : 대지 전압 300[V] 이하 백열전등이나 수은등 등을 배전 선로의 지지물 등에 시설하는 등
- 기구 인출선 도체 단면적 : 0.75[mm²] 이상
- 기구 부착 높이 : 하단에서 지표상 4.5[m] 이상 (단, 교통 지장이 없을 경우 3.0[m] 이상)
- 돌출 수평 거리 : 1.0[m] 이하

정답 01.④ 02.③ 03.① 04.① 05.①

06 6극 전기자 도체수 400, 매극 자속수 0.01[Wb], 회전수 600[rpm]인 파권 직류기의 유기 기전력은 몇 [V]인가?

① 120 ② 140
③ 160 ④ 180

해설 발전기 기전력 $e = \dfrac{PZ\Phi N}{60a}$ [V], 파권이므로 직렬 도체수 $a=2$
$e = \dfrac{6 \times 400 \times 0.01 \times 600}{60 \times 2} = 120[V]$

07 유도 전동기 권선법 중 맞는 것은?

① 고정자 권선은 단층권, 분포권이다.
② 고정자 권선은 이층권, 집중권이다.
③ 고정자 권선은 단층권, 집중권이다.
④ 고정자 권선은 이층권, 분포권이다.

해설 고정자 권선은 중권, 이층권, 분포권, 단절권을 채용한다.

08 변압기에서 퍼센트 저항 강하 3[%], 리액턴스 강하 4[%]일 때, 역률 0.8(지상)에서의 전압 변동률은?

① 2.4[%] ② 3.6[%]
③ 4.8[%] ④ 6[%]

해설 변압기의 전압 변동률
$\varepsilon = p\cos\theta + q\sin\theta$
$= 3 \times 0.8 + 4 \times 0.6 = 4.8[\%]$

09 슬립이 0.05이고, 전원 주파수가 60[Hz]인 유도 전동기의 회전자 회로의 주파수[Hz]는?

① 1[Hz] ② 2[Hz]
③ 3[Hz] ④ 4[Hz]

해설 회전자 회로의 주파수 f_2는
$f_2 = sf = 0.05 \times 60 = 3[Hz]$
여기서, f_2 : 회전자 기전력 주파수
f : 전원 주파수
s : 슬립

10 30[W] 전열기에 220[V], 주파수 60[Hz]인 전압을 인가한 경우 부하에 나타나는 전압의 평균 전압[V]은 몇 [V]인가?

① 99 ② 198
③ 257.4 ④ 297

해설 전압의 최대값 $V_m = 220\sqrt{2}$ [V]
평균값 $V_{av} = \dfrac{2}{\pi}V_m = \dfrac{2}{\pi} \times 220\sqrt{2} = 198[V]$
* $V_{av} = 0.9V = 0.9 \times 220 = 198[V]$

11 220[V], 1.5[kW], 전구를 20시간 점등했다면 전력량[kWh]은?

① 15 ② 20
③ 30 ④ 60

해설 전력량 $W = Pt = 1.5[kW] \times 20[h] = 30[kWh]$

12 다음 중 비정현파가 아닌 것은?

① 펄스파 ② 사각파
③ 삼각파 ④ 주기 사인파

해설 주기적인 사인파는 기본 정현파이므로 비정현파에 해당되지 않는다.

13 단위 시간당 5[Wb]의 자속이 통과하여 2[J]의 일을 하였다면 전류는 얼마인가?

① 0.25 ② 2.5
③ 0.4 ④ 4

해설 자속이 도체를 통과하면서 한 일 $W = \phi I$ [J]
$I = \dfrac{W}{\phi} = \dfrac{2}{5} = 0.4[A]$

14 접지 저항을 측정하는 방법은?

① 휘트스톤 브리지법
② 켈빈 더블 브리지법
③ 콜라우슈 브리지법
④ 테스터법

정답 06.① 07.④ 08.③ 09.③ 10.② 11.③ 12.④ 13.③ 14.③

해설 접지 저항 측정 : 접지 저항계, 콜라우슈 브리지법, 어스테스터기

15 코드나 케이블 등을 기계 기구의 단자 등에 접속할 때 몇 [mm²]가 넘으면 그림과 같은 터미널 러그(압착 단자)를 사용하여야 하는가?

① 10 ② 6
③ 4   ④ 8

해설 코드 또는 캡타이어 케이블과 전기 사용 기계 기구와의 접속
- 동전선과 전기 기계 기구 단자의 접속은 접속이 완전하고 헐거워질 우려가 없도록 해야 한다.
- 전선을 1본만 접속할 수 있는 구조는 2본 이상 접속하지 말 것
- 기구 단자가 누름나사형, 클램프형이거나 이와 유사한 구조가 아닌 경우는 단면적 10[mm²] 초과하는 단선 또는 단면적 6[mm²]를 초과하는 연선에 터미널 러그를 부착할 것
- 터미널 러그는 납땜으로 전선을 부착하고 접속점에 장력이 걸리지 않도록 할 것

16 단선의 굵기가 6[mm²] 이하인 전선을 직선 접속할 때 주로 사용하는 접속법은?

① 트위스트 접속
② 브리타니아 접속
③ 쥐꼬리 접속
④ T형 커넥터 접속

해설 트위스트 접속 : 6[mm²] 이하의 가는 전선 접속

17 박강 전선관의 표준 굵기가 아닌 것은?

① 19[mm]   ② 16[mm]
③ 39[mm]   ④ 25[mm]

해설 박강 전선관 : 두께 1.2[mm] 이상의 얇은 전선관
- 관의 호칭 : 관 바깥지름의 크기에 가까운 홀수
- 관의 종류(7종류) : 19, 25, 31, 39, 51, 63, 75[mm]

18 도체의 전기 저항에 영향을 주는 요소가 아닌 것은?

① 도체의 성분   ② 도체의 길이
③ 도체의 모양   ④ 도체의 단면적

해설 전기 저항 $R = \rho \dfrac{l}{S} [\Omega]$

여기서, 고유 저항 : $\rho [\Omega \cdot m]$
(도체의 성분에 따라 다르다.)
도체의 길이 : $l [m]$
도체의 단면적 : $S [m^2]$

19 반파 정류 회로에서 변압기 2차 전압의 실효치를 $E[V]$라 하면 직류 전류 평균치는? (단, 정류기의 전압 강하는 무시한다.)

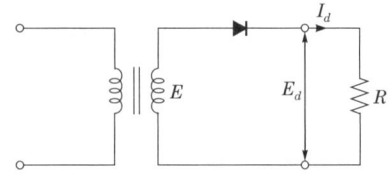

① $\dfrac{E}{R}$ ② $\dfrac{1}{2} \cdot \dfrac{E}{R}$

③ $\dfrac{2\sqrt{2}}{\pi} \cdot \dfrac{E}{R}$ ④ $\dfrac{\sqrt{2}}{\pi} \cdot \dfrac{E}{R}$

해설 단상 반파 정류 회로
- 직류 전압 $E_d = \dfrac{\sqrt{2}}{\pi} E = 0.45 E [V]$
- 직류 전류 $I_d = \dfrac{E_d}{R} = \dfrac{\sqrt{2}}{\pi} \dfrac{E}{R} [A]$

20 3상 교류 발전기의 기전력에 대하여 90° 늦은 전류가 통할 때의 반작용 기자력은?

① 자극축과 일치하고 감자 작용
② 자극축보다 90° 빠른 증자 작용
③ 자극축보다 90° 늦은 감자 작용
④ 자극축과 직교하는 교차 자화 작용

해설 발전기 전기자 반작용 기자력 : 발전기 기전력에 대하여 90° 뒤진 지상 전류가 흐르는 경우 전기자 반작용에 의한 기자력은 자극축과 일치하는 감자 작용이 발생한다.

정답 15.② 16.① 17.② 18.③ 19.④ 20.①

21 코일에 그림과 같은 방향으로 전류가 흘렀을 때 A부분의 자극 극성은?

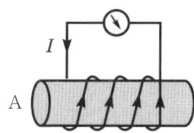

① S ② N
③ P ④ +

해설 그림에서 오른손을 솔레노이드 코일의 전류 방향에 따라 네 손가락을 감아쥐면 엄지손가락이 A부분을 가리키며 따라서 N극이 된다.

22 3상 유도 전동기의 회전 원리와 가장 관계가 깊은 것은?

① 옴의 법칙
② 키르히호프의 법칙
③ 플레밍의 오른손 법칙
④ 회전자계

해설 유도 전동기의 회전 원리 : 고정자 3상 권선에 흐르는 평형 3상 전류에 의해 발생한 회전 자계가 동기 속도 N_s로 회전할 때 아라고 원판 역할을 하는 회전자 도체가 자속을 끊어 기전력을 발생하여 전류가 흐르면 전동기는 시계 방향으로 회전하는 회전자계와 같은 방향으로 회전을 한다. 이때, 회전 자기장의 방향을 반대로 하려면 전원의 3선 가운데 2선을 바꾸어 전원에 다시 연결하면 회전 방향은 반대로 된다.

23 동기 발전기의 병렬 운전 중에 기전력의 위상차가 생기면 흐르는 전류는?

① 무효 순환 전류
② 무효 횡류
③ 유효 횡류
④ 고조파 전류

해설 기전력의 위상차가 생기면 위상차를 같게 하기 위해 동기화 전류(유효 횡류)가 흘러 동기화력에 의해 위상이 일치화된다.

24 3상 유도 전동기의 최고 속도는 우리나라에서 몇 [rpm]인가?

① 3,600 ② 3,000
③ 1,800 ④ 1,500

해설 상용 주파수가 60[Hz]이고 2극이므로
$N_s = \dfrac{120f}{P} = \dfrac{120 \times 60}{2} = 3,600[\text{rpm}]$

25 종류가 다른 두 금속을 접합하여 폐회로를 만들고 두 접합점의 온도를 다르게 하면 이 폐회로에 기전력이 발생하여 전류가 흐르게 되는 현상을 지칭하는 것은?

① 줄의 법칙(Joule's law)
② 톰슨 효과(Thomson effect)
③ 펠티에 효과(Peltier effect)
④ 제베크 효과(Seebeck effect)

해설 서로 다른 금속을 접합 후 온도차에 의해 열기전력이 발생되어 열류가 흐르는 현상을 제베크 효과라고 한다.

26 저항과 코일이 직렬 연결된 회로에서 직류 220[V]를 인가하면 20[A]의 전류가 흐르고, 교류 220[V]를 인가하면 10[A]의 전류가 흐른다. 이 코일의 리액턴스[Ω]는?

① 약 19.05[Ω]
② 약 16.06[Ω]
③ 약 13.06[Ω]
④ 약 11.04[Ω]

해설
• 직류 전압을 인가한 경우
 저항 $R = \dfrac{V}{I} = \dfrac{220}{20} = 11[\Omega]$
• 교류 전압을 인가한 경우
 합성 임피던스 $Z = \dfrac{V}{I} = \dfrac{220}{10} = 22[\Omega]$
 $\dot{Z} = R + jX_L[\Omega]$의 절대값
 $Z = \sqrt{R^2 + X_L^2}[\Omega]$이므로
 $X = \sqrt{Z^2 - R^2} = \sqrt{22^2 - 11^2} = 19.05[\Omega]$

정답 21.② 22.④ 23.③ 24.① 25.④ 26.①

27 30[Ah]의 축전지를 3[A]로 사용하면 몇 시간 사용 가능한가?

① 1시간　　② 3시간
③ 10시간　　④ 20시간

해설 축전지의 용량 $=It$[Ah]이므로

시간 $t=\dfrac{30}{3}=10$[h]

28 30[μF]과 40[μF]의 콘덴서를 병렬로 접속한 후 100[V]의 전압을 가했을 때 전전하량은 몇 [C]인가?

① 17×10^{-4}　　② 34×10^{-4}
③ 56×10^{-4}　　④ 70×10^{-4}

해설 합성 정전 용량 $C_0=30+40=70$[μF]
$Q=CV=70\times10^{-6}\times100=70\times10^{-4}$[C]

29 정전 용량 C[μF]의 콘덴서에 충전된 전하가 $q=\sqrt{2}\,Q\sin\omega t$[C]과 같이 변화하도록 하였다면, 이때 콘덴서에 흘러 들어가는 전류의 값은?

① $i=\sqrt{2}\,\omega Q\sin\omega t$
② $i=\sqrt{2}\,\omega Q\cos\omega t$
③ $i=\sqrt{2}\,\omega Q\sin(\omega t-60°)$
④ $i=\sqrt{2}\,\omega Q\cos(\omega t-60°)$

해설 콘덴서 소자는 전류가 전압(또는 전하량)보다 위상 90° 앞서므로 전하량이 sin파라면 전류는 cos파 또는 $\sin(\omega t+90°)$이어야 한다.

$i_c(t)=\dfrac{dq}{dt}=\dfrac{d}{dt}\sqrt{2}\,Q\sin\omega t$
$\qquad=\sqrt{2}\,\omega Q\cos\omega t$[A]

30 변압기유로 쓰이는 절연유에 요구되는 성질이 아닌 것은?

① 점도가 클 것
② 인화점이 높을 것
③ 절연 내력이 클 것
④ 응고점이 낮을 것

해설 변압기유의 구비 조건
- 절연 내력이 클 것
- 인화점이 높고 응고점이 낮을 것
- 점도가 낮을 것

31 직류 전동기에서 자속이 증가하면 회전수는?

① 감소한다.　　② 정지한다.
③ 증가한다.　　④ 변화없다.

해설 직류 전동기의 회전수 $N\downarrow=K\dfrac{V-I_aR_a}{\Phi\uparrow}$[rpm]

32 콘덴서의 정전 용량을 크게 하는 방법으로 옳지 않은 것은?

① 극판의 간격을 작게 한다.
② 극판 사이에 비유전율이 큰 유전체를 삽입한다.
③ 극판의 면적을 크게 한다.
④ 극판의 면적을 작게 한다.

해설 콘덴서의 정전 용량 $C=\dfrac{\varepsilon A}{d}$[F]이므로 극판의 간격 d[m]에 반비례하며 면적 A[m²]에 비례하므로 면적을 크게 해야 한다.

33 직류기의 주요 구성 3요소가 아닌 것은?

① 전기자　　② 정류자
③ 계자　　　④ 보극

해설 직류기의 구성 요소 : 전기자, 계자, 정류자

34 부흐홀츠 계전기의 설치 위치로 가장 적당한 곳은?

① 변압기 주탱크 내부
② 콘서베이터 내부
③ 변압기 고압측 부싱
④ 변압기 주탱크와 콘서베이터 사이

정답 27.③　28.④　29.②　30.①　31.①　32.④　33.④　34.④

해설 변압기 내부 고장으로 인한 온도 상승 시 유증기를 검출하여 동작하는 계전기로서, 변압기와 콘서베이터를 연결하는 파이프 도중에 설치한다.

35 보호를 요하는 회로의 전류가 어떤 일정한 값(정정값) 이상으로 흘렀을 때 동작하는 계전기는?

① 과전류 계전기
② 과전압 계전기
③ 차동 계전기
④ 비율 차동 계전기

해설 과전류 계전기(OCR) : 회로의 전류가 어떤 일정한 값(정정값) 이상으로 흘렀을 때 동작하는 계전기

36 권선형 유도 전동기에서 토크를 일정하게 한 상태로 회전자 권선에 2차 저항을 2배로 하면 어떻게 되는가?

① 슬립이 2배로 된다.
② 변화가 없다.
③ 기동 전류가 커진다.
④ 기동 토크가 작아진다.

해설 권선형 유도 전동기는 2차 저항을 조정함으로써 최대 토크는 변하지 않는 상태에서 속도 조절이 가능하다.

37 자속을 발생시키는 원천을 무엇이라 하는가?

① 기전력   ② 전자력
③ 기자력   ④ 정전력

해설 기자력(起磁力, magneto motive force) : 자속 Φ를 발생하게 하는 근원을 말하며 자기 회로에서 권수 N회인 코일에 전류 I[A]를 흘릴 때 발생하는 자속 Φ는 NI에 비례하여 발생하므로 다음과 같이 나타낼 수 있다.
$F = NI = R_m \Phi$ [AT]

38 그림은 전력 제어 소자를 이용한 위상 제어 회로이다. 전동기의 속도를 제어하기 위하여 '가' 부분에 사용되는 소자는?

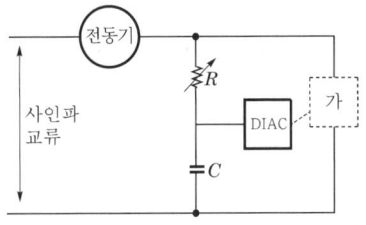

① 전력용 트랜지스터
② 제어 다이오드
③ 트라이액
④ 레귤레이터 78XX 시리즈

해설 트라이액(TRIAC)은 양방향성으로 교류를 제어하는 반도체 소자로서 적합한 특성을 갖추고 있다. 교류 전류 스위치로서 연속적으로 변화하는 교류 제어용으로 사용되며, DIAC과 항상 같이 사용된다.

39 기전력이 1.5[V], 내부 저항 0.1[Ω]인 전지 10개를 직렬로 연결하고 2[Ω]의 저항을 가진 전구에 연결할 때 전구에 흐르는 전류는 몇 [A]인가?

① 2   ② 3
③ 4   ④ 5

해설 $I = \dfrac{nE}{nr+R} = \dfrac{10 \times 1.5}{10 \times 0.1 + 2} = 5$[A]

40 전압계 및 전류계의 측정 범위를 넓히기 위하여 사용하는 배율기와 분류기의 접속 방법은?

① 배율기는 전압계와 병렬 접속, 분류기는 전류계와 직렬 접속
② 배율기는 전압계와 직렬 접속, 분류기는 전류계와 병렬 접속
③ 배율기 및 분류기 모두 전압계와 전류계에 직렬 접속
④ 배율기 및 분류기 모두 전압계와 전류계에 병렬 접속

정답 35.① 36.① 37.③ 38.③ 39.④ 40.②

해설 배율기는 전압계에 직렬로 접속, 분류기는 전류계에 병렬로 접속한다.

41 다음 중 금속관, 애자, 합성수지 및 케이블 공사가 모두 가능한 특수 장소를 옳게 나열한 것은?

> ㉠ 화약고 등의 위험 장소
> ㉡ 부식성 가스가 있는 장소
> ㉢ 위험물 등이 존재하는 장소
> ㉣ 불연성 먼지(분진)가 많은 장소
> ㉤ 습기가 많은 장소

① ㉠, ㉡, ㉢ ② ㉠, ㉣, ㉤
③ ㉡, ㉢, ㉣ ④ ㉡, ㉣, ㉤

해설 저압 옥내 배선의 시설 장소별 합성수지관, 금속관, 가요 전선관, 케이블 공사는 다음 시설 장소에 관계없이 모두 시설 가능하다.

구분		400[V] 이하	400[V] 초과
전개 장소	건조한 곳	애자 사용, 합성수지 몰드 금속 몰드, 금속 덕트 버스 덕트, 라이팅 덕트	애자 사용 금속 덕트 버스 덕트
	기타	애자 사용, 버스 덕트	애자 사용
점검 가능 은폐 장소	건조한 곳	애자 사용, 합성수지 몰드 금속 몰드, 금속 덕트 버스 덕트, 셀룰러 덕트	애자 사용 금속 덕트 버스 덕트
	기타	애자 사용	애자 사용
점검할 수 없는 은폐 장소 (건조한 곳)		플로어 덕트, 셀룰러 덕트	-

42 불연성 먼지가 많은 장소에 시설할 수 없는 저압 옥내 배선의 방법은?

① 금속관 배선
② 플로어 덕트 배선
③ 금속제 가요 전선관 배선
④ 애자 사용 배선

해설 불연성 먼지(정미소, 제분소) : 금속관 공사, 케이블 공사, 합성수지관 공사, 가요 전선관 공사, 애자 사용 공사, 금속 덕트 및 버스 덕트 공사, 캡타이어 케이블 공사

43 금속 덕트 배선에 사용하는 금속 덕트의 철판 두께는 몇 [mm] 이상이어야 하는가?

① 0.8   ② 1.2
③ 1.5   ④ 1.8

해설 금속 덕트 : 폭 5[cm]를 넘고 두께 1.2[mm] 이상인 강판 또는 동등 이상의 세기를 가지는 금속제로 제작하므로 사용하는 전선은 산화 방지를 위해 아연 도금을 하거나 에나멜 등으로 피복하여 사용한다.

44 배관 공사 시 금속관이나 합성수지관으로부터 전선을 뽑아 전동기 단자 부근에 접속할 때 전선 보호를 위해 관 끝에 설치하는 것은?

① 부싱
② 엔트런스 캡
③ 터미널 캡
④ 로크너트

해설 터미널 캡은 배관 공사 시 금속관이나 합성수지관으로부터 전선을 뽑아 전동기 단자 부근에 접속할 때, 또는 노출 배관에서 금속 배관으로 변경 시 전선 보호를 위해 관 끝에 설치하는 것으로 서비스 캡이라고도 한다.

45 가공 전선로의 지지물에서 다른 지지물을 거치지 아니하고 수용 장소의 인입선 접속점에 이르는 가공 전선을 무엇이라 하는가?

① 옥외 전선
② 이웃연결(연접) 인입선
③ 가공 인입선
④ 관등 회로

해설 가공 인입선 시설 원칙
• 선로 긍장 : 50[m] 이하
• 사용 전선 : 절연 전선, 다심형 전선, 케이블일 것
  - 저압 : 2.6[mm] 이상 절연 전선[단, 지지물 간 거리(경간) 15[m] 이하는 2.0[mm] 이상도 가능]
  - 고압 : 5.0[mm] 이상

정답 41.④ 42.② 43.② 44.③ 45.③

46 최대 사용 전압이 70[kV]인 중성점 직접 접지식 전로의 절연 내력 시험 전압은 몇 [V]인가?

① 35,000[V] ② 42,000[V]
③ 44,800[V] ④ 50,400[V]

해설 절연 내력 시험 : 최대 사용 전압이 60[kV] 이상인 중성점 직접 접지식 전로의 절연 내력 시험은 최대 사용 전압의 0.72배의 전압을 연속으로 10분간 가할 때 견디는 것으로 하여야 한다.
시험 전압 = 70,000×0.72 = 50,400[V]

47 전위의 단위로 맞지 않는 것은?

① [V] ② [J/C]
③ [N·m/C] ④ [V/m]

해설
• 전위의 단위 : $V = \dfrac{W}{Q}$ [V = J/C = N·m/C]
• 전계의 단위 : [V/m]

48 소세력 회로의 전선을 조영재에 붙여 시설하는 경우에 틀린 것은?

① 전선은 금속제의 수관·가스관 또는 이와 유사한 것과 접촉하지 아니 하도록 시설할 것
② 전선은 코드·캡타이어 케이블 또는 케이블일 것
③ 전선이 손상을 받을 우려가 있는 곳에 시설하는 경우에는 적당한 방호 장치를 할 것
④ 전선의 굵기는 2.5[mm^2] 이상일 것

해설 소세력 회로의 배선(전선을 조영재에 붙여 시설하는 경우)
• 전선은 코드나 캡타이어 케이블 또는 케이블을 사용할 것
• 케이블 이외에는 공칭 단면적 1[mm^2] 이상의 연동선 또는 이와 동등 이상의 것일 것

49 전주에서 COS용 완철의 설치 위치는?

① 최하단 전력선용 완철에서 0.75[m] 하부에 설치한다.
② 최하단 전력선용 완철에서 0.3[m] 하부에 설치한다.
③ 최하단 전력선용 완철에서 1.2[m] 하부에 설치한다.
④ 최하단 전력선용 완철에서 1.0[m] 하부에 설치한다.

해설 COS용 완철 설치 규정
• 설치 위치 : 최하단 전력선용 완철에서 0.75[m] 하부에 설치한다.
• 설치 방향 : 선로 방향(전력선 완철과 직각 방향)으로 설치하고 COS는 건조물 측에 설치하는 것이 바람직하다(만약 설치하기 곤란한 장소 또는 도로 이외의 장소에서는 COS 조작 및 작업이 용이하도록 설치할 수 있음).

50 절연 전선으로 전선설치(가선)된 배전 선로에서 활선 상태인 경우 전선의 피복을 벗기는 것은 매우 곤란한 작업이다. 이런 경우 활선 상태에서 전선의 피복을 벗기는 공구는?

① 전선 피박기
② 애자 커버
③ 와이어 통
④ 데드 엔드 커버

해설
① 전선 피박기 : 활선 상태에서 전선 피복을 벗기는 공구
② 애자 커버 : 애자 보호용 절연 커버
③ 와이어 통 : 충전되어 있는 활선을 움직이거나 작업권 밖으로 밀어낼 때 또는 활선을 다른 장소로 옮길 때 사용하는 활선 공구
④ 데드 엔드 커버 : 내장주의 선로에서 활선 공법을 할 때 작업자가 현수 애자 등에 접촉되어 생기는 안전 사고를 예방하기 위해 사용하는 것

정답 46.④ 47.④ 48.④ 49.① 50.①

51 일반적으로 절연체를 서로 마찰시키면 이들 물체는 전기를 띠게 된다. 이와 같은 현상은?

① 분극　　　② 정전
③ 대전　　　④ 코로나

해설 대전 : 절연체를 서로 마찰시키면 전자를 얻거나 잃어서 전기를 띠게 되는 현상

52 자극 가까이에 물체를 두었을 때 자화되지 않는 물체는?

① 상자성체　　　② 반자성체
③ 강자성체　　　④ 비자성체

해설 비자성체 : 강자성체 이외의 자성이 약해서 전혀 자성을 갖지 않는 물질로서 상자성체와 반자성체를 포함하며 자계에 힘을 받지 않는다.

53 하나의 콘센트에 두 개 이상의 플러그를 꽂아 사용할 수 있는 기구는?

① 코드 접속기
② 멀티 탭
③ 테이블 탭
④ 아이언 플러그

해설 접속 기구
- 멀티 탭 : 하나의 콘센트에 여러 개의 전기 기계 기구를 끼워 사용하는 것
- 테이블 탭(table tap) : 코드 길이가 짧을 때 연장 사용하는 것

54 직류 전동기에서 전부하 속도가 1,500[rpm], 속도 변동률이 3[%]일 때, 무부하 회전 속도는 몇 [rpm]인가?

① 1,455　　　② 1,410
③ 1,545　　　④ 1,590

해설 $N_0 = N_n\left(1 + \dfrac{\varepsilon}{100}\right)$
$N_0 = 1,500(1 + 0.03) = 1,545[rpm]$

55 전기 기계의 철심을 성층하는 가장 적절한 이유는?

① 기계손을 작게 하기 위하여
② 표유 부하손을 작게 하기 위하여
③ 히스테리시스손을 작게 하기 위하여
④ 와류손을 작게 하기 위하여

해설 철심을 성층하는 이유는 와류손을 감소시키기 위함이다.

56 한쪽은 중성점을 접지할 수 있고, 다른 한쪽은 제3고조파에 의한 영향을 없애주는 장점을 가지고 있는 3상 결선 방식은?

① Y － Y　　　② △ － △
③ Y － △　　　④ V － V

해설 Y－△ 결선 방식
- 2차 권선의 선간 전압이 상전압과 같으므로 강압용에 적합하고, 높은 전압을 Y결선으로 하므로 절연이 유리하다.
- 제3고조파 전류가 △ 결선 내에서만 순환하고 외부에는 나타나지 않으므로 기전력의 왜곡 및 통신 장애의 발생이 없다.
- 30°의 위상 변위가 발생하므로 1대가 고장이 발생하면 전원 공급이 불가능해진다.

57 심벌 ⓔⓠ는 무엇을 의미하는가?

① 지진 감지기　　　② 전하량기
③ 변압기　　　　　④ 누전 경보기

해설 지진 감지기(Earthquake Detector)는 영문 약자를 따서 EQ로 표기한다.

58 용량이 커서 가격이 비싸며 극성이 있어서 직류용으로 사용하는 콘덴서는?

① 세라믹 콘덴서
② 탄탈 콘덴서
③ 마일러 콘덴서
④ 마이카 콘덴서

정답 51.③　52.④　53.②　54.③　55.④　56.③　57.①　58.②

해설 직류용 콘덴서
- 전해 콘덴서 : 용량이 보통이며 누설이 있다.
- 탄탈 콘덴서 : 용량은 크지만 내압이 작다.

59 지지선(지선)의 안전율은 2.5 이상으로 하여야 한다. 이 경우 허용 최저 인장 하중 [kN]은 얼마 이상으로 하여야 하는가?

① 4.31[kN]
② 6.8[kN]
③ 9.8[kN]
④ 0.68[kN]

해설 지지선(지선)의 시설 규정
- 안전율은 2.5 이상일 것
- 지지선(지선)의 허용 인장 하중은 4.31[kN] 이상일 것
- 소선 3가닥 이상의 아연도금 연선일 것

60 110/220[V] 단상 3선식 회로에서 110[V] 전구 Ⓡ, 110[V] 콘센트 Ⓒ, 220[V] 전동기 Ⓜ의 연결이 올바른 것은?

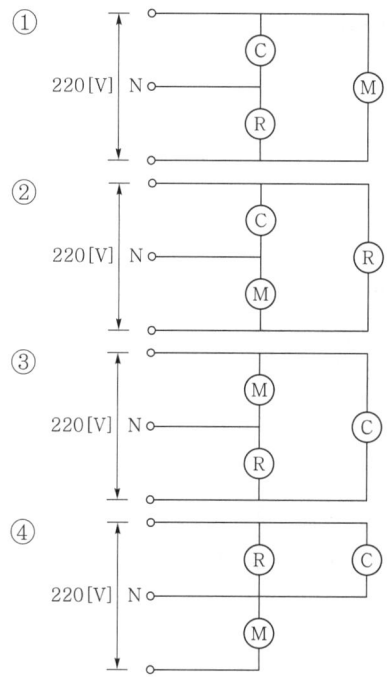

해설 전구와 콘센트는 110[V]를 사용하므로 전선과 중성선 사이에 연결해야 하고, 전동기 Ⓜ은 220[V]를 사용하므로 선간에 연결하여야 한다.

정답 59.① 60.①

2018년 제4회 CBT 기출복원문제

★ 표시 : 문제 중요도를 나타냄

본 기출문제는 수험생들의 기억을 바탕으로 작성한 것으로 내용 및 그림 등에서 실제 문제와 다소 차이가 있을 수 있습니다.

01 ★★★
전주 외등을 전주에 부착하는 경우 전주 외등은 하단으로부터 몇 [m] 이상 높이에 시설하여야 하는가?

① 3.0 ② 3.5
③ 4.0 ④ 4.5

해설 전주 외등 : 대지 전압 300[V] 이하 백열전등이나 수은등 등을 배전 선로의 지지물 등에 시설하는 등
- 기구 인출선 도체 단면적 : 0.75[mm²] 이상
- 기구 부착 높이 : 하단에서 지표상 4.5[m] 이상 (단, 교통 지장이 없을 경우 3.0[m] 이상)
- 돌출 수평 거리 : 1.0[m] 이하

02 ★★★
전선의 굵기를 측정하는 공구는?

① 권척 ② 메거
③ 와이어 게이지 ④ 와이어 스트리퍼

해설
① 권척(줄자) : 길이 측정 공구
② 메거 : 절연 저항 측정 공구
③ 와이어 게이지 : 전선의 굵기를 측정하는 공구
④ 와이어 스트리퍼 : 전선 피복을 벗기는 공구

03 ★★
접지선의 절연 전선 색상은 특별한 경우를 제외하고는 어느 색으로 표시를 하여야 하는가?

① 빨간색 ② 노란색
③ 녹색-노란색 ④ 검은색

해설
- 전선의 색상은 다음 표(전선 식별)에 따른다.

상(문자)	색상
L₁	갈색
L₂	검은색
L₃	회색
N	파란색
보호 도체	녹색-노란색

- 색상 식별이 종단 및 연결 지점에서만 이루어지는 나도체 등에서는 전선 종단부에 색상이 반영구적으로 유지될 수 있는 도색, 밴드, 색 테이프 등의 방법으로 표시해야 한다.

04 ★★
△-△ 결선을 할 경우 선전류와 상전류의 위상차는 몇 [rad]인가?

① $\dfrac{\pi}{3}$ ② $\dfrac{\pi}{2}$
③ $\dfrac{\pi}{6}$ ④ $\dfrac{2\pi}{3}$

해설 △ 결선의 특징
$V_l = V_p$ [V]
$\dot{I}_l = \sqrt{3}\, I_p \left/ -\dfrac{\pi}{6}\right.$ [A]
선전류 I_l가 상전류 I_p보다 $\dfrac{\pi}{6}$ [rad] 뒤진다.

05 ★★★
20[kVA]의 단상 변압기 2대를 사용하여 V-V 결선으로 하고 3상 전원을 얻고자 한다. 이때, 여기에 접속시킬 수 있는 3상 부하의 용량은 약 몇 [kVA]인가?

① 34.6 ② 44.6
③ 54.6 ④ 66.6

정답 01.④ 02.③ 03.③ 04.③ 05.①

해설 V결선 용량 $P_V = \sqrt{3} P_1$
$= \sqrt{3} \times 20 = 34.6 [kVA]$

06 동선을 직선으로 접속할 경우 동선의 굵기가 $10[mm^2]$ 이상일 때 메킹타이어 슬리브 접속 시 슬리브를 최소 몇 회 이상 비틀림을 해야 하는가?

① 3.5회　　② 2회
③ 2.5회　　④ 3회

해설 메킹타이어 슬리브에 의한 직선 접속
- 양쪽 비틀림
- 한쪽 비틀림

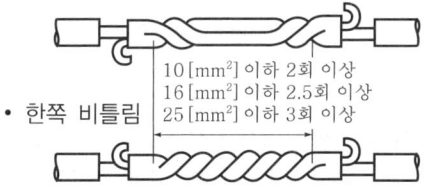

$10[mm^2]$ 이하 2회 이상
$16[mm^2]$ 이하 2.5회 이상
$25[mm^2]$ 이하 3회 이상

07 전기 설비 계통에서 설치 위치 선정에 사용하는 전동기는?

① 스탠딩 모터　　② 서보 모터
③ 스테핑 모터　　④ 전기 동력계

해설 서보 모터 : 서보 기구는 피드백 제어에 의한 자동 제어 기구이므로 동작하는 기구의 운동 부분에 위치와 속도를 검출하는 센서가 부착되어 있어서 위치, 속도, 방위, 자세 등의 목표값을 수정하여 서보 모터를 제어하므로 설치 위치에 적당한 전동기이다.

08 임피던스 강하가 5[%]인 발전기에서 단락 사고가 발생한 경우 단락 전류는 정격 전류의 몇 배인가?

① 25　　② 50
③ 20　　④ 200

해설 단락 전류 $I_s = \dfrac{100}{\%Z} I_n$에서
$I_s = \dfrac{100}{\%Z} \times I_n = \dfrac{100}{5} \times I_n = 20 I_n$

09 코일을 나선형으로 감으면 예상치 못한 현상들이 발생하게 된다. 설명이 틀린 것은?

① 직류보다는 교류에서 전류가 더 잘 흐른다.
② 상호 유도 작용이 발생한다.
③ 전자석이 된다.
④ 공진 현상이 발생한다.

해설 코일에 교류를 인가한 경우 전류의 시간적인 변화로 인해 이를 방해하는 방향으로 기전력이 발생하므로 교류는 오히려 잘 흐르지 못한다.

10 낙뢰, 수목 접촉, 일시적인 불꽃방전(섬락) 등 순간적인 사고로 계통에서 분리된 구간을 신속하게 계통에 투입시킴으로써 계통의 안정도를 향상시키고 정전 시간을 단축시키기 위해 사용되는 계전기는?

① 차동 계전기
② 과전류 계전기
③ 거리 계전기
④ 재연결(재폐로) 계전기

해설 재연결(재폐로) 계전기 : 계통을 안정시키기 위해서 재연결(재폐로) 차단기와 조합하여 사용하며 송전 선로에 고장이 발생하면 고장을 일으킨 구간을 신속히 고속 차단하여 제거한 후 재투입시켜서 정전 구간을 단축시키는 계전기이다.

11 그림은 전력 제어 소자를 이용한 위상 제어 회로이다. 전동기의 속도를 제어하기 위하여 '가' 부분에 사용되는 소자는?

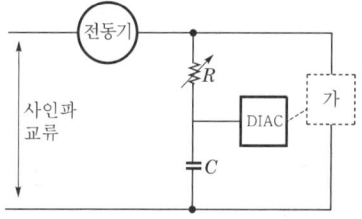

① 전력용 트랜지스터
② 제어 다이오드
③ 레귤레이터 78XX 시리즈
④ 트라이액

정답 06.② 07.② 08.③ 09.① 10.④ 11.④

해설 트라이액(Triode AC Switch, TRIAC) : SCR을 서로 반대로 하여 접속하여 만든 3단자 쌍방향성 사이리스터인 교류 스위치로서, 교류 전력을 제어하며 다이액(DIAC)과 함께 사용되는 소자로 극성에 무관한 펄스로 동작한다.

12 발전기나 변압기 내부 고장 보호에 쓰이는 계전기는?
① 접지 계전기
② 차동 계전기
③ 과전압 계전기
④ 역상 계전기

해설 발전기, 변압기 내부 고장 보호용 계전기는 차동 계전기, 비율 차동 계전기, 부흐홀츠 계전기가 있다.

13 전기 설비 기준에서 화약류 저장소에서 백열전등이나 형광등 또는 이들에 전기를 공급하기 위한 전기 설비를 시설하는 경우 전로의 대지 전압은 몇 [V] 이하이어야 하는가?
① 150[V]   ② 200[V]
③ 300[V]   ④ 400[V]

해설 화약류 저장소 : 금속관, 케이블 공사에 한할 것
- 전로 대지 전압은 300[V] 이하일 것
- 전기 기계 기구는 전폐형을 사용할 것
- 개폐기, 과전류 차단기는 지중 케이블 공사에 의할 것
- 개폐기, 과전류 차단기는 저장소 밖에 시설할 것

14 출력 10[kW], 효율 80[%]인 기기의 손실은 몇 [kW]인가?
① 2.5   ② 10
③ 20   ④ 5

해설 효율 $\eta = \dfrac{출력}{입력} \times 100[\%]$

입력 $P_i = \dfrac{출력}{\eta} = \dfrac{10}{0.8} = 12.5[\text{kW}]$

손실 $P_l = 입력 - 출력 = 12.5 - 10 = 2.5[\text{kW}]$

15 다음 금속 몰드 공사 방법 중 설명이 틀린 것은?
① 지지점 거리는 1.5[m] 이하마다 한다.
② 규정에 준하여 접지 공사를 실시하였다.
③ 몰드 안에는 접속점이 없도록 한다.
④ 점검할 수 없는 은폐 장소에 시설하였다.

해설 금속 몰드 공사 시설 장소 : 외상을 받을 우려가 없는 전개된 건조한 장소나 점검할 수 있는 은폐 장소
- 몰드의 두께 : 0.5[mm] 이상의 연강판(베이스와 뚜껑으로 구성)
- 몰드 홈의 폭 및 깊이 : 5[cm] 이하로 할 것

16 피뢰 시스템에 접지 도체가 접속된 경우 접지지선의 굵기는 구리선인 경우 최소 몇 [mm²] 이상이어야 하는가?
① 6   ② 10
③ 16   ④ 22

해설 접지 도체가 피뢰 시스템에 접속된 경우 : 구리 16[mm²] 이상, 철제 50[mm²] 이상

17 다음 중 옴의 법칙을 바르게 설명한 것은?
① 전압은 저항에 반비례한다.
② 전압은 전류에 반비례한다.
③ 전압은 전류의 제곱에 비례한다.
④ 전압은 저항과 전류의 곱에 비례한다.

해설 $V = IR[\text{V}]$이므로 전압은 저항과 전류의 곱에 비례한다.

정답 12.② 13.③ 14.① 15.④ 16.③ 17.④

18 동기 전동기의 특징으로 틀린 것은?

① 별도의 기동기가 필요하다.
② 난조가 발생하기 쉽다.
③ 역률을 조정할 수 없다.
④ 동기 속도로 운전할 수 있다.

해설 동기 전동기의 특성

장점	단점
• 속도(N_s)가 일정하다.	• 기동 토크가 작다. ($\tau_s = 0$)
• 역률을 조정할 수 있다.	• 속도 제어가 어렵다.
• 효율이 좋다.	• 직류 여자기가 필요하다.
• 공극이 크고 기계적으로 튼튼하다.	• 난조가 일어나기 쉽다.

19 역률이 좋아서 가정용 선풍기, 세탁기, 냉장고 등에 주로 사용되는 기동법은?

① 반발 기동형
② 분상 기동형
③ 셰이딩 코일형
④ 영구 콘덴서형

해설 영구 콘덴서형 단상 유도 전동기의 특징 : 콘덴서 기동형보다 용량이 적어서 기동 토크가 작으므로 선풍기, 세탁기, 냉장고, 오디오 플레이어 등에 널리 사용된다.

20 동기 발전기의 돌발 단락 전류를 주로 제한하는 것은?

① 누설 리액턴스   ② 역상 리액턴스
③ 동기 리액턴스   ④ 권선 저항

해설 동기기에서 저항은 누설 리액턴스에 비하여 작으며 전기자 반작용은 단락 전류가 흐른 뒤에 작용하므로 돌발 단락 전류를 제한하는 것은 누설 리액턴스이다.

21 농형 유도 전동기의 기동법이 아닌 것은?

① Y−△ 기동법
② 2차 저항 기동법
③ 기동 보상기법
④ 전전압 기동법

해설 유도 전동기의 기동법
• 농형 유도 전동기의 기동법
  − 전전압 기동법
  − Y−△ 기동법
  − 리액터 기동법
  − 1차 저항 기동법
  − 기동 보상기법
• 권선형 유도 전동기의 기동법 : 2차 저항 기동법 (기동 저항기법)

22 다음 중 자기력선의 성질로 맞는 것은?

① 자기력선에는 고무줄과 같은 장력이 존재한다.
② 자기력선은 고온이 되면 자력이 증가한다.
③ 자기력선은 자석 내부에서도 N극에서 S극으로 이동한다.
④ 자기력선은 자성체는 투과하고, 비자성체는 투과하지 못한다.

해설 자기력선의 성질
• 고무줄과 같은 장력이 존재한다.
• 고온이 되면 자력의 성질이 사라진다.
• 도체 내부에서는 S극에서 N극을 향한다.
• 자성체나 비자성체도 투과한다.

23 전기력선에 대한 설명으로 틀린 것은?

① 같은 전기력선은 흡인한다.
② 전기력선은 서로 교차하지 않는다.
③ 전기력선은 도체의 표면에 수직으로 출입한다.
④ 전기력선은 양전하의 표면에서 나와서 음전하의 표면에서 끝난다.

해설 전기력선의 성질 : 전기력선은 서로 반발하며 교차하지 않는다.

정답 18.③ 19.④ 20.① 21.② 22.① 23.①

24 납축전지의 전해액은?

① $PbSO_4$ ② $2H_2O$
③ PbO_2 ④ H_2SO_4

해설 납축전지의 전해액 : 묽은 황산(H_2SO_4)

25 비정현파를 발생시키는 요인이 아닌 것은?

① 옴의 법칙
② 히스테리시스 현상
③ 전기자 반작용
④ 자기 포화

해설 비정현파의 발생 요인
- 교류 발전기에서의 전기자 반작용에 의한 일그러짐
- 변압기에서의 철심의 자기 포화 및 히스테리시스 현상에 의한 여자 전류의 일그러짐
- 정류인 경우 다이오드의 비직선성에 의한 전류의 일그러짐

26 전기자 도체와 자속 밀도가 이루는 각이 직각이라면 발전기의 유도 기전력은?

① $\dfrac{vB}{l}$ ② $\dfrac{1}{vBl}$
③ vBl ④ $\dfrac{Bl}{v}$

해설 발전기의 유도 기전력 $e=vBl\sin\theta[V]$
직각이므로 $\sin\theta=\sin90°=1$
기전력 $e=vBl[V]$

27 자속이 통과하는 면적이 $3[cm^2]$인 도체에 $3.6\times10^{-4}[Wb]$의 자속이 통과한다면 자속 밀도는 몇 $[Wb/m^2]$인가?

① 1.2   ② 10
③ 20   ④ 0.8

해설 자속 밀도 $B=\dfrac{\phi}{S}=\dfrac{3.6\times10^{-4}}{3\times10^{-4}}=1.2[Wb/m^2]$

28 $30[\mu F]$과 $40[\mu F]$의 콘덴서를 병렬로 접속한 후 $100[V]$의 전압을 가했을 때 전전하량은 몇 $[C]$인가?

① 70×10^{-4} ② 17×10^{-4}
③ 56×10^{-4} ④ 34×10^{-4}

해설 합성 정전 용량 $C_0=30+40=70[\mu F]$
$Q=CV=70\times10^{-6}\times100=70\times10^{-4}[C]$

29 주파수 $60[Hz]$인 최대값이 $200[V]$, 위상 $0°$인 교류의 순시값으로 맞는 것은?

① $100\sin60\pi t$
② $200\sin120\pi t$
③ $200\sqrt{2}\sin120\pi t$
④ $200\sqrt{2}\sin60\pi t$

해설 순시값 $v(t)$=최대값$\times\sin(\omega t+\theta)$
$=200\sin2\pi\times60t$
$=200\sin120\pi t[V]$

30 일반적으로 가공 전선로의 지지물에 취급자가 오르고 내리는 데 사용하는 발판 볼트 등은 일반인의 승주를 방지하기 위하여 지표상 몇 $[m]$ 미만에 시설하여서는 안 되는가?

① $0.75[m]$ ② $1.2[m]$
③ $1.8[m]$ ④ $2.0[m]$

해설 발판 볼트를 취급자가 오르내리기 위한 볼트로서 지지물의 지표상 $1.8[m]$부터 완금 하부 $0.9[m]$까지 발판 볼트를 설치한다.

31 자기 회로와 전기 회로의 대응 관계가 잘못된 것은?

① 기자력 – 기전력
② 자기 저항 – 전기 저항
③ 자속 – 전계
④ 투자율 – 도전율

해설 ③ 자속은 전류와 대응된다.

정답 24.④ 25.① 26.③ 27.① 28.① 29.② 30.③ 31.③

32 전등 한 개를 2개소에서 점멸하고자 할 때 옳은 배선은?

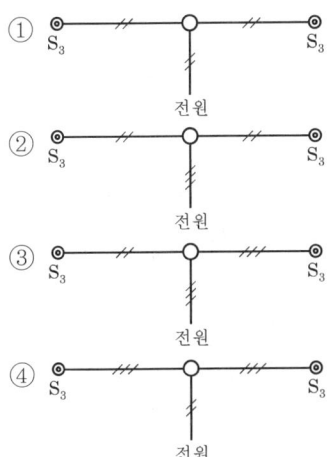

해설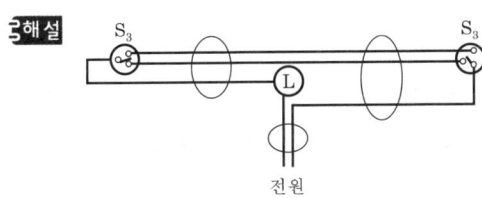

33 전기설비 기술기준에 의하면 폭발성 먼지(분진)가 있는 위험 장소에 금속관 배선에 의할 경우 관 상호 및 관과 박스, 기타의 부속품이나 풀 박스 또는 전기 기계 기구는 몇 턱 이상의 나사 조임으로 접속하여야 하는가?

① 2턱 ② 3턱
③ 4턱 ④ 5턱

해설 폭연성 먼지(분진)가 존재하는 곳의 금속관 공사에 있어서 관 상호 및 관과 박스의 접속은 5턱 이상의 죔나사로 시공하여야 한다.

34 1.2[V], 20[Ah]의 축전지 5개를 직렬로 접속하면 전체 기전력은 6[V]이다. 전지의 용량은 몇 [Ah]이겠는가?

① 100 ② 200
③ 50   ④ 20

해설 전지가 직렬로 접속된 경우 기전력은 전지의 개수만큼 증가하지만 전지의 용량은 일정하므로 20[Ah]이다.

35 절연 전선으로 전선설치(가선)된 배전 선로에서 활선 상태인 경우 전선의 피복을 벗기는 것은 매우 곤란한 작업이다. 이런 경우 활선 상태에서 전선의 피복을 벗기는 공구는?

① 데드 엔드 커버 ② 애자 커버
③ 와이어 통   ④ 전선 피박기

해설 배전 선로 공사용 활선 공구
- 와이어 통(wire tong) : 핀 애자나 현수 애자를 사용한 전선설치(가선) 공사에서 활선을 움직이거나 작업권 밖으로 밀어내거나 안전한 장소로 전선을 옮길 때 사용하는 절연봉
- 데드 엔드 커버 : 가공 배전 선로에서 활선 작업 시 작업자가 현수 애자 등에 접촉하여 발생하는 안전 사고 예방을 위해 전선 작업 개소의 애자 등의 충전부를 방호하기 위한 절연 덮개(커버)
- 전선 피박기 : 활선 상태에서 전선 피복을 벗기는 공구로 활선 피박기라고도 한다.

36 금속 전선관을 박스에 고정시킬 때 사용되는 것은 어느 것인가?

① 새들   ② 부싱
③ 로크너트 ④ 클램프

해설 ① 새들 : 관을 조영재에 부착할 경우 사용
② 부싱 : 관 끝에 전선 손상 방지를 위해 사용하는 기구
③ 로크너트 : 관과 박스의 접속 시 사용하는 기구
④ 클램프 : 관이나 케이블 등을 고정시키는 기구

37 1[μF]의 콘덴서에 30[kV]의 전압을 가하여 30[Ω]의 저항을 통해 방전시키면 이때 발생하는 에너지[J]는 얼마인가?

① 450   ② 900
③ 1,000 ④ 1,200

정답 32.④ 33.④ 34.④ 35.④ 36.③ 37.①

해설 콘덴서에 축적되는 에너지
$$W = \frac{1}{2}CV^2 = \frac{1}{2} \times 1 \times 10^{-6} \times (30 \times 10^3)^2 = 450[J]$$

38 사용 전압이 고압과 저압인 가공 전선을 병행설치(병가)할 때 저압 전선의 위치는 어디에 설치해야 하는가?

① 완금에 설치한다.
② 고압 전선의 하부에 설치한다.
③ 고압 전선의 상부에 설치한다.
④ 완금과 고압 전선 사이에 설치한다.

해설 저·고압선의 병행설치(병가)
- 저압 전선은 고압 전선의 하부에 설치한다.
- 간격(이격거리) : 50[cm] 이상일 것(단, 고압 측이 케이블인 경우는 30[cm] 이하)

39 전압의 구분에서 고압에 대한 설명으로 가장 옳은 것은?

① 직류 1,000[V] 초과하고 7[kV] 이하의 전압
② 직류 1,500[V] 초과하고 5[kV] 이하의 전압
③ 교류 1,000[V] 초과하고 7[kV] 이하의 전압
④ 교류 1,000[V] 초과하고 5[kV] 이하의 전압

해설 고압의 구분 : AC 1,000[V] 초과, DC 1,500[V] 초과하고, AC, DC 모두 7[kV] 이하의 전압

40 회전자가 1초에 30회전을 하면 각속도는?

① 30π [rad/s]
② 60π [rad/s]
③ 90π [rad/s]
④ 120π [rad/s]

해설 각속도 $\omega = 2\pi n = 2\pi \times 30 = 60\pi$ [rad/s]

41 저압 전로에 사용하는 과전류 차단기용 퓨즈의 정격 전류가 10[A]라고 하면 정격 전류의 몇 배가 되었을 경우 용단되어야 하는가?

① 1.5
② 1.25
③ 1.2
④ 1.9

해설 저압 퓨즈의 용단 특성

정격 전류의 구분	시간	정격 전류의 배수	
		불용단 전류	용단 전류
4[A] 초과 16[A] 미만	60분	1.5배	1.9배
16[A] 이상 63[A] 이하	60분	1.25배	1.6배
63[A] 초과 160[A] 이하	120분	1.25배	1.6배

42 무부하 전압 103[V]인 직류 발전기의 정격 전압 100[V]인 경우 이 발전기의 전압 변동률[%]은?

① 2
② 3
③ 6
④ 9

해설 전압 변동률
$$\varepsilon = \frac{V_0 - V_n}{V_n} \times 100 = \frac{103 - 100}{100} \times 100 = 3[\%]$$

43 전위의 단위로 맞지 않는 것은?

① [V]
② [J/C]
③ [N·m/C]
④ [V/m]

해설
- 전위의 단위 : $V = \frac{W}{Q}$ [V=J/C=N·m/C]
- 전계의 단위 : [V/m]

44 전기장 중에 단위 전하를 놓았을 때 그것에 작용하는 힘은 어느 값과 같은가?

① 전기장의 세기
② 전하
③ 전위
④ 전위차

정답 38.② 39.③ 40.② 41.④ 42.② 43.④ 44.①

➌해설 전기장 중에 단위 전하를 놓았을 때 그것에 작용하는 힘은 전기장의 세기이다.

45 전기자와 계자 권선이 병렬로만 접속되어 있는 발전기는?
① 분권   ② 직권
③ 타여자   ④ 차동 복권

➌해설 분권 발전기 : 계자 권선과 전기자 회로가 병렬로 접속되어 있는 직류기

46 전기 기기의 철심 재료로 규소 강판을 성층하여 사용하는 이유로 가장 적당한 것은?
① 맴돌이 전류손을 줄이기 위해
② 히스테리시스손을 줄이기 위하여
③ 풍손을 없애기 위해
④ 구리손을 줄이기 위해

➌해설 • 규소 강판 사용 : 히스테리시스손 감소
• 0.35 ~ 0.5[mm] 성층 철심 사용 : 맴돌이 전류손 감소

47 음전하와 양전하로 대전된 도체를 가느다란 전선으로 연결하면 양전하가 음전하를 끌어당겨 중화가 된다. 이때, 전선에 무엇이 흐르는가?
① 전류   ② 전압
③ 전력   ④ 저항

➌해설 대전된 도체를 접속하면 전선에 전류가 흐르고 전하량이 합쳐지면서 중화가 된다.

48 점유 면적이 좁고 운전·보수에 안전하며 공장, 빌딩 등의 전기실에 많이 사용되는 배전반은 어떤 것인가?
① 데드 프런트형   ② 수직형
③ 큐비클형   ④ 라이브 프런트형

➌해설 큐비클형 배전반(폐쇄식 배전반) : 점유 면적이 좁고 운전, 보수에 안전하므로 공장, 빌딩 등의 전기실에 널리 사용되는 배전반

49 변류기 설치 시 2차측을 단락하는 이유는?
① 변류비 유지
② 2차측 과전류 보호
③ 측정 오차 감소
④ 2차측 절연 보호

➌해설 변류기 2차측 개방 시 변류기 1차측의 부하 전류가 모두 여자 전류가 되어 변류기 2차측에 고전압이 유도되어 절연이 파괴될 수 있다.

50 정격 전압 100[V], 전기자 전류 50[A], 전기자 저항이 0.2[Ω]인 직류 발전기의 유기 기전력은 몇 [V]인가?
① 100[V]   ② 110[V]
③ 120[V]   ④ 125[V]

➌해설 발전기의 유기 기전력
$E = V + I_a R_a = 100 + 50 \times 0.2 = 110[V]$

51 3상 유도 전동기의 회전 방향을 바꾸기 위한 방법으로 가장 옳은 것은?
① 전동기에 가해지는 3개의 단자 중 어느 2개의 단자를 서로 바꾸어준다.
② Y - △ 결선
③ 기동 보상기를 사용한다.
④ 전원 전압과 주파수를 바꾼다.

➌해설 3상의 3선 중 2선의 접속을 서로 바꿔준다.

52 지중 전선로 시설 방식이 아닌 것은?
① 행거식   ② 관로식
③ 직접 매설식 ④ 암거식

➌해설 지중 전선로의 부설 방식 : 직접 매설식, 관로식, 암거식

정답 45.① 46.① 47.① 48.③ 49.④ 50.② 51.① 52.①

53 1[kWh]와 같은 값은?

① 3.6×10^3 [J]
② 3.6×10^6 [N/m^2]
③ 3.6×10^6 [J]
④ 3.6×10^3 [N/m^2]

해설 전력량 1[kWh]=3.6×10^6[J]

54 동기기의 전기자 권선법이 아닌 것은?

① 중권　② 이층권
③ 전층권　④ 분포권

해설 동기기의 전기자 권선법 : 고상권, 이층권, 중권, 단절권, 분포권

55 동기기에서 제동 권선을 설치하는 이유로 옳은 것은?

① 역률 개선　② 난조 방지
③ 전압 조정　④ 출력 증가

해설 제동 권선의 설치 목적 : 난조 방지와 기동 토크 발생

56 접지 공사에서 접지극에 동봉을 사용할 때 최소 길이는?

① 1[m]　② 1.2[m]
③ 0.9[m]　④ 0.6[m]

해설 접지극의 종류와 규격
- 동봉 : 지름 8[mm] 이상, 길이 0.9[m] 이상
- 동판 : 두께 0.7[mm] 이상, 단면적 900[cm^2] 이상

57 단선의 굵기가 6[mm^2] 이하인 전선을 직선 접속할 때 주로 사용하는 접속법은?

① 트위스트 접속
② 브리타니아 접속
③ 쥐꼬리 접속
④ T형 커넥터 접속

해설 트위스트 접속 : 6[mm^2] 이하의 가는 전선 접속

58 슬립이 0일 때 유도 전동기의 속도는?

① 동기 속도로 회전한다.
② 정지 상태가 된다.
③ 변화가 없다.
④ 동기 속도보다 빠르게 회전한다.

해설 회전 속도는 $N=(1-s)N_s = N_s$ [rpm]이므로 동기 속도로 회전한다.

59 제1종 가요 전선관의 최소 두께는 얼마인가?

① 0.8
② 1
③ 1.2
④ 1.5

해설 가요 전선관 공사(2종)
- 전선은 절연 전선 이상일 것(단, 옥외용 비닐 절연 전선은 제외)
- 전선은 연선으로 사용하되 10[mm^2] 이하 단선 가능
- 1종 가요 전선관은 최소 0.8[mm] 이상 두께일 것

60 두 개의 평행 도선에서 전류 방향이 동일한 방향일 경우 무슨 힘이 발생하는가?

① 서로 끌어당긴다.
② 서로 밀어낸다.
③ 서로 밀어냈다 끌어당긴다.
④ 힘이 작용하지 않는다.

해설 평행 도체 사이에 작용하는 힘(전자력)

$$F = \frac{2I_1 I_2}{r} \times 10^{-7} [\text{N/m}]$$

- 전류 방향 동일 : 흡인력
- 전류 방향 반대(왕복 도체) : 반발력

정답 53.③　54.③　55.②　56.③　57.①　58.①　59.①　60.①

2019년 제1회 CBT 기출복원문제

★ 표시 : 문제 중요도를 나타냄

본 기출문제는 수험생들의 기억을 바탕으로 작성한 것으로 내용 및 그림 등에서 실제 문제와 다소 차이가 있을 수 있습니다.

01 ★ UPS란 무엇인가?
① 정전 시 무정전 직류 전원 장치
② 상시 교류 전원 장치
③ 무정전 교류 전원 공급 장치
④ 상시 직류 전원 장치

해설 무정전 교류 전원 공급 장치(UPS : Uninterruptible Power Supply) : 선로에서 정전이나 순시 전압 강하 또는 입력 전원의 이상 상태 발생 시 부하에 대한 교류 입력 전원의 연속성을 확보할 수 있는 무정전 교류 전원 공급 장치이다.

02 ★★ 공심 솔레노이드 내부의 자기장의 세기가 100[AT/m]일 때 자속 밀도의 세기[Wb/m²]는?
① $2\pi \times 10^{-5}$
② $4\pi \times 10^{-5}$
③ $2\pi \times 10^{-3}$
④ $4\pi \times 10^{-1}$

해설 자속 밀도
$B = \mu_0 H$
$= 4\pi \times 10^{-7} \times 100 = 4\pi \times 10^{-5}$ [Wb/m²]

03 ★ 한국전기설비규정에 의하면 옥외 백열전등의 인하선으로서 지표상의 높이 2.5[m] 미만인 부분은 전선에 공칭 단면적 몇 [mm²] 이상의 연동선과 동등 이상의 세기 및 굵기의 절연 전선(옥외용 비닐 절연 전선을 제외)을 사용하는가?
① 0.75
② 1.5
③ 2.5
④ 2.0

해설 옥외 백열 전등의 인하선 시설 : 옥외 백열 전등의 인하선으로서 지표상의 높이 2.5[m] 미만의 부분은 공칭 단면적 2.5[mm²] 이상의 연동선과 동등 이상의 세기 및 굵기의 절연 전선을 사용한다(단, OW 제외).

04 ★★ 전압계 및 전류계의 측정 범위를 넓히기 위하여 사용하는 배율기와 분류기의 접속 방법은?
① 배율기는 전압계와 병렬 접속, 분류기는 전류계와 직렬 접속
② 배율기는 전압계와 직렬 접속, 분류기는 전류계와 병렬 접속
③ 배율기 및 분류기 모두 전압계와 전류계에 직렬 접속
④ 배율기 및 분류기 모두 전압계와 전류계에 병렬 접속

해설 배율기는 전압계와 직렬로 접속, 분류기는 전류계와 병렬로 접속한다.

05 ★★ 450/750[V] 일반용 단심 비닐 절연 전선의 약호는?
① NRI
② NF
③ NFI
④ NR

해설 전선의 약호
- NR : 450/750[V] 일반용 단심 비닐 절연 전선
- NRI : 기기 배선용 단심 비닐 절연 전선
- NF : 일반용 유연성 단심 비닐 절연 전선
- NFI : 기기 배선용 유연성 단심 비닐 절연 전선

정답 01.③ 02.② 03.③ 04.② 05.④

06 $i = 200\sqrt{2}\sin\left(\omega t + \dfrac{\pi}{2}\right)$[A]를 복소수로 표시하면?

① 200
② $j200$
③ $200 \times j200$
④ $200\sqrt{2} \times j200\sqrt{2}$

해설 전류 $\dot{I} = 200\underline{/\dfrac{\pi}{2}} = 200\left(\cos\dfrac{\pi}{2} + j\sin\dfrac{\pi}{2}\right)$
$= 200(0+j) = j200$[A]

07 전선의 전기 저항 처음 값을 R_1이라 하고 이 전선의 반지름을 2배로 하면 전기 저항 R은 처음 값의 얼마이겠는가?

① $4R_1$
② $2R_1$
③ $\dfrac{1}{2}R_1$
④ $\dfrac{1}{4}R_1$

해설 전기 저항 $R = \rho\dfrac{l}{A} = \rho\dfrac{l}{\pi r^2}$[Ω]이므로 반지름이 2배 증가하면 단면적은 $r^2 = 4$배 증가하므로 단면적에 반비례하는 전기 저항은 $\dfrac{1}{4}$로 감소한다.

08 지지선(지선)의 안전율은 2.5 이상으로 하여야 한다. 이 경우 허용 최저 인장 하중[kN]은 얼마 이상으로 하여야 하는가?

① 4.31
② 6.8
③ 9.8
④ 0.68

해설 지지선(지선)의 시설 규정
- 안전율은 2.5 이상일 것
- 지지선(지선)의 허용 인장 하중은 4.31[kN] 이상일 것
- 소선 3가닥 이상의 아연 도금 연선일 것

09 코드 상호, 캡타이어 케이블 상호 접속 시 사용해야 하는 것은?

① 와이어 커넥터
② 케이블 타이
③ 코드 접속기
④ 테이블 탭

해설 코드 및 캡타이어 케이블 상호 접속 시에는 직접 접속이 불가능하고 전용의 접속 기구인 코드 접속기를 사용해야 한다.

10 100[μF]의 콘덴서에 1,000[V]의 전압을 가하여 충전한 뒤 저항을 통하여 방전시키는 에너지[J]는?

① 25
② 50
③ 100
④ 10

해설 $W = \dfrac{1}{2}CV^2$
$= \dfrac{1}{2} \times 100 \times 10^{-6} \times 1,000^2$
$= 50$[J]

11 한국전기설비규정에 의하여 애자 사용 공사를 건조한 장소에 시설하고자 한다. 사용 전압이 400[V] 초과인 경우 전선과 조영재 사이의 간격(이격거리)은 최소 몇 [cm] 이상이어야 하는가?

① 2.5
② 4.5
③ 6.0
④ 8.0

해설 애자 사용 공사 시 전선과 조영재 간 간격(이격거리)
- 400[V] 이하 : 2.5[cm] 이상
- 400[V] 초과 : 4.5[cm] 이상(단, 건조한 장소는 2.5[cm] 이상)

12 자체 인덕턴스 4[H]의 코일에 18[J]의 에너지가 저장되어 있다. 이때, 코일에 흐르는 전류는 몇 [A]인가?

① 1
② 2
③ 3
④ 6

해설 에너지 $W = \dfrac{1}{2}LI^2$[J]에서
전류 $I = \sqrt{\dfrac{2W}{L}} = \sqrt{\dfrac{2 \times 18}{4}} = 3$[A]

정답 06.② 07.④ 08.① 09.③ 10.② 11.① 12.③

13 콘덴서의 정전 용량을 크게 하는 방법으로 옳지 않은 것은?

① 극판의 간격을 작게 한다.
② 극판 사이에 비유전율이 큰 유전체를 삽입한다.
③ 극판의 면적을 크게 한다.
④ 유전율을 작게 한다.

해설 콘덴서의 정전 용량 $C = \dfrac{\varepsilon A}{d}$ [F]이므로 극판의 간격 d[m]에 반비례하며 면적 A[m²], 유전율 ε[F/m]에 비례하므로 유전율을 크게 해야 한다.

14 자속을 발생시키는 원천을 무엇이라 하는가?

① 기전력   ② 전자력
③ 정전력   ④ 기자력

해설 기자력(起磁力, magneto motive force) : 자속 ϕ를 발생하게 하는 근원을 말하며 자기 회로에서 권수 N회인 코일에 전류 I[A]를 흘릴 때 발생하는 자속 ϕ는 NI에 비례하여 발생하므로 다음과 같이 나타낼 수 있다.
$F = NI = R_m \phi$ [AT]

15 6극 직렬권(파권) 발전기의 전기자 도체수 300, 매극 자속수 0.02[Wb], 회전수 900[rpm]일 때 유도 기전력은 몇 [V]인가?

① 300   ② 400
③ 270   ④ 120

해설 $e = \dfrac{PZ\phi N}{60a}$ [V], 파권이므로 $a = 2$

$e = \dfrac{6 \times 300 \times 0.02 \times 900}{60 \times 2} = 270$ [V]

16 다음의 심벌 명칭은 무엇인가?

① 파워 퓨즈
② 단로기
③ 피뢰기
④ 고압 컷아웃 스위치

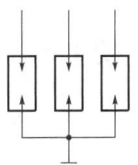

해설 그림은 피뢰기의 복선도로서 접지 공사를 한다.

17 정전 용량 C[μF]의 콘덴서에 충전된 전하가 $q = \sqrt{2}\,Q\sin\omega t$ [C]과 같이 변화하도록 하였다면, 이때 콘덴서에 흘러들어가는 전류의 값은?

① $i = \sqrt{2}\,\omega Q \sin\omega t$
② $i = \sqrt{2}\,\omega Q \cos\omega t$
③ $i = \sqrt{2}\,\omega Q \sin(\omega t - 60°)$
④ $i = \sqrt{2}\,\omega Q \cos(\omega t - 60°)$

해설 콘덴서에 흐르는 전류
$i_C = \dfrac{dq}{dt} = \dfrac{d}{dt}\sqrt{2}\,Q\sin\omega t$
$= \sqrt{2}\,\omega Q \cos\omega t$ [A]
$= \sqrt{2}\,\omega Q \sin(\omega t + 90°)$ [A]

18 변압기 2차 저압 과전류 보호용으로 사용되는 배선용 차단기의 약호는?

① ELB   ② PF
③ OCB   ④ MCCB

해설 배선용 차단기(MCCB : Molded Case Circuit Breaker) : 정격 전류에서는 동작하지 않고 과부하나 단락 사고 시 과전류가 흘렀을 때 동작하는 차단기이다.

19 부흐홀츠 계전기의 설치 위치로 가장 적당한 곳은?

① 변압기 주탱크 내부
② 콘서베이터 내부
③ 변압기 고압측 부싱
④ 변압기 주탱크와 콘서베이터 사이

해설 변압기 내부 고장으로 인한 온도 상승 시 유증기를 검출하여 동작하는 계전기로서 변압기와 콘서베이터를 연결하는 파이프 도중에 설치한다.

정답 13.④ 14.④ 15.③ 16.③ 17.② 18.④ 19.④

20 전지의 기전력이 1.5[V] 5개를 부하 저항 2.5[Ω]인 전구에 접속하였을 때 전구에 흐르는 전류는 몇 [A]인가? (단, 전지의 내부 저항은 0.5[Ω]이다.)

① 1.5   ② 2
③ 3   ④ 2.5

해설 $I = \dfrac{nE}{nr+R} = \dfrac{5 \times 1.5}{5 \times 0.5 + 2.5} = 1.5[\text{A}]$

21 직류 전동기의 전부하 속도가 1,200[rpm]이고 속도 변동률이 2[%]일 때, 무부하 회전 속도는 몇 [rpm]인가?

① 1,224   ② 1,236
③ 1,176   ④ 1,164

해설 속도 변동률 $\varepsilon = \dfrac{N_0 - N_n}{N_n} \times 100[\%]$에서

무부하 속도 $N_0 = N_n \left(1 + \dfrac{\varepsilon}{100}\right)$
$= 1,200(1 + 0.02)$
$= 1,224[\text{rpm}]$

22 금속 전선관 공사에서 사용되는 후강 전선관의 규격이 아닌 것은?

① 22   ② 28
③ 36   ④ 48

해설 후강 전선관
- 관의 호칭 : 안지름(내경)의 크기에 가까운 짝수
- 관의 종류(10종류) : 16, 22, 28, 36, 42, 54, 70, 82, 92, 104[mm]

23 분기 회로(S_2)의 보호 장치(P_2)는 (P_2)의 전원측에서 분기점(O) 사이에 다른 분기 회로 또는 콘센트의 접속이 없고, 단락의 위험과 화재 및 인체에 대한 위험성이 최소화되도록 시설된 경우, 분기 회로의 보호 장치(P_2)는 분기 회로의 분기점(O)으로부터 x[m]까지 이동하여 설치할 수 있다. 이때 x[m]는?

① 2   ② 3
③ 1   ④ 4

해설 전원측(P_2)에서 분기점(O) 사이에 다른 분기 회로 또는 콘센트의 접속이 없고, 단락의 위험과 화재 및 인체에 대한 위험성이 최소화되도록 시설된 경우, 분기 회로의 보호 장치(P_2)는 분기 회로의 분기점(O)으로부터 3[m]까지 이동하여 설치할 수 있다.

24 $R-L$ 직렬 회로에 직류 전압 100[V]를 가했더니 전류가 20[A]이었다. 교류 전압 100[V], $f = 60[\text{Hz}]$를 인가한 경우 흐르는 전류가 10[A]였다면 유도성 리액턴스 $X_L[\Omega]$은 얼마인가?

① 5   ② $5\sqrt{2}$
③ $5\sqrt{3}$ ④ 10

해설 직류 인가한 경우 $L = 0$이므로
$R = \dfrac{V}{I} = \dfrac{100}{20} = 5[\Omega]$
교류를 인가한 경우 임피던스
$Z = \dfrac{V}{I} = \dfrac{100}{10} = 10 = \sqrt{R^2 + X_L^2}\,[\Omega]$이므로
$X_L = \sqrt{Z^2 - R^2} = \sqrt{10^2 - 5^2}$
$= \sqrt{75} = \sqrt{5^2 \times 3} = 5\sqrt{3}\,[\Omega]$

25 수·변전 설비의 고압 회로에 걸리는 전압을 표시하기 위해 전압계를 시설할 때 고압 회로와 전압계 사이에 시설하는 것은?

① 수전용 변압기
② 계기용 변류기
③ 계기용 변압기
④ 권선형 변류기

해설 고전압을 저전압으로 변성하여 측정 계기나 보호 계전기에 전압을 공급하기 위한 전압 변성기를 계기용 변압기(PT)라 한다.

정답 20.① 21.① 22.④ 23.② 24.③ 25.③

26 두 금속을 접속하여 여기에 온도차가 발생하면 그 접점에서 기전력이 발생하여 전류가 흐르는 현상은?

① 줄 효과　② 홀(hole) 효과
③ 제베크 효과　④ 펠티에 효과

해설 열전기 현상 : 제베크 효과는 두 금속 접합점에 온도차를 주면 전류가 흐르는 현상이다.

27 3상 유도 전동기의 회전 원리와 가장 관계가 깊은 것은?

① 회전 자계
② 옴의 법칙
③ 플레밍의 오른손 법칙
④ 키르히호프의 법칙

해설 유도 전동기의 회전 원리 : 고정자 3상 권선에 흐르는 평형 3상 전류에 의해 발생한 회전 자계가 동기 속도 N_s로 회전할 때 아라고 원판 역할을 하는 회전자 도체가 자속을 끊어 기전력이 발생하여 전류가 흐르면 전동기는 시계 방향으로 회전하는 회전 자계와 같은 방향으로 회전을 한다.

28 접지를 하는 목적으로 설명이 틀린 것은?

① 감전 방지
② 대지 전압 상승 방지
③ 전기 설비 용량 감소
④ 화재와 폭발 사고 방지

해설 접지의 목적
• 전선의 대지 전압의 저하
• 보호 계전기의 동작 확보
• 감전의 방지

29 $R-L-C$ 직렬 회로에서 임피던스 Z의 크기를 나타내는 식은?

① $R^2 + X_L^2$
② $R^2 - X_C^2$
③ $\sqrt{R^2 + (X_L - X_C)^2}$
④ 0

해설 $R-L-C$ 직렬 회로의 임피던스
$$\dot{Z} = R + j(X_L - X_C) = R + j\left(\omega L - \frac{1}{\omega C}\right)[\Omega]$$
$$Z = \sqrt{R^2 + (X_L - X_C)^2}\,[\Omega]$$

30 사람이 상시 통행하는 터널 내 배선의 사용 전압이 저압일 때 공사 방법으로 틀린 것은?

① 금속관 공사
② 애자 사용 공사
③ 금속 몰드
④ 합성 수지관(두께 2[mm] 미만 및 난연성이 없는 것은 제외)

해설 금속관, 두께 2[mm] 이상의 합성 수지관, 금속제 가요 전선관, 케이블, 애자 사용 배선 등에 준하여 시설한다. 금속 몰드 공사는 사용 전압 400[V] 이하, 건조하고 전개된 장소에 시설하는 공사이다.

31 전자 접촉기 2개를 이용하여 유도 전동기 1대를 정·역 운전하고 있는 시설에서 전자 접촉기 2개가 동시에 여자되어 상간 단락되는 것을 방지하기 위하여 구성하는 회로는?

① 자기 유지 회로
② 순차 제어 회로
③ $Y-\triangle$ 기동 회로
④ 인터록 회로

해설 인터록 회로 : 선행 입력 우선 동작 회로로서 응답을 하는 동시에 다른 동작을 금지시키는 회로이다.

32 쥐꼬리 접속 시 접속하려는 두 전선의 피복을 벗긴 후 심선을 교차시킬 때 펜치로 비트는 교차각은 몇 도가 되어야 하는가?

① 30°　② 90°
③ 120°　④ 180°

해설 펜치로 교차시킨 심선을 잡아당기면서 90°가 되도록 비틀어 2~3회 정도 꼰 후 끝을 잘라낸다.

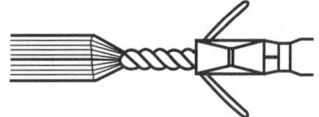

33 배전반 및 분전반과 연결된 배관을 변경하거나 이미 설치되어 있는 캐비닛에 구멍을 뚫을 때 필요한 공구는?

① 오스터 ② 녹아웃 펀치
③ 토치 램프 ④ 클리퍼

해설 전기 공사용 공구
- 오스터 : 금속관에 나사를 낼 때 사용하는 것
- 녹아웃 펀치 : 배전반이나 분전반 등의 금속제 캐비닛의 구멍을 확대하거나 철판의 구멍 뚫기에 사용하는 공구
- 토치 램프 : 합성 수지관 공사 시 가공부를 가열하기 위한 램프
- 클리퍼 : 단면적 $25[mm^2]$ 이상인 굵은 전선 절단용 공구

34 자성체를 자석 가까이에 두었을 때 전혀 반응이 없는 자성체는?

① 비자성체 ② 반자성체
③ 강자성체 ④ 상자성체

해설 비자성체 : 자성을 갖지 않는 물질이므로 자성이 없으면 자계에 의해 힘을 받지 않는다.

35 실내 전반 조명을 하고자 한다. 작업대로부터 광원까지의 높이가 2.4[m]인 위치에 조명 기구를 배치할 때 벽에서 한 기구 이상 떨어진 기구에서 기구 간의 거리는 일반적인 경우 최대 몇 [m]로 배치하여 설치하는가?

① 1.8 ② 2.4
③ 3.2 ④ 3.6

해설 작업대로부터 광원까지의 높이가 $H[m]$인 경우 등간격은 $S \leq 1.5H$이므로 $S = 1.5 \times 2.4 = 3.6[m]$이다.

36 유도 전동기가 정지 상태일 때 슬립은?

① 2 ② 1
③ 0 ④ -1

해설 유도 전동기가 정지이며 회전 속도는 0이므로 $N = (1-s)N_s = N_s[rpm]$이므로 슬립은 1이어야 한다.

37 220[V] 단상의 부하에 전류가 전압보다 45° 뒤진 15[A]의 전류가 흘렀다. 소비 전력 [W]은?

① 2,857 ② 3,300
③ 1,650 ④ 2,333

해설 $P = VI\cos\theta = 220 \times 15 \times \cos 45° = 2,333[W]$

38 단위 시간당 5[Wb]의 자속이 통과하여 2[J]의 일을 하였다면 전류는 얼마인가?

① 0.25 ② 2.5
③ 0.4 ④ 4

해설 자속이 통과하면서 한 일 $W = \phi I[J]$
$I = \dfrac{W}{\phi} = \dfrac{2}{5} = 0.4[A]$

39 경질 비닐관의 호칭으로 맞는 것은?

① 홀수에 관 바깥지름으로 표기한다.
② 짝수에 관 바깥지름으로 표기한다.
③ 홀수에 관 안지름으로 표기한다.
④ 짝수에 관 안지름으로 표기한다.

해설 경질 비닐관(합성 수지관)의 호칭 : 짝수, 관 안지름으로 표기(규격 : 14, 16, 22, 28, 36, 42, 54, 70, 82[mm])

40 이동용 전기 기계 기구를 저압 전기 설비에 사용하는 경우 접지선의 굵기는 다심 코드를 사용하는 경우 1개의 단면적이 최소 몇 $[mm^2]$ 이상이어야 하는가?

① 0.75 ② 1
③ 4 ④ 6

해설 저압 전기 설비를 이동용 전기 기계 기구를 사용하는 경우 접지 도체의 굵기는 1개의 단면적이 $0.75[mm^2]$인 다심 코드 또는 캡타이어 케이블을 사용하여야 한다.

정답 33.② 34.① 35.④ 36.② 37.④ 38.③ 39.④ 40.①

41 동기 발전기의 병렬 운전 중 기전력의 위상차가 발생하면 어떤 현상이 나타나는가?

① 무효 횡류
② 유효 순환 전류
③ 무효 순환 전류
④ 고조파 전류

해설 동기 발전기 병렬 운전 조건 중 기전력의 크기가 같고 위상차가 존재할 때는 유효 순환 전류(동기화 전류)가 흘러 동기 화력에 의해 위상이 일치된다.

42 조명용 전등을 호텔 또는 여관 객실 입구에 설치할 경우 최대 몇 분 이내에 소등되는 타임 스위치를 시설하여야 하는가?

① 1   ② 2
③ 3   ④ 4

해설 타임 스위치 소등 시간
- 일반 주택 및 아파트 : 3분 이내 소등
- 숙박 업소 각 호실 : 1분 이내 소등

43 가정용 전기 세탁기를 욕실에 설치하는 경우 콘센트의 규격은?

① 접지극부 3극 15[A]
② 3극 15[A]
③ 접지극부 2극 15[A]
④ 2극 15[A]

해설 욕조나 샤워 시설이 있는 욕실 또는 화장실 등 인체가 물에 젖어 있는 상태에서 전기를 사용하는 장소에 콘센트를 시설하는 경우에는 다음에 따라 시설하여야 한다.
- 인체 감전 보호용 누전 차단기(정격 감도 전류 15[mA] 이하, 동작 시간 0.03초 이하의 전류 동작형)를 전로에 접속하거나, 그것이 부착된 콘센트를 시설하여야 한다.
- 콘센트는 접지극이 있는 2극 15[A] 방수형 콘센트를 사용하여 접지하여야 한다.

44 캡타이어 케이블을 공사하는 경우 지지점을 지지하는 공사 방법으로 틀린 것은?

① 캡타이어 케이블을 조영재에 따라 시설하는 경우는 그 지지점 간의 거리는 1.0[m] 이하로 한다.
② 서까래와 서까래의 사이에 캡타이어 케이블을 시설하는 경우 지지점 간격은 1.2[m] 이하로 해야 한다.
③ 은폐 배선에 있어 부득이한 경우는 지지하지 않아도 된다.
④ 캡타이어 케이블 상호 및 캡타이어 케이블과 박스, 기구와의 접속 개소와 지지점 간의 거리는 0.15[m]로 하는 것이 바람직하다.

해설 서까래와 서까래의 사이에 간격이 1.0[m]를 초과하는 곳에 캡타이어 케이블을 시설하는 경우 판 사이를 가로질러 이 판을 고정하거나 캡타이어 케이블을 메신저 와이어에 의해 조가하여야 한다. 메신저 와이어[조가선(조가용선)]는 가공 케이블을 매달아 지지할 때 사용하는 것이다.

45 동기 발전기에서 전기자 전류가 유도 기전력보다 90° 뒤진 전류가 흐르는 경우 나타나는 전기자 반작용은?

① 증자 작용   ② 감자 작용
③ 교차 자화 작용 ④ 직축 반작용

해설 발전기의 전기자 반작용
- 동상 전류 : 교차 자화 작용
- 뒤진 전류 : 감자 작용
- 앞선 전류 : 증자 작용

46 고압 가공 인입선이 도로를 횡단하는 경우 노면상 시설하여야 할 높이는 몇 [m] 이상인가?

① 8.5   ② 5
③ 6   ④ 6.5

정답 41.② 42.① 43.③ 44.② 45.② 46.③

해설 저·고압 인입선의 높이

장소 구분	저압[m]	고압[m]
도로 횡단	5[m] 이상	6[m] 이상
철도 횡단	6.5[m] 이상	6.5[m] 이상
횡단보도교	3[m] 이상	3.5[m] 이상
기타 장소	4[m] 이상	5[m] 이상

47 전원 주파수 60[Hz], 4극, 슬립 5[%]인 유도 전동기의 회전자의 주파수[Hz]는?

① 4　　② 3
③ 5　　④ 6

해설 회전자 회로의 주파수 f_2는
$f_2 = sf = 0.05 \times 60 = 3[\text{Hz}]$
여기서, f_2 : 회전자 기전력 주파수
　　　　f : 전원 주파수

48 변압기 결선에서 1차측은 중성점을 접지할 수 있고 2차측은 제3고조파에 의한 영향을 없애주는 장점을 가지고 있는 3상 결선 방식은?

① V−V　　② △−△
③ Y−Y　　④ Y−△

해설 Y−△ 결선 방식
- 2차 권선의 선간 전압이 상전압과 같으므로 강압용에 적합하고, 높은 전압을 Y결선으로 하므로 절연이 유리하다.
- 제3고조파 전류가 △결선 내에서만 순환하고 외부에는 나타나지 않으므로 기전력의 왜곡 및 통신 장해의 발생이 없다.
- 30°의 위상 변위가 발생하므로 1대가 고장이 발생하면 전원 공급이 불가능해진다.

49 황산구리 용액에 10[A]의 전류를 60분간 흘린 경우 이때 석출되는 구리의 양[g]은? (단, 구리의 전기 화학 당량은 0.3293×10^{-3}[g/C] 이다.)

① 약 11.86　　② 약 5.93
③ 약 7.82　　④ 약 1.67

해설 $W = kQ = kIt$
$= 0.3293 \times 10^{-3} \times 10 \times 60 \times 60$
$≒ 11.86[\text{g}]$

50 전주의 길이가 16[m]이고, 설계 하중이 6.8[kN] 이하의 철근 콘크리트주를 시설할 때 땅에 묻히는 깊이는 몇 [m] 이상이어야 하는가?

① 1.2　　② 1.4
③ 2.0　　④ 2.5

해설 목주 및 A종 지지물의 건주 공사 시 매설 깊이
- 길이 15[m] 이하 : 길이 × $\frac{1}{6}$[m] 이상 매설할 것
- 길이 15[m] 초과 : 2.5[m] 이상 매설할 것

51 다음 그림은 전선 피복을 벗기는 공구이다. 알맞은 것은?

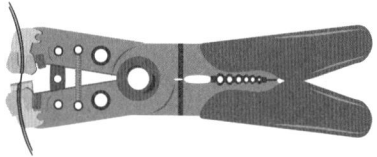

① 니퍼
② 펜치
③ 와이어 스트리퍼
④ 전선 눌러 붙임(압착) 공구

해설 와이어 스트리퍼 : 전선 피복을 벗기는 공구로서, 그림은 중간 부분을 벗길 수 있는 스트리퍼로 자동 와이어 스트리퍼이다.

52 전장의 단위로 맞는 것은?

① [V]
② [J/C]
③ [N·m/C]
④ [V/m]

해설
- 전위의 단위 : $V = \frac{W}{Q}$ [V=J/C=N·m/C]
- 전장의 단위 : [V/m]

정답 47.② 48.④ 49.① 50.④ 51.③ 52.④

53 다음 그림에서 ( ) 안의 극성은?

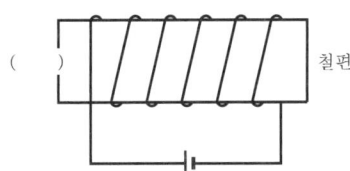

① N극
② S극
③ +극
④ 아무런 변화가 없다.

해설 그림에서 오른손을 솔레노이드 코일의 전류 방향에 따라 네 손가락을 감아쥐면 엄지 손가락이 N극 방향을 가리키므로 N극이 된다.

54 케이블을 구부리는 경우는 피복이 손상되지 않도록 하고, 그 굽은 부분(굴곡부)의 곡선반지름(곡률반경)은 원칙적으로 케이블이 단심인 경우 바깥지름(외경)의 몇 배 이상이어야 하는가?

① 4 ② 6
③ 8 ④ 10

해설 케이블의 곡선반지름(곡률반경)은 케이블 바깥지름의 6배 이상(단, 단심인 경우 8배 이상)

55 교류 전압이 $v = \sqrt{2}V\sin\left(\omega t - \frac{\pi}{3}\right)$[V], 교류 전류가 $i = \sqrt{2}I\sin\left(\omega t - \frac{\pi}{6}\right)$[A]인 경우 전압과 전류의 위상 관계는?

① 전압이 전류보다 60° 뒤진다.
② 전류가 전압보다 60° 앞선다.
③ 전압이 전류보다 90° 뒤진다.
④ 전류가 전압보다 30° 앞선다.

해설 위상차 $\theta = \frac{\pi}{3} - \frac{\pi}{6} = \frac{\pi}{6}$[rad] = 30°이고 전류가 전압보다 30° 앞선다.

56 도체계에서 임의의 도체를 일정 전위(일반적으로 영전위)의 도체로 완전 포위하면 내부와 외부의 전계를 완전히 차단할 수 있는데 이를 무엇이라 하는가?

① 핀치 효과 ② 톰슨 효과
③ 정전 차폐 ④ 자기 차폐

해설 정전 차폐 : 도체가 정전 유도가 되지 않도록 도체 바깥을 포위하여 접지하는 것을 정전 차폐라 하며 완전 차폐가 가능하다.

57 변압기에서 퍼센트 저항 강하 3[%], 리액턴스 강하 4[%]일 때, 역률 0.8(지상)에서의 전압 변동률은?

① 2.4[%] ② 3.6[%]
③ 4.8[%] ④ 6[%]

해설 변압기의 전압 변동률
$\varepsilon = p\cos\theta + q\sin\theta = 3 \times 0.8 + 4 \times 0.6 = 4.8$[%]
$\cos\theta = 0.8 \rightarrow \sin\theta = \sqrt{1-0.8^2} = 0.6$

58 2극, 60[Hz]인 유도 전동기의 회전수는 몇 [rpm]인가?

① 4,800 ② 3,600
③ 2,400 ④ 1,800

해설 회전수 $N = \frac{120f}{P} = \frac{120 \times 60}{2} = 3,600$[rpm]

59 정격 전류가 30[A]인 저압 전로의 과전류 차단기를 산업용 배선용 차단기로 사용하는 경우 정격 전류의 1.3배의 전류가 통과하였을 때 몇 분 이내에 자동적으로 동작하여야 하는가?

① 1분 ② 60분
③ 2분 ④ 120분

해설 과전류 차단기로 저압 전로에 사용하는 63[A] 이하의 산업용 배선용 차단기는 정격 전류의 1.3배 전류가 흐를 때 60분 내에 자동으로 동작하여야 한다.

정답 53.① 54.③ 55.④ 56.③ 57.③ 58.② 59.②

60 4극, 60[Hz], 200[kW]인 3상 유도 전동기가 있다. 전부하 슬립이 2.5[%]로 회전할 때 회전수는 몇 [rpm]인가?

① 1,700
② 1,800
③ 1,755
④ 1,875

해설 $N = (1-s)N_s$
$= (1-s)\dfrac{120f}{P}$
$= (1-0.025) \times \dfrac{120 \times 60}{4} = 1,755[\text{rpm}]$

정답 60.③

2019년 제2회 CBT 기출복원문제

★ 표시 : 문제 중요도를 나타냄

> 본 기출문제는 수험생들의 기억을 바탕으로 작성한 것으로 내용 및 그림 등에서 실제 문제와 다소 차이가 있을 수 있습니다.

01 ★★★ 무부하 전압 103[V]인 직류 발전기의 정격 전압 100[V]인 경우 이 발전기의 전압 변동률 [%]은?

① 1　　② 3
③ 6　　④ 9

해설 전압 변동률
$$\varepsilon = \frac{V_0 - V_n}{V_n} \times 100 = \frac{103-100}{100} \times 100 = 3[\%]$$

02 ★ 교류 회로에 저항 $R[\Omega]$, 유도 리액턴스 X_L $[\Omega]$, 용량 리액턴스 $X_C[\Omega]$이 직렬로 접속되어 있을 때 합성 임피던스의 크기는?

① $R^2+(X_L-X_C)^2$
② $R^2+(X_L+X_C)^2$
③ $\sqrt{R^2+(X_L+X_C)^2}$
④ $\sqrt{R^2+(X_L-X_C)^2}$

해설 $R-L-C$ 직렬 회로의 합성 벡터 임피던스
$\dot{Z} = R + j(X_L - X_C)[\Omega]$
절대값(크기) $Z = \sqrt{R^2+(X_L-X_C)^2}[\Omega]$

03 ★★★ 동기기의 전기자 권선법이 아닌 것은?

① 2층권　　② 단절권
③ 중권　　　④ 전층권

해설 동기기의 권선법은 고조파 제거로 좋은 파형을 얻기 위해 분포권, 단절권, 2층권 등을 사용한다.

04 ★★ 정전 흡인력은 인가한 전압의 몇 제곱에 비례하는가?

① 2　　② $\frac{1}{4}$
③ $\frac{1}{2}$　　④ 3

해설 정전 흡인력 $F = \dfrac{\varepsilon V^2}{2d^2} A[N]$

05 ★ 전선의 약호 중 "H"가 의미하는 것은?

① 전열용 절연 전선
② 네온 전선
③ 내열용 절연 전선
④ 경동선

해설 경동선(Hard-drawn copper wire)의 약호는 영문자 "H"를 사용하는데, 경동선이 거친 동선을 사용하므로 Hard의 첫 자를 따서 약호를 사용한다.

06 ★★ 자동 전기 설비 계통 등에서 기구 위치 선정에 사용되는 것은?

① 셰이딩 모터　　② 동기 전동기
③ 스테핑 모터　　④ 반동 전동기

해설 스테핑 모터는 펄스 신호에 의하여 회전하는 모터로서, 1펄스마다 수 도[°]에서 수십 도[°]의 각도만 회전이 가능하고 펄스 모터 또는 스텝 모터라고도 한다. 위치 제어가 가능하므로 자동 설비 계통에서 위치 선정에 사용된다.

 정답　01.②　02.④　03.④　04.①　05.④　06.③

07 3상 100[kVA], 13,200/200[V] 부하의 저압측 유효분 전류는? (단, 역률은 0.8이다.)

① 130
② 230
③ 260
④ 288

해설 피상 전력 $P_a = \sqrt{3}\,VI\,[VA]$

전류 $I = \dfrac{P_a}{\sqrt{3}\,V} = \dfrac{100}{\sqrt{3} \times 0.2} ≒ 288[A]$

복소수 전류 $\dot{I} = I\cos\theta + jI\sin\theta$
$= 288 \times 0.8 + j288 \times 0.6$
$= 230 + j173[A]$

∴ 유효분 전류 $= 230[A]$

08 두 개의 코일의 자기 인덕턴스가 80[mH], 50[mH]이고 상호 인덕턴스가 60[mH]일 때 누설이 없이 가동으로 접속한 경우 합성 인덕턴스[mH]는?

① 13
② 250
③ 240
④ 230

해설 가동 접속인 경우 상호 인덕턴스
$L_{가} = L_1 + L_2 + 2M$
$= 80 + 50 + 2 \times 60 = 250[mH]$

09 변압기의 권수비가 60이고 2차 저항이 0.1[Ω]일 때 1차로 환산한 저항값[Ω]은 얼마인가?

① 30
② 360
③ 300
④ 250

해설 권수비 $a = \sqrt{\dfrac{R_1}{R_2}}$ 이므로

1차 저항 $R_1 = a^2 R_2 = 60^2 \times 0.1 = 360[Ω]$

10 최대 사용 전압이 70[kV]인 중성점 직접 접지식 전로의 절연 내력 시험 전압은 몇 [V]인가?

① 35,000
② 50,400
③ 44,800
④ 42,000

해설 절연 내력 시험 : 최대 사용 전압이 60[kV] 이상인 중성점 직접 접지식 전로의 절연 내력 시험은 최대 사용 전압의 0.72배의 전압을 연속으로 10분간 가할 때 견디는 것으로 하여야 한다.
시험 전압 $= 70,000 \times 0.72 = 50,400[V]$

11 가연성 먼지(분진)에 전기 설비가 발화원이 되어 폭발의 우려가 있는 곳에 시설하는 저압 옥내 배선 공사 방법이 아닌 것은?

① 애자 사용 공사
② 케이블 공사
③ 두께 2[mm] 이상 합성 수지관 공사
④ 금속관 공사

해설 가연성 먼지(분진 : 소맥분, 전분, 유황 기타 가연성 먼지 등)로 인하여 폭발할 우려가 있는 저압 옥내 설비 공사는 금속관 공사, 케이블 공사, 두께 2[mm] 이상의 합성 수지관 공사 등에 의하여 시설한다.

12 자기 회로의 자기 저항이 5,000[AT/Wb], 기자력이 50,000[AT]이라면 자속[Wb]은?

① 5
② 10
③ 15
④ 20

해설 자속 $\phi = \dfrac{F}{R_m} = \dfrac{50,000}{5,000} = 10[Wb]$

13 전기자와 계자 권선이 병렬로만 접속되어 있는 발전기는?

① 직권 발전기
② 타여자 발전기
③ 분권 발전기
④ 차동 복권 발전기

해설 분권 발전기 : 계자 권선과 전기자 회로가 병렬로 접속되어 있는 직류기

정답 07.② 08.② 09.② 10.② 11.① 12.② 13.③

14 전하의 성질에 대한 설명 중 옳지 않은 것은?

① 대전체에 들어 있는 전하를 없애려면 접지시킨다.
② 같은 종류의 전하끼리는 흡인하고, 다른 종류의 전하끼리는 반발한다.
③ 전하는 가장 안정한 상태를 유지하려는 성질이 있다.
④ 비대전체에 대전체를 갖다 대면 비대전체에 전하가 유도되며 이를 정전 유도 현상이라 한다.

해설 같은 종류의 전하끼리는 서로 반발하고, 다른 종류의 전하끼리는 서로 흡인한다.

15 다이오드를 사용한 정류 회로에서 다이오드를 여러 개 직렬로 연결하여 사용하는 경우의 설명으로 가장 옳은 것은?

① 다이오드를 과전류로부터 보호할 수 있다.
② 낮은 전압 전류에 적합하다.
③ 부하 출력의 맥동률을 감소시킬 수 있다.
④ 다이오드를 과전압으로부터 보호할 수 있다.

해설 직렬 접속 시 전압 강하에 의해 과전압으로부터 보호할 수 있다.

16 공기 중에 10[μC]과 20[μC]를 1[m] 간격으로 놓을 때 발생되는 정전력[N]은?

① 3.8 ② 2.2
③ 1.8 ④ 6.3

해설 쿨롱의 법칙 : 대전된 두 도체 사이에 작용하는 힘(정전력)이다.

$$F = \frac{Q_1 Q_2}{4\pi\varepsilon_0 r^2} = 9 \times 10^9 \times \frac{Q_1 Q_2}{r^2}$$
$$= 9 \times 10^9 \times \frac{10 \times 10^{-6} \times 20 \times 10^{-6}}{1^2} = 1.8[N]$$

17 공심 솔레노이드에 자기장의 세기를 500[AT/m]를 가한 경우 자속 밀도[Wb/m²]은?

① $2\pi \times 10^{-1}$
② $\pi \times 10^{-4}$
③ $2\pi \times 10^{-4}$
④ $\pi \times 10^{-1}$

해설 자속 밀도 $B = \mu_0 H$
$= 4\pi \times 10^{-7} \times 500$
$= 2\pi \times 10^{-4}[Wb/m^2]$

18 동기 전동기에 대한 설명으로 틀린 것은?

① 역률을 조정할 수 없다.
② 효율이 좋다.
③ 난조가 일어나기 쉽다.
④ 직류 여자기가 필요하다.

해설 동기 전동기의 특성

장점	단점
속도(N_s)가 일정하다.	기동 토크가 작다($\tau_s = 0$).
역률을 조정할 수 있다.	속도 제어가 어렵다.
효율이 좋다.	직류 여자기가 필요하다.
공극이 크고 기계적으로 튼튼하다.	난조가 일어나기 쉽다.

* 동기 전동기는 역률을 1로 조정할 수 있다.

19 1[μF]의 콘덴서에 30[kV]의 전압을 가하여 200[Ω]의 저항을 통해 방전시키면 이때 발생하는 에너지[J]는 얼마인가?

① 450
② 900
③ 1,000
④ 1,200

해설 콘덴서에 축적되는 에너지
$W = \frac{1}{2}CV^2$
$= \frac{1}{2} \times 1 \times 10^{-6} \times (30 \times 10^3)^2 = 450[J]$

정답 14.② 15.④ 16.③ 17.③ 18.① 19.①

20 전지의 기전력이 1.5[V], 5개를 부하 저항 2.5[Ω]인 전구에 접속하였을 때 전구에 흐르는 전류는 몇 [A]인가? (단, 전지의 내부 저항은 0.5[Ω]이다.)

① 1.5
② 2
③ 3
④ 2.5

해설 $I = \dfrac{nE}{nr+R} = \dfrac{5 \times 1.5}{5 \times 0.5 + 2.5} = 1.5[A]$

21 알칼리 축전기의 대표적인 축전지로 널리 사용되고 있는 2차 전지는?

① 망간 전지
② 산화은 전지
③ 페이퍼 전지
④ 니켈-카드뮴 전지

해설 니켈-카드뮴 전지 : 알칼리 축전기의 대표적인 축전지로 휴대용 이동 전화의 전원으로 사용되는 전지이다.

22 어떤 변압기에서 임피던스 강하가 5[%]인 변압기가 운전 중 단락되었을 때 그 단락 전류는 정격 전류의 몇 배인가?

① 5
② 20
③ 50
④ 200

해설 단락 전류 $I_s = \dfrac{100}{\%Z}I_n$에서

$\dfrac{I_s}{I_n} = \dfrac{100}{\%Z} = \dfrac{100}{5} = 20$

23 전기 기계에 있어 와전류손(eddy current loss)을 감소하기 위한 적합한 방법은?

① 냉각 압연한다.
② 보상 권선을 설치한다.
③ 교류 전원을 사용한다.
④ 규소 강판에 성층 철심을 사용한다.

해설 와전류손의 감소 방법으로 성층 철심을 사용한다. 히스테리시스손을 줄이기 위해서 약 4[%]의 규소가 함유된 규소 강판을 사용한다.

24 분권 발전기의 정격 전압이 100[V]이고 전기자 저항 0.2[Ω], 정격 전류가 50[A]인 경우 유도 기전력은 몇 [V]인가?

① 100
② 110
③ 120
④ 130

해설 유도 기전력 $E = V + I_a R_a$
$= 100 + 50 \times 0.2 = 110[V]$

25 동기기에서 제동 권선을 설치하는 이유로 옳은 것은?

① 역률 개선
② 난조 방지
③ 전압 조정
④ 출력 증가

해설 제동 권선의 설치 목적 : 난조 방지와 기동 토크 발생을 위해서이다.

26 출력이 10[kW]이고 효율 80[%]일 때 손실은 몇 [kW]인가?

① 7.5
② 10
③ 2.5
④ 12.5

해설 $\eta = \dfrac{\text{출력}}{\text{입력}} \times 100[\%]$

입력 $P_i = \dfrac{10}{80} \times 100 = 12.5[kW]$이므로
손실은 $12.5 - 10 = 2.5[kW]$이다.

27 동기 발전기의 돌발 단락 전류를 주로 제한하는 것은?

① 역상 리액턴스
② 누설 리액턴스
③ 동기 리액턴스
④ 권선 저항

정답 20.① 21.④ 22.② 23.④ 24.② 25.② 26.③ 27.②

해설 동기기에서 저항은 누설 리액턴스에 비하여 작으며 전기자 반작용은 단락 전류가 흐른 뒤에 작용하므로 돌발 단락 전류를 제한하는 것은 누설 리액턴스이다.

28 공기 중에서 5×10^{-4}[Wb]인 곳에서 10[cm] 떨어진 점에 3×10^{-4}[Wb]이 놓여 있을 경우 자기력의 세기[N]는?

① 9.5×10^{-1} ② 9.5×10^{-2}
③ 9.5×10^{-3} ④ 9.5×10^{-4}

해설 두 자극 간에 작용하는 힘의 세기

$$F = 6.33 \times 10^4 \times \frac{m_1 \cdot m_2}{r^2}$$
$$= 6.33 \times 10^4 \times \frac{5 \times 10^{-4} \times 3 \times 10^{-4}}{0.1^2}$$
$$= 0.95 = 9.5 \times 10^{-1} [N]$$

29 3상 유도 전동기의 회전 방향을 바꾸려면?

① 전원의 전압과 주파수를 바꾸어준다.
② 전동기의 1차 권선에 있는 3개의 단자 중 어느 2개의 단자를 서로 바꾸어준다.
③ △-Y 결선으로 결선법을 바꾸어준다.
④ 기동 보상기를 사용하여 권선을 바꾸어준다.

해설 3상 유도 전동기는 회전 자계에 의해 회전하며 회전 자계의 방향을 반대로 하려면 전원의 3선 가운데 2선을 바꾸어 전원에 다시 연결하면 회전 방향은 반대로 된다.

30 전선 접속 시 사용되는 슬리브(sleeve)의 종류가 아닌 것은?

① E형 ② S형
③ D형 ④ P형

해설 전선 접속 시 사용되는 슬리브(sleeve)의 종류에는 S형, E형, P형 등이 있다.

31 전선의 접속에 대한 설명으로 틀린 것은?

① 접속 부분의 전기 저항을 20[%] 이상 증가되도록 한다.
② 접속 부분의 인장 강도를 80[%] 이상 유지되도록 한다.
③ 접속 부분에 전선 접속 기구를 사용한다.
④ 알루미늄 전선과 구리선의 접속 시 전기적인 부식이 생기지 않도록 한다.

해설 전선 접속 시 주의 사항
• 전선 접속 부분의 전기 저항을 증가시키지 말 것
• 전선 접속 부분의 인장 강도를 80[%] 이상 유지할 것

32 피뢰 시스템에 접지 도체가 접속된 경우 접지선의 굵기는 구리선인 경우 최소 몇 [mm²] 이상이어야 하는가?

① 6 ② 10
③ 16 ④ 22

해설 접지 도체가 피뢰 시스템에 접속된 경우 : 구리 16[mm²] 이상, 철제 50[mm²] 이상

33 배전반 및 분전반과 연결된 배관을 변경하거나 이미 설치되어 있는 캐비닛에 구멍을 뚫을 때 필요한 공구는?

① 오스터 ② 녹아웃 펀치
③ 토치 램프 ④ 클리퍼

해설 전기 공사용 공구
• 오스터 : 금속관에 나사를 낼 때 사용하는 것
• 녹아웃 펀치 : 배전반이나 분전반 등의 금속제 캐비닛의 구멍을 확대하거나 철판의 구멍 뚫기에 사용하는 공구
• 토치 램프 : 합성 수지관 공사 시 가공부를 가열하기 위한 램프
• 클리퍼 : 전선 단면적 25[mm²] 이상인 굵은 전선 절단용 공구

정답 28.① 29.② 30.③ 31.① 32.③ 33.②

34. 굵은 전선이나 케이블을 절단할 때 사용되는 공구는?

① 플라이어
② 펜치
③ 나이프
④ 클리퍼

해설 클리퍼 : 전선 단면적 $25[\text{mm}^2]$ 이상의 굵은 전선이나 볼트 절단 시 사용하는 공구

35. 전선의 접속법에서 두 개 이상의 전선을 병렬로 사용하는 경우의 시설 기준으로 틀린 것은?

① 각 전선의 굵기는 구리인 경우 $50[\text{mm}^2]$ 이상이어야 한다.
② 각 전선의 굵기는 알루미늄인 경우 $70[\text{mm}^2]$ 이상이어야 한다.
③ 병렬로 사용하는 전선은 각각에 퓨즈를 설치할 것
④ 동극의 각 전선은 동일한 터미널 러그에 완전히 접속할 것

해설 병렬로 접속해서 각각 전선에 퓨즈를 설치한 경우 만약 한 선의 퓨즈가 용단될 때 다른 한 선으로 전류가 모두 흘러 위험해지므로 퓨즈를 설치하면 안 된다.

36. 금속관 공사를 노출로 시공할 때 직각으로 구부러지는 곳에는 어떤 배선 기구를 사용하는가?

① 유니언 커플링
② 아우트렛 박스
③ 픽스처 히키
④ 유니버설 엘보

해설 직각 배관 시 사용하는 기구
- 유니버설 엘보 : 노출 시 직각 배관
- 노멀 밴드 : 노출, 매입 공사 시 직각 배관

37. 직류 발전기의 전기자 반작용의 영향에 대한 설명으로 틀린 것은?

① 브러시 사이의 불꽃을 발생시킨다.
② 주자속이 찌그러지거나 감소된다.
③ 전기자 전류에 의한 자속이 주자속에 영향을 준다.
④ 회전 방향과 반대 방향으로 자기적 중성축이 이동된다.

해설 전기자 반작용 결과
- 주자속 감소
- 브러시 부근 불꽃 발생(정류 불량 원인)
- 편자 작용에 의해 회전 방향으로 중성축 이동

38. 자기 인덕턴스가 $2[\text{H}]$인 코일에 저장된 에너지가 $25[\text{J}]$이 되기 위해서는 전류를 몇 $[\text{A}]$를 흘려줘야 하겠는가?

① 3
② 4
③ 5
④ 2

해설 코일에 축적되는 전자 에너지
$W = \dfrac{1}{2}LI^2[\text{J}]$에서 전류로 정리하면
$I = \sqrt{\dfrac{2W}{L}} = \sqrt{\dfrac{2 \times 25}{2}} = 5[\text{A}]$

39. 금속관 공사에서 녹아웃의 지름이 금속관의 지름보다 큰 경우에 사용하는 재료는?

① 링 리듀서
② 부싱
③ 접속기(커넥터)
④ 로크 너트

해설 링 리듀서 : 금속관을 아우트렛 박스에 접속할 때 박스 지름이 금속관보다 클 경우 사용하는 보조 접속 기구

정답 34.④ 35.③ 36.④ 37.④ 38.③ 39.①

40 보호 도체와 계통 도체를 겸용하는 겸용 도체는 중선선과 겸용, 상도체와 겸용, 중간 도체와 겸용을 말하여 단면적은 구리선을 사용하는 경우 최소 몇 [mm²] 이상이어야 하는가?

① 6 ② 10
③ 16 ④ 22

해설 겸용 도체의 최소 굵기 : 구리 10[mm²] 또는 알루미늄 16[mm²] 이상

41 AC 380[V] 전동기와 AC 220[V] 전등을 배선하는 부하를 접속하는 경우 적합한 결선은?

① 3상 4선식
② 단상 3선식
③ 3상 3선식
④ 단상 2선식

해설 3상 4선식의 Y결선의 특징
- 두 가지 전압을 얻을 수 있다.
  선간 전압 $V_l = \sqrt{3} \times V_p$(상전압)[V]
  상전압이 220[V]인 경우
  선간 전압 $V_l = \sqrt{3} \times 220 = 380$[V]
- 접지가 용이하다.

42 설치 면적과 설치 비용이 많이 들지만 가장 이상적이고 효과적인 진상용 콘덴서 설치 방법은?

① 수전단 모선에 설치한다.
② 수전단 모선에 분산하여 설치한다.
③ 가장 큰 부하측에만 설치한다.
④ 부하측에 분산하여 설치한다.

해설 가장 효과적인 콘덴서 설치 방법은 부하측에 분산하여 설치한다.

43 역률이 좋아 가정용 선풍기, 세탁기, 냉장고 등에 주로 사용되는 것은?

① 분상 기동형
② 영구 콘덴서형
③ 반발 기동형
④ 셰이딩 코일형

해설 영구 콘덴서형 단상 유도 전동기의 특징 : 콘덴서 기동형보다 용량이 적어서 기동 토크가 작으므로 선풍기, 세탁기, 냉장고, 오디오 플레이어 등에 널리 사용된다.

44 전기 저항이 작고, 부드러운 성질이 있어 구부리기가 용이하므로 주로 옥내 배선에 사용하는 구리선의 명칭은?

① 경동선 ② 연동선
③ 합성 연선 ④ 중공 전선

해설 구리선의 종류
- 경동선 : 인장 강도가 뛰어나므로 주로 옥외 전선로에서 사용
- 연동선 : 부드럽고 가요성이 뛰어나므로 주로 옥내 배선에서 사용

45 낙뢰, 수목 접촉, 일시적인 불꽃방전(섬락) 등 순간적인 사고로 계통에서 분리된 구간을 신속히 계통에 재투입시킴으로써 계통의 안정도를 향상시키고 정전 시간을 단축시키기 위해 사용되는 계전기는?

① 과전류 계전기
② 거리 계전기
③ 재연결(재폐로) 계전기
④ 차동 계전기

해설 재연결(재폐로) 계전기 : 계통을 안정시키기 위해서 재연결(재폐로) 차단기와 조합하여 사용하며, 송전 선로에 고장이 발생하면 고장을 일으킨 구간을 신속히 고속 차단하여 제거한 후 재투입시켜서 정전 구간을 단축시키는 계전기이다.

46 주택용 배선용 차단기는 정격 전류 63[A] 이하인 경우 정격 전류의 몇 [%]에 확실하게 동작되어야 하는가?

① 115   ② 125
③ 145   ④ 150

해설 배선용 차단기의 과전류 트립 동작 시간 및 특성

정격 전류	시간	정격 전류 배수 (모든 극에 통전)			
		산업용		주택용	
		부동작 전류	동작 전류	부동작 전류	동작 전류
63[A] 이하	60분	1.05배	1.3배	1.13배	1.45배
63[A] 초과	120분				

47 전류의 순시값이 $i(t) = 200\sqrt{2}\sin\left(\omega t + \dfrac{\pi}{2}\right)$ [A]인 경우 복소수 표기가 맞는 것은?

① $200\sqrt{2} + j200\sqrt{2}$
② $j200$
③ $100\sqrt{2} + j100\sqrt{2}$
④ 200

해설 전류의 복소수 표기법
$\dot{I} = I\cos\theta + jI\sin\theta$
$= 200\cos\dfrac{\pi}{2} + j200\sin\dfrac{\pi}{2} = j200\,[\text{A}]$

48 두 개의 평행 도선이 그림과 같이 시설된 경우 무슨 힘이 발생하는가?

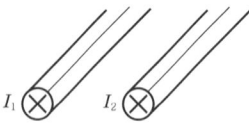

① 흡인력
② 반발력
③ 서로 밀어냈다가 끌어당긴다.
④ 힘이 작용하지 않는다.

해설 평행 도체 사이에 작용하는 힘(전자력)
$F = \dfrac{2I_1 I_2}{r} \times 10^{-7}\,[\text{N/m}]$
그림의 전류 방향은 ⊗이므로 지면을 뚫고 들어가는 방향으로서 전류 방향이 같으면 흡인력이 작용한다.

49 단상 부하에 220[V]를 인가하니 위상 45°가 뒤진 15[A]의 전류가 흘렀다면 유효 전력은 약 몇 [W]인가?

① 133   ② 2,330
③ 3,330   ④ 1,330

해설 단상 유효 전력
$P = VI\cos\theta = 220 \times 15 \times \cos 45° = 2,333\,[\text{W}]$

50 자기 인덕턴스에 대한 설명으로 틀린 것은?

① 코일의 권수에 비례한다.
② 자기장을 크게 하면 자기 인덕턴스는 증가한다.
③ 유전율에 비례한다.
④ 전류를 크게 하면 인덕턴스는 감소한다.

해설 자기 인덕턴스 $L = \dfrac{N\phi}{I} = \dfrac{\mu A N^2}{l}$ [H]이므로 투자율에 비례하고 유전율과는 무관하다.

51 전극에서 석출되는 물질의 양이 W[g]이 있다. t[sec] 동안 I[A]를 흘려줬다면 물질의 양은 얼마인가? (단, k는 비례 상수이다.)

① $W = \dfrac{kI}{t}$ ② $W = kIt$
③ $W = \dfrac{kt}{I}$ ④ $W = \dfrac{1}{kIt}$

해설 패러데이 법칙 : 전극에서 석출되는 물질의 양은 통과한 전기량에 비례한다.
물질의 양 $W = kQ = kIt$ [g] (k : 전기 화학 당량)

정답 46.③ 47.② 48.① 49.② 50.③ 51.②

52 동일한 저항 4개를 접속하여 얻을 수 있는 최대 저항값은 최소 저항값의 몇 배인가?

① 4
② 16
③ 8
④ 2

해설
- 최대 저항값 : 직렬 $R_{직} = 4R [\Omega]$
- 최소 저항값 : 병렬 $R_{병} = \dfrac{R}{4} [\Omega]$

$\therefore \dfrac{R_{직}}{R_{병}} = \dfrac{4R}{\dfrac{R}{4}} = 4^2 = 16$배

53 그림과 같은 직류 분권 발전기 등가 회로에서 부하 전류 $I[A]$는?

① 4
② 94
③ 106
④ 96

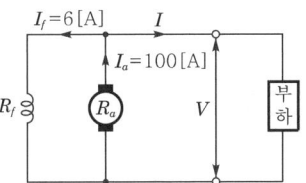

해설 $I = I_a - I_f = 100 - 6 = 94 [A]$

54 다음 ( ) 안에 알맞은 내용은?

> 고압 및 특고압용 기계 기구의 시설에 있어 고압용 변압기는 시가지 외에 시설하는 경우 지표상 ( )[m] 높이에 시설하여야 한다.

① 5
② 4.5
③ 4
④ 3.5

해설 고압용 기계 기구 시설 시 지표상 높이
- 시가지 내 : 4.5[m] 이상
- 시가지 외 : 4[m] 이상

55 교류에서 파형률이란?

① $\dfrac{최대값}{실효값}$
② $\dfrac{평균값}{실효값}$
③ $\dfrac{실효값}{최대값}$
④ $\dfrac{실효값}{평균값}$

해설
- 교류의 파형률 $= \dfrac{실효값}{평균값}$
- 교류의 파고율 $= \dfrac{최대값}{실효값}$

56 한국전기설비규정에 고압 옥측 전선로를 시설할 경우 수관, 가스관 또는 이와 유사한 것과 접근하거나 교차하는 경우에는 고압 옥측 전선로의 전선과 이들 사이의 간격(이격거리)[cm]은?

① 15
② 30
③ 60
④ 45

해설 고압 옥측 전선로의 전선이 그 고압 옥측 전선로를 시설하는 조영물에 시설하는 특고압 옥측 전선, 저압 옥측 전선, 관등 회로의 배선, 약전류 전선 등이나 수관, 가스관 또는 이와 유사한 것과 접근하거나 교차하는 경우에는 고압 옥측 전선로의 전선과 이들 사이의 간격(이격거리)은 15[cm] 이상이어야 한다.

57 다음 그림 기호의 배선 명칭은?

―――――

① 노출 배선
② 천장 은폐 배선
③ 바닥 은폐 배선
④ 바닥면 노출 배선

해설 일반적인 전기 배선은 대부분은 천장 은폐 배선이므로 실선(―――)을 사용한다.

58 하나의 수용 장소의 인입선 접속점에서 분기하여 지지물을 거치지 아니하고 다른 수용 장소의 인입선 접속점에 이르는 전선은?

① 이웃연결(연접) 인입선
② 구내 인입선
③ 가공 인입선
④ 옥측 배선

정답 52.② 53.② 54.③ 55.④ 56.① 57.② 58.①

해설 이웃연결(연접) 인입선 시설 원칙
- 분기점으로부터 100[m]를 초과하지 않을 것
- 중도에 접속점을 두지 않도록 할 것
- 폭 5[m]를 넘는 도로를 횡단하지 않도록 할 것
- 옥내를 통과하지 않도록 할 것

59 저항 $R=3[\Omega]$, 자체 인덕턴스 $L=10.6[mH]$이 직렬로 연결된 회로에 주파수 60[Hz], 500[V]의 교류 전압을 인가한 경우의 전류 $I[A]$는?

① 10   ② 15
③ 50   ④ 100

해설 유도성 리액턴스
$$X_L = 2\pi f L$$
$$= 2 \times 3.14 \times 60 \times 10.6 \times 10^{-3} = 4[\Omega]$$
$$Z = \sqrt{R^2 + X_L^2} = \sqrt{3^2 + 4^2} = 5[\Omega]$$
$$I = \frac{V}{Z} = \frac{500}{5} = 100[A]$$

60 교류 380[V]를 사용하는 공장의 전선과 대지 사이의 절연 저항은 몇 [MΩ] 이상이어야 하는가?

① 0.1   ② 1.0
③ 0.5   ④ 100

해설 FELV, 500[V] 이하이면 1.0[MΩ] 이상이어야 한다.

정답 59.④ 60.②

2019년 제3회 CBT 기출복원문제

★ 표시 : 문제 중요도를 나타냄

본 기출문제는 수험생들의 기억을 바탕으로 작성한 것으로 내용 및 그림 등에서 실제 문제와 다소 차이가 있을 수 있습니다.

01 전지의 기전력이 1.5[V], 5개를 부하 저항 2.5[Ω]인 전구에 접속하였을 때 전구에 흐르는 전류는 몇 [A]인가? (단, 전지의 내부 저항은 0.5[Ω]이다.)

① 1.5
② 2
③ 3
④ 2.5

해설 전지 n개 직렬 접속 시 전류
$$I = \frac{nE}{nr+R} = \frac{5 \times 1.5}{5 \times 0.5 + 2.5} = 1.5[A]$$

02 전선의 접속에 대한 설명으로 틀린 것은?

① 접속 부분의 전기 저항을 증가시켜서는 안 된다.
② 접속 부분의 인장 강도를 20[%] 이상 유지되도록 한다.
③ 접속 부분에 전선 접속 기구를 사용한다.
④ 알루미늄 전선과 구리선의 접속 시 전기적인 부식이 생기지 않도록 한다.

해설 전선 접속 시 접속 부분의 전선의 세기는 인장 강도를 접속 전의 80[%] 이상 유지해야 한다(20[%] 이상 감소되지 않도록 할 것).

03 특고압·고압 전기 설비용 접지 도체는 단면적 몇 [mm²] 이상의 연동선 또는 동등 이상의 단면적 및 강도를 가져야 하는가?

① 0.75
② 4
③ 6
④ 10

해설 특고압·고압 전기 설비용 접지 도체는 단면적 6[mm²] 이상의 연동선 또는 동등 이상의 단면적 및 강도를 가져야 한다.

04 교류에서 파형률이란?

① $\dfrac{최대값}{실효값}$
② $\dfrac{평균값}{실효값}$
③ $\dfrac{실효값}{최대값}$
④ $\dfrac{실효값}{평균값}$

해설 교류의 파형률 = $\dfrac{실효값}{평균값}$

05 다음 중 고압 지중 케이블이 아닌 것은?

① 알루미늄피 케이블
② 비닐 절연 비닐 외장 케이블
③ 미네랄 인슈레이션 케이블
④ 클로로프렌 외장 케이블

해설 전압에 따른 지중 케이블의 종류

전압	사용 가능 케이블
저압	알루미늄피, 클로로프렌 외장, 비닐 외장, 폴리에틸렌 외장, 미네랄 인슈레이션(MI) 케이블
고압	알루미늄피, 클로로프렌 외장, 비닐 외장, 폴리에틸렌 외장, 콤바인 덕트(CD) 케이블

정답 01.① 02.② 03.③ 04.④ 05.③

06 속도를 광범위하게 조정할 수 있으므로 압연기나 엘리베이터 등에 사용되는 직류 전동기는?

① 직권 전동기
② 분권 전동기
③ 타여자 전동기
④ 가동 복권 전동기

해설 타여자 전동기 : 속도를 광범위하게 조정할 수 있으므로 압연기나 엘리베이터 등에 적합하다.

07 다음 파형 중 비정현파가 아닌 것은?

① 펄스파
② 사각파
③ 삼각파
④ 사인 주기파

해설 주기적인 사인파는 기본 정현파이므로 비정현파에 해당되지 않는다.

08 30[W] 전열기에 220[V], 주파수 60[Hz]인 전압을 인가한 경우 평균 전압[V]은?

① 150
② 198
③ 220
④ 300

해설 전압의 최대값 $V_m = 220\sqrt{2}$ [V]
평균값 $V_{av} = \frac{2}{\pi}V_m = \frac{2}{\pi} \times 220\sqrt{2} = 198$ [V]
＊ 쉬운 풀이 : $V_{av} = 0.9V = 0.9 \times 220 = 198$ [V]

09 단위 시간당 5[Wb]의 자속이 통과하여 2[J]의 일을 하였다면 전류는 얼마인가?

① 0.25
② 2.5
③ 0.4
④ 4

해설 자속이 도체를 통과하여 한 일 $W = \phi I$ [J]
$I = \frac{W}{\phi} = \frac{2}{5} = 0.4$ [A]

10 반도체 내에서 정공은 어떻게 생성되는가?

① 결합 전자의 이탈
② 접합 불량
③ 자유 전자의 이동
④ 확산 용량

해설 정공이란 결합 전자의 이탈로 생기는 빈자리를 말한다.

11 30[Ah]의 축전지를 3[A]로 사용하면 몇 시간 사용 가능한가?

① 1시간
② 3시간
③ 10시간
④ 20시간

해설 축전지의 용량 $= It$ [Ah]이므로
시간 $t = \frac{30}{3} = 10$ [h]

12 30[μF]과 40[μF]의 콘덴서를 병렬로 접속한 후 100[V]의 전압을 가했을 때 전 전하량은 몇 [C]인가?

① 17×10^{-4}
② 34×10^{-4}
③ 56×10^{-4}
④ 70×10^{-4}

해설 합성 정전 용량 $C_0 = 30 + 40 = 70$ [μF]
$Q = CV = 70 \times 10^{-6} \times 100 = 70 \times 10^{-4}$ [C]

13 정전 용량 C [μF]의 콘덴서에 충전된 전하가 $q = \sqrt{2}Q\sin\omega t$ [C]과 같이 변화하도록 하였다면 이때 콘덴서에 흘러들어가는 전류의 값은?

① $i = \sqrt{2}\omega Q\sin\omega t$
② $i = \sqrt{2}\omega Q\cos\omega t$
③ $i = \sqrt{2}\omega Q\sin(\omega t - 60°)$
④ $i = \sqrt{2}\omega Q\cos(\omega t - 60°)$

정답 06.③ 07.④ 08.② 09.③ 10.① 11.③ 12.④ 13.②

해설 콘덴서 소자에 흐르는 전류
$$i_C = \frac{dq}{dt} = \frac{d}{dt}(\sqrt{2}\,Q\sin\omega t)$$
$$= \sqrt{2}\,\omega Q\cos\omega t\,[A]$$

14 변압기유로 쓰이는 절연유에 요구되는 성질이 아닌 것은?
① 응고점이 높을 것
② 점도가 낮을 것
③ 절연 내력이 클 것
④ 냉각 효과가 클 것

해설 변압기유의 구비 조건
- 절연 내력이 클 것
- 인화점이 높고 응고점이 낮을 것
- 점도가 낮을 것
- 냉각 효과가 클 것

15 콘덴서의 정전 용량을 크게 하는 방법으로 옳지 않은 것은?
① 극판의 간격을 작게 한다.
② 극판 사이에 비유전율이 큰 유전체를 삽입한다.
③ 극판의 면적을 크게 한다.
④ 극판의 면적을 작게 한다.

해설 콘덴서의 정전 용량 $C = \frac{\varepsilon A}{d}\,[F]$이므로 극판의 간격 $d\,[m]$에 반비례하며 면적 $A\,[m^2]$에 비례하므로 면적을 크게 해야 한다.

16 자속을 발생시키는 원천을 무엇이라 하는가?
① 기전력
② 전자력
③ 기자력
④ 정전력

해설 기자력(起磁力, magneto motive force) : 자속 Φ를 발생하게 하는 원천을 말하며 자기 회로에서 권수 N회인 코일에 전류 $I\,[A]$를 흘릴 때 발생하는 자속 Φ는 NI에 비례하여 발생하므로 다음과 같이 나타낼 수 있다.
$$F = NI = R_m\Phi\,[AT]$$

17 전압계 및 전류계의 측정 범위를 넓히기 위하여 사용하는 배율기와 분류기의 접속 방법은?
① 배율기는 전압계와 병렬 접속, 분류기는 전류계와 직렬 접속
② 배율기는 전압계와 직렬 접속, 분류기는 전류계와 병렬 접속
③ 배율기 및 분류기 모두 전압계와 전류계에 직렬 접속
④ 배율기 및 분류기 모두 전압계와 전류계에 병렬 접속

해설 배율기는 전압계와 직렬로 접속, 분류기는 전류계와 병렬로 접속한다.

18 $1\,[\mu F]$의 콘덴서에 $30\,[kV]$의 전압을 가하여 $200\,[\Omega]$의 저항을 통해 방전시키면 이때 발생하는 에너지 $[J]$는 얼마인가?
① 450
② 900
③ 1,000
④ 1,200

해설 콘덴서에 축적되는 에너지
$$W = \frac{1}{2}CV^2$$
$$= \frac{1}{2} \times 1 \times 10^{-6} \times (30 \times 10^3)^2$$
$$= 450\,[J]$$

19 다음 중 자석에 무반응인 물체는?
① 상자성체
② 반자성체
③ 강자성체
④ 비자성체

정답 14.① 15.④ 16.③ 17.② 18.① 19.④

해설 비자성체 : 자성이 약하거나 전혀 자성을 갖지 않아서 자화가 되지 않는 물체

20 직류 전동기의 속도 제어법이 아닌 것은?
① 전압 제어법　② 계자 제어법
③ 저항 제어법　④ 공극 제어법

해설 직류 전동기 속도 제어
- 전압 제어
- 계자 제어
- 저항 제어

21 다음 중 부하 증가 시 속도 변동이 작은 전동기에 속하는 것은?
① 유도 전동기
② 직권 전동기
③ 교류 정류자 전동기
④ 분권 전동기

해설 속도 변동이 가장 작은 전동기는 분권 전동기, 타여자 전동기이며 속도 변동이 매우 작아서 정속도 전동기라고도 한다.

22 변압기 2대를 V결선했을 때의 이용률은 몇 [%]인가?
① 57.5　　　② 70.7
③ 86.6　　　④ 100

해설 V결선의 이용률 $= \dfrac{V결선\ 출력}{2대\ 발생\ 출력} \times 100$
$= \dfrac{\sqrt{3}}{2} \times 100$
$= 86.6[\%]$

23 선택 지락 계전기(selective ground relay)의 용도는?
① 단일 회선에서 지락 전류의 방향의 선택
② 단일 회선에서 지락 사고 지속 시간 선택
③ 단일 회선에서 지락 전류의 대소의 선택
④ 다회선에서 지락 고장 회선의 선택

해설 선택 지락 계전기(SGR) : 다회선 송전 선로에서 지락이 발생된 회선만을 검출하여 선택해 차단할 수 있도록 동작하는 계전기

24 관을 시설하고 제거하는 것이 자유롭고 점검 가능한 은폐 장소에서 가요 전선관을 구부리는 경우 곡선반지름(곡률반경)은 2종 가요 전선관 안지름(내경)의 몇 배 이상으로 하여야 하는가?
① 10　　　② 9
③ 6　　　　④ 3

해설 관을 시설하고 제거하는 것이 자유롭고 점검 가능한 은폐 장소에서 가요 전선관을 구부리는 경우 곡선반지름(곡률반경)은 제2종 가요 전선관 안지름(내경)의 3배 이상으로 하여야 한다.

25 일반적으로 학교 건물이나 은행 건물 등의 간선의 수용률은 얼마인가?
① 50[%]　　② 60[%]
③ 70[%]　　④ 80[%]

해설 일반적으로 학교 건물이나 은행 건물 등 간선의 수용률은 70[%]를 적용한다.

26 전선의 전기 저항 처음 값을 R_1이라 하고 이 전선의 반지름을 2배로 하면 전기 저항 R은 처음 값의 얼마이겠는가?
① $4R_1$　　　② $2R_1$
③ $\dfrac{1}{2}R_1$　　④ $\dfrac{1}{4}R_1$

해설 전기 저항이 $R = \rho \dfrac{l}{A} = \rho \dfrac{l}{\pi r^2}[\Omega]$이므로 반지름이 2배 증가하면 단면적은 $r^2 = 4$배 증가하므로 단면적에 반비례하는 전기 저항은 $\dfrac{1}{4}$로 감소한다.

정답 20.④　21.④　22.③　23.④　24.④　25.③　26.④

27 유도 전동기가 회전하고 있을 때 생기는 손실 중에서 구리손이란?

① 브러시의 마찰손
② 베어링의 마찰손
③ 표유 부하손
④ 1차, 2차 권선의 저항손

해설 구리손(동손)은 저항에 의해서 발생하는 손실로서 1차, 2차 권선의 저항에 의해 발생한다.

2차 동손 $P_{c2} = sP_2 = \dfrac{s}{1-s}P_o$ [W]

여기서, P_2 : 2차 입력
P_o : 출력
s : 슬립(slip)

28 3상 변압기의 병렬 운전 시 병렬 운전이 불가능한 결선 조합은?

① △-△ 와 Y-Y
② △-△ 와 △-Y
③ △-Y 와 △-Y
④ △-△ 와 △-△

해설 병렬 운전이 가능한 조합

병렬 운전 가능	병렬 운전 불가능
△-△ 와 △-△	△-△ 와 △-Y
Y-Y 와 Y-Y	Y-Y 와 △-Y
Y-△ 와 Y-△	
△-Y 와 △-Y	
△-△ 와 Y-Y	
V-V 와 V-V	

29 직류기의 주요 구성 요소에서 자속을 만드는 것은?

① 정류자   ② 계자
③ 회전자   ④ 전기자

해설 계자는 자속을 만드는 도체이다.
• 전기자 : 계자에서 발생된 자속을 끊어 기전력을 유도시키는 도체
• 정류자 : 교류를 직류로 바꿔 주는 도체

30 변압기 결선에서 Y-Y 결선 특징이 아닌 것은?

① 제3고조파 포함
② 중성점 접지 가능
③ V-V 결선 가능
④ 절연 용이

해설 Y-Y 결선은 중성점 접지가 가능하여 절연이 용이하지만 중성점 접지 시 접지선을 통해 제3고조파 전류가 흐를 수 있으므로 인접 통신선에 유도 장해가 발생하는 단점이 있다.

31 두 금속을 접합하여 이 접합점에 전류를 흘려주면 줄열 외에 그 접점에서 열의 발생 또는 흡수가 발생하는 현상을 무슨 효과라 하는가?

① 줄효과   ② 홀효과
③ 제베크 효과 ④ 펠티에 효과

해설 펠티에 효과 : 두 금속을 접합하여 접합점에 전류를 흘려주면 열의 발생 또는 흡수가 발생하는 현상

32 도체계에서 임의의 도체를 일정 전위(일반적으로 영전위)의 도체로 완전 포위하면 내부와 외부의 전계를 완전히 차단할 수 있는데 이를 무엇이라 하는가?

① 핀치 효과   ② 톰슨 효과
③ 정전 차폐   ④ 자기 차폐

해설 정전 차폐 : 도체가 정전 유도되지 않도록 도체 바깥을 포위하여 접지하는 것을 정전 차폐라 하며 완전 차폐가 가능하다.

33 16[mm] 합성 수지 전선관을 직각 구부리기할 경우 곡선(곡률) 반지름은 몇 [mm]인가? (단, 16[mm] 합성 수지관의 안지름은 18[mm], 바깥지름은 22[mm]이다.)

① 119   ② 132
③ 187   ④ 220

정답 27.④ 28.② 29.② 30.③ 31.④ 32.③ 33.①

해설 합성 수지 전선관 직각 구부리기 : 전선관의 안지름 d, 바깥지름이 D일 경우

곡선(곡률) 반지름 $r = 6d + \dfrac{D}{2}$

$= 6 \times 18 + \dfrac{22}{2}$

$= 119[mm]$

34 병렬 운전 중인 동기 임피던스 5[Ω]인 2대의 3상 동기 발전기의 유도 기전력에 200[V]의 전압차가 발생했다면 무효 순환 전류[A]는?

① 5 ② 10
③ 20 ④ 40

해설 무효 순환 전류 $I_c = \dfrac{\text{유도 기전력의 차}}{2Z_s}$

$= \dfrac{200}{2 \times 5}$

$= 20[A]$

35 직류 발전기에서 정류자와 접촉하여 전기자 권선과 외부 회로를 연결하는 역할을 하는 일반적인 브러시는?

① 금속 브러시
② 탄소 브러시
③ 전해 브러시
④ 저항 브러시

해설 브러시 : 정류자에서 변환된 직류 기전력을 외부로 인출하기 위한 장치로서, 일반적으로 양호한 정류를 얻기 위하여 접촉 저항이 큰 탄소 브러시를 사용한다.

36 정격 전압 220[V]인 동기 발전기를 무부하로 운전하였더니 단자 전압이 253[V]가 되었다면 이 발전기의 전압 변동률은 몇 [%]인가?

① 10 ② 20
③ 13 ④ 15

해설 전압 변동률 $\varepsilon = \dfrac{V_0 - V_n}{V_n} \times 100$

$= \dfrac{253 - 220}{220} \times 100$

$= 15[\%]$

37 유도 전동기의 동기 속도가 1,200[rpm]이고, 회전수가 1,176[rpm]일 때 슬립은?

① 0.06 ② 0.04
③ 0.02 ④ 0.01

해설 슬립 $s = \dfrac{N_s - N}{N_s} = \dfrac{1,200 - 1,176}{1,200} = 0.02$

38 애자 사용 공사에 의한 저압 옥내 배선에서 일반적으로 전선 상호 간의 간격은 몇 [cm] 이상이어야 하는가?

① 2.5 ② 6
③ 25 ④ 60

해설 애자 사용 공사 시 전선 상호 간 간격(이격거리)
- 저압 : 6[cm] 이상
- 고압 : 8[cm] 이상

39 3상 유도 전동기의 1차 입력 60[kW], 1차 손실 1[kW], 슬립 3[%]일 때 기계적 출력[kW]은?

① 75 ② 57
③ 95 ④ 100

해설 기계적 출력 $P_0 = (1-s) \cdot P_2$

$= (1-s) \cdot (\text{1차 입력} - \text{1차 손실})$

$= (1 - 0.03) \times (60 - 1)$

$\fallingdotseq 57[kW]$

40 3단자 사이리스터가 아닌 것은?

① SCS ② SCR
③ TRIAC ④ GTO

정답 34.③ 35.② 36.④ 37.③ 38.② 39.② 40.①

해설 SCS : 4단자 단방향성 사이리스터

단자수	종류
2단자	SSS
3단자	SCR, TRIAC, LASCR, GTO
4단자	SCS

41 중성점 접지용 접지 도체는 공칭 단면적 몇 [mm²] 이상의 연동선 또는 동등 이상의 단면적 및 강도를 가져야 하는가?

① 4
② 6
③ 10
④ 16

해설 중성점 접지용 접지 도체는 공칭 단면적 16[mm²] 이상의 연동선 또는 동등 이상의 단면적 및 세기를 가져야 한다.

42 다음 중 과전류 차단기를 설치하는 곳은?

① 간선의 전원측 전선
② 접지 공사의 접지선
③ 접지 공사를 한 저압 가공 전선의 접지측 전선
④ 다선식 전로의 중성선

해설 과전류 차단기의 시설 장소
- 발전기나 전동기, 변압기 등과 같은 기계 기구를 보호하는 장소
- 송전 선로나 배전 선로 등에서 보호를 요하는 장소
- 인입구나 간선의 전원측 및 분기점 등 보호상, 보안상 필요한 장소

43 접착력은 떨어지나 절연성, 내온성, 내유성이 좋아 연피 케이블의 접속에 사용되는 테이프는?

① 고무 테이프
② 리노 테이프
③ 비닐 테이프
④ 자기 융착 테이프

해설 리노 테이프 : 절연성, 내온성, 내유성이 좋아 연피 케이블 접속에 사용되는 테이프이다.

44 다음 중 금속관 공사의 설명으로 잘못된 것은?

① 교류 회로는 1회로의 전선 전부를 동일관 내에 넣는 것을 원칙으로 한다.
② 교류 회로에서 전선을 병렬로 사용하는 경우에는 관 내에 전자적 불평형이 생기지 않도록 시설한다.
③ 금속관 내에서는 절대로 전선 접속선을 만들지 않아야 한다.
④ 관의 두께는 콘크리트에 매입하는 경우 1[mm] 이상이어야 한다.

해설 콘크리트에 매입 시 금속관의 두께는 1.2[mm] 이상이어야 한다.

45 다음 중 구리(동)전선의 종단 접속 방법이 아닌 것은?

① 구리선 압착 단자에 의한 접속
② 종단 겹침용 슬리브에 의한 접속
③ C형 전선 접속기에 의한 접속
④ 비틀어 꽂는 형의 전선 접속기에 의한 접속

해설 구리(동)전선의 종단 접속
- 가는 단선(4[mm²] 이하)의 종단 접속
- 구리선 압착 단자에 의한 접속
- 비틀어 꽂는 형의 전선 접속기에 의한 접속
- 종단 겹침용 슬리브(E형)에 의한 접속
- 직선 겹침용 슬리브(P형)에 의한 접속
- 꽂음형 커넥터에 의한 접속

정답 41.④ 42.① 43.② 44.④ 45.③

46 다음은 3상 유도 전동기 고정자 권선의 결선도를 나타낸 것이다. 맞는 것은?

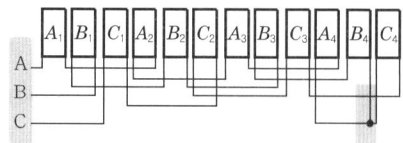

① 3상, 2극, Y결선
② 3상, 4극, Y결선
③ 3상, 2극, △결선
④ 3상, 4극, △결선

해설 그림의 결선도는 3상, 4극, Y결선에 해당한다.

47 동기 와트 P_2, 출력 P_o, 슬립 s, 동기 속도 N_s, 회전 속도 N, 2차 동손 P_{c2}일 때 2차 효율 표기로 틀린 것은?

① $1-s$ ② $\dfrac{P_{c2}}{P}$
③ $\dfrac{P_o}{P_2}$ ④ $\dfrac{N}{N_s}$

해설 2차 효율 $\eta_2 = \dfrac{P_o}{P_2} = \dfrac{(1-s)P_2}{P_2}$
$= 1-s = \dfrac{N}{N_s}$

48 가공 케이블 시설 시 조가선(조가용선)에 금속 테이프 등을 사용하여 케이블 외장을 견고하게 붙여 조가하는 경우 나선형으로 금속제 테이프를 감는 간격은 몇 [cm] 이하를 확보하여 감아야 하는가?

① 50 ② 30
③ 20 ④ 10

해설 조가선(조가용선)에 금속제 테이프를 감는 간격은 나선형으로 20[cm] 이하마다 감아야 한다.

49 한국전기설비규정에 의하면 옥외 백열전등의 인하선으로서 지표상의 높이 2.5[m] 미만의 부분은 전선에 공칭 단면적 몇 [mm²] 이상의 연동선과 동등 이상의 세기 및 굵기의 절연 전선(옥외용 비닐 절연 전선을 제외)을 사용하는가?

① 0.75 ② 1.5
③ 2.5 ④ 2.0

해설 옥외 백열전등 인하선의 시설 : 옥외 백열전등의 인하선으로서 지표상의 높이 2.5[m] 미만의 부분은 전선에 공칭 단면적 2.5[mm²] 이상의 연동선과 동등 이상의 세기 및 굵기의 옥외용 비닐 절연 전선을 제외한 절연 전선을 사용한다.

50 전시회나 쇼, 공연장 등의 전기 설비는 옥내 배선이나 이동 전선인 경우 사용 전압이 몇 [V] 이하이어야 하는가?

① 100 ② 200
③ 300 ④ 400

해설 전시회, 쇼 및 공연장, 기타 이들과 유사한 장소에 시설하는 저압 전기 설비에 적용하며 무대·무대마루 밑·오케스트라 박스·영사실, 기타 사람이나 무대 도구가 접촉할 우려가 있는 곳에 시설하는 저압 옥내 배선, 전구선 또는 이동 전선의 사용 전압이 400[V] 이하이어야 한다.

51 금속관을 절단할 때 사용되는 공구는?

① 오스터 ② 녹 아웃 펀치
③ 파이프 커터 ④ 파이프 렌치

해설 금속관 절단 공구 : 파이프 커터, 파이프 바이스

52 3상 4극 60[MVA], 역률 0.8, 60[Hz], 22.9[kV] 수차 발전기의 전부하 손실이 1,600[kW]이면 전부하 효율[%]은?

① 90 ② 95
③ 97 ④ 99

해설 전부하 효율 $\eta = \dfrac{출력}{출력+손실} \times 100$

수차 발전기의 출력 $P = P_a \cos\theta$
$= 60 \times 0.8$
$= 48 [MW]$

손실 $P_l = 1,600[kW] = 1.6[MW]$

효율 $\eta = \dfrac{48}{48+1.6} \times 100 ≒ 97[\%]$

53
$R-L$ 직렬 회로에 직류 전압 100[V]를 가했더니 전류가 20[A] 흘렀다. 교류 전압 100[V], $f=60[Hz]$를 인가한 경우 흐르는 전류가 10[A]이었다면 유도성 리액턴스 $X_L[\Omega]$은 얼마인가?

① 5　　　② $5\sqrt{2}$
③ $5\sqrt{3}$　　④ 10

해설 직류를 인가한 경우 $L=0$이므로 저항 R만 고려하여 $V=IR[V]$식에 적용한다.

$R = \dfrac{V}{I} = \dfrac{100}{20} = 5[\Omega]$

교류를 인가한 경우 L이 동작하므로 임피던스 $Z = \sqrt{R^2 + X_L^2}$ 이고 $V=IZ[V]$식을 적용한다.

$Z = \dfrac{V}{I} = \dfrac{100}{10} = 10 = \sqrt{R^2 + X_L^2}[\Omega]$이므로

$X_L = \sqrt{Z^2 - R^2} = \sqrt{10^2 - 5^2}$
$= \sqrt{75} = \sqrt{5^2 \times 3}$
$= 5\sqrt{3}[\Omega]$

54
전동기의 정격 전류가 10[A], 20[A], 50[A]인 경우 전동기 전용 분기 회로에 있어서 허용 전류는 몇 [A]인가?

① 80　　　② 88
③ 100　　④ 120

해설 전동기 전용 분기 회로의 허용 전류
전동기 정격 전류 50[A] 초과 : 1.1배
$I_a = 1.1 \times (10 + 20 + 50) = 88[A]$

55
다음 중 단로기(DS)의 사용 목적으로 맞는 것은?

① 전압의 개폐
② 부하 전류의 차단
③ 단일 회선의 개폐
④ 고장 전류 차단

해설 단로기는 부하 전류, 고장 전류를 차단할 수 있는 능력이 없고 설비 계통의 보수, 점검 시 잠시 선로를 분리하는 설비이다. 그러므로 전압의 개폐는 가능하다.

56
일반적으로 가공 전선로의 지지물에 취급자가 오르내리는 데 사용하는 발판 볼트 등은 일반인의 승주를 방지하기 위하여 지표상 몇 [m] 미만에 시설하여서는 안 되는가?

① 0.75　　② 1.2
③ 1.8　　　④ 2.0

해설 발판 볼트는 취급자가 오르내리기 위한 볼트로서 지지물의 지표상 1.8[m]부터 완금 하부 0.9[m]까지 발판 볼트를 설치한다.

57
직류 전동기 속도 제어법에서 워드 레오너드 방식에 사용하는 발전기의 종류는?

① 타여자 발전기　② 분권 발전기
③ 직권 발전기　　④ 복권 발전기

해설 워드 레오너드 방식은 타여자 발전기 출력 전압을 조정하는 방식으로 광범위한 속도 조정이 가능하다.

58
200[V], 30[W] 전등 10개를 20시간 사용하였다면 사용 전력량은 몇 [kWh]인가?

① 12　　② 6
③ 3　　　④ 2

해설 전력량 $W = Pt$
$= 30 \times 10 \times 20$
$= 6,000[Wh]$
$= 6[kWh]$

정답 53.③　54.②　55.①　56.③　57.①　58.②

59 수·변전 설비의 고압 회로에 걸리는 전압을 표시하기 위해 전압계를 시설할 때 고압 회로와 전압계 사이에 시설하는 것은?

① 관통형 변압기
② 계기용 변류기
③ 계기용 변압기
④ 권선형 변류기

해설 고전압을 저전압으로 변성하여 측정 계기나 보호 계전기에 전압을 공급하기 위한 계기를 계기용 변압기(PT)라 한다.

60 중성 상태의 도체에 (−)로 대전된 물체를 가까이 갖다 대면 그림과 같이 음과 양으로 전하가 분리되는 현상을 무엇이라 하는가?

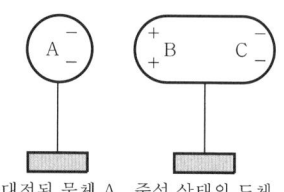

대전된 물체 A   중성 상태의 도체

① 자기 차폐
② 정전 유도
③ 홀효과
④ 분극 현상

해설 정전 유도 현상 : 전기적으로 중성 상태인 도체에 음(−)으로 대전된 물체 A를 가까이 대면 A에 가까운 부분 B에는 양(+)의 전하가 나타나고, 그 반대쪽 C부분에는 음(−)의 전하가 나타나는 현상

정답 59.③ 60.②

2019년 제4회 CBT 기출복원문제

★ 표시 : 문제 중요도를 나타냄

> 본 기출문제는 수험생들의 기억을 바탕으로 작성한 것으로 내용 및 그림 등에서 실제 문제와 다소 차이가 있을 수 있습니다.

01 ★ 10[Ω]의 저항 5개를 접속하여 얻을 수 있는 가장 작은 저항값은?
① 2   ② 4
③ 1   ④ 5

해설 저항 n개 병렬 접속 시 합성 저항
$$R_0 = \frac{R_1}{n} = \frac{10}{5} = 2[\Omega]$$

02 ★★ 3상 100[kVA], 13,200/200[V] 부하의 저압측 유효분 전류는? (단, 역률은 0.8이다.)
① 130   ② 230
③ 260   ④ 173

해설 피상 전력 $P_a = \sqrt{3}\,VI$[VA]
전류 $I = \dfrac{P_a}{\sqrt{3}\,V} = \dfrac{100}{\sqrt{3} \times 0.2} ≒ 288$[A]
복소수 전류 $\dot{I} = I\cos\theta + jI\sin\theta$
$\qquad\qquad\qquad = 288 \times 0.8 + j288 \times 0.6$
$\qquad\qquad\qquad = 230 + j173$[A]
그러므로 유효분 전류는 230[A]이다.

03 ★★ 유도 전동기의 속도 제어법이 아닌 것은?
① 2차 저항   ② 극수 제어
③ 일그너 제어   ④ 주파수 제어

해설 일그너 방식은 직류 전동기의 속도 제어법 종류의 하나인 전압 제어 방식이다.

04 ★★ 직류 전동기를 기동할 때 전기자 전류를 가감하여 조정하는 가감 저항기를 사용하는 방법을 무엇이라 하는가?
① 자기 기동기   ② 기동 저항기
③ 고주파 기동기   ④ 저주파 기동기

해설 기동 전류를 제한하기 위한 장치를 기동 저항기라 한다.

05 ★★ 금속 덕트를 조영재에 붙이는 경우에는 지지점 간의 거리는 최대 몇 [m] 이하로 하여야 하는가?
① 1.5   ② 2.0
③ 3.0   ④ 3.5

해설 덕트의 지지점 간 거리는 3[m] 이하로 할 것 (단, 취급자 이외에는 출입할 수 없는 곳에서 수직으로 설치하는 경우 6[m] 이하까지도 가능)

06 ★ 직류 분권 전동기의 부하로 알맞은 것은?
① 전차   ② 크레인
③ 권상기   ④ 환기용 송풍기

해설 직류 분권 전동기는 회전 속도의 변동이 작아서 선박의 펌프나 환기용 송풍기 등에 사용된다.

07 ★★ 어드미턴스의 실수부는 무엇인가?
① 임피던스   ② 리액턴스
③ 서셉턴스   ④ 컨덕턴스

정답 01.① 02.② 03.③ 04.② 05.③ 06.④ 07.④

해설 어드미턴스의 실수부는 컨덕턴스, 허수부는 서셉턴스이다.

08 두 평행 도선 사이의 거리가 1[m]인 왕복 도선 사이에 단위 길이당 작용하는 힘(흡인력 또는 반발력)의 세기가 2×10^{-7}[N]일 경우 전류의 세기[A]는?

① 1 ② 2
③ 3 ④ 4

해설 평행 도선 사이에 작용하는 힘의 세기
$F = \dfrac{2I_1 I_2}{r} \times 10^{-7}$[N/m]로
$F = \dfrac{2I^2}{1} \times 10^{-7}$[N/m] $= 2 \times 10^{-7}$[N/m]
$\therefore I^2 = 1$이므로 $I = 1$[A]

09 동기 발전기의 돌발 단락 전류를 주로 제한하는 것은?

① 누설 리액턴스 ② 동기 임피던스
③ 권선 저항 ④ 동기 리액턴스

해설 동기 발전기의 돌발 단락 전류를 제한하는 것은 누설 리액턴스이다.

10 1[μF]의 콘덴서에 30[kV]의 전압을 가하여 30[Ω]의 저항을 통해 방전시키면 이때 발생하는 에너지[J]는 얼마인가?

① 450 ② 900
③ 1,000 ④ 1,200

해설 콘덴서에 축적되는 에너지
$W = \dfrac{1}{2}CV^2$
$= \dfrac{1}{2} \times 1 \times 10^{-6} \times (30 \times 10^3)^2 = 450$[J]

11 3상 교류 회로의 선간 전압이 13,200[V], 선전류가 800[A], 역률 80[%] 부하의 소비 전력은 약 몇 [MW]인가?

① 4.88 ② 8.45
③ 14.63 ④ 25.34

해설 3상 교류 전력 $P = \sqrt{3}\,VI\cos\theta$[W]
$V = 13.2$[kV], 전류 $I = 0.8$[kA]를 대입시키면 단위 [MW]가 된다.
$P = \sqrt{3} \times 13.2 \times 0.8 \times 0.8 = 14.63$[MW]

12 전지의 기전력이 1.5[V], 5개를 부하 저항 2.5[Ω]인 전구에 접속하였을 때 전구에 흐르는 전류는 몇 [A]인가? (단, 전지의 내부 저항은 0.5[Ω]이다.)

① 1.5 ② 2
③ 3 ④ 2.5

해설 $I = \dfrac{nE}{nr+R} = \dfrac{5 \times 1.5}{5 \times 0.5 + 2.5} = 1.5$[A]

13 옥내 배선 공사 중 저압에 애자 사용 공사를 하는 경우 전선 상호 간의 간격은 얼마 이상으로 하여야 하는가?

① 2[cm] ② 4[cm]
③ 6[cm] ④ 8[cm]

해설 전선 상호 간 간격 : 6[cm] 이상

14 송전 방식에서 선간 전압, 선로 전류, 역률이 일정할 때 (단상 3선식/단상 2선식)의 전선 1선당의 전력비는 약 몇 [%]인가?

① 87.5 ② 115
③ 133 ④ 150

해설

결선 방식		공급 전력	1선당 공급 전력	1선당 공급 전력비
단상 2선식	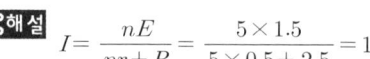	$P_1 = VI$	$\dfrac{1}{2}VI$	기준
단상 3선식		$P_2 = 2VI$	$\dfrac{2}{3}VI$ $= 0.67VI$	$\dfrac{\frac{2}{3}VI}{\frac{1}{2}VI} = \dfrac{4}{3}$ $= 1.33$배

정답 08.① 09.① 10.① 11.③ 12.① 13.③ 14.③

15 대칭 3상 △-△ 결선에서 선전류와 상전류와의 위상 관계는?

① $\dfrac{\pi}{3}$[rad]   ② $\dfrac{\pi}{2}$[rad]
③ $\dfrac{\pi}{4}$[rad]   ④ $\dfrac{\pi}{6}$[rad]

해설 △ 결선의 특징

$\dot{I}_l = \sqrt{3}\,I_p \angle -\dfrac{\pi}{6}$[A]

선전류 I_l가 상전류 I_p보다 $\dfrac{\pi}{6}$[rad] 뒤지는 위상관계가 성립한다.

16 1[cm]당 권수가 10인 무한 길이 솔레노이드에 1[A]의 전류가 흐르고 있을 때 솔레노이드 외부 자계의 세기[AT/m]는?

① 0   ② 5
③ 10   ④ 20

해설 솔레노이드에 의한 자계
- 내부 자계 : 평등 자계
- 외부 자계 : 0

17 진공 중에 10[μC]과 20[μC]의 점전하를 1[m]의 거리로 놓았을 때 작용하는 힘[N]은?

① 18×10^{-1}
② 2×10^{-2}
③ 9.8×10^{-9}
④ 98×10^{-9}

해설 쿨롱의 법칙

$F = 9 \times 10^9 \times \dfrac{Q_1 Q_2}{r^2}$

$= 9 \times 10^9 \times \dfrac{10 \times 10^{-6} \times 20 \times 10^{-6}}{1^2}$

$= 18 \times 10^{-1}$[N]

18 직류 발전기 중 중권 발전기의 전기자 권선에 균압환을 설치하는 이유는 무엇인가?

① 브러시 불꽃 방지
② 전기자 반작용
③ 파형 개선
④ 정류 개선

해설 중권 발전기는 브러시 부근에 불꽃을 방지하기 위하여 4극 이상의 중권 발전기에는 균압환을 설치한다.

19 $i = 200\sqrt{2}\sin\left(\omega t + \dfrac{\pi}{2}\right)$[A]를 복소수로 표시하면?

① 200
② $j200$
③ $200 + j200$
④ $200\sqrt{2} + j200\sqrt{2}$

해설 전류 $\dot{I} = 200\angle \dfrac{\pi}{2}$

$= 200\left(\cos\dfrac{\pi}{2} + j\sin\dfrac{\pi}{2}\right)$
$= 200(0 + j)$
$= j200$[A]

20 자기 인덕턴스가 각각 L_1[H], L_2[H]인 두 개의 코일이 직렬로 가동 접속되었을 때 합성 인덕턴스는? (단, 자기력선에 의한 영향을 서로 받는 경우이다.)

① $L_1 + L_2 - M$
② $L_1 + L_2 - 2M$
③ $L_1 + L_2 + M$
④ $L_1 + L_2 + 2M$

해설 가동 접속 합성 인덕턴스
$L_0 = L_1 + L_2 + 2M$[H]

정답 15.④ 16.① 17.① 18.① 19.② 20.④

21 고압 가공 인입선이 도로를 횡단하는 경우 노면상 시설하여야 할 높이는 몇 [m] 이상인가?

① 8.5　　② 6.5
③ 6　　　④ 4.5

해설 저·고압 인입선의 높이

장소 구분	저압[m]	고압[m]
도로 횡단	5[m] 이상	6[m] 이상
철도 횡단	6.5[m] 이상	6.5[m] 이상
횡단 보도교	3[m] 이상	3.5[m] 이상
기타 장소	4[m] 이상	5[m] 이상

22 조명 기구를 배광에 따라 분류하는 경우 특정한 장소만을 고조도로 하기 위한 조명 기구는?

① 광천장 조명 기구
② 직접 조명 기구
③ 전반 확산 조명 기구
④ 반직접 조명 기구

해설 직접 조명 기구는 특정한 장소만을 하향 광속 90[%] 이상이 되도록 설계된 조명 기구이다.

23 3[kW] 전열기를 정격 상태에서 20분간 사용하였을 때 열량은 몇 [kcal]인가?

① 430　　② 520
③ 610　　④ 860

해설 전열기 열량 1[kWh]=860[kcal]
전체 열량 $H = 860 \times 3 \times \dfrac{20}{60} = 860$[kcal]

24 금속 전선관을 구부릴 때 금속관의 단면이 심하게 변형되지 않도록 구부려야 하며, 일반적으로 그 안측의 반지름은 관 안지름(내경)의 몇 배 이상이 되어야 하는가?

① 2배　　② 4배
③ 6배　　④ 8배

해설 금속관을 구부리는 경우 굽은부분 반지름(굴곡 반경) : 관 안지름(내경)의 6배

25 주위 온도가 일정 상승률 이상이 되는 경우에 작동하는 것으로서 일정한 장소의 열에 의하여 작동하는 화재 감지기는?

① 차동식 스포트형 감지기
② 차동식 분포형 감지기
③ 광전식 연기 감지기
④ 이온화식 연기 감지기

해설 차동식 스포트형 감지기 : 주위 온도가 일정 상승률 이상이 될 경우 일정한 장소의 열에 의하여 작동하는 감지기로서, 화재 발생 시 온도 상승에 의해 열전대가 열기전력을 발생시켜서 릴레이가 동작하면 수신기에 화재 신고를 보내는 원리

26 수·변전 설비의 고압 회로에 흐르는 전류를 표시하기 위해 전류계를 시설할 때 고압 회로와 전류계 사이에 시설하는 것은?

① 계기용 변압기
② 계기용 변류기
③ 관통형 변압기
④ 권선형 변류기

해설 계기용 변류기(CT) : 대전류를 소전류(5[A])로 변성하여 측정 계기나 전류계의 전류원으로 사용하기 위한 전류 변성기

27 다음 중 자기 저항의 단위에 해당되는 것은?

① [Ω]
② [Wb/AT]
③ [H/m]
④ [AT/Wb]

해설 기자력 $F = NI = R\phi$ [AT]에서
자기 저항 $R = \dfrac{NI}{\phi}$ [AT/Wb]

정답 21.③　22.②　23.④　24.③　25.①　26.②　27.④

28 변압기의 부하 전류 및 전압이 일정하고 주파수만 낮아지면?

① 동손이 감소한다.
② 동손이 증가한다.
③ 철손이 감소한다.
④ 철손이 증가한다.

해설 철손과 주파수는 반비례하므로 주파수가 낮아지면 철손이 증가한다.

29 한국전기설비규정에 의하여 애자 사용 공사를 건조한 장소에 시설하고자 한다. 사용 전압이 400[V] 초과인 경우 전선과 조영재 사이의 간격(이격거리)은 최소 몇 [cm] 이상이어야 하는가?

① 2.5 ② 4.5
③ 6.0 ④ 12

해설 애자 사용 공사 시 전선과 조영재 간 간격(이격거리)
- 400[V] 이하 : 2.5[cm] 이상
- 400[V] 초과 : 4.5[cm] 이상(단, 건조한 장소는 2.5[cm] 이상)

30 3상 농형 유도 전동기의 Y-△ 기동 시의 기동 토크를 전전압 기동법과 비교했을 때 기동 토크는 전전압보다 몇 배가 되는가?

① 3 ② $\frac{1}{3}$
③ $\frac{1}{\sqrt{3}}$ ④ $\sqrt{3}$

해설 Y-△ 기동법은 기동 전류와 기동 토크가 전전압 기동법보다 $\frac{1}{3}$ 배로 감소한다.

31 셀룰로이드, 성냥, 석유류 등 가연성 위험 물질을 제조 또는 저장하는 장소의 저압 옥내 배선 공사 방법이 틀린 것은?

① 금속관은 박강 전선관 또는 이와 동등 이상의 전선관을 사용한다.
② 두께 2.0[mm] 미만의 합성수지제 전선관을 사용한다.
③ 배선은 금속관 배선, 합성수지관 배선(두께 2.0[mm] 이상) 또는 케이블 배선을 한다.
④ 합성수지관 배선에 사용하는 합성수지관 및 박스, 기타 부속품은 손상될 우려가 없도록 시설해야 한다.

해설 셀룰로이드, 성냥, 석유류 등 가연성 위험 물질을 제조 또는 저장하는 장소 : 금속관 공사, 케이블 공사, 두께 2.0[mm] 이상의 합성수지관 공사

32 다음 설명 중 틀린 것은?

① 리액턴스는 주파수의 함수이다.
② 콘덴서는 직렬로 연결할수록 용량이 커진다.
③ 저항은 병렬로 연결할수록 저항치가 작아진다.
④ 코일은 직렬로 연결할수록 인덕턴스가 커진다.

해설 콘덴서의 정전 용량은 병렬일 때 합이므로 커지고, 직렬로 연결하면 합성 정전 용량이 작아진다.

33 유도 전동기의 동기 속도가 N_s, 회전 속도가 N일 때 슬립은?

① $s = \dfrac{N_s - N}{N}$ ② $s = \dfrac{N - N_s}{N}$
③ $s = \dfrac{N_s - N}{N_s}$ ④ $s = \dfrac{N_s + N}{N_s}$

해설 유도 전동기의 슬립 $s = \dfrac{N_s - N}{N_s}$

정답 28.④ 29.① 30.② 31.② 32.② 33.③

34 [한국전기설비규정에 따른 삭제]

35 $R=5[\Omega]$, $L=30[mH]$인 $R-L$ 직렬 회로에 $V=200[V]$, $f=60[Hz]$인 교류 전압을 가할 때 전류의 크기는 약 몇 [A]인가?

① 8.67
② 11.42
③ 16.17
④ 21.25

해설 유도성 리액턴스
$X_L = 2\pi f L = 2\pi \times 60 \times 30 \times 10^{-3} ≒ 11.31[\Omega]$
합성 임피던스 $\dot{Z} = R + jX_L = 5 + j11.31[\Omega]$
임피던스 절대값
$Z = \sqrt{R^2 + X_L^2} = \sqrt{5^2 + 11.31^2} ≒ 12.37[\Omega]$
전류의 크기 $I = \dfrac{V}{Z} = \dfrac{200}{12.37} ≒ 16.17[A]$

36 전선 접속 시 유의 사항으로 옳은 것은?

① 전선의 인장 하중이 20[%]가 감소하지 않도록 접속한다.
② 전선의 인장 하중이 10[%]가 감소하지 않도록 접속한다.
③ 전선의 인장 하중이 40[%]가 감소하지 않도록 접속한다.
④ 전선의 인장 하중이 5[%]가 감소하지 않도록 접속한다.

해설 전선 접속 부분의 인장 강도(하중)를 20[%] 이상 감소시키지 않아야 한다.

37 전기 설비를 보호하는 계전기 중 전류 계전기의 설명으로 틀린 것은?

① 과전류 계전기와 부족 전류 계전기가 있다.
② 부족 전류 계전기는 항상 시설하여야 한다.
③ 적절한 후비 보호 능력이 있어야 한다.
④ 차동 계전기는 불평형 전류차가 일정값 이상이 되면 동작하는 계전기이다.

해설 부족 전류 계전기(UCR) : 발전기나 변압기 계자 회로에 필요한 계전기로서 항상 시설하는 계전기는 아니다.

38 지지물에 전선 그 밖의 기구를 고정시키기 위해 완목, 완금, 애자 등을 장치하는 것을 무엇이라 하는가?

① 장주
② 건주
③ 터파기
④ 전선설치(가선) 공사

해설 장주 : 지지물에 전선 및 개폐기 등을 고정시키기 위해 완목, 완금, 애자 등을 시설하는 것

39 저압 수전 방식 중 단상 3선식은 평형이 되는 게 원칙이지만 부득이한 경우 설비 불평형률은 몇 [%] 이내로 유지해야 하는가?

① 10
② 20
③ 30
④ 40

해설 단상 3선식에서 중성선과 각 전압측 전선 간의 부하는 평형이 되게 하는 것을 원칙으로 하지만, 부득이한 경우 발생하는 설비 불평형률은 40[%]까지 할 수 있다.

정답 34.삭제 35.③ 36.① 37.② 38.① 39.④

40 $R-L$ 직렬 회로에 교류 전압 $v = V_m \sin\omega t$[V]를 가했을 때 회로의 위상차 θ를 나타낸 것은?

① $\theta = \tan^{-1}\dfrac{R}{\omega L}$

② $\theta = \tan^{-1}\dfrac{\omega L}{R}$

③ $\theta = \tan^{-1}\dfrac{1}{R\omega L}$

④ $\theta = \tan^{-1}\dfrac{R}{\sqrt{R^2+(\omega L)^2}}$

해설 $R-L$ 직렬 회로 합성 임피던스
$\dot{Z} = R + j\omega L$[Ω]
I, V의 위상차 $\theta = \tan^{-1}\dfrac{\omega L}{R}$

41 부하 변동에 따라 속도 변동이 심해 전차, 권상기, 크레인 등에 이용되는 직류 전동기는?

① 직권
② 분권
③ 가동 복권
④ 차동 복권

해설 직권 전동기는 기동 토크가 크며, 큰 입력이 필요하지 않으므로 전차, 권상기, 크레인 등과 같이 기동 횟수가 빈번하고 토크의 변동이 심한 연속적인 부하에 적당하다.

42 피뢰 시스템에 접지 도체가 접속된 경우 접지 저항은 몇 [Ω] 이하이어야 하는가?

① 5
② 10
③ 15
④ 20

해설 피뢰 시스템에 접지 도체가 접속된 경우 접지 저항은 10[Ω] 이하이어야 한다.

43 6,600[V], 1,000[kVA] 3상 변압기의 저압측 전류 (㉠)와 역률 70[%]일 때 출력 (㉡)은?

① 67.8[A], 700[kW]
② 87.5[A], 700[kW]
③ 78.5[A], 600[kW]
④ 76.8[A], 600[kW]

해설 3상 피상 전력 $P_a = \sqrt{3}\,VI$[VA]이므로
전류 $I = \dfrac{P_a}{\sqrt{3}\,V} = \dfrac{1,000}{\sqrt{3}\times 6.6} = 87.5$[A]
출력 $P = P_a\cos\theta = 1,000 \times 0.7 = 700$[kW]

44 그림은 동기기의 위상 특성 곡선을 나타낸 것이다. 전기자 전류가 가장 작게 흐를 때의 역률은?

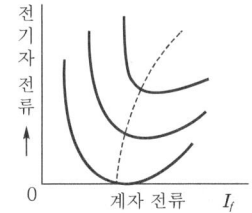

① 1
② 0.9
③ 0.8
④ 0

해설 V곡선에서 전기자 전류가 가장 작게 흐를 때는 V곡선의 최저점이고 역률은 1인 상태이다.

45 직류 전동기의 전압 강하를 보상하기 위한 승압용 발전기는?

① 가동 복권 발전기
② 직권 발전기
③ 분권 발전기
④ 차동 복권 발전기

정답 40.② 41.① 42.② 43.② 44.① 45.②

해설 직권 발전기는 직류 전동기의 전압 강하를 보상하기 위한 승압용 발전기이다.

46 공기 중에서 1[Wb]의 자극으로부터 나오는 자력선의 총수는 몇 개인가?

① 6.33×10^4 ② 7.96×10^5
③ 8.855×10^3 ④ 1.256×10^6

해설 자력선의 총수 $N = \dfrac{m}{\mu_0}$

$= \dfrac{1}{4\pi \times 10^{-7}} = 7.96 \times 10^5$ 개

47 정격 전압 100[V], 전기자 전류 10[A], 전기자 저항 1[Ω]인 직류 분권 전동기의 회전수가 1,500[rpm]일 때 역기전력[V]은?

① 110 ② 100
③ 90   ④ 75

해설 직류 분권 전동기의 역기전력
$E = V - I_a R_a = 100 - 10 \times 1 = 90[V]$

48 그림에서 a-b 간의 합성 저항은 c-d 간의 합성 저항의 몇 배인가?

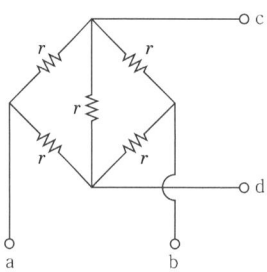

① 1배 ② 2배
③ 3배 ④ 4배

해설 • a-b 간의 합성 저항 : 휘트스톤 브리지 평형 조건을 만족하므로 중간에 병렬로 접속되어 있는 r을 무시한다.
$r_{ab} = \dfrac{2r \times 2r}{2r + 2r} = r[\Omega]$

• c-d 간의 합성 저항
$r_{cd} = \dfrac{1}{\dfrac{1}{2r} + \dfrac{1}{r} + \dfrac{1}{2r}} = \dfrac{r}{2}[\Omega]$

∴ $r_{ab} = 2r_{cd}[\Omega]$

49 변압기에 대한 설명 중 틀린 것은?

① 전압을 변성한다.
② 정격 출력은 1차측 단자를 기준으로 한다.
③ 전력을 발생하지 않는다.
④ 변압기의 정격 용량은 피상 전력으로 표시한다.

해설 변압기의 정격 출력은 2차측 단자를 기준으로 한다.

50 케이블 공사에 의한 저압 옥내 배선에서 캡타이어 케이블을 조영재의 아랫면 또는 옆면에 따라 붙이는 경우에는 전선의 지지점 간의 거리는 몇 [m] 이하이어야 하는가?

① 1.5 ② 1
③ 2   ④ 0.8

해설 캡타이어 케이블을 조영재에 따라 지지하는 경우 지지점 간의 거리는 1[m] 이하로 한다.

51 지름 2.6[mm], 길이 1,000[m]인 구리선의 전기 저항은 몇 [Ω]인가? (단, 구리선의 고유 저항은 $1.69 \times 10^{-8}[\Omega \cdot m]$이다.)

① 2.1 ② 3.2
③ 8   ④ 12

해설 전선의 지름 $D = 2.6[mm] = 2.6 \times 10^{-3}[m]$
전선의 전기 저항
$R = \rho \dfrac{l}{S} = \rho \dfrac{4l}{\pi D^2}$

$= 1.69 \times 10^{-8} \times \dfrac{4 \times 1,000}{3.14 \times (2.6 \times 10^{-3})^2}$

$= 3.2[\Omega]$

정답 46.② 47.③ 48.② 49.② 50.② 51.②

52 단상 반파 정류 회로에서 출력 전압은? (단, V는 실효값이다.)

① $0.45\,V$ ② $2\sqrt{2}\,V$
③ $\sqrt{2}\,V$ ④ $0.9\,V$

해설 단상 반파 정류 회로의 출력 전압은 직류분이므로
$$V_d = \frac{\sqrt{2}}{\pi}V = 0.45\,V\,[\text{V}]\text{이다.}$$

53 선간 전압 200[V]인 대칭 3상 Y결선 부하의 저항 $R=4[\Omega]$, 리액턴스 $X_L=3[\Omega]$인 경우 부하에 흐르는 전류는 몇 [A]인가?

① 5 ② 20
③ 23.1 ④ 115.5

해설 부하에 걸리는 전압은 상전압이므로
$$V_P = \frac{\text{선간 전압}}{\sqrt{3}} = \frac{200}{\sqrt{3}}\,[\text{V}]$$
부하에 흐르는 전류
$$I = \frac{V_P}{Z_P} = \frac{\frac{200}{\sqrt{3}}}{\sqrt{4^2+3^2}} = \frac{40}{\sqrt{3}} = 23.1\,[\text{A}]$$

54 두 개의 평행한 도체가 진공 중(또는 공기 중)에 20[cm] 떨어져 있고, 100[A]의 같은 크기의 전류가 흐르고 있을 때 1[m]당 발생하는 힘의 크기[N]는?

① 0.1 ② 0.01
③ 10 ④ 1

해설 평행 도체 사이에 작용하는 힘의 세기
$$F = \frac{2I_1I_2}{r} \times 10^{-7}\,[\text{N/m}]$$
$$= \frac{2 \times 100 \times 100}{0.2} \times 10^{-7}$$
$$= 10^{-2} = 0.01\,[\text{N/m}]$$

55 기전력 120[V], 내부 저항(r)이 15[Ω]인 전원이 있다. 여기에 부하 저항(R)을 연결하여 얻을 수 있는 최대 전력[W]은? (단, 최대 전력 전달 조건은 $r=R$이다.)

① 100 ② 140
③ 200 ④ 240

해설 최대 전력 전달 조건 $r=R[\Omega]$
최대 전력 $P_m = \dfrac{E^2}{4r} = \dfrac{120^2}{4\times 15} = 240\,[\text{W}]$

56 단상 전력계 2대를 사용하여 2전력계법으로 3상 전력을 측정하고자 한다. 두 전력계의 지시값이 각각 P_1, P_2[W]이었다. 3상 전력 P[W]를 구하는 식으로 옳은 것은?

① $P = P_1 + P_2$
② $P = \sqrt{3}(P_1 \times P_2)$
③ $P = P_1 \times P_2$
④ $P = P_1 - P_2$

해설 2전력계법에 의한 유효 전력 $P = P_1 + P_2$[W]

57 설치 면적과 설치 비용이 많이 들지만 가장 이상적이고 효과적인 진상용 콘덴서 설치 방법은?

① 수전단 모선에 설치
② 수전단 모선과 부하측에 분산하여 설치
③ 부하측에 분산하여 설치
④ 가장 큰 부하측에만 설치

해설 진상용 콘덴서의 역률을 개선하기 위한 가장 효과적인 방법은 부하측에 분산하여 설치한다.

58 권선형 유도 전동기에서 회전자 권선에 2차 저항기를 삽입하면 어떻게 되는가?

① 회전수가 커진다.
② 변화가 없다.
③ 기동 전류가 작아진다.
④ 기동 토크가 작아진다.

정답 52.① 53.③ 54.② 55.④ 56.① 57.③ 58.③

해설 비례 추이에 의하여 2차 저항기를 삽입하면 기동 전류는 작아지고 기동 토크는 커진다.

59 저압 개폐기를 생략하여도 무방한 개소는?
① 부하 전류를 끊거나 흐르게 할 필요가 있는 장소
② 인입구, 기타 고장, 점검, 측정, 수리 등에서 개방(개로)할 필요가 있는 개소
③ 퓨즈의 전원측으로 분기 회로용 과전류 차단기 이후의 퓨즈가 플러그 퓨즈와 같이 퓨즈 교환 시에 충전부에 접촉될 우려가 없을 경우
④ 퓨즈에 근접하여 설치한 개폐기인 경우의 퓨즈 전원측

해설 저압 개폐기를 필요로 하는 개소
저압 개폐기는 저압 전로 중 다음의 개소 또는 따로 정하는 개소에 시설하여야 한다.
- 부하 전류를 끊거나 흐르게 할 필요가 있는 개소
- 인입구, 기타 고장, 점검, 측정, 수리 등에서 개방(개로)할 필요가 있는 개소
- 퓨즈의 전원측(이 경우 개폐기는 퓨즈에 근접하여 설치할 것). 단, 분기 회로용 과전류 차단기 이후의 퓨즈가 플러그 퓨즈와 같이 퓨즈 교환 시에 충전부에 접촉될 우려가 없을 경우는 이 개폐기를 생략할 수 있다.

60 200[V], 2[kW]의 전열선 2개를 같은 전압에서 직렬로 접속한 경우의 전력은 병렬로 접속한 경우의 전력보다 어떻게 되는가?
① $\frac{1}{2}$배로 줄어든다.
② $\frac{1}{4}$배로 줄어든다.
③ 2배로 증가한다.
④ 4배로 증가한다.

해설 전열선(저항) 두 개를 직렬로 접속하면 합성 저항은 $2R[\Omega]$이고 전압 $V[V]$를 걸어준 경우 소비 전력 $P_1 = \dfrac{V^2}{2R}$[W]이 된다.

전열선 두 개를 병렬로 접속하면 합성 저항은 $\dfrac{R}{2}[\Omega]$이고 전압 $V[V]$를 걸어준 경우 소비 전력 $P_2 = \dfrac{V^2}{\frac{R}{2}} = 2\dfrac{V^2}{R}$[W]이 된다.

그러므로 직렬은 병렬의 $\dfrac{1}{4}$배이다.

정답 59.③ 60.②

2020년 제1회 CBT 기출복원문제

★ 표시 : 문제 중요도를 나타냄

본 기출문제는 수험생들의 기억을 바탕으로 작성한 것으로 내용 및 그림 등에서 실제 문제와 다소 차이가 있을 수 있습니다.

01 그림과 같이 공기 중에 놓인 2×10^{-8}[C]의 전하에서 2[m] 떨어진 점 P와 1[m] 떨어진 점 Q와의 전위차는?

① 80[V]
② 90[V]
③ 100[V]
④ 110[V]

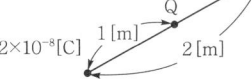

해설 전위 $V=9\times 10^9 \times \dfrac{Q}{r}$[V]

$V_Q = 9\times 10^9 \times \dfrac{2\times 10^{-8}}{1} = 180$[V]

$V_P = 9\times 10^9 \times \dfrac{2\times 10^{-8}}{2} = 90$[V]

그러므로 전위차 $V = 180 - 90 = 90$[V]

02 심벌 는 무엇을 의미하는가?

① 지진 감지기
② 전하량기
③ 변압기
④ 누전 경보기

해설 지진 감지기(EarthQuake detector)는 영문 약자를 따서 EQ로 표기한다.

03 똑같은 크기의 저항 5개를 가지고 얻을 수 있는 합성 저항 최대값은 최소값의 몇 배인가?

① 5배
② 10배
③ 25배
④ 20배

해설 최대 합성 저항은 직렬이고 최소 합성 저항은 병렬이므로 직렬은 병렬의 $n^2 = 5^2 = 25$배이다.

04 일반적으로 가공 전선로의 지지물에 취급자가 오르고 내리는 데 사용하는 발판 볼트 등은 지표상 몇 [m] 미만에 시설하여서는 안 되는가?

① 0.75
② 1.2
③ 1.8
④ 2.0

해설 지표상 1.8[m]로부터 완금 하부 0.9[m]까지 발판 볼트를 설치한다.

05 저압 옥내 배선에서 합성수지관 공사에 대한 설명 중 잘못된 것은?

① 합성수지관 안에는 전선에 접속점이 없도록 한다.
② 합성수지관을 새들 등으로 지지하는 경우는 그 지지점 간의 거리를 3[m] 이상으로 한다.
③ 합성수지관 상호 및 관과 박스는 접속 시에 삽입하는 깊이를 관 바깥지름의 1.2배 이상으로 한다.
④ 관 상호의 접속은 박스 또는 커플링(coupling) 등을 사용하고 직접 접속하지 않는다.

해설 합성수지관 공사의 지지점 간의 거리는 1.5[m] 이하이다.

정답 01.② 02.① 03.③ 04.③ 05.②

06
지지물의 지지선(지선)에 연선을 사용하는 경우 소선 몇 가닥 이상의 연선을 사용하는가?
① 1   ② 2
③ 3   ④ 4

해설 지지선(지선)의 구성은 2.6[mm] 이상의 금속선을 3조 이상 꼬아서 시설할 것

07
다음 중 망간 건전지의 양극으로 무엇을 사용하는가?
① 아연판
② 구리판
③ 탄소 막대
④ 묽은 황산

해설 망간 건전지는 대표적인 1차 전지로서 음극은 아연, 양극은 탄소 막대를 사용한다.

08
다음 중 발전기의 유도 기전력의 방향을 알 수 있는 법칙은?
① 렌츠의 법칙
② 플레밍의 오른손 법칙
③ 플레밍의 왼손 법칙
④ 옴의 법칙

해설 플레밍의 오른손 법칙 : 발전기에서 유도되는 기전력의 방향을 알기 쉽게 정의한 법칙
- 엄지 : 도체의 운동 속도
- 검지 : 자속 밀도
- 중지 : 유도 기전력

09
지락 전류를 검출할 때 사용하는 계기는?
① ZCT   ③ PT
② CT   ④ OCR

해설 영상 변류기(ZCT) : 지락 사고 시 발생하는 영상 전류를 검출하여 지락 계전기에 공급하는 역할을 하는 전류 변성기

10
접지선의 절연 전선 색상은 특별한 경우를 제외하고는 어느 색으로 표시를 하여야 하는가?
① 빨간색
② 노란색
③ 녹색-노란색
④ 검은색

해설 ③ 접지선 색 : 녹색-노란색

11
접지 저항을 측정하는 방법은?
① 휘트스톤 브리지법
② 켈빈 더블 브리지법
③ 콜라우슈 브리지법
④ 테스터법

해설 접지 저항 및 전해액 저항 측정 : 콜라우슈 브리지법

12
가요 전선관과 금속관의 상호 접속에 쓰이는 재료는?
① 스플릿 커플링
② 콤비네이션 커플링
③ 스트레이트 박스 커넥터
④ 앵글 박스 커넥터

해설
- 가요 전선관 상호 접속 : 스플릿 커플링
- 가요 전선관과 금속관 상호 접속 : 콤비네이션 커플링

13
4[Ω]의 저항에 200[V]의 전압을 인가할 때 소비되는 전력은?
① 20[W]   ② 400[W]
③ 2.5[W]   ④ 10[kW]

해설 소비 전력 $P = \dfrac{V^2}{R} = \dfrac{200^2}{4}$
$= 10,000[W]$
$= 10[kW]$

정답 06.③ 07.③ 08.② 09.① 10.③ 11.③ 12.② 13.④

14 30[W] 전열기에 220[V], 주파수 60[Hz]인 전압을 인가한 경우 평균 전압[V]은?

① 200
② 300
③ 311
④ 400

해설 전압의 최대값 $V_m = 220\sqrt{2}$ [V]

평균값 $V_{av} = \dfrac{2}{\pi} V_m = \dfrac{2}{\pi} \times 220\sqrt{2} = 200$[V]

* 쉬운 풀기 : $V_{av} = 0.9V = 0.9 \times 220 ≒ 200$[V]

15 발전기나 변압기 내부 고장 보호에 쓰이는 계전기는?

① 접지 계전기
② 차동 계전기
③ 과전압 계전기
④ 역상 계전기

해설 발전기, 변압기 내부 고장 보호용 계전기는 차동 계전기, 비율 차동 계전기, 부흐홀츠 계전기가 있다.

16 변압기에서 자속에 대한 설명 중 맞는 것은?

① 전압에 비례하고 주파수에 반비례
② 전압에 반비례하고 주파수에 비례
③ 전압에 비례하고 주파수에 비례
④ 전압과 주파수에 무관

해설 $E_1 = 4.44 f N_1 \phi_m$[V]

$\phi_m = \dfrac{E_1}{4.44 f N_1}$[Wb]이므로 전압에 비례하고 주파수에 반비례한다.

17 유전율의 단위는?

① [F/m]   ② [V/m]
③ [C/m²] ④ [H/m]

해설 유전율의 단위는 [F/m]이다.

18 Y-Y 결선에서 선간 전압이 380[V]인 경우 상전압은 몇 [V]인가?

① 100
② 220
③ 200
④ 380

해설 Y결선 선간 전압 $V_l = \sqrt{3} V_p$[V]이므로

$V_p = \dfrac{V_l}{\sqrt{3}} = \dfrac{380}{\sqrt{3}} ≒ 220$[V]

19 전기 기계의 효율 중 발전기의 규약 효율 η_G는 몇 [%]인가? (단, P는 입력, Q는 출력, L은 손실이다.)

① $\eta_G = \dfrac{P-L}{P} \times 100$[%]

② $\eta_G = \dfrac{P-L}{P+L} \times 100$[%]

③ $\eta_G = \dfrac{Q}{P} \times 100$[%]

④ $\eta_G = \dfrac{Q}{Q+L} \times 100$[%]

해설 효율 $\eta = \dfrac{출력}{입력} \times 100$[%]로서 출력으로 표현한다.

발전기의 규약 효율 $\eta_G = \dfrac{출력}{출력+손실} \times 100$[%]

20 측정이나 계산으로 구할 수 없는 손실로 부하 전류가 흐를 때 도체 또는 철심 내부에서 생기는 손실을 무엇이라 하는가?

① 표유 부하손
② 히스테리시스손
③ 구리손
④ 맴돌이 전류손

해설 표유 부하손(부하손) = 표유 부하손 : 누설 전류에 의해 발생하는 손실로 측정은 가능하나 계산에 의하여 구할 수 없는 손실

21 가공 전선로의 지지물에 지지선(지선)을 사용해서는 안 되는 곳은?

① A종 철근 콘크리트주
② 목주
③ A종 철주
④ 철탑

해설 철탑에는 지지선(지선)을 사용할 필요가 없다.

22 200[V], 50[W] 전등 10개를 10시간 사용하였다면 사용 전력량은 몇 [kWh]인가?

① 5 ② 6
③ 7 ④ 10

해설 전력량 $W = Pt$
$= 50 \times 10 \times 10$
$= 5,000[Wh]$
$= 5[kWh]$

23 대칭 3상 교류 회로에서 각 상 간의 위상차는 얼마인가?

① $\dfrac{\pi}{3}$ ② $\dfrac{\sqrt{3}}{2}\pi$
③ $\dfrac{2\pi}{3}$ ④ $\dfrac{2}{\sqrt{3}}\pi$

해설 대칭 3상 교류에서의 각 상 간 위상차는 $\dfrac{2\pi}{3}$[rad]이다.

24 콘덴서 중 극성을 가지고 있는 콘덴서로서 교류 회로에 사용할 수 없는 것은?

① 마일러 콘덴서
② 마이카 콘덴서
③ 세라믹 콘덴서
④ 전해 콘덴서

해설 전해 콘덴서는 양극과 음극의 극성을 가지고 있어 직류 회로에서만 사용 가능하다.

25 동기 발전기의 병렬 운전 조건이 아닌 것은?

① 유도 기전력의 크기가 같을 것
② 동기 발전기의 용량이 같을 것
③ 유도 기전력의 위상이 같을 것
④ 유도 기전력의 주파수가 같을 것

해설 동기 발전기 병렬 운전 조건
• 기전력의 크기가 일치할 것
• 기전력의 위상이 일치할 것
• 기전력의 주파수가 일치할 것
• 기전력의 파형이 일치할 것

26 배전반 및 분전반의 설치 장소로 적합하지 않은 곳은?

① 안정된 장소
② 밀폐된 장소
③ 개폐기를 쉽게 개폐할 수 있는 장소
④ 전기 회로를 쉽게 조작할 수 있는 장소

해설 배전반 및 분전반 설치 장소 : 전개된 노출 장소나 개폐기를 쉽게 조작 가능한 점검 장소가 적합하므로 밀폐된 장소는 적합하지 않다.

27 한국전기설비규정에 의한 고압가공 전선로 철탑의 지지물 간 거리(경간)는 몇 [m] 이하로 제한하고 있는가?

① 150 ② 250
③ 500 ④ 600

해설 가공 전선로의 철탑 지지물 간 거리(경간)

구분	표준 지지물 간 거리(경간)	장경간
철탑	600	1,200

28 100[kVA] 단상 변압기 2대를 V결선하여 3상 전력을 공급할 때의 출력은?

① 173.2[kVA] ② 86.6[kVA]
③ 17.3[kVA] ④ 346.8[kVA]

해설 $P_V = \sqrt{3}\,P_1 = 100\sqrt{3} ≒ 173.2[kVA]$

정답 21.④ 22.① 23.③ 24.④ 25.② 26.② 27.④ 28.①

29 변압기 V결선의 특징으로 틀린 것은?

① 고장 시 응급 처치 방법으로 쓰인다.
② 단상 변압기 2대로 3상 전력을 공급한다.
③ 부하 증가가 예상되는 지역에 시설한다.
④ V결선 시 출력은 △결선 시 출력과 그 크기가 같다.

해설 V결선의 특징
△결선 운전 중 1대 고장 시 V결선으로 운전 가능하며 2대를 이용하여 3상 부하에 전원을 공급해 주는 방식이다. V결선 출력은 △결선 1대 용량의 $\sqrt{3}$ 배로서 출력이 감소한다.

30 보호 계전기 시험을 하기 위한 유의 사항으로 틀린 것은?

① 계전기 위치를 파악한다.
② 임피던스 계전기는 미리 예열하지 않도록 주의한다.
③ 계전기 시험 회로 결선 시 교류, 직류를 파악한다.
④ 계전기 시험 장비의 허용 오차, 지시 범위를 확인한다.

해설 보호 계전기 시험 유의 사항
- 보호 계전기의 배치된 상태를 확인
- 임피던스 계전기는 미리 예열이 필요한지 확인
- 시험 회로 결선 시에 교류와 직류를 확인해야 하며 직류인 경우 극성을 확인
- 시험용 전원의 용량 계전기가 요구하는 정격 전압이 유지될 수 있도록 확인
- 계전기 시험 장비의 지시 범위의 적합성, 오차, 영점의 정확성 확인

31 다음 중 유도 전동기에서 비례 추이를 할 수 있는 것은?

① 출력
② 2차 동손
③ 효율
④ 역률

해설 유도 전동기의 비례 추이
- 가능 : 1차 입력, 1차 전류, 2차 전류, 역률, 동기 와트, 토크(1차측)
- 불가능 : 출력, 효율, 2차 동손, 부하(2차측)

32 설계 하중 6.8[kN] 이하인 철근 콘크리트 전주의 길이가 7[m]인 지지물을 건주하는 경우 땅에 묻히는 깊이[m]로 가장 옳은 것은?

① 1.2
② 1.0
③ 0.8
④ 0.6

해설 전체 길이 16[m] 이하이고, 설계 하중 6.8[kN] 이하인 경우 매설 깊이

전체 길이 $\times \dfrac{1}{6}$ 이상 $= 7 \times \dfrac{1}{6} \fallingdotseq 1.2[m]$

33 자속 밀도 1[Wb/m²]은 몇 [gauss]인가?

① $4\pi \times 10^{-7}$
② 10^{-6}
③ 10^4
④ $\dfrac{4\pi}{10}$

해설 자속 밀도 환산

$1[Wb/m^2] = \dfrac{10^8[Max]}{10^4[cm^2]}$
$= 10^4[max/cm^2] = gauss$

34 자체 인덕턴스가 40[mH]인 코일에 10[A]의 전류가 흐를 때 저장되는 에너지는 몇 [J]인가?

① 2
② 3
③ 4
④ 8

해설 코일에 축적되는 전자 에너지
$W = \dfrac{1}{2}LI^2 = \dfrac{1}{2} \times 40 \times 10^{-3} \times 10^2 = 2[J]$

정답 29.④ 30.② 31.④ 32.① 33.③ 34.①

35 금속 전선관의 종류에서 후강 전선관 규격 [mm]이 아닌 것은?

① 16
② 22
③ 30
④ 42

해설 후강 전선관의 종류 : 16, 22, 28, 36, 42, 54, 70, 82, 92, 104[mm]

36 슬립이 0일 때 유도 전동기의 속도는?

① 동기 속도로 회전한다.
② 정지 상태가 된다.
③ 변화가 없다.
④ 동기 속도보다 빠르게 회전한다.

해설 슬립 $s=0$이면
회전 속도 $N=(1-s)N_s=N_s$[rpm]이므로 동기 속도로 회전한다.

37 용량을 변화시킬 수 있는 콘덴서는?

① 바리콘
② 마일러 콘덴서
③ 전해 콘덴서
④ 세라믹 콘덴서

해설 가변 콘덴서에는 바리콘, 트리머 등이 있다.

38 3상 유도 전동기의 원선도를 그리는 데 필요하지 않은 것은?

① 저항 측정
② 무부하 시험
③ 구속 시험
④ 슬립 측정

해설
• 저항 측정 시험 : 1차 동손
• 무부하 시험 : 여자 전류, 철손
• 구속 시험(단락 시험) : 2차 동손

39 동기 발전기에서 단락비가 크면 다음 중 작아지는 것은?

① 동기 임피던스와 전압 변동률
② 단락 전류
③ 공극
④ 기계의 크기

해설 단락비는 정격 전류에 대한 단락 전류의 비를 보는 것으로서 단락비가 크면 동기 임피던스와 전기자 반작용이 작다.

40 동기 전동기의 자기 기동법에서 계자 권선을 단락하는 이유는?

① 기동이 쉽다.
② 기동 권선으로 이용
③ 고전압 유도에 의한 절연 파괴 위험 방지
④ 전기자 반작용을 방지한다.

해설 동기 전동기의 자기 기동법에서 계자 권선을 단락하는 이유는 고전압 유도에 의한 절연 파괴 위험 방지에 있다.

41 절연 저항을 측정하는 데 정전이 어려워 측정이 곤란한 경우에는 누설 전류를 몇 [mA] 이하로 유지하여야 하는가?

① 1
② 2
③ 5
④ 10

해설 정전이 어려운 경우 등 절연 저항 측정이 곤란한 경우에는 누설 전류를 1[mA] 이하로 유지하여야 한다.

42 환상 솔레노이드에 감겨진 코일의 권회수를 3배로 늘리면 자체 인덕턴스는 몇 배로 되는가?

① 3
② 9
③ $\dfrac{1}{3}$
④ $\dfrac{1}{9}$

정답 35.③ 36.① 37.① 38.④ 39.① 40.③ 41.① 42.②

해설 환상 솔레노이드의 자기 인덕턴스
$L = \dfrac{\mu S N^2}{l}$ [H] $\propto N^2$ 이므로 $3^2 = 9$배가 된다.

43 용량이 작은 변압기의 단락 보호용으로 주 보호 방식에 사용되는 계전기는?

① 차동 전류 계전 방식
② 과전류 계전 방식
③ 비율 차동 계전 방식
④ 기계적 계전 방식

해설 용량이 작을 경우 단락 보호용으로 과전류 계전기를 사용하여 보호한다.

44 SCR에서 Gate 단자의 반도체는 일반적으로 어떤 형을 사용하는가?

① N형
② P형
③ NP형
④ PN형

해설 SCR(Silicon Controlled Rectifier)은 일반적인 타입이 P-Gate 사이리스터이며 제어 전극인 게이트(G)가 캐소드(K)에 가까운 쪽의 P형 반도체 층에 부착되어 있는 3단자 단일 방향성 소자이다.

45 긴 직선 도선에 i의 전류가 흐를 때 이 도선으로부터 r만큼 떨어진 곳의 자장의 세기는?

① 전류 i에 반비례하고 r에 비례한다.
② 전류 i에 비례하고 r에 반비례한다.
③ 전류 i의 제곱에 반비례하고 r에 반비례한다.
④ 전류 i에 반비례하고 r의 제곱에 반비례한다.

해설 직선 도선 주위의 자장의 세기
$H = \dfrac{i}{2\pi r}$ [AT/m]이므로, H는 전류 i에 비례하고 거리 r에 반비례한다.

46 전주 외등을 전주에 부착하는 경우 전주 외등은 하단으로부터 몇 [m] 이상 높이에 시설하여야 하는가? (단, 교통 지장이 없는 경우이다.)

① 3.0
② 3.5
③ 4.0
④ 4.5

해설 전주 외등 : 대지 전압 300[V] 이하 백열 전등이나 수은등을 배전 선로의 지지물 등에 시설하는 등
- 기구 인출선 도체 단면적 : 0.75[mm²] 이상
- 기구 부착 높이 : 하단에서 지표상 4.5[m] 이상 (단, 교통에 지장이 없을 경우 3.0[m] 이상)
- 돌출 수평 거리 : 1.0[m] 이하

47 다음 ( ) 안의 말을 찾으시오.

> 두 자극 사이에 작용하는 자기력의 크기는 양 자극의 세기의 곱에 (㉠)하며, 자극 간의 거리의 제곱에 (㉡)한다.

① ㉠ 반비례, ㉡ 비례
② ㉠ 비례, ㉡ 반비례
③ ㉠ 반비례, ㉡ 반비례
④ ㉠ 비례, ㉡ 비례

해설 쿨롱의 법칙 : 두 자극 사이에 작용하는 자력의 크기는 양 자극의 세기의 곱에 비례하며, 자극 간의 거리의 제곱에 반비례한다.

쿨롱의 법칙 $F = \dfrac{m_1 \cdot m_2}{4\pi\mu_0 r^2}$ [N]

48 다음 중 자기 소호 기능이 가장 좋은 소자는?

① SCR
② GTO
③ TRIAC
④ LASCR

해설 GTO(Gate Turn-Off thyristor)는 게이트 신호로 ON-OFF가 자유로우며 개폐 동작이 빠르고 주로 직류의 개폐에 사용되며 자기 소호 기능이 가장 좋다.

정답 43.② 44.② 45.② 46.① 47.② 48.②

49 진성 반도체인 4가의 실리콘에 N형 반도체를 만들기 위하여 첨가하는 것은?
① 저마늄 ② 칼륨
③ 인듐 ④ 안티몬

해설
- N형 반도체 : 진성 반도체에 5가 원소를 첨가하여 전기 전도성을 높여주는 반도체
- 5가 원소 : 인, 비소, 안티몬

50 변압기유가 구비해야 할 조건 중 맞는 것은?
① 절연 내력이 작고 산화하지 않을 것
② 비열이 작아서 냉각 효과가 클 것
③ 인화점이 높고 응고점이 낮을 것
④ 절연 재료나 금속에 접촉할 때 화학 작용을 일으킬 것

해설 변압기유의 구비 조건
- 절연 내력이 클 것
- 인화점이 높고 응고점이 낮을 것
- 점도가 낮을 것

51 정격이 10,000[V], 500[A], 역률 90[%]의 3상 동기 발전기의 단락 전류 I_s[A]는? (단, 단락비는 1.3으로 하고 전기자 저항은 무시한다.)
① 450 ② 550
③ 650 ④ 750

해설 단락비 $K = \dfrac{I_s}{I_n}$ 이므로
단락 전류 $I_s = I_n \times 단락비$
$= 500 \times 1.3$
$= 650[A]$

52 큰 건물의 공장에서 콘크리트에 구멍을 뚫어 드라이브 핀을 고정하는 공구는?
① 스패너 ② 드라이브 이트 툴
③ 오스터 ④ 녹아웃 펀치

해설 드라이브 이트 : 화약의 폭발력을 이용하여 콘크리트에 구멍을 뚫는 공구

53 전기 울타리 시설의 사용 전압은 얼마 이하인가?
① 150 ② 250
③ 300 ④ 400

해설 전기 울타리 사용 전압 : 250[V] 이하

54 트라이액(TRIAC)의 기호는?

①

②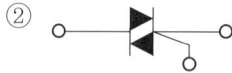

③

④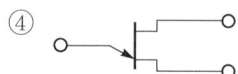

해설 TRIAC(트라이액)은 SCR 2개를 역병렬로 접속한 소자로서, 교류 회로에서 양방향 점호(on) 및 소호(off)를 이용하며 위상 제어가 가능하다.

55 단상 유도 전동기의 기동 방법 중 기동 토크가 가장 큰 것은?
① 반발 기동형 ② 분상 기동형
③ 반발 유도형 ④ 콘덴서 기동형

해설 단상 유도 전동기 토크 크기 순서
반발 기동형 > 반발 유도형 > 콘덴서 기동형 > 분상 기동형 > 셰이딩 코일형

56 일반적으로 학교 건물이나 은행 건물 등의 간선의 수용률[%]은 얼마인가?
① 50 ② 60
③ 70 ④ 80

정답 49.④ 50.③ 51.③ 52.② 53.② 54.② 55.① 56.③

해설 일반적으로 학교 건물이나 은행 건물 등 간선의 수용률은 70[%]를 적용한다.

57 고압 배전반에는 부하의 합계 용량이 몇 [kVA]를 넘는 경우 배전반에는 전류계, 전압계를 부착하는가?

① 100
② 150
③ 200
④ 300

해설 고압 및 특고압 배전반에는 부하의 합계 용량이 300[kVA]를 넘는 경우 전류계, 전압계를 부착한다.

58 전등 1개를 2개소에서 점멸하고자 할 때 옳은 배선은?

①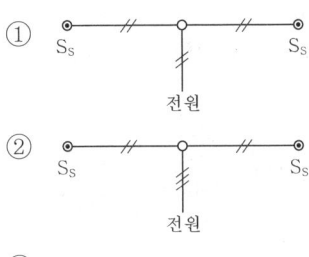

②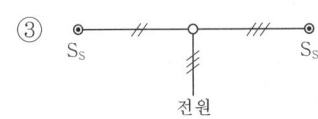

③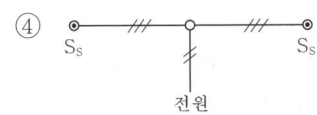

④

해설 3로 스위치 결선도

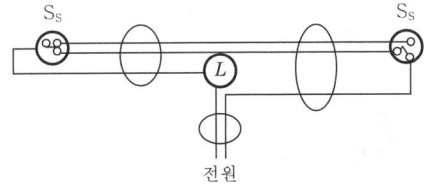

59 코드 상호, 캡타이어 케이블 상호 접속 시 사용해야 하는 것은?

① 와이어 커넥터
② 케이블 타이
③ 코드 접속기
④ 테이블 탭

해설 코드 및 캡타이어 케이블 상호 접속 시에는 직접 접속이 불가능하고 전용의 접속 기구를 사용해야 한다.

60 도체계에서 임의의 도체를 일정 전위(일반적으로 영전위)의 도체로 완전 포위하면 내부와 외부의 전계를 완전히 차단할 수 있는데 이를 무엇이라 하는가?

① 핀치 효과
② 톰슨 효과
③ 정전 차폐
④ 자기 차폐

해설 정전 차폐 : 도체가 정전 유도가 되지 않도록 도체 바깥을 포위하여 접지함으로써 정전 유도를 완전 차폐하는 것

정답 57.④ 58.④ 59.③ 60.③

2020년 제2회 CBT 기출복원문제

★ 표시 : 문제 중요도를 나타냄

본 기출문제는 수험생들의 기억을 바탕으로 작성한 것으로 내용 및 그림 등에서 실제 문제와 다소 차이가 있을 수 있습니다.

01 지지선(지선)의 안전율은 2.5 이상으로 하여야 한다. 이 경우 허용 최저 인장 하중은 몇 [kN] 이상으로 해야 하는가?

① 4.31　　② 6.8
③ 9.8　　④ 0.68

해설 지지선(지선) 시설 규정
- 안전율은 2.5 이상일 것
- 지지선(지선)의 허용 인장 하중은 4.31[kN] 이상일 것
- 소선 3가닥 이상의 아연 도금 연선일 것

02 전선관의 종류에서 박강 전선관의 규격[mm]이 아닌 것은?

① 19　　② 25
③ 16　　④ 63

해설 박강 전선관 : 두께 1.2[mm] 이상의 얇은 전선관
- 호칭 : 관 바깥 지름의 크기에 가까운 홀수
- 종류(7종류) : 19, 25, 31, 39, 51, 63, 75[mm]

03 그림과 같은 회로에서 합성 저항은 몇 [Ω]인가?

① 6.6
② 7.4
③ 8.7
④ 9.4

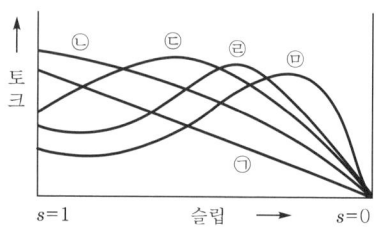

해설 합성 저항 $= \dfrac{4 \times 6}{4+6} + \dfrac{10 \times 10}{10+10} = 7.4[\Omega]$

04 교류 전동기를 기동할 때 그림과 같은 기동 특성을 가지는 전동기는? (단, 곡선 ㉠~㉤은 기동 단계에 대한 토크 특성 곡선이다.)

① 반발 유도 전동기
② 2중 농형 유도 전동기
③ 3상 분권 정류자 전동기
④ 3상 권선형 유도 전동기

해설 3상 권선형 유도 전동기의 토크 곡선 : 2차 입력과 토크는 정비례하므로 2차 입력식을 통해서 토크와 슬립의 관계를 파악할 수 있으며 2차 입력식에서 전동기 정지 상태, $s=1$에서 전동기가 기동하여 속도가 상승할 때 슬립 변화에 따른 토크 곡선을 얻을 수 있다.

05 30[W] 전열기에 220[V], 주파수 60[Hz]인 전압을 인가한 경우 평균 전압[V]은?

① 198　　② 150
③ 220　　④ 300

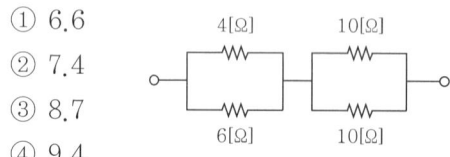

정답　01.①　02.③　03.②　04.④　05.①

해설 전압의 최대값 $V_m = 220\sqrt{2}$ [V]

평균값 $V_{av} = \dfrac{2}{\pi} V_m$

$= \dfrac{2}{\pi} \times 220\sqrt{2}$

$= 198$ [V]

* 쉬운 풀이

$V_{av} = 0.9\,V$

$= 0.9 \times 220 = 198$ [V]

06 다음 중 과전류 차단기를 설치하는 곳은?

① 접지 공사를 한 저압 가공 전선의 접지측 전선
② 접지 공사의 접지선
③ 전동기 간선의 전압측 전선
④ 다선식 전로의 중성선

해설 과전류 차단기의 시설 장소
- 발전기나 전동기, 변압기 등과 같은 기계 기구를 보호하는 장소
- 송전 선로나 배전 선로 등에서 보호를 요하는 장소
- 인입구나 간선의 전원측 및 분기점 등 보호 또는 보안상 필요한 장소

07 동기 발전기에서 전기자 전류가 유도 기전력보다 $\dfrac{\pi}{2}$ [rad] 앞선 전류가 흐르는 경우 나타나는 전기자 반작용은?

① 교차 자화 작용
② 증자 작용
③ 감자 작용
④ 직축 반작용

해설 발전기의 전기자 반작용
- 동상 전류 : 교차 자화 작용
- 뒤진 전류 : 감자 작용
- 앞선 전류 : 증자 작용

08 직류 전동기의 규약 효율을 표시하는 식은?

① $\dfrac{출력}{출력+손실} \times 100$ [%]

② $\dfrac{출력}{입력} \times 100$ [%]

③ $\dfrac{입력-손실}{입력} \times 100$ [%]

④ $\dfrac{입력}{출력+손실} \times 100$ [%]

해설 직류기의 규약 효율(입력 기준)

효율 $= \dfrac{입력-손실}{입력} \times 100$ [%]

09 변압기유의 열화 방지와 관계가 가장 먼 것은?

① 불활성 질소 ② 콘서베이터
③ 브리더   ④ 부싱

해설 변압기유의 열화 방지 대책 : 브리더 설치, 콘서베이터 설치, 불활성 질소 봉입

10 절연 전선으로 전선설치(가선)된 배전 선로에서 활선 상태인 경우 전선의 피복을 벗기는 것은 매우 곤란한 작업이다. 이런 경우 활선 상태에서 전선의 피복을 벗기는 공구는?

① 데드 엔드 커버
② 애자 커버
③ 와이어 통
④ 전선 피박기

해설 배전 선로 공사용 활선 공구
- 와이어 통(wire tong) : 전선설치(가선) 공사에서 활선을 움직이거나 작업권 밖으로 밀어 내서 안전한 장소로 전선을 옮길 때 사용하는 절연봉
- 데드 엔드 커버 : 배전 선로 활선 작업 시 작업자가 현수 애자 등에 접촉하여 발생하는 안전 사고 예방을 위해 전선 작업 개소의 애자 등의 충전부를 방호하기 위한 절연 덮개(커버)
- 전선 피박기 : 활선 상태에서 전선 피복을 벗기는 공구로 활선 피박기라고도 함

정답 06.③ 07.② 08.③ 09.④ 10.④

11 1대 용량이 250[kVA]인 변압기를 △결선 운전 중 1대가 고장이 발생하여 2대로 운전할 경우 부하에 공급할 수 있는 최대 용량 [kVA]은?

① 250　　② 433
③ 500　　④ 300

해설 V결선 용량
$P_V = \sqrt{3} \times P_{\Delta 1} = \sqrt{3} \times 250 ≒ 433 [kVA]$

12 보호를 요하는 회로의 전류가 어떤 일정한 값(정정값) 이상으로 흘렀을 때 동작하는 계전기는?

① 과전류 계전기
② 과전압 계전기
③ 부족 전압 계전기
④ 비율 차동 계전기

해설 전류가 정정값 이상이 되면 동작하는 계전기는 과전류 계전기이다.

13 두 금속을 접속하여 여기에 전류를 흘리면, 줄열 외에 그 접점에서 열의 발생 또는 흡수가 일어나는 현상은?

① 줄 효과
② 홀 효과
③ 제베크 효과
④ 펠티에 효과

해설 펠티에 효과 : 두 금속을 접합하여 접합점에 전류를 흘려주면 열의 흡수 또는 방열이 발생하는 현상

14 병렬 운전 중인 동기 발전기의 유도 기전력이 2,000[V], 위상차 60°일 경우 유효 순환 전류[A]는 얼마인가? (단, 동기 임피던스는 5[Ω]이다.)

① 500　　② 1,000
③ 20　　　④ 200

해설 유효 순환 전류(동기화 전류)
$I_c = \dfrac{E}{Z_s} \sin \dfrac{\delta}{2} = \dfrac{2,000}{5} \times \sin \dfrac{60°}{2} = 200[A]$

15 전주 외등을 전주에 부착하는 경우 전주 외등은 하단으로부터 몇 [m] 이상 높이에 시설하여야 하는가? (단, 교통에 지장이 없는 경우이다.)

① 3.0　　② 3.5
③ 4.0　　④ 4.5

해설 전주 외등 : 대지 전압 300[V] 이하 백열전등이나 수은등 등을 배전 선로의 지지물 등에 시설하는 등
- 기구 부착 높이 : 하단에서 지표상 4.5[m] 이상(단, 교통에 지장이 없을 경우 3.0[m] 이상)
- 돌출 수평 거리 : 1.0[m] 이하

16 5[Ω]의 저항 4개, 10[Ω]의 저항 3개, 100[Ω]의 저항 1개가 있다. 이들을 모두 직렬 접속할 때 합성 저항[Ω]은?

① 75　　　② 50
③ 150　　④ 100

해설 $R_0 = 5 \times 4 + 10 \times 3 + 100 \times 1 = 150[Ω]$

17 450/750[V] 일반용 단심 비닐 절연 전선의 약호는?

① FI　　② RI
③ NR　　④ NF

해설
- NR : 450/750[V] 일반용 단심 비닐 절연 전선
- NF : 450/750[V] 일반용 유연성 단심 비닐 절연 전선

18 불연성 먼지가 많은 장소에 시설할 수 없는 저압 옥내 배선의 방법은?

① 금속관 공사　　② 애자 사용 공사
③ 케이블 공사　　④ 플로어 덕트 공사

정답 11.② 12.① 13.④ 14.④ 15.① 16.③ 17.③ 18.④

해설 불연성 먼지(정미소, 제분소)가 많은 장소 : 금속관 공사, 케이블 공사, 합성 수지관 공사, 가요 전선관 공사, 애자 사용 공사, 금속 덕트 및 버스 덕트 공사, 캡타이어 케이블 공사
④ 플로어 덕트 공사는 400[V] 이하의 점검할 수 없는 은폐 장소에만 가능하다.

19 최대 사용 전압이 70[kV]인 중성점 직접 접지식 전로의 절연 내력 시험 전압은 몇 [V]인가?

① 35,000 ② 42,000
③ 50,400 ④ 44,800

해설 절연 내력 시험 : 최대 사용 전압이 60[kV] 이상인 중성점 직접 접지식 전로의 절연 내력 시험은 최대 사용 전압의 0.72배의 전압을 연속으로 10분간 가할 때 견디는 것으로 하여야 한다.
시험 전압 = 70,000 × 0.72 = 50,400[V]

20 소세력 회로의 전선을 조영재에 붙여 시설하는 경우에 틀린 것은?

① 전선이 손상을 받을 우려가 있는 곳에 시설하는 경우에는 적당한 방호 장치를 할 것
② 전선은 코드·캡타이어 케이블 또는 케이블일 것
③ 케이블 이외에는 공칭 단면적 2.5[mm^2] 이상의 연동선 또는 이와 동등 이상의 것을 사용할 것
④ 전선은 금속제의 수관·가스관 또는 이와 유사한 것과 접촉하지 아니하도록 시설할 것

해설 전선을 조영재에 붙여 시설하는 소세력 회로의 배선 공사
• 전선 : 코드, 캡타이어 케이블, 케이블 사용
• 케이블 이외에는 공칭 단면적 1[mm^2] 이상의 연동선 또는 이와 동등 이상의 것일 것

21 히스테리시스 곡선이 세로축과 만나는 점의 값은 무엇을 나타내는가?

① 자속 밀도 ② 잔류 자기
③ 보자력   ④ 자기장

해설 히스테리시스 곡선
• 세로축(종축)과 만나는 점 : 잔류 자기
• 가로축(횡축)과 만나는 점 : 보자력

22 금속관과 금속관을 접속할 때 커플링을 사용하는데 커플링을 접속할 때 사용되는 공구는?

① 히키
② 녹아웃 펀치
③ 파이프 커터
④ 파이프 렌치

해설
• 파이프 커터, 파이프 바이스 : 금속관 절단 공구
• 오스터 : 금속관에 나사내는 공구
• 녹아웃 펀치 : 콘크리트 벽에 구멍을 뚫는 공구
• 파이프 렌치 : 금속관 접속 부분을 조이는 공구

23 정격 전압이 100[V]인 직류 발전기가 있다. 무부하 전압 104[V]일 때 이 발전기의 전압 변동률[%]은?

① 3 ② 4
③ 5 ④ 6

해설 전압 변동률 $\varepsilon = \dfrac{V_0 - V_n}{V_n} \times 100[\%]$

$= \dfrac{104 - 100}{100} \times 100 = 4[\%]$

24 지지선(지선)의 중간에 넣는 애자의 명칭은?

① 곡핀 애자 ② 구형 애자
③ 현수 애자 ④ 핀 애자

해설 지지선(지선)의 중간에 사용하는 애자를 구형 애자, 지선 애자, 옥 애자, 구슬 애자라고 한다.

정답 19.③ 20.③ 21.② 22.④ 23.② 24.②

25. 직류 분권 전동기를 운전하던 중 계자 저항을 증가시키면 회전 속도는?

① 감소한다. ② 정지한다.
③ 변화없다. ④ 증가한다.

해설 분권 전동기의 계자 저항을 증가시키면 자속이 감소하므로 회전 속도는 증가한다.

회전수 $N = K\dfrac{V - I_a R_a}{\Phi}$ [rpm]

계자 저항 $R_f \uparrow \propto$ 자속 $\Phi \downarrow \propto$ 회전수 $N \uparrow$

26. 코드나 케이블 등을 기계 기구의 단자 등에 접속할 때 몇 [mm²]가 넘으면 그림과 같은 터미널 러그(압착 단자)를 사용해야 하는가?

① 6 ② 4
③ 8 ④ 10

해설 터미널 러그 : 코드 또는 캡타이어 케이블을 전기 사용 기계 기구에 접속하는 압착 단자
- 동전선과 전기 기계 기구 단자의 접속은 접속이 완전하고 헐거워질 우려가 없도록 해야 한다.
- 기구 단자가 누름나사형, 클램프형이거나 이와 유사한 구조가 아닌 경우는 단면적 6[mm²]를 초과하는 연선에 터미널 러그를 부착할 것

27. COS를 설치하는 경우 완금의 설치 위치는 전력선용 완금으로부터 몇 [m] 위치에 설치해야 하는가?

① 0.75
② 0.45
③ 0.9
④ 1.0

해설 COS용 완철을 설치하는 경우 최하단 전력선용 완철에서 0.75[m] 하부에 설치한다.

28. 하나의 콘센트에 두 개 이상의 플러그를 꽂아 사용할 수 있는 기구는?

① 코드 접속기 ② 멀티 탭
③ 테이블 탭 ④ 아이언 플러그

해설 접속 기구
- 멀티 탭 : 하나의 콘센트에 여러 개의 전기 기계 기구를 끼워 사용하는 것
- 테이블 탭(table tap) : 코드 길이가 짧을 때 연장 사용하는 것

29. 전기 기기의 철심 재료로 규소 강판을 성층하여 사용하는 이유로 가장 적당한 것은?

① 동손 감소
② 히스테리시스손 감소
③ 맴돌이 전류손 감소
④ 풍손 감소

해설 규소 강판을 성층하여 사용하는 이유는 맴돌이 전류손을 감소시키기 위한 대책이다.

30. 역회전이 불가능한 단상 유도 전동기는 다음 중 어느 것인가?

① 분상 기동형 ② 셰이딩 코일형
③ 콘덴서 기동형 ④ 반발 기동형

해설 단상 유도 전동기의 하나인 셰이딩 코일형은 계자 사이에 철심을 넣은 전동기로서 철편 때문에 역회전이 불가능한 전동기이다.

31. 실효값 20[A], 주파수 $f = 60$[Hz], 0°인 전류의 순시값 i[A]를 수식으로 옳게 표현한 것은?

① $i = 20\sin(60\pi t)$
② $i = 20\sqrt{2}\sin(120\pi t)$
③ $i = 20\sin(120\pi t)$
④ $i = 20\sqrt{2}\sin(60\pi t)$

정답 25.④ 26.① 27.① 28.② 29.③ 30.② 31.②

해설 순시값 전류
$$i(t) = 실효값 \times \sqrt{2} \sin(2\pi ft + \theta)$$
$$= \sqrt{2} I \sin(\omega t + \theta)$$
$$= 20\sqrt{2} \sin(120\pi t) [A]$$

32 다음 중 자기 소호 기능이 가장 좋은 소자는?

① SCR ② GTO
③ TRIAC ④ LASCR

해설 GTO(Gate Turn-Off thyristor)는 게이트 신호로 ON-OFF가 자유로우며 개폐 동작이 빨라 주로 직류의 개폐에 사용되며 자기 소호 기능이 가장 좋다.

33 평균값이 100[V]일 때 실효값은 얼마인가?

① 90 ② 111
③ 63.7 ④ 70.7

해설 평균값 $V_{av} = \dfrac{2}{\pi} V_m [V]$ 이므로

최대값 $V_m = V_{av} \times \dfrac{\pi}{2} = 100 \times \dfrac{\pi}{2} [V]$

실효값 $V = \dfrac{V_m}{\sqrt{2}} = \dfrac{\pi}{2\sqrt{2}} \times V_{av}$
$= \dfrac{\pi}{2\sqrt{2}} \times 100$
$= 111 [V]$

* 쉬운 풀이 : $V = 1.11 V_{av} = 1.11 \times 100 = 111 [V]$

34 동기 발전기의 병렬 운전 중 기전력의 위상차가 발생하면 어떤 현상이 나타나는가?

① 무효 횡류
② 유효 순환 전류
③ 무효 순환 전류
④ 고조파 전류

해설 동기 발전기 병렬 운전 조건 중 기전력의 위상차가 발생하면 유효 순환 전류(동기화 전류)가 흐르며 동기화력을 발생시켜서 위상이 일치된다.

35 1차 전압 6,000[V], 2차 전압 200[V], 주파수 60[Hz]의 변압기가 있다. 이 변압기의 권수비는?

① 20 ② 30
③ 40 ④ 50

해설 변압기 권수비 $a = \dfrac{E_1}{E_2} = \dfrac{6,000}{200} = 30$

36 전압 200[V]이고 $C_1 = 10[\mu F]$와 $C_2 = 5[\mu F]$인 콘덴서를 병렬로 접속하면 C_2에 분배되는 전하량은 몇 $[\mu C]$인가?

① 200
② 2,000
③ 500
④ 1,000

해설 C_2에 축적되는 전하량
$Q_2 = C_2 V = 5 \times 200 = 1,000 [\mu C]$

37 동기 발전기의 병렬 운전 조건이 아닌 것은?

① 기전력의 크기가 같을 것
② 기전력의 위상이 같을 것
③ 기전력의 주파수가 같을 것
④ 기전력의 임피던스가 같을 것

해설 동기 발전기의 병렬 운전 조건
• 기전력의 크기가 일치할 것
• 기전력의 위상이 일치할 것
• 기전력의 주파수가 일치할 것
• 기전력의 파형이 일치할 것

38 전압비가 13,200/220[V]인 단상 변압기의 2차 전류가 120[A]일 때 변압기의 1차 전류는 얼마인가?

① 100 ② 20
③ 10 ④ 2

정답 32.② 33.② 34.② 35.② 36.④ 37.④ 38.④

해설 권수비 $a = \dfrac{N_1}{N_2} = \dfrac{V_1}{V_2} = \dfrac{I_2}{I_1}$에서

$a = \dfrac{V_1}{V_2} = \dfrac{13,200}{220} = 60$이므로

$I_1 = \dfrac{I_2}{a} = \dfrac{120}{60} = 2[A]$

39 다음 중 접지 저항을 측정하기 위한 방법은?
① 전류계, 전압계
② 전력계
③ 휘트스톤 브리지법
④ 콜라우슈 브리지법

해설 접지 저항 측정 방법 : 접지 저항계, 콜라우슈 브리지법, 어스 테스터기

40 정격 전압 200[V], 60[Hz]인 전동기의 주파수를 50[Hz]로 사용하면 회전 속도는 어떻게 되는가?
① 0.833배로 감소한다.
② 1.1배로 증가한다.
③ 변화하지 않는다.
④ 1.2배로 증가한다.

해설 전동기의 회전수 $N = \dfrac{120f}{P}$[rpm]로서 주파수에 비례하므로 주파수가 60[Hz]→50[Hz]로 $\dfrac{50}{60} = 0.833$배로 감소하므로 회전 속도도 0.833배로 감소한다.

41 같은 저항 4개를 그림과 같이 연결하여 a-b 간에 일정 전압을 가했을 때 소비 전력이 가장 큰 것은 어느 것인가?

① a─R─R─R─R─b

② a─R─R─[R∥R]─b

③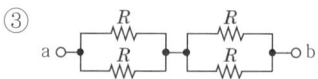

④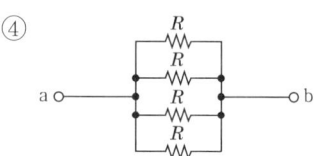

해설 각 회로에 소비되는 전력은 전압은 일정하고 합성 저항이 다르므로 $P = \dfrac{V^2}{R}$[W]식에 적용하며 R에 반비례하므로 소비 전력이 가장 크려면 합성 저항이 가장 작은 회로이므로 ④번이 답이 된다.
① 합성 저항 $R_0 = 4R[\Omega]$
② 합성 저항 $R_0 = 2R + \dfrac{R}{2} = 2.5R[\Omega]$
③ 합성 저항 $R_0 = \dfrac{R}{2} \times 2 = R[\Omega]$
④ 합성 저항 $R_0 = \dfrac{R}{4} = 0.25R[\Omega]$

42 다음 물질 중 강자성체로만 짝지어진 것은?
① 니켈, 코발트, 철
② 구리, 비스무트, 코발트, 망간
③ 철, 구리, 니켈, 아연
④ 철, 니켈, 아연, 망간

해설 강자성체는 비투자율이 아주 큰 물질로서 철, 니켈, 코발트, 망간 등이 있다.

43 두 평행 도선 사이의 거리가 1[m]인 왕복 도선 사이에 1[m]당 작용하는 힘의 세기가 18×10^{-7}[N/m]일 경우 전류의 세기[A]는?
① 1 ② 2
③ 3 ④ 4

해설 평행 도선 사이에 작용하는 힘의 세기

$F = \dfrac{2I_1 I_2}{r} \times 10^{-7}$[N/m]

$F = \dfrac{2I^2}{1} \times 10^{-7}$[N/m] $= 18 \times 10^{-7}$[N/m]

$I^2 = 9$이므로 $I = 3$[A]

44 두 자극의 세기가 m_1, m_2[Wb], 거리가 r[m]인 작용하는 자기력의 크기[N]는 얼마인가?

① $k\dfrac{m_1 \cdot m_2}{r}$

② $k\dfrac{r}{m_1 \cdot m_2}$

③ $k\dfrac{m_1 \cdot m_2}{r^2}$

④ $k\dfrac{r^2}{m_1 \cdot m_2}$

해설 쿨롱의 법칙 : 두 자극 사이에 작용하는 자력의 크기는 양 자극의 세기의 곱에 비례하며, 자극 간의 거리의 제곱에 반비례한다.

쿨롱의 법칙 $F = k\dfrac{m_1 \cdot m_2}{r^2} = \dfrac{m_1 \cdot m_2}{4\pi\mu_0 r^2}$ [N]

45 전류를 계속 흐르게 하려면 전압을 연속적으로 만들어주는 어떤 힘이 필요하게 되는데, 이 힘을 무엇이라 하는가?

① 자기력
② 기전력
③ 전자력
④ 전기장

해설 전기 회로에서 전위차를 일정하게 유지시켜 전류가 연속적으로 흐를 수 있도록 하는 힘을 기전력이라 한다.

46 권선형 유도 전동기 기동 시 회전자측에 저항을 넣는 이유는?

① 기동 전류를 감소시키기 위해
② 기동 토크를 감소시키기 위해
③ 회전수를 감소시키기 위해
④ 기동 전류를 증가시키기 위해

해설 권선형 유도 전동기의 외부 저항을 접속하면 기동 전류는 감소하고 기동 토크는 증가하며 역률은 개선된다.

47 부흐홀츠 계전기의 설치 위치로 가장 적당한 곳은?

① 변압기 주탱크 내부
② 변압기 주탱크와 콘서베이터 사이
③ 변압기 고압측 부싱
④ 콘서베이터 내부

해설 변압기 내부 고장으로 인한 온도 상승 시 유중기를 검출하여 동작하는 계전기로서, 변압기와 콘서베이터를 연결하는 파이프 도중에 설치한다.

48 3상 전파 정류 회로에서 출력 전압의 평균 전압값은? (단, V는 선간 전압의 실효값이다.)

① $0.45\,V$
② $0.9\,V$
③ $1.17\,V$
④ $1.35\,V$

해설 정류기의 직류 전압(평균값)의 크기
- 단상 반파 정류분 $E_d = 0.45\,V$
- 단상 전파 정류분 $E_d = 0.9\,V$
- 3상 반파 정류분 $E_d = 1.17\,V$
- 3상 전파 정류분 $E_d = 1.35\,V$

49 다음 중 금속관, 케이블, 합성수지관, 애자 사용 공사가 모두 가능한 특수 장소를 옳게 나열한 것은?

㉠ 화약류 등의 위험 장소
㉡ 부식성 가스가 있는 장소
㉢ 위험물 등이 존재하는 장소
㉣ 불연성 먼지가 많은 장소
㉤ 습기가 많은 장소

① ㉠, ㉢, ㉤
② ㉠, ㉡, ㉣
③ ㉡, ㉣, ㉤
④ ㉡, ㉢, ㉣

해설 금속관, 케이블 공사는 어느 장소든 모두 가능하지만 합성 수지관은 ㉠ 공사가 불가능하고, 애자 사용 공사는 ㉠, ㉢ 공사가 불가능하므로 모두 가능한 특수 장소는 ㉡, ㉣, ㉤이 된다.

정답 44.③ 45.② 46.① 47.② 48.④ 49.③

50 다음 중 자기 저항의 단위에 해당되는 것은?
① [Ω] ② [Wb/AT]
③ [H/m] ④ [AT/Wb]

해설 기자력 $F = NI = R\phi$[AT]
자기 저항 R은 자속의 통과를 방해하는 성분으로
$R = \dfrac{NI}{\phi}$[AT/Wb]

51 직류 직권 전동기에서 벨트를 걸고 운전하면 안 되는 이유는?
① 벨트가 마멸 보수가 곤란하므로
② 벨트가 벗겨지면 위험 속도에 도달하므로
③ 직결하지 않으면 속도 제어가 곤란하므로
④ 손실이 많아지므로

해설 직류 직권 전동기는 정격 전압하에서 무부하 특성을 지니므로, 벨트가 벗겨지면 속도는 급격히 상승하여 위험 속도에 도달할 수 있다.

52 가공 전선로의 지지물에서 다른 지지물을 거치지 아니하고 수용 장소의 인입선 접속점에 이르는 가공 전선을 무엇이라 하는가?
① 가공 전선
② 가공 인입선
③ 지지선(지선)
④ 이웃연결(연접) 인입선

해설 가공 전선로의 지지물에서 다른 지지물을 거치지 아니하고 수용 장소의 인입선 접속점에 이르는 가공 전선을 가공 인입선이라고 한다.

53 전류에 의해 만들어지는 자기장의 방향을 알기 쉽게 정의한 법칙은?
① 플레밍의 왼손 법칙
② 앙페르의 오른 나사 법칙
③ 렌츠의 자기 유도 법칙
④ 패러데이의 전자 유도 법칙

해설 앙페르의 오른 나사 법칙 : 전류에 의한 자기장(자기력선)의 방향을 알기 쉽게 정의한 법칙

54 110/220[V] 단상 3선식 회로에서 110[V] 전구 Ⓡ, 110[V] 콘센트 Ⓒ, 220[V] 전동기 Ⓜ의 연결이 올바른 것은?

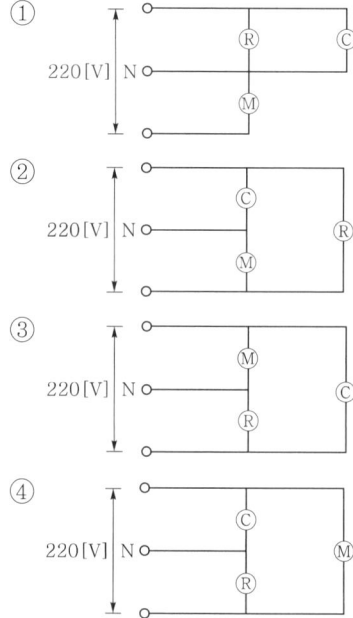

해설 전구와 콘센트는 110[V]를 사용하므로 전선과 중성선 사이에 연결해야 하고 전동기 Ⓜ은 220[V]를 사용하므로 선간에 연결해야 한다.

55 대칭 3상 교류 회로에서 각 상 간의 위상차는 얼마인가?
① $\dfrac{\pi}{3}$ ② $\dfrac{2\pi}{3}$
③ $\dfrac{3}{2}\pi$ ④ $\dfrac{2}{\sqrt{3}}\pi$

해설 대칭 3상 교류에서의 각 상 간 위상차는 $\dfrac{2\pi}{3}$[rad]
=120°이다.

정답 50.④ 51.② 52.② 53.② 54.④ 55.②

56. 8극, 주파수가 60[Hz]인 동기 발전기의 회전수는 몇 [rpm]인가?

① 600
② 1,200
③ 900
④ 1,800

해설 동기 발전기의 회전수
$$N_s = \frac{120f}{P} = \frac{120 \times 60}{8} = 900[\text{rpm}]$$

57. 배관 공사 시 금속관이나 합성 수지관으로부터 전선을 뽑아 전동기 단자 부근에 접속할 때 관 단에 사용하는 재료는?

① 부싱
② 엔트런스 캡
③ 터미널 캡
④ 로크 너트

해설 터미널 캡(서비스 캡) : 배관 공사 시 금속관이나 합성 수지관으로부터 전선을 뽑아 전동기 단자 부근에 접속할 때나 노출 배관에서 금속 배관으로 변경 시 전선 보호를 위해 관 끝에 설치하는 기구

58. 전선의 굵기가 6[mm²] 이하의 가는 단선의 전선 접속은 어떤 접속을 하여야 하는가?

① 브리타니아 접속
② 트위스트 접속
③ 쥐꼬리 접속
④ 슬리브 접속

해설 단선의 직선 접속
- 단면적 6[mm²] 이하 : 트위스트 접속
- 단면적 10[mm²] 이상 : 브리타니아 접속

59. 공기 중에서 자속 밀도 2[Wb/m²]의 평등 자장 속에 길이 60[cm]의 직선 도선을 자장의 방향과 30° 각으로 놓고 여기에 5[A]의 전류를 흐르게 하면 이 도선이 받는 힘은 몇 [N]인가?

① 2
② 5
③ 6
④ 3

해설 전자력 $F = IBl\sin\theta$
$= 5 \times 2 \times 0.6 \times \sin 30°$
$= 3[\text{N}]$

60. 막대 자석의 자극의 세기가 m[Wb]이고 길이가 l[m]인 경우 자기 모멘트[Wb·m]는 얼마인가?

① $\dfrac{m}{l}$
② ml
③ $\dfrac{l}{m}$
④ $2ml$

해설 막대 자석의 자기 모멘트 $M = ml$[Wb·m]

정답 56.③ 57.③ 58.② 59.④ 60.②

2020년 제3회 CBT 기출복원문제

★ 표시 : 문제 중요도를 나타냄

본 기출문제는 수험생들의 기억을 바탕으로 작성한 것으로 내용 및 그림 등에서 실제 문제와 다소 차이가 있을 수 있습니다.

01 코일에서 유도되는 기전력의 크기는 자속의 시간적인 변화율에 비례하는 유도 기전력의 크기를 정의한 법칙은?

① 렌츠의 법칙 ② 플레밍의 법칙
③ 패러데이의 법칙 ④ 줄의 법칙

해설 패러데이의 법칙은 유도 기전력의 크기를 정의한 법칙으로서 코일에서 유도되는 기전력의 크기는 자속의 시간적인 변화율에 비례한다.

02 자기 인덕턴스가 각각 50[mH], 80[mH]이고 상호 인덕턴스가 60[mH]인 경우 두 코일 간에 누설 자속이 없는 경우 가동 접속 합성 인덕턴스값[mH]은?

① 120 ② 240
③ 250 ④ 300

해설 가동 접속 합성 인덕턴스(완전 결합 시 $k=1$)
$L_0 = L_1 + L_2 + 2M$
$= 50 + 80 + 2 \times 60$
$= 250 [\text{mH}]$

03 전동기의 과전류, 결상 보호 등에 사용되며 단락 시간과 기동 시간을 정확히 구분하는 계전기는?

① 임피던스 계전기
② 전자식 과전류 계전기
③ 방향 단락 계전기
④ 부족 전압 계전기

해설 전자식 과전류 계전기(EOCR) : 설정된 전류값 이상의 전류가 흘렀을 때 EOCR 접점이 동작하여 회로를 차단시켜 보호하는 계전기로서 전동기의 과전류나 결상을 보호하는 계전기이다.

04 납축전지의 전해액으로 사용되는 것은?

① 묽은 황산 ② 이산화납
③ 질산 ④ 황산구리

해설 납축전지
• 음극제 : 납
• 양극제 : 이산화납(PbO_2)
• 전해액 : 묽은 황산(H_2SO_4)

05 전기자를 고정시키고 자극 N, S를 회전시키는 동기 발전기는?

① 회전 전기자형 ② 직렬 저항형
③ 회전 계자형 ④ 회전 정류자형

해설 회전 계자형 동기 발전기는 전기자를 고정시키고 계자를 회전시키는 회전 계자법을 사용하며, 계자를 여자시키기 위한 직류 여자기가 반드시 필요하다.

신규문제

06 한국전기설비규정에 의하면 정격 전류가 30[A]인 저압 전로의 과전류 차단기를 산업용 배선용 차단기로 사용하는 경우 39[A]의 전류가 통과하였을 때 몇 분 이내에 자동적으로 동작하여야 하는가?

① 60 ② 120
③ 2 ④ 4

정답 01.③ 02.③ 03.② 04.① 05.③ 06.①

해설 과전류 차단기로 저압 전로에 사용하는 63[A] 이하의 산업용 배선용 차단기는 정격 전류의 1.3배 전류가 흐를 때 60분 내에 자동으로 동작하여야 한다.

07 특고압·고압 전기 설비용 접지 도체는 단면적 몇 [mm²] 이상의 연동선 또는 동등 이상의 단면적 및 강도를 가져야 하는가?

① 0.75 ② 4
③ 6   ④ 10

해설 특고압·고압 전기 설비용 접지 도체는 단면적 6[mm²] 이상의 연동선 또는 동등 이상의 단면적 및 강도를 가져야 한다.

08 용량을 변화시킬 수 있는 콘덴서는?

① 세라믹 콘덴서   ② 마일러 콘덴서
③ 전해 콘덴서   ④ 바리콘 콘덴서

해설 가변 콘덴서 : 바리콘, 트리머

09 동기 발전기의 돌발 단락 전류를 주로 제한하는 것은?

① 권선 저항   ② 역상 리액턴스
③ 동기 리액턴스 ④ 누설 리액턴스

해설 전기자 반작용은 단락 전류가 흐른 뒤에 작용하므로 돌발 단락 전류를 제한하는 것은 누설 리액턴스이다.

10 트라이액(TRIAC)의 기호는?

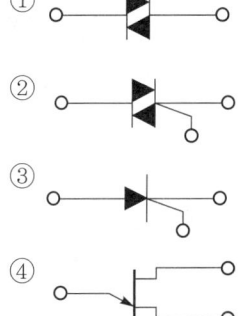

해설 TRIAC(트라이액)은 SCR 2개를 역병렬로 접속한 소자로서 교류 회로에서 양방향 점호(on) 및 소호(off)를 이용하며, 위상 제어가 가능하다.

11 저압 이웃연결(연접) 인입선을 시설하는 경우 다음 중 틀린 것은?

① 저압 이웃연결(연접) 인입선이 횡단보도를 횡단하는 경우 지면으로부터의 높이는 3.5[m] 이상 높이에 시설할 것
② 인입구에서 분기하여 100[m]를 초과하지 말 것
③ 도로 5[m]를 횡단하지 말 것
④ 옥내를 관통하지 말 것

해설 저압 이웃연결(연접) 인입선이 횡단보도를 횡단하는 경우 지면으로부터의 높이는 3[m] 이상 높이에 시설할 것

12 권선형 유도 전동기에서 토크를 일정하게 한 상태로 회전자 권선에 2차 저항을 2배로 하면 슬립은 몇 배가 되겠는가?

① $\sqrt{2}$ 배   ② 2배
③ $\sqrt{3}$ 배   ④ 4배

해설 권선형 유도 전동기는 2차 저항을 조정함으로써 최대 토크는 변하지 않는 상태에서 슬립으로 속도 조절이 가능하며 슬립과 2차 저항은 비례 관계가 성립하므로 2배가 된다.

13 황산구리 용액에 10[A]의 전류를 60분간 흘린 경우 이때 석출되는 구리의 양[g]은? (단, 구리의 전기 화학 당량은 0.3293×10^{-3} [g/C]이다.)

① 11.86   ② 7.82
③ 5.93   ④ 1.67

해설 전극에서 석출되는 물질의 양
$W = kQ = kIt$ [g]
$= 0.3293 \times 10^{-3} \times 10 \times 60 \times 60$
$\fallingdotseq 11.86$ [g]

정답 07.③ 08.④ 09.④ 10.② 11.① 12.② 13.①

14 3상 동기기에 제동 권선을 설치하는 주된 목적은?

① 출력을 증가시키기 위해
② 난조를 방지하기 위해
③ 역률을 개선하기 위해
④ 효율을 증가시키기 위해

해설 동기 전동기에서 제동 권선은 기동 토크 발생 및 난조를 방지하기 위해 설치한다.

15 전시회나 쇼, 공연장 등의 전기 설비는 옥내 배선이나 이동 전선인 경우 사용 전압이 몇 [V] 이하이어야 하는가?

① 100　　② 200
③ 300　　④ 400

해설 전시회, 쇼 및 공연장, 기타 이들과 유사한 장소에 시설하는 저압 전기 설비에 적용하며 무대·무대 마루 밑·오케스트라 박스·영사실, 기타 사람이나 무대 도구가 접촉할 우려가 있는 곳에 시설하는 저압 옥내 배선, 전구선 또는 이동 전선의 사용 전압이 400[V] 이하이어야 한다.

16 그림과 같은 분상 기동형 단상 유도 전동기를 역회전시키기 위한 방법이 아닌 것은?

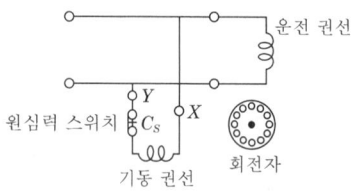

① 기동 권선이나 운전 권선의 어느 한 권선의 단자 접속을 반대로 한다.
② 원심력 스위치를 개방(개로) 또는 단락(폐로)한다.
③ 기동 권선의 단자 접속을 반대로 한다.
④ 운전 권선의 단자 접속을 반대로 한다.

해설 원심력 스위치는 전동기 기동 후 일정 속도에 올라오면 자동으로 개방이 되면서 기동 권선을 제거하는 역할을 하므로 개방하거나 단락(개로나 폐로)하여 역회전을 할 수 없다.

17 화약류 저장소의 배선 공사에 있어서 전용 개폐기에서 화약류 저장소의 인입구까지의 공사 방법으로 틀린 것은?

① 애자 사용 공사
② 대지 전압은 300[V] 이하이어야 한다.
③ 모든 접속은 전폐형으로 할 것
④ 케이블을 사용하여 지중에 시설할 것

해설 화약류 저장소 등의 위험 장소
- 금속관 공사, 케이블 공사
- 대지 전압 : 300[V] 이하
- 개폐기 및 과전류 차단기에서 화약고의 인입구까지의 배선에는 케이블을 사용하고 또한 반드시 지중에 시설할 것

18 금속관 배관 공사에서 절연 부싱을 사용하는 이유는?

① 관의 입구에서 조영재의 접속을 방지
② 관 단에서 전선의 인입 및 교체 시 발생하는 전선의 손상 방지
③ 관이 손상되는 것을 방지
④ 박스 내에서 전선의 접속을 방지

해설 금속관 공사 시 부싱은 관 끝단에 설치하여 전선의 인입 및 교체 시 전선의 손상을 방지하기 위해 설치한다.

19 다음 중 변전소의 역할로 볼 수 없는 것은?

① 전력 생산
② 전압의 변성
③ 전력 계통 보호
④ 전력의 집중과 배분

해설 전력 생산은 발전소에서 만들어진다.

정답　14.②　15.④　16.②　17.①　18.②　19.①

20 수용 장소의 인입선에서 분기하여 다른 수용 장소의 인입구에 이르는 전선을 무엇이라 하는가?

① 소주 인입선
② 이웃연결(연접) 인입선
③ 가공 인입선
④ 인입 간선

해설 이웃연결(연접) 인입선 : 수용 장소의 인입선에서 분기하여 다른 수용 장소의 인입구에 이르는 전선

21 접지 설비에 사용하는 접지선을 사람이 접촉할 우려가 있는 곳에 시설하는 경우에는 동결 깊이를 고려(감안)하여 지하 몇 [cm] 이상까지 매설하여야 하는가?

① 50   ② 100
③ 75   ④ 150

해설 접지극(전극)의 매설 깊이는 지하 75[cm] 이상 깊이에 매설하되 동결 깊이를 고려(감안)할 것

22 수정을 이용한 마이크로폰은 다음 중 어떤 원리를 이용한 것인가?

① 핀치 효과   ② 압전기 효과
③ 펠티에 효과 ④ 톰슨 효과

해설 압전기 효과
- 유전체 표면에 압력이나 인장력을 가하면 전기 분극이 발생하는 효과
- 응용 기기 : 수정 발진기, 마이크로폰, 초음파 발생기, Crystal pick-up

23 다음 두 코일이 있다. 한 코일에 매초 전류가 150[A]의 비율로 변할 때 다른 코일에 60[V]의 기전력이 발생하였다면, 두 코일의 상호 인덕턴스는 몇 [H]인가?

① 4.0   ② 2.5
③ 0.4   ④ 25

해설 상호 유도 전압 $e = M \dfrac{\Delta I}{\Delta t}$[V]

상호 인덕턴스 $M = e \times \dfrac{\Delta t}{\Delta I}$

$= 60 \times \dfrac{1}{150}$

$= 0.4$[H]

24 다음 회로에서 B점의 전위가 100[V], D점의 전위가 60[V]라면 전류 I는 몇 [A]인가?

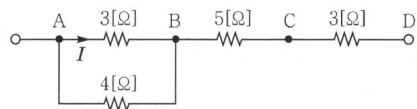

① $\dfrac{12}{7}$ ② $\dfrac{22}{7}$

③ $\dfrac{20}{7}$ ④ $\dfrac{10}{7}$

해설 $V_{BD} = V_B - V_D = 100 - 60 = 40$[V]

$I_{BD} = \dfrac{V_{BD}}{R_{BD}} = \dfrac{40}{5+3} = 5$[A]

$I = \dfrac{4}{3+4} I_{BD} = \dfrac{4}{3+4} \times 5 = \dfrac{20}{7}$[A]

25 그림과 같이 공기 중에 놓인 4×10^{-8}[C]의 전하에서 4[m] 떨어진 점 P와 2[m] 떨어진 점 Q와의 전위차[V]는?

① 80
② 180
③ 90
④ 400

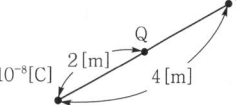

해설 전위 $V = 9 \times 10^9 \times \dfrac{Q}{r}$[V]

$V_Q = 9 \times 10^9 \times \dfrac{4 \times 10^{-8}}{2} = 180$[V]

$V_P = 9 \times 10^9 \times \dfrac{4 \times 10^{-8}}{4} = 90$[V]

그러므로 전위차는 $V = 180 - 90 = 90$[V]

정답 20.② 21.③ 22.② 23.③ 24.③ 25.③

26 피시 테이프(fish tape)의 용도로 옳은 것은?

① 전선을 테이핑하기 위하여 사용된다.
② 전선관의 끝마무리를 위해서 사용된다.
③ 배관에 전선을 넣을 때 사용된다.
④ 합성수지관을 구부릴 때 사용된다.

해설 피시 테이프 : 배관에 피시 테이프를 먼저 집어넣은 후 전선과 접속하여 끌어 당겨서 관에 전선을 넣을 때 사용하는 공구

27 다음 설명 중 잘못된 것은?

① 전위차가 높으면 높을수록 전류는 잘 흐른다.
② 양전하를 많이 가진 물질은 전위가 낮다.
③ 1초 동안에 1[C]의 전기량이 이동하면 전류는 1[A]이다.
④ 전류의 방향은 전자의 이동 방향과는 반대 방향으로 정한다.

해설 전위란 전기적인 위치 에너지로서, 전위차가 높을수록 전류가 잘 흐르며 양전하가 많을수록 전위가 높다.

28 키르히호프의 법칙을 이용하여 방정식을 세우는 방법으로 잘못된 것은?

① 키르히호프의 제1법칙을 회로망의 임의의 점에 적용한다.
② 계산 결과 전류가 +로 표시된 것은 처음에 정한 방향과 반대 방향임을 나타낸다.
③ 각 폐회로에서 키르히호프의 제2법칙을 적용한다.
④ 각 회로의 전류를 문자로 나타내고 방향을 가정한다.

해설 처음에 정한 방향과 전류 방향이 같으면 "+"로, 처음에 정한 방향과 전류 방향이 반대이면 "-"로 표시한다.

29 1[Wb]의 자하량으로부터 발생하는 자기력선의 총수는?

① 6.33×10^4개
② 7.96×10^5개
③ 8.855×10^3개
④ 1.256×10^6개

해설 자기력선의 총수
$$N = \frac{m}{\mu_0} = \frac{1}{4\pi \times 10^{-7}} = 7.96 \times 10^5 \text{개}$$

30 옥내 배선에 시설하는 전등 1개를 3개소에서 점멸하고자 할 때 필요한 3로 스위치와 4로 스위치의 최소 개수는?

① 3로 스위치 2개, 4로 스위치 2개
② 3로 스위치 1개, 4로 스위치 1개
③ 3로 스위치 2개, 4로 스위치 1개
④ 3로 스위치 1개, 4로 스위치 2개

해설 전등 1개를 3개소에서 점멸하므로 스위치는 최소 3개가 필요하며 4로 스위치는 스위치 접점이 교대로 바뀌는 구조로서 3개소에서 전등 1개를 점멸 시 3로 스위치 2개와 조합하여 사용한다.

31 전기 울타리에 사용하는 경동선의 지름은 최소 몇 [mm] 이상이어야 하는가?

① 1.6 ② 2.0
③ 2.6 ④ 3.2

해설 전기 울타리의 시설
• 사용 전압 : 250[V] 이하
• 사용 전선 : 2[mm] 이상 나경동선

32 직류 발전기의 정격 전압 100[V], 무부하 전압 104[V]이다. 이 발전기의 전압 변동률 ε[%]은?

① 4 ② 3
③ 6 ④ 5

정답 26.③ 27.② 28.② 29.② 30.③ 31.② 32.①

해설 전압 변동률 $\varepsilon = \dfrac{V_0 - V_n}{V_n} \times 100[\%]$

$= \dfrac{104-100}{100} \times 100$

$= 4[\%]$

33 변압기의 권선법 중 형권은 주로 어디에 사용되는가?

① 중형 이상의 대용량 변압기
② 저전압 대용량 변압기
③ 중형 대전압 변압기
④ 소형 변압기

해설 형권 코일(formed coil) : 권선을 일정한 틀에 감아 절연시킨 후 정형화된 틀에 만들어서 조립하는 방법으로, 용량이 작은 가정용 변압기에 사용하는 권선법이다.

34 피뢰 시스템에 접지 도체가 접속된 경우 접지 저항은 몇 [Ω] 이하이어야 하는가?

① 5   ② 10
③ 15   ④ 20

해설 피뢰 시스템에 접지 도체가 접속된 경우 접지 저항은 10[Ω] 이하이어야 한다.

35 110/220[V] 단상 3선식 회로에서 110[V] 전구 Ⓡ, 110[V] 콘센트 Ⓒ, 220[V] 전동기 Ⓜ의 연결이 올바른 것은?

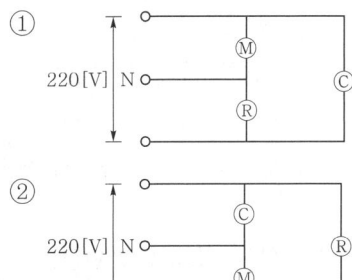

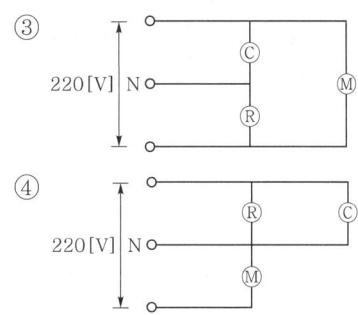

해설 전구와 콘센트는 110[V]를 사용하므로 전선과 중성선 사이에 연결해야 하고 전동기 Ⓜ은 220[V]를 사용하므로 선간에 연결하여야 한다.

36 양방향으로 전류를 흘릴 수 있는 양방향 소자는?

① GTO   ② MOSFET
③ TRIAC   ④ SCR

해설 양방향성 사이리스터 : SSS, TRIAC, DIAC

37 3상 권선형 유도 전동기의 전부하 슬립이 4[%]인 경우 외부 저항은 2차 저항값의 몇 배인가?

① 4   ② 20
③ 24   ④ 25

해설 외부 저항 $R = \dfrac{1-s}{s} r_2$

$= \dfrac{1-0.04}{0.04} \times r_2 = 24 r_2 [\Omega]$

38 100[kVA]의 단상 변압기 2대를 사용하여 V-V 결선으로 하고 3상 전원을 얻고자 한다. 이때, 여기에 접속시킬 수 있는 3상 부하의 용량은 약 몇 [kVA]인가?

① $100\sqrt{3}$ ② 100
③ 200   ④ $200\sqrt{3}$

해설 V결선 용량

$P_V = \sqrt{3} P_1 = \sqrt{3} \times 100 = 100\sqrt{3}\ [kVA]$

정답 33.④ 34.② 35.③ 36.③ 37.③ 38.①

39 접지 공사에서 접지극으로 동봉을 사용하는 경우 최소 길이는 몇 [m]인가?

① 1   ② 1.2
③ 0.9   ④ 0.6

해설 접지극의 종류와 규격
- 동봉 : 지름 8[mm] 이상, 길이 0.9[m] 이상

40 직류 전동기에서 무부하 회전 속도가 1,200[rpm]이고 정격 회전 속도가 1,150[rpm]인 경우 속도 변동률은 몇 [%]인가?

① 4.25   ② 4.35
③ 4.5   ④ 5

해설 속도 변동률 $\varepsilon = \dfrac{N_0 - N_n}{N_n} \times 100[\%]$
$= \dfrac{1,200 - 1,150}{1,150} \times 100$
$\fallingdotseq 4.35[\%]$

41 변압기유로 쓰이는 절연유에 요구되는 성질이 아닌 것은?

① 인화점이 높을 것
② 절연 내력이 클 것
③ 점도가 클 것
④ 응고점이 낮을 것

해설 변압기유의 구비 조건
- 점도(끈적이는 정도)가 작을 것
- 절연 내력이 클 것
- 인화점이 높고 응고점이 낮을 것

42 금속관 공사의 장점이라고 볼 수 없는 것은?

① 전선관 접속이나 관과 박스를 접속 시 견고하고 완전하게 접속할 수 있다.
② 전선의 배선 및 배관 변경 시 용이하다.
③ 기계적 강도가 좋다.
④ 합성 수지관에 비해 내식성이 좋다.

해설 금속관은 합성 수지관에 비해 습기에 의한 부식이 잘 되어서 내식성이 나쁘다.

43 $v = 100\sqrt{2}\sin\left(120\pi t + \dfrac{\pi}{4}\right)$, $i = 100\sin\left(120\pi t + \dfrac{\pi}{2}\right)$인 경우 전류는 전압보다 위상이 어떻게 되는가?

① 전류가 전압보다 $\dfrac{\pi}{2}$[rad]만큼 앞선다.
② 전류가 전압보다 $\dfrac{\pi}{2}$[rad]만큼 뒤진다.
③ 전류가 전압보다 $\dfrac{\pi}{4}$[rad]만큼 앞선다.
④ 전류가 전압보다 $\dfrac{\pi}{4}$[rad]만큼 뒤진다.

해설 위상각 0을 기준으로 할 때 전압은 $\dfrac{\pi}{4}$(45°) 앞서 있고, 전류는 $\dfrac{\pi}{2}$(90°) 앞서 있으므로 전류가 전압보다 위상차 $\dfrac{\pi}{4}$(45°)만큼 앞선다.

44 어떤 도체에 10[V]의 전위를 주었을 때 1[C]의 전하가 축적되었다면 이 도체의 정전 용량[F]은?

① 1   ② 0.1
③ 10   ④ 0.01

해설 정전 용량 $C = \dfrac{Q}{V} = \dfrac{1}{10} = 0.1[F]$

45 자기력선의 성질 중 틀린 것은?

① 자기력선은 서로 교차한다.
② 자기력선은 자석의 N극에서 시작하여 S극에서 끝난다.
③ 자기력선은 서로 반발한다.
④ 자기력선은 도체에 수직으로 출입한다.

정답 39.③ 40.② 41.③ 42.④ 43.③ 44.② 45.①

해설 자기력선은 서로 반발하므로 교차하지 않으며 N극에서 시작하여 S극에서 끝난다.

46 도체의 전기 저항에 대한 것으로 옳은 것은?
① 길이와 단면적에 비례한다.
② 길이와 단면적에 반비례한다.
③ 길이에 반비례하고 단면적에 비례한다.
④ 길이에 비례하고 단면적에 반비례한다.

해설 전기 저항 $R = \rho \dfrac{l}{A}$ 이므로 길이에 비례하고 단면적에 반비례한다.

47 측정이나 계산으로 구할 수 없는 손실로 부하 전류가 흐를 때 도체 또는 철심 내부에서 생기는 손실을 무엇이라 하는가?
① 표유 부하손
② 히스테리시스손
③ 구리손
④ 맴돌이 전류손

해설 표유 부하손(부하손) = 표류 부하손 : 누설 전류에 의해 발생하는 손실로 측정은 가능하나 계산에 의하여 구할 수 없는 손실

48 권선 저항과 온도와의 관계는?
① 온도와는 무관하다.
② 온도가 상승하면 권선 저항은 감소한다.
③ 온도가 상승하면 권선 저항은 증가한다.
④ 온도가 상승하면 권선의 저항은 증가와 감소를 반복한다.

해설 권선 저항은 구리(도체)의 경우 정온도 특성을 가지므로 온도가 상승하면 권선 저항도 상승한다.

49 주택, 아파트인 경우 표준 부하는 몇 [VA/m²]인가?
① 10
② 20
③ 30
④ 40

해설 건물의 종류에 대응한 표준 부하

건물의 종류	표준 부하 [VA/m²]
공장, 공회당, 사원, 교회, 극장, 영화관, 연회장 등	10
기숙사, 여관, 호텔, 병원, 학교, 음식점, 다방, 대중목욕탕	20
사무실, 은행, 상점, 이발소, 미용원	30
주택, 아파트	40

50 평균값이 100[V]인 경우 실효값[V]은?
① 100
② 111
③ 127
④ 200

해설 실효값 $V = 1.11 V_{av} = 1.11 \times 100 = 111[V]$

51 한쪽 방향으로 일정한 전류가 흐르는 경우 동작하는 계전기는?
① 비율 차동 계전기
② 부흐홀츠 계전기
③ 과전류 계전기
④ 과전압 계전기

해설 과전류 계전기 : 전류가 일정한 값 이상으로 흐르면 동작하는 계전기

52 △-Y 결선(delta-star connection)한 경우에 대한 설명으로 옳지 않은 것은?
① Y결선의 중성점을 접지할 수 있다.
② 제3고조파에 의한 장해가 작다.
③ 1차 선간 전압 및 2차 선간 전압의 위상차는 60°이다.
④ 1차 변전소의 승압용으로 사용된다.

해설 △-Y 결선의 특징
• 승압용으로 사용
• Y결선의 중성점을 접지할 수 있다.
• △결선은 제3고조파에 의한 장해가 작다.
• 1, 2차 전압 위상차 : $\dfrac{\pi}{6}[rad] = 30°$ 발생

정답 46.④ 47.① 48.③ 49.④ 50.② 51.③ 52.③

53 전류에 의해 만들어지는 자기장의 방향을 알기 쉽게 정의한 법칙은?

① 앙페르의 오른 나사 법칙
② 플레밍의 왼손 법칙
③ 렌츠의 자기 유도 법칙
④ 패러데이의 전자 유도 법칙

해설 앙페르의 오른 나사 법칙 : 전류에 의한 자기장(자기력선)의 방향을 알기 쉽게 정의한 법칙

54 농형 유도 전동기의 기동법이 아닌 것은?

① Y-△ 기동법   ② 2차 저항 기동법
③ 기동 보상기법 ④ 전전압 기동법

해설
- 농형 유도 전동기의 기동법
  - 전전압 기동법
  - Y-△ 기동법
  - 리액터 기동법
  - 1차 저항 기동법
  - 기동 보상기법
- 권선형 유도 전동기의 기동법 : 2차 저항 기동법(기동 저항기법)

55 수전 방식 중 3상 4선식은 부득이한 경우 설비 불평형률은 몇 [%] 이내로 유지해야 하는가?

① 10   ② 20
③ 30   ④ 40

해설 3상 3선식, 4선식의 각 전압측 전선 간의 부하는 평형이 되게 하는 것을 원칙으로 하지만, 부득이한 경우 발생하는 설비 불평형률은 30[%]까지 할 수 있다.

56 동기 속도 1,800[rpm], 주파수 60[Hz]인 동기 발전기의 극수는 몇 극인가?

① 2   ② 4
③ 8   ④ 10

해설 동기 속도 $N_s = \dfrac{120f}{P}$ [rpm]

극수 $P = \dfrac{120f}{N_s} = \dfrac{120 \times 60}{1,800} = 4$극

57 두 개의 막대기와 눈금계, 저항, 도선을 연결하여 절환 스위치를 이용해 검류계의 지시값을 "0"으로 하여 접지 저항을 측정하는 방법은?

① 콜라우슈 브리지
② 켈빈 더블 브리지법
③ 접지 저항계
④ 휘트스톤 브리지

해설 휘트스톤 브리지는 검류계의 지시값을 "0"으로 하여 접지 저항을 측정하는 방법으로서, 지중 전선로의 고장점 검출 시 사용한다.

58 다음 그림과 같은 전선의 접속법은?

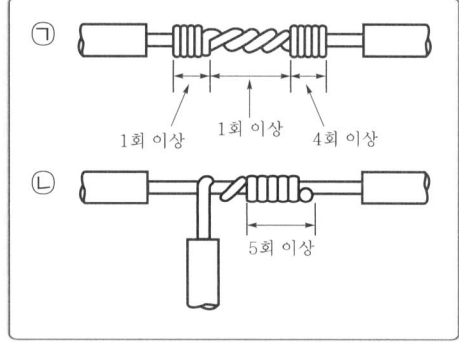

① ㉠ 직선 접속, ㉡ 분기 접속
② ㉠ 직선 접속, ㉡ 종단 접속
③ ㉠ 분기 접속, ㉡ 슬리브에 의한 접속
④ ㉠ 종단 접속, ㉡ 직선 접속

해설
- 단선의 트위스트 직선 접속
- 단선의 트위스트 분기 접속

59 비정현파를 여러 개의 정현파의 합으로 표시하는 식을 정의한 사람은?

① 푸리에(Fourier)   ② 테브난(Thevenin)
③ 노튼(Norton)   ④ 패러데이(Faraday)

정답 53.① 54.② 55.③ 56.② 57.③ 58.① 59.①

해설 푸리에 분석 : 비정현파를 여러 개의 정현파의 합으로 분석한 식
$f(t)$ =직류분+기본파+고조파

60 애자 사용 공사의 저압 옥내 배선에서 전선 상호 간의 간격은 몇 [cm] 이상으로 하여야 하는가?

① 2
② 4
③ 6
④ 8

해설 저압 옥내 배선의 애자 사용 공사 시 전선 상호 간격은 6[cm] 이상 이격하여야 한다.

정답 60.③

2020년 제4회 CBT 기출복원문제

★ 표시 : 문제 중요도를 나타냄

본 기출문제는 수험생들의 기억을 바탕으로 작성한 것으로 내용 및 그림 등에서 실제 문제와 다소 차이가 있을 수 있습니다.

신규문제
01 절연 저항 측정 시 영향을 주거나 손상을 받을 수 있는 SPD 또는 기타 기기 등은 측정 전에 분리시켜야 하고, 부득이하게 분리가 어려운 경우에는 시험 전압을 몇 [V] 이하로 낮추어서 측정하여야 하는가?

① 100 ② 200
③ 250 ④ 300

해설 절연 측정 시 영향을 주거나 손상을 받을 수 있는 SPD 또는 기타 기기 등은 측정 전에 분리시켜야 하고, 부득이하게 분리가 어려운 경우에는 시험 전압을 250[V] DC로 낮추어 측정할 수 있다.

신규문제
02 다음 직류를 기준으로 저압에 속하는 범위는 최대 몇 [V] 이하인가?

① 600[V] 이하   ② 750[V] 이하
③ 1,000[V] 이하 ④ 1,500[V] 이하

해설 전압의 구분
- 저압 : AC 1,000[V] 이하, DC 1,500[V] 이하의 전압
- 고압 : AC 1,000[V] 초과, DC 1,500[V]를 초과하고, AC, DC 모두 7[kV] 이하의 전압
- 특고압 : AC, DC 모두 7[kV] 초과의 전압

03 두 개의 평행한 도체가 진공 중(또는 공기 중)에 20[cm] 떨어져 있고, 100[A]의 같은 크기의 전류가 흐르고 있을 때 1[m]당 발생하는 힘의 크기[N]는?

① 0.05 ② 0.01
③ 50   ④ 100

해설 평행 도체 사이에 작용하는 힘
$$F = \frac{2 I_1 I_2}{r} \times 10^{-7}$$
$$= \frac{2 \times 100 \times 100}{0.2} \times 10^{-7}$$
$$= 10^{-2} = 0.01[\text{N}]$$

04 급전선의 전압 강하를 목적으로 사용되는 발전기는?

① 분권 발전기
② 가동 복권 발전기
③ 타여자 발전기
④ 차동 복권 발전기

해설 가동 복권 발전기는 복권 발전기의 주권선은 분권 계자이고 기계에 필요한 기자력의 대부분을 공급하며, 직권 권선은 전기자 회로 및 전기자 반작용에 의한 전압 강하를 보상하기 위한 기자력을 공급한다.

05 환상 솔레노이드의 내부 자장과 전류에 세기에 대한 설명으로 맞는 것은?

① 전류의 세기에 반비례한다.
② 전류의 세기에 비례한다.
③ 전류의 세기 제곱에 비례한다.
④ 전혀 관계가 없다.

해설 내부 자장의 세기 $H = \dfrac{NI}{2\pi r}[\text{AT/m}]$

정답 01.③ 02.④ 03.② 04.② 05.②

06 전주를 건주할 때 철근 콘크리트주의 길이가 7[m]이면 땅에 묻히는 깊이는 얼마인가? (단, 설계 하중이 6.81[kN] 이하이다.)

① 1.0　　　② 1.2
③ 2.0　　　④ 2.5

해설 매설 깊이 $H = 7 \times \dfrac{1}{6} ≒ 1.2[m]$

07 전기 설비를 보호하는 계전기 중 전류 계전기의 설명으로 틀린 것은?

① 부족 전류 계전기는 항상 시설하여야 한다.
② 과전류 계전기와 부족 전류 계전기가 있다.
③ 과전류 계전기는 전류가 일정값 이상이 흐르면 동작한다.
④ 배전 선로 보호, 후비 보호 능력이 있어야 한다.

해설 부족 전류 계전기(UCR) : 전류가 정정값 이하가 되었을 때 동작하는 계전기로서 전동기나 변압기의 여자 회로에만 설치하는 계전기로서 항상 시설하는 계전기는 아니다.

08 전시회나 쇼, 공연장 등의 전기 설비는 이동 전선으로 사용할 수 있는 케이블은?

① 0.6/1[kV] EP 고무 절연 클로로프렌 캡타이어 케이블
② 0.8/1[kV] EP 고무 절연 클로로프렌 캡타이어 케이블
③ 0.6/1.5[kV] EP 고무 절연 클로로프렌 캡타이어 케이블
④ 0.8/1.5[kV] 비닐 절연 클로로프렌 캡타이어 케이블

해설 전시회, 쇼 및 공연장에 가능한 이동 전선
- 0.6/1[kV] EP 고무 절연 클로로프렌 캡타이어 케이블
- 0.6/1[kV] 비닐 절연 비닐 캡타이어 케이블

09 분기 회로를 보호하기 위한 장치로서 보호 장치 및 차단기 역할을 하는 것은?

① 컷 아웃 스위치
② 단로기
③ 배선용 차단기
④ 누전 차단기

해설 분기 회로를 보호하는 장치는 과전류 차단기(퓨즈)와 배선용 차단기를 사용한다.

10 한국전기설비규정에 의하면 옥외 백열 전등의 인하선으로서 지표상의 높이 2.5[m] 미만의 부분은 전선에 공칭 단면적 몇 [mm²] 이상의 연동선과 동등 이상의 세기 및 굵기의 절연 전선(옥외용 비닐 절연 전선을 제외)을 사용하는가?

① 0.75
② 2.0
③ 2.5
④ 1.5

해설 옥외 백열 전등 인하선의 시설 : 옥외 백열 전등의 인하선으로서 지표상의 높이 2.5[m] 미만의 부분은 전선에 공칭 단면적 2.5[mm²] 이상의 연동선과 동등 이상의 세기 및 굵기의 옥외용 비닐 절연 전선을 제외한 절연 전선을 사용한다.

11 비투자율이 1인 환상 철심 중의 자장의 세기가 $H[AT/m]$이었다. 이때 비투자율이 10인 물질로 바꾸면 철심의 자속 밀도[Wb/m²]는 몇 배가 되겠는가?

① $\dfrac{1}{10}$　　　② $\dfrac{1}{10\sqrt{2}}$
③ $\dfrac{1}{10\sqrt{3}}$　　　④ 10

해설 $B = \mu H = \mu_0 \mu_s H [Wb/m^2]$
비투자율이 1인 물질을 10인 물질로 바꾸면 자속 밀도는 10배 커진다.

정답 06.② 07.① 08.① 09.③ 10.③ 11.④

12 단면적 14.4[cm²], 폭 3.2[cm], 1장의 두께가 0.35[mm]인 철심의 점적률이 90[%]가 되기 위한 철심은 몇 장이 필요한가?

① 162　　② 143
③ 46　　　④ 92

해설 점적률 : 철심의 실제 단면적에 대한 자속이 통과하는 유효 단면적의 비율
철심이 n장일 경우 철심 단면적
$3.2 \times 0.35 \times 10^{-1} \times n [\text{cm}^2]$
점적률 $0.9 = \dfrac{14.4}{3.2 \times 0.35 \times 0^{-1} \times n}$ 이므로
$n = 3.2 \times 0.35 \times 10^{-1} \times 0.9 = 142.86$이고 절상하면 143장이 된다.

13 주상 변압기의 냉각 방식은?

① 건식 자냉식　　② 유입 자냉식
③ 유입 예열식　　④ 유입 송유식

해설 유입 자냉식 : 절연유를 변압기 외함에 채우고 대류 작용으로 열을 외부로 발산시키는 방식이며, 주상 변압기에 채용한다.

[신규문제]

14 케이블 덕트 시스템에 시설하는 배선 방법이 아닌 것은?

① 플로어 덕트 배선
② 셀룰러 덕트 배선
③ 버스 덕트 배선
④ 금속 덕트 배선

해설 케이블 덕트 시스템 배선 방법 : 플로어 덕트 배선, 셀룰러 덕트 배선, 금속 덕트 배선

15 유도 전동기에서 슬립이 커지면 증가하는 것은?

① 2차 출력　　② 2차 효율
③ 2차 주파수　④ 회전 속도

해설 슬립 s가 커지면
- 2차 주파수 $f_2 = sf_1 [\text{Hz}] \rightarrow$ 증가
- 2차 효율 $\eta_2 = \dfrac{P_o}{P_2} = \dfrac{(1-s)P_2}{P_2} = 1 - s = \dfrac{N}{N_s}$
  $\rightarrow$ 감소
- 2차 출력 $P_2 = \dfrac{P_o}{1-s} [\text{W}] \rightarrow$ 감소
- 회전 속도 $N = (1-s)N_s [\text{rpm}] \rightarrow$ 감소

16 플로어 덕트 공사에 의한 저압 옥내 배선에서 절연 전선으로 연선을 사용하지 않아도 되는 것은 전선의 굵기가 몇 [mm²] 이하인 경우인가?

① 2.5　　② 4
③ 6　　　④ 10

해설 플로어 덕트(저압 옥내 배선에 포함)에 사용하는 전선의 최소 굵기는 2.5[mm²] 이상의 연동 연선을 사용한다(단, 단선인 경우 10[mm²] 이하까지 가능).

[신규문제]

17 저압 전로의 전선 상호간 및 전로와 대지 사이의 절연 저항의 값에 대한 설명으로 틀린 것은?

① 측정 시 SPD 또는 기타 기기 등은 측정 전 위험 사항이 아니므로 분리시키지 않아도 된다.
② 사용 전압이 SELV 및 PELV는 DC 250[V] 시험 전압으로 0.5[MΩ] 이상이어야 한다.
③ 사용 전압이 FELV 및 500[V] 이하는 DC 500[V] 시험 전압으로 1.0[MΩ] 이상이어야 한다.
④ 사용 전압이 500[V] 초과하는 경우 DC 1,000[V] 시험 전압으로 1.0[MΩ] 이상이어야 한다.

해설 전로의 절연 저항 : 사용 전압이 저압인 전로의 전선 상호간 및 전로와 대지 사이의 절연 저항은 개폐기 또는 과전류 차단기로 구분할 수 있는 전로마다 다음 표에서 정한 값 이상이어야 한다.

정답 12.② 13.② 14.③ 15.③ 16.④ 17.①

전로의 사용 전압 [V]	DC 시험 전압 [V]	절연 저항 [MΩ]
SELV 및 PELV	250	0.5
FEL[V], 500[V] 이하	500	1.0
500[V] 초과	1,000	1.0

[주] 용어 정의
- 특별 저압(extra low voltage) : 인체에 위험을 초래하지 않을 정도의 저압 2차 공칭 전압 AC 50[V], DC 120[V] 이하
- SELV(Safety Extra Low Voltage) : 비접지 회로로 구성된 특별 저압
- PELV(Protective Extra Low Voltage) : 접지 회로로 구성된 특별 저압
- FELV : 1차와 2차가 전기적으로 절연되지 않은 회로로 구성된 특별 저압

측정 시 영향을 주거나 손상을 받을 수 있는 SPD 또는 기타 기기 등은 측정 전에 분리시켜야 하고, 부득이하게 분리가 어려운 경우에는 시험 전압을 250[V] DC로 낮추어 측정할 수 있지만 절연 저항값은 1[MΩ] 이상이어야 한다.

18 접지 공사 시 접지 저항을 감소시키는 저감 대책이 아닌 것은?

① 접지봉의 길이를 증가시킨다.
② 접지판의 면적을 감소시킨다.
③ 접지극의 매설 깊이를 깊게 매설한다.
④ 접지 저항 저감제를 이용하여 토양의 고유 저항을 화학적으로 저감시킨다.

해설 접지 저항 저감 대책
① 접지봉의 연결 개수를 증가시킨다.
② 접지판의 면적을 증가시킨다.
③ 접지극을 깊게 매설한다.
④ 토양의 고유 저항을 화학적으로 저감시킨다.

19 다음 전기력선의 성질이 잘못된 것은?

① 전기력선은 서로 교차하지 않는다.
② 같은 전기력선은 서로 끌어당긴다.
③ 전기력선의 밀도는 전기장의 크기를 나타낸다.
④ 전기력선은 도체의 표면에 수직이다.

해설 같은 전기력선은 서로 밀어내는 반발력이 작용한다.

20 200[V], 60[W] 전등 10개를 20시간 사용하였다면 사용 전력량은 몇 [kWh]인가?

① 24 ② 12
③ 10 ④ 11

해설 전력량 $W = Pt = 60 \times 10 \times 20$
$= 12,000[Wh]$
$= 12[kWh]$

21 최대 사용 전압이 70[kV]인 중성점 직접 접지식 전로의 절연 내력 시험 전압은 몇 [V]인가?

① 35,000[V] ② 42,000[V]
③ 44,800[V] ④ 50,400[V]

해설 60[kV] 초과한 경우 전로의 절연 내력 시험 전압은 최대 사용 전압의 0.72배의 전압을 연속으로 10분간 가할 때 견딜 수 있어야 한다.
절연 내력 시험 전압 = 70,000 × 0.72 = 50,400[V]

22 동기 전동기의 특징으로 틀린 것은?

① 전 부하 효율이 양호하다.
② 부하의 역률을 조정할 수가 있다.
③ 공극이 좁으므로 기계적으로 튼튼하다.
④ 부하가 변하여도 같은 속도로 운전할 수 있다.

해설 동기 전동기의 특징
- 속도(N_s)가 일정하다.
- 역률을 조정할 수 있다.
- 효율이 좋다.
- 공극이 크고 기계적으로 튼튼하다.

23 3상 유도 전동기의 원선도를 그리는 데 필요하지 않은 것은?

① 무부하 시험 ② 구속 시험
③ 2차 저항 측정 ④ 회전수 측정

정답 18.② 19.② 20.② 21.④ 22.③ 23.④

해설 원선도를 그리는 데 필요한 시험
- 저항 측정 시험 : 1차 동손
- 무부하 시험 : 여자 전류, 철손
- 구속 시험(단락 시험) : 2차 동손

24 자기 회로에서 자기 저항이 2,000[AT/Wb]이고 기자력이 50,000[AT]이라면 자속[Wb]은?

① 50　　② 20
③ 25　　④ 10

해설 자속 $\phi = \dfrac{F}{R_m} = \dfrac{50,000}{2,000} = 25[\text{Wb}]$

25 학교, 사무실, 은행 등의 간선 굵기 선정 시 수용률은 몇 [%]를 적용하는가?

① 50　　② 60
③ 70　　④ 80

해설 건축물에 따른 간선의 수용률

건축물의 종류	수용률[%]
주택, 기숙사, 여관, 호텔, 병원, 창고	50
학교, 사무실, 은행	70

26 사람이 상시 통행하는 터널 안의 배선을 단면적 2.5[mm²] 이상의 연동선을 사용한 애자 사용 공사로 배선하는 경우 노면상 최소 높이는 몇 [m] 이상 높이에 시설하여야 하는가?

① 1.5
② 2.0
③ 2.5
④ 3.5

해설 사람이 상시 통행하는 터널 안의 배선 공사 : 금속관, 제2종 가요 전선관, 케이블, 합성 수지관, 단면적 2.5[mm²] 이상의 연동선을 사용한 애자 사용 공사에 의하여 노면상 2.5[m] 이상의 높이에 시설할 것

27 일반적으로 가공 전선로의 지지물에 취급자가 오르고 내리는 데 사용하는 발판 볼트 등은 지표상 몇 [m] 미만에 시설하여서는 아니 되는가?

① 0.75　　② 1.2
③ 1.8　　④ 2.0

해설 지표상 1.8[m]부터 완금 하부 0.9[m]까지 발판 볼트를 설치한다.

28 슬립 4[%]인 유도 전동기의 등가 부하 저항은 2차 저항의 몇 배인가?

① 25　　② 16
③ 24　　④ 20

해설 등가 부하 저항
$R = \dfrac{1-s}{s} r_2 = \dfrac{1-0.04}{0.04} r_2 = 24\, r_2 [\Omega]$

29 화약류 저장 장소의 배선 공사에서 전용 개폐기에서 화약류 저장소의 인입구까지는 어떤 공사를 하여야 하는가?

① 케이블을 사용한 옥측 전선로
② 금속관을 사용한 지중 전선로
③ 금속관을 사용한 옥측 전선로
④ 케이블을 사용한 지중 전선로

해설 화약류 저장소 등의 위험 장소
- 금속관 공사, 케이블 공사
- 대지 전압 : 300[V] 이하
- 개폐기 및 과전류 차단기에서 화약고의 인입구까지의 배선에는 케이블을 사용하고 또한 반드시 지중에 시설할 것

30 평형 3상 회로에서 1상의 소비 전력이 P[W]라면, 3상 회로 전체 소비 전력[W]은?

① $2P$　　② $\sqrt{2}\,P$
③ $3P$　　④ $\sqrt{3}\,P$

해설 3상 소비 전력 $P_3 = 3P[\text{W}]$

정답 24.③　25.③　26.③　27.③　28.③　29.④　30.③

31 그림의 정류 회로에서 실효값 220[V], 위상 점호각이 60°일 때 정류 전압은 약 몇 [V]인가? (단, 저항만의 부하이다.)

① 99
② 148
③ 110
④ 100

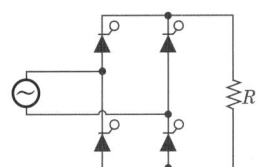

해설 단상 전파 정류 회로 : 직류분 전압
$$E_d = \frac{2\sqrt{2}}{\pi}E\left(\frac{1+\cos\alpha}{2}\right)$$
$$= \frac{2\sqrt{2}}{\pi} \times 220 \times \left(\frac{1+\cos 60°}{2}\right)$$
$$= 148[V]$$

32 코일에 흐르는 전류가 0.5[A], 축적되는 에너지가 0.2[J]이 되기 위한 자기 인덕턴스는 몇 [H]인가?

① 0.8
② 1.6
③ 10
④ 16

해설 코일에 축적되는 $W = \frac{1}{2}LI^2[J]$에서
$$L = \frac{2W}{I^2} = \frac{2 \times 0.2}{0.5^2} = 1.6[H]$$

33 그림의 회로에서 합성 임피던스는 몇 [Ω]인가?

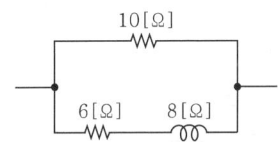

① 2 + j5.5
② 3 + j4.5
③ 5 + j2.5
④ 4 + j3.5

해설 합성 임피던스 $\dot{Z} = \frac{10(6+j8)}{10+6+j8} = \frac{10(6+j8)}{16+j8}$
$$= \frac{10(6+j8)(16-j8)}{(16+j8)(16-j8)} = 5+j2.5[\Omega]$$

34 변압기에서 자속에 대한 설명 중 맞는 것은?

① 전압에 비례하고 주파수에 반비례
② 전압에 반비례하고 주파수에 비례
③ 전압에 비례하고 주파수에 비례
④ 전압과 주파수에 무관

해설 $E_1 = 4.44fN_1\phi_m = 4.44fN_1B_mA[V]$
자속 $\phi_m = \frac{E_1}{4.44fN_1}$[Wb]이므로 전압에 비례하고 주파수에 반비례한다.

35 자속을 발생시키는 원천을 무엇이라 하는가?

① 기전력
② 전자력
③ 기자력
④ 정전력

해설 기자력(magneto motive force) : 자속 ϕ를 발생하게 하는 근원을 말하며 자기 회로에서 권수 N회인 코일에 전류 I[A]를 흘릴 때 발생하는 자속 ϕ는 NI에 비례하여 발생하므로 다음과 같이 나타낼 수 있다.
기자력 정의식 $F = NI = R_m\phi$[AT]

36 전시회나 쇼, 공연장 등의 전기 설비 시 배선용 케이블이 구리선인 경우 최소 단면적[mm²]은 얼마인가?

① 0.75
② 1.0
③ 1.5
④ 2.5

해설 전시회, 쇼 및 공연장의 배선용 케이블 : 배선용 케이블은 구리 단면적 1.5[mm²] 이상, 정격 전압 450/750[V] 이하 염화 비닐 절연 케이블(제1부 : 일반 요구 사항), 정격 전압 450/750[V] 이하 고무 절연 케이블(제1부 : 일반 요구 사항)에 적합하여야 한다.

37 주택, 아파트인 경우 표준 부하는 몇 [VA/m²]인가?

① 10
② 20
③ 30
④ 40

정답 31.② 32.② 33.③ 34.① 35.③ 36.③ 37.④

해설 건물의 종류에 대응한 표준 부하

건물의 종류	표준 부하[VA/m²]
공장, 공회당, 사원, 교회, 극장, 영화관, 연회장	10
기숙사, 여관, 호텔, 병원, 학교, 음식점, 다방, 대중목욕탕	20
사무실, 은행, 상점, 이발소, 미용원	30
주택, 아파트	40

38 가요 전선관 공사에서 가요 전선관과 금속관의 상호 접속에 사용하는 것은?

① 유니언 커플링
② 2호 커플링
③ 스플릿 커플링
④ 콤비네이션 커플링

해설
• 가요 전선관 상호 접속 : 스플릿 커플링
• 가요 전선관과 다른 전선관 상호 접속 : 콤비네이션 커플링

39 코드 상호, 캡타이어 케이블 상호 접속 시 사용하여야 하는 것은?

① 와이어 커넥터
② 케이블 타이
③ 코드 접속기
④ 테이블 탭

해설 코드 및 캡타이어 케이블 상호 접속 시에는 직접 접속이 불가능하고 전용의 접속 기구(코드 접속기)를 사용해야 한다.

40 $R_1[\Omega]$, $R_2[\Omega]$, $R_3[\Omega]$의 저항 3개를 직렬 접속했을 때 R_2에 걸리는 전압[V]은?

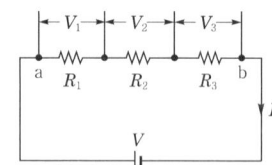

① $\dfrac{R_1 R_3}{R_1+R_2+R_3} V$ ② $\dfrac{R_2}{R_1+R_2+R_3} V$
③ $\dfrac{1}{R_1+R_2+R_3} V$ ④ $\dfrac{R_3-R_1}{R_1+R_2+R_3} V$

해설 직렬 합성 저항 $R_o = R_1 + R_2 + R_3[\Omega]$

전류 $I = \dfrac{V}{R} = \dfrac{V}{R_1+R_2+R_3}$[A]

R_2에 걸리는 전압 $V_2 = IR_2 = \dfrac{R_2}{R_1+R_2+R_3} V$

41 전자 유도 현상에 의한 기전력의 방향을 정의한 법칙은?

① 렌츠의 법칙
② 플레밍의 법칙
③ 패러데이의 법칙
④ 줄의 법칙

해설 렌츠의 법칙은 전자 유도 현상에 의한 유도 기전력의 방향을 정의한 법칙으로서 "유도 기전력은 자신이 발생 원인이 되는 자속의 변화를 방해하려는 방향으로 발생한다."는 법칙이다.

42 그림의 회로에서 교류 전압 $v(t)=100\sqrt{2}\sin\omega t$[V]를 인가했을 때 회로에 흐르는 전류는?

① 10
② 20
③ 25
④ 40

해설 전류 $I = \dfrac{V}{Z} = \dfrac{100}{\sqrt{6^2+8^2}} = 10$[A]

43 수전 방식 중 3상 4선식은 부득이한 경우 설비 불평형률은 몇 [%] 이내로 유지해야 하는가?

① 10 ② 20
③ 30 ④ 40

해설 3상 3선식, 4선식의 각 전압측 전선 간의 부하는 평형이 되게 하는 것을 원칙으로 하지만, 부득이한 경우 발생하는 설비 불평형률은 30[%]까지 할 수 있다.

정답 38.④ 39.③ 40.② 41.① 42.① 43.③

44 자기 인덕턴스가 각각 $L_1[H]$, $L_2[H]$인 두 개의 코일이 직렬로 가동 접속되었을 때 합성 인덕턴스는? (단, 자기력선에 의한 영향을 서로 받는 경우이다.)

① $L_1 + L_2 - M$ ② $L_1 + L_2 - 2M$
③ $L_1 + L_2 + M$ ④ $L_1 + L_2 + 2M$

해설 가동 결합 합성 인덕턴스 $L_{가} = L_1 + L_2 + 2M[H]$

45 고압 전로에 지락 사고가 생겼을 때, 지락 전류를 검출하는 데 사용하는 것은?

① CT   ② MOF
③ ZCT   ④ PT

해설
- CT : 대전류를 소전류로 변성
- ZCT : 지락 전류 검출
- MOF : 고전압, 대전류를 각각 저전압, 소전류로 변성하여 전력량계에 공급
- PT : 고전압을 저전압으로 변성

46 송전 방식에서 선간 전압, 선로 전류, 역률이 일정할 때 단상 3선식/단상 2선식의 전선 1선당의 전력비는 약 몇 [%]인가?

① 87.5   ② 115
③ 133   ④ 141.4

해설

결선 방식	공급 전력	1선당 공급전력	1선당 공급 전력비
단상 2선식	$P_1 = VI$	$\frac{1}{2}VI$	기준
단상 3선식	$P_2 = 2VI$	$\frac{2}{3}VI$ $= 0.67VI$	$\frac{\frac{2}{3}VI}{\frac{1}{2}VI} = \frac{4}{3}$ $= 1.33$ $= 133[\%]$

47 옥내 배선 공사에서 절연 전선의 심선이 손상되지 않도록 피복을 벗길 때 사용하는 공구는?

① 와이어 스트리퍼   ② 플라이어
③ 압착 펜치   ④ 프레서 툴

해설 와이어 스트리퍼 : 절연 전선의 피복 절연물을 직각으로 벗기기 위한 자동 공구로 도체의 손상을 방지하기 위하여 정확한 크기의 구멍을 선택하여 피복 절연물을 벗겨야 한다.

48 직류 발전기에서 기전력에 대해 90° 늦은 전류가 흐를 때의 전기자 반작용은?

① 감자 작용   ② 증자 작용
③ 횡축 반작용   ④ 교차 자화 작용

해설 발전기 전기자 반작용
- R 부하 : 교차 자화 작용
- L 부하 : 감자 작용(90° 뒤진 전류)
- C 부하 : 증자 작용(90° 앞선 전류)

49 복권 발전기의 병렬 운전을 안전하게 하기 위해서 두 발전기의 전기자와 직권 권선의 접속점에 연결해야 하는 것은?

① 집전환   ② 균압선
③ 안정 저항   ④ 브러시

해설 복권 발전기 운전 중 과복권 발전기로 운전 시 발전기 특성상 수하 특성을 지니지 않으므로 안정하게 운전하기 위해서는 균압선을 연결해야 한다.

50 부식성 가스 등이 있는 장소에서 시설이 허용되는 것은?

① 과전류 차단기   ② 전등
③ 콘센트   ④ 개폐기

해설 부식성 가스 등이 존재하는 장소에서의 개폐기나 과전류 차단기, 콘센트 등의 시설은 하지 않는 것이 원칙이고 전등은 사용 가능하며, 틀어 끼우는 글로브 등이 구비되어 부식성 가스와 용액의 침입을 방지할 수 있도록 할 것

정답 44.④ 45.③ 46.③ 47.① 48.① 49.② 50.②

51 정격 전류가 60[A]인 주택의 전로에 정격 전류의 1.45배의 전류가 흐를 때 주택에 사용하는 배선용 차단기는 몇 분 내에 자동적으로 동작하여야 하는가?

① 10분 이내
② 30분 이내
③ 60분 이내
④ 120분 이내

해설 과전류 차단기로 주택에 사용하는 63[A] 이하의 배선용 차단기는 정격 전류의 1.45배 전류가 흐를 때 60분 내에 자동으로 동작하여야 한다.

52 다음 파형 중 비정현파가 아닌 것은?

① 펄스파 ② 사각파
③ 삼각파 ④ 주기 사인파

해설 주기적인 사인파는 기본 정현파이므로 비정현파에 해당되지 않는다.

53 3상 전선 구분 시 전선의 색상은 L1, L2, L3 순서대로 어떻게 되는가?

① 검은색, 빨간색, 파란색
② 검은색, 빨간색, 노란색
③ 갈색, 검은색, 회색
④ 검은색, 파란색, 녹색

해설 3상 전선 구분 시 전선의 색상은 L1, L2, L3 순서대로 갈색, 검은색, 회색으로 구분한다.

54 도체의 길이가 $l[m]$, 고유 저항 $\rho[\Omega \cdot m]$, 반지름이 $r[m]$인 도체의 전기 저항$[\Omega]$은?

① $\rho \dfrac{l}{\pi r}$ ② $\rho \dfrac{rl}{\pi}$
③ $\rho \dfrac{l}{\pi r^2}$ ④ $\rho \dfrac{\pi l}{r}$

해설 전기 저항 $R = \rho \dfrac{l}{S} = \rho \dfrac{l}{\pi r^2} [\Omega]$

55 두 개의 콘덴서가 병렬로 접속된 경우 합성 정전 용량[F]은?

① $\dfrac{1}{C_1} + \dfrac{1}{C_2}$ ② $\dfrac{C_1 C_2}{C_1 + C_2}$
③ $C_1 + C_2$ ④ $\dfrac{1}{C_1 + C_2}$

해설 병렬 합성 정전 용량 $C_0 = C_1 + C_2 [F]$

56 저압 배선을 조명 설비로 배선하는 경우 인입구로부터 기기까지의 전압 강하는 몇 [%] 이하로 해야 하는가?

① 2
② 3
③ 4
④ 6

해설 인입구로부터 기기까지의 전압 강하는 조명 설비의 경우 3[%] 이하로 할 것(기타 설비의 경우 5[%] 이하로 할 것)

57 보호 도체의 전선 색상은 무슨 색인가?

① 검은색
② 빨간색
③ 녹색-노란색
④ 녹색

해설 보호 도체의 전선 색상은 녹색-노란색으로 구분한다.

58 금속 전선관의 종류에서 후강 전선관 규격[mm]이 아닌 것은?

① 16
② 22
③ 28
④ 20

해설 후강 전선관의 종류 : 16, 22, 28, 36, 42, 54, 70, 82, 92, 104[mm]

정답 51.③ 52.④ 53.③ 54.③ 55.③ 56.② 57.③ 58.④

59. 선택 지락 계전기(selective ground relay)의 용도는?

① 단일 회선에서 지락 전류의 방향의 선택
② 다회선에서 지락 고장 회선의 선택
③ 단일 회선에서 지락 전류의 대·소의 선택
④ 다회선에서 지락 사고 지속 시간 선택

해설 선택 지락 계전기(SGR) : 다회선 송전 선로에서 지락이 발생된 회선만을 검출하여 선택·차단할 수 있도록 동작하는 계전기

60. 전선관 시스템에 시설하는 배선 방법이 아닌 것은?

① 합성 수지관 배선
② 금속 몰드 배선
③ 가요 전선관 배선
④ 금속관 배선

해설 전선관 시스템 배선 방법 : 합성 수지관 배선, 금속관 배선, 가요 전선관 배선

정답 59.② 60.②

2021년 제1회 CBT 기출복원문제

★ 표시 : 문제 중요도를 나타냄

본 기출문제는 수험생들의 기억을 바탕으로 작성한 것으로 내용 및 그림 등에서 실제 문제와 다소 차이가 있을 수 있습니다.

01 전기 기기의 철심 재료로 규소 강판을 성층해서 사용하는 이유로 가장 적당한 것은?

① 기계손을 줄이기 위해
② 동손을 줄이기 위해
③ 풍손을 줄이기 위해
④ 히스테리시스손과 와류손을 줄이기 위하여

해설 철심 재료
• 규소 강판 : 히스테리시스손 감소
• 성층 철심 : 와류손 감소

02 일정한 주파수의 전원에서 운전하는 3상 유도 전동기의 전원 전압이 80[%]가 되었다면 토크는 약 몇 [%]가 되는가? (단, 회전수는 변하지 않는 상태로 한다.)

① 55
② 64
③ 76
④ 80

해설 3상 유도 전동기에서 토크는 공급 전압의 제곱에 비례하므로 전압의 80[%]로 운전하면 토크는 $0.8^2=0.64$로 감소하므로 64[%]가 된다.

03 전로에 시설하는 기계 기구의 철대 및 금속제 외함(외함이 없는 변압기 또는 계기용 변성기는 철심)에는 접지 공사를 하여야 한다. 다음 사항 중 접지 공사 생략이 불가능한 장소는?

① 전기용품 안전관리법에 의한 2중 절연 기계 기구
② 철대 또는 외함이 주위의 적당한 절연대를 이용하여 시설한 경우
③ 사용 전압이 직류 300[V] 이하인 전기 기계 기구를 건조한 장소에 설치한 경우
④ 대지 전압 교류 220[V] 이하인 전기 기계 기구를 건조한 장소에 설치한 경우

해설 교류 대지 전압 150[V] 이하, 직류 사용 전압 300[V] 이하인 전기 기계 기구를 건조한 장소에 설치한 경우 접지 공사 생략이 가능하다.

04 한국전기설비규정에 의한 중성점 접지용 접지 도체는 공칭 단면적 몇 [mm²] 이상의 연동선을 사용하여야 하는가? (단, 25[kV] 이하인 중성선 다중 접지식으로서 전로에 지락 발생 시 2초 이내에 자동적으로 이를 전로로부터 차단하는 장치가 되어 있는 경우이다.)

① 16
② 6
③ 2.5
④ 10

해설 중성점 접지용 접지 도체는 공칭 단면적 16[mm²] 이상의 연동선을 사용하여야 한다. 단, 25[kV] 이하인 중성선 다중 접지식으로서 전로에 지락 발생 시 2초 이내에 자동적으로 이를 전로로부터 차단하는 장치가 되어 있는 경우는 6[mm²]를 사용하여야 한다.

정답 01.④ 02.② 03.④ 04.②

05 분상 기동형 단상 유도 전동기의 기동 권선은?

① 운전 권선보다 굵고 권선이 많다.
② 운전 권선보다 가늘고 권선이 많다.
③ 운전 권선보다 굵고 권선이 적다.
④ 운전 권선보다 가늘고 권선이 적다.

해설 분상 기동형 단상 유도 전동기의 권선
- 운전 권선(L만의 회로) : 굵은 권선으로 길게 하여, 권선을 많이 감아서 L성분을 크게 한다.
- 기동 권선(R만의 회로) : 운전 권선보다 가늘고, 권선을 적게 하여 저항값을 크게 한다.

06 분기 회로(S_2)의 보호 장치(P_2)는 P_2의 전원측에서 분기점(O) 사이에 다른 분기 회로 또는 콘센트의 접속이 없고, 단락의 위험과 화재 및 인체에 대한 위험성이 최소화 되도록 시설된 경우, 분기 회로의 보호 장치(P_2)는 분기 회로의 분기점(O)으로부터 몇 [m]까지 이동하여 설치할 수 있는가?

① 1
② 3
③ 2
④ 4

해설 전원측(P_2)에서 분기점(O) 사이에 다른 분기 회로 또는 콘센트의 접속이 없고, 단락의 위험과 화재 및 인체에 대한 위험성이 최소화 되도록 시설된 경우, 분기 회로의 보호 장치(P_2)는 분기 회로의 분기점(O)으로부터 3[m]까지 이동하여 설치할 수 있다.

07 한국전기설비규정에 의하면 정격 전류가 30[A]인 저압 전로의 과전류 차단기를 산업용 배선용 차단기로 사용하는 경우 39[A]의 전류가 통과하였을 때 몇 분 이내에 자동적으로 동작하여야 하는가?

① 60   ② 120
③ 2   ④ 4

해설 과전류 차단기로 저압 전로에 사용하는 63[A] 이하의 산업용 배선용 차단기는 정격 전류의 1.3배 전류가 흐를 때 60분 내에 자동으로 동작하여야 한다.

08 전력 계통에 접속되어 있는 변압기나 장거리 송전 시 정전 용량으로 인한 충전 특성 등을 보상하기 위한 기기는?

① 동기 무효전력보상장치(조상기)
② 유도 전동기
③ 동기 전동기
④ 유도 발전기

해설 동기 무효전력보상장치(조상기) : 전력 계통의 지상과 진상을 조정하여 역률을 개선해 주는 설비
- 과여자 : 진상 전류 발생(C로 작용)
- 부족 여자 : 지상 전류 발생(L로 작용)

09 특고압 수변전 설비 약호가 잘못된 것은?

① LF - 전력 퓨즈
② DS - 단로기
③ LA - 피뢰기
④ CB - 차단기

해설 전력 퓨즈의 약호는 PF이다.

10 실효값 20[A], 주파수 $f=60$[Hz], 0°인 전류의 순시값 i[A]를 수식으로 옳게 표현한 것은?

① $i = 20\sin(60\pi t)$
② $i = 20\sqrt{2}\sin(120\pi t)$
③ $i = 20\sin(120\pi t)$
④ $i = 20\sqrt{2}\sin(60\pi t)$

해설 순시값 전류 $i(t)$ = 실효값 $\times \sqrt{2}\sin(2\pi ft + \theta)$
$= \sqrt{2}I\sin(\omega t + \theta)$
$= 20\sqrt{2}\sin(120\pi t)$[A]

정답 05.④ 06.② 07.① 08.① 09.① 10.②

11 전압 200[V]이고 $C_1 = 10[\mu F]$와 $C_2 = 5[\mu F]$인 콘덴서를 병렬로 접속하면 C_2에 분배되는 전하량은 몇 [μC]인가?

① 100
② 2,000
③ 500
④ 1,000

해설 C_2에 축적되는 전하량은
$Q_2 = C_2 V = 5 \times 200 = 1,000[\mu C]$

12 변압기의 권수비가 60이고 2차 저항이 0.1[Ω]일 때 1차로 환산한 저항값[Ω]은 얼마인가?

① 30
② 360
③ 300
④ 250

해설 권수비 $a = \sqrt{\dfrac{R_1}{R_2}}$ 이므로
1차 저항 $R_1 = a^2 R_2 = 60^2 \times 0.1 = 360[\Omega]$

13 유도 발전기의 장점이 아닌 것은?

① 동기 발전기에 비해 가격이 저렴하다.
② 조작이 쉽다.
③ 동기 발전기처럼 동기화할 필요가 없다.
④ 효율과 역률이 높다.

해설 유도 발전기는 유도 전동기를 동기 속도 이상으로 회전시켜서 전력을 얻어내는 발전기로서 동기기에 비해 조작이 쉽고 가격이 저렴하지만 효율과 역률이 낮다.

14 직류기의 전기자 철심을 규소 강판을 사용하는 이유는?

① 가공하기 쉽다.
② 가격이 염가이다.
③ 동손 감소
④ 철손 감소

해설 철심을 규소 강판으로 성층하는 이유는 철손(히스테리시스손)을 감소하기 위함이다.

15 다음 중 자기 저항의 단위에 해당되는 것은?

① [Ω]
② [Wb/AT]
③ [H/m]
④ [AT/Wb]

해설 기자력 $F = NI = R\phi[AT]$에서
자기 저항 $R = \dfrac{NI}{\phi}[AT/Wb]$

16 변류기 개방 시 2차측을 단락하는 이유는?

① 변류비 유지
② 2차측 과전류 보호
③ 측정 오차 감소
④ 2차측 절연 보호

해설 변류기 2차측을 개방시키면 변류기 1차측의 부하 전류가 모두 여자 전류가 되어 변류기 2차측에 고전압이 유도되어 절연이 파괴될 수도 있으므로 반드시 단락시켜야 한다.

17 전류를 계속 흐르게 하려면 전압을 연속적으로 만들어주는 어떤 힘이 필요하게 되는데, 이 힘을 무엇이라 하는가?

① 자기력
② 기전력
③ 전자력
④ 전기장

해설 기전력 : 전압을 연속적으로 만들어서 전류를 계속 흐르게 하는 원천

18 동기 발전기의 병렬 운전 조건 중 같지 않아도 되는 것은?

① 전류
② 주파수
③ 위상
④ 전압

해설 동기 발전기 병렬 운전 시 일치해야 하는 조건 : 기전력(전압)의 크기, 위상, 주파수, 파형

정답 11.④ 12.② 13.④ 14.④ 15.④ 16.④ 17.② 18.①

19 폭연성 먼지(분진)가 존재하는 곳의 금속관 공사 시 전동기에 접속하는 부분에서 가요성을 필요로 하는 부분의 배선에는 폭발 방지(방폭)형의 부속품 중 어떤 것을 사용하여야 하는가?

① 유연성 구조
② 분진 방폭형 유연성 구조
③ 안정 증가형 유연성 구조
④ 안전 증가형 구조

해설 폭연성 먼지(분진)이 존재하는 장소 : 전동기에 가요성을 요하는 부분의 부속품은 분진 방폭형 유연성 구조이어야 한다.

20 전기자 저항 0.2[Ω], 전기자 전류 100[A], 전압 120[V]인 분권 전동기의 출력[kW]은?

① 20　② 15
③ 12　④ 10

해설 유기 기전력 $E = V - I_a R_a$
$= 120 - 100 \times 0.2$
$= 100[V]$
소비 전력 $P = EI_a$
$= 100 \times 100$
$= 10,000[W]$
$= 10[kW]$

21 사람이 상시 통행하는 터널 내 배선의 사용 전압이 저압일 때 배선 방법으로 틀린 것은?

① 금속관
② 금속 몰드
③ 합성수지관(두께 2[mm] 이상)
④ 제2종 가요 전선관 배선

해설 사람이 상시 통행하는 터널 안의 배선 공사 : 금속관, 제2종 가요 전선관, 케이블, 합성수지관, 단면적 2.5[mm²] 이상의 연동선을 사용한 애자 사용 공사에 의하여 노면상 2.5[m] 이상의 높이에 시설할 것

22 전류에 의해 만들어지는 자기장의 자기력선 방향을 간단하게 알아보는 법칙은?

① 앙페르의 오른 나사의 법칙
② 렌츠의 자기 유도 법칙
③ 플레밍의 왼손 법칙
④ 패러데이의 전자 유도 법칙

해설 앙페르의 오른 나사의 법칙 : 전류에 의한 자기장의 방향을 알기 쉽게 정의한 법칙

23 변압기유가 구비해야 할 조건으로 틀린 것은?

① 절연 내력이 높을 것
② 인화점이 높을 것
③ 고온에도 산화되지 않을 것
④ 응고점이 높을 것

해설 변압기 절연유의 구비 조건
• 절연 내력이 클 것
• 인화점이 높을 것
• 응고점이 낮을 것
• 고온에도 산화되지 않을 것

24 한국전기설비규정에서 교통 신호등 회로의 사용 전압이 몇 [V]를 초과하는 경우에는 지락 발생 시 자동적으로 전로를 차단하는 장치를 시설하여야 하는가?

① 100　② 50
③ 150　④ 200

해설 교통 신호등 회로의 사용 전압이 150[V]를 초과한 경우는 전로에 지락이 발생했을 때 자동적으로 전로를 차단하는 누전 차단기를 시설하여야 한다.

25 동기기의 전기자 권선법이 아닌 것은?

① 2층권　② 단절권
③ 중권　④ 전층권

해설 동기기의 전기자 권선법 : 2층권, 단절권, 중권, 분포권

정답 19.② 20.④ 21.② 22.① 23.④ 24.③ 25.④

26 다음 그림 중 크기가 같은 저항 4개를 연결하여 a-b 간에 일정 전압을 가했을 때 소비 전력이 가장 큰 것은 어느 것인가?

①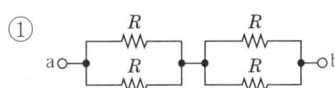

②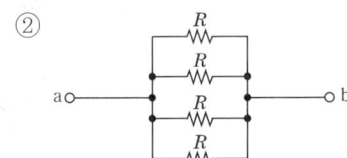

③ a─R─R─[R∥R]─b

④ a─R─R─R─R─b

해설 각 회로에 소비되는 전력

① 합성 저항 $R_0 = \dfrac{R}{2} \times 2 = R[\Omega]$이므로

$$P_1 = \dfrac{V^2}{R}[W]$$

② 합성 저항 $R_0 = \dfrac{R}{4} = 0.25R[\Omega]$이므로

$$P_2 = \dfrac{V^2}{0.25R} = \dfrac{4V^2}{R}[W]$$

③ 합성 저항 $R_0 = 2R + \dfrac{R}{2} = 2.5R[\Omega]$이므로

$$P_3 = \dfrac{V^2}{2.5R} = \dfrac{0.4V^2}{R}[W]$$

④ 합성 저항이 $4R[\Omega]$이므로 $P_4 = \dfrac{V^2}{4R}[W]$

※ 소비 전력 $P = \dfrac{V^2}{R}[W]$이므로 합성 저항이 가장 작은 회로를 찾으면 된다.

27 동일 굵기의 단선을 쥐꼬리 접속하는 경우 두 전선의 피복을 벗긴 후 심선을 교차시켜서 펜치로 비틀면서 꼬아야 하는데 이때 심선의 교차각은 몇 도가 되도록 해야 하는가?

① 30° ② 90°
③ 120° ④ 180°

해설 쥐꼬리 접속은 전선 피복을 여유 있게 벗긴 후 심선을 90°가 되도록 교차시킨 후 펜치로 잡아당기면서 비틀어 2~3회 정도 꼰 후 끝을 잘라낸다.

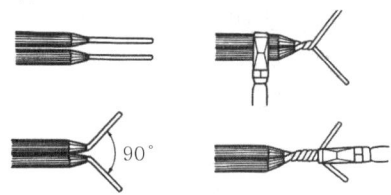

| 쥐꼬리 접속 |

28 자동화 설비에서 기기의 위치 선정에 사용하는 전동기는?

① 전기 동력계 ② 스탠딩 모터
③ 스테핑 모터 ④ 반동 전동기

해설 스테핑 모터 : 출력을 이용하여 특수 기계의 속도, 거리, 방향 등의 위치를 정확하게 제어하는 기능이 있다.

29 옥내 배선 공사에서 절연 전선의 심선이 손상되지 않도록 피복을 벗길 때 사용하는 공구는?

① 와이어 스트리퍼
② 플라이어
③ 압착 펜치
④ 프레셔 툴

해설 와이어 스트리퍼 : 절연 전선의 피복 절연물을 직각으로 벗기기 위한 자동 공구로 도체의 손상을 방지하기 위하여 정확한 크기의 구멍을 선택하여 피복 절연물을 벗겨야 한다.

30 250[kVA]의 단상 변압기 2대를 사용하여 V-V 결선으로 하고 3상 전원을 얻고자 할 때 최대로 얻을 수 있는 3상 부하의 용량은 약 몇 [kVA]인가?

① 500 ② 433
③ 200 ④ 100

정답 26.② 27.② 28.③ 29.① 30.②

해설 V결선 용량
$P_V = \sqrt{3}\,P_1 = \sqrt{3} \times 250 = 433[kVA]$

31 보호를 요하는 회로의 전류가 어떤 일정한 값(정정값) 이상으로 흘렀을 때 동작하는 계전기는?

① 과전류 계전기
② 과전압 계전기
③ 부족 전압 계전기
④ 비율 차동 계전기

해설 과전류 계전기 : 전류가 정정값 이상이 되면 동작하는 계전기

32 그림과 같은 회로에서 합성 저항은 몇 [Ω]인가?

① 6.6
② 7.4
③ 8.7
④ 9.4

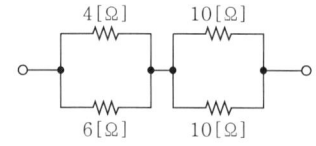

해설 합성 저항 $= \dfrac{4 \times 6}{4+6} + \dfrac{10}{2} = 7.4[\Omega]$

33 그림의 정류 회로에서 실효값 220[V], 위상 점호각이 60°일 때 정류 전압은 약 몇 [V]인가? (단, 저항만의 부하이다.)

① 99
② 148
③ 110
④ 100

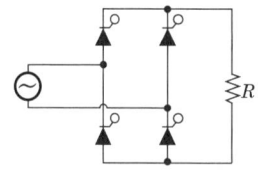

해설 단상 전파 정류 회로 : 직류분 전압
$E_d = \dfrac{2\sqrt{2}}{\pi} E \left(\dfrac{1+\cos\alpha}{2}\right)$
$= \dfrac{2\sqrt{2}}{\pi} \times 220 \times \left(\dfrac{1+\cos 60°}{2}\right)$
$= 148[V]$

34 코일 주위에 전기적 특성이 큰 에폭시 수지를 고진공으로 침투시키고, 다시 그 주위를 기계적 강도가 큰 에폭시 수지로 몰딩한 변압기는?

① 건식 변압기
② 몰드 변압기
③ 유입 변압기
④ 타이 변압기

해설 몰드 변압기 : 전기적 특성이 큰 에폭시 수지를 코일 주위에 침투시키고 그 주위를 기계적 강도가 큰 에폭시 수지로 몰딩한 변압기

35 노출 장소 또는 점검 가능한 장소에서 제2종 가요 전선관을 시설하고 제거하는 것이 자유로운 경우의 곡선(곡률) 반지름은 안지름의 몇 배 이상으로 하여야 하는가?

① 6
② 3
③ 12
④ 10

해설 제2종 가요관의 굽은부분 반지름(굴곡반경)은 가요 전선관을 시설하고 제거하는 것이 자유로운 경우, 곡선(곡률) 반지름은 3배 이상으로 한다.

36 두 자극의 세기가 m_1, m_2[Wb], 거리가 r[m]일 때, 작용하는 자기력의 크기[N]는 얼마인가?

① $k\dfrac{m_1 \cdot m_2}{r}$
② $k\dfrac{r}{m_1 \cdot m_2}$
③ $k\dfrac{m_1 \cdot m_2}{r^2}$
④ $k\dfrac{r^2}{m_1 \cdot m_2}$

해설 쿨롱의 법칙 : 두 자극 사이에 작용하는 자력의 크기는 양 자극의 세기의 곱에 비례하며, 자극 간의 거리의 제곱에 비례한다.
쿨롱의 법칙 $F = k\dfrac{m_1 \cdot m_2}{r^2} = \dfrac{m_1 \cdot m_2}{4\pi\mu_0 r^2}$[N]

정답 31.① 32.② 33.② 34.② 35.② 36.③

37 구리 전선과 전기 기계 기구 단자를 접속하는 경우에 진동 등으로 인하여 헐거워질 염려가 있는 곳에는 어떤 것을 사용하여 접속하여야 하는가?

① 평와셔 2개를 끼운다.
② 스프링 와셔를 끼운다.
③ 코드 패스너를 끼운다.
④ 정 슬리브를 끼운다.

해설 진동 등으로 인하여 풀릴 우려가 있는 경우 스프링 와셔나 이중 너트를 사용한다.

38 평균값이 100[V]일 때 실효값은 얼마인가?

① 90   ② 111
③ 63.7   ④ 70.7

해설 평균값 $V_{av} = \dfrac{2}{\pi} V_m$[V]이므로

최대값 $V_m = V_{av} \times \dfrac{\pi}{2} = 100 \times \dfrac{\pi}{2}$[V]

실효값 $V = \dfrac{V_m}{\sqrt{2}} = \dfrac{\pi}{2\sqrt{2}} \times V_{av}$
$= \dfrac{\pi}{2\sqrt{2}} \times 100 = 111$[V]

* 쉬운 풀이 : $V = 1.11 V_{av} = 1.11 \times 100 = 111$[V]

39 막대 자석의 자극의 세기가 m[Wb]이고 길이가 l[m]인 경우 자기 모멘트[Wb·m]는 얼마인가?

① ml
② $\dfrac{m}{l}$
③ $\dfrac{l}{m}$
④ $2ml$

해설 막대 자석의 자기 모멘트 $M = ml$[Wb·m]

40 가공 인입선을 시설할 때 경동선의 최소 굵기는 몇 [mm]인가? [단, 지지물 간 거리(경간)가 15[m]를 초과한 경우이다.]

① 2.0   ② 2.6
③ 3.2   ④ 1.5

해설 가공 인입선의 사용 전선 : 2.6[mm] 이상 경동선 또는 이와 동등 이상일 것[단, 지지물 간 거리(경간) 15[m] 이하는 2.0[mm] 이상도 가능]

41 공기 중에서 자속 밀도 2[Wb/m²]의 평등 자장 속에 길이 60[cm]의 직선 도선을 자장의 방향과 30°각으로 놓고 여기에 5[A]의 전류를 흐르게 하면 이 도선이 받는 힘은 몇 [N]인가?

① 2   ② 5
③ 6   ④ 3

해설 전자력 $F = IBl\sin\theta$
$= 5 \times 2 \times 0.6 \times \sin 30°$
$= 3$[N]

42 히스테리시스 곡선이 세로축과 만나는 점의 값은 무엇을 나타내는가?

① 자속 밀도   ② 잔류 자기
③ 보자력   ④ 자기장

해설 히스테리시스 곡선
• 세로축(종축)과 만나는 점 : 잔류 자기
• 가로축(횡축)과 만나는 점 : 보자력

43 두 금속을 접속하여 여기에 전류를 흘리면, 줄열 외에 그 접점에서 열의 발생 또는 흡수가 일어나는 현상은?

① 줄 효과   ② 홀 효과
③ 제벡 효과   ④ 펠티에 효과

해설 펠티에 효과 : 두 금속을 접합하여 접합점에 전류를 흘려주면 열의 발생 또는 흡수가 발생하는 현상

44 다음 중 유도 전동기에서 비례 추이를 할 수 있는 것은?
① 출력
② 2차 동손
③ 효율
④ 역률

해설 유도 전동기에서 비례 추이할 수 있는 것은 1차측, 즉 1차 입력, 1차 전류, 2차 전류, 역률, 동기 와트, 토크 등이 있다.
참고로 비례 추이할 수 없는 것은 2차측, 즉 출력, 효율, 2차 동손, 부하 등이 있다.

45 동기 전동기 중 안정도 증진법으로 틀린 것은?
① 단락비를 크게 한다.
② 관성 모멘트를 증가시킨다.
③ 동기 임피던스를 증가시킨다.
④ 속응 여자 방식을 채용한다.

해설 안정도 향상 대책
- 단락비를 크게 한다.
- 동기 임피던스를 감소시킨다.
- 속응 여자 방식을 채용한다.
- 속도조절기(조속기) 성능을 개선시킨다.

46 대칭 3상 교류 회로에서 각 상 간의 위상차 [rad]는 얼마인가?
① $\frac{\pi}{3}$
② $\frac{2\pi}{3}$
③ $\frac{\sqrt{3}}{2}\pi$
④ $\frac{2}{\sqrt{3}}\pi$

해설 대칭 3상 교류에서의 각 상 간 위상차는 $\frac{2\pi}{3}$ [rad] 이다.

47 8극, 60[Hz]인 유도 전동기의 회전수[rpm]는?
① 1,800
② 900
③ 3,600
④ 2,400

해설 $N_s = \frac{120f}{P} = \frac{120 \times 60}{8} = 900[\text{rpm}]$

48 30[W] 전열기에 220[V], 주파수 60[Hz]인 전압을 인가한 경우 평균 전압[V]은?
① 243
② 198
③ 211
④ 311

해설 전압의 최대값 $V_m = 220\sqrt{2}$ [V]
평균값 $V_{av} = \frac{2}{\pi} V_m = \frac{2}{\pi} \times 220\sqrt{2} = 198$ [V]
* 쉬운 풀이 : $V_{av} = 0.9 V = 0.9 \times 220 = 198$ [V]
┌ 실효값 : 평균값의 약 1.1배
└ 평균값 : 실효값의 약 0.9배

49 3상 변압기를 병렬 운전하는 경우 불가능한 조합은?
① $\triangle - Y$와 $\triangle - \triangle$
② $\triangle - \triangle$와 $Y - Y$
③ $\triangle - Y$와 $\triangle - Y$
④ $\triangle - Y$와 $Y - \triangle$

해설 3상 변압기군의 병렬 운전 조합

병렬 운전 가능	병렬 운전 불가능
$\triangle - \triangle$와 $\triangle - \triangle$	$\triangle - \triangle$와 $\triangle - Y$
$Y - Y$와 $Y - Y$	$Y - Y$와 $\triangle - Y$
$Y - \triangle$와 $Y - \triangle$	
$\triangle - Y$와 $\triangle - Y$	
$\triangle - \triangle$와 $Y - Y$	
$V - V$와 $V - V$	

정답 44.④ 45.③ 46.② 47.② 48.② 49.①

50 조명등을 숙박 업소의 입구에 설치할 때 현관등은 최대 몇 분 이내에 소등되는 타임 스위치를 시설하여야 하는가?

① 4 ② 3
③ 1 ④ 2

해설 현관등 타임 스위치
- 일반 주택 및 아파트 : 3분
- 숙박 업소 각 호실 : 1분

51 6[Ω], 8[Ω], 9[Ω]의 저항 3개를 직렬로 접속하여 5[A]의 전류를 흘려줬다면 이 회로의 전압은 몇 [V]인가?

① 117 ② 115
③ 100 ④ 90

해설 $V = IR = 5 \times (6+8+9) = 115[V]$

52 점유 면적이 좁고 운전, 보수에 안전하므로 공장, 빌딩 등의 전기실에 많이 사용되며, 큐비클(cubicle)형이라고 불리는 배전반은?

① 라이브 프런트식 배전반
② 폐쇄식 배전반
③ 포스트형 배전반
④ 데드 프런트식 배전반

해설 폐쇄식 배전반(큐비클형) : 단위 회로의 변성기, 차단기 등의 주기기류와 이를 감시, 제어, 보호하기 위한 각종 계기 및 조작 개폐기, 계전기 등 전부 또는 일부를 금속제 상자 안에 조립하는 방식

53 후강 전선관의 호칭을 맞게 설명한 것은?

① 안지름(내경)에 가까운 홀수로 표시한다.
② 바깥지름(외경)에 가까운 짝수로 표시한다.
③ 바깥지름(외경)에 가까운 홀수로 표시한다.
④ 안지름(내경)에 가까운 짝수로 표시한다.

해설 후강 전선관은 2.3[mm]의 두꺼운 전선관으로 안지름(내경)에 가까운 짝수로 호칭을 표기한다.

54 한국전기설비규정에 의한 고압 가공 전선로 철탑의 지지물 간 거리(경간)는 몇 [m] 이하로 제한하고 있는가?

① 150 ② 250
③ 500 ④ 600

해설 고압 가공 전선로의 철탑의 표준 지지물 간 거리(경간) : 600[m]

55 두 평행 도선의 길이가 1[m], 거리가 1[m]인 왕복 도선 사이에 단위 길이당 작용하는 힘의 세기가 18×10^{-7}[N]일 경우 전류의 세기[A]는?

① 4 ② 3
③ 1 ④ 2

해설 평행 도선 사이에 작용하는 힘의 세기

$F = \dfrac{2 I_1 I_2}{r} \times 10^{-7} [N/m]$

$F = \dfrac{2 I^2}{1} \times 10^{-7} [N/m] = 18 \times 10^{-7} [N/m]$

$I^2 = 9$이므로 $I = 3[A]$

56 다음 물질 중 강자성체로만 짝지어진 것은?

① 철, 구리, 니켈, 아연
② 구리, 비스무트, 코발트, 망간
③ 니켈, 코발트, 철
④ 철, 니켈, 아연, 망간

해설 강자성체는 비투자율이 아주 큰 물질로서 철, 니켈, 코발트, 망간 등이 있다.

57 직류 전동기의 속도 제어 방법이 아닌 것은?

① 전압 제어 ② 계자 제어
③ 저항 제어 ④ 주파수 제어

해설 직류 전동기의 속도 제어법
- 저항 제어법
- 전압 제어법
- 계자 제어법

정답 50.③ 51.② 52.② 53.④ 54.④ 55.② 56.③ 57.④

58 셀룰로이드, 성냥, 석유류 등 기타 가연성 위험 물질을 제조 또는 저장하는 장소의 배선으로 틀린 것은?

① 금속관 배선
② 케이블 배선
③ 플로어 덕트 배선
④ 합성수지관(CD관 제외) 배선

해설 가연성 먼지(분진), 위험물 제조 및 저장 장소의 배선 : 금속관, 케이블, 합성수지관 공사

59 금속관 배관 공사에서 절연 부싱을 사용하는 이유는?

① 박스 내에서 전선의 접속을 방지
② 관이 손상되는 것을 방지
③ 관 끝부분(말단)에서 전선의 인입 및 교체 시 발생하는 전선의 손상 방지
④ 관의 입구에서 조영재의 접속을 방지

해설 관 공사 시 부싱은 관 끝부분(끝단)에 설치하며, 이는 전선의 피복 방지를 하기 위한 것을 뜻한다.

60 직류 전동기에서 전부하 속도가 1,200[rpm], 속도 변동률이 2[%]일 때, 무부하 회전 속도는 몇 [rpm]인가?

① 1,154   ② 1,200
③ 1,224   ④ 1,248

해설 속도 변동률 $\varepsilon = \dfrac{N_0 - N_n}{N_n} \times 100[\%]$

무부하 속도 $N_0 = N_n(1+\varepsilon)$
$= 1,200(1+0.02)$
$= 1,224[\text{rpm}]$

정답 58.③ 59.③ 60.③

2021년 제2회 CBT 기출복원문제

★ 표시 : 문제 중요도를 나타냄

본 기출문제는 수험생들의 기억을 바탕으로 작성한 것으로 내용 및 그림 등에서 실제 문제와 다소 차이가 있을 수 있습니다.

01 전선의 공칭 단면적에 대한 설명으로 옳지 않은 것은?

① 소선수와 소선의 지름으로 나타낸다.
② 단위는 [mm²]로 표시한다.
③ 전선의 실제 단면적과 같다.
④ 연선의 굵기를 나타내는 것이다.

해설 전선의 공칭 단면적은 전선의 실제 단면적을 계산하여 더 큰 값을 적용하고 1.5, 2.5, 4, 6, 10, 16, 25, 35, 50 … 등으로 값이 정해져 있다.

02 [신규문제] 과부하 보호 장치는 분기점(O)에 설치해야 하나, 분기점(O)점과 분기 회로의 과부하 보호 장치의 설치점 사이의 배선 부분에 다른 분기회로 또는 콘센트의 접속이 없고, 단락의 위험과 화재 및 인체에 대한 위험성이 최소화되도록 시설된 경우 분기 회로(S_2)의 보호 장치(P_2)는 분기 회로의 분기점(O)으로부터 몇 [m]까지 이동하여 설치할 수 있는가?

① 4
② 2
③ 3
④ 1

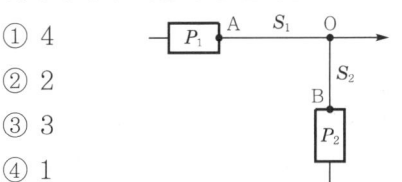

해설 전원측에서 분기점 사이에 다른 분기 회로 또는 콘센트의 접속이 없고, 단락의 위험과 화재 및 인체에 대한 위험성이 최소화되도록 시설된 경우, 분기 회로의 보호 장치(P_2)는 분기 회로의 분기점(O)으로부터 3[m]까지 이동하여 설치할 수 있다.

03 환기형과 비환기형으로 구분되어 있으며 도중에 부하를 접속할 수 없는 덕트는?

① 트롤리 버스 덕트
② 플러그인 버스 덕트
③ 피더 버스 덕트
④ 슬래브 버스 덕트

해설 피더 버스 덕트는 도중에 부하를 접속할 수 없다.

04 전선의 명칭 중 FL은 무엇을 뜻하는가?

① 네온 전선
② 비닐 코드
③ 형광 방전등
④ 비닐 절연 전선

해설 "FL"은 형광 방전등(fluorescent lamp)을 뜻한다.

05 직류 전동기의 규약 효율을 표시하는 식은?

① $\dfrac{출력}{출력 + 손실} \times 100 [\%]$
② $\dfrac{출력}{입력} \times 100 [\%]$
③ $\dfrac{입력 - 손실}{입력} \times 100 [\%]$
④ $\dfrac{입력}{출력 + 손실} \times 100 [\%]$

해설 직류 전동기의 규약 효율
$\eta = \dfrac{입력 - 손실}{입력} \times 100 [\%]$

정답 01.③ 02.③ 03.③ 04.③ 05.③

06 슬립이 10[%], 극수 2극, 주파수 60[Hz]인 유도 전동기의 회전 속도[rpm]는?

① 3,800   ② 3,600
③ 3,240   ④ 1,800

해설 동기 속도 $N_s = \dfrac{120f}{P}$

$= \dfrac{120 \times 60}{2}$

$= 3,600[\text{rpm}]$

회전 속도 $N = (1-s)N_s$

$= (1-0.1) \times 3,600$

$= 3,240[\text{rpm}]$

07 2극 3,600[rpm]인 동기 발전기와 병렬 운전하려는 12극 발전기의 회전수는 몇 [rpm]인가?

① 3,600   ② 1,200
③ 1,800   ④ 600

해설 동기 발전기의 병렬 운전 조건에서 주파수가 같아야 하므로

$f = \dfrac{N_{s1}P_1}{120} = \dfrac{3,600 \times 2}{120} = 60[\text{Hz}]$

$N_{s2} = \dfrac{120f}{P_2} = \dfrac{120 \times 60}{12} = 600[\text{rpm}]$

08 3상 유도 전동기의 회전 방향을 바꾸려면 어떻게 해야 하는가?

① 전원의 극수를 바꾼다.
② 3상 전원의 3선 중 두 선의 접속을 바꾼다.
③ 전원의 주파수를 바꾼다.
④ 기동 보상기를 이용한다.

해설 3상 유도 전동기는 회전 자계에 의해 회전하며 회전 자계의 방향을 반대로 하려면 전원의 3선 가운데 2선을 바꾸어 전원에 다시 연결하여 운전하면 회전 방향이 반대로 된다.

09 반도체 사이리스터에 의한 전동기의 속도 제어 중 주파수 제어는?

① 초퍼 제어
② 인버터 제어
③ 컨버터 제어
④ 브리지 정류 제어

해설 인버터 제어 : 전동기 전원의 주파수를 변환하여 속도를 제어하는 방식

10 1종 금속 몰드 배선 공사를 할 때 동일 몰드 내에 넣는 전선수는 최대 몇 본 이하로 하여야 하는가?

① 3   ② 5
③ 10   ④ 12

해설 1종 금속 몰드 배선 시 동일 몰드 내의 전선수는 10본 이하이다.

11 패러데이관에서 단위 전위차에 축적되는 에너지[J]는?

① $\dfrac{1}{2}$ ② 1
③ ED ④ $\dfrac{1}{2}ED$

해설 단위 전하 1[C]에서 나오는 전속관을 패러데이관이라 하며 그 양단에는 항상 1[C]의 전하가 있다. 단위 전위차는 1[V]이므로

보유 에너지 $W = \dfrac{1}{2}QV = \dfrac{1}{2} \times 1 \times 1 = \dfrac{1}{2}[\text{J}]$

12 어드미턴스의 실수부는 무엇인가?

① 컨덕턴스   ② 리액턴스
③ 서셉턴스   ④ 임피던스

해설 어드미턴스($Y[\mho]$) : 임피던스($Z[\Omega]$)의 역수
• 실수부 : 컨덕턴스
• 허수부 : 서셉턴스

정답 06.③ 07.④ 08.② 09.② 10.③ 11.① 12.①

13 전자에 10[V]의 전위차를 인가한 경우 전자 에너지[J]는?

① 1.6×10^{-16} ② 1.6×10^{-17}
③ 1.6×10^{-18} ④ 1.6×10^{-19}

해설 전자 에너지(전자 볼트)
$W = eV = 1.6 \times 10^{-19} \times 10 = 1.6 \times 10^{-18}[J]$

14 반지름 10[cm], 권수 100회인 원형 코일에 15[A]의 전류가 흐르면 코일 중심의 자장의 세기는 몇 [AT/m]인가?

① 22,500 ② 15,000
③ 7,500   ④ 1,000

해설 원형 코일 중심 자계
$H = \dfrac{NI}{2r} = \dfrac{100 \times 15}{2 \times 0.1} = 7,500[AT/m]$

15 다음 중 계전기의 종류가 아닌 것은?

① 과저항 계전기
② 지락 계전기
③ 과전류 계전기
④ 과전압 계전기

해설 거리에 비례하는 저항 계전기는 있지만 과저항 계전기는 존재하지 않는다.

16 동기 전동기의 자기 기동법에서 계자 권선을 단락하는 이유는?

① 기동이 쉽다.
② 기동 권선으로 이용한다.
③ 고전압 유도에 의한 절연 파괴 위험을 방지한다.
④ 전기자 반작용을 방지한다.

해설 동기 전동기의 자기 기동법에서 계자 권선을 단락하는 첫 번째 이유는 고전압 유도에 의한 절연 파괴 위험 방지이다.

17 동기 발전기의 병렬 운전 조건 중 같지 않아도 되는 것은?

① 전류 ② 주파수
③ 위상 ④ 전압

해설 동기 발전기 병렬 운전 시 일치할 조건 : 기전력(전압)의 크기, 위상, 주파수, 파형

18 반도체 내에서 정공은 어떻게 생성되는가?

① 자유 전자의 이동
② 접합 불량
③ 결합 전자의 이탈
④ 확산 용량

해설 정공이란 결합 전자의 이탈로 생기는 빈자리를 뜻한다.

19 변압기유의 열화 방지와 관계가 가장 먼 것은?

① 부싱   ② 콘서베이터
③ 불활성 질소 ④ 브리더

해설 변압기유의 열화 방지 대책 : 브리더 설치, 콘서베이터 설치, 불활성 질소 봉입

20 후강 전선관의 종류는 몇 종인가?

① 20종 ② 10종
③ 5종   ④ 3종

해설 후강 전선관의 종류 : 16, 22, 28, 36, 42, 54, 70, 82, 92, 104[mm]

21 100[V], 100[W] 전구와 100[V], 200[W] 전구를 직렬로 100[V]의 전원에 연결할 경우 어느 전구가 더 밝겠는가?

① 두 전구의 밝기가 같다.
② 100[W]
③ 200[W]
④ 두 전구 모두 안 켜진다.

정답 13.③ 14.③ 15.① 16.③ 17.① 18.③ 19.① 20.② 21.②

해설

100[W]의 저항 $R_1 = \dfrac{V^2}{P_1} = \dfrac{100^2}{100} = 100[\Omega]$

200[W]의 저항 $R_2 = \dfrac{V^2}{P_2} = \dfrac{100^2}{200} = 50[\Omega]$

직렬 접속 시 전류가 일정하므로 소비 전력 $P = I^2R$[W] 식에 의해 저항값이 큰 부하일수록 소비 전력이 더 크게 발생하여 전구가 더 밝아지므로 100[W]의 전구가 더 밝다.

22 변압기유가 구비해야 할 조건으로 틀린 것은?
① 절연 내력이 높을 것
② 인화점이 높을 것
③ 고온에도 산화되지 않을 것
④ 응고점이 높을 것

해설 변압기 절연유의 구비 조건
- 절연 내력이 클 것
- 인화점이 높을 것
- 응고점이 낮을 것
- 고온에도 산화되지 않을 것

23 변압기 중성점에 접지 공사를 하는 이유는?
① 전류 변동의 방지
② 고저압 혼촉 방지
③ 전력 변동의 방지
④ 전압 변동의 방지

해설 변압기는 고압, 특고압을 저압으로 변성시키는 기기로서 고·저압 혼촉 사고를 방지하기 위하여 반드시 2차측 중성점에 접지 공사를 하여야 한다.

24 자극 가까이에 물체를 두었을 때 자화되지 않는 물체는?
① 상자성체
② 반자성체
③ 강자성체
④ 비자성체

해설 비자성체 : 자성이 약해서 전혀 자성을 갖지 않는 물질로서 상자성체와 반자성체를 포함하며 자계에 힘을 받지 않는다.

25 자기 회로에서 자로의 길이 31.4[cm], 자로의 단면적이 0.25[m²], 자성체의 비투자율 $\mu_s = 100$일 때 자성체의 자기 저항은 얼마인가?
① 5,000
② 10,000
③ 4,000
④ 2,500

해설 자기 저항 $R = \dfrac{l}{\mu_0 \mu_s A}$

$= \dfrac{31.4 \times 10^{-2}}{4\pi \times 10^{-7} \times 100 \times 0.25}$

$= 10,000$[AT/Wb]

26 100회 감은 코일에 전류 0.5[A]가 0.1[sec] 동안 0.3[A]가 되었을 때 2×10^{-4}[V]의 기전력이 발생하였다면 코일의 자기 인덕턴스 [μH]는?
① 5
② 10
③ 200
④ 100

해설 코일에 유도되는 기전력 $e = -L \dfrac{\Delta I}{\Delta t}$[V]

$L = 2 \times 10^{-4} \times \dfrac{0.1}{0.5 - 0.3}$

$= 10^{-4}$[H] $= 100[\mu\text{H}]$

27 다음 그림은 4극 직류 전동기의 자기 회로이다. 자기 저항이 가장 큰 곳은 어디인가?

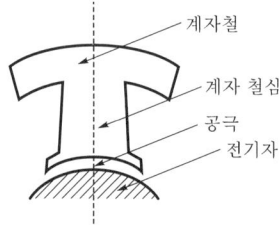

① 계자철
② 계자 철심
③ 전기자
④ 공극

해설 자기 저항은 $R = \dfrac{l}{\mu_0 \mu_s A}$[AT/Wb]로서 계자철, 계자 철심, 전기자 도체 등은 강자성체($\mu_s \gg 1$)를 사용하므로 자기 저항이 아주 작고 그에 비해 공극은 $\mu_s = 1$이므로 자기 저항이 가장 크다.

정답 22.④ 23.② 24.④ 25.② 26.④ 27.④

28 가우스의 정리에 의해 구할 수 있는 것은?

① 전계의 세기
② 전하 간의 힘
③ 전위
④ 전계 에너지

해설 가우스의 정리 : 전기력선의 총수를 계산하여 전계의 세기도 계산할 수 있는 법칙이다.

29 다음 파형 중 비정현파가 아닌 것은?

① 주기 사인파
② 사각파
③ 삼각파
④ 펄스파

해설 주기적인 사인파는 기본 정현파이므로 비정현파에 해당되지 않는다.

30 평형 3상 회로에서 1상의 소비 전력이 P[W]라면, 3상 회로 전체 소비 전력[W]은?

① $2P$
② $\sqrt{2}P$
③ $3P$
④ $\sqrt{3}P$

해설 평형 3상 회로의 소비 전력은 1상값의 3배이므로 $3P$[W]이다.

31 자기 히스테리시스 곡선의 횡축과 종축은 어느 것을 나타내는가?

① 자기장의 크기와 보자력
② 투자율과 자속 밀도
③ 투자율과 잔류 자기
④ 자기장의 크기와 자속 밀도

해설 히스테리시스 곡선에서 횡축(가로축)은 자기장의 세기, 종축(세로축)은 자속 밀도를 나타내며 횡축과 만나는 점을 보자력, 종축과 만나는 점을 잔류 자기라 한다.

32 다음 중 접지의 목적으로 알맞지 않은 것은?

① 기기의 이상 전압 상승 시 인체 감전 사고 방지
② 이상 전압 상승 억제
③ 전로의 대지 전압 감소 방지
④ 보호 계전기의 동작 확보

해설 접지 공사의 목적
- 감전 및 화재 사고 방지
- 이상 전압 상승 억제
- 전로의 대지 전위 상승 방지
- 보호 계전기의 동작 확보

33 가공 인입선을 시설하는 경우 다음 내용 중 틀린 것은?

① DV 전선을 사용하며 2.6[mm] 이상의 전선을 사용하지 말 것
② 인입구에서 분기하여 100[m]를 초과하지 말 것
③ 도로 5[m]를 횡단하지 말 것
④ 옥내를 관통하지 말 것

해설 가공 인입선의 사용 전선은 2.6[mm] 이상 경동선이나 동등 이상의 세기를 가진 절연 전선(DV 전선 포함)을 사용한다[단, 지지물 간 거리(경간) 15[m] 이하는 2.0[mm] 이상도 가능].

34 가공 전선로의 지지물에서 다른 지지물을 거치지 아니하고 다른 수용 장소의 인입선 접속점에 이르는 가공 전선을 무엇이라 하는가?

① 가공 전선
② 가공 인입선
③ 지지선(지선)
④ 이웃연결(연접) 인입선

해설 가공 전선로의 지지물에서 다른 지지물을 거치지 아니하고 수용 장소의 인입선 접속점에 이르는 가공 전선을 가공 인입선이라고 한다.

정답 28.① 29.① 30.③ 31.④ 32.③ 33.① 34.②

35 가공 전선로의 인입구에 사용하며 금속관 공사에서 관 끝부분의 빗물 침입을 방지하는 데 적당한 것은?

① 엔트런스 캡
② 엔드
③ 절연 부싱
④ 터미널 캡

해설 엔트런스 캡(우에사 캡)은 금속관 공사 시 금속관에 빗물이 침입되는 것을 방지하기 위해 가공 전선로의 인입구에 사용한다.

36 조명을 비추면 눈으로 빛을 느끼는 밝기를 광속이라 한다. 이때 단위 면적당 입사 광속을 무엇이라고 하는가?

① 휘도
② 조도
③ 광도
④ 광속 발산도

해설 조명의 용어 정의
- 조도 : 단위 면적당 입사 광속
- 광도 : 광원의 어느 방향에 대한 단위 입체각당 발산 광속
- 휘도 : 광원을 어떠한 방향에서 바라볼 때 단위 투영 면적당 빛이 나는 정도
- 광속 발산도 : 발광면의 단위 면적당 발산하는 광속

37 비례 추이를 이용하여 속도 제어가 되는 전동기는?

① 3상 권선형 유도 전동기
② 동기 전동기
③ 직류 분권 전동기
④ 농형 유도 전동기

해설 2차 저항 제어법 : 비례 추이의 원리를 이용한 것으로 2차 회로에 외부 저항을 넣어 같은 토크에 대한 슬립 s를 변화시켜 속도를 제어하는 방식으로 3상 권선형 유도 전동기에서 사용하는 방식이다.

38 다음 그림의 (가)와 (나)의 전선 접속법은?

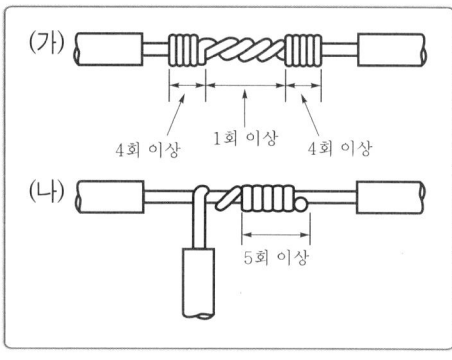

① 직선 접속, 분기 접속
② 직선 접속, 종단 접속
③ 분기 접속, 슬리브에 의한 접속
④ 종단 접속, 직선 접속

해설 그림의 전선 접속법
- (가) : 단선의 트위스트 직선 접속
- (나) : 단선의 트위스트 분기 접속

39 접지 도체 2개와 동판, 계기 도체를 연결하여 절환 스위치를 사용하여 검류계의 지시값을 0으로 만들고 접지 저항을 측정하는 방법은?

① 휘트스톤 브리지
② 켈빈 더블 브리지
③ 콜라우슈 브리지
④ 접지 저항계

해설 휘트스톤 브리지는 검류계의 지시값을 "0"으로 하여 접지 저항을 측정하는 방법으로서 지중 전선로의 고장점 검출 시 사용한다.

40 직류 직권 전동기에서 벨트를 걸고 운전하면 안 되는 이유는?

① 벨트의 마멸 보수가 곤란하므로
② 벨트가 벗겨지면 위험 속도에 도달하므로
③ 직결하지 않으면 속도 제어가 곤란하므로
④ 손실이 많아지므로

정답 35.① 36.② 37.① 38.① 39.① 40.②

해설 직류 직권 전동기는 정격 전압하에서 무부하 특성을 지니므로, 벨트가 벗겨지면 속도는 급격히 상승하여 위험 속도에 도달할 수 있다.

41 세 변의 저항 $R_a = R_b = R_c = 15[\Omega]$인 Y결선 회로가 있다. 이것과 등가인 △결선 회로의 각 변의 저항은 몇 [Ω]인가?

① 5   ② 10
③ 25 ④ 45

해설 Y결선 회로를 △결선으로 변환 시 각 변의 저항은 3배이므로 $R_\triangle = 3R_Y = 3 \times 15 = 45[\Omega]$

42 두 금속을 접속하여 여기에 전류를 흘리면, 줄열 외에 그 접점에서 열의 발생 또는 흡수가 일어나는 현상은?

① 줄 효과   ② 홀 효과
③ 제베크 효과 ④ 펠티에 효과

해설 펠티에 효과 : 두 금속을 접합하여 접합점에 전류를 흘려주면 열의 발생 또는 흡수가 발생하는 현상

43 전기 울타리 시설의 사용 전압은 몇 [V] 이하인가?

① 150 ② 250
③ 300 ④ 400

해설 전기 울타리 사용 전압 : 250[V] 이하

44 자기 인덕턴스가 각각 L_1, L_2[H]인 두 원통 코일이 서로 직교하고 있다. 두 코일 간의 상호 인덕턴스는?

① $L_1 + L_2$ ② $L_1 L_2$
③ 0   ④ $\sqrt{L_1 L_2}$

해설 자속과 코일이 서로 평행이 되어 상호 인덕턴스는 존재하지 않는다.

45 단자 전압 100[V], 전기자 전류 10[A], 전기자 저항 1[Ω], 회전수 1,500[rpm]인 직류 직권 전동기의 역기전력은 몇 [V]인가?

① 110 ② 80
③ 90   ④ 100

해설 전동기의 역기전력 $E = V - I_a R_a$
$= 100 - 10 \times 1 = 90[V]$

46 자로의 길이 l[m], 투자율 μ, 단면적 A[m²], 인 자기 회로의 자기 저항[AT/Wb]는?

① $\dfrac{\mu}{lA}$ ② $\dfrac{\mu l}{A}$
③ $\dfrac{\mu A}{l}$ ④ $\dfrac{l}{\mu A}$

해설 자기 회로의 자기 저항 $R = \dfrac{l}{\mu A} = \dfrac{NI}{\phi}$[AT/Wb]

47 변압기의 1차 전압이 3,300[V], 권선수가 15인 변압기의 2차측의 전압은 몇 [V]인가?

① 3,850 ② 330
③ 220   ④ 110

해설 권수비 $a = \dfrac{V_1}{V_2}$에서

2차 전압 $V_2 = \dfrac{V_1}{a} = \dfrac{3,300}{15} = 220[V]$

48 어떤 한 점에 전하량이 2×10^3[C]이 있다. 이 점으로부터 1[m]인 점의 전속 밀도 D_A[C/m²]와 2[m]인 점의 전속 밀도 D_B[C/m²]는 얼마인가?

① 159, 10   ② 10, 159
③ 159, 40   ④ 40, 159

해설 전속 밀도

$D_A = \dfrac{Q}{4\pi r_1^2} = \dfrac{2 \times 10^3}{4\pi \times 1^2} \fallingdotseq 159[C/m^2]$

$D_B = \dfrac{Q}{4\pi r_2^2} = \dfrac{2 \times 10^3}{4\pi \times 2^2} \fallingdotseq 40[C/m^2]$

정답 41.④ 42.④ 43.② 44.③ 45.③ 46.④ 47.③ 48.③

49 동기 전동기의 용도로 적당하지 않은 것은?

① 송풍기 ② 크레인
③ 압연기 ④ 분쇄기

해설 동기 전동기는 동기 속도로 회전하는 전동기이므로 압연기, 제련소, 발전소 등에서 압축기, 운전 펌프 등에 적용되며, 크레인은 수시로 속도가 변동되는 기계이므로 적합하지 않다.

50 다음 중 전선의 접속 방법이 틀린 것은?

① 전선의 접속 부분은 기준 온도 이상이 상승하면 안 된다.
② 전선의 세기는 접속 전보다 20[%] 이상 감소시키지 않는다.
③ 전선 접속 부분의 전기 저항을 증가시키지 않아야 한다.
④ 접속 부분은 염화비닐 접착 테이프를 이용하여 반폭 이상 겹쳐서 1회 이상 감는다.

해설 전선의 접속부에 사용하는 테이프 및 튜브 등 도체의 절연에 사용되는 절연 피복은 전기용 접착 테이프에 적합한 것을 사용하고 반폭 이상 겹쳐서 2회 이상 감아야 한다.

51 전동기가 과전류 결상, 구속 보호 등에 사용되며 단락 시간과 기동 시간을 정확히 구분하는 계전기는?

① 전자식 과전류 계전기
② 임피던스 계전기
③ 선택 고장 계전기
④ 부족 전압 계전기

해설 전자식 과전류 계전기(EOCR) : 설정된 전류값 이상의 전류가 흘렀을 때 EOCR 접점이 동작하여 회로를 차단시켜 보호하는 계전기로서 전동기의 과전류나 결상을 보호하는 계전기이다.

52 대칭 3상 △결선에서 선전류와 상전류와의 위상 관계는?

① 상전류가 $\frac{\pi}{3}$[rad] 앞선다.
② 상전류가 $\frac{\pi}{3}$[rad] 뒤진다.
③ 상전류가 $\frac{\pi}{6}$[rad] 앞선다.
④ 상전류가 $\frac{\pi}{6}$[rad] 뒤진다.

해설 △결선의 특징

$$\dot{I}_l = \sqrt{3}\, I_p \left/ -\frac{\pi}{6} \right. [A]$$

선전류 I_l이 상전류 I_P보다 $\frac{\pi}{6}$[rad] 뒤지므로 상전류가 선전류보다 $\frac{\pi}{6}$[rad] 앞선다.

53 낮은 전압을 높은 전압으로 승압할 때 일반적으로 사용되는 변압기의 3상 결선 방식은?

① Y-△ ② Y-Y
③ △-Y ④ △-△

해설 △-Y는 변전소에서 승압용으로 사용하며 1차와 2차 위상차는 30°이다.

54 두 평행 도선의 길이가 1[m], 거리가 1[m]인 왕복 도선 사이에 단위 길이당 작용하는 힘의 세기가 2×10^{-7}[N]일 경우 전류의 세기[A]는?

① 1 ② 3
③ 4 ④ 2

해설 평행 도선 사이에 작용하는 힘의 세기

$$F = \frac{2I_1 I_2}{r} \times 10^{-7}\,[\text{N/m}]$$

$$F = \frac{2I^2}{1} \times 10^{-7}\,[\text{N/m}] = 2 \times 10^{-7}\,[\text{N/m}]$$

$I^2 = 1$이므로 $I = 1$[A]

정답 49.② 50.④ 51.① 52.③ 53.③ 54.①

55 부흐홀츠 계전기로 보호되는 기기는?

① 변압기   ② 유도 전동기
③ 직류 발전기   ④ 교류 발전기

해설 부흐홀츠 계전기 : 변압기의 절연유 열화 방지

56 DV 전선의 명칭은 무엇인가?

① 인입용 비닐 절연 전선
② 배선용 단심 비닐 절연 전선
③ 450/750V 일반용 단심 비닐 절연 전선
④ 옥외용 비닐 절연 전선

해설 DV : 인입용 비닐 절연 전선

57 주파수가 1[kHz]일 때 용량성 리액턴스가 50[Ω]이라면, 주파수가 50[Hz]인 경우 용량성 리액턴스는 몇 [Ω]인가?

① 500   ② 50
③ 1,000   ④ 750

해설 용량성 리액턴스는 주파수와 반비례한다.
주파수가 $\frac{50}{1,000} = \frac{1}{20}$로 감소하면 용량성 리액턴스는 20배로 증가하므로
$X_C = 50 \times 20 = 1,000[\Omega]$이 된다.

58 화약류 저장소에서 백열전등이나 형광등 또는 이들에 전기를 공급하기 위한 전기 설비를 시설하는 경우 전로의 대지 전압은 몇 [V] 이하인가?

① 100   ② 200
③ 220   ④ 300

해설 화약류 저장소 시설 규정
• 금속관, 케이블 공사
• 대지 전압 300[V] 이하
• 개폐기 및 과전류 차단기에서 화약고의 인입구까지의 배선에는 케이블을 사용하고 또한 반드시 지중에 시설할 것

59 저항 8[Ω], 유도 리액턴스 6[Ω]인 $R-L$ 직렬 회로에 교류 전압 200[V]를 인가한 경우 전류와 역률은 각각 얼마인가?

① 10[A], 60[%]
② 10[A], 80[%]
③ 20[A], 60[%]
④ 20[A], 80[%]

해설 임피던스 절대값
$Z = \sqrt{R^2 + X_L^2} = \sqrt{8^2 + 6^2} = 10[\Omega]$
전류 $I = \frac{V}{Z} = \frac{200}{10} = 20[A]$
역률 $\cos\theta = \frac{R}{Z} = \frac{8}{10} \times 100 = 80[\%]$

60 권선형 유도 전동기에서 토크를 일정하게 한 상태로 회전자 권선에 2차 저항을 2배로 하면 슬립은 몇 배가 되겠는가?

① $\sqrt{2}$ 배   ② 2배
③ $\sqrt{3}$ 배   ④ 4배

해설 권선형 유도 전동기는 2차 저항을 조정함으로서 최대 토크는 변하지 않는 상태에서 슬립으로 속도 조절이 가능하며 슬립과 2차 저항은 비례 관계가 성립하므로 2배가 된다.

정답 55.① 56.① 57.③ 58.④ 59.④ 60.②

2021년 제3회 CBT 기출복원문제

★ 표시 : 문제 중요도를 나타냄

> 본 기출문제는 수험생들의 기억을 바탕으로 작성한 것으로 내용 및 그림 등에서 실제 문제와 다소 차이가 있을 수 있습니다.

01 히스테리시스 곡선이 세로축과 만나는 점의 값은 무엇을 나타내는가?

① 자속 밀도　② 보자력
③ 잔류 자기　④ 자기장

해설 히스테리시스 곡선이 만나는 값
- 세로축(종축)과 만나는 점 : 잔류 자기
- 가로축(횡축)과 만나는 점 : 보자력

02 일정한 주파수의 전원에서 운전하는 3상 유도 전동기의 전원 전압이 80[%]가 되었다면 토크는 약 몇 [%]가 되는가? (단, 회전수는 변하지 않는 상태로 한다.)

① 141　② 120
③ 80　④ 64

해설 3상 유도 전동기에서 토크는 공급 전압의 제곱에 비례하므로 전압의 80[%]로 운전하면 토크는 $0.8^2 = 0.64$로 감소하므로 64[%]가 된다.

03 접착제를 사용하여 합성수지관을 삽입해 접속할 경우 관의 삽입 깊이는 합성수지관 바깥지름(외경)의 최소 몇 배인가?

① 1.2　② 0.8
③ 1.5　④ 1.8

해설 합성수지관을 접속할 경우 삽입하는 관의 깊이는 접착제를 사용하는 경우 관 바깥지름(외경)의 0.8배이다.

04 크기가 같은 저항 4개를 그림과 같이 연결하여 a-b 간에 일정 전압을 가했을 때 소비 전력이 가장 큰 것은 어느 것인가?

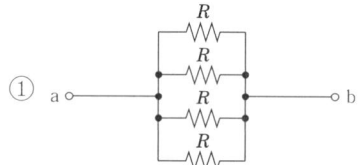

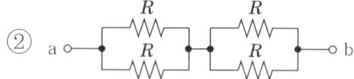

해설 각 회로에 소비되는 전력

① 합성 저항 $R_0 = \dfrac{R}{4} = 0.25R[\Omega]$이므로

$$P_1 = \dfrac{V^2}{0.25R} = \dfrac{4V^2}{R}[\text{W}]$$

② 합성 저항 $R_0 = \dfrac{R}{2} \times 2 = R[\Omega]$이므로

$$P_2 = \dfrac{V^2}{R}[\text{W}]$$

③ 합성 저항 $R_0 = 2R + \dfrac{R}{2} = 2.5R[\Omega]$이므로

$$P_3 = \dfrac{V^2}{2.5R} = \dfrac{0.4V^2}{R}[\text{W}]$$

④ 합성 저항이 $4R[\Omega]$이므로 $P_4 = \dfrac{V^2}{4R}[\text{W}]$

※ 소비 전력 $P = \dfrac{V^2}{R}[\text{W}]$이므로 합성 저항이 가장 작은 회로를 찾으면 된다.

정답 01.③　02.④　03.②　04.①

05 공기 중에서 자속 밀도 2[Wb/m²]의 평등 자장 속에 길이 60[cm]의 직선 도선을 자장의 방향과 30° 각으로 놓고 여기에 5[A]의 전류를 흐르게 하면 이 도선이 받는 힘은 몇 [N]인가?

① 3 ② 5
③ 6 ④ 2

해설 전자력의 세기 $F = BIl\sin\theta$
$= 5 \times 0.6 \times 2 \times \sin 30°$
$= 3[N]$

06 특고압 전선로가 전선이 3조일 경우 크로스 완금의 표준 길이[mm]는?

① 900 ② 1,200
③ 2,400 ④ 1,800

해설 전선로 완금 표준 길이[mm]

전선조	저압	고압	특고압
2조	900	1,400	1,800
3조	1,400	1,800	2,400

07 전력 계통에 접속되어 있는 변압기나 장거리 송전 시 정전 용량으로 인한 충전 특성 등을 보상하기 위한 기기는?

① 유도 전동기 ② 동기 조상기
③ 유도 발전기 ④ 동기 발전기

해설 정전 용량으로 인한 앞선 전류를 감소시키기 위해 여자 전류를 조정하여 뒤진 전류를 흘려 줄 수 있는 동기 무효전력보상장치(조상기)를 설치한다.

08 디지털 계전기의 장점이 아닌 것은?

① 진동의 영향을 받지 않는다.
② 신뢰성이 높다.
③ 광범위한 계산에 활용할 수 있다.
④ 자동 감시 기능을 갖는다.

해설 디지털 계전기 : 보호 기능이 우수하며 처리 속도가 빨라 광범위한 계산에 용이하지만 서지에 약하고 왜형파로 오동작 하기 쉬워서 신뢰도가 낮다.

09 전선의 접속법에서 두 개 이상의 전선을 병렬로 사용하는 경우의 시설기준으로 틀린 것은?

① 병렬로 사용하는 전선은 각각에 퓨즈를 설치할 것
② 교류 회로에서 병렬로 사용하는 전선은 금속관 안에 전자적 불평형이 생기지 않도록 시설할 것
③ 같은 극의 각 전선은 동일한 터미널 러그에 동일한 도체에 2개 이상의 리벳 또는 2개 이상의 나사로 완전하게 접속할 것
④ 병렬로 사용하는 각 전선의 굵기는 같은 도체, 같은 재료, 같은 길이 및 같은 굵기의 것을 사용할 것

해설 병렬로 접속해서 각각 전선에 퓨즈를 설치한 경우 만약 한 선의 퓨즈가 용단된 경우 다른 한 선으로 전류가 모두 흐르게 되어 과열될 우려가 있으므로 퓨즈를 설치하면 안 된다.

10 철근 콘크리트주의 길이가 12[m]인 경우 땅에 묻히는 깊이는 최소 몇 [m] 이상이어야 하는가? (단, 설계 하중이 6.8[kN] 이하이다.)

① 1.2 ② 1.5
③ 2 ④ 2.5

해설 목주 및 A종 지지물의 건주 공사 시 매설 깊이
: 전주 길이의 $\frac{1}{6}$
$L = 12 \times \frac{1}{6} = 2.0[m]$

11 동기 발전기의 병렬 운전 조건 중 같지 않아도 되는 것은?

① 주파수　　② 위상
③ 전류　　　④ 전압

해설 동기 발전기 병렬 운전 시 일치할 조건 : 기전력(전압)의 크기, 위상, 주파수, 파형

12 다음 물질 중 강자성체로만 짝지어진 것은?

① 철, 니켈, 코발트
② 니켈, 코발트, 비스무트
③ 망간, 니켈, 아연
④ 구리, 니켈, 아연

해설 강자성체의 종류 : 니켈, 코발트, 철, 망간

13 배전반 및 분전반과 연결된 배관을 변경하거나 이미 설치되어 있는 캐비닛에 구멍을 뚫을 때 필요한 공구는?

① 오스터　　② 클리퍼
③ 토치 램프　④ 녹아웃 펀치

해설 전기 공사용 공구
- 오스터 : 금속관에 나사를 낼 때 사용하는 것
- 클리퍼 : 단면적 $25[\text{mm}^2]$ 이상인 굵은 전선 절단용 공구
- 토치 램프 : 합성수지관 공사 시 가공부를 가열하기 위한 램프
- 녹아웃 펀치 : 배전반이나 분전반 등의 금속제 캐비닛의 구멍을 확대하거나 철판의 구멍 뚫기에 사용하는 공구

14 조명 중에서 발산 광속 중 하향 광속이 90~100[%] 정도로 하여 하향 광속이 작업면에 직사되는 조명 방식을 무엇이라 하는가?

① 직접 조명
② 반직접 조명
③ 전반 확산 조명
④ 반간접 조명

해설 기구 배광에 의한 조명 방식의 분류

구분	하향 광속
직접 조명 방식	90[%] 이상
반직접 조명 방식	60~90[%]
전반 조명 방식	40~60[%]
간접 조명 방식	10[%] 이하

15 250[kVA]의 단상 변압기 2대를 사용하여 V-V 결선으로 하고 3상 전원을 얻고자 할 때 최대로 얻을 수 있는 3상 부하의 용량은 약 몇 [kVA]인가?

① 433　　② 500
③ 200　　④ 100

해설 V결선 용량
$$P_V = \sqrt{3}\,P_1 = \sqrt{3} \times 250 = 433[\text{kVA}]$$

16 막대 자석의 자극의 세기가 $m[\text{Wb}]$이고 길이가 $l[\text{m}]$인 경우 자기 모멘트$[\text{Wb} \cdot \text{m}]$는 얼마인가?

① $\dfrac{m}{l}$　　② $\dfrac{l}{m}$
③ ml　　④ $2ml$

해설 막대 자석의 모멘트 $M = ml[\text{Wb} \cdot \text{m}]$

17 자극의 세기가 m_1, $m_2[\text{Wb}]$, 거리가 $r[\text{m}]$인 두 자극 사이에 작용하는 자기력의 크기[N]는 얼마인가?

① $k\dfrac{r^2}{m_1 \cdot m_2}$　　② $k\dfrac{m_1 \cdot m_2}{r^2}$
③ $k\dfrac{r}{m_1 \cdot m_2}$　　④ $k\dfrac{m_1 \cdot m_2}{r}$

해설 쿨롱의 법칙 : 두 자극 사이에 작용하는 자력의 크기는 양 자극의 세기의 곱에 비례하며, 자극 간의 거리의 제곱에 비례한다.

쿨롱의 법칙 $F = k\dfrac{m_1 \cdot m_2}{r^2} = \dfrac{m_1 \cdot m_2}{4\pi\mu_0 r^2}[\text{N}]$

정답 11.③　12.①　13.④　14.①　15.①　16.③　17.②

18 단상 전파 사이리스터 정류 회로에서 부하가 저항만 있는 경우 점호각이 60°일 때의 정류 전압은 몇 [V]인가? (단, 전원측 전압의 실효값은 100[V]이고, 직류측 전류는 연속이다.)

① 97.7　　② 86.4
③ 75.5　　④ 67.5

해설 단상 전파 사이리스터 정류 회로의 직류 전압
$$E_d = \frac{2\sqrt{2}}{\pi} E \left(\frac{1+\cos\alpha}{2} \right) = 0.9 E \left(\frac{1+\cos\alpha}{2} \right) [\text{V}]$$
$$E_d = 0.9 \times 100 \times \left(\frac{1+\cos 60°}{2} \right) = 67.5 [\text{V}]$$

19 자기 저항의 단위는?

① Wb/AT
② AT/m
③ Ω/AT
④ AT/Wb

해설 자기 저항 $R_m = \frac{NI}{\phi}[\text{AT/Wb}]$

20 두 금속을 접속하여 여기에 전류를 흘리면, 줄열 외에 그 접점에서 열의 발생 또는 흡수가 일어나는 현상은?

① 펠티에 효과　　② 홀 효과
③ 제베크 효과　　④ 줄 효과

해설 펠티에 효과 : 두 금속을 접합하여 접합점에 전류를 흘려주면 열의 발생 또는 흡수가 발생하는 현상

21 DV 전선의 명칭은 무엇인가?

① 인입용 비닐 절연 전선
② 비닐 절연 전선
③ 단심 비닐 절연 전선
④ 옥외용 비닐 절연 전선

해설 DV : 인입용 비닐 절연 전선

22 한국전기설비규정에 의한 화약류 저장소에서 백열전등이나 형광등 또는 이들에 전기를 공급하기 위한 전기 설비를 시설하는 경우 전로의 대지 전압은 몇 [V] 이하인가?

① 100　　② 200
③ 300　　④ 400

해설 화약류 저장소 시설 규정
• 금속관, 케이블 공사
• 대지 전압 300[V] 이하

23 변압기유가 구비해야 할 조건으로 틀린 것은?

① 절연 내력이 높을 것
② 응고점이 높을 것
③ 고온에도 산화되지 않을 것
④ 냉각 효과가 클 것

해설 변압기 절연유의 구비 조건
• 절연 내력이 클 것
• 인화점이 높을 것
• 응고점이 낮을 것
• 고온에도 산화되지 않을 것

24 전력용 콘덴서를 회로로부터 개방하였을 때 전하가 잔류함으로써 일어나는 위험의 방지와 재투입할 때 콘덴서에 걸리는 과전압의 방지를 위하여 무엇을 설치하는가?

① 직렬 리액터　　② 전력용 콘덴서
③ 방전 코일　　　④ 피뢰기

해설 잔류 전하를 방전시키기 위해 방전 코일을 설치한다.

25 전류를 계속 흐르게 하려면 전압을 연속적으로 만들어주는 어떤 힘이 필요하게 되는데, 이 힘을 무엇이라 하는가?

① 자기력　　② 전자력
③ 기전력　　④ 전기장

정답　18.④　19.④　20.①　21.①　22.③　23.②　24.③　25.③

해설 기전력 : 전압을 연속적으로 만들어서 전류를 연속적으로 흐를 수 있도록 하는 원천

26. 보호를 요하는 회로의 전류가 어떤 일정한 값(정정값) 이상으로 흘렀을 때 동작하는 계전기는?

① 과전류 계전기 ② 과전압 계전기
③ 차동 계전기   ④ 비율 차동 계전기

해설 과전류 계전기(OCR) : 회로의 전류가 어떤 일정한 값(정정값) 이상으로 흘렀을 때 동작하는 계전기

27. 지지선(지선)의 중간에 넣는 애자의 종류는?

① 저압 핀 애자 ② 인류 애자
③ 구형 애자   ④ 내장 애자

해설 지지선(지선)의 중간에 사용하는 애자를 구형 애자, 지선 애자, 옥 애자, 구슬 애자라고 한다.

28. 주파수 60[Hz], 실효값이 20[A], 위상 0[°]인 교류 전류의 순시값으로 맞는 것은?

① $20\sin(60\pi t)$
② $10\sqrt{2}\sin(120\pi t)$
③ $20\sqrt{2}\sin(120\pi t)$
④ $20\sqrt{2}\sin(60\pi t)$

해설 순시값 $i(t) = $ 최대값 $\times \sin(2\pi f t)$
$= 20\sqrt{2}\sin(2\pi \times 60 t)$
$= 20\sqrt{2}\sin(120\pi t)[A]$

29. 정현파의 평균값이 100[V]일 때 실효값은 얼마인가?

① 100   ② 111
③ 63.7   ④ 70.7

해설 평균값 $V_{av} = \dfrac{2}{\pi} V_m$[V]이므로

최대값 $V_m = V_{av} \times \dfrac{\pi}{2} = 100 \times \dfrac{\pi}{2}$[V]

실효값 $V = \dfrac{V_m}{\sqrt{2}} = \dfrac{\pi}{2\sqrt{2}} \times V_{av}$
$= \dfrac{\pi}{2\sqrt{2}} \times 100 = 111$[V]

※ $V = 1.11 V_{av} = 1.11 \times 100 = 111$[V]

30. 전기기기의 철심 재료로 규소 강판을 성층하여 사용하는 이유로 가장 적당한 것은?

① 동손 감소   ② 철손 감소
③ 기계손 감소 ④ 풍손 감소

해설 규소 강판을 성층하여 사용하는 이유는 철손(맴돌이 전류손, 히스테리시스손)을 감소시키기 위한 대책이다.

31. 전압 200[V]이고 $C_1 = 10[\mu F]$와 $C_2 = 5[\mu F]$인 콘덴서를 병렬로 접속하면 C_2에 분배되는 전하량은 몇 [μC]인가?

① 100   ② 2,000
③ 500   ④ 1,000

해설 C_2에 축적되는 전하량
$Q_2 = C_2 V = 5 \times 200 = 1,000[\mu C]$

32. 정격 전압 200[V], 60[Hz]인 전동기의 주파수를 50[Hz]로 사용하면 회전 속도는 어떻게 되는가?

① 0.833배로 감소한다.
② 1.1배로 증가한다.
③ 변화하지 않는다.
④ 1.2배로 증가한다.

해설 전동기의 회전수는 $N = \dfrac{120f}{P}$[rpm]에서 주파수에 비례한다.
주파수가 60[Hz]에서 50[Hz]로 감소한 경우 감소비율은 $\dfrac{50}{60} = 0.833$이므로 회전 속도도 0.833배로 감소한다.

정답 26.① 27.③ 28.③ 29.② 30.② 31.④ 32.①

33 분상 기동형 단상 유도 전동기의 기동 권선은?

① 운전 권선보다 굵고 권선이 많다.
② 운전 권선보다 가늘고 권선이 적다.
③ 운전 권선보다 굵고 권선이 적다.
④ 운전 권선보다 가늘고 권선이 많다.

해설 분상 기동형 단상 유도 전동기의 권선
- 운전 권선(L만의 회로) : 굵은 권선으로 길게 하여 권선을 많이 감아서 L성분을 크게 한다.
- 기동 권선(R만의 회로) : 운전 권선보다 가늘고 권선을 적게 하여 저항값을 크게 한다.

34 변압기의 권수비가 60이고 2차 저항이 0.1[Ω]일 때 1차로 환산한 저항값[Ω]은 얼마인가?

① 30   ② 360
③ 300   ④ 250

해설 권수비 $a = \sqrt{\dfrac{R_1}{R_2}}$ 이므로

1차 저항 $R_1 = a^2 R_2 = 60^2 \times 0.1 = 360[\Omega]$

35 그림과 같은 회로에서 합성 저항은 몇 [Ω] 인가?

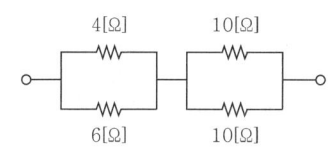

① 6.6   ② 7.4
③ 8.7   ④ 9.4

해설 합성 저항 $= \dfrac{4 \times 6}{4+6} + \dfrac{10}{2} = 7.4[\Omega]$

36 유도 발전기의 장점이 아닌 것은?

① 동기 발전기에 비해 가격이 저렴하다.
② 효율과 역률이 높다.
③ 동기 발전기처럼 동기화할 필요가 없고 난조가 발생하지 않는다.
④ 조작이 간편하다.

해설 유도 발전기는 유도 전동기를 동기 속도 이상으로 회전시켜 전력을 얻어내는 발전기로서 동기기에 비해 조작이 쉽고 가격이 저렴하지만 효율과 역률이 낮다.

37 전기자 저항 0.2[Ω], 전기자 전류 100[A], 전압 120[V]인 분권 전동기의 출력[kW]은?

① 20   ② 15
③ 12   ④ 10

해설
- 유기 기전력 $E = V - I_a R_a$
  $= 120 - 100 \times 0.2 = 100[V]$
- 출력 $P = E I_a = 100 \times 100$
  $= 10,000[W] = 10[kW]$

38 동기기의 전기자 권선법이 아닌 것은?

① 2층권   ② 단절권
③ 중권   ④ 전층권

해설 동기기의 전기자 권선법 : 고상권, 2층권, 중권, 단절권, 분포권

39 3상 변압기를 병렬 운전하는 경우 불가능한 조합은?

① △-Y와 △-△
② △-△와 Y-Y
③ △-Y와 △-Y
④ Y-△와 Y-△

해설 3상 변압기군의 병렬 운전 조합

병렬 운전 가능	병렬 운전 불가능
△-△와 △-△	
Y-Y와 Y-Y	
Y-△와 Y-△	△-△와 △-Y
△-Y와 △-Y	Y-Y와 △-Y
△-△와 Y-Y	
V-V와 V-V	

정답 33.② 34.② 35.② 36.② 37.④ 38.④ 39.①

40 6[Ω], 8[Ω], 9[Ω]의 저항 3개를 직렬로 접속하여 5[A]의 전류를 흘려줬다면 이 회로의 전압은 몇 [V]인가?

① 117 ② 115
③ 100 ④ 90

해설 $V = IR = 5 \times (6+8+9) = 115[V]$

41 60[Hz], 8극인 유도 전동기의 회전수[rpm]는?

① 900 ② 1,200
③ 2,400 ④ 1,800

해설 $N_s = \dfrac{120f}{P} = \dfrac{120 \times 60}{8} = 900[rpm]$

42 두 평행 도선의 길이가 1[m], 거리가 1[m]인 왕복 도선 사이에 단위 길이당 작용하는 힘의 세기가 $18 \times 10^{-7}[N]$일 경우 전류의 세기[A]는?

① 1 ② 2
③ 4 ④ 3

해설 평행 도선 사이에 작용하는 힘의 세기
$F = \dfrac{2 I_1 I_2}{r} \times 10^{-7} [N/m]$
$F = \dfrac{2 I^2}{1} \times 10^{-7} [N/m] = 18 \times 10^{-7} [N/m]$
$I^2 = 9$이므로 $I = 3[A]$

43 자동화 설비에서 기구 위치 선정에 사용하는 전동기는?

① 전기 동력계
② 스탠딩 모터
③ 스테핑 모터
④ 반동 전동기

해설 스테핑 모터 : 출력을 이용하여 특수 기계의 속도, 거리, 방향 등의 위치를 정확하게 제어하는 기능이 있다.

44 서로 다른 굵기의 절연 전선을 금속 덕트에 넣는 경우 전선이 차지하는 단면적은 피복 절연물을 포함한 단면적의 총합계가 덕트 내 단면적의 몇 [%] 이하가 되도록 선정하여야 하는가?

① 20 ② 30
③ 50 ④ 40

해설 금속 덕트에 전선을 집어 넣는 경우 전선이 차지하는 단면적은 덕트 내 단면적의 20[%] 이하가 되도록 할 것(단, 제어 회로 등의 배선에 사용하는 전선만 넣는 경우 50[%] 이하로 한다.)

45 30[W] 가정용 선풍기에 220[V], 주파수 60[Hz]인 전압을 인가한 경우 평균 전압 [V]은?

① 200 ② 211
③ 220 ④ 198

해설 평균값 $V_{av} = 0.9V = 0.9 \times 220 = 198[V]$

46 정크션 박스 내에서 전선을 접속할 수 있는 것은?

① 코드 패스너
② 코드 놋트
③ 와이어 커넥터
④ 슬리브

해설 정크션 박스에서 전선을 접속하는 방법은 쥐꼬리 접속을 하여 와이어 커넥터로 돌려 끼워서 접속한다.

47 변류기 개방 시 2차측을 단락하는 이유는?

① 측정 오차 감소
② 2차측 과전류 보호
③ 2차측 절연 보호
④ 변류비 유지

해설 변류기 2차측을 개방하게 되면 변류기 1차측의 부하 전류가 모두 여자 전류가 되어 변류기 2차측에 고전압이 유도되어서 절연이 파괴될 수도 있으므로 반드시 단락시켜야 한다.

정답 40.② 41.① 42.④ 43.③ 44.① 45.④ 46.③ 47.③

48 수전 설비의 저압 배전반은 배전반 앞에서 계측기를 판독하기 위하여 앞면과 최소 몇 [m] 이상 유지하는 것을 원칙으로 하고 있는가?

① 2.5[m]
② 1.8[m]
③ 1.5[m]
④ 1.7[m]

해설 수전 설비의 저압·고압 배전반은 계측기를 판독하기 위하여 앞면과 1.5[m] 이격해야 한다.

49 450/750[V] 일반용 단심 비닐 절연 전선의 약호는?

① NR   ② NI
③ FRI   ④ FR

해설 NR : 450/750[V] 일반용 단심 비닐 절연 전선

50 직류 전동기의 제어에 널리 응용되는 직류 –직류 전압 제어 장치는?

① 사이클로 컨버터
② 인버터
③ 전파 정류 회로
④ 초퍼

해설 초퍼 회로 : 고정된 크기의 직류를 가변 직류로 변환하는 장치

51 전류에 의해 만들어지는 자기장의 방향을 알기 쉽게 정의한 법칙은?

① 플레밍의 왼손 법칙
② 앙페르의 오른 나사 법칙
③ 렌츠의 자기 유도 법칙
④ 패러데이의 전자 유도 법칙

해설 앙페르의 오른 나사 법칙 : 전류에 의한 자기장(또는 자기력선)의 방향을 알기 쉽게 정의한 법칙

52 전선의 압착 단자 접속 시 사용되는 공구는?

① 와이어 스트리퍼
② 프레셔 툴
③ 클리퍼
④ 니퍼

해설 프레셔 툴 : 전선을 눌러 붙여(압착시켜) 접속시키는 공구

53 3상 4선식 380/220[V] 전로에서 전원의 중성극에 접속된 전선을 무엇이라 하는가?

① 접지선
② 중성선
③ 전원선
④ 접지측 선

해설 중성선 : 공통 단자(중성극)에 접속된 전선

54 일반적으로 과전류 차단기를 설치하여야 할 곳으로 틀린 것은?

① 접지측 전선
② 보호용, 인입선 등 분기선을 보호하는 곳
③ 송배전선의 보호용, 인입선 등 분기선을 보호하는 곳
④ 간선의 전원측 전선

해설 접지측 전선에는 과전류 차단기를 설치하면 안 된다.

55 전기 울타리에 사용하는 경동선의 지름은 최소 몇 [mm] 이상이어야 하는가?

① 1.6   ② 2.0
③ 2.6   ④ 3.2

해설 전기 울타리의 시설
• 사용 전압 : 250[V] 이하
• 사용 전선 : 2.0[mm] 이상 나경동선

정답 48.③ 49.① 50.④ 51.② 52.② 53.② 54.① 55.②

56 가공 인입선을 시설할 때 경동선의 최소 굵기는 몇 [mm]인가? [단, 지지물 간 거리(경간)가 15[m]를 초과한 경우이다.]

① 2.0　　② 2.6
③ 3.2　　④ 1.5

해설 가공 인입선의 사용 전선 : 2.6[mm] 이상 경동선 또는 이와 동등 이상일 것[단, 지지물 간 거리(경간) 15[m] 이하는 2.0[mm] 이상도 가능]

57 3상 유도 전동기의 원선도를 그리는 데 필요하지 않은 것은?

① 저항 측정　　② 무부하 시험
③ 슬립(slip) 측정　④ 구속 시험

해설
① 저항 측정 시험 : 1차 동손
② 무부하 시험 : 여자 전류, 철손
④ 구속 시험(단락 시험) : 2차 동손

58 성냥, 석유류, 셀룰로이드 등 기타 가연성 위험 물질을 제조 또는 저장하는 장소의 배선으로 틀린 것은?

① 합성수지관(두께 2[mm] 미만 콤바인 덕트관 제외) 배선
② 플렉시블 배선
③ 케이블 배선
④ 금속관 배선

해설 가연성 먼지(분진), 위험물 장소의 배선 공사 : 금속관, 케이블, 합성수지관 공사

59 교통 신호등 회로의 사용 전압이 몇 [V]를 초과하는 경우에는 지락 발생 시 자동적으로 전로를 차단하는 장치를 시설하여야 하는가?

① 100　　② 50
③ 150　　④ 200

해설 교통 신호등 회로의 사용 전압이 150[V]를 초과한 경우 전로에 지락이 발생했을 때 자동적으로 전로를 차단하는 누전 차단기를 시설하여야 한다.

60 진열장 안에 400[V] 이하인 저압 옥내 배선 시 외부에서 찾기 쉬운 곳에 사용하는 전선은 단면적이 몇 [mm²] 이상의 코드 또는 캡타이어 케이블이어야 하는가?

① 0.75　　② 1.5
③ 2.5　　④ 4.0

해설 진열장 안에 시설하는 사용 전선은 0.75[mm²] 이상의 코드, 캡타이어 케이블을 조영재에 접촉하여 시설하여야 한다.

정답 56.② 57.③ 58.② 59.③ 60.①

2021년 제4회 CBT 기출복원문제

★ 표시 : 문제 중요도를 나타냄

본 기출문제는 수험생들의 기억을 바탕으로 작성한 것으로 내용 및 그림 등에서 실제 문제와 다소 차이가 있을 수 있습니다.

01 일정한 주파수의 전원에서 운전하는 3상 유도 전동기의 전원 전압이 정격 전압의 80[%]가 되었다면 토크는 약 몇 [%]가 되는가? (단, 회전수는 변하지 않는 상태로 한다.)

① 141　　② 120
③ 80　　④ 64

해설 3상 유도 전동기에서 토크는 공급 전압의 제곱에 비례하므로 전압의 80[%]로 운전하면 토크는 $0.8^2 = 0.64$로 감소하므로 64[%]가 된다.

02 공기 중에서 자속 밀도 4[Wb/m²]의 평등 자장 속에 길이 10[cm]의 직선 도선을 자장의 방향과 30°각으로 놓고 여기에 3[A]의 전류를 흐르게 하면 이 도선이 받는 힘은 몇 [N]인가?

① 0.2　　② 0.3
③ 0.6　　④ 1.2

해설 전자력의 세기 $F = IBl\sin\theta$
$= 3 \times 4 \times 0.1 \times \sin 30°$
$= 0.6[N]$

03 전력 계통에 접속되어 있는 변압기나 장거리 송전 시 정전 용량으로 인한 충전 특성 등을 보상하기 위한 기기는?

① 유도 전동기　　② 동기 조상기
③ 유도 발전기　　④ 동기 발전기

해설 정전 용량으로 인한 앞선 전류를 감소시키기 위해 여자 전류를 조정하여 뒤진 전류를 흘려 줄 수 있는 동기 무효전력보상장치(조상기)를 설치한다.

04 디지털 계전기의 장점이 아닌 것은?

① 진동의 영향을 받지 않는다.
② 신뢰성이 높다.
③ 폭넓은 연산 기능을 갖는다.
④ 자동 점검 중에도 동작이 가능하다.

해설 디지털 계전기 : 보호 기능이 우수하며 처리 속도가 빨라서 광범위한 계산에 용이하지만 서지에 약하고 왜형파로 인해 오동작 하기 쉬워서 신뢰도가 낮다.

05 동기 발전기의 병렬 운전 조건 중 같지 않아도 되는 것은?

① 주파수　　② 위상
③ 전류　　④ 전압

해설 동기 발전기 병렬 운전 시 일치할 조건 : 기전력(전압)의 크기, 위상, 주파수, 파형

06 단상 전파 사이리스터 정류 회로에서 부하가 저항만 있는 경우 점호각이 60°일 때의 정류 전압은 몇 [V]인가? (단, 전원측 전압의 실효값은 100[V]이고, 직류측 전류는 연속이다.)

① 97.7　　② 86.4
③ 75.5　　④ 67.5

정답 01.④　02.③　03.②　04.②　05.③　06.④

해설 단상 전파 사이리스터 정류 회로의 직류 전압
$$E_d = \frac{2\sqrt{2}}{\pi}E\left(\frac{1+\cos\alpha}{2}\right) = 0.9E\left(\frac{1+\cos\alpha}{2}\right)[V]$$
$$E_d = 0.9 \times 100 \times \left(\frac{1+\cos 60°}{2}\right) = 67.5[V]$$

07 변압기유가 구비해야 할 조건으로 틀린 것은?

① 절연 내력이 높을 것
② 응고점이 높을 것
③ 고온에도 산화되지 않을 것
④ 냉각 효과가 클 것

해설 변압기 절연유의 구비 조건
- 절연 내력이 클 것
- 인화점이 높을 것
- 응고점이 낮을 것
- 고온에도 산화되지 않을 것

08 보호를 요하는 회로의 전류가 어떤 일정한 값(정정값) 이상으로 흘렀을 때 동작하는 계전기는?

① 과전류 계전기
② 과전압 계전기
③ 차동 계전기
④ 비율 차동 계전기

해설 과전류 계전기(OCR) : 회로의 전류가 어떤 일정한 값(정정값) 이상으로 흘렀을 때 동작하는 계전기

09 △-Y결선(delta-star connection)한 경우에 대한 설명으로 옳지 않은 것은?

① 1차 선간 전압 및 2차 선간 전압의 위상차는 60°이다.
② 제3고조파에 의한 장해가 적다.
③ 1차 변전소의 승압용으로 사용된다.
④ Y결선의 중성점을 접지할 수 있다.

해설 △-Y 결선의 특성 : Y결선의 장점과 △결선의 장점을 모두 가지고 있는 결선으로 주로 △-Y는 승압용으로 사용하면서 다음과 같은 특성을 갖는다.
- Y결선 중성점을 접지할 수 있다.
- △결선에 의한 여자 전류의 제3고조파 통로가 형성되므로 제3고조파 장해가 적고, 기전력 파형이 사인파가 된다.
- 1, 2차 전압 및 전류 간에는 $\frac{\pi}{6}$[rad] 만큼의 위상차가 발생한다.

10 직류기의 전기자 철심을 규소 강판으로 성층하여 만드는 이유는?

① 브러시에서 발생하는 불꽃이 감소한다.
② 가격이 저렴하다.
③ 와류손과 히스테리시스손을 줄일 수 있다.
④ 기계손을 줄일 수 있다.

해설 철심을 규소 강판으로 성층하는 이유는 히스테리시스손과 맴돌이 전류손을 감소하기 위함이다.

11 분상 기동형 단상 유도 전동기의 기동 권선은?

① 운전 권선보다 굵고 권선이 많다.
② 운전 권선보다 가늘고 권선이 적다.
③ 운전 권선보다 굵고 권선이 적다.
④ 운전 권선보다 가늘고 권선이 많다.

해설 분상 기동형 단상 유도 전동기의 권선
- 운전 권선(L만의 회로) : 굵은 권선으로 길게 하여 권선을 많이 감아 L성분을 크게 한다.
- 기동 권선(R만의 회로) : 운전 권선보다 가늘고 권선을 적게 하여 저항값을 크게 한다.

12 변압기의 권수비가 60이고 2차 저항이 0.1[Ω]일 때 1차로 환산한 저항값[Ω]은 얼마인가?

① 30
② 360
③ 300
④ 250

정답 07.② 08.① 09.① 10.③ 11.② 12.②

해설 권수비 $a = \sqrt{\dfrac{R_1}{R_2}}$ 이므로

1차 저항 $R_1 = a^2 R_2 = 60^2 \times 0.1 = 360[\Omega]$

13 유도 발전기의 장점이 아닌 것은?
① 동기 발전기에 비해 가격이 저렴하다.
② 효율과 역률이 높다.
③ 동기 발전기처럼 동기화할 필요가 없고 난조가 발생하지 않는다.
④ 조작이 간편하다.

해설 유도 발전기는 유도 전동기를 동기 속도 이상으로 회전시켜 전력을 얻어내는 발전기로서 동기기에 비해 조작이 쉽고 가격이 저렴하지만 효율과 역률이 낮다.

14 전기자 저항 0.2[Ω], 전기자 전류 100[A], 전압 120[V]인 분권 전동기의 발생 동력 [kW]은?
① 20   ② 15
③ 12   ④ 10

해설 유기 기전력 $E = V - I_a R_a$
$= 120 - 100 \times 0.2$
$= 100[V]$
발생 동력 $P = EI_a$
$= 100 \times 100$
$= 10,000[W] = 10[kW]$

15 동기기의 전기자 권선법이 아닌 것은?

① 2층권   ② 단절권
③ 중권   ④ 전층권

해설 동기기의 전기자 권선법 : 고상권, 2층권, 중권, 단절권, 분포권

16 3상 변압기를 병렬 운전하는 경우 불가능한 조합은?

① △-Y와 △-△
② △-△와 Y-Y
③ △-Y와 △-Y
④ Y-△와 Y-△

해설 3상 변압기군의 병렬운전 조합

병렬 운전 가능	병렬 운전 불가능
△-△와 △-△ Y-Y와 Y-Y Y-△와 Y-△ △-Y와 △-Y △-△와 Y-Y V-V와 V-V	△-△와 △-Y Y-Y와 △-Y

17 자동화 설비에서 기구 위치 선정에 사용하는 전동기는?
① 전기 동력계   ② 스탠딩 모터
③ 스테핑 모터   ④ 반동 전동기

해설 스테핑 모터 : 출력을 이용하여 특수 기계의 속도, 거리, 방향 등의 위치를 정확하게 제어하는 기능이 있다.

18 변류기 개방 시 2차측을 단락하는 이유는?

① 측정 오차 감소
② 2차측 과전류 보호
③ 2차측 절연 보호
④ 변류비 유지

해설 변류기 2차측을 개방하게 되면 변류기 1차측의 부하 전류가 모두 여자 전류가 되어 변류기 2차측에 고전압이 유도되어서 절연이 파괴될 수도 있으므로 반드시 단락시켜야 한다.

19 직류 전동기의 제어에 널리 응용되는 직류-직류 전압 제어 장치는?
① 사이클로 컨버터   ② 인버터
③ 전파 정류 회로   ④ 초퍼

해설 초퍼 회로 : 고정된 크기의 직류를 가변 직류로 변환하는 장치

정답 13.② 14.④ 15.④ 16.① 17.③ 18.③ 19.④

20 3상 유도 전동기의 원선도를 그리는 데 필요하지 않은 것은?

① 저항 측정 ② 무부하 시험
③ 슬립(slip) 측정 ④ 구속 시험

해설
① 저항 측정 시험 : 1차 동손
② 무부하 시험 : 여자 전류, 철손
④ 구속 시험(단락 시험) : 2차 동손

21 성냥, 석유류, 셀룰로이드 등 기타 가연성 위험 물질을 제조 또는 저장하는 장소의 배선으로 틀린 것은?

① 2.0[mm] 이상 합성수지관 공사(난연성 콤바인 덕트관 제외)
② 애자 공사
③ 케이블 공사
④ 금속관 공사

해설 가연성 먼지(분진), 위험물 장소의 배선 공사 : 금속관, 케이블, 합성수지관 공사

22 래크(rack) 배선을 사용하는 전선로는?

① 저압 지중 전선로
② 고압 가공 전선로
③ 저압 가공 전선로
④ 고압 지중 전선로

해설 래크(rack) 배선은 저압 가공 전선로에 완금없이 래크(애자)를 전주에 수직으로 설치하여 전선을 수직 배선하는 방식이다.

23 자극의 세기 5[Wb]인 점에 자극을 놓았을 때 50[N]의 힘이 작용하였다. 이 자계의 세기는 몇 [AT/m]인가?

① 5 ② 10
③ 15 ④ 25

해설 힘과 자계 관계식 $F = mH$[N]에서
자계 $H = \dfrac{F}{m} = \dfrac{50}{5} = 10$[AT/m]

24 200[V]의 교류 전원에 전류가 450[A]이고 역률이 90[%]인 경우 소비 전력[kW]은?

① 90 ② 45
③ 36 ④ 81

해설 단상 교류 소비 전력
$P = VI\cos\theta$[W]
$= 200 \times 450 \times 0.9$
$= 81,000$[W] $= 81$[kW]

25 코드나 케이블 등을 기계 기구의 단자 등에 접속할 때 몇 [mm²]가 넘으면 그림과 같은 터미널 러그(압착 단자)를 사용하여야 하는가?

① 6 ② 4
③ 8 ④ 10

해설 코드 또는 캡타이어 케이블과 전기 기계 기구와의 접속
• 동전선과 전기 기계 기구 단자의 접속은 접속이 완전하고 헐거워질 우려가 없도록 해야 한다.
• 기구 단자가 누름나사형, 크램프형이거나 이와 유사한 구조가 아닌 경우는 단면적 10[mm²] 초과하는 단선 또는 단면적 6[mm²]를 초과하는 연선에 터미널 러그를 부착할 것
• 터미널 러그는 납땜으로 전선을 부착하고 접속점에 장력이 걸리지 않도록 할 것

26 자속 밀도 1[Wb/m²]은 몇 [gauss]인가?

① $4\pi \times 10^{-7}$ ② 10^{-6}
③ 10^4 ④ $\dfrac{4\pi}{10}$

해설 자속 밀도 환산
$1[\text{Wb/m}^2] = \dfrac{10^8[\text{Max}]}{10^4[\text{cm}^2]}$
$= 10^4[\text{max/cm}^2] = \text{gauss, 가우스}$

정답 20.③ 21.② 22.③ 23.② 24.④ 25.① 26.③

27 KEC(한국전기설비규정)에 의한 저압 가공 전선의 굵기 및 종류에 대한 설명 중 틀린 것은?

① 사용 전압이 400[V] 초과인 저압 가공 전선에는 인입용 비닐 절연 전선을 사용한다.
② 저압 가공 전선에 사용하는 나전선은 중성선 또는 다중 접지된 접지측 전선으로 사용하는 전선에 한한다.
③ 사용 전압이 400[V] 이하인 저압 가공 전선은 지름 2.6[mm] 이상의 경동선이어야 한다.
④ 사용 전압이 400[V] 초과인 저압 가공 전선으로 시가지 외에 시설하는 것은 4.0[mm] 이상의 경동선이어야 한다.

해설 전압별 가공 전선의 굵기

사용 전압	전선의 굵기
400[V] 이하	• 절연 전선 : 2.6[mm] 이상 경동선 • 나전선 : 3.2[mm] 이상 경동선
400[V] 초과	• 시가지 내 : 5.0[mm] 이상 경동선 • 시가지 외 : 4.0[mm] 이상 경동선
특고압	• 25[mm²] 이상 경동 연선

28 인입용 비닐 절연 전선을 나타내는 약호는?

① OW   ② NR
③ DV   ④ NV

해설 전선의 약호
• OW : 옥외용 비닐 절연 전선
• NR : 450/750[V] 일반용 단심 비닐 절연 전선
• NV : 클로로프렌 절연 비닐 외장 케이블

29 전기 저항이 작고, 부드러운 성질이 있어 구부리기가 용이하므로 주로 옥내 배선에 사용하는 구리선의 명칭은?

① 경동선   ② 연동선
③ 합성 연선 ④ 중공 연선

해설 경동선은 인장 강도가 뛰어나므로 주로 옥외 전선로에서 사용하고, 연동선은 부드럽고 가요성이 뛰어나므로 주로 옥내 배선에서 사용한다.

30 다음 중 동기 전동기의 안정도 증진법으로 틀린 것은?

① 단락비를 크게 한다.
② 관성 효과 증대
③ 동기 임피던스 증대
④ 속응 여자 채용

해설 안정도 향상 대책
• 단락비를 크게 한다.
• 동기 임피던스를 감소시킨다.
• 속응 여자 방식을 채용한다.
• 속도조절기(조속기) 성능을 개선시킨다.

31 그림의 휘트스톤 브리지의 평형 조건은?

① $X = \dfrac{Q}{P}R$

② $X = \dfrac{P}{Q}R$

③ $X = \dfrac{Q}{R}P$

④ $X = \dfrac{P^2}{R}Q$

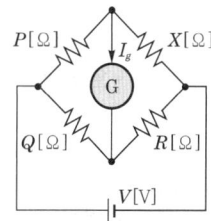

해설 휘트스톤 브리지 회로의 평형 조건
$P \cdot R = Q \cdot X$
$\therefore X = \dfrac{P}{Q}R$

32 전원과 부하가 다같이 Y결선된 3상 평형 회로가 있다. 상전압이 200[V], 부하 임피던스가 $\dot{Z} = 8 + j6[\Omega]$인 경우 상전류는 몇 [A]인가?

① 20   ② $\dfrac{20}{\sqrt{3}}$
③ $20\sqrt{3}$ ④ $10\sqrt{3}$

정답 27.① 28.③ 29.② 30.③ 31.② 32.①

해설 한 상의 임피던스 $\dot{Z} = 8 + j6[\Omega] \rightarrow |Z| = 10[\Omega]$
상전류 $I_p = \dfrac{V}{Z} = \dfrac{200}{10} = 20[A]$

[신규문제] 33 반도체 재료로 갈륨 인(GaP)을 쓰며 탁상 시계, 탁상용 계산기 등에 사용되는 다이오드는?

① 제너 다이오드
② 광 다이오드
③ 발광 다이오드
④ 터널 다이오드

해설 발광 다이오드(LED) : 전류를 순방향으로 흘려주면 빛을 내는 반도체 소자로서 시계나 전광판, 디스플레이 등에 사용하는 다이오드이다.

34 전선의 굵기가 $6[mm^2]$ 이하인 가는 단선의 전선 접속은 어떤 접속으로 하여야 하는가?

① 브리타니아 접속
② 쥐꼬리 접속
③ 트위스트 접속
④ 슬리브 접속

해설 단선의 직선 접속
• 단면적 $6[mm^2]$ 이하 : 트위스트 접속
• 단면적 $10[mm^2]$ 이상 : 브리타니아 접속

35 나전선 상호를 접속하는 경우 일반적으로 전선의 세기를 몇 [%] 이상 감소시키지 않아야 하는가?

① 2[%]
② 3[%]
③ 20[%]
④ 80[%]

해설 전선 접속 시 전선의 세기는 20[%] 이상 감소되지 않도록 하여야 한다.

36 폭발성 먼지(분진)가 있는 위험 장소를 금속관 배선에 의할 경우 관 상호 및 관과 박스 기타의 부속품이나 풀 박스 또는 전기 기계 기구는 몇 턱 이상의 나사 조임으로 접속하여야 하는가?

① 2턱
② 3턱
③ 4턱
④ 5턱

해설 폭연성 먼지(분진)가 존재하는 곳의 금속관 공사에 있어서 관 상호 및 관과 박스의 접속은 5턱 이상의 죔나사로 시공하여야 한다.

37 코일에서 유도되는 기전력의 크기는 자속의 시간적인 변화율에 비례한다는 유도 기전력의 크기를 정의한 법칙은?

① 렌츠의 법칙
② 플레밍의 법칙
③ 패러데이의 법칙
④ 줄의 법칙

해설 패러데이의 법칙은 유도 기전력의 크기를 정의한 법칙으로서 코일에서 유도 기전력의 크기는 자속의 시간적인 변화율에 비례한다.

38 저압 수전 방식 중 단상 3선식은 평형이 되는게 원칙이지만 부득이한 경우 설비 불평형률은 몇 [%] 이내로 유지해야 하는가?

① 10
② 20
③ 30
④ 40

해설 단상 3선식에서 중성선과 각 전압측 전선 간의 부하를 평형이 되게 하는 것을 원칙으로 하지만, 부득이한 경우 발생하는 설비 불평형률은 40[%]까지 할 수 있다.

39 굵은 전선이나 케이블을 절단할 때 사용되는 공구는?

① 펜치
② 클리퍼
③ 나이프
④ 플라이어

해설 클리퍼 : 전선 단면적 $25[mm^2]$ 이상의 굵은 전선이나 볼트 절단 시 사용하는 공구

정답 33.③ 34.③ 35.③ 36.④ 37.③ 38.④ 39.②

40 금속 덕트를 취급자 이외에는 출입할 수 없는 곳에서 수직으로 설치하는 경우 지지점 간의 거리는 최대 몇 [m] 이하로 하여야 하는가?

① 1.5
② 2.0
③ 3.0
④ 6.0

해설 덕트의 지지점 간 거리는 3[m] 이하로 할 것(단, 취급자 이외에는 출입할 수 없는 곳에서 수직으로 설치하는 경우 6[m] 이하까지도 가능)

41 다음 중 버스 덕트의 종류가 아닌 것은?

① 피더 버스 덕트
② 플러그인 버스 덕트
③ 케이블 버스 덕트
④ 탭붙이 버스 덕트

해설 버스 덕트의 종류
- 피더 버스 덕트 : 도중 부하 접속 불가능
- 플러그인 버스 덕트 : 도중에 부하 접속용으로 꽂음 플러그를 만든 것
- 탭붙이 버스 덕트 : 중간에 기기 또는 전선 등과 접속시키기 위한 탭붙이된 덕트
- 트랜스포지션 버스 덕트
- 익스팬션 버스 덕트

42 480[V] 가공 인입선이 철도를 횡단할 때 레일면상의 최저 높이는 약 몇 [m]인가?

① 4.0
② 4.5
③ 5.5
④ 6.5

해설 저압 가공 인입선의 높이

장소 구분	저압[m]
도로 횡단	5[m] 이상(단, 기술상 부득이하고 교통에 지장이 없는 경우 3[m] 이상)
철도 횡단	6.5[m] 이상
횡단보도교	3[m] 이상
기타 장소	4[m] 이상(단, 기술상 부득이하고 교통에 지장이 없는 경우 2.5[m] 이상)

43 2[μF], 3[μF], 5[μF]의 콘덴서 3개를 병렬로 접속했을 때의 합성 정전 용량은 몇 [F]인가?

① 1.5
② 4
③ 8
④ 10

해설 병렬 합성 정전 용량 $C_0 = 2+3+5 = 10[\mu F]$

44 그림과 같은 $R-C$ 병렬 회로에서 역률은?

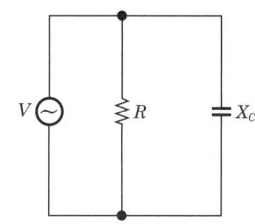

① $\dfrac{R}{\sqrt{R^2+X_C^2}}$

② $\dfrac{X_C}{\sqrt{R^2+X_C^2}}$

③ $\dfrac{X_C}{R^2+X_C^2}$

④ $\dfrac{RX_C}{\sqrt{R^2+X_C^2}}$

해설 $R-C$ 병렬 회로의 역률
$$\cos\theta = \dfrac{X_C}{\sqrt{R^2+X_C^2}}$$

45 수·변전 설비에서 계기용 변류기(CT)의 설치 목적은?

① 고전압을 저전압으로 변성
② 대전류를 소전류로 변성
③ 선로 전류 조정
④ 지락 전류 측정

해설 계기용 변류기(CT) : 대전류를 소전류(5[A])로 변성하여 측정 계기나 전기의 전류원으로 사용하기 위한 전류 변성기

정답 40.④ 41.③ 42.④ 43.④ 44.② 45.②

46 전기 배선용 도면을 작성할 때 사용하는 매입 콘센트 도면 기호는?

①   ②
③   ④

해설 심벌 명칭
① 콘센트
② 점멸기
③ 전등
④ 점검구

47 실내 전체를 균일하게 조명하는 방식으로 광원을 일정한 간격으로 배치하며 공장, 학교, 사무실 등에서 채용되는 조명 방식은?

① 국부 조명
② 전반 조명
③ 직접 조명
④ 간접 조명

해설 ① 국부 조명 : 필요한 범위를 높은 광속으로 유지 (진열장)
② 전반 조명 : 실내 전체를 균등한 광속으로 유지 (사무실)
③ 직접 조명 : 특정 부분만 광속의 90[%] 이상을 작업면에 투사시키는 방식
④ 간접 조명 : 광속의 90[%] 이상을 벽이나 천장에 투사시켜 간접적으로 빛을 얻는 방식

[신규문제]
48 다음 ( ) 안에 알맞은 낱말은?

뱅크(bank)란 전로에 접속된 변압기 또는 ( )의 결선상 단위를 말한다.

① 차단기   ② 콘덴서
③ 단로기   ④ 리액터

해설 뱅크(bank)란 전로에 접속된 변압기 또는 콘덴서의 결선상 단위를 말한다.

49 그림과 같은 비사인파의 제3고조파 주파수는? (단, $V=20$[V], $T=10$[ms]이다.)

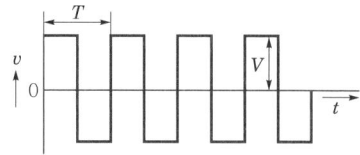

① 100[Hz]
② 200[Hz]
③ 300[Hz]
④ 400[Hz]

해설 기본파의 주파수 $f = \dfrac{1}{T} = \dfrac{1}{10 \times 10^{-3}} = 100$[Hz]

제3고조파 주파수는 기본파 주파수의 3배이므로 300[Hz]이다.

50 주파수가 1,000[Hz]일 때 용량성 리액턴스에 10[A]의 전류가 흘렀다면 주파수가 2,000[Hz]인 경우 전류는 몇 [A]인가?

① 5   ② 10
③ 20   ④ 40

해설 용량성 리액턴스 $\left(X_C = \dfrac{1}{\omega C} = \dfrac{1}{2\pi f C}\right)$에 의한 전류

$I = \dfrac{V}{X_C} = 2\pi f C V$[A]는 주파수에 비례하므로 주파수가 2배로 증가하면 전류도 2배가 된다. 전류 $I' = 2 \times 10 = 20$[A]

51 기전력 1.5[V], 내부 저항 0.2[Ω]인 전지 5개를 직렬로 접속하여 단락시켰을 때의 전류[A]는?

① 1.5   ② 2.5
③ 6.5   ④ 7.5

해설 $I = \dfrac{nE}{nr} = \dfrac{1.5 \times 5}{0.2 \times 5} = 7.5$[A]

52 전기 분해를 통하여 석출된 물질의 양은 통과한 전기량 및 화학당량과 어떤 관계가 있는가?

① 전기량과 화학당량에 비례한다.
② 전기량과 화학당량에 반비례한다.
③ 전기량에 비례하고 화학당량에 반비례한다.
④ 전기량에 반비례하고 화학당량에 비례한다.

해설 패러데이 법칙 : 전극에서 석출되는 물질의 양은 전기량과 화학당량에 비례한다.
$W = kQ = kIt[g]$

53 (가), (나)에 들어갈 내용으로 알맞은 것은?

> 2차 전지의 대표적인 것으로 납축전지가 있다. 전해액으로 비중 약 (가) 정도의 (나)을 사용한다.

① (가) 1.15~1.21, (나) 묽은 황산
② (가) 1.25~1.36, (나) 질산
③ (가) 1.01~1.15, (나) 질산
④ (가) 1.23~1.26, (나) 묽은 황산

해설 납축전지의 재료
- 음극제 : 납
- 양극제 : 이산화납(PbO_2)
- 전해액 : 묽은 황산(H_2SO_4), 물과 섞어 사용하는 비중 1.2~1.3

54 $m[Wb]$의 점자극에서 $r[m]$ 떨어진 점의 자장의 세기는 몇 $[AT/m]$인가?

① $\dfrac{m}{4\pi r}$
② $\dfrac{m}{4\pi\mu_0\mu_s r}$
③ $\dfrac{m}{4\pi r^2}$
④ $\dfrac{m}{4\pi\mu_0\mu_s r^2}$

해설 점자극에 의한 자계의 세기
$H = \dfrac{m}{4\pi\mu_0\mu_s r^2}[AT/m]$

55 다음 중 줄의 법칙을 응용한 전기기기가 아닌 것은?

① 백열전구   ② 열전대
③ 전기 다리미   ④ 전열기

해설 줄의 법칙은 전열기에서 발생하는 열량을 정의한 법칙이다. 전기 부하가 줄의 법칙을 응용한 기기이며 열전대는 제베크 효과를 이용하여 만들어진 서로 다른 두 금속의 조합을 의미한다. 백금－백금로듐, 크로멜－알루멜, 구리－콘스탄탄 등이 이에 해당한다.

56 가공 전선로의 지지물에 시설하는 지지선(지선)의 안전율은 얼마 이상이어야 하는가? (단, 허용 인장 하중은 4.31[kN] 이상)

① 2   ② 2.5
③ 3   ④ 3.5

해설 지지선(지선)의 시설 규정
- 안전율 2.5 이상일 것
- 허용 인장 하중 : 4.31[kN] 이상
- 소선 3가닥 이상의 아연 도금 연선을 사용할 것

57 저항 2[Ω]과 3[Ω]을 병렬로 연결했을 때의 전류는 직렬로 연결했을 때 전류의 몇 배인가?

① 0.24   ② 3.16
③ 4.17   ④ 6

해설 직렬 접속 저항 $R_1 = 2 + 3 = 5[\Omega]$
병렬 접속 저항 $R_2 = \dfrac{2 \times 3}{2+3} = 1.2[\Omega]$
전류비 $= \dfrac{R_1}{R_2} = \dfrac{5}{1.2} = 4.17$

정답 52.① 53.④ 54.④ 55.② 56.② 57.③

58. 전류에 의해 만들어지는 자기장의 방향을 알기 쉽게 정의한 법칙은?

① 앙페르의 오른 나사 법칙
② 플레밍의 왼손 법칙
③ 렌츠의 자기 유도 법칙
④ 패러데이의 전자 유도 법칙

해설 앙페르의 오른 나사 법칙 : 전류에 의한 자기장(자기력선)의 방향을 알기 쉽게 정의한 법칙

59. 30[μF]과 40[μF]의 콘덴서를 병렬로 접속한 후 100[V]의 전압을 가했을 때 전체 전하량은 몇 [C]인가?

① 17×10^{-4}
② 34×10^{-4}
③ 56×10^{-4}
④ 70×10^{-4}

해설 합성 정전 용량 $C_0 = 30 + 40 = 70[\mu F]$
총 전하량 $Q = CV$
$= 70 \times 10^{-6} \times 100$
$= 70 \times 10^{-4}[C]$

60. 도체계에서 임의의 도체를 일정 전위(일반적으로 영전위)의 도체로 완전 포위하면 내부와 외부의 전계를 완전히 차단할 수 있는데 이를 무엇이라 하는가?

① 핀치 효과
② 톰슨 효과
③ 정전 차폐
④ 자기 차폐

해설 정전 차폐 : 도체가 정전 유도가 되지 않도록 도체 바깥을 포위하여 접지하는 것을 정전 차폐라 하며 완전 차폐가 가능하다.

정답 58.① 59.④ 60.③

2022년 제1회 CBT 기출복원문제

★ 표시 : 문제 중요도를 나타냄

본 기출문제는 수험생들의 기억을 바탕으로 작성한 것으로 내용 및 그림 등에서 실제 문제와 다소 차이가 있을 수 있습니다.

01 다음 중 계전기의 종류가 아닌 것은?
① 과전류 계전기
② 지락 계전기
③ 과전압 계전기
④ 고저항 계전기

해설 거리에 비례하는 저항 계전기는 있지만 고저항 계전기는 존재하지 않는다.

02 분기 회로(S_2)의 보호 장치(P_2)는 P_2의 전원측에서 분기점(O) 사이에 다른 분기 회로 또는 콘센트의 접속이 없고, 단락의 위험과 화재 및 인체에 대한 위험성이 최소화되도록 시설된 경우, 분기 회로의 보호 장치(P_2)는 분기 회로의 분기점(O)으로부터 x[m]까지 이동하여 설치할 수 있다. x[m]는?

① 2
② 3
③ 1
④ 4

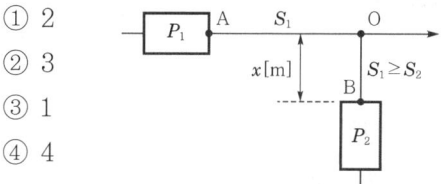

해설 전원측(P_2)에서 분기점(O) 사이에 다른 분기 회로 또는 콘센트의 접속이 없고, 단락의 위험과 화재 및 인체에 대한 위험성이 최소화되도록 시설된 경우, 분기 회로의 보호 장치(P_2)는 분기 회로의 분기점(O)으로부터 3[m]까지 이동하여 설치할 수 있다.

03 전로에 시설하는 기계 기구의 철대 및 금속제 외함(외함이 없는 변압기 또는 계기용 변성기는 철심)에는 접지 공사를 하여야 한다. 다음 사항 중 접지 공사 생략이 불가능한 장소는?

① 사용 전압이 직류 300[V] 이하인 전기 기계 기구를 건조한 장소에 설치한 경우
② 철대 또는 외함을 주위의 적당한 절연대를 이용하여 시설한 경우
③ 전기용품 안전관리법에 의한 2중 절연 기계 기구
④ 대지 전압 교류 220[V] 이하인 전기 기계 기구를 건조한 장소에 설치한 경우

해설 전로에 시설하는 기계 기구의 철대 및 금속제 외함(외함이 없는 변압기 또는 계기용 변성기는 철심)의 접지 공사 생략 가능한 경우
- 사용 전압이 직류 300[V], 교류 대지 전압 150[V] 이하인 전기 기계 기구를 건조한 장소에 설치한 경우
- 저압·고압, 22.9[kV-Y] 계통 전로에 접속한 기계 기구를 목주 위 등에 시설한 경우
- 저압용 기계 기구를 목주나 마루 위 등에 설치한 경우
- 전기용품 안전관리법에 의한 2중 절연 기계 기구

정답 01.④ 02.② 03.④

- 외함이 없는 계기용 변성기 등을 고무 절연물 등으로 덮은 경우
- 철대 또는 외함을 주위의 적당한 절연대를 이용하여 시설한 경우
- 2차 전압 300[V] 이하, 정격 용량 3[kVA] 이하인 절연 변압기를 사용하고 2차측을 비접지 방식으로 하는 경우
- 동작 전류 30[mA] 이하, 동작 시간 0.03[sec] 이하인 인체 감전 보호 누전 차단기를 설치한 경우

04 한국전기설비규정에 의한 중성점 접지용 접지 도체는 공칭 단면적 몇 [mm²] 이상의 연동선을 사용하여야 하는가? (단, 25[kV] 이하인 중성선 다중 접지식으로서 전로에 지락 발생 시 2초 이내에 자동적으로 이를 전로로부터 차단하는 장치가 되어 있는 경우이다.)

① 16 ② 6
③ 2.5 ④ 10

해설 중성점 접지용 접지 도체는 공칭 단면적 16[mm²] 이상의 연동선을 사용하여야 한다. 단, 25[kV] 이하인 중성선 다중 접지식으로서 전로에 지락 발생 시 2초 이내에 자동적으로 이를 전로로부터 차단하는 장치가 되어 있는 경우는 6[mm²]를 사용하여도 된다.

05 한국전기설비규정에 의하면 정격 전류가 30[A]인 저압 전로에 39[A]의 전류가 흐를 때 배선용(산업용) 차단기로 사용하는 경우 몇 분 이내에 자동적으로 동작하여야 하는가?

① 120 ② 60
③ 2 ④ 4

해설 과전류 차단기로 저압 전로에 사용하는 63[A] 이하의 산업용 배선용 차단기는 정격 전류의 1.3배 전류가 흐를 때 60분 내에 자동으로 동작하여야 한다.

06 전주 외등을 전주에 부착하는 경우 전주 외등은 하단으로부터 몇 [m] 이상 높이에 시설하여야 하는가?

① 3.0 ② 3.5
③ 4.0 ④ 4.5

해설 전주 외등 : 대지 전압 300[V] 이하 백열전등이나 수은등을 배전 선로의 지지물 등에 시설하는 등
- 기구 부착 높이 : 하단에서 지표상 4.5[m] 이상(단, 교통 지장이 없을 경우 3.0[m] 이상)
- 돌출 수평 거리 : 1.0[m] 이하

07 특고압 수변전 설비 약호가 잘못된 것은?

① LF - 전력 퓨즈 ② DS - 단로기
③ LA - 피뢰기 ④ CB - 차단기

해설 전력 퓨즈 약호 : PF

08 실효값 20[A], 주파수 $f = 60$[Hz], 0°인 전류의 순시값 i[A]를 수식으로 옳게 표현한 것은?

① $i = 20\sin(60\pi t)$
② $i = 20\sqrt{2}\sin(120\pi t)$
③ $i = 20\sin(120\pi t)$
④ $i = 20\sqrt{2}\sin(60\pi t)$

해설 순시값 전류 $i(t)$ = 실효값 × $\sqrt{2}\sin(2\pi ft + \theta)$
$= 20\sqrt{2}\sin(120\pi t)$ [A]

09 전압 200[V]이고 $C_1 = 10[\mu F]$와 $C_2 = 5[\mu F]$인 콘덴서를 병렬로 접속하면 C_2에 분배되는 전하량은 몇 [μC]인가?

① 100 ② 2,000
③ 500 ④ 1,000

해설 C_2에 축적되는 전하량
$Q_2 = C_2 V = 5 \times 200 = 1,000 [\mu C]$

10 변압기의 권수비가 60이고 2차 저항이 0.1[Ω]일 때 1차로 환산한 저항값[Ω]은 얼마인가?

① 30 ② 360
③ 300 ④ 250

해설 권수비 $a = \sqrt{\dfrac{R_1}{R_2}}$ 이므로

1차 저항 $R_1 = a^2 R_2 = 60^2 \times 0.1 = 360[\Omega]$

11 다음 중 자기 저항의 단위에 해당되는 것은?

① [AT/Wb] ② [Wb/AT]
③ [H/m] ④ [Ω]

해설 기자력 $F = NI = R\phi$ [AT]에서

자기 저항 $R = \dfrac{NI}{\phi}$ [AT/Wb]

12 사람이 상시 통행하는 터널 내 배선의 사용 전압이 저압일 때 배선 방법으로 틀린 것은?

① 금속 몰드
② 금속관
③ 두께 2[mm] 이상 합성수지관(콤바인 덕트관 제외)
④ 제2종 가요 전선관 배선

해설 사람이 상시 통행하는 터널 안의 배선 공사 : 금속관, 제2종 가요 전선관, 케이블, 합성수지관, 단면적 2.5[mm²] 이상의 연동선을 사용한 애자 사용 공사에 의하여 노면상 2.5[m] 이상의 높이에 시설할 것

13 전류를 계속 흐르게 하려면 전압을 연속적으로 만들어주는 어떤 힘이 필요하게 되는데, 이 힘을 무엇이라 하는가?

① 기자력 ② 전자력
③ 기전력 ④ 전기력

해설 기전력 : 전압을 연속적으로 만들어서 전류를 흐르게 하는 원천

14 폭연성 먼지(분진)가 존재하는 곳의 금속관 공사 시 전동기에 접속하는 부분에서 가요성을 필요로 하는 부분의 배선에는 폭발 방지(방폭)형의 부속품 중 어떤 것을 사용하여야 하는가?

① 유연성 부속
② 분진 방폭형 유연성 부속
③ 안정 증가형 유연성 부속
④ 안전 증가형 부속

해설 폭연성 먼지(분진)가 존재하는 장소 : 전동기에 가요성을 요하는 부분의 부속품은 분진 방폭형 유연성 구조이어야 한다.

15 동기 발전기의 병렬 운전 중 기전력의 위상차가 발생하면 어떤 현상이 나타나는가?

① 무효 횡류
② 유효 순환 전류
③ 무효 순환 전류
④ 고조파 전류

해설 동기 발전기 병렬 운전 조건 중 기전력의 크기가 같고 위상차가 존재하는 경우 유효 순환 전류(동기화 전류)가 흘러 동기 화력에 의해 위상이 일치된다.

16 병렬 운전 중인 동기 발전기의 유도 기전력이 2,000[V], 위상차 60°일 경우 유효 순환 전류는 얼마인가? (단, 동기 임피던스는 5[Ω]이다.)

① 500 ② 1,000
③ 20 ④ 200

해설 유효 순환 전류

$I_c = \dfrac{E_A}{Z_s} \sin\delta = \dfrac{2,000}{5} \sin\dfrac{60°}{2} = 200[A]$

정답 10.② 11.① 12.① 13.③ 14.② 15.② 16.④

17 동일 굵기의 단선을 쥐꼬리 접속하는 경우 두 전선의 피복을 벗긴 후 심선을 교차시켜서 펜치로 비틀면서 꼬아야 하는데 이때 심선의 교차각은 몇 도가 되도록 해야 하는가?

① 30° ② 90°
③ 120° ④ 180°

해설 쥐꼬리 접속은 전선 피복을 여유 있게 벗긴 후 심선을 90°가 되도록 교차시킨 후 펜치로 잡아 당기면서 비틀어 2~3회 정도 꼰 후 끝을 잘라 낸다.

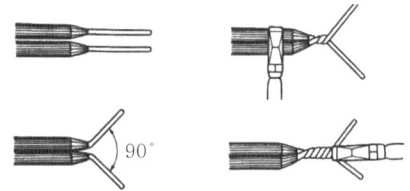

┃쥐꼬리 접속┃

18 노출 장소 또는 점검 가능한 장소에서 제2종 가요 전선관을 시설하고 제거하는 것이 자유로운 경우의 곡선(곡률) 반지름은 안지름의 몇 배 이상으로 하여야 하는가?

① 6 ② 3
③ 12 ④ 10

해설 제2종 가요관의 굽은부분 반지름(굴곡반경)은 가요 전선관을 시설하고 제거하는 것이 자유로운 경우 곡선(곡률) 반지름은 3배 이상으로 한다.

19 교통 신호등 회로의 사용 전압이 몇 [V]를 초과하는 경우에는 지락 발생 시 자동적으로 전로를 차단하는 장치를 시설하여야 하는가?

① 100 ② 50
③ 150 ④ 200

해설 교통 신호등 회로의 사용 전압이 150[V]를 초과한 경우 전로에 지락이 발생했을 때 자동적으로 전로를 차단하는 누전 차단기를 시설하여야 한다.

20 옥내 배선 공사에서 절연 전선의 심선이 손상되지 않도록 피복을 벗길 때 사용하는 공구는?

① 와이어 스트리퍼
② 플라이어
③ 압착 펜치
④ 프레셔 툴

해설 와이어 스트리퍼 : 절연 전선의 피복 절연물을 직각으로 벗기기 위한 자동 공구로 도체의 손상을 방지하기 위하여 정확한 크기의 구멍을 선택하여 피복 절연물을 벗겨야 한다.

21 코일 주위에 전기적 특성이 큰 에폭시 수지를 고진공으로 침투시키고, 다시 그 주위를 기계적 강도가 큰 에폭시 수지로 몰딩한 변압기는?

① 건식 변압기
② 몰드 변압기
③ 유입 변압기
④ 타이 변압기

해설 몰드 변압기 : 코일 주위에 전기적 특성이 큰 에폭시 수지를 고진공으로 침투시키고, 다시 그 주위를 기계적 강도가 큰 에폭시 수지로 몰딩한 변압기

22 저압 크레인 또는 호이스트 등의 트롤리선을 애자 사용 공사에 의하여 옥내의 노출 장소에 시설하는 경우 트롤리선의 바닥에서의 최소 높이는 몇 [m] 이상으로 설치하는가?

① 2 ② 2.5
③ 3.5 ④ 4.5

해설 저압 크레인 또는 호이스트 등의 트롤리선을 애자 사용 공사에 의하여 옥내의 노출 장소에 시설하는 경우 트롤리선의 바닥에서의 높이는 3.5[m] 이상으로 설치하여야 한다.

정답 17.② 18.② 19.③ 20.① 21.② 22.③

23 다음 단상 유도 전동기에서 역률이 가장 좋은 것은?

① 콘덴서 기동형   ② 셰이딩 코일형
③ 반발 기동형   ④ 콘덴서 구동형

해설 콘덴서 기동형은 전동기 기동 시나 운전 시 항상 콘덴서를 기동 권선과 직렬로 접속시켜 기동하는 방식으로 구조가 간단하고 역률이 좋기 때문에 큰 기동 토크를 요하지 않고 속도를 조정할 필요가 있는 선풍기나 세탁기 등에서 이용한다.

24 저압 전선로 중 절연 부분의 전선과 대지 간 및 전선의 심선 상호 간의 절연 저항은 사용 전압에 대한 누설 전류가 최대 공급 전류의 얼마를 넘지 않도록 하여야 하는가?

① $\dfrac{1}{4,000}$ ② $\dfrac{1}{3,000}$
③ $\dfrac{1}{2,000}$ ④ $\dfrac{1}{1,000}$

해설 저압 전선로의 절연 저항은 사용 전압에 대한 누설 전류가 최대 공급 전류의 $\dfrac{1}{2,000}$을 넘지 않아야 한다.

25 권선형 유도 전동기 기동 시 회전자측에 저항을 넣는 이유는?

① 기동 전류를 감소시키기 위해
② 기동 토크를 감소시키기 위해
③ 회전수를 감소시키기 위해
④ 기동 전류를 증가시키기 위해

해설 권선형 유도 전동기에 외부 저항을 접속하면 기동 전류는 감소하고, 기동 토크는 증가하며 역률은 개선된다.

26 연피 케이블 및 알루미늄피 케이블을 구부리는 경우 피복이 손상되지 않도록 하고, 그 굽은 부분(굴곡부)의 곡선반지름(곡률반경)은 원칙적으로 케이블 바깥지름(외경)의 몇 배 이상이어야 하는가?

① 8   ② 6
③ 12   ④ 10

해설 알루미늄피 케이블의 곡선반지름(곡률반경)은 케이블 바깥지름의 12배 이상이어야 한다.

27 진동이 있는 기계 기구의 단자에 전선을 접속할 때 사용하는 것은?

① 압착 단자   ② 스프링 와셔
③ 코드 스패너 ④ 십자머리 볼트

해설 진동으로 인하여 단자가 풀릴 우려가 있는 곳에는 스프링 와셔나 이중 너트를 사용한다.

28 단상 유도 전동기 중 회전자는 농형이고 자극의 일부에 홈을 만들어 단락된 코일을 끼워 넣어 기동하는 방식은?

① 분상 기동형   ② 셰이딩 코일형
③ 반발 유도형   ④ 반발 기동형

해설 셰이딩 코일형 : 회전자는 농형이고 고정자는 몇 개의 자극으로 이루어진 구조로 자극 일부에 슬롯을 만들어 단락된 셰이딩 코일을 끼워 넣어 기동하는 방식

29 자로의 길이 l [m], 투자율 μ, 단면적 A [m²] 인 자기 회로의 자기 저항[AT/Wb]은?

① $\dfrac{\mu}{lA}$ ② $\dfrac{\mu l}{A}$
③ $\dfrac{l}{\mu A}$ ④ $\dfrac{\mu A}{l}$

해설 자기 회로의 자기 저항 $R = \dfrac{l}{\mu A} = \dfrac{NI}{\phi}$ [AT/Wb]

30 250[kVA]의 단상 변압기 2대를 사용하여 V-V결선으로 하고 3상 전원을 얻고자 할 때 최대로 얻을 수 있는 3상 부하의 용량은 약 몇 [kVA]인가?

① 500   ② 433
③ 200   ④ 100

정답 23.① 24.③ 25.① 26.③ 27.② 28.② 29.③ 30.②

해설 V결선 용량
$P_V = \sqrt{3}\, P_1 = \sqrt{3} \times 250 = 433[kVA]$

31 일반적으로 전철이나 화학용과 같이 비교적 용량이 큰 수은 정류기용 변압기의 2차측 결선 방식으로 쓰이는 것은?

① 6상 2중 성형   ② 3상 반파
③ 3상 전파   ④ 3상 크로즈파

해설 용량이 큰 용량이 큰 수은 정류기용 변압기 2차측 결선 방법 : 6상 2중 성형, Fork결선

32 그림과 같은 회로에서 합성 저항은 몇 [Ω]인가?

① 6.6
② 7.4
③ 8.7
④ 9.4

해설 합성 저항 $= \dfrac{4 \times 6}{4+6} + \dfrac{10 \times 10}{10+10} = 7.4[Ω]$

33 동기기의 손실에서 고정손에 해당되는 것은?

① 계자 권선의 저항손
② 전기자 권선의 저항손
③ 계자 철심의 철손
④ 브러시의 전기손

해설 고정손(무부하손) : 부하에 관계없이 항상 일정한 손실
• 철손(P_i) : 히스테리시스손, 와류손
• 기계손(P_m) : 마찰손, 풍손
• 브러시의 전기손

34 5.5[kW], 200[V] 유도 전동기의 전전압 기동 시의 기동 전류가 150[A]이었다. 여기에 Y-△ 기동 시 기동 전류는 몇 [A]가 되는가?

① 50   ② 70
③ 87   ④ 95

해설 Y-△ 기동 시 기동 전류는 $\dfrac{1}{3}$로 감소된다.

35 변압기의 임피던스 전압을 구하는 시험 방법은?

① 충격 전압 시험
② 부하 시험
③ 무부하 시험
④ 단락 시험

해설 임피던스 전압은 전부하 시 변압기 동손을 구하기 위한 시험으로 변압기 2차측을 단락시킨 상태에서 시험하는 단락 시험으로부터 구할 수 있다.

36 두 자극의 세기가 m_1, m_2[Wb], 거리가 r[m]일 때 작용하는 자기력의 크기[N]는 얼마인가?

① $k\dfrac{m_1 \cdot m_2}{r}$ ② $k\dfrac{r}{m_1 \cdot m_2}$
③ $k\dfrac{m_1 \cdot m_2}{r^2}$ ④ $k\dfrac{r^2}{m_1 \cdot m_2}$

해설 쿨롱의 법칙 : 두 자극 사이에 작용하는 자력의 크기는 양 자극의 세기의 곱에 비례하며, 자극 간의 거리의 제곱에 비례한다.
쿨롱의 법칙 $F = k\dfrac{m_1 \cdot m_2}{r^2} = \dfrac{m_1 \cdot m_2}{4\pi\mu_0 r^2}[N]$

37 가동 접속한 자기 인덕턴스 값이 $L_1 = 50[mH]$, $L_2 = 70[mH]$, 상호 인덕턴스 $M = 60[mH]$일 때 합성 인덕턴스[mH]는? (단, 누설 자속이 없는 경우이다.)

① 120   ② 240
③ 200   ④ 100

해설 가동 접속 합성 인덕턴스
$L_{가} = L_1 + L_2 + 2M$
$= 50 + 70 + 2 \times 60 = 240[mH]$

정답 31.① 32.② 33.③ 34.① 35.④ 36.③ 37.②

38 교류의 실효값이 220[V]일 때 평균값은 몇 [V]인가?

① 311 ② 211
③ 198 ④ 243

해설 평균값 $V_{av} = \frac{2}{\pi} V_m = 0.9 V$이므로
$= 0.9 \times 220 = 198[V]$
※ $V_{av} = \frac{2}{\pi} V_m = 0.9 V_{av}[V]$

39 막대 자석의 자극의 세기가 m[Wb]이고, 길이가 l[m]인 경우 자기 모멘트[Wb·m]는 얼마인가?

① ml ② $\frac{m}{l}$
③ $\frac{l}{m}$ ④ $2ml$

해설 막대 자석의 자기 모멘트 $M = ml$[Wb·m]

40 가공 인입선을 시설할 때 경동선의 최소 굵기는 몇 [mm]인가? [단, 지지물 간 거리(경간)가 15[m]를 초과한 경우이다.]

① 2.0 ② 2.6
③ 3.2 ④ 1.5

해설 가공 인입선의 사용 전선 : 2.6[mm] 이상 경동선 또는 이와 동등 이상일 것[단, 지지물 간 거리(경간) 15[m] 이하는 2.0[mm] 이상도 가능]

41 공기 중에서 자속 밀도 2[Wb/m²]의 평등 자장 속에 길이 60[cm]의 직선 도선을 자장의 방향과 30° 각으로 놓고 여기에 5[A]의 전류를 흐르게 하면 이 도선이 받는 힘은 몇 [N]인가?

① 2 ② 5
③ 6 ④ 3

해설 전자력 $F = IBl\sin\theta$
$= 5 \times 2 \times 0.6 \times \sin30° = 3[N]$

42 히스테리시스 곡선이 세로축과 만나는 점의 값은 무엇을 나타내는가?

① 자속 밀도 ② 잔류 자기
③ 보자력 ④ 자기장

해설 히스테리시스 곡선
• 세로축(종축)과 만나는 점 : 잔류 자기
• 가로축(횡축)과 만나는 점 : 보자력

43 두 금속을 접속하여 여기에 전류를 흘리면, 줄열 외에 그 접점에서 열의 발생 또는 흡수가 일어나는 현상은?

① 줄 효과 ② 홀 효과
③ 제벡 효과 ④ 펠티에 효과

해설 펠티에 효과 : 두 금속을 접합하여 접합점에 전류를 흘려주면 열의 발생 또는 흡수가 발생하는 현상

44 주파수 60[Hz]인 터빈 발전기의 최고 속도는 몇 [rpm]인가? (단, 극수는 2극이다.)

① 3,600 ② 2,400
③ 1,800 ④ 4,800

해설 주파수 60[Hz]이고, 극수가 2극일 때 최고 속도를 낼 수 있다.
$N_s = \frac{120f}{P} = \frac{120 \times 60}{2} = 3,600$[rpm]

45 변압기 내부 고장 발생 시 발생하는 기름의 흐름 변화를 검출하는 부흐홀츠 계전기의 설치 위치로 알맞은 것은?

① 변압기 본체
② 변압기의 고압측 부싱
③ 콘서베이터 내부
④ 변압기 본체와 콘서베이터 사이

정답 38.③ 39.① 40.② 41.④ 42.② 43.④ 44.① 45.④

해설 부흐홀츠 계전기는 내부 고장 발생 시 유증기를 검출하여 동작하는 계전기로 변압기 본체와 콘서베이터를 연결하는 파이프 도중에 설치한다.

46 전등 1개를 2개소에서 점멸하고자 할 때 필요한 3로 스위치는 최소 몇 개인가?

① 1개 ② 2개
③ 3개 ④ 4개

해설 3로 스위치 : 1개의 등을 2개소에서 점멸하고자 할 경우 3로 스위치는 2개가 필요하다.

47 8극, 60[Hz]인 유도 전동기의 회전수[rpm]는?

① 1,800 ② 900
③ 3,600 ④ 2,400

해설 $N_s = \dfrac{120f}{P} = \dfrac{120 \times 60}{8} = 900[\text{rpm}]$

48 그림과 같은 전동기 제어 회로에서 전동기 M의 전류 방향으로 올바른 것은? (단, 전동기의 역률은 100[%]이고, 사이리스터의 점호각은 0°라고 본다.)

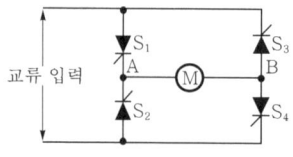

① 항상 "A"에서 "B"의 방향
② 입력의 반주기마다 "A"에서 "B"의 방향, "B"에서 "A"의 방향
③ 항상 "B"에서 "A"의 방향
④ S_1과 S_4, S_2와 S_3의 동작 상태에 따라 "A"에서 "B"의 방향, "B"에서 "A"의 방향

해설 그림의 전동기 제어 회로는 전파 정류 회로를 이용한 사이리스터 위상 제어 회로로서 S_1, S_2에 교류가 순방향 입력으로 들어가면 전류 방향은 항상 "A"에서 "B"를 향한다.

49 직류 발전기의 무부하 특성 곡선은 어떠한 관계를 의미하는가?

① 부하 전류와 무부하 단자 전압과의 관계
② 계자 전류와 부하 전류와의 관계
③ 계자 전류와 무부하 단자 전압과의 관계
④ 계자 전류와 회전력과의 관계

해설 직류 발전기의 무부하 특성 곡선은 계자 전류와 유기 기전력(무부하 단자 전압)의 관계를 나타낸 전압 특성 곡선이다.

50 조명등을 호텔 입구에 설치할 때 현관등은 최대 몇 분 이내에 소등되는 타임 스위치를 시설하여야 하는가?

① 4 ② 3
③ 1 ④ 2

해설 현관등 타임 스위치
• 일반 주택 및 아파트 : 3분
• 숙박업소 각 호실 : 1분

51 6[Ω], 8[Ω], 9[Ω]의 저항 3개를 직렬로 접속하여 5[A]의 전류를 흘려줬다면 이 회로의 전압은 몇 [V]인가?

① 117 ② 115
③ 100 ④ 90

해설 $V = IR = 5 \times (6+8+9) = 115[\text{V}]$

52 점유 면적이 좁고 운전, 보수에 안전하므로 공장, 빌딩 등의 전기실에 많이 사용되며, 큐비클(cubicle)형이라고 불리는 배전반은 무엇인가?

① 라이브 프런트식 배전반
② 폐쇄식 배전반
③ 포스트형 배전반
④ 데드 프런트식 배전반

해설 폐쇄식 배전반이란 단위 회로의 변성기, 차단기 등의 주기기류와 이를 감시, 제어, 보호하기 위한 각종 계기 및 조작 개폐기, 계전기 등 전부 또는 일부를 금속제 상자 안에 조립하는 방식

정답 46.② 47.② 48.① 49.③ 50.③ 51.② 52.②

53. 박강 전선관의 호칭을 맞게 설명한 것은?

① 안지름에 가까운 홀수로 표시한다.
② 바깥지름에 가까운 짝수로 표시한다.
③ 바깥지름에 가까운 홀수로 표시한다.
④ 안지름에 가까운 짝수로 표시한다.

해설 박강 전선관은 1.2[mm]의 얇은 전선관으로 바깥지름(외경)에 가까운 홀수로 호칭을 표기한다.

54. 고압 가공 전선로 철탑의 표준 지지물 간 거리(경간)는 최대 몇 [m]로 제한하고 있는가?

① 600 ② 400
③ 250 ④ 100

해설 고압 가공 전선로의 철탑의 표준 지지물 간 거리(경간) : 600[m]

55. 두 평행 도선의 길이가 1[m], 거리가 1[m]인 왕복 도선 사이에 단위 길이당 작용하는 힘의 세기가 18×10^{-7}[N]일 경우 전류의 세기[A]는?

① 4 ② 3
③ 1 ④ 2

해설 평행 도선 사이에 작용하는 힘의 세기

$$F = \frac{2 I_1 I_2}{r} \times 10^{-7} [\text{N/m}]$$

$$F = \frac{2 I^2}{1} \times 10^{-7} [\text{N/m}] = 18 \times 10^{-7} [\text{N/m}]$$

$I^2 = 9$ 이므로 $I = 3$[A]

56. 주택의 옥내 저압 전로의 인입구에 감전 사고를 방지하기 위하여 반드시 시설해야 하는 장치는?

① 퓨즈
② 커버 나이프 스위치
③ 배선용 차단기
④ 누전 차단기

해설 대지 전압 150[V]를 초과하고 300[V] 이하인 주택의 옥내 저압 전로의 인입구에는 인체 감전 보호용 누전 차단기를 반드시 시설하여야 한다.

57. 직류를 교류로 변환하는 장치로서 초고속 전동기의 속도 제어용 전원이나 형광등의 고주파 점등에 이용되는 것은?

① 변류기
② 정류기
③ 인버터
④ 초퍼

해설 DC를 AC로 변환하는 장치는 인버터이다.

58. 동기 전동기의 특징으로 틀린 것은?

① 부하의 역률을 조정할 수가 있다.
② 전 부하 효율이 양호하다.
③ 공극이 좁으므로 기계적으로 튼튼하다.
④ 부하가 변하여도 같은 속도로 운전할 수 있다.

해설 동기 전동기의 특징
- 속도(N_s)가 일정하다.
- 역률을 조정할 수 있다.
- 효율이 좋다.
- 공극이 크고 기계적으로 튼튼하다.

59. 정류자와 접촉하여 전기자 권선과 외부 회로를 연결하는 역할을 하는 것은?

① 계자
② 전기자
③ 브러시
④ 계자 철심

해설 브러시 : 교류 기전력을 직류로 변환시키는 정류자에 접촉하여 직류 기전력을 외부로 인출하는 역할

정답 53.③ 54.① 55.② 56.④ 57.③ 58.③ 59.③

60 크기가 같은 저항 4개를 그림과 같이 연결하여 a-b 간에 일정 전압을 가했을 때 소비 전력이 가장 큰 것은 어느 것인가?

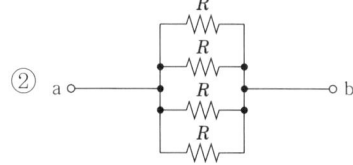

해설 각 회로에 소비되는 전력

① 합성 저항 $R_0 = \dfrac{R}{2} \times 2 = R[\Omega]$이므로

$$P_1 = \dfrac{V^2}{R}[W]$$

② 합성 저항 $R_0 = \dfrac{R}{4} = 0.25R[\Omega]$이므로

$$P_2 = \dfrac{V^2}{0.25R} = \dfrac{4V^2}{R}[W]$$

③ 합성 저항 $R_0 = 2R + \dfrac{R}{2} = 2.5R[\Omega]$이므로

$$P_3 = \dfrac{V^2}{2.5R} = \dfrac{0.4V^2}{R}[W]$$

④ 합성 저항이 $4R[\Omega]$이므로 $P_4 = \dfrac{V^2}{4R}[W]$

※ 소비 전력 $P = \dfrac{V^2}{R}[W]$이므로 합성 저항이 가장 작은 회로를 찾으면 된다.

정답 60.②

2022년 제2회 CBT 기출복원문제

★ 표시 : 문제 중요도를 나타냄

본 기출문제는 수험생들의 기억을 바탕으로 작성한 것으로 내용 및 그림 등에서 실제 문제와 다소 차이가 있을 수 있습니다.

01 ★★★ 전로에 시설하는 기계 기구의 철대 및 금속제 외함(외함이 없는 변압기 또는 계기용 변성기는 철심)에는 접지 공사를 하여야 한다. 다음 사항 중 접지 공사 생략이 불가능한 장소는?

① 사용 전압 직류 300[V], 대지 전압 교류 150[V] 초과하는 전기 기계 기구를 건조한 장소에 설치한 경우
② 철대 또는 외함을 주위의 적당한 절연대를 이용하여 시설한 경우
③ 전기용품 안전관리법에 의한 2중 절연 기계 기구
④ 저압용 기계 기구를 목주나 마루 위 등에 설치한 경우

해설 전로에 시설하는 기계 기구의 철대 및 금속제 외함(외함이 없는 변압기 또는 계기용 변성기는 철심)의 접지 공사 생략 가능 항목
- 사용 전압이 직류 300[V], 대지 전압이 교류 150[V] 이하인 전기 기계 기구를 건조한 장소에 설치한 경우
- 저압·고압, 22.9[kV-Y] 계통 전로에 접속한 기계 기구를 목주 위 등에 시설한 경우
- 저압용 기계 기구를 목주나 마루 위 등에 설치한 경우
- 전기용품 안전관리법에 의한 2중 절연 기계 기구
- 외함이 없는 계기용 변성기 등을 고무 절연물 등으로 덮은 경우
- 철대 또는 외함을 주위의 적당한 절연대를 이용하여 시설한 경우
- 2차 전압 300[V] 이하, 정격 용량 3[kVA] 이하인 절연 변압기를 사용하고 2차측을 비접지 방식으로 하는 경우

- 동작 전류 30[mA] 이하, 동작 시간 0.03[sec] 이하인 인체 감전 보호 누전 차단기를 설치한 경우

02 ★ 전주 외등의 공사 방법으로 알맞지 않은 것은?

① 합성수지관   ② 금속관
③ 케이블   ④ 금속 덕트

해설 전주 외등의 배선
- 전선 : 단면적 2.5[mm²] 이상의 절연 전선
- 배선 방법 : 케이블 배선, 합성수지관 배선, 금속관 배선

03 ★★ 다음 중 투자율의 단위에 해당되는 것은?

① [H/m]   ② [F/m]
③ [A/m]   ④ [V/m]

해설 투자율 : μ[H/m]
② 유전율
③ 자계
④ 전계

04 ★★★ 다음 그림은 전선 피복을 벗기는 공구이다. 명칭으로 알맞은 것은?

① 니퍼
② 펜치
③ 와이어 스트리퍼
④ 전선 눌러 붙임 (압착) 공구

정답 01.① 02.④ 03.① 04.③

[해설] 와이어 스트리퍼 : 전선 피복을 벗기는 공구로서, 그림은 중간 부분을 벗길 수 있는 스트리퍼로서 자동 와이어 스트리퍼이다.

05 100[kVA] 단상 변압기 2대를 V결선하여 3상 전력을 공급할 때의 출력은?
① 173.2[kVA] ② 86.6[kVA]
③ 17.3[kVA]   ④ 346.8[kVA]

[해설] $P_V = \sqrt{3}\,P_1 = 100\sqrt{3} \fallingdotseq 173.2[kVA]$

06 동기기의 손실에서 고정손에 해당되는 것은?
① 계자 권선의 저항손
② 전기자 권선의 저항손
③ 계자 철심의 철손
④ 브러시의 전기손

[해설] 고정손(무부하손) : 부하에 관계없이 항상 일정한 손실
- 철손(P_i) : 히스테리시스손, 와류손
- 기계손(P_m) : 마찰손, 풍손
- 브러시의 전기손

07 가공 인입선을 시설할 때 경동선의 최소 굵기는 몇 [mm]인가? [단, 지지물 간 거리(경간)가 15[m]를 초과한 경우이다.]
① 2.0   ② 2.6
③ 3.2   ④ 1.5

[해설] 가공 인입선의 사용 전선 : 2.6[mm] 이상 경동선 또는 이와 동등 이상일 것[단, 지지물 간 거리(경간) 15[m] 이하는 2.0[mm] 이상도 가능]

08 전등 1개를 2개소에서 점멸하고자 할 때 필요한 3로 스위치는 최소 몇 개인가?
① 1개   ② 2개
③ 3개   ④ 4개

[해설] 3로 스위치 : 1개의 등을 2개소에서 점멸하고자 할 경우 3로 스위치는 2개가 필요하다.

09 보호를 요하는 회로의 전류가 어떤 일정한 값(정정값) 이상으로 흘렀을 때 동작하는 계전기는?
① 과전류 계전기
② 과전압 계전기
③ 차동 계전기
④ 비율 차동 계전기

[해설] 과전류 계전기(OCR) : 회로의 전류가 어떤 일정한 값(정정값) 이상으로 흘렀을 때 동작하는 계전기

10 동기 발전기의 병렬 운전 조건 중 같지 않아도 되는 것은?
① 주파수   ② 위상
③ 전류   ④ 전압

[해설] 동기 발전기 병렬 운전 시 일치할 조건 : 기전력(전압)의 크기, 위상, 주파수, 파형

11 일반적으로 과전류 차단기를 설치하여야 할 곳으로 틀린 것은?
① 접지측 전선
② 보호용, 인입선 등 분기선을 보호하는 곳
③ 송배전선의 보호용, 인입선 등 분기선을 보호하는 곳
④ 간선의 전원측 전선

[해설] 접지측 전선은 과전류 차단기를 설치하면 안 된다.

12 다음 중 반자성체에 해당하는 것은?
① 안티몬   ② 알루미늄
③ 코발트   ④ 니켈

[해설] ② 상자성체
③ 강자성체
④ 강자성체

정답 05.① 06.③ 07.② 08.② 09.① 10.③ 11.① 12.①

13 부흐홀츠 계전기로 보호되는 기기는?
① 변압기   ② 유도 전동기
③ 직류 발전기   ④ 교류 발전기

해설 부흐홀츠 계전기 : 변압기의 절연유 열화 방지

14 다음은 직권 전동기의 특징이다. 틀린 것은?
① 부하 전류가 증가할 때 속도가 크게 감소된다.
② 전동기 기동 시 기동 토크가 작다.
③ 무부하 운전이나 벨트를 연결한 운전은 위험하다.
④ 계자 권선과 전기자 권선이 직렬로 접속되어 있다.

해설 전동기는 기본적으로 토크와 속도는 반비례하고 전류와 토크는 비례한다. 전동기 기동 시 발생되는 전류는 유도 기전력이 발생되지 않아 정격 전류에 비해 큰 전류가 흐른다. 따라서 기동 토크가 크다.

15 매초 1[A]의 비율로 전류가 변하여 10[V]를 유도하는 코일의 인덕턴스는 몇 [H]인가?
① 0.01[H]   ② 0.1[H]
③ 1.0[H]   ④ 10[H]

해설 $e = L\dfrac{di}{dt}$
$L = e\dfrac{dt}{di} = 10 \times \dfrac{1}{1} = 10[\text{H}]$

16 변압기 중성점에 접지 공사를 하는 이유는?
① 전류 변동의 방지
② 고저압 혼촉 방지
③ 전력 변동의 방지
④ 전압 변동의 방지

해설 변압기는 고압, 특고압을 저압으로 변성시키는 기기로서 고·저압 혼촉 사고를 방지하기 위하여 반드시 2차측 중성점에 접지 공사를 하여야 한다.

17 1[eV]는 몇 [J]인가?
① 1.602×10^{-19} ② 1×10^{-10}
③ 1   ④ 1.16×10^{4}

해설 전자 1개의 전기량 $e = 1.602 \times 10^{-19}[\text{C}]$이므로
$W = QV[\text{J}]$에서
$1[\text{eV}] = 1.602 \times 10^{-19}[\text{C}] \times 1[\text{V}]$
       $= 1.602 \times 10^{-19}[\text{J}]$이다.

18 정격 전압에서 1[kW]의 전력을 소비하는 저항에 정격의 90[%] 전압을 가했을 때 전력은 몇 [W]가 되는가?
① 630[W]   ② 780[W]
③ 810[W]   ④ 900[W]

해설 $P = \dfrac{V^2}{R} = 1,000[\text{W}]$라 하면
$P' = \dfrac{(0.9V)^2}{R} = 0.81\dfrac{V^2}{R} = 0.81P$
   $= 0.81 \times 1,000[\text{W}] = 810[\text{W}]$

19 다음 중 전력량 1[J]과 같은 것은?
① 1[kcal]   ② 1[W·sec]
③ 1[kg·m]   ④ 1[kWh]

해설 전력량 $W = Pt[\text{J}]$이므로 1[J]=1[W·sec]이다.

20 묽은 황산(H_2SO_4) 용액에 구리(Cu)와 아연(Zn)판을 넣으면 전지가 된다. 이때 양극(+)에 대한 설명으로 옳은 것은?
① 구리판이며 수소 기체가 발생한다.
② 구리판이며 산소 기체가 발생한다.
③ 아연판이며 수소 기체가 발생한다.
④ 아연판이며 산소 기체가 발생한다.

정답 13.① 14.② 15.④ 16.② 17.① 18.③ 19.② 20.①

해설 묽은 황산(H_2SO_4)은 2개의 양이온($2H^+$)과 1개의 음이온(SO_4^{--})으로 전리되고, 아연판(Zn)은 이온화 경향이 강하므로 아연 이온(Zn^{++})으로 되어 황산(H_2SO_4) 속으로 용해된다. 따라서, 아연판은 음으로 대전되고 용해된 아연 이온(Zn^{++})은 곧 SO_4^{--} 이온과 결합하여 황산아연($ZnSO_4$)의 형태로 황산 속에 존재한다. 한편 수소 이온 $2H^+$의 일부는 구리판에 부착하여 이것을 양으로 대전시킨다.

21 2극 3,600[rpm]인 동기 발전기와 병렬 운전하려는 12극 발전기의 회전수는 몇 [rpm]인가?

① 3,600 ② 1,200
③ 1,800 ④ 600

해설 동기 발전기의 병렬 운전 조건에서 주파수가 같아야 하므로 $f = \dfrac{N_{s1}P_1}{120} = \dfrac{3,600 \times 2}{120} = 60\,[Hz]$

$N_{s2} = \dfrac{120f}{P_2} = \dfrac{120 \times 60}{12} = 600\,[rpm]$

22 직류 전동기에서 전부하 속도가 1,200[rpm], 속도 변동률이 2[%]일 때, 무부하 회전 속도는 몇 [rpm]인가?

① 1,154 ② 1,200
③ 1,224 ④ 1,248

해설
• 속도 변동률 $\varepsilon = \dfrac{N_0 - N_n}{N_n} \times 100\,[\%]$
• 무부하 속도 $N_0 = N_n(1+\varepsilon)$
$= 1,200(1+0.02)$
$= 1,224\,[rpm]$

23 가공 전선로의 인입구에 설치하거나 금속관이나 합성수지관으로부터 전선을 뽑아 전동기 단자 부근에 접속할 때 관 단에 사용하는 재료는?

① 부싱 ② 엔트런스 캡
③ 터미널 캡 ④ 로크 너트

해설 터미널 캡은 배관 공사 시 금속관이나 합성수지관으로부터 전선을 뽑아 전동기 단자 부근에 접속할 때, 또는 노출 배관에서 금속 배관으로 변경 시 전선 보호를 위해 관 끝에 설치하는 것으로 서비스 캡이라고도 한다.

24 전자 유도 현상에 의한 기전력의 방향을 정의한 법칙은?

① 렌츠의 법칙
② 플레밍의 법칙
③ 패러데이의 법칙
④ 줄의 법칙

해설 렌츠의 법칙은 전자 유도 현상에 의한 유도 기전력의 방향을 정의한 법칙으로서 "유도 기전력은 자속의 변화를 방해하려는 방향으로 발생한다."는 법칙이다.

25 주택, 아파트인 경우 표준 부하는 몇 [VA/m²]인가?

① 10 ② 20
③ 30 ④ 40

해설 건물의 종류에 대응한 표준 부하

건물의 종류	표준 부하[VA/m²]
공장, 공회당, 사원, 교회, 극장, 영화관, 연회장	10
기숙사, 여관, 호텔, 병원, 학교, 음식점, 다방, 대중목욕탕	20
사무실, 은행, 상점, 이발소, 미용원	30
주택, 아파트	40

26 자체 인덕턴스 0.1[H]의 코일에 5[A]의 전류가 흐르고 있다. 축적되는 전자 에너지[J]는?

① 0.25 ② 0.5
③ 1.25 ④ 2.5

해설 $W = \dfrac{1}{2}LI^2 = \dfrac{1}{2} \times 0.1 \times 5^2 = 1.25\,[J]$

정답 21.④ 22.③ 23.③ 24.① 25.④ 26.③

27 도체의 전기 저항에 영향을 주는 요소가 아닌 것은?

① 도체의 종류 ② 도체의 길이
③ 도체의 모양 ④ 도체의 단면적

해설 전기 저항 $R = \rho \dfrac{l}{S} [\Omega]$

여기서, 고유 저항 : $\rho [\Omega \cdot m]$
(도체의 성분에 따라 다르다.)
도체의 길이 : $l [m]$
도체의 단면적 : $S [m^2]$

28 건축물·구조물의 철골 기타의 금속제는 이를 비접지식 고압 전로에 시설하는 기계 기구의 철대 또는 금속제 외함 또는 저압 전로를 결합하는 변압기의 저압 전로의 접지 공사의 접지극으로 사용할 수 있다. 이 경우 대지와의 전기 저항값이 몇 [Ω] 이하이어야 하는가?

① 1 ② 2
③ 3 ④ 4

해설 건축물·구조물의 철골 기타의 금속제는 이를 비접지식 고압 전로에 시설하는 기계 기구의 철대 또는 금속제 외함의 접지 공사 또는 비접지식 고압 전로와 저압 전로를 결합하는 변압기의 저압 전로의 접지 공사의 접지극으로 사용할 수 있다. 다만, 대지와의 사이에 전기 저항값이 2[Ω] 이하인 값을 유지하는 경우에 한한다.

29 양방향으로 전류를 흘릴 수 있는 양방향 소자는?

① GTO ② MOSFET
③ TRIAC ④ SCR

해설 양방향성 사이리스터 : SSS, TRIAC, DIAC

30 다음 중 자기 소호 기능이 가장 좋은 소자는?

① SCR ② GTO
③ TRIAC ④ LASCR

해설 GTO(gate turn-off thyristor)는 게이트 신호로 on-off가 자유로우며 개폐 동작이 빠르고 주로 직류의 개폐에 사용되며 자기 소호 기능이 가장 좋다.

31 정격 전압이 100[V]인 직류 발전기가 있다. 무부하 전압 104[V]일 때 이 발전기의 전압 변동률[%]은?

① 3 ② 4
③ 5 ④ 6

해설 전압 변동률 $\varepsilon = \dfrac{V_0 - V_n}{V_n} \times 100$

$= \dfrac{104 - 100}{100} \times 100 = 4 [\%]$

32 폭연성 먼지(분진)가 존재하는 곳의 저압 옥내 배선 공사 시 공사 방법으로 짝지어진 것은?

① 금속관 공사, MI 케이블 공사, 개장된 케이블 공사
② CD 케이블 공사, MI 케이블 공사, 금속관 공사
③ CD 케이블 공사, MI 케이블 공사, 제1종 캡타이어 케이블 공사
④ 개장된 케이블 공사, CD 케이블 공사, 제1종 캡타이어 케이블 공사

해설 폭연성 먼지(분진), 화약류 가루(분말)가 있는 장소의 공사 : 금속관 공사, 케이블 공사(MI 케이블, 개장 케이블)

33 플로어 덕트 공사에 의한 저압 옥내 배선에서 절연 전선으로 연선을 사용하지 않아도 되는 것은 전선의 굵기가 몇 [mm²] 이하인 경우인가?

① 2.5[mm²] ② 4[mm²]
③ 6[mm²] ④ 10[mm²]

 27.③ 28.② 29.③ 30.② 31.② 32.① 33.④

해설 저압 옥내 배선에서 플로어 덕트 공사 시 전선은 절연 전선으로 연선이 원칙이지만 단선을 사용하는 경우 단면적 $10[mm^2]$ 이하까지는 사용할 수 있다.

34 단락비가 큰 동기기의 설명으로 맞는 것은?
① 안정도가 높다.
② 기기가 소형이다.
③ 전압 변동률이 크다.
④ 전기자 반작용이 크다.

해설 단락비는 정격 전류에 대한 단락 전류의 비를 보는 것으로서 동기 임피던스와 전기자 반작용, 전압 변동률이 작으며 안정도가 높다.

35 비유전율이 큰 산화티탄 등을 유전체로 사용한 것으로 극성이 없으며 가격에 비해 성능이 우수하여 널리 사용되고 있는 콘덴서의 종류는?
① 마일러 콘덴서   ② 마이카 콘덴서
③ 전해 콘덴서   ④ 세라믹 콘덴서

해설 세라믹 콘덴서 : 유전율이 큰 산화티탄 등을 유전체로 하는 콘덴서로서 자기 콘덴서라고도 하며, 성능이 우수하고 용량이 크며, 소형으로 할 수 있는 특징이 있다.

36 3상, 100[kVA], 13,200/200[V] 변압기의 저압측 선전류의 유효분은 약 몇 [A]인가? (단, 역률은 80[%]이다.)
① 100   ② 173
③ 230   ④ 260

해설 $P_a = \sqrt{3}\,VI[kVA]$에서
$\therefore I = \dfrac{P_a}{\sqrt{3}\,V_2} = \dfrac{100 \times 10^3}{200\sqrt{3}} = 288.68[A]$
I의 유효분
$I_e = I\cos\theta = 288.68 \times 0.8 = 230.94[A]$

37 전원과 부하가 다같이 △ 결선된 3상 평형 회로가 있다. 상전압이 200[V], 부하 임피던스가 $\dot{Z} = 6 + j8[\Omega]$인 경우 선전류는 몇 [A]인가?

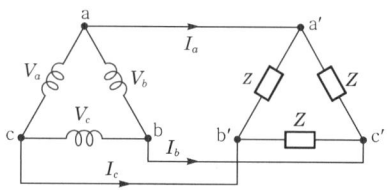

① 20   ② $\dfrac{20}{\sqrt{3}}$
③ $20\sqrt{3}$ ④ $10\sqrt{3}$

해설 선간 전압 $V_l = V_p = 200[V]$
한 상의 임피던스 $\dot{Z} = 6 + j8[\Omega] \to Z = 10[\Omega]$
상전류 $I_p = \dfrac{V}{Z} = \dfrac{200}{10} = 20[A]$
선전류 $I_l = \sqrt{3}\,I_p = \sqrt{3} \times 20 = 20\sqrt{3}[A]$

38 직류 전동기의 속도 제어 방법이 아닌 것은?
① 전압 제어   ② 계자 제어
③ 저항 제어   ④ 주파수 제어

해설 직류 전동기의 속도 제어법
• 저항 제어법
• 전압 제어법
• 계자 제어법

39 직권 전동기의 회전수를 $\dfrac{1}{3}$로 감소시키면 토크는 어떻게 되겠는가?
① $\dfrac{1}{9}$ ② $\dfrac{1}{3}$
③ 3   ④ 9

해설 직권 전동기는 $\tau \propto I^2 \propto \dfrac{1}{N^2}$ 이므로
$\dfrac{1}{\left(\dfrac{1}{3}\right)^2} = 9$

정답 34.① 35.④ 36.③ 37.③ 38.④ 39.④

40 전선 접속 시 S형 슬리브 사용에 대한 설명으로 틀린 것은?

① 전선의 끝은 슬리브의 끝에서 나오지 않도록 한다.
② 슬리브는 전선의 굵기에 적합한 것을 선정한다.
③ 열린 쪽 홈의 측면을 고르게 눌러서 밀착시킨다.
④ S형 슬리브 접속은 연선, 단선 둘 다 가능하다.

해설 전선의 끝은 슬리브의 끝에서 조금 나오는 것이 바람직하다.

41 동기 와트 P_2, 출력 P_0, 슬립 s, 동기 속도 N_s, 회전 속도 N, 2차 동손 P_{2c}일 때 2차 효율 표기로 틀린 것은?

① $1-s$
② $\dfrac{P_{2c}}{P_2}$
③ $\dfrac{P_0}{P_2}$
④ $\dfrac{N}{N_s}$

해설 2차 효율
$$\eta_2 = \frac{P_0}{P_2} = \frac{(1-s)P_2}{P_2} = 1-s = \frac{N}{N_s}$$

42 다음 중 유도 전동기의 속도 제어에 사용되는 인버터 장치의 약호는?

① CVCF
② VVVF
③ CVVF
④ VVCF

해설 VVVF : 가변 전압 가변 주파수 변환 장치

43 KEC(한국전기설비규정)에 의한 400[V] 이하 가공 전선으로 절연 전선의 최소 굵기 [mm]는?

① 1.6
② 2.6
③ 3.2
④ 4.0

해설 전압별 가공 전선의 굵기

사용 전압	전선의 굵기
400[V] 이하	• 절연 전선 : 2.6[mm] 이상 경동선 • 나전선 : 3.2[mm] 이상 경동선
400[V] 초과	• 시가지 내 : 5.0[mm] 이상 경동선 • 시가지 외 : 4.0[mm] 이상 경동선
특고압	• 25[mm²] 이상 경동 연선

44 16[mm] 합성수지 전선관을 직각 구부리기를 할 경우 곡선(곡률) 반지름은 몇 [mm]인가? (단, 16[mm] 합성수지관의 안지름은 18[mm], 바깥지름은 22[mm]이다.)

① 119
② 132
③ 187
④ 220

해설 합성수지 전선관을 직각 구부리기 : 전선관의 안지름 d, 바깥지름이 D일 경우 곡선(곡률) 반지름
$$r = 6d + \frac{D}{2} = 6 \times 18 + \frac{22}{2} = 119[mm]$$

45 코일에 교류 전압 100[V], $f=60$[Hz]를 가했더니 지상 전류가 4[A]였다. 여기에 15[Ω]의 용량성 리액턴스 X_C[Ω]를 직렬로 연결한 후 진상 전류가 4[A]였다면 유도성 리액턴스 X_L[Ω]은 얼마인가?

① 5
② 5.5
③ 7.5
④ 15

해설
$$Z = \frac{V}{I} = \frac{100}{4} = 25 = \sqrt{R^2 + X_L^2}\,[\Omega]$$
$$Z' = \frac{V}{I'} = \frac{100}{4} = 25 = \sqrt{R^2 + (15-X_L)^2}\,[\Omega]$$
$$R^2 + X_L^2 = R^2 + (15-X_L)^2$$
$$225 - 30X_L = 0,\ X_L = \frac{225}{30} = 7.5[\Omega]$$

46 1[C]의 전하에 100[N]의 힘이 작용했다면 전기장의 세기[V/m]는?

① 10
② 50
③ 100
④ 0.01

정답 40.① 41.② 42.② 43.② 44.① 45.③ 46.③

해설 전기장의 세기 : 단위 전하에 작용하는 힘
힘과의 관계식 $F = QE$[N]식에서
전기장 $E = \dfrac{F}{Q} = \dfrac{100}{1}$[V/m]

47 다음 중 배선용 차단기의 심벌로 옳은 것은?

① B ② E
③ BE ④ S

해설 ① : 배선용 차단기
② : 누전 차단기
④ : 개폐기

48 어떤 물질이 정상 상태보다 전자의 수가 많거나 적어져서 전기를 띠는 상태의 물질을 무엇이라 하는가?

① 전기량 ② 전하
③ 대전 ④ 기전력

해설 어떤 물질이 정상 상태보다 전자의 수가 많거나 적어져서 양 또는 음전하를 띠는 현상을 대전 현상이라 하는데, 이때 전기를 띠는 상태의 물질을 전하라고 한다.

49 그림과 같은 회로에서 전류 I[A]를 구하면?

① 1 ② 2 ③ 3 ④ 4

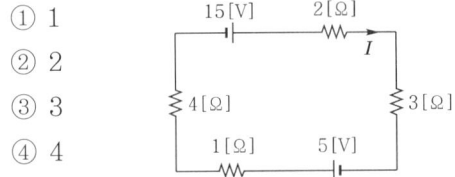

해설 전류 $I = \dfrac{15-5}{2+3+1+4} = \dfrac{10}{10} = 1$[A]

50 패러데이 전자 유도 법칙에서 유도 기전력에 관계되는 사항으로 옳은 것은?

① 자속의 시간적인 변화율에 비례한다.
② 권수에 반비례한다.
③ 자속에 비례한다.
④ 권수에 비례하고 자속에 반비례한다.

해설 유도 기전력 $e = N\dfrac{\Delta \Phi}{\Delta t}$[V]

51 콘덴서만의 회로에 정현파형의 교류 전압을 인가하면 전류는 전압보다 위상이 어떠한가?

① 전류가 90° 앞선다.
② 전류가 30° 늦다.
③ 전류가 30° 앞선다.
④ 전류가 90° 늦다.

해설 C만의 회로에서는 전류가 전압보다 90° 앞서는 진상 전류가 흐른다.

52 저항 R_1, R_2의 병렬 회로에서 전전류가 I일 때 R_2에 흐르는 전류[A]는?

① $\dfrac{R_1+R_2}{R_1}I$ ② $\dfrac{R_1+R_2}{R_2}I$
③ $\dfrac{R_1}{R_1+R_2}I$ ④ $\dfrac{R_2}{R_1+R_2}I$

해설 R_1, R_2에 흐르는 전체 전류를 I라 하면 저항의 병렬 접속 시 각 저항에 흐르는 전류는 반비례 분배된다.
따라서, R_2에 흐르는 전류 $I_2 = \dfrac{R_1}{R_1+R_2}I$[A]

53 유도 전동기에 기계적 부하를 걸었을 때 출력에 따라 속도, 토크, 효율, 슬립 등이 변화를 나타낸 출력 특성 곡선에서 슬립을 나타내는 곡선은?

① ㉠ ② ㉡ ③ ㉢ ④ ㉣

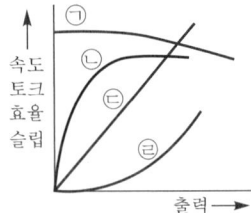

해설 ㉠ : 속도
㉡ : 효율
㉢ : 토크
㉣ : 슬립

정답 47.① 48.② 49.① 50.① 51.① 52.③ 53.④

54 주파수가 60[Hz]인 3상 4극의 유도 전동기가 있다. 슬립이 4[%]일 때 이 전동기의 회전수는 몇 [rpm]인가?

① 1,800 ② 1,712
③ 1,728 ④ 1,652

해설 회전수 $N = (1-s)N_s$ 에서
$$N_s = \frac{120f}{P} = \frac{120 \times 60}{4} = 1,800[\text{rpm}]$$
$$N = (1-0.04) \times 1,800 = 1,728[\text{rpm}]$$

55 변압기 철심의 철의 함유율[%]은?

① 3~4
② 34~37
③ 67~70
④ 96~97

해설 변압기 철심은 와전류손 감소 방법으로 성층 철심을 사용하며 히스테리시스손을 줄이기 위해서 약 3~4[%]의 규소가 함유된 규소 강판을 사용한다. 그러므로 철의 함유율은 96~97[%]이다.

56 합성수지관 공사에 대한 설명 중 옳지 않은 것은?

① 습기가 많은 장소 또는 물기가 있는 장소에 시설하는 경우에는 방습 장치를 한다.
② 관 상호 간 및 박스와는 관을 삽입하는 깊이를 관의 바깥지름의 1.2배 이상으로 한다.
③ 관의 지지점 간의 거리는 1.5[m] 이상으로 한다.
④ 합성수지관 두께는 1.2[mm] 이상으로 한다.

해설 합성수지관 두께는 2.0[mm] 이상으로 한다.

57 다음 중 인입 개폐기가 아닌 것은?

① ASS ② LBS
③ LS ④ UPS

해설 UPS(Uninterruptible Power Supply)는 무정전 전원 공급 장치이다.

58 60[Hz], 20,000[kVA]의 발전기의 회전수가 1,200[rpm]이라면 이 발전기의 극수는 얼마인가?

① 6극 ② 8극
③ 12극 ④ 14극

해설 발전기의 회전수 $N = \frac{120f}{P}$[rpm]

극수 $P = \frac{120f}{N} = \frac{120 \times 60}{1,200} = 6$극

59 $R=3[\Omega]$, $\omega L=8[\Omega]$, $\frac{1}{\omega C}=4[\Omega]$인 RLC 직렬 회로의 임피던스는 몇 [Ω]인가?

① 5 ② 8.5
③ 12.4 ④ 15

해설
$$\dot{Z} = R + j\left(\omega L - \frac{1}{\omega C}\right) = 3 + j(8-4)$$
$$= 3 + j4$$
$$Z = \sqrt{3^2 + 4^2} = 5[\Omega]$$

60 전주에서 COS용 완철의 설치 위치는?

① 최하단 전력선용 완철에서 0.75[m] 하부에 설치한다.
② 최하단 전력선용 완철에서 0.3[m] 하부에 설치한다.
③ 최하단 전력선용 완철에서 1.2[m] 하부에 설치한다.
④ 최하단 전력선용 완철에서 1.0[m] 하부에 설치한다.

정답 54.③ 55.④ 56.④ 57.④ 58.① 59.① 60.①

해설 COS용 완철 설치 규정
- 설치 위치 : 최하단 전력선용 완철에서 0.75[m] 하부에 설치한다.
- 설치 방향 : 선로 방향(전력선 완철과 직각 방향)으로 설치하고 COS는 건조물측에 설치하는 것이 바람직하다(만약 설치하기 곤란한 장소 또는 도로 이외의 장소에서는 COS 조작 및 작업이 용이하도록 설치할 수 있음).

2022년 제3회 CBT 기출복원문제

★ 표시 : 문제 중요도를 나타냄

본 기출문제는 수험생들의 기억을 바탕으로 작성한 것으로 내용 및 그림 등에서 실제 문제와 다소 차이가 있을 수 있습니다.

01 서로 다른 종류의 안티몬과 비스무트의 두 금속을 접속하여 여기에 전류를 통하면 줄열 외에 그 접점에서 열의 발생 또는 흡수가 일어난다. 이와 같은 현상은?
① 제3금속의 법칙
② 제베크 효과
③ 페르미 효과
④ 펠티에 효과

해설 펠티에 효과 : 두 금속을 접합하여 접합점에 전류를 흘려주면 열의 발생 또는 흡수가 발생하는 현상

02 다음 중 접지의 목적으로 알맞지 않은 것은?
① 감전의 방지
② 전로의 대지 전압 상승
③ 보호 계전기의 동작 확보
④ 이상 전압의 억제

해설 이상 전압 발생의 억제 및 전로의 대지 전압 상승 억제, 보호 계전기의 동작 확보, 감전 및 화재 사고 방지를 위해 접지를 한다.

03 패러데이관에서 단위 전위차에 축적되는 에너지[J]는?
① $\dfrac{1}{2}$
② 1
③ ED
④ $\dfrac{1}{2}ED$

해설 단위 전하 1[C]에서 나오는 전속관을 패러데이관이라 하며 그 양단에는 항상 1[C]의 전하가 있다. 단위 전위차는 1[V]이므로
보유 에너지 $W = \dfrac{1}{2}QV = \dfrac{1}{2} \times 1 \times 1 = \dfrac{1}{2}$[J]

04 어드미턴스의 실수부는 무엇인가?
① 컨덕턴스
② 리액턴스
③ 서셉턴스
④ 임피던스

해설 어드미턴스(Y[℧]) : 임피던스(Z[Ω])의 역수
• 실수부 : 컨덕턴스
• 허수부 : 서셉턴스

05 전자에 10[V]의 전위차를 인가한 경우 전자 에너지[J]는?
① 1.6×10^{-16}
② 1.6×10^{-17}
③ 1.6×10^{-18}
④ 1.6×10^{-19}

해설 전자 에너지(전자 볼트)
$W = eV = 1.6 \times 10^{-19} \times 10 = 1.6 \times 10^{-18}$[J]

06 반지름 10[cm], 권수 100회인 원형 코일에 15[A]의 전류가 흐르면 코일 중심의 자장의 세기는 몇 [AT/m]인가?
① 22,500
② 15,000
③ 7,500
④ 1,000

정답 01.④ 02.② 03.① 04.① 05.③ 06.③

해설 원형 코일 중심 자계
$$H = \frac{NI}{2r} = \frac{100 \times 15}{2 \times 0.1} = 7,500 [\text{AT/m}]$$

07 동기 전동기의 자기 기동법에서 계자 권선을 단락하는 이유는?
① 기동이 쉽다.
② 기동 권선으로 이용한다.
③ 고전압 유도에 의한 절연 파괴 위험을 방지한다.
④ 전기자 반작용을 방지한다.

해설 동기 전동기의 자기 기동법에서 계자 권선을 단락시키는 이유는 고전압 유도에 의한 절연 파괴 위험을 방지하기 위함이다.

08 100[V], 100[W] 전구와 100[V], 200[W] 전구를 직렬로 100[V]의 전원에 연결할 경우 어느 전구가 더 밝겠는가?
① 두 전구의 밝기가 같다.
② 100[W]
③ 200[W]
④ 두 전구 모두 안 켜진다.

해설 100[W]의 저항 $R_1 = \frac{V^2}{P_1} = \frac{100^2}{100} = 100[\Omega]$
200[W]의 저항 $R_2 = \frac{V^2}{P_2} = \frac{100^2}{200} = 50[\Omega]$
직렬 접속 시 전류가 일정하므로 저항값이 큰 부하일수록 소비 전력이 더 크게 발생하여 전구가 더 밝아지므로 100[W]의 전구가 더 밝다.

09 자극 가까이에 물체를 두었을 때 자화되지 않는 물체는?
① 상자성체
② 반자성체
③ 강자성체
④ 비자성체

해설 비자성체 : 자성이 약해서 전혀 자성을 갖지 않는 물질로서 상자성체와 반자성체를 포함하며 자계에 힘을 받지 않는다.

10 자기 회로에서 자로의 길이 31.4[cm], 자로의 단면적이 0.25[m²], 자성체의 비투자율 $\mu_s = 100$일 때 자성체의 자기 저항은 얼마인가?
① 5,000
② 10,000
③ 4,000
④ 2,500

해설 자기 저항 $R = \frac{l}{\mu_0 \mu_s A}$
$$= \frac{31.4 \times 10^{-2}}{4\pi \times 10^{-7} \times 100 \times 0.25}$$
$$= 10,000 [\text{AT/Wb}]$$

11 100회 감은 코일에 전류 0.5[A]가 0.1[sec] 동안 0.3[A]가 되었을 때 2×10^{-4}[V]의 기전력이 발생하였다면 코일의 자기 인덕턴스[μH]는?
① 5
② 10
③ 200
④ 100

해설 코일에 유도되는 기전력 $e = -L \frac{\Delta I}{\Delta t}$[V]
$$L = 2 \times 10^{-4} \times \frac{0.1}{0.5 - 0.3} = 10^{-4} [\text{H}]$$
$$= 100 [\mu\text{H}]$$

12 가우스의 정리에 의해 구할 수 있는 것은?
① 전계의 세기
② 전하 간의 힘
③ 전위
④ 전계 에너지

해설 가우스의 정리 : 전기력선의 총수를 계산하여 전계의 세기도 계산할 수 있는 법칙이다.

13 자체 인덕턴스가 각각 L_1, L_2인 두 원통 코일이 서로 직교하고 있다. 두 코일 사이의 상호 인덕턴스[H]는?
① $L_1 + L_2$
② $L_1 L_2$
③ 0
④ $\sqrt{L_1 L_2}$

정답 07.③ 08.② 09.④ 10.② 11.④ 12.① 13.③

해설 코일이 서로 직교(직각)하면 두 코일에서 발생하는 자속과 다른 코일이 서로 나란하므로 쇄교가 되지 않으므로 상호 인덕턴스는 0이 된다.

14 자기 히스테리시스 곡선의 횡축과 종축은 어느 것을 나타내는가?

① 자기장의 크기와 보자력
② 투자율과 자속 밀도
③ 투자율과 잔류 자기
④ 자기장의 크기와 자속 밀도

해설 히스테리시스 곡선에서 횡축(가로축)은 자기장의 세기, 종축(세로축)은 자속 밀도를 나타내며 횡축과 만나는 점을 보자력, 종축과 만나는 점을 잔류 자기라 한다.

15 가공 인입선을 시설하는 경우 다음 내용 중 틀린 것은?

① DV 전선을 사용하며 2.6[mm] 이상의 전선을 사용하지 말 것
② 인입구에서 분기하여 100[m]를 초과하지 말 것
③ 도로 5[m]를 횡단하지 말 것
④ 옥내를 관통하지 말 것

해설 가공 인입선의 사용 전선은 2.6[mm] 이상 경동선이나 동등 이상의 세기를 가진 절연 전선(DV 전선 포함)을 사용한다[단, 지지물 간 거리(경간) 15[m] 이하는 2.0[mm] 이상도 가능].

16 평형 3상 교류 회로의 Y회로로부터 △회로로 등가 변환하기 위해서는 어떻게 하여야 하는가?

① 각 상의 임피던스를 3배로 한다.
② 각 상의 임피던스를 $\sqrt{3}$ 배로 한다.
③ 각 상의 임피던스를 $\dfrac{1}{\sqrt{3}}$로 한다.
④ 각 상의 임피던스를 $\dfrac{1}{3}$로 한다.

해설 Y→△로 등가 변환 시 각 상의 임피던스를 3배로 해주어야 한다.

17 공기 중에서 5[cm] 간격을 유지하고 있는 2개의 평행 도선에 각각 10[A]의 전류가 동일한 방향으로 흐를 때 도선 1[m]당 발생하는 힘의 크기[N]는?

① 4×10^{-4}
② 2×10^{-5}
③ 4×10^{-5}
④ 2×10^{-4}

해설 평행 도체 사이에 작용하는 힘의 세기
$$F = \frac{2 I_1 I_2}{r} \times 10^{-7}$$
$$= \frac{2 \times 10 \times 10}{0.05} \times 10^{-7}$$
$$= 4 \times 10^{-4} [\text{N/m}]$$

18 일정한 주파수의 전원에서 운전하는 3상 유도 전동기의 전원 전압이 80[%]가 되었다면 토크는 약 몇 [%]가 되는가? (단, 회전수는 변하지 않는 상태로 한다.)

① 55
② 64
③ 76
④ 82

해설 3상 유도 전동기에서 토크는 공급 전압의 제곱에 비례하므로 전압의 80[%]로 운전하면 토크는 $\tau_{80} = 0.8^2 = 64[\%]$가 된다.

19 전기기기의 철심 재료로 규소 강판을 성층해서 사용하는 이유로 가장 적당한 것은?

① 기계손을 줄이기 위하여
② 동손을 줄이기 위하여
③ 풍손을 줄이기 위하여
④ 히스테리시스손과 와류손을 줄이기 위하여

해설 철손 감소 대책
• 성층 사용 : 와류손 감소
• 규소 강판 사용 : 히스테리시스손 감소

정답 14.④ 15.① 16.① 17.① 18.② 19.④

20 디지털 계전기의 장점이 아닌 것은?
① 진동의 영향을 받지 않는다.
② 신뢰성이 높다.
③ 광범위한 계산에 활용할 수 있다.
④ 자동 감시 기능을 갖는다.

해설 디지털 계전기 : 보호 기능이 우수하며 처리 속도가 빨라 광범위한 계산에 용이하지만 서지에 약하고 왜형파로 오동작 하기 쉬워서 신뢰도가 낮다.

21 변압기유가 구비해야 할 조건으로 틀린 것은?

① 절연 내력이 높을 것
② 응고점이 높을 것
③ 고온에도 산화되지 않을 것
④ 냉각 효과가 클 것

해설 변압기 절연유의 구비 조건
- 절연 내력이 클 것
- 응고점이 낮을 것
- 인화점이 높을 것
- 고온에도 산화되지 않을 것

22 동기 발전기의 병렬 운전에서 같지 않아도 되는 것은?

① 위상　　② 주파수
③ 용량　　④ 전압

해설 동기 발전기의 병렬 운전 조건
- 기전력의 크기가 같을 것
- 기전력의 파형이 같을 것
- 기전력의 주파수가 같을 것
- 기전력의 위상이 같을 것
- 상회전 방향이 같을 것(3상 동기 발전기)

23 분상 기동형 단상 유도 전동기의 기동 권선은?
① 운전 권선보다 굵고 권선이 많다.
② 운전 권선보다 가늘고 권선이 많다.
③ 운전 권선보다 굵고 권선이 적다.
④ 운전 권선보다 가늘고 권선이 적다.

해설 분상 기동형 단상 유도 전동기의 권선
- 운전 권선(L만의 회로) : 굵은 권선으로 길게 하여 권선을 많이 감아서 L성분을 크게 한다.
- 기동 권선(R만의 회로) : 운전 권선보다 가늘고 권선을 적게 하여 저항값을 크게 한다.

24 유도 발전기의 장점이 아닌 것은?
① 동기 발전기에 비해 가격이 저렴하다.
② 조작이 쉽다.
③ 동기 발전기처럼 동기화할 필요가 없다.
④ 효율과 역률이 높다.

해설 유도 발전기는 유도 전동기를 동기 속도 이상으로 회전시켜서 전력을 얻어내는 발전기로서 동기기에 비해 조작이 쉽고 가격이 저렴하지만 효율과 역률이 낮다.

25 1차 권수 6,000, 2차 권수 200인 변압기의 전압비는?
① 30　　② 60
③ 90　　④ 120

해설 변압기의 전압비(권수비)
$$a = \frac{N_1}{N_2} = \frac{6,000}{200} = 30$$

26 동기기의 전기자 권선법이 아닌 것은?

① 이층권　　② 단절권
③ 중권　　　④ 전절권

해설 고조파 제거로 좋은 파형을 얻기 위해 단절권을 사용한다.

27 3상 변압기의 병렬 운전 시 병렬 운전이 불가능한 결선 조합은?
① △−△와 Y−Y　② △−△와 △−Y
③ △−Y와 △−Y　④ △−△와 △−△

정답 20.② 21.② 22.③ 23.④ 24.④ 25.① 26.④ 27.②

해설 병렬 운전이 가능한 조합

병렬 운전 가능	병렬 운전 불가능
△-△와 △-△ Y-Y와 Y-Y Y-△와 Y-△ △-Y와 △-Y △-△와 Y-Y V-V와 V-V	△-△와 △-Y Y-Y와 △-Y

28 변류기 개방 시 2차측을 단락하는 이유는?

① 2차측 절연 보호
② 2차측 과전류 보호
③ 측정 오차 감소
④ 변류비 유지

해설 변류기 2차측을 개방하게 되면 변류기 1차측의 부하 전류가 모두 여자 전류가 되어 변류기 2차측에 고전압이 유도되어 절연이 파괴될 수도 있으므로 반드시 단락시켜야 한다.

29 유도 전동기에서 원선도 작성 시 필요하지 않은 시험은?

① 무부하 시험
② 구속 시험
③ 저항 측정
④ 슬립 측정

해설 유도 전동기에서 원선도 작성 시 필요한 시험
• 저항 측정 시험 : 1차 동손
• 무부하 시험 : 여자 전류, 철손
• 구속 시험(단락 시험) : 2차 동손

30 일반적으로 특고압 전로에 시설하는 피뢰기의 접지 공사 시 접지 저항[Ω]은?

① 10 ② 20
③ 30 ④ 40

해설 피뢰기의 접지 저항 : 10[Ω]

31 성냥, 석유류 등 위험물 등이 있는 곳에서의 저압 옥내 배선 공사 방법이 아닌 것은?

① 케이블 공사 ② 합성수지관 공사
③ 금속관 공사 ④ 애자 사용 공사

해설 셀룰로이드, 성냥, 석유류 등 가연성 위험 물질을 제조 또는 저장하는 장소 : 금속관 공사, 케이블 공사, 두께 2[mm] 이상의 합성수지관 공사

32 고압 가공 인입선 공사 시 가공 인입선이 도로를 횡단하는 경우 지표면상에서 몇 [m] 이상 높이에 시설하여야 하는가?

① 3 ② 4
③ 5 ④ 6

해설 저압·고압 가공 인입선의 높이

구 분	저 압	고 압
도로 횡단	5[m] 이상	6[m] 이상
철도 횡단	6.5[m] 이상	6.5[m] 이상
횡단보도교	3[m] 이상	3.5[m] 이상
기타 장소	4[m] 이상	5[m] 이상

33 정격 전류가 30[A]인 저압 전로의 과전류 차단기를 산업용 배선용 차단기로 사용하는 경우 39[A]의 전류가 통과하였을 때 몇 분 이내에 자동적으로 동작하여야 하는가?

① 1분 ② 60분
③ 2분 ④ 120분

해설 과전류 차단기로 저압 전로에 사용하는 63[A] 이하의 산업용 배선용 차단기는 정격 전류의 1.3배 전류가 흐를 때 60분 내에 자동으로 동작하여야 한다.

34 막대자석의 자극의 세기가 10[Wb]이고, 길이가 20[cm]인 경우 자기 모멘트[Wb·cm]는 얼마인가?

① 20 ② 100
③ 200 ④ 90

정답 28.① 29.④ 30.① 31.④ 32.④ 33.② 34.③

해설 막대자석의 모멘트 $M = ml$
$= 10 \times 20$
$= 200 [\text{Wb} \cdot \text{cm}]$

35 특고압 수변전 설비 약호가 잘못된 것은?
① LF - 전력 퓨즈
② DS - 단로기
③ LA - 피뢰기
④ CB - 차단기

해설 전력 퓨즈는 약호가 PF이다.

36 폭연성 먼지(분진)가 존재하는 곳의 금속관 공사 시 전동기에 접속하는 부분에서 가요성을 필요로 하는 부분의 배선에는 폭발 방지(방폭)형의 부속품 중 어떤 것을 사용하여야 하는가?
① 유연성 구조
② 분진 방폭형 유연성 구조
③ 안정 증가형 유연성 구조
④ 안전 증가형 구조

해설 폭연성 먼지(분진)가 존재하는 장소 : 전동기에 가요성을 요하는 부분의 부속품은 분진 방폭형 유연성 구조이어야 한다.

37 동일 굵기의 단선을 쥐꼬리 접속하는 경우 두 전선의 피복을 벗긴 후 심선을 교차시켜서 펜치로 비틀면서 꼬아야 하는데 이때 심선의 교차각은 몇 도가 되도록 해야 하는가?
① 30°
② 90°
③ 120°
④ 180°

해설 쥐꼬리 접속은 전선 피복을 여유 있게 벗긴 후 심선을 90°가 되도록 교차시킨 후 펜치로 잡아당기면서 비틀어 2~3회 정도 꼰 후 끝을 잘라 낸다.

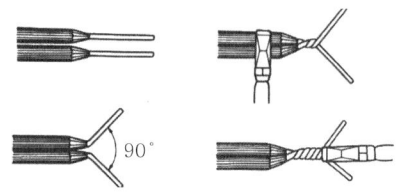

▮쥐꼬리 접속▮

38 노출 장소 또는 점검 가능한 장소에서 제2종 가요 전선관을 시설하고 제거하는 것이 자유로운 경우의 곡선(곡률) 반지름은 안지름의 몇 배 이상으로 하여야 하는가?
① 6
② 3
③ 12
④ 10

해설 제2종 가요관의 곡선(곡률) 반지름은 가요 전선관을 시설하고 제거하는 것이 자유로운 경우 안지름의 3배 이상으로 한다.

39 옥내 배선 공사에서 절연 전선의 피복을 벗길 때 사용하면 편리한 공구는?
① 드라이버
② 플라이어
③ 압착 펜치
④ 와이어 스트리퍼

해설 와이어 스트리퍼 : 절연 전선의 피복 절연물을 직각으로 벗기기 위한 자동 공구로, 도체의 손상을 방지하기 위하여 정확한 크기의 구멍을 선택하여 피복 절연물을 벗겨야 한다.

40 코일 주위에 전기적 특성이 큰 에폭시 수지를 고진공으로 침투시키고, 다시 그 주위를 기계적 강도가 큰 에폭시 수지로 몰딩한 변압기는?
① 건식 변압기
② 몰드 변압기
③ 유입 변압기
④ 타이 변압기

해설 몰드 변압기 : 코일 주위에 전기적 특성이 큰 에폭시 수지를 고진공으로 침투시키고, 다시 그 주위를 기계적 강도가 큰 에폭시 수지로 몰딩한 변압기

정답 35.① 36.② 37.② 38.② 39.④ 40.②

41 진동이 있는 기계 기구의 단자에 전선을 접속할 때 사용하는 것은?

① 압착 단자
② 스프링 와셔
③ 코드 스패너
④ 십자머리 볼트

해설 진동으로 인하여 단자가 풀릴 우려가 있는 곳에는 스프링 와셔나 이중 너트를 사용한다.

42 가공 인입선을 시설할 때 경동선의 최소 굵기는 몇 [mm]인가? [단, 지지물 간 거리(경간)가 15[m]를 초과한 경우이다.]

① 2.0
② 2.6
③ 3.2
④ 1.5

해설 가공 인입선의 사용 전선 : 2.6[mm] 이상 경동선 또는 이와 동등 이상일 것[단, 지지물 간 거리(경간) 15[m] 이하는 2.0[mm] 이상도 가능]

43 조명등을 숙박업소의 입구에 설치할 때 현관등은 최대 몇 분 이내에 소등되는 타임 스위치를 시설하여야 하는가?

① 4
② 3
③ 1
④ 2

해설 현관등 타임스위치
• 일반 주택 및 아파트 : 3분
• 숙박업소 각 호실 : 1분

44 점유 면적이 좁고 운전, 보수에 안전하므로 공장, 빌딩 등의 전기실에 많이 사용되며, 큐비클(cubicle)형이라고 불리는 배전반은?

① 라이브 프런트식 배전반
② 폐쇄식 배전반
③ 포스트형 배전반
④ 데드 프런트식 배전반

해설 폐쇄식 배전반이란 단위 회로의 변성기, 차단기 등의 주기기류와 이를 감시, 제어, 보호하기 위한 각종 계기 및 조작 개폐기, 계전기 등 전부 또는 일부를 금속제 상자 안에 조립하는 방식

45 박강 전선관의 호칭을 맞게 설명한 것은?

① 안지름(내경)에 가까운 홀수로 표시한다.
② 바깥지름(외경)에 가까운 짝수로 표시한다.
③ 바깥지름(외경)에 가까운 홀수로 표시한다.
④ 안지름(내경)에 가까운 짝수로 표시한다.

해설 박강 전선관의 호칭 : 바깥지름(외경)에 가까운 홀수

46 한국전기설비규정에 의한 고압 가공 전선로 철탑의 경간은 몇 [m] 이하로 제한하고 있는가?

① 150
② 250
③ 500
④ 600

해설 고압 가공 전선로의 철탑의 표준 경간 : 600[m]

47 옥내 배선 공사에서 대지 전압 150[V]를 초과하고 300[V] 이하 저압 전로의 인입구에 인체 감전 사고를 방지하기 위하여 반드시 시설해야 하는 지락 차단 장치는?

① 퓨즈
② 커버나이프 스위치
③ 배선용 차단기
④ 누전 차단기

해설 옥내 전로의 대지 전압이 150[V]를 초과하고 300[V] 이하 저압 전로의 인입구에는 반드시 누전 차단기를 시설해야 한다.

정답 41.② 42.② 43.③ 44.② 45.③ 46.④ 47.④

48 보호를 요하는 회로의 전류가 어떤 일정한 값(정정값) 이상으로 흘렀을 때 동작하는 계전기?

① 과전류 계전기
② 과전압 계전기
③ 차동 계전기
④ 비율 차동 계전기

해설 전류가 정정값 이상이 되면 동작하는 계전기는 과전류 계전기이다.

49 연피 케이블 및 알루미늄피 케이블을 구부리는 경우는 피복이 손상되지 않도록 하고, 그 굽은 부분(굴곡부)의 곡선반지름(곡률 반경)은 원칙적으로 케이블 바깥지름(외경)의 몇 배 이상이어야 하는가?

① 8
② 6
③ 12
④ 10

해설 알루미늄피 케이블의 곡선반지름(곡률반경)은 케이블 바깥지름의 12배 이상이다.

50 직류 발전기의 정격 전압이 100[V], 무부하 전압이 104[V]이다. 이 발전기의 전압 변동률 ε[%]은?

① 1
② 2
③ 3
④ 4

해설 전압 변동률 $\varepsilon = \dfrac{V_0 - V_n}{V_n} \times 100$

$= \dfrac{104 - 100}{100} \times 100 = 4[\%]$

51 동기 전동기에서 난조를 방지하기 위하여 자극면에 설치하는 권선을 무엇이라 하는가?

① 제동 권선
② 계자 권선
③ 전기자 권선
④ 보상 권선

해설 동기 전동기에서 난조 방지와 기동 토크를 발생시키기 위하여 권선을 제동 권선을 설치한다.

52 투자율 μ의 단위는?

① [AT/m]
② [Wb/m²]
③ [AT/Wb]
④ [H/m]

해설 투자율 μ의 단위는 [H/m]이다.

53 양방향으로 전류를 흘릴 수 있는 양방향 소자는?

① SCR
② GTO
③ TRIAC
④ MOSFET

해설 TRIAC(트라이액)은 SCR 2개를 역병렬로 접속한 소자로서 교류 회로에서 양방향 점호(ON) 및 소호(OFF)를 이용하며, 위상 제어가 가능하다.

54 패러데이의 전자 유도 법칙에서 유도 기전력이 발생되는 사항으로 옳은 것은?

① 자속의 시간 변화율에 비례한다.
② 권수에 반비례한다.
③ 자속에 비례한다.
④ 권수에 비례하고 자속에 반비례한다.

해설 패러데이의 법칙 : 코일에서 유도되는 기전력의 크기는 자속의 시간적인 변화율에 비례한다.

55 콘덴서만의 회로에 정현파형의 교류를 인가한 경우 전압과 전류의 위상 관계는?

① 전류가 90도 앞선다.
② 전류가 90도 뒤진다.
③ 전압이 90도 앞선다.
④ 동상이다.

해설 콘덴서만의 회로 : 전류가 전압보다 90° 앞선다(진상, 용량성).

정답 48.① 49.③ 50.④ 51.① 52.④ 53.③ 54.① 55.①

56 도체의 전기 저항에 영향을 주는 요소가 아닌 것은?

① 도체의 성분 ② 도체의 길이
③ 도체의 모양 ④ 도체의 단면적

해설 전기 저항 $R = \rho \frac{l}{S}[\Omega]$

여기서, 고유 저항 $\rho[\Omega \cdot m]$
(도체의 성분에 따라 다르다.)
도체의 길이 $l[m]$
도체의 단면적 $S[m^2]$

57 다음 중 반자성체는?

① 안티몬 ② 알루미늄
③ 코발트 ④ 니켈

해설 반자성체($\mu_s < 1$) : 구리, 안티몬, 은, 비스무트

58 동기 발전기의 돌발 단락 전류를 주로 제한하는 것은?

① 누설 리액턴스
② 동기 임피던스
③ 권선 저항
④ 동기 리액턴스

해설 돌발 단락 전류 제한 : 누설 리액턴스

59 묽은 황산(H_2SO_4) 용액에 구리(Cu)와 아연(Zn)판을 넣으면 전지가 된다. 이때 양극(+)에 대한 설명으로 옳은 것은?

① 구리판이며 수소 기체가 발생한다.
② 구리판이며 산소 기체가 발생한다.
③ 아연판이며 수소 기체가 발생한다.
④ 아연판이며 산소 기체가 발생한다.

해설 전지의 음극과 양극
- 음극(아연판) : 아연 이온(Zn^{++})은 SO_4^- 이온과 결합하여 $ZnSO_4$ 형태로 존재
- 양극(구리판) : 수소 이온($2H^+$)은 구리판에 부착

60 저항 R_1, R_2의 병렬 회로에서 전전류가 I일 때 R_2에 흐르는 전류[A]는?

① $\frac{R_1 + R_2}{R_1}I$ ② $\frac{R_1 + R_2}{R_2}I$
③ $\frac{R_1}{R_1 + R_2}I$ ④ $\frac{R_2}{R_1 + R_2}I$

해설 R_2에 흐르는 전류는 저항에 반비례 분배되므로

$I_2 = \frac{R_1}{R_1 + R_2}I[A]$

정답 56.③ 57.① 58.① 59.① 60.③

2022년 제4회 CBT 기출복원문제

★ 표시 : 문제 중요도를 나타냄

본 기출문제는 수험생들의 기억을 바탕으로 작성한 것으로 내용 및 그림 등에서 실제 문제와 다소 차이가 있을 수 있습니다.

01 변압기 중성점에 접지 공사를 하는 이유는?

① 전류 변동의 방지
② 고·저압 혼촉 방지
③ 전력 변동의 방지
④ 전압 변동의 방지

해설 변압기는 고압, 특고압을 저압으로 변성시키는 기기로서 고·저압 혼촉 사고를 방지하기 위하여 반드시 2차측 중성점에 접지 공사를 하여야 한다.

02 동기 전동기의 용도로 적합하지 않은 것은?

① 송풍기　　② 압축기
③ 크레인　　④ 분쇄기

해설 동기 전동기는 속도가 일정하므로 속도 조절이 빈번한 크레인은 적합하지 않다.

03 동기 전동기의 자기 기동법에서 계자 권선을 단락하는 이유는?

① 기동이 쉽다.
② 기동 권선으로 이용한다.
③ 고전압 유도에 의한 절연 파괴 위험 방지
④ 전기자 반작용을 방지한다.

해설 동기 전동기의 자기 기동법에서 계자 권선을 단락하는 첫 번째 이유는 고전압 유도에 의한 절연파괴 위험 방지이다.

04 변압기의 1차 전압이 3,300[V], 권선수 15인 변압기의 2차측의 전압은 몇 [V]인가?

① 3,850　　② 330
③ 220　　　④ 110

해설 권수비 $a = \dfrac{V_1}{V_2}$ 에서

2차 전압 $V_2 = \dfrac{V_1}{a} = \dfrac{3,300}{15} = 220[\text{V}]$

05 3상 유도 전동기의 회전 방향을 바꾸려면 어떻게 해야 하는가?

① 전원의 극수를 바꾼다.
② 3상 전원의 3선 중 두 선의 접속을 바꾼다.
③ 전원의 주파수를 바꾼다.
④ 기동 보상기를 이용한다.

해설 3상 유도 전동기는 회전 자계에 의해 회전하며 회전 자계의 방향을 반대로 하려면 전원의 3선 가운데 2선을 바꾸어 전원에 다시 연결하면 회전 방향은 반대로 된다.

06 반도체 사이리스터에 의한 전동기의 속도 제어 중 주파수 제어는?

① 초퍼 제어　　② 인버터 제어
③ 컨버터 제어　④ 브리지 정류 제어

해설 인버터 제어 : 전동기 전원의 주파수를 변환하여 속도를 제어하는 방식

정답 01.② 02.③ 03.③ 04.③ 05.② 06.②

07 6극 72홈 표준 농형 3상 유도 전동기의 매극 매상당의 홈수는?

① 2 ② 3
③ 4 ④ 6

해설 매극 매상당 홈수 = $\dfrac{\text{총 슬롯수}}{\text{극수}\times\text{상수}} = \dfrac{72}{6\times 3} = 4$

08 비례 추이를 이용하여 속도 제어가 되는 전동기는?

① 동기 전동기
② 농형 유도 전동기
③ 직류 분권 전동기
④ 3상 권선형 유도 전동기

해설 권선형 유도 전동기는 2차 저항을 조정함으로써 최대 토크는 변하지 않는 상태에서 속도 조절이 가능하다.

09 직류 전동기의 규약 효율을 표시하는 식은?

① $\dfrac{\text{출력}}{\text{출력}+\text{손실}}\times 100[\%]$
② $\dfrac{\text{출력}}{\text{입력}}\times 100[\%]$
③ $\dfrac{\text{입력}-\text{손실}}{\text{입력}}\times 100[\%]$
④ $\dfrac{\text{입력}}{\text{출력}+\text{손실}}\times 100[\%]$

해설 직류 전동기의 규약 효율
$\eta = \dfrac{\text{입력}-\text{손실}}{\text{입력}}\times 100[\%]$

10 슬립이 10[%], 극수 2극, 주파수 60[Hz]인 유도 전동기의 회전 속도[rpm]는?

① 3,800 ② 3,600
③ 3,240 ④ 1,800

해설 동기 속도 $N_s = \dfrac{120f}{P} = \dfrac{120\times 60}{2} = 3,600[\text{rpm}]$

회전 속도 $N = (1-s)N_s$
$= (1-0.1)\times 3,600$
$= 3,240[\text{rpm}]$

11 2극 3,600[rpm]인 동기 발전기와 병렬 운전하려는 12극 발전기의 회전수는 몇 [rpm]인가?

① 3,600 ② 1,200
③ 1,800 ④ 600

해설 동기 발전기의 병렬 운전 조건에서 주파수가 같아야 하므로 $f = \dfrac{N_{s1}P_1}{120} = \dfrac{3,600\times 2}{120} = 60[\text{Hz}]$
$N_{s2} = \dfrac{120f}{P_2} = \dfrac{120\times 60}{12} = 600[\text{rpm}]$

12 다음 중 계전기의 종류가 아닌 것은?

① 과저항 계전기 ② 지락 계전기
③ 과전류 계전기 ④ 과전압 계전기

해설 거리에 비례하는 저항 계전기는 있지만 과저항 계전기는 존재하지 않는다.

13 반도체 내에서 정공은 어떻게 생성되는가?

① 자유 전자의 이동
② 접합 불량
③ 결합 전자의 이탈
④ 확산 용량

해설 정공이란 결합 전자의 이탈로 생기는 빈자리를 뜻한다.

14 변압기유의 열화 방지와 관계가 가장 먼 것은?

① 부싱   ② 콘서베이터
③ 불활성 질소 ④ 브리더

해설 변압기유의 열화 방지 대책 : 브리더 설치, 콘서베이터 설치, 불활성 질소 봉입

정답 07.③ 08.④ 09.③ 10.③ 11.④ 12.① 13.③ 14.①

15 변압기유가 구비해야 할 조건으로 틀린 것은?
① 절연 내력이 클 것
② 인화점이 높을 것
③ 고온에도 산화되지 않을 것
④ 응고점이 높을 것

해설 변압기 절연유의 구비 조건
- 절연 내력이 클 것
- 인화점이 높을 것
- 응고점이 낮을 것
- 고온에도 산화되지 않을 것

16 다음 그림은 4극 직류 전동기의 자기 회로이다. 자기 저항이 가장 큰 곳은 어디인가?

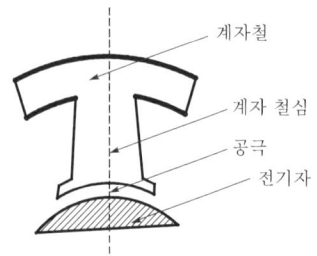

① 계자철
② 계자 철심
③ 전기자
④ 공극

해설 자기 저항은 $R = \dfrac{l}{\mu_0 \mu_s A}$ [AT/Wb]로서 계자철, 계자 철심, 전기자 도체 등은 강자성체($\mu_s \gg 1$)를 사용하므로 자기 저항이 아주 작고 그에 비해 공극은 $\mu_s = 1$이므로 자기 저항이 가장 크다.

17 직류 직권 전동기에서 벨트를 걸고 운전하면 안 되는 이유는?
① 벨트가 마멸 보수가 곤란하므로
② 벨트가 벗겨지면 위험 속도에 도달하므로
③ 직결하지 않으면 속도 제어가 곤란하므로
④ 손실이 많아지므로

해설 직류 직권 전동기는 정격 전압하에서 무부하 특성을 지니므로, 벨트가 벗겨지면 속도는 급격히 상승하여 위험 속도에 도달할 수 있다.

18 단자 전압 100[V], 전기자 전류 10[A], 전기자 저항 1[Ω], 회전수 1,500[rpm]인 직류 직권 전동기의 역기전력은 몇 [V]인가?
① 110
② 80
③ 90
④ 100

해설 전동기의 역기전력 $E = V - I_a R_a$
$= 100 - (10 \times 1)$
$= 90 [V]$

19 다음 중 동기 발전기의 병렬 운전 조건이 아닌 것은?
① 기전력의 크기가 같을 것
② 기전력의 위상이 같을 것
③ 기전력의 주파수가 같을 것
④ 기전력의 용량이 같을 것

해설 기전력의 크기, 위상, 주파수, 파형 등이 같아야 한다.

20 낮은 전압을 높은 전압으로 승압할 때 일반적으로 사용되는 변압기의 3상 결선 방식은?
① Y-△
② Y-Y
③ △-Y
④ △-△

해설 △-Y는 변전소에서 승압용으로 사용하며 1차와 2차 위상차는 30°이다.

정답 15.④ 16.④ 17.② 18.③ 19.④ 20.③

21 일반적으로 과전류 차단기를 설치하여야 할 곳으로 틀린 것은?

① 접지측 전선
② 보호용, 인입선 등 분기선을 보호하는 곳
③ 송배전 선로의 분기선을 보호하는 곳
④ 간선의 전원측 전선

해설 접지측 전선은 과전류 차단기를 설치하면 안 된다.

22 그림과 같은 회로에서 전류 I [A]를 구하면?

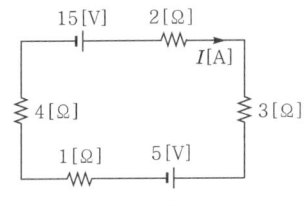

① 1
② 2
③ 3
④ 4

해설 전류 $I = \dfrac{15-5}{2+3+1+4} = \dfrac{10}{10} = 1$ [A]

23 어떤 물질이 정상 상태보다 전자의 수가 많거나 적어지면 전기를 띠는 상태가 되는데, 이 물질을 무엇이라 하는가?

① 전기량
② 전하
③ 대전
④ 기전력

해설 어떤 물질이 정상 상태보다 전자의 수가 많거나 적어져서 양 또는 음전하를 띠는 현상을 대전 현상이라 하는데, 이때 전기를 띠는 상태의 물질을 전하라고 한다.

24 패러데이 전자 유도 법칙에서 유도 기전력에 관계되는 사항으로 옳은 것은?

① 자속의 시간 변화율에 비례한다.
② 권수에 반비례한다.
③ 자속에 비례한다.
④ 권수에 비례하고 자속에 반비례한다.

해설 패러데이의 전자 유도 법칙에 의한 유도 기전력
$e = N\dfrac{\Delta \Phi}{\Delta t}$ [V]
유도 기전력은 자속의 시간 변화율에 비례한다.

25 콘덴서만의 회로에 정현 파형의 교류 전압을 인가하면 전류는 전압보다 위상이 어떠한가?

① 전류가 90° 앞선다.
② 전류가 30° 늦다.
③ 전류가 30° 앞선다.
④ 전류가 90° 늦다.

해설 C만의 회로에서는 전류가 전압보다 90° 앞서는 진상 전류가 흐른다.

26 저항 R_1, R_2의 병렬 회로에서 전 전류가 I일 때 R_2에 흐르는 전류는?

① $\dfrac{R_1 + R_2}{R_1}I$
② $\dfrac{R_1 + R_2}{R_2}I$
③ $\dfrac{R_1}{R_1 + R_2}I$
④ $\dfrac{R_2}{R_1 + R_2}I$

해설 R_1, R_2에 흐르는 전체 전류를 I라 하면, 저항의 병렬 접속 시 각 저항에 흐르는 전류는 반비례 분배된다.
따라서, R_2에 흐르는 전류 $I_2 = \dfrac{R_1}{R_1 + R_2}I$

27 인입 개폐기가 아닌 것은?

① ASS
② LBS
③ LS
④ UPS

해설 UPS(Uninterruptible Power Supply)는 무정전 전원 공급 장치이다.

정답 21.① 22.① 23.② 24.① 25.① 26.③ 27.④

28 $R=3[\Omega]$, $\omega L=8[\Omega]$, $\dfrac{1}{\omega C}=4[\Omega]$인 RLC 직렬 회로의 임피던스는 몇 [Ω]인가?

① 5　　　　② 8.5
③ 12.4　　　④ 15

해설
$\dot{Z} = R + j\left(\omega L - \dfrac{1}{\omega C}\right)$
$\quad = 3 + j(8-4) = 3 + j4$
$Z = \sqrt{3^2 + 4^2} = 5[\Omega]$

29 전선 접속 시 S형 슬리브 사용에 대한 설명으로 틀린 것은?

① 전선의 끝이 슬리브의 끝에서 조금 나오는 것은 바람직하지 않다
② 슬리브는 전선의 굵기에 적합한 것을 선정한다.
③ 직선 접속 또는 분기 접속에서 2회 이상 꼬아 접속한다.
④ 단선과 연선 접속이 모두 가능하다.

해설 슬리브 접속은 2~3회 꼬아서 접속해야 하며 전선의 끝은 슬리브의 끝에서 조금 나오는 것이 바람직하다.

30 16[mm] 합성수지 전선관을 직각 구부리기를 할 경우 굽힘 반지름은 몇 [mm]인가? (단, 16[mm] 합성수지관의 안지름은 18[mm], 바깥 지름은 22[mm]이다.)

① 119　　　② 132
③ 187　　　④ 220

해설 합성수지 전선관을 직각 구부리기 : 전선관의 안지름 d, 바깥 지름이 D일 경우
굽힘 반지름 $R = 6d + \dfrac{D}{2}$
$\quad = 6 \times 18 + \dfrac{22}{2}$
$\quad = 119[\text{mm}]$

31 코일에 교류 전압 100[V], $f=60[\text{Hz}]$를 가했더니 지상 전류가 4[A]였다. 여기에 15[Ω]의 용량성 리액턴스 $X_C[\Omega]$을 직렬로 연결한 후 진상 전류가 4[A]였다면 유도성 리액턴스 $X_L[\Omega]$은 얼마인가?

① 5　　　　② 5.5
③ 7.5　　　④ 15

해설
$Z = \dfrac{V}{I} = \dfrac{100}{4} = 25 = \sqrt{R^2 + X_L^2}\,[\Omega]$
$Z' = \dfrac{V}{I'} = \dfrac{100}{4} = 25 = \sqrt{R^2 + (15 - X_L)^2}\,[\Omega]$
$R^2 + X_L^2 = R^2 + (15 - X_L)^2$
$225 - 30 X_L = 0$
$X_L = \dfrac{225}{30} = 7.5[\Omega]$

32 1[C]의 전하에 100[N]의 힘이 작용했다면 전기장의 세기[V/m]는?

① 10　　　② 50
③ 100　　④ 0.01

해설 전기장의 세기 : 단위 전하에 작용하는 힘
힘과의 관계식 $F = QE[\text{N}]$식에서
전기장 $E = \dfrac{F}{Q}$
$\quad = \dfrac{100}{1} = 100[\text{V/m}]$

33 배선용 차단기의 심벌은?

① ☐ B
② ☐ E
③ ☐ BE
④ ☐ S

해설
② : 누전 차단기
④ : 개폐기
① : 배선용 차단기

정답 28.① 29.① 30.① 31.③ 32.③ 33.①

34 KEC(한국전기설비규정)에 의한 400[V] 이하 가공 전선으로 절연 전선의 최소 굵기 [mm]는?

① 1.6 ② 2.6
③ 3.2 ④ 4.0

해설 전압별 가공 전선의 굵기

사용 전압	전선의 굵기
400[V] 이하	• 절연 전선 : 2.6[mm] 이상 경동선 • 나전선 : 3.2[mm] 이상 경동선
400[V] 초과	• 시가지 내 : 5.0[mm] 이상 경동선 • 시가지 외 : 4.0[mm] 이상 경동선
특고압	• 25[mm²] 이상 경동 연선

35 전원과 부하가 다같이 △결선된 3상 평형 회로가 있다. 상전압이 200[V], 부하 임피던스가 $\dot{Z} = 6 + j8[\Omega]$인 경우 선전류는 몇 [A]인가?

① 20 ② $\frac{20}{\sqrt{3}}$
③ $20\sqrt{3}$ ④ $10\sqrt{3}$

해설 선간 전압 $V_l = V_p = 200[V]$
한 상의 임피던스 $\dot{Z} = 6 + j8[\Omega] \rightarrow Z = 10[\Omega]$
상전류 $I_p = \frac{V}{Z} = \frac{200}{10} = 20[A]$
선전류 $I_l = \sqrt{3}\, I_p = \sqrt{3} \times 20 = 20\sqrt{3}\,[A]$

36 비유전율이 큰 산화티탄 등을 유전체로 사용한 것으로 극성이 없으며 가격에 비해 성능이 우수하여 널리 사용되고 있는 콘덴서의 종류는?

① 마일러 콘덴서 ② 마이카 콘덴서
③ 전해 콘덴서 ④ 세라믹 콘덴서

해설 세라믹 콘덴서 : 비유전율이 큰 산화티탄 등을 유전체로 하는 콘덴서로서 자기 콘덴서라고도 하며, 성능이 우수하고 소형으로 할 수 있는 특징이 있다.

37 플로어 덕트 공사에 의한 저압 옥내 배선에서 절연 전선으로 연선을 사용하지 않아도 되는 것은 전선의 굵기가 몇 [mm²] 이하인 경우인가?

① 2.5 ② 4
③ 6 ④ 10

해설 저압 옥내 배선에서 플로어 덕트 공사 시 전선은 절연 전선으로 연선이 원칙이지만 단선을 사용하는 경우 단면적 10[mm²] 이하까지는 사용할 수 있다.

38 건축물·구조물의 철골 기타의 금속제는 이를 비접지식 고압 전로에 시설하는 기계 기구의 철대 또는 금속제 외함 또는 저압 전로를 결합하는 변압기의 저압 전로의 접지 공사의 접지극으로 사용할 수 있다. 이 경우 대지와의 전기 저항값이 몇 [Ω] 이하이어야 하는가?

① 1 ② 2
③ 3 ④ 4

해설 건축물의 철골 기타의 금속제는 대지와의 사이에 전기 저항값이 2[Ω] 이하인 경우 접지극으로 대용할 수 있다.

39 가공 전선로의 인입구에 설치하거나 금속관이나 합성수지관으로부터 전선을 뽑아 전동기 단자 부근에 접속할 때 관 단에 사용하는 재료는?

① 부싱 ② 엔트런스 캡
③ 터미널 캡 ④ 로크 너트

해설 터미널 캡은 배관 공사 시 금속관이나 합성수지관으로부터 전선을 뽑아 전동기 단자 부근에 접속할 때 또는 노출 배관에서 금속 배관으로 변경 시 전선 보호를 위해 관 끝에 설치하는 것으로 서비스 캡이라고도 한다.

정답 34.② 35.③ 36.④ 37.④ 38.② 39.③

40 도체의 전기 저항에 영향을 주는 요소가 아닌 것은?

① 도체의 종류
② 도체의 길이
③ 도체의 모양
④ 도체의 단면적

해설 전기 저항 $R = \rho \dfrac{l}{S}[\Omega]$

- 고유 저항 $\rho[\Omega \cdot m]$(도체의 재료에 따른 고유한 값)
- 도체의 길이 $l[m]$
- 도체의 단면적 $S[m^2]$

41 자체 인덕턴스 0.2[H]의 코일에 5[A]의 전류가 흐르고 있다. 축적되는 전자 에너지[J]는?

① 0.25
② 1.25
③ 2.5
④ 25

해설 $W = \dfrac{1}{2}LI^2 = \dfrac{1}{2} \times 0.2 \times 5^2 = 2.5[J]$

42 주택, 아파트인 경우 표준 부하는 몇 [VA/m²]인가?

① 10
② 20
③ 30
④ 40

해설 건물의 종류에 대응한 표준 부하[VA/m²]

건물의 종류	표준 부하
공장, 공회당, 사원, 교회, 극장, 영화관, 연회장	10
기숙사, 여관, 호텔, 병원, 학교, 음식점, 다방, 대중 목욕탕	20
사무실, 은행, 상점, 이발소, 미용원	30
주택, 아파트	40

43 묽은 황산(H_2SO_4) 용액에 구리(Cu)와 아연(Zn)판을 넣으면 전지가 된다. 이때 양극(+)에 대한 설명으로 옳은 것은?

① 구리판이며 수소 기체가 발생한다.
② 구리판이며 산소 기체가 발생한다.
③ 아연판이며 수소 기체가 발생한다.
④ 아연판이며 산소 기체가 발생한다.

해설 볼타 전지의 전해액과 극성

- 전해액 : 묽은 황산($H_2SO_4 = 2H^+ + SO_4^{--}$으로 전리)
- 음극제 : 아연이 Zn^{++}이 전해액에 용해($Zn^{++} + SO_4^{--} = ZnSO_4$)되어 음극으로 대전된다.
- 양극제 : 구리에 수소 이온 $2H^+$이 구리에 부착하여 양으로 대전되며 분극 현상이 발생한다.

44 정격 전압에서 1[kW]의 전력을 소비하는 저항에 정격의 90[%] 전압을 가했을 때, 전력은 몇 [W]가 되는가?

① 630
② 780
③ 810
④ 900

해설 $P = \dfrac{V^2}{R} = 1,000[W]$라 하면,

$P' = \dfrac{(0.9V)^2}{R} = 0.81\dfrac{V^2}{R} = 0.81P$
$= 0.81 \times 1,000[W] = 810[W]$

45 다음 중 전력량 1[W·s]와 같은 것은?

① 1[kcal]
② 1[J]
③ 1[kg·m]
④ 1[kWh]

해설 전력량 $W = Pt[J]$이므로 1[J] = 1[W·s]

정답 40.③ 41.③ 42.④ 43.① 44.③ 45.②

46 전자 유도 현상에 의한 기전력의 방향을 정의한 법칙은?

① 렌츠의 법칙
② 플레밍의 법칙
③ 패러데이의 법칙
④ 줄의 법칙

해설 렌츠의 법칙은 전자 유도 현상에 의한 유도 기전력의 방향을 정의한 법칙으로서 "유도 기전력은 자신이 발생 원인이 되는 자속의 변화를 방해하려는 방향으로 발생한다."는 법칙이다.

47 1[eV]는 몇 [J]인가?

① 1.602×10^{-19}
② 1×10^{-10}
③ 1
④ 1.16×10^4

해설 전자 1개의 전기량 $e = 1.602 \times 10^{-19}$[C]이므로 $W = QV$[J]에서
$1[eV] = 1.602 \times 10^{-19}[C] \times 1[V]$
$= 1.602 \times 10^{-19}[J]$

48 다음 중 반자성체는?

① 안티몬
② 알루미늄
③ 코발트
④ 니켈

해설 반자성체($\mu_s < 1$) : 외부 자계와 반대 방향으로 자화되는 자성체로 구리, 안티몬, 비스무트, 아연 등이 있다.

49 가공 인입선을 시설할 때 경동선의 최소 굵기는 몇 [mm]인가? [단, 지지물 간 거리(경간)가 15[m]를 초과한 경우이다.]

① 2.0
② 2.6
③ 3.2
④ 1.5

해설 가공 인입선의 사용 전선 : 2.6[mm] 이상 경동선 또는 이와 동등 이상일 것[단, 지지물 간 거리(경간) 15[m] 이하는 2.0[mm] 이상도 가능]

50 전등 1개를 2개소에서 점멸하고자 할 때 필요한 3로 스위치는 최소 몇 개인가?

① 1개
② 2개
③ 3개
④ 4개

해설 3로 스위치 : 1개의 등을 2개소에서 점멸하는 스위치로 2개가 필요하다.

51 전주 외등의 공사 방법으로 알맞지 않은 것은?

① 합성수지관
② 금속관
③ 케이블
④ 금속 덕트

해설 전주 외등의 배선
• 전선 : 단면적 2.5[mm²] 이상의 절연 전선
• 배선 방법 : 케이블 배선, 합성수지관 배선, 금속관 배선

52 전로에 시설하는 기계 기구의 철대 및 금속제 외함(외함이 없는 변압기 또는 계기용변성기는 철심)에는 접지 공사를 하여야 한다. 다음 중 접지 공사의 생략이 불가능한 장소는?

① 직류 사용 전압 300[V], 교류 대지 전압 150[V] 초과하는 전기 기계 기구를 건조한 장소에 설치한 경우
② 철대 또는 외함이 주위의 적당한 절연대를 이용하여 시설한 경우
③ 전기용품 안전관리법에 의한 2중 절연 기계 기구
④ 저압용 기계 기구를 목주나 마루 위 등에 설치한 경우

해설 전로에 시설하는 기계 기구의 철대 및 금속제 외함(외함이 없는 변압기 또는 계기용 변성기는 철심)의 접지 공사 생략 가능 항목
• 사용 전압이 직류 300[V], 교류 대지 전압 150[V] 이하인 전기 기계 기구를 건조한 장소에 설치한 경우
• 저압, 고압, 22.9[kV-Y] 계통 전로에 접속한 기계 기구를 목주 위 등에 시설한 경우

정답 46.① 47.① 48.① 49.② 50.② 51.④ 52.①

- 저압용 기계 기구를 목주나 마루 위 등에 설치한 경우
- 전기용품 안전관리법에 의한 2중 절연 기계 기구
- 외함이 없는 계기용 변성기 등을 고무 절연물 등으로 덮은 경우
- 철대 또는 외함이 주위의 적당한 절연대를 이용하여 시설한 경우
- 2차 전압 300[V] 이하, 정격 용량 3[kVA] 이하인 절연 변압기를 사용하고 2차측을 비접지 방식으로 하는 경우
- 동작 전류 30[mA] 이하, 동작 시간 0.03[sec] 이하인 인체 감전 보호 누전 차단기를 설치한 경우

53 다음 중 투자율의 단위에 해당되는 것은?

① [H/m] ② [F/m]
③ [A/m] ④ [V/m]

해설 투자율의 단위 : μ[H/m]

54 다음 그림은 전선 피복을 벗기는 공구이다. 알맞은 것은?

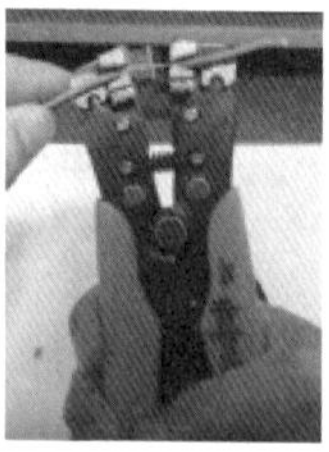

① 니퍼
② 펜치
③ 와이어 스트리퍼
④ 전선 눌러 붙임 (압착) 공구

해설 와이어 스트리퍼 : 전선 피복을 벗기는 공구로서 그림은 중간 부분을 벗길 수 있는 스트리퍼로서 자동 와이어 스트리퍼이다.

55 0.6/1[kV] 비닐 절연 비닐 외장 케이블의 약칭으로 맞는 것은?

① VV   ② EV
③ FP   ④ CV

해설 케이블의 약호
- VV : 비닐 절연 비닐 외장 케이블
- EV : 폴리에틸렌 절연 비닐 외장 케이블
- FP : 내화 케이블
- CV : 가교 폴리에틸렌 절연 비닐 외장 케이블

56 욕조나 샤워 시설이 있는 욕실 또는 화장실 등 인체가 물에 젖어 있는 상태에서 전기를 사용하는 장소에 콘센트를 시설하는 방법 중 틀린 것은?

① 콘센트는 접지극이 있는 방적형 콘센트를 사용하여 접지한다.
② 인체 감전 보호용 누전 차단기가 부착된 콘센트를 시설한다.
③ 절연 변압기(정격 용량 3[kVA] 이하인 것에 한한다.)로 보호된 전로에 접속한다.
④ 인체 감전 보호용 누전 차단기(정격 감도 전류 15[mA] 이하, 동작 시간 0.03초 이하의 전압 동작형의 것에 한한다.)로 보호된 전로에 접속한다.

해설 욕조나 샤워 시설이 있는 욕실 또는 화장실 등 인체가 물에 젖어 있는 상태에서 전기를 사용하는 장소에 콘센트를 시설하는 경우
- 인체 감전 보호용 누전 차단기(정격 감도 전류 15[mA] 이하, 동작 시간 0.03초 이하의 전류 동작형의 것) 또는 절연 변압기(정격 용량 3[kVA] 이하인 것)로 보호된 전로에 접속하거나, 인체 감전 보호용 누전 차단기가 부착된 콘센트를 시설하여야 한다.
- 콘센트는 접지극이 있는 방적형 콘센트를 사용하고 규정에 준하여 접지하여야 한다.

57 폭연성 먼지(분진)가 존재하는 곳의 저압 옥내 배선 공사 시 공사 방법으로 짝지어진 것은?

① CD케이블 공사, MI케이블 공사, 금속관 공사
② 금속관 공사, MI케이블 공사, 개장된 케이블 공사
③ CD케이블 공사, MI케이블 공사, 제1종 캡타이어 케이블 공사
④ 개장된 케이블 공사, CD케이블 공사, 제1종 캡타이어 케이블 공사

정답 53.① 54.③ 55.① 56.④ 57.②

해설 폭연성 먼지(분진), 화약류 가루(분말)가 존재하는 장소 공사 방법 : 금속관, 케이블(MI케이블, 개장 케이블)

58 옥내 배선 공사에서 전개된 장소나 점검 가능한 은폐 장소에 시설하는 합성수지관의 최소 두께는 몇 [mm]인가? [단, 합성수지제 휨(가요)전선관은 제외한다.]
① 1   ② 1.2
③ 2   ④ 2.3

해설 합성수지관 규격 및 시설 원칙
- 호칭 : 안지름(내경)에 짝수(14, 16, 22, 28, 36, 42, 54, 70, 82[mm])
- 두께 : 2[mm] 이상
- 연선 사용(단선일 경우 10[mm^2] 이하도 가능)
- 관 안에 전선의 접속점이 없을 것

59 권수가 150인 코일에서 2초간 1[Wb]의 자속이 변화한다면 코일에 발생되는 유도 기전력의 크기는 몇 [V]인가?
① 50   ② 75
③ 100   ④ 150

해설 코일에 유도되는 기전력
$$e = N\frac{d\phi}{dt} = 150 \times \frac{1}{2} = 75[V]$$

60 60[Hz]의 동기 전동기가 2극일 때 동기 속도는 몇 [rpm]인가?
① 7,200   ② 4,800
③ 3,600   ④ 2,400

해설 동기 속도 $N_s = \dfrac{120f}{P} = \dfrac{120 \times 60}{2} = 3,600[\text{rpm}]$

정답 58.③ 59.② 60.③

2023년 제1회 CBT 기출복원문제

★ 표시 : 문제 중요도를 나타냄

본 기출문제는 수험생들의 기억을 바탕으로 작성한 것으로 내용 및 그림 등에서 실제 문제와 다소 차이가 있을 수 있습니다.

01 ★★ 0.2[℧]의 컨덕턴스를 가진 저항체에 3[A]의 전류를 흘리려면 몇 [V]의 전압을 가하면 되겠는가?

① 12   ② 15
③ 20   ④ 30

해설 $V = IR = \dfrac{I}{G} = \dfrac{3}{0.2} = 15[V]$

02 ★★ 교류에서 전압 E[V], 전류 I[A], 역률각이 θ일 때 유효 전력 P[W]은?

① EI
② $EI\tan\theta$
③ $EI\sin\theta$
④ $EI\cos\theta$

해설 단상 유효전력
$P = EI\cos\theta [W]$

03 ★ 기전력 1.2[V], 용량 20[Ah]인 전지를 직렬로 5개 연결한 경우의 기전력은 6[V]이다. 이때의 전지 용량은?

① 6
② 20
③ 12
④ 100

해설 전지 직렬 연결
전지의 용량은 1개값과 같은 20[Ah]이다.

04 ★ 상전압이 300[V]인 3상 반파 정류 회로의 직류 전압은 약 몇 [V]인가?

① 520   ② 350
③ 260   ④ 400

해설 $E_d = 1.17E = 1.17 \times 300 ≒ 350[V]$

05 ★ 한국전기설비규정에 의한 전압의 구분에서 직류를 기준으로 고압에 속하는 범위로 옳은 것은?

① 1,000[V] 초과, 7,000[V] 이하의 전압
② 600[V] 초과, 7,000[V] 이하의 전압
③ 750[V] 초과, 7,000[V] 이하의 전압
④ 1,500[V] 초과, 7,000[V] 이하의 전압

해설 전압의 구분

	직류	교류
저압	1,500[V] 이하	1,000[V] 이하
고압	7,000[V] 이하	
특고압	7,000[V] 초과	

06 ★ 다음 금속 몰드 공사 방법에 대한 설명으로 틀린 것은?

① 몰드 안에는 접속점이 없도록 한다.
② 사용 전압은 400[V] 이하이어야 한다.
③ 점검할 수 없는 은폐 장소에 시설하였다.
④ 금속몰드의 길이가 4[m] 이하이면 접지 공사를 생략할 수 있다.

정답 01.② 02.④ 03.② 04.② 05.④ 06.③

해설 금속 몰드 공사의 방법
- 사용 전압 400[V] 이하
- 전개된 건조한 장소나 점검할 수 있는 은폐 장소
- 몰드 안에 전선의 접속점이 없을 것

07 20[kVA]의 단상 변압기 2대를 사용하여 V-V 결선으로 하고 3상 전원을 얻고자 할 때 최대로 얻을 수 있는 3상 부하의 용량은 약 몇 [kVA]인가?

① 20　　② 24
③ 28.8　　④ 34.6

해설 V결선 용량
$P_V = \sqrt{3}\, P_1 = \sqrt{3} \times 20 = 34.6\,[\text{kVA}]$

08 자기 회로의 자기 저항이 2,000[AT/Wb]이고 기자력이 50,000[AT]이라면 자속[Wb]은?

① 10　　② 20
③ 25　　④ 30

해설 자속
$\Phi = \dfrac{F}{R_m} = \dfrac{50{,}000}{2{,}000} = 25\,[\text{Wb}]$

09 동기 발전기의 전기자 권선을 단절권으로 하면?

① 고조파를 제거한다.
② 기전력을 높인다.
③ 절연이 잘 된다.
④ 역률이 좋아진다.

해설 단절권과 분포권을 사용하는 이유
고조파 제거로 인한 좋은 파형 개선

10 변압기 내부 고장 발생 시 발생하는 기름의 흐름 변화를 검출하는 부흐홀츠 계전기의 설치 위치로 알맞은 것은?

① 변압기 본체
② 변압기의 고압측 부싱
③ 컨서베이터 내부
④ 변압기 본체와 콘서베이터 사이

해설 부흐홀츠 계전기는 내부 고장 발생 시 유증기를 검출하여 동작하는 계전기로 변압기 본체와 콘서베이터를 연결하는 파이프 도중에 설치한다.

11 1차 권수 6,000, 2차 권수 200인 변압기의 전압비는?

① 10　　② 30
③ 60　　④ 90

해설 변압기 전압비
$a = \dfrac{N_1}{N_2} = \dfrac{6{,}000}{200} = 30$

12 두 코일의 자체 인덕턴스를 $L_1[\text{H}]$, $L_2[\text{H}]$라 하고 상호 인덕턴스를 $M[\text{H}]$이라 할 때, 두 코일을 자속이 동일한 방향과 역방향이 되도록 하여 직렬로 각각 연결하였을 경우, 합성 인덕턴스의 큰 쪽과 작은 쪽의 차는?

① M　　② $2M$
③ $4M$　　④ $8M$

해설 직렬 접속 시 합성 인덕턴스
$L_{가동} = L_1 + L_2 + 2M\,[\text{H}]$
$L_{차동} = L_1 + L_2 - 2M\,[\text{H}]$
$L_{가동} - L_{차동} = 4M\,[\text{H}]$

13 그림의 A와 B 사이의 합성 저항은?

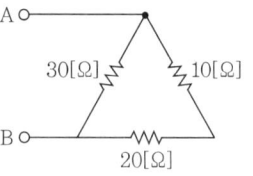

① 10　　② 15
③ 30　　④ 20

해설 $R_{AB} = \dfrac{30 \times 30}{30 + 30} = 15\,[\Omega]$

14 그림의 회로 AB에서 본 합성저항은 몇 [Ω]인가?

① $\dfrac{r}{2}$
② r
③ $\dfrac{3}{2}r$
④ $2r$

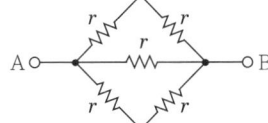

해설 그림에서 $2r$, r, $2r[\Omega]$이 각각 병렬이므로
$$r_{AB} = \dfrac{1}{\dfrac{1}{2r}+\dfrac{1}{r}+\dfrac{1}{2r}} = \dfrac{1}{\dfrac{2}{r}} = \dfrac{r}{2}\,[\Omega]$$

15 비례 추이를 이용하여 속도 제어가 되는 전동기는?
① 직류 분권 전동기
② 동기 전동기
③ 농형 유도 전동기
④ 3상 권선형 유도 전동기

해설 3상 권선형 유도 전동기 속도 제어
비례 추이의 원리를 이용한 것으로 슬립 s를 변화시켜 속도를 제어하는 방식

16 막대 자석의 자극의 세기가 m[Wb]이고 길이가 l[m]인 경우 자기 모멘트[Wb·m]는 얼마인가?
① ml
② $\dfrac{m}{l}$
③ $\dfrac{l}{m}$
④ $2ml$

해설 막대 자석의 자기 모멘트
$M = ml\,[\text{Wb}\cdot\text{m}]$

17 회전자 입력 10[kW], 슬립 3[%]인 3상 유도 전동기의 2차 동손은 몇 [W]인가?
① 200
② 300
③ 150
④ 400

해설 2차 동손
$P_{C2} = sP_2[\text{W}] = 0.03 \times 10 \times 10^3 = 300[\text{W}]$

18 직류 분권 전동기의 무부하 전압이 108[V], 전압 변동률이 8[%]인 경우 정격 전압은 몇 [V]인가?
① 100
② 95
③ 105
④ 85

해설 전압 변동률 $\varepsilon = \dfrac{V_0 - V_n}{V_n} \times 100$
$= \dfrac{108 - V_n}{V_n} \times 100 = 8[\%]$이므로
$\dfrac{108 - V_n}{V_n} = 0.08$
$V_n = \dfrac{108}{1.08} = 100[\text{V}]$

19 점유 면적이 좁고 운전, 보수에 안전하므로 공장, 빌딩 등의 전기실에 많이 사용되며, 큐비클(cubicle)형이라고 불리는 배전반은?
① 라이브 프런트식 배전반
② 폐쇄식 배전반
③ 포우스트형 배전반
④ 데드 프런트식 배전반

해설 폐쇄식 배전반
각종 계기 및 조작 개폐기, 계전기 등 전부를 금속제 상자 안에 조립하는 방식

20 200[V], 10[kW] 3상 유도 전동기의 전류는 몇 [A]인가? (단, 유도 전동기의 효율과 역률은 0.85이다.)
① 10
② 20
③ 30
④ 40

해설 3상 소비 전력 $P = \sqrt{3}\,VI\cos\theta \times$ 효율
전류 $I = \dfrac{P}{\sqrt{3}\,V\cos\theta \times \text{효율}}$
$= \dfrac{10 \times 10^3}{\sqrt{3} \times 200 \times 0.85 \times 0.85} = 40[\text{A}]$

정답 14.① 15.④ 16.① 17.② 18.① 19.② 20.④

21 메킹 타이어로 슬리브 접속 시 연선의 단면적이 10[mm²] 이하인 경우 슬리브를 최소 몇 회 이상 비틀림 해야 하는가?

① 3.5회 ② 2.5회
③ 2회   ④ 3회

해설 연선의 메킹 타이어 슬리브 접속 시 비틀림 횟수
- 10[mm²] 이하 : 2회 이상
- 16[mm²] 이하 : 2.5회 이상
- 25[mm²] 이하 : 3회 이상

22 2대의 동기 발전기 A, B가 병렬 운전하고 있을 때 A기의 여자 전류를 증가시키면 어떻게 되는가?

① A기의 역률은 낮아지고 B기의 역률은 높아진다.
② A기의 역률은 높아지고 B기의 역률은 낮아진다.
③ A, B 양 발전기의 역률이 높아진다.
④ A, B 양 발전기의 역률이 낮아진다.

해설 여자 전류를 증가시키면 A기의 역률은 낮아지고 B기의 역률은 높아진다.

23 공심 솔레노이드에 자기장의 세기를 4,000[AT/m]를 가한 경우 자속 밀도[Wb/m²]는?

① $32\pi \times 10^{-4}$ ② $3.2\pi \times 10^{-4}$
③ $16\pi \times 10^{-4}$ ④ $1.6\pi \times 10^{-4}$

해설 자속밀도
$B = \mu_0 H = 4\pi \times 10^{-7} \times 4,000$
$= 16\pi \times 10^{-4}$[Wb/m²]

24 전주외등을 전주에 부착하는 경우 전주외등은 하단으로부터 몇 [m] 이상 높이에 시설하여야 하는가? (단, 전주외등의 사용전압은 150[V]를 초과한 경우이다.)

① 3.0 ② 3.5
③ 4.0 ④ 4.5

해설 전주외등
대지전압 300[V] 이하 백열전등이나 수은등을 배전선로의 지지물 등에 시설하는 등
- 기구 부착 높이 : 지표상 4.5[m] 이상(단, 교통 지장 없을 경우 3.0[m] 이상)
- 돌출 수평 거리 : 1.0[m] 이하

25 전선관과 박스에 고정시킬 때 사용되는 것은 어느 것인가?

① 새들   ② 부싱
③ 로크 너트 ④ 클램프

해설 로크 너트
2개를 이용하여 금속관을 박스에 고정시킬 때 사용한다.

26 다음 직류 전동기 중 정속도 전동기에 해당하는 것은?

① 가동 복권 전동기
② 직권 전동기
③ 분권 전동기
④ 차동 복권 전동기

해설 속도 변동이 가장 적은 전동기는 분권 전동기, 타여자 전동기이며 속도 변동이 매우 작아서 정속도 전동기라고도 한다.

27 직류 직권 전동기에서 벨트를 걸고 운전하면 안 되는 이유는?

① 벨트가 마멸 보수가 곤란하므로
② 벨트가 벗어지면 위험속도에 도달하므로
③ 직결하지 않으면 속도제어가 곤란하므로
④ 손실이 많아지므로

해설 직류 직권 전동기는 정격 전압 하에서 무부하 특성을 지니므로, 벨트가 벗겨지면 속도는 급격히 상승하여 위험 속도에 도달할 수 있다.

정답 21.③ 22.① 23.③ 24.④ 25.③ 26.③ 27.②

28 한국전기설비규정에 의한 접지 도체의 전선 색상은 무슨 색인가?

① 녹색 – 노란색 ② 녹색
③ 녹색 – 빨간색 ④ 검은색

해설 접지 도체 전선 색상
녹색 – 노란색

29 200[V], 50[Hz], 8극, 15[kW]의 3상 유도 전동기에서 전 부하 회전수가 720[rpm]이면 이 전동기의 2차 효율은 몇 [%]인가?

① 86 ② 96
③ 98 ④ 100

해설 2차 효율 $\eta_2 = (1-s) \times 100[\%]$

동기 속도 $N_s = \dfrac{120f}{P} = \dfrac{120 \times 50}{8} = 750[rpm]$

슬립 $s = \dfrac{N_s - N}{N_s} = \dfrac{750 - 720}{750} = 0.04$

효율 $\eta = (1-0.04) \times 100[\%] = 96[\%]$

30 전기 기기의 철심 재료로 규소 강판을 성층하여 사용하는 이유로 가장 적당한 것은?

① 맴돌이 전류손 감소
② 풍손 감소
③ 기계손 감소
④ 히스테리시스손 감소

해설 규소 강판을 성층해서 사용하는 이유
맴돌이 전류손 감소 대책

31 동기 전동기의 특징으로 틀린 것은?

① 부하의 역률을 조정할 수가 있다.
② 전 부하 효율이 양호하다.
③ 부하가 변하여도 같은 속도로 운전할 수 있다.
④ 별도의 기동장치가 필요없으므로 가격이 싸다.

해설 동기 전동기의 특징
• 속도(N_s)가 일정하다.
• 역률을 조정할 수 있다.
• 효율이 좋다.
• 별도의 기동장치 필요(자기 기동법, 유도 전동기법)

32 변압기의 무부하손에서 가장 큰 손실은?

① 계자 권선의 저항손
② 전기자 권선의 저항손
③ 철손
④ 풍손

해설 무부하손
부하에 관계없이 항상 일정한 손실
• 철손(P_i) : 히스테리시스손, 와류손
• 기계손(P_m) : 마찰손, 풍손
기계손은 거의 발생하지 않으므로 철손이 가장 큰 손실이다.

33 전류의 발열 작용에 의한 기구가 아닌 것은?

① 고주파 가열기
② 전기 다리미
③ 전기 도금
④ 백열 전구

해설 전기 도금
전류의 화학 작용

34 사용전압이 고압과 저압인 가공 전선을 병행설치(병가)할 때 저압 전선의 위치는 어디에 설치해야 하는가?

① 완금에 설치한다.
② 고압전선의 하부에 설치한다.
③ 고압전선의 상부에 설치한다.
④ 완금과 고압전선 사이에 설치한다.

해설 저·고압 가공 전선의 병행설치(병가)
• 저압 전선은 고압 전선의 하부에 설치
• 간격(이격거리) : 50[cm] 이상

정답 28.① 29.② 30.① 31.④ 32.③ 33.③ 34.②

35 가공 인입선을 시설할 때 경동선의 최소 굵기는 몇 [mm]인가? [단, 지지물 간 거리 (경간)가 15[m]를 초과한 경우이다.]
① 2.0 ② 2.6
③ 3.2 ④ 1.5

해설 가공 인입선의 사용 전선
2.6[mm] 이상 경동선 또는 이와 동등 이상일 것
[단, 지지물 간 거리(경간) 15[m] 이하는 2.0[mm] 이상도 가능]

36 교류에서 피상 전력이 60[VA], 무효 전력이 36[Var]일 때 유효 전력[W]은?
① 12 ② 24
③ 48 ④ 96

해설 $P = \sqrt{P_a^2 - P_r^2} = \sqrt{60^2 - 36^2} = 48[W]$

37 코일이 접속되어 있을 경우, 결합계수가 1일 때 코일 간의 상호 인덕턴스는?
① $M < \sqrt{L_1 L_2}$ ② $M = L_1 - L_2$
③ $M = \sqrt{L_1 L_2}$ ④ $M = L_1 + L_2$

해설 상호 인덕턴스와 자기 인덕턴스 관계식
$M = k\sqrt{L_1 L_2}$ [H]에서
결합계수 $k = 1$이므로
$M = \sqrt{L_1 L_2}$ [H]

38 전선의 굵기를 측정하는 공구는?
① 권척
② 메거
③ 와이어 게이지
④ 와이어 스트리퍼

해설
• 권척(줄자) : 길이 측정 공구
• 메거 : 절연 저항 측정 공구
• 와이어 게이지 : 전선의 굵기를 측정하는 공구
• 와이어 스트리퍼 : 전선 피복을 벗기는 공구

39 접지극(수직 부설 동봉)으로 피뢰설비에 접속하는 접지극의 직경은 몇 [mm]인가?
① 8 ② 12
③ 20 ④ 25

해설 피뢰설비에 접속하는 동봉 규격
직경 8[mm], 길이 0.9[m] 이상

40 저항 $R = 3[\Omega]$, 자체 인덕턴스 $L = 10.6[mH]$가 직렬로 연결된 회로에 주파수 60[Hz], 500[V]의 교류 전압을 인가한 경우의 전류 $I[A]$는?
① 10 ② 40
③ 100 ④ 200

해설 유도성 리액턴스
$X_L = 2\pi f L [\Omega]$
$X_L = 2 \times 3.14 \times 60 \times 10.6 \times 10^{-3} = 4[\Omega]$
$Z = \sqrt{R^2 + X_L^2} = \sqrt{3^2 + 4^2} = 5[\Omega]$
$I = \dfrac{V}{Z} = \dfrac{500}{5} = 100[A]$

41 정전 용량 6[μF], 3[μF]을 직렬로 접속한 경우 합성 정전 용량[μF]은?
① 2 ② 2.4
③ 1.2 ④ 12

해설 합성 용량
$C_0 = \dfrac{C_1 C_2}{C_1 + C_2} = \dfrac{6 \times 3}{6 + 3} = 2[\mu F]$

42 히스테리시스 곡선이 세로축과 만나는 점의 값은 무엇을 나타내는가?
① 자속 밀도 ② 잔류 자기
③ 보자력 ④ 자기장

해설 히스테리시스 곡선
• 세로축(종축)과 만나는 점 : 잔류 자기
• 가로축(횡축)과 만나는 점 : 보자력

정답 35.② 36.③ 37.③ 38.③ 39.① 40.③ 41.① 42.②

43 폭발성 먼지(분진)가 있는 위험 장소에 금속관 배선에 의할 경우 관 상호 및 관과 박스 기타의 부속품이나 풀 박스 또는 전기 기계 기구는 몇 턱 이상의 나사 조임으로 접속하여야 하는가?

① 2턱　　② 3턱
③ 4턱　　④ 5턱

해설 폭연성 먼지(분진)가 존재하는 곳의 접속 시 5턱 이상의 죔 나사로 시공하여야 한다.

44 자기 회로와 전기 회로의 대응 관계가 잘못된 것은?

① 기자력 – 기전력
② 자기 저항 – 전기 저항
③ 자속 – 전계
④ 투자율 – 도전율

해설 전기 회로와 자기 회로 대응 관계

자기 회로	전기 회로
기자력	기전력
자속	전류
자계	전계
투자율	도전율

45 온도 변화에도 용량의 변화가 없으며, 높은 주파수에서 사용하며 극성이 있고 콘덴서 자체에 +의 기호로 전극을 표시하며 비교적 가격이 비싸나 온도에 의한 용량 변화가 엄격한 회로, 어느 정도 주파수가 높은 회로 등에 사용되고 있는 콘덴서는?

① 탄탈 콘덴서
② 마일러 콘덴서
③ 세라믹 콘덴서
④ 바리콘

해설 탄탈 콘덴서는 탄탈 소자의 양 끝에 전극을 구성시킨 구조로서 온도나 직류 전압에 대한 정전 용량 특성의 변화가 적고 용량이 크며 극성이 있으므로 직류용으로 사용된다.

46 1[C]의 전하에 100[N]의 힘이 작용했다면 전기장의 세기[V/m]는?

① 20
② 50
③ 100
④ 10

해설 전기장의 세기
단위 전하에 작용하는 힘
힘과의 관계식 $F = QE$[N]식에서
전기장 $E = \dfrac{F}{Q} = \dfrac{100}{1}$[V/m]

47 화약류 저장소에서 백열전등이나 형광등 또는 이들에 전기를 공급하기 위한 전기설비를 시설하는 경우 전로의 대지 전압은 몇 [V] 이하인가?

① 100　　② 200
③ 220　　④ 300

해설 화약류 저장소 시설 규정
• 금속관, 케이블 공사
• 대지 전압 300[V] 이하

48 그림의 $R-L$ 직렬 회로에서 전류는 몇 [A]인가?

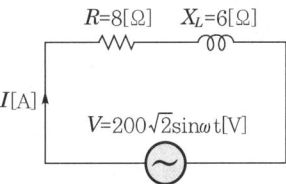

① 10　　② 20
③ 30　　④ 40

해설 합성 임피던스 $\dot{Z} = R + jX_L = 8 + j6$[Ω]
절대값 $Z = \sqrt{8^2 + 6^2} = 10$[Ω]
전류 $I = \dfrac{V}{Z} = \dfrac{200}{10} = 20$[A]

정답 43.④　44.③　45.①　46.③　47.④　48.②

49 다이오드를 사용한 정류 회로에서 다이오드를 여러 개 직렬로 연결하여 사용하는 경우의 설명으로 가장 옳은 것은?

① 다이오드를 과전류로부터 보호할 수 있다.
② 다이오드를 과전압으로부터 보호할 수 있다.
③ 부하 출력의 맥동률을 감소시킬 수 있다.
④ 낮은 전압 전류에 적합하다.

해설 직렬 접속 시 전압 강하에 의해 과전압으로부터 보호할 수 있다.

50 계자에서 발생한 자속을 전기자에 골고루 분포시켜주기 위한 것은?

① 공극　② 브러쉬
③ 콘덴서　④ 저항

해설 공극은 계자와 전기자 사이에 있어서 자속을 골고루 전기자에 공급해 주기 위해 만들어준다.

51 주파수 60[Hz]인 최대값이 200[V], 위상 0°인 교류의 순시값으로 맞는 것은?

① $100\sin 60\pi t$
② $200\sin 120\pi t$
③ $200\sqrt{2}\sin 120\pi t$
④ $200\sqrt{2}\sin 60\pi t$

해설 순시값 $v(t) =$ 최대값 $\times \sin(\omega t + \theta)$
$= 200\sin 2\pi \times 60 t$
$= 200\sin 120\pi t [V]$

52 다음 중 지중 전선로의 매설 방법이 아닌 것은?

① 행거식　② 암거식
③ 직접 매설식　④ 관로식

해설 지중 전선로의 종류
관로식, 암거식, 직접 매설식

53 일반적으로 가공 전선로의 지지물에 취급자가 오르고 내리는 데 사용하는 발판 볼트 등은 지표상 몇 [m] 미만에 시설하여서는 아니 되는가?

① 0.75　② 1.2
③ 1.8　④ 2.0

해설 발판 볼트 시설 규정
지표상 1.8[m]부터 완금 하부 0.9[m]까지 발판 볼트를 설치한다.

54 가공 전선로의 지지물을 지지선(지선)으로 보강하여서는 안 되는 것은?

① 목주
② A종 철근 콘크리트주
③ 철탑
④ B종 철근 콘크리트주

해설 철탑은 지지선(지선)을 사용하지 않는다.

55 $R-L-C$ 직렬 회로에서 임피던스 Z의 크기를 나타내는 식은?

① $R^2 + (X_L - X_C)^2$
② $R^2 + (X_L + X_C)^2$
③ $\sqrt{R^2 + (X_L - X_C)^2}$
④ $\sqrt{R^2 + (X_L + X_C)^2}$

해설 합성 임피던스 $\dot{Z} = R + j(X_L - X_C)[\Omega]$
절대값 $Z = \sqrt{R^2 + (X_L - X_C)^2}[\Omega]$

56 일반적으로 절연체를 서로 마찰시키면 이들 물체는 전기를 띠게 된다. 이와 같은 현상은?

① 분극　② 정전
③ 대전　④ 코로나

해설 물체를 마찰시킬 때 생기는 전기를 마찰 전기라 하고 물체가 전기를 띠게 되는 현상을 대전이라 한다.

정답 49.② 50.① 51.② 52.① 53.③ 54.③ 55.③ 56.③

57 전등 한 개를 2개소에서 점멸하고자 할 때 옳은 배선은?

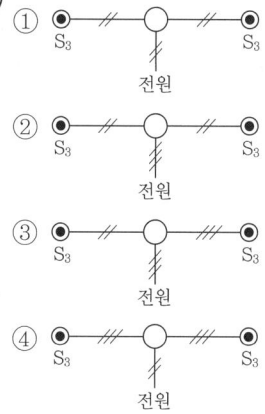

해설 3로 스위치
1개의 전등을 2개소에서 점멸하는 스위치로서 전원에서 전등으로 2가닥의 전선, 전등과 스위치 사이는 3가닥의 전선이 인입되는 결선도이다.

58 버스 덕트 공사에 의한 배선 또는 옥외 배선의 사용 전압이 저압인 경우의 시설 기준에 대한 설명으로 틀린 것은?

① 덕트의 내부는 먼지가 침입하지 않도록 할 것
② 물기가 있는 장소는 옥외용 버스덕트를 사용할 것
③ 습기가 많은 장소는 옥내용 버스덕트를 사용하고 덕트 내부에 물이 고이지 않도록 할 것
④ 덕트의 끝부분은 막을 것

해설 버스 덕트 배선
• 덕트의 내부는 먼지가 침입하지 않도록 할 것
• 습기가 많고 물기가 많은 장소는 옥외용 버스덕트를 사용하고 덕트 내부에 물이 고이지 않도록 할 것
• 덕트의 끝부분은 막을 것

59 저압 전로에 정격 전류 50[A]의 전류가 흐를 때 과전류 차단기로 배선 차단기(산업용)를 사용하는 경우 트립하는 전류는 정격 전류의 몇 배에서 트립되어야 하는가?

① 1.3
② 1.13
③ 1.45
④ 1.15

해설 산업용 배선 차단기의 과전류 트립 동작 시간

정격 전류	시간(분)	트립 동작 정격 전류 배수	
		부동작 전류	동작 전류
63[A] 이하	60	1.05배	1.3배
63[A] 초과	120	1.05배	1.3배

60 보호 장치의 종류 및 특성에서 과부하 전류 및 단락 전류 겸용 보호 장치를 설치하는 조건이 틀린 것은?

① 과부하 전류 및 단락 전류 모두를 보호하는 장치는 그 보호 장치 설치점에서 예상되는 단락 전류를 포함한 모든 과전류를 차단 및 투입할 수 있는 능력이 있어야 한다.
② 과부하 전류 전용 보호 장치의 차단 용량은 그 설치점에서의 예상 단락 전류값 이상으로 할 수 있다.
③ 단락 전류 전용 보호 장치는 예상 단락 전류를 차단할 수 있어야 한다.
④ 차단기인 경우에는 이 단락 전류를 투입할 수 있는 능력이 있어야 한다.

해설 보호 장치의 차단 용량
과부하 전류 전용 보호 장치의 차단 용량은 그 설치점에서의 예상 단락 전류값 미만으로 할 수 있다.

정답 57.④ 58.③ 59.① 60.②

2023년 제2회 CBT 기출복원문제

★ 표시 : 문제 중요도를 나타냄

본 기출문제는 수험생들의 기억을 바탕으로 작성한 것으로 내용 및 그림 등에서 실제 문제와 다소 차이가 있을 수 있습니다.

01 무대 및 무대마루 밑, 공연장의 전로에는 전용 개폐기 및 과전류 차단기를 시설하여야 한다. 조명용 분기회로 및 정격 전류 32[A] 이하의 콘센트용 분기회로는 정격 감도 전류 몇 [mA] 이하의 누전차단기로 보호하여야 하는가?

① 15
② 25
③ 30
④ 40

해설 전시회, 쇼, 공연장의 개폐기 및 과전류 차단기 무대·무대마루 밑·오케스트라 박스 및 영사실의 전로에는 전용 개폐기 및 과전류 차단기를 시설하여야 하며 비상 조명을 제외한 조명용 분기회로 및 정격 32[A] 이하의 콘센트용 분기회로는 정격 감도 전류 30[mA] 이하의 누전차단기로 보호하여야 한다.

02 교류에서 전압 E[V], 전류 I[A], 역률각이 θ일 때 유효전력 P[W]은?

① EI
② $EI\tan\theta$
③ $EI\sin\theta$
④ $EI\cos\theta$

해설 단상 유효전력
$P = EI\cos\theta$

03 저항의 크기가 같은 경우 △결선 시 소비 전력 ($P_\triangle$)과 Y 결선 소비 전력(P_Y)을 비교하면?

① $P_\triangle = \sqrt{3}\,P_Y$
② $P_\triangle = \dfrac{1}{\sqrt{3}}P_Y$
③ $P_\triangle = 3P_Y$
④ $P_\triangle = \dfrac{1}{3}P_Y$

해설 저항이 같은 경우 △결선 소비 전력($P_\triangle$)과 Y 결선 소비 전력(P_Y)은 $P_\triangle = 3P_Y$이 성립한다.

04 사람이 상시 통행하는 터널 내 배선의 사용 전압이 저압일 때 공사 방법으로 틀린 것은?

① 금속관 공사
② 금속제 가요 전선관 공사
③ 금속 몰드
④ 합성수지관(두께 2[mm] 미만 및 난연성이 없는 것은 제외)

해설 금속관, 두께 2[mm] 이상의 합성수지관, 금속제 가요 전선관, 케이블, 애자 사용 배선 등에 준하여 시설
* 금속 몰드 공사 : 400[V] 이하, 건조하고 전개된 장소

05 동기 발전기의 병렬 운전 조건 중 같지 않아도 되는 것은?

① 주파수
② 위상
③ 전압
④ 용량

해설 병렬 운전 조건에서 용량, 전류, 임피던스는 일치하지 않아도 된다.

정답 01.③ 02.④ 03.③ 04.③ 05.④

06 다음 중 비선형 소자가 아닌 것은?
① 공진관   ② 코일
③ 저항   ④ 콘덴서

해설 저항은 전압과 전류가 직선 형태로 증가하는 선형소자에 해당된다.

07 다음 정전기 현상이 발생하는 경우가 아닌 것은?
① 액체가 관을 통과하는 경우
② 건전지의 (+)극에 (-)극을 접속한 경우
③ 물체를 접촉했다가 뗀 경우
④ 물체를 마찰시킨 경우

해설 건전지의 (+)극에 (-)극을 접속하면 전류가 흐르므로 정전기 현상이 아니다.

08 정격이 10,000[V], 500[A], 역률 90[%]의 3상 동기 발전기의 단락 전류 I_s[A]는? (단, 단락비는 1.3으로 하고 전기자 저항은 무시한다.)
① 450   ② 550
③ 650   ④ 750

해설 단락비는 $K = \dfrac{I_s}{I_n}$ 이므로
단락 전류 $I_s = I_n \times$ 단락비
$= 500 \times 1.3 = 650$[A]

09 직류 직권 전동기의 회전수(N)와 토크(τ)와의 관계는?
① $\tau \propto \dfrac{1}{N}$ ② $\tau \propto \dfrac{1}{N^2}$
③ $\tau \propto N$ ④ $\tau \propto N^{\frac{3}{2}}$

해설 직권 전동기의 토크
$\tau \propto \dfrac{1}{N^2}$

10 변압기에서 자속에 대한 설명 중 맞는 것은?
① 전압에 비례하고 주파수에 반비례
② 전압에 반비례하고 주파수에 비례
③ 전압에 비례하고 주파수에 비례
④ 전압과 주파수에 무관

해설 변압기의 유도 기전력 $E_1 = 4.44fN_1\phi_m$[V]에서
자속 $\phi_m = \dfrac{E_1}{4.44fN_1}$[V]이므로 전압에 비례하고 주파수에 반비례한다.

11 똑같은 크기의 저항 5개를 가지고 얻을 수 있는 합성 저항 최대값은 최소값의 몇 배인가?
① 5   ② 10
③ 25   ④ 20

해설 최대 합성 저항은 직렬이고 최소 합성 저항은 병렬이므로 직렬은 병렬의 $n^2 = 5^2 = 25$배이다.

12 발전기나 변압기 내부 고장 보호에 쓰이는 계전기는?
① 접지 계전기   ② 차동 계전기
③ 과전압 계전기 ④ 역상 계전기

해설 발전기, 변압기 내부 고장 보호용 계전기는 차동 계전기, 비율 차동 계전기, 부흐홀츠 계전기가 있다.

13 동기 발전기에서 단락비가 크면 다음 중 작아지는 것은?
① 동기 임피던스와 전압 변동률
② 단락 전류
③ 공극
④ 기계의 크기

해설 단락비가 큰 기기
- 단락비 : 정격 전류에 대한 단락 전류의 비
- 동기 임피던스가 작다.
- 전기자 반작용이 작다.

정답 06.③ 07.② 08.③ 09.② 10.① 11.③ 12.② 13.①

14 동기 전동기의 자기 기동법에서 계자 권선을 단락하는 이유는?

① 기동이 쉽다.
② 기동권선으로 이용한다.
③ 고전압 유도에 의한 절연 파괴 위험을 방지한다.
④ 전기자 반작용을 방지한다.

해설 동기 전동기의 자기 기동법에서 계자 권선을 단락하는 첫 번째 이유는 고전압 유도에 의한 절연 파괴 위험 방지이다.

15 슬립이 0일 때 유도 전동기의 속도는?

① 동기 속도로 회전한다.
② 정지 상태가 된다.
③ 변화가 없다.
④ 동기 속도보다 빠르게 회전한다.

해설 회전 속도는 $N=(1-s)N_s=N_s[\text{rpm}]$이므로 동기 속도로 회전한다.

16 SCR에서 Gate 단자의 반도체는 일반적으로 어떤 형을 사용하는가?

① N형 ② P형
③ NP형 ④ PN형

해설 SCR(Silicon Controlled Rectifier)은 일반적인 타입이 P-Gate 사이리스터이며 제어 전극인 게이트(G)가 캐소드(K)에 가까운 쪽의 P형 반도체 층에 부착되어 있는 3단자 단일 방향성 소자이다.

17 단상 유도 전동기의 기동 방법 중 기동 토크가 가장 큰 것은?

① 반발 기동형 ② 분상 기동형
③ 반발 유도형 ④ 콘덴서 기동형

해설 단상 유도 전동기 토크 크기 순서
반발 기동형 > 반발 유도형 > 콘덴서 기동형 > 분상 기동형 > 셰이딩 코일형

18 금속 전선관의 종류에서 후강 전선관 규격 [mm]이 아닌 것은?

① 22
② 28
③ 36
④ 48

해설 후강 전선관의 종류
16, 22, 28, 36, 42, 54, 70, 82, 92, 104[mm]

19 점유 면적이 좁고 운전, 보수에 안전하므로 공장, 빌딩 등의 전기실에 많이 사용되며, 큐비클(cubicle)형이라고 불리는 배전반은?

① 라이브 프런트식 배전반
② 폐쇄식 배전반
③ 포우스트형 배전반
④ 데드 프런트식 배전반

해설 폐쇄식 배전반 : 각종 계기 및 조작 개폐기, 계전기 등 전부를 금속제 상자 안에 조립하는 방식

20 다음 중 유도 전동기에서 비례 추이를 할 수 있는 것은?

① 출력
② 2차 동손
③ 효율
④ 역률

해설 유도 전동기의 비례 추이
• 가능 : 1차 입력, 1차 전류, 2차 전류, 역률, 동기 와트, 토크(1차측)
• 불가능 : 출력, 효율, 2차 동손, 부하(2차측)

21 450/750[V] 일반용 단심 비닐 절연 전선의 약호는?

① FI ② RI
③ NR ④ RI

해설 NR : 450/750[V] 일반용 단심 비닐 절연 전선

정답 14.③ 15.① 16.② 17.① 18.④ 19.② 20.④ 21.③

22 히스테리시스 곡선이 세로축과 만나는 점의 값은 무엇을 나타내는가?

① 자속 밀도　② 잔류 자기
③ 보자력　　④ 자기장

해설 히스테리시스 곡선이 만나는 점
- 세로축(종축)과 만나는 점 : 잔류 자기
- 가로축(횡축)과 만나는 점 : 보자력

23 코일에 흐르는 전류가 0.5[A], 축적되는 에너지가 0.2[J]이 되기 위한 자기 인덕턴스는 몇 [H]인가?

① 0.8　② 1.6
③ 10　④ 16

해설 코일에 축적되는 $W = \frac{1}{2}LI^2[J]$ 에서

$$L = \frac{2W}{I^2} = \frac{2 \times 0.2}{0.5^2} = 1.6[H]$$

24 조명등을 숙박 업소의 입구에 설치할 때 현관등은 최대 몇 분 이내에 소등되는 타임 스위치를 시설하여야 하는가?

① 4　② 3
③ 1　④ 2

해설 현관등 타임 스위치
- 일반 주택 및 아파트 : 3분
- 숙박 업소 각 호실 : 1분

25 코일에 전류가 3[A]가 0.5[sec] 동안 6[A]가 되었을 때 60[V]의 기전력이 발생하였다면 코일의 자기 인덕턴스[H]는?

① 20　② 30
③ 10　④ 40

해설 코일에 유도되는 기전력 $e = -L\frac{\Delta I}{\Delta t}[H]$

$$L = 60 \times \frac{0.5}{6-3} = 10[H]$$

26 접지를 하는 목적으로 설명이 틀린 것은?

① 전기 설비 용량 감소
② 대지 전압 상승 방지
③ 감전 방지
④ 화재와 폭발 사고 방지

해설 접지의 목적
- 전선의 대지 전압의 저하
- 보호 계전기의 동작 확보
- 감전의 방지
- 화재와 폭발 사고 방지

27 고압 가공 인입선이 도로를 횡단하는 경우 노면상 시설하여야 할 높이는 몇 [m] 이상인가?

① 8.5　② 6.5
③ 6　　④ 4.5

해설 고압 인입선의 최소 높이

구 분	고 압
도로 횡단	6[m] 이상
철도 횡단	6.5[m] 이상
횡단보도교	3.5[m] 이상
기타 장소	5[m] 이상

28 캡타이어 케이블을 공사하는 경우 지지점을 지지하는 공사 방법으로 틀린 것은?

① 캡타이어 케이블을 조영재에 따라 시설하는 경우는 그 지지점 간의 거리는 1.0[m] 이하로 한다.
② 서까래와 서까래의 사이에 캡타이어 케이블을 시설할 수 없는 경우 메신저 와이어로 접속한다.
③ 사람이 접촉할 우려가 없는 곳은 지지점 간격은 1.5[m] 이하로 해야 한다.
④ 캡타이어 케이블 상호 및 캡타이어 케이블과 박스, 기구와의 접속 개소와 지지점 간의 거리는 0.15[m]로 하는 것이 바람직하다.

정답 22.② 23.② 24.③ 25.③ 26.① 27.③ 28.③

해설 캡타이어 케이블 공사 방법
- 케이블 지지점 거리 : 1.0[m] 이하(단, 사람이 접촉할 우려가 없는 장소 : 6.0[m] 이하)
- 서까래와 서까래의 사이에 캡타이어 케이블을 시설할 수 없는 경우 메신저 와이어로 접속한다.
  * 메신저 와이어[조가선(조가용선)] : 가공 케이블을 매달아 지지할 때 사용하는 철재

29 가정용 전기 세탁기를 욕실에 설치하는 경우 콘센트의 규격은?

① 접지극부 3극 15[A]
② 3극 15[A]
③ 접지극부 2극 15[A]
④ 2극 15[A]

해설 인체가 물에 젖은 상태(화장실, 비데)의 전기 사용 장소 규정

인체 감전 보호용 누전 차단기 부착 콘센트	접지극이 있는 방적형 콘센트
	정격 감도 전류 15[mA] 이하, 동작 시간 0.03초 이하의 전류 동작형
	정격 용량 3[kVA] 이하 절연 변압기로 보호된 전로

- 가정용 전기 세탁기는 저압이므로 단상(2극)을 사용하며 물에 접촉할 우려가 있으므로 반드시 접지극부 2극 15[A] 콘센트가 적당하다.

30 합성 수지관을 상호 접속 시에 관을 삽입하는 깊이는 관 바깥지름의 몇 배 이상으로 하여야 하는가? (단, 접착제를 사용하지 않는 경우이다.)

① 0.8
② 1.0
③ 1.2
④ 2.0

해설 합성 수지관 접속 시 삽입 깊이 : 관 바깥지름의 1.2배(접착제 사용 시 0.8배)

31 실내 전반 조명을 하고자 한다. 작업대로부터 광원의 높이가 2.4[m]인 위치에 조명 기구를 배치할 때 벽에서 한 기구 이상 떨어진 기구에서 기구 간의 거리는 일반적인 경우 최대 몇 [m]로 배치하여 설치하는가?

① 1.8
② 2.4
③ 3.2
④ 3.6

해설 실내 전반 조명의 등간격 $S \leq 1.5[H]$이므로, $S = 1.5 \times 2.4 = 3.6[m]$

32 진공의 투자율 μ_0[H/m]는?

① 6.33×10^4
② 8.55×10^{-12}
③ $4\pi \times 10^{-7}$
④ 9×10^9

해설 진공의 투자율 $\mu_0 = 4\pi \times 10^{-7}$[H/m]

33 셀룰로이드, 성냥, 석유류 등 기타 가연성 위험 물질을 제조 또는 저장하는 장소의 배선으로 잘못된 배선은?

① 금속관 배선
② 합성 수지관 배선
③ 플로어 덕트 배선
④ 케이블 배선

해설 가연성 먼지(분진), 위험물 : 금속관, 케이블, 합성 수지관 공사
* 플로어 덕트 : 400[V] 이하, 점검할 수 없는 은폐 장소

34 UPS란 무엇인가?

① 정전 시 무정전 직류 전원 장치
② 상시 교류 전원 장치
③ 무정전 교류 전원 장치
④ 상시 직류 전원 장치

해설 무정전 교류 전원 공급 장치(UPS : Uninterruptible Power Supply) 선로에서 정전이나 순시 전압 강하 또는 입력 전원의 이상 상태 발생 시 부하에 대한 교류 입력 전원의 연속성을 확보할 수 있는 전원 공급 장치

정답 29.③ 30.③ 31.④ 32.③ 33.③ 34.③

35 한국전기설비규정에 의하여 애자 사용 공사를 건조한 장소에 시설하고자 한다. 사용 전압이 400[V] 이하인 경우 전선과 조영재 사이의 간격(이격거리)은 최소 몇 [mm] 이상이어야 하는가?

① 120
② 45
③ 25
④ 60

해설 애자 사용 공사 시 전선과 조영재 간 간격(이격거리)
- 400[V] 이하 : 25[mm] 이상
- 400[V] 초과 : 45[mm] 이상(단, 건조한 장소는 25[mm] 이상)

36 변압기유로 쓰이는 절연유에 요구되는 성질이 아닌 것은?

① 절연내력이 클 것
② 인화점이 높을 것
③ 응고점이 낮을 것
④ 점도가 클 것

해설 변압기유의 구비 조건
- 절연 내력이 클 것
- 인화점이 높고 응고점이 낮을 것
- 점도 낮을 것

37 절연 전선을 동일 금속 덕트 내에 넣을 경우 전선의 피복 절연물을 포함한 단면적의 총 합계가 금속 덕트 내 단면적의 몇 [%] 이하가 되도록 선정하여야 하는가? (단, 제어 회로 등의 배선에 사용하는 전선이 아니다.)

① 30   ② 20
③ 32   ④ 48

해설 덕트 내 넣는 전선의 단면적은 덕트 내 단면적의 20[%] 이하가 되도록 할 것(단, 제어 회로 등의 배선에 사용하는 전선만 넣는 경우 50[%] 이하로 한다.)

38 경질 비닐관의 호칭으로 맞는 것은?

① 홀수에 안지름
② 짝수에 바깥지름
③ 홀수에 바깥지름
④ 짝수에 관 안지름

해설 경질 비닐관(합성 수지관)의 호칭 : 짝수, 관 안지름으로 표기
- 규격 : 14, 16, 22, 28, 36, 42, 54, 70, 82[mm]

39 다음 그림은 전선 피복을 벗기는 공구이다. 알맞은 것은?

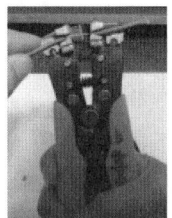

① 니퍼
② 펜치
③ 와이어 스트리퍼
④ 전선 눌러 붙임(압착) 공구

해설 와이어 스트리퍼 : 전선 피복을 벗기는 공구로서 그림은 중간 부분을 벗길 수 있는 스트리퍼로서 자동 와이어 스트리퍼이다.

40 황산구리 용액에 10[A]의 전류를 60분간 흘린 경우 이때 석출되는 구리의 양[g]은? (단, 구리의 전기 화학 당량은 0.3293×10^{-3}[g/C]이다.)

① 11.86   ② 5.93
③ 7.82   ④ 1.67

해설 전극에서 석출되는 물질의 양
$W = kQ = kIt$[g]
$= 0.3293 \times 10^{-3} \times 10 \times 60 \times 60$
$≒ 11.86$[g]

정답 35.③ 36.④ 37.② 38.④ 39.③ 40.①

41.
교류 전압이 $v = 200\sin\left(\omega t + \frac{\pi}{6}\right)$[V], 교류 전류가 $i = 20\sin\left(\omega t + \frac{\pi}{3}\right)$[A]인 경우 전압과 전류의 위상 관계는?

① v가 i보다 $\frac{\pi}{3}$ 뒤진다.
② v가 i보다 $\frac{\pi}{6}$ 앞선다.
③ i가 v보다 $\frac{\pi}{6}$ 앞선다.
④ i가 v보다 $\frac{\pi}{3}$ 뒤진다.

해설 위상차 $\theta = \frac{\pi}{3} - \frac{\pi}{6} = \frac{\pi}{6}$[rad] $= 30°$이고 전류가 전압보다 $\frac{\pi}{6}$ 앞선다.

42.
SCR 2개를 역병렬로 접속한 그림과 같은 기호의 명칭은?

① SCR
② TRIAC
③ GTO
④ UJT

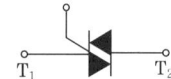

해설 TRIAC(트라이액)은 SCR 2개를 이용하여 역병렬로 접속한 소자로서 교류 회로에서 양방향 점호(ON) 및 소호(OFF)를 이용하며, 위상 제어가 가능하다.

43.
4[μF]의 콘덴서에 4[kV]의 전압을 가하여 200[Ω]의 저항을 통해 방전시키면 이때 발생하는 에너지[J]는 얼마인가?

① 32   ② 16
③ 8   ④ 40

해설 콘덴서에 축적되는 에너지
$W = \frac{1}{2}CV^2$
$= \frac{1}{2} \times 4 \times 10^{-6} \times (4 \times 10^3)^2 = 32$[J]

44.
선택 지락 계전기(selective ground relay)의 용도는?

① 단일 회선에서 지락 전류의 방향의 선택
② 단일 회선에서 지락 사고 지속 시간 선택
③ 단일 회선에서 지락 전류의 대소의 선택
④ 다회선에서 지락 고장 회선의 선택

해설 선택 지락 계전기(SGR) : 다회선 송전 선로에서 지락이 발생된 회선만을 검출하여 선택하여 차단할 수 있도록 동작하는 계전기

45.
1[kWh]와 같은 값은?

① 3.6×10^6[J]
② 3.6×10^6[N/m²]
③ 3.6×10^3[J]
④ 3.6×10^3[N/m²]

해설 전력량 $1[kWh] = 3.6 \times 10^6$[J]

46.
최대 사용 전압이 3.3[kV]인 차단기 전로의 절연 내력 시험 전압은 몇 [V]인가?

① 3,036   ② 4,125
③ 4,950   ④ 6,600

해설 전로의 절연 내력 시험

종류		시험 전압	최저 시험 전압
비접지	7,000[V] 이하	× 1.5배	500[V]
	7,000[V] 초과	× 1.25배	10,500[V]

시험 전압 $3,300 \times 1.5 = 4,950$[V]

47.
전기자 저항 0.1[Ω], 전기자 전류 104[A], 유도 기전력 110.4[V]인 직류 분권 발전기의 단자 전압은 몇 [V]인가?

① 98   ② 100
③ 102   ④ 105

해설 $V = E - I_a R_a = 110.4 - 104 \times 0.1 = 100$[V]

정답 41.③ 42.② 43.① 44.④ 45.① 46.③ 47.②

48 다극 중권 직류 발전기의 전기자 권선에 균압 고리를 설치하는 이유는?

① 브러시에서 순환 전류를 방지하기 위하여
② 전기자 반작용을 방지하기 위하여
③ 정류 기전력을 높이기 위하여
④ 전압 강하를 방지하기 위하여

해설 브러시에서 순환 전류(불꽃 발생)를 방지하기 위하여 4극 이상의 중권에 대해서는 균압환을 설치한다.

49 저압 옥내 배선 공사 중 애자 사용 공사를 하는 경우 전선 상호 간의 간격은 몇 [mm] 이상 이격하여야 하는가?

① 20   ② 40
③ 60   ④ 80

해설 애자 사용 공사 시 전선 상호 간 간격
• 저압 : 60[mm]
• 고압 : 80[mm]

50 변압기 V결선의 특징으로 틀린 것은?

① V결선 출력은 △결선 출력과 그 크기가 같다.
② 고장 시 응급처치 방법으로 쓰인다.
③ 단상 변압기 2대로 3상 전력을 공급한다.
④ 부하 증가가 예상되는 지역에 시설한다.

해설 V결선 출력은 △결선 시 출력보다 $\frac{1}{\sqrt{3}}$ 배로 감소한다.

51 온도 변화에도 용량의 변화가 적으며, 극성이 있고 콘덴서 자체에 +의 기호로 전극을 표시하며 비교적 가격이 비싸나 온도에 의한 용량변화가 엄격한 회로, 어느 정도 주파수가 높은 회로 등에 사용되고 있는 콘덴서는?

① 탄탈 콘덴서   ② 마일러 콘덴서
③ 세라믹 콘덴서   ④ 바리콘

해설 탄탈 콘덴서는 탄탈 소자의 양 끝에 전극을 구성시킨 구조로서 온도나 직류 전압에 대한 정전용량 특성의 변화가 적고 용량이 크며 극성이 있으므로 직류용으로 사용된다.

52 20[kVA]의 단상 변압기 2대를 사용하여 V-V 결선으로 하고 3상 전원을 얻고자 할 때 최대로 얻을 수 있는 3상 부하의 용량은 약 몇 [kVA]인가?

① 20
② 24
③ 28.8
④ 34.6

해설 V 결선 용량
$P_V = \sqrt{3}\,P_1 = \sqrt{3} \times 20 = 34.6 [\text{kVA}]$

53 2분 간에 876,000[J]의 일을 하였다. 그 전력[kW]은 얼마인가?

① 7.3
② 730
③ 73
④ 438

해설 전력량 $W = Pt[\text{J}]$이므로
전력 $P = \dfrac{W}{t} = \dfrac{876,000}{2 \times 60} = 7,300 = 7.3[\text{kW}]$

54 평균 반지름 $r[\text{m}]$의 환상 솔레노이드에 $I[\text{A}]$의 전류가 흐를 때, 내부 자계가 $H[\text{AT/m}]$이었다. 권수 N은?

① $\dfrac{HI}{2\pi r}$ ② $\dfrac{2\pi r}{HI}$
③ $\dfrac{2\pi rH}{I}$ ④ $\dfrac{I}{2\pi rH}$

해설 내부 자계 $H = \dfrac{NI}{2\pi r}$이므로 권수 $N = \dfrac{2\pi rH}{I}[\text{T}]$

정답 48.① 49.③ 50.① 51.① 52.④ 53.① 54.③

55 $R-L-C$ 직렬 회로에서 직렬 공진 조건은?

① $\omega L - \dfrac{1}{\omega C} = 0$ ② $\omega L + \dfrac{1}{\omega C} = 1$

③ $\omega L - \dfrac{1}{\omega C} = 1$ ④ $\omega L - \omega C = 0$

해설 합성 임피던스 $\dot{Z} = R + j\left(\omega L - \dfrac{1}{\omega C}\right)[\Omega]$에서 직렬 공진 조건은 $\omega L - \dfrac{1}{\omega C} = 0$이 된다.

56 양전하와 음전하를 가진 물체를 서로 접속하면 여기에 전하가 이동하게 되며 이들 물체는 전기를 띠게 된다. 이와 같은 현상을 무엇이라 하는가?

① 분극   ② 정전
③ 대전   ④ 코로나

해설 대전 : 절연체를 서로 마찰시키면 전자를 얻거나 잃어서 전기를 띠게 되는 현상

57 기전력 1.5[V], 내부 저항 0.2[Ω]인 전지 5개를 직렬로 접속하여 단락시켰을 때의 전류[A]는?

① 15   ② 7.5
③ 5.5   ④ 30

해설 전자의 단락 전류 $I = \dfrac{E}{r} = \dfrac{1.5}{0.2} = 7.5[A]$

58 3상 유도 전동기의 원선 도를 그리려면 등가 회로의 정수를 구할 때 몇 가지 시험이 필요하다. 이에 해당되지 않는 것은?

① 무부하 시험   ② 저항 측정
③ 회전수 측정   ④ 구속 시험

해설
- 저항 측정 시험 : 1차 동손
- 무부하 시험 : 여자 전류, 철손
- 구속 시험(단락 시험) : 2차 동손

59 전기 기계의 효율 중 발전기의 규약 효율 η_G는 몇 [%]인가? (단, P는 입력, Q는 출력, L은 손실이다.)

① $\eta_G = \dfrac{Q}{Q+L} \times 100[\%]$

② $\eta_G = \dfrac{P-L}{P+L} \times 100[\%]$

③ $\eta_G = \dfrac{Q}{P} \times 100[\%]$

④ $\eta_G = \dfrac{P-L}{P} \times 100[\%]$

해설 전기 에너지 기준으로 발전기에서는 출력이 기준이 된다.

$\eta_G = \dfrac{Q}{Q+L} \times 100[\%]$

60 공심 솔레노이드 내부의 자기장의 세기가 500[AT/m]일 때 자속 밀도의 세기[Wb/m²]는?

① $2\pi \times 10^{-5}$ ② $4\pi \times 10^{-3}$
③ $2\pi \times 10^{-4}$ ④ $4\pi \times 10^{-4}$

해설 자속 밀도와 자기장 관계식
$B = \mu_0 H$
$= 4\pi \times 10^{-7} \times 500 = 2\pi \times 10^{-4}[Wb/m^2]$

정답 55.① 56.③ 57.② 58.③ 59.① 60.③

2023년 제3회 CBT 기출복원문제

★ 표시 : 문제 중요도를 나타냄

본 기출문제는 수험생들의 기억을 바탕으로 작성한 것으로 내용 및 그림 등에서 실제 문제와 다소 차이가 있을 수 있습니다.

01 2[Ω], 4[Ω], 6[Ω]의 3개 저항을 병렬 접속했을 때 10[A]의 전류가 흐른다면 2[Ω]에 흐르는 전류는 몇 [A]인가?

① 2.45 ② 2
③ 5 ④ 5.45

해설 저항이 3개가 접속된 경우 컨덕턴스로 변환하여 계산하면 된다.

$$I = \frac{\frac{1}{2}}{\frac{1}{2}+\frac{1}{4}+\frac{1}{6}} \times 10 = 5.45[A]$$

02 합성 수지관 배관 시 관과 박스와의 접속 시에 지지점 간 거리는 고정시킨 박스로부터 몇 [mm] 이하에 새들로 지지하여야 하는가?

① 500 ② 300
③ 200 ④ 400

해설 합성 수지관 지지점 간 거리
• 관과 박스 접속 시 지지점 간 거리 : 30[cm]
  =300[mm]
• 관 상호 접속 시 지지점 간 거리 : 1.5[m] 이하

03 다음 중 변압기의 원리는 어느 작용을 이용한 것인가?

① 발열 작용 ② 화학 작용
③ 자기 유도 작용 ④ 전자 유도 작용

해설 변압기의 원리 : 1차 코일에서 발생한 자속이 2차 코일과 쇄교하면서 발생되는 유도 기전력을 이용한 기기(전자 유도 작용)

04 3상 동기기에 제동 권선을 설치하는 주된 목적은?

① 출력 증가와 난조 방지
② 효율 증가와 기동 토크
③ 역률 개선과 기동 토크
④ 기동 토크와 난조 방지

해설 전동기의 제동 권선 목적 : 기동 토크 발생 및 난조 방지

05 박강 전선관의 표준 규격[mm]이 아닌 것은?

① 19 ② 31
③ 37 ④ 75

해설 박강 전선관 : 두께 1.2[mm] 이상의 얇은 전선관
• 관 호칭 : 관 바깥지름의 크기에 가까운 홀수
• 관 종류(7종류) : 19, 25, 31, 39, 51, 63, 75[mm]

06 자체 인덕턴스 L_1, L_2, 상호 인덕턴스 M인 두 코일의 결합 계수가 1이면 어떤 관계가 되는가?

① $L_1 + L_2 = M$ ② $L_1 L_2 = M$
③ $\sqrt{L_1 L_2} = M$ ④ $L_1 L_2 = \sqrt{M}$

정답 01.④ 02.② 03.④ 04.④ 05.③ 06.③

해설 $M = k\sqrt{L_1 L_2}$ [H]에서 $k=1$이므로
$\sqrt{L_1 L_2} = M$ [H]

07 동기 발전기의 무부하 포화 곡선에 대한 설명으로 옳은 것은?

① 정격 전류 – 단자 전압
② 정격 전류 – 정격 전압
③ 계자 전류 – 정격 전압
④ 계자 전류 – 단자 전압

해설 무부하 포화 곡선 : 계자 전류 – 유기 기전력(단자 전압)을 나타낸 전압 특성 곡선

08 점유 면적이 좁고 운전, 보수에 안전하므로 공장, 빌딩 등의 전기실에 많이 사용되며, 큐비클(cubicle)형이라고 불리는 배전반은?

① 라이브 프런트식 배전반
② 폐쇄식 배전반
③ 포스트형 배전반
④ 데드 프런트식 배전반

해설 폐쇄식 배전반 : 각종 계기 및 조작 개폐기, 계전기 등 전부를 금속제 상자 안에 조립하는 방식

09 동기 전동기의 자기 기동법에서 계자 권선을 단락하는 이유는?

① 기동이 쉽다.
② 기동 권선으로 이용
③ 고전압 유도에 의한 절연 파괴 위험 방지
④ 전기자 반작용을 방지한다.

해설 동기 전동기의 자기 기동법은 계자 권선을 단락시켜서 고전압 유도에 의한 절연 파괴 위험을 방지하기 위함이다.

10 OW의 전선 명칭은?

① 인입용 비닐 절연 전선
② 배선용 단심 비닐 절연 전선
③ 옥외용 비닐 절연 전선
④ 450/750V 일반용 단심 비닐 절연 전선

해설 OW : 옥외용 비닐 절연 전선

11 그림과 같은 회로에서 합성 저항은 몇 [Ω]인가?

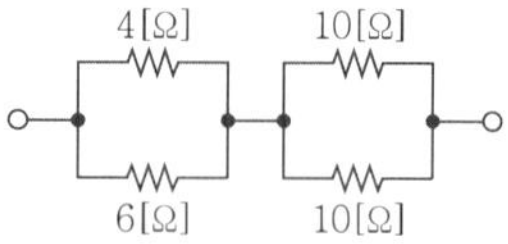

① 6.6
② 7.4
③ 8.7
④ 9.4

해설 합성 저항 $= \dfrac{4 \times 6}{4+6} + \dfrac{10}{2} = 7.4$ [Ω]

12 전선을 기구 단자에 접속할 때 진동 등의 영향으로 헐거워질 우려가 있는 경우에 사용하는 것은?

① 스프링 와셔
② 코드 페스너
③ 십자머리 볼트
④ 압착 단자

해설 진동으로 인하여 단자가 풀릴 우려가 있는 곳은 스프링 와셔나 이중 너트를 사용하여 진동을 흡수하여 영향을 없앤다.

13 다음 중 변압기유의 열화 방지와 관계가 가장 먼 것은?

① 부싱
② 브리더
③ 질소 봉입
④ 콘서베이터

해설 변압기유의 열화 방지 대책 : 브리더 설치, 콘서베이터 설치, 불활성 질소 봉입

정답 07.④ 08.② 09.③ 10.③ 11.② 12.① 13.①

14 $C[F]$의 콘덴서에 축적되는 에너지 $W[J]$를 발생시키려면 전압[V]은?

① $\sqrt{\dfrac{W}{2C}}$ ② $\sqrt{\dfrac{W}{C}}$
③ $\sqrt{\dfrac{2W}{C}}$ ④ $\sqrt{\dfrac{2C}{W}}$

해설 콘덴서에 축적되는 에너지 $W = \dfrac{1}{2}CV^2[J]$에서 V로 정리하면 $V^2 = \dfrac{2W}{C}$ 이므로

$V = \sqrt{\dfrac{2W}{C}}$ [V]

15 홈수가 36인 표준 농형 3상 유도 전동기의 극수가 4극이라면 매극 매상당의 홈수는?

① 6 ② 3
③ 2 ④ 1

해설 $\alpha = \dfrac{\text{총 슬롯수}}{\text{상수} \times \text{극수}} = \dfrac{36}{3 \times 4} = 3$

16 반도체 내에서 정공은 어떻게 생성되는가?

① 결합 전자의 이탈
② 접합 불량
③ 자유 전자의 이동
④ 확산 용량

해설 정공 : 결합 전자의 이탈로 생기는 빈자리

17 전원과 부하가 다같이 Y결선된 3상 평형 회로가 있다. 상전압이 200[V], 부하 임피던스가 $\dot{Z} = 8 + j6[\Omega]$인 경우 상전류는 몇 [A]인가?

① 20 ② $\dfrac{20}{\sqrt{3}}$
③ $20\sqrt{3}$ ④ $10\sqrt{3}$

해설 한 상의 임피던스 $\dot{Z} = 8 + j6[\Omega]$에서 절대값 $Z = 10[\Omega]$이므로

상전류 $I_p = \dfrac{V}{Z} = \dfrac{200}{10} = 20[A]$

18 콘크리트 직접매설(직매)용 케이블 배선에서 일반적으로 케이블을 구부릴 때는 피복이 손상되지 않도록 그 굽은 부분(굴곡부) 곡선반지름은 케이블 바깥지름(외경)의 몇 배 이상으로 하여야 하는가? (단, 단심이 아닌 경우이다.)

① 8 ② 6
③ 10 ④ 12

해설 케이블 구부릴 때 곡선반지름(곡률반경)
• 일반 케이블 : 바깥지름(외경)의 6배(단, 단심일 경우 8배이다.)
• 연피, 알루미늄피 케이블 : 바깥지름(외경)의 12배 이상

19 공기 중에서 1[Wb]의 자극으로부터 나오는 자력선의 총수는 몇 개인가?

① 6.33×10^4 ② 7.96×10^5
③ 8.855×10^3 ④ 1.256×10^6

해설 자기력선의 총수

$N = \dfrac{m}{\mu_0} = \dfrac{1}{4\pi \times 10^{-7}} = 7.96 \times 10^5$개

20 녹아웃의 지름이 관의 지름보다 클 때에 관을 박스에 고정시키기 위해 사용되는 기구은?

① 터미널 캡 ② 링 리듀서
③ 엔트런스 캡 ④ 유니버설 엘보

해설 링 리듀서 : 금속관을 박스에 설치할 때 녹아웃 지름이 관의 지름보다 커서 로크 너트만으로는 고정할 수 없을 때 보조적으로 녹아웃 지름을 작게 하기 위해 사용하는 기구

정답 14.③ 15.② 16.① 17.① 18.② 19.② 20.②

21 다음 중 동기 속도가 1,200[rpm]이고 회전수 1,176[rpm]인 유도 전동기의 슬립[%]은?

① 3 ② 2
③ 4 ④ 5

해설
$$s = \frac{N_s - N}{N_s} \times 100[\%]$$
$$= \frac{1,200 - 1,176}{1,200} \times 100 = 2[\%]$$

22 직권 전동기의 회전수를 $\frac{1}{3}$로 감소시키면 토크는 어떻게 되겠는가?

① $\frac{1}{9}$ ② $\frac{1}{3}$
③ 3 ④ 9

해설 직권 전동기의 특성은 $\tau \propto I^2 \propto \frac{1}{N^2}$ 이므로
$$\frac{1}{\left(\frac{1}{3}\right)^2} = 9$$

23 철근 콘크리트주의 길이가 12[m]일 때 땅에 묻히는 표준 깊이는 몇 [m]이어야 하는가? (단, 설계 하중은 6.8[kN] 이하이다.)

① 2 ② 2.3
③ 2.5 ④ 3

해설 전장 16[m] 이하, 설계 하중 6.8[kN] 이하인 지지물 건주 시 전주 땅에 묻히는 깊이(지지물 기초 안전율 : 2 이상)
- 15[m] 이하 : 전체 길이×$\frac{1}{6}$ 이상

매설 깊이 $H = 12 \times \frac{1}{6} = 2[m]$

24 3상 기전력을 2개의 전력계 W_1, W_2로 측정해서 W_1의 지시값이 P_1, W_2의 지시값이 P_2라고 하면 3상 유효 전력은 어떻게 표현되는가?

① $P_1 - P_2$ ② $3(P_1 - P_2)$
③ $P_1 + P_2$ ④ $3(P_1 + P_2)$

해설 2전력계법에서 3상 유효 전력
$P = P_1 + P_2 [W]$

25 최소 동작값 이상의 구동 전기량이 주어지면 고장 전류의 크기에 관계없이 일정 시한으로 동작하는 계전기는?

① 반한시 계전기
② 정한시 계전기
③ 역한시 계전기
④ 반한시-정한시 계전기

해설 정한시 계전기 : 설정된 최소 동작 전류(전기량) 이상의 전류가 흐르면 고장 전류의 크기와 관계없이 정해진 시한 동작하는 계전기

26 다음 중 단선의 브리타니아 직선 접속에 사용되는 것은?

① 에나멜선 ② 파라핀선
③ 조인트선 ④ 바인드선

해설 조인트선 : 브리타니아 직선 접속 시 전선이 굵으므로 접촉면을 증가시키기 위해 첨선을 삽입한 후 사용하는 1.0∼1.2[mm] 굵기의 나동선

27 진공 중에 3×10^{-5}[C], 8×10^{-5}[C]의 두 점 전하가 2[m]의 간격을 두고 놓여 있다. 두 전하 사이에 작용하는 힘[N]은?

① 2.7 ② 10.8
③ 5.4 ④ 24

해설 쿨롱의 법칙
$$F = 9 \times 10^9 \times \frac{Q_1 \cdot Q_2}{r^2}[N]$$
$$= 9 \times 10^9 \times \frac{3 \times 10^{-5} \times 8 \times 10^{-5}}{2^2} = 5.4[N]$$

정답 21.② 22.④ 23.① 24.③ 25.② 26.③ 27.③

28 수·변전 설비의 고압 회로에 걸리는 전압을 표시하기 위해 전압계를 시설할 때 고압 회로와 전압계 사이에 시설하는 것은?

① 관통형 변압기 ② 계기용 변류기
③ 계기용 변압기 ④ 권선형 변류기

해설 계기용 변압기(PT) : 고압을 저압으로 변성하여 측정 계기나 보호 계전기에 전압을 공급하기 위한 계기

29 황산구리(CuSO₄) 전해액에 2개의 구리판을 넣고 전원을 연결하였을 때 음극에서 나타나는 현상으로 옳은 것은?

① 변화가 없다.
② 두터워진다.
③ 얇아진다.
④ 수소 가스가 발생한다.

해설 음극에서는 전자가 달라붙으므로 두터워지고 양극은 같은 두께로 얇아진다.

30 양전하와 음전하를 가진 물체를 서로 접속하면 여기에 전하가 이동하게 되며 이들 물체는 전기를 띠게 된다. 이와 같은 현상을 무엇이라 하는가?

① 분극   ② 정전
③ 대전   ④ 코로나

해설 대전 : 양전하와 음전하를 가진 물체를 서로 접속하면 여기에 전하가 이동하여 전기를 띠는 현상

31 동기 발전기를 회전 계자형으로 하는 이유가 아닌 것은?

① 고전압에 견딜 수 있게 전기자 권선을 절연하기가 쉽다.
② 전기자 단자에 발생한 고전압을 슬립링 없이 간단하게 외부 회로에 인가할 수 있다.
③ 전기자가 고정되어 있지 않아 제작비용이 저렴하다.
④ 기계적으로 튼튼하게 만드는 데 용이하다.

해설
- 회전 계자형 동기 발전기 : 전기자 권선 절연이 용이하고 구조가 간단하며 외부 인출이 쉽다.
- 고정자 : 전기자 도체
- 회전자 : 계자

32 1차 권선과 2차 권선을 직렬로 접속하여 기전력을 얻어내는 방식의 변압기는?

① 누설 변압기   ② 내철형 변압기
③ 단권 변압기   ④ 외철형 변압기

해설 단권 변압기 : 1차 권선과 2차 권선을 직렬로 접속하여 기전력을 얻어내는 방식

33 4극 중권 직류 전동기의 전기자 도체수가 284, 자속 0.02[Wb], 부하 전류가 80[A]이고 토크가 72.4[N·m], 회전수가 900[rpm]일 때 출력은 약 몇 [W]인가?

① 6,880   ② 6,840
③ 6,860   ④ 6,820

해설 직류 전동기의 토크
$\tau = \dfrac{PZ}{2\pi a}\phi I_a = 9.55\dfrac{P_o}{N}[\text{N}\cdot\text{m}]$에서

출력 $P_o = \dfrac{N\tau}{9.55} = \dfrac{900 \times 72.4}{9.55} = 6,820[\text{W}]$

34 5.5[kW], 200[V] 유도 전동기의 전전압 기동 시의 기동 전류가 150[A]이었다. 여기에 Y-△ 기동 시 기동 전류는 몇 [A]가 되는가?

① 150   ② 80
③ 30   ④ 50

해설 Y-△ 기동 시 기동 전류는 전전압 기동 시보다 $\dfrac{1}{3}$로 감소하므로 $150 \times \dfrac{1}{3} = 50[\text{A}]$이다.

정답 28.③ 29.② 30.③ 31.③ 32.③ 33.④ 34.④

35 옥내의 건조하고 전개된 장소에서 사용 전압이 400[V] 이상인 경우에는 시설할 수 없는 배선 공사는?

① 애자 사용 공사
② 금속 덕트 공사
③ 버스 덕트 공사
④ 금속 몰드 공사

해설 전개(노출), 건조한 곳의 사용 전압이 400[V] 이상인 장소의 옥내 배선 : "금속관 공사, 합성 수지관 공사, 가요 전선관 공사, 케이블 공사, 애자 사용 공사, 금속 덕트 공사, 버스 덕트 공사"에 의할 수 있다.

36 가연성 먼지(분진)에 전기 설비가 발화원이 되어 폭발의 우려가 있는 곳에 시설하는 저압 옥내 배선 공사 방법이 아닌 것은?

① 금속관 공사
② 케이블 공사
③ 애자 사용 공사
④ 두께 2[mm] 이상의 합성 수지관 공사

해설 가연성 먼지(분진 : 소맥분, 전분, 유황 기타 가연성 먼지 등)로 인하여 폭발할 우려가 있는 저압 옥내 설비 공사는 금속관 공사, 케이블 공사, 두께 2[mm] 이상의 합성 수지관 공사 등에 의하여 시설한다.

37 다음 중 나전선 상호 간 또는 나전선과 절연 전선 접속 시 접속 부분의 전선의 세기는 일반적으로 [%] 이상 감소하면 안 되는가?

① 20
② 30
③ 60
④ 80

해설 전선 접속 시 접속 부분의 전선의 세기는 20[%] 이상 감소하지 않도록 하여야 한다.

38 다음 중 옥내에 시설하는 저압 전로와 대지 사이의 절연 저항 측정에 사용되는 계기는?

① 콜라우슈 브리지
② 어스테스터
③ 메거
④ 마그넷 벨

해설 절연 저항 측정 : 메거

39 직류 발전기에서 전기자 권선에 유도되는 교류 기전력을 정류해서 직류로 만드는 부분으로 맞는 것은?

① 회전자 – 브러시
② 전기자 – 브러시
③ 슬립링 – 브러시
④ 정류자 – 브러시

해설 정류자 : 브러시와 접촉하여 교류를 정류하여 직류로 만드는 장치

40 큰 고장 전류가 흐르지 않는 경우 접지선의 굵기는 구리선인 경우 최소 몇 [mm^2] 이상이어야 하는가?

① 4
② 6
③ 16
④ 25

해설 큰 고장 전류가 접지 도체를 통하여 흐르지 않을 경우 접지 도체의 최소 단면적[mm^2]

도체	피뢰 시스템 접속되지 않은 경우	피뢰 시스템 접속
구리 소재	6	16
철제	50	

41 120[Ω]의 저항 4개를 접속하여 가장 최소로 얻을 수 있는 저항값은 몇 [Ω]인가?

① 30
② 40
③ 20
④ 50

해설 최소 저항값 : 병렬로 접속

$$R_o = \frac{120}{4} = 30[\Omega]$$

정답 35.④ 36.③ 37.① 38.③ 39.④ 40.② 41.①

42 정격 전류가 40[A]인 주택의 전로에 58[A]의 전류가 흘렀을 경우 주택에 사용하는 배선용 차단기는 몇 분 내에 자동적으로 동작하여야 하는가?

① 10 ② 30
③ 60 ④ 120

해설 주택용 배선용 차단기의 동작 특성

정격 전류	시간(분)	정격 전류 배수	
		부동작 전류	동작 전류
63[A] 이하	60	1.13배	1.45배
63[A] 초과	120	1.13배	1.45배

43 10[A], 100[W]의 전열기에 15[A]의 전류가 흘렀다면 이 전열기의 전력은 몇 [W]가 되겠는가?

① 115 ② 120
③ 200 ④ 225

해설 전류가 1.5배 증가하면 전력은 $P = I^2R$식을 적용하여 I^2배로 증가하므로 $P' = 1.5^2 \times 100 = 225$[W]가 된다.

44 환상 솔레노이드의 내부 자장과 전류의 세기에 대한 설명으로 맞는 것은?

① 전류의 세기에 반비례한다.
② 전류의 세기에 비례한다.
③ 전류의 세기 제곱에 비례한다.
④ 전혀 관계가 없다.

해설 환상 솔레노이드 내부 자장 세기 $H = \dfrac{NI}{2\pi r}$[AT/m] 이므로 전류의 세기에 비례한다.

45 두 개의 평행한 도체가 진공 중(또는 공기 중)에 20[cm] 떨어져 있고, 100[A]의 같은 크기의 전류가 흐르고 있을 때 1[m]당 발생하는 힘의 크기[N]는?

① 20 ② 40
③ 0.01 ④ 0.1

해설 평행 도선 사이에 작용하는 힘의 세기
$$F = \dfrac{2I_1 I_2}{r} \times 10^{-7}$$
$$= \dfrac{2 \times 100 \times 100}{0.2} \times 10^{-7} = 0.01 \text{[N/m]}$$

46 m[Wb]인 자극이 공기 중에서 r[m] 떨어져 있는 경우 자계의 세기[AT/m]는?

① $\dfrac{m}{4r}$ ② $\dfrac{m}{4\pi\mu_0\mu_s r^2}$
③ $\dfrac{m}{4\pi r^2}$ ④ $\dfrac{\mu_0\mu_s m}{4\pi r^2}$

해설 m[Wb]인 자극에 의한 자계
$$H = \dfrac{m}{4\pi\mu_0\mu_s r^2} \text{[AT/m]}$$

47 단상 전파 사이리스터 정류 회로에서 점호각이 60°일 때의 정류 전압은 몇 [V]인가? (단, 전원측 전압의 실효값은 100[V]이고, 유도성 부하이다.)

① 141 ② 100
③ 85   ④ 45

해설 단상 전파 사이리스터 정류 전압
$$E_d = 0.9E\cos\alpha = 0.9 \times 100 \times \cos 60° = 45\text{[V]}$$

48 교통 신호등 제어 장치의 2차측 배선의 제어 회로의 최대 사용 전압은 몇 [V] 이하이어야 하는가?

① 200 ② 150
③ 300 ④ 400

해설 교통 신호등 제어 장치의 2차측 배선 공사 방법
- 최대 사용 전압 : 300[V] 이하
- 전선 : 2.5[mm²] 이상의 연동 연선
- 교통 신호등 회로의 사용 전압이 150[V]를 넘는 경우 누전 차단기를 시설할 것

정답 42.③ 43.④ 44.② 45.③ 46.② 47.④ 48.③

49 3상 6,600[V], 1,000[kVA] 발전기의 전류 용량과 역률 70[%]에서의 출력[kW]은?

① 87.48, 1,000
② 151.52, 1,000
③ 87.48, 700
④ 151.52, 700

해설 3상 피상 전력 $P_a = \sqrt{3}\,VI[\text{VA}]$
전류 $I = \dfrac{1,000}{\sqrt{3} \times 6.6} = 87.48[\text{A}]$
출력 $P = 1,000 \times 0.7 = 700[\text{kW}]$

50 자속 밀도 1[Wb/m^2]은 몇 [gauss]인가?

① $4\pi \times 10^{-7}$
② 10^{-6}
③ 10^4
④ $\dfrac{4\pi}{10}$

해설 자속 밀도 환산
$1[\text{Wb/m}^2] = \dfrac{10^8[\text{Max}]}{10^4[\text{cm}^2]}$
$= 10^4[\text{max/cm}^2 = \text{gauss, 가우스}]$

51 5[Wb]의 자속이 이동하여 2[J]의 일을 하였다면 통과한 전류[A]는?

① 0.1
② 0.2
③ 0.4
④ 0.5

해설 자속이 한 일 $W = \phi I[\text{J}]$이므로
전류 $I = \dfrac{W}{\phi} = \dfrac{2}{5} = 0.4[\text{A}]$

52 캡타이어 케이블을 조영재에 시설하는 경우 그 지지점 간 거리는 몇 [m] 이하이어야 하는가?

① 1
② 1.5
③ 2.0
④ 2.5

해설 캡타이어 케이블을 조영재에 따라 시설하는 경우 지지점 간의 거리 : 1[m] 이하

53 동기 발전기의 전기자 전류가 무부하 유도 기전력보다 90° 앞선 전류가 흐르는 경우 나타나는 전기자 반작용은?

① 증자 작용
② 감자 작용
③ 교차 자화 작용
④ 직축 반작용

해설 발전기의 전기자 반작용
• 동상 전류 : 교차 자화 작용
• 뒤진 전류 : 감자 작용
• 앞선 전류 : 증자 작용

54 3상 유도 전동기의 운전 중 급속 정지가 필요할 때 사용하는 제동 방식은?

① 단상 제동
② 회생 제동
③ 발전 제동
④ 역상 제동

해설 역상 제동 : 전기자 회로의 극성을 반대로 접속하여 전동기를 급제동시키는 방식(전동기 급제동 목적)

55 시정수와 과도 현상과의 관계에 대한 설명으로 옳은 것은?

① 시정수가 클수록 과도 현상은 짧아진다.
② 시정수가 짧을수록 과도 현상은 길어진다.
③ 시정수가 클수록 과도 현상은 길어진다.
④ 시정수와 관계가 없다.

해설 시정수(e^{-1}이 되는 시간)와 과도 현상과의 관계
• 시정수가 크면 과도 현상이 길어진다.
• 시정수가 작으면 과도 현상이 짧아진다.

56 30[μF]과 40[μF]의 콘덴서를 병렬로 접속한 후 100[V]의 전압을 가했을 때 전전하량은 몇 [C]인가?

① 17×10^{-4}
② 34×10^{-4}
③ 56×10^{-4}
④ 70×10^{-4}

정답 49.③ 50.③ 51.③ 52.① 53.① 54.④ 55.③ 56.④

해설 합성 정전 용량 $C_0 = 30 + 40 = 70[\mu F]$
$Q = CV = 70 \times 10^{-6} \times 100 = 70 \times 10^{-4}[C]$

57 비정현파의 종류에 속하는 사각파의 전개식에서 기본파의 진폭[V]은? (단, $V_m = 20[V]$, $T = [10m \cdot s]$)

① 25.47
② 24.47
③ 23.47
④ 26.47

해설 $V = \dfrac{4}{\pi} V_m = \dfrac{4}{\pi} \times 20 = 25.47[V]$

58 3상 전원을 이용하여 2상 전압을 얻고자 할 때 사용하는 결선 방법은?

① Scott 결선
② Fork 결선
③ 환상 결선
④ 2중 3각 결선

해설 전원 3ϕ을 2ϕ으로 결선하는 방식
- 스코트(T) 결선 : 전기 철도
- 우드브리지 결선
- 메이어 결선

59 슬립이 일정한 경우 유도 전동기의 공급 전압이 $\dfrac{1}{2}$로 감소하면 토크는 처음에 비해 어떻게 되는가?

① 2배가 된다.
② 1배가 된다.
③ $\dfrac{1}{2}$로 줄어든다.
④ $\dfrac{1}{4}$로 줄어든다.

해설 유도 전동기의 토크와 공급 전압과의 관계 :
$\tau \propto V^2$이므로 $\left(\dfrac{1}{2}\right)^2 = \dfrac{1}{4}$로 감소한다.

60 변압기의 1차에 6,000[V]를 가할 때 2차 전압이 200[V]라면 이 변압기의 권수비는 몇 인가?

① 3
② 20
③ 30
④ 200

해설 변압기의 권수비 $a = \dfrac{N_1}{N_2} = \dfrac{V_2}{V_1} = \dfrac{6,000}{200} = 30$

정답 57.① 58.① 59.④ 60.③

2023년 제4회 CBT 기출복원문제

★ 표시 : 문제 중요도를 나타냄

본 기출문제는 수험생들의 기억을 바탕으로 작성한 것으로 내용 및 그림 등에서 실제 문제와 다소 차이가 있을 수 있습니다.

01 도체계에서 임의의 도체를 일정 전위(일반적으로 영전위)의 도체로 완전 포위하면 내부와 외부의 전계를 완전히 차단할 수 있는 데 이를 무엇이라 하는가?

① 핀치 효과　② 톰슨 효과
③ 정전 차폐　④ 자기 차폐

해설 정전 차폐 : 도체가 정전 유도가 되지 않도록 도체 바깥을 포위하여 접지하는 것을 정전 차폐라 하며 완전 차폐가 가능하다.

02 그림은 동기기의 위상 특성 곡선을 나타낸 것이다. 전기자 전류가 가장 작게 흐를 때의 역률은?

① 0.9(지상)
② 0
③ 1
④ 0.9(진상)

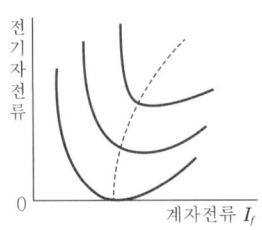

해설 V곡선에서 최저점이 역률이 1인 상태이다.

03 3상 동기기에 제동 권선을 설치하는 주된 목적은?

① 난조 방지　② 효율 증가
③ 역률 개선　④ 출력 증가

해설 제동 권선의 역할 : 난조 방지, 기동 토크 발생

04 변압기의 원리는 어느 작용을 이용한 것인가?

① 발열 작용
② 화학 작용
③ 자기 유도 작용
④ 전자 유도 작용

해설 변압기의 원리 : 전자 유도 작용

05 박강 전선관의 표준 굵기[mm]가 아닌 것은?

① 16　　　② 19
③ 25　　　④ 31

해설 박강 전선관 : 두께 1.2[mm] 이상의 얇은 전선관
• 관의 호칭 : 관 바깥지름의 크기에 가까운 홀수
• 관의 종류(7종류) : 19, 25, 31, 39, 51, 63, 75[mm]

06 동기 발전기의 전기자 반작용 중에서 전기자 전류에 의한 자기장의 축이 항상 주자속의 축과 수직이 되면서 자극편 왼쪽에 있는 주자속은 증가시키고, 오른쪽에 있는 주 자속은 감소시켜 편자 작용을 하는 전기자 반작용은?

① 증자 작용　② 교차 자화 작용
③ 직축 반작용　④ 감자 작용

해설 교차 자화 작용(횡축 반작용) : 부하인 경우 동위상 특성의 전기자 전류에 의해 발생한 자속이 주자속과 직각으로 교차하는 현상

정답 01.③　02.③　03.①　04.④　05.①　06.②

07 3상 유도 전동기의 동기 속도를 N_s, 회전 속도를 N, 슬립이 s인 경우 2차 효율[%]은?

① $\dfrac{N}{N_s} \times 100$

② $(s-1) \times 100$

③ $s^2 \times 100$

④ $\dfrac{1}{s}(N_s - N) \times 100$

해설 2차 효율 $\eta_2 = (1-s) \times 100 = \dfrac{N}{N_s} \times 100[\%]$

08 3상 유도 전동기의 슬립이 4[%], 2차 동손이 0.4[kW]인 경우 2차 입력[kW]은?

① 12 ② 8
③ 6   ④ 10

해설 2차 동손 $P_{c2} = sP_2$이므로

2차 입력 $P_2 = \dfrac{P_{c2}}{s} = \dfrac{0.4}{0.04} = 10[\text{kW}]$

09 권선형 유도 전동기에서 회전자 권선에 2차 저항기를 삽입하면 어떻게 되는가?

① 회전수가 커진다.
② 변화가 없다.
③ 기동 전류가 작아진다.
④ 기동 토크가 작아진다.

해설 2차 저항기를 삽입하면 비례 추이에 의해 기동 전류는 작아지고 기동 토크는 커진다.

10 다음 그림은 직류 발전기의 분류 중 어느 것에 해당되는가?

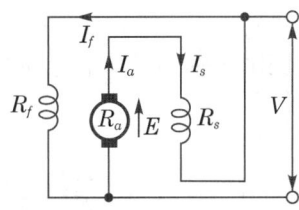

① 직권 발전기 ② 타여자 발전기
③ 복권 발전기 ④ 분권 발전기

해설 그림은 복권 발전기로서 복권 발전기는 전기자 도체와 직렬로 접속된 직권 계자가 있고 병렬로 접속된 분권 계자로 구성된다.

11 동기 임피던스 5[Ω]인 2대의 3상 동기 발전기의 유도 기전력에 100[V]의 전압 차이가 있다면 무효 순환 전류[A]는?

① 10 ② 15
③ 20 ④ 25

해설 동기 발전기의 병렬 운전 조건 중 기전력의 크기가 다른 경우 이를 같게 하기 위해 흐르는 전류 무효 횡류(무효 순환 전류)

$= \dfrac{E_s}{2Z_s} = \dfrac{100}{2 \times 5} = 10[\text{A}]$

12 콘덴서의 정전 용량을 크게 하는 방법으로 옳지 않은 것은?

① 극판의 면적을 크게 한다.
② 극판 사이에 유전율이 큰 유전체를 삽입한다.
③ 극판 사이에 비유전율이 작은 유전체를 삽입한다.
④ 극판의 간격을 작게 한다.

해설 콘덴서의 정전 용량 $C = \dfrac{\varepsilon A}{d}[\text{F}]$이므로 극판의 간격 $d[\text{m}]$에 반비례한다.

13 주파수 50[Hz]인 철심의 단면적은 60[Hz]의 몇 배인가?

① 1.0 ② 0.8
③ 1.2 ④ 1.5

해설 $\dfrac{60}{50} = 1.2$ (주파수와 면적은 반비례)

정답 07.① 08.④ 09.③ 10.③ 11.① 12.③ 13.③

14 전주 외등을 전주에 부착하는 경우 전주 외등은 하단으로부터 몇 [m] 이상 높이에 시설하여야 하는가? (단, 전주 외등은 1,500[V] 고압 수은등이다.)

① 3.0　　② 3.5
③ 4.0　　④ 4.5

해설 전주 외등 : 대지 전압 300[V] 이하 백열전등이나 수은등을 배전 선로의 지지물 등에 시설하는 등
- 기구인출선 도체 단면적 : 0.75[mm^2] 이상
- 기구 부착 높이 : 지표상 4.5[m] 이상 (단, 교통지장 없을 경우 3.0[m] 이상)
- 돌출 수평 거리 : 1.0[m] 이상

15 교류 회로에서 양방향 점호(ON) 및 소호(OFF)를 이용하며, 위상 제어를 할 수 있는 소자는?

① GTO　　② TRIAC
③ SCR　　④ IGBT

해설 TRIAC : SCR을 서로 반대로 하여 접속하여 만든 3단자, 양방향 교류 스위치로서 위상 제어가 가능하며 교류 전력을 제어하며 다이액(DIAC)과 함께 사용되는 소자

16 지지선(지선)의 안전율은 2.5 이상으로 하여야 한다. 이 경우 허용 최저 인장 하중[kN]은 얼마 이상으로 하여야 하는가?

① 0.68　　② 6.8
③ 9.8　　④ 4.31

해설 지지선(지선)의 시설 규정
- 안전율은 2.5 이상일 것
- 지지선(지선)의 허용 인장 하중은 4.31[kN] 이상일 것
- 소선 3가닥 이상의 아연도금 연선일 것

17 하나의 콘센트에 두 개 이상의 플러그를 꽂아 사용할 수 있는 기구는?

① 코드 접속기　　② 아이언 플러그
③ 테이블 탭　　④ 멀티 탭

해설 접속 기구
- 멀티 탭 : 하나의 콘센트에 여러 개의 전기 기계 기구를 끼워 사용하는 것으로 연장선이 없는 콘센트
- 테이블 탭(table tap) : 코드 길이가 짧을 때 연장 사용하는 콘센트

18 자극 가까이에 물체를 두었을 때 전혀 자화되지 않는 물체는?

① 상자성체　　② 반자성체
③ 강자성체　　④ 비자성체

해설 비자성체 : 강자성체 이외의 자성이 약해서 전혀 자성을 갖지 않는 물질로서 상자성체와 반자성체를 포함하며 자계에 힘을 받지 않는다.

19 소세력 회로의 전선을 조영재에 붙여 시설하는 경우에 틀린 것은?

① 전선은 금속제의 수관·가스관 또는 이와 유사한 것과 접촉하지 아니하도록 시설할 것
② 전선은 코드·캡타이어 케이블 또는 케이블일 것
③ 전선이 손상을 받을 우려가 있는 곳에 시설하는 경우에는 적당한 방호 장치를 할 것
④ 전선의 굵기는 2.5[mm^2] 이상일 것

해설 소세력 회로의 배선(전선을 조영재에 붙여 시설하는 경우)
- 전선은 코드나 캡타이어 케이블 또는 케이블을 사용할 것
- 케이블 이외에는 공칭 단면적 1[mm^2] 이상의 연동선 또는 이와 동등 이상의 것일 것

20 전주에서 COS용 완철의 설치 위치는 최하단 전력선용 완철에서 몇 [m] 하부에 설치하는가?

① 0.75　　② 0.8
③ 0.9　　④ 0.95

정답 14.④　15.②　16.④　17.④　18.④　19.④　20.①

해설 COS용 완철 설치 위치 : 최하단 전력선용 완철에서 0.75[m] 하부에 설치하며 COS 조작 및 작업이 용이하도록 설치한다.

21 절연 전선으로 전선설치(가선)된 배전 선로에서 활선 상태인 경우 전선의 피복을 벗기는 것은 매우 곤란한 작업이다. 이런 경우 활선 상태에서 전선의 피복을 벗기는 공구는?

① 전선 피박기　② 애자 커버
③ 와이어 통　　④ 데드 엔드 커버

해설
- 전선 피박기 : 활선 상태에서 전선 피복을 벗기는 공구
- 와이어 통 : 충전되어 있는 활선을 움직이거나 작업권 밖으로 밀어낼 때 또는 활선을 다른 장소로 옮길 때 사용하는 활선 공구
- 데드 엔드 커버 : 내장주의 선로에서 활선 공법을 할 때 작업자가 현수 애자 등에 접촉되어 생기는 안전 사고를 예방하기 위해 사용하는 것

22 최대 사용 전압이 70[kV]인 중성점 직접 접지식 전로의 절연 내력 시험 전압은 몇 [V]인가?

① 35,000[V]　② 42,000[V]
③ 44,800[V]　④ 50,400[V]

해설 절연 내력 시험 : 최대 사용 전압이 60[kV] 이상인 중성점 직접 접지식 전로의 절연 내력 시험은 최대 사용 전압의 0.72배의 전압을 연속으로 10분 간 가할 때 견디는 것으로 하여야 한다.
시험전압 = 70,000 × 0.72 = 50,400[V]

23 배관 공사 시 금속관이나 합성 수지관으로부터 전선을 뽑아 전동기 단자 부근에 접속할 때 설치하는 것은?

① 부싱　　　　② 엔트런스 캡
③ 터미널 캡　　④ 로크 너트

해설 터미널 캡 : 배관 공사 시 금속관이나 합성 수지관으로부터 전선을 뽑아 전동기 단자 부근에 접속할 때, 또는 노출 배관에서 금속 배관으로 변경 시 관 단에 설치하는 재료(서비스 캡)

24 직권 전동기의 회전수를 $\frac{1}{3}$로 감소시키면 토크는 어떻게 되겠는가?

① $\frac{1}{9}$　② $\frac{1}{3}$
③ 3　　④ 9

해설 직권 전동기는 $\tau \propto I^2 \propto \frac{1}{N^2}$이므로
$\frac{1}{\left(\frac{1}{3}\right)^2} = 9$

25 불연성 먼지가 많은 장소에 시설할 수 없는 저압 옥내 배선의 방법은?

① 금속관 배선
② 플로어 덕트 배선
③ 금속제 가요 전선관 배선
④ 애자 사용 배선

해설 불연성 먼지(정미소, 제분소) : 금속관 공사, 케이블 공사, 합성 수지관 공사, 가요 전선관 공사, 애자 사용 공사, 금속 덕트 및 버스 덕트 공사, 캡타이어 케이블 공사

26 다음 중 금속관, 케이블, 합성 수지관, 애자 사용 공사가 모두 가능한 특수 장소를 옳게 나열한 것은?

㉠ 화약류 등의 위험 장소
㉡ 위험물 등이 존재하는 장소
㉢ 불연성 먼지가 많은 장소
㉣ 습기가 많은 장소

① ㉠, ㉣　② ㉡, ㉢
③ ㉢, ㉣　④ ㉠, ㉡

정답 21.① 22.④ 23.③ 24.④ 25.② 26.③

해설 금속관, 케이블 공사는 어느 장소든 가능하고 합성 수지관은 ㉠ 불가능, 애자 사용 공사는 ㉠, ㉡이 불가능하므로 ㉢, ㉣이 가능하다.

27 자속을 발생시키는 원천을 무엇이라 하는가?
① 기전력
② 전자력
③ 기자력
④ 정전력

해설 기자력(起磁力, magneto motive force) : 자속 Φ를 발생하게 하는 근원
기자력 $F = NI = R_m \Phi$ [AT]

28 전압계 및 전류계의 측정 범위를 넓히기 위하여 사용하는 배율기와 분류기의 접속 방법은?
① 배율기는 전압계와 병렬 접속, 분류기는 전류계와 직렬 접속
② 배율기는 전압계와 직렬 접속, 분류기는 전류계와 병렬 접속
③ 배율기 및 분류기 모두 전압계와 전류계에 직렬 접속
④ 배율기 및 분류기 모두 전압계와 전류계에 병렬 접속

해설
• 배율기는 전압 분배 기능이므로 직렬 접속
• 분류기는 전류 분배 기능이므로 병렬 접속

29 30[μF]과 40[μF]의 콘덴서를 병렬로 접속한 후 100[V]의 전압을 가했을 때 전전하량은 몇 [C]인가?
① 17×10^{-4}
② 34×10^{-4}
③ 56×10^{-4}
④ 70×10^{-4}

해설 합성 정전 용량 $C_0 = 30 + 40 = 70 [\mu F]$
$Q = CV = 70 \times 10^{-6} \times 100 = 70 \times 10^{-4} [C]$

30 저항과 코일이 직렬 연결된 회로에서 직류 100[V]를 인가하면 20[A]의 전류가 흐르고, 100[V], 60[Hz] 교류를 인가하면 10[A]의 전류가 흐른다. 이 코일의 리액턴스[Ω]는?

① 5
② $5\sqrt{3}$
③ 10
④ $10\sqrt{3}$

해설 직류 인가한 경우 $L = 0$이므로
$R = \dfrac{V}{I} = \dfrac{100}{20} = 5 [\Omega]$
교류를 인가한 경우 임피던스
$Z = \dfrac{V}{I} = \dfrac{100}{10} = 10 = \sqrt{R^2 + X_L^2} [\Omega]$이므로
$X_L = \sqrt{Z^2 - R^2} = \sqrt{10^2 - 5^2}$
$= \sqrt{75} = \sqrt{5^2 \times 3} = 5\sqrt{3} [\Omega]$

31 종류가 다른 두 금속을 접합하여 폐회로를 만들고 두 접합점의 온도를 다르게 하면 이 폐회로에 전류가 흐르는 현상을 지칭하는 것은?
① 줄의 법칙(Joule's law)
② 톰슨 효과(Thomson effect)
③ 펠티에 효과(Peltier effect)
④ 제베크 효과(Seebeck effect)

해설 서로 다른 금속을 접합 후 온도차에 의해 열기전력이 발생되어 열류가 흐르는 현상을 제벡(제베크) 효과라고 한다.

32 30[Ah]의 축전지를 3[A]로 사용하면 몇 시간 사용 가능한가?
① 1시간
② 3시간
③ 10시간
④ 20시간

해설 축전지의 용량 $= It$ [Ah]이므로
시간 $t = \dfrac{30}{3} = 10 [h]$

33 단선의 굵기가 6[mm²] 이하인 전선을 직선 접속할 때 주로 사용하는 접속법은?
① 트위스트 접속
② 브리타니아 접속
③ 쥐꼬리 접속
④ T형 커넥터 접속

해설 트위스트 접속 : 6[mm²] 이하의 가는 전선 접속

정답 27.③ 28.② 29.④ 30.② 31.④ 32.③ 33.①

34 코드나 케이블 등을 기계 기구의 단자 등에 접속할 때 몇 [mm²]가 넘으면 그림과 같은 터미널 러그(압착 단자)를 사용하여야 하는가?

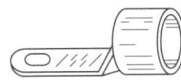

① 10 ② 6
③ 4   ④ 8

해설 코드나 케이블 등을 기계 기구의 단자 등에 접속할 때 단면적 6[mm²]를 초과하는 연선에 터미널 러그를 부착할 것

35 5[Wb]의 자속이 이동하여 2[J]의 일을 하였다면 통과한 전류[A]는?

① 0.1 ② 0.2
③ 0.4 ④ 0.5

해설 자속이 한 일 $W = \phi I$[J]이므로
전류 $I = \dfrac{W}{\phi} = \dfrac{2}{5} = 0.4$[A]

36 접지 저항을 측정하는 방법은?
① 휘트스톤 브리지법
② 캘빈 더블 브리지법
③ 콜라우슈 브리지법
④ 테스터법

해설 접지 저항 측정 : 접지 저항계, 콜라우슈 브리지법, 어스테스터기

37 30[W] 전열기에 220[V], 주파수 60[Hz]인 전압을 인가한 경우 부하에 나타나는 전압의 평균 전압은 몇 [V]인가?

① 99   ② 198
③ 257.4 ④ 297

해설 전압의 최대값 $V_m = 220\sqrt{2}$[V]
평균값 $V_{av} = \dfrac{2}{\pi}V_m = \dfrac{2}{\pi} \times 220\sqrt{2} = 198$[V]

* 쉬운 풀이 : $V_{av} = 0.9V = 0.9 \times 220 = 198$[V]
- 실효값 $V = \dfrac{V_m}{\sqrt{2}} = 0.707 V_m = 1.1 V_{av}$[V]
- 평균값 $V_{av} = \dfrac{2}{\pi}V_m = 0.637 V_m = 0.9 V$[V]

38 다음 파형 중 비정현파가 아닌 것은?
① 펄스파   ② 사각파
③ 삼각파   ④ 주기 사인파

해설 주기적인 사인파는 기본 정현파이므로 비정현파에 해당되지 않는다.

39 다음 중 과전류 차단기를 설치하는 곳은?
① 간선의 전원측 전선
② 접지 공사의 접지선
③ 접지 공사를 한 저압 가공 전선의 접지측 전선
④ 다선식 전로의 중성선

해설 과전류 차단기의 시설 제한 장소
- 모든 접지 공사의 접지선
- 다선식 전로의 중성선
- 접지 공사를 실시한 저압 가공 전선로의 접지측 전선

40 지지선(지선)의 중간에 넣는 애자의 명칭은?
① 구형 애자   ② 곡핀 애자
③ 현수 애자   ④ 핀애자

해설 지지선(지선)의 중간에 사용하는 애자를 구형 애자, 지선 애자, 옥애자, 구슬 애자라고 한다.

41 공기 중에서 자속 밀도 2[Wb/m²]의 평등 자장 속에 길이 60[cm]의 직선 도선을 자장의 방향과 30° 각으로 놓고 여기에 5[A]의 전류를 흐르게 하면 이 도선이 받는 힘은 몇 [N]인가?

① 2 ② 5
③ 6 ④ 3

정답 34.② 35.③ 36.③ 37.② 38.④ 39.① 40.① 41.④

해설 전자력 $F = IBl\sin\theta$
$= 5 \times 2 \times 0.6 \times \sin30° = 3[N]$

42 전선의 전기 저항 처음 값을 R_1이라 하고 이 전선의 반지름을 2배로 하면 전기 저항 R은 처음 값의 얼마이겠는가?

① $4R_1$ ② $2R_1$
③ $\dfrac{1}{2}R_1$ ④ $\dfrac{1}{4}R_1$

해설 전기 저항 $R = \rho\dfrac{l}{A} = \rho\dfrac{l}{\pi r^2}[\Omega]$이므로 반지름이 2배 증가하면 단면적은 $r^2 = 4$배 증가하므로 단면적에 반비례하는 전기 저항은 $\dfrac{1}{4}$로 감소한다.

43 일반용 단심 비닐 절연 전선의 약호는?

① NR ② NF
③ NFI ④ NRI

해설 전선의 약호
- NR : 450/750[V] 일반용 단심 비닐 절연 전선
- NRI : 기기 배선용 단심 비닐 절연 전선
- NF : 일반용 유연성 단심 비닐 절연 전선
- NFI : 기기 배선용 유연성 단심 비닐 절연 전선

44 전지의 기전력이 1.5[V] 5개를 부하 저항 2.5[Ω]인 전구에 접속하였을 때 전구에 흐르는 전류는 몇 [A]인가? (단, 전지의 내부 저항은 0.5[Ω]이다.)

① 1.5 ② 2
③ 3 ④ 2.5

해설 $I = \dfrac{nE}{nr+R} = \dfrac{5 \times 1.5}{5 \times 0.5 + 2.5} = 1.5[A]$

45 금속관과 금속관을 접속할 때 커플링을 사용하는 데 커플링을 접속할 때 사용되는 공구는?

① 히키
② 녹아웃 펀치
③ 파이프 커터
④ 파이프 렌치

해설
- 파이프 커터, 파이프 바이스 : 금속관 절단 공구
- 오스터 : 금속관에 나사내는 공구
- 녹아웃 펀치 : 콘크리트 벽에 구멍을 뚫는 공구
- 파이프 렌치 : 금속관 접속 부분을 조이는 공구

46 $C[F]$의 콘덴서에 $W[J]$의 에너지를 축적하기 위해서는 몇 [V]의 충전 전압이 필요한가?

① $\sqrt{\dfrac{W}{C}}$ ② $\sqrt{\dfrac{2W}{C}}$
③ $\sqrt{\dfrac{W}{2C}}$ ④ $\sqrt{\dfrac{2C}{W}}$

해설 콘덴서에 축적되는 에너지 $W = \dfrac{1}{2}CV^2[J]$에서 V로 정리하면 $V^2 = \dfrac{2W}{C}$이므로
$V = \sqrt{\dfrac{2W}{C}}[V]$

47 110/220[V]단상 3선식 회로에서 110[V] 전구 Ⓡ, 110[V] 콘센트 Ⓒ, 220[V] 전동기 Ⓜ의 연결이 올바른 것은?

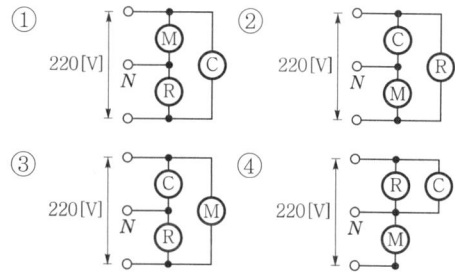

해설 전구와 콘센트는 110[V]를 사용하므로 전선과 중성선 사이에 연결해야 하고 전동기 Ⓜ은 220[V]를 사용하므로 선간에 연결하여야 한다.

정답 42.④ 43.① 44.① 45.④ 46.② 47.③

48. 고장에 의하여 생긴 불평형의 전류차가 평형 전류의 어떤 비율 이상으로 되었을 때 동작하는 것으로, 변압기 내부 고장의 보호용으로 사용되는 계전기는?

① 과전류 계전기 ② 방향 계전기
③ 차동 계전기 ④ 역상 계전기

해설 전류의 차가 일정 비율 이상이 되어 동작하는 방식의 계전기는 비율 차동 계전기이다.

49. 3상 유도 전동기의 운전 중 급속 정지가 필요할 때 사용하는 제동 방식은?

① 역상 제동 ② 회생 제동
③ 발전 제동 ④ 3상 제동

해설 역상 제동 : 전기자 회로의 극성을 반대로 접속하여 전동기를 급제동시키는 방식(전동기 급제동 목적)

50. 변압기의 무부하손을 가장 많이 차지하는 것은?

① 표유 부하손 ② 풍손
③ 철손 ④ 동손

해설 고정손(무부하손) : 부하에 관계없이 항상 일정한 손실
• 철손 : 히스테리시스손, 와류손(가장 많이 차지)
• 기계손 : 마찰손, 풍손
• 브러시의 전기손

51. 전기 기기의 철심 재료로 규소 강판을 많이 사용하는 이유로 가장 적당한 것은?

① 와류손과 히스테리시스손을 줄이기 위하여
② 맴돌이 전류를 없애기 위해
③ 풍손을 없애기 위해
④ 구리손을 줄이기 위해

해설 • 규소 강판 사용 : 히스테리시스손 감소
• 0.35–0.5[mm] 철심을 성층 : 와류손 감소

52. 변전소의 전력기기를 시험하기 위하여 회로를 분리하거나 또는 계통의 접속을 바꾸거나 하는 경우에 사용되는 것은?

① 나이프 스위치 ② 차단기
③ 퓨즈 ④ 단로기

해설 단로기 : 기기 점검이나 보수 시 회로를 분리하거나 계통의 접속을 바꿀 때 사용하는 개폐기

53. 전기장의 단위로 맞는 것은?

① [V] ② [J/C]
③ [N·m/C] ④ [V/m]

해설 [V=J/C=N·m/C]는 전위의 단위이며, [V/m]는 전장의 단위이다.

54. 두 개의 평행한 도체가 진공 중(또는 공기 중)에 20[cm] 떨어져 있고, 100[A]의 같은 크기의 전류가 흐르고 있을 때 1[m]당 발생하는 힘의 크기[N]는?

① 0.05 ② 0.01
③ 50 ④ 100

해설 평행 도체 사이에 작용하는 힘의 세기
$$F = \frac{2I_1 I_2}{r} \times 10^{-7} \, [\text{N/m}]$$
$$= \frac{2 \times 100 \times 100}{0.2} \times 10^{-7}$$
$$= 10^{-2} = 0.01 \, [\text{N/m}]$$

55. 다음 그림에서 ( ) 안의 극성은?

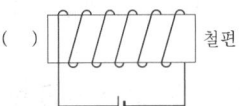

① N극과 S극이 교번한다.
② S극
③ N극
④ 극의 변화가 없다.

정답 48.③ 49.① 50.③ 51.① 52.④ 53.④ 54.② 55.③

해설 그림에서 오른손을 솔레노이드 코일의 전류 방향에 따라 네 손가락을 감아쥐면 엄지 손가락이 N극 방향을 가리키므로 N극이 된다.

56 변압기 결선에서 Y-Y 결선 특징이 아닌 것은?

① 고조파 포함
② 중성점 접지 가능
③ V-V 결선 가능
④ 절연 용이

해설 Y-Y 결선의 특징
• 중성점 접지가 가능
• 절연이 용이
• 중성점 접지 시 접지선을 통해 제3고조파 전류가 흐를 수 있으므로 인접 통신선에 유도 장해가 발생한다.

57 긴 직선 도선에 i 의 전류가 흐를 때 이 도선으로부터 r 만큼 떨어진 곳의 자장의 세기는?

① 전류 i 에 반비례하고 r 에 비례한다.
② 전류 i 에 비례하고 r 에 반비례한다.
③ 전류 i 의 제곱에 반비례하고 r 에 반비례한다.
④ 전류 i 에 반비례하고 r 의 제곱에 반비례한다.

해설 직선 도선 주위의 자장의 세기
$H = \dfrac{I}{2\pi r}[\text{AT/m}]$ 이므로, H는 전류 i 에 비례하고 거리 r 에 반비례한다.

58 전주를 건주할 때 철근 콘크리트주의 길이가 7[m]이면 땅에 묻히는 깊이는 얼마인가? (단, 설계 하중이 6.8[kN] 이하이다.)

① 1.0 ② 1.2
③ 2.0 ④ 2.5

해설 전장 16[m] 이하, 설계 하중 6.8[kN] 이하인 지지물 건주 시 전주의 땅에 묻히는 깊이(지지물 기초 안전율 : 2 이상)

• 15[m] 이하 : 전체 길이 × $\dfrac{1}{6}$ 이상

매설 깊이 $H = 7 \times \dfrac{1}{6} = 1.2[\text{m}]$

59 양전하와 음전하를 가진 물체를 서로 접속하면 여기에 전하가 이동하게 되며 이들 물체는 전기를 띠게 된다. 이와 같은 현상을 무엇이라 하는가?

① 분극
② 정전
③ 대전
④ 코로나

해설 대전 : 양전하와 음전하를 가진 물체를 서로 접속하면 여기에 전하가 이동하여 전기를 띠는 현상

60 정전 용량 $C[\mu F]$의 콘덴서에 충전된 전하가 $q = \sqrt{2}\,Q\sin\omega t[C]$와 같이 변화하도록 하였다면 이 때 콘덴서에 흘러 들어가는 전류의 값은?

① $i = \sqrt{2}\,\omega Q\sin\omega t$
② $i = \sqrt{2}\,\omega Q\cos\omega t$
③ $i = \sqrt{2}\,\omega Q\sin(\omega t - 60°)$
④ $i = \sqrt{2}\,\omega Q\cos(\omega t - 60°)$

해설 콘덴서 소자에 흐르는 전류
$i_C = \dfrac{dq}{dt} = \dfrac{d}{dt}(\sqrt{2}\,Q\sin\omega t)$
$= \sqrt{2}\,\omega Q\cos\omega t [\text{A}]$

[별해] $C[F]$의 회로는 위상 90°가 앞서므로 전하량이 sin파라면 전류는 파형이 $\cos\omega t$ 또는 $\sin(\omega t + 90°)$이어야 한다.

정답 56.③ 57.② 58.② 59.③ 60.②

2024년 제1회 CBT 기출복원문제

★ 표시 : 문제 중요도를 나타냄

본 기출문제는 수험생들의 기억을 바탕으로 작성한 것으로 내용 및 그림 등에서 실제 문제와 다소 차이가 있을 수 있습니다.

01 ★★★ 변압기의 원리는 어느 작용을 이용한 것인가?

① 발열 작용 ② 화학 작용
③ 자기 유도 작용 ④ 전자 유도 작용

해설 변압기의 원리 : 1차 코일에서 발생한 자속이 2차 코일과 쇄교하면서 발생되는 유도 기전력을 이용한 기기(전자 유도 작용)

02 ★★ 동기 발전기의 전기자 반작용 중에서 전기자 전류에 의한 자기장의 축이 항상 주자속의 축과 수직이 되면서 자극편 왼쪽에 있는 주자속은 증가시키고, 오른쪽에 있는 주자속은 감소시켜 편자 작용을 하는 전기자 반작용은?

① 증자 작용 ② 감자 작용
③ 교차 자화 작용 ④ 직축 반작용

해설 교차 자화 작용(횡축 반작용) : 부하인 경우 동위상 특성의 전기자 전류에 의해 발생한 자속이 주자속과 직각으로 교차하는 현상

03 ★★ 3상 유도 전동기의 슬립이 4[%], 2차 동손이 0.4[kW]인 경우 2차 입력[kW]은?

① 12 ② 8
③ 6 ④ 10

해설 2차 동손 $P_{c2} = sP_2$이므로
2차 입력 $P_2 = \dfrac{P_{c2}}{s} = \dfrac{0.4}{0.04} = 10$[kW]

04 ★★ 다음 그림은 직류 발전기의 분류 중 어느 것에 해당되는가?

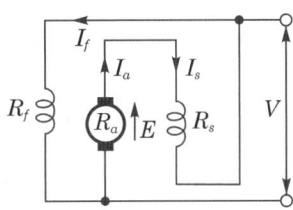

① 직권 발전기 ② 타여자 발전기
③ 복권 발전기 ④ 분권 발전기

해설 그림은 복권 발전기로서 내분권에 해당되며 전기자 도체와 직렬로 접속된 직권 계자가 있고 병렬로 접속된 분권 계자로 구성된다.

05 ★ 주파수 60[Hz]인 철심의 단면적은 50[Hz]의 몇 배인가?

① 1.0 ② 1.5
③ 1.2 ④ 0.833

해설 주파수와 철심의 단면적은 반비례하므로 $\dfrac{50}{60} = 0.833$배가 된다.

06 ★★★ 배관 공사 시 금속관이나 합성수지관으로부터 전선을 뽑아 전동기 단자 부근에 접속할 때 관 끝단에 사용하는 재료는?

① 부싱 ② 엔트런스 캡
③ 터미널 캡 ④ 로크너트

정답 01.④ 02.③ 03.④ 04.③ 05.④ 06.③

해설 터미널 캡 : 배관 공사 시 금속관이나 합성수지관으로부터 전선을 뽑아 전동기 단자 부근에 접속하거나 노출 배관에서 금속 배관으로 변경 시 전선 보호를 위해 관 끝에 설치하는 재료

07 전선의 굵기가 6[mm²] 이하의 가는 단선의 전선 접속은 어떤 접속을 하여야 하는가?

① 브리타니아 접속
② 쥐꼬리 접속
③ 트위스트 접속
④ 슬리브 접속

해설 단선의 직선 접속
- 단면적 6[mm²] 이하 : 트위스트 접속
- 단면적 10[mm²] 이상 : 브리타니아 접속

08 20[kVA]의 단상 변압기 2대를 사용하여 V-V결선으로 하고 3상 전원을 얻고자 한다. 이때 여기에 접속시킬 수 있는 3상 부하의 용량은 약 몇 [kVA]인가?

① 약 20
② 약 24
③ 약 28.8
④ 약 34.6

해설 V결선 용량
$P_V = \sqrt{3}\,P_1 = \sqrt{3} \times 20 ≒ 34.6[kVA]$

09 동기 발전기의 전기자 권선을 단절권으로 하면?

① 고조파를 제거한다.
② 기전력이 높아진다.
③ 절연이 잘 된다.
④ 역률이 좋아진다.

해설 단절권과 분포권을 사용하는 이유
고조파 제거로 인한 좋은 파형 개선

10 전주외등에 기구를 설치하는 경우 기구는 지표면으로부터 몇 [m] 이상 높이에 시설하여야 하는가? (단, 기구전압은 150[V]를 초과한 고압인 경우이다.)

① 3.0
② 3.5
③ 4.0
④ 4.5

해설 전주외등
대지전압 300[V] 이하 백열전등이나 수은등을 배전 선로의 지지물에 시설하는 등
- 기구 부착 높이 : 지표상 4.5[m] 이상(단, 교통 지장 없을 경우 3.0[m] 이상)
- 돌출 수평 거리 : 1.0[m] 이하

11 수정을 이용한 마이크로폰은 다음 중 어떤 원리를 이용한 것인가?

① 핀치 효과
② 압전 효과
③ 펠티에 효과
④ 톰슨 효과

해설
- 압전 효과 : 유전체 표면에 압력이나 인장력을 가하면 전기 분극이 발생하는 효과
- 응용 기기 : 수정 발진기, 마이크로폰, 초음파 발생기, crystal pick-up

12 비례 추이를 이용하여 속도 제어가 되는 전동기는?

① 직류 분권 전동기
② 동기 전동기
③ 농형 유도 전동기
④ 3상 권선형 유도 전동기

해설 2차 저항 제어법 : 비례 추이의 원리를 이용한 것으로 2차 회로에 외부 저항을 넣어 같은 토크에 대한 슬립 s를 변화시켜 속도를 제어하는 방식으로 3상 권선형 유도 전동기에서 사용하는 방식이다.

13 전선의 굵기를 측정하는 공구는?

① 권척
② 메거
③ 와이어 게이지
④ 와이어 스트리퍼

 정답 07.③ 08.④ 09.① 10.④ 11.② 12.④ 13.③

해설
① 권척(줄자) : 길이 측정 공구
② 메거 : 절연 저항 측정 공구
③ 와이어 게이지 : 전선의 굵기를 측정하는 공구
④ 와이어 스트리퍼 : 전선 피복을 벗기는 공구

14 정전 용량 6[μF], 3[μF]을 직렬로 접속한 경우 합성 정전 용량[μF]은?

① 2　　　　② 2.4
③ 1.2　　　④ 12

해설 직렬 합성 용량
$$C_0 = \frac{C_1 C_2}{C_1 + C_2} = \frac{6 \times 3}{6+3} = 2[\mu F]$$

15 온도 변화에도 용량의 변화가 없으며, 높은 주파수에서 사용하며 극성이 있고 콘덴서 자체에 +의 기호로 전극을 표시하며 비교적 가격이 비싸나 온도에 의한 용량 변화가 엄격한 회로, 어느 정도 주파수가 높은 회로 등에 사용되고 있는 콘덴서는?

① 탄탈 콘덴서　　② 마일러 콘덴서
③ 세라믹 콘덴서　④ 바리콘

해설 탄탈 콘덴서는 탄탈 소자의 양 끝에 전극을 구성시킨 구조로서 온도나 직류 전압에 대한 정전 용량 특성의 변화가 적고 용량이 크며 극성이 있으므로 직류용으로 사용된다.

16 저항 $R = 3[\Omega]$, 자체 인덕턴스 $L = 10.6[mH]$가 직렬로 연결된 회로에 주파수 60[Hz], 500[V]의 교류 전압을 인가한 경우의 전류 $I[A]$는?

① 10　　　　② 40
③ 100　　　④ 200

해설 유도성 리액턴스 $X_L = 2\pi f L[\Omega]$
$X_L = 2 \times 3.14 \times 60 \times 10.6 \times 10^{-3} = 4[\Omega]$
$Z = \sqrt{R^2 + X_L^2} = \sqrt{3^2 + 4^2} = 5[\Omega]$
$I = \frac{V}{Z} = \frac{500}{5} = 100[A]$

17 버스 덕트 공사에 의한 배선 또는 옥외 배선의 사용 전압이 저압인 경우의 시설 기준에 대한 설명으로 틀린 것은?

① 덕트의 내부는 먼지가 침입하지 않도록 할 것
② 물기가 있는 장소는 옥외용 버스 덕트를 사용할 것
③ 습기가 많은 장소는 옥내용 버스 덕트를 사용하고 덕트 내부에 물이 고이지 않도록 할 것
④ 덕트의 끝부분은 막을 것

해설 버스 덕트 배선
• 덕트의 내부는 먼지가 침입하지 않도록 할 것
• 습기, 물기가 많은 장소는 옥외용 버스 덕트를 사용하고 덕트 내부에 물이 고이지 않도록 할 것
• 덕트의 끝부분은 막을 것

18 사람이 상시 통행하는 터널 내 배선의 사용 전압이 저압일 때 공사 방법으로 틀린 것은?

① 금속관
② 금속제 가요 전선관
③ 금속 몰드
④ 합성수지관(두께 2[mm] 미만 및 난연성이 없는 것은 제외)

해설 사람이 상시 통행하는 터널 내 배선 공사 : 금속관, 케이블, 두께 2[mm] 이상 합성수지관, 금속제 가요 전선관, 애자 사용 공사 등에 준하여 시설

19 한국전기설비규정에 의하여 애자 사용 공사를 건조한 장소에 시설하고자 한다. 사용 전압이 400[V] 이하인 경우 전선과 조영재 사이의 간격(이격거리)은 최소 몇 [mm] 이상이어야 하는가?

① 120　　② 45
③ 25　　 ④ 60

정답 14.① 15.① 16.③ 17.③ 18.③ 19.③

해설 애자 사용 공사 시 전선과 조영재 간 간격
- 400[V] 이하 : 25[mm] 이상
- 400[V] 초과 : 45[mm] 이상(단, 건조한 장소는 25[mm] 이상)

20 양전하와 음전하를 가진 물체를 서로 접속하면 여기에 전하가 이동하게 되며 이들 물체는 전기를 띠게 된다. 이와 같은 현상을 무엇이라 하는가?

① 분극 ② 정전
③ 대전 ④ 코로나

해설 대전 : 절연체를 서로 마찰시키면 전자를 얻거나 잃어서 전기를 띠게 되는 현상

21 환상 솔레노이드의 내부 자장과 전류의 세기에 대한 설명으로 맞는 것은?

① 전류의 세기에 반비례한다.
② 전류의 세기에 비례한다.
③ 전류의 세기 제곱에 비례한다.
④ 전혀 관계가 없다.

해설 환상 솔레노이드 내부 자장 세기 $H = \dfrac{NI}{2\pi r}$[AT/m] 이므로 전류의 세기에 비례한다.

22 전류에 의해 만들어지는 자기장의 자기력선 방향을 간단하게 알아보는 법칙은?

① 앙페르의 오른 나사의 법칙
② 렌츠의 자기 유도 법칙
③ 플레밍의 왼손 법칙
④ 패러데이의 전자 유도 법칙

해설 앙페르의 오른 나사의 법칙 : 전류에 의한 자기장(자기력선)의 방향을 알기 쉽게 정의한 법칙

23 5[Wb]의 자속이 이동하여 2[J]의 일을 하였다면 통과한 전류[A]는?

① 0.1 ② 0.2
③ 0.4 ④ 0.5

해설 자속이 한 일 $W = \phi I$[J]이므로
전류 $I = \dfrac{W}{\phi} = \dfrac{2}{5} = 0.4$[A]

24 6극, 파권, 직류 발전기의 전기자 도체수가 400, 유기 기전력이 120[V], 회전수 600[rpm]일 때 발전기의 1극당 자속수는 몇 [Wb]인가?

① 0.01 ② 0.02
③ 0.03 ④ 0.04

해설 발전기의 유기 기전력 $E = \dfrac{PZ\Phi N}{60a}$[V]이고 파권은 병렬 회로수가 2이므로
자속 $\Phi = \dfrac{60aE}{PZN} = \dfrac{60 \times 2 \times 120}{6 \times 400 \times 600} = 0.01$[Wb]

25 설치 면적과 설치 비용이 많이 들지만 가장 이상적이고 효과적인 진상용 콘덴서 설치 방법은?

① 수전단 모선측에 설치
② 부하측에 설치
③ 부하측에 분산하여 설치
④ 가장 큰 부하측에만 설치

해설 진상용 콘덴서(역률 개선용 콘덴서) 설치 시 가장 효과적인 방법은 부하측에 분산하여 설치하는 것이다.

26 3상 권선형 유도 전동기에서 2차측 저항을 2배로 증가시키면 그 최대 토크는 어떻게 되는가?

① $\dfrac{1}{2}$ 배로 된다. ② 2배로 된다.
③ $\sqrt{2}$ 배로 된다. ④ 변하지 않는다.

해설 3상 권선형 유도 전동기의 최대 토크는 2차 저항과 관계없이 항상 일정하다.

정답 20.③ 21.② 22.① 23.③ 24.① 25.③ 26.④

27 속도를 광범위하게 조정할 수 있으므로 압연기나 엘리베이터 등에 사용되는 직류 전동기는?

① 가동 복권 전동기
② 차동 복권 전동기
③ 직권 전동기
④ 타여자 전동기

해설 타여자 전동기의 특징
• 속도를 광범위하게 조정할 수 있다.
• 압연기나 엘리베이터 등에 적합하다.

28 시정수와 과도 현상과의 관계에 대한 설명으로 옳은 것은?

① 시정수가 클수록 과도 현상은 짧아진다.
② 시정수가 짧을수록 전압이 커진다.
③ 시정수가 클수록 과도 현상은 길어진다.
④ 시정수와 관계가 없다.

해설 시정수
• 정상값의 63.2[%]에 도달하는 데 걸리는 시간
• 시정수가 클수록 과도 현상이 길어진다.

29 전선의 접속에 대한 설명으로 틀린 것은?

① 접속 부분의 전기 저항을 증가시켜서는 안 된다.
② 접속 부분의 인장 강도를 80[%] 이상 감소시키지 않도록 한다.
③ 접속 부분에 전선 접속 기구를 사용한다.
④ 알루미늄 전선과 구리선의 접속 시 전기적인 부식이 생기지 않도록 한다.

해설 전선 접속 시 접속 부분의 인장 강도는 접속하기 전보다 80[%] 이상 유지해야 한다.

30 그림과 같이 I[A]의 전류가 흐르고 있는 도체의 미소 부분 $\triangle l$의 전류에 의해 r[m] 떨어진 점 P의 자기장 $\triangle H$[AT/m]는?

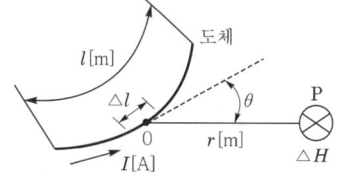

① $\triangle H = \dfrac{I^2 \triangle l \sin\theta}{4\pi r^2}$

② $\triangle H = \dfrac{I \triangle l^2 \sin\theta}{4\pi r}$

③ $\triangle H = \dfrac{I^2 \triangle l \sin\theta}{4\pi r}$

④ $\triangle H = \dfrac{I \triangle l \sin\theta}{4\pi r^2}$

해설 비오-사바르의 법칙 : 전류에 의한 자장의 세기를 정의한 법칙

31 다음 중 전력 제어용 반도체 소자가 아닌 것은?

① IGBT   ② GTO
③ LED   ④ TRIAC

해설 전력 제어용 반도체 소자 : 전력 변환, 제어용으로 최적화된 장치의 반도체 소자(IGBT, GTO, SCR, TRIAC, SSS 등)
※ LED : 발광 다이오드

32 가공 인입선을 시설할 때 경동선의 최소 굵기는 몇 [mm]인가? [단, 지지물 간 거리(경간)는 15[m]를 초과한 경우이다.]

① 2.0   ② 2.6
③ 3.2   ④ 1.5

해설 가공 인입선으로 사용 가능한 전선 : 2.6[mm] 이상 경동선 또는 이와 동등 이상일 것(단, 지지물 간 거리 15[m] 이하는 2.0[mm] 이상도 가능)

정답 27.④ 28.③ 29.② 30.④ 31.③ 32.②

33 15[kW], 100[V] 3상 유도 전동기의 슬립이 4[%]일 때 2차 동손[kW]은?

① 0.4 ② 0.5
③ 0.6 ④ 0.8

해설 2차 동손 $P_{c2} = sP_2 = 0.04 \times 15 = 0.6$[kW]

34 변압기 V결선의 특징으로 틀린 것은?

① 고장 시 응급처치 방법으로 쓰인다.
② 단상 변압기 2대로 3상 전력을 공급한다.
③ 부하 증가가 예상되는 지역에 시설한다.
④ V결선 출력은 △결선 출력과 그 크기가 같다.

해설 V결선 출력은 △결선 시 출력보다 $\frac{1}{\sqrt{3}}$ 배로 감소한다.

35 다음 중 단선의 브리타니아 직선 접속에 사용되는 것은?

① 조인트선 ② 파라핀선
③ 바인드선 ④ 에나멜선

해설 브리타니아 직선 접속 : 10[mm²] 이상의 굵은 단선 접속 시 피복을 벗긴 심선 사이에 첨선을 삽입하여 조인트선으로 감아서 접속하는 방법

36 슬립이 10[%], 극수 2극, 주파수 60[Hz]인 유도 전동기의 회전 속도[rpm]는?

① 3,800 ② 3,600
③ 3,240 ④ 1,800

해설 동기 속도
$$N_s = \frac{120f}{P} = \frac{120 \times 60}{2} = 3,600 \text{[rpm]}$$
회전 속도 $N = (1-s)N_s$
$= (1-0.1) \times 3,600 = 3,240$[rpm]

37 변압기에서 퍼센트 저항 강하 3[%], 리액턴스 강하 4[%]일 때, 역률 0.8(지상)에서의 전압 변동률은?

① 2.4[%] ② 3.6[%]
③ 4.8[%] ④ 6[%]

해설 변압기의 전압 변동률
$\varepsilon = p\cos\theta + q\sin\theta$
$= 3 \times 0.8 + 4 \times 0.6 = 4.8$[%]

38 전선의 구비 조건이 아닌 것은?

① 비중이 클 것
② 가요성이 풍부할 것
③ 고유 저항이 작을 것
④ 기계적 강도가 클 것

해설 전선 구비 조건
• 비중이 작을 것(중량이 가벼울 것)
• 전기 저항(고유 저항)이 작을 것
• 가요성, 기계적 강도 및 내식성이 좋을 것

39 직류 발전기에서 계자가 하는 일은?

① 자속을 발생시킨다.
② 기전력을 발생시킨다.
③ 교류를 직류로 변환시킨다.
④ 기전력을 외부로 인출해준다.

해설 계자 : 자속을 발생시키는 역할

40 주상 변압기의 2차측 접지 공사는 어느 것에 의한 보호를 목적으로 하는가?

① 2차측 단락
② 1차측 접지
③ 2차측 접지
④ 1차측과 2차측의 혼촉

해설 주상 변압기의 2차측 접지 공사를 하는 목적 1차측과 2차측의 혼촉사고 방지

정답 33.③ 34.④ 35.① 36.③ 37.③ 38.① 39.① 40.④

41 조명용 백열전등을 호텔 또는 여관 객실의 입구에 설치할 때나 일반 주택 및 아파트 각 실의 현관에 설치할 때 사용되는 스위치는?

① 타임 스위치
② 누름버튼 스위치
③ 토글 스위치
④ 로터리 스위치

해설 현관등의 타임 스위치 소등 시간
- 주택 : 3분 이내
- 숙박업소 각 호실 : 1분 이내

42 최대 사용 전압이 220[V]인 3상 유도 전동기가 있다. 이것의 절연 내력 시험 전압은 몇 [V]로 하여야 하는가?

① 300
② 330
③ 450
④ 500

해설 전동기의 절연 내력 시험 전압
7,000[V] 이하 1.5배(최저 500[V])
$V = 220 \times 1.5 = 330$[V]이지만 최저값은 500[V]이다.

43 셀룰로이드, 성냥, 석유류 등 기타 가연성 위험 물질을 제조 또는 저장하는 장소의 배선으로 잘못된 것은?

① 합성수지관
② 플로어 덕트
③ 금속관
④ 케이블

해설 가연성 분진, 위험물 제조 및 저장 장소의 배선
금속관, 케이블, 합성수지관

44 코일의 자체 인덕턴스는 어느 것에 따라 변화하는가?

① 투자율
② 유전율
③ 도전율
④ 저항률

해설 자체 인덕턴스는 $L = \dfrac{\mu A N^2}{l}$[H]이므로 투자율에 비례한다.

45 3상 유도 전동기의 1차 입력 60[kW], 1차 손실 1[kW], 슬립 3[%]일 때 기계적 출력 [kW]은?

① 75
② 57
③ 95
④ 100

해설 $P_o = (1-s)P_2 = (1-s)(입력 - 손실)$
$= (1 - 0.03) \times (60 - 1)$
$= 57.23 ≒ 57$[kW]

46 6극 중권의 직류 전동기가 있다. 자속이 0.06[Wb]이고 전기자 도체수 284, 부하 전류 60[A], 토크가 108.48[N·m], 회전수가 800[rpm]일 때 출력[W]은?

① 8,458.44
② 9,010.48
③ 9,087.33
④ 9,824.23

해설 직류 전동기의 토크
$\tau = 9.55 \times \dfrac{P}{N}$[N·m]
출력 $P = \dfrac{\tau N}{9.55} = \dfrac{108.48 \times 800}{9.55}$
$= 9,087.33$[W]

47 전기 분해를 통하여 석출된 물질의 양은 통과한 전기량 및 화학당량과 어떤 관계가 있는가?

① 전기량과 화학당량에 비례한다.
② 전기량과 화학당량에 반비례한다.
③ 전기량에 비례하고 화학당량에 반비례한다.
④ 전기량에 반비례하고 화학당량에 비례한다.

해설 패러데이 법칙
전극에서 석출되는 물질의 양은 전기량과 화학당량에 비례한다.
$W = kQ = kIt$[g]

정답 41.① 42.④ 43.② 44.① 45.② 46.③ 47.①

48 변압기 2대를 V결선했을 때의 이용률은 몇 [%]인가?

① 57.5
② 70.7
③ 86.6
④ 100

해설 V결선의 이용률 $= \dfrac{\text{V결선 출력}}{\text{2대 전력}} \times 100$
$= \dfrac{\sqrt{3}}{2} \times 100 = 86.6[\%]$

49 쿨롱의 법칙에서 2개의 점전하 사이에 작용하는 정전력의 크기는?

① 두 전하의 곱에 비례하고 거리에 반비례한다.
② 두 전하의 곱에 반비례하고 거리에 비례한다.
③ 두 전하의 곱에 비례하고 거리의 제곱에 비례한다.
④ 두 전하의 곱에 비례하고 거리의 제곱에 반비례한다.

해설 쿨롱의 법칙은 $F = \dfrac{Q_1 Q_2}{4\pi\varepsilon_0 r^2}$ [N]이므로 두 전하의 곱에 비례하고 거리의 제곱에 반비례한다.

50 전압의 순시값 $v(t) = 200\sqrt{2}\sin\left(\omega t + \dfrac{\pi}{2}\right)$ [V]를 복소수로 표현하면?

① $200 + j200$
② 200
③ $j200$
④ $100 + j100$

해설 복소수 $\dot{V} = 200 \angle \dfrac{\pi}{2} = 200 \angle 90°$
$= 200\cos 90° + j200\sin 90°$
$= j200$ [V]

51 1[cm]당 권선수가 10인 무한 길이 솔레노이드에 1[A]의 전류가 흐르고 있을 때 솔레노이드 외부 자계의 세기[AT/m]는?

① 0
② 10
③ 100
④ 1,000

해설 무한장 솔레노이드의 자계는 내부에만 형성되므로 외부 자계의 세기는 0이다.

52 제어 회로용 배선을 금속 덕트에 넣는 경우 전선이 차지하는 단면적은 피복 절연물을 포함한 단면적의 총합계가 덕트 내 단면적의 몇 [%] 이하가 되도록 선정하여야 하는가?

① 20
② 30
③ 50
④ 40

해설 금속 덕트 내에 전선이 차지하는 단면적
• 덕트 내 단면적의 20[%] 이하
• 제어 회로 등의 배선만 사용하는 경우 50[%] 이하

53 기전력이 1.5[V]인 전지 5개를 부하저항 2.5[Ω]인 전구에 접속하였을 때 전구에 흐르는 전류는 몇 [A]인가? (단, 전지의 내부저항은 1[Ω]이다.)

① 1
② 2.5
③ 3
④ 3.5

해설 $I = \dfrac{nE}{nr + R} = \dfrac{5 \times 1.5}{5 \times 1 + 2.5} = 1$ [A]

54 지지물에 전선 그 밖의 기구를 고정시키기 위해 완목, 완금, 애자 등을 설치하는 것을 무엇이라 하는가?

① 장주
② 건주
③ 터파기
④ 가선 공사

해설 장주 : 지지물에 전선, 개폐기 등을 고정시키기 위해 완목, 완금, 애자 등을 설치하는 것

정답 48.③ 49.④ 50.③ 51.① 52.③ 53.① 54.①

55 어느 회로의 전류가 다음과 같을 때, 이 회로에 대한 전류의 실효값[A]은?

$$i = 3 + 10\sqrt{2}\sin\left(\omega t - \frac{\pi}{6}\right) + 5\sqrt{2}\sin\left(3\omega t - \frac{\pi}{3}\right)[A]$$

① 11.6 ② 23.2
③ 32.2 ④ 48.3

해설 비정현파의 실효값
$I = \sqrt{3^2 + 10^2 + 5^2} = 11.6[A]$

56 그림과 같은 $R-C$ 병렬 회로에서 역률은?

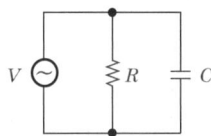

① $\dfrac{R}{\sqrt{R^2 + X_C^2}}$ ② $\dfrac{X_C}{\sqrt{R^2 + X_C^2}}$
③ $\dfrac{R \cdot X_C}{\sqrt{R^2 + X_C^2}}$ ④ $\dfrac{X_C}{R^2 + X_C^2}$

해설 $R-C$ 병렬 회로의 역률
$\cos\theta = \dfrac{X_C}{\sqrt{R^2 + X_C^2}}$

57 그림의 A와 B 사이의 합성 저항은?

① 10[Ω]
② 15[Ω]
③ 30[Ω]
④ 20[Ω]

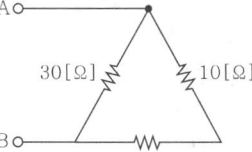

해설 $R_{AB} = \dfrac{1}{\dfrac{1}{30} + \dfrac{1}{10+20}} = 15[\Omega]$

58 0.1[℧]의 컨덕턴스를 가진 저항체에 3[A]의 전류를 흘리려면 몇 [V]의 전압을 가하면 되겠는가?

① 10 ② 20
③ 30 ④ 40

해설 $V = IR = \dfrac{I}{G} = \dfrac{3}{0.1} = 30[V]$

59 유도 전동기의 속도 제어법이 아닌 것은?

① 2차 저항 ② 극수 제어
③ 일그너 제어 ④ 주파수 제어

해설 일그너 방식은 직류 전동기의 속도 제어법 중 전압 제어 방식의 하나이다.

60 100[V]용 100[W] 전구와 100[V]용 200[W] 전구를 직렬로 100[V]의 전원에 연결할 경우 어느 전구가 더 밝겠는가?

① 두 전구의 밝기가 같다.
② 100[W]
③ 200[W]
④ 두 전구 모두 안 켜진다.

해설
100[W]의 저항 $R_1 = \dfrac{V^2}{P_1} = \dfrac{100^2}{100} = 100[\Omega]$

200[W]의 저항 $R_2 = \dfrac{V^2}{P_2} = \dfrac{100^2}{200} = 50[\Omega]$

직렬 접속 시 전류가 일정하므로 저항값이 큰 부하일수록 소비 전력이 더 크게 발생하여 전구가 더 밝아지므로 100[W]의 전구가 더 밝다.

정답 55.① 56.② 57.② 58.③ 59.③ 60.②

2024년 제2회 CBT 기출복원문제

★ 표시 : 문제 중요도를 나타냄

> 본 기출문제는 수험생들의 기억을 바탕으로 작성한 것으로 내용 및 그림 등에서 실제 문제와 다소 차이가 있을 수 있습니다.

01 수·변전 설비에서 계기용 변류기(CT)의 설치 목적은?

① 고전압을 저전압으로 변성
② 대전류를 소전류로 변성
③ 선로 전류 조정
④ 지락 전류 측정

해설 계기용 변류기(CT) : 대전류를 소전류(5[A])로 변성하여 측정 계기나 전기의 전류원으로 사용하기 위한 전류 변성기

02 굵은 전선이나 케이블을 절단할 때 사용되는 공구는?

① 펜치   ② 클리퍼
③ 나이프   ④ 플라이어

해설 클리퍼 : 전선 단면적 25[mm²] 이상의 굵은 전선이나 볼트 절단 시 사용하는 공구

03 전선의 구비 조건이 아닌 것은?

① 비중이 클 것
② 가요성이 풍부할 것
③ 고유 저항이 작을 것
④ 기계적 강도가 클 것

해설 전선 구비 조건
- 비중이 작을 것(중량이 가벼울 것)
- 가요성, 기계적 강도 및 내식성이 좋을 것
- 전기 저항(고유 저항)이 작을 것

04 다음 중 반자성체는?

① 니켈
② 코발트
③ 구리
④ 철

해설 반자성체 : 외부 자계와 반대 방향으로 자화되는 자성체(구리, 안티몬, 비스무트, 아연 등)

05 200[V], 60[Hz], 10[kW] 3상 유도 전동기의 전류는 몇 [A]인가? (단, 유도 전동기의 효율과 역률은 0.85이다.)

① 10   ② 20
③ 30   ④ 40

해설 3상 소비 전력 $P = \sqrt{3}\,VI\cos\theta \times$ 효율

전류 $I = \dfrac{P}{\sqrt{3}\,V\cos\theta \times 효율}$

$= \dfrac{10 \times 10^3}{\sqrt{3} \times 200 \times 0.85 \times 0.85} = 40[\text{A}]$

06 직류 분권 전동기의 무부하 전압이 108[V], 전압 변동률이 8[%]인 경우 정격 전압은 몇 [V]인가?

① 100
② 95
③ 105
④ 85

정답 01.② 02.② 03.① 04.③ 05.④ 06.①

해설 전압 변동률

$$\varepsilon = \frac{V_0 - V_n}{V_n} \times 100$$

$$= \frac{108 - V_n}{V_n} \times 100 = 8[\%] \text{이므로}$$

$$\frac{108 - V_n}{V_n} = 0.08$$

$$V_n = \frac{108}{1.08} = 100[V]$$

07 전선의 굵기가 6[mm²] 이하인 가는 단선의 전선 접속은 어떤 접속을 하여야 하는가?

① 브리타니아 접속
② 쥐꼬리 접속
③ 트위스트 접속
④ 슬리브 접속

해설 단선의 직선 접속
- 단면적 6[mm²] 이하 : 트위스트 접속
- 단면적 10[mm²] 이상 : 브리타니아 접속

08 20[kVA]의 단상 변압기 2대를 사용하여 V-V결선으로 하고 3상 전원을 얻고자 한다. 이때 여기에 접속시킬 수 있는 3상 부하의 용량은 약 몇 [kVA]인가?

① 약 20   ② 약 24
③ 약 28.8 ④ 약 34.6

해설 V결선 용량
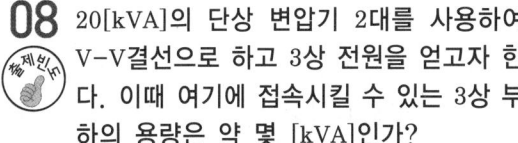

09 동기 발전기의 전기자 권선을 단절권으로 하면?

① 고조파를 제거한다.
② 기전력이 높아진다.
③ 절연이 잘 된다.
④ 역률이 좋아진다.

해설 권선법으로 단절권과 분포권을 사용하는 이유 고조파 제거로 인한 양호한 파형 개선

10 2대의 동기 발전기 A, B가 병렬 운전하고 있을 때 A기의 여자 전류를 증가시키면 어떻게 되는가?

① A, B 양 발전기의 역률이 높아진다.
② A기의 역률은 높아지고 B기의 역률은 낮아진다.
③ A기의 역률은 낮아지고 B기의 역률은 높아진다.
④ A, B 양 발전기의 역률이 낮아진다.

해설 여자 전류를 증가시키면 A기의 역률은 낮아지고 B기의 역률은 높아진다.

11 회전자 입력 10[kW], 슬립 3[%]인 3상 유도 전동기의 2차 동손은 몇 [W]인가?

① 200   ② 300
③ 150   ④ 400

해설 2차 동손 $P_{c2} = sP_2$
$$= 0.03 \times 10 \times 10^3 = 300[W]$$

12 비례 추이를 이용하여 속도 제어가 되는 전동기는?

① 직류 분권 전동기
② 동기 전동기
③ 농형 유도 전동기
④ 3상 권선형 유도 전동기

해설 3상 권선형 유도 전동기 속도 제어 : 비례 추이의 원리를 이용한 것으로 슬립 s를 변화시켜 속도를 제어하는 방식

13 동기 전동기의 특징으로 틀린 것은?

① 부하의 역률을 조정할 수가 있다.
② 전부하 효율이 양호하다.
③ 부하가 변하여도 같은 속도로 운전할 수 있다.
④ 별도의 기동장치가 필요없으므로 가격이 싸다.

정답 07.③ 08.④ 09.① 10.③ 11.② 12.④ 13.④

해설 동기 전동기의 특징
- 속도(N_s)가 일정하다.
- 역률을 조정할 수 있다.
- 효율이 좋다.
- 별도의 기동장치 필요(자기 기동법, 유도 전동기법)

14 변압기의 무부하손에서 가장 큰 손실은?

① 계자 권선의 저항손
② 전기자 권선의 저항손
③ 철손
④ 풍손

해설 무부하손
부하에 관계없이 항상 일정한 손실
- 철손(P_i) : 히스테리시스손, 와류손
- 기계손(P_m) : 마찰손, 풍손

15 폭발성 먼지(분진)가 있는 위험 장소에 금속관 배선에 의할 경우 관 상호 및 관과 박스 기타의 부속품이나 풀 박스 또는 전기 기계 기구는 몇 턱 이상의 나사 조임으로 접속하여야 하는가?

① 2턱 ② 3턱
③ 4턱 ④ 5턱

해설 폭연성 먼지가 존재하는 곳의 접속 시 5턱 이상의 죔 나사로 시공하여야 한다.

16 다이오드를 사용한 정류 회로에서 다이오드를 여러 개 직렬로 연결하여 사용하는 경우의 설명으로 가장 옳은 것은?

① 다이오드를 과전류로부터 보호할 수 있다.
② 다이오드를 과전압으로부터 보호할 수 있다.
③ 부하 출력의 맥동률을 감소시킬 수 있다.
④ 낮은 전압 전류에 적합하다.

해설 다이오드 직렬 접속 시 전압 강하로 인하여 과전압으로부터 보호할 수 있다.

17 $R-L-C$ 직렬 회로에서 임피던스 Z의 크기를 나타내는 식은?

① $R^2+(X_L-X_C)^2$
② $R^2+(X_L+X_C)^2$
③ $\sqrt{R^2+(X_L-X_C)^2}$
④ $\sqrt{R^2+(X_L+X_C)^2}$

해설 합성 임피던스 복소수 $\dot{Z}=R+j(X_L-X_C)[\Omega]$
절대값 $Z=\sqrt{R^2+(X_L-X_C)^2}[\Omega]$

18 가장 일반적인 저항기로 세라믹봉에 탄소계의 저항체를 구워 붙이고, 여기에 나선형으로 홈을 파서 원하는 저항값을 만든 저항기는?

① 금속 피막 저항기
② 탄소 피막 저항기
③ 가변 저항기
④ 어레이 저항기

해설 탄소 피막 저항기 : 탄소 피막을 저항체로서 사용하는 것으로 피막을 나선형으로 홈을 파서 저항값을 높이며 동시에 원하는 값으로 조정이 가능하다. 겉표면에 색깔별로 마킹을 하여 저항값을 표시한다.

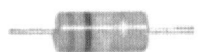

19 권수 50회인 코일에 5[A]의 전류가 흘러서 10^{-3}[Wb]의 자속이 코일을 지난다고 하면, 이 코일의 자체 인덕턴스는 몇 [mH]인가?

① 10 ② 20
③ 40 ④ 30

해설 $LI=N\Phi$
$L=\dfrac{N\Phi}{I}=\dfrac{50\times 10^{-3}}{5}=10[\text{mH}]$

정답 14.③ 15.④ 16.② 17.③ 18.② 19.①

20 환상 솔레노이드의 단면적 $A = 4 \times 10^{-4}$ [m²], 자로의 길이 $l = 0.4$ [m], 비투자율 1,000, 코일의 권수가 1,000일 때 자기 인덕턴스 [H]는?

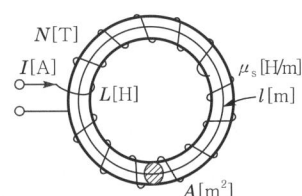

① 1.26 ② 12.6
③ 126   ④ 1,260

해설 자기 인덕턴스 식
$$L = \frac{\mu_0 \mu_s S N^2}{l}$$
$$= \frac{4\pi \times 10^{-7} \times 1,000 \times 4 \times 10^{-4} \times 1,000^2}{0.4}$$
$$\fallingdotseq 1.26 [H]$$

21 3상 동기 발전기의 계자 간의 극간격은 얼마인가?

① π ② 2π
③ $\dfrac{\pi}{2}$ ④ $\dfrac{\pi}{3}$

해설 극간격 : π[rad]

22 실내 전체를 균일하게 조명하는 방식으로 광원을 일정한 간격으로 배치하며 공장, 학교, 사무실 등에서 채용되는 조명 방식은?

① 전반 조명   ② 국부 조명
③ 직접 조명   ④ 간접 조명

해설 조명의 종류
• 전반 조명 : 실내 전체를 균등한 광속으로 유지 (사무실)
• 국부 조명 : 필요한 범위를 높은 광속으로 유지 (진열장)
• 직접 조명 : 특정 부분만 광속의 90[%] 이상을 작업면에 투사시키는 방식
• 간접 조명 : 광속의 90[%] 이상을 벽이나 천장에 투사시켜 간접적으로 빛을 얻는 방식

23 다음에 ( ) 안에 알맞은 낱말은?

> 뱅크(bank)란 전로에 접속된 변압기 또는 ( )의 결선상 단위를 말한다.

① 차단기   ② 콘덴서
③ 단로기   ④ 리액터

해설 뱅크(bank)란 전로에 접속된 변압기 또는 콘덴서의 결선상 단위를 말한다.

24 기전력이 1.5[V]인 전지 20개를 내부 저항 0.5[Ω], 부하저항 5[Ω]인 부하에 접속하였을 때 부하에 흐르는 전류는 몇 [A]인가?

① 1.5   ② 2
③ 3   ④ 2.5

해설 전지에 흐르는 전류
$$I = \frac{nE}{nr + R} = \frac{20 \times 1.5}{20 \times 0.5 + 5} = 2[A]$$

25 코드나 케이블 등을 기계 기구의 단자 등에 접속할 때 몇 [mm²]가 넘으면 그림과 같은 터미널 러그(압착 단자)를 사용하여야 하는가?

① 10
② 6
③ 4
④ 8

해설 코드나 케이블 등을 기계 기구의 단자 등에 접속할 때 단면적 6[mm²]를 초과하는 연선에 터미널 러그를 부착할 것

26 전기 기기의 철심 재료로 규소 강판을 성층해서 사용하는 이유로 가장 적당한 것은?

① 히스테리시스손을 줄이기 위하여
② 구리손을 줄이기 위해
③ 풍손을 없애기 위해
④ 맴돌이 전류손을 줄이기 위해서

[해설] 전기 기기 철심 재료로 규소 강판을 성층해서 사용하는 이유 : 맴돌이 전류손 감소

27 인입용 비닐 절연 전선의 약호(기호)는?

① VV ② DV
③ OW ④ NR

[해설] 전선 약호
- VV : 비닐 절연 비닐 외장 케이블
- DV : 인입용 비닐 절연 전선
- OW : 옥외용 비닐 절연 전선
- NR : 일반용 단심 비닐 절연 전선

28 전기 배선용 도면을 작성할 때 사용하는 매입용 콘센트 도면 기호는?

① ●
② ○
③ ◐
④ ▢

[해설] ① 점멸기
② 전등(백열등)
③ 매입용 콘센트
④ 점검구

29 전선 접속 시 전선의 인장 강도는 몇 [%] 이상 감소시키면 안 되는가?

① 10 ② 20
③ 30 ④ 80

[해설] 전선 접속 시 접속 부분의 인장 강도는 접속 전보다 80[%] 이상 유지해야 하므로 20[%] 이상 감소되지 않도록 하여야 한다.

30 가공 전선로의 지지물에 시설하는 지지선(지선)의 안전율은 얼마 이상이어야 하는가? (단, 허용 인장 하중은 4.31[kN] 이상)

① 2 ② 2.5
③ 3 ④ 3.5

[해설] 지지선의 시설 규정
- 구성 : 소선 3가닥 이상의 아연 도금 연선
- 안전율 : 2.5 이상
- 허용 인장 하중 : 4.31[kN] 이상

31 한국전기설비규정에 의한 저압 가공 전선의 굵기 및 종류에 대한 설명 중 틀린 것은?

① 저압 가공 전선에 사용하는 나전선은 중성선 또는 다중 접지된 접지측 전선으로 사용하는 전선에 한한다.
② 사용 전압이 400[V] 이하인 저압 가공 전선은 지름 2.6[mm] 이상의 경동선이어야 한다.
③ 사용 전압이 400[V] 초과인 저압 가공 전선에는 인입용 비닐 절연 전선을 사용한다.
④ 사용 전압이 400[V] 초과인 저압 가공 전선으로 시가지 외에 시설하는 것은 4.0[mm] 이상의 경동선이어야 한다.

[해설] 저압, 고압 가공 전선의 굵기

사용 전압	전선의 굵기
400[V] 이하	• 절연전선 : 2.6[mm] 이상 경동선 • 나전선 : 3.2[mm] 이상 경동선
400[V] 초과	• 시가지 내 : 5.0[mm] 이상 경동선 • 시가지 외 : 4.0[mm] 이상 경동선 (400[V] 초과 시 인입용 비닐 절연 전선 사용할 수 없음)

32 다음 중 버스 덕트의 종류가 아닌 것은?

① 피더 버스 덕트
② 플러그인 버스 덕트
③ 케이블 버스 덕트
④ 탭붙이 버스 덕트

정답 27.② 28.③ 29.② 30.② 31.③ 32.③

해설 버스 덕트의 종류

명칭	특징
피더 버스	도중 부하 접속 불가능한 구조
플러그인	도중 부하 접속용으로 플러그 있는 구조
익스팬션	열에 의한 신축성을 흡수시킨 구조
탭붙이	중간에 기기나 전선을 접속시키기 위한 탭붙이 구조
트랜스포지션	도체 상호 위치를 덕트 내에서 교체시킨 덕트

33 한국전기설비규정에 의하면 480[V] 가공 인입선이 철도를 횡단할 때 레일면상의 최저 높이는 약 몇 [m]인가?

① 4.0
② 4.5
③ 5.5
④ 6.5

해설 저압 가공 인입선의 최소 높이

장소 구분	노면상 높이[m]
도로 횡단	5(a : 3)
철도 횡단	6.5
횡단보도교	3
기타 장소	4(a : 2.5)

a : 기술상 부득이하고 교통에 지장이 없는 경우

34 공기 중에서 1[Wb]의 자극으로부터 나오는 자력선의 총수는 몇 개인가?

① 6.33×10^4
② 7.96×10^5
③ 8.855×10^3
④ 1.256×10^6

해설 자기력선의 총수

$$N = \frac{m}{\mu_0} = \frac{1}{4\pi \times 10^{-7}} = 7.96 \times 10^5 \text{개}$$

35 전기 저항이 작고, 부드러운 성질이 있어 구부리기가 용이하므로 주로 옥내 배선에 사용하는 구리선의 명칭은?

① 연동선
② 경동선
③ 합성 연선
④ 중공 연선

해설 경동선은 인장 강도가 뛰어나므로 주로 옥외 전선로에서 사용하고, 연동선은 부드럽고 가요성이 뛰어나므로 주로 옥내 배선에서 사용한다.

36 래크(Rack) 배선을 사용하는 전선로는?

① 저압 지중 전선로
② 저압 가공 전선로
③ 고압 가공 전선로
④ 고압 지중 전선로

해설 래크(Rack) 배선 : 저압 가공 전선로에 완금없이 래크(애자)를 수직으로 설치하여 전선을 수직 배선하는 방식

37 성냥, 석유류, 셀룰로이드 등 기타 가연성 위험 물질을 제조 또는 저장하는 장소의 배선으로 틀린 것은?

① 금속관 공사
② 애자 공사
③ 케이블 공사
④ 2.0[mm] 이상 합성수지관 공사(난연성 콤바인덕트관 제외)

해설 가연성 분진, 위험물 장소의 배선 공사 : 금속관, 케이블, 합성수지관(두께 2.0[mm] 이상) 공사

38 계자에서 발생한 자속을 전기자에 골고루 분포시켜주기 위한 것은?

① 공극
② 브러쉬
③ 콘덴서
④ 저항

해설 공극은 계자와 전기자 사이에 있어서 자속을 골고루 전기자에 공급해 주기 위해 만들어준다.

정답 33.④ 34.② 35.① 36.② 37.② 38.①

39 두 개의 평행한 도체가 진공 중(또는 공기 중)에 20[cm] 떨어져 있고, 100[A]의 같은 크기의 전류가 흐르고 있을 때 1[m]당 발생하는 힘의 크기[N]는?

① 20
② 40
③ 0.01
④ 0.1

해설 평행 도선 사이에 작용하는 힘의 세기
$$F = \frac{2I_1I_2}{r} \times 10^{-7}$$
$$= \frac{2 \times 100 \times 100}{0.2} \times 10^{-7} = 0.01[N]$$

40 200[V], 50[Hz], 8극, 15[kW]의 3상 유도 전동기에서 전부하 회전수가 720[rpm]이면 이 전동기의 2차 효율은 몇 [%]인가?

① 98
② 86
③ 100
④ 96

해설 2차 효율 $\eta_2 = (1-s) \times 100[\%]$
동기 속도 $N_s = \frac{120f}{P} = \frac{120 \times 50}{8}$
$= 750[rpm]$
슬립 $s = \frac{N_s - N}{N_s} = \frac{750 - 720}{750} = 0.04$
효율 $\eta = (1 - 0.04) \times 100 = 96[\%]$

41 다음 중 비유전율이 가장 작은 것은?

① 운모
② 고무
③ 규소수지
④ 공기

해설 비유전율
- 공기 : 1
- 고무 : 2.2 ~ 2.4
- 운모 : 5 ~ 9
- 규소수지 : 2.7 ~ 2.74

42 단면적 5[cm²], 길이 1[m], 비투자율 10^3인 환상 철심에 500회의 권선을 감고 여기에 0.25[A]의 전류를 흐르게 한 경우 기자력 [AT]은?

① 125
② 12.5
③ 1,250
④ 100

해설 기자력 $F = NI = 500 \times 0.25 = 125[AT]$

43 비유전율이 9인 유전체의 유전율은?

① $80 \times 10^{-6}[F/m]$
② $80 \times 10^{-12}[F/m]$
③ $1 \times 10^{-12}[F/m]$
④ $1 \times 10^{-16}[F/m]$

해설 유전체의 유전율
$\varepsilon = \varepsilon_0 \varepsilon_s = 8.855 \times 10^{-12} \times 9 = 80 \times 10^{-12}[F/m]$

44 직류 직권 전동기에서 벨트를 걸고 운전하면 안 되는 이유는?

① 벨트가 마멸 보수가 곤란하므로
② 벨트가 벗어지면 위험 속도에 도달하므로
③ 직결하지 않으면 속도 제어가 곤란하므로
④ 손실이 많아지므로

해설 직류 직권 전동기는 정격 전압 하에서 무부하 특성을 지니므로, 벨트가 벗겨지면 속도가 급격히 상승하여 위험 속도에 도달할 수 있다.

45 1차 권수 6,000, 2차 권수 200인 변압기의 전압비는?

① 10
② 30
③ 60
④ 90

해설 변압기 전압비 $a = \frac{N_1}{N_2} = \frac{6,000}{200} = 30$

46 전하의 성질에 대한 설명 중 옳지 않은 것은?

① 낙뢰는 구름과 지면 사이에 모인 전기가 한꺼번에 방전되는 현상이다.
② 같은 종류의 전하끼리는 흡인하고, 다른 종류의 전하끼리는 반발한다.
③ 전하는 가장 안정한 상태를 유지하려는 성질이 있다.
④ 대전체의 영향으로 비대전체에 전기가 유도된다.

해설 같은 종류의 전하끼리는 반발하고, 다른 종류의 전하끼리는 흡인한다.

47 $R-L$ 직렬 회로에서 전압과 전류의 위상차는?

① $\tan^{-1}\dfrac{R}{\omega L}$
② $\tan^{-1}\dfrac{\omega L}{R}$
③ $\tan^{-1}\dfrac{R}{\sqrt{R^2+\omega L^2}}$
④ $\tan^{-1}\dfrac{L}{R}$

해설 $R-L$ 직렬 회로의 전압, 전류의 위상차
$\theta = \tan^{-1}\dfrac{\omega L}{R}$

48 금속 덕트를 취급자 이외에는 출입할 수 없는 곳에서 수직으로 설치하는 경우 지지점 간의 거리는 최대 몇 [m] 이하로 하여야 하는가?

① 1.5   ② 2.0
③ 3.0   ④ 6.0

해설 금속 덕트 지지점 간 거리 : 3[m] 이하
(단, 취급자 이외에는 출입할 수 없는 곳에서 수직으로 설치하는 경우 6[m] 이하까지도 가능)

49 저압 수전 방식 중 단상 3선식은 평형이 되는 게 원칙이지만 부득이한 경우 설비 불평형률은 몇 [%] 이내로 유지해야 하는가?

① 10
② 20
③ 30
④ 40

해설 단상 3선식에서 중성선과 각 전압측 전선 간의 부하는 평형이 되게 하는 것을 원칙으로 하지만, 부득이한 경우 발생하는 설비 불평형률은 40[%]까지 할 수 있다.

50 상전압이 300[V]인 3상 반파 정류 회로의 직류 전압은 약 몇 [V]인가?

① 520
② 350
③ 260
④ 400

해설 $E_d = 1.17E = 1.17 \times 300 ≒ 350[V]$

51 그림과 같이 공기 중에 놓인 2×10^{-8}[C]의 전하에서 2[m] 떨어진 점 P와 1[m] 떨어진 점 Q와의 전위차[V]는?

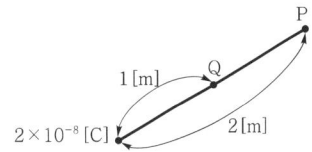

① 80   ② 90
③ 100   ④ 110

해설 전위 $V = 9 \times 10^9 \times \dfrac{Q}{r}$[V]

$V_Q = 9 \times 10^9 \times \dfrac{2 \times 10^{-8}}{1} = 180[V]$

$V_P = 9 \times 10^9 \times \dfrac{2 \times 10^{-8}}{2} = 90[V]$

그러므로 전위차는 $V = 180 - 90 = 90[V]$

정답 46.② 47.② 48.④ 49.④ 50.② 51.②

52 그림의 회로에서 소비되는 전력은 몇 [W]인가?

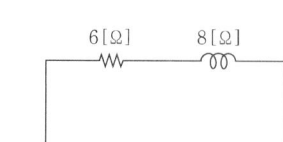

① 1,200 ② 2,400
③ 3,600 ④ 4,800

해설 전류 $I = \dfrac{V}{Z} = \dfrac{200}{\sqrt{6^2+8^2}} = 20[A]$

소비 전력 $P = I^2 R = 20^2 \times 6 = 2,400[W]$

53 변압기 내부 고장 보호에 쓰이는 계전기는?
① 접지 계전기
② 부흐홀츠 계전기
③ 과전압 계전기
④ 역상 계전기

해설 변압기 내부 고장 보호에 사용되는 계전기는 차동, 비율 차동, 부흐홀츠 계전기 등이 있다.

54 기본 정현파의 최대값이 200[V]인 경우 평균값은 약 몇 [V]인가?
① 약 141 ② 약 137
③ 약 127 ④ 약 121

해설 평균값 $V_{av} = \dfrac{2}{\pi} V_m = \dfrac{2}{\pi} \times 200 \fallingdotseq 127[V]$

55 [Wb]는 무엇의 단위를 나타내는가?
① 전기 저항 ② 자극의 세기
③ 기자력   ④ 자기 저항

해설 ① 전기 저항 $-[\Omega]$
② 자극의 세기 $-[Wb]$
③ 기자력 $-[AT]$
④ 자기 저항 $-[AT/Wb]$

56 온도 15[℃], 용량 20[L]인 전열기로 300[kcal]의 열량을 발생시킨다면 물의 온도는 몇 [℃]까지 상승할 수 있는가?
① 10
② 20
③ 15
④ 30

해설 전열기의 발열량 $Q = Cm\theta$ [kcal]이므로

온도차 $\theta = \dfrac{Q}{Cm} = \dfrac{300}{1 \times 20} = 15[℃]$

그러므로 상승한 물의 온도 $= 15 + 15 = 30[℃]$

57 $R-L-C$ 직렬 회로에서 저항이 3[Ω], 유도 리액턴스가 8[Ω], 용량 리액턴스가 4[Ω]인 경우 회로의 역률은?
① 0.6 ② 0.8
③ 0.9 ④ 1.0

해설 합성 임피던스
$\dot{Z} = R + j(X_L - X_C)$
$= 3 + j(8-4) = 3 + j4[\Omega]$
$\cos\theta = \dfrac{R}{Z} = \dfrac{3}{\sqrt{3^2+4^2}} = \dfrac{3}{5} = 0.6$

58 온도의 변화에 아주 민감하여 전기 저항이 크게 변하는 반도체로서 전류가 오르는 것을 방지하거나 온도를 감지하는 센서로 사용하는 반도체는?
① 바리스터
② 서미스터
③ 터널 다이오드
④ 제너 다이오드

해설 서미스터 : 저항기의 일종으로 작은 온도의 변화로 전기 저항이 크게 변하는 반도체의 성질을 이용하여 회로의 온도를 감지하는 센서로 사용하는 반도체

정답 52.② 53.② 54.③ 55.② 56.④ 57.① 58.②

59 전류의 열작용에 대한 설명으로 옳은 것은?

① 줄열은 전류에 비례한다.
② 줄열은 전류의 제곱에 비례한다.
③ 줄열은 전류에 반비례한다.
④ 줄열은 전류의 제곱에 반비례한다.

해설 저항체에서 발생하는 전류에 의한 발열량
$H = 0.24 I^2 R t [\text{cal}]$

60 다음 콘덴서에 대한 설명 중 맞는 것은?

① 콘덴서는 직렬로 접속하면 합성 용량이 커진다.
② 콘덴서는 직렬로 접속하면 합성 용량이 작아진다.
③ 콘덴서는 병렬로 접속하면 합성 용량이 작아진다.
④ 콘덴서는 용량이 같은 경우에만 직렬 접속이 가능하다.

해설 콘덴서의 정전 용량 합성값은 병렬일 때는 합이므로 값이 커지고, 직렬로 연결하면 정전 용량 합성값은 작아진다.

정답 59.② 60.②

2024년 제3회 CBT 기출복원문제

★ 표시 : 문제 중요도를 나타냄

본 기출문제는 수험생들의 기억을 바탕으로 작성한 것으로 내용 및 그림 등에서 실제 문제와 다소 차이가 있을 수 있습니다.

01 래크(rack) 배선을 사용하는 전선로는?

① 저압 지중 전선로
② 저압 가공 전선로
③ 고압 가공 전선로
④ 고압 지중 전선로

해설 래크(rack) 배선 : 저압 가공 전선로에 완금없이 래크(애자)를 전주에 수직으로 설치하여 전선을 수직 배선하는 방식

02 전기 분해에 의해서 석출되는 물질의 양은 전해액을 통과한 총 전기량에 비례하며, 그 물질의 화학 당량에 비례한다. 이것을 무슨 법칙이라 하는가?

① 줄의 법칙
② 플레밍의 법칙
③ 키르히호프의 법칙
④ 패러데이의 법칙

해설 패러데이의 전기 화학에 관한 법칙
$W = kQ$ [g] (여기서, k : 전기 화학 당량[g/C], Q : 총 전기량[C])

03 변압기의 1차 권수비가 80, 2차 권수비가 320일 때 2차 전압이 100[V]라면 1차 전압은 몇 [V]인가?

① 100 ② 50
③ 25   ④ 10

해설 권수비 $a = \dfrac{N_1}{N_2} = \dfrac{V_1}{V_2} = \dfrac{I_2}{I_1}$ 에서

$a = \dfrac{N_1}{N_2} = \dfrac{80}{320} = \dfrac{1}{4} = 0.25$ 이므로

$V_1 = aV_2 = 0.25 \times 100 = 25$ [V]

04 같은 전구를 직렬로 접속했을 때와 병렬로 접속했을 때 어느 것이 더 밝겠는가?

① 직렬이 2배 더 밝다.
② 직렬이 더 밝다.
③ 병렬이 더 밝다.
④ 밝기가 같다.

해설 직렬 소비 전력 $P = \dfrac{V^2}{2R}$ [W]

병렬 소비 전력 $P = \dfrac{V^2}{\dfrac{R}{2}} = \dfrac{2V^2}{R}$ [W]

05 전류 10[A], 전압 100[V], 역률 0.6인 단상 부하의 전력은 몇 [W]인가?

① 800   ② 600
③ 1,000 ④ 1,200

해설 유효전력
$P = VI\cos\theta$
$= 100 \times 10 \times 0.6$
$= 600$ [W]

정답 01.② 02.④ 03.③ 04.③ 05.②

06 두 개의 접지 막대기와 눈금계, 계기, 도선을 연결하고 절환 스위치를 이용하여 검류계의 지시값을 "0"으로 하여 접지 저항을 측정하는 방법은?

① 콜라우시 브리지
② 켈빈 더블 브리지법
③ 접지 저항계
④ 휘트스톤 브리지

해설 접지 저항계 : 두 개의 보조 접지 전극(접지 막대기)을 대지에 매입하고 다이얼을 조정하여 검류계의 지시값을 "0"으로 하여 계기의 지시값으로 접지 저항을 측정

07 전선의 굵기가 6[mm²] 이하인 가는 단선의 전선 접속은 어떤 접속을 하여야 하는가?

① 브리타니아 접속
② 쥐꼬리 접속
③ 트위스트 접속
④ 슬리브 접속

해설 단선의 직선 접속
• 단면적 6[mm²] 이하 : 트위스트 접속
• 단면적 10[mm²] 이상 : 브리타니아 접속

08 20[kVA]의 단상 변압기 2대를 사용하여 V-V결선으로 하고 3상 전원을 얻고자 한다. 이때 여기에 접속시킬 수 있는 3상 부하의 용량은 약 몇 [kVA]인가?

① 20
② 24
③ 28.8
④ 34.6

해설 V결선 용량
$P_V = \sqrt{3}\,P_1 = \sqrt{3} \times 20 = 34.6[kVA]$

09 전기 저항이 작고, 부드러운 성질이 있어 구부리기가 용이하므로 주로 옥내 배선에 사용하는 구리선의 명칭은?

① 연동선
② 경동선
③ 합성 연선
④ 중공 연선

해설 경동선은 인장 강도가 뛰어나므로 주로 옥외 전선로에서 사용하고, 연동선은 부드럽고 가요성이 뛰어나므로 주로 옥내 배선에서 사용한다.

10 수·변전 설비에서 계기용 변류기(CT)의 설치 목적은?

① 고전압을 저전압으로 변성
② 지락 전류 측정
③ 선로 전류 조정
④ 대전류를 소전류로 변성

해설 계기용 변류기(CT) : 대전류를 소전류(5[A])로 변성하여 측정 계기나 전기의 전류원으로 사용하기 위한 전류 변성기

11 전선의 구비 조건이 아닌 것은?

① 비중이 클 것
② 가요성이 풍부할 것
③ 고유 저항이 작을 것
④ 기계적 강도가 클 것

해설 전선 구비 조건
• 비중이 작을 것(중량이 가벼울 것)
• 가요성, 기계적 강도 및 내식성이 좋을 것
• 전기 저항(고유 저항)이 작을 것

12 1차 전압 13,200[V], 2차 전압 220[V]인 단상 변압기의 1차에 6,000[V] 전압을 가하면 2차 전압은 몇 [V]인가?

① 100
② 200
③ 50
④ 250

해설 권수비 $a = \dfrac{N_1}{N_2} = \dfrac{V_1}{V_2} = \dfrac{I_2}{I_1}$ 에서

$a = \dfrac{V_1}{V_2} = \dfrac{13,200}{220} = 60$ 이므로

$V_2 = \dfrac{V_1}{a} = \dfrac{6,000}{60} = 100[V]$

정답 06.③ 07.③ 08.④ 09.① 10.④ 11.① 12.①

13 4[μF]의 콘덴서에 4[kV]의 전압을 가하여 200[Ω]의 저항을 통해 방전시키면 이 때 발생하는 에너지[J]는 얼마인가?

① 32
② 16
③ 8
④ 40

해설 콘덴서에 축적되는 에너지
$$W = \frac{1}{2}CV^2$$
$$= \frac{1}{2} \times 4 \times 10^{-6} \times (4 \times 10^3)^2$$
$$= 32[J]$$

14 한 방향으로 일정값 이상의 전류가 흘렀을 때 동작하는 계전기는?

① 선택 지락 계전기
② 방향 단락 계전기
③ 차동 계전기
④ 거리 계전기

해설 방향 단락 계전기 : 일정한 방향으로 일정한 값 이상의 고장 전류가 흐를 때 작동하는 계전기. 작동과 동시에 전력 조류가 반대로 된다.

15 권수 50회의 코일에 5[A]의 전류가 흘러 10^{-3}[Wb]의 자속이 코일을 지난다고 하면, 이 코일의 자체 인덕턴스는 몇 [mH]인가?

① 10
② 20
③ 40
④ 30

해설 $LI = N\Phi$
$$L = \frac{N\Phi}{I} = \frac{50 \times 10^{-3}}{5} = 10[mH]$$

16 다이오드를 사용한 정류 회로에서 다이오드를 여러 개 직렬로 연결하여 사용하는 경우의 설명으로 가장 옳은 것은?

① 다이오드를 과전류로부터 보호할 수 있다.
② 다이오드를 과전압으로부터 보호할 수 있다.
③ 부하 출력의 맥동률을 감소시킬 수 있다.
④ 낮은 전압 전류에 적합하다.

해설 다이오드 직렬 접속 시 전압 강하로 인하여 과전압으로부터 보호할 수 있다.

17 다음 중 전력 제어용 반도체 소자가 아닌 것은?

① GTO
② TRIAC
③ LED
④ IGBT

해설 전력 제어용 반도체 소자 : 전력 변환, 제어용으로 최적화된 장치의 반도체 소자(IGBT, GTO, SCR, TRIAC, SSS 등)
• LED : 발광 다이오드

18 공심 솔레노이드에 자기장의 세기 4,000 [AT/m]를 가한 경우 자속 밀도[Wb/m²]은?

① $32\pi \times 10^{-4}$
② $3.2\pi \times 10^{-4}$
③ $16\pi \times 10^{-4}$
④ $1.6\pi \times 10^{-4}$

해설 자속 밀도
$$B = \mu_0 H$$
$$= 4\pi \times 10^{-7} \times 4,000$$
$$= 16\pi \times 10^{-4}[Wb/m^2]$$

19 폭발성 먼지(분진)이 있는 위험 장소에 금속관 배선에 의할 경우 관 상호 및 관과 박스 기타의 부속품이나 풀 박스 또는 전기 기계 기구는 몇 턱 이상의 나사 조임으로 접속하여야 하는가?

① 8턱
② 7턱
③ 6턱
④ 5턱

해설 폭연성 먼지(분진)이 존재하는 곳의 접속 시 5턱 이상의 죔 나사로 시공하여야 한다.

정답 13.① 14.② 15.① 16.② 17.③ 18.③ 19.④

20 다음에 ( ) 안에 알맞은 낱말은?

> 뱅크(Bank)란 전로에 접속된 변압기 또는 ( )의 결선상 단위를 말한다.

① 차단기 ② 콘덴서
③ 단로기 ④ 리액터

해설 뱅크(bank)란 전로에 접속된 변압기 또는 콘덴서의 결선상 단위를 말한다.

21 동기 발전기의 병렬 운전 중 기전력의 차가 발생하여 흐르는 전류는?

① 무효 순환 전류
② 유효 순환 전류
③ 동기화 전류
④ 뒤진 무효 전류

해설 동기 발전기에 유도 기전력의 차가 발생하면 무효 순환 전류가 흐른다.

22 실내 전체를 균일하게 조명하는 방식으로, 광원을 일정한 간격으로 배치하며 공장, 학교, 사무실 등에서 채용되는 조명 방식은?

① 전반 조명 ② 국부 조명
③ 직접 조명 ④ 간접 조명

해설 조명의 종류
- 전반 조명 : 실내 전체를 균등한 광속 유지(사무실)
- 국부 조명 : 필요한 범위만 높은 광속을 유지(진열장)
- 직접 조명 : 발산 광속 중 90% 이상을 작업면에 직접 조명하는 방식
- 간접 조명 : 광속의 90% 이상을 벽이나 천장에 투사시켜 간접적으로 빛을 얻는 방식

23 자기 인덕턴스가 각각 L_1, L_2[H]인 두 원통 코일이 서로 직교하고 있다. 두 코일 간의 상호 인덕턴스는?

① $L_1 + L_2$ ② $L_1 L_2$
③ 0   ④ $\sqrt{L_1 L_2}$

해설 자속과 코일이 서로 평행이 되어 상호 인덕턴스는 존재하지 않는다.

24 60[Hz]의 동기 전동기가 4극일 때 동기 속도는 몇 [rpm]인가?

① 3,600   ② 1,800
③ 900   ④ 2,400

해설 $N_s = \dfrac{120f}{P} = \dfrac{120 \times 60}{4} = 1,800$[rpm]

25 다음 그림에서 ( ) 안의 극성은?

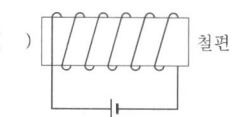

① N극과 S극이 교번한다.
② S극
③ N극
④ 극의 변화가 없다.

해설 그림에서 오른손을 솔레노이드 코일의 전류 방향에 따라 네 손가락을 감아쥐면 엄지 손가락이 N극 방향을 가리키므로 N극이 된다.

26 코드나 케이블 등을 기계 기구의 단자 등에 접속할 때 연선의 단면적이 몇 [mm²]를 초과하면 그림과 같은 터미널 러그(압착 단자)를 사용하여야 하는가?

① 10
② 6
③ 4
④ 8

해설 코드나 케이블 등을 기계 기구의 단자 등에 접속할 때 단면적 6[mm²]를 초과하는 연선에 터미널 러그를 부착할 것

27 두 코일의 자체 인덕턴스를 L_1[H], L_2[H]라 하고 상호 인덕턴스를 M[H]이라 할 때, 두 코일을 자속이 동일한 방향과 역방향이 되도록 하여 직렬로 각각 연결하였을 경우, 합성 인덕턴스의 큰 쪽과 작은 쪽의 차는?

① M ② $2M$
③ $4M$ ④ $8M$

해설 직렬 접속 시 합성 인덕턴스의 차
$L_{가동} = L_1 + L_2 + 2M$[H]
$L_{차동} = L_1 + L_2 - 2M$[H]
$L_{가동} - L_{차동} = 4M$[H]

28 다음 중 버스 덕트의 종류가 아닌 것은?

① 피더 버스 덕트
② 플러그인 버스 덕트
③ 케이블 버스 덕트
④ 탭붙이 버스 덕트

해설 버스 덕트의 종류

명칭	특징
피더 버스	도중 부하 접속 불가능
플러그인	도중 부하 접속용으로 플러그 있는 구조
익스팬션	열에 의한 신축성을 흡수시킨 구조
탭붙이	기기나 전선을 접속하기 위한 탭붙이 구조
트랜스포지션	도체 상호 위치를 덕트 내에서 교체시킨 덕트

29 인입용 비닐 절연 전선의 약호(기호)는?

① VV ② DV
③ OW ④ NR

해설 전선의 명칭
• VV : 비닐 절연 비닐 외장 케이블
• DV : 인입용 비닐 절연 전선
• OW : 옥외용 비닐 절연 전선
• NR : 일반용 단심 비닐 절연 전선

30 한국전기설비규정에 의하면 480[V] 가공 인입선이 철도를 횡단할 때 레일면상의 최저 높이는 약 몇 [m]인가?

① 4 ② 4.5
③ 5.5 ④ 6.5

해설 저압 가공 인입선의 최소 높이[m]

장소 구분	노면상 높이
도로 횡단	5(a : 3)
철도 횡단	6.5
횡단 보도교	3
기타 장소	4(a : 2.5)

a : 기술상 부득이하고 교통에 지장이 없는 경우

31 낮은 전압을 높은 전압으로 승압할 때 일반적으로 사용되는 변압기의 3상 결선 방식은?

① △-△ ② △-Y
③ Y-Y ④ Y-△

해설 △-Y결선
• 승압용으로 사용
• 1차와 2차 간 위상차는 30°

32 전선 접속 시 전선의 인장 강도는 몇 [%] 이상 감소시키면 안 되는가?

① 10 ② 20
③ 30 ④ 80

해설 전선 접속 시 접속 부분의 인장 강도는 접속 전보다 80[%] 이상 유지해야 하므로 20[%] 이상 감소되지 않도록 하여야 한다.

정답 27.③ 28.③ 29.② 30.④ 31.② 32.②

33 슬립이 0일 때 유도 전동기의 속도는?

① 동기 속도로 회전한다.
② 정지 상태가 된다.
③ 변화가 없다.
④ 동기 속도보다 빠르게 회전한다.

해설 회전 속도 $N=(1-s)N_s=N_s$[rpm]이므로 동기 속도로 회전한다.

34 전압 200[V]이고 $C_1=10[\mu F]$와 $C_2=5[\mu F]$인 콘덴서를 병렬로 접속하면 C_2에 분배되는 전압은 몇 [V]인가?

① 1,000 ② 2,000
③ 200   ④ 100

해설 병렬은 전압이 일정하므로 200[V]가 걸린다.

35 가공 전선로의 지지물에 시설하는 지지선(지선)의 안전율은 얼마 이상이어야 하는가? (단, 허용 인장 하중은 4.31[kN] 이상)

① 2   ② 2.5
③ 3   ④ 3.5

해설 지지선(지선)의 시설 규정
• 구성 : 소선 3가닥 이상의 아연 도금 연선 사용
• 안전율 : 2.5 이상
• 허용 인장 하중 : 4.31[kN] 이상

36 전기 배선용 도면을 작성할 때 사용하는 매입용 콘센트의 도면 기호는?

해설 ① 점멸기
② 전등(백열등)
③ 매입용 콘센트
④ 점검구

37 분권 전동기에 대한 설명으로 틀린 것은?

① 토크는 전기자 전류의 자승에 비례한다.
② 부하 전류에 따른 속도 변화가 거의 없다.
③ 계자 회로에 퓨즈를 넣어서는 안 된다.
④ 계자 권선과 전기자 권선이 전원에 병렬로 접속되어 있다.

해설 분권 전동기의 특징
• 토크식 $\tau = K\phi I_a$[N·m]이므로 전기자 전류에 비례한다.
• 부하 전류에 따른 속도 변화가 거의 없다.
• 계자 회로에 퓨즈를 넣어서는 안 된다.
• 계자 권선과 전기자 권선이 전원에 병렬로 접속되어 있다.

38 계자에서 발생한 자속을 전기자에 골고루 분포시켜주기 위한 것은?

① 공극
② 브러쉬
③ 콘덴서
④ 저항

해설 공극은 계자와 전기자 사이에 있어서 자속을 골고루 전기자에 공급해 주기 위해 만들어준다.

39 3상 유도 전동기의 동기 속도를 N_s, 회전 속도를 N, 슬립이 s인 경우 2차 효율[%]은?

① $\frac{1}{s}(N_s-N)\times 100$
② $(s-1)\times 100$
③ $\frac{N}{N_s}\times 100$
④ $s^2\times 100$

해설 2차 효율
$$\eta_2 = (1-s)\times 100 = \frac{N}{N_s}\times 100[\%]$$

정답 33.① 34.③ 35.② 36.③ 37.① 38.① 39.③

40 성냥, 석유류, 셀룰로이드 등 기타 가연성 위험 물질을 제조 또는 저장하는 장소의 배선으로 틀린 것은?

① 금속관 공사
② 애자 공사
③ 케이블 공사
④ 합성수지관(2.6[mm] 이상 난연성 콤바인덕트관 제외) 공사

해설 가연성 분진, 위험물 장소의 배선 공사 : 금속관, 케이블, 합성수지관(두께 2.0[mm] 이상) 공사

41 그림과 같이 I[A]의 전류가 흐르고 있는 도체의 미소 부분 $\triangle l$의 전류에 의해 r[m] 떨어진 점 P의 자기장 $\triangle H$[AT/m]는?

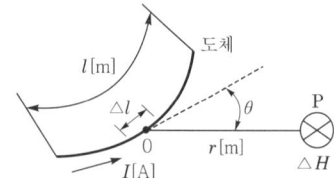

① $\triangle H = \dfrac{I^2 \triangle l \sin\theta}{4\pi r^2}$

② $\triangle H = \dfrac{I \triangle l^2 \sin\theta}{4\pi r}$

③ $\triangle H = \dfrac{I^2 \triangle l \sin\theta}{4\pi r}$

④ $\triangle H = \dfrac{I \triangle l \sin\theta}{4\pi r^2}$

해설 비오-사바르의 법칙 : 전류에 의한 자장의 세기
$\triangle H = \dfrac{I \triangle l \sin\theta}{4\pi r^2}$ [AT/m]

42 자기 회로와 전기 회로의 대응 관계가 잘못된 것은?

① 기전력 - 자속 밀도
② 전기 저항 - 자기 저항
③ 전류 - 자속
④ 도전율 - 투자율

해설 자기 회로와 전기 회로 대응관계

전기 회로	자기 회로
기전력	기자력
전류	자속
전기 저항	자기 저항
도전율	투자율

43 변압기 내부 고장 발생 시 발생하는 기름의 흐름 변화를 검출하는 부흐홀츠 계전기의 설치 위치로 알맞은 것은?

① 변압기 본체와 콘서베이터 사이
② 변압기의 고압측 부싱
③ 콘서베이터 내부
④ 변압기 본체

해설 부흐홀츠 계전기는 내부 고장 발생 시 유증기를 검출하여 동작하는 계전기로 변압기 본체와 콘서베이터를 연결하는 파이프 도중에 설치한다.

44 10[Ω]의 저항 5개를 접속하여 가장 최소로 얻을 수 있는 저항값은 몇 [Ω]인가?

① 2
② 5
③ 10
④ 50

해설 최소값 : 병렬로 접속 $R_0 = \dfrac{10}{5} = 2[\Omega]$

45 3상 유도 전동기의 원선도를 그리는 데 필요하지 않은 것은?

① 저항 측정
② 무부하 시험
③ 구속 시험
④ 슬립 측정

해설
• 저항 측정 시험 : 1차 동손
• 무부하 시험 : 여자 전류, 철손
• 구속 시험(단락 시험) : 2차 동손

정답 40.② 41.④ 42.① 43.① 44.① 45.④

46 저압 수전 방식 중 단상 3선식은 평형이 되는게 원칙이지만 부득이한 경우 설비 불평형률은 몇 [%] 이내로 유지해야 하는가?

① 10　② 20
③ 30　④ 40

해설 단상 3선식에서 중성선과 각 전압측 전선 간의 부하는 평형이 되게 하는 것을 원칙으로 하지만, 부득이한 경우 발생하는 설비 불평형률은 40[%]까지 할 수 있다.

47 세 변의 저항 $R_a = R_b = R_c = 15[\Omega]$인 Y결선 회로가 있다. 이것과 등가인 △결선 회로의 각 변의 저항[Ω]은?

① $\dfrac{15}{\sqrt{3}}$　② 45
③ $15\sqrt{3}$　④ 15

해설 Y결선을 등가인 △결선으로 변환 시 각 변의 저항은 3배가 되므로 45[Ω]이 된다.

48 금속 덕트를 취급자 이외에는 출입할 수 없는 곳에서 수직으로 설치하는 경우 지지점 간의 거리는 최대 몇 [m] 이하로 하여야 하는가?

① 1.5
② 2.0
③ 3.0
④ 6.0

해설 금속 덕트 지지점 간 거리 : 3[m] 이하로 할 것 (단, 취급자 이외에는 출입할 수 없는 곳에서 수직으로 설치하는 경우 6[m] 이하까지도 가능)

49 2극 3,600[rpm]인 동기 발전기와 병렬 운전하려는 8극 발전기의 회전수[rpm]는?

① 3,600　② 900
③ 2,400　④ 1,800

해설 병렬 운전 시 주파수가 같아야 한다.
$$f = \dfrac{N_s P}{120} = \dfrac{3,600 \times 2}{120} = 60[Hz]$$
$$N_s = \dfrac{120f}{P} = \dfrac{120 \times 60}{8} = 900[rpm]$$

50 RL 직렬 회로에서 전압과 전류의 위상차는?

① $\tan^{-1}\dfrac{R}{\omega L}$

② $\tan^{-1}\dfrac{\omega L}{R}$

③ $\tan^{-1}\dfrac{R}{\sqrt{R^2 + \omega L^2}}$

④ $\tan^{-1}\dfrac{L}{R}$

해설 RL 직렬 회로의 전압, 전류의 위상차
$$\theta = \tan^{-1}\dfrac{\omega L}{R}$$

51 단상 유도 전동기의 기동 방법 중 기동 토크가 가장 큰 것은?

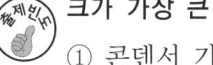

① 콘덴서 기동형
② 분상 기동형
③ 반발 유도형
④ 반발 기동형

해설 단상 유도 전동기 기동 토크 크기 순서
반발 기동형 > 반발 유도형 > 콘덴서 기동형 > 분상 기동형 > 셰이딩 코일형

52 전기자 저항 0.1[Ω], 전기자 전류 104[A], 유도 기전력 110.4[V]인 직류 분권 발전기의 단자 전압은 몇 [V]인가?

① 98　② 100
③ 102　④ 105

해설 $V = E - I_a R_a$
$= 110.4 - 104 \times 0.1 = 100[V]$

정답 46.④　47.②　48.④　49.②　50.②　51.④　52.②

53 복소수 $A = a + jb$인 경우 절대값과 위상은 얼마인가?

① $\sqrt{a^2 - b^2}$, $\theta = \tan^{-1}\dfrac{a}{b}$

② $a^2 - b^2$, $\theta = \tan^{-1}\dfrac{a}{b}$

③ $\sqrt{a^2 + b^2}$, $\theta = \tan^{-1}\dfrac{b}{a}$

④ $a^2 + b^2$, $\theta = \tan^{-1}\dfrac{a}{b}$

해설
- 복소수의 절대값 $A = \sqrt{a^2 + b^2}$
- 위상 $\theta = \tan^{-1}\dfrac{b}{a}$

54 220[V], 1.5[kW] 전구를 20시간 점등했다면 전력량[kWh]은?

① 15　　② 20　　③ 30　　④ 60

해설 전력량
$W = Pt = 1.5[\text{kW}] \times 20[\text{h}] = 30[\text{kWh}]$

55 자체 인덕턴스 0.1[H]의 코일에 5[A]의 전류가 흐르고 있다. 축적되는 전자 에너지[J]는?

① 0.25　　② 0.5　　③ 1.25　　④ 2.5

해설 $W = \dfrac{1}{2}LI^2 = \dfrac{1}{2} \times 0.1 \times 5^2 = 1.25[\text{J}]$

56 진공 중에 4×10^{-5}[C], 8×10^{-5}[C]의 두 점전하가 2[m]의 간격을 두고 놓여 있다. 두 전하 사이에 작용하는 힘[N]은?

① 5.4　　② 7.2　　③ 10.8　　④ 2.7

해설 쿨롱의 법칙 $F = 9 \times 10^9 \times \dfrac{Q_1 \cdot Q_2}{r^2}[\text{N}]$

$= 9 \times 10^9 \times \dfrac{4 \times 10^{-5} \times 8 \times 10^{-5}}{2^2}$

$= 7.2[\text{N}]$

57 다음은 3상 유도 전동기 고정자 권선의 결선도를 나타낸 것이다. 맞는 것은?

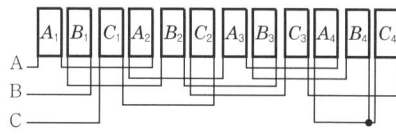

① 3상, 2극, Y결선
② 3상, 4극, △결선
③ 3상, 2극, △결선
④ 3상, 4극, Y결선

해설 주어진 그림은 상이 A, B, C인 3상, 4극, Y결선의 결선도이다.

58 그림에서 저항 R이 접속되고, 여기에 3상 평형 전압 V[V]가 인가되어 있다. 지금 ×표의 곳에서 1선이 단선되었다고 하면 소비 전력은 몇 배로 되는가?

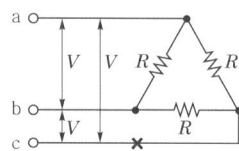

① $\dfrac{3}{2}$　　② $\dfrac{1}{2}$　　③ $\dfrac{1}{4}$　　④ $\dfrac{\sqrt{3}}{2}$

해설
단선 전 소비 전력 : $P_1 = 3\dfrac{V^2}{R}[\text{W}]$

단선 후 소비 전력 : $P_2 = \dfrac{V^2}{R} + \dfrac{V^2}{2R} = \dfrac{3}{2}\dfrac{V^2}{R}[\text{W}]$

그러므로 단선 후 $\dfrac{1}{2}$로 소비 전력이 감소한다.

정답 53.③　54.③　55.③　56.②　57.④　58.②

59 교통 신호등 제어 장치의 2차측 배선의 제어 회로의 최대 사용 전압은 몇 [V] 이하이어야 하는가?

① 200 ② 150
③ 300 ④ 400

해설 교통 신호등 제어 장치의 2차측 배선 공사 방법
- 최대 사용 전압 : 300[V] 이하
- 전선 : 2.5[mm²] 이상의 연동 연선
- 교통 신호등 회로의 사용 전압이 150[V]를 넘는 경우 누전 차단기를 시설할 것

60 한국전기설비규정에 의한 저압 가공 전선의 굵기 및 종류에 대한 설명 중 틀린 것은?

① 저압 가공 전선에 사용하는 나전선은 중성선 또는 다중 접지된 접지측 전선으로 사용하는 전선에 한한다.
② 사용 전압이 400[V] 이하인 저압 가공 전선은 지름 2.6[mm] 이상의 경동선이어야 한다.
③ 사용 전압이 400[V] 초과인 저압 가공 전선에는 인입용 비닐 절연 전선을 사용한다.
④ 사용 전압이 400[V] 초과인 저압 가공 전선으로 시가지 외에 시설하는 것은 4.0[mm] 이상의 경동선이어야 한다.

해설 저압, 고압 가공 전선의 사용 전선

사용 전압	전선의 굵기
400[V] 이하	• 절연 전선 : 2.6[mm] 이상 경동선 • 나전선 : 3.2[mm] 이상 경동선
400[V] 초과	• 시가지 내 : 5.0[mm] 이상 경동선 • 시가지 외 : 4.0[mm] 이상 경동선 (※ 400[V] 초과 시 인입용 비닐 절연 전선을 사용할 수 없다.)

정답 59.③ 60.③

2024년 제4회 CBT 기출복원문제

★ 표시 : 문제 중요도를 나타냄

본 기출문제는 수험생들의 기억을 바탕으로 작성한 것으로 내용 및 그림 등에서 실제 문제와 다소 차이가 있을 수 있습니다.

01 지지선(지선)의 중간에 넣는 애자의 명칭은?
① 구형 애자 ② 곡핀 애자
③ 현수 애자 ④ 핀 애자

해설 지지선(지선)의 중간에 사용하는 애자 : 구형 애자, 지선 애자, 옥 애자, 구슬 애자

02 전력선 반송 보호 계전 방식의 이점을 설명한 것으로 맞지 않는 것은?
① 다른 방식에 비해 장치가 간단하다.
② 고장 구간의 고속도 동시 차단이 가능하다.
③ 고장 구간을 선택할 수 있다.
④ 동작을 예민하게 할 수 있다.

해설 전력선 반송 보호 계전 방식 : 송전선의 양 끝단에 설치된 계전기들 사이 신호를 주고받아 송전선을 반송전화나 원격제어, 원격측정 등의 통신선으로서 이용하는 방식
• 고장 구간의 고속도 동시 차단이 가능하다.
• 고장 구간의 선택이 확실하다.
• 동작을 예민하게 할 수 있다.
• 장치가 복잡하고 고장 확률이 높으므로 보수 점검에 주의하여야 한다.

03 점 자극 사이에 작용하는 힘의 세기가 F_1[N]이었다. 이때 거리를 2배로 증가시키면 작용하는 힘 F[N]은 F_1[N]의 몇 배인가?
① $4F_1$ ② $0.5F_1$
③ $0.25F_1$ ④ $2F_1$

해설 쿨롱의 법칙 $F_1 = k\dfrac{m_1 \cdot m_2}{r^2} = \dfrac{m_1 \cdot m_2}{4\pi\mu_0 r^2}$[N]에서 거리 제곱에 반비례하므로
$F = \dfrac{1}{2^2}F_1 = \dfrac{1}{4}F_1 = 0.25F_1$[N]

04 220[V], 3[kW], 전구를 20시간 점등했다면 전력량[kWh]은?
① 15 ② 20
③ 30 ④ 60

해설 전력량 $W = Pt = 3[kW] \times 20[h] = 60[kWh]$

05 주파수가 60[Hz]인 3상 4극의 유도 전동기가 있다. 슬립이 4[%]일 때 이 전동기의 회전수는 몇 [rpm]인가?
① 1,800 ② 1,712
③ 1,728 ④ 1,652

해설 회전수 $N = (1-s)N_s$에서
$N_s = \dfrac{120f}{P} = \dfrac{120 \times 60}{4} = 1,800$[rpm]
$N = (1-0.04) \times 1,800 = 1,728$[rpm]

06 최대 사용 전압이 70[kV]인 중성점 직접 접지식 전로의 절연 내력 시험 전압은 몇 [V]인가?
① 35,000 ② 42,000
③ 44,800 ④ 50,400

정답 01.① 02.① 03.③ 04.④ 05.③ 06.④

해설 절연 내력 시험 : 최대 사용 전압이 60[kV] 이상인 중성점 직접 접지식 전로의 절연 내력 시험은 최대 사용 전압의 0.72배의 전압을 연속으로 10분간 가할 때 견디는 것으로 하여야 한다.
시험전압 $= 70{,}000 \times 0.72 = 50{,}400[V]$

07 30[W] 전열기에 220[V], 주파수 60[Hz]인 전압을 인가한 경우 평균 전압[V]은?
① 150   ② 198
③ 211   ④ 311

해설 전압의 최대값 $V_m = 220\sqrt{2}$ [V]
평균값 $V_{av} = \dfrac{2}{\pi} V_m = \dfrac{2}{\pi} \times 220\sqrt{2} = 198$[V]
* 쉬운 풀이 : $V_{av} = 0.9V = 0.9 \times 220 = 198$[V]

08 직류 전동기의 속도 제어 방법이 아닌 것은?
① 전압 제어   ② 계자 제어
③ 저항 제어   ④ 2차 제어

해설 직류 전동기의 속도 제어법 : 전압 제어, 계자 제어, 저항 제어

09 450/750[V] 일반용 단심 비닐 절연 전선의 약호는?
① IV   ② NR
③ FI   ④ RI

해설 전선의 약호
- NR : 450/750[V] 일반용 단심 비닐 절연 전선
- NRI : 기기 배선용 단심 비닐 절연 전선
- NF : 일반용 유연성 단심 비닐 절연 전선
- NFI : 기기 배선용 유연성 단심 비닐 절연 전선

10 다음 중 접지 저항을 측정하기 위한 방법은?
① 전류계, 전압계
② 전력계
③ 휘트스톤 브리지법
④ 콜라우슈 브리지법

해설 접지 저항 측정 방법 : 접지 저항계, 콜라우슈 브리지법, 어스테스터기

11 다음 중 과전류 차단기를 설치하는 곳은?
① 전등의 전원측 전선
② 접지 공사의 접지선
③ 접지 공사를 한 저압 가공 전선의 접지측 전선
④ 다선식 전로의 중성선

해설 과전류 차단기의 시설 제한 장소
- 모든 접지 공사의 접지선
- 다선식 전로로의 중성선
- 접지 공사를 실시한 저압 가공 전선로의 접지측 전선

12 다음 그림에서 ( ) 안의 극성은?

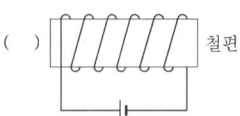

① N극과 S극이 교번한다.
② S극
③ N극
④ 극의 변화가 없다.

해설 그림에서 오른손을 솔레노이드 코일의 전류 방향에 따라 네 손가락을 감아쥐면 엄지 손가락이 N극 방향을 가리키므로 N극이 된다.

13 전선의 굵기가 6[mm^2] 이하의 가는 단선의 전선 접속은 어떤 접속을 하여야 하는가?
① 브리타니아 접속
② 쥐꼬리 접속
③ 트위스트 접속
④ 슬리브 접속

해설 단선의 직선 접속
- 단면적 6[mm^2] 이하 : 트위스트 접속
- 단면적 10[mm^2] 이상 : 브리타니아 접속

정답 07.② 08.④ 09.② 10.④ 11.① 12.③ 13.③

14 역률이 90° 뒤진 전류가 흐를 때 전기자 반작용은?

① 감자 작용을 한다.
② 증자 작용을 한다.
③ 교차 자화 작용을 한다.
④ 자기 여자 작용을 한다.

해설 전기자 반작용
• 감자 작용 : 뒤진 전류
• 증자 작용 : 앞선 전류

15 부흐홀츠 계전기로 보호되는 기기는?

① 교류 발전기
② 유도 전동기
③ 직류 발전기
④ 변압기

해설 부흐홀츠 계전기 : 변압기의 절연유 열화 방지

16 양방향으로 전류를 흘릴 수 있는 양방향 소자는?

① MOSFET   ② TRIAC
③ SCR   ④ GTO

해설 양방향성 사이리스터 : SSS, TRIAC, DIAC

17 직류를 교류로 변환하는 장치로서 초고속 전동기의 속도 제어용 전원이나 초고주파 형광등의 점등용으로 사용하는 장치는?

① 인버터   ② 변성기
③ 컨버터   ④ 변류기

해설 인버터 : DC를 AC로 변환하는 역변환 장치
• 전동기의 속도를 효율적으로 제어
• 초고주파 형광등의 점등용

18 재질이 구리(동)인 전선의 종단 접속의 방법이 아닌 것은?

① 비틀어 꽂는 형의 전선 접속기에 의한 접속
② 구리선 압착 단자에 의한 접속
③ 직선 맞대기용 슬리브에 의한 압착 접속
④ 종단 겹침용 슬리브에 의한 접속

해설 구리(동)전선의 종단 접속
• 구리선 압착 단자에 의한 접속
• 비틀어 꽂는 형의 전선 접속기에 의한 접속
• 종단 겹침용 슬리브(E형)에 의한 접속
• 직선 겹침용 슬리브(P형)에 의한 접속
• 꽂음형 커넥터에 의한 접속

19 단위 시간당 5[Wb]의 자속이 통과하여 2[J]의 일을 하였다면 전류[A]는 얼마인가?

① 0.25   ② 2.5
③ 0.4   ④ 4

해설 자속이 통과하면서 한 일 $W = \phi I$ [J]
$$I = \frac{W}{\phi} = \frac{2}{5} = 0.4 [A]$$

20 가공 전선로의 지지물에서 다른 지지물을 거치지 아니하고 수용 장소의 인입선 접속점에 이르는 가공 전선을 무엇이라 하는가?

① 옥외 전선
② 이웃 연결(연접) 인입선
③ 가공 인입선
④ 관등회로

해설 가공 인입선
• 가공 전선로의 지지물에서 다른 지지물을 거치지 아니하고 수용 장소의 인입선 접속점에 이르는 가공 전선
• 사용 전선 : 절연 전선, 다심형 전선, 케이블일 것
  – 저압 : 2.6[mm] 이상 절연 전선[단, 지지물 간 거리(경간) 15[m] 이하는 2.0[mm] 이상도 가능]
  – 고압 : 5.0[mm] 이상

정답 14.① 15.④ 16.② 17.① 18.③ 19.③ 20.③

21 활선 상태에서 전선의 피복을 벗기는 공구는?

① 전선 피박기   ② 애자 커버
③ 와이어 통   ④ 데드 엔드 커버

해설 ① 전선 피박기 : 활선 상태에서 전선 피복을 벗기는 공구
② 애자 커버 : 애자 보호용 절연 커버
③ 와이어 통 : 충전되어 있는 활선을 움직이거나 작업권 밖으로 밀어낼 때 또는 활선을 다른 장소로 옮길 때 사용하는 활선 공구
④ 데드 엔드 커버 : 잡아당김(인류) 또는 내장주의 선로에서 활선 공법을 할 때 작업자가 현수 애자 등에 접촉되어 생기는 안전 사고를 예방하기 위해 사용하는 것

22 회로의 전압, 전류를 측정할 때 전압계와 전류계의 접속 방법은?

① 전압계 – 직렬, 전류계 – 직렬
② 전압계 – 직렬, 전류계 – 병렬
③ 전압계 – 병렬, 전류계 – 직렬
④ 전압계 – 병렬, 전류계 – 병렬

해설 • 전압계 : 병렬 접속
• 전류계 : 직렬 접속

23 변압기 철심의 철의 함유율[%]은?

① 50 ~ 60   ② 75 ~ 86
③ 80 ~ 90   ④ 95 ~ 97

해설 변압기 철심은 와전류손 감소 방법으로 성층 철심을 사용하며 히스테리시스손을 줄이기 위해서 약 3 ~ 4[%]의 규소가 함유된 규소 강판을 사용한다. 그러므로 철의 함유율은 95 ~ 97[%]이다.

24 콘덴서의 정전 용량을 크게 하는 방법으로 옳지 않은 것은?

① 극판의 면적을 크게 한다.
② 극판 사이에 유전율이 큰 유전체를 삽입한다.
③ 극판의 간격을 작게 한다.
④ 극판 사이에 비유전율이 작은 유전체를 삽입한다.

해설 콘덴서의 정전 용량 $C = \dfrac{\varepsilon A}{d}$ [F]이므로 극판의 간격 d[m]에 반비례한다.

25 전기 기계 기구를 전주에 부착하는 경우 전주외등은 하단으로부터 몇 [m] 이상 높이에 시설하여야 하는가? (단, 전기 기계 기구는 1,500[V]를 초과하는 고압 수은등이다.)

① 3.0   ② 3.5
③ 4.0   ④ 4.5

해설 전주외등
대지 전압 300[V] 이하 백열전등이나 수은등을 배전 선로의 지지물 등에 시설하는 등
• 기구인출선 도체 단면적 : 0.75[mm²] 이상
• 기구 부착 높이 : 지표상 4.5[m] 이상(단, 교통 지장 없을 경우 3.0[m] 이상)
• 돌출 수평 거리 : 1.0[m] 이상

26 소세력 회로의 전선을 조영재에 붙여 시설하는 경우에 대한 설명으로 틀린 것은?

① 전선은 금속제의 수관·가스관 또는 이와 유사한 것과 접촉하지 아니하도록 시설할 것
② 전선은 코드·캡타이어 케이블 또는 케이블일 것
③ 전선이 손상을 받을 우려가 있는 곳에 시설하는 경우에는 적당한 방호 장치를 할 것
④ 전선의 굵기는 2.5[mm²] 이상일 것

해설 소세력 회로의 배선(전선을 조영재에 붙여 시설하는 경우)
• 전선은 코드나 캡타이어 케이블 또는 케이블을 사용할 것
• 케이블 이외에는 공칭 단면적 1[mm²] 이상의 연동선 또는 이와 동등 이상의 것일 것

정답 21.① 22.③ 23.④ 24.④ 25.④ 26.④

27 COS용 완철의 설치 위치는 최하단 전력선용 완철에서 몇 [m] 하부에 설치하는가?

① 0.75 ② 1.8
③ 0.9   ④ 0.5

해설 COS용 완철 설치 위치 : 최하단 전력선용 완철에서 0.75[m] 하부에 설치하며 COS 조작 및 작업이 용이하도록 설치한다.

28 하나의 콘센트에 수많은 전기 기계 기구를 연결하여 사용할 수 있는 기구는?

① 코드 접속기   ② 아이언 플러그
③ 테이블 탭   ④ 멀티 탭

해설 접속 기구
- 멀티 탭 : 하나의 콘센트에 여러 개의 전기 기계 기구를 끼워 사용하는 것으로 연장선이 없는 콘센트
- 테이블 탭(table tap) : 코드 길이가 짧을 때 연장 사용하는 콘센트

29 전지의 기전력이 1.5[V], 5개를 부하 저항 2.5[Ω]인 전구에 접속하였을 때 전구에 흐르는 전류는 몇 [A]인가? (단, 전지의 내부 저항은 0.5[Ω]이다.)

① 1.5 ② 2
③ 3   ④ 2.5

해설 $I = \dfrac{nE}{nr+R} = \dfrac{5 \times 1.5}{5 \times 0.5 + 2.5} = 1.5[A]$

30 다음 중 자기 저항의 단위에 해당되는 것은?

① [AT/Wb] ② [Wb/AT]
③ [H/m]   ④ [Ω]

해설 기자력 $F = NI = R\phi$[AT]에서
자기 저항 $R = \dfrac{NI}{\phi}$[AT/Wb]

31 두 금속을 접합하여 여기에 온도차가 발생하면 그 접점에서 기전력이 발생하여 전류가 흐르는 현상은?

① 줄 효과   ② 홀(hole) 효과
③ 제베크 효과   ④ 펠티에 효과

해설 제베크 효과 : 두 금속을 접합하여 접합점에 온도차가 발생하면 그 접점에서 기전력이 발생하여 전류가 흐르는 현상

32 $R-L$ 직렬 회로에 직류 전압 100[V]를 가했더니 전류가 20[A]이었다. 교류 전압 100[V], $f=60$[Hz]를 인가한 경우 흐르는 전류가 10[A]였다면 유도성 리액턴스 X_L[Ω]은 얼마인가?

① 5   ② $5\sqrt{2}$
③ $5\sqrt{3}$ ④ 10

해설 직류 인가한 경우 $L=0$이므로
$R = \dfrac{V}{I} = \dfrac{100}{20} = 5[Ω]$
교류를 인가한 경우 임피던스
$Z = \dfrac{V}{I} = \dfrac{100}{10} = 10 = \sqrt{R^2 + X_L^2}$[Ω]이므로
$X_L = \sqrt{Z^2 - R^2} = \sqrt{10^2 - 5^2}$
$= \sqrt{75} = \sqrt{5^2 \times 3} = 5\sqrt{3}$[Ω]

33 배관 공사 시 금속관이나 합성 수지관으로부터 전선을 뽑아 전동기 단자 부근에 접속할 때 관 단에 사용하는 재료는?

① 부싱   ② 엔트런스 캡
③ 터미널 캡 ④ 로크 너트

해설 터미널 캡은 배관 공사 시 금속관이나 합성 수지관으로부터 전선을 뽑아 전동기 단자 부근에 접속할 때, 또는 노출 배관에서 금속 배관으로 변경 시 전선 보호를 위해 관 끝에 설치하는 것으로 서비스 캡이라고도 한다.

정답 27.① 28.④ 29.① 30.① 31.③ 32.③ 33.③

34 전력 계통에 접속되어 있는 변압기나 장거리 송전 시 정전 용량으로 인한 충전 특성 등을 보상하기 위한 기기는?

① 유도 전동기
② 동기 조상기
③ 유도 발전기
④ 동기 발전기

해설 정전 용량으로 인한 앞선 전류를 감소시키기 위해 여자 전류를 조정하여 뒤진 전류를 흘려 줄 수 있는 동기 조상기를 설치한다.

35 정전 용량 $C[\mu F]$의 콘덴서에 충전된 전하가 $q = \sqrt{2}\,Q\sin\omega t[C]$와 같이 변화하도록 하였다면 이 때 콘덴서에 흘러 들어가는 전류의 값은?

① $i = \sqrt{2}\,\omega Q\sin\omega t[A]$
② $i = \sqrt{2}\,\omega Q\cos\omega t[A]$
③ $i = \sqrt{2}\,\omega Q\sin(\omega t - 60°)[A]$
④ $i = \sqrt{2}\,\omega Q\cos(\omega t - 60°)[A]$

해설 콘덴서 소자에 흐르는 전류

$i_C = \dfrac{dq}{dt} = \dfrac{d}{dt}(\sqrt{2}\,Q\sin\omega t)$
$= \sqrt{2}\,\omega Q\cos\omega t[A]$

[별해] $C[F]$의 회로는 위상 90°가 앞서므로 전하량이 sin파라면 전류는 파형이 $\cos\omega t$ 또는 $\sin(\omega t + 90°)$이어야 한다.

36 직권 전동기의 회전수를 $\dfrac{1}{3}$로 감소시키면 토크는 어떻게 되겠는가?

① $\dfrac{1}{9}$
② $\dfrac{1}{3}$
③ 3
④ 9

해설 직권 전동기는 $\tau \propto I^2 \propto \dfrac{1}{N^2}$이므로 $\dfrac{1}{\left(\dfrac{1}{3}\right)^2} = 9$

37 30[Ah]의 축전지를 3[A]로 사용하면 몇 시간 사용 가능한가?

① 1시간
② 3시간
③ 10시간
④ 20시간

해설 축전지의 용량 = It[Ah]이므로

시간 $t = \dfrac{30}{3} = 10[h]$

38 다음 중 유도 전동기의 속도 제어에 사용되는 인버터 장치의 약호는?

① CVCF
② VVVF
③ CVVF
④ VVCF

해설 VVVF : 가변 전압 가변 주파수 변환 장치

39 동기 와트 P_2, 출력 P_o, 슬립 s, 동기 속도 N_s, 회전 속도 N, 2차 동손 P_{c2}일 때 2차 효율 표기로 틀린 것은?

① $1 - s$
② $\dfrac{P_{c2}}{P_2}$
③ $\dfrac{P_o}{P_2}$
④ $\dfrac{N}{N_s}$

해설 2차 효율 $\eta_2 = \dfrac{P_o}{P_2} = \dfrac{(1-s)P_2}{P_2} = 1 - s = \dfrac{N}{N_s}$

40 가공 전선로의 지지물에 시설하는 지지선(지선)의 안전율이 2.5일 때 최저 허용 인장 하중은 얼마 이상이어야 하는가?

① 4.01
② 5.5
③ 4.31
④ 3.5

해설 지지선(지선)의 시설 규정
- 구성 : 소선 3가닥 이상의 아연 도금 연선
- 안전율 : 2.5 이상
- 허용 인장 하중 : 4.31[kN] 이상

정답 34.② 35.② 36.④ 37.③ 38.② 39.② 40.③

41 불연성 먼지가 많은 장소에 시설할 수 없는 저압 옥내 배선의 방법은?

① 금속관 공사
② 애자 사용 공사
③ 케이블 공사
④ 플로어 덕트 공사

해설 불연성 먼지(정미소, 제분소) 공사 방법 : 금속관 공사, 케이블 공사, 합성 수지관 공사, 가요 전선관 공사, 애자 사용 공사, 금속 덕트 및 버스 덕트 공사

42 직류 발전기의 정격 전압 100[V], 무부하 전압 104[V]이다. 이 발전기의 전압 변동률 ε[%]은?

① 4
② 3
③ 6
④ 5

해설 전압 변동률
$$\varepsilon = \frac{V_0 - V_n}{V_n} \times 100 = \frac{104-100}{100} \times 100 = 4[\%]$$

43 직류 직권 전동기의 특징에 대한 설명으로 틀린 것은?

① 부하 전류가 증가할 때 속도가 크게 감소한다.
② 전동기 기동 시 기동 토크가 작다.
③ 무부하 운전이나 벨트를 연결한 운전은 위험하다.
④ 계자 권선과 전기자 권선이 직렬로 접속되어 있다.

해설 전동기는 기본적으로 토크와 속도는 반비례하고, 전류와 토크는 비례한다. 전동기 기동 시 발생되는 전류는 유도 기전력이 발생되지 않아 정격 전류에 비해 큰 전류가 흐른다. 따라서 기동 토크가 크다.

44 가동 접속한 자기 인덕턴스 값이 $L_1 = 50$[mH], $L_2 = 70$[mH], 상호 인덕턴스 $M = 60$[mH]일 때 합성 인덕턴스[mH]는? (단, 누설 자속이 없는 경우이다.)

① 120
② 240
③ 200
④ 100

해설 $L_{가동} = L_1 + L_2 + 2M$
$= 50 + 70 + 2 \times 60$
$= 240$[mH]

45 다음 파형 중 비정현파가 아닌 것은?

① 사인 주기파
② 사각파
③ 삼각파
④ 펄스파

해설 주기적인 사인파는 기본 정현파이므로 비정현파에 해당되지 않는다.

46 도체계에서 A도체를 일정 전위(일반적으로 영전위)의 B도체로 완전 포위하면 A도체의 내부와 외부의 전계를 완전히 차단할 수 있는데 이를 무엇이라 하는가?

① 핀치 효과
② 톰슨 효과
③ 정전 차폐
④ 자기 차폐

해설 정전 차폐 : 도체가 정전 유도되지 않도록 도체 바깥을 포위하여 접지하는 것을 정전 차폐라 하며 완전 차폐가 가능하다.

47 슬립이 0.05이고 전원 주파수가 60[Hz]인 유도 전동기의 회전자 회로의 주파수[Hz]는?

① 1
② 2
③ 3
④ 4

해설 회전자 회로의 주파수
$f_2 = sf = 0.05 \times 60 = 3$[Hz]
f_2 : 회전자 기전력 주파수
f : 전원 주파수

정답 41.④ 42.① 43.② 44.② 45.① 46.③ 47.③

48 박강 전선관의 표준 굵기[mm]가 아닌 것은?

① 19 ② 25
③ 16 ④ 31

해설 박강 전선관 : 두께 1.2[mm] 이상의 얇은 전선관
• 관의 호칭 : 관 바깥지름의 크기에 가까운 홀수
• 종류 : 19, 25, 31, 39, 51, 63, 75[mm]

49 자속을 발생시키는 원천을 무엇이라 하는가?

① 기전력 ② 전자력
③ 기자력 ④ 정전력

해설 기자력(起磁力, magneto motive force)
자속 Φ를 발생하게 하는 근원
• 기자력식 $F = NI = R_m \Phi$ [AT]

50 30[μF]과 40[μF]의 콘덴서를 병렬로 접속한 후 100[V]의 전압을 가했을 때 전전하량은 몇 [C]인가?

① 1.7×10^{-3} ② 3.4×10^{-3}
③ 5.6×10^{-4} ④ 7.0×10^{-3}

해설 합성 정전 용량 $C_0 = 30 + 40 = 70 [\mu F]$
$Q = CV = 70 \times 10^{-6} \times 100 = 7.0 \times 10^{-3} [C]$

51 다음 중 애자, 금속관, 케이블, 합성 수지관 공사가 모두 가능한 특수 장소를 옳게 나열한 것은?

㉠ 화약류 등의 위험 장소
㉡ 위험물 등이 존재하는 장소
㉢ 불연성 먼지가 많은 장소
㉣ 습기가 많은 장소

① ㉠, ㉣ ② ㉡, ㉢
③ ㉢, ㉣ ④ ㉠, ㉡

해설 금속관, 케이블 공사는 어느 장소든 가능하고 합성 수지관은 ㉠ 불가능, 애자 사용 공사는 ㉠, ㉡이 불가능하므로 ㉢, ㉣이 가능하다.

52 1[m]당 권선수가 100인 무한장 솔레노이드에 10[A]의 전류가 흐르고 있을 때 솔레노이드 내부 자계의 세기[AT/m]는?

① 1,000 ② 100
③ 10 ④ 0

해설 무한장 솔레노이드의 내부 자계의 세기
$H = \dfrac{NI}{l} = n_o I = 100 \times 10 = 1{,}000 [AT/m]$

53 교류의 파형률이란?

① $\dfrac{최대값}{실효값}$ ② $\dfrac{평균값}{실효값}$

③ $\dfrac{실효값}{평균값}$ ④ $\dfrac{실효값}{최대값}$

해설 파형률과 파고율
• 교류의 파형률 = $\dfrac{실효값}{평균값}$
• 교류의 파고율 = $\dfrac{최대값}{실효값}$

54 100[kVA]의 단상 변압기 2대를 사용하여 V-V 결선으로 하고 3상 전원을 얻고자 한다. 이때, 여기에 접속시킬 수 있는 3상 부하의 용량은 몇 [kVA]인가?

① $100\sqrt{3}$ ② 100
③ 200 ④ $200\sqrt{3}$

해설 V결선 용량
$P_V = \sqrt{3}\,P_1 = \sqrt{3} \times 100 = 100\sqrt{3}\,[kVA]$

55 직류 전동기에서 자속이 증가하면 회전수는?

① 감소한다. ② 정지한다.
③ 증가한다. ④ 변화없다.

해설 유기 기전력 $E = K\Phi N$[V]이므로
직류 전동기의 회전수 $N = K\dfrac{V - I_a R_a}{\Phi}$[rpm]이 되므로 자속에 반비례한다.

정답 48.③ 49.③ 50.④ 51.③ 52.① 53.③ 54.① 55.①

56 동기 발전기의 병렬 운전 조건이 아닌 것은?
① 기전력의 크기가 같을 것
② 기전력의 위상이 같을 것
③ 기전력의 주파수가 같을 것
④ 기전력의 임피던스가 같을 것

해설 동기 발전기 병렬 운전 시 일치해야 하는 조건
- 기전력의 크기
- 기전력의 위상
- 기전력의 주파수
- 기전력의 파형

57 1차 전압 3,300[V], 2차 전압 110[V], 주파수 60[Hz]의 변압기가 있다. 이 변압기의 권수비는?
① 20 ② 30
③ 40 ④ 50

해설 변압기 권수비 $a = \dfrac{V_1}{V_2} = \dfrac{3,300}{110} = 30$

58 유도 전동기에 기계적 부하를 걸었을 때 출력에 따라 속도, 토크, 효율, 슬립 등의 변화를 나타낸 출력 특성 곡선에서 슬립을 나타내는 곡선은?
① ㉠
② ㉡
③ ㉢
④ ㉣

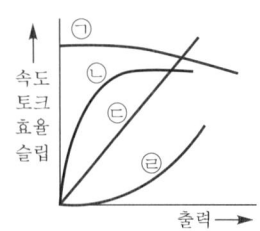

해설 ㉠ : 속도
㉡ : 효율
㉢ : 토크
㉣ : 슬립

59 110/220[V] 단상 3선식 회로에서 110[V] 전구 ⓡ, 110[V] 콘센트 ⓒ, 220[V] 전동기 ⓜ의 연결이 올바른 것은?

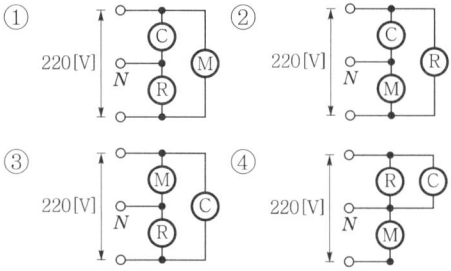

해설 전구와 콘센트는 110[V]를 사용하므로 전선과 중성선 사이에 연결해야 하고 전동기 ⓜ은 220[V]를 사용하므로 선간에 연결하여야 한다.

60 동기기의 손실에서 고정손에 해당되는 것은?
① 계자 권선의 저항손
② 전기자 권선의 저항손
③ 계자 철심의 철손
④ 브러시의 전기손

해설 고정손(무부하손) : 부하에 관계없이 항상 일정한 손실
- 철손(P_i) : 히스테리시스손, 와류손
- 기계손(P_m) : 마찰손, 풍손
- 브러시의 전기손
- 계자 권선의 저항손(동손)

정답 56.④ 57.② 58.④ 59.① 60.③

2025년 제1회 CBT 기출복원문제

★ 표시 : 문제 중요도를 나타냄

본 기출문제는 수험생들의 기억을 바탕으로 작성한 것으로 내용 및 그림 등에서 실제 문제와 다소 차이가 있을 수 있습니다.

01 코일이 접속되어 있을 때, 누설 자속이 없는 이상적인 코일 간의 상호 인덕턴스는?

① $M = \sqrt{L_1 L_2}$
② $M = L_1 + L_2$
③ $M = L_1 L_2$
④ $M = \sqrt{\dfrac{L_1}{L_2}}$

해설 상호 인덕턴스와 자기 인덕턴스 관계식
$M = k\sqrt{L_1 L_2}$ [H]에서
누설이 없는 경우 $k = 1$이므로
$M = \sqrt{L_1 L_2}$ [H]

02 전로의 전압이 400[V] 이상인 저압 기계 기구의 철대 및 금속제 외함(외함이 없는 변압기 또는 계기용 변성기는 철심)에는 접지 공사를 하여야 한다. 다음 설명 중 접지 공사 생략이 불가능한 장소는?

① 저압용 기계 기구를 목주나 마루 위 등에 설치한 경우
② 철대 또는 외함을 주위의 적당한 절연대를 이용하여 시설한 경우
③ 전기용품 및 생활용품 안전관리법에 의한 2중 절연 기계 기구
④ 철대 또는 외함에 적당한 피뢰기를 시설한 경우

해설 접지 공사 생략 가능한 장소
- 저압, 고압, 22.9[kV-Y] 계통 전로에 접속한 기계 기구를 목주 위 등에 시설한 경우
- 저압용 기계 기구를 목주나 마루 위 등에 설치한 경우
- 전기용품 및 생활용품 안전관리법에 의한 2중 절연 기계 기구
- 철대 또는 외함을 주위의 적당한 절연대를 이용하여 시설한 경우

03 박강 전선관의 표준 규격[mm]이 아닌 것은?

① 19 ② 25
③ 16 ④ 39

해설 박강 전선관 : 두께 1.2[mm] 이상의 얇은 전선관
- 관의 호칭 : 관 바깥지름의 크기에 가까운 홀수
- 관의 종류(7종류) : 19, 25, 31, 39, 51, 63, 75[mm]

04 단상 전력계 2대를 사용하여 2전력계법으로 3상 전력을 측정하고자 한다. 두 전력계의 지시값이 각각 P_1, P_2[W]라면 3상 전력 P[W]를 구하는 식으로 옳은 것은?

① $P = P_1 + P_2$
② $P = \sqrt{3}\,(P_1 \times P_2)$
③ $P = P_1 \times P_2$
④ $P = P_1 - P_2$

해설 2전력계법에 의한 유효전력 : $P = P_1 + P_2$[W]

정답 01.① 02.④ 03.③ 04.①

05 한국전기설비규정에서 교통 신호등 회로의 사용 전압이 몇 [V]를 초과하는 경우에는 지락 발생 시 자동적으로 전로를 차단하는 장치를 시설하여야 하는가?

① 50　　② 100
③ 150　　④ 200

해설 교통 신호등 회로의 사용 전압이 150[V]를 초과한 경우는 전로에 지락 발생 시 자동적으로 전로를 차단하는 누전 차단기를 시설하여야 한다.

06 배전반 및 분전반의 설치 장소로 적합하지 못한 것은?

① 전기 회로를 쉽게 조작할 수 있는 장소
② 개폐기를 쉽게 조작할 수 있는 장소
③ 안정된 장소
④ 은폐된 장소

해설 배전반 및 분전반 시설 장소
- 점검 가능한 안전하고 전개된 장소
- 전기 회로를 쉽게 조작 가능한 곳

07 고압 가공 전선로가 도로를 횡단하는 경우 지표상 최소 높이는 몇 [m]인가?

① 6.5　　② 6
③ 5　　④ 3.5

해설 고압 가공 전선로의 지표상 높이[m]

구분	고압
도로 횡단	6[m] 이상
철도 횡단	6.5[m] 이상
횡단보도교	3.5[m] 이상

08 자연 공기 내에서 개방할 때 접촉자가 떨어지면서 자연 소호되는 방식을 가진 차단기로, 저압의 교류 또는 직류 차단기로 많이 사용되는 것은?

① 기중 차단기　　② 자기 차단기
③ 가스 차단기　　④ 유입 차단기

해설 대기로 아크를 발생하여 소호하는 방식의 차단기를 기중 차단기라 한다. 약호로는 ACB를 사용한다.

09 한국전기설비규정에 의한 중성점 접지용 접지 도체는 공칭 단면적 몇 [mm²] 이상의 연동선을 사용하여야 하는가? (단, 25[kV] 이하인 중성선 다중 접지식으로서 전로에 지락 발생 시 2초 이내에 자동적으로 이를 전로로부터 차단하는 장치가 되어 있는 경우이다.)

① 16　　② 6
③ 2.5　　④ 10

해설 중성점 접지용 접지 도체는 공칭 단면적 16[mm²] 이상의 연동선을 사용하여야 한다. 단, 25[kV] 이하인 중성선 다중 접지식으로서 전로에 지락 발생 시 2초 이내에 이를 전로로부터 자동적으로 차단하는 장치가 되어 있는 경우는 6[mm²]를 사용하여야 한다.

10 동일 굵기의 단선을 쥐꼬리 접속하는 경우 두 전선의 피복을 벗긴 후 심선을 교차시켜서 펜치로 비틀면서 꼬아야 하는데 이때 심선의 교차각은 몇 도가 되도록 해야 하는가?

① 30°　　② 90°
③ 120°　　④ 180°

해설 쥐꼬리 접속은 전선 피복을 여유 있게 벗긴 후 심선을 90°가 되도록 교차시킨 후 펜치로 잡아당기면서 비틀어 2~3회 정도 꼰 후 끝을 잘라낸다.

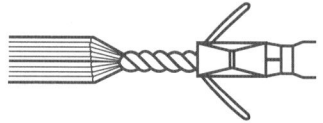

11 어드미턴스 $Y_1[\mho]$, $Y_2[\mho]$가 병렬로 접속되어 있을 때 합성 어드미턴스$[\mho]$는?

① $Y_1 + Y_2$　　② $\dfrac{Y_1 Y_2}{Y_1 + Y_2}$
③ $\dfrac{1}{Y_1 + Y_2}$　　④ $\dfrac{Y_1 + Y_2}{Y_1 Y_2}$

해설 병렬 합성 어드미턴스
$Y = Y_1 + Y_2 [\mho]$

정답 05.③　06.④　07.②　08.①　09.②　10.②　11.①

12 연선의 분기 접속 방법이 아닌 것은?

① 단권 분기 접속 ② 권선 분기 접속
③ 분할 분기 접속 ④ 트위스트 접속

해설 연선의 분기 접속 방법
- 권선 분기 접속
- 단권 분기 접속
- 분할 분기 접속

[신규문제]
13 케이블 또는 절연 도체의 내부 단면적은 금속관 배관의 단면적의 얼마 이하이어야 하는가?

① $\frac{1}{5}$ ② $\frac{1}{4}$
③ $\frac{1}{2}$ ④ $\frac{1}{3}$

해설 전선관 규격 결정 시 전선이 차지하는 최대 단면적

구분	케이블 또는 절연 도체 단면적 비율
전선관 시스템	$\frac{1}{3}$ (23년부터 개정 적용)
케이블 트렁킹, 케이블 덕팅	20[%](관 내 전광 표시 장치, 제어 회로 배선이면 50[%])

14 연동선의 고유 저항은 몇 [Ω·mm²/m]인가?

① $\frac{1}{58}$ ② $\frac{1}{55}$
③ $\frac{1}{56}$ ④ $\frac{1}{35}$

해설 표준 연동선의 고유 저항
$\rho = \frac{1}{58}[\Omega \cdot mm^2/m]$

15 10[V/m]의 전장에 힘의 세기가 0.1[N]이 작용하였다면 전하량[C]은 얼마인가?

① 10^{-5} ② 10^{-4}
③ 10^{-3} ④ 10^{-2}

해설 힘과 전장(전계) 관계식은 $F = QE$[N]이므로
전하량 $Q = \frac{F}{E} = \frac{0.1}{10} = 10^{-2}$[C]

16 가연성 가스가 존재하는 저압 옥내 전기 설비 공사 방법으로 옳은 것은?

① 가요 전선관 공사
② 합성수지관 공사
③ 금속관 공사
④ 금속 몰드 공사

해설 가연성 가스가 존재하는 장소의 공사 방법
금속관, 케이블(캡타이어 케이블 제외) 공사

17 전선과 기구 단자 접속 시 나사를 덜 죄었을 경우 발생할 수 있는 위험과 거리가 먼 것은?

① 누전 ② 전기 저항의 감소
③ 과열 발생 ④ 화재 위험

해설 전선과 기구 단자 간에 나사를 덜 죄었을 경우는 누설이 발생하므로 전기 저항이 증가한다.

18 연피 케이블의 접속에 반드시 사용되는 테이프는?

① 고무 테이프 ② 비닐 테이프
③ 리노 테이프 ④ 자기 융착 테이프

해설 연피 케이블에는 절연성, 내유성이 우수한 리노 테이프를 반드시 사용하여야 한다.

19 한쪽 전동기가 운전하고 있을 때 다른 한쪽의 전동기는 동작이 안 되도록 하는 회로를 무엇이라고 하는가?

① 인터록 회로 ② 자기 유지 회로
③ 촌동 회로 ④ Y-△ 회로

해설 인터록 회로(선행 동작 우선 회로)

20 최대 사용 전압이 70[kV]인 중성점 직접 접지식 전로의 절연 내력 시험 전압은 몇 [V]인가?

① 35,000 ② 42,000
③ 44,800 ④ 50,400

정답 12.④ 13.④ 14.① 15.④ 16.③ 17.② 18.③ 19.① 20.④

해설 절연 내력 시험 전압(10분 동안 가할 것)

최대 사용 전압	전로의 접지 방식	절연 내력 시험 전압비 (최저 시험 전압)
60[kV] 초과 170[kV] 이하	중성점 비접지식 전로	1.25배
	중성점 접지(성형 결선 또는 스콧 결선)로서, 중성점 접지식 전로(전위 변성기를 사용하여 접지)	1.1배 (최저 75[kV])
	중성점 직접 접지	0.72배

$V = 70,000 \times 0.72 = 50,400[V]$

21 어떤 콘덴서에 $V[V]$의 전압을 가해서 $Q[C]$의 전하를 충전할 때 저장되는 에너지는?

① $\dfrac{1}{2}QV$ ② QV^2

③ QV ④ $\dfrac{1}{2}QV^2$

해설 콘덴서에 축적되는 에너지

$$W = \dfrac{1}{2}QV = \dfrac{1}{2}CV^2 = \dfrac{Q^2}{2C}[J]$$

22 고압 옥측 전선로를 시설할 경우 수관, 가스관 또는 이와 유사한 것과 접근하거나 교차하는 경우에는 고압 옥측 전선로의 전선과 이들 사이의 간격(이격거리)[m]은?

① 0.6 ② 0.45
③ 0.3 ④ 0.15

해설 고압 옥측 전선로의 전선이 다른 옥측 전선, 관등 회로의 배선, 약전류 전선 등이나 수관, 가스관 또는 이와 유사한 것과 접근하거나 교차하는 경우에는 고압 옥측 전선로의 전선과 이들 사이의 간격(이격거리)은 0.15[m] 이상이어야 한다.

23 사람이 상시 통행하는 터널 내 배선의 사용 전압이 저압일 때 공사 방법으로 틀린 것은?

① 금속관 공사
② 애자 사용 공사
③ 금속 몰드 공사
④ 합성수지관(두께 2[mm] 미만 및 난연성이 없는 것은 제외) 공사

해설 금속관, 두께 2[mm] 이상의 합성수지관, 금속제 가요 전선관, 케이블, 애자 사용 공사 등에 준하여 시설한다.
* 금속 몰드 공사 : 400[V] 이하, 건조하고 전개된 장소

24 황산구리($CuSO_4$) 전해액에 2개의 구리판을 넣고 전원을 연결하였을 때 음극에서 나타나는 현상으로 옳은 것은?

① 변화가 없다.
② 두터워진다.
③ 얇아진다.
④ 수소 가스가 발생한다.

해설 음극에서는 전자가 달라붙으므로 두터워지고 양극은 같은 두께로 얇아진다.

25 120[Ω]의 저항 4개를 접속하여 가장 최소로 얻을 수 있는 저항값은 몇 [Ω]인가?

① 30 ② 40
③ 20 ④ 50

해설 최소 저항값 : 병렬 $R_0 = \dfrac{R_1}{4} = \dfrac{120}{4} = 30[\Omega]$

26 코일의 자체 인덕턴스는 어느 것에 따라 변화하는가?

① 유전율 ② 투자율
③ 도전율 ④ 저항률

해설 자체 인덕턴스는 $L = \dfrac{\mu A N^2}{l}[H]$(여기서, μ : 투자율, A : 철심 단면적, N : 코일 권수, l : 자로의 길이)이므로 투자율에 비례한다.

정답 21.① 22.④ 23.③ 24.② 25.① 26.②

27 m[Wb]인 자극이 공기 중에서 r[m] 떨어져 있는 경우 자계의 세기[AT/m]는?

① $\dfrac{m}{4r}$ ② $\dfrac{m}{4\pi\mu_0\mu_s r^2}$

③ $\dfrac{\mu_0\mu_s m}{4\pi r^2}$ ④ $\dfrac{\mu_0\mu_s m}{4\pi r^2}$

해설 m[Wb]인 자극에 의한 자계
$$H = \dfrac{m}{4\pi\mu_0\mu_s r^2} \text{[AT/m]}$$

28 두 개의 평행한 도체가 진공 중(또는 공기 중)에 20[cm] 떨어져 있고, 100[A]의 같은 크기의 전류가 흐르고 있을 때 힘의 크기 [N/m]는?

① 20 ② 40
③ 0.01 ④ 0.1

해설 평행 도선 사이에 작용하는 힘의 세기
$$F = \dfrac{2I_1I_2}{r} \times 10^{-7}$$
$$= \dfrac{2 \times 100 \times 100}{0.2} \times 10^{-7} = 0.01 \text{[N/m]}$$

29 환상 솔레노이드의 내부 자장과 전류의 세기에 대한 설명으로 맞는 것은?

① 전류의 세기에 반비례한다.
② 전류의 세기에 비례한다.
③ 전류의 세기 제곱에 비례한다.
④ 전혀 관계가 없다.

해설 환상 솔레노이드 내부 자장 세기 $H = \dfrac{NI}{2\pi r}$[AT/m] 이므로 전류의 세기에 비례한다.

30 시정수와 과도 현상과의 관계에 대한 설명으로 옳은 것은?

① 시정수가 클수록 과도 현상은 짧아진다.
② 시정수가 짧을수록 과도 현상은 길어진다.
③ 시정수가 클수록 과도 현상은 길어진다.
④ 시정수와 관계가 없다.

해설 시정수(e^{-1}이 되는 시간)와 과도 현상과의 관계
• 시정수가 크면 과도 현상이 길어진다.
• 시정수가 작으면 과도 현상이 짧아진다.

31 비정현파의 종류에 속하는 사각파의 전개식에서 기본파의 진폭[V]은? (단, $V_m = 20$[V], $T = 10$[ms])

① 24.47 ② 25.47
③ 23.47 ④ 26.47

해설 $V = \dfrac{4}{\pi}V_m = \dfrac{4}{\pi} \times 20 \fallingdotseq 25.47$[V]

32 C[F]의 콘덴서에 W[J]의 에너지를 축적하기 위해서는 몇 [V]의 충전 전압이 필요한가?

① $\sqrt{\dfrac{W}{C}}$ ② $\sqrt{\dfrac{2W}{C}}$

③ $\sqrt{\dfrac{W}{2C}}$ ④ $\sqrt{\dfrac{2C}{W}}$

해설 콘덴서에 축적되는 에너지 $W = \dfrac{1}{2}CV^2$[J]에서 V로 정리하면 $V^2 = \dfrac{2W}{C}$이므로
$$V = \sqrt{\dfrac{2W}{C}} \text{ [V]}$$

33 변압기 내부 고장 발생 시 발생하는 기름의 흐름 변화를 검출하는 부흐홀츠 계전기의 설치 위치로 알맞은 것은?

① 변압기 본체와 콘서베이터 사이
② 변압기의 고압측 부싱
③ 콘서베이터 내부
④ 변압기 본체

해설 부흐홀츠 계전기는 내부 고장 발생 시 유증기를 검출하여 동작하는 계전기로 변압기 본체와 콘서베이터를 연결하는 파이프 도중에 설치한다.

정답 27.② 28.③ 29.② 30.③ 31.② 32.② 33.①

34 200[V], 60[Hz], 10[kW] 3상 유도 전동기의 전류는 몇 [A]인가? (단, 유도 전동기의 효율과 역률은 각각 0.85이다.)

① 10 ② 20
③ 30 ④ 40

해설 3상 소비 전력 $P = \sqrt{3}\,VI\cos\theta \times$ 효율

전류 $I = \dfrac{P}{\sqrt{3}\,V\cos\theta \times 효율}$

$= \dfrac{10 \times 10^3}{\sqrt{3} \times 200 \times 0.85 \times 0.85} = 40[A]$

35 가공 인입선을 시설하는 경우 다음 내용 중 틀린 것은?

① 인입구에서 분기하여 100[m]를 초과하지 말 것
② 5[m] 초과하는 도로를 횡단하지 말 것
③ 전선 긍장이 15[m] 이하인 경우 2.6[mm] 이상의 인입용 비닐 절연 전선을 사용할 것
④ 옥내를 관통하지 말 것

해설 가공 인입선의 사용 전선은 2.6[mm] 이상 경동선이나 동등 이상의 세기를 가진 절연 전선(DV전선 포함)을 사용한다[단, 지지물 간 거리(경간) 15[m] 이하는 2.0[mm] 이상도 가능].

36 동기 전동기의 특징으로 틀린 것은?

① 별도의 기동장치가 필요없으므로 가격이 싸다.
② 전 부하 효율이 양호하다.
③ 부하가 변하여도 같은 속도로 운전할 수 있다.
④ 부하의 역률을 조정할 수가 있다.

해설 동기 전동기의 특징
- 속도(N_s)가 일정하다.
- 역률을 조정할 수 있다.
- 효율이 좋다.
- 별도의 기동장치가 필요하다(자기 기동법, 유도 전동기법).

37 변압기의 무부하손에서 가장 큰 손실은?

① 계자 권선의 저항손
② 전기자 권선의 저항손
③ 철손
④ 풍손

해설 무부하손 : 부하에 관계없이 항상 일정한 손실로서 대부분 철손이 차지한다.
- 철손(P_i) : 히스테리시스손, 와류손
- 기계손(P_m) : 마찰손, 풍손

38 2대의 동기 발전기 A, B가 병렬 운전하고 있을 때 A기의 여자 전류를 증가시키면 어떻게 되는가?

① A기의 역률은 낮아지고 B기의 역률은 높아진다.
② A기의 역률은 높아지고 B기의 역률은 낮아진다.
③ A, B 양 발전기의 역률이 높아진다.
④ A, B 양 발전기의 역률이 낮아진다.

해설 여자 전류를 증가시키면 A기의 역률은 낮아지고 B기의 역률은 높아진다.

39 20[kVA]의 단상 변압기 2대를 사용하여 V-V결선으로 하고 3상 전원을 얻고자 한다. 이때 여기에 접속시킬 수 있는 3상 부하의 용량은 몇 [kVA]인가?

① 20 ② 24
③ 28.8 ④ 34.6

해설 V결선 용량
$P_V = \sqrt{3}\,P_1 = \sqrt{3} \times 20 = 34.6[kVA]$

정답 34.④ 35.③ 36.① 37.③ 38.① 39.④

40 동기 발전기의 전기자 권선을 단절권으로 하면?

① 고조파를 제거한다.
② 기전력이 높아진다.
③ 절연이 잘 된다.
④ 역률이 좋아진다.

해설 권선법으로 단절권과 분포권을 사용하는 이유 고조파 제거로 인한 양호한 파형 개선

41 다이오드를 사용한 정류 회로에서 다이오드를 여러 개 직렬로 연결하여 사용하는 경우의 설명으로 가장 옳은 것은?

① 다이오드를 과전류로부터 보호할 수 있다.
② 다이오드를 과전압으로부터 보호할 수 있다.
③ 부하 출력의 맥동률을 감소시킬 수 있다.
④ 낮은 전압 전류에 적합하다.

해설 다이오드 직렬 접속 시 전압 강하로 인하여 과전압으로부터 보호할 수 있다.

42 전위의 단위로 맞지 않은 것은?

① [N·m/C]   ② [J/C]
③ [V]   ④ [V/m]

해설
- 전위의 단위 : $V = \dfrac{W}{Q}$ [V=J/C=N·m/C]
- 전계의 단위 : [V/m]

43 3상 동기 발전기의 계자 간의 극간격은 얼마인가?

① π ② 2π
③ $\dfrac{\pi}{2}$ ④ $\dfrac{\pi}{3}$

 해설 극간격 : π[rad]

44 전기 기기의 철심 재료로 규소 강판을 성층해서 사용하는 이유로 가장 적당한 것은?

① 맴돌이 전류손을 줄이기 위해서
② 구리손을 줄이기 위해
③ 풍손을 없애기 위해
④ 히스테리시스손을 줄이기 위하여

해설 전기 기기 철심 재료로 규소 강판을 성층해서 사용하는 이유 : 맴돌이 전류손 감소

45 직류 분권 전동기의 무부하 전압이 108[V], 전압 변동률이 8[%]인 경우 정격 전압은 몇 [V]인가?

① 95   ② 100
③ 105   ④ 118

해설 전압 변동률
$$\varepsilon = \dfrac{V_0 - V_n}{V_n} \times 100$$
$$\varepsilon = \dfrac{108 - V_n}{V_n} \times 100 = 8[\%] 이므로$$
$108 - V_n = 0.08 V_n$ 에서 $(1+0.08)V_n = 108$
$$V_n = \dfrac{108}{1.08} = 100[V]$$

46 200[V], 50[Hz], 8극, 15[kW]의 3상 유도 전동기에서 전부하 회전수가 720[rpm]이면 이 전동기의 2차 효율은 몇 [%]인가?

① 98   ② 86
③ 100   ④ 96

해설 2차 효율 $\eta_2 = (1-s) \times 100[\%]$이고

슬립 $s = \dfrac{N_s - N}{N_s}$ 이므로

동기 속도 $N_s = \dfrac{120f}{P} = \dfrac{120 \times 50}{8} = 750$[rpm]

2차 효율 $\eta_2 = \left(1 - \dfrac{N_s - N}{N_s}\right) \times 100[\%]$
$= \left(\dfrac{N}{N_s}\right) \times 100[\%]$
$= \dfrac{720}{750} \times 100[\%] = 96[\%]$

정답 40.① 41.② 42.④ 43.① 44.① 45.② 46.④

47 1차 권수 6,000, 2차 권수 200인 변압기의 전압비는?

① 10 ② 30
③ 60 ④ 90

해설 변압기의 전압비 $a = \dfrac{N_1}{N_2} = \dfrac{6,000}{200} = 30$

48 직류 직권 전동기에서 벨트를 걸고 운전하면 안 되는 이유는?

① 벨트가 마멸 보수가 곤란하므로
② 벨트가 벗겨지면 위험 속도에 도달하므로
③ 직결하지 않으면 속도 제어가 곤란하므로
④ 손실이 많아지므로

해설 직류 직권 전동기는 정격 전압 하에서 무부하 특성을 지니므로, 벨트가 벗겨지면 속도는 급격히 상승하여 위험 속도에 도달할 수 있다.

49 상전압이 300[V]인 3상 반파 정류 회로의 직류 전압은 약 몇 [V]인가?

① 260 ② 350
③ 400 ④ 520

해설 $E_d = 1.17E = 1.17 \times 300 ≒ 350[V]$

50 직류 전동기 중 정속도 전동기에 해당하는 것은?

① 가동 복권 전동기
② 직권 전동기
③ 분권 전동기
④ 차동 복권 전동기

해설 속도 변동이 가장 작은 전동기는 분권 전동기, 타여자 전동기이며 속도 변동이 매우 작아서 정속도 전동기라고도 한다.

51 온도 20[℃], 용량 100[L]인 전열기로 2시간 동안 가열하여 40[℃]까지 올렸다면 몇 [kW]의 전력을 소비하겠는가? (단, 전열기의 효율은 60[%]이다.)

① 10 ② 20.2
③ 2.5 ④ 1.9

해설 전열기의 발열량과 물에서 발생한 열량이 같으면 되므로 $Q = 860Pt\eta = Cm\theta$[kcal]이다.
온도차 $P = \dfrac{Cm\theta}{860t\eta}$
$= \dfrac{1 \times 100 \times (40-20)}{860 \times 2 \times 0.6} ≒ 1.9[kW]$

52 계자에서 발생한 자속을 전기자에 골고루 분포시켜 주기 위한 것은?

① 공극 ② 브러시
③ 콘덴서 ④ 저항

해설 공극은 계자와 전기자 사이에 있어서 자속을 골고루 전기자에 공급해 주기 위해 만들어준다.

53 배전 선로 공사에서 충전되어 있는 활선을 움직이거나 작업권 밖으로 밀어낼 때 또는 활선을 다른 장소로 옮길 때 사용하는 활선 공구는?

① 전선 피박기 ② 활선 커버
③ 데드 엔드 커버 ④ 와이어 통

해설 배전 선로 공사용 활선 공구
• 와이어 통(wire tong) : 핀 애자나 현수 애자를 사용한 가선 공사에서 활선을 움직이거나 작업권 밖으로 밀어내거나 전선을 옮길 때 사용하는 절연봉이다.
• 데드 엔드 커버 : 가공 배전 선로에서 활선 작업 시 작업자가 현수 애자 등에 접촉하여 발생하는 안전사고 예방을 위해 전선 작업 개소의 애자 등의 충전부를 방호하기 위한 절연 커버이다.
• 전선 피박기 : 활선 상태에서 전선 피복을 벗기는 공구로 활선 피박기라고도 한다.

정답 47.② 48.② 49.② 50.③ 51.④ 52.① 53.④

54. 단위 시간당 5[Wb]의 자속이 통과하여 2[J]의 일을 하였다면 전류는 얼마인가?

① 0.25 ② 2.5
③ 0.4   ④ 4

해설 자속이 도체를 통과하면서 한 일 $W = \phi I$ [J]
$I = \dfrac{W}{\phi} = \dfrac{2}{5} = 0.4$ [A]

55. 그림과 같은 회로에서 합성 저항은 몇 [Ω]인가?

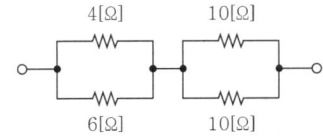

① 6.6 ② 7.4
③ 8.7 ④ 9.4

해설 합성 저항 $= \dfrac{4 \times 6}{4+6} + \dfrac{10}{2} = 7.4$ [Ω]

56. 계전기 동작이 확실하기 위한 방법이 아닌 것은?

① 차폐 케이블 양단을 접지한다.
② 적정한 온도와 습도를 유지한다.
③ 제어 케이블의 노이즈를 방지한다.
④ 접지 저항을 크게 한다.

해설 계전기 동작이 확실하기 위해서는 고장 전류가 커야 하므로 접지 저항이 작아야 한다.

57. 기전력 120[V], 내부 저항 15[Ω]인 전원이 있다. 부하(R)를 접속하여 얻을 수 있는 최대 전력[W]은? (단, $r = R$이 성립한다.)

① 360 ② 240
③ 120 ④ 50

해설 최대 전력 전달 조건을 만족하는 경우
최대 전력 $P_{max} = \dfrac{E^2}{4R} = \dfrac{120^2}{4 \times 15} = 240$ [W]

58. 진공 중에서 같은 크기의 두 자극을 1[m] 거리에 놓았을 때 작용하는 힘이 6.33×10^4 [N]이 되는 자극의 단위는?

① 1[N]   ② 1[J]
③ 1[Wb] ④ 1[C]

해설 진공 중에서 같은 크기의 자극 $m_1 = m_2 = m$ [Wb] 사이에 작용하는 힘 $F = \dfrac{m \times m}{4\pi\mu_0 r^2}$ [N]이므로
$6.33 \times 10^4 = 6.33 \times 10^4 \times \dfrac{m \cdot m}{1^2}$ 이 성립한다.
그러므로 $m = 1$ [Wb]이다.

59. 회전자 입력 10[kW], 슬립 3[%]인 3상 유도 전동기의 2차 동손[W]은?

① 300 ② 400
③ 500 ④ 700

해설 2차 동손 $P_{c2} = sP_2 = 0.03 \times 10 \times 10^3 = 300$ [W]

60. 정격 전류가 30[A]인 전로에 1.3배의 전류가 흘렀을 경우 배선용 차단기(산업용)는 몇 분 내에 자동적으로 동작하여야 하는가?

① 10   ② 60
③ 30   ④ 120

해설 산업용 배선용 차단기의 동작 특성

정격 전류	시간(분)	정격 전류 배수	
		부동작 전류	동작 전류
63[A] 이하	60	1.05배	1.3배
63[A] 초과	120	1.05배	1.3배

정답 54.③ 55.② 56.④ 57.② 58.③ 59.① 60.②

2025년 제2회 CBT 기출복원문제

★ 표시 : 문제 중요도를 나타냄

본 기출문제는 수험생들의 기억을 바탕으로 작성한 것으로 내용 및 그림 등에서 실제 문제와 다소 차이가 있을 수 있습니다.

01 피시 테이프(fish tape)의 용도로 옳은 것은?
① 전선을 테이핑하기 위하여 사용된다.
② 전선관의 끝 마무리를 위해서 사용된다.
③ 배관에 전선을 넣을 때 사용된다.
④ 합성수지관을 구부릴 때 사용된다.

해설 피시 테이프 : 관 공사 시 전선을 넣을 때 사용하는 평각 구리선이다.

02 일반적으로 가공 전선로의 지지물에 취급자가 오르고 내리는 데 사용하는 발판 볼트는 지표상 몇 [m] 미만에 시설하여서는 안 되는가?
① 0.75
② 1.2
③ 1.8
④ 2.0

해설 발판 볼트 시설 규정 : 지표상 1.8[m]부터 완금 하부 0.9[m]까지 발판 볼트를 설치한다.

03 코일이 접속되어 있을 때, 누설 자속이 없는 이상적인 코일 간의 상호 인덕턴스는?
① $M = \sqrt{L_1 L_2}$
② $M = L_1 + L_2$
③ $M = L_1 L_2$
④ $M = \sqrt{\dfrac{L_1}{L_2}}$

해설 상호 인덕턴스와 자기 인덕턴스 관계식
$M = k\sqrt{L_1 L_2}\,[\mathrm{H}]$에서
누설이 없는 경우 $k=1$이므로
$M = \sqrt{L_1 L_2}\,[\mathrm{H}]$

04 단상 전력계 2대를 사용하여 2전력계법으로 3상 전력을 측정하고자 한다. 두 전력계의 지시값이 각각 P_1, P_2[W]라면 3상 전력 P[W]를 구하는 식으로 옳은 것은?
① $P = \sqrt{3}\,(P_1 \times P_2)$
② $P = P_1 + P_2$
③ $P = P_1 \times P_2$
④ $P = P_1 - P_2$

해설 2전력계법에 의한 유효 전력 : $P = P_1 + P_2$[W]

05 3상 동기기에 제동 권선을 설치하는 주된 목적은?
① 출력 증가
② 효율 증가
③ 역률 개선
④ 난조 방지

해설 제동 권선의 목적
• 발전기 : 난조 방지
• 전동기 : 기동 토크 발생 및 난조 방지

06 동기 발전기의 병렬 운전 중 기전력의 위상차가 생기면 어떻게 되는가?
① 부하 분담이 변한다.
② 무효 순환 전류가 흘러 전기자 권선이 과열된다.
③ 동기화력이 생겨 두 기전력의 위상이 동상이 되도록 작용한다.
④ 위상이 일치하는 경우보다 출력이 감소한다.

정답 01.③ 02.③ 03.① 04.② 05.④ 06.③

해설 기전력의 크기가 같고 위상차가 존재할 때는 유효 순환 전류(동기화 전류)가 흘러 동기화력에 의해 위상이 일치화된다.

07 한국전기설비규정에 의한 폭연성 먼지가 아닌 것은?
① 소맥분 ② 티탄
③ 마그네슘 ④ 알루미늄

해설 폭연성 먼지(먼지가 쌓여서 착화되어 폭발 우려가 있는 것) : 티탄, 마그네슘, 알루미늄, 화약, 유황가루

08 3상 100[kVA], 13,200/200[V] 변압기의 저압측 선전류의 유효분 전류[A]는 약 얼마인가? (단, 역률은 0.8이다.)
① 100 ② 173
③ 230 ④ 260

해설 $P_a = \sqrt{3}\,VI[\text{kVA}]$ 에서
$I = \dfrac{P_a}{\sqrt{3}\,V} = \dfrac{100 \times 10^3}{200\sqrt{3}} ≒ 288.68[\text{A}]$
전류의 유효분
$I_{유효분} = I\cos\theta = 288.68 \times 0.8 ≒ 230.94[\text{A}]$

09 $C[\text{F}]$의 콘덴서에 축적되는 에너지를 $W[\text{J}]$ 발생시키려면 전압[V]은?
① $\sqrt{\dfrac{W}{2C}}$ ② $\sqrt{\dfrac{W}{C}}$
③ $\sqrt{\dfrac{2W}{C}}$ ④ $\sqrt{\dfrac{2C}{W}}$

해설 콘덴서에 축적되는 에너지 $W = \dfrac{1}{2}CV^2[\text{J}]$ 에서
V로 정리하면 $V^2 = \dfrac{2W}{C}$ 이므로
$V = \sqrt{\dfrac{2W}{C}}[\text{V}]$

10 그림과 같은 회로에서 합성 저항은 몇 [Ω] 인가?

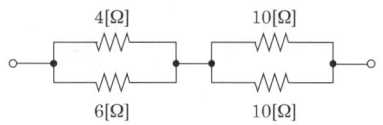

① 6.6 ② 7.4
③ 8.7 ④ 9.4

해설 합성 저항 $= \dfrac{4 \times 6}{4+6} + \dfrac{10}{2} = 7.4[\Omega]$

11 한국전기설비규정에 의한 전로의 전압이 7[kV]인 중성점 직접 접지의 접지 도체는 큰 고장 전류가 안전하게 통할 수 있는 경우 공칭 단면적 몇 [mm²] 이상의 연동선을 사용하여야 하는가?
① 6 ② 10
③ 16 ④ 2.5

해설 큰 고장 전류가 안전하게 통할 수 있는 접지 도체 단면적[mm²]

구분		단면적
특고압 · 고압 전기 설비용		6
중성점 접지용	• 사용 전압 7[kV] 이하 전로 • 사용 전압 25[kV] 이하 특고압 중성점 다중 접지식(가공 전선로 지락 발생 시 2초 이내 전로부터 자동 차단 장치가 있는 경우)	6
	• 그 외 경우(25[kV] 초과 중성점 접지식)	16

12 어드미턴스 $Y_1[\mho]$, $Y_2[\mho]$가 병렬로 접속되어 있을 때 합성 어드미턴스[$\mho$]는?
① $Y_1 + Y_2$ ② $\dfrac{Y_1 Y_2}{Y_1 + Y_2}$
③ $\dfrac{1}{Y_1 + Y_2}$ ④ $\dfrac{Y_1 + Y_2}{Y_1 Y_2}$

해설 병렬 접속 합성 어드미턴스
$Y = Y_1 + Y_2[\mho]$

정답 07.① 08.③ 09.③ 10.② 11.① 12.①

13 재질이 구리(동)인 전선의 종단 접속의 방법이 아닌 것은?

① C형 전선 접속기에 의한 접속
② 종단 겹침용 슬리브에 의한 접속
③ 구리선 압착 단자에 의한 접속
④ 비틀어 꽂는 형의 전선 접속기에 의한 접속

해설 구리(동)전선의 종단 접속
- 구리선 압착 단자에 의한 접속
- 비틀어 꽂는 형의 전선 접속기에 의한 접속
- 종단 겹침용 슬리브(E형)에 의한 접속
- 직선 겹침용 슬리브(P형)에 의한 접속
- 꽂음형 커넥터에 의한 접속

14 다음 중 과전류 차단기를 설치하는 곳은?

① 다선식 전로의 중성선
② 접지 공사의 접지선
③ 접지 공사를 한 저압 가공 전선의 접지측 전선
④ 전동기 간선의 전원측 전선

해설 과전류 차단기의 시설 제한 장소
- 모든 접지 공사의 접지선
- 다선식 전로의 중성선
- 접지 공사를 실시한 저압 가공 전선로의 접지측 전선

15 전기설비기술기준에 의하면 옥외등 인하선으로서 지표상의 높이 2.5[m] 미만의 부분은 전선에 공칭 단면적 몇 [mm²] 이상의 연동선과 동등 이상의 세기 및 굵기의 절연 전선(옥외용 비닐 절연 전선을 제외)을 사용하는가?

① 0.75
② 1.5
③ 2.5
④ 2.0

해설 옥외등 인하선의 시설
옥외등 인하선으로서 지표상의 높이 2.5[m] 미만의 부분은 전선에 공칭 단면적 2.5[mm²] 이상의 연동선과 동등 이상의 세기 및 굵기의 옥외용 비닐 절연 전선을 제외한 절연 전선을 사용한다.

16 10[V/m]의 전장에 힘의 세기가 0.1[N]이 작용하였다면 전하량[C]은 얼마인가?

① 10^{-5}
② 10^{-4}
③ 10^{-3}
④ 10^{-2}

해설 힘과 전장(전계) 관계식은 $F = QE[\text{N}]$이므로 전하량 $Q = \dfrac{F}{E} = \dfrac{0.1}{10} = 10^{-2}[\text{C}]$

17 연피 케이블의 접속에 반드시 사용되는 테이프는?

① 고무 테이프
② 비닐 테이프
③ 리노 테이프
④ 자기 융착 테이프

해설 연피 케이블에는 절연성, 내유성이 우수한 리노 테이프를 반드시 사용하여야 한다.

18 어떤 콘덴서에 $V[\text{V}]$의 전압을 가해서 $Q[\text{C}]$의 전하를 충전할 때 저장되는 에너지는?

① $\dfrac{1}{2}QV$
② QV^2
③ QV
④ $\dfrac{1}{2}QV^2$

해설 콘덴서에 축적되는 에너지
$W = \dfrac{1}{2}QV = \dfrac{1}{2}CV^2 = \dfrac{Q^2}{2C}[\text{J}]$

정답 13.① 14.④ 15.③ 16.④ 17.③ 18.①

19 황산구리(CuSO₄) 전해액에 2개의 구리판을 넣고 전원을 연결하였을 때 음극에서 나타나는 현상으로 옳은 것은?

① 변화가 없다.
② 두터워진다.
③ 얇아진다.
④ 수소 가스가 발생한다.

해설 음극에서는 전자가 달라붙으므로 두터워지고 양극은 같은 두께로 얇아진다.

20 5[Wb]의 자속이 이동하여 2[J]의 일을 하였다면 통과한 전류[A]는?

① 0.1   ② 0.2
③ 0.4   ④ 0.5

해설 자속이 한 일 $W=\phi I$[J]이므로
전류 $I=\dfrac{W}{\phi}=\dfrac{2}{5}=0.4$[A]

21 코일의 자체 인덕턴스는 어느 것에 따라 변화하는가?

① 유전율   ② 투자율
③ 도전율   ④ 저항률

해설 자체 인덕턴스는 $L=\dfrac{\mu A N^2}{l}$[H](여기서, μ : 투자율, A : 철심 단면적, N : 코일 권수, l : 자로의 길이)이므로 투자율에 비례한다.

22 m[Wb]인 자극이 공기 중에서 r[m] 떨어져 있는 경우 자계의 세기[AT/m]는?

① $\dfrac{m}{4r}$ ② $\dfrac{m}{4\pi\mu_0\mu_s r^2}$
③ $\dfrac{m}{4\pi r^2}$ ④ $\dfrac{\mu_0\mu_s m}{4\pi r^2}$

해설 m[Wb]인 자극에 의한 자계
$H=\dfrac{m}{4\pi\mu_0\mu_s r^2}$[AT/m]

23 두 개의 평행한 도체가 진공 중(또는 공기 중)에 20[cm] 떨어져 있고, 100[A]의 같은 크기의 전류가 흐르고 있을 때 힘의 크기[N/m]는?

① 20   ② 40
③ 0.01   ④ 0.1

해설 평행 도선 사이에 작용하는 힘의 세기
$F=\dfrac{2I_1 I_2}{r}\times 10^{-7}$
$=\dfrac{2\times 100\times 100}{0.2}\times 10^{-7}=0.01$[N/m]

24 환상 솔레노이드의 내부 자장과 전류의 세기에 대한 설명으로 맞는 것은?

① 전류의 세기에 반비례한다.
② 전류의 세기에 비례한다.
③ 전류의 세기 제곱에 비례한다.
④ 전혀 관계가 없다.

해설 환상 솔레노이드 내부 자장의 세기 $H=\dfrac{NI}{2\pi r}$[AT/m]이므로 전류의 세기에 비례한다.

25 시정수와 과도 현상과의 관계에 대한 설명으로 옳은 것은?

① 시정수가 클수록 과도 현상은 짧아진다.
② 시정수가 짧을수록 과도 현상은 길어진다.
③ 시정수가 클수록 과도 현상은 길어진다.
④ 시정수와 관계가 없다.

해설 시정수(e^{-1}이 되는 시간)와 과도 현상과의 관계
• 시정수가 크면 과도 현상이 길어진다.
• 시정수가 작으면 과도 현상이 짧아진다.

26 비정현파의 종류에 속하는 사각파의 전개식에서 기본파의 진폭[V]은? (단, $V_m=20$[V], $T=10$[ms])

① 24.47   ② 25.47
③ 23.47   ④ 26.47

정답 19.② 20.③ 21.② 22.② 23.③ 24.② 25.③ 26.②

해설 $V = \frac{4}{\pi}V_m = \frac{4}{\pi} \times 20 = 25.47[\text{V}]$

27 그림은 전력 제어 소자를 이용한 위상 제어 회로이다. 전동기의 속도를 제어하기 위하여 (가)에 사용되는 소자는?

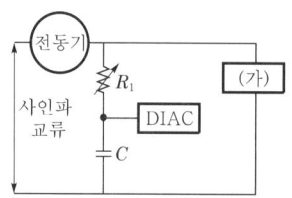

① 전력용 트랜지스터
② 제어 다이오드
③ 트라이액
④ 레귤레이터 78XX 시리즈

해설 트라이액(TRIAC)은 양방향성으로 교류를 제어하는 반도체 소자로서 적합한 특성을 갖추고 있으며 교류 전류 스위치로서 연속적으로 변화하는 교류 제어용으로 사용된다.

28 복권 발전기의 병렬 운전을 안전하게 하기 위해서 두 발전기의 전기자와 직권 권선의 접촉점에 연결해야 하는 것은?

① 균압선
② 집전환
③ 안정 저항
④ 브러시

해설 복권 발전기 운전 중 과복권 발전기로 운전 시 발전기 특성상 수하 특성을 지니지 않으므로 안전하게 운전하기 위해서는 균압선을 연결해야 한다.

29 동기 전동기의 특징으로 틀린 것은?

① 별도의 기동장치가 필요없으므로 가격이 싸다.
② 전 부하 효율이 양호하다.
③ 부하가 변하여도 같은 속도로 운전할 수 있다.
④ 부하의 역률을 조정할 수가 있다.

해설 동기 전동기의 특징
• 속도(N_s)가 일정하다.
• 역률을 조정할 수 있다.
• 효율이 좋다.
• 별도의 기동장치가 필요하다(자기 기동법, 유도 전동기법).

30 다이오드를 사용한 정류 회로에서 다이오드를 여러 개 직렬로 연결하여 사용하는 경우의 설명으로 가장 옳은 것은?

① 다이오드를 과전류로부터 보호할 수 있다.
② 다이오드를 과전압으로부터 보호할 수 있다.
③ 부하 출력의 맥동률을 감소시킬 수 있다.
④ 낮은 전압 전류에 적합하다.

해설 다이오드 직렬 접속 시 전압 강하에 의해 과전압으로부터 보호할 수 있다.

31 전위의 단위로 맞지 않은 것은?

① [N·m/C]   ② [J/C]
③ [V]   ④ [V/m]

해설
• 전위의 단위 : $V = \frac{W}{Q}[\text{V} = \text{J/C} = \text{N·m/C}]$
• 전계의 단위 : [V/m]

32 동기 발전기의 돌발 단락 전류를 주로 제한하는 것은?

① 누설 리액턴스
② 역상 리액턴스
③ 동기 리액턴스
④ 권선 저항

해설 동기 발전기의 돌발 단락 전류를 제한하는 것은 누설 리액턴스이다.

정답 27.③ 28.① 29.① 30.② 31.④ 32.①

33 온도 20[℃], 용량 100[L]인 전열기로 2시간 동안 가열하여 40[℃]까지 올렸다면 몇 [kW]의 전력을 소비하겠는가? (단, 전열기의 효율은 60[%]이다.)

① 10 ② 20.2
③ 2.5 ④ 1.9

해설 전열기의 발열량과 물에서 발생한 열량이 같으면 되므로 $Q = 860Pt\eta = Cm\theta$ [kcal]이다.

온도차 $P = \dfrac{Cm\theta}{860t\eta}$
$= \dfrac{1 \times 100 \times (40-20)}{860 \times 2 \times 0.6} = 1.9$ [kW]

34 직류 발전기의 정격 전압 100[V], 무부하 전압 103[V]이다. 이 발전기의 전압 변동률 ε [%]은?

① 1 ② 3
③ 6 ④ 9

해설 전압 변동률
$\varepsilon = \dfrac{V_0 - V_n}{V_n} \times 100 = \dfrac{103-100}{100} \times 100 = 3$ [%]

35 금속관 배관 공사에서 절연 부싱을 사용하는 이유는?

① 박스 내에서 전선의 접속을 방지
② 관이 손상되는 것을 방지
③ 관 끝에서 전선의 손상 방지
④ 관의 입구에서 조영재의 접속을 방지

해설 절연 부싱 : 관공사 관 끝단에 설치하여 전선의 손상을 방지하기 위한 설비

36 발전기나 변압기 내부 고장 보호에 쓰이는 계전기는?

① 접지 계전기   ② 차동 계전기
③ 과전압 계전기 ④ 역상 계전기

해설 발전기, 변압기 내부 고장 보호용 계전기는 차동 계전기, 비율 차동 계전기, 부흐홀츠 계전기가 있다.

37 저압 옥내 배선 공사 중 애자 사용 공사를 하는 경우 전선 상호 간의 간격은 몇 [m] 이상 이격하여야 하는가?

① 0.06 ② 0.10
③ 0.25 ④ 0.12

해설 저압 애자 공사 시 전선 상호 간격 : 60[mm] = 0.06[m]

38 출력 10[kW], 효율 80[%]인 기기의 손실은 약 몇 [kW]인가?

① 0.6 ② 1.1
③ 2.0 ④ 2.5

해설 효율 $\eta = \dfrac{출력}{입력} \times 100$ [%]

입력 $= \dfrac{출력}{\eta} \times 100 = \dfrac{10}{0.8} \times 100 = 12.5$ [kW]

손실 = 입력 - 출력 = 12.5 - 10 = 2.5[kW]

39 변압기의 중성점 접지 저항 계산식 $R_g = \dfrac{K}{I_g}$ [Ω]에서 고·저압 혼촉 시에 고압 전로의 1선 지락 전류가 I_g[A], 접지 저항값이 R_g[Ω]일 때 K의 값은?

① 150 ② 200
③ 300 ④ 600

해설 사용 전압 35,000[V] 이하인 변압기 중성점 접지 저항 $R_g = \dfrac{K}{I_g} = \dfrac{150, 300, 600}{I_g}$ [Ω]

- 150 : 특별한 보호 장치가 없는 경우(조건이 없는 경우)
- 300 : 1초 초과 2초 이내 동작하는 자동 차단 장치 시설
- 600 : 1초 이내 동작하는 자동 차단 장치 시설

정답 33.④ 34.② 35.③ 36.② 37.① 38.④ 39.①

40 역률이 좋아 가정용 선풍기, 세탁기, 냉장고 등에 주로 사용되는 것은?

① 분상 기동형 전동기
② 영구 콘덴서 기동형 전동기
③ 반발 기동형 전동기
④ 셰이딩 코일형 전동기

해설 영구 콘덴서 기동형 전동기는 구조가 간단하고 역률이 좋기 때문에 큰 기동 토크를 요하지 않고 속도를 조정할 필요가 있는 선풍기나 세탁기 등에 이용한다.

41 3상 유도 전동기의 회전 방향을 바꾸기 위한 방법으로 옳은 것은?

① 전원의 전압과 주파수를 바꾸어 준다.
② △-Y 결선으로 결선법을 바꾸어 준다.
③ 기동 보상기를 사용하여 권선을 바꾸어 준다.
④ 전동기의 1차 권선에 있는 3개의 단자 중 어느 2개의 단자를 서로 바꾸어 준다.

해설 3상 유도 전동기는 회전 자계에 의해 회전하며 회전 자계의 방향을 반대로 하려면 전원의 3선 가운데 2선을 바꾸어 전원에 다시 연결하면 회전 방향은 반대로 된다.

42 가공 케이블 시설 시 조가선(조가용선)에 금속 테이프 등을 사용하여 케이블 외장을 견고하게 붙여 조가하는 경우 나선형으로 금속제 테이프를 감는 간격은 몇 [cm] 이하를 확보하여 감아야 하는가?

① 50
② 30
③ 20
④ 10

해설 조가선(조가용선)에 금속제 테이프를 감는 간격은 나선형으로 20[cm] 이하마다 감아야 한다.

행거	금속제 테이프
50[cm] 이하마다 매달 것	20[cm] 이하로 나선형으로 감아 붙일 것

43 변압기의 정격 용량은 변압기의 전압 정격과 변압기 권선에 흐를 수 있는 전류를 결정하는 값이다. 다음 중 정격 용량의 단위로 맞는 것은?

① [W]
② [Var]
③ [VA]
④ [J]

해설 변압기 정격 용량의 단위 : [VA]

44 한국전기설비규정에 의해 피뢰기는 고압 및 특고압 가공 전선로에 반드시 시설하여야 한다. 다음 중 시설하지 않아도 되는 곳은?

① 발전소·변전소의 가공 전선의 인입구
② 특고압 가공 전선로로부터 공급받는 수용 장소의 인입구
③ 지중 전선로가 접속되지 아니한 곳
④ 특고압 배전용 변압기의 특고압측 및 고압측

해설 피뢰기를 반드시 시설해야 하는 장소
• 발전소·변전소 또는 이에 준하는 장소의 가공 전선 인입구 및 인출구
• 가공 전선로에 접속하는 특고압 배전용 변압기의 고압측 및 특고압측
• 고압 및 특고압 가공 전선로부터 공급을 받는 수용 장소의 인입구
• 가공 전선로와 지중 전선로가 접속되는 곳

정답 40.② 41.④ 42.③ 43.③ 44.③

45 다음 중 고압용 절연전선이 아닌 것은?
① 폴리에틸렌 외장 케이블
② 클로로프렌 외장 케이블
③ 비닐 외장 케이블
④ 무기질 절연 케이블

해설 전선의 종류
- 저압에만 사용되는 케이블 : 무기질 절연 케이블(MI)
- 고압에만 사용되는 케이블 : 콤바인 덕트 케이블(CD)

46 직류 전동기의 속도 제어 방법이 아닌 것은?
① 전압 제어법   ② 계자 제어법
③ 저항 제어법   ④ 2차 저항 제어법

해설 직류 전동기의 속도 제어법
- 저항 제어법
- 전압 제어법
- 계자 제어법

47 120[Ω]의 저항 4개를 접속하여 가장 최소로 얻을 수 있는 저항값은 몇 [Ω]인가?
① 30   ② 40
③ 20   ④ 50

해설 최소 저항값(병렬) $R_0 = \dfrac{R_1}{4} = \dfrac{120}{4} = 30[\Omega]$

48 금속관을 절단할 때 사용되는 공구는?
① 오스터   ② 녹 아웃 펀치
③ 파이프 커터   ④ 파이프 렌치

해설 금속관 절단 공구 : 파이프 커터, 쇠톱

49 정격 전압 100[V], 전기자 전류 50[A], 전기자 저항이 0.2[Ω]인 직류 발전기의 유기 기전력은 몇 [V]인가?
① 117   ② 120
③ 110   ④ 125

해설 발전기의 유기 기전력
$E = V + I_a R_a = 100 + 50 \times 0.2 = 110[V]$

50 금속관 공사에 대한 기준으로 틀린 것은?
① 콘크리트에 매설하는 금속관의 두께는 1.0[mm]를 사용하였다.
② 금속관 내에 전선의 접속점이 없도록 시설하였다.
③ 교류 회로에서 전선을 병렬로 사용하는 경우 관 내에 전자적 불평형이 생기지 않도록 시설할 것
④ 단면적 10[mm²] 이하의 연동선은 단선을 사용할 수 있다.

해설 금속관 시설 규정
- 절연 전선 사용(단, 옥외용 비닐 절연 전선 제외)
- 2.5[mm²] 이상 연동 연선(단선 10[mm²] 사용 가능)
- 관 내 전선의 접속점이 없을 것
- 콘크리트 매설 시 두께 : 1.2[mm] 이상

51 다음 중 버스 덕트의 종류가 아닌 것은?
① 트롤리 버스 덕트
② 플러그인 버스 덕트
③ 플로어 버스 덕트
④ 피더 버스 덕트

해설 버스 덕트의 종류 : 트롤리 버스 덕트, 플러그인 버스 덕트, 피더 버스 덕트

52 직류 전동기 중 정속도 전동기에 해당하는 것은?
① 가동 복권 전동기
② 직권 전동기
③ 분권 전동기
④ 차동 복권 전동기

정답 45.④ 46.④ 47.① 48.③ 49.③ 50.① 51.③ 52.③

해설 속도 변동이 가장 작은 전동기는 분권 전동기, 타여자 전동기이며 속도 변동이 매우 작아서 정속도 전동기라고도 한다.

53 낙뢰, 수목 접촉, 일시적인 불꽃방전(섬락) 등 순간적인 사고로 계통에서 분리된 구간을 신속히 계통에 재투입시킴으로써 계통의 안정도를 향상시키고 정전 구간을 단축시키기 위해 사용되는 계전기는?

① 재폐로 계전기
② 거리 계전기
③ 과전류 계전기
④ 차동 계전기

해설 재폐로 계전기 : 계통에 고장이 발생하면 고장 구간을 신속히 제거한 후 재투입시켜서 정전 구간을 단축시키는 계전기

54 저압 수전 방식 중 3상 3선식은 평형이 되는 게 원칙이지만 부득이한 경우 설비 불평형률은 몇 [%] 이내로 유지해야 하는가?

① 10   ② 20
③ 30   ④ 40

해설 부득이한 경우 설비 불평형률
- 단상 3선식 : 40[%]
- 3상 3선식, 3상 4선식 : 30[%]

55 기전력 120[V], 내부 저항 15[Ω]인 전원이 있다. 부하(R)를 접속하여 얻을 수 있는 최대 전력[W]은? (단, $r = R$이 성립한다.)

① 360   ② 240
③ 120   ④ 50

해설 최대 전력 전달 조건을 만족하는 경우
최대 전력 $P_{max} = \dfrac{E^2}{4R} = \dfrac{120^2}{4 \times 15} = 240[W]$

56 진공 중에서 같은 크기의 두 자극을 1[m] 거리에 놓았을 때 작용하는 힘이 6.33×10^4[N]이 되는 자극의 세기는?

① 1[N]   ② 1[J]
③ 1[Wb] ④ 1[C]

해설 진공 중에서 같은 크기의 자극 $m_1 = m_2 = m$[Wb] 사이에 작용하는 힘은 $F = \dfrac{m \times m}{4\pi\mu_0\mu_s r^2}$[N]이므로
$6.33 \times 10^4 = 6.33 \times 10^4 \times \dfrac{m \cdot m}{1^2}$ 이 성립한다.
그러므로 $m = 1$[Wb]이다.

57 전선의 접속에 대한 설명으로 틀린 것은?

① 접속 부분의 전기 저항을 증가시켜서는 안 된다.
② 접속 부분의 전선의 강도를 80[%] 이상 감소하도록 한다.
③ 접속 부분에 전선 접속 기구를 사용한다.
④ 알루미늄 전선과 구리선의 접속 시 전기적인 부식이 생기지 않도록 한다.

해설 전선 접속 시 전선의 강도는 20[%] 이상 감소하면 안 된다.

58 직류기의 주요 구성 3요소가 아닌 것은?

① 전기자   ② 정류자
③ 계자   ④ 공극

해설 직류기의 구성 3요소 : 전기자, 계자, 정류자

59 건축물의 종류에서 사무실, 은행, 상점의 표준 부하는 몇 [VA/m²]인가?

① 30   ② 40
③ 20   ④ 10

정답 53.① 54.③ 55.② 56.③ 57.② 58.④ 59.①

해설 건축물 종류에 따른 표준 부하[VA/m²]

건축물의 종류	표준 부하
공장, 공회당, 사원, 교회, 극장, 영화관, 연회장	10
기숙사, 여관, 호텔, 병원, 학교, 음식점, 목욕탕	20
사무실, 은행, 상점, 이발소, 미용원	30
주택, 아파트	40

신규문제

60 공장의 설비 용량이 1,000[kW]이고, 3상 전압 24[kV], 역률 0.8일 때 차단기의 정격 전류[A]는?

① 15 ② 25
③ 30 ④ 8

해설 설비 용량 $P = \sqrt{3}\,VI\cos\theta$ 이므로

전류 $I = \dfrac{P}{\sqrt{3}\,V\cos\theta}$

$= \dfrac{1,000}{\sqrt{3} \times 24 \times 0.8} ≒ 30.07[A]$

전선의 허용 전류(I_Z)와 보호 장치의 정격 전류(I_n)의 협조 관계는 $I_n \leq I_Z$ 이므로 차단기 정격 전류는 30[A]이다.

정답 60.③

2025년 제3회 CBT 기출복원문제

★ 표시 : 문제 중요도를 나타냄

본 기출문제는 수험생들의 기억을 바탕으로 작성한 것으로 내용 및 그림 등에서 실제 문제와 다소 차이가 있을 수 있습니다.

01 3단자 사이리스터가 아닌 것은?
① GTO   ② SCR
③ TRIAC ④ SCS

해설 SCS : 4단자 단방향성 사이리스터

02 자기 인덕턴스가 각각 50[mH], 80[mH]이고 상호 인덕턴스가 60[mH]인 경우 두 코일 간에 누설 자속이 없는 경우 가동 접속 합성 인덕턴스 값[mH]은?
① 120   ② 240
③ 250   ④ 300

해설 가동 접속 합성 인덕턴스(완전 결합 시 $k=1$)
$L_0 = L_1 + L_2 + 2M = 50 + 80 + 2 \times 60 = 250$[mH]

03 전등 한 개를 2개소에서 점멸하고자 할 때 옳은 배선은?

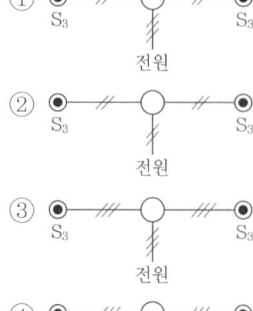

해설 3로 스위치 : 1개의 전등을 2개소에서 점멸하는 스위치로서 전원에서 전등 사이에는 2가닥의 전선, 전등과 스위치 사이에는 3가닥의 전선이 인입되는 결선도이다.

04 5[Ω]의 저항 4개, 10[Ω]의 저항 3개, 100[Ω]의 저항 1개가 있다. 이들을 모두 직렬 접속할 때 합성저항[Ω]은?
① 75
② 50
③ 150
④ 100

해설 $R_0 = 5 \times 4 + 10 \times 3 + 100 \times 1 = 150$[Ω]

05 폭연성 분진이 존재하는 곳의 저압 옥내배선 공사 시 공사방법으로 짝지어진 것은?
① 개장된 케이블공사, CD케이블공사, 제1종 캡타이어 케이블공사
② CD케이블공사, MI케이블공사, 금속관공사
③ CD케이블공사, MI케이블공사, 제1종 캡타이어 케이블공사
④ 금속관공사, MI케이블공사, 개장된 케이블공사

해설 폭연성 분진, 화약류 분말이 있는 장소의 공사
금속관공사, 케이블공사(MI케이블, 개장된 케이블)

정답 01.④ 02.③ 03.④ 04.③ 05.④

06 220[V] 단상의 부하에 전류가 전압보다 45° 뒤진 15[A]의 전류가 흘렀다. 소비전력[W]은?

① 2,333
② 3,300
③ 1,650
④ 2,857

해설 단상 유효전력
$P = VI\cos\theta = 220 \times 15 \times \cos 45° = 2,333$[W]

07 주파수 60[Hz]의 회로에 접속되어 슬립 3[%], 회전수 1,164[rpm]으로 회전하고 있는 유도전동기의 극수는?

① 4
② 6
③ 8
④ 10

해설 유도전동기의 회전속도 $N = (1-s)N_s$[rpm]이므로
$N_s = \dfrac{N}{1-s} = \dfrac{1,164}{1-0.03} = 1,200$[rpm]
극수 $P = \dfrac{120f}{N_s} = \dfrac{120 \times 60}{1,200} = 6$극

08 동기전동기의 자기기동법에서 계자 권선을 단락하는 이유는?

① 기동이 쉽다.
② 기동 권선으로 이용한다.
③ 고전압 유도에 의한 절연파괴 위험을 방지한다.
④ 전기자 반작용을 방지한다.

해설 동기전동기의 자기기동법에서 계자 권선을 단락하는 첫 번째 이유는 고전압 유도에 의한 절연파괴 위험을 방지하기 위함이다.

09 비돌극형 동기발전기의 단자전압(1상)을 V, 유도기전력을 E, 동기 리액턴스를 X_s, 부하각을 δ라고 하면, 3상의 출력[W]은? (단, 전기자 저항 등은 무시한다.)

① $\dfrac{3VE\cos\delta}{X_s}$
② $\dfrac{VE\cos\delta}{X_s}$
③ $\dfrac{3VE\sin\delta}{X_s}$
④ $\dfrac{VE\sin\delta}{X_s}$

해설 $P = \dfrac{3VE\sin\delta}{X_s}$[W]

10 다음 변압기 극성에 관한 설명 중 틀린 것은?

① 병렬 운전 시 극성을 고려해야 한다.
② 3상 결선 시 극성을 고려한다.
③ 1차와 2차 권선에 유기되는 전압의 극성이 반대이면 감극성이다.
④ 우리나라는 감극성이 표준이다.

해설 감극성 : 감극성 변압기는 높은 전압을 낮은 전압으로 변성시키는 변압기로서 1차와 2차 권선에 유기되는 전압의 극성이 동일하여야 한다.

11 전선을 접속할 경우의 설명으로 틀린 것은?

① 접속 부분의 전기저항이 증가되지 않아야 한다.
② 전선의 세기를 80[%] 이상 감소시키지 않아야 한다.
③ 접속 부분은 접속기구를 사용하거나 납땜을 하여야 한다.
④ 알루미늄 전선과 동선을 접속하는 경우 전기적 부식이 생기지 않도록 해야 한다.

해설 전선 접속 시 전선의 강도는 20[%] 이상 감소시키면 안 된다.

12 임피던스 $\dot{Z} = 6 + j8$[Ω]에서 컨덕턴스[℧]는?

① 0.06
② 0.08
③ 0.1
④ 1.0

정답 06.① 07.② 08.③ 09.③ 10.③ 11.② 12.①

해설 어드미턴스(임피던스 Z의 역수)
$$\dot{Y} = \frac{1}{\dot{Z}} = \frac{1}{6+j8}$$
$$= \frac{1 \times (6-j8)}{(6+j8)(6-j8)} = \frac{6-j8}{100}$$
$$= 0.06 - j0.08[\mho]$$
어드미턴스의 실수부가 컨덕턴스이므로 $0.06[\mho]$이 된다.
※ 어드미턴스의 허수부는 서셉턴스이므로 $0.08[\mho]$이 된다.

13 전기자와 계자 권선이 병렬로만 접속되어 있는 발전기는?
① 분권
② 직권
③ 타여자
④ 차동 복권

해설 분권발전기 : 계자 권선과 전기자 회로가 병렬로 접속되어 있는 직류기이다.

14 정전 흡인력은 전압의 몇 제곱에 비례하는가?
① 2
② 3
③ $\frac{1}{2}$
④ $\frac{3}{2}$

해설 정전 흡인력 $f = \frac{1}{2}\varepsilon_0 E^2 = \frac{1}{2}\varepsilon_0 \left(\frac{V}{d}\right)^2 [\text{N/m}^2]$로서 전압의 제곱에 비례한다.

15 변전소의 전력기기를 시험하기 위하여 회로를 분리하거나 또는 계통의 접속을 바꾸거나 하는 경우에 사용되는 것은?
① 나이프 스위치
② 차단기
③ 퓨즈
④ 단로기

해설 단로기 : 기기 점검이나 보수 시 회로를 분리하거나 계통의 접속을 바꿀 때 사용하는 개폐기이다.

16 낙뢰, 수목 접촉, 일시적인 섬락 등 순간적인 사고로 계통에서 분리된 구간을 신속하게 계통에 재투입시킴으로써 계통의 안정도를 향상시키고 정전시간을 단축시키기 위해 사용되는 계전기는?
① 차동계전기
② 거리계전기
③ 과전류계전기
④ 재폐로계전기

해설 재폐로계전기 : 송전선로에 고장이 발생하면 재폐로 차단기와 조합하여 고장을 일으킨 구간을 신속하게 고속 차단한 후 재투입시켜서 정전시간을 단축시키는 계전기이다.

17 보극이 없는 직류기의 운전 중 중성축의 위치가 변하지 않는 경우는?
① 무부하
② 전부하
③ 중부하
④ 과부하

해설 중성축의 위치가 변하는 이유는 전기자 도체에 흐르는 전류에 의해 발생된 자속이 계자 자속에 영향을 미치는 현상(전기자 반작용) 때문에 발생하므로, 만약 전기자 도체에 전류가 흐르지 않으면 전기자 반작용이 발생하지 않는다. 즉, 무부하인 경우 중성축의 위치가 변하지 않는다.

18 직류를 교류로 변환하는 장치는?
① 정류기
② 충전기
③ 순변환장치
④ 역변환장치

해설 인버터(역변환장치) : 직류를 교류로 변환하는 장치이다.

19 슬립 $s = 5[\%]$, 저항 $r_2 = 0.1[\Omega]$인 유도전동기의 등가저항 $R_2[\Omega]$은 얼마인가?
① 0.4
② 0.5
③ 1.9
④ 2.0

해설 등가저항
$$R_2 = \frac{1-s}{s}r_2 = \frac{r_2}{s} - r_2 = \frac{0.1}{0.05} - 0.1 = 1.9[\Omega]$$

정답 13.① 14.① 15.④ 16.④ 17.① 18.④ 19.③

20. 직류발전기에서 전기자의 주된 역할은?

① 기전력을 유도한다.
② 자속을 만든다.
③ 정류작용을 한다.
④ 회전자와 외부 회로를 접속한다.

해설
- 계자 : 자속 발생
- 전기자 : 기전력 발생
- 정류자 : 교류를 직류로 변환
- 브러시 : 전기자 회로와 외부 회로 연결

21. 무부하 직류발전기의 단자전압을 바꾸기 위해서는 무엇을 조정하여야 하는가?

① 계자저항
② 전기자저항
③ 회전속도
④ 부하저항

해설 발전기의 단자전압 $V = E - I_a R_a$[V]이고 유도기전력 $E = K\phi N$[V]이므로 자속의 크기에 반비례하는 계자저항을 조정하여 단자전압을 바꿀 수 있다.

22. 진공 중에 $10[\mu C]$과 $20[\mu C]$의 점전하를 $1[m]$의 거리로 놓았을 때 작용하는 힘[N]은?

① 9
② 2
③ 7.2
④ 1.8

해설 쿨롱의 법칙

$$F = 9 \times 10^9 \times \frac{Q_1 Q_2}{r^2}$$
$$= 9 \times 10^9 \times \frac{10 \times 10^{-6} \times 20 \times 10^{-6}}{1^2}$$
$$= 1.8[N]$$

23. 동기기의 전기자 권선법이 아닌 것은?

① 중권
② 이층권
③ 전층권
④ 분포권

해설 동기기의 전기자 권선법
고상권, 이층권, 중권, 단절권, 분포권

24. $1[\mu F]$의 콘덴서에 $30[kV]$의 전압을 가하여 $200[\Omega]$의 저항을 통해 방전시키면 이때 발생하는 에너지[J]는 얼마인가?

① 450
② 900
③ 1,000
④ 1,200

해설 콘덴서에 축적되는 에너지

$$W = \frac{1}{2}CV^2$$
$$= \frac{1}{2} \times 1 \times 10^{-6} \times (30 \times 10^3)^2$$
$$= 450[J]$$

25. 3상 유도전동기에서 2차측 저항을 2배로 하면 그 최대 토크는 어떻게 되는가?

① 변하지 않는다.
② 2배로 된다.
③ $\sqrt{2}$ 배로 된다.
④ $\frac{1}{2}$ 배로 된다.

해설 3상 유도전동기 권선형에서 최대 토크는 2차 저항과 관계없이 항상 일정하므로 변하지 않는다.

26. 변압기 주 탱크와 콘서베이터 사이에 설치하여 내부고장 발생 시 발생하는 가스의 흐름 및 기름의 흐름 변화를 검출하는 계전기로 알맞은 것은?

① 비율차동계전기
② 부흐홀츠계전기
③ 충격압력계전기
④ 방압안전장치

해설 부흐홀츠계전기는 내부고장 발생 시 유증기를 검출하여 동작하는 계전기로 변압기 본체와 콘서베이터를 연결하는 파이프 도중에 설치한다.

27 100[kVA]의 단상 변압기 2대를 사용하여 V-V 결선으로 하고 3상 전원을 얻고자 할 때 최대로 얻을 수 있는 3상 부하의 용량은 약 몇 [kVA]인가?

① 173.2　② 100
③ 200　　④ 346.4

해설 V-V결선 용량
$P_V = \sqrt{3}\,P_1 = \sqrt{3} \times 100 ≒ 173.2[kVA]$

28 사용전압이 고압과 저압인 가공전선을 병가할 때 저압전선의 위치는 어디에 설치해야 하는가?

① 완금에 설치한다.
② 고압전선의 아래에 설치한다.
③ 고압전선의 위에 설치한다.
④ 높이와 상관없다.

해설 저·고압전선의 병가
- 저압전선은 고압전선의 하부에 설치한다.
- 이격거리 : 50[cm] 이상일 것(단, 고압측이 케이블인 경우에는 30[cm] 이하)

29 기전력이 1.5[V]인 전지 5개를 직렬로 접속하고 부하저항 2.5[Ω]을 접속한 경우 부하에 흐르는 전류[A]는? (단, 전지의 내부저항은 0.5[Ω]이다.)

① 1　　② 1.5
③ 2　　④ 3

해설 전지에 흐르는 전류
$I = \dfrac{nE}{nr+R} = \dfrac{5 \times 1.5}{5 \times 0.5 + 2.5} = 1.5[A]$

30 다음 중 접지의 목적으로 알맞지 않은 것은?

① 전기공사비의 절감
② 보호계전기의 동작 확보
③ 감전사고 방지
④ 이상전압의 발생 억제

해설 접지공사의 목적
- 감전 및 화재사고 방지
- 이상전압의 발생 억제
- 전로의 대지전위 상승 방지
- 보호계전기의 동작 확보

31 변압기유가 구비해야 할 조건은?

① 절연내력이 클 것
② 인화점이 낮을 것
③ 응고점이 높을 것
④ 비열이 작을 것

해설 변압기유의 구비조건
- 절연내력이 클 것
- 인화점이 높을 것
- 응고점이 낮을 것
- 비열이 클 것

32 전주를 건주할 때 철근 콘크리트주의 길이가 7[m]이면 땅에 묻히는 깊이[m]는 얼마인가? (단, 설계하중이 6.8[kN] 이하이다.)

① 1.0　② 1.8
③ 2.0　④ 1.2

해설 전장 16[m] 이하, 설계하중 6.8[kN] 이하인 지지물 건주 시 전주가 땅에 묻히는 깊이는 전체 길이 $\times \dfrac{1}{6}$ 이상

∴ 매설깊이 $H = 7 \times \dfrac{1}{6} = 1.2[m]$

33 동기발전기의 병렬운전 중 기전력의 위상차가 발생하면 어떤 현상이 나타나는가?

① 무효횡류
② 유효순환전류
③ 무효순환전류
④ 고조파전류

해설 동기발전기의 병렬운전 중 기전력의 위상차가 발생하면 유효순환전류(동기화전류)가 흘러서 발생하는 동기화력에 의해 위상이 일치하게 된다.

정답　27.①　28.②　29.②　30.①　31.①　32.④　33.②

34 화약류 저장소의 배선공사 시 전용 개폐기에서 화약류 저장소 인입구까지의 공사방법 중 틀린 것은?

① 대지전압은 300[V] 이하이어야 한다.
② 애자사용공사에 의한 경우
③ 케이블을 사용하여 지중에 시설할 것
④ 모든 접속은 전폐형으로 할 것

해설 화약류 저장소 등 위험장소의 시설규정
- 금속관공사, 케이블공사
- 대지전압 : 300[V] 이하
- 개폐기 및 과전류차단기에서 화약고의 인입구까지의 배선에는 케이블을 사용하고 반드시 지중에 금속관으로 시설할 것

35 똑같은 크기의 저항 4개를 가지고 얻을 수 있는 합성저항 최대값은 최소값의 몇 배인가?

① 4배 ② 16배
③ 10배 ④ 5배

해설 최대 합성저항은 직렬이고 최소 합성저항은 병렬이므로 직렬은 병렬의 $n^2 = 4^2 = 16$배이다.

36 후강전선관의 최대 크기는 직경 몇 [mm]인가?

① 180 ② 150
③ 130 ④ 104

해설 후강전선관의 종류
16, 22, 28, 36, 42, 54, 70, 82, 92, 104[mm]

37 권수가 150인 코일에서 2초간 1[Wb]의 자속이 변화한다면 코일에 발생되는 유도기전력의 크기는 몇 [V]인가?

① 50 ② 75
③ 100 ④ 150

해설 코일에 유도되는 기전력
$e = N\dfrac{d\phi}{dt} = 150 \times \dfrac{1}{2} = 75[V]$

38 자기저항 식으로 맞는 것은?

① $\dfrac{l}{\mu_0\mu_r A}$ ② $\dfrac{\mu_0\mu_r A}{l}$

③ $\dfrac{\mu_0\mu_r}{lA}$ ④ $\dfrac{lA}{\mu_0\mu_r}$

해설 자기저항 : $R = \dfrac{l}{\mu_0\mu_r A}$ [AT/Wb]

39 동기발전기의 병렬운전조건으로 맞지 않는 것은?

① 기전력의 용량이 같을 것
② 기전력의 주파수가 같을 것
③ 기전력의 위상이 같을 것
④ 기전력의 크기가 같을 것

해설 동기발전기의 병렬운전 시 일치할 조건
기전력(전압)의 크기, 위상, 주파수, 파형

40 합성수지관의 표준길이는 몇 [m]인가?

① 4.0
② 3.6
③ 5.0
④ 5.5

해설 합성수지관
- 호칭 : 내경, 짝수
- 표준규격 : 두께 2[mm] 이상, 표준길이 4[m]

41 교류의 파형률이란?

① $\dfrac{최대값}{실효값}$ ② $\dfrac{평균값}{실효값}$

③ $\dfrac{실효값}{평균값}$ ④ $\dfrac{실효값}{최대값}$

해설
- 교류의 파형률 $= \dfrac{실효값}{평균값}$
- 교류의 파고율 $= \dfrac{최대값}{실효값}$

정답 34.② 35.② 36.④ 37.② 38.① 39.① 40.① 41.③

42 자기 인덕턴스에 대한 설명으로 틀린 것은?
① 자기 인덕턴스는 자속에 비례한다.
② 자기 인덕턴스는 권수에 비례한다.
③ 자기 인덕턴스는 자로의 길이에 반비례한다.
④ 자기 인덕턴스는 유전율에 비례한다.

해설 자기 인덕턴스 식
$L = \dfrac{N\phi}{I} = \dfrac{\mu AN^2}{l}$ [H]이므로 유전율과 무관하다.

43 알칼리 축전지의 대표적인 축전지로 널리 사용되고 있는 2차 전지는?
① 망간 전지
② 산화은 전지
③ 페이퍼 전지
④ 니켈-카드뮴 전지

해설 니켈-카드뮴 전지 : 휴대용 이동전화의 전원으로 사용되는 전지로서 '니케드 전지'라고도 한다.

44 $R-L-C$ 직렬회로에서 임피던스 Z의 크기를 나타내는 식은?
① $R^2 + (X_L + X_C)^2$
② $\sqrt{R^2 + (X_L - X_C)^2}$
③ $\sqrt{R^2 + (X_L + X_C)^2}$
④ $R^2 + (X_L - X_C)^2$

해설 $R-L-C$ 직렬회로의 합성 임피던스
$\dot{Z} = R + j(X_L - X_C)$ [Ω]
절대값 $Z = \sqrt{R^2 + (X_L - X_C)^2}$ [Ω]

45 두 개의 평행도선에서 전류의 방향이 동일할 경우 무슨 힘이 발생하는가?
① 서로 끌어당긴다.
② 서로 밀어낸다.
③ 서로 밀어냈다 끌어당긴다.
④ 힘이 작용하지 않는다.

해설 평행도체 사이에 작용하는 힘(전자력)
$F = \dfrac{2I_1 I_2}{r} \times 10^{-7}$ [N/m]
- 전류 방향 동일 : 흡인력
- 전류 방향 반대(왕복도체) : 반발력

46 인입용 비닐절연전선의 품명은?
① CNCV-W
② DV
③ TR CNCV-W
④ OW

해설 전선 약호
- CNCV-W : 동심중성선 수밀형 전력 케이블
- TR CNCV-W : 트리억제형 동심중성선 수밀형 전력케이블

47 저압 이웃 연결 인입선을 시설하는 경우 다음 분기점으로부터 몇 [m]를 초과하면 안 되는가?
① 100
② 200
③ 50
④ 30

해설 저압 이웃 연결(연접) 인입선 시설원칙
- 분기점에서 100[m]를 초과하지 말 것
- 다른 수용가의 옥내를 관통하지 말 것
- 폭 5[m]를 넘는 도로를 횡단하지 말 것
- 수용가 옥내 관통 금지

48 전선관에 전선을 넣어서 공사하는 경우 전선의 접속점에 대한 설명으로 옳은 것은?
① 금속관에서 금속관 내 전선의 접속점을 만든 경우
② 합성수지관에서 합성수지관 내 전선의 접속점을 만든 경우
③ 합성수지몰드에서 몰드 안에 전선의 접속점을 만든 경우
④ 금속몰드에서 몰드용 조인트 박스 안에서 쥐꼬리 접속을 한 경우

정답 42.④ 43.④ 44.② 45.① 46.② 47.① 48.④

해설: 전선관이나 몰드 안에서는 전선의 접속점을 만들면 안 된다.

49 2대의 변압기를 이용하여 3상 부하에 전원을 공급해주는 방식은?

① Y-Y
② △-△
③ V-V
④ △-Y

해설: V-V 결선
2대의 변압기를 이용하여 3상 부하에 전원을 공급해주는 결선방식이다.

50 디지털 또는 아날로그 입출력 모듈을 통하여 로직, 시퀀싱, 타이밍, 카운팅, 연산과 같은 특수한 기능을 수행하기 위하여 프로그램이 가능한 메모리를 사용하고 여러 종류의 기계나 프로세서를 제어하는 디지털 동작의 전자장치를 무엇이라 하는가?

① IB
② Encorder
③ Decorder
④ PLC

해설: PLC(Programmable Logic Controller)
디지털 또는 아날로그 입출력 모듈을 통하여 로직, 시퀀싱, 타이밍, 카운팅, 연산과 같은 특수한 기능을 수행하기 위하여 프로그램이 가능한 메모리를 사용하고 여러 종류의 기계나 프로세서를 제어하는 디지털 동작의 전자장치이다.

51 영상전류를 검출할 때 사용하는 계기는?

① OCR   ③ PT
② CT   ④ ZCT

해설: 영상변류기(ZCT) : 지락 사고 시 발생하는 영상전류를 검출하여 지락계전기에 공급하는 역할을 하는 전류변성기이다.

52 전기공사에서 접지저항을 측정할 때 사용하는 측정기는 무엇인가?

① 검류기
② 변류기
③ 메거
④ 어스테스터

해설: 접지저항 측정방법 : 접지저항계, 콜라우시 브리지법, 어스테스터기

53 단상 차단기의 정격용량 계산식은 어떻게 되는가?

① $\sqrt{2} \times$ 정격전압 $\times$ 정격전류
② 정격전압 $\times$ 정격차단전류
③ $\sqrt{2} \times$ 정격전압 $\times$ 정격차단전류
④ 정격전압 $\times$ 정격전류

해설: 단상 차단기의 정격용량[VA]
정격전압 $\times$ 정격차단전류

54 3[kW] 전열기를 220[V] 정격상태에서 1시간 동안 사용한 경우 발생 열량은 몇 [kcal] 인가?

① 3
② 860
③ 2,580
④ 1,200

해설: 전체 열량 $H = 860 \times 3 \times 1 = 2,580$[kcal]
※ 전열기 열량 1[kWh] = 860[kcal]

55 OW 전선의 명칭은 무엇인가?

① 450/750[V] 일반용 단심 비닐절연전선
② 배선용 단심 비닐절연전선
③ 인입용 비닐절연전선
④ 옥외용 비닐절연전선

해설: OW : 옥외용 비닐절연전선

정답 49.③ 50.④ 51.④ 52.④ 53.② 54.③ 55.④

56 공기 중에서 5×10^{-4}[Wb]의 자극에서 10[cm] 떨어진 곳에 3×10^{-4}[Wb]의 자극이 있는 경우 두 자극 간에 작용하는 힘[N]은?

① 9.5×10^{-4} ② 9.5×10^{-3}
③ 9.5×10^{-2} ④ 9.5×10^{-1}

해설 두 자극 사이에 작용하는 힘의 세기
$$F = \frac{m_1 \cdot m_2}{4\pi\mu_0 r^2} = 6.33\times10^4 \times \frac{m_1 \cdot m_2}{r^2}$$
$$= 6.33\times10^4 \times \frac{5\times10^{-4}\times3\times10^{-4}}{0.1^2}$$
$$= 9.5\times10^{-1}[N]$$

57 한국전기설비규정에 의하여 콘센트를 시설하는 경우 인체감전보호용 누전차단기(중성선까지 동시차단)를 시설해야 하는데 정격감도전류는 몇 [mA]인가?

① 10 ② 15
③ 20 ④ 30

해설 콘센트의 시설 시 전류동작형 인체감전보호용 누전차단기의 정격감도전류
- 일반적인 장소 : 30[mA]
- 인체가 물에 젖은 상태에서 전기를 사용하는 장소 : 15[mA]

58 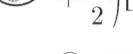 전류의 순시값 $i(t) = 200\sqrt{2}\sin\left(120\pi t + \frac{\pi}{2}\right)$[A]를 벡터로 나타낸 것은?

① $j200$
② 200
③ $200 + j200$
④ $200\sqrt{2} + j200\sqrt{2}$

해설 전류 $\dot{I} = 200\angle\frac{\pi}{2} = 90°$
$= 200(\cos90° + j\sin90°)$
$= j200$[A]

59 전하의 성질을 잘못 설명한 것은?

① 같은 종류의 전하는 흡인하고, 다른 종류의 전하끼리는 반발한다.
② 대전체에 들어 있는 전하를 없애려면 접지시킨다.
③ 대전체의 영향으로 비대전체에 전기가 유도된다.
④ 전하는 가장 안정한 상태를 유지하려는 성질이 있다.

해설 같은 종류의 전하는 반발하고, 다른 종류의 전하는 흡인한다.

60 1[m]당 권선수가 100인 무한장 솔레노이드에 10[A]의 전류가 흐르고 있을 때 솔레노이드 내부 자계의 세기[AT/m]는?

① 1,000 ② 100
③ 10 ④ 0

해설 무한장 솔레노이드의 내부 자계의 세기
$$H = \frac{NI}{l} = n_0 I = 100\times10 = 1,000[AT/m]$$

정답 56.④ 57.④ 58.① 59.① 60.①

2025년 제4회 CBT 기출복원문제

★ 표시 : 문제 중요도를 나타냄

본 기출문제는 수험생들의 기억을 바탕으로 작성한 것으로 내용 및 그림 등에서 실제 문제와 다소 차이가 있을 수 있습니다.

01 동기전동기의 특징으로 틀린 것은?

① 별도의 기동장치가 필요하다.
② 역률을 조정할 수 없다.
③ 부하가 변하여도 같은 속도로 운전할 수 있다.
④ 난조가 발생하기 쉽다.

해설 동기전동기의 특징
• 속도(N_s)가 일정하다.
• 역률을 조정할 수 있다.
• 효율이 좋다.
• 별도의 기동장치가 필요하다(자기기동법, 유도전동기법).

02 3상 동기기에 제동 권선을 설치하는 주된 목적은?

① 출력 증가   ② 효율 증가
③ 역률 개선   ④ 난조 방지

해설 • 발전기에서는 난조 방지
• 전동기에서는 기동 토크 발생 및 난조 방지

03 정전 흡인력은 전압의 몇 제곱에 비례하는가?

① 2   ② 3
③ $\frac{1}{2}$ ④ $\frac{3}{2}$

해설 정전 흡인력 $f = \frac{1}{2}\varepsilon_0 E^2 = \frac{1}{2}\varepsilon_0 \left(\frac{V}{d}\right)^2$ [N/m²]로서 전압의 제곱에 비례한다.

04 5[Ω]의 저항 4개, 10[Ω]의 저항 3개, 100[Ω]의 저항 1개가 있다. 이들을 모두 직렬 접속할 때 합성저항[Ω]은?

① 75   ② 50
③ 150   ④ 100

해설 $R_0 = 5 \times 4 + 10 \times 3 + 100 \times 1 = 150 [\Omega]$

05 진공 중에 10[μC]과 20[μC]의 점전하를 1[m]의 거리로 놓았을 때 작용하는 힘[N]은?

① 9   ② 2
③ 7.2   ④ 1.8

해설 쿨롱의 법칙
$$F = 9 \times 10^9 \times \frac{Q_1 Q_2}{r^2}$$
$$= 9 \times 10^9 \times \frac{10 \times 10^{-6} \times 20 \times 10^{-6}}{1^2}$$
$$= 1.8 [N]$$

06 3[kW] 전열기를 220[V] 정격상태에서 1시간 동안 사용한 경우 발생 열량은 몇 [kcal]인가?

① 3   ② 860
③ 2,580   ④ 1,200

해설 전체 열량 $H = 860 \times 3 \times 1 = 2,580 [kcal]$
※ 전열기 열량 1[kWh] = 860[kcal]

정답 01.② 02.④ 03.① 04.③ 05.④ 06.③

07 다음 중 버스덕트의 종류가 아닌 것은?

① 트롤리 버스덕트
② 플러그인 버스덕트
③ 케이블탭 버스덕트
④ 피더 버스덕트

해설 버스덕트의 종류 : 트롤리 버스덕트, 플러그인 버스덕트, 피더 버스덕트

08 두 개의 평행도선에서 전류의 방향이 동일할 경우 무슨 힘이 발생하는가?

① 서로 끌어당긴다.
② 서로 밀어낸다.
③ 서로 밀어냈다 끌어당긴다.
④ 힘이 작용하지 않는다.

해설 평행도체 사이에 작용하는 힘(전자력)
$$F = \frac{2I_1 I_2}{r} \times 10^{-7} [\text{N/m}]$$
• 전류 방향 동일 : 흡인력
• 전류 방향 반대(왕복도체) : 반발력

09 전류의 순시값 $i(t) = 200\sqrt{2}\sin\left(120\pi t + \frac{\pi}{2}\right)$[A]를 벡터로 나타낸 것은?

① $j200$
② 200
③ $200 + j300$
④ $200\sqrt{2} + j200\sqrt{2}$

해설 전류 $\dot{I} = 200\left|\frac{\pi}{2} = 90°\right.$
$= 200(\cos 90° + j\sin 90°)$
$= j200$[A]

10 교류의 파형률이란?

① $\dfrac{\text{최대값}}{\text{실효값}}$
② $\dfrac{\text{평균값}}{\text{실효값}}$
③ $\dfrac{\text{실효값}}{\text{평균값}}$
④ $\dfrac{\text{실효값}}{\text{최대값}}$

해설
• 교류의 파형률 = $\dfrac{\text{실효값}}{\text{평균값}}$
• 교류의 파고율 = $\dfrac{\text{최대값}}{\text{실효값}}$

11 알칼리 축전지의 대표적인 축전지로 널리 사용되고 있는 2차 전지는?

① 망간 전지
② 산화은 전지
③ 페이퍼 전지
④ 니켈-카드뮴 전지

해설 니켈-카드뮴 전지 : 휴대용 이동전화의 전원으로 사용되는 전지로서 '니케드 전지'라고도 한다.

12 자기 인덕턴스에 대한 설명으로 틀린 것은?

① 자기 인덕턴스는 자속에 비례한다.
② 자기 인덕턴스는 권수에 비례한다.
③ 자기 인덕턴스는 자로의 길이에 반비례한다.
④ 자기 인덕턴스는 유전율에 비례한다.

해설 자기 인덕턴스 식
$L = \dfrac{N\phi}{I} = \dfrac{\mu A N^2}{l}$[H]이므로 유전율과 무관하다.

13 $R-L-C$ 직렬회로에서 임피던스 Z의 크기를 나타내는 식은?

① $R^2 + (X_L + X_C)^2$
② $\sqrt{R^2 + (X_L - X_C)^2}$
③ $\sqrt{R^2 + (X_L + X_C)^2}$
④ $R^2 + (X_L - X_C)^2$

해설 $R-L-C$ 직렬회로의 합성 임피던스
$\dot{Z} = R + j(X_L - X_C)$[Ω]
절대값 $Z = \sqrt{R^2 + (X_L - X_C)^2}$[Ω]

정답 07.③ 08.① 09.① 10.③ 11.④ 12.④ 13.②

14 자기 인덕턴스가 각각 50[mH], 80[mH]이고 상호 인덕턴스가 60[mH]인 경우 두 코일 간에 누설 자속이 없는 경우 가동 접속 합성 인덕턴스 값[mH]은?

① 120　② 240
③ 250　④ 300

해설 가동 접속 합성 인덕턴스(완전 결합 시 $k=1$)
$L_0 = L_1 + L_2 + 2M$
$= 50 + 80 + 2 \times 60 = 250$[mH]

15 자기저항 식으로 맞는 것은?

① $\dfrac{l}{\mu_0 \mu_r A}$　② $\dfrac{\mu_0 \mu_r A}{l}$
③ $\dfrac{\mu_0 \mu_r}{lA}$　④ $\dfrac{lA}{\mu_0 \mu_r}$

해설 자기저항 : $R = \dfrac{l}{\mu_0 \mu_r A}$ [AT/Wb]

16 권수가 150인 코일에서 2초간 1[Wb]의 자속이 변화한다면 코일에 발생되는 유도기전력의 크기는 몇 [V]인가?

① 50　② 75
③ 100　④ 150

해설 코일에 유도되는 기전력
$e = N\dfrac{d\phi}{dt} = 150 \times \dfrac{1}{2} = 75$[V]

17 기전력이 1.5[V]인 전지 5개를 직렬로 접속하고 부하저항 2.5[Ω]을 접속한 경우 부하에 흐르는 전류[A]는? (단, 전지의 내부저항은 0.5[Ω]이다.)

① 1　② 1.5
③ 2　④ 3

해설 전지에 흐르는 전류
$I = \dfrac{nE}{nr+R} = \dfrac{5 \times 1.5}{5 \times 0.5 + 2.5} = 1.5$[A]

18 동기발전기의 병렬운전 중 기전력의 위상차가 발생하면 어떻게 되는가?

① 부하 분담이 변한다.
② 무효순환전류가 흘러 전기자 권선이 과열된다.
③ 동기화력이 생겨 두 기전력의 위상이 동상이 되도록 작용한다.
④ 위상이 일치하는 경우보다 출력이 감소한다.

해설 기전력의 크기가 같고 위상차가 존재할 때는 유효순환전류(동기화전류)가 흘러 동기화력에 의해 위상이 일치화 된다.

19 전주를 건주할 때 철근 콘크리트주의 길이가 9[m]이면 땅에 묻히는 깊이[m]는 얼마인가? (단, 설계하중이 6.8[kN] 이하이다.)

① 1.0　② 1.5
③ 1.8　④ 2.0

해설 전장 16[m] 이하, 설계하중 6.8[kN] 이하인 지지물 건주 시 전주가 땅에 묻히는 깊이는 전체 길이 $\times \dfrac{1}{6}$ 이상

∴ 매설깊이 $H = 9 \times \dfrac{1}{6} = 1.5$[m]

20 1[μF]의 콘덴서에 30[kV]의 전압을 가하여 200[Ω]의 저항을 통해 방전시키면 이때 발생하는 에너지[J]는 얼마인가?

① 450
② 900
③ 1,000
④ 1,200

해설 콘덴서에 축적되는 에너지
$W = \dfrac{1}{2}CV^2$
$= \dfrac{1}{2} \times 1 \times 10^{-6} \times (30 \times 10^3)^2 = 450$[J]

정답 14.③　15.①　16.②　17.②　18.③　19.②　20.①

21 220[V] 단상의 부하에 전류가 전압보다 45° 뒤진 15[A]의 전류가 흘렀다. 소비전력[W]은?

① 2,333　　② 3,300
③ 1,650　　④ 2,857

해설 단상 유효전력
$P = VI\cos\theta = 220 \times 15 \times \cos 45° = 2,333[W]$

22 직류기의 주요 구성 3요소가 아닌 것은?

① 전기자　　② 정류자
③ 계자　　　④ 공극

해설 직류기의 구성 3요소 : 전기자, 계자, 정류자

23 공기 중에서 5×10^{-4}[Wb]의 자극에서 10[cm] 떨어진 곳에 3×10^{-4}[Wb]의 자극이 있는 경우 두 자극 간에 작용하는 힘[N]은?

① 9.5×10^{-4}
② 9.5×10^{-3}
③ 9.5×10^{-2}
④ 9.5×10^{-1}

해설 두 자극 사이에 작용하는 힘의 세기

$F = \dfrac{m_1 \cdot m_2}{4\pi\mu_0 r^2}$

$= 6.33 \times 10^4 \times \dfrac{m_1 \cdot m_2}{r^2}$

$= 6.33 \times 10^4 \times \dfrac{5 \times 10^{-4} \times 3 \times 10^{-4}}{0.1^2}$

$= 9.5 \times 10^{-1}[N]$

24 전기자와 계자 권선이 병렬로만 접속되어 있는 발전기는?

① 분권
② 직권
③ 타여자
④ 차동 복권

해설 분권발전기 : 계자 권선과 전기자 회로가 병렬로 접속되어 있는 직류기이다.

25 저압 수전방식 중 단상 3선식은 평형이 되는 게 원칙이지만 부득이한 경우 설비 불평형률은 몇 [%] 이내로 유지해야 하는가?

① 10　　② 20
③ 30　　④ 40

해설 부득이한 경우 설비 불평형률
- 단상 3선식 : 40[%]
- 3상 3선식, 3상 4선식 : 30[%]

26 인입용 비닐절연전선의 약호(기호)는?

① VV　　② DV
③ OW　　④ NR

해설 전선 명칭
- VV : 비닐절연 비닐 외장 케이블
- DV : 인입용 비닐절연전선
- OW : 옥외용 비닐절연전선
- NR : 일반용 단심 비닐절연전선

27 직류전동기의 속도제어방법이 아닌 것은?

① 전압제어법　　② 계자제어법
③ 저항제어법　　④ 2차 저항제어법

해설 직류전동기 속도제어방법의 종류 : 전압제어, 계자제어, 저항제어

28 전하의 성질을 잘못 설명한 것은?

① 같은 종류의 전하는 흡인하고, 다른 종류의 전하끼리는 반발한다.
② 대전체에 들어 있는 전하를 없애려면 접지시킨다.
③ 대전체의 영향으로 비대전체에 전기가 유도된다.
④ 전하는 가장 안정한 상태를 유지하려는 성질이 있다.

해설 같은 종류의 전하는 반발하고, 다른 종류의 전하는 흡인한다.

정답 21.① 22.④ 23.④ 24.① 25.④ 26.② 27.④ 28.①

29 실내 전체를 균일하게 조명하는 방식으로 광원을 일정한 간격으로 배치하며 공장, 학교, 사무실 등에서 채용되는 조명방식은?

① 국부조명
② 전반조명
③ 직접조명
④ 간접조명

해설 ① 국부조명 : 필요한 범위를 높은 광속으로 유지(진열장)
② 전반조명 : 실내 전체를 균등한 광속으로 유지(사무실)
③ 직접조명 : 특정 부분만 광속의 90[%] 이상을 작업면에 투사시키는 방식
④ 간접조명 : 광속의 90[%] 이상을 벽이나 천장에 투사시켜 간접적으로 빛을 얻는 방식

30 발전기나 변압기 내부 고장 보호에 쓰이는 계전기는?

① 접지계전기
② 차동계전기
③ 과전압계전기
④ 역상계전기

해설 발전기, 변압기 내부 고장 보호용 계전기에는 차동계전기, 비율차동계전기, 부흐홀츠계전기가 있다.

31 단상 유도전동기 중 역률이 좋아서 가정용 선풍기, 세탁기, 냉장고 등에 주로 사용되는 것은?

① 분상 기동형
② 영구 콘덴서 기동형
③ 반발 기동형
④ 셰이딩 코일형

해설 영구 콘덴서 기동형은 구조가 간단하고 역률이 좋기 때문에 큰 기동 토크를 요하지 않고 속도를 조정할 필요가 있는 선풍기나 세탁기 등에서 이용한다.

32 2개의 저항 R_1, R_2를 병렬 접속하면 합성저항은?

① $\dfrac{1}{R_1 + R_2}$ ② $\dfrac{R_1}{R_1 + R_2}$

③ $\dfrac{R_1 R_2}{R_1 + R_2}$ ④ $\dfrac{R_2}{R_1 + R_2}$

해설 R_1, R_2 병렬 접속 시 합성저항

$R_0 = \dfrac{1}{\dfrac{1}{R_1} + \dfrac{1}{R_2}} = \dfrac{R_1 R_2}{R_1 + R_2}$ [Ω]이 된다.

33 전선의 굵기가 6[mm²] 이하의 가는 단선인 경우 어떤 접속을 하여야 하는가?

① 브리타니아 접속
② 쥐꼬리 접속
③ 트위스트 접속
④ 슬리브 접속

해설 단선의 직선 접속
• 단면적 6[mm²] 이하 : 트위스트 접속
• 단면적 10[mm²] 이상 : 브리타니아 접속

34 정격전압 100[V], 전기자전류 50[A], 전기자저항이 0.2[Ω]인 직류발전기의 유기기전력은 몇 [V]인가?

① 117 ② 120
③ 110 ④ 125

해설 발전기의 유기기전력
$E = V + I_a R_a = 100 + 50 \times 0.2 = 110$[V]

35 광도가 I[cd]인 구광원의 광속 F[lm]는?

① $F = \pi I$ ② $F = \pi^2 I$
③ $F = 2\pi I$ ④ $F = 4\pi I$

해설 광도 $I = \dfrac{광속(F)}{입체각(\omega)} = \dfrac{F}{4\pi}$ [cd, 칸델라]

$F = 4\pi I$ [lm, 루멘]

※ 구광원의 입체각 $\omega = 4\pi$[sr]

정답 29.② 30.② 31.② 32.③ 33.③ 34.③ 35.④

36 다음 중 금속관을 절단할 때 사용되는 공구는 어느 것인가?

① 오스터
② 녹아웃 펀치
③ 파이프 커터
④ 파이프 렌치

해설 금속관을 절단하는 공구 : 파이프 커터, 쇠톱

37 전압 200[V]이고 $C_1 = 10[\mu F]$와 $C_2 = 5[\mu F]$인 콘덴서를 병렬로 접속하면 C_2에 분배되는 전하량은 몇 [μC]인가?

① 100
② 2,000
③ 500
④ 1,000

해설 C_2에 축적되는 전하량
$Q_2 = C_2 V = 5 \times 200 = 1,000 [\mu C]$

38 사용전압 15[kV] 이하의 특고압 가공전선로의 중성선의 접지선을 중성선으로부터 분리하였을 경우 1[km]마다의 중성선과 대지 사이의 합성 전기 저항값은 몇 [Ω] 이하로 하여야 하는가?

① 30
② 100
③ 150
④ 300

해설 사용전압 15[kV] 이하의 특고압 가공전선로의 중성선의 접지선을 중성선으로부터 분리하였을 경우 1[km]마다의 중성선과 대지 사이의 합성 전기저항값은 30[Ω] 이하로 하여야 한다.

39 전선 접속 시 전선의 인장강도는 몇 [%] 이상 감소시키면 안 되는가?

① 10
② 20
③ 30
④ 80

해설 전선 접속 시 접속 부분의 인장강도는 접속 전보다 80[%] 이상 유지해야 하므로 20[%] 이상 감소되지 않도록 하여야 한다.

40 다이오드를 사용한 정류회로에서 다이오드를 여러 개 직렬로 연결하여 사용하는 경우의 설명으로 가장 옳은 것은?

① 다이오드를 과전류로부터 보호할 수 있다.
② 다이오드를 과전압으로부터 보호할 수 있다.
③ 부하출력의 맥동률을 감소시킬 수 있다.
④ 낮은 전압 전류에 적합하다.

해설 다이오드 직렬접속 시 전압강하로 인하여 과전압으로부터 보호할 수 있다.

41 정격전압 3상 24[kV], 정격차단전류 300[A]인 수전설비의 차단용량은 몇 [MVA]인가?

① 24.94
② 28.34
③ 12.47
④ 17.24

해설 3상 수전설비의 차단용량
$P_s = \sqrt{3} \, VI = \sqrt{3} \times 24 \times 0.3 ≒ 12.47 [MVA]$

42 정격전압에서 1[kW]의 전력을 소비하는 저항에 정격의 90[%] 전압을 가했을 때, 전력은 몇 [W]가 되는가?

① 630
② 780
③ 810
④ 900

해설 $P = \dfrac{V^2}{R} = 1,000[W]$라 하면,
$P' = \dfrac{(0.9\,V)^2}{R} = 0.81 \dfrac{V^2}{R} = 0.81 P$
$= 0.81 \times 1,000 = 810[W]$

43 주파수가 1,000[Hz]일 때 용량성 리액턴스에 10[A]의 전류가 흘렀다면 주파수가 2,000[Hz]인 경우 전류는 몇 [A]인가?

① 5
② 10
③ 20
④ 40

정답 36.③ 37.④ 38.① 39.② 40.② 41.③ 42.③ 43.③

해설 용량성 리액턴스 $\left(X_C = \dfrac{1}{\omega C} = \dfrac{1}{2\pi f C}\right)$에 의한 전류 $I = \dfrac{V}{X_C} = 2\pi f C V$[A]이고 주파수에 비례하므로 주파수가 2배로 증가하면 전류도 2배가 된다.
∴ 전류 $I' = 2 \times 10 = 20$[A]

44 다음 전원과 부하가 다같이 Y결선된 3상 평형회로가 있다. 상전압이 200[V], 부하 임피던스가 $\dot{Z} = 8 + j6$[Ω]인 경우 상전류는 몇 [A]인가?

① 20
② $\dfrac{20}{\sqrt{3}}$
③ $20\sqrt{3}$
④ $10\sqrt{3}$

해설 한 상의 임피던스 $\dot{Z} = 8 + j6$[Ω] → $|Z| = 10$[Ω]
∴ 상전류 $I_P = \dfrac{V}{Z} = \dfrac{200}{10} = 20$[A]

45 수·변전설비에서 계기용 변류기(CT)의 설치 목적은?

① 고전압을 저전압으로 변성
② 대전류를 소전류로 변성
③ 선로전류 조정
④ 지락전류 측정

해설 계기용 변류기(CT) : 대전류를 소전류(5[A])로 변성하여 측정 계기나 전기의 전류원으로 사용하기 위한 전류 변성기이다.

46 가공전선로의 지지물에 시설하는 지지선의 안전율은 얼마 이상이어야 하는가? (단, 허용인장하중은 4.31[kN] 이상)

① 2   ② 2.5
③ 3   ④ 3.5

해설 지지선의 시설 규정
• 구성 : 소선 3가닥 이상의 아연 도금 연선
• 안전율 : 2.5 이상
• 허용인장하중 : 4.31[kN] 이상

47 변압기의 정격용량은 변압기의 전압정격과 변압기 권선에 흐를 수 있는 전류를 결정하는 값이다. 다음 중 정격용량의 단위로 맞는 것은 어느 것인가?

① [VA]
② [Var]
③ [W]
④ [J]

해설 변압기의 정격용량 단위 : [VA]

48 동기발전기의 돌발 단락전류를 주로 제한하는 것은?

① 누설 리액턴스
② 역상 리액턴스
③ 동기 리액턴스
④ 권선 저항

해설 동기발전기의 돌발 단락전류를 제한하는 것은 누설 리액턴스이다.

49 출력 10[kW], 효율 80[%]인 기기의 손실은 약 몇 [kW]인가?

① 0.6
② 1.1
③ 2.0
④ 2.5

해설 $\eta = \dfrac{출력}{입력} \times 100$[%]이고,
입력 $= \dfrac{출력}{\eta} \times 100 = \dfrac{10}{0.8} \times 100 = 12.5$[kW]
∴ 손실 = 입력 - 출력 = 12.5 - 10 = 2.5[kW]

정답 44.① 45.② 46.② 47.① 48.① 49.④

50 그림은 전력제어 소자를 이용한 위상제어 회로이다. 전동기의 속도를 제어하기 위하여 '가'부분에 사용되는 소자는?

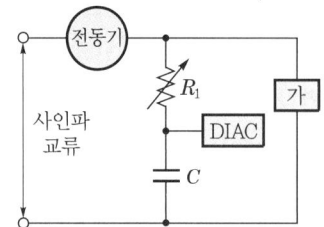

① 트라이액
② 제어 다이오드
③ 전력용 트랜지스터
④ 레귤레이터 78XX 시리즈

해설 트라이액(TRIAC)은 양방향성이고, 교류를 제어하는 반도체 교류전류 스위치로서 연속적으로 변화하는 교류제어용으로 사용된다.

51 복권발전기의 병렬운전을 안전하게 하기 위해서 두 발전기의 전기자와 직권 권선의 접속점에 연결해야 하는 것은?

① 집전환
② 균압선
③ 안정저항
④ 브러시

해설 복권발전기 운전 중 과복권발전기로 운전 시 발전기 특성상 수하 특성을 지니지 않으므로 안전하게 운전하기 위해서는 균압선을 연결해야 한다.

52 직류발전기의 정격전압 100[V], 무부하전압 103[V]이다. 이 발전기의 전압변동률 ε[%]은?

① 1 ② 3
③ 6 ④ 9

해설 전압변동률
$$\varepsilon = \frac{V_0 - V_n}{V_n} \times 100 = \frac{103 - 100}{100} \times 100 = 3[\%]$$

53 3상 100[kVA], 13,200/200[V] 변압기의 저압측 선전류의 유효분 전류[A]는 약 얼마인가? (단, 역률은 0.8이다.)

① 100
② 173
③ 230
④ 260

해설 $P_a = \sqrt{3}\, VI$[kVA]에서
$$I_2 = \frac{P_a}{\sqrt{3}\, V_2} = \frac{100 \times 10^3}{200\sqrt{3}} ≒ 288.68[A]$$
∴ 유효분 전류
$$I_{2유효분} = I_2 \cos\theta$$
$$= 288.68 \times 0.8 = 230.94 ≒ 230[A]$$

54 한국전기설비규정에 의한 저압 가공전선의 굵기 및 종류에 대한 설명 중 틀린 것은?

① 저압 가공전선에 사용하는 나전선은 중성선 또는 다중 접지된 접지측 전선으로 사용하는 전선에 한한다.
② 사용전압이 400[V] 이하인 저압 가공전선은 지름 2.6[mm] 이상의 경동선이어야 한다.
③ 사용전압이 400[V] 초과인 저압 가공전선에는 인입용 비닐절연전선을 사용한다.
④ 사용전압이 400[V] 초과인 저압 가공전선으로 시가지 외에 시설하는 것은 4.0[mm] 이상의 경동선이어야 한다.

해설 저·고압 가공전선의 굵기

사용전압	전선의 굵기
400[V] 이하	• 절연전선 : 2.6[mm] 이상 경동선 • 나전선 : 3.2[mm] 이상 경동선
400[V] 초과	• 시가지 내 : 5.0[mm] 이상 경동선 • 시가지 외 : 4.0[mm] 이상 경동선

※ 400[V] 초과 시 인입용 비닐절연전선은 사용할 수 없음

정답 50.① 51.② 52.② 53.③ 54.③

55. 3상 유도전동기의 회전 방향을 바꾸기 위한 방법으로 옳은 것은?

① 전원의 전압과 주파수를 바꾸어 준다.
② 전동기의 1차 권선에 있는 3개의 단자 중 어느 2개의 단자를 서로 바꾸어 준다.
③ 기동보상기를 사용하여 권선을 바꾸어 준다.
④ △-Y 결선으로 결선법을 바꾸어 준다.

해설 3상 유도전동기는 회전자계에 의해 회전하며 회전자계의 방향을 바꾸려면 전원의 3선 가운데 2선을 바꾸어 전원에 다시 연결하면 회전 방향은 반대로 된다.

56. 전기 배선용 도면을 작성할 때 사용하는 매입용 콘센트 도면 기호는?

①    ②

③   ④

해설 심벌 명칭
① 점멸기   ② 백열전등
③ 매입용 콘센트   ④ 점검구

57. 한국전기설비규정에 의하면 480[V] 가공인입선이 철도를 횡단할 때 레일면상의 최소 높이는 약 몇 [m]인가?

① 4.0   ② 4.5
③ 5.5   ④ 6.5

해설 저압 가공인입선의 최소 높이

장소의 구분	노면상 높이[m]
도로 횡단	5 이상 *) 3 이상
철도 횡단	6.5 이상
횡단보도교	3 이상
기타 장소	4 이상 *) 2.5 이상

*) 기술상 부득이하고 교통에 지장이 없는 경우

58. 코드나 케이블 등을 기계기구의 단자 등에 접속할 때 몇 [mm²]가 넘으면 그림과 같은 터미널러그(압착단자)를 사용하여야 하는가?

① 10   ② 6
③ 4   ④ 8

해설 코드나 케이블 등을 기계기구의 단자 등에 접속할 때 단면적 6[mm²]를 초과하는 연선에 터미널러그를 부착할 것

59. 폭연성 분진이 존재하는 곳의 금속관공사에 있어서 관 상호 및 관과 박스의 접속은 몇 턱 이상의 죔 나사로 시공하여야 하는가?

① 6턱   ② 5턱
③ 4턱   ④ 3턱

해설 폭연성 분진이 존재하는 곳의 금속관공사에 있어서 관 상호 및 관과 박스의 접속은 5턱 이상의 죔 나사로 시공하여야 한다.

60. 똑같은 크기의 저항 4개를 가지고 얻을 수 있는 합성저항 최대값은 최소값의 몇 배인가?

① 4   ② 16
③ 10   ④ 5

해설 합성저항 최대와 최소의 비
- 최대 합성저항 : 직렬 $R_{직렬} = 4R_1$
- 최소 합성저항 : 병렬 $R_{병렬} = \dfrac{R_1}{4}$

∴ 최대값을 최소값으로 나누면 $\dfrac{4R_1}{\dfrac{R_1}{4}} = \dfrac{16R_1}{R_1}$

$= 16$배가 된다.

정답 55.② 56.③ 57.④ 58.② 59.② 60.②

★전기실무시리즈★

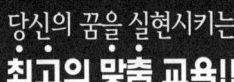
당신의 꿈을 실현시키는
최고의 맞춤 교육!!

생생 전기현장 실무
김대성 지음 / 4·6배판 / 360쪽 / 30,000원

전기에 처음 입문하는 조공, 아직 체계가 덜 잡힌 준전기공의 현장 지침서!

전기현장에 나가게 되면 이론으로는 이해가 안 되는 부분이 실무에서 종종 발생하곤 한다. 이러한 문제점을 가지고 있는 전기 초보자나 준전기공들을 위해서 이 교재는 철저히 현장 위주로 집필되었다.

이 책은 지금도 전기현장을 지키고 있는 저자가 현장에서 보고, 듣고, 느낀 내용을 직접 찍은 사진과 함께 수록하여 이론만으로 이해가 부족한 내용을 자세하고 생생하게 설명하였다.

생생 수배전설비 실무 기초
김대성 지음 / 4·6배판 / 452쪽 / 39,000원

아파트나 빌딩 전기실의 수배전설비에 대한 기초를 쉽게 이해할 수 있는 생생한 현장실무 교재!

이 책은 자격증 취득 후 일을 시작하는 과정에서 생기는 실무적인 어려움을 해소하기 위해 수배전 단선계통도를 중심으로 한전 인입부터 저압에 이르기까지 수전설비들의 기초부분을 풍부한 현장사진을 덧붙여 설명하였다. 그 외 수배전과 관련하여 반드시 숙지하고 있어야 할 수배전 일반기기들의 동작계통을 다루었다. 또한, 교재의 처음부터 끝까지 동영상강의를 통해 자세하게 설명하여 학습효과를 극대화하였다.

생생 전기기능사 실기
김대성 지음 / 4·6배판 / 272쪽 / 33,000원

일반 온·오프라인 학원에서 취급하지 않는 실기교재의 새로운 분야 개척!

기존의 전기기능사 실기교재와는 확연한 차별을 두고 있는 이 책은 동영상을 보는 것처럼 실습과정을 사진으로 수록하여 그대로 따라할 수 있도록 구성하였다. 또한 결선과정을 생생하게 컬러사진으로 수록하여 완벽한 이해를 도왔다.

생생 자동제어 기초
김대성 지음 / 4·6배판 / 360쪽 / 38,000원

자동제어회로의 기초 이론과 실습을 위한 지침서!

이 책은 자동제어회로에 필요한 기초 이론을 습득하고 이와 관련한 기초 실습을 한 다음, 실전 실습을 할 수 있도록 엮었다.
또한, 매 결선과제마다 제어회로를 결선해 나가는 과정을 순서대로 컬러사진과 회로도를 수록하여 독자들이 완벽하게 이해할 수 있도록 하였다.

생생 소방전기(시설) 기초
김대성 지음 / 4·6배판 / 304쪽 / 37,000원

소방전기(시설)의 현장감을 느끼며 실무의 기본을 배우기 위한 지침서!

소방전기(시설) 기초는 소방전기(시설)의 현장감을 느끼며 실무의 기본을 탄탄하게 배우기 위해서 꼭 필요한 책이다.
이 책은 소방전기(시설)에 필요한 기초 이론을 알고 이와 관련한 결선 모습을 이해하기 쉽도록 컬러사진을 수록하여 완벽하게 학습할 수 있도록 하였다.

생생 가정생활전기
김대성 지음 / 4·6배판 / 248쪽 / 25,000원

가정에 꼭 필요한 전기 매뉴얼 북!

가정에서 흔히 발생할 수 있는 전기 문제에 대해 집중적으로 다룸으로써 간단한 것은 전문가의 도움 없이도 손쉽게 해결할 수 있도록 하였다. 특히 가정생활전기와 관련하여 가장 궁금한 질문을 저자의 생생한 경험을 통해 해결하였다. 책의 내용을 생생한 컬러사진을 통해 접함으로써 전기설비에 대한 기본지식과 원리를 효과적으로 이해할 수 있도록 하였다.

쇼핑몰 QR코드 ▶ 다양한 전문서적을 빠르고 신속하게 만나실 수 있습니다.
경기도 파주시 문발로 112번지 파주 출판 문화도시(제작 및 물류)   TEL. 031) 950-6300   FAX. 031) 955-0510
서울시 마포구 양화로 127 첨단빌딩 3층(출판기획 R&D센터)   TEL. 02) 3142-0036

BM (주)도서출판 성안당

2019. 1. 7. 초 판 1쇄 발행
2026. 1. 7. 9차 개정증보 9판 1쇄 발행

지은이 | 전기자격시험연구회
펴낸이 | 이종춘
펴낸곳 | BM ㈜도서출판 성안당

주소 | 04032 서울시 마포구 양화로 127 첨단빌딩 3층(출판기획 R&D 센터)
     | 10881 경기도 파주시 문발로 112 파주 출판 문화도시(제작 및 물류)
전화 | 02) 3142-0036
     | 031) 950-6300
팩스 | 031) 955-0510
등록 | 1973. 2. 1. 제406-2005-000046호
출판사 홈페이지 | www.cyber.co.kr
ISBN | 978-89-315-1446-9 (13560)
정가 | 28,000원

이 책을 만든 사람들

기획 | 최옥현
진행 | 박경희
교정·교열 | 김원갑
전산편집 | 이다혜
표지 디자인 | 박현정
홍보 | 김계향, 임진성, 김주승, 최정민, 이해솜
국제부 | 이선민, 조혜란
마케팅 | 구본철, 차정욱, 오영일, 나진호, 강호묵
마케팅 지원 | 장상범
제작 | 김유석

이 책의 어느 부분도 저작권자나 BM ㈜도서출판 성안당 발행인의 승인 문서 없이 일부 또는 전부를 사진 복사나 디스크 복사 및 기타 정보 재생 시스템을 비롯하여 현재 알려지거나 향후 발명될 어떤 전기적, 기계적 또는 다른 수단을 통해 복사하거나 재생하거나 이용할 수 없음.

※ 잘못된 책은 바꾸어 드립니다.